草业科学研究系列专著

# 中国荒漠草原生态系统研究

卫智军 韩国栋 赵 钢 李德新 著

科学出版社
北 京

## 内 容 简 介

本书以亚洲中部区域蒙古高原上呈地带性分布的具有独特性的荒漠草原生态系统为主要研究对象，全面论述荒漠草原生态系统基本特征、植被基本特点及其地理分布规律。深入研究荒漠草原植物种群的生物生态学特性、植物再生性、群落现存量、营养物质动态和生态系统氮循环等。在此基础上，对反刍家畜（羊）牧食行为、草地载畜率、放牧制度和草地禁牧、休牧以及家畜舍饲管理等均进行了试验研究。上述试验研究成果，初步揭示了荒漠草原生态系统的独特性，并可作为草地利用管理与可持续发展的依据和可付诸实施的基本模式。

本书可供从事和学习草业科学、草地生态科学、环境科学、畜牧科学等有关学科的科研、教学和相关业务管理人员阅读与参考。

### 图书在版编目(CIP)数据

中国荒漠草原生态系统研究 / 卫智军等著. —北京：科学出版社，2013
（草业科学研究系列专著）
ISBN 978-7-03-035954-4

Ⅰ.①中… Ⅱ.①卫… Ⅲ.①荒漠-生态系统-研究-中国②草原生态系统-研究-中国 Ⅳ.①P941.73②S812

中国版本图书馆 CIP 数据核字(2012)第 261163 号

责任编辑：韩学哲　孙　青 / 责任校对：刘小梅
责任印制：吴兆东 / 封面设计：耕者设计工作室

斜 学 出 版 社 出版
北京东黄城根北街 16 号
邮政编码：100717
http://www.sciencep.com

北京科印技术咨询服务有限公司数码印刷分部印刷
科学出版社发行　各地新华书店经销

\*

2013 年 1 月第 一 版　　开本：720×1000 1/16
2025 年 4 月第二次印刷　印张：35 1/4　插页：2
字数：687 000
**定价：158.00元**
（如有印装质量问题，我社负责调换）

# 《草业科学研究系列专著》编辑委员会

主编　云锦凤　韩国栋　王明玖
编委　（以姓氏笔画排序）

| 于　卓 | 卫智军 | 王明玖 | 王忠武 | 王俊杰 |
| 王桂花 | 云锦凤 | 石凤翎 | 付和平 | 乔光华 |
| 米福贵 | 红　梅 | 李　红 | 李造哲 | 李德新 |
| 张　众 | 武晓东 | 杨泽龙 | 金　洪 | 郑淑华 |
| 珊　丹 | 赵　钢 | 赵萌莉 | 侯建华 | 格根图 |
| 贾玉山 | 高润宏 | 高翠萍 | 韩　冰 | 韩国栋 |

秘书　高翠萍　李治国

本系列专著是内蒙古农业大学草业科学国家重点学科、草地资源教育部重点实验室、草地资源可持续利用科技创新团队、内蒙古草业研究院和内蒙古自治区草品种育繁工程技术研究中心建设项目的成果,并由其资助出版。

# 序　言

　　《草业科学研究系列专著》是内蒙古农业大学草业科学国家重点学科和草地资源教育部重点实验室等建设项目的重要成果之一。该重点学科和实验室源远流长，底蕴深厚。从 1958 年建立我国第一个草原专业开始，半个世纪以来，他们立足于内蒙古丰富的草地资源，经过几代人筚路蓝缕，开拓前进。《草业科学研究系列专著》就是他们在草业科学教学和研究的漫长道路上，铢积寸累的厚重成果。

　　这一系列专著涉及了牧草种质资源与牧草育种，牧草栽培与利用，草产品加工，草地生态系统，草地资源监测、评价和合理利用，草原啮齿类动物防治等众多领域。尤其在牧草远缘杂交、雄性不育、冰草转基因以及草地健康和服务等方面，取得了很大成就，赢得了国内外学界认可。

　　我国是草地资源大国，草原面积占国土面积的 41.7%，居世界第二位。草原与森林共同构成了我国生态屏障的主体。草业"事关国家生态安全和食物安全，事关资源节约和环境友好型社会建设，事关经济社会全面协调可持续发展"（杜青林，2006，《中国草业可持续发展战略》序言）。这也正是我国新兴的草业科学面临的重大历史任务。

　　我们欣慰地看到，《草业科学研究系列专著》由科学出版社组织出版，对这一重大历史任务作出了正面响应。这一系列专著不仅是内蒙古农业大学草业科学国家重点学科和草地资源教育部重点实验室的宝贵成果，也是我国草业学界对祖国崛起的精诚贡献。

　　我祝贺《草业科学研究系列专著》的出版。衷心祝愿这一系列专著与它所代表的学术集体相偕发展，不断壮大。

中国工程院院士

任继周

序于 2009 年建国 60 周年端午节

# 前　　言

　　奉献给读者的这本《中国荒漠草原生态系统研究》草原科学专著是内蒙古农业大学生态环境学院草原专业自20世纪50年代(1959年)至今,以蒙古高原(中国境内)广泛分布的"荒漠草原生态系统"(desert steppe ecosystem)作为试验研究对象,历经师生三代人锲而不舍、齐心协力、现场试验、潜心研究,在总结半个多世纪草原定位试验研究的第一手数据、记录、资料和论文的坚实基础上,所论著的属亚洲中部草原区独特的荒漠草原生态系统的组成、结构、功能和动态规律及其植被基本特点,以及关于荒漠草原生态系统家畜牧食行为、草地合理利用和放牧畜牧业生产管理可持续发展的草原科学专著,这在亚洲中部草原区特有的荒漠草原定位试验研究工作进程中,起着开创性的奠基作用。

　　苏联科学博士 A. A. 尤纳托夫曾在蒙古国进行10余年植物学调查研究工作,1950年他在其所著的 Основные черты растительного покрова Монголъской Народной Республики(《蒙古人民共和国植被的基本特点》,李继侗1959年译)中指出:"向南方移动的蒙古草原强烈地受亚洲中部荒漠进展的影响。由于这种影响使得在戈壁的北部边界出现一宽带的草原,这种草原在结构上极其特殊,在外貌上也极其特殊。我们有充分的理由可以把这种草原叫做'荒漠草原'。" A. A. 尤纳托夫对于"荒漠草原"的新发现,在亚洲中部草原区增加了一个草原植被亚型,并为草原区向更干旱的荒漠区的植被地带性过渡,提供了干旱气候区植被地带性分布规律的群落学基础。在蒙古高原上,就亚洲中部草原区植被地带性分布规律而言,占据着蒙古国东南和偏西部地区的荒漠草原带,与我国内蒙古高原中部偏西区域,东起苏尼特地区,西至乌拉特地区(41°N~45°N,107°E~114°E)呈经向地带性分布的荒漠草原亚带紧密相连,在地域上虽南北差异,各有特色,但实为一体,共同构成了亚洲中部草原区内,蒙古高原上呈地带性分布的荒漠草原亚带。但是,A. A. 尤纳托夫在蒙古国南部(注:实为内蒙古高原北部的毗邻地区)所发现并命名为"荒漠草原"之后,几乎缺少对这个独特的草原生态系统深入系统的试验研究工作。因此,荒漠草原的群落结构和外貌是怎么样的"极其特殊",至今仍是不为人知。

　　诚然,要真实地揭示荒漠草原所具有的"独特性",绝非轻而易举。为达此目的,既需要智慧和审慎,更需要勇气和担当。为此,1959年至今,我们以探索荒漠草原的独特性作为草业科学科研主攻方向,认真地进行荒漠草原生态系统的试验研究工作。我们根据对蒙古高原(中国境内)荒漠草原生态系统半个多世纪的定位试验研究工作,在总结科研成果的基础上,初步提出荒漠草原生态系最基本的

"独特性",概括为如下几个生态特征。①植物区系地理成分的特异性。荒漠草原在植物区系地理成分上,主要是蒙古种与戈壁-蒙古种和亚洲中部成分,分别是荒漠草原群落的建群种、特征种、优势种和固有伴生种。②植被生态的旱生性。荒漠草原植被低矮、稀疏,植物群落主要由一组强旱生植物为主导成分所组成,主要是强旱生多年生丛生小禾草、杂类草和小半灌木植物。③群落层片组成的独特性。群落中除强旱生丛生小型禾草层片(以针茅属植物为主)占优势外,在上层是锦鸡儿属旱生小灌木层片,它赋予荒漠草原群落灌丛化的特殊景观。下层发育良好的一、二年生"夏雨型植物"是群落中特有的不稳定层片。④植物种群生长发育的特殊性。具体表现为植物的营养生长期很长,而生殖期(开花、果实成熟)较短,且多以"营养繁殖"为主。⑤群落地上生物量的波动性。主要受降水量年际和季节差异的影响,荒漠草原群落地上生物量的年度和季节波动十分明显。⑥区域地理分布的过渡性。在蒙古高原上,位于草原地带与荒漠地带之间的草原生态系统中"旱生性"最强的荒漠草原,无论在地域上或生态系统的组成、结构和功能上,均具有显著的过渡性。仅就植物种群成分和群落类型的分异而言,具体表现为相邻植被的种群或群落对荒漠草原亚带的渗透和入侵现象。⑦生态结构功能的脆弱性。由于荒漠草原生态系统所处的严酷环境和区域上的过渡地带,它必然成为景观各个组成部分之间相互作用剧烈的"生态环境脆弱带"(ecolone),而在生态关系上具有一定的脆弱性。⑧生境的严酷性。荒漠草原亚带年降水量平均为150~250mm,干旱、瘠薄的棕钙土是荒漠草原亚带覆盖面积最大的地带性主体土类。如此干旱的气候和干燥瘠薄的土壤基质条件,成为荒漠草原生态系统生存与发展的限制生态因素,并给荒漠草原打上了最强"旱生性"的生态烙印。

内蒙古农业大学生态环境学院"草地生态与管理学科组"自1959年至今,为能在揭示荒漠草原生态系统"独特性"的基础上,维护生态系统健康、合理利用草地资源、促进草地畜牧业的可持续发展,在荒漠草原亚带区域范围内先后设置3个草原定位实验站进行定位试验研究工作。①1959~1965年,伊克乌素实验站(亚带北部地区),观测研究小针茅荒漠草原群落(Form. *Stipa klemenzii*)。主要研究内容是:植物区系成分组成,放牧地饲料贮藏量和牧草营养成分的测定,植物可食性、植物再生性、植物生长发育状况与气候的关系、群落季相及放牧对饮水点附近植被的影响等。②1980~1998年,哈雅牧场教学科研基地(亚带南部地区),观测短花针茅荒漠草原群落(From. *Stipa breviflora*)。主要研究内容是植物种群生长型动态、植物再生性、牧草产量、营养动态、牧草贮藏养分积累与消耗动态规律和氮素循环,以及放牧强度与划区轮牧试验研究等。③1999年至今,苏尼特右旗教学科研基地(亚带东部地区),观测短花针茅荒漠草原群落。主要研究内容是不同放牧制度和禁牧休牧条件下,主要植物种群和群落特征的动态规律、生长发育和繁殖与光合特点、植物补偿性生长机理、群落和土壤的空间异质特征、土壤理化性质变化及家畜牧食行为与生产性能试验研究等。

自1959年起至今历经50余年,在上述3个荒漠草原定位实验站(或基地)先后对荒漠草原生态系统进行较全面系统的试验研究工作。积50余年试验的原始资料、课题总结和学术论文等,在进行阶段性总结的基础上,所取得的原创性研究成果,分别淀积于下述的试验研究课题内容之中:①植物区系成分组成;②植物种群生长发育节律(物候)和群落季相特征;③植物种群特性与动态;④植被的群落学特征与群落类型及其地理分布规律;⑤群落的生态演替规律;⑥群落初级生产力(营养物质含量和产草量)状况与波动性;⑦植物再生性特点与动态;⑧生态系统氮循环与碳平衡状况;⑨家畜(羊)的牧食行为与特点;⑩草原的放牧干扰与载畜率的平衡机制;⑪放牧制度的选择及放牧条件下植被和土壤特性与动态规律;⑫草地利用保护与放牧家畜饲养管理模式等一系列试验研究成果。这些科研成果对于亚洲中部蒙古高原广泛分布的独特的荒漠草原生态系统而言,初步揭示了它的某些独特性,将有助于了解荒漠草原生态系统组成、结构、功能和动态规律,植被基本特点,合理利用草地资源,维护草原生态健康状况,以及加强放牧家畜的草地利用管理和饲养管理与草地畜牧业的可持续发展。上述的试验研究成果在荒漠草原生态系统研究的科学领域内具有开创性和权威性。

本书先后得到国家自然科学基金、农业部重点项目、内蒙古自治区科技攻关项目等10余项科研项目资助。例如,"内蒙古草原及荒漠地区的饲料基地建设"内蒙古自治区重大科研项目;"草原群落植物种群生长型动态与植物生长分析的研究"国家自然科学基金项目;"内蒙古主要草地类型牧草产量、营养动态及放牧强度与划区轮牧试验研究"农业部"七五"重点项目;"草原放牧系统家畜采食过程与植物补偿性生长机理"国家自然科学基金项目和"不同类型天然放牧地合理利用的研究"内蒙古自治区"十五"重点科技攻关项目等。本书涉及的项目主持人、主要撰写人员、野外和室内工作人员还有:章祖同、许令妊、辛连仲、王朝品、许志信、刘德福、王明玖、赵萌莉、刘永志、邢旗、侯向阳、王育青、高永革、丛子杰、冯雨峰、张称意、李存焕、张淑艳、白永飞、白可喻、白文明、朱桂林、杨静、陈立波、宛涛、蒙荣、闫瑞瑞、刘红梅、运向军、王忠武、吕世杰、吴艳玲、孙世贤和殷国梅等。

《中国荒漠草原生态系统研究》的出版,是集体劳动与智慧的结晶,作者衷心地感谢所有为本书作出奉献的同志们!由于学术水平有限,书中必然还有不少的疏漏和缺欠,期待有关专家和读者给予指正。

作 者

2012年4月

# 目 录

序言
前言

## 上篇　荒漠草原生态系统植被基本特点及其主要功能特征

### 第一章　草原生态系统地理分布与草原植被类型 ………………………………… 3
#### 第一节　草原生态系统发生形成与草(植)食动物演化 ……………………… 3
一、草原生态系统的发生与形成 ………………………………………… 3
二、禾本科植物的演化与分布 …………………………………………… 5
三、禾本科植物与草食动物的协同进化 ………………………………… 6
四、草原原始放牧畜牧业的起源 ………………………………………… 7
#### 第二节　中国草原生态系统与草原植被类型 ………………………………… 11
一、地理分布概况 ………………………………………………………… 11
二、环境状况 ……………………………………………………………… 12
三、草原植被类型 ………………………………………………………… 13
#### 第三节　内蒙古地区自然条件与草原植被地带性 …………………………… 16
一、自然条件 ……………………………………………………………… 16
二、草原植被地带性 ……………………………………………………… 19

### 第二章　内蒙古高原荒漠草原生态系统基本特征与植被主要特点 …………… 26
#### 第一节　自然条件 ……………………………………………………………… 27
#### 第二节　荒漠草原生态系统基本特征 ………………………………………… 30
#### 第三节　荒漠草原植被组成成分 ……………………………………………… 33
一、植物区系地理成分 …………………………………………………… 33
二、植物区系成分组成 …………………………………………………… 35
#### 第四节　植物群落组成与分布概况 …………………………………………… 36
#### 第五节　荒漠草原植被主要特点 ……………………………………………… 39
一、含有一组独特的主导植物种类组成 ………………………………… 39
二、几种锦鸡儿属植物构成群落的特有旱生小灌木层片 ……………… 40
三、一、二年生植物组成的"夏雨型"层片是一个重要特征 …………… 40
四、芨芨草盐生草甸群落散布于荒漠草原亚带区域内 ………………… 40
五、出现相邻植被带(亚带)植物种的渗透与群落越带现象 …………… 41

六、植被低矮稀疏、群落种类组成比较贫乏、结构简单 …………………… 41
　　七、群落植物生物量地下部分多高于地上部分 ………………………………… 41
　　八、饲用植物营养物质含量较高 ………………………………………………… 42
　　九、群落地上生物量偏低且波动性较大 ………………………………………… 42
　　十、氮素在系统内各"库"之间周转速率慢 ……………………………………… 43
　　十一、群落具有不同水热组合的生态演替系列 ………………………………… 43
　　十二、生态系统的生态稳定性较差，生态风险增大 …………………………… 44

## 第三章　内蒙古高原荒漠草原植物种群的生物生态学特性　48
### 第一节　荒漠草原植物多样性 …………………………………………………… 48
　　一、独特的植物区系成分组成 …………………………………………………… 48
　　二、针茅属植物是草原植被的优势成分 ………………………………………… 49
　　三、小针茅和戈壁针茅两个近似种群落学作用的确定 ………………………… 51
### 第二节　短花针茅种群生长与动态分析 ………………………………………… 59
　　一、短花针茅种群密度及其动态 ………………………………………………… 59
　　二、短花针茅个体生长与种群生物量的关系 …………………………………… 62
### 第三节　荒漠草原群落几种植物的生物生态学特性 …………………………… 72
　　一、小针茅 ………………………………………………………………………… 72
　　二、短花针茅 ……………………………………………………………………… 73
　　三、无芒隐子草 …………………………………………………………………… 73
　　四、沙生冰草 ……………………………………………………………………… 73
　　五、冷蒿 …………………………………………………………………………… 74
　　六、细叶鸢尾 ……………………………………………………………………… 75
　　七、中间锦鸡儿 …………………………………………………………………… 75
### 第四节　荒漠草原植物物候学与群落季相特征 ………………………………… 75
　　一、物候学观察地区的气候条件 ………………………………………………… 76
　　二、荒漠草原植物物候期与群落季相特征 ……………………………………… 77
### 第五节　荒漠草原植物种群动态几个问题的探讨 ……………………………… 98
　　一、针茅种群植物生长发育与种群年龄状况 …………………………………… 98
　　二、种群的替代、渗入与入侵 …………………………………………………… 98
　　三、群落灌丛化的形成与演变 …………………………………………………… 99
　　四、一年生植物在荒漠草原群落中的群落学作用 ……………………………… 100
　　五、植被"冬态"研究的缺失及其重要性 ………………………………………… 101
　　六、草原生态系统中植物种群与动物种群之间在特定时空变化下的相关性 … 101

## 第四章　内蒙古高原荒漠草原植被主要群落类型及其基本特点 ……………… 103
### 第一节　荒漠草原亚带植被基本特点 …………………………………………… 103

### 第二节　荒漠草原亚带主要植物群落类型与群落学特征 …………… 105
一、小针茅荒漠草原 ……………………………………………… 105
二、短花针茅荒漠草原 …………………………………………… 114
三、戈壁针茅荒漠草原 …………………………………………… 123
四、沙生针茅荒漠草原 …………………………………………… 126
五、芨芨草盐化草甸 ……………………………………………… 127
六、荒漠草原隐域性分布的其他植物群落 ……………………… 130

## 第五章　荒漠草原初级生产力形成及其动态研究 ……………………… 132
### 第一节　小针茅荒漠草原初级生产力 ………………………………… 135
一、小针茅荒漠草原的基本特点 ………………………………… 135
二、小针茅荒漠草原地上生物量动态 …………………………… 138
三、小针茅荒漠草原地下生物量动态 …………………………… 153

### 第二节　短花针茅荒漠草原初级生产力 ……………………………… 157
一、短花针茅荒漠草原的基本特点 ……………………………… 157
二、短花针茅荒漠草原地上生物量动态 ………………………… 158
三、短花针茅荒漠草原种类构成及其地上生物量动态 ………… 162
四、短花针茅荒漠草原主要植物地上生物量对群落地上生物量的影响 …… 164
五、短花针茅荒漠草原地上生物量的垂直分布状况 …………… 165
六、短花针茅荒漠草原地上生物量与环境条件的相互关系 …… 166
七、短花针茅荒漠草原地下生物量空间分布及其与地上生物量的关系 …… 168

### 第三节　荒漠草原其他群落类型初级生产力 ………………………… 171
一、戈壁针茅荒漠草原初级生产力 ……………………………… 171
二、沙生针茅荒漠草原初级生产力 ……………………………… 172
三、芨芨草盐化草甸初级生产力 ………………………………… 173

## 第六章　荒漠草原牧草再生性研究 ……………………………………… 175
### 第一节　小针茅荒漠草原牧草再生性 ………………………………… 178
一、刈割强度对小针茅荒漠草原牧草再生性的影响 …………… 178
二、刈割时间对小针茅荒漠草原牧草再生性的影响 …………… 180
三、不同利用间隔期对小针茅荒漠草原牧草再生性的影响 …… 182

### 第二节　狭叶锦鸡儿灌丛化小针茅荒漠草原牧草再生性 …………… 184
一、利用次数对牧草再生性的影响 ……………………………… 185
二、利用次数对草群结构的影响 ………………………………… 187
三、不同利用方式对再生草产量的影响 ………………………… 199
四、不同利用方式对再生草产量构成的影响 …………………… 200

### 第三节　短花针茅荒漠草原牧草再生性 ……………………………… 204

一、刈割强度对短花针茅荒漠草原牧草再生性的影响 …………………………… 204
　　二、利用时间对短花针茅荒漠草原再生性的影响 ……………………………… 206
　　三、刈割间隔期对短花针茅荒漠草原再生性的影响 …………………………… 209
　　四、不同利用方式对短花针茅荒漠草原牧草根系的影响 ……………………… 210
　　五、刈割对短花针茅荒漠草原牧草品质的影响 ………………………………… 211
　第四节　短花针茅荒漠草原主要牧草的再生性特点 ………………………………… 213
　　一、短花针茅荒漠草原主要牧草的群落学作用 ………………………………… 213
　　二、短花针茅荒漠草原主要牧草的再生性特点 ………………………………… 214
　　三、短花针茅荒漠草原牧草再生性的影响因素 ………………………………… 224

第七章　荒漠草原营养物质动态与氮循环和碳平衡研究 ………………………………… 229
　第一节　荒漠草原群落及主要植物营养物质动态 …………………………………… 229
　　一、荒漠草原群落营养物质动态 ………………………………………………… 231
　　二、荒漠草原代表群落及主要植物营养成分 …………………………………… 242
　第二节　荒漠草原牧草贮藏养分积累与消耗规律 …………………………………… 247
　　一、牧草贮藏养分含量变化 ……………………………………………………… 248
　　二、牧草不同部位贮藏养分含量 ………………………………………………… 258
　　三、刈割对牧草贮藏养分含量的影响 …………………………………………… 260
　第三节　荒漠草原氮素循环 …………………………………………………………… 264
　　一、短花针茅荒漠草原生态系统氮素循环 ……………………………………… 264
　　二、灌丛化小针茅荒漠草原氮素分配及其季节动态 …………………………… 284
　第四节　短花针茅荒漠草原放牧系统碳平衡估计 …………………………………… 288
　　一、碳输入 ………………………………………………………………………… 289
　　二、碳输出 ………………………………………………………………………… 290
　　三、碳平衡估计 …………………………………………………………………… 291

## 下篇　荒漠草原生态系统利用管理与可持续发展

第八章　荒漠草原放牧系统反刍家畜牧食行为研究 ……………………………………… 295
　第一节　放牧家畜牧食行为概述 ……………………………………………………… 296
　　一、反刍家畜牧食行为的主要内容 ……………………………………………… 296
　　二、反刍家畜的选择性采食 ……………………………………………………… 300
　第二节　放牧家畜的牧食行为 ………………………………………………………… 303
　　一、放牧家畜的日活动行为模式 ………………………………………………… 303
　　二、放牧家畜的采食行为 ………………………………………………………… 306
　　三、影响放牧家畜采食行为的因素 ……………………………………………… 308
　　四、放牧家畜对草地的影响——绵羊与山羊对草地践踏作用的比较 ………… 309

## 第三节　放牧家畜的选择性采食行为 ………………………………… 310
一、放牧家畜牧食过程中的空间选择性 ………………………… 310
二、放牧家畜的选择性采食 ……………………………………… 319

## 第九章　荒漠草原载畜率研究 …………………………………………… 326
### 第一节　载畜率对荒漠草原群落特征的影响 ……………………… 328
一、群落盖度 ……………………………………………………… 329
二、群落高度 ……………………………………………………… 331
三、群落密度 ……………………………………………………… 335
### 第二节　载畜率对荒漠草原生产力的影响 ………………………… 335
一、地上净生长量 ………………………………………………… 335
二、地上现存量 …………………………………………………… 337
三、地下生物量 …………………………………………………… 346
四、植物贮藏养分 ………………………………………………… 346
### 第三节　载畜率对荒漠草原土壤理化性质的影响 ………………… 347
一、载畜率对土壤物理性质的影响 ……………………………… 349
二、载畜率对土壤化学性质的影响 ……………………………… 351
### 第四节　载畜率对家畜生产性能的影响 …………………………… 353
一、放牧家畜的体重变化和产毛量 ……………………………… 353
二、放牧家畜的能量利用率 ……………………………………… 358
三、放牧家畜的经济效益 ………………………………………… 362

## 第十章　荒漠草原放牧制度研究 ………………………………………… 365
### 第一节　主要植物种群特征对放牧制度的响应 …………………… 369
一、主要植物种群生长状况 ……………………………………… 369
二、主要植物种群特征 …………………………………………… 372
三、主要植物种群光合特性 ……………………………………… 377
四、主要植物种群资源分配 ……………………………………… 381
五、主要植物种群有性繁殖能力 ………………………………… 385
六、主要植物种群贮藏性碳水化合物含量的变化 ……………… 388
### 第二节　植物群落特征对放牧制度的响应 ………………………… 389
一、群落特征 ……………………………………………………… 389
二、群落植物重要值及多样性 …………………………………… 394
三、群落现存量 …………………………………………………… 396
四、草群营养物质动态 …………………………………………… 399
五、土壤种子库 …………………………………………………… 403
### 第三节　土壤理化性质对放牧制度的响应 ………………………… 405

一、土壤物理性质……………………………………………………… 405
　　二、土壤化学性质……………………………………………………… 412
　第四节　不同放牧制度下家畜的生产性能与经济效益……………………… 417
　　一、家畜生产性能……………………………………………………… 417
　　二、经济效益…………………………………………………………… 419
第十一章　不同放牧制度植被和土壤的生态特征与空间异质性……………… 424
　第一节　不同放牧制度和各轮牧小区植物种群的数量生态特征…………… 424
　　一、植物种群种间关系………………………………………………… 424
　　二、生态位……………………………………………………………… 427
　　三、排序………………………………………………………………… 441
　第二节　不同放牧制度和各轮牧小区植被空间异质性……………………… 446
　　一、短花针茅的空间异质性…………………………………………… 448
　　二、碱韭的空间异质性………………………………………………… 452
　　三、无芒隐子草的空间异质性………………………………………… 455
　第三节　不同放牧制度和各轮牧小区的土壤空间异质性…………………… 460
　　一、土壤氮的空间异质性……………………………………………… 461
　　二、土壤磷的空间异质性……………………………………………… 465
　　三、土壤钾的空间异质性……………………………………………… 469
　　四、土壤有机质的空间异质性………………………………………… 473
第十二章　荒漠草原禁牧休牧及家畜舍饲研究………………………………… 476
　第一节　主要植物种群特征对禁牧休牧的响应……………………………… 477
　　一、主要植物种群特征动态变化……………………………………… 477
　　二、主要植物种群光合特性…………………………………………… 484
　第二节　植物群落特征对禁牧休牧的响应…………………………………… 490
　　一、群落特征动态分析………………………………………………… 490
　　二、群落植物重要值及多样性………………………………………… 495
　　三、群落现存量………………………………………………………… 498
　　四、草群营养物质动态………………………………………………… 501
　第三节　土壤理化性质对禁牧休牧的响应…………………………………… 504
　　一、土壤物理性质……………………………………………………… 504
　　二、土壤化学性质……………………………………………………… 513
　第四节　休牧期家畜舍饲研究………………………………………………… 518
　　一、家畜日粮配方及饲料营养成分…………………………………… 518
　　二、家畜日粮配给的营养水平及家畜对营养物质的需要…………… 519

三、家畜体重变化 …………………………………………………… 520
四、经济效益比较分析 ………………………………………………… 521

**参考文献** ……………………………………………………………………… 522
**后记** …………………………………………………………………………… 545
**彩图**

# 上篇
# 荒漠草原生态系统植被基本特点及其主要功能特征

# 第一章 草原生态系统地理分布与草原植被类型

## 第一节 草原生态系统发生形成及草（植）食动物演化

### 一、草原生态系统的发生与形成

天地苍茫孕草原，羊群朵朵白云间；<br>
绿野漫天云逐浪，牧人扬鞭马蹄欢。

诗寓景，景如画，诗画相映，情景交融。这首诗是一幅绚丽而多姿多态的自然风景图画，气势磅礴，生生不息；诗情画意，醉人心腑，惟妙惟肖，映入眼帘：孕育万物而沧桑巨变的苍茫天地，滚滚云浪而草天一色的无垠绿野，似白云缥缈而遍洒绿野的肥壮牛羊，跃马扬鞭驰骋在辽阔原野的快活牧羊人。这就是古往今来人类为之神往、眷恋而赖以生存、繁衍的人间天堂——草原。

那么，以蒙古高原为主体而广袤分布的亚洲中部草原（或荒漠）是怎样发生形成的呢？它与草（植）食动物的演化又是如何协同进化的？无疑，草原是在远古而漫长的地质、气候变迁年代及生物界演化的历史长河中，历经错综复杂的沧桑巨变过程而逐渐发生演化形成的。

据古地理研究证明，中国草原最明显的孕育时期是从 7000 万年前开始的，那时境内的一些高山、高原尚未隆起，西部的中亚细亚平原和青藏高原地区还是一片汪洋大海。当时，亚热带的北界在 42°N 左右，年平均气温比现在高 9~18℃。也正是从这个时期开始，地壳发生了巨大的变化，从北半球的冈瓦纳古陆分裂出来的若干个陆块，不断地向北漂移，直到距今 4000 万年左右，已漂到 20°N 区域附近，与欧亚大陆直接相连，将古地中海分割成东西两段而逐步退出青藏地区。中亚区域的地壳由于受到冲击和挤压而抬高为陆地，西北地区一些山地和高原的隆起使大片海水从中亚退却，致使该区域的大陆性气候不断加剧，原有的稀树草原逐渐被草原和荒漠所代替（谢宇，2004）。整个西北地区大陆的植被，主要由古地中海植物区系的超旱生灌木、旱生半灌木或小半灌木植物组成，即以藜科、蒺藜科、菊科及豆科等为主体。此外，还有麻黄科、柽柳科（如红砂 *Reaumuria soongorica*）和蓼科（如沙拐枣 *Calligonum mongolicum*）等（张明华，1995）。

在距今约 250 万年的第三纪中新世、上新世，直到第四纪更新世（250 万～100 万年）的漫长时期，地壳仍继续发生巨大变动，其水平运动有增无减。喜马拉雅构造运动的上升，致使亚洲中部地区不断抬高，迫使古地中海继续西撤而消退。在此期间，四周相继隆起一些山地：西-阿尔泰山、天山，西南-喜马拉雅山，南-横断山，东-贺兰山、燕山山脉等，阻挡了来自太平洋（东）、印度洋（南）和北冰洋（北）多方暖湿气流的影响，从而加速了中国西北干旱气候区的形成。

在距今 150 万～250 万年，气候朝向干旱程度的剧烈变化，迫使植物界相应的发生演化，原有的冻原和森林迅速演替为森林草原和广阔分布的草原生态系统。在中国西北地区，草本植物物种大量出现而广泛分布，塔里木盆地呈现出旱生性的稀树草原景观，在柴达木盆地和河西走廊地区也演化为以麻黄科、藜科、蓼科、豆科、百合科、禾本科和莎草科植物组成的干旱草原，草本植物在长期演化中，最终成为草原群落中的主要成分，特别是禾本科的针茅属植物，从渐新世开始出现，之后在中新世发展，最后在上新世逐渐形成以针茅属植物为主要成分的草原景观（谢宇，2004）。同时，进一步向旱生性更强的以超旱生小灌木、半灌木植物为主要成分的荒漠生态系统发展。在此期间，同样受印度板块和太平洋板块运动的影响，大兴安岭、小兴安岭、秦岭、太行山等已具雏形；贺兰山、六盘山东侧的陆地逐渐抬升；蒙古高原、鄂尔多斯高原、黄土高原相继形成，中国的地貌轮廓已基本上接近于今日的面貌（张明华，1995）。可以认为，上述地貌和气候的剧烈变化，与之相适应的植物地理区系和植被组成的演变，为中国草原的发生、形成和分布，奠定了外界条件的基础。

如今，在我国帕米尔高原北部，新疆西陲的乌恰县境内（39°N，75°E），遗存着一大片贝壳化石山的"古海遗迹"。这些原属海洋生物的贝壳化石的形态和种类多姿多样，有的呈扇形褶皱状（实为扇贝类），还有的呈螺旋状（海螺类）等。帕米尔高原是在海洋不断西退消失之后，由于地壳变迁，逐渐隆起而形成的高原地貌，并成为干旱气候地区。而遗存在这里的"古海遗迹"的贝壳化石山，堪称"失落的海洋"（杨易锋，2011），它铁证如山地见证了位于中国西部广袤陆地上，呈地带性广泛分布的草原和荒漠的发生、形成与存在的全过程，以及其发生形成的古地貌和古气候的原始自然条件。

纵观中国草原的发生形成过程，除地质和气候的剧烈变迁因素外，土壤（基质）的影响也是另一个重要的因素。早在 4000 万～5000 万年前，中国广阔的土地主要为木本植物组成的森林植被所覆盖，而由草本植物组成的植被，则是在很晚的时期才逐步形成和发展起来的，如此演变的结果，是与土壤的发生发育过程相适应的。早期，森林植被中的木本植物具有强大而伸长的发达根系，能深入土壤母质深层，从而能适应坚实而贫瘠的土壤而生长。在漫长的地质年代中，随着木本植物叶茂根深的生长,且不断吸收土壤深层少量而分散的营养物质,贮藏于植物有机体中,木本植物的枯枝落叶和干枯的根系,经腐烂之后,变成深厚而肥沃的腐殖质层,使土壤表土层不仅疏松、增厚,且营养成分逐渐丰富。表层如此疏松又肥沃的土壤,为浅根系多年生草本植物的生长发育创造了良好的土壤条件。于是,主要由多年生旱生性草本植物组成的草原植被,在这样良好土壤的基础上,替代原有森林植被而形成与发展起来(谢宇,2004)。在多年生旱生性草本植物中,特别是适应性更强的禾本科草本植物(以针茅属为主),获得了极为良好的发育,从而成为草原植被的优势成分。

在我国广袤的西北部地区,形成了干、冷的大陆性气候,最终在干旱、寒冷气候和土壤的良性发展的综合因素影响下,原有的以乔木为主的森林植被逐渐向东退却,其结果必然是以旱生性多年生草本植物(以禾本科植物为主)和超旱生小灌木、小半灌木植物为主,而形成了草原植被和荒漠植被。从而,奠定了现代我国西北部地区干旱的草原区和极干旱的荒漠区的雏形轮廓。

## 二、禾本科植物的演化与分布

草原植被的发生、形成与禾本科草本植物的发生、分布与演化有着十分密切的关系。据考证,原始的禾本科植物,早在中生代白垩纪中期已经出现。也有一种论点,认为禾本科植物的出现是与整个草原的发生和形成相一致,即草原植被是在第三纪形成,在第四纪才逐渐定型而扩大其分布范围的。有鉴于此,为什么禾本科植物能适应如此严酷的草原生态环境,且能够成为优势植物而在草原地区逐渐广泛分布?主要是因为禾本科草本植物,在被子植物演化进程中成为进化程度高而适应性强的一类植物,一般具有适应干旱、寒冷和贫瘠土壤的能力。

禾本科植物的地理分布非常广泛。可以这样认为,在地球上凡是有种子植物生长的地方,必定有禾本科植物的出现。就整个地球来看,从水平地带角度即从赤道→北极极地附近(北半球),从垂直带而言即从海岸→高山,在如此多种多样的生境内,几乎都有禾本科植物。从自然生态系统来看,海岸(浅水域)、湖泊、沼泽、湿地、盐沼、荒漠、草原、森林等均生长着禾本科植物。特别是在草原地带,无数的禾本科植物,特别是针茅属植物($Stipa$ L.)成为草原植被的优势成分,从而形成了特异的草原景观。"天苍苍,野茫茫,风吹草低见牛羊",这是广袤而美丽草原的写照。

在白垩纪、第三纪初期的地层中,采集到禾本科植物化石,经鉴定后的结果证实,与当今的"Stipeae"族和"Pancaeae"族较近似。因此,可以认为禾本科植物发生于第三纪末期,在此地质年代,被子植物全面分化,已有了目、科、属、种的分化,相应的禾本科植物也伴随着被子植物的分化而开始形成并出现。

值得注意的是,当禾本科植物一旦形成,在当时外界环境的生态选择中,禾本科植物表现出出奇的适应能力,俾使更加快速的进化和多样化,从而禾本科植物就更加适应各种不同的生境,得以在地球上广泛地分布。由此看来,在被子植物中,禾本科植物是一类进化程度很高的维管植物。其具体表现为植物类型繁多、个体数量大和地理分布广三大特点。

禾本科植物(以针茅属为例)的进化方向,集中表现在两个方面。①营养器官:地上部分由疏松到紧密,由稍宽到缩小;地下部分由复杂到简单,由少量到多量。反映在增强适应干、冷的气候和紧实、浅薄、干燥的土壤。②生殖器官:由大型到小型,由复杂到简化。反映在有利于授粉与种子的传播,从而扩大植物种群的分布范围。禾本科植物(以针茅属为主)器官的进化方向见表1-1。

表1-1 禾本科植物(以针茅属为主)器官进化方向

| 植物器官 | | 进化方向 | |
| --- | --- | --- | --- |
| | | 原始性状 | 进化性状 |
| 生殖器官 | 小穗 | 多数小花排列 | 单一小花 |
| | 小花 | 全部为两性花、大形 | 一部分为雄花,不稔花、小形 |
| | 最上小花 | 侧生 | 顶生 |
| | 颖 | 宿存 | 早脱落 |
| | 内稃 | 多脉纹 | 少脉纹 |
| | 外稃 | 草质叶状 | 硬化,膜质化 |
| | 稃顶端 | 无芒 | 有芒 |
| | 鳞片 | 6～3 | 2～1(或无) |
| | 雄蕊 | 6 | 3(或更少) |
| | 柱头 | 3 | 1 |
| 营养器官 | 叶片 | 线形 | 针状 |
| | 生草丛 | 疏丛 | 密丛 |
| | 根系 | 根茎、须根 | 大部须根 |
| | 根茎比 | 根量小于茎量 | 根量大于茎量 |

## 三、禾本科植物与草食动物的协同进化

地球上远古时期的沧桑变幻,形成了大面积的草原,从而引发了禾本科植物的发生、演化与发展,尤其是进化程度更高的针茅属植物获得了更大的发展,成为草原植被的优势成分。

草食动物的进化契机与过程,在一定程度上是与禾本科植物的进化紧密地联系在一起的。可以这样认为,当草原上的禾本科植物发生出现之后,奠定并推动了草食动物的进一步进化,并促使哺乳动物向另一个方向分化,即以草本植物作

为食料的草食动物。因为，在以草本植物占绝对优势的草原尚未发生形成之前，在木本植物（以乔木为主）组成的森林植被中，多是以动物（肉类）为食料的肉食动物，尽管也生存有一些草食动物，如森林型的原始马（体小、趾多）属于"啃木型"的草食动物，以树叶为食料。然而，当森林退缩并形成以禾本科植物为主的草原之后，"啃木型"的森林性的原始马，逐渐演变成"牧食型"的草原性的近代马。事实证明，禾本科植物的发生形成促进了原始马向近代马（有蹄类）的进化，也可以认为，原始马的进化是与禾本科植物的进化相互平行进行的。

草食动物与禾本科植物协同进化的具体表现，以马为例：①由于禾本科草本植物草质比较粗硬，需要有坚硬的牙来咀嚼；②茎秆含粗纤维多，需要强健的胃和发达的肠来消化吸收；③草原土比森林土干燥而坚实，原始马的趾（3个）难以行走，而演变为奇蹄；④辽阔而平坦的草原，适于快速奔跑，使得矮小体型的原始马演变成高大粗壮的现代马。同样，起源于俄罗斯的牛，具有4个发达的胃（瘤胃、网胃、瓣胃和皱胃）并进行反刍作用，也充分证实了草食动物与禾本科植物协同进化的具体表现。

必须指出，一旦草食动物在草原上大量出现，并以草原作为它们的食物来源与栖息地，那么长期以来，草食动物又影响着禾本科植物和整个大草原。主要表现为：①草食动物的采食提高了禾草的再生性（枝条数目增多，生长速度加快）。②草食动物的践踏增强了禾草特别是旱生丛生禾草的耐践踏和耐旱性。在草食动物的影响下，禾本科植物的再生性、耐旱性和耐践踏力不断提高，从而又促使禾本科植物（主要是多年生丛生禾草，特别是针茅属植物）得以作为草原植被的优势成分而长期生存，且广泛分布。显然，禾本科植物与草食动物相互促进，协同进化，最终取得了"双赢"的良好结果。

## 四、草原原始放牧畜牧业的起源

起源于新石器时代的我国原始放牧畜牧业，是从旧石器时代的狩猎业发展而来的，是原始社会经济的重要组成部分（黄崇岳，1983）。草原的形成，促进了草原动物的繁殖和生存，尤其是一些草食性的奇蹄兽和偶蹄兽，它们从退却、缩小的森林迁徙到广阔的草原，包括大型食草动物，如三趾马、中华马、长颈鹿和古犀牛等。同时，还有一些小型食草动物，如啮齿类的兔和鼠类，地栖鸟类也日渐增多。于是，草原从一个原有的比较单一的植物群落世界，逐渐发展为栖居、繁殖、生存着多种野生动物而比较完整的草原生态系统，成为了原始放牧畜牧业产生的摇篮。

20世纪80年代，盖山林和盖志毅（1989）在研究内蒙古境内阴山山脉狼山区段和北部的乌兰察布高原（这两个地区均处于蒙古高原荒漠草原亚带范围内）

上的岩画时发现，在数以万计的岩画中，动物岩画占绝对优势，占全部岩画的90%以上（图1-1）。经中国科学院古脊椎动物与人类研究所古动物学家龙玉柱先生鉴定，动物岩画中的野兽和驯化动物有数十种。下面仅列出其中的一部分。

图1-1　草原狩猎生活的真实描绘（盖山林，1985）

阴山岩画中动物的属种：

狼（*Canis lupus*）　　　　　　狐（*Vulpes* sp.）
狍（*Capreolus capreolus*）　　野马（*Equus przewalskii*）
野驴（*Equus hemionus*）　　　野牛（*Bos* sp.）
岩羊（*Pseudois nayaur*）　　　羚羊（*Gazella subgutturosa*）
北山羊（*Capra ibex*）　　　　野猪（*Sus scrofa*）
梅花鹿（*Cervus nippon*）　　　野兔（*Lepus* sp.）
家马（*Equus caballus*）　　　 家牛（*Bos taurus*）
牦牛（*Poephagus grunniens*）　双峰驼（*Camelus bactrianus*）
家犬（*Canis familiaris*）　　 绵羊（*Ovis aries*）等。

乌兰察布岩画中的动物能被识别的有33种，其中，野兽和家畜有27种。下面列出部分种类：

狼（*Canis lupus*）　　　　　　狐（*Vulpes* sp.）
鼬（*Mustela sibirica*）　　　 貂（*Martes zibellina*）
兔（*Lepus* sp.）　　　　　　　野马（*Equus przewalskii*）
野驴（*Equus hemionus*）　　　野猪（*Sus scrofa*）
狍（*Capreolus capreolus*）　　梅花鹿（*Cervus nippon*）
黄羊（*Procapra gutturosa*）　 羚羊（*Gazella subgutturosa*）
北山羊（*Capra ibex*）　　　　岩羊（*Pseudois nayaur*）

野牛（*Bos* sp.） 披毛犀（*Coelodonta antiquitatis*）
驯鹿（*Rangifer tarandus*） 家牛（*Bos taurus*）
双峰驼（*Camelus bactrianus*） 绵羊（*Ovis aries*）
家猪（*Sus scrofa domesticus*） 家马（*Equus caballus*）等。

原始放牧畜牧业的形成，与野生动物的捕捉与驯化有关。这样的驯化动物和过程是如何产生和实现的？一般来说，驯化野生动物必须经过捕捉、拘系和圈禁野生动物的全过程。整个驯化过程可粗略地划分为3个阶段（盖山林和盖志毅，1989）。

### （一）强制拘禁阶段

在狩猎时代的晚期，人与野生动物的关系，不再是从前那样的敌对状态，这时猎人还逐渐地摸清了各种走兽的生活习性和活动规律。狩猎工具的改进和狩猎经验的积累，以及狩猎技术的提高，明显地增加了狩猎动物的数量，而暂时超出了人们生活的需要。在此情况下，人们先把还活着的走兽存留并喂养起来，特别是幼小的动物。这些在短期内被圈养的动物，日渐长大变肥，猎人发现这是一种比狩猎更为有利的事情。于是，他们便逐渐有意识地圈养起野生动物来。但是，完全具有野性的走兽，绝不会俯首就擒，必然会挣扎或逃跑，所以在对野生动物圈养的初期，他们必然要采取强硬的手段，把动物绳系或禁闭起来。所以，首先是经过强制拘禁阶段。

拘禁野生动物，在岩画中有一定的表达与反映。有的画面是把野马的蹄腿间系上马绊，还常出现方形的围圈，这些全是对野生动物强制拘禁手段。"畜"字在甲骨文中写作 ☖ （《殷墟粹编》，1511），郭沫若对此的解释为："乃从幺从囿，明是养畜义，盖谓系牛马于囿也。字变为畜"。"幺"为绳索纠结的象形，有拘系之义，此与《淮南子·本经训》说"拘兽以为畜"之含义正同，均是说明驯兽必是经过拘系圈禁阶段。

驯化野生动物，首先必经拘系圈禁阶段，确有实际生动的例证。居住在大兴安岭的鄂温克人饲养的驯鹿，原来是当地林区的一种野生鹿（鄂温克人将其叫做"索格尼"），传说古时有8个鄂温克猎人在山上打猎，活捉了6只野生鹿崽（幼鹿），放在小栅栏内，用苔藓植物喂养，最终驯化成现在圈养的驯鹿。

### （二）软化适应阶段

野生动物在经过一定时期的拘系圈养之后，它们由最初的恐惧和对人充满敌意的情况，逐渐适应且变得温和与顺从。与此同时，人们对动物的乖顺习性和肥壮现象，也产生了良好的印象和感情，因此，到了拘系阶段后期，动物的野性初步得到了"软化"，从而开始适应圈养的生活状态，即使把它们放开也不再逃跑。

于是，在完成强制拘系阶段后，开始了由强行征服动物向"软化"动物的转变。在距今 3000~4000 年的内蒙古岩画中，就有一些猎人（或牧人）与动物偎依、亲昵和嬉戏的画面，这就是野生动物被软化之后，人兽和谐关系的真实记录。

然而，并非所有野生动物都能被软化而驯化。几乎所有在内蒙古动物岩画中的动物，全部被人们圈养过，但大多数都失败了，而能够被人们软化驯养并能繁衍成家畜的仅有 7 种：家马、家牛、山羊、绵羊、骆驼、家犬、鹿。值得注意的是，仅这 7 种家畜，也不是同时被驯化而饲养的，每种动物驯化时间的长短、过程和难度是完全不同的。古代人为动物驯化经历了漫长的岁月，付出了艰巨的辛劳。

(三) 野外放牧阶段

随着对驯化动物的喂养，繁殖的数量日渐增多，特别是它们可以走出栅栏自由行动而不再逃跑。加之，人们对太多动物饲草的供给也难以满足。于是，人们把驯化最深的部分动物，主动赶到附近的草地，在牧人的控制下自己采食。之后，人们发现驯化好的动物在野外采食也不逃跑，同时还发现这是一种既能节省劳力，又能利用天然草原（放牧地）的合适办法。于是，人们逐渐放心地把更多的动物赶到草原旷野，在人们的监管下，让其自由采食。

这样一来就由"畜"（圈养）的状态进入"牧"的初始阶段，从而导致了草原原始放牧畜牧业经济的第一种形态——野外放牧形式的产生。"野放"是家畜放牧的原始形态，最后，逐渐发展为"逐水草而牧"的游牧形式，直到最后的定居放牧形式。这样原始的放牧形式，在草原地区从远古一直延续到现在。有鉴于岩画中的"野放"画面与现在存于蒙古高原草原地区的主要放牧形式，可为追溯草原畜牧业的原始形态，提供极为可靠的例证。

在内蒙古岩画中发现，在较早时期出现了"畜圈"，但它主要是用来拘禁驯化野生动物的，即使进入游牧社会后，也只是为了保护母畜下崽和幼崽免受外来野兽侵害而设置的畜圈。再者，内蒙古辽阔草原地区的畜圈，其形状是大小不同的方框，可能是用石块砌成的。在方形框内布满很多斑点，以示畜圈中有牲畜。在甲古文中，表示牲畜栏圈的象形文字有：☐、☐、☐，分别表示牛、羊、马的栏圈。从上述象形文字可知，栏圈是草原原始放牧畜牧业形成过程中人们对野生动物驯化与保护的简易设施。

在草原原始放牧畜牧业形成之后，草原放牧畜牧业生产开始发展起来。但是，由于牲畜的种类和数量均不断地增加，而与之相对应的人力、技术、设施以及牧人的生活习俗，都难以满足其发展的需要。然而，广阔草原拥有的丰富天然资源——草和水，为牲畜的自由放牧采食提供了有利条件，亦为草原放牧畜牧业生产发展提供了极其优越的物质基础。

历史考证，在我国秦汉时代，匈奴人以不可阻挡之势，充分发扬民族智慧、骁勇与勤劳，在辽阔的蒙古高原上缔造了草原畜牧业文明。司马迁说匈奴人"随畜牧而转移，其畜之所多则马、牛、羊……逐水草迁徙。"班固《汉书·晁错传》也说他们"美草甘水而止，草尽水竭则移……"。这里所说的"逐水草而居"，虽说是一种自由放牧的原始方式，但绝不是一种散漫的任牲畜随便游移的自然状态，而是牧人根据地形、气候，主要是水、草状况而驱赶和放牧牲畜的行为。

生态学原理表明，游牧的最大特点就是对自然的适应性。因为，人对自然有依存性，各种生命现象之间是相互联系的。因此，人类和他的牲畜与自然之间是相互关联、和谐共生并协同发展的。由此看来，"逐水草迁徙"中的"水"、"草"是自然条件，而"迁徙"则是人类促使牲畜对自然条件的适应。在草原原始放牧畜牧业形成与发展的前期，"迁徙"不仅是牲畜对自然条件的一种适应行为，甚至可视为游牧民族（包括牧人）对其生存环境的适应方式与生存抉择。

"天苍苍，野茫茫，风吹草低见牛羊"。这是广泛分布在蒙古高原上草原的真实写照。同样，也是草原放牧畜牧业的现场野景画面，其真实含义是：在内蒙古草原上，自草原原始放牧畜牧业的形成，到后来甚至至今沿袭的游牧（自由放牧）方式的存在。随着草原放牧畜牧业的不断发展和牧民生活水平的提高，原有的"靠天养畜"难以维持与发展草原畜牧业生产，故在牧区定居的条件下，实行放牧与半舍饲相结合的生产模式，使草原畜牧业经济得到了相应的发展。与此同时，这对保护与合理利用天然草地也起着十分重要的作用。

## 第二节 中国草原生态系统与草原植被类型

### 一、地理分布概况

我国温带草原以内蒙古高原为主体，南起北纬 35°，北至北纬 51°，南北跨越 16 个纬度。从我国草原区域全貌来看，从东北松辽平原呈水平地带向西和西南经内蒙古高原、鄂尔多斯高原、黄土高原，然后扭转直达青藏高原的东侧，东北—西南带状绵延 2500km。在这个广阔的自然地带范围内，草原生态系统分布的海拔，随着纬度的下降而逐渐上升。北部松嫩平原海拔 120～200m，由此向西、西南各地顺序出现的海拔依次为西辽河平原西部 400～500m，内蒙古高原 1100～1200m，鄂尔多斯高原 1400～1500m，黄土高原西部 2000m 以上，最高可达 2500～3000m（湟水河谷）。再往西南，地势急剧升高，穿过青海环湖区进入青藏高原后，一般海拔 4500～5000m。我国草原区域的这种地势变化，可以使人们十分清楚地看出我国草原生态系统的分布，虽然只跨 16 个纬度，但由于从东北向西南海拔的逐级上升，而抵消了纬度南移的气候变化（水热条件），于是在北纬 28°的青藏高原上，反而分布着大面积的寒冷而干旱的高寒草原生态系统，这个草原类型在地球上是唯一的高寒草原自然景观（中国植被编辑委员会，1980）。

在我国荒漠区域的一些山地，分布有小面积的草原生态系统。由于山地所处的纬度不同，草原生态系统分别出现在完全不相同的垂直带上。新疆北部的阿尔泰山，受北大西洋湿气团的影响，西部比较湿润，往东干旱程度逐渐增强，与此相适应的是荒漠与山地草原的分界线，从西向东逐渐上升。在山系西部，山地草原自山麓开始分布（海拔700m）并上升到1400m，与上部的山地针叶林带相接；山系中部，山地草原上限达1500～1600m；而东部地区的山麓则为荒漠所占据，山地草原的下限为1200～1300m，上限达1700～1800（2000）m。新疆中部的天山，北坡比南坡湿润，西段比东段湿润，故天山北坡西段的伊犁河谷，山地草原带下限为1000m左右，上限达1500m；其北坡东段的巴里坤地区，山地草原带的分布海拔为1600～2000（2200）m。天山南坡，山地草原带的界限普遍升高，其分布下限为1700～1850m，上限可达2800～3100m。新疆南部的昆仑山是荒漠化最强的山体，气候极端干旱，荒漠植被分布的海拔大幅度上升，使山地草原带大大地向上推移，其分布下限2300（西部）～3400m（东部），上限为3400～3800m。昆仑山东段的气候更加干燥，山地草原带已消失，仅在阴坡上保留了一些小面积草原群落片段。河西走廊的祁连山分布的山地草原带，因受东南季风影响，东部比西部湿润，故山地草原带的出现从东向西海拔逐渐升高，其东段为2000～2500m，西段为2700～3000m。南北纵向于荒漠区域东端的贺兰山，其山地草原带分布在一定的垂直带上，只是西坡比东坡的海拔升高较为突出。

## 二、环境状况

我国草原区域地处北半球中纬度内陆地区，草原生态系统及其他一些自然地带的地理分布格局，与境内特有的海陆分割和大气环流状况密切相关。东南临海受海洋季风影响，气候湿润；越往西北靠近大陆中心，季风影响越弱，而来自西伯利亚与蒙古高压气团的作用越强，干旱程度递增。故反映在我国自然地带各种生态系统的区域分异上，东南部为森林区域，向西再转向西南依次为草原区域和荒漠区域；西南的青藏高原上，主要由于海拔的升高，分布着各类高寒性的自然生态系统。

草原环境的生态条件十分复杂。就地貌而言，对我国草原区域的自然条件影响最大的是两条从东北延伸到西南方向隆起的山系：一条是小兴安岭→长白山→冀北山地→吕梁山，这条连绵的山系围绕在草原区域的外缘，构成了草原区域与森林区域的分界线；另一条是大兴安岭→燕山→阴山→贺兰山，这条山系的东段、中段将东北平原、河套平原与内蒙古高原分割开来，同时又是中温带与暖温带的分界线，在西段南北走向的贺兰山，将草原区域与荒漠区域截断。正是这两条山系的屏障作用，加上季风气候的影响，致使各项自然要素从东北向西南出现有规律的增或减的趋势。与此相应地，再结合纬度的变化，草原区域内呈水平地带性分布的各类草原亚带，为东北—西南的弧形带状排列，依次为草甸草原亚带→典型草原亚带→荒漠草原亚带→高寒草原亚带。这就是我国草原生态系统在地理分布上的经向地带性（中国植被编辑委员会，1980）。

草原区域大部分属温带半干旱区（干燥度 1.5～3.5）气候，部分和少部分属于半湿润区（干燥度 1.0～1.5）和干旱区（干燥度 3.5 以上）气候，具有明显的大陆性气候特点。我国草原区域，可划分为主体部分的东部草原亚区和较小面积的西部草原亚区。在东部亚区大面积的范围内，夏季受东南季风湿热气团影响，高温而雨量集中；冬季在强大的蒙古高压气团控制下，干旱寒冷而漫长。西部（阿尔泰）草原亚区，常年在西风控制下，接受来自西北方向湿气团的影响，全年内除夏季干旱外，降水分配比较均匀，基本上反映了中亚和哈萨克斯坦型的气候特点。

东部草原亚区面积大，分布广泛，海洋季风的势力由东南向西北逐渐减弱，特别是降水量呈明显递减的趋势，按此依次为半湿润区、半干旱区和干旱区。而由于温度的地理分异，从纬度较高的东北端和北部起始，向南和西南部纬度降低，热量递升，而划分出（中）温带与暖温带。这种理论上的增温规律，却因为海拔的大跨度升高而被打破，往西南进入较低纬度的青藏高原，呈现出高寒气候。概括而言，草原生态系统气候的共同特点是水热同期，降雨集中在夏季。在一般情况下，春季干旱，秋季降温迅速，冬季严寒而漫长。

草原区域的土壤类型比较复杂，大兴安岭东麓山前丘陵平原有发育较好的黑土，其东西两麓形成连续的黑钙土带，这里分布着较湿润的草甸草原亚带。中部地区的栗钙土带是典型的草原土壤，随着干旱程度和植被旱生性的适度加强，相应出现草原暗栗钙土亚带、普通栗钙土亚带和淡栗钙土亚带。在栗钙土带范围内，广泛分布着大面积的各类典型草原群落。西部地区的气候进一步干旱，形成更加干旱的棕钙土带，分布着更加干旱的荒漠草原亚带。在暖温带范围内，如鄂尔多斯高原南部和黄土高原北部地区，发育着另一种草原土壤——黑垆土，分布着暖温型的典型草原群落，只因受长期开垦破坏，草原植被已严重破碎化。其他还有一些隐域性土类，如草甸土、沼泽土和盐土等，分别发育着各类不同的草甸、沼泽和盐生性等隐域性植物群落。

## 三、草原植被类型

地植物学认为，草原（steppe）是以旱生多年生禾草（丛生型禾草和根茎型禾草）占绝对优势，且旱生多年生杂类草和旱生半灌木、小灌木起一定群落学作用的植被类型。根据草原群落中由植物生活型和生态类型所组成的"层片"的差别，主要是草原群落内部的基本结构部分的不同，可将中国草原植被型划分为 4 个草原植被亚型（中国植被编辑委员会，1980）。

（一）草甸草原

草甸草原是温带草原群落中偏湿润的一个草原植被亚型。群落中的建群种为中旱生、广旱生的多年生草本植物，同时常混生一定数量的旱中生或中生植物，且多是一些根茎禾草、杂类草和丛生薹草植物。典型旱生丛生禾草仍起着较重要的群落学作用，在群落组成中可占优势地位，而草原旱生小半灌木和小灌木层片几乎不起作用。

（二）典型草原

典型草原或称干草原是中国温带草原群落中具有代表性的旱生草原植被亚型。群落中的建群种由典型旱生、广旱生多年生草本植物组成，其中以丛生禾草为主。在群落组成中，多年生旱生禾草层片占绝对优势，同时伴生一定数量的根茎禾草、中旱生杂类草和旱生根茎薹草，还可混生旱生小灌木和旱生小半灌木。群落组成中，中生杂类草层片不起作用或根本不存在。

（三）荒漠草原

早在 1950 年，在苏联科学博士 A. A. 尤纳托夫（А. А. Юнатов）所著的 Основные черты растителъного покрова Монголъской Народной Республики（《蒙古人民共和国植被的基本特点》，李继侗译，1959）一书中就首次提出，由于向南方移动的蒙古草原受亚洲中部荒漠进展的强烈影响，在戈壁北部边界出现一宽带的草原，这种草原在结构、外貌上均极其特殊，我们有充分的理由可以把这种草原叫做"荒漠草原"。如此，A. A. 尤纳托夫于 1950 年，在考察研究蒙古高原植被基本特点工作的基础上，第一次在亚洲中部草原带中，正式划分并新增加了一个独具特殊性的草原植被亚型——荒漠草原。

荒漠草原是温带草原植被中旱生性最强的草原植被亚型。群落中的建群种由强旱生丛生小禾草组成，同时伴生大量的强旱生杂类草和强旱生小半灌木及半灌木，并在群落中成为稳定的优势层片。若在更干燥或过牧情况下，强旱生小半灌木还可成为建群植物；在基质沙、砾质增强的条件下，一些旱生小灌木（主要是锦鸡儿属植物）生长良好，可形成群落上层的"背景植物"。再者，一年生"夏雨型"植物可以形成群落中的季节层片，成为荒漠草原群落特征之一。由于生境的干旱程度加强，少数种类的地衣和藻类植物多有生长，成为荒漠草原群落的独有特征。

中国荒漠草原的水平地带分布虽以内蒙古高原和鄂尔多斯高原为主体部分，但在我国西部新疆地区，也有局部较小面积的水平带状分布。1960年，秦仁昌在《中国植被区划（初稿）》的蒙新干草原和荒漠区中，划分出了阿尔泰山山地森林和森林草原、准噶尔界山山地草原，并明确指出阿尔泰山山前地带，特别是其东南方向的山前平原广阔地分布着一个山前荒漠草原带，但他并未把该荒漠草原亚带独立出来，仍把它放入了荒漠带内。1987年，张佃民在《新疆北部草原的发生学特点及亚地区划分问题》一文中指出，在阿尔泰山山前倾斜平原的上部，西起哈巴河，东至青河都发育着典型的荒漠草原群落，甚至更东南部的北塔山西麓的山前洪积扇淡栗钙土和棕钙土上，也分布着以沙生针茅（Stipa glareosa）和碱韭（Allium polyrhizum）为主的典型荒漠草原（张佃民，1987）。

值得注意的是，分布在新疆北部的阿尔泰山山前平原呈水平地带性分布的荒漠草原植被，在群落组成成分上与广泛分布在蒙古高原和鄂尔多斯高原上的荒漠草原植被，除建群种、优势种和伴生种不完全相同外，在新疆境内的荒漠草原群落中，混生有大量的短命植物和类短命植物，如庭芥（Alyssum desertorum）、四齿芥（Tetracme quadricornis）、全裂叶阿魏（Ferula dissecta）、鳞茎早熟禾（Poa bulbosa）和柔毛郁金香（Tulipa biflora）等。而在蒙古高原和鄂尔多斯高原的荒漠草原群落中，则具有十分发达的属"夏雨型"的一年生植物层片，如小画眉草（Eragrostis minor）、虎尾草（Chloris virgata）、冠芒草（Enneapogon borealis）、三芒草（Aristida adscensionis）、锋芒草（Tragus racemosus）、狗尾草（Setaria viridis）、黄花蒿（Artemisia annua）和猪毛菜（Salsola collina）等。

（四）高寒草原

高寒草原是在青藏高原和一些高山地区的寒冷气候条件下，由非常耐寒冷的旱生矮型多年生草本植物或旱生小半灌木建群的植物群落。其最主要的特点是在群落中多混生一些耐寒的垫状植物。

中国温带草原上述的4种草原植被亚型的群落学特征，如覆盖度、地上生物量、种饱和度，以及组成群落的植物生态类型，均随着旱生程度或寒冷程度的增强或加剧而减少（表1-2）。

表 1-2  中国草原植被亚型的群落学特征比较

| 群落学特征 | 草甸草原 | 典型草原 | 荒漠草原 | 高寒草原 |
|---|---|---|---|---|
| 代表群落 | 贝加尔针茅草原 | 大针茅草原 | 小针茅草原 | 紫花针茅草原 |
| 标志层片 | 中生杂类草 | 旱生丛生禾草 | 强旱生小半灌木 | 寒旱生矮禾草 |
| $1m^2$内平均种数 | 20 | 15 | 11 | |
| 登记总种数/个 | 169 | 104 | 74 | |
| 旱生植物/% | 25.4 | 49.1 | 78.0 | 寒旱生植物为主 |
| 中旱生植物/% | 37.9 | 31.7 | 5.5 | |
| 中生植物/% | 36.7 | 19.2 | 16.5 | |
| 总盖度/% | 40～75 | 20～40 | 10～15 | 20～40 |
| 群落平均产量/（kg/hm²） | 2000 | 800～1000 | 200 | 175～350 |

资料来源：中国植被编辑委员会，1980。

# 第三节  内蒙古地区自然条件与草原植被地带性

## 一、自然条件

内蒙古自治区地处亚洲大陆中东部的温带气候地区，位于中国北部边疆，北纬37°24′～53°23′，东经97°12′～126°04′，南北最宽处约1700km，东西直线长达2400km，土地面积约118.3万 $km^2$。在这广阔的国土上，无论是地貌、气候、土壤和水文条件均具有极其明显的差别，致使广泛分布的内蒙古植被具有显著的地带性，且分化为比较复杂多样的植被类型（中国科学院内蒙古宁夏综合考察队，1985）。

（一）地形

内蒙古自治区地形条件十分复杂，主要由高平原、山地、丘陵和平原等地貌单元构成。就地势整体而言，由东部的大兴安岭、中部的阴山山脉和西部的贺兰山，形成一条自东向西的弧形山脉，成为自然区域的一条天然分界线，截然地将自治区切割成南、北两大部分，在其北侧是自东向西绵延广袤的内蒙古高原（蒙古高原是其整体）；而在其南侧是自东向西，由山前断陷作用而形成的嫩江西岸平原、西辽河平原、土默川平原和河套平原；河套平原以黄河为阻隔，在黄河以南为上升的鄂尔多斯高原。就自治区整体大地貌自北向南或从东向西，呈现出高平原、山地与平原镶嵌排列的南北层状和东西带状分布的特点，既呈现出大地构造的形迹，又影响着水热条件在空间上的再分配，从而导致不同地区自然条件的差异和自然资源的特点。

## （二）气候

内蒙古自治区属大陆性干旱气候。气温自东向西递升，东端的大兴安岭中山区年平均气温为-5～-3℃，是本区甚至全国最冷的地区之一。由此向东南、向西气温逐渐升高，大兴安岭东麓地区为0～3℃，大兴安岭南段为-3～-1℃。西辽河平原为5～7℃，锡林郭勒高原为0～2℃，阴山山地为2℃左右，乌兰察布高原为3～4℃，巴彦淖尔高原为8～9℃，鄂尔多斯高原为5～7℃。就其总体而言，区域气温变化表现出4个方面的特点。①冬季漫长而严寒。例如，锡林郭勒高平原、阴山山地和低山丘陵区，冬季长达200天左右，阴山以北最低气温可达-35℃以下。②夏季短促而温热。本地区夏季非常短促，甚至有些地区无夏季（以平均气温在20℃以上为标准）。贺兰山以西夏季最长，一般为90～100天。鄂尔多斯高原为60～70天。锡林郭勒高平原（东北部除外）、乌兰察布高平原等地区，在7月上旬入夏，到8月中旬、下旬终止，以7月最热，月平均气温为16～26℃，大部分地区极端最高气温为36～40℃。③春温骤增，秋温剧降。通常在3～5月月际气温的变化很大，初春的4月比冬末的3月气温上升可达7℃之多，5月比4月高6～8℃。再者，秋季各月气温的下降速度极为明显，月际间气温可降低6～10℃（或10～12℃），可谓"不觉就成冬"。④气温年较差和日较差均大。本区气温年较差一般为33～34℃，年平均日较差一般为12～16℃，最大日较差多出现在最干旱的春季，可超过23℃以上。

降水条件对于干旱气候地区而言，是至关重要的生态因子之一。本区降水条件的突出特点是：①降水量偏低且自东南向西北递减。大兴安岭山地和西辽河流域南部山区，年降水量450mm以上，由此向西北内陆各地区的降水量逐渐减少。呼伦贝尔高平原、锡林郭勒高平原和鄂尔多斯高平原西部仅有250～350mm；乌兰察布、河套平原及其以西地区250mm左右；巴彦淖尔—阿拉善高平原100mm左右；再偏西可不足50mm。仅以年均降水量而言，在本区东部、东南部400mm以上地区为大兴安岭森林区和以种植业为主的地区。依次向西为广阔的草原地带，在350mm等雨线以东为草甸草原亚带；250mm等雨线以东为典型草原亚带；150mm等雨线以东为荒漠草原亚带；100mm等雨线以东为草原化荒漠亚带；降水量100～50mm是极干旱的典型荒漠。②冬春少雨雪，降水集中于夏季。通常，6～8月的雨量占全年降水量的60%～75%，大部分地区的降水量一般为150～200mm，水热同季，有利于草原植物生长发育。③降水变率大，保证率低。降水量的年际变化很大，且表现为从东向西逐渐加大，一般为2～6倍。月份和季节降水量的年际变化可达十几倍甚至几十倍。因此，对于天然牧草和农作物的生长发育与生产量的保证率很低。④降水量少，蒸发量大。本区自东向西年降水量逐渐减少，而年蒸发量逐渐增大。乌兰察布高平原、巴彦淖尔北部和鄂尔多斯高原西部地区，年蒸发量为 2400～3400mm。年内蒸发量的最大值，大多出现在春季（5～6 月）。全区各地年蒸发量相当于年降水量的 3～5 倍，西部一些地区可超过 10 倍。大兴安岭林区湿润度＞1.0，大兴安岭两侧山麓地带 0.6～1.0，属于半湿润区；锡林郭勒—镶黄旗南部—四子王旗南部—包头—东胜—乌兰镇一线以南以东，湿润度 0.3～0.6，属于半干旱区；从苏尼特左旗北部—二连浩特—乌拉特后旗—贺兰山一线以东，湿润度 0.13～0.3，属于干旱区；此带以西湿润度＜0.13，属于极干旱区。但是，多年来在全球气候变化的影响，加之环境受损与区域荒漠化的加剧，导致近年来降水量有所减少，上述各湿润度界限出现向东推移的趋势，尤以半干旱区和干旱区的界线更加明显。

综上所述，内蒙古自治区夏季温热而短促，冬季寒冷而漫长；气候干旱，雨雪稀少；春冬季风大，空气干燥，属典型的大陆性干旱气候。如此干旱的气候特点，为内蒙古植被，特别是草原和荒漠植被，打上了地带性基本特点的烙印。

## （三）土壤

内蒙古自治区高纬度和高海拔的地理位置，以及干旱的大陆性气候条件，对这个狭长而广阔区域的土壤形成、类型和地理分布产生了极其深刻的影响。主要表现为以草原土壤为主体，且普遍存在钙积化现象。

内蒙古区域地带性分布的土壤，主要由北部和南部两个热量带土壤序列组成。黑土带分布在大兴安岭北部东麓丘陵平原地区，是我国东北平原黑土带向西延续部分。黑钙土带主要分布在呼伦贝尔高原大兴安岭西麓山前低山丘陵地区，并沿着大兴安岭西麓向南延伸至多伦一带。

栗钙土带面积宽阔，广泛分布在内蒙古高原和鄂尔多斯高原东大半部，以及大兴安岭南侧西辽河流域一带。在其西北部与整个蒙古高原的栗钙土带连接，实为一体。

棕钙土带位于栗钙土带西侧，北界与整个蒙古高原的棕钙土带连接，南界与灰钙土带相连。在棕钙土带的地域内，发育并分布着亚洲中部草原区独特的荒漠草原植被，而棕钙土则是荒漠草原亚带的主体土壤。棕钙土是草原向荒漠过渡的一类地带性草原土壤，广泛分布于内蒙古高原中西部和鄂尔多斯高原西部地区。棕钙土带地表普遍存在砾质化和表面浅层沙化状况，表土层（A 层）腐殖质积累过程比栗钙土弱，但仍有 20～30cm 的腐殖质层，其腐殖质含量为 1.0%～1.8%。棕钙土碳酸钙和易溶性盐的淋溶强度减弱，且以碳酸钙形式为主的淀积部位较高，故钙积层（B 层）一般出现在 20～30cm 深处，其厚度为 20～30cm，碳酸钙含量平均为 10%～40%。而钙积层在土体中出现的深度、厚度、碳酸钙含量和聚积状态在棕钙土带从东向西呈现有规律的变化，即越往西钙积层的层位越高，厚度越薄，碳酸钙含量越低，且多呈斑块状分布。棕钙土特别是淡棕钙土普遍达到弱盐化程度，含盐量均为 0.3%～1.0%，土体的碱化层一般是块状紧实结构，呈棕红色或棕褐色，含代换性钠 3～5mg 当量/100g 土重，淡棕钙土的碱化现象具有明显的地带性。棕钙土的机械组成较轻而粗，普遍存在不同程度的砾石和粗砂，故土壤质地多以砂砾石、沙质和砂壤质为主。荒漠草原亚带的主体土壤为棕钙土，通常可划分为棕钙土、淡棕钙土、草甸棕钙土和盐化棕钙土 4 个亚类。在荒漠草原亚带区域内，呈地带性广泛分布的荒漠草原植被的土壤，自东向西依次为棕钙土和淡棕钙土，但在该区域南部暖温性荒漠草原群落的基质条件下，还有淡栗钙土出现。

漠钙土带和灰棕荒漠土带占据了本区域全部的荒漠区，两者是极干旱的荒漠土壤，同样也与整个蒙古高原融为一体，往西与新疆地区的荒漠土被连成一片，从而构成了亚洲中部荒漠区的地带性土壤。

## 二、草原植被地带性

内蒙古自治区在自然地理位置上处于亚洲大陆中东部的温带气候地区，该区域自东向西跨越 29 个经度，因所受东南季风的影响不同，气候干湿度东西差别显著，由东部到西部可划分为湿润、半湿润、半干旱、干旱和极干旱 5 类气候区。在干湿度不同的气候区内，相应地发育形成了森林、草原和荒漠 3 个一级植被带。而在草原带和荒漠带内，由于干湿度的不同，再分异成草甸草原（森林草原）、典型草原、荒漠草原、草原化荒漠和典型荒漠 5 个地带性二级植被亚带。本区最北部邻近西伯利亚寒温带地区，南部与华北暖温带边缘接壤，南北横跨 16 个纬度（约 2000km），植被自北向南又分异为寒温带植被类型、中温带植被类型和暖温带植被类型（图 1-2）。

内蒙古植被地带分异十分明显，其植被水平地带性分布规律是：在最北部的寒温型湿润气候区内为寒温型明亮针叶林带；大兴安岭东部的中温型湿润气候区属于中温型夏绿阔叶林带的一部分；燕山北部的暖温型湿润气候区是华北暖温带夏绿阔叶林带的北缘。在阴山山脉以北的中温型半湿润、半干旱气候区，广泛发育分布着中温型的草原植被，构成了内蒙古地区最发达的一个植被地带——中温型草原带，主要占据着内蒙古高原中部大部分地区。阴山山脉以南地区，具有暖温型半干旱气候特点，而成为暖温型草原带的一部分。在本区西部地区的内蒙古高原西端，属暖温型干旱、极干旱气候区，相应地分布着广阔无际的荒漠带。内蒙古草原带的地理分布与草原植被基本特点简述如下。

(一) 中温型草原带

在我国境内，中温型草原带由蒙古国及外贝加尔地区延伸到我国东北境内，构成了欧亚草原区最东部的中温型草原带，主要占据着内蒙古高原的全部草原地

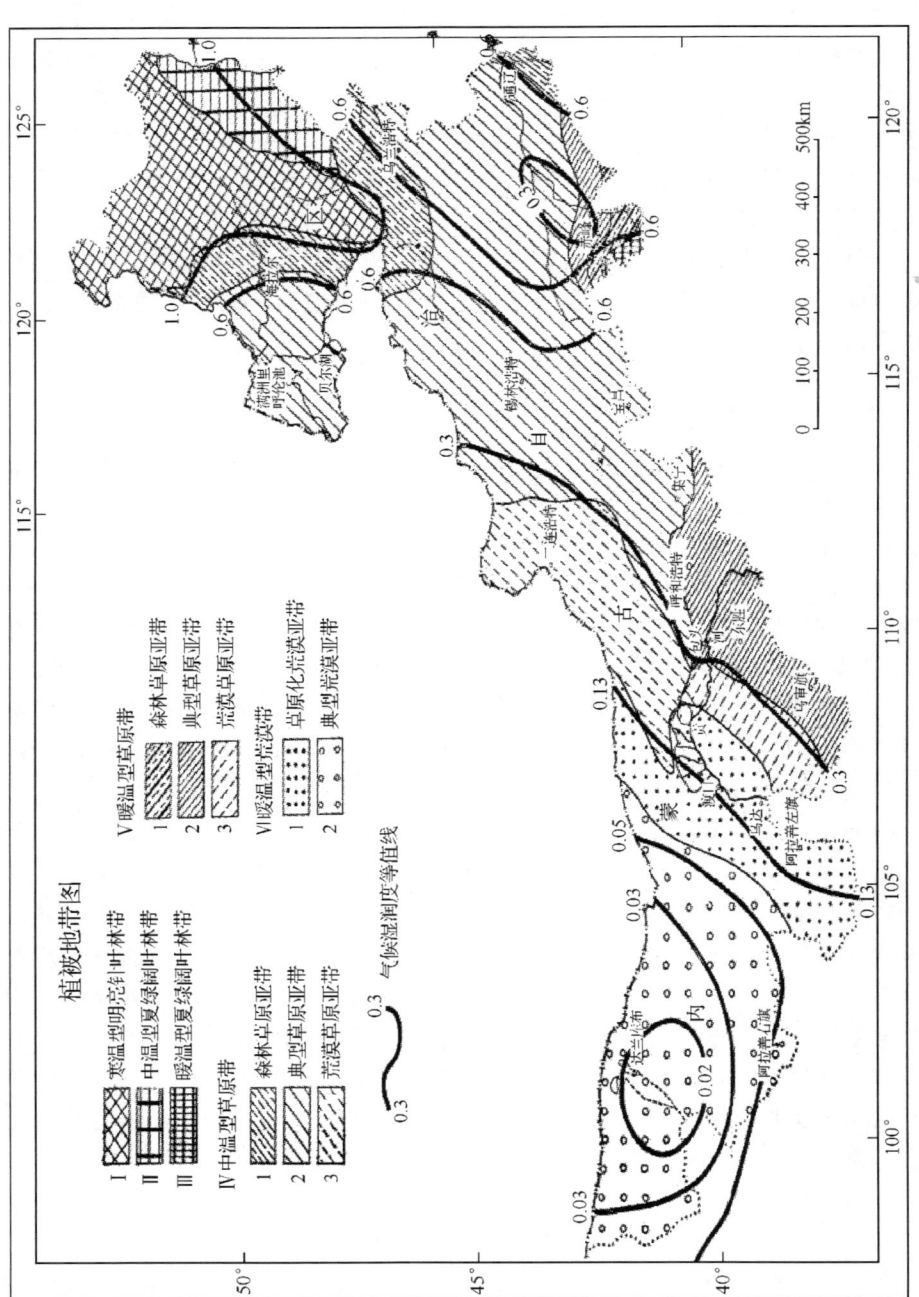

图 1-2 内蒙古自治区植被地带图（中国科学院内蒙古宁夏综合考察队，1985）

区，同时向东延伸经大兴安岭南段，直达西辽河平原地区。大兴安岭与阴山山脉断续形成东北—西南的弧形天然屏障，致使草原带气候的湿润度由东南向西北递减，于是在草原带内形成了草甸草原、典型草原和荒漠草原3个中温型草原植被亚带，且扭转呈东北—西南方向的经向带状分布。

1. 草甸草原亚带

草甸草原亚带处于森林带与草原带之间的过渡地区。在本区内为环绕着大兴安岭的针叶林亚带和夏绿阔叶林亚带，呈连续分布的狭长带状，一般多分布在山地外围的丘陵地区，处于草原带内最寒冷、最湿润的区域，这里发育着自然肥力较高的黑暗土。年均温$-1.5\sim3.1℃$，$\geqslant10℃$的积温$1650\sim1950℃$；年降水量$350\sim500mm$，湿润度$0.6\sim1.0$，是中温型草原带内自然条件最好的草原区域。

组成草甸草原亚带的植被以多种草甸草原植物群落为主体，常见的有贝加尔针茅草原（Form. *Stipa baicalensis*）、羊草草原（Form. *Leymus chinensis*）、羊茅草原（Form. *Festuca ovinia*）和线叶菊草原（Form. *Filifolium sibiricum*）等。而少量的森林植物群落仅居于次要地位，零星混生于本亚带内，常见的有白桦林和白桦-山杨林，多出现在较高的陡坡、低山或丘陵阴坡上，形成零散的岛状林。在森林群落片段的外围，还生长一些柳灌丛和绣线菊灌丛。而在阴坡的无林地段上，生长有中生性杂类草的草甸群落，其主要植物有野豌豆、野火球、山黧豆、地榆和脚薹草等。

2. 典型草原亚带

典型草原亚带极其广泛地分布在呼伦贝尔西部、锡林郭勒高原、大兴安岭南麓及西辽河平原等地区。典型草原亚带是草原带内分布面积最大的一个草原亚带，也是我国草原区中最典型的草原区域。其地貌特征主要是开阔而平缓的波状高平原，局部地段有低缓的石质丘陵沙地、坨甸地和低山。本亚带属内陆半干旱气候，年均温$-2.0\sim6.0℃$，7月均温$18\sim24℃$，1月均温$-27\sim-13℃$，$\geqslant10℃$的积温$2000\sim3000℃$；年降水量$250\sim350mm$，湿润度为$0.3\sim0.6$，通常在春、秋两季出现较明显的相对干旱期，尤以春季为重。土壤主要是普通栗钙土、淡栗钙土和少数的暗栗钙土。

组成典型草原亚带的植被以多种典型草原植物群落为主体，常见的有大针茅草原（Form. *Stipa grandis*）、克氏针茅草原（Form. *Stipa krylovii*）、糙隐子草草原（Form. *Cleistogenes squarrosa*）、冷蒿草原（Form. *Artemisia frigida*）、羊草草原和冰草草原（Form. *Agropyron cristatum*）等。在蒙古高原上，典型草原亚带自东向西，气候干旱程度递增，致使草原植被和土壤的类型与分布各有差异。东部的湿润度偏高，为$0.45\sim0.6$，土壤以暗栗钙土为主，这里是以含丰富杂类草或有羊草参与的大针茅草原群落占优势，羊草草原在这个区域的分布数量也稍多。而西部的气候更趋于干旱，其湿润度为$0.3\sim0.45$，土壤为普通栗钙土和淡栗钙土，草群中含少量杂类草的大针茅—糙隐子草草原和克氏针茅草原，成为这里最优势的植被，由糙隐子草组成的小丛生禾草层片和以冷蒿占优势的旱生小半灌木层片具有普遍而显著的作用。在本亚带最西端的边缘地区，大针茅已基本消失，克氏针茅成为主导植物，而一些荒漠草原的种群成分渗入群落，如短花针茅、小针茅、北芸香和木地肤等。出现在典型草原亚带区域内常见的隐域性植物群落芨芨草盐化草甸生境中，已有白刺（*Nitraria tangutorum*）、盐爪爪（*Kalidium foliatum*）和红砂（*Reaumurica soongorica*）等耐盐荒漠成分的少量渗入。这充分显示典型草原群落向西部更干旱的荒漠草原亚带逐渐过渡的迹象。

3. 荒漠草原亚带

荒漠草原亚带是中温型草原带中最干旱的一个亚带，主要分布在内蒙古高原的中部偏西地区，是草原带向荒漠带的草原化荒漠亚带过渡的草原亚带。

## （二）暖温型草原带

暖温型草原带地处内蒙古高原南部地区的暖温气候带范围内，呈东北—西南狭长带分布。植被类型虽有分异，但多与丘陵山地及农耕地交错出现。暖温型草原带与大面积广阔分布的中温型草原带的分界线大致是东起赤峰以北和西拉木伦河以南，向西穿过河北省张家口北部的万全县，并以长城为界，再经过丰镇至凉城以北的山地，北抵阴山山脉南侧，继续向西止于乌拉山跨越黄河，直抵鄂尔多斯高原。

暖温型草原带的地带性土壤自东向西依次为褐土、黑垆土、灰钙土。此外，还零星分布着一些小面积的隐域性土壤。随着气候湿润度由东向西逐渐减小，在地域上越往西越干旱，致使在暖温型草原带范围内也划分为草甸草原、典型草原和荒漠草原3个亚带。

1. 草甸草原亚带

暖温型草甸草原亚带在本区主要分布于燕山山地北坡及其以北的由黄土覆盖的丘陵地区。这里气候较温暖，年平均温度 6.5~7.5℃，7月均温 23~24℃，1月均温 －12~－11℃，≥10℃的积温为 3000~3200℃；年降水量平均 400~500mm，湿润度 0.5 左右。由于本亚带的农业开发历史较长久，故原生植被保存很少。在山地、丘陵和平原上，只相应地生长着少量的次生林、灌丛和草原植被，农田和撂荒地占据很大的区域。通常，在长期撂荒地上分布着长芒草（*Stipa bungeana*）群落片段；在地表明显侵蚀的撂荒地上分布有百里香占优势的小半灌木群落；在砾石质丘坡上，白莲蒿半灌木群落生长较好。在上述植物群落中，一般都混生有一些草原旱生植物，主要有隐子草、冰草、大油芒、野古草、达乌里胡枝子、阿尔泰狗娃花、草木樨状黄芪和二裂叶委陵菜等。在石质丘陵低山地区，阴坡上生长着桦木林和山杨林；阳坡及丘陵低山下部，广泛发育多种灌丛植被，主要是虎榛子灌丛。

综上所述，暖温型草甸草原亚带的植物区系和植被组成，均与中温带草甸草原亚带有着显著区别，即暖温型草甸草原亚带表现了华北、东北和蒙古高原三个方面的植物区系成分互相渗透的过渡性特点。

2. 典型草原亚带

本区暖温型典型草原亚带大体分布于大青山南坡及其以南的平原和丘陵地区，向西越过黄河，直抵黄河南部的鄂尔多斯高原东部及毛乌素沙区。年平均气温 5.0～8.0℃，7 月均温 20～23℃，1 月均温 -15～-11℃，≥10℃ 的积温为 2700～3200℃；年降水量 350～450mm，湿润度 0.3～0.6，属热量较高、水分不充足的半干旱气候。因长期的农业开垦，天然植被受到人为干扰，故亚带分布地区的原生植被保留很少。

长芒草群落（Form. *Stipa bungeana*）虽现存面积较小且不能连片分布，但它仍是本亚带的地带性草原植被的主要群落类型。在长芒草建群的群落组成中，常见植物有糙隐子草（*Cleistogenes squarrosa*）、达乌里胡枝子（*Lespedeza davurica*）和百里香（*Thymus serpyllum*）等；同时也有小针茅（*Stipa klemenzii*）、冰草和冷蒿等与蒙古高原草原植被的共有植物成分。在人为活动频繁与地表侵蚀较重的地段上，草原群落的生态衍生变型——百里香小半灌木群落发育良好而广泛分布，且成为这里很稳定的群落类型。在百里香建群的群落组成中，主要植物有长芒草、糙隐子草、冰草、达乌里胡枝子、冷蒿和柔毛蒿（*Artemisia pubescens*）等。在地表侵蚀强度更大的陡坡或砾石质坡地上，多生长由白莲蒿（*Artemisia sacrorum*）组成的半灌木群落。

大青山平均海拔 1800～2000m，其上部分水岭构成了暖温型草原亚带的北界。山地的植被类型具有华北夏绿阔叶林区的一些特点，在山麓地带和山地下部则是以长芒草草原、百里香群落和白莲蒿群落为主。山地中部广泛分布着多种山地灌丛植被，主要有绣线菊（*Spiraea* spp.）灌丛、虎榛子（*Ostryopsis davidiana*）灌丛、黄刺玫（*Rosa xanthina*）灌丛和柄扁桃（*Prunus pedunculata*）灌丛等。而在山地上部有森林植被发育，阳坡有杜松（*Juniperus rigida*）疏林和辽东栎矮林，阴坡则以白桦林（*Betula platyphylla*）和山杨林（*Populus davidiana*）为主，局部有蒙椴（*Tilia mongolica*）林出现。而在海拔 1700～1800m 以上的山顶上，有以线叶菊（*Filifolium sibiricum*）为主所组成的杂类草山地草原的分布。

地处鄂尔多斯高原的毛乌素沙区，位于暖温型典型草原亚带区域内（只在沙区西部边缘地区，属暖温型荒漠草原亚带的一部分）。沙区以固定和半固定沙地为主，局部有流动沙丘出现。在沙地（丘）之间零散分布着大小不一的低湿地"草甸子"，从而形成了沙丘与丘间低地相间分布的沙区景观，在这样的非地带性生境条件下，发育着沙生植物群落和中生及湿生植物群落。

在比较稳定的沙地基质的沙丘和沙梁地上，形成了沙生植被的生态系列。最发达的黑沙蒿群落（Form. *Artemisia ordosica*）占据了大部分沙丘和沙梁地，群落的主要种类成分有白草（*Pennisetum centrasiaticum*）、沙生冰草（*Agropyron desertorum*）、沙芦草（*Agropyron mongolicum*）、沙鞭（*Psammochloa villosa*）、砂珍棘豆（*Oxytropis gracilima*）、木岩黄芪（*Hedysarum fruticosum* var. *lignosum*）、砂蓝刺头（*Echinops gmelini*）和牛心朴子（*Cynanchum komarovii*）等。在沙基质稳定程度较差的黑沙蒿群落中，一年生植物增多，有狗尾草、软毛虫实（*Corispermum puberulum*）、沙蓬（*Agriophyllum pungens*）和南牡蒿（*Artemisia eriopoda*）等。沙生植被系列中常见的是中间锦鸡儿（*Caragana intermedia*）占优势的沙生灌丛。此外，柳叶鼠李（*Rhamnus erythroxylon*）灌丛、叉子圆柏（*Sabina vulgaris*）灌丛及生长在流动沙丘上的黄柳（*Salix gordejevii*）灌丛等均有少量分布。

沙丘间的低湿地上，植被类型十分复杂，有草甸、盐化草甸、沼泽草甸、草本沼泽和中生灌丛等。其中最多的是各种草甸群落：薹草＋杂类草草甸、拂子茅草甸、芨芨草盐化草甸、马蔺盐化草甸、野大麦＋碱茅盐化草甸和芦苇草甸等。由乌柳（*Salix cheilophila*）和小红柳（*Salix microstachya*）等中生灌木所组成的湿地灌丛也有广泛分布。

3. 荒漠草原亚带

荒漠草原亚带是分布在暖温型草原带最西部的一个亚带，呈东北—西南狭长地带性分布，阴山山脉的分水岭为其北界，向南向西延伸至宁夏、甘肃东部一些地区。该区内本亚带分布在鄂尔多斯的中西部、乌拉山南坡及库布齐沙地的中段，往南为强烈剥蚀的砂砾质高平原，西南以贺兰山的分水岭为其西界。该区域由于海洋季风作用减弱，气候更加干旱而进入干旱区的边缘地区。年均温7℃左右，7月均温22～23℃，1月均温－13～－1℃，≥10℃积温2800～3100℃；年降水量250mm左右，湿润度0.20～0.25（鄂尔多斯高原西部）。降水多集中于夏季，故雨热同季。

本亚带与阴山山脉以北的中温型荒漠草原亚带相比较，在植物区系和群落组成上均具有相当明显的共性，尤其是群落的建群成分共有，只是短花针茅（*Stipa breviflora*）的建群作用在蒙古高原上向北趋于减弱，而在阴山以南则普遍成为群落的优势成分。与此相反，小针茅（*Stipa klemenzii*）的作用在阴山以南及鄂尔多斯高原南部趋于减弱。

鄂尔多斯高原中西部的砂砾质高平原是本亚带的主体部分。由于基岩（砂岩）结构疏松，地表侵蚀强烈，小针茅草原难以良好发育，只有短花针茅草原和沙生针茅草原保持着相当的分布，而小针茅草原多呈群落片段出现。通常，在多种针茅群落中，均具有较发达的小半灌木层片，主要由冷蒿或蓍状亚菊（*Ajania achilleoides*）组成。其他广泛分布的植物群落还有冷蒿群落、黑沙蒿群落（Form. *Artemisia ordosica*）和蓍状亚菊群落等，它们是砂砾质或沙质土壤上形成的荒漠草原衍生变型，这类小灌木植被的良好发育，占据着空间上的显著优势，成为鄂尔多斯高原荒漠草原亚带的突出特色。本亚带西部边缘地区的植被组成中，更有荒漠植物成分的侵入，如藏锦鸡儿（*Caragana tibetica*）、红砂和珍珠猪毛菜（*Salsola passerina*）等荒漠群落的片段，它们分别与荒漠草原半灌木群落形成复合分布，这样的分布状况，充分显示了本亚带向西部荒漠带过渡的植被特征。

本亚带的北部，在宽阔的黄河阶地及河漫滩上，有湖盆、风蚀洼地及干河道的存在，这里的地下水位较高，加之地表蒸发强烈，故土壤盐化现象十分普遍。盐化草甸、盐湿灌丛和盐湿荒漠群落均相当发达，常见的有芨芨草盐化草甸群落、柽柳灌丛、白刺荒漠群落和盐爪爪荒漠群落等。在一些非盐化的河漫滩上，还有拂子茅草甸和柳灌丛小片分布。横向东西的黄河南岸库布齐沙带，其中段处于荒漠草原亚带范围之内，多为流动和半流动沙地（丘），植被覆盖率较低。常见的除有稀疏的黑沙蒿群落之外，只有沙蓬和乌柳（*Salix cheilophlla*）等沙地先锋植物群聚生长。沙区的西缘是荒漠草原亚带的一部分，黑沙蒿群落占优势，值得注意的是旱生性更强的白沙蒿（*Artemisia sphaerocephala*）侵入其中，但不起主导作用。

乌拉山南坡与西部贺兰山东坡均是荒漠草原亚带的山地，在这里的山麓洪积扇为荒漠草原植被占优势，但植被类型比较简单，以山地灌丛和荒漠草原群落占优势，而山地森林不发达。在山地灌丛中，柄扁桃灌丛与绣线菊灌丛的分布比较广泛。草原植被中的长芒草草原（Form. *Stipa bungeana*）和短花针茅草原（Form. *Stipa breviflora*）在土层较厚的山坡上有分布，而小针茅草原（Form. *Stipa klemenzii*）只在较干燥的砾石坡上有小片分布。山地分水岭以西的阿拉善地区及鄂尔多斯高原西北边缘地区，均进入了荒漠带的区域范围。

# 第二章 内蒙古高原荒漠草原生态系统基本特征与植被主要特点

在蒙古高原上，处于中温型草原带与荒漠带之间过渡地带的荒漠草原生态系统（desert steppe ecosystem），无论是它所具有的特殊种类成分、群落结构与功能，还是它的地理分布规律，以及突出的地域过渡性，都显示出它在生态学上的独特性。有鉴于此，苏联科学博士 A. A. 尤纳托夫在 1950 年调查研究这个区域的植被基本特点时曾指出："荒漠草原是亚洲中部草原区内，一个特殊而独立存在的草原植被类型"。

亚洲中部草原区的偏西地域，有一个由草原区向荒漠区逐渐过渡的地带性植被类型——荒漠草原（desert steppe）。在内蒙古高原呈地带性分布的荒漠草原植被，是中温型草原带中最具旱生性的一个亚带，地处草原带的西侧，与荒漠带

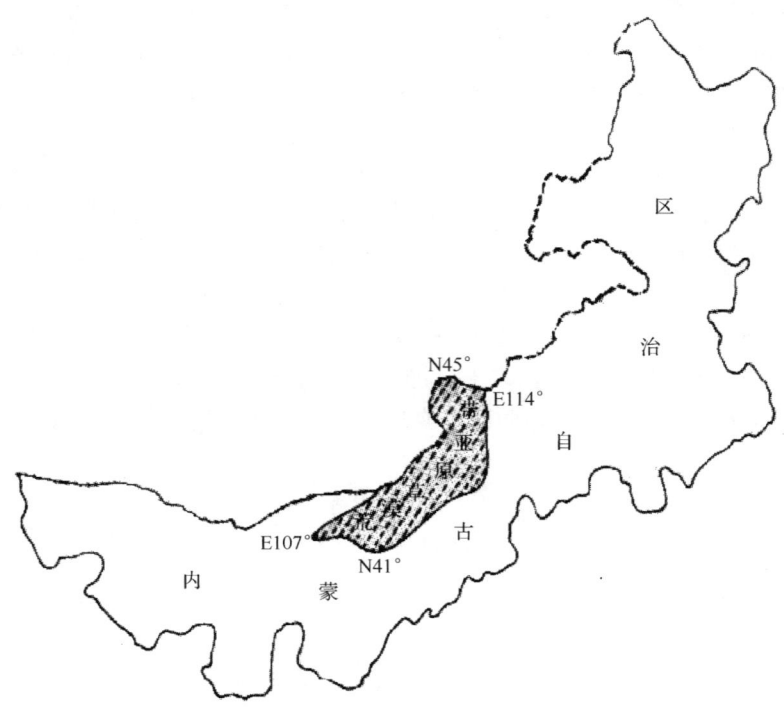

图 2-1 内蒙古中温型荒漠草原亚带分布略图
（中国科学院内蒙古宁夏综合考察队，1985）

（该植被带东侧的草原化荒漠亚带）相邻接，它是草原带向荒漠带的一个过渡植被亚带。这里的荒漠草原植被集中连片地广泛分布在内蒙古高原的中部偏西地区，其主体位于阴山山脉以北的层状高平原上，东起苏尼特，西至乌拉特地区，西北与蒙古国南部广阔的荒漠草原连接成一体，西南经黄河阻隔与鄂尔多斯高原中部、西部的暖温型荒漠草原遥遥相望，从而构成内蒙古区域内的荒漠草原植被。这里是我国内蒙古自治区重要的养羊业基地（图2-1）。

# 第一节 自然条件

自晚第三纪的中新世、上新世至早更新世，在蒙古高原广大地区，经历了一个以草原（或荒漠）孕育过程为主的演化阶段。在之前的早第三纪渐新世后期，发生了喜马拉雅造山运动，致使特提斯海完全消退，广大地区逐渐抬升，形成了辽阔的欧亚大陆。于是使内陆大陆性气候明显加强，气候干燥，加之晚第三纪大范围气温下降，这就使地处内陆腹地的蒙古高原（包括内蒙古高原中部）自然地理环境明显改变。其最显著的特征就是地带性植被的更替，即原有的落叶阔叶林与针叶林为暖温型疏林草原所代替。在此演化过程中，多年生草本植物表现出良好的适应性，逐渐成为植物群落中的主要成分。特别是单子叶植物中的禾本科针茅属植物从渐新世开始出现，并在晚第三纪有所发展。于是，一个在植物地理区系中有针茅属植物参与，并逐渐演化为以草原植被占优势成分的草原景观从晚第三纪后期就已经形成（中国科学院内蒙古宁夏综合考察队，1985）。

在本地区进入第四纪早更新世之后，气候更加温凉、干旱。草原成分进一步突出和发展，同时出现地面侵蚀、剥蚀较为强烈的自然特征。这个时期在阴山山脉南北，大陆性干旱气候越趋明显，这个地区属半干旱气候。于是，在阴山以南，因季风影响稍强而略显湿润，则由疏林草原演变为典型草原（干草原）；而在阴山以北广袤的内蒙古高原中西部地区，由于在气候干旱和在干旱气候及相关地理因子所形成棕钙土的制约下，形成了低矮、稀疏的，以强旱生丛生小型禾草，如小针茅（*Stipa klemenzii*）、短花针茅（*Stipa breviflora*）、戈壁针茅（*Stipa gobica*）、沙生针茅（*Stipa glareosa*）和无芒隐子草（*Cleistogenes songorica*）等逐渐占优势的荒漠草原植被，其成为在内蒙古高原上草原带向荒漠带过渡的草原植被类型。

内蒙古高原草原地带自东北向西南，主要由于气候干湿状况的递变，进入苏尼特及以西地区，干燥性逐渐加重，从而形成了旱生性程度最强的草原生态系统——荒漠草原生态系统。荒漠草原生态系统的自然环境在整个草原生态系统中是最严酷的。年降水量平均为150～250mm，且多集中于夏季，春季多干旱，湿润度0.15～0.3。年均温2～5℃，7月均温19～20℃，1月均温-18～-15℃，

≥10℃积温2200～2500℃。根据 H. Walter 的方法，对所绘制出的中温型荒漠草原气候类型图中的干湿期做气候要素图解分析（图2-2）表明，中温型荒漠草原生态系统的生长期约为7个月，全年有1～5个月的绝对干旱期和1～3个月的半干旱期，即绝对干旱期较半干旱期为长，且两者时间的总和往往超出生长期的一半以上，可见其干旱程度的严重。由此可知，在如此强干旱气候的影响下，荒漠草原生态系统必然形成其固有的生物成分和生长发育规律与特点，从而形成了荒漠草原整个生态系统特有的组成、结构、功能和动态规律。

强干旱的草原气候条件，及其基岩条件和生物生草土过程作用的结果，形成了与这里气候、土壤和生物相一致的干燥型的地带性土类——棕钙土。棕钙土成为覆盖面积最大的标志土类，其表土（A层）很薄，一般只有10～20cm，通常为碎砾质化和浅层沙质化，常有假结皮存在，呈淡浅棕色，腐殖质含量为1.0%～1.8%。由于具有较强的碳酸钙沉积过程，B层即钙积层上升很高，一般出现在20～30cm的土层中，其厚度为20～30cm。因长期钙积且十分干燥，故钙积层十分紧密、坚实，俗有"铁板层"之称。C层（母质层）发育不良或呈基岩状况存在。棕钙土土体均呈强碱性反应，pH 9.0～9.5。棕钙土可分为典型棕钙土、淡棕钙土、草甸化棕钙土和盐（碱）化棕钙土4种亚类，在这4类棕钙土上发育生长着各类不同的荒漠草原植物群落。

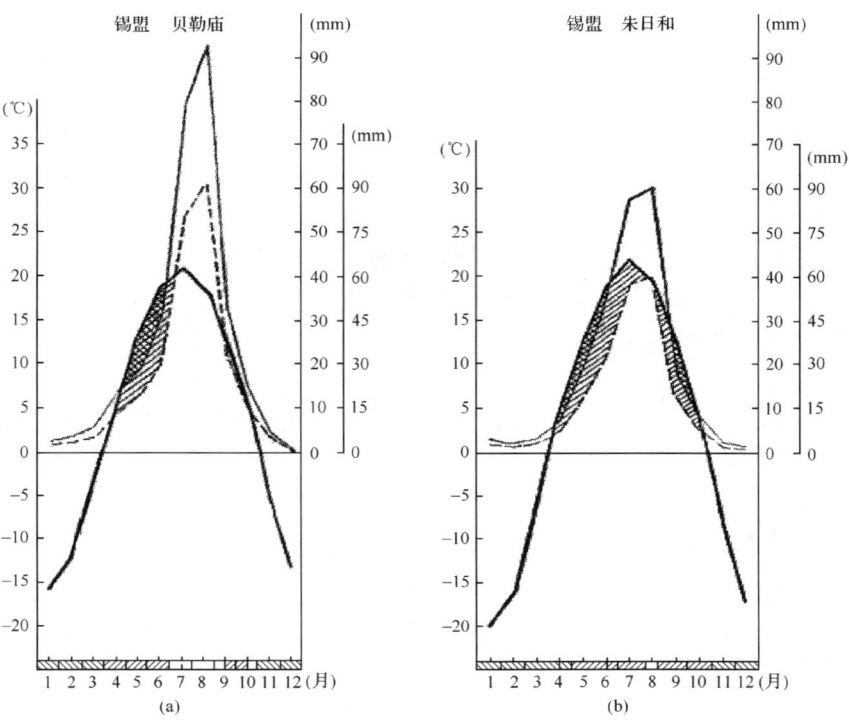

## 第二章 内蒙古高原荒漠草原生态系统基本特征与植被主要特点

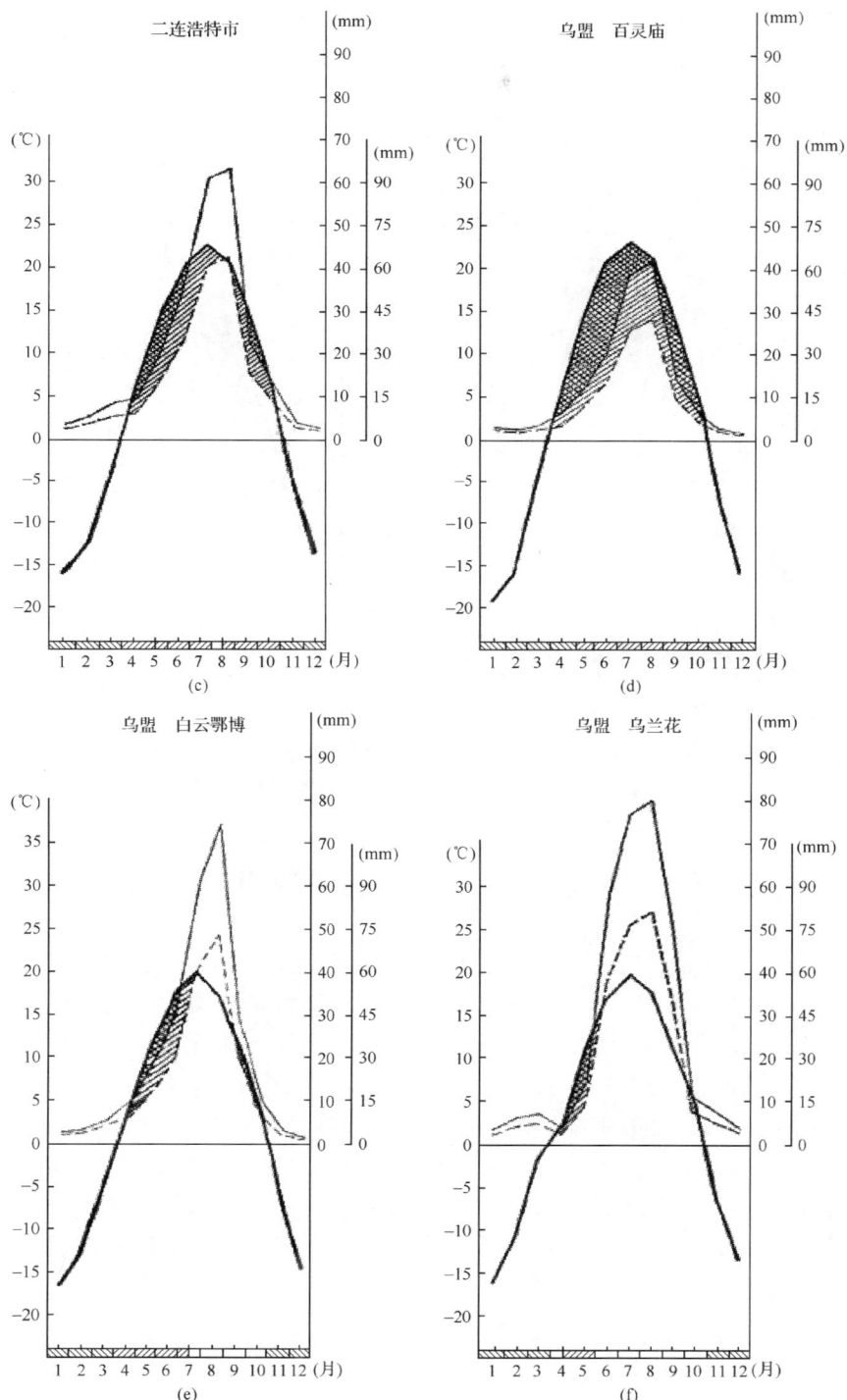

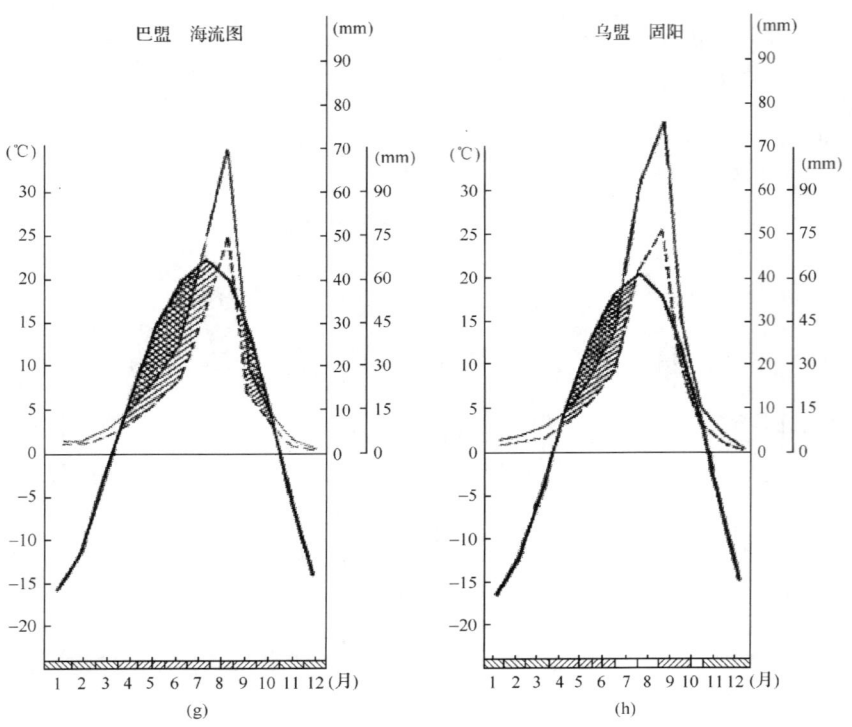

图 2-2 内蒙古高原中温型荒漠草原气候类型图（中国科学院内蒙古宁夏综合考察队，1985）
原图中的乌盟现为乌兰察布市；巴盟现为巴彦淖尔市

## 第二节 荒漠草原生态系统基本特征

阴山山脉以北的乌兰察布高原地区，在山体北麓山前横贯东西向的石质丘陵隆起带（海拔 1500～1600m），尤其是往北逐渐下降的广袤层状高平原上（海拔 1000～1300m），坦荡无垠，地面组成物质主要有第三纪泥质、砂砾质岩层，并在干旱草原气候影响而发育成的棕钙土等综合生态条件下，形成了由强旱生矮禾草和小半灌木占优势的中温型荒漠草原植被（李博，1962；1979），从而构成了荒漠草原生态系统独特的自然景观。内蒙古高原荒漠草原亚带的地域范围为东起苏尼特，西至乌拉特地区，北与蒙古国南部大面积分布的荒漠草原带连接，西南以乌拉山、黄河相阻，与鄂尔多斯高原中西部地区暖温型荒漠草原遥望（刘钟龄，1960）。

荒漠草原植被主要由 4 种矮小型针茅属植物建群的地带性群落所组成（刘钟龄，1963）。小针茅荒漠草原（Form. *Stipa klemenzii*）是最优势的类型，占据着层状高平原典型的显域地境，分布极其广泛，群落类型分化多样。荒漠草原各类植物群落发育在生态条件严酷的干旱气候地区，群落种类组成比较贫乏，种的饱和度平均 10 种/$m^2$ 左右；草层低矮、稀疏，结构较简单，高度 10～20cm（25cm）；总盖度 15％～25％。在灌丛化的针茅群落中，因锦鸡儿植丛在群落中的均匀分布，其在群落外貌上十分显著。荒漠草原生态系统的生物量积累较低，且波动性较大。群落地上生物量的季节变化主要取决于植物种群个体发育节律及其随水、热条件的季节变化，特别是组成群落的一些主要成分。植物生长发育与水、热季节变化基本同步，从而导致群落地上生物量在生长期内形成与积累的季节变化，通常表现为单峰型的"S"型增长曲线，其峰值大多出现在 8 月中旬、下旬或 9 月上旬。群落地上生物量在年际间波动十分显著，如小针茅＋无芒隐子草＋冷蒿群落的波动系数高达 5.8（59.2～345.0kg/$hm^2$）。群落地上生物量主要受年降水量的制约，一般年降水量越多，群落初级生产力越高；但同时也受当年降水量季节分配的影响，特别是春季、初夏（5 月至 7 月上旬）的降雨量最为关键，不仅决定群落地上生物量的高低，还制约着群落产量的结构组成。如果春雨偏多、较早，多年生草本植物生长发育良好，群落地上生物量高而稳定；如果出现春旱甚至夏季前期都不降雨，到夏末集中降雨，一年生植物层片则非常发达，这不仅降低了群落初级生产力，同时还大幅度降低了草地牧草冬季的保存率。通过对小针茅草原地上生物量 1959～1985 年内断续 12 年的定位测定资料分析，群落地上生物量的年波动与年降水量变化一致，且表现为每 11～13 年是一个波动周期（张称意和李德新，1994）。研究结果表明，这一生态规律为内蒙古高原包括荒漠草原在内的草原生态系统波动性的周期表现，并与欧亚大陆其他地区的草原和北美洲矮普利群落基本一致。荒漠草原牧草营养物质以粗蛋白和粗灰分的含量高出其他类型的草原著称，如锦鸡儿灌丛化小针茅群落：草群粗蛋白 10.86％，粗纤维 31.80％，粗脂肪 4.10％，无氮浸出物 45.10％，钙 1.73％，磷 0.12％，消化能 2913kcal[①]/kg（干草）。尽管粗蛋白含量在各类草原群落中居高，但就家畜的需求而言，也只在牧草生长期基本上能满足家畜的最低需要量，而在非生长季节内，则需要补给蛋白质饲料。氮素的流通在草原生态系统物质循环和能量流动中的作用是十分重要的，其总流程为"大气—土壤—植物—动物—社会"。张淑艳（1991）研究了短花针茅荒漠草原生态系统中氮素在土、草、畜 3 个贮存库的流通状态。试验证明，短花针茅荒漠草原生态系统氮素在系统内各库间的流通量小（4～10 月，土壤—植物间的流通量仅有 3.5g/$m^2$），转化速率

---

[①] 1cal＝4.1868J，后同。

低（0.44%），周转速率慢（5.35年/周期），土壤库贮量小（0～40cm中有809.9g/m$^2$），且流失严重，土壤氮处于负平衡状态。

荒漠草原生态系统主要由于生境的严酷和食物来源的不充足，以及不良的掩蔽条件，导致野生动物种类较贫乏，尤其是大型哺乳动物更加稀少。常见的大中型哺乳动物有黄羊、狼、狐狸等。鸟类约有95种，分属于14目31科，有蒙古百灵、短趾百灵、毛腿沙鸡、岩鸽、红胸鸧、漠䳭、雀鹰和苍鹰等。啮齿动物种类较多，分布也较广泛，根据在内蒙古高原北部达茂旗境内的调查，鼠类有2目6科，19种，主要有草原黄鼠、子午沙鼠、长爪沙鼠、五趾跳鼠、戈壁五趾跳鼠、三趾跳鼠、赤颊黄鼠和黑线毛蹠鼠等。其生态地理群由3个群落型构成：①干草原鼠类群落型；②荒漠鼠类群落型；③盐沼灌丛鼠类群落型。有时鼠类危害严重，特别是在一些退化草地地段更为突出。昆虫种类较多，常见的有白边痂蝗、北方雏蝗、草地螟、金龟子和蚜虫等。虫害时有发生，尤其是在干旱程度加重的时期。

荒漠草原生态系统自然环境严酷，生物成分种类较贫乏，故系统的食物链（网）比其他草原生态系统略为简单，系统的稳定性较差。整个系统一般由13～15个营养级成分组成，牧草是唯一的生产者，而消费者种类较多。Ⅰ级消费者：昆虫、鼠类、鸟类、野兔、黄羊和羊等，它们都是草食动物。Ⅱ级消费者：蜥蜴、蛇和鼬。Ⅲ级消费者：狐狸。Ⅳ级消费者：鹰和狼。以牧草作为基础食物来源，生产者与各消费者及消费者之间的食与被食的捕食关系，经作者初步分析，大致可形成21条草牧食物链，再由于各营养级成分之间错综复杂的捕食关系，构成一个极其复杂的食物网（图2-3）。

荒漠草原生态系统以它特有的自然资源和生态环境，成为以放牧为主的养羊业基地，饲养着半细毛、细毛、毛肉兼用绵羊和绒山羊，还可适量饲养骆驼和马。然而，处于草原与荒漠两大陆地生态系统之间过渡地区"边界"的荒漠草原亚带，是草原景观各个组成部分间相互作用剧烈的一个"生态环境脆弱带"（ecotone），它在生态上具有一定的脆弱性。因此，荒漠草原生态系统受自然和人类干扰，必然容易产生波动，并在严重破坏下成为"受害生态系统"（damaged ecosystem）。长期以来，人类对草地生态系统掠夺式的开发利用，在施予"生态冲击"后的有害结果反馈下，必然导致受害草原生态系统的"生态报复"，而直接威胁着草地畜牧业生产和人类自己的生存。当前存在的草地退化和草地消失现状，以及草畜供需矛盾日益加剧等，都要倍加重视。必须加强草地生态系统全面、系统的科学研究工作，加强草地的技术管理和草地资源的法制管理，寻求保护和利用草地的有效措施，调整草畜关系，改善人与自然的相互关系，实现草地资源永续利用，持续发展草地畜牧业。

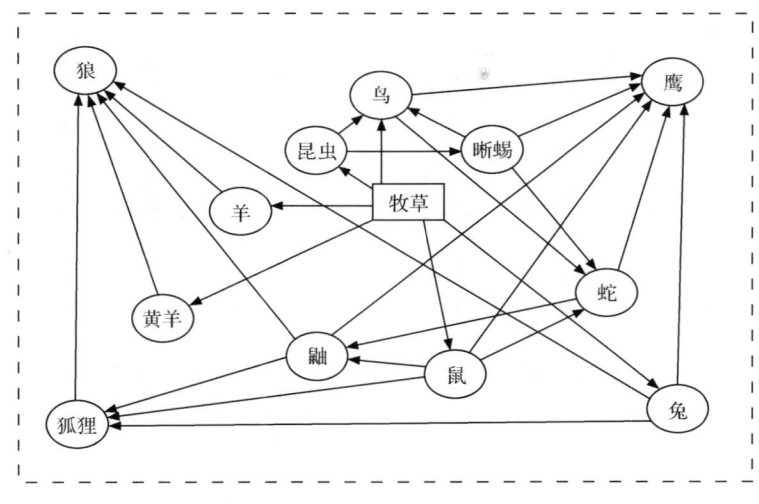

图 2-3 荒漠草原生态系统食物链（网）结构图（李德新，1995b）

(1) 牧草→昆虫→蜥蜴→鹰  (2) 牧草→昆虫→蜥蜴→鸟→鹰  (3) 牧草→昆虫→蜥蜴→蛇→鹰
(4) 牧草→昆虫→蜥蜴→鸟→蛇→鹰  (5) 牧草→昆虫→鸟→鹰  (6) 牧草→昆虫→鸟→蛇→鹰
(7) 牧草→鸟→鹰  (8) 牧草→鸟→蛇→鹰  (9) 牧草→鼠→鹰
(10) 牧草→鼠→蛇→鹰  (11) 牧草→鼠→蛇→鼬→鹰  (12) 牧草→鼠→鼬→鹰
(13) 牧草→鼠→鼬→狼  (14) 牧草→鼠→鼬→狐狸→狼  (15) 牧草→兔→鹰
(16) 牧草→兔→狼  (17) 牧草→兔→狐狸→狼  (18) 牧草→黄羊→狼
(19) 牧草→黄羊→狼  (20) 牧草→羊→狼  (21) 牧草→羊

## 第三节　荒漠草原植被组成成分

### 一、植物区系地理成分

内蒙古高原上的荒漠草原北界与蒙古国南部的荒漠草原和戈壁荒漠区毗邻，西与阿拉善荒漠相连，故彼此在植物区系地理成分上是较一致的。同时在其东侧连接着典型草原带，南与黄土高原草原区接壤，因此，又受到其较深刻的影响和渗透，从而丰富了荒漠草原亚带这个植被交错区的植物区系地理成分。

（一）世界分布种

狗尾草（*Setaria viridis*）、藜（*Chenopodium album*）等。

（二）泛北极区系成分

冷蒿（*Artemisia frigida*）、小画眉草（*Eragrostis minor*）等。

## （三）古北极植物种

青兰（*Dracocephalum ruyschiana*）等。

## （四）东古北极成分

阿尔泰狗娃花（*Heteropappus altaicus*）、地蔷薇（*Chamaerhodos erecta*）等。

## （五）古地中海成分

小果白刺（*Nitraria sibirica*）、骆驼蓬（*Peganum harmala*）、红砂（*Reaumuria songarica*）、芨芨草（*Achnatherum splendens*）等。

## （六）黑海—哈萨克斯坦—蒙古成分

糙隐子草（*Cleistogenes squarrosa*）、沙生冰草（*Agropyron desertorum*）、细叶鸢尾（*Iris tenuifolia*）等。

## （七）哈萨克斯坦—蒙古种

星毛委陵菜（*Potentilla acaulis*）、银灰旋花（*Convolvulus ammannii*）、燥原荠（*Ptilotrichum canescens*）等。

## （八）亚洲中部区系成分

分布在亚洲中部的干旱与半干旱地区，包括戈壁荒漠区、蒙古高原、黄土高原和松辽平原的草原区。在本区域草原区中占有主要地位的针茅属（*Stipa*）植物共11种。其中有5种属于亚洲中部成分。短花针茅（*Stipa breviflora*）和沙生针茅（*Stipa glareosa*）在荒漠草原群落中均起着建群作用。碱韭（*Allium polyrhizum*）多混生于荒漠草原群落中，并可建群形成弱碱化群落。狭叶锦鸡儿（*Caragana stenophylla*）也是亚洲中部草原的特征种，常赋予荒漠草原群落灌丛化的特征。冠芒草（*Enneapogon borealis*）和栉叶蒿（*Neopallasia pectinata*）为荒漠草原群落较广泛生长的一年生植物。

## （九）达乌里—蒙古成分

白花黄芪（*Astragalus galactites*）、小叶锦鸡儿（*Caragana microphylla*）、蒙古韭（*Allium mongolicum*）、瓦松（*Orostachys fimbriatus*）、北芸香（*Haplophyllum dauricum*）、达乌里芯芭（*Cymbaria dahurica*）等。

(十) 蒙古种与戈壁—蒙古种成分

属亚洲中部植物区系的组成部分，以荒漠草原、典型草原及荒漠植物为主。典型的蒙古成分有小针茅（*Stipa klemenzii*）、戈壁针茅（*Stipa gobica*），且是荒漠草原的建群植物。女蒿（*Hippolytia trifida*）、沙芦草（*Agropyron mongolicum*）、大苞鸢尾（*Iris bungei*）、矮锦鸡儿（*Caragana pygmaea*）多分布在荒漠草原。无芒隐子草（*Cleistogenes songorica*）、蒙古韭（*Allium mongolicum*）、刺叶柄棘豆（*Oxytropis aciphylla*）、蓍状亚菊（*Ajania achilloides*）、冬青叶兔唇花（*Lagochilus ilicifolius*）、拐轴鸦葱（*Scorzonera divaricata*）、荒漠丝石竹（*Gypsophila desertorum*）、鳞萼棘豆（*Oxytropis squammulosa*）等为戈壁—蒙古成分，大多是荒漠草原的伴生成分或特征植物。

## 二、植物区系成分组成

由于荒漠草原亚带处于典型草原亚带与其西侧的荒漠带（具体是草原化荒漠亚带）之间，所以在植物区系成分上有来自东、西两侧植物区系成分的影响和渗透。但是，强旱生的一些特有的植物种类及其独特的群落类型构成了荒漠草原独特的植物区系成分组成。其主要植物区系成分组成如下。

(一) 多年生旱生丛生禾草、根茎禾草层片

小针茅（*Stipa klemenzii*）、戈壁针茅（*Stipa gobica*）、沙生针茅（*Stipa glareosa*）、短花针茅（*Stipa breviflora*）、无芒隐子草（*Cleistogenes songorica*）、糙隐子草（*Cleistogenes squarrosa*）、克氏针茅（*Stipa krylovii*）、白草（*Pennisetum centrasiaticum*）、羊草（*Leymus chinensis*）、赖草（*Leymus secalinus*）等。

(二) 多年生旱生杂类草层片

薄叶燥原荠（*Ptilotrichum tenuifolium*）、阿尔泰狗娃花（*Heteropappus altaicus*）、拐轴鸦葱（*Scorzonera divaricata*）、冬青叶兔唇花（*Lagochilus ilicifolius*）、北芸香（*Haplophyllum dauricum*）、达乌里芯芭（*Cymbaria dahurica*）、戈壁天门冬（*Asparagus gobicus*）、猪毛蒿（*Artemisia capillaris*）、细叶鸢尾（*Iris tenuifolia*）、糙叶黄芪（*Astragalus scaberrimus*）、白花黄芪（*Astragalus galactites*）、乳浆大戟（*Euphorbia esula*）、青兰（*Dracocephalum ruyschiana*）、荒漠丝石竹（*Gypsophila desertorum*）、银灰旋花（*Convolvulus ammannii*）、地梢瓜（*Cynanchum thesioide*）、大苞鸢尾（*Iris bungei*）、鳍蓟（*Olgaea leucophylla*）、驴欺口（*Echinops latifolius*）、沙茴香（*Ferula bun-*

geana)、骆驼蓬（*Peganum harmala*）、草麻黄（*Ephedra sinica*）、牻牛儿苗（*Erodium stephanianum*）、燥原荠（*Ptilotrichum canescens*）等。

（三）莎草、鳞茎植物层片

寸草薹（*Carex duriuscula*）、碱韭（*Allium polyrhizum*）、蒙古韭（*Allium mongolicum*）、矮韭（*Allium anisopodium*）、细叶韭（*Allium tenuissimum*）等。

（四）旱生小半灌木层片

刺叶柄棘豆（*Oxytropis aciphylla*）、蓍状亚菊（*Ajania achilloides*）、木地肤（*Kochia prastrata*）、达乌里胡枝子（*Lespedeza dahurica*）、冷蒿（*Artemisia frigida*）、珍珠猪毛菜（*Salsola passerina*）等。

（五）旱生小灌木层片

狭叶锦鸡儿（*Caragana stenophylla*）、矮锦鸡儿（*Caragana pygmaea*）、小叶锦鸡儿（*Caragana microphylla*）、中间锦鸡儿（*Caragana intermedia*）等。

（六）一、二年生植物层片

栉叶蒿（*Neopallasia pectinata*）、冠芒草（*Enneapogon borealis*）、虎尾草（*Chloris virgata*）、锋芒草（*Tragus racemosus*）、三芒草（*Aristida adscensionis*）、小画眉草（*Eragrostis minor*）、刺沙蓬（*Salsola pestifer*）、尖头叶藜（*Chenopodium acuminatum*）、猪毛菜（*Salsola collina*）、雾冰藜（*Bassia dasyphylla*）、毛果长穗虫实（*Corispermum elongatum* var. *stellipilosum*）、蒺藜（*Tribulus terrestris*）、地锦（*Euphorbia humifusa*）、猪毛蒿（*Artemisia scoparia*）、狗尾草（*Setaria viridis*）、藜（*Chenopodium album*）等。

## 第四节 植物群落组成与分布概况

荒漠草原植被的植物区系组成，是以戈壁蒙古荒漠草原种和亚洲中部荒漠草原种为主。其中，羽针组多种小型针茅有小针茅（*Stipa klemenzii*）、戈壁针茅（*Stipa gobica*）、沙生针茅（*Stipa glareosa*）和须芒组的短花针茅（*Stipa breviflora*），以及无芒隐子草（*Cleistogenes songorica*）、碱韭（*Allium polyrhizum*）等强旱生植物均为荒漠草原群落的建群种和优势种。小针茅分布极其广泛，在荒漠草原地带性植被中起着重要的作用；短花针茅是从暖温草原地区侵入的成分，故只在高原偏南的狭长地带分布。强旱生小半灌木蓍状亚菊

（*Ajania achilloides*）和女蒿（*Hippolytia trifida*）出现并成为优势成分，是小半灌木层片在荒漠草原中作用增强的表现，是草原向更干旱的荒漠过渡的一种生态标志。此外，还有冷蒿（*Artemisia frigida*）和木地肤（*Kochia prostrata*）在强砾质化生境和过度放牧地段上构成层片。属旱生灌木锦鸡儿属植物的狭叶锦鸡儿（*Caragana stenophylla*）、矮锦鸡儿（*Caragana pygmaea*）和中间锦鸡儿（*Caragana intermedia*）在一部分针茅群落中可形成明显的上层层片，从而构成荒漠草原中具有独特景观的"灌丛化荒漠草原群落"。一些强旱生杂类草成为群落固有的伴生成分，种类较多，常见有燥原荠（*Ptilotrichum canescens*）、冬青叶兔唇花（*Lagochilus ilicifolius*）、荒漠丝石竹（*Gypsophila desertorum*）、戈壁天门冬（*Asparagus gobicus*）、达乌里芯芭（*Cymbaria dahurica*）、北芸香（*Haplophyllum dauricum*）、银灰旋花（*Convolvulus ammannii*）、大苞鸢尾（*Iris bungei*）和细叶鸢尾（*Iris tenuifolia*）等。一年生植物在群落中的作用明显增强，成为"夏雨型"植物层片，主要有猪毛蒿（*Artemisia scoparia*）、猪毛菜（*Salsola collina*）、栉叶蒿（*Neopallasia pectinata*）、小画眉草（*Eragrostis minor*）、虎尾草（*Chloris virgata*）、狗尾草（*Setaria viridis*）、冠芒草（*Enneapogon borealis*）和锋芒草（*Tragus racemosus*）等。地衣和藻类植物的数量也有所增加，有叶状地衣（*Parmelia vegans*）、壳状地衣（*Parmelia ryssolea*）、地皮菜（*Stratonostoc commune*）和发菜（一种念珠藻植物）等。荒漠草原亚带地处草原区与荒漠区之间的过渡地带，故在植物区系组成上比较混杂。一些典型草原成分，如克氏针茅（*Stipa krylovii*）、糙隐子草（*Cleistogenes squarrosa*）、冷蒿、银灰旋花和北芸香等，常成为群落的伴生种或优势种。还有少量的荒漠成分沿着盐化低地和石砾质丘陵侵入荒漠草原亚带地区，如红砂（*Reaumuria soongorica*）、珍珠猪毛菜（*Salsola passerina*）、驼绒藜（*Ceratoides latens*）、藏锦鸡儿（*Caragana tibetica*）、小果白刺（*Nitraria sibirica*）和盐爪爪（*Kalidium foliatum*）等，它们出现在西部邻近荒漠区的局部地段上，构成超旱生半灌木层片，往往形成岛状分布的越带荒漠植物群落，而呈现出局部地段的荒漠景观。

　　荒漠草原植被主要是由4种矮小型针茅属植物建群的地带性群落（群系）所组成。

　　小针茅荒漠草原（Form. *Stipa klemenzii*）是最优势的群落类型，占据着层状高平原典型的显域地境，分布极其广泛，群落类型分化多样，有小针茅＋无芒隐子草群落，小针茅＋无芒隐子草＋冷蒿群落，小针茅＋碱韭群落，小针茅＋冷蒿群落，小针茅＋女蒿群落，小针茅＋蓍状亚菊群落，锦鸡儿灌丛化小针茅群落和小针茅—红砂＋珍珠猪毛菜群落等。

短花针茅荒漠草原（Form. *Stipa breviflora*）广泛分布在亚洲中部草原亚区荒漠草原带南部的偏暖气候区域。在我国境内的主要分布区是从黄土高原丘陵地区西北部起，向东向北越过阴山山地进入内蒙古高原中部的南部边缘地区。在这个地域范围内，西起乌梁素海以东的大佘太，向东经达茂旗，穿过四子王旗，最终止于镶黄旗、化德南部，自西向东横贯于内蒙古高原西部荒漠草原亚带的南缘，形成一条连续而狭长的带状植被。分布在本区域的短花针茅群落，是从暖温型典型草原亚带向西、北的中温型荒漠草原亚带过渡而首先出现的荒漠草原群落，由它再往北即可见更旱生的小针茅荒漠草原群落，而向东则为中温型的克氏针茅典型草原群落。作者于1982年考察发现，在达茂旗境内的短花针茅群落，不仅分布在百灵庙以南的山麓石质丘陵隆起带地区，还在百灵庙后山以北的层状高平原上呈东西向带状分布，且与南部带状分布的短花针茅群落平行排列，只是北侧的带宽为20km左右，不及南侧的宽度而已。就这两条"带"的长度而言，北侧的短花针茅群落向东止于四子王旗西端，较南侧为短。因为，北侧气候更加寒冷、干旱。由此可知，短花针茅群落具有暖温性和明显的气候过渡性。主要群落类型有短花针茅＋糙隐子草＋无芒隐子草＋冷蒿群落，狭叶锦鸡儿—短花针茅＋无芒隐子草＋冷蒿群落，短花针茅＋小针茅＋无芒隐子草群落和短花针茅＋小针茅＋糙隐子草＋冷蒿群落。其中，短花针茅＋小针茅＋无芒隐子草群落只限于在北侧高平原上分布，为短花针茅群落向小针茅群落的过渡类型。

戈壁针茅荒漠草原（Form. *Stipa gobica*）的出现与石质的粗骨性土壤有密切联系，故多在丘陵顶部或丘陵上部形成群落片段。在群落组成中常伴生一些小型植物种类，如白花点地梅（*Androsace incana*）和瓦松（*Orostachys fimbriatus*）等，且旱生半灌木在群落中的作用显著加强，一般不为连片的大面积分布。常见有戈壁针茅—山蒿群落，戈壁针茅＋线叶菊群落，戈壁针茅＋冷蒿群落，戈壁针茅＋女蒿群落和戈壁针茅＋蓍状亚菊群落等。

沙生针茅荒漠草原（Form. *Stipa glareosa*）在本亚带西北部沙质棕钙土或地表覆沙的地段上，发育着以沙生针茅为建群种的荒漠草原群落，常具有锦鸡儿灌丛层片。群落中的旱生小半灌木内蒙古旱蒿（*Artmisia xerophytica*）是比其他针茅草原所含有的冷蒿、女蒿和蓍状亚菊等旱生小半灌木更加旱生的地理替代种。

除上述4类矮小型针茅群落之外，在西北部地表强烈剥蚀的地段上，出现由旱生小半灌木女蒿、蓍状亚菊建群的一些群落，多与小针茅群落形成复合体。冷蒿群落出现较少，多限于亚带的东南部邻近典型草原亚带的退化地段上。在轻碱化沙质土壤上，可见碱韭群落，但一般不呈大面积分布。在湖盆盐湿低地和干河谷等隐域性生境，由于盐渍化程度与地表状况的差异，分别发育着两类不同的非地带性及越带分布的植物群落。一类是在低洼轻盐渍化的草甸化棕钙土上的由高大丛生的芨芨草（Achnatherum splendens）形成的盐化草甸群落，其明显的高度和郁闭度，使之在低矮、稀疏的荒漠草原亚带中，增添了一种特有的景观。其他还有赖草（Leymus secalinus）、马蔺（Iris lactea）和薹草（Carex spp.）等分别组成草甸群落。另一类是超旱生小灌木和半灌木，有红砂、珍珠猪毛菜、白刺和盐爪爪等为主构成的群落。在砾质盐化棕钙土上形成红砂＋珍珠猪毛菜群落；在沙质棕钙土上为藏锦鸡儿群落；在湖盆外缘覆沙地上为小果白刺群落；低洼盐土上生长着盐爪爪群落。它们都是越带的荒漠植物群落，具有荒漠景观的外貌，同时也充分反映了荒漠草原在地域上向荒漠区的过渡性。

由于上述各类生活型植物及这些特征种组成的植物群落，形成独特的荒漠草原群落，所以，应当将荒漠草原视为草原植被中的一个亚型，且是极为独特的旱生性强的一类草原植被。毫无疑问，荒漠草原在欧亚大陆草原区亚洲中部亚区中占有独立的植被类型地位，占据着草原带向荒漠带过渡的重要地理位置。

## 第五节　荒漠草原植被主要特点

在亚洲中部内陆盆地范围内，分布着一种特殊的草原植被类型——荒漠草原（desert-steppe）。该草原植被具有特殊的主导植物种类组成和独特的群落结构及功能，并且按一定规律广泛分布于与之相适应的区域，成为亚洲中部草原区内一个特殊的植被带——荒漠草原亚带。在内蒙古高原中部，阴山山脉以北的层状高平原地区，东起苏尼特，西至乌拉特这一狭长地带，广泛分布着中温型草原带最干旱的荒漠草原亚带。它位于东侧典型草原亚带与西侧的荒漠带（草原化荒漠亚带）之间，显然荒漠草原亚带是草原带向西部荒漠带的一个过渡地带。内蒙古高原中部偏西地区分布的荒漠草原植被具有以下主要特点。

### 一、含有一组独特的主导植物种类组成

组成荒漠草原群落的独特主导植物，以多种强旱生多年生丛生小禾草作为主要的建群种，即小针茅（Stipa klemenzii）、短花针茅（Stipa breviflora）、戈壁针茅（Stipa gobica）、沙生针茅（Stipa glareosa）、无芒隐子草（Cleistogenes songorica）等。葱属的碱韭（Allium polyrhizum）也是主要建群种之一。旱生小半灌木女蒿（Hippolytia trifida）和蓍状亚菊（Ajania achilloides）是群落特有的优势植物。旱生杂类草冬青叶兔唇花（Lagochilus ilicifolius）、荒漠丝石竹（Gypsophila desertorum）、拐轴鸦葱（Scorzonera divaricata）、戈壁天门冬（Asparagus gobicus）、燥原荠（Ptilotrichum canescens）、骆驼蓬（Peganum harmala）和刺叶柄棘豆（Oxytropis aciphylla）等均为荒漠草原的特征种。

## 二、几种锦鸡儿属植物构成群落的特有旱生小灌木层片

在内蒙古高原荒漠草原亚带区域内，自东向西的荒漠草原群落中，依次出现小叶锦鸡儿（*Caragana microphylla*）、中间锦鸡儿（*Caragana intermedia*）、狭叶锦鸡儿（*Caragana stenophylla*）、矮锦鸡儿（*Caragana pygmaea*）和藏锦鸡儿（*Caragana tibetica*）等。除超旱生的藏锦鸡儿是从西部荒漠带渗入的越带群落中的成分外，其他4种锦鸡儿植物均分别与强旱生多年生丛生小禾草建群的荒漠草原群落结合，而形成这些群落上层十分稳定的旱生小灌木层片。该层片在荒漠草原群落中具有如下特点：①萌发返青期早，且处于群落的上层，尤其是开花期间，黄色的花朵给群落带来晚春（或初夏）的一种群落季相；②锦鸡儿灌丛下（主要是中间锦鸡儿和小叶锦鸡儿），由于其灌丛基部的阻挡作用，可形成"小沙丘"的微小生境，这里聚集生长较多的一、二年生植物，成为整个群落的"小斑块"；③锦鸡儿属植物具有较强的抗旱、抗表土板结和抗牧性，通常在干旱年份和过度放牧情况下，在群落中该层片的发育优于其他层片植物，从而使荒漠草原群落的灌丛化增强。

## 三、一、二年生植物组成的"夏雨型"层片是一个重要特征

群落中常见的一、二年生植物有小画眉草（*Eragrostis minor*）、三芒草（*Aristida adscensionis*）、虎尾草（*Chloris virgata*）、锋芒草（*Tragus racemosus*）、栉叶蒿（*Neopallasia pectinata*）、猪毛蒿（*Artemisia scoparia*）、灰绿藜（*Chenopodium glaucum*）、蒙古虫实（*Corispermum mongolicum*）和猪毛菜（*Salsola collina*）等。这些一、二年生植物属群落中的"中生植物"，通常在高温和降水量偏多的夏季，很快萌发且快速生长发育；若遇当年春季干旱或夏季降水期推迟，群落中的一、二年生植物层片成为季节性的优势层片，占据着群落的大部分空间。由于该层片对降水时间的依存性和植物的生育期较短，故属于荒漠草原群落中特有的不稳定层片。

## 四、芨芨草盐生草甸群落散布于荒漠草原亚带区域内

在内蒙古高原荒漠草原亚带区域内，在局部的湖盆盐湿低地和干河谷这类隐域性生境上，主要由于土壤盐渍化和水分状况的改善，在低洼轻盐渍化的草甸化棕钙土上，发育着植株高大丛生的芨芨草（*Achnatherum splendens*）形成的盐化草甸群落。具有如此明显的高度和郁闭度的盐化草甸群落，星罗棋布地散布在大范围广布的低矮而稀疏的荒漠草原亚带中，成为了荒漠草原植被中一种特有的自然景观。

## 五、出现相邻植被带（亚带）植物种的渗透与群落越带现象

由于内蒙古高原荒漠草原亚带处于典型草原亚带与荒漠带之间，是草原带向更干旱的荒漠带过渡的一个地带性植被类型。所以，相邻植物群落的一些种类成分必然渗透到荒漠草原植被的部分群落中，甚至由于荒漠草原亚带区域内的隐域性小生境与相邻植被带的生境相近，则相邻植被带的个别群落可出现在荒漠草原亚带的局部地段上，这是一种植物群落的越带现象。例如，荒漠草原亚带的东侧因与典型草原亚带相邻，在短花针茅群落中，混生少量的克氏针茅（*Stipa krylovii*）和冰草（*Agropyron cristatum*）等。在亚带西部、北部边缘地区的砾质盐化棕钙土上，出现红砂＋珍珠猪毛菜群落（Ass. *Reaumuria soongorica*＋*Salsola passerina*）；在沙质棕钙土上是藏锦鸡儿（*Caragana tibetica*）建群的群落；在湖盆外缘覆沙地上是小果白刺（*Nitraria sibirica*）群落；在低洼盐土上生长着细枝盐爪爪（*Kalidium gracile*）群落。这些群落均属在荒漠草原亚带范围内出现的越带的荒漠植物群落或群落片段。

## 六、植被低矮稀疏，群落种类组成比较贫乏、结构简单

荒漠草原各类植物群落分布在生态条件严酷的干旱气候地区，发育着一类强旱生性的丛生小禾草（以多种小型针茅为主）建群植物，以及另一类强旱生杂类草和小半灌木植物，它们为群落的固有伴生植物，均属低矮型植物。群落种的饱和度平均 10 种/m² 左右，草群高度 10～20cm（不超过 30cm），总盖度 15%～25%（不超过 30%）。通常，群落内部只有两个亚层或仅为一层，结构比较简单。

## 七、群落植物生物量地下部分多高于地上部分

群落植物的地下部分，大多为发达而水平分布的浅根系，但其生物量往往高于地上部分。强旱生多年生丛生小禾草（针茅属、隐子草属）是荒漠草原群落的建群植物，具有发达的须根系，构成了群落地下部分的主体。再者，由于干燥的地带性土壤——棕钙土，一般在表土层 20～30cm 以下具有发达而紧实的"钙积层"，其厚度一般为 15～30cm，具短型须根系的丛生小禾草和细短直根系杂类草的根系难以穿过钙积层，只有少量的旱生小灌木（锦鸡儿属）和旱生小半灌木的强大根系，有可能穿过钙积层的细小缝隙而有限制的生长（表 2-1）。

表 2-1　小针茅荒漠草原群落（Form. *Stipa klemenzii*）根量和粗细根比例

| 土层深度/cm | 总根量/g | 比例/% | 粗根量/g | 比例/% | 细根量/g | 比例/% |
| --- | --- | --- | --- | --- | --- | --- |
| 0~5 | 0.887 | 17.80 | 0.567 | 63.92 | 0.320 | 36.08 |
| 5~10 | 1.127 | 22.70 | 0.560 | 49.68 | 0.567 | 50.32 |
| 10~15 | 1.266 | 25.40 | 0.548 | 43.29 | 0.718 | 56.71 |
| 15~20 | 0.810 | 16.30 | 0.193 | 23.83 | 0.617 | 76.17 |
| 20~25 | 0.528 | 10.60 | 0.094 | 17.80 | 0.434 | 82.20 |
| 25~30 | 0.359 | 7.20 | 0.084 | 23.40 | 0.275 | 76.60 |
| 合计 | 4.977 | 100 | 2.046 | 41.10 | 2.931 | 58.90 |

资料来源：中国科学院内蒙古宁夏综合考察队，1985。

## 八、饲用植物营养物质含量较高

荒漠草原饲用植物营养物质含量较高，特别是粗蛋白和粗灰分的含量均高于其他草原亚带的饲用植物（表 2-2）。这个地区是细毛羊和半细毛羊的良好养羊业基地。但进入冬季枯草期，需要补充一定量的饲料，特别是蛋白质饲料。

表 2-2　内蒙古高原荒漠草原亚带饲用植物营养物质含量季节变化　（单位：%）

| 季节 | 粗蛋白 | 粗脂肪 | 无氮浸出物 | 粗纤维 | 粗灰分 | 磷 | 钙 |
| --- | --- | --- | --- | --- | --- | --- | --- |
| 春 | 15.75 | 3.15 | 34.41 | 26.10 | 9.57 | 0.31 | 0.66 |
| 夏 | 14.38 | 5.81 | 26.83 | 30.8 | 8.92 | 0.32 | 1.01 |
| 秋 | 7.01 | 4.56 | 35.44 | 30.54 | 10.07 | 0.24 | 1.79 |
| 冬 | 2.26 | 3.96 | 40.33 | 35.85 | — | 0.33 | 1.79 |

资料来源：根据伊克乌素荒漠草原定位实验站资料，1959~1961。

## 九、群落地上生物量偏低且波动性较大

荒漠草原亚带主要由于降水量较少，以及土壤自然肥力偏低，植被低矮、稀疏，而导致群落地上生物量较低。同时，降水量的年际差异，致使各群落地上生物量的年度波动十分明显。但是，在群落地上生物量的组成中，旱生小禾草类植物相对较为稳定，而一些蒿类植物和杂类草及一、二年生植物的地上生物量年度差异较大（表 2-3）。另外 1959~1985 年内断续 12 年（1959 年、1960 年、1961 年、1962 年、1963 年、1964 年、1973 年、1975 年、1982 年、1983 年、1984 年、1985 年）对小针茅荒漠草原（Form. *Stipa klemenzii*）群落地上生物量的定位观测结果表明，群落地上生物量具有明显的季节波动和年度波动，而且年度波动与降水量的波动是一致的，年际的波动系数最高可达 5.8（即最低值为 59.2kg/hm$^2$，最高值为 345.0kg/hm$^2$）。

表 2-3 荒漠草原植物群落地上生物量

| 年份 | 1 | | 2 | | 3 | | 4 | | 年降水量/mm |
|---|---|---|---|---|---|---|---|---|---|
| | 产量/(kg/hm²) | 三年比较(1959年为100%) | 产量/(kg/hm²) | 三年比较(1959年为100%) | 产量/(kg/hm²) | 三年比较(1959年为100%) | 产量/(kg/hm²) | 三年比较(1959年为100%) | |
| 1959 | 252.4 | 100.0 | 259.8 | 100.0 | 392.4 | 100.0 | 810.9 | 100.0 | 300.6 |
| 1960 | 168.2 | 66.6 | 153.1 | 58.0 | 187.8 | 54.8 | 548.6 | 67.6 | 146.6 |
| 1961 | 63.6 | 25.7 | 98.1 | 37.7 | 115.3 | 33.7 | 524.1 | 64.6 | 189.9 |
| 平均 | 161.4 | | 170.0 | | 215.1 | | 629.1 | | 212.4 |

资料来源：根据伊克乌素荒漠草原定位实验站资料，1959~1961。

注：1. 小针茅+无芒隐子草群落（分布在缓坡平原沙质栗钙土上）；2. 狭叶锦鸡儿—小针茅+无芒隐子草群落（分布在波状平原沙质棕钙土上）；3. 红砂+珍珠猪毛菜—小针茅+无芒隐子草群落（分布于荒漠草原亚带北缘坡地及坡向平地砂砾质盐化棕钙土上）；4. 芨芨草轻度盐化草甸群落（分布在坡向低湿盐化草甸棕钙土上）。

## 十、氮素在系统内各"库"之间周转速率慢

荒漠草原生态系统氮素在系统内各"库"（土、草、畜）间的流通量小，转化速率低，周转速率慢，土壤氮常处于负平衡状态。对短花针茅荒漠草原（Form. $Stipa\ breviflora$）的试验研究表明，在 0~40cm 土层中，氮贮量可达 809.9g/m²，而氮的矿化速率只有 0.44%，土壤—植物间的氮流通量在 4~10 月的 7 个月内，只有 3.5g/m²。在草—畜间的氮流通量为 0.8g/m²，畜—土间的氮流通量为 0.3g/m²，草—土间的氮流通量为 0.2g/m²。最终，羊毛产品从这一氮流通系统中支出氮 7.7kg，可折算为 0.3kg/只。因此，提高氮在系统内的转化速率，将是提高荒漠草原生态系统生产效率的重要环节。

## 十一、群落具有不同水热组合的生态演替系列

荒漠草原是旱生性最强的草原植被类型，但随着水热条件的不同组合及地体因素的变化，仍可表现出相应的群落生态演替系列。以小针茅荒漠草原（Form. $Stipa\ klemenzii$）为例，小针茅草原是内蒙古高原荒漠草原亚带分布最广、面积最大的标志性群落，由于气候和土壤条件的变化，加之又处于草原带与荒漠带地域之间的过渡地带，必将在其亚带内产生多种群落类型及其不同的群落变体。更为甚者，因与周边的其他草原植被和荒漠植被相毗邻，势必产生一些能起缓冲作用的过渡性植物群落类型。于是，小针茅草原构成其本身的生态系列是不可避免的（图 2-4）。

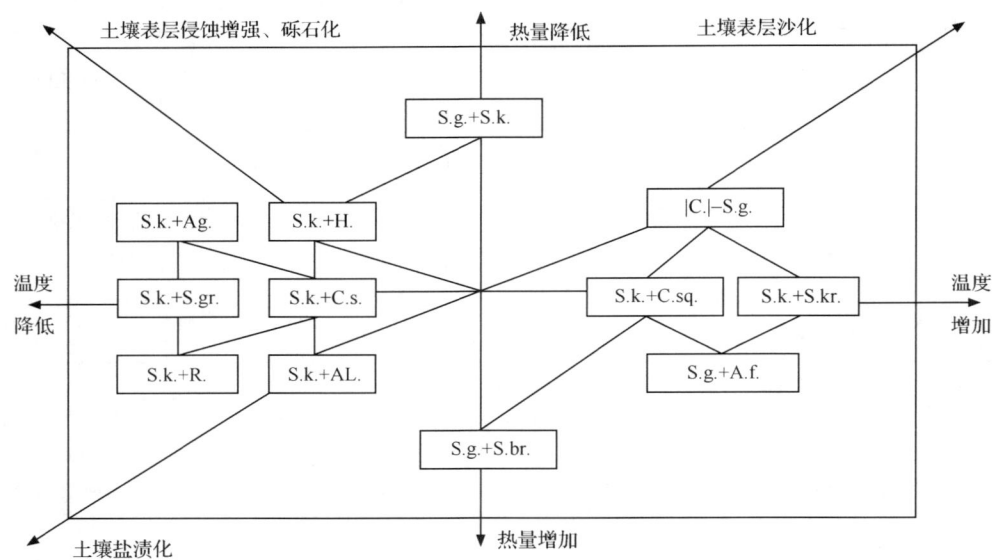

图 2-4 小针茅草原主要群落类型之间的生态关系图示
(中国科学院内蒙古宁夏综合考察队，1985)

S. g. = *Stipa gobica*；S. k. = *Stipa klemenzii*；S. gr. = *Stipa glareosa*；S. br. = *Stipa bleviflora*；
S. kr. = *Stipa krylovii*；C. s. = *Cleistogenes songorica*；A. f. = *Artemisia frigida*；Ag. = *Allium mongolicum*；C. sq. = *Claistogenes squarrosa*；H. = *Hippolytia trifida*；AL. = *Allium polyrhizum*；R. = *Reaumuria songorica*；C. = *Caragana micropylla*，C. pygmaea

再如，短花针茅草原生态演替规律。短花针茅＋糙隐子草＋无芒隐子草＋冷蒿群落，分布在短花针茅草原分布区的适中生境，是短花针茅草原的代表群落。随着生境水分状况的改变，向旱生性较弱方向发展则为短花针茅＋小针茅＋糙隐子草＋冷蒿群落，它是短花针茅荒漠草原向典型旱生的小针茅草原过渡的群落。如果生境条件更加干旱，则出现旱生性更强的短花针茅＋小针茅＋无芒隐子草＋冷蒿群落，它是短花针茅草原向更干旱的小针茅草原过渡的类型。若短花针茅草原的基质覆沙和砾石性加强，则分布含锦鸡儿灌丛的短花针茅灌丛化草原。短花针茅草原的各群落，还可向相邻的群系发展。例如，向湿润度增高的方向演化，在中温条件下为克氏针茅草原；而在暖湿条件下，则为长芒草草原；若向更干旱的方向发展，可演变为本地带范围内的小针茅草原（图 2-5）。

## 十二、生态系统的生态稳定性较差，生态风险增大

具有生态过渡带性质的荒漠草原生态系统，其生态稳定性较差，故外界干扰作用（自然环境恶化、人为破坏）所导致的生态风险程度升高。近些年来，生态交界系统（ecotone）或称"生态边界系统"、"生态交错区"和"生态脆弱带"

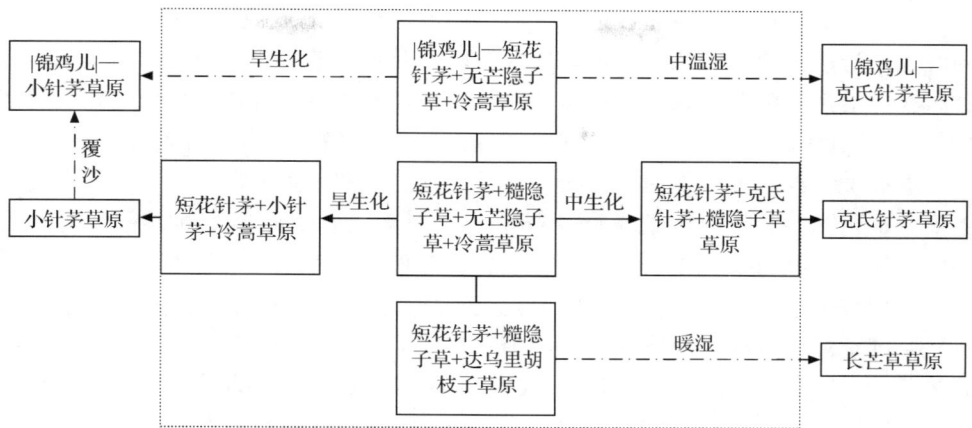

图 2-5　短花针茅草原的群落生态学系列图式（中国科学院内蒙古宁夏综合考察队，1985）

(ecological vulnerable zone) 已成为国际生态学研究的热点之一。通常，处于生态过渡带（生态边界、生态交错区）的生态系统，比区域内部的生态系统更容易受外来干扰而发生变动，甚至发生逆行演替。因为，在生态系统内部原本有反馈机制进行调节，从而能保持系统的相对稳定；而在系统的边缘地区，其反馈机制作用变弱，故处于过渡带的系统极易受到伤害，甚至消失。一般来说，在干旱和半干旱区，生态系统主要对降水的缺少和人为破坏作用具有敏感的反应。

地处生态过渡带的内蒙古高原荒漠草原亚带，无疑具有明显的不稳定性，长期在外界条件的干扰下，荒漠草原植被主要表现出较为严重的退化现象。据内蒙古自治区近30年的气象资料记载，20世纪60年代、70年代和80年代的年平均降水量分别为309.0mm、307.1mm和289.4mm，呈递减趋势，气候更加干旱。另据位于荒漠草原亚带的满都拉（达茂旗境内）气象站记载，在此期间各年的降水量多在200mm以下。加之长期对草地过度放牧利用，以及人类的直接破坏（如乱开垦、挖甘草、搂发菜等），对植被破坏非常严重（表2-4）。

表 2-4　内蒙古锡林郭勒盟3个草原亚带退化草地分布面积

| 草原亚带 | 草地面积 /$10^4$hm² | 退化草地面积 /$10^4$hm² | 退化面积占草地总面积/% | 轻度退化 | | 中度退化 | | 强度退化 | |
|---|---|---|---|---|---|---|---|---|---|
| | | | | 面积 /$10^4$hm² | 占退化面积/% | 面积 /$10^4$hm² | 占退化面积/% | 面积 /$10^4$hm² | 占退化面积/% |
| 森林草原 | 389.1 | 97.3 | 25.10 | 46.3 | 47.5 | 39.4 | 40.5 | 11.6 | 12.0 |
| 典型草原 | 860.5 | 307.3 | 35.54 | 162.3 | 52.8 | 90.8 | 29.3 | 54.3 | 17.9 |
| 荒漠草原 | 449.9 | 324.0 | 72.16 | 138.7 | 42.7 | 169.3 | 52.2 | 16.0 | 5.1 |
| 合计 | 1699.5 | 728.6 | 41.25 | 343.3 | 47.7 | 299.5 | 41.1 | 81.9 | 11.2 |

资料来源：陈敏，1998。

内蒙古高原荒漠草原亚带地区范围恰是我国第四纪地理演变最敏感的区域，同时也是当前土壤受侵蚀（风蚀）危害与植被受破坏最为严重的地区。呈地带性分布在此地区的脆弱的荒漠草原植被在外界长期干扰下（自然条件恶化和人类破坏），必然会失去其固有的生态平衡，群落从而出现逆行演替的荒漠化趋势。

据有关资料对比分析的初步结果显示，内蒙古高原荒漠带与草原带分界线的界限，也包括草原带内的荒漠草原亚带与典型草原亚带分界线的界限（北段），1965～1985年的20年内，均向东迁移60～100km，平均每年东移3～5km。如此干旱植被类型发生"东迁现象"，其实质是区域性植被在外界长期严重干扰下所发生的荒漠化过程（李笑春和李德新，1990）。与此"东迁现象"相类似的如方修琦（1987）对鄂尔多斯高原近30年来降水量趋势的分析，所得的结论是：在这个区域内年400mm雨量线东移，并与该地区的强烈荒漠化界限东移的现象相吻合。

针对"生态交错区"（过渡带）分布的地带性植被，在长期严重干扰下所发生的植物群落空间分布界限的位移，我们把它叫做"干扰摆动"现象。根据较长期的观察分析，对此现象进行初步探讨。

"干扰摆动"（disturbance oscillation）的辨析如下。

（1）概念：在外界干扰下（以人类干扰为主），植物群落在空间分布上，随着干扰强度的变化，而发生正负向变动的演变现象。当线性边界条件（在干扰下，生态系统维持空间稳定分布的自然综合因素）占主导地位时，植物群落的空间分布呈"正向摆动"，其空间位置保持或接近原有状态，表现为原有的景观格局。如果摆动边界条件以某种突发性事件为主，外界干扰强度大且持续时间较长，则植物群落的空间分布呈"负向摆动"，其空间位置背离原有状态，表现为非原有景观格局的新格局。

（2）内部条件：在生态交错区内，群落中物种区系地理成分较复杂，通常可含两个或更多地带（区系）的物种。因此，生态交错区内的物种，彼此间的竞争较为剧烈，尤其是不同植被带的优势种群之间的竞争，表现更加剧烈。当然，系统内部各物种之间，在长期的共存中彼此相互依赖、制约，成为群落组成中不可分割的整体。然而，这些物种对环境的忍耐极限较为接近，在自然或人类的干扰下，易发生改变，致使分布在"生态交错区"的生态系统存在着景观变化上的"敏感性"。因此，在"生态交错区"地域范围内，外界的干扰作用，尤其是人为干扰对生态系统破坏的风险程度增高。

（3）外界因素：通常，在生态交错区内，生态系统发生正负向摆动的分稳定分布。其干扰作用主要是人类因素，外界环境的干扰往往是由于人类因素的激发而与之共同作用。

（4）边界摆幅（幅度）：植物群落在人类干扰下，边界摆动幅度的大小，主要取决于外界干扰强度的大小和干扰作用持续时间的长短。通常，如强度干扰的时间长，则群落边界摆动的幅度大，其边界位移的跨度就大；反之，则小。

（5）可逆性：就植物群落空间边界分布的"摆动现象"的演变而言，植物群落主要在人类干扰下而发生群落分布边界的摆动。若干扰作用强度不大，且干扰持续的时间不长，则群落边界摆幅不大，此时群落只表现为内部组成和结构的局部短期改变。经过一定时间或外界干扰作用的强度减轻或消失，原有群落是能恢复的，且是可逆的。若干扰作用强度大，此时，植物群落的生态演替表现显著甚至是已发生了群落间的替代现象，在这样的情况下，原来的群落往往在短期内难以恢复，即可逆性很小。

（6）在大尺度条件下，就植被带或亚带地理分布的界限而言，沿植被分布界限的不同地段上，人类干扰作用因素和强度及持续时间的差别，群落边界摆动幅度大小，以及群落在演变过程可逆性的区别，致使在同一植被带（包括亚带）分布界限的演变，即群落边界摆幅大小是完全不一致的。

（7）在生态系统交错区，即两个生态系统空间分布的交界区域，这里的边界本身是很难准确划分的。主要是因为环境条件多种多样，且经常发生变化。再者，处于交错区的生态系统本身具有相当程度的不稳定性，很容易随外界干扰作用而发生变化，甚至是生态演替。尽管如此，交错区的生态系统之间的空间分布边界，往往是比较模糊的。通常，在外界干扰作用下生态系统（或植被带）之间的"边界"绝非是一条永恒不动的"线"，而在一定时期内，应当是经常处于大小不同摆幅的"摆动"状态的时宽时窄的"条带状"分界线。

# 第三章　内蒙古高原荒漠草原植物种群的生物生态学特性

种群（population）是同一物种占据一定空间和一定时间的生物个体的集合体。它是物种具体存在、繁殖和进化的基本单位，同时也是构成群落组成成分的基本单位。因为，任何一个种群在自然界都不能孤立存在，而是与其他物种的种群，按照其生物生态学特性及与自然条件的相互关系的一致性共同形成群落。当然，它们在群落中的作用和地位是不同的。种群生态学的基本研究任务之一，通常是定量测定种群的出生率、死亡率、迁入率和迁出率，从而揭示是什么因素影响着种群的波动范围，以及种群的发生发展规律。与此同时，还能了解种群波动过程中的评价密度，以及弄清种群衰退与绝灭的原因。了解这些因素和发生发展规律，主要目的是在揭示种群生长发育节律与动态的基础上，进一步摸清群落的组成、结构和动态的特征与发展规律。有鉴于此，研究种群的生物生态学特性是极其重要的。

## 第一节　荒漠草原植物多样性

### 一、独特的植物区系成分组成

地处草原带与荒漠带之间的生态过渡带的荒漠草原亚带，是生物多样性出现较高的地区。在这个区域范围内，由于植物种群间的相互作用，直接影响着草原群落的结构与功能，故荒漠草原带又反映出物种的独特生境。

中温型荒漠草原植被组成中的戈壁蒙古荒漠草原种和亚洲中部荒漠草原种共同起着主导作用。其中，针茅属植物羽针组小型针茅有小针茅（Stipa klemenzii）、戈壁针茅（Stipa gobica）、沙生针茅（Stipa glareosa）和须芒组的短花针茅（Stipa breviflora），以及丛生小禾草的无芒隐子草（Cleistogenes songorica）和碱韭（Allium polyrhizum）等，多是群落的建群种和优势种。在群落组成中，有旱生小半灌木女蒿（Hippolytia trifida）和薯状亚菊（Ajania achilloides），它们也是荒漠草原特有的优势种或建群种。此外，还有一组旱生杂类草和小半灌木，如冬青叶兔唇花（Lagochilus ilicifolius）、荒漠丝石竹（Gypsophila desertorum）、拐轴鸦葱（Scorzonera divaricata）、戈壁天门冬（Asparagus gobicus）、燥原荠（Ptilotrichum canescens）、乳浆大戟（Euphorbia esula）、骆驼蓬（Peganum harmala）和刺叶柄棘豆（Oxytropis aciphylla）等，它们是荒漠草原群落固有伴生的特征种。

在荒漠草原亚带的沙质土壤上常发育着种类不多的旱生小灌木，且多形成荒漠草原群落的"背景植物"。主要是豆科植物锦鸡儿属中的几种小灌木，有中间锦鸡儿（*Caragana intermedia*）、狭叶锦鸡儿（*Caragana stenophylla*）和矮锦鸡儿（*Caragana pygmaea*）等，这样的灌丛化荒漠草原的群落类型较多和分布普遍。另外，一些"夏雨型"的一年生植物在年降水量较多的年份，在群落中生长良好，而在极干旱年份的群落学作用不大。常见的有栉叶蒿（*Neopallasia pectinata*）、猪毛蒿（*Artemisia scoparia*）、猪毛菜（*Salsola collina*）、雾冰藜（*Bassia dasyphylla*）、小画眉草（*Eragrostis minor*）、冠芒草（*Enneapogon borealis*）、三芒草（*Aristida adscensionis*）、锋芒草（*Tragus racemosus*）、狗尾草（*Setaria viridis*）和虎尾草（*Chloris virgata*）等。在荒漠草原亚带区域范围内，零散出现的坡间盐湿低地上，发育的隐域性盐化草甸土壤，主要生长高大的芨芨草（*Achnatherum splendens*）和低矮的寸草薹（*Carex duriuscula*）、砾薹草（*Carex stenophylloides*）等，一起组成亚带内星罗棋布的盐化草甸群落。

由于荒漠草原亚带的生态过渡特性，故在亚带周边植被的某些植物种类，必然会或多或少地渗入本亚带的一些群落中。主要分布于本亚带最南部，邻近典型草原亚带的淡栗钙土和暗棕钙土上的短花针茅草原，在其群落组成中，就渗入有典型草原成分，如克氏针茅（*Stipa krylovii*）、糙隐子草（*Cleistogenes squarrosa*）、冷蒿（*Artemisia frigida*）、羊草（*Leymus chinensis*）和小叶锦鸡儿（*Caragana microphylla*）等。另外，在本亚带西部、北部的盐湿低地外缘的干燥盐化棕钙土上，常有少量的荒漠成分侵入，常见有红砂（*Reaumuria soongorica*）、珍珠猪毛菜（*Salsola passerina*）、白刺（*Nitraria tangutorum*）、盐爪爪（*Kalidium foliatum*）和柽柳（*Tamarix chinensis*）等。

## 二、针茅属植物是草原植被的优势成分

在植物区系和植被组成上，欧亚草原区草原植被的共同点是针茅属（*Stipa* L.）植物占优势。因此，针茅草原成为本区草原植被的基本类型。欧亚草原区可分为西部和东部两个亚区，二者针茅属的种类是截然不同的。西部的黑海—哈萨克斯坦亚区是以羽芒组（Sect. *Stipa*）的多种大型羽状针茅种类占优势，而东部的亚洲中部亚区的针茅草原是由光芒组（Sect. *Leiostipa*）和羽针组（Sect. *Smirnovia*）的多种针茅植物所建群，且在亚洲中部亚区内，中温型草原带与暖温型草原带的针茅属植物建群种也不尽相同。中温型草原带生长的是光芒组的贝加尔针茅（*Stipa baicalensis*）、大针茅（*Stipa grandis*）、克氏针茅（*Stipa krylovii*）和羽针组的小针茅（*Stipa klemenzii*）、戈壁针茅（*Stipa gobica*）、沙生针茅（*Stipa glareosa*）及须芒组的短花针茅（*Stipa breviflora*）等，

分别成为中温型草原带内 3 个草原亚带草甸草原、典型草原和荒漠草原的建群种。

鉴于中温型草原植被的建群种，主要是由针茅属（*Stipa* L.）的多种针茅植物组成，现列出 3 个植被亚型的建群种草甸草原的贝加尔针茅，典型草原的大针茅、克氏针茅，荒漠草原的小针茅（*Stipa klemenzii*）、戈壁针茅、短花针茅和沙生针茅 7 种针茅属植物的形态特征（表 3-1）。

表 3-1　内蒙古高原中温型草原植被针茅属植物（建群种）形态特征比较

| 植被亚带 | 植物名称 | 植物形态特征 | | | | | | | 年均降水量 /mm | 土壤类型 |
|---|---|---|---|---|---|---|---|---|---|---|
| | | 植株高度 /cm | 外稃长度 /cm | 颖长度 /cm | 芒 | | | | | |
| | | | | | 膝曲 /cm | 芒柱长度 /cm | 芒针长度 /cm | 芒针毛长度/mm | | |
| 草甸草原 | 贝加尔针茅 | 50～70（80） | 1.2～1.5 | 2.5～4.5 | 2 | 第一芒柱 3～5 第二芒柱 1.5～2 | 10 弧形弯曲 | 无毛或细小刺毛 | 350～450 | 暗栗钙土 |
| 典型草原 | 大针茅 | 50～60（70） | 1.5～1.7 | 3.0～4.5 | 2 | 第一芒柱 7～10 第二芒柱 2～2.5 | 12～18 弧形弯曲 | 同上 | 300～350（400） | 典型栗钙土、淡栗钙土 |
| | 克氏针茅 | 30～40（50） | 1.0 | 1.8～2.5 | 2 | | 10～12 | 同上 | | |
| 荒漠草原 | 小针茅 | 15～25 | 1.0 | 3～3.5 | 1 | 1～2 无毛光滑 | 10～15 弧形扭曲 | 白色羽状毛 | | 棕钙土、淡栗钙土或沙质棕钙土 |
| | 戈壁针茅 | 10～30 | 0.75～0.85 | 2～2.5 | 1 | 无毛，下部较粗糙 1～1.5 | 4～6 劲直折曲 | 同上 | | |
| | 沙生针茅 | 10～20 | 0.7～1.2 | 1.8～4.0 | 1 | 1.5～2.2 | 4.5～7.0 | 芒柱芒针同具白色羽状毛 | 200～300 | |
| | 短花针茅 | 20～30 | 0.5～0.7 | 第一颖 1.3～1.7 第二颖 1.0～1.5 | 2 | | 5～9 | 芒全具白色羽状毛 1.0～1.5 | | |

## 三、小针茅和戈壁针茅两个近似种群落学作用的确定

有关小针茅（*Stipa klemenzii* Roshev.）和戈壁针茅（*Stipa gobica* Roshev.）两个近似种，生境条件及其在荒漠草原植被中的群落学作用的认识和确定过程如下。

（一）问题的根源

早在 1950 年，A. A. 尤纳托夫在其所著的《蒙古人民共和国植被的基本特点》一书中指出："在荒漠草原带中的基本生活型是小型生草类型的禾本科植物，其中掺杂着很多的（但非优势的）半灌木"。他还更进一步肯定："羽毛式的 *Stipa* 和 *Cleistogenes* 形成草原的基础"。这样一来，A. A. 尤纳托夫初步明显地确定了荒漠草原群落的主导植物种类，其中最主要的由 *Stipa* 属"Barbatae Rosher"系列的细羽毛种类组成。

那么，属细羽毛系列的哪些针茅植物（种）是荒漠草原地带性群落的主要建群成分？这个至关重要的问题，自 A. A. 尤纳托夫在蒙古高原发现"荒漠草原"之日起，就开始存在了。也就是这个问题，在我国考察研究荒漠草原植被的初期，由于缺少深入细致的植物分类学研究工作，简单地直接引用现成文献，从而造成短暂的失误。

在《蒙古人民共和国植被的基本特点》一书中，有关分布在蒙古高原上广阔的波浪式平原和坡地上的 *Stipa* 荒漠草原主要有如下的叙述：①在主导种类中最主要且广泛分布的种类有 *Stipa gobica* Roshev.，*Stipa glareosa* P. Smirn.，*Stipa orientalis* Trin.，*Stipa caucasica* Schmalh 等。②羽毛式的 *Stipa* 和 *Cleistogenes* 形成了草原的基础。③在最重要的草原类型中，还有 *Stipa gobica* Roshev. ＋*Allium polyrrhizum* Turcz. 荒漠草原类型。④*Stipa* 最常见的伴侣为 *Cleistogenes sinensis* Hance，这类荒漠草原的复合种类伴随着喜石群系。在石头的裂缝中常见到类似 *Stipa mongolica* 体态的 *Stipa pelliotti* Dang.。⑤*Stipa*＋*Caragana pygmaea*（L.）DC. 草原在荒漠草原带的东部分布特别广泛。⑥分布在平坦山谷及戈壁平原上的 *Stipa*＋*Tanacetum* 草原，除 *Stipa gobica* Roshev. 和 *Stipa glareosa* P. Smirn. 外，还有 *Tanacetum achillaeoides*（Turcz.）DC. 或 *Tanacetum tirfidum*（Turcz.）DC.。⑦由于在南方过渡的草原，草群格外稀疏、矮小，草原（实指荒漠草原）的基本主导植物有了明显的改变，小的羽状 *Stipa* 替代了毛状 *Stipa*。这类小羽状 *Stipa* 属于 *Barbatae* Roshev. 系列。这个系列首先有 *Stipa gobica* Roshev.，*Stipa glareosa* P. Smirn.，*Stipa orientalis* Trin.，*Stipa caucasica* Schmalh. 和 *Stipa klementzii* Roshev. 等（作者注意到 *Stipa klementzii* Roshev. 仅在《蒙古人民共和国植被的基本特点》书中第 55 页

上叙述一次）。

按照上述 A. A. 尤纳托夫对蒙古国境内荒漠草原植被的考察研究结果，关于广泛分布在蒙古国南部的荒漠草原群落中针茅属植物的主要种类（建群植物），占首要位置的是戈壁针茅（*Stipa gobica* Roshev.）；而与其相对应的近似种小针茅（*Stipa klemenzii* Roshev.），只能在这里的荒漠草原群落组成成分中处于"一般植物"的地位。

1980年，由中国植被编辑委员会编著的《中国植被》中，针对小针茅（原名石生针茅）和戈壁针茅是这样描述的："石生针茅的形态特征和戈壁针茅十分相近，但是二者的生态习性是很不一致的。戈壁针茅在内蒙古高原荒漠草原地区是最占优势的地带性植被的建群种。而石生针茅则主要见于山地和石质丘陵上部，并与砾石质粗骨土壤有密切联系"。由此可知，《中国植被》对于戈壁针茅的观点与《蒙古人民共和国植被的基本特点》是一致的。

1985年，由中国科学院内蒙古宁夏综合考察队编著的综合考察专集《内蒙古植被》中，针对小针茅和戈壁针茅也是如此描述的："戈壁针茅是蒙古高原荒漠草原棕钙土上的典型代表植物，由它建群所组成的戈壁针茅草原是地带性荒漠草原植被的主要组成部分；而石生针茅，在我国境内主要分布在内蒙古高原草原和荒漠草原地带的山地（大青山、乌拉山、狼山、贺兰山）和丘陵顶部，它的出现总是和石质的原始粗骨性土壤保持着密切的联系……因此，可把石生针茅称为亚洲中部山地草原蒙古种，而戈壁针茅是典型的亚洲中部戈壁荒漠草原种"。由此可知，《内蒙古植被》的观点不仅与《中国植被》完全相同，与《蒙古人民共和国植被的基本特点》的论点也基本一致。

上述各专著对于小针茅和戈壁针茅两种小型针茅植物的论点，初步可归纳为：①小针茅和戈壁针茅在形态特征上非常近似。②这两种小型针茅植物均分布在亚洲中部草原区中温带荒漠草原地带，并都是荒漠草原植被的建群种。③戈壁针茅是荒漠草原最占优势的地带性植被的建群种；而小针茅只主要生长在荒漠草原地带的山地和石质丘陵上部，与砾石质粗骨土壤有密切联系。

（二）小针茅在蒙古高原（包括鄂尔多斯高原）的存在与确认

以小针茅（*Stipa klemenzii* 曾用名：克列门茨针茅、石生针茅）建群的小针茅草原，是亚洲中部荒漠草原地带的小型旱生丛生禾草草原。在西伯利亚外贝加尔色楞河流域、山地有岛状分布。在蒙古高原上，位于北部的蒙古国境内的东戈壁荒漠草原地区占优势，并在戈壁阿尔泰和蒙古阿尔泰山主脉的东部有广泛分布。而在我国主要分布在阴山山脉以北的内蒙古高原（实为乌兰察布层状高平原）和鄂尔多斯高原中西部地区。然而，长期以来，小针茅没有被发现或真正认识。后来总算认证了小针茅（当时叫做"石生针茅"）的存在，但还是错误地把

# 第三章　内蒙古高原荒漠草原植物种群的生物生态学特性

它在中温型荒漠草原地带性分布的建群种位置给予了戈壁针茅。事实上，戈壁针茅才真正是生长在荒漠草原亚带的山地和石质丘陵砾石质粗骨土壤上，以戈壁针茅建群的群落呈岛状而局部分布。这是一个短暂的失误，所幸，最终还是澄清了这个事实，并取得公认，使得小针茅恢复了它原本的地位，还原并成为了内蒙古高原和鄂尔多斯高原荒漠草原地带性植被的主要建群种之一。

下面简要叙述我们对小针茅确认的全过程。

1958 年，内蒙古农牧学院（现内蒙古农业大学）新设置了我国第一个草原专业。与此同时，聘请一位苏联专家 A. 伊万诺夫帮助开展草原学科的科学研究工作。1959 年学校与内蒙古畜牧厅草原管理局合作，在专家的指导下，以"内蒙古草原及荒漠地区的饲料基地"为题，分别在内蒙古高原中温带的草甸草原、典型草原和荒漠草原 3 个草原亚带地区，建立 3 个草原定位实验站，按统一的"科学研究工作计划与方法"进行草原定位试验研究工作（1960 年和 1961 年，又分别在鄂尔多斯荒漠草原和阿拉善典型荒漠各建立 1 个实验站）。自 1959 年起，在伊克乌素荒漠草原定位实验站按照既定的科研计划与方法，全面深入地开展了荒漠草原的定位试验研究工作。下面结合伊克乌素荒漠草原定位实验站的自然条件与有关实验研究工作简述对小针茅确认的过程。

伊克乌素荒漠草原定位实验站位于内蒙古达茂旗查干哈达苏木境内（百灵庙以北 65km），地理坐标 N42°05′40″，E110°36′32″，海拔 1210m，地处乌兰察布北部广阔的层状高平原上，地形平坦辽阔。属干旱区大陆性气候，年均降水量 223.8mm，湿润系数 0.11~0.26；年均温 3.92℃，1 月均温 −15.5℃，7 月均温 21.2℃，≥0℃ 积温 2952.4℃，稳定通过 0℃ 天数为 209 天（图 3-1）。4 月初气温稳定通过 0℃，这时植物开始萌发返青，10 月中下旬气温可降至 0℃ 以下，且初霜期降临，植物地上部分逐渐干枯，开始进入休眠期。土壤为典型棕钙土。

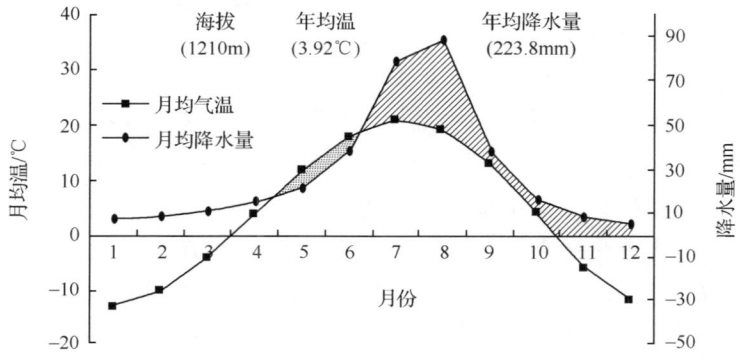

图 3-1　查干哈达气候类型图

伊克乌素荒漠草原定位实验站地处内蒙古高原的层状高平原上的开阔地带，

故植物群落类型比较单一。以小针茅荒漠草原（Form *Stipa klemenzii*）为主体，占据着绝大部分的地段。在其广大的分布区内，常见的荒漠草原地带性植被只有两个代表群落，即在比较平坦开阔的地段上是小针茅＋无芒隐子草群落；而在波状起伏稍大的平缓坡地或地表浅层覆沙的地段上，是灌丛化（以狭叶锦鸡儿为主）的小针茅＋无芒隐子草群落，这两个群落完全代表了内蒙古高原荒漠草原植被的主体群落类型。除此之外，主要还有两类隐域性或从周边植被入侵的植物群落，它们占地面积很小，有分布在坡间低地上的芨芨草盐化草甸群落（Ass *Achnatherum splendens*）；还有在少量缓坡上，由于地表石砾性和土壤含盐量的适当增强，超旱生荒漠成分小灌木、小半灌木的入侵，而成为"越带植被"的植物群落，主要是红砂＋珍珠猪毛菜群落（Ass *Reaumuria soongorica* ＋ *Salsola passerina*）。

上述 4 种群落类型，均是实验站的定位试验研究对象，实验研究工作在每个植物群落的代表地段上，同时设置"试验样地"（永久性），按照统一的观测项目和方法，进行全面、深入的观测试验研究。

在开展定位试验的第一年（1959 年），首要的研究内容是弄清楚当地植被的植物区系成分（即认识植物）。仅以群落主要建群种针茅属植物为例，当针茅抽穗盛期，在实验站地域范围内，进行全方位大量的"标本"采集。当时由于我们的分类学水平所限和相关的工具书缺乏，面对这一堆"针茅"，实在是难以分清。于是，也只好参照《蒙古人民共和国植被的基本特点》上有关荒漠草原群落中占优势的针茅植物，因为在当时这是唯一的依据，所以对研究区的针茅群落中的建群针茅植物就暂叫它"戈壁针茅"，故在 1959 年的原始样方登记表上，全填写为戈壁针茅。

1960 年，由原内蒙古农牧学院王朝品老师带着这一堆"针茅"（选出不同生境群落的标本，约 50 份），去请教我国著名植物分类学家（禾本科权威）南京大学耿以礼教授。于是，问题就完全弄清楚了。在他所鉴定的 50 份针茅属植物标本中，90％以上是克列门茨针茅，不及 10％是戈壁针茅和沙生针茅。毫无疑问，这 90％以上的克列门茨针茅（原大面积分布的针茅群落中所谓的"戈壁针茅"，其形态特征与经鉴定的克列门茨针茅完全相同）必然是荒漠草原地带性植被的群落建群种。而戈壁针茅只是在局部缓坡地表砾石质或山地上生长（但在克列门茨针茅群落中也混生有少量个体），并成为建群种。沙生针茅在这里的种群个体更少，一般不形成单独的群落，多出现在地表沙化明显的局部地段上。

在伊克乌素荒漠草原定位实验站进行定位研究的第一年（1959 年），有关小针茅的定名情况，仍沿引《蒙古人民共和国植被的基本特点》一书上的相关资料，故在样方登记时最先引用为"戈壁针茅"（表 3-2）。

第三章　内蒙古高原荒漠草原植物种群的生物生态学特性

表 3-2　戈壁针茅+无芒隐子草群落 1m² 植物记名样方（伊克乌素荒漠草原定位实验站东南 3km　1959.7.20）

| 序号 | 中名 | 学名 | 1 | 2 | 3 | 4 | 5 | 6 | 7 | 8 | 9 | 10 | 11 | 12 | 13 | 14 | 15 | 16 | 17 | 18 | 19 | 20 | 频度/% |
|---|---|---|---|---|---|---|---|---|---|---|---|---|---|---|---|---|---|---|---|---|---|---|---|
| 1 | 戈壁针茅 | Stipa gobica | + | + | + | + | + | + | + | + | + | + | + | + | + | + | + | + | + | + | + | + | 100 |
| 2 | 无芒隐子草 | Cleistogenes songorica | + | + | + | + | + | + | + | + | + | + | + | + | + | + | + | + | + | + | + | + | 95 |
| 3 | 茵陈蒿 | Artemisia capillaris | + | + | + | + | + | + | + | + | + | + | + | + | + | + | + | + | + | + | + | + | 100 |
| 4 | 栉齿蒿 | Neopallasia pectinata | + | + | + | + | + | + | + | + | + | + | + | + | + | + | + | + | + | + | + | + | 90 |
| 5 | 阿尔泰紫菀 | Heteropappus altaicus | + | + | + | + | + | + | + | + | + | + | + | + | + | + | + | + | + | + | + | + | 85 |
| 6 | 冠芒草 | Enneapogon borealis | + | + | + | + | + | + | + | + | + | + | + | + | + | + | + | + | + | + | + | + | 100 |
| 7 | 三芒草 | Aristida adscensionis | + | | | | | | | | | | | | | | | | | | | | 10 |
| 8 | 冷蒿 | Artemisia frigida | + | | | | | | | | | | | | | | | | | | | | 10 |
| 9 | 黄芪 | Astragalus membranaceus | | | | | + | | | + | | + | + | + | + | + | + | + | + | + | + | + | 60 |
| 10 | 刺叶柄棘豆 | Oxytropis aciphylla | | | | | | | | | | | | + | | | | | | | | | 20 |
| 11 | 巴西蓼 | Bassia dasyphylla | | | | | | | | | | | | | | | | | | | | | 10 |
| 12 | 苏联猪毛菜 | Salsola pestifer | | | | | + | | | + | + | + | | + | + | + | + | + | + | + | + | + | 60 |
| 13 | 银灰旋花 | Convolvulus ammannii | + | + | + | + | + | + | + | + | | + | + | + | + | + | + | + | + | + | + | + | 85 |
| 14 | 戈壁天冬 | Asparagus gobicus | | | | | | + | | | | | | | | | + | | | | | | 30 |
| 15 | 车前 | Plantago asiatica | | | | | | | | | | | | | | | | | | | | | 5 |
| 16 | 兔唇花 | Lagochilus ilicifolius | | | | + | | | | | | | | | | | | | | | | | 10 |
| 17 | 达乌里芯芭 | Cymbaria dahurica | | | | | | | | | | | | | | + | | + | | + | | | 45 |
| 18 | 寸草薹 | Carex duriuscula | | | | | | | | | | + | | + | | | | | + | | | | 65 |
| 19 | 叉枝鸦葱 | Scorzonera muriculata | | | | | | | | | | | | | | | | | | | | | 15 |
| 20 | 猫眼草 | Euphorbia pekinensis | | | | | | | | | | | | | | | + | | | | | | 15 |
| 21 | 沙葱 | Allium mongolicum | | | | + | | | | | | | | | | | | | | | + | | 40 |
| 22 | 多根葱 | Allium polyrhizum | | | | | | | | | | | | | | | | + | | | | | 15 |
| 23 | 北芸香 | Haplophyllum dauricum | | | | | | | | | | | | + | | | | | | | | | 20 |
| 24 | 软毛草 | Pilotrichum elongatum | + | | | | | | | | | | | | | | | | | | | | 15 |
| 25 | 地锦 | Euphorbia humifusa | | | | | | | | | | | | | | | | | + | | | | 15 |
| 26 | 鼠子草 | Tragus berteronianus | | | | | | | | | | | | | | | + | + | | + | + | | 60 |
| 27 | 矮韭 | Allium anisopodium | | | | | | | | | | | | | | | | | | | | + | 25 |
| 28 | 小画眉草 | Eragrostis minor | | | | | | | | | | | | | | | | | | | + | | 15 |
| 29 | 荒漠丝石竹 | Gypsophila desertorum | | | | | | | | | | | | | | | | | | | | | 15 |

资料来源：根据伊克乌素荒漠草原定位实验站原始记载样方资料，1959。

注：表内植物名称均未做更正。

从 1960 年起，就使用耿以礼教授定名的"克列门茨针茅"。之后，因故改称"石生针茅"，但名不符实，它不是生长在与石砾质生境有关而得此名。郭本兆和孙永华（1982）在《植物分类学报》20 卷 1 期上发表的"中国针茅属分类、分布和生态的初步研究"一文中，还仍使用"石生针茅"之名。后来，在刘钟龄等（内蒙古植物志编辑委员会，1994）编写《内蒙古植物志》和郭本兆编写《中国植物志》中的针茅属时，他们又将原来使用的"石生针茅"最后更名为"小针茅"，并得到公认，成为今天统一使用的中文名。

为了对荒漠草原植被针茅属植物进行全面深入而真实地了解，特别是小针茅与戈壁针茅两个近似种的鉴别，现将有关分类学文献和资料列于附录以供参考。

**附录：有关内蒙古高原荒漠草原小型针茅植物的分类学资料**

## 一、针茅属（*Stipa* L.）分种（荒漠草原 4 种）检索表

1. 芒一回膝曲，具长约 1mm 柔毛，成羽状芒
    2. 芒柱光滑无毛，芒针被白色羽状柔毛
        3. 颖长 3～3.5cm，外稃长约 10mm。芒柱长 1～2cm，芒针长 10～13.5cm，弧状弯曲；生殖枝顶部苞叶鞘膨大，较长，包裹圆锥花序 ·················································· 小针茅（*Stipa klemenzii*）
        3. 颖长 2～2.5cm，外稃长 7.5～8.5mm。芒柱长 1～1.5cm，芒针长 4～8cm，急折弯曲；生殖枝上部苞叶鞘稍膨大，较短，只包裹圆锥花序下部 ·················································· 戈壁针茅（*Stipa gobica*）
    2. 芒柱与芒针同具白色羽状柔毛，颖长 1.8～3cm，外稃长 7～12mm，背部着生条状毛，芒柱长 1.5～2.2cm，芒针长 4.5～7cm，成弧状弯曲 ·················································· 沙生针茅（*Stipa glareosa*）
1. 芒二回膝曲，芒全部具 1～1.5mm 白色羽状柔毛，颖绿色，膜质，狭披针形；外稃长 5～7mm，芒长 5～9cm，花序基部为顶生叶鞘包裹 ··· 短花针茅（*Stipa breviflora*）

## 二、小针茅与戈壁针茅的植物形态特征（引自：内蒙古植物志编辑委员会，1994）

1. 小针茅

别名：克列门茨针茅、石生针茅

*Stipa klemenzii* Roshev. In Not. Syst. Herb. Hort. Petrop. 5：12. 1924；Tzvel. Poac. URSS 593. 1976. —*S. gobica* auct. non Roshev.：M. Pop. Fl. Sib. Centr. 1：84. 1957. —*S. tianschanica* Roshev. var. *klemenzii* (Roshev.) Norl. 中国植物志 9 (3)：277. 1987。

秆斜升或直立，基部节处膝曲，高（10）20～40cm。叶鞘光滑或微粗糙；叶舌膜质，长约1mm，边缘具长纤毛；叶片上面光滑，下面脉上被短刺毛，秆生叶长2～4cm，基生叶长可达20cm。圆锥花序被膨大的顶生叶鞘包裹，顶生叶鞘常超出圆锥花序，分枝细弱，粗糙，直伸，单生或孪生；小穗稀疏；颖狭披针形，长25～35mm，绿色，上部及边缘宽膜质，顶端延伸成丝状尾尖，二颖近等长，第一颖具3脉，第二颖具3～4脉，外稃长约10mm，顶端关节处光滑或具稀疏短毛，基盘尖锐，长2～3mm，密被柔毛。芒一回膝曲，芒柱扭转，光滑，长2～2.5cm，芒针弧状弯曲，长10～13cm，着生长3～6mm的柔毛，芒针顶端的柔毛较短。花果期6～7月（图3-2）。

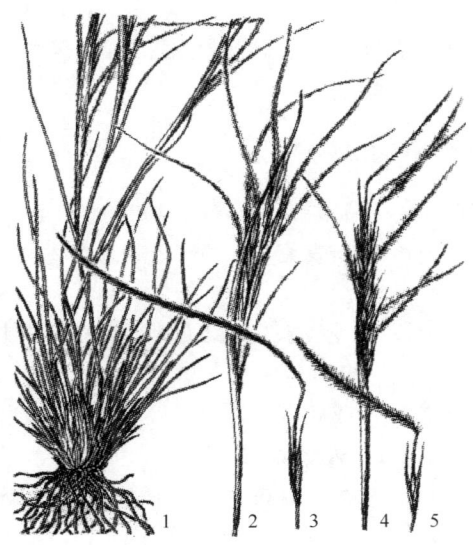

图3-2 小针茅 Stipa klemenzii Roshev. 1、2. 植株；3. 小穗。戈壁针茅 S. gobica Roshev. 4. 花序；5. 小穗

（内蒙古植物志编辑委员会，1994）

多年生密丛小型旱生草本植物。亚洲中部荒漠草原植被的主要建群种。组成中温型荒漠草原带的地带性群落，也是草原化荒漠群落的伴生植物。见于呼锡高原、乌兰察布、东阿拉善等地。

2. 戈壁针茅

Stipa gobica Roshev. In Not. Syst. Hert. Petrop. 5：13. 1924；禾本科图说692. 图541. 1959；Tzvel. in Pl. As. Centr. 4：54. 1968.—S. sinomongholica Ohwi in Journ. Jap. Bot. 19：168. 1943.—S. tianschanica Roshev. var. gobica (Roshev.) P. C. Kuo et Y. H. Sun 中国植物志 9（3）：277 图版66. 图1-5，1987。

秆斜升或直立，基部膝曲，高（10）20～50cm。叶鞘光滑或微粗糙；叶舌膜质，长约1mm，边缘具长纤毛；叶上面光滑，下面脉上被短刺毛，秆生叶长2～4cm，基生叶长可达20cm。圆锥花序下部被顶生叶鞘包裹，分枝细弱，光滑，直伸，单生或孪生；小穗绿色或灰绿色；颖狭披针形，长20～25mm，上部及边缘宽膜质，顶端延伸成丝状长尾尖，二颖近等长，第一颖具1脉，第二颖具3脉。外稃长7.5～8.5mm，顶端关节处光滑，基盘尖锐，长0.5～2mm，密被柔毛；芒一回膝曲，芒柱扭转，光滑，长约1.5cm，芒针急折弯曲近呈直角，非弧状弯曲，长4～6cm，着生长3～5mm的柔毛，柔毛向顶端渐短。花果期6～7月。

多年生密丛型旱生草本植物。干旱区山地砾石生草原的建群种，也见于草原区石质丘陵的顶部。见于赤峰丘陵、呼锡高原、乌兰察布、阴山、阴南丘陵、东阿拉善、西阿拉善、额济纳等地。

## 三、小针茅和戈壁针茅的新种描述

小针茅（*Stipa klemenzii* Roshev.）新种原描述如下。

多年生，高14～25cm，形成密丛，秆或多或少直立，2节或3节，光滑无毛。

叶鞘长于节间，无毛，较粗糙；上部的鞘膨大，很长；下部紧抱着圆锥花序。

叶片长度等于秆长之半，或稍长，狭窄（线形），刚毛状内卷，近无毛，光滑或微粗糙；叶舌长约1mm，边缘被柔毛。

圆锥花序长6～10cm，紧缩，分枝直立，微粗糙，小穗单花，白色。

外稃长约10mm，基盘长约1mm，下部密生须毛，1/2处或1/3处有排列成行的柔毛；上部粗糙，顶端无冠。

芒长10～13.5cm，硬实，膝曲；下部长1.5～2.0cm，螺旋状扭转，光滑无毛，上部被羽状毛，弧形弯曲，毛长5～6mm，到芒的顶端逐渐变短。

戈壁针茅（*Stipa gobica* Roshev.）新种原描述如下。

多年生，高（10）20～30cm，形成密丛，秆或多或少直立，有2～3（4）节，无毛；在节之下方略微粗糙。

叶鞘稍短于节间，无毛，略微粗糙；上部的鞘多少有点膨大，紧抱着圆锥花序的下部。

叶片刺状内卷，狭窄（线形），无毛，粗糙；叶舌长约1mm，顶端钝形或渐尖，覆被长柔毛。

圆锥花序4～7cm，紧缩，分枝直立，短，多少具缘毛，小穗单花，白色。

颖片长2～5cm，近等长，无毛，狭披针形，逐渐细长渐尖。

外稃长 7.5～8.5mm，基盘 0.5mm，下部有须毛，在 2/3～3/4 处有成行排列的柔毛；上部多少有点粗糙，顶端无冠，但有时在一侧有缘毛。

芒长 6.5～8cm，膝曲；下部长 1.2～2.0cm，螺旋状扭转，无毛，稍粗糙；上部多少直立，被羽状毛，毛长 5～6mm，到顶端很快变短。

## 第二节  短花针茅种群生长与动态分析

### 一、短花针茅种群密度及其动态

密度（density）是种群的基本特征之一。种群的密度，通常是随着气候条件、时间（季节）、物种本身固有的生物生态学特性，以及其相关因素（如食物源）的影响，而发生相应的变化。一般而言，生物个体越小，则单位面积内种群的个体数量就越多，如多年生丛生禾草的种群个体数量远低于一年生小禾草。同时还与该物种所处的营养级有关，营养级越低，其种群密度就越大，如在草原生态系统中，植物（牧草）的个体数量和密度均远远大于草食动物，而草食动物又大于肉食动物。

（一）种群相对生长速率

测定结果（表 3-3）表明，以单株重量而言，短花针茅相对生长速率最高值出现在 5 月中下旬，因为此时是短花针茅的生育盛期。6 月下旬到 7 月上旬短花针茅进入果后营养期，植株重量逐渐减小，相对生长速率开始出现负值。进入夏秋之后，株丛再次长出部分营养枝，相对生长速率提高幅度较大。此后有些叶片枯黄脱落，相对生长速率再次出现负值。而 8 月下旬至 9 月上旬水热同期，枝条快速生长，使 9 月上旬枝条的相对生长速率又提高到一个较高的水平（仅次于 5 月下旬）。从植株高度看，其相对生长速率的峰值亦出现在 5 月中旬，但到 6 月底开始出现负值，这是由于 5 月底短花针茅进入开花期，生殖枝达到枝条最大高度而不再增加的缘故。之后，随着气温的升高和降雨量的增加，尽管相对生长速率开始增加，但增加的幅度并不大，到生长期结束时为最低。可见，无论是从短花针茅的单株重量还是植株高度看其相对生长速率，在季节进程中两者的峰值均出现在 5 月中下旬，6 月下旬以后开始出现负值。由此说明，短花针茅相对生长速率的大小与其生育节律密切相关。

表 3-3　短花针茅相对生长速率

| 时间（日/月） | 株高相对生长速率 / [cm/ (cm·d)] | 时间（日/月） | 单株重相对生长速率 / [g/ (g·d)] |
|---|---|---|---|
| 11/5～21/5 | 0.0853 | 10/5～30/5 | 0.1509 |
| 21/5～31/5 | 0.0360 | | |
| 31/5～10/6 | 0.0081 | 31/5～20/6 | 0.0199 |
| 10/6～20/6 | 0.0110 | | |
| 20/6～30/6 | 0.0038 | 20/6～10/7 | −0.0914 |
| 30/6～10/7 | −0.0057 | | |
| 10/7～20/7 | 0.0076 | 10/7～30/7 | 0.1002 |
| 20/7～30/7 | 0.0063 | | |
| 30/7～10/8 | 0.0053 | 30/7～20/8 | −0.0031 |
| 10/8～20/8 | 0.0034 | | |
| 20/8～30/8 | 0.0027 | 20/8～10/9 | −0.0242 |
| 30/8～10/9 | 0.0009 | | |
| 10/9～22/9 | 0.0003 | 10/9～22/9 | 0.0156 |

## （二）植株器官比例

在不同的生长发育阶段，短花针茅地上部分各器官的生物量占总生物量的比例有各自的特点和规律（图 3-3）。返青开始时茎基占有较大的比例（因为此时植物的营养生长刚开始，茎基还有植物为进行无性繁殖在上一年秋天贮存的较多的碳水化合物），随着茎、叶生长的加强，茎基所占比例趋于稳定。在生长期内，茎、叶所占比例均呈现出高—低—高的趋势，5 月 10 日出现第一峰值，第二峰值叶在 7 月下旬，茎在 9 月上旬。出现这种情况，主要是由于植株返青后光合作用增强，积累干物质较多，之后又随着短花针茅进入生育期，养分消耗量增加，同时花序所占比例增加，茎、叶所占比例又有所降低。进入果后营养期后，由于雨热同期，植株生长较快，所以茎、叶所占比例又开始增加，但可能是由于叶片在 8 月以后再次枯黄脱落的缘故，只是出现峰值的时间不同。

## （三）种群动态

### 1. 种群密度动态模型

以种群的生长时间（5 月 10 日至 9 月 22 日）为横坐标，禁牧样地内短花针茅种群密度为纵坐标作图，即可得到种群密度随时间变化的曲线（图 3-4）。从图 3-4 可以看出，短花针茅种群密度动态是一个典型的具时滞的 Logistic growth

# 第三章 内蒙古高原荒漠草原植物种群的生物生态学特性

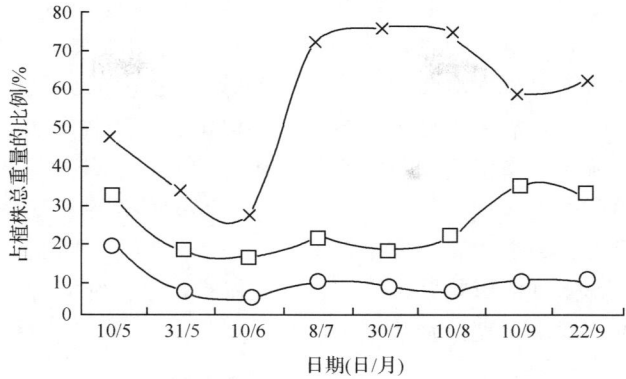

○为茎基所占比例；□为茎所占比例；×为叶所占比例

图 3-3 短花针茅植株器官重量比例季节变化

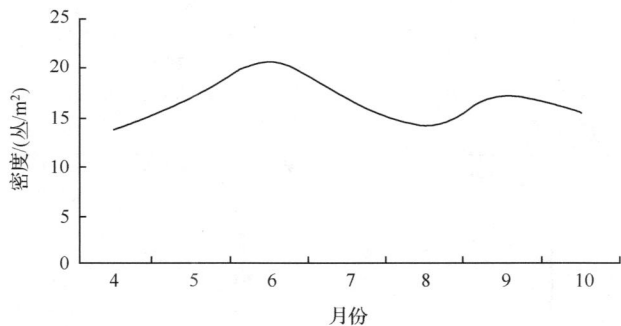

图 3-4 短花针茅种群密度动态

模型（$e^{-1}<rk<\pi/2$），种群表现为减幅的振荡，并回到平衡水平。

根据短花针茅种群密度变化的特点，为了更好地模拟种群密度增长的规律，种群密度（$\hat{Y}$）随时间（$t$ 为返青后测定时的累积天数）的变化过程可用下列两个方程来描述：

$$\hat{Y} = 20.4 - 0.0041(t-58)^2$$
$$(5<t<120; r=0.9628, P>0.01)$$

$$\hat{Y} = \frac{18.0}{1+e^{1.094-0.0182t}}$$
$$(120 \leqslant t<175; r=0.9754, P>0.01)$$

2. 放牧对种群密度的影响

从整个生长期来看，不论是在放牧样地还是在禁牧样地内，短花针茅种群的密度都是比较稳定的（表 3-4、图 3-5）。在禁牧样地内（CK），短花针茅种群的密度为13.8~20.6丛/m²,且以17丛/m²作为一个平衡水平,其密度变动的最大值出现在6月上旬,这与短花针茅的生育节律是密切相关的。在放牧样地内,短花针茅种群的密度呈现出典型的"S"型增长,其密度的最大值出现在9月上旬,这主要是由于:①放牧条件下家畜的践踏使短花针茅较大的成年株丛破碎分成几个小株丛,所以其密度增加。②当年落地的种子在9月上旬开始萌发,长出许多实生苗使种群密度增加。但是,实生苗所引起的种群密度的增加只对当年的种群密度产生影响,到翌年这些实生苗大部分由于干旱等原因而死亡,所以从这一点来看它对种群密度的影响并不大。图3-5表明,短花针茅种群密度放牧条件下较不放牧条件下要高,尤以轻牧最为明显。

表 3-4 不同放牧条件下短花针茅种群密度的变化

| 放牧梯度 | 不同时间(日/月)的密度/(丛/m²) | | | | | |
| --- | --- | --- | --- | --- | --- | --- |
| | 10/5 | 10/6 | 10/7 | 10/8 | 10/9 | 22/9 |
| 对照 | 16.9 | 20.6 | 17.0 | 13.8 | 16.9 | 16.5 |
| 轻牧 | 24.3 | 23.1 | 21.5 | 24.6 | 48.5 | 39.8 |
| 中牧 | 24.8 | 22.9 | 21.2 | 23.9 | 34.3 | 35.2 |
| 重牧 | 13.6 | 12.9 | 13.3 | 20.7 | 24.3 | 23.9 |

注:表中数据为10次重复的平均值。

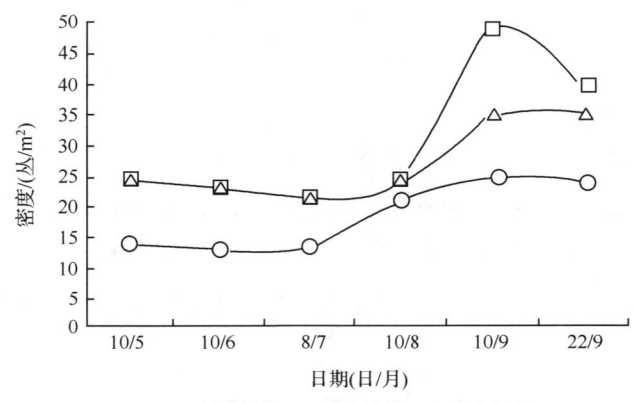

图 3-5 放牧强度对短花针茅种群密度的影响

## 二、短花针茅个体生长与种群生物量的关系

### (一)枝条数目消长特征

一个植物种群的数量动态,取决于其个体增加数与减少数的对比关系。短花

针茅种群的数量动态，就在于其枝条增加与减少的数量对比，即枝条数的消长。从观察区定株 50 丛的逐月统计结果（表 3-5）看，短花针茅枝条数的消长模式为双峰型，如图 3-6 所示，其第一峰值出现在返青末期，第二峰值出现在分蘖末期。枝条数消长的全过程分为如下 4 个阶段。

表 3-5　短花针茅（*Stipa breviflora*）枝条数统计表

| 项目 | 日期（日/月） | | | | | |
| --- | --- | --- | --- | --- | --- | --- |
| | 25/4 | 22/5 | 24/6 | 25/7 | 27/8 | 21/10 |
| 枝条总数/条 | 4771 | 4656 | 3582 | 3308 | 3099 | 4021 |
| 生殖枝/条 | | 516 | — | — | — | — |
| 营养枝/条 | 4771 | 4140 | 3582 | 3308 | 2980 | 2826 |
| 新生分蘖/条 | | | | | 119 | 1195 |
| 枝条总增减/条 | — | −115 | −1074 | −274 | −209 | +922 |
| 枝条增减/% | — | −2.41 | −23.07 | −7.65 | −6.32 | +29.75 |

注：包括了生长锥已发生分化，以后可进一步发育成生殖枝，但在返青期仍处于营养状态的枝条，枝条总增减数＝本次统计的总枝条数−上次统计的总枝条数；枝条增减率＝枝条总增减数/上次统计的总枝条数×100%。

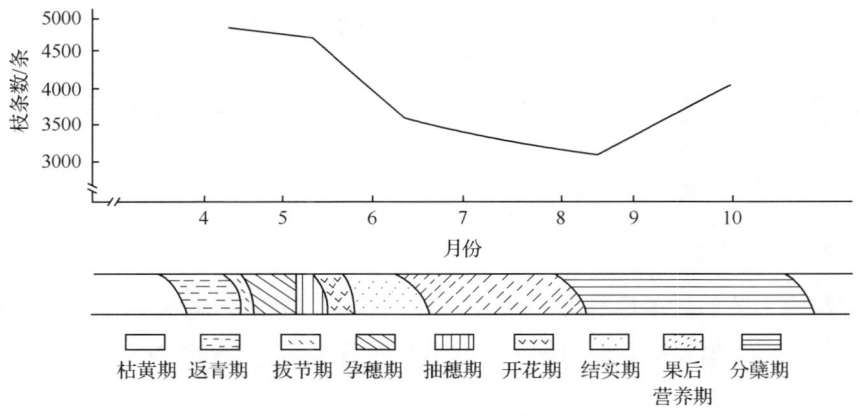

图 3-6　短花针茅（*Stipa breviflora*）枝条数消长动态与物候系谱

**1. 返青期长出阶段**

从 4 月初起，短花针茅开始返青，枝条不断长出地面，于返青末期达到最大值。在 4 月下旬统计有枝条 4771 条，为第一次峰值。因此返青期可称为枝条的长出阶段。

**2. 生殖期剧减阶段**

在 5 月下旬短花针茅开始抽穗开花，进入生殖时期，这一时期营养枝死亡最多（表3-6）。另外6月末结实期过后，生殖枝全部衰老干枯死亡，从种群中减去。上述两个原因造成了短花针茅枝条总数急剧减少，增减率出现最低负值，达－23.07%（表3-5）。因而生殖期可称为枝条的剧减阶段。

表3-6 死亡营养枝统计表

| 项目 | 日期（日/月） | | | | |
|---|---|---|---|---|---|
| | 25/4～22/5 | 22/5～24/6 | 24/6～25/7 | 25/7～27/8 | 27/8～12/10 |
| 数目/条 | 115 | 558 | 274 | 209 | 154 |
| 死亡率/% | 2.70 | 13.47 | 7.65 | 6.32 | 5.17 |

3. 果后营养期缓减阶段

结实后，短花针茅进入果后营养期。营养枝仍以一定比率死亡，种群的枝条总数仍在减少，只是减少率有所降低，且基本恒定，7月的减少率为7.65%，8月的减少率为6.32%（表3-6）。因此果后营养期可称为枝条的缓减阶段。

4. 分蘖期再增阶段

在8月下旬，短花针茅新生分蘖开始露出地面，种群有了新个体的增加。虽然营养枝的死亡使枝条数减少，但新生分蘖枝的不断出现，最终使增长率大于减少率，枝条数再度增加，并于分蘖末期出现第二次峰值。此时净增枝条数为922，净增率达29.75%（表3-5）。因此果后营养期可称为枝条的再增阶段。

综上所述，短花针茅枝条数的消长特征是：消长模式为双峰型，消长过程分长出、剧减、缓减和再增4个阶段。据Zarrough等（1983）报道，高羊茅（*Festuca arundinacea*）的枝条密度在夏季减少，而在秋季再次增加，这一消长规律与短花针茅枝条数的消长特征类似。

## （二）枝条数消长原因

短花针茅种群枝条数消长的原因，就是影响其枝条数增加与减少的途径和缘故。因此，对枝条数消长原因的探讨，就是对枝条的增加与减少的途径和缘故的分析。

1. 枝条的增加

短花针茅种群个体数增加的途径有两个：①通过有性繁殖产生种子，然后种子萌发形成实生苗。②通过无性繁殖产生分蘖，增加新的枝条。对于短花针茅的实生苗，平均几十平方米的地段才可见一株，数量微乎其微，其对种群数量的影响可以忽略不计。造成这一现象的原因是短花针茅草原是一稳定群落，短花针茅的多年生性和以无性繁殖为主的特性，限制了弱小的实生苗在群落中的成功定居。因而实生苗的数量极少，对种群数量不构成影响。然而分蘖却为短花针茅增加种群个体数的主要途径，分蘖的多少直接显示了其种群个体数增加的量，因此可以说枝条的增加就是分蘖的产生。故很有必要深入研究分蘖过程，以此来探讨枝条数增加的缘故。分蘖从分蘖芽生长发育至完备的枝条，要经历如下 3 个时期。

1) 分蘖芽出现时期

从连续取样镜检观察的结果来看，短花针茅在 8 月中旬开始出现分蘖芽。最初是在母枝（实为营养枝）的第一返青叶的叶鞘基部腋内，镜检可观察到一个小突起（图 3-7）。这一小突起就是一个腋芽，它的解剖结构为：外面是一小锥形的包被鞘——前叶（李扬汉，1979）的幼态，内部是幼小的生长锥，腋芽的出现标志着分蘖芽的形成，以后经生长发育可成为一分蘖枝条。在腋芽出现 3～5 天后，幼态的前叶进行生长，成为一锥形鞘状，其位于母枝和腋芽之间。当前叶生长至母枝叶鞘开口处时，就停止生长，随即失水变成粗老的纤维膜质（图 3-8）。以后分蘖芽的第一真叶就在前叶的鞘内生长，并不突破母枝的叶鞘从而使短花针茅表现为密丛型的繁殖生活方式。在前叶停止生长后的 2～3 天，分蘖芽的第一真叶可自前叶的鞘内伸出（图 3-9），暴露于地面而呈明显的绿色小尖。如同种子发芽后出土成苗一样，第一真叶露出地面以后，就标志着分蘖芽完成了出现期，由分蘖芽转变为分蘖枝。通常一个母枝在一个生长季内只产生一个分蘖（图 3-10），但也有较少的母枝可产生两个分蘖（图 3-10），这两个分蘖出生的时期相差 7～10 天。由此可知短花针茅的分蘖模式是：在一个生长季内只进行一级分蘖，产生 1 个或 2 个分蘖枝（图 3-11）。

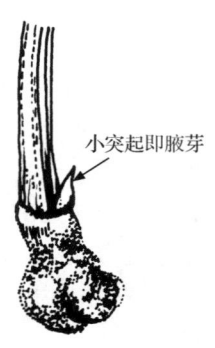

图 3-7 分蘖芽出现时期的前叶

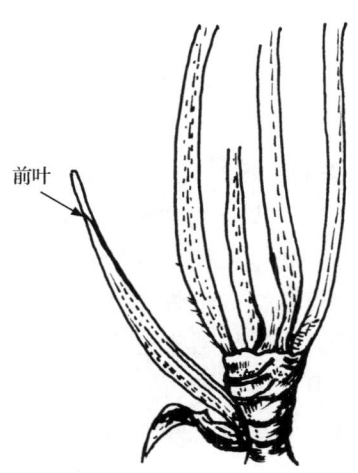

图 3-8 呈纤维膜质的前叶

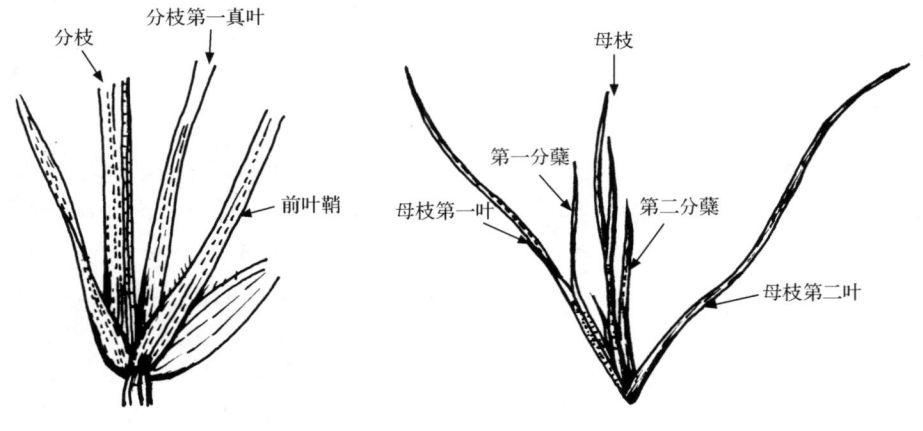

图 3-9 分蘖枝第一叶长出前叶鞘　　图 3-10 产出两个分蘖的母枝

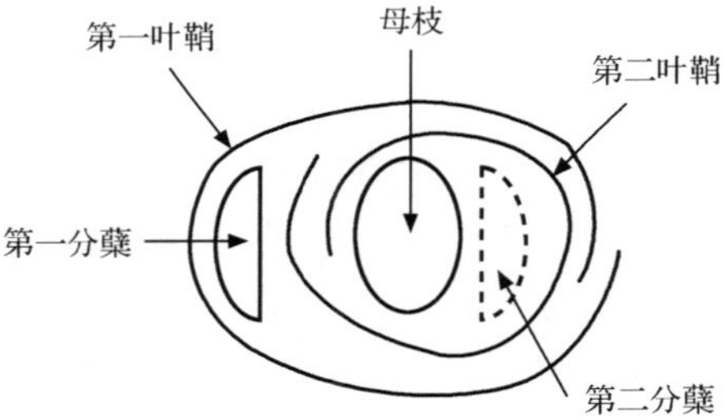

图 3-11 短花针茅分蘖模式
（虚线表示有的枝条可能不产生）

2）分蘖枝初生生长时期

分蘖在第一真叶露出地面，完成分蘖芽出现时期后，就进入分蘖枝的初生生长时期，开始初生生长。其特点是以叶片的发生和生长为主，经过 20 天左右，第一叶长度可达 20mm 左右，达到了其生物学长度而停止生长，保持鲜绿色进行光合作用，为其他器官的生长发育提供营养物质。在第一叶接近其最大长度时，第二叶开始露出地面，它的位置恰好与第一叶相对。经过 10 天左右的生长，就可等长或稍长于第一叶。此后其生长速度变缓，于 9 月底至 10 月初停止生长，此时其最大长度达 20～40mm。第三叶露出地面的时间是 9 月下旬，此时气温已大幅度下降，其生长显得十分滞缓，在 10 月中旬停止生长时，它的最大长度仅有 10mm。10 月下旬受低温冷冻的影响，分蘖枝各叶片自叶鞘逐渐自上而下枯黄，与母枝一起进入枯黄期。表 3-7 是定株的 10 条新生分蘖枝生长长度测量的平均结果，从表 3-7 中可以看出新生分蘖枝在初生生长期，以第二叶的生长量为最大。在初生生长期内，分蘖开始长出自己的根系（图 3-12）。

表 3-7　10 条定株新生分蘖枝生长平均长度　　（单位：mm）

| 叶序 | 27/8 | 7/9 | 17/9 | 27/9 | 10/10 | 26/10 | 总长度 |
| --- | --- | --- | --- | --- | --- | --- | --- |
| 第一叶 | 2.4 | 9.3 | 16.4 | 16.4 | 16.4 | 16.4 | 16.4 |
| 第二叶 | | | 3.2 | 18.9 | 21.5 | 21.5 | 21.5 |
| 第三叶 | | | | 2.2 | 6.6 | 6.6 | 6.6 |

综上所述，短花针茅分蘖芽出现的时间，第一叶到第三叶的发生和生长及根系长出的时间，均在夏秋季。这表明了短花针茅的分蘖属夏秋分蘖。

3）分蘖枝再生长时期

分蘖枝枯黄越冬前，生长锥已分生出 3～5 个叶原基。这些叶原基在翌春生长发育为叶片长出地面，从而使分蘖枝与其他营养枝一起返青，这标志着分蘖枝进入再生长时期。以后随着时间的进程，逐步向成熟的营养枝发育。

上述的 3 个时期是短花针茅进行分蘖繁殖的过程，也是其增加种群个体数的缘故和主要途径。

2. 枝条的减少

短花针茅种群枝条减少的原因和途径有如下两种情况。

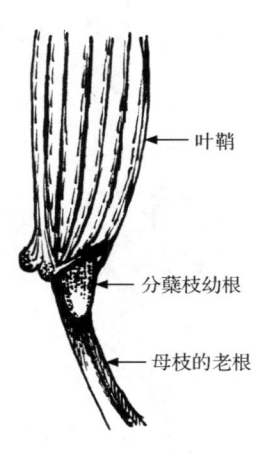

图 3-12　分蘖幼根的形成

1）生殖枝在结实后衰老死亡

一个生长发育成熟的营养枝，在一定条件下，其生长锥由初生状态（图 3-13）经过伸长生长（图 3-14）、花序分化（图 3-15、图 3-16），发育为生殖枝。然后进行抽穗、开花、结实，并随种子的成熟脱落，整个枝条自上而下逐渐干枯死亡，从种群中消亡。生殖枝在结实后的干枯死亡，可以看做是短花针茅种群的部分个体达到其生理寿命的衰老死亡。

当然并不是所有的营养枝在一个生长季内都发育为生殖枝。据 10 月 24 日对 3 丛 108 个枝条的镜检观察统计，有 17 个枝条的生长锥进行了生殖发育，翌春返青后逐步发育为生殖枝；另 91 个枝条的生长锥仍保持着初生状态，翌春返青后仍生长为营养枝。

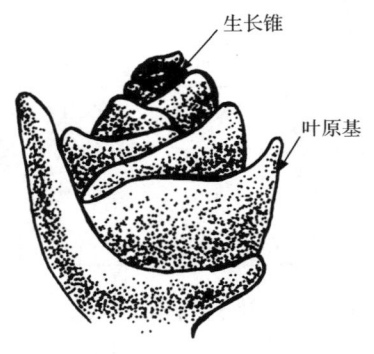

图 3-13　生长锥的初生状态

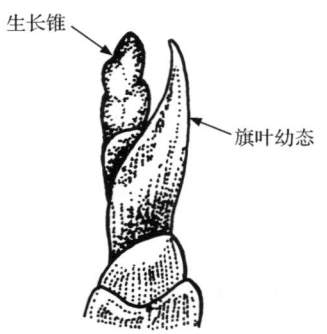

图 3-14　生长锥的伸长生长

图 3-15　花序分化前期花序突的出现

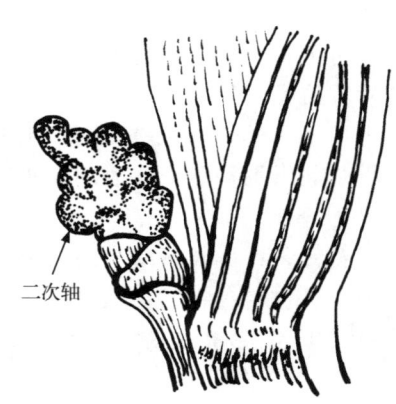

图 3-16　花序分化的后期——二次轴分化

2）营养枝的中途夭折死亡

在生长季的各个时期均有营养枝死亡的发生。不同月份营养枝的死亡数如表 3-6 所示，特别是在短花针茅生殖期的 5 月、6 月，营养枝死亡最多，这可能与营养状况有关。短花针茅根系总糖含量测定结果如表 3-8 所示，亦以生殖时期的为最低。其原因是生殖枝体形高大，生长发育迅速，完成其生长发育需消耗大量的营养物质，而自身的叶量有限（3 片或 4 片叶），产生的光合产物远远不能满足需要。然而同一丛内各枝条间营养的互通，使光合产物向生殖枝转移集中，因而一部分营养枝因光合产物被移走，发生"饥饿"而逐渐死亡。

表 3-8　不同物候期短花针茅（*Stipa breviflora*）根系水溶性糖分含量

| 项目 | 采样时间（日/月） | | | | | | | | |
|---|---|---|---|---|---|---|---|---|---|
| | 8/4 | 24/4 | 8/5 | 23/5 | 31/5 | 8/6 | 27/8 | 17/9 | 19/11 |
| 物候期 | 返青期 | 拔节期 | 孕穗期 | 抽穗期 | 开花期 | 结实期 | 果后营养期 | 分蘖期 | 枯黄期 |
| 糖分含量/% | 5.334 | 7.171 | 6.417 | 5.348 | 4.348 | 4.315 | 6.371 | 8.079 | 7.375 |

至于其他时期营养枝的死亡，其原因可以归结到自然环境的胁迫作用，即短花针茅种群部分个体达到生态寿命的死亡。有关详尽而确实的原因和机理，需要进行深入的研究。总而言之，营养枝的中途夭折死亡是短花针茅种群个体数减少的一条主要途径。枝条的增加与减少是短花针茅种群枝条数消长的途径和缘故。前述的枝条数消长特征就是枝条数增加与减少的作用结果。

（三）枝条与种群产量的关系分析

理论上认为，产草量＝枝条数目×单枝条的平均重。这一公式表明了枝条数目与其平均重都影响着种群产量。短花针茅有 3 类枝条：生殖枝、营养枝、新生分蘖枝，它们在体型、大小、高度等方面都有极大的差异，并且各自的数目又极不相同，最终导致它们在种群产量中占有不同的份额。因此，探讨枝条与产量的关系，应将 3 类枝条分别看待。

1. 各类枝条与种群产量的关系

现对典型的开花期和分蘖期的资料进行统计分析，结果如下。

（1）开花期：短花针茅在开花期无新生分蘖枝，其种群产量（Y）与生殖枝条数（$X_1$）和营养枝条数（$X_2$）具有的关系是

$$Y = 0.067\ 174\ 8X_1 + 0.007\ 918\ 44X_2 + 1.032\ 7$$
$$F(839.003) > F_{0.01}(30.82)$$

标准偏回归系数

$$b'_1 = 0.642\ 59$$
$$b'_2 = 0.842\ 75$$

（2）分蘖期：种群产量（Y）与生殖枝条数（$X_1$）、营养枝条数（$X_2$）和新生分蘖枝条数（$X_3$）具有的关系是

$$Y = 0.019\ 132\ 6X_1 + 0.012\ 232\ 1X_2 + 0.002\ 417\ 6X_3 - 0.310\ 594$$
$$F(257.539) > F_{0.01}(32.08)$$

标准偏回归系数

$$b'_1 = 0.094\ 591$$
$$b'_2 = 0.831\ 36$$

$$b'_3 = 0.080\ 232\ 2$$

从上述的关系中可以发现，各类枝条的数目与其平均重均影响着种群产量。究竟何者影响显著？不妨比较一下各类枝条的标准偏回归系数与偏回归系数（$X$ 前的系数）。标准偏回归系数代表了枝条数对产量的影响率，而偏回归系数代表了枝条平均重对产量的影响率。各类枝条的标准偏回归系数均大于其偏回归系数一个数量级。因此可以认为各类枝条的数目对种群产量的影响远较平均重显著。进一步比较可以发现，同一时期内各类枝条的标准偏回归系数之间又有极大差异，上述两个典型时期营养枝的标准偏回归系数均为最大。因此，又可以导出结论：各类枝条对种群产量的影响，以营养枝最为突出。这一结论可以从开花期营养枝重/生殖枝重＝1.441 的实测值得到佐证。从前述的枝条消长原因可知，生殖枝、分蘖枝均与营养枝存在内在的连带关系，两者总是在一定的比率下，这取决于营养枝的数量；另外，在短花针茅种群数量组成上，营养枝又占有绝对优势。短花针茅的这些生物学特征决定了营养枝对种群产量的贡献最大。

2. 营养枝数与种群产量

短花针茅营养枝对其种群产量的贡献最大，两者存在一定的数量关系，这一关系为非线性的，如图 3-17 所示。

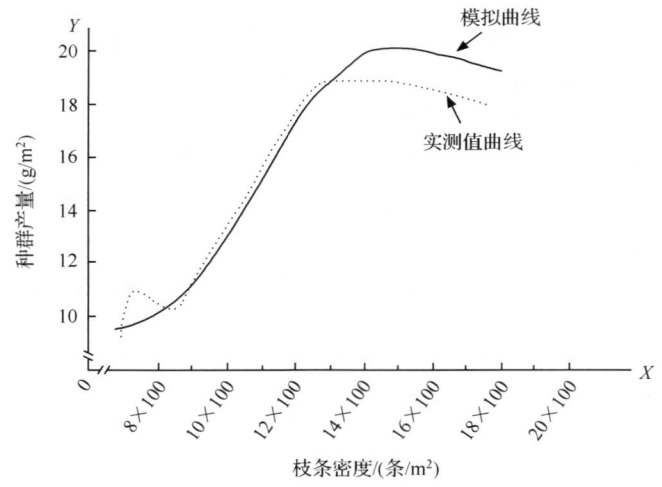

图 3-17 营养枝密度与种群产量关系

$Y$ 为种群产量，$X$ 为营养枝密度的缩小百倍值；$R_{(11)}$（0.592 59）$>R_{(0.01)}$（0.8010）

符合模型函数

$$Y = 96.654 - 31.790X + 4.0461X^2 - 0.205\ 70X^3 + 0.003\ 659\ 0X^4$$

$$F_{(4,9)}(17.150) > F_{(0.01)}(6.42)$$

从图 3-17 中可以看出，营养枝数目与种群产量关系的总趋势是：在营养枝低密度范围内，随营养枝密度的上升，种群产量急剧上升，表示了枝条密度过低，各枝条均可达到其最大生长量，枝条密度与种群产量近于线性关系；在营养枝较高密度范围内，随着营养枝密度的增大，种群产量反而下降，表示了枝条密度过高，各枝条对环境资源的竞争激烈，各枝条消耗在维持生命活动的份额加大，其生长量下降，最终使种群产量降低。在低密度与高密度之间，存在一最适密度范围，在此密度范围内，可以得到最优产量。从模型函数中可求出这一最适密度范围：其下限是1042条/m²（模型函数中 $X$ 值为10.42），此值为种群产量的最大增长率点，其上限是1527条/m²（模型函数中 $X$ 的值为15.27），此值为种群产量的最高值点。因此，短花针茅种群营养枝的最适密度范围为1042～1527条/m²。在短花针茅草原初级生产力管理上，应以此作为制定载畜量的一个重要指标，使载畜量控制在能保证营养枝为1042～1527条/m²的密度范围。一方面以避免因过度放牧的严重啃食，而导致营养枝死亡过多，使种群产量过低；另一方面以避免因放牧不足，而导致营养枝密度过大，造成自然资源的无效损耗。

（四）种群生长与动态的主要特点

(1) 短花针茅种群枝条数的消长特征是：其消长模式为双峰型，其消长过程分4个阶段：返青期长出阶段、生殖期剧减阶段、果后营养期缓减阶段和分蘖期再增阶段。

(2) 短花针茅枝条数消长的原因与途径是：分蘖使枝条数增加、生殖枝的衰老死亡与营养枝的中途夭折死亡使枝条数减少。

(3) 短花针茅在秋季果后营养期进行分蘖，产生的分蘖属夏秋分蘖。

(4) 短花针茅各类枝条与种群产量的关系是

开花期：$Y=0.067\ 174\ 8X_1+0.007\ 918\ 44X_2+1.0327$

分蘖期：$Y=0.019\ 132\ 6X_1+0.012\ 232X_2+0.002\ 741\ 76X_3-0.310\ 594$

其中营养枝的数量对种群产量影响最大。

(5) 短花针茅营养枝密度与种群产量的关系符合模型函数

$$Y = 96.654 - 31.790X + 4.0461X^2 - 0.205\ 70X^3 + 0.003\ 659\ 0X^4$$

营养枝的最适密度范围是1042～1527条/m²，此范围应作为短花针茅草原载畜量制定的一个重要指标。

短花针茅枝条数消长为双峰型，其第一峰值出现在返青末期，第二峰值出现在分蘖末期。然而第二峰值较第一峰值低，说明经过一个生长季后，短花针茅的枝条数在研究当年减少了，年末的枝条数较年初的少。造成这一现象的原因，推测为与当年的夏季干旱有关。研究当年的降水量为176.4mm，比年均降水量230.7mm少54.3mm。干旱胁迫，严重限制了植物的光合作用，使碳水化合物供不应求，造成死亡率增多，而分蘖率降低，产生的分蘖枝不足以补齐死亡的枝条，因而枝条总数减少。为了证实上述的推测，在研究当年，还安排了补水试验。夏天补水 100mm 后，提高了土壤含水量，减轻了干旱胁迫程度，分蘖率提高了 57.57%。产生的分蘖多于死亡减少的枝条，枝条数第二峰值高于第一峰值，枝条总数增加。由此可知，生长季始末短花针茅种群枝条数的对比差异与夏季降雨量有关。

## 第三节　荒漠草原群落几种植物的生物生态学特性

### 一、小针茅

小针茅（*Stipa klemenzii*）是一种强旱生密丛禾草植物，成为旱生性最强的荒漠草原群落的首要建群种，它是亚洲中部戈壁——蒙古区系成分的典型代表植物。除形成独特的荒漠草原群落外，还广泛渗透到荒漠植被中，成为草原化荒漠（半荒漠）的主要植物区系成分之一。

小针茅植株低矮，平均株高 10～20cm。生草丛密集，丛径 4～5cm。须根发达，具根套。细线状叶片扭曲簇生于营养枝基部，圆锥花序半开放，常为淡黄色叶鞘包被，卷叶鞘呈披针形，长度超过其叶片，可达 10～15cm。外稃长 10mm，芒长超过 10cm，呈弯镰状，芒柱光滑无毛，芒一次膝曲，膝曲以上部分长 8～10cm，密被银白色柔毛，毛长 3～4mm。结实季节景观十分明显。

通常，当春季气温上升到 3～5℃时，小针茅开始返青。若气温波动时，特别是受寒潮低温的影响，往往使早春刚萌发的更新芽生长受到很大的抑制，甚至遭受冻害而使叶片尖端枯黄。植株返青进程与春季土壤水分含量密切相关，在冬季降雪较多的年份，翌年春季土壤解冻后于表层含有较充足的水分，植物返青后生长迅速，到 5 月下旬至 6 月上旬进入开花结实期，6 月底至 7 月初颖果成熟脱落，进入较长的"果后营养期"之后，通常在夏季后期小针茅株丛第二次萌发出新的营养枝。但若遇春季土壤极端干燥，而气温稳定上升，植物则不能适时返青，或返青后难以生长，致使春末夏初群落仍呈现一片单调的枯黄季相。在严重春旱的年份，一直到夏季降雨之后（一般在 7 月上中旬），草群才能全面返青。通常在这样的年份群落中多年生草本植物生长发育受到很大影响，而以一、二年生草本植物的一些种类成为明显的季相层片。

小针茅对土壤条件的适应比较严格，一般在沙壤质、壤质及浅层覆沙（10～15cm）的棕钙土分布最为广泛，而对石质性原始粗骨土和稳定性较差的沙土适应性较差。但能在轻度碱化的土壤上生长，而对可溶盐含量的增加反应十分敏感，故盐湿生境下很难见到小针茅的分布。

## 二、短花针茅

短花针茅（*Stipa breviflora*）广泛分布在亚洲中部草原区荒漠草原亚带的偏暖气候区域，属荒漠草原植被的主要建群种之一，亦可生长在荒漠区的一些山地上。

短花针茅属针茅属须芒组（Sect. *Barbatae*）的一种多年生密丛植物，株高约 30~40cm，芒长 5~8cm，全芒披短柔毛。在内蒙古高原荒漠草原亚带南部地区，短花针茅 4 月上旬开始萌动返青，5 月下旬至 6 月中旬抽穗开花进入生长发育盛期，6 月下旬至 7 月上旬颖果成熟脱落，生殖枝开始枯黄，而株丛基部的营养枝仍保持绿色。之后，在 7 月中旬至 8 月上旬期间，株丛再次分蘖生长出一些营养枝，此时已开始进入生长繁茂的果后营养期，直至 9 月下旬整个株丛逐渐变黄且最后干枯，而完全进入相对休眠期。

由短花针茅建群的短花针茅荒漠草原群落的植物种类组成较小针茅荒漠草原群落更为复杂，因为与之邻近的典型草原群落中的一些植物侵入短花针茅群落，常见的有克氏针茅、糙隐子草和沙生冰草等。致使其层片结构较复杂，群落中除由多种多年生旱生丛生禾草组成的建群层片外，还有多年生根茎禾草层片、多年生薹草层片、多年生杂类草层片、旱生小半灌木层片、旱生小灌木层片、一、二年生植物层片和地衣藻类植物层片等。这样复杂的群落层片结构，在荒漠草原亚带中是较为突出的一个特点。

## 三、无芒隐子草

无芒隐子草（*Cleistogenes songorica*）是强旱生密丛禾草植物，为荒漠草原群落的共建种。无芒隐子草春季返青较晚而秋季枯黄期早，是群落中多年生旱生丛生禾草植物生长期较短的植物。每年 4 月下旬气温上升到 10℃时，它才开始萌动，但直到 9 月下旬植物体枯黄，其生长期为 160 天左右。

无芒隐子草在晚春萌发后，直到拔节期以前，生长速度缓慢，植株低矮；但进入拔节期之后，生长速度开始加快，枝叶增多伸长，干物质积累也大量增多。植株最大高度出现在初花期（8 月下旬），在开花末期—结实初期进入地上生物量积累盛期，到了植物生长后期（9 月中旬）形成最后一次突出的高峰，但此时已晚于最大降水量和与之配合的高温期的最佳时段。9 月底种子成熟后，植物枝叶已经枯黄，若在风力摧残下，枝条可从基部折断，全部被风吹去。由此可知，无芒隐子草的冬季保存率极低，只能在其生长期供家畜采食利用。

## 四、沙生冰草

沙生冰草（*Agropyron desertorum*）是一种短根茎禾草，有时参与短花针茅草原群落成为群落组成的伴生种，多出现在水分条件稍好的沙质土壤上。在 4 月上旬，当气温升高到 3℃ 以上时，沙生冰草开始萌动生长，至 10 月下旬气温下降至 3℃ 以下时，停止生长。在整个 200 天的生长周期中，进入开花期需 85 天，到种子成熟需 100 天左右。由于对土壤水分条件有一定程度的要求，故它只有在比较湿润的年份，才能正常开花结实。若在干旱的年份里，沙生冰草往往不能抽穗，在整个生长期内始终保持营养生长状态，植株相对低矮，即使部分植株能抽穗开花，但种子也不能成熟。然而，它还能利用短根茎进行营养繁殖。

沙生冰草春季返青较早，但在较长一段时期内，多处于以叶生长为主的营养生长状态。到 6 月上旬开始拔节，相继形成生殖枝而抽穗。在拔节至开花期间，植株生长速度快，营养物质的积累也最多，一直到盛花期（7 月中旬左右）达到最高峰值，故营养物质的形成与积累同时达到最高水平。此后，植物地上生物量逐渐下降。在秋季期间，植株可萌发出更新芽，其中大部分能在当年发育成新枝条，但大多为营养枝，这时植株的地上生物量又略有增加。因此，沙生冰草在一年内的整个生长周期中，植株地上生物量出现两次高峰的现象。

## 五、冷蒿

冷蒿（*Artemisia frigida*）是旱生性蒿类小半灌木植物，广泛分布于内蒙古高原草原地带，在荒漠草原亚带亦有分布，主要出现在一些轻度退化群落地段上。由于冷蒿植株多呈匍匐状而具有较强的耐旱和一定程度的耐牧性，它不仅在荒漠草原群落中普遍存在，还常成为群落的优势种甚至是共建种；但当其群落处于重度放牧退化阶段时，冷蒿在群落中也不复存在。

冷蒿在群落中是一种萌发最早的早春植物，通常在 3 月底或 4 月初开始萌发生长，但初始生长极为缓慢，几乎自萌动开始直至初夏较长的期间内，植株始终保持着匍匐状态伏卧在地面上。到夏季中旬（7 月 15 日）以前的大约 60 天中，植株仍保持 4cm 左右的高度，故这时的地上生物量很低。7 月中旬以后，开始形成生殖枝，这时生长速度加快；至 8 月 10 日的 20 多天中，生殖枝可伸长 8cm 左右，此时期相对于地上生物量也快速增加。在 8 月下旬到 9 月初进入始花期，地上生物量出现第一次高峰期，至 10 月底种子成熟。由于它具有很长的营养生长期，且生长速度十分缓慢，故它的生殖枝形成较晚，并且在许多情况下植株不形成生殖枝，整个株丛全部为营养枝，全年处于营养生长状态，主要以根蘖繁殖为主。

冷蒿在 0~3℃ 时就开始萌动，到了晚秋（10 月底或 11 月初）停止生长，生长期长达 240 天左右。所以，冷蒿在群落中，既是萌动最早的又是成熟最晚的植物，故堪称荒漠草原群落中生长周期最长的植物种。因为，冷蒿植株体型呈匍匐状，通常平卧地面，且植株上被覆短灰色的绒毛，早春和晚秋的低温对冷蒿没有明显的危害，它可耐受-20℃左右的低温。所以，它的生长周期较长，主要是由于它对一定的低温具有较好的适应能力。正因为它的生长周期长，故它的生长速度是比较缓慢的，其植株地上生物量也是比较稳定的。

## 六、细叶鸢尾

细叶鸢尾（*Iris tenuifolia*）是一种旱生性刷状根型植物，在一些荒漠草原群落中，常以群落固有的伴生种存在。细叶鸢尾在春季萌动返青较早，生长前期生长发育极为迅速，从萌动到果实形成只需 55 天左右，而全部完成其生长周期也仅需要 80 天左右。一般在生长前期的生长速度近乎呈直线上升。4 月 20 日至 6 月 5 日的 45 天中，植株高度可达 24cm（最高为 28cm）。在果实成熟后，植株仍可保持"果后营养期"阶段，但植株停止生长，其叶片仍以绿色营养状态保持到晚秋时节。据对细叶鸢尾的物候观察，其生长期为 195 天，其中 3/5 的时间均处于果后营养状态，即使在成熟后期也有相当长的时间仍能保持绿色营养体。主要是由于它能适应早春和晚秋波动的温度变化，在早春 3℃时开始萌动，晚秋气温下降至 7℃时植物体枯黄进入相对休眠期。尽管细叶鸢尾对土壤水分的要求不太高，若在春季出现极端干旱时，它仍不能萌动，即便是勉强生长，也不在春季正常开花。但是，细叶鸢尾仍不失为一种较强的耐旱植物。

## 七、中间锦鸡儿

中间锦鸡儿（*Caragana intermedia*）是一种旱生性的小灌木，它在内蒙古高原荒漠草原亚带东侧北部有着广泛的分布。由于它在荒漠草原群落中位于上层，且呈灌丛状生长，在春季萌动后生长迅速，故在群落中十分显露，可称为荒漠草原群落的一种"景观植物"。晚春（5 月初）开始萌动，之后，生长发育迅速，从返青到开花仅需 25 天左右；而从结实到果荚成熟所需的时间却很长，达一个多月。从开花到果实成熟期间，其地上生物量形成高峰。中间锦鸡儿生长周期为 150 天左右。中间锦鸡儿春季开始生长时要求较高的温度，通常在 10℃以上时才开始萌动，而在秋季温度降至 5℃就停止生长。它最大的生态特性是能耐受春季的极端干旱，因为它具有比其他植物更强大的直根系，所以大多生长在表土层偏厚的荒漠草原群落中。

## 第四节 荒漠草原植物物候学与群落季相特征

植物长期适应于一年四季中温度的冷热节律性变化，从而形成与温度周期变化相适应的植物生长发育节律，这样的植物生长发育与温度因子的适应性表现叫做植物的"物候"。古诗云："离离原上草，一岁一枯荣；野火烧不尽，春风吹又生"。这就是植物,尤其是草原植物物候特征的真实写照。内蒙古高原上生长的草原植物,在春季温度开始升高时发芽与生长,夏季、秋季高温下开花与结实,到了秋末冬初温度逐渐下降,茎叶枯黄与果实成熟脱落,进入冬季的低温条件下,植物出现休眠状态。植物在不同季节有序地进行发芽、生长、开花、结实、果熟、落叶和休眠等生长发育全过程,叫做植物的"物候期"。观察记载植物的物候期,对于深入了解植物的生物生态学特性、植被的群落学特征以及草地利用管理,均具有十分重要的意义。

荒漠草原气候条件严酷,尤其是气候的季节变化,对草原植物的生长发育起着十分重要的作用。春季以其极端的干旱和温度的巨大波动,影响着休眠的植物,主要不利于植物的萌动和早期生长;但是,夏季雨热同季,温度升高而较稳定,降水偏多而集中,这时植物迅速生长发育,保证完成当年的生活周期;临近秋季,植物相继进入成熟期,由于温度迅速下降,加之降水稀少,植物体很快枯黄;进入冬季气温急剧下降,寒潮不断袭击,表土冻结,植物完全进入相对休眠期,如有积雪还给休眠的植物铺盖上一层白色的"保温层",有利于植物度过严寒的冬季。

## 一、物候学观察地区的气候条件

1959 年内蒙古农牧学院(现内蒙古农业大学)在我国首次设置的伊克乌素荒漠草原定位实验站进行定位研究,该站位于 N42°05′40″,E110°36′32″,属干旱区大陆性气候。年均温 3.02℃,1 月均温 $-15.5℃$,7 月均温 21.2℃,$\geqslant 0℃$ 积温 2952℃,稳定通过 0℃ 天数为 209 天。年均降水量 223.8mm,湿润数为 0.11~0.26。每年大约在 4 月初气温稳定通过 0℃,这时植物开始萌发返青,10 月中旬、下旬植物地上部分干枯并逐渐进入休眠期,以后长期呈现出"冬态"无生机的草原景观。

实验站以荒漠草原植被作为主要研究对象,进行全面而深入的定位试验研究工作。为了物候观察的需要,实验站还设置了一个小型的"气象哨",主要观测温度和降水量的数值与变化。在实验站周边地区,内蒙古气象局建立有 4 个气象站,长期进行常规的气象观测工作。4 个气象站分别是北部的满都拉气象站(N42°29′)、南部的百灵庙气象站(N41°42′)、召河气象站(N41°19′)和西部的白云鄂博气象站(N41°46′)。4 个气象站观测的有关温度和降水量的部分气象资料如表 3-9、表 3-10、表 3-11 和表 3-12 所示(4 个气象站的气候资料均引自内蒙古气象台)。

表 3-9  1958～1974 年月平均温度　　　　　　　　　（单位：℃）

| 气象站 | 1月 | 2月 | 3月 | 4月 | 5月 | 6月 | 7月 | 8月 | 9月 | 10月 | 11月 | 12月 | 全年平均 |
|---|---|---|---|---|---|---|---|---|---|---|---|---|---|
| 满都拉 | -17.89 | -13.64 | -3.17 | -7.75 | 17.12 | 23.82 | 26.34 | 23.69 | 15.91 | 6.65 | -6.06 | -14.67 | 4.6 |
| 百灵庙 | -16.09 | -12.89 | -3.55 | 5.81 | 14.37 | 18.60 | 20.70 | 18.41 | 11.47 | 4.22 | -5.58 | -13.73 | 3.50 |
| 白云鄂博 | -16.05 | -13.03 | -4.65 | 4.30 | 12.10 | 16.88 | 19.48 | 17.34 | 10.97 | 3.42 | -6.90 | -14.58 | 2.45 |
| 召河 | -17.60 | -14.20 | -5.40 | 5.20 | 11.90 | 16.80 | 18.90 | 16.70 | 10.30 | 2.60 | -6.80 | -15.30 | 1.50 |

表 3-10  1958～1974 年季平均温度　　　　　　　　　（单位：℃）

| 气象站 | 春 | 夏 | 秋 | 冬 | 全年平均 |
|---|---|---|---|---|---|
| 满都拉 | 7.20 | 24.60 | 5.30 | -15.40 | 4.60 |
| 百灵庙 | 5.50 | 19.20 | 3.50 | -14.20 | 3.50 |
| 白云鄂博 | 3.90 | 17.90 | 2.50 | -14.90 | 2.40 |
| 召河 | 3.60 | 17.40 | 2.10 | -15.70 | 1.50 |

表 3-11  1958～1974 年月平均降水量　　　　　　　　（单位：mm）

| 气象站 | 1月 | 2月 | 3月 | 4月 | 5月 | 6月 | 7月 | 8月 | 9月 | 10月 | 11月 | 12月 | 全年降水量平均 |
|---|---|---|---|---|---|---|---|---|---|---|---|---|---|
| 满都拉 | 2.58 | 2.02 | 3.60 | 4.91 | 14.18 | 20.31 | 64.70 | 48.19 | 20.98 | 5.67 | 1.99 | 1.08 | 179.90 |
| 百灵庙 | 3.25 | 2.10 | 4.85 | 8.87 | 15.72 | 2.35 | 63.80 | 77.35 | 37.60 | 10.90 | 4.45 | 1.27 | 255.20 |
| 白云鄂博 | 2.78 | 2.48 | 5.34 | 12.90 | 26.15 | 37.50 | 105.80 | 111.60 | 50.09 | 5.60 | 4.82 | 10.90 | 371.90 |
| 召河 | 2.70 | 1.91 | 4.70 | 9.72 | 19.80 | 8.30 | 62.70 | 80.09 | 36.96 | 14.09 | 4.64 | 1.04 | 261.69 |

表 3-12  1958～1974 年降水量季节分配状况

| 气象站 | 冬 降水量/mm | 冬 比例/% | 春 降水量/mm | 春 比例/% | 夏 降水量/mm | 夏 比例/% | 秋 降水量/mm | 秋 比例/% | 全年降水量平均/mm |
|---|---|---|---|---|---|---|---|---|---|
| 满都拉 | 5.68 | 3.15 | 22.69 | 12.61 | 133.20 | 74.04 | 10.64 | 5.91 | 179.90 |
| 百灵庙 | 6.62 | 2.59 | 29.44 | 11.50 | 164.65 | 64.51 | 52.95 | 23.50 | 255.20 |
| 白云鄂博 | 16.16 | 4.34 | 44.39 | 11.90 | 254.90 | 68.53 | 70.49 | 18.95 | 371.90 |
| 召河 | 5.65 | 2.15 | 34.22 | 13.07 | 151.09 | 57.73 | 55.69 | 21.28 | 261.69 |

## 二、荒漠草原植物物候期与群落季相特征

### （一）小针茅＋无芒隐子草＋冷蒿群落

具有地带性而广泛分布在内蒙古高原中西部荒漠草原亚带的小针茅＋无芒隐子草＋冷蒿群落（Ass. *Stipa klemenzii* ＋ *Cleistogenes songorica* ＋ *Artemisia frigida*）是该亚带的标志性群落。组成该群落的各种植物的物候期如表 3-13 所示。

表 3-13 小针茅+无芒隐子草+冷蒿群落物候学观察
(伊克乌素荒漠草原定位实验站东南 3km 1959 年 4 月 20 日开始)

| 序号 | 植物名称 | | 开始生长 | 分枝拔节 | 现蕾抽穗 | 盛花期 | 终花期 | 种子乳熟期 | 种子蜡熟期 | 种子完熟期 | 植株开始枯萎 | 植株完全枯萎 |
|---|---|---|---|---|---|---|---|---|---|---|---|---|
| 1 | 小针茅 | Stipa klemenzii | 20/4 | 2/5 | 15/5 | 25/5 | 6/6 | 18/6 | 20/6 | 26/6 | 30/7 | 30/9 |
| 2 | 无芒隐子草 | Cleistogenes songorica | 20/4 | 2/5 | 16/6 | 18/7 | | | 20/8 | 31/8 | 24/9 | 25/10 |
| 3 | 寸草薹 | Carex duriuscula | 5/4 | 15/4 | 20/4 | 28/4 | 9/5 | 13/5 | 24/5 | 6/6 | 30/7 | |
| 4 | 猪毛蒿 | Artemisia scoparia | 20/4 | 9/5 | 16/7 | 15/8 | 31/8 | 9/9 | 24/9 | | | 25/10 |
| 5 | 栉叶蒿 | Neopallasia pectinata | 20/4 | 9/5 | 16/7 | 30/7 | 5/8 | 18/8 | 31/8 | 4/10 | 4/10 | 11/10 |
| 6 | 阿尔泰狗娃花 | Heteropappus altaicus | 20/4 | 5/5 | 29/5 | 16/6 | 6/7 | 22/7 | 5/8 | 18/8 | 25/10 | |
| 7 | 冬青叶兔唇花 | Lagochilus ilicifolium | 20/4 | 9/5 | 10/6 | 21/6 | 6/7 | 16/7 | 30/7 | 11/8 | 18/8 | 25/10 |
| 8 | 大苞鸢尾 | Iris bungei | 20/4 | 2/5 | 5/5 | 15/5 | 20/5 | 25/5 | 20/6 | 16/7 | 30/7 | |
| 9 | 细叶鸢尾 | I. temuifolia | 20/4 | 20/4 | 25/4 | 28/4 | | | | 2/7 | 18/8 | |
| 10 | 达乌里芯芭 | Cymbaria dahurica | 4/5 | 14/5 | 30/5 | 6/6 | 16/6 | 2/7 | 16/7 | 22/7 | 16/9 | 25/10 |
| 11 | 北芸香 | Haplophyllum dauricum | 20/4 | 5/5 | 29/5 | 16/6 | 26/6 | 22/7 | 30/7 | 18/8 | 24/9 | 25/10 |
| 12 | 刺叶柄棘豆 | Oxytropis aciphlla | 20/4 | 25/5 | 5/5 | 15/5 | 29/5 | 16/6 | 26/6 | 16/7 | 24/9 | |
| 13 | 矮锦鸡儿 | Caragana pygmaea | 20/4 | 2/5 | 20/5 | 6/6 | 15/6 | 20/6 | 26/6 | 16/7 | 25/10 | |
| 14 | 碱韭 | Allium polyrhizum | 20/4 | 5/5 | 8/5 | | | 18/8 | 20/8 | 31/8 | 9/9 | |
| 15 | 冷蒿 | Artemisia frigida | 20/4 | 5/5 | 22/7 | 18/8 | 31/8 | 9/9 | 16/9 | 10/10 | | |
| 16 | 戈壁天门冬 | Asparagus gobicus | 20/4 | 5/5 | 16/5 | 23/5 | 29/5 | 5/6 | 2/7 | 22/8 | 31/8 | 11/10 |
| 17 | 荒漠丝石竹 | Gypsophila desertorum | 20/4 | 2/5 | 15/5 | 22/5 | 6/6 | 16/6 | 20/6 | 26/6 | 25/8 | 25/10 |
| 18 | 乳浆大戟 | Euphorbia esula | 20/4 | 2/5 | 15/5 | 22/5 | 6/6 | 16/6 | 26/6 | 30/7 | 25/8 | |
| 19 | 刺沙蓬 | Salsola pestifer | 20/4 | 26/6 | 22/7 | 30/7 | | 18/8 | 31/8 | 4/10 | 4/10 | 11/10 |
| 20 | 蝟菊 | Olgaea leucophylla | 20/4 | 3/5 | 26/6 | 2/7 | 30/7 | 5/8 | 11/8 | 18/8 | 25/8 | 9/9 |
| 21 | 驴欺口 | Echinops latifolius | 20/4 | 3/5 | | 26/6 | 6/7 | 16/7 | 22/7 | 5/8 | 25/8 | 9/9 |

## 第三章 内蒙古高原荒漠草原植物种群的生物生态学特性

续表

| 序号 | 植物名称 | | 开始生长 | 分枝拔节 | 现蕾抽穗 | 盛花期 | 终花期 | 种子乳熟期 | 种子蜡熟期 | 种子完熟期 | 植株开始枯萎 | 植株完全枯萎 |
|---|---|---|---|---|---|---|---|---|---|---|---|---|
| 22 | 沙茴香 | *Ferula bungeana* | 20/4 | 3/5 | | | | | | 16/7 | 30/8 | 11/10 |
| 23 | 银灰旋花 | *Convolvulus ammannii* | 20/4 | 2/5 | 29/5 | 26/6 | 2/7 | 6/7 | 26/6 | 16/7 | 18/8 | 25/10 |
| 24 | 拐轴鸦葱 | *Scorzonera divaricata* | 20/4 | | 20/5 | 6/6 | 16/6 | 16/6 | 2/7 | 6/7 | 16/9 | |
| 25 | 一年儿苗 | *Erodium stephanianum* | | 20/4 | 9/5 | 14/5 | 22/5 | 30/5 | 2/7 | 26/7 | 9/9 | 11/10 |
| 26 | 白花黄芪 | *Astragalus galactites* | 20/4 | | 26/4 | 28/4 | 20/5 | 16/6 | 26/6 | 16/7 | 4/10 | 4/10 |
| 27 | 糙叶黄芪 | *Astragalus scaberrimus* | | | | | | 16/6 | 26/6 | 16/7 | 4/10 | 4/10 |
| 28 | 薄叶燥原荠 | *Ptilotrichum tenuifolium* | | | | 26/6 | 22/7 | 5/8 | 25/8 | 11/10 | | |
| 29 | 锋芒草 | *Tragus racemosus* | 5/6 | 20/6 | 30/7 | 5/8 | 11/8 | 18/8 | 25/8 | | 16/9 | 4/10 |
| 30 | 小画眉草 | *Eragrostis minor* | 5/6 | 16/6 | 16/7 | 5/8 | | | 25/8 | 9/9 | 16/9 | 4/10 |
| 31 | 冠芒草 | *Enneapogon borealis* | 5/6 | 16/6 | 16/7 | 30/7 | 11/8 | 18/8 | | 9/9 | 16/9 | 25/10 |
| 32 | 蒙古韭 | *Allium mongolicum* | | 26/6 | 12/7 | 16/7 | 30/7 | 5/8 | 18/8 | | 31/8 | 25/10 |
| 33 | 毛果长穗虫实 | *Corispermum elongatum* var. *stellipilosum* | | 26/5 | | 22/6 | 16/7 | 30/7 | 5/8 | | | |
| 34 | 地梢瓜 | *Cynanchum thesioides* | | | | 26/6 | 3/7 | 16/7 | 25/8 | 18/8 | 16/9 | 25/10 |
| 35 | 地锦 | *Euphorbia humifusa* | | 26/6 | 5/7 | 16/7 | 22/7 | 30/7 | 25/8 | | | 25/10 |
| 36 | 骆驼蓬 | *Peganum harmala* | | | | 26/6 | | 2/7 | 16/7 | 30/7 | 25/8 | 11/10 |
| 37 | 尖头叶藜 | *Chenopodium acuminatum* | | | 26/6 | | 18/8 | 31/8 | | | | |
| 38 | 达乌里胡枝子 | *Lespedeza dahurica* | | 9/5 | 30/7 | 25/8 | | | | 4/10 | 11/10 | 25/10 |
| 39 | 车前 | *Plantago asiatica* | | | | 3/5 | 20/5 | 29/5 | | 26/6 | | |
| 40 | 虎尾草 | *Chloris virgata* | | | | 18/8 | 18/8 | 25/8 | 31/8 | | 24/9 | 25/10 |
| 41 | 矮韭 | *Allium anisopodium* | | | | 22/7 | 5/8 | 11/8 | | | 25/10 | |
| 42 | 三芒草 | *Aristida adscensionis* | | | 2/7 | 30/7 | | 18/8 | 25/8 | 31/8 | 9/9 | 11/10 |

资料来源:伊克乌素荒草原定位实验站资料,1959。

小针茅＋无芒隐子草＋冷蒿群落中有几种早春萌芽返青的植物，即寸草薹、白花黄芪、地锦、车前、乳浆大戟和细叶鸢尾等，它们实际的萌芽返青起始期一般应在每年的4月上旬，但是由于种类少且个体数量不多，加之植株矮小，故不能给群落带来早春的外貌，这时群落仍处于枯黄的景观。到4月下旬至5月上旬，群落的多种建群种和优势植物及一些轴根型植物先后萌发与分枝或拔节，此时赋予群落绿色的背景。然而，由于这些植物仍处于生长初期，无论个体体积还是高度均偏小型低矮，在此期间若从远处眺望呈现一片绿色，但就近俯视，绿色植物体仍是星星点点，呈现出典型的"草色遥看近却无"的景象，放牧生产上称之为"跑春"时期。5月中旬以后建群种小针茅进入抽穗和盛花期，同时一些优势植物，如无芒隐子草和猪毛蒿等大量生长，大多数伴生植物相继大量分枝，此时为群落的繁盛时期。如遇春末夏初降雨明显增多时，以小画眉草、栉叶蒿和刺沙蓬等所组成的一年生植物层片得到充分的发育，从而加大了群落的密度和地上生物量。然而，这是一类"夏雨型"的植物，是相当不稳定的。群落进入秋季末期，大部分植物相继出现干枯或完全干枯，群落呈现出凋落干枯的景象，最后全部枯黄一片（李德新，2011）。

小针茅＋无芒隐子草＋冷蒿群落植被状态与季相特征如下。

春季前半期（1/4～30/4）：

群落背景呈现淡黄色。主要是在枯黄的冬态背景上，由于气温开始上升和表土浅层解冻，一些早春萌芽生长的植物相继出现，原有的枯黄色上点缀着少许的绿色，而使群落变为淡黄色。在此期间因风力盛行，一些春冬脱落残留的枯枝（如无芒隐子草）和整个干枯个体（如刺沙蓬、毛果长穗虫实等），在风浪中滚动，被称之为"风滚草"景观。

春季后半期（1/5～5/6）：

群落背景呈现黄绿色。这时小针茅大量分枝再加上较多的植物都相继萌发生长，且原来残留的枯枝落叶几乎被风吹散，而显露出绿色的景色。但在此期间的后期，由于建群种小针茅进入大量抽穗期和盛花期，使群落在黄绿色的背景上，覆盖着一层银灰色的波浪，这是群落出现的第一个繁茂时期。

夏季前期（6/6～31/7）：

群落背景呈现碧绿色。这时小针茅颖果成熟且逐渐脱落，植株开始枯黄，但由于全株仍保持绿色，加上无芒隐子草大量抽穗及进入盛花期，以及群落的全部植物均分别完成分枝和开花的盛期，尤其是一些一年生植物大量个体生长，使得群落显示出一片生机。有的双子叶植物，如北芸香、冬青叶兔唇花和犊牛儿苗盛开黄色、白色和粉红色的花朵，故在淡绿色的背景上点缀着芬芳的色彩。此时正是群落全面生长发育的盛期。

夏季后期（1/8～31/8）：

群落背景呈现出淡绿色。这时小针茅株丛逐渐枯黄，无芒隐子草种子也进入完熟期，特别是呈斑块状生长的寸草薹已逐渐枯黄，一些早春萌芽返青的植物，如大苞鸢尾、沙茴香、乳浆大戟等，植株也开始干枯，而使得绿色的背景上镶嵌着枯黄斑点，故群落原有的碧绿色显得有些褪色而成为淡绿色。说明群落的季相已由生育盛期开始转向生育后期，尤其在8月底更加明显。

秋季前期（1/9~24/9）：

群落的外貌呈点缀着绿色斑点的黄褐色。这时小针茅株丛大部分干枯，优势植物无芒隐子草株丛开始枯黄和猪毛蒿基部变红色，一年生植物层片的绝大部分植物先后成熟且干枯，这个时期群落的背景基本上由淡绿色褪变为黄褐色。但还有一部分轴根型植物，如阿尔泰狗娃花、拐轴鸦葱、犄牛儿苗、糙叶黄芪、蒙古韭、地梢瓜和车前等仍保留着绿色植株。但这样的绿色斑点仍然被大片的枯黄色所覆盖。说明群落的生长发育已进入生育后期。

秋季后期（25/9~25/10）：

单调而干枯的黄褐色外貌是群落秋季末期的显著景观特征。这时由于气温迅速下降，绝大多数的多年生双子叶植物和"夏雨型"的一、二年生植物都干枯死亡。多年生丛生禾草的小针茅、无芒隐子草和寸草薹等植株的上部分也都干枯，只有株丛基部也略显些绿色，但也被黄褐色的景象所覆盖。这时若远眺群落突显枯黄，只在近处俯视还可见黄绿色痕迹。此时已预示着群落的秋季季相即将转入冬态，严冬将会来临。

## （二）矮锦鸡儿—小针茅+无芒隐子草群落

矮锦鸡儿—小针茅+无芒隐子草群落（Ass. *Caragana pygmaea-Stipa klemenzii* +*Cleistogenes songorica*）是荒漠草原亚带的一种灌丛化荒漠草原群落，其分布也十分广泛，尤其是在放牧加重的地段上，加重了灌丛化过程。组成该群落的各种植物的物候期经观察列于表3-14。

矮锦鸡儿—小针茅+无芒隐子草群落植被状态与季相特征如下。

春季前半期（1/4~30/4）：

群落因建群种小针茅和几种旱生丛生小禾草在早春开始萌发新枝而呈现出浅绿色，但由于其残存的枯枝和叶鞘的掩盖，群落显现出黄绿色的早春景观。这时以矮锦鸡儿为首的多种锦鸡儿灌木也开始长出新叶，增添了群落的绿色背景。此外，在地面稍凹处生长的寸草薹因萌发较早，而在黄绿色的群落中镶嵌着深绿色的小斑块。还有一些干枯的一年生植物体和干枯枝叶在春季风力作用下，堆积在灌丛基部附近和低凹地上，它们是一些"风滚植物"，如刺沙蓬、雾冰藜和虫实，以及一年生禾草，如小画眉草、锋芒草和三芒草等。这些数量较多的干枯植物残体，无疑地给群落早春季相带来了不良影响。

表 3-14 矮锦鸡儿+小针茅+无芒隐子草群落物候观察
(伊克乌素荒漠草原定位实验站西南 8km 1959 年 4 月 20 日开始)

| 序号 | 植物名称 | | 开始生长 | 分枝拔节 | 现蕾抽穗 | 盛花期 | 终花期 | 种子乳熟期 | 种子蜡熟期 | 种子完熟期 | 植株开始枯萎 | 植株完全枯萎 |
|---|---|---|---|---|---|---|---|---|---|---|---|---|
| 1 | 矮锦鸡儿 | Caragana pygmaea | 3/5 | 9/5 | 24/5 | 30/5 | 6/6 | 7/7 | | 12/7 | 8/10 | |
| 2 | 狭叶锦鸡儿 | Caragana stenophylla | 21/4 | | 9/5 | 20/5 | 6/6 | 15/6 | 21/6 | 7/7 | 8/10 | |
| 3 | 小叶锦鸡儿 | Caragana microphylla | 25/4 | | 7/5 | 14/5 | 30/5 | 7/7 | | 12/7 | 8/10 | |
| 4 | 小针茅 | Stipa klemenzii | 21/4 | 3/5 | 9/5 | 25/5 | 16/6 | 21/6 | 30/6 | 7/7 | 20/8 | |
| 5 | 沙生针茅 | Stipa glareosa | 21/4 | 3/5 | 9/5 | 25/5 | 16/6 | 21/6 | 30/6 | 7/7 | | |
| 6 | 短花针茅 | Stipa breviflora | 21/4 | 30/4 | 6/5 | 21/5 | 12/6 | 18/6 | 21/6 | 25/6 | 30/6 | |
| 7 | 无芒隐子草 | Cleistogenes songorica | 21/5 | 9/5 | 13/8 | | | | | 27/8 | 24/9 | 15/10 |
| 8 | 小画眉草 | Eragrostis minor | 6/6 | 12/7 | 13/8 | 20/8 | | 27/8 | | | 7/9 | 30/9 |
| 9 | 冠芒草 | Enneapogon borealis | 6/6 | 12/7 | 13/8 | 20/8 | 24/4 | | | | 7/9 | 30/9 |
| 10 | 三芒草 | Aristida adscensionis | 6/6 | 22/7 | 30/7 | | | | | | 14/9 | 30/9 |
| 11 | 锋芒草 | Tragus racemosus | 6/6 | 12/7 | 13/8 | 20/8 | 9/5 | 14/5 | 27/8 | | | 7/9 |
| 12 | 寸草薹 | Carex duriuscula | | | 21/4 | 29/4 | 29/4 | 25/5 | 25/5 | 21/6 | 13/8 | |
| 13 | 糙叶黄芪 | Astragalus scaberrimus | | 21/4 | 29/4 | 9/5 | 22/5 | 25/5 | 12/6 | 15/6 | 24/9 | 15/10 |
| 14 | 砂珍棘豆 | Oxytropis graciliima | | | | 24/4 | 9/5 | 14/5 | 6/6 | 7/7 | 21/6 | 30/9 |
| 15 | 刺叶柄棘豆 | Oxytropis aciphylla | 21/4 | 30/4 | 6/5 | 9/5 | 6/6 | 12/6 | 21/6 | 7/7 | 27/8 | |
| 16 | 阿尔泰狗娃花 | Heteropappus altaicus | 21/4 | 9/5 | 6/6 | 21/6 | 30/6 | | 7/7 | 13/8 | 8/10 | |
| 17 | 冷蒿 | Artemisia frigida | 21/4 | 9/5 | 30/7 | 20/8 | | | 7/9 | | 30/9 | |
| 18 | 栉叶蒿 | Neopallasia pectinata | 21/4 | 9/5 | 12/7 | 13/8 | | 20/8 | 14/9 | 24/9 | | 30/9 |
| 19 | 猪毛蒿 | Artemisia scoparia | 21/4 | 9/5 | 22/7 | 20/8 | 27/8 | 7/9 | 14/9 | | 30/9 | 15/10 |
| 20 | 拐轴鸦葱 | Scorzonera divaricata | 3/5 | 9/5 | 25/5 | 6/6 | 21/6 | | | 7/7 | 27/8 | |
| 21 | 雾冰藜 | Bassia dasyphylla | 21/4 | 15/6 | 22/7 | 13/8 | 20/8 | 27/8 | 24/9 | | 8/10 | 15/10 |
| 22 | 刺沙蓬 | Salsola pestifer | 21/4 | 15/6 | 12/7 | 13/8 | 20/8 | 27/8 | 24/9 | | | 30/9 |

续表

| 序号 | 植物名称 | | 开始生长 | 分枝拔节 | 现蕾抽穗 | 盛花期 | 终花期 | 种子乳熟期 | 种子蜡熟期 | 种子完熟期 | 植株开始枯萎 | 植株完全枯萎 |
|---|---|---|---|---|---|---|---|---|---|---|---|---|
| 23 | 荒漠丝石竹 | Gypsophila desertorum | 21/4 | 3/5 | 15/5 | 22/5 | | | 21/6 | 30/6 | 27/8 | 15/10 |
| 24 | 薄叶燥原荠 | Ptilotrichum tenuifolium | 20/5 | 6/6 | 21/6 | 7/7 | 13/8 | | 12/7 | 14/9 | 7/9 | 30/9 |
| 25 | 一牛儿苗 | Erodium stephanianum | 3/5 | 9/5 | 9/5 | 14/5 | 22/5 | 30/5 | 13/8 | 24/8 | 14/9 | |
| 26 | 北芸香 | Haplophyllum dauricum | 3/5 | | 25/5 | 6/6 | | 30/7 | 12/7 | 20/8 | 24/9 | |
| 27 | 乳浆大戟 | Euphorbia esula | 3/5 | | | | | | 12/7 | 27/8 | 7/9 | |
| 28 | 蒙古韭 | Allium mongolicum | 3/5 | 15/5 | 7/7 | 12/7 | 13/8 | | | 27/8 | 22/7 | 13/8 |
| 29 | 沙茴香 | Ferula bungeana | 3/5 | 9/5 | 25/5 | 6/6 | 15/6 | 21/6 | 15/6 | 30/7 | | 8/10 |
| 30 | 戈壁天门冬 | Asparagus gobicus | 15/5 | 22/5 | 30/5 | 3/6 | 3/6 | 6/6 | 6/6 | | | |
| 31 | 兴安天门冬 | Asparagus dauricus | 3/5 | 9/5 | 16/5 | 23/5 | 21/6 | 12/7 | 22/7 | 30/7 | 14/9 | 30/9 |
| 32 | 达乌里芯芭 | Cymbaria dahurica | 3/5 | 9/5 | 22/5 | 30/5 | 30/6 | 30/7 | 20/8 | 7/9 | 15/10 |
| 33 | 银灰旋花 | Convolvulus ammannii | 3/5 | 9/5 | 22/5 | 30/5 | 25/6 | | 22/7 | 30/7 | 13/8 | 24/9 |
| 34 | 冬青叶兔唇花 | Lagochilus ilicifolius | 21/4 | 9/5 | 6/6 | 29/4 | 9/5 | 14/5 | 30/6 | 17/7 | 13/8 | |
| 35 | 细叶鸢尾 | Iris tenuifolia | 21/4 | 29/4 | 21/4 | 14/5 | 25/5 | 6/6 | 21/6 | 17/7 | 20/8 | 30/9 |
| 36 | 大苞鸢尾 | Iris bungei | 21/4 | 12/7 | 9/5 | | 20/8 | 27/8 | 27/8 | 7/9 | 24/9 | 7/9 |
| 37 | 碱韭 | Allium polyrhizum | 21/4 | 9/5 | 30/6 | 7/7 | 13/8 | 20/8 | 27/8 | | 24/9 | |
| 38 | 香青兰 | Dracocephalum moldavica | | | | 12/7 | | 20/8 | 27/8 | | 7/9 | 30/9 |
| 39 | 戈壁针茅 | Stipa gobica | | | | 12/7 | | 20/8 | 20/8 | 27/8 | 8/10 | 15/10 |
| 40 | 斜茎黄芪 | Astragalus adsurgens | | | 12/7 | 22/7 | 13/8 | 20/8 | 27/8 | 7/9 | 7/9 | 24/9 |
| 41 | 草木樨状黄芪 | A. melilotoides | | | | 12/7 | | 13/8 | 27/8 | | 8/10 | 15/10 |
| 42 | 糙隐子草 | Cleistogenes squarrosa | | | | 12/7 | | | 27/8 | 24/9 | 30/9 | 15/10 |
| 43 | 驴欺口 | Echinops latifolius | | | | 30/6 | | 13/8 | | | 23/8 | |
| 44 | 大戟 | Euphorbia pekinensis | 6/6 | | | 12/7 | | 20/8 | 27/8 | 24/9 | 30/9 | 8/10 |
| 45 | 甘草 | Glycyrrhiza uralensis | | 21/6 | | 12/7 | | 30/7 | 20/8 | 27/8 | 8/10 | 15/10 |

资料来源：伊克乌素荒漠草原定位实验站资料，1959。

春季后半期（1/5～5/6）：

在气温逐渐升高的条件下，群落外貌有显著改变，呈现出淡绿色的晚春季相。主要是小针茅大量分枝形成绿色的株丛，并相继进入抽穗—开花期，银白色的花序在微风吹拂下，像在绿色地毯上掀起白色的波浪，甚为壮观。更有甚者，以矮锦鸡儿为主的3种锦鸡儿灌丛，于5月中旬进入盛花期而开放出鲜黄色的蝶形花朵，给群落增添了繁茂的生气。可以认为春季后半期是群落季相的最繁荣时期。应当指出，这一时期还不是群落生长发育与地上生物量的高峰期。

夏季前期（6/6～31/7）：

群落的建群种小针茅进入了成熟时期，株丛的基生叶开始枯黄，原来展开的银白色穗状花序已变成枯黄的果穗，显现出羽状毛的芒，形成了与前期银白色背景完全不同的枯黄色外貌。在这个枯黄背景下，由于分散呈丛生长的锦鸡儿灌丛的绿色斑点撒落在枯黄底色上，还多少给群落以夏季生机的景观。主要因6月上旬降雨较多，土壤水分条件较好，一些一年生植物，如小画眉草、冠芒草、三芒草和锋芒草大量萌发，生长出十分密集的绿色幼苗，在此期间虽给群落增加了一个特殊层片，但由于幼苗低矮，而被枯黄的针茅植物株丛所掩盖，故此一年生植物层片还不能给群落外貌增添多少绿色。但是，群落中的几种蒿类植物，如猪毛蒿和冷蒿，正处在大量分枝生长阶段，也给群落增添黄绿色外貌作出些许的贡献。

夏季后期（1/8～31/8）：

群落呈现出深绿色的季相。首先是建群种小针茅干枯的生殖枝脱落且多被风刮走，同时株丛中又再次萌发新的营养枝。这时，群落中的其他多年生植物和一年生植物均表现出不同的生长发育阶段，其中以蒿类植物和一年生的小禾草及藜科植物生长发育繁盛，从而构成了群落外貌显露绿色的最显著时期，此时正值群落地上生物量形成的鼎盛时期。这主要是由于此时的水热组合条件较好，也与群落建群种和优势植物及特殊的一年生植物层片的生长发育节律有着极为密切的相关性。

秋季前期（1/9～24/9）：

9月上中旬出现第一次降霜后，气温急剧下降，预示秋天即将来临，整个植被逐步由黄绿色变成褐绿色。这主要由于包括建群种的多种多年生丛生禾草植物体开始干枯，一些多年生杂类草也都先后完成生育阶段而枯黄。一年生禾草植株也逐渐枯黄死亡，唯有在夏季后半期生育旺盛的几种蒿属植物，此时以各种秋季特有的颜色给群落以不同的彩色斑块季相，如红褐色的猪毛蒿，银灰色的冷蒿，再加上生育期较长的锦鸡儿植丛的绿色斑点，衬托在枯黄的背景上，从而构成了群落秋季前半期开始衰败的季相。

秋季后期（25/9～25/10）：

群落一片黄褐色的外貌。在此期间群落的枯黄背景几乎掩盖着残存的绿色斑块和斑点，因为绝大部分植物体都已枯黄，锦鸡儿灌丛已全部落叶，仅剩下植丛基部和少数多年生植物残着的绿色，且还隐藏在干枯植物体的下面。这些残存的"绿色"植物有阿尔泰狗娃花、冷蒿，其生育期长并能适应一定的低温，在群落中保留着虽不显眼的绿色，但都为整个群落贡献了秋季后期衰败而略带点生机的季相。

10月下旬开始出现严重霜冻和降雪，气象指标显示着冬季降临。此后直至翌年3月下旬（或4月上旬）为群落的冬季季相。前期地面尚有残存的干枯植物体，在风力作用下还能见到稀疏残苗的生殖枝随风摆动，以及一些"风滚草"翻滚，但进入后期的严寒冬季，若降大雪则茫茫一派北国风光，若气候干旱时则呈现出无边无际的稀疏低矮枯草丛的波状平原的赤地。辽阔、荒凉、毫无生气是最显著的冬季季相特征（李德新，2011）。

（三）中间锦鸡儿—小针茅＋无芒隐子草＋沙生冰草群落

组成灌丛化小针茅荒漠草原的中间锦鸡儿—小针茅＋无芒隐子草＋沙生冰草群落（Ass. *Caragana intermedia* -*Stipa klemenzii*＋*Cleistogenes songorica*＋*Agropyron desertorum*）主要植物的物候期如物候谱图3-18所示。锦鸡儿灌丛化小针茅荒漠草原群落的季相变化，在一定程度上既与非灌丛化的小针茅群落有近似之处，但也有一些差别。其群落的季相变化如下。

早春季相（3月下旬至4月中旬）：

群落中的某些植物开始萌动，给度过漫长冬季的完全干枯株丛的枯黄景观，增添了一点点绿色而呈现出早春的黄绿色背景。此时是一些早春萌发最早的植物贡献出的绿色，主要有寸草薹、冷蒿、葱属和鸢尾类植物。

晚春季相（4月底至5月中旬）：

伴随着群落中大部分植物的萌动，尤其是建群种小针茅的萌动与快速生长发育，长出的嫩绿枝叶给群落铺开了绿色，而后开始抽出银白色的羽状芒，使群落绿色的背景衬托上了一层白色波浪。此时，再添加上锦鸡儿绿色的簇团和黄色的花朵，还有鸢尾的兰花，给群落缀上绿-白-黄的多彩与立体的美丽景色。可以认为，晚春的季相是灌丛化小针茅群落全年中最美好时节。

初夏—仲夏季相（5月底至7月中旬）：

此时，一些春天开花或抽穗的植物，如小针茅、鸢尾、锦鸡儿等都先后进入成熟期而结实，尤其是小针茅成熟颖果上的白色羽状毛，还有淡红色的锦鸡儿荚果，形成群落生长发育的鼎盛时期。此时，还有一些杂类草，如盛开黄花的北芸香等，给绿色地毯点缀上黄色斑点，从而形成了群落的夏季季相。

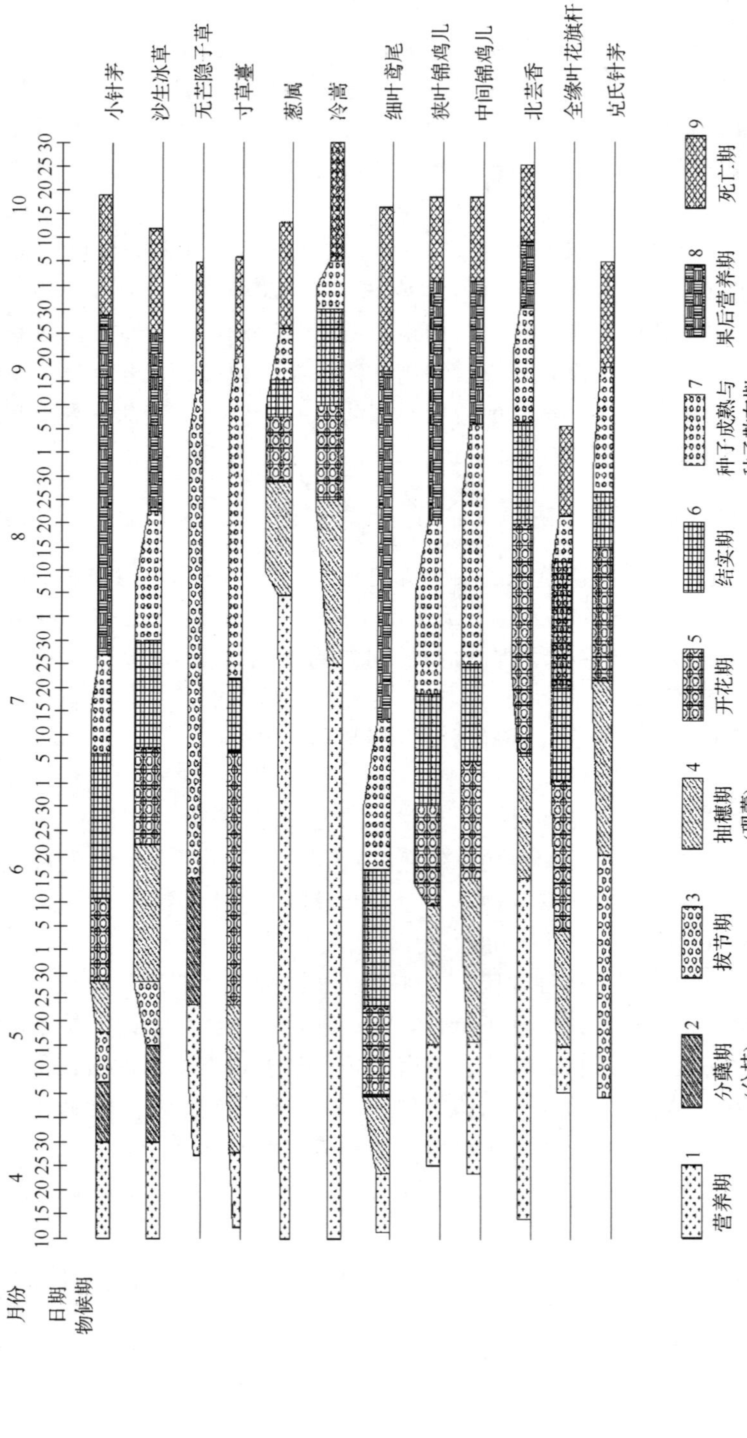

图 3-18 中间锦鸡儿—小针茅+无芒隐子草+沙生冰草群落主要植物物候谱

晚夏—初秋季相（7月底至9月中旬）：

群落中的大部分植物均先后进入成熟期，小针茅羽状芒的颖果已脱落，只有冷蒿和葱属植物孕蕾开花，由于其植株低矮而又处在群落的下层，故在景观表现上并不鲜明。此时的季相，主要还是由大部分的小针茅、无芒隐子草、冷蒿和锦鸡儿等构成的暗绿色季相。

晚秋—初冬季相（9月底至11月上旬）：

随着温度的逐渐下降，严酷的低温和霜冻的不时发生，群落中的大部分植物已先后完成当年的生育期而枯萎。那些春天萌动较早的植物的地上枝叶早已枯萎凋零，萌发稍晚的大部分植物，如小针茅、隐子草、冰草等多年生禾草，它们的地上枝叶也都逐渐干枯，只有生育期长的冷蒿和某些杂类草，如北芸香等还能保持灰绿色的植株。这样就赋予群落以灰黄带绿的初冬季相。此时的季相，还有一个明显特点，即植物体干枯后枝条基部容易折断的隐子草和一年生猪毛菜等，它们脱落后的枝条和植株随风滚动，四处飞扬。显然，这种"风滚植物"表现出草原的冬季季相，给草原发出了"冬天来了"的信号。

（四）小针茅－红砂＋珍珠猪毛菜群落

在内蒙古高原广泛分布的小针茅群落（Form. *Stipa klemenzii*）偏西周边地区，因与西部更干旱的荒漠区（草原化荒漠亚带）植被接壤，故常有一些荒漠植物成分侵入，尤其是在局部丘陵顶部和缓坡地上，由于土壤盐化、地表石砾性增强，以及表土层瘠薄和干燥，在如此生境条件下，少数荒漠成分入侵小针茅群落中，甚至有的植物还可成为群落的优势成分。主要是一些超旱生小灌木和半灌木，常见的种类有红砂（*Reaumuria soongorica*）、珍珠猪毛菜（*Salsola passerina*）、短叶假木贼（*Anabasis brevifolia*）和松叶猪毛菜（*Salsola laricifolia*）等。尽管它们给予了小针茅群落一种近似荒漠植被的背景与自然景观，但是，群落的"主人"仍然是小针茅及其原本的固有优势种（无芒隐子草）和伴随植物（旱生多年生杂类草和一年生植物）。

主要由于局部生境条件的改变与一些荒漠植物在小针茅群落中的参加，以及在群落中的参与度和群落学作用，小针茅－红砂＋珍珠猪毛菜群落（Ass. *Stipa klemenzii-Reaumuria soongorica＋Salsola passerina*）的物候学生长节律和群落季相特征必然发生相应的变化（表3-15）。

小针茅－红砂＋珍珠猪毛菜群落的植被状态与季相特征如下。

春季前半期（1/4～30/4）：

群落的早春季相，主要是群落中的建群植物小针茅开始萌动，它新生的淡绿色枝叶，尤其是早春萌发最早的寸草薹的绿色株丛，与度过严寒冬季的枯黄植株相衬托，使整个植被呈现出一片淡黄绿色的稍有点生机的群落外貌。然而，群落

表 3-15  小针茅—红砂+珍珠猪毛菜群落物候学观察
(达茂旗查干哈达苏木东查干哈达南北偏西约 8km,1959 年)

| 植物名称 | | 萌发生长 | 茎和分枝强烈生长或拔节 | 现蕾或孕（抽）穗 | 盛花 | 终花 | 果实形成或膏子乳熟 | 果实开始成熟或种子蜡熟 | 果实和种子完全成熟 | 植物体地上部分开始干枯 | 植物体地上部分完全干枯 |
|---|---|---|---|---|---|---|---|---|---|---|---|
| 小针茅 | Stipa klemenzii | 4.22 | 4.29 | 5.10 | 6.6 | 6.10 | 6.15 | 6.22 | 6.30 | 8.10 | 10.25 |
| 无芒隐子草 | Cleistogenes songorica | 4.22 | 5.4 | 7.15 | 8.10 | | | 9.2 | 9.10 | 9.30 | 10.14 |
| 红砂 | Reaumuria soongorica | 4.22 | 5.14 | 7.15 | 7.24 | 8.10 | 8.26 | 9.1 | 9.20 | 9.30 | |
| 珍珠猪毛菜 | Salsola passerina | 4.22 | 5.14 | 6.6 | 6.15 | 6.30 | 7.15 | 8.26 | 9.20 | 10.14 | |
| 矮锦鸡儿 | Caragana pygmaea | 4.22 | 5.5 | 5.14 | 5.30 | 6.6 | 6.15 | 6.30 | 7.24 | 10.7 | |
| 猪毛蒿 | Artemisia scoparia | 4.22 | 5.4 | 7.15 | 8.26 | 9.1 | 9.10 | 9.30 | | 10.14 | 10.20 |
| 碱韭 | Allium polyrhizum | 4.22 | 5.14 | 7.15 | 8.10 | | 9.2 | | 9.10 | 9.30 | |
| 阿尔泰狗娃花 | Heteropappus altaicus | 4.22 | 4.29 | 5.30 | 6.10 | 7.14 | 8.10 | | 8.26 | 10.7 | |
| 戈壁天门冬 | Asparagus gobicus | 5.4 | 5.15 | 5.30 | 6.6 | 6.15 | 6.22 | 6.30 | 8.10 | 9.10 | 10.14 |
| 北芸香 | Haplophyllum dauricum | 4.29 | 5.4 | 5.30 | 6.15 | 7.7 | 7.15 | 7.24 | 9.10 | 9.30 | |
| 木地肤 | Kochia prostrata | 5.4 | 5.14 | 6.15 | 6.25 | 8.10 | 8.19 | 9.2 | | | |
| 拐轴鸦葱 | Scorzonera divaricata | 5.4 | 5.14 | 5.30 | 6.10 | 6.15 | 6.22 | 6.30 | 7.7 | 8.10 | 10.14 |
| 银灰旋花 | Convolvulus ammannii | 5.4 | 5.14 | 5.30 | 6.6 | 7.7 | 7.15 | 7.24 | 8.10 | 9.2 | 10.14 |
| 冬青叶兔唇花 | Lagochilus ilicifolium | 5.4 | 5.14 | 5.30 | 6.22 | 7.7 | 7.15 | 7.24 | 8.10 | 8.26 | 10.14 |
| 荒漠丝石竹 | Gypsophila desertorum | 4.22 | 4.29 | 5.5 | 5.15 | 5.30 | 6.6 | 6.15 | 6.22 | 8.26 | 10.14 |
| 达乌里芯芭 | Cymbaria dahurica | 5.4 | 5.14 | 5.30 | 6.6 | 6.15 | 6.22 | 7.15 | 8.26 | 9.10 | 10.20 |
| 蒙古韭 | Allium mongolicum | 4.22 | 5.14 | 6.30 | 7.7 | 7.15 | 8.10 | 8.19 | 9.20 | 9.30 | 10.14 |

续表

| 植物名称 | | 萌发生长 | 茎和分枝强烈生长或拔节 | 现蕾或孕(抽)穗 | 盛花 | 终花 | 果实形成或种子乳熟 | 果实开始成熟或种子蜡熟 | 果实和种子完全成熟 | 植物体地上部分开始干枯 | 植物体地上部分完全干枯 |
|---|---|---|---|---|---|---|---|---|---|---|---|
| 寸草薹 | Carex duriuscula | | 4.22 | 4.22 | 5.4 | 5.14 | 5.20 | 5.30 | 6.6 | 8.10 | |
| 刺叶柄棘豆 | Oxytropis aciphylla | 4.22 | 4.29 | 5.4 | 5.14 | 6.6 | 6.15 | 6.30 | 7.15 | 9.30 | |
| 黄花补血草 | Limonium aureum | 4.22 | 5.4 | 6.6 | 6.15 | 7.15 | 7.24 | 8.10 | 9.2 | 9.30 | 10.14 |
| 短叶假木贼 | Anabasis brevifolia | 4.22 | 5.4 | 6.25 | 7.7 | 8.19 | | 9.10 | | 10.14 | |
| 小果白刺 | Nitraria sibirica | 4.22 | 5.4 | 5.20 | 6.6 | 6.15 | 6.30 | 7.7 | 7.15 | 9.20 | 10.14 |
| 松叶猪毛菜 | Salsola laricifolia | 4.22 | 4.29 | 6.30 | 7.15 | 7.24 | 8.10 | 8.19 | 9.20 | 9.30 | 10.14 |
| 蒙古莸 | Caryopteris mongolica | 4.22 | 5.4 | 6.30 | 7.24 | | | 9.2 | 9.20 | 9.30 | 10.7 |
| 草麻黄 | Ephedra sinica | 5.4 | 5.14 | 5.30 | 6.6 | 6.15 | 6.22 | 7.15 | 8.10 | 9.10 | |
| 女蒿 | Hippolytia trifida | 4.22 | 5.4 | 7.15 | 7.24 | | | 9.30 | | 10.14 | |
| 三芒草 | Aristida adscensionis | 6.5 | 7.7 | 7.15 | 7.24 | 7.30 | 8.10 | 8.26 | 9.10 | 9.30 | 10.14 |
| 小画眉草 | Eragrostis minor | 6.5 | 7.7 | 7.15 | 7.24 | 7.30 | 8.10 | 8.26 | 9.2 | 9.30 | 10.14 |
| 虎尾草 | Chloris virgata | 6.5 | 7.7 | 7.15 | 7.24 | 8.10 | 8.19 | 8.26 | 9.2 | 9.30 | 10.14 |
| 栉叶蒿 | Neopallasia pectinata | 4.22 | 5.4 | 7.7 | 7.15 | 8.10 | 8.26 | 9.2 | 9.20 | 9.30 | 10.7 |
| 刺沙蓬 | Salsola pestifer | 4.22 | 5.30 | 7.7 | 7.15 | 7.24 | 8.10 | 9.1 | 9.20 | 9.20 | 10.7 |
| 雾冰藜 | Bassia dasyphylla | 4.22 | 5.30 | 7.15 | 8.10 | | 8.26 | 9.1 | 9.20 | 10.7 | 10.14 |
| 骆驼蓬 | Peganum nigellastrum | 5.14 | 5.21 | 5.30 | 6.15 | 6.25 | 6.30 | 7.15 | 7.24 | 9.10 | 10.14 |

资料来源：伊克乌素荒漠草原定位实验站资料，1959。

注：植物物候期观察时间，因故推迟在 1959 年 4 月 22 日才开始进行，故植物的萌发生长期均由此起。

中呈小斑块的小灌木和半灌木株丛的红砂（红褐色）和珍珠猪毛菜（灰白色），两者尽管还处于萌发生长前期，但仍显得十分突出。因为，这时在群落中仅部分草本植物刚刚萌发生长，且植株低矮，还难以掩盖稍高的小灌木和半灌木株丛。所以，群落外貌又在淡黄绿色的背景下，显著的混杂着红褐色和灰白色的小斑块。这时，在群落空间上还有一个奇异的现象，即在小灌木和半灌木植丛上（或植丛附近），堆积着一些干枯的一年生植物残体，主要是"风滚植物"的猪毛菜枯枝；除此之外，还有一些干枯的小禾草和蒿类植物残体。尤其是在早春时节，这种分散在群落中的"小草堆"现象更加明显。

春季后半期（1/5～5/6）：

进入晚春时节，整个植被由淡黄绿色变为浅绿色的状态。建群种小针茅不仅迅速生长，且抽出白色的羽毛状穗，显示出群落盎然的生机。群落中处于优势种的两种小灌木、半灌木（红砂、珍珠猪毛菜）和大部分草本植物刚开始生长，而加深植被的绿色，再加上少数植物绽放出绚丽的花朵，如蓝色的鸢尾、黄色的黄花补血草和粉红色的刺叶柄棘豆等。于是，群落如此的晚春季相，应是植被状态中的盛期。但是，这仅是以建群种在群落中的作用而言，而绝非整个群落的生长发育鼎盛时期。因为，这时大部分植物还没有进入大量生长与成熟阶段，特别是整个群落地上生物量的形成与积累，还处于前期阶段。

夏季前半期（6/6～31/7）：

在此期间，组成群落的全部植物均进入生长发育的鼎盛阶段。然而，小针茅株丛因颖果成熟脱落，穗状花序（包括苞叶）干枯而呈现枯黄色，而给予群落一种绿中带（枯）黄的外貌。群落中除红砂、珍珠猪毛菜生长旺盛外，一些相对较高且个体数目偏多的种类，如蒿类植物（猪毛蒿、栉叶蒿）的强烈生长，几乎掩盖了稍低矮的小针茅、无芒隐子草和大部分杂类草，甚至呈小斑块状的红砂、珍珠猪毛菜也屈居其下，但是，难以遮盖北芸香和黄花补血草黄色花朵。一些生长发育较早的"早春植物"，如刺叶柄棘豆、白花黄芪和棘豆等，几乎已完成了它们的生活周期而停止生长，被掩盖在草丛的下面。下层的一年生植物，仍在生长，但其群落作用甚微。

夏季后半期（1/8～31/8）：

此时，群落中的大部分植物都进入结实成熟时期。小针茅株丛的生殖枝完全干枯，甚至连株丛基部叶片也开始枯黄，唯生长期稍晚些且早期生长缓慢的无芒隐子草，还保持着绿色株丛。整个植被状态突显蒿属植物，如猪毛蒿和栉叶蒿，以及红砂、珍珠猪毛菜褐黄绿色的小斑块。其余的一些旱生杂类草，如阿尔泰狗娃花、北芸香、银灰旋花、冬青叶兔唇花和达乌里芯芭等，均先后进入生育后期，而一年生植物大多也进入生育后期。整个群落将逐渐失去晚春和早夏时期的繁荣外貌。

秋季前期（1/9～24/9）：

此时，气温急剧下降，群落中大部分植物已开始完成生活周期而干枯或死亡。因进入果熟期的红砂露出浅紫红色的小斑块，再衬映出无芒隐子草和小针茅低矮的黄绿色株丛，从而构成了早秋时节的植被外貌。

秋季后期（25/9～25/10）：

霜冻已频频下降，气温大幅度降低，预感到寒冬即将来临，植被呈现暗褐黄色的外貌。群落中大部分植株几乎全部干枯，只剩下少数植物的一些株丛还保存着一点点绿色，但都被黄白色的枯枝落叶所掩盖。向远处眺望，植被一片枯黄；若俯首而视，还可见枯草丛中的寸草薹、无芒隐子草、小针茅和蒿类植物等，它们还勉强保留着不太多的黄绿色营养体。小灌木和半灌木的红砂和珍珠猪毛菜的株丛，虽仍呈小斑块（团状）镶嵌在一片枯黄的背景上，由于它们自己也落叶凋残，不能给群落带来生机。到了晚秋的末期，群落中的全部植物，不论是小灌木、半灌木，还是多年生草本植物和一年生植物，全都以各自的"休眠"方式，准备度过即将到来的漫长冬季。

## （五）芨芨草—寸草薹盐化草甸群落

广泛而零星的斑块分布在内蒙古高原荒漠草原亚带的芨芨草—寸草薹群落（Ass. *Achnatherum splendens-Carex duriuscula*），经定位观察后，群落全部植物的物候期变化列于表 3-16。

芨芨草盐化草甸群落的植被状态与季相特征如下。

春季前半期（1/4～30/4）：

此时群落的外貌呈现出枯黄白色。主要是经过漫长冬季，而残存的高大芨芨草干枯的株丛，所表现出这种毫无生机的景观。尽管在此期间的后期，芨芨草丛外缘开始萌发出当年生枝条和叶片，但毕竟数量少又低矮，完全被残存的干枯枝叶所掩盖，而不能表露出它幼嫩浅绿的新枝叶的本色。但是，枯黄芨芨草的丛间空隙地上，早春萌发的寸草薹已构成芨芨草丛间的大小不等的绿色斑块。与此同时，伴随寸草薹一起萌发的糙叶黄芪和白花黄芪（*Astragalus galactites*）正在开花。然而，还是由于它们的植株矮小，难以改变此时整个群落枯黄白色的外貌。

春季后半期（1/5～5/6）：

芨芨草进入较快生长时期，新生的大量枝叶覆盖着原有的干枯枝叶，从而使群落焕然一新，呈现出黄绿色的外貌。群落中的多种植物陆续萌动且快速生长发育，有盛开蓝紫色花朵的大苞鸢尾（*Iris bungei*）、紫红色花朵的刺叶柄棘豆。寸草薹早已进入果熟期，与芨芨草和其他植物共同形成黄绿色的晚春季相。

表 3-16 芨芨草—寸草薹盐化草甸群落物候期观察
(伊克乌素荒漠草原定位实验站北 5km, 1959 年)

| 序号 | 植物名称 | 学名 | 开始生长 | 分枝发节 | 现蕾抽穗 | 盛花期 | 终花期 | 种子乳熟期 | 种子蜡熟期 | 种子完熟期 | 植株开始枯萎 | 植株完全枯萎 |
|---|---|---|---|---|---|---|---|---|---|---|---|---|
| 1 | 芨芨草 | *Achnatherum splendens* | 4.22 | 5.5 | 6.22 | 7.7 | 7.15 | 7.24 | 8.10 | | 8.26 | |
| 2 | 红砂 | *Reaumuria soongorica* | 4.22 | 5.15 | 7.15 | 7.24 | 7.30 | 8.10 | 8.26 | 9.10 | 9.30 | |
| 3 | 珍珠猪毛菜 | *Salsola passerina* | 4.22 | 5.15 | 5.30 | 6.15 | 6.30 | 7.15 | 9.2 | | | |
| 4 | 矮锦鸡儿 | *Caragana pygmaea* | 4.22 | 5.5 | 5.12 | 5.18 | 5.30 | 6.6 | 6.15 | 6.30 | 10.7 | 10.14 |
| 5 | 寸草薹 | *Carex duriuscula* | 4.22 | | 4.22 | 4.29 | 5.5 | 5.18 | 5.30 | 6.6 | 7.15 | |
| 6 | 小针茅 | *Stipa klemenzii* | 4.22 | 4.29 | 5.18 | 5.30 | 6.60 | 6.15 | 6.22 | 6.26 | 7.15 | 10.25 |
| 7 | 沙生针茅 | *Stipa glareosa* | 4.22 | 4.29 | 5.18 | 5.30 | 6.60 | 6.15 | 6.22 | 6.30 | 7.15 | 10.25 |
| 8 | 猪毛蒿 | *Artemisia scoparia* | 4.22 | 5.5 | 7.15 | 8.26 | 9.2 | 9.10 | 9.30 | 10.7 | | 10.14 |
| 9 | 栉叶蒿 | *Neopallasia pectinata* | 4.22 | 5.5 | 7.7 | 7.15 | 8.10 | 8.26 | 9.2 | 9.20 | 9.30 | 10.7 |
| 10 | 甘草 | *Glycyrrhiza uralensis* | 5.5 | 5.18 | 6.30 | 7.7 | 7.15 | 8.10 | 9.20 | | 9.30 | 10.14 |
| 11 | 刺叶柄棘豆 | *Oxytropis aciphylla* | 4.22 | 4.29 | 5.5 | 5.18 | 6.15 | 6.22 | 6.30 | 7.15 | 9.30 | |
| 12 | 冷蒿 | *Artemisia frigida* | 4.22 | 4.29 | 7.15 | 8.19 | 9.2 | 9.21 | 9.30 | | 10.20 | |
| 13 | 黄花补血草 | *Limonium aureum* | 4.22 | 5.5 | 6.6 | 6.15 | 7.15 | 7.30 | 8.19 | 9.2 | 9.10 | |
| 14 | 大苞鸢尾 | *Iris bungei* | 4.22 | 4.29 | 5.5 | 5.18 | 5.25 | 5.30 | 6.15 | 7.7 | 7.15 | |
| 15 | 蒙古鸦葱 | *Scorzonera mongolica* | 4.29 | 5.5 | 5.18 | 6.6 | 6.15 | 6.20 | 6.25 | 6.30 | 8.19 | 10.7 |
| 16 | 戈壁天门冬 | *Asparagus gobicus* | 4.29 | 5.5 | 5.18 | 5.30 | 6.6 | 6.15 | 6.30 | 7.15 | 9.21 | |
| 17 | 银灰旋花 | *Convolvulus ammannii* | 5.5 | 5.18 | 5.30 | 6.6 | 7.15 | 7.24 | 8.10 | 8.26 | 9.2 | |
| 18 | 一牛儿苗 | *Erodium stephanianum* | 4.22 | 5.5 | 5.12 | 5.18 | 5.30 | 6.6 | 6.15 | 6.30 | 7.15 | 9.20 |

第三章　内蒙古高原荒漠草原植物种群的生物生态学特性

续表

| 序号 | 植物名称 | Latin name | 开始生长 | 分枝拔节 | 现蕾抽穗 | 盛花期 | 终花期 | 种子乳熟期 | 种子蜡熟期 | 种子完熟期 | 植株开始枯萎 | 植株完全枯萎 |
|---|---|---|---|---|---|---|---|---|---|---|---|---|
| 19 | 碱韭 | Allium polyrhizum | 4.22 | 5.5 | 7.15 | 8.10 | 8.19 | 9.2 | 9.10 | | 9.21 | |
| 20 | 骆驼蓬 | Peganum harmala | 5.5 | 5.18 | 5.30 | 6.6 | 6.15 | 6.30 | 8.19 | | 9.10 | 10.20 |
| 21 | 阿尔泰狗娃花 | Heteropappus altaicus | 4.22 | 4.29 | 5.18 | 6.6 | 7.24 | 7.30 | 8.10 | 8.26 | 10.7 | |
| 22 | 少花米口袋 | Gueldenstaedtia verna | 4.22 | 4.29 | 5.5 | 5.12 | 5.18 | 6.6 | 6.15 | 6.30 | 9.20 | |
| 23 | 糙叶黄芪 | Astragalus scaberimus | 4.22 | 4.29 | 5.5 | 5.12 | 5.18 | 6.6 | 6.15 | 6.30 | 9.20 | |
| 24 | 白花黄芪 | Astragalus galactites | 4.22 | 4.29 | 5.5 | 5.12 | 5.18 | 6.6 | 6.15 | 6.30 | 9.20 | |
| 25 | 鳞萼棘豆 | Oxytropis squammulosa | 4.22 | 4.29 | 5.5 | 5.12 | 5.18 | 5.30 | 6.15 | 6.22 | | |
| 26 | 独行菜 | Lepidium apetalum | 4.22 | 4.29 | 5.5 | 5.12 | | | 6.6 | 6.23 | 7.15 | 8.19 |
| 27 | 达乌里胡枝子 | Lespedeza dahurica | 5.5 | 5.15 | 8.10 | 8.19 | | 6.30 | 9.30 | | 10.7 | |
| 28 | 沙茴香 | Ferula borealis | 4.22 | 5.5 | 6.6 | 6.15 | 6.22 | 6.30 | 7.7 | 7.15 | 7.24 | 8.10 |
| 29 | 刺沙蓬 | Salsola pestifer | 4.22 | 5.18 | 7.7 | 7.15 | 8.10 | 8.19 | 9.10 | | 10.7 | 10.14 |
| 30 | 猪毛菜 | Salsola collina | 4.22 | 5.18 | 7.7 | 7.15 | | 8.19 | 9.10 | | 9.21 | 10.14 |
| 31 | 雾冰藜 | Bassia dasyphylla | 4.22 | 5.18 | 7.7 | 7.24 | | 8.26 | 9.2 | 9.21 | 10.7 | 10.20 |
| 32 | 西伯利亚滨藜 | Atriplex sibirica | 4.22 | 5.18 | 7.7 | 7.24 | 7.30 | 8.10 | 9.2 | 9.21 | 10.14 | |
| 33 | 鳍蓟 | Olgaea leucophylla | 4.22 | 5.30 | 6.22 | 7.7 | 7.24 | 7.30 | 8.10 | 8.26 | 9.2 | 9.21 |
| 34 | 驴欺口 | Echinops latifolius | 4.22 | 5.30 | 6.15 | 6.22 | 7.15 | 7.30 | 8.10 | 8.26 | 9.2 | 9.21 |
| 35 | 二裂叶委陵菜 | Potentilla bifurca | 4.22 | 4.29 | 5.15 | 5.25 | 6.6 | 6.15 | 6.22 | 6.30 | 7.15 | 10.20 |
| 36 | 糙隐子草 | Cleistogenes squarrosa | 4.22 | 5.5 | 7.7 | 7.24 | 8.19 | 8.26 | 9.2 | 9.10 | 9.21 | 10.14 |
| 37 | 草木樨状黄芪 | Astragalus melilotoides | 5.12 | 5.18 | 7.7 | 7.24 | 8.10 | 8.26 | 9.21 | 9.30 | 10.14 | |

续表

| 序号 | 植物名称 | | 开始生长 | 分枝节 | 现蕾抽穗 | 盛花期 | 终花期 | 种子乳熟期 | 种子蜡熟期 | 种子完熟期 | 植株开始枯萎 | 植株完全枯萎 |
|---|---|---|---|---|---|---|---|---|---|---|---|---|
| 38 | 北芸香 | *Haplophyllum dauricum* | 4.29 | 5.5 | 5.20 | 6.15 | 6.30 | 7.15 | 7.24 | 8.26 | 9.30 | |
| 39 | 地梢瓜 | *Cynanchum thesioides* | 5.18 | 5.30 | 6.6 | 6.15 | 6.30 | 7.15 | 7.24 | | 9.21 | |
| 40 | 长毛茭黄芪 | *Astragalus macrotrichus* | 4.22 | 4.29 | 5.3 | 5.10 | 5.25 | 6.15 | 6.22 | 6.30 | 9.21 | |
| 41 | 车前 | *Plantago asiatica* | 4.22 | 4.29 | 5.5 | 5.12 | 5.30 | 6.6 | 6.15 | 6.22 | 9.20 | 10.20 |
| 42 | 蒿萝蒿 | *Artemisia anethoides* | 4.22 | 5.5 | 7.15 | 8.19 | 9.2 | 9.10 | 9.21 | 10.7 | 10.14 | 10.20 |
| 43 | 冬青叶兔唇花 | *Lagochilus ilicifolius* | 5.5 | 5.18 | 6.15 | 6.22 | 6.30 | 7.15 | 7.24 | 8.19 | 9.10 | 10.20 |
| 44 | 蒙古韭 | *Allium mongolicum* | 4.22 | 5.5 | 6.22 | 6.30 | 7.30 | 8.10 | 8.26 | | 9.10 | |
| 45 | 列当 | *Orobanche coerulescens* | 5.18 | 5.25 | 6.6 | 6.15 | 6.20 | 6.25 | 6.30 | 7.7 | 7.15 | 7.24 |
| 46 | 砂韭 | *Allium bidentatum* | 4.22 | 5.18 | 7.24 | 8.10 | | | | | | |
| 47 | 矮韭 | *Allium anisopodium* | 4.22 | 5.18 | 7.24 | 8.10 | 8.19 | 8.26 | 9.2 | 9.21 | 10.7 | 10.2 |
| 48 | 散枝猪毛菜 | *Salsola brachiata* | 5.5 | 5.18 | 7.24 | 8.10 | 8.19 | | | | | |
| 49 | 达乌里黄芪 | *Astragalus dahuricus* | 5.18 | 5.30 | 7.15 | 7.24 | 6.25 | 8.26 | 9.2 | 8.10 | 9.20 | 10.14 |
| 50 | 达乌里芯芭 | *Cymbaria dahurica* | 5.18 | 5.30 | 6.15 | 6.20 | 8.19 | 6.30 | 7.15 | | 9.10 | |
| 51 | 蒺藜 | *Tribulus terrestris* | 5.5 | 5.18 | 7.24 | 8.10 | 8.10 | 8.26 | 9.2 | 8.10 | 10.20 | 10.7 |
| 52 | 三芒草 | *Aristida adscensionis* | 5.18 | 5.25 | 7.15 | 7.24 | 8.19 | 8.26 | 9.21 | 9.2 | 9.10 | 10.14 |
| 53 | 无芒隐子草 | *Cleistogenes songorica* | 4.22 | 5.5 | 7.7 | 7.15 | 8.19 | 9.2 | 9.2 | 9.10 | 9.21 | 10.14 |
| 54 | 虎尾草 | *Chloris virgata* | 5.18 | 5.25 | 7.15 | 7.24 | 7.30 | 8.10 | 8.10 | 9.10 | 9.10 | 10.25 |
| 55 | 克氏针茅 | *Stipa krylovii* | 4.22 | 5.4 | 7.7 | 7.24 | 7.30 | 8.10 | 9.2 | 9.10 | 9.30 | |

资料来源：伊克乌素荒漠草原定位实验站资料，1959。

夏季前半期（6/6～31/7）：

草甸群落表现出深绿色的植被外貌，此时是芨芨草群落的茂盛时期。芨芨草的当年生枝叶已高达 1m 以上，株丛略有扩大，且开始孕穗。高大的芨芨草丛间，几乎所有的植物都在争先恐后的生长发育，寸草薹早已是果后营养期，但生长极为旺盛，成为芨芨草丛间密织的绿色地毯。晚春开花的植物进入结实期，成簇的黄花补血草（*Limonium aureum*）的鲜艳黄花点缀着深绿色的景象。

夏季后半期（1/8～31/8）：

由于芨芨草大量抽穗并进入果实成熟期，植株高达 1.3m 以上，尤其是植株上层淡紫色松散的圆锥花序，赋予群落以立体景观的绿底色景象。此时，群落中大部分植物先后进行着生长发育，其中较为突出的是多种葱属植物，有蒙古韭（*Allium mongolicum*）、砂韭（*Allium bidentatum*）、碱韭（*A. polyrhizum*），它们开出浅紫色的花。还有一些一年生藜科植物，如猪毛菜（*Salsola collina*）、灰绿藜（*Chenopodium glaucum*）等多有生长。

秋季前半期（1/9～24/9）：

芨芨草群落又恢复到了春季后期时的黄绿色外貌。但是，此时的季相特点却与那时不尽相同。主要是芨芨草进入成熟后期，株丛自基部开始枯黄，而上层的成熟果穗开始干枯脱落。下层植物，如寸草薹、一年生植物和葱属植物在初霜冻下，植株由绿变黄或整株干枯死亡。还有少量的丛生禾草，如小针茅和隐子草，还能再次萌发出少量的当年生营养枝，在短期内维持着植株的绿色。在群落中包括建群种芨芨草及其余植物的物候变化状态，使绿色与黄色相间存在，故形成了秋季前期的以绿色为主，夹杂着黄色的黄绿色季相。

秋季后半期（25/9～25/10）：

芨芨草株丛地上枝叶大部分枯黄，尤其是干枯的生殖枝更加突出；加之，群落中下层植物几乎全部先后完成了各自的生育周期，其地上枝叶大部分枯黄或已经全部枯黄。在晚秋急剧下降的温度胁迫下，组成群落的所有植物相应地完成了全部生育期而呈现干枯死亡状态。于是，群落不可避免地呈现出枯黄绿色的季相；之后，就是完全干枯的冬季景观，或称之为内蒙古高原草原植被的"冬态"。

分布在苏尼特高平原荒漠草原地带低洼地盐化草甸土上的芨芨草＋羊草＋寸草薹＋杂类草群落主要植物物候图谱如图 3-19 所示。

在对上述荒漠草原亚带 5 个群落类型植物的物候期与群落季相特征观测分析的基础上，有关草原群落植物的生长发育节律及其与环境的相关做如下讨论。

（1）表达植物生长发育节律的"物候"和植物群落外貌特征的"季相"，是植物种群和植物群落最基本的生物生态学特点之一，"物候"和"季相"必然是揭示植被基本特点的基础。所以，要倍加重视观测植物种群的物候期和植物群落的季相特征。由于物候期和季相具有一定的时间与空间上的变化，所以，需要进

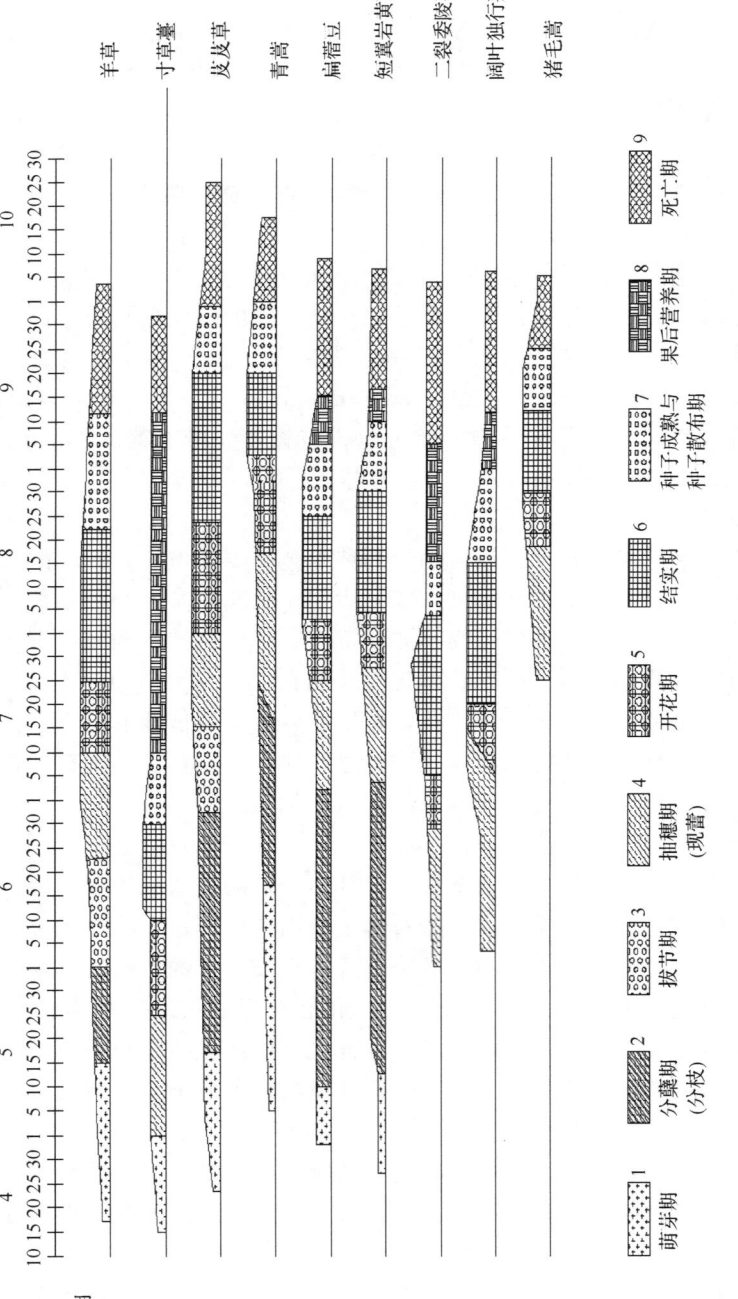

图 3-19 芨芨草+羊草+寸草薹+杂类草低洼地盐渍土群落主要植物物候图谱

行长期的定位观测与分析研究。

(2) 在不同生境条件下，同一种植物的生长发育节律是不相同的。实例一：小针茅（*Stipa klemenzii*）分别生长在广阔层状高平原上的小针茅＋无芒隐子草＋冷蒿群落（棕钙土）和局部低湿地上的芨芨草—寸草薹群落（盐化草甸土）。小针茅植株的"完全枯萎期"（地上部分全部干枯）在小针茅群落中是9月30日；而在芨芨草群落中是10月25日，比小针茅群落推迟了一个月左右。实例二：矮锦鸡儿（*Caragana pygmaea*）分别生长在广阔层状高平原上的矮锦鸡儿—小针茅群落（棕钙土）和局部低湿地上的芨芨草—寸草薹群落（盐化草甸土）。矮锦鸡儿植株的"开始生长期"和"盛花期"，在矮锦鸡儿—小针茅群落中分别是5月3日和5月30日；而在芨芨草—寸草薹群落中则分别是4月22日和5月18日，仅以矮锦鸡儿的"盛花期"在芨芨草群落中就提早半个月左右。从上述两个实例的初步结果来看，主要是由干旱的层状高平原及其干燥、薄层的棕钙土，与湿润低地的低湿、厚层的草甸土之间在水分、温度、土壤等综合生态条件构成的生境差异所致。

(3) 分布在植被交错区的植物群落，其植物种群的物候期和群落的季相特征，通常在年际变化上是比较大的。主要是在交错区范围内，植物种群赖以生长发育的小生境相对稳定性较差，从而直接或间接地影响着物候期和季相的相应改变。

(4) 就植被本身而言，草原植被初级生产力水平无论是在产量，还是质量上，主要由组成植物群落的植物种群的生长发育节律（与气候的相关性）所决定。例如，小针茅荒漠草原群落（Form. *Stipa klemenzii*）在极其干旱的年份，包括小针茅在内的多年生丛生禾草，直到夏季上中旬仍不萌发（返青）。但是，当降水一旦来临，由一年生植物（禾本科、藜科、蒿属）组成的"夏雨型"层片迅速发育而占据了群落的大部分空间。在这样的情况下，植被的初级生产力无论在量和质上，均是低水平的。同时，群落的季相也呈现出一种非正常状态。又如，重度放牧退化的短花针茅荒漠草原群落（Form. *Stipa breviflora*），有毒植物狼毒（*Stellera chamaejasme*）侵入群落中，并成为该群落的优势植物。在此情况下，短花针茅群落原有的主要植物种群（建群种和优势种）个体数量剧减，生长发育节律发生紊乱，群落季相明显改变（在夏季，狼毒盛开出粉红色、红色的鲜艳花朵，使群落呈现出繁花似锦的夏季季相）。毫无疑问，原有的优质短花针茅草原，已演变成了极其劣质的放牧退化草地。由此可见，群落在某种特定条件下所表现出的"繁花似锦"和繁盛季相可能是群落退化的具体表现。

(5) 包括荒漠草原在内的草原植物种群和群落"冬态"的定位观测研究，至今仍是一个空白领域。内蒙古高原属典型的大陆性气候，这里冬季寒冷而漫长，夏秋炎热而短促，气候干旱，温度的季节与年际变幅均较大，而与之相适应的植物生长发育节律和群落的季相特征,主要受寒冷的低温影响,而在漫长的冬春季节几乎全部处于相对休眠期,整个植被呈现出无生机的荒凉景象,在降雪之后,则显出茫茫大地,银装素裹,一派北国风光的景象。然而,草原植物种群大多属多年生草本植物,它们以植株地下部分的分蘖节、根茎、鳞茎、块茎等地下器官,保护并保存着赖以生存与繁衍的地下和地面休眠芽等繁殖器官。一年生植物则以果实(包括种子)的"种子库"形式,保存其生命的延续,借以度过漫长而严寒的冬春季。不同生活型植物的地下休眠芽和果实(种子),是怎样适应长期的低温,其耐寒的机制和方式各有什么特点?又是如何在相对低温和干燥、冻结坚实土壤的生态条件下萌发的?如此涉及繁多的生物、生态与生理学问题,至今还没有开展相关的观测研究工作。因此,对于草原植物种群的"冬态"定位观测试验研究工作,无疑是势在必行而且非常重要的。

## 第五节 荒漠草原植物种群动态几个问题的探讨

### 一、针茅种群植物生长发育与种群年龄状况

属多年生旱生丛生禾草生活型的针茅属植物是地带性草原植被的主要建群成分,尤其是在内蒙古高原更具重要地位。而荒漠草原同样如此,甚至还更为突出。因为,成为荒漠草原群落的建群种就有 4 种小型针茅:小针茅(Stipa klemenzii)、短花针茅(Stipa breviflora)、戈壁针茅(Stipa gobica)和沙生针茅(Stipa glareosa),多于其他草原植物群落建群种针茅属植物(草甸草原 1 种,典型草原 2 种)。

根据针茅属植物株丛生长发育过程中的形态变化,其生长发育过程可划分为 5 个年龄阶段:幼苗、幼龄、成年、老龄前期和老龄期(白永飞等,1999)。通常,小针茅在干燥棕钙土上,种子萌发率很低,幼苗数目极少。而且由于当年萌发的少量幼苗,大部分在生长过程中夭折,故小针茅幼龄个体增加率很低,致使种群难以得到种子更新。近些年来,还发现小针茅株丛小型化现象,这是生草丛"空心"的老龄株丛在过度放牧与干旱的严重干扰作用下,所造成的破碎的小株丛"离散"后的种群个体结构特征。可以认为,这是在干旱气候和外界严重干扰条件下,多年生丛生禾草、半灌木和小灌木植物的一种营养(无性)繁殖方式,亦是草原植物群落一种退化现象的具体表现。

### 二、种群的替代、渗入与入侵

在内蒙古高原上,荒漠草原亚带由于处于草原带与荒漠带之间,从而具有显著的过渡(带)性质。所以,种群在这里发生的替代、渗入与入侵的现象是普遍存在而不可避免的。首先,在地带性分布的草原带区域内西侧的荒漠草原亚带,

由于降水量比以东相邻的典型草原亚带减少而更加干旱，加之土壤更干燥，以及棕钙土壤表层（A层）较浅（20～30cm），所以荒漠草原植被的某些植物种，替代了典型草原植被原有的植物种。这些生态替代种主要有小针茅（*Stipa kremenzii*）和短花针茅（*Stipa breviflora*）替代克氏针茅（*Stipa krylovii*）；赖草（*Leymus secalinus*）替代羊草（*Leymus chinensis*）；无芒隐子草（*Cleistogenes songorica*）替代糙隐子草（*Cleistogenes squarrosa*）；中间锦鸡儿（*Caragana intermedia*）、狭叶锦鸡儿（*Caragana stenophylla*）和矮锦鸡儿（*Caragana pygmaea*）替代小叶锦鸡儿（*Caragana microphylla*）；女蒿（*Hippolytia trifida*）、蓍状亚菊（*Ajania achilloides*）和内蒙古旱蒿（*Artemisia xerophytica*）替代冷蒿（*Artemisia frigida*）；沙芦草（*Agropyron mongolicum*）替代冰草（*Agrogyron cristatum*），凡此种种。再者，荒漠草原亚带位居典型草原亚带与荒漠带（草原化荒漠亚带）之间，相邻群落的某些植物主要由于彼此在地域上的连接，尤其是处在植被交界处的典型草原群落中的某些生态幅较宽的植物，如克氏针茅、糙隐子草、冰草、羊草、冷蒿和小叶锦鸡儿等，往往渗入荒漠草原亚带而组成短花针茅群落的伴生成分。另外，在荒漠草原亚带境内，在棕钙土含盐量偏高和在砾石质加强的基质条件下，某些超旱生的荒漠区系成分入侵，而在局部的砾石盐化棕钙土上，形成荒漠群落（片段）。常见的植物有红砂（*Reaumaria soongorica*）、白刺（*Nitraria tangutorum*）、盐爪爪（*Kalidium foliatum*）、珍珠猪毛菜（*Salsola passerina*）和藏锦鸡儿（*Caragana tibetica*）等。更为明显的是，在一些受到严重干扰而重度退化的荒漠草原群落中，某些耐受性强且属家畜不采食或有毒的植物，它们可入侵到某些荒漠草原群落中。例如，草麻黄（*Ephedra sinica*）入侵小针茅＋无芒隐子草群落；狼毒（*Stellera chamaejasme*）入侵短花针茅群落。而在退化的沙质土壤上，常见有骆驼蓬（*Peganum harmala*）几乎成为单一成分的植丛出现。

## 三、群落灌丛化的形成与演变

荒漠草原亚带地带性植被的小针茅群落（Form *Stipa klemenzii*）和短花针茅群落（Form. *Stipa breviflora*）的群落结构常有灌丛化特点发生，成为灌丛化荒漠草原群落。主要是锦鸡儿属（*Caragana*）的几种旱生性锦鸡儿种群的个体数量增多，且成为群落上层唯一的优势层片，而赋予荒漠草原群落以灌丛化的景观。通常，在小针茅群落中是狭叶锦鸡儿（*Caragana stenophylla*）和矮锦鸡儿（*Caragana pygmaea*）；在短花针茅群落中主要是小叶锦鸡儿（*Caragana micrerphylla*）和中间锦鸡儿（*Caragana intermedia*）。群落灌丛化的形成，一般是在表土浅层覆沙或砾石土壤上过度放牧情况下发生的，或是两种因素兼而有之。由于锦鸡儿植丛基部的积沙作用，在植丛周围可堆积高为10～20cm的"小沙丘",而能保持土壤水分,从而有利于植丛附近的草本植物生长发育。尤其是在春旱后的夏季多雨时期,一年生植物层片得到很好的发育,某些"喜沙"(实际上是土壤湿度改善了)的植物,如砂韭(*Allium bidentatum*)和蒙古韭(*Allium mongolicum*)也得到良好的生长,一些一年生植物也集聚在灌丛附近。

## 四、一年生植物在荒漠草原群落中的群落学作用

一年生"夏雨型"植物是组成荒漠草原植物群落普遍存在的一个特殊层片。该层片的植物种类繁多,禾本科植物有三芒草(*Aristida adscensionis*)、虎尾草(*Chloris virgata*)、小画眉草(*Eragrostis minor*)、冠芒草(*Enneapogon borealis*)和锋芒草(*Tragus racemosus*)等。藜科植物有雾冰藜(*Bassia dasyphylla*)、灰绿藜(*Chenopodium glaucum*)、兴安虫实(*Corispermum chinganicum*)、毛果绳虫实(*Corispermum declinatum* var. *tylocarpum*)、刺沙蓬(*Salsola pestifer*)和猪毛菜(*Salsola collina*)等。蒿属植物有栉叶蒿(*Neopallasia pectinata*)和猪毛蒿(*Artemisia scoparia*)等。群落中这些众多的一年生植物,与哈萨克斯坦地区的"短命植物"的生物学特性有着很大的差别,"短命植物"的生长发育时间短(1~2个月),只利用当地春季冰雪融化的水分;而一年生植物一般在初夏降水之后,种子大量萌发并很快生长,经过比较长的时期(夏季、秋季),才能完成其生长发育的全过程。如果在前一年冬季降雪量小,或当年降水期推迟(春旱),直到夏季中旬前后才有降水,群落中的建群种(如小针茅 *Stipa klemenzii*)和主要层片不能正常生长发育;而一年生植物在降雨之后,再配合同步升高的温度,则可迅速萌发,大量生长,成为群落中的优势层片,从而掩盖了群落中原有的建群植物和优势植物。然而这是群落季相中的一种"短暂盛况",因为这些一年生植物完成其生活史之后,植物体干枯死亡,且保存率很低,该群落仍显露出它原来稀疏、低矮,甚至荒凉的景象。值得注意的是,一年生植物成熟后能生产大量的种子,并贮存在土壤的表土层中,它以"种子库"的优越方式,度过严酷的外界环境(主要是冻土层的低温),加之"种子"的寿命(种子的生存年限)一般都较长,这就成为了一年生植物生存的优势。与之相反,也就是在年降水正常的情况下,旱生多年生丛生禾草和旱生杂类草植物适时萌发与生长发育,占据着群落的绝大部分空间,而使一年生植物无生存之地,它们的个体数量则显著的减少。当然,如果遇上"大旱"之年(春季、夏季降水均很少),在群落的组成成分中,丛生禾草的生草丛残存着极少量萎缩的枝条,以及个别稀疏而低矮的旱生杂类草,而一年生植物亦不能发芽生长。总之,群落组成成分结构和地上生物量等群落特征的变化,在很大程度上主要制约于降水量与降水的季节分配。

## 五、植被"冬态"研究的缺失及其重要性

长期以来，对于荒漠草原植被在冬季的休眠状态（简称为"冬态"）的研究，至今仍是一个很大的空白领域。例如，多年生植物地下器官植丛基部的分蘖节、根茎、鳞茎、根蘖，以及土壤中的种子等，这些无性和有性繁殖体的抗低温机制是什么？不同生活型植物的耐寒性有什么差异？每一种植物贮存哪些耐寒物质？不同的地下器官（包括种子）在形态和内部结构上，分别具有哪些耐寒特征？凡此种种，人们几乎是一无所知，至今也无人问津。可以肯定地说，植物的生长发育是一个不可分割的连续生理生态过程，并在一年四季中的气候条件下，均有其不同的生态生理机制及适应现象，如春季（晚春）萌发，夏季生长与开花，秋季结实与成熟和冬季休眠。植物的冬眠为翌年的春季萌发生长，创造了必不可少的有利条件，但这个重要的"条件"至今还是一个"谜"。当然，在开展这项观测研究工作中，是存在着相当大的难度，但必须加以重视，尽早开展这项观察研究工作。应当注意的是，要制定出切实可行的草原群落"冬态"研究的计划和方法，同时还要完善适合观测分析"冬态"研究的仪器设备等。

## 六、植物种群与动物种群之间在特定时空变化下的相关性

草原生态系统中的两大子系统，即植物子系统和动物子系统，有时在两者之间通过外界环境干扰作用的影响，使得植物种群与动物种群的相互关系变得更加密切，并存在着一种超乎正常状态的"依存关系"。草原生态系统出现这样奇特的子系统之间的"依存关系"，人们特称之为草原生态系统的"生态怪圈"。应当指出，这种"生态怪圈"现象大多出现在荒漠草原亚带和典型草原亚带的西部地区低矮、稀疏的植物群落中。

在强度放牧干扰下，所造成的退化草原的生态环境在草原生态系统主要表现为植被稀疏和表土沙质化。而这样的退化草原地段，却为蝗虫和鼠类的生存与大发生提供了适宜的栖息地（住所），它们大量采食植物地上营养器官和果实（种子），损伤群落的组成与结构状态。于是，蝗灾和鼠害使现已退化的草地破坏程度加重，植物群落受到严重损害。之后，在负反馈作用下，蝗虫或鼠类因缺乏食物源而不适应现有"居住生存"，便迁徙到另一处轻度（或中度）退化草地。于是使得原来已被破坏的"住所"的外界干扰作用暂时消失，使重度退化草地得以休养生息而自然恢复。然而，当原来受害的草地恢复到一定程度时，下一轮的放牧→虫鼠危害的连锁干扰作用再次重复发生。这样一来，退化草原生态系统（草地）形成了一个周而复始的时空性恶性循环。草原生态系统的这种"破坏—恢复—再破坏—再恢复"的恶性循环过程被称为"生态怪圈"。

为什么轻度（或中度）退化草原群落的特定受害草原生态系统会成为蝗虫和

鼠类的栖息地（住所）？据多年观察分析认为，蝗虫良好"住所"（退化草地）具备的有利条件有：①浅层覆沙的较松散沙质土的地表面，成虫易于插入尾部（内有"产卵器"）产卵，且沙土地温偏高有利于孵化；②沙质土上生长多年生幼嫩的小禾草、豆科、葱属植物和一年生植物，它们是蝗虫喜食的食物；③低矮稀疏的草群是有利于蝗虫（蝻）爬行和成虫飞翔觅食活动的空间（李德新等，2002）。鼠类喜好的良好"住所"（退化草地）具备的有利条件有：①低矮稀疏草群的视野扩大，鼠类（如布氏田鼠）易于发现天敌，且能活动觅食，迅速逃窜躲避天敌的捕捉；②地表沙质与下层土壤的适度板结，易于掘穴，且洞穴坚固干燥适于居住；③群落中生长有鼠类喜食的食物，如幼嫩多汁的禾草、蒙古韭、豆科植物、十字花科植物和一年生植物等。

关于草原生态系统在外界干扰下，其系统内部生物种间关系所导致的生物群落动态状况，中国科学院院士康乐教授（1995）在"放牧干扰下的蝗虫—植物相互作用关系"一文中认为："蝗虫的分布和丰富度与植被的类型和结构变化密切相关。在同一类型的草原生态系统中，放牧活动可以明显地改变群落结构和土壤的特性，从而影响蝗虫群落的动态"。作者通过长期的实地观察分析研究也同样认为，蝗虫的大发生与放牧退化草地之间存在着一定的相互依存关系。

# 第四章 内蒙古高原荒漠草原植被主要群落类型及其基本特点

广泛分布于内蒙古高原中西部的荒漠草原植被属中温型草原带最旱生的一个植被亚型。广泛分布在阴山山脉以北的层状高平原上，东起苏尼特，西至乌拉特地区，西北与蒙古国的广大荒漠草原亚带连接在一起。

## 第一节 荒漠草原亚带植被基本特点

内蒙古高原荒漠草原亚带处在典型草原亚带与荒漠带（草原化荒漠亚带）之间，因此，在植被和植物区系组成上除本亚带固有的群落类型与植物组成成分外，也有来自东、西两侧少量植物种群的渗透和侵入。所以，应当将荒漠草原亚带作为一个完全有别于其他草原类型而独立的草原植被类型，群落中起主导作用的植物区系成分是戈壁蒙古荒漠草原种和亚洲中部荒漠草原种。其中，针茅属羽针组小型针茅植物有小针茅、戈壁针茅、沙生针茅以及须芒组的短花针茅和其他植物，如无芒隐子草、碱韭、蒙古韭等都是主要建群种和优势植物。群落组成中旱生小半灌木层片的女蒿（$Hippolytia\ trifida$）和箸状亚菊（$Ajania\ achilloides$）也是荒漠草原特有的优势植物。还有一些常见的旱生杂类草和小半灌木，如冬青叶兔唇花、荒漠丝石竹、拐轴鸦葱、戈壁天门冬（$Asparagus\ gobicus$）、骆驼蓬、燥原荠、乳浆大戟（$Euphorbia\ esula$）和刺叶柄棘豆等也都是荒漠草原的特征种。此外，有少数的锦鸡儿属小灌木，如狭叶锦鸡儿、矮锦鸡儿和中间锦鸡儿（$Caragana\ intermedia$），且多与沙质土壤相联系，形成灌丛化荒漠草原群落。

荒漠草原的层片结构，是以旱生的多年生丛生小禾草层片为建群层片，旱生小半灌木层片及葱类鳞茎植物层片常成为主要层片，旱生多年生杂类草层片和旱生小灌木层片也很稳定。特别应当提及的是较为特殊的一类"夏雨型"一年生植物层片，在降水特别多的年份，主要表现为夏季降水多的年份，这类层片的一些一年生植物在较短时期内，大量萌发生长发育，在群落中有时占有最大的优势，但在极干旱年份，它们的群落作用又非常微小，甚至无所表现。可见，它们的生长和消长直接取决于夏季降水的状况，这种"夏雨型"一年生植物层片与出现在我国新疆荒漠地区的黑海—哈萨克斯坦草原亚区的短命植物层片是根本不同的，因为短命植物主要是出现在春季很短时期利用雪水而生存的植物种类。广泛分布在内蒙古高原的荒漠草原，群落中的一年生植物层片有栉叶蒿、猪毛蒿、猪毛菜（Salsola collina）、雾冰藜（Bassia dasyphylla）、画眉草、冠芒草、三芒草（Aristida adscensionis）、锋芒草（Tragus racemosus）、狗尾草和虎尾草（Chloris virgata）等，它们的生长发育周期较长，甚至可到秋季才干枯死亡。

有少量的欧亚草原区亚洲中部亚区的典型草原成分，如克氏针茅（Stipa krylovii）、糙隐子草和冷蒿等，常在荒漠草原群落中出现，与荒漠草原某些建群种共同组成一系列具有从典型草原亚带向荒漠草原亚带特征过渡的群落类型。例如，小针茅＋糙隐子草群落，短花针茅＋克氏针茅群落。此外，还有短花针茅＋糙隐子草群落和短花针茅＋冷蒿群落。这样的典型草原植物向荒漠草原亚带的渗入与分布，形成了荒漠草原亚带在草原带内的过渡性质，同时反映了两者具有的内在联系。

各种不同性质和形态的盐湿低地是荒漠草原亚带的主要隐域性生境，在这样的生境上发育形成不同程度盐化的隐域植被类型，也是广阔荒漠草原亚带的景观特征。其中，发育的隐域植被主要有芨芨草盐化草甸，其次有薹草＋杂类草盐化草甸、赖草盐化草甸和马蔺盐化草甸等。在盐湿低地外围的盐化棕钙土地段上，常有红砂荒漠或红砂—珍珠猪毛菜荒漠群落的片段局部出现，在盐分加重的地段上可出现白刺荒漠群落、盐爪爪盐生荒漠群落及柽柳盐生灌丛。这些荒漠群落的优势种也可侵入芨芨草盐化草甸群落中，构成荒漠化的芨芨草盐化草甸，或形成芨芨草草甸群落与荒漠群落（或片段）的复合体，这也是荒漠草原亚带过渡性特征的另一种具体表现。

自西、西北方向沿着盐化低地和石质丘陵侵入荒漠草原亚带的荒漠植物有红砂（Reaumuria soongorica）、珍珠猪毛菜（Salsola passerina）、松叶猪毛菜（Salsola laricifolia）、盐爪爪（Kalidium foliatum）、藏锦鸡儿（Caragana tibetica）、霸王（Zygophyllum xanthoxylum）和小果白刺（Nitraria sibirica）等。但是，这些荒漠植物一般不直接进入荒漠草原群落中，而只是在特殊的生境（土壤盐化或砾石性）形成局部的荒漠群落片段，从而也表明荒漠草原亚带的过渡性和旱生性的基本特点。

构成荒漠草原主要群系的建群种，为须芒组的小型针茅植物。其中，小针茅荒漠草原群系是最主要的类型，它占据着典型的显域地境，在荒漠草原亚带内分布最广，群落类型的分化也最多，如小针茅＋无芒隐子草群落、小针茅＋碱韭群落、小针茅—亚菊群落、锦鸡儿灌丛化的小针茅群落、小针茅＋糙隐子草群落、小针茅＋冷蒿群落等。沙生针茅草原大多发育在沙质棕钙土或地表浅层覆沙的地段上，因此，其群落大多具有锦鸡儿灌丛层片，形成灌丛化荒漠草原。例如，在二连浩特地区有比较集中的大面积灌丛化沙生针茅群落分布。在一些丘陵顶部的砾石性基质上，常有戈壁针茅草原的群落（片段）出现，其群落面积都较小，一般不形成连片的广泛分布,在群落组成中常有一些砾石生性的植物种类生长。短花针茅草原群落分布区主要在暖温型草原带内,在内蒙古高原荒漠草原亚带主要集中分布在最南部且呈狭长带状出现,邻近典型草原亚带的暗棕钙土和淡栗钙土地区。因此,在群落组成中,典型草原成分在群落中的作用明显,如克氏针茅、糙隐子草、冷蒿、小叶锦鸡儿（Caragana microphylla）和羊草（Leymus chinensis）等,可分别成为短花针茅草原群落的优势种和常见伴生种。在地表强烈剥蚀的地段上可以出现旱生小半灌木女蒿、蓍状亚菊和冷蒿分别建群的几种群落。上述两种亚菊群落大多分布在荒漠草原亚带的西北部,而冷蒿群落则局限分布在该亚带的东南部与邻近典型草原亚带的地区。在一些微碱化土地上,还可以形成以碱韭建群的荒漠草原群落。

　　内蒙古高原中西部荒漠草原亚带气候的干旱程度自东南向西北呈水平梯度递减过渡,从而使得亚带植被的分布和特点具有与此相应的分异状态。东南部地区的湿润度偏高,发育着暗棕钙土和少量的淡栗钙土,植被以喜暖湿的短花针茅草原和小针茅＋糙隐子草＋冷蒿群落为主。然而,它们有时也可局部向西北部渗入。例如,短花针茅草原越过"集二线"向西北呈狭长带状分布,与大面积分布的小针茅＋无芒隐子草草原相连接。但是,就荒漠草原亚带总体分布而言,由于西北部大面积层状高平原的湿润度越加降低,而土壤又是更干燥瘠薄的淡棕钙土,必然发育着适应干旱生境的小针茅草原,占据着广阔的内蒙古高原荒漠草原亚带的大部分地域,而成为荒漠草原亚带植被的主体,多以小针茅建群并分别以含无芒隐子草和亚菊的群落广泛分布,成为荒漠草原的显域性自然景观。越往西沙生针茅草原有取代小针茅草原的趋势,但其分布面积较小,作用不太明显。在西北部局部土壤盐分和砾石化的增加或地表剥蚀作用加强的生境条件下,红砂、珍珠猪毛菜荒漠群落也常有出现。与此同时,特别是在最西北地区,已经接近更干旱的西部荒漠地带,小针茅草原和沙生针茅草原往往分别与藏锦鸡儿荒漠群落或红砂、珍珠猪毛菜群落交错分布,并形成草原群落与荒漠群落两种不同地带、不同性质的植被复合体。显然,这是草原带向荒漠带过渡的一种特殊的自然景观。

## 第二节　荒漠草原亚带主要植物群落类型与群落学特征

### 一、小针茅荒漠草原

(一) 生态地理分布

　　小针茅荒漠草原是亚洲中部荒漠草原地带的一类小型丛生禾草草原。在我国主要分布在阴山山脉以北的乌兰察布层状高平原和鄂尔多斯高原中西部地区。再往西，在极干旱的荒漠区山地（贺兰山、祁连山、东天山、阿尔泰山、柴达木等）也有零星分布。

小针茅荒漠草原是最耐旱的针茅草原之一，它的分布与温带干旱的大陆性气候存在极为密切的联系。在它的分布区域内年降水量平均低于250mm（130～245mm），湿润度为0.11～0.26，≥10℃的积温为2000～3100℃，植物发育期长达180～240天。春秋两季尤其是春季4～6月经常出现持续的干旱，严重地制约着植物的生长和群落初级生产力的稳定性。

小针茅荒漠草原发育在暗棕钙土和棕钙土上，土体腐殖质层浅薄，一般为20～30cm，在其下面普遍有一层坚实的钙积层（B层），土壤干燥且肥力较低（腐殖质含量为1.0％～1.8％）。春季干旱期土壤含水量低于8％，表土层薄且多沙质，由于风蚀作用而覆盖有一层粗砂和碎石砾，地表十分粗糙。

小针茅荒漠草原的垂直分布与海拔的相关性表现为自北向南、自东向西逐渐升高的趋势。在乌兰察布高平原的北部、东部，它广泛分布在海拔950～1000m的层状高平原上，向南向西随着丘陵山地地势的上升和湿度的下降，小针茅荒漠草原大多出现在海拔1300～1600m的山麓坡脚和丘间谷地。因中小地形的起伏，小针茅荒漠草原还可以与其他的草原植物群落形成多种多样的复合结构与结合形式。在草原化荒漠亚带南部地区，小针茅荒漠草原往往与短花针茅草原、克氏针茅草原交错出现；在北部多与沙生针茅草原形成组合。上述各种组合形式可以认为是小针茅荒漠草原与其他草原植被的空间演替关系的具体反映。再者，按微小地形起伏的改变，小针茅荒漠草原在空间分布的连续性即成片状分布状态往往会被冷蒿、女蒿、薯状亚菊等形成的小半灌木群落所隔离而破坏，从而形成小针茅荒漠草原与其呈镶嵌型的群落复合结构。

（二）种类组成

与其他针茅草原植被相比，小针茅荒漠草原具有自己独特的种类组成。首先，受干旱气候的长期作用，小针茅荒漠草原的植物种类十分贫乏。通常在1m²地面上群落种饱和度仅为10～12种，但其种类组成相对比较稳定，一般群落种数无明显的变化。在群系分布区的中心区域，群落的种数稳定性偏高，但绝对值偏低，而在分布区的外缘，其种数波动性偏大，且绝对值普遍有所升高。通常分布区域的东界较西界高，即分布在偏东的群落总种数约为46种（以小针茅＋糙隐子草＋克氏针茅群落为例），偏西的群落总种数则只有26种（以小针茅＋亚菊草原、小针茅＋女蒿草原为例）。小针茅荒漠草原群落最高总种数（群落种饱和度）出现在灌丛化小针茅荒漠草原，共计54种；而最低总种数出现在小针茅＋无芒隐子草群落，仅为11种。显然，小针茅荒漠草原群落总种数的多少与具体的生态条件，主要是土壤水分状况的差异，以及相邻群落种类成分的丰富度和相互渗透的能力有着密切的联系。但是，人类的干扰作用无疑也起着相当大的作用。

据调查记载统计，组成小针茅荒漠草原的高等植物共计74种，分别属于27科，52属，其中含种属较多的科依次为禾本科（7属13种，占17.7%）、豆科（6属10种，占13.5%）、菊科（5属9种，占12.2%）、百合科（3属5种，占6.8%）和藜科（4属4种，占5.4%）；其次是蒺藜科、十字花科、鸢尾科各含3种，莎草科、唇形科、大戟科、伞形科和柽柳科各含2种；其他的14个科（石竹科、景天科、蔷薇科、亚麻科、芸香科、远志科、瑞香科、萝摩科、旋花科、马鞭草科、玄参科、车前科、报春花科和麻黄科）仅有1种。低等植物在小针茅荒漠草原群落中极少，偶尔在一些砾石性生境下生长有少量的叶状地衣（*Parmelia vagans*）和蓝绿藻（*Stratonostoc commune*）。

按植物生活型分析，小针茅荒漠草原的植物绝大多数为轴根型植物，其占63.4%；须根型植物占23%；根茎和根茎刷状根型植物各占6.8%，基本上与其他针茅草原相接近。但是，小针茅荒漠草原的轴根植物多数为具发达细支根的短轴根型植物，主根一般不超过25cm，并多集中在钙积层以上。在须根植物中多具假根套，呈密集辐射状分布在表层0～15cm（20cm）的土层内，约80%的根量都集中在这一土层，向下则显著减少，这样能充分利用浅土层中有限的土壤水分。

小针茅荒漠草原植物生态类群的分析表明，在群落组成中，各类多年生旱生植物占有绝对优势，其中强旱生和广幅旱生植物占52%，旱生植物占18%，超旱生植物占8%，中旱生植物占5.5%，旱生植物共占83.5%。这些旱生植物的生活型除以多年生草本植物为优势成分并构成建群层片外，旱生半灌木和小半灌木也具有十分重要的作用，均可构成优势层片，这也是荒漠草原植被的一个重要特征。常见的旱生灌木、半灌木植物有女蒿、蓍状亚菊、冷蒿、内蒙古旱蒿（*Artemisia xerophytica*）、木地肤（*Kochia prostrata*）和刺叶柄棘豆等。中生植物只限于一、二年生植物，约占总种数的16.5%，属于"夏雨型"营养植物，通常在炎热多雨的夏季其生长发育达到高峰，故可称为"热草"，但在秋季果实成熟以后，植物体除果实落入土壤中外，其余大部分均干枯死亡。一、二年生植物类群在小针茅荒漠草原群落中形成独特的层片，常见的典型成分有栉叶蒿、猪毛蒿、猪毛菜、雾冰藜、小画眉草、三芒草、虎尾草和冠芒草等。这种"夏雨型"一、二年生植物层片，与生长在黑海—哈萨克斯坦草原（我国在新疆地区）的春季短命植物层片形成鲜明对照。

## (三) 群落类型

荒漠草原的优势群落——小针茅草原，根据群落中共建种生活型的一致性和种类组成的差异性，可将小针茅荒漠草原群系分为7个群丛组：①小针茅＋无芒隐子草草原；②小针茅＋碱韭草原；③小针茅＋女蒿草原；④小针茅＋蓍状亚菊草原；⑤小针茅＋冷蒿草原；⑥锦鸡儿灌丛化小针茅草原；⑦小针茅—红砂草原。

小针茅＋小禾草草原在荒漠草原有着最广泛的分布，如果说小针茅草原是荒漠草原的优势群系的话，而小针茅＋小禾草草原则为小针茅草原的主体。它的主要特点是在建群种小针茅的背景上，均匀地分布着两种旱生的低矮疏丛小禾草，即无芒隐子草和糙隐子草。以无芒隐子草占优势的草原群系，具有更强的抗旱能力，集中成片的分布在该群系分布地区的北部和西半部，成为荒漠草原的标志群系。而以糙隐子草占优势的草原群系，主要分布在分布区的东半部和南部，其分布面积远远少于无芒隐子草占优势的小针茅＋小禾草草原。但是，在小针茅群系分布地区的中心部位，两种隐子草均同时出现在同一群落中。例如，在偏西偏北地区以无芒隐子草个体数量较多，而在偏东偏南地区则以糙隐子草稍多。

小针茅＋糙隐子草草原是一个生态地理幅度十分广泛的群落类型，也是荒漠草原具有标志性的草原群落之一。它在与其他草原群系交错的边缘地带，往往可形成与交汇的草原群落保持着一定联系的生态地理变体，如含短花针茅的小针茅＋糙隐子草群落、含克氏针茅的小针茅＋糙隐子草群落、含沙生针茅的小针茅＋糙隐子草群落等。就生态条件而言，上述这些生态地理变体的形成，与有关群落分布地区内水热组成的分异密切相关，同时亦反映了小针茅荒漠草原与周边相邻草原群系之间在种类组成上相互渗透的关系。无可置疑，不同的生态地理变体能够反映出生态环境的异质性和土地资源的性质差异，以及所具有的生态特点和经济价值。因此，在进行土地评价和保护利用及制定可持续发展决策时，其将成为必需的基础资料。

在内蒙古高原，小针茅＋无芒隐子草草原主要分布在乌兰察布高原的中心部位，包括苏尼特右旗、四子王旗和达茂旗中北部各地区。境内地形平坦辽阔，海拔1000～1100m。土壤为典型的轻壤质棕钙土，当土壤表层砾石性程度增强或地表风积形成沙粒层时，原来的小针茅＋无芒隐子草草原将会被小针茅＋女蒿群落、小针茅＋冷蒿群落，以及小针茅—锦鸡儿灌丛化草原所替代；土壤中可溶盐含量有所增加时，它会被小针茅＋碱韭群落和小针茅—红砂群落取代。由此可见，小针茅＋无芒隐子草草原群落是荒漠草原典型的地带性植物群落。

1. 小针茅＋无芒隐子草群落

小针茅＋无芒隐子草群落（Ass. *Stipa klemenzii* ＋ *Cleistogenes songorica*）

分布在乌兰察布高原西北部达茂旗北部境内的丘陵地区低平原上，地势平坦但稍有波状起伏。土壤为轻壤质棕钙土，地表砾沙质不甚显著。

小针茅＋无芒隐子草群落中以小针茅的数量为最多，其起着绝对的优势作用；其次为无芒隐子草和猪毛蒿，起着共建作用。群落中一些强旱生的轴根型植物成为群落的主要伴生种，有冬青叶兔唇花、达乌里芯芭、北芸香、荒漠丝石竹、拐轴鸦葱和银灰旋花等。一年生植物在夏季和初秋时期成为此时的季节景观层片，如冠芒草、小画眉草、锋芒草和刺沙蓬等，其生长发育速度很快，然而在群落中的群落学作用较小。旱生小灌木和小半灌木层片基本上不复存在，偶有零星生长的矮锦鸡儿，但一般不起作用。因此，群落的垂直结构十分简单，整个群落可视为单一低矮的草本层，其群落高度不超过 30cm。若遇到夏季不降雨的干旱年份，不仅多年生草本植物生长发育不良，甚至难以生长，而一年生植物也不出现，整个群落处于更加低矮稀疏和没有生气的状态（表 4-1）。

小针茅＋无芒隐子草的群落学特征如下。

小针茅＋无芒隐子草群落的植物种类组成比较单调，1m² 内只有 15 种植物，即建群种为小针茅，优势种有无芒隐子草和茵陈蒿，伴生种有阿尔泰狗娃花、银灰旋花、白花黄芪、达乌里芯芭、蒙古韭、碱韭和寸草薹。"夏雨型"的一年生植物有冠芒草、锋芒草、小画眉草、栉叶蒿和刺沙蓬，在初夏降雨之后大量萌发生长，若在降水较多的年份有的植物可一跃而成为季节性优势植物，但在干旱年份一般都难以萌发生长，甚至根本不在群落中出现。其在晚春和夏季前期群落内部可分为两层，上层为多年生丛生禾草层片，而下层多为一年生植物的幼苗和一些低矮匍匐的轴根型植物，有银灰旋花、白花黄芪和达乌里芯芭等。旱生小灌木和半灌木在群落组成中基本上不起作用，这也是小针茅＋无芒隐子草群落的又一个群落学特征和基本特点（表 4-2）。

2. 矮锦鸡儿灌丛化小针茅＋无芒隐子草群落

矮锦鸡儿—小针茅＋无芒隐子草群落（Ass. *Caragana pygmaea-Stipa klemenzii*＋*Cleistogenes songorica*）广泛分布在波状起伏丘陵的缓坡地和梁间平坦地段上，占有最大面积地域。因风蚀和地表径流作用，在薄层的棕钙土壤表面常保存稀疏的小石砾或在锦鸡儿灌丛基部或周围堆积相对高度为 5～10cm 的小沙堆，在地表常出现一些稍有倾斜微地形的径流线（小沟）。在这些呈斑块状的稍低凹地上，多生长喜湿的寸草薹；而在小沙堆附近则多为一年生植物所占据；在覆沙的地块上，锦鸡儿灌丛多生长良好，这可能与土壤水分稍有改善有相关性。

表 4-1 小针茅+无芒隐子草群落植物记名样方
(达茂旗北部查干哈达苏木伊克乌素草原定位站东南 3km,1959 年 7 月 20 日)

| 序号 | 植物名称 中名 | 学名 | 1 | 2 | 3 | 4 | 5 | 6 | 7 | 8 | 9 | 10 | 11 | 12 | 13 | 14 | 15 | 16 | 17 | 18 | 19 | 20 | 频度/% |
|---|---|---|---|---|---|---|---|---|---|---|---|---|---|---|---|---|---|---|---|---|---|---|---|
| 1 | 小针茅 | *Stipa klemenzii* | + | + | + | + | + | + | + | + | + | + | + | + | + | + | + | + | + | + | + | + | 100 |
| 2 | 无芒隐子草 | *Cleistogenes songorica* | + | + | + | + | + | + | + | + | + | + | + | + | + | + | + | + | + | + | + | + | 95 |
| 3 | 猪毛蒿 | *Artemisia scoparia* | + | + | + | + | + | + | + | + | + | + | + | + | + | + | + | + | + | + | + | + | 100 |
| 4 | 栉叶蒿 | *Neopallsia pectinata* | + | + | + | + | + | + | + | + | + | + | + | + | + | + | + | + | + | + | + | + | 90 |
| 5 | 阿尔泰狗娃花 | *Heteropappus altaicus* | + | + | + | + | + |   | + | + | + |   | + | + | + | + |   | + | + | + | + | + | 85 |
| 6 | 冠芒草 | *Papphorum brachystachyum* | + | + | + | + | + | + | + | + | + | + | + | + | + | + | + | + | + | + | + | + | 100 |
| 7 | 三芒草 | *Aristida adscensionis* |   |   |   | + |   |   |   |   |   |   |   |   |   |   |   |   |   |   |   |   | 10 |
| 8 | 冷蒿 | *Artemisia frigida* |   |   |   |   |   |   |   |   |   |   |   |   |   |   |   |   |   |   |   |   | 10 |
| 9 | 白花黄芪 | *Astragalus galactites* |   |   | + | + |   |   |   | + |   |   |   | + |   | + | + | + |   |   |   |   | 60 |
| 10 | 刺叶柄棘豆 | *Oxytropis aciphylla* |   |   | + |   |   |   |   |   |   |   |   |   |   |   |   |   |   |   |   |   | 20 |
| 11 | 雾冰藜 | *Bassia dasyphylla* |   |   |   |   | + |   |   |   |   |   |   |   |   |   |   |   |   |   |   |   | 10 |
| 12 | 刺沙蓬 | *Salsola pestifer* | + | + | + | + | + |   | + | + |   | + |   | + |   | + |   | + |   |   |   |   | 60 |
| 13 | 银灰旋花 | *Convolvulus ammannii* | + | + | + | + | + | + | + | + | + | + | + | + | + | + |   | + | + | + | + |   | 85 |
| 14 | 戈壁天门冬 | *Asparagus gobicus* |   |   |   |   |   |   |   |   |   |   |   | + |   | + |   |   |   |   |   |   | 30 |
| 15 | 车前 | *Plantago sp.* |   |   |   |   |   |   |   |   |   |   |   |   |   |   |   |   |   |   |   |   | 5 |
| 16 | 冬青叶兔唇花 | *Lagochilus ilicifolius* |   |   | + |   |   |   |   |   |   |   |   |   |   |   |   |   |   |   |   |   | 10 |
| 17 | 达乌里芯芭 | *Cymbaria dauburica* |   |   | + |   |   | + |   |   |   |   |   |   |   |   |   |   |   |   |   |   | 45 |
| 18 | 寸草薹 | *Carex duriuscula* |   |   |   |   |   |   |   | + | + | + |   | + | + | + |   | + |   |   |   |   | 65 |
| 19 | 拐轴鸦葱 | *Scorzonera divaricata* | + |   |   |   |   |   |   |   |   |   |   |   |   |   |   |   |   |   |   |   | 15 |
| 20 | 乳浆大戟 | *Euphorbia esula* |   |   |   |   |   |   |   |   |   |   |   |   |   | + |   |   |   |   |   |   | 15 |
| 21 | 蒙古韭 | *Allium mongolicum* |   |   |   |   |   | + |   |   |   |   |   |   |   | + |   |   |   | + |   |   | 40 |
| 22 | 碱韭 | *Allium polyrrhizum* |   |   |   |   |   |   |   |   |   |   |   |   |   |   |   | + |   |   |   |   | 15 |
| 23 | 北芸香 | *Haplophyllum dauricum* |   |   |   |   |   |   |   |   |   |   |   | + |   |   |   |   |   | + |   |   | 15 |
| 24 | 薄叶燥原荠 | *Ptilotrichum tenuifolium* |   |   |   |   |   |   |   |   |   |   |   |   |   |   |   |   |   |   |   |   | 20 |
| 25 | 地梢 | *Euphorbia humifusa* | + |   |   |   | + |   |   |   |   |   |   |   |   |   |   |   |   |   |   |   | 15 |
| 26 | 锋芒草 | *Tragus racemosus* |   |   |   |   |   | + |   |   |   |   |   | + |   |   |   |   |   |   | + |   | 60 |
| 27 | 小画眉草 | *Allium anisopodium* |   |   | + |   |   | + |   |   |   |   |   |   |   |   |   |   |   |   |   |   | 25 |
| 28 | 小画眉草 | *Eragrostis minor* |   |   |   |   |   |   |   |   |   |   |   |   |   |   |   |   |   |   |   |   | 15 |
| 29 | 荒漠丝石竹 | *Gypsophila desertorum* |   |   |   |   |   |   |   |   |   | + |   | + |   |   |   |   |   |   |   |   | 15 |

资料来源:伊克乌素荒漠草原定位实验站资料,1959。

注:表内植物名称有所更正,下同。

表 4-2　小针茅+无芒隐子草群落植物特征

| 序号 | 植物名称 | | 高度/cm | | 地上生物量/g/m² | | 德氏多度 | 盖度/% | 物候期 | 生活力 |
|---|---|---|---|---|---|---|---|---|---|---|
| | | | 营养枝 | 生殖枝 | 鲜重 | 干重 | | | | |
| 1 | 小针茅 | *Stipa klemenzii* | 19.00 | 13.00 | 22.96 | 14.21 | Cop³ | 10 | 果后营养 | 强 |
| 2 | 无芒隐子草 | *Cleistogenes songorica* | | 5.00 | 2.35 | 1.13 | Cop² | 1.9 | 拔节 | 强 |
| 3 | 猪毛蒿 | *Artemisia scoparia* | 18.00 | 8.00 | 8.68 | 1.70 | Cop³ | 4 | 孕蕾 | 强 |
| 4 | 阿尔泰狗娃花 | *Heteropappus altaicus* | 12.00 | 6.00 | 0.8 | 0.25 | Cop² | 1 | 强烈分枝 | 中 |
| 5 | 银灰旋花 | *Convolvulus ammannii* | 8.00 | 8.00 | 29.63 | 12.36 | Cop² | 1 | 结实 | 中 |
| 6 | 白花黄芪 | *Astragalus galactites* | 10.00 | | 0.08 | 0.03 | Sol | 1 | 营养期 | 中 |
| 7 | 达乌里芯芭 | *Cymbaria dahurica* | | 5.00 | 0.05 | 0.01 | Sol | <1 | 分枝 | 中 |
| 8 | 蒙古韭 | *Allium mongolicum* | | 5.00 | | | Sol | <1 | 分枝 | 弱 |
| 9 | 碱韭 | *Allium polyrrhizum* | | 3.00 | | | Sol | <1 | 分枝 | 弱 |
| 10 | 寸草薹 | *Carex duriuscula* | 15.00 | 12.00 | 1.4 | 0.74 | Sp | 1 | 种子完熟 | 弱 |
| 11 | 栉叶蒿 | *Neopallasia pectinata* | 15.00 | 4.50 | 7.6 | 2.55 | Cop² | 1.5 | 孕蕾 | 强 |
| 12 | 冠芒草 | *Pappophorum brachystachyum* | | 3.00 | 0.37 | 0.22 | Cop³ | 2 | 幼苗 | 强 |
| 13 | 锋芒草 | *Tragus racemosus* | | 1.50 | | | Cop¹ | <1 | 幼苗 | 中 |
| 14 | 小画眉草 | *Eragrostis minor* | | 1.50 | | | Sol | <1 | 幼苗 | 中 |
| 15 | 刺沙蓬 | *Salsola pestifer* | | 1.50 | | | Sol | <1 | 幼苗 | 弱 |

资料来源：伊克乌素荒漠草原定位实验站资料，1959。

矮锦鸡儿—小针茅+无芒隐子草群落中比较均匀分散生长的旱生小灌木矮锦鸡儿和少量的狭叶锦鸡儿成为群落上层的背景植物，且赋予群落以灌丛化外貌（表 4-3）。草群中仍以小针茅为建群种，而频度在 90%～100%的优势植物有无芒隐子草、刺沙蓬和阿尔泰狗娃花。但是在夏季前期有几种一年生植物冠芒草、栉叶蒿和刺沙蓬的频度保持在 90%～100%，其优势度也十分明显。多种旱生性强的轴根型植物黄芪、戈壁天门冬、银灰旋花、冬青叶兔唇花和拐轴鸦葱的频度分别为 80%、45%、35%、30%和 35%，尽管它们是群落固有的伴生种，但其频度大多都低于小针茅+无芒隐子草群落。然而，就群落种类组成看，除含有锦鸡儿灌丛外，这两个群落的植物种类基本上相同。大量调查研究结果表明，小针茅+无芒隐子草群落和灌丛化小针茅+无芒隐子草群落是小针茅群系中的两个主要群落，同时也是荒漠草原亚带地域性占面积最大且分布最广泛的主体群落。矮锦鸡儿—小针茅+无芒隐子草群落的群落学特征见表 4-4。

表 4-3 矮锦鸡儿—小针茅+无芒隐子草群落植物记名样方
(伊克乌素荒漠草原定位实验站西南 8km,1959 年 7 月 20 日)

| 序号 | 植物名称 | | 1 | 2 | 3 | 4 | 5 | 6 | 7 | 8 | 9 | 10 | 11 | 12 | 13 | 14 | 15 | 16 | 17 | 18 | 19 | 20 | 频度/% |
|---|---|---|---|---|---|---|---|---|---|---|---|---|---|---|---|---|---|---|---|---|---|---|---|
| 1 | 小针茅 | *Stipa klemenzii* | + | + | + | + | + | + | + | + | + | + | + | + | + | + | + | + | + | + | + | + | 100 |
| 2 | 无芒隐子草 | *Cleistogenes songorica* | + | + | + | + | + | + | + | + | + | + | + | + | + | + | + | + | + | + | + |   | 90 |
| 3 | 猪毛蒿 | *Artemisia scoparia* | + | + | + | + | + | + | + | + | + | + | + | + | + | + | + | + | + | + | + | + | 100 |
| 4 | 栉叶蒿 | *Neopallasia pectinata* | + | + | + | + | + | + | + | + | + | + | + | + | + | + | + | + | + | + | + |   | 90 |
| 5 | 拐轴鸦葱 | *Scorzonera divaricata* |   | + | + |   |   |   | + |   |   |   |   |   |   |   | + |   |   | + | + | + | 35 |
| 6 | 阿尔泰狗娃花 | *Heteropappus altaicus* | + | + | + | + | + | + | + | + | + | + | + | + | + | + | + | + | + | + | + | + | 100 |
| 7 | 冷蒿 | *Artemisia frigida* |   |   |   | + | + |   | + |   |   |   |   |   |   |   |   |   |   |   |   | + | 20 |
| 8 | 寸草薹 | *Carex duriuscula* | + | + | + | + | + | + |   | + | + | + | + | + | + | + | + | + | + | + | + | + | 85 |
| 9 | 冠芒草 | *Enneapogon borealis* | + | + | + | + | + | + | + | + | + | + | + | + | + | + | + | + | + | + | + | + | 100 |
| 10 | 锋芒草 | *Tragus racemosus* | + | + | + |   | + | + | + | + | + | + | + | + |   | + | + | + | + | + |   | + | 75 |
| 11 | 冬青叶兔唇花 | *Lagochilus ilicifolius* |   |   |   |   | + |   |   |   |   |   |   |   | + |   | + |   |   | + | + | + | 30 |
| 12 | 刺沙蓬 | *Salsola pestifer* | + | + | + | + | + | + | + | + | + | + | + | + | + | + | + | + | + | + |   | + | 90 |
| 13 | 北芸香 | *Haplophyllum dauricum* |   |   |   |   |   | + |   | + |   |   |   |   |   |   |   |   | + |   |   |   | 15 |
| 14 | 细叶鸢尾 | *Iris tenuifolia* |   | + |   |   |   |   | + |   |   |   |   |   |   |   |   |   |   | + | + | + | 25 |
| 15 | 达乌里芯芭 | *Cymbaria dahurica* |   |   |   |   |   |   |   |   |   |   | + |   |   |   |   | + |   |   | + | + | 20 |
| 16 | 薄叶燥原荠 | *Ptilotrichum elongatum* |   |   |   |   |   |   |   |   |   |   |   |   | + |   |   |   |   |   | + | + | 15 |
| 17 | 达乌里黄芪 | *Astragalus dahuricus* | + | + | + | + | + | + | + | + | + | + | + | + | + |   | + | + | + | + | + | + | 80 |
| 18 | 雾冰藜 | *Bassia dasyphylla* |   |   | + | + | + |   |   | + |   |   |   | + |   |   | + |   | + | + |   |   | 45 |
| 19 | 矮韭 | *Allium anisopodium* | + |   | + | + | + | + | + | + | + | + | + | + | + | + |   | + |   | + | + | + | 65 |
| 20 | 戈壁天门冬 | *Asparagus gobicus* |   |   |   |   |   |   |   |   |   |   |   |   |   | + | + | + | + | + | + | + | 45 |
| 21 | 地梢 | *Euphorbia humifusa* |   |   |   |   | + |   | + |   | + |   |   |   |   |   | + |   | + | + | + | + | 50 |
| 22 | 乳浆大戟 | *Euphorbia esula* |   |   |   |   |   |   |   |   |   |   |   |   |   |   |   |   |   |   |   | + | 5 |
| 23 | 碱韭 | *Allium polyrhizum* |   |   |   |   |   |   |   |   |   |   |   |   |   | + |   |   |   | + | + | + | 30 |
| 24 | 蒙古韭 | *Allium mongolicum* |   |   |   |   |   |   |   |   |   |   |   |   |   |   |   |   |   | + | + | + | 25 |
| 25 | 银灰旋花 | *Convolvulus ammanii* |   |   |   |   |   |   |   |   |   |   |   |   |   |   |   | + | + | + | + | + | 35 |
| 26 | 香青兰 | *Dracocephalum moldavica* |   |   |   |   |   |   |   |   |   |   |   | + |   |   |   |   |   |   |   | + | 10 |

资料来源: 伊克乌素荒漠草原定位实验站资料, 1959。

表 4-4 矮锦鸡儿—小针茅十无芒隐子草群落特征

| 序号 | 植物名称 | | 高度/cm | | 地上生物量/g/m² | | 德氏多度 | 盖度/% | 物候期 | 生活力 |
|---|---|---|---|---|---|---|---|---|---|---|
| | | | 营养枝 | 生殖枝 | 鲜重 | 干重 | | | | |
| 1 | 小针茅 | Stipa klemenzii | 12 | 20 | 19.04 | 12.04 | | | | |
| 2 | 无芒隐子草 | Cleistogenes songorica | 5.5 | | 5.25 | 2.56 | | | | |
| 3 | 猪毛蒿 | Artemisia scoparia | 12 | 28 | 19.3 | 6.64 | | | | |
| 4 | 栉叶蒿 | Neopallasia pectinata | | 21 | 4.53 | 2.32 | | | | |
| 5 | 阿尔泰狗娃花 | Heteropappus altaicus | 8 | 20 | 2.62 | 0.88 | | | | |
| 6 | 冷蒿 | Artemisia frigida | 4 | | 0.03 | 0.01 | | | | |
| 7 | 拐轴鸦葱 | Scorzonera divaricata | | 15.00 | 1.84 | 0.7 | | | | |
| 8 | 白花黄芪 | Astragalus galactites | | 5.00 | 0.34 | 0.14 | | | | |
| 9 | 刺沙蓬 | Salsola pestifer | 1.5 | | | | | | | |
| 10 | 北芸香 | Haplophyllum dauricum | | 19 | 0.38 | 0.19 | | | | |
| 11 | 冬青叶兔唇花 | Lagochilus ilicifolius | | 7.5 | 0.4 | 0.2 | | | | |
| 12 | 乳浆大戟 | Euphorbia esula | | | | | | | | |
| 13 | 冠芒草 | Enneapogon borealis | | | 0.15 | 0.05 | | | | |
| 14 | 寸草薹 | Carex duriuscula | 14 | 19 | 6.87 | 3.89 | | | | |
| 15 | 碱韭 | Allium polyrhizum | 4 | | 0.09 | 0.03 | | | | |
| 16 | 戈壁天门冬 | Asparagus gobicus | 7 | | 0.27 | 0.13 | | | | |
| 17 | 细叶鸢尾 | Iris tenuifolia | | 10 | 0.3 | 0.18 | | | | |
| 18 | 矮韭 | Allium anisopodium | 7 | 9 | 0.4 | 0.19 | | | | |
| 19 | 刺叶柄棘豆 | Oxytropis aciphylla | 7.3 | | 2.8 | 1.34 | | | | |

资料来源：伊克乌素荒漠草原定位实验站资料，1959。

### 3. 小针茅—红砂＋珍珠猪毛菜群落

小针茅—红砂＋珍珠猪毛菜群落（Ass. Stipa klemenzii-Reaumuria soongoricac＋Salsola passerina）分布于丘陵缓坡及坡间平地上，在缓坡上部常有石砾质地表出现。土壤是具有一定程度盐化的棕钙土，故表土含有盐分而显干燥。因此，群落不仅低矮而稀疏，而且在空间上主要表现为小斑块状的镶嵌结构。建群种小针茅和一些旱生性杂类草、一年生植物等小型植物，只分散在这些"小斑块"之间的空隙中。"小斑块"植物是由几种适应盐分且耐旱的强旱生小灌木和半灌木组成，如红砂、珍珠猪毛菜、短叶假木贼（Anabasis brevifolia）、松叶猪毛菜（Salsola laricifolia）和木蓼（Artaphaxis frutescens）等。旱生小灌木狭叶锦鸡儿和矮锦鸡儿植物个体数量极少，主要是由于表土层浅（0～20cm）且含盐量偏高，不适于喜沙的锦鸡儿灌丛生长；加之锦鸡儿植物具有发达的直根系，难以穿透坚实而深厚的钙积层（甚至是石膏层）。于是，一些适应土壤盐分并具发达而短型直根系的强旱生小灌木和半灌木（红砂、珍珠猪毛菜、短叶假木贼）能生长良好，而成为群落的优势成分。显然，这些强旱生植物，应是从周边荒漠带（草原化荒漠亚带）入侵的少数植物。

群落组成中，仍以旱生多年生草本植物为主体，除建群种小针茅外，还有无芒隐子草、碱韭和一些旱生杂类草，如阿尔泰狗娃花、银灰旋花（*Convolvulus ammannii*）、拐轴鸦葱（*Scorzonera divaricata*）、葡根骆驼蓬（*Peganum nigellastrum*）等。一年生植物有栉叶蒿（*Neopallasia pectinata*）、冠芒草（*Enneapogon borealis*）、三芒草（*Aristida adscensionis*）、小画眉草（*Eragrostis minor*）和刺沙蓬（*Salsola pestifer*）等。

群落的结构仍比较简单。因为，在群落的上层虽生长有较高的锦鸡儿属植物，但其个体数量太少，难以构成群落的上层。而低矮的几种强旱生小灌木和半灌木（红砂、珍珠猪毛菜、短叶假木贼等）植株的高度一般与建群种小针茅的高度相近，均为15～20cm。因此，该群落的层次结构可视为"单层群落"。群落的植物种类成分和群落学特征如表4-5和表4-6所示。

## 二、短花针茅荒漠草原

### （一）生态地理分布

短花针茅（*Stipa breviflora*）广泛分布在亚洲中部草原亚区荒漠草原带的偏暖气候区域，同时也生长在荒漠区的一些山地。短花针茅属须芒组（Sect. Barbatae）的一种多年生密丛禾本科植物，亚洲中部荒漠草原种。株丛高30～40cm，芒长5～8cm，全芒被短柔毛。在内蒙古高原上，短花针茅4月上旬开始萌动返青，5月下旬至6月中旬抽穗开花进入生长盛期，6月下旬至7月上旬颖果成熟脱落，生殖枝开始枯黄进入果后营养期。之后，株丛再次分蘖长出部分营养枝，直至9月下旬株丛逐渐枯黄而进入相对休眠期。短花针茅株丛干枯残枝的保存率较高，有利于家畜冬春放牧利用。

短花针茅草原（Form. *Stipa breviflora*）分布区的气候特点属偏暖的干旱气候，年降水量267～350mm，年均温3.6℃以上（百灵庙气象站）。该群系在我国境内的主要分布区是从黄土高原丘陵区西北部起，往东向北越过阴山山地到达内蒙古高原中部的南端边缘地区。这个地区范围，西起乌梁素海以东的大佘太，向东经达茂旗、四子王旗，止于镶黄旗、化德县等地。东西横贯于内蒙古高原中部荒漠草原带的南部边缘，形成一条连续分布在淡栗钙土、暗棕钙土上的以短花针茅建群的荒漠草原的分布区域。这是从典型草原带向荒漠草原带过渡而首先出现的荒漠草原群落，再往西北即可见到更干旱的小针茅荒漠草原群落。

第四章 内蒙古高原荒漠草原植被主要群落类型及其基本特点

表 4-5 小针茅—红砂+珍珠猪毛菜群落植物记名样方
(达茂旗查干哈达苏木查干哈达庙北偏西约 8km，1959 年 7 月 23 日)

| 序号 | 植物名称 | | 1m²记名小区 | | | | | | | | | | | | | | | | | | | 频度/% |
|---|---|---|---|---|---|---|---|---|---|---|---|---|---|---|---|---|---|---|---|---|---|---|
| | | | 1 | 2 | 3 | 4 | 5 | 6 | 7 | 8 | 9 | 10 | 11 | 12 | 13 | 14 | 15 | 16 | 17 | 18 | 19 | 20 | |
| 1 | 小针茅 | Stipa klemenzii | + | + | + | + | + | + | + | + | + | + | + | + | + | + | + | + | + | + | + | + | 100 |
| 2 | 无芒隐子草 | Cleistogenes songorica | + | + | + |   | + | + | + | + | + |   | + | + | + | + | + | + | + | + | + | + | 75 |
| 3 | 猪毛蒿 | Artemisia scoparia | + | + | + | + | + | + | + | + | + | + | + | + | + | + | + | + | + | + | + | + | 100 |
| 4 | 栉叶蒿 | Neopallasia pectinata | + | + | + | + | + | + | + | + | + | + |   | + | + | + | + | + | + | + | + | + | 80 |
| 5 | 阿尔泰狗娃花 | Heteropappus altaicus | + |   | + |   | + | + | + | + | + | + | + | + | + | + | + | + | + | + | + | + | 80 |
| 6 | 山蒿 | Artemisia brachyloba |   | + |   | + |   |   |   |   |   |   |   |   |   |   |   |   |   |   |   |   | 25 |
| 7 | 拐轴鸦葱 | Scorzonera divaricata |   |   |   |   |   |   |   |   |   |   |   |   |   |   |   |   |   |   |   |   | 5 |
| 8 | 大籽蒿 | Artemisia sieversiana |   |   |   | + |   | + |   |   | + |   |   |   |   |   |   |   |   |   | + |   | 25 |
| 9 | 寸草薹 | Carex duriuscula | + |   |   |   | + | + | + | + | + | + | + | + | + | + | + | + | + | + | + | + | 80 |
| 10 | 碱韭 | Allium polyrhizum | + |   | + | + |   |   | + |   |   |   | + | + | + |   | + | + | + | + | + | + | 75 |
| 11 | 蒙古韭 | Allium mongolicum |   |   | + |   | + |   |   |   |   |   |   |   |   |   |   | + | + |   | + | + | 30 |
| 12 | 冠芒草 | Enneapogon borealis |   |   |   |   |   |   |   |   |   |   |   |   |   |   |   | + |   |   |   |   | 20 |
| 13 | 三芒草 | Aristida adscensionis |   |   |   |   |   |   |   | + | + |   |   | + | + | + |   | + | + |   | + | + | 50 |
| 14 | 小画眉草 | Eragrostis minor |   |   |   |   |   |   |   |   |   |   |   |   |   |   |   |   |   |   |   |   | 5 |
| 15 | 白花黄芪 | Astragalus galactites |   |   |   |   |   | + |   | + |   | + |   |   |   |   |   |   |   |   |   |   | 15 |
| 16 | 少花米口袋 | Gueldenstaedtia verna |   |   |   |   |   |   | + |   |   |   |   | + |   |   |   | + |   |   |   |   | 15 |
| 17 | 刺沙蓬 | Salsola pestifer | + | + |   | + | + | + | + | + | + | + | + | + | + | + | + | + | + | + | + | + | 85 |
| 18 | 雾冰藜 | Bassia dasyphylla |   |   |   |   |   |   |   |   |   |   |   |   |   | + |   |   |   |   |   |   | 10 |
| 19 | 红砂 | Reaumuria soongorica | + | + | + | + | + | + | + |   | + |   |   |   | + | + |   | + | + | + | + | + | 75 |
| 20 | 珍珠猪毛菜 | Salsola passerina | + | + | + | + |   | + | + | + | + |   | + | + | + |   | + | + | + | + | + | + | 65 |
| 21 | 葡根骆驼蓬 | Peganum nigellastrum |   |   |   |   |   |   |   |   |   |   |   | + |   |   |   |   |   |   |   |   | 5 |
| 22 | 短叶假木贼 | Anabasis brevifolia |   |   |   |   |   |   |   |   |   |   |   | + |   |   |   |   |   |   |   |   | 5 |
| 23 | 戈壁天门冬 | Asparagus gobicus |   |   |   |   | + |   |   |   |   | + | + |   | + | + |   |   |   | + |   |   | 35 |
| 24 | 地锦 | Euphorbia humifusa |   |   |   |   |   |   |   |   |   |   |   |   |   |   |   |   |   |   |   |   | 5 |
| 25 | 银灰旋花 | Convolvulus ammanii |   |   |   |   |   |   |   |   |   |   |   |   |   |   |   |   |   | + | + |   | 25 |
| 26 | 刺叶柄棘豆 | Oxytropis aciphylla |   |   |   |   |   |   |   |   |   |   | + |   |   |   |   |   |   |   | + | + | 45 |

资料来源：伊克乌素荒漠草原定位实验站资料，1959。

注：红砂和珍珠猪毛菜的群落学特征另有记载。

### 表 4-6 小针茅—红砂+珍珠猪毛菜群落特征

（达茂旗查干哈达苏木东查干哈达庙北偏西约 8km，1959 年 7 月 23 日）

| 序号 | 植物名称 | | 植株高度/cm | | 地上生物量/g/m² | | 德氏多度 | 盖度/% | 物候期 | 生活力 |
|---|---|---|---|---|---|---|---|---|---|---|
| | | | 生殖枝 | 营养枝 | 鲜重 | 干重 | | | | |
| 1 | 小针茅 | *Stipa klemenzii* | 21.38 | 11.50 | 12.32 | 7.96 | Cop² | 8 | 果后营养 | 强 |
| 2 | 无芒隐子草 | *Cleistogenes songorica* | | 5.00 | 0.40 | 0.27 | Sp | 1 | 拔节 | 中 |
| 3 | 猪毛蒿 | *Artemisia scoparia* | 24.08 | 16.50 | 20.86 | 8.59 | Cop³ | 4 | 孕蕾 | 强 |
| 4 | 栉叶蒿 | *Neopallasia pectinata* | 17.64 | 11.40 | 3.51 | 1.59 | Cop¹ | 1 | 孕蕾 | 强 |
| 5 | 阿尔泰狗娃花 | *Heteropappus altaicus* | 6.50 | 7.50 | 0.32 | 0.13 | Cop¹ | <1 | 分枝 | 中 |
| 6 | 山蒿 | *Artemisa brachyloba* | 27.00 | 10.00 | 0.84 | 0.23 | Sp | <1 | 分枝 | 中 |
| 7 | 刺沙蓬 | *Salsola pestifer* | | | | | Sp | <1 | 幼苗 | 弱 |
| 8 | 短叶假木贼 | *Anabasis brevifolia* | | 4.50 | 0.92 | 0.40 | Sol | 1 | 孕蕾 | 强 |
| 9 | 长毛荚黄芪 | *Astragalus monophyllus* | 2.50 | | 0.28 | 0.12 | un | <1 | 营养 | 弱 |
| 10 | 刺叶柄棘豆 | *Oxytropis aciphylla* | | 5.15 | 3.05 | 1.52 | Sp | 1 | 果熟 | 中 |
| 11 | 三芒草 | *Aristida adscensionis* | | 3.50 | 0.07 | 0.05 | Cop² | <1 | 营养 | 中 |
| 12 | 寸草薹 | *Carex duriuscula* | 12.80 | 11.70 | 4.33 | 2.54 | Cop¹ | 1 | 果熟 | 中 |
| 13 | 碱韭 | *Allium polyrhizum* | | 5.60 | 1.72 | 0.49 | Cop¹ | | 营养 | 弱 |
| 14 | 戈壁天门冬 | *Asparagus gobicus* | 5.80 | | 0.21 | 0.12 | Sol | <1 | 果熟 | 中 |
| | 合计 | | | | 48.83 | 24.01 | | 20 | | |

资料来源：伊克乌素荒漠草原定位实验站资料，1959。

近年调查发现，在乌兰察布层状高平原北部达茂旗境内的短花针茅草原，不仅分布在百灵庙以南地区，还出现在百灵庙后山以北，而且仍呈东西条状分布，大致与后山以南的短花针茅群落平行排列分布，只是北面的带宽为 20km 左右，不及南面的宽度；再者北部的短花针茅群落向东止于四子王旗境内，其带的长度也比南面短。作者认为，南面的短花针茅群落是荒漠草原向典型草原的过渡类型，而北面的短花针茅群落是荒漠草原带内，由暖、干旱气候向冷、更干旱气候的荒漠草原群落的过渡类型。由此可知，短花针茅草原的过渡性是极为明显的。

（二）种类组成

据中国科学院蒙宁综合考察队在其考察区内考察的结果，组成短花针茅群落的高等植物有 51 种。其中以禾本科植物占优势，菊科、藜科次之，百合科、蔷薇科和十字花科的一些植物也有一定的数量。而构成群落建群种和优势种的植物大多属于针茅属、隐子草属、蒿属和锦鸡儿属。再者，对短花针茅草原的植物成分做水分生态类型分析，旱生植物处于主导地位，为群落总种数的 84.3%，其中草原种占 56.9%，荒漠草原种占 25.5%，荒漠种占 1.9%（表 4-7）。

表 4-7 短花针茅群落生物学类群与生态学类群综合分析表

| 生物学类群 | | | 生态学类群 | | | | | | | 合计 |
| --- | --- | --- | --- | --- | --- | --- | --- | --- | --- | --- |
| | | | 超旱生植物 | | 旱生植物 | | | 中生植物 | | |
| | | | 荒漠旱生 | 草原旱生 | 草原广旱生 | 草原中旱生 | 荒漠草原旱生 | 草甸旱中生 | 草甸中生 | |
| 多年生草类 | 禾草薹草 | 丛生禾草 | | 1 | 2 | | 4 | | | 7 |
| | | 根茎禾草 | | | | 1 | | | | 1 |
| | | 根茎薹草 | | 2 | | | | | | 2 |
| | 杂类草 | 豆科 | | 2 | | 2 | | | | 6 |
| | | 百合科 | | 1 | | | 2 | 2 | | 3 |
| | | 其他 | | 8 | 1 | | 2 | 3 | | 14 |
| 半灌木 | | 菊科 | | 1 | | | 2 | | | 3 |
| | | 豆科 | | 1 | | | | | | 1 |
| | | 其他 | | | | | 1 | | | 1 |
| 灌木 | | 豆科 | 1 | 3 | | | | | | 4 |
| 一、二年生植物 | | 蒿类 | | | | | 1 | 1 | | 2 |
| | | 藜类 | | 1 | | | 1 | 1 | | 3 |
| | | 其他 | | | | 1 | | | 3 | 4 |
| 低等植物 | | 地衣 | | | | | | | | (2) |
| | | 藻类 | | | | | | | | (2) |
| 总计 | | | 1 | 20 | 3 | 6 | 13 | 4 | 4 | 51 (4) |

资料来源：中国科学院内蒙古宁夏综合考察队，1985。

短花针茅群系的植物种类成分如下。

建群种短花针茅在形成群落外貌和结构特征，以及建造群落环境中，均起着主导作用。亚建群（或优势）种主要有糙隐子草（*Cleistogenes squarrosa*）、无芒隐子草（*Cleistogenes songorica*）、克氏针茅（*Stipa krylovii*）和小针茅（*Stipa klemenzii*）等。优势种有冷蒿（*Artemisia frigida*）、牛枝子（*Lespedeza davurica* var. *potaninii*）、中间锦鸡儿（*Caragana intermedia*）、狭叶锦鸡儿（*Caragana stenophylla*）、矮锦鸡儿（*Caragana pygmaea*）和小叶锦鸡儿（*Caragana microphylla*）等。伴生种大多属多年生旱生杂类草和一、二年生植物，如阿尔泰狗娃花（*Heteropappus altaicus*）、北芸香（*Haplophyllum dauricum*）、冬青叶兔唇花（*Lagochilus ilicifolius*）、银灰旋花（*Convolvulus ammannii*）、糙叶黄芪（*Astragalus scaberrimus*）、达乌里芯芭（*Cymbaria dahurica*）、细叶韭（*Allium tenuissimum*）、细叶鸢尾（*Iris tenuifolia*）以及栉叶蒿

(*Neopallasia pectinata*)、猪毛蒿（*Artemisia scoparia*）、猪毛菜（*Salsola collina*）和小画眉草（*Eragrostis minor*）等。偶见种通常只在更加干旱的条件下才出现，如荒漠种刺叶柄棘豆（*Oxytropis aciphylla*）和葡根骆驼蓬（*Peganum nigellastrum*）等。

组成短花针茅群系的层片如下。

多年生丛生禾草层片是群落起建群作用的层片，主要由荒漠草原旱生和干草原真旱生、广旱生的一些丛生禾草组成。其中，有短花针茅、小针茅、克氏针茅、糙隐子草、无芒隐子草和冰草（*Agropyron cristatum*）等。多年生根茎禾草和根茎薹草层片在偏中生化土壤水分条件较好的群落中出现，主要有羊草（*Leymus chinensis*），而在局部土壤轻度盐化的群落中寸草薹（*Carex duriuscula*）的作用较明显。多年生杂类草层片种类较多，均为干草原旱生、广旱生和荒漠草原旱中生植物，主要有阿尔泰狗娃花、柔毛蒿（*Artemisia pubescens*）、北芸香、达乌里芯芭、碱韭（*Allium polyrhizum*）、戈壁天门冬（*Asparagus gobicus*）和细叶鸢尾（*Iris tenuifolia*）等。发达的小半灌木层片是包括短花针茅群系在内的荒漠草原的一个特点，主要有冷蒿、木地肤（*Kochia prostrata*）和牛枝子等。灌木和小灌木层片主要由旱生灌木锦鸡儿属的几个种和旱生具刺小灌木刺叶柄棘豆组成。在沙性和石沙性增强的地段上，它们还可成为群落的优势层片，形成以旱生灌木或小灌木为背景的灌丛化草原。具有明显作用的一、二年生植物层片的出现，也是荒漠草原的一个特点。但该层片随年降水量多少和季节分配不同，而变动较大，因此该层片很不稳定。常见的有栉叶蒿、猪毛菜、虫实和猪毛蒿等。地衣、藻类层片有明显的发育，常见有壳状地衣和地皮菜、发菜等。

（三）主要群落类型及其生态演替规律

1. 分布在内蒙古高原的短花针茅群系，常有 4 个群落

1）短花针茅＋糙隐子草＋无芒隐子草＋冷蒿群落

短花针茅＋糙隐子草＋无芒隐子草＋冷蒿群落（Ass. *Stipa breviflore*＋*Cleistogenes squarrosa*＋*C. songorica*＋*Artemisia frigida*）占据着短花针茅草原分布区域的中心部位，是具有代表性的一个主要群落类型。大多分布在四子王旗和达茂旗南部波状丘陵地区（原内蒙古农牧学院哈雅教学牧场——荒漠草原生态系统定位试验研究站，就属这个类型）。

群落的建群种是短花针茅，亚建群种是糙隐子草和无芒隐子草，优势种是旱生半灌木层片的冷蒿。其他常见的植物有沙生冰草、木地肤等。多年生杂类草的数量较多，有阿尔泰狗娃花、北芸香、达乌里芯芭、银灰旋花、冬青叶兔唇花、二裂委陵菜（*Potentilla bifurca*）、细叶韭（*Allium tenuissimum*）、戈壁天门冬和细叶鸢尾等。一年生植物层片较发达，尤其在雨水偏多的年份，作用更加明

显，有猪毛蒿、猪毛菜和虫实等。

群落较稀疏，总盖度一般为18%～25%。草群低矮，可明显分为两个亚层，短花针茅和沙生冰草的生殖枝较高，可达20～35cm；草群主要叶层和优势种冷蒿及一些低矮杂类草植物，其高度为5～7cm。

在本群落分布的地段，由微地形所引起土壤基质和水分状况的差异，出现岛状的冷蒿片段镶嵌在群落中。有时还因放牧强度过重，常有各种类型的冷蒿群落相间出现，而形成黄绿色的短花针茅群落与灰绿色的冷蒿群落相间存在的群落复合体。

2）中间锦鸡儿—短花针茅＋无芒隐子草＋冷蒿群落

中间锦鸡儿—短花针茅＋无芒隐子草＋冷蒿群落（Ass. *Caragana intermedia-Stipa breviflora* ＋ *Cleistogenes songorica* ＋*Artemisia frigida*）分布在土壤基质更加粗糙且多石砾的丘陵坡地上。由于耐旱的锦鸡儿灌木良好发育，在群落中形成上层优势植物，而构成景观明显的灌丛化草原。这个群落常与短花针茅＋糙隐子草＋无芒隐子草＋冷蒿群落相间分布，且在短花针茅群系分布区内普遍存在。

常见的有小叶锦鸡儿、狭叶锦鸡儿和矮锦鸡儿，尤以后两种常混生在群落中。它们的株丛矮小，一般高度25～30cm，冠幅20cm×30cm（或30cm×40cm），居于群落上层。由于风积作用，在锦鸡儿灌丛下有细沙土、半腐解凋落物的堆积，而形成相对高度10～20cm的小丘，在雨季以后，小丘及其周围生长着密集的一年生植物。在群落中还有少量的其他禾草，如克氏针茅、羊草和小针茅。

过度放牧使短花针茅生草丛遭受破坏，锦鸡儿灌丛也有变低、变小的趋势。主要是因为表土破坏后，钙积层覆土浅薄甚至裸露，具强分枝能力、耐践踏、喜碳酸盐的冷蒿充分发育而占绝对优势，形成冷蒿群落占据着该大部分地段的退化发展趋势。

3）短花针茅＋克氏针茅＋糙隐子草＋冷蒿群落

短花针茅＋克氏针茅＋糙隐子草＋冷蒿群落（Ass. *Stipa breviflora* ＋ *S. krylovii*＋*Cleistogenes squarrosa* ＋ *Artemisia frigida*）主要分布在短花针茅荒漠草原与克氏针茅典型草原之间的过渡地带，处于短花针茅草原分布范围的东界和南界边缘，故其群落基本特征具有荒漠草原向典型草原过渡的特点。因此，群落在种类组成上的亚建群种是由草原典型旱生的克氏针茅和草原广旱生的糙隐子草所代替，而荒漠草原旱生种无芒隐子草则降为次要地位。除此之外，群落中出现了羊草，与此同时，还缺少地衣植物层片。上述这些植物种类成分和层片结构的变化，是该群落的最大特点，说明群落向典型旱生的干草原方向演变。

本群落的高度和覆盖度，在短花针茅草原中均偏高，而超过其他群落；在垂直结构上，其层次分异也较明显。

4）短花针茅＋小针茅＋无芒隐子草＋冷蒿群落

短花针茅＋小针茅＋无芒隐子草＋冷蒿群落（Ass. *Stipa breviflora* ＋ *S. klemenzii* ＋ *Cleistogenes songorica* ＋ *Artemisia frigida*）是短花针茅草原中旱生性最强的一种类型。大多集中分布在短花针茅草原分布区的北部边缘，处于短花针茅草原与小针茅草原的过渡地带。因此，本群落具有向干旱性更强的小针茅荒漠草原演变的特点，分布于百灵庙后山以北的短花针茅草原就属于本群落。由于该群落处在更干旱的生境，故较多的小针茅渗入并成为群落的亚建群种，同时旱生性更强的无芒隐子草几乎完全取代了同属植物糙隐子草在本群系中的作用。

群落的种类组成在短花针茅草原中最贫乏，种的饱和度一般为 6～8 种/m$^2$。旱生杂类草种数减少，且多为旱生荒漠草原种，一年生植物层片发达，地衣层片发育良好。群落垂直结构更加单调，无论高度还是覆盖度，在短花针茅草原中均是最低的。

2. 生态演替规律

短花针茅＋糙隐子草＋无芒隐子草＋冷蒿群落，分布在短花针茅草原分布区的适中生境，是短花针茅草原的代表群落。随着生境水分状况的改善，向旱生性较弱方向则为短花针茅＋克氏针茅＋糙隐子草＋冷蒿群落，它是短花针茅荒漠草原向典型旱生的克氏针茅典型草原过渡的群落。如果生境条件更加干旱，则出现旱生性更强的短花针茅＋小针茅＋无芒隐子草＋冷蒿群落，它是短花针茅草原向更干旱的小针茅草原过渡的类型。若短花针茅草原的基质覆沙和砾石性加强，则分布含锦鸡儿灌丛的短花针茅灌丛化草原。

短花针茅草原的各类群落，还可向相邻的群系发展。例如，向湿润度增高的方向演化，在中温条件下为克氏针茅草原；而在暖温条件下，则为长芒草草原。若向更干旱的方向发展，则可演变为本地带范围内的小针茅草原（图 4-1）。

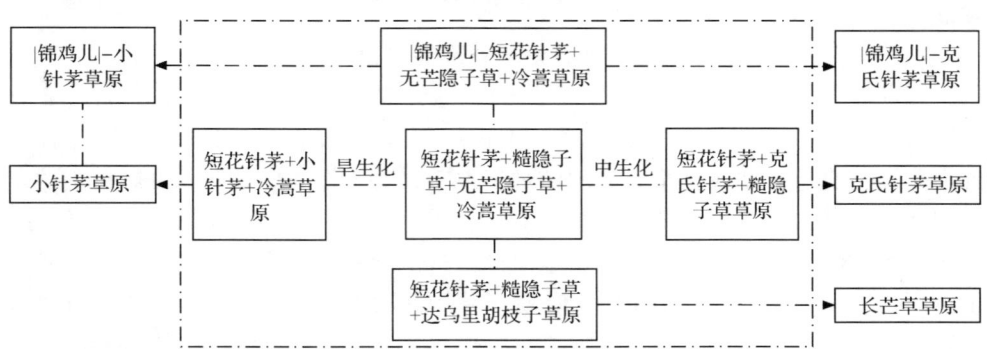

图 4-1 短花针茅草原的群落生态系列图式
（中国科学院内蒙古宁夏综合考察队，1985）

广泛分布在内蒙古高原荒漠草原亚带偏南地区的短花针茅草原，随着波状高平原小地形的变化，而有规律地形成相对稳定的生态序列。首先，在地势平坦的地段上分布着短花针茅+无芒隐子草+冷蒿群落，该群落在生态序列剖面线上的长度（295m）占剖面线全长的29.6%；在平缓坡度的地段上分布着小叶锦鸡儿—短花针茅+冷蒿群落，它在剖面线上的长度为560m，占全长的56.3%；而在缓坡顶部的平坦地段，由于地表砾石性的影响，分布着适应干燥而石砾质土壤，出现更加耐旱的近似垫状植被的百里香+白花点地梅+地蔷薇群落，其在剖面线上的长度为140m，占14.1%。由此可知，短花针茅草原在群落类型上主要是灌丛化的短花针茅群落，其次是非灌丛化的群落；而百里香群落主要出现在石砾性的坡顶上，其分布面积很小（图4-2）。

（四）短花针茅荒漠草原几个主要特点

（1）短花针茅草原属偏暖型的荒漠草原群系。在内蒙古高原上呈狭条状东西横贯于荒漠草原亚带的东南边缘，是典型草原带向西北荒漠草原过渡而首先出现的荒漠草原类型。

（2）短花针茅荒漠草原具有明显的过渡性（李德新，1990）。尽管群落的种类成分较少，但植被地带成分仍较复杂，而显示出短花针茅草原在地域上的过渡性。群落中有荒漠草原成分，如短花针茅、小针茅、无芒隐子草、砂珍棘豆、冬青叶兔唇花、碱韭、戈壁天门冬和木地肤等。有典型草原成分，如糙隐子草、克氏针茅、冰草、羊草、冷蒿和糙叶黄芪等。甚至还有荒漠成分，如刺叶柄棘豆。但是，各成分在群落中数量和作用是不相同的。除荒漠草原成分短花针茅在全部群落中占有建群地位外，在向荒漠草原亚带更旱生的小针茅草原过渡的短花针茅草原群落中，其荒漠草原成分的植物种类显著增多，小针茅和无芒隐子草成为群落的亚建群种。在向典型草原带湿润度稍高的克氏针茅草原过渡的短花针茅群落中，典型草原植物相对增多。有时克氏针茅同样也能成为群落的亚建群种。

（3）短花针茅草原群落层片结构较复杂。组成短花针茅群落的植物种类虽较少，但群落的层片结构比较复杂。可以认为层片的多样性与该群落地理分布上的过渡性有密切关系。群落中除由多种多年生丛生禾草组成的建群层片外，还有多年生根茎禾草根茎薹草层片、多年生杂类草层片、小半灌木层片、小灌木层片、一、二年生植物层片和地衣藻类植物层片等。短花针茅草原所具有的多年生根茎禾草根茎薹草层片，也是小针茅草原所缺少的。若将短花针茅草原与相邻其他草原相比较，短花针茅草原的地衣藻类植物层片比克氏针茅草原更具优势，这是短花针茅草原在层片结构上较为突出的一个特点。

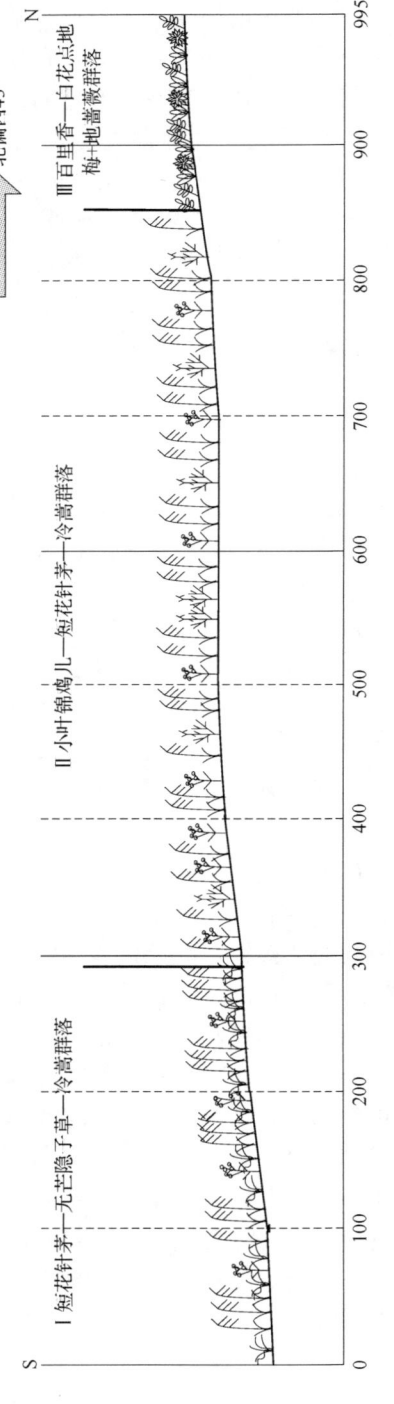

图 4-2 短花针茅荒漠草原群落生态序列剖面线图

(4) 短花针茅草原生育期较早且生长发育节奏较快。群落中主要由于建群种短花针茅在 4 月初开始萌发（返青、拔节），5 月下旬抽穗开花，6 月下旬至 7 月上旬颖果成熟、脱落，最后进入较长的果后营养期。如果与相邻其他群落的小针茅和克氏针茅相比较，其抽穗开花期分别要提早半个月至 1 个月。

(5) 短花针茅草原群落地上生物量年度波动性较大。群落地上生物量形成积累的增长模式种类多样，且随年降水量多少与降水季节分配的均匀程度而不同。通常，在正常年份（年降水量中等或稍偏多），群落地上生物量增长为单峰型的"S"曲线，而在干旱年份多为双峰型的"多项式"曲线。

(6) 短花针茅草原是小畜早春、夏秋季放牧场，可实行划（大）区轮牧。在轻度和中度放牧强度下，群落具有较稳定而偏高的初级生产力（张称意和李德新，1994）。

## 三、戈壁针茅荒漠草原

(一) 生态地理分布

戈壁针茅群落同样是以一种小型针茅为建群种的一类荒漠草原，在内蒙古高原荒漠草原亚带区域内，多出现在高平原的丘陵坡地顶部和境内一些山地上。显然，戈壁针茅群落的形成，与石质的粗骨性土壤基质有着紧密的联系。因此，戈壁针茅是亚洲中部山地草原蒙古种。

在内蒙古高原，戈壁针茅除作为建群种形成戈壁针茅群落分布在荒漠草原亚带的偏北地区外，还常出现在旱生小半灌木蒿类，如冷蒿（*Artemisia frigida*）、山蒿（*Artemisia brachyloba*）、女蒿（*Hippolytia trifida*）和菁状亚菊（*Ajania achilloides*）等群落中，这些群落较为适应山地的生态环境。此外，戈壁针茅还常出现在一些禾草群落中，如硬质早熟禾（*Poa sphondylodes*）、菭草（*Koeleria cristata*）、冰草（*Agropyron cristatum*）群落等。在禾草杂类草群落，如蒙古羊茅（*Festuca dahurica* subsp. *mongolica*）、线叶菊（*Filifolium sibiricum*）群落中，戈壁针茅也可成为这些群落的组成成分。

尽管受所处丘陵坡地和山地生态条件的影响，戈壁针茅荒漠草原的群落组成也具有明显的地带性。然而，在如此生态条件下，群落结构表现出十分明显的不均匀性，而且在一般情况下，戈壁针茅群落所占地段面积较小，还多以群落"片段"形式出现，从而在一定程度上降低了戈壁针茅群落在荒漠草原亚带中地带性的地位。

(二) 主要群落类型

1. 戈壁针茅+线叶菊群落

戈壁针茅+线叶菊群落（Ass. *Stipa gobica* + *Filifolium sibiricum*）主要分

布在荒漠草原亚带的东部山地。群落组成和内部结构均比较复杂，分布在大青山山地的戈壁针茅＋线叶菊群落，在群落中记载的种子植物有 23 种，平均 10 种/m² 左右。群落中常见植物大多是山地草原成分，少数是高平原侵入的典型草原植物，多年生丛生禾草的群落组成作用较大，其中以戈壁针茅占优势，伴生植物有大针茅（Stipa grandis）、多叶隐子草（Cleistogenes polyphylla）和糙隐子草（C. squarrosa）。多年生轴根型杂类草种类较多，约 12 种，其中线叶菊（Filifolium sibiricum）与戈壁针茅同为群落的共建种，其他是漏芦（Stemmacantha uniflora）、鳍蓟（Olgaea leucophylla）、苍术（Atractylodes lancea）、小红菊（Dendranthema chanetii）、多裂委陵菜（Potentilla multifida）、黄芩（Scutellaria baicalensis）、尖叶丝石竹（Gypsophila licentiana）、远志（Polygala tenuifolia）、北芸香（Haplophyllum dauricum）和防风（Saposhnikovia divaricata）等。旱生小半灌木有白莲蒿（Artemisia sacrorum）和柔毛蒿（A. pubescens）等。它们都是优势度较高的常见植物。

群落较低矮，一般草群高 15～25（30）cm，盖度 15％～20％，其中戈壁针茅占群落总盖度的 15％，线叶菊占 3％。群落产草量不高，夏季每公顷 975kg 左右（鲜重），其中多年生禾草占草群总产量的 80％，群落产草量的季节和年度变化均较大。

在山地生境的变化与影响下，分布在山地植物群落的生态序列中，戈壁针茅＋线叶菊群落分布在山脊（海拔 1470m）和阳坡上部，其他的白莲蒿群落和长芒草＋百里香群落分布在阳坡下部，而在阳坡和半阴坡普遍发育着虎榛子灌丛。由此可见，戈壁针茅＋线叶菊群落是荒漠草原亚带山地（包括丘陵顶部）植被的一个组成部分。

2. 戈壁针茅＋山蒿群落

戈壁针茅＋山蒿群落（Ass. Stipa gobica＋Artemisia brachyloba）只分布在阴山北麓石质丘陵阴坡上部。在这个地段上，主要由于地表剥蚀作用的增强和气候干燥度的升高，在丘陵顶部砾石性很强，加之地表干燥，植物生存条件更为严酷，从而形成强旱生的戈壁针茅和旱生半灌木蒿类植物相结合的群落。

据在荒漠草原亚带西部（百灵庙附近）石质丘陵的调查，群落中记载种子植物 15 种，10 种/m² 左右，群落种类组成中多为荒漠草原成分，而那些典型山地草原成分已完全消失。在旱生丛生禾草层片中，还有小针茅（Stipa klemenzii）和无芒隐子草（Cleistogenes songorica）；旱生小半灌木层片中局部有蒙古莸（Caryopteris mongolica）；旱生杂类草常见的有芯芭（Cymbaria dahurica）、北芸香（Haplophyllum dauricum）、阿尔泰狗娃花（Heteropappus altaicus）、星毛委陵菜（Potentilla acaulis）和大苞鸢尾（Iris bungei）等。

该群落的草群高度平均 10cm 左右，总盖度 15％，产草量约 975kg/hm²，其中禾草占 80%～85%，小半灌木蒿类占 15%～20%，杂类草较少。

戈壁针茅+山蒿群落通常与坡麓中下部的短花针茅草原形成一个群落组合，它是荒漠草原亚带南部低山丘陵区植被的一个组成部分。

3. 戈壁针茅+冷蒿群落

戈壁针茅+冷蒿群落（Ass. *Stipa gobica* + *Artemisia frigida*）主要分布在小地形部位比较平缓的丘陵坡地，地表砾石性略低而土层稍厚的地段上。据在荒漠草原西部（白云鄂博以北）石质丘陵地区的调查，旱生丛生禾草层片中除建群种戈壁针茅外，还有糙隐子草（*Cleistogenes squarrosa*）和冰草（*Agropyron cristatum*）；小半灌木层片中还有少量的女蒿；旱生杂类草成分有白花点地梅（*Androsace incana*）、达乌里龙胆（*Gentiana dahurica*）、北芸香、驴欺口（*Echinops latifolius*）、燥原荠（*Ptilotrichum canescens*）、细叶鸢尾（*Iris tenuifolia*）和矮葱（*Allium anisopodium*）等。

草群平均高度 10cm，在 2m$^2$ 上有种子植物 11 种。群落总盖度 15%，其中禾草占 8%，小半灌木占 5%，杂类草占 4%。此外，地衣植物比较发达，常见有叶状地衣（*Parmelia vagans*）和另一种褐色壳状地衣。

4. 戈壁针茅+女蒿群落

戈壁针茅+女蒿群落（Ass. *Stipa gobica* + *Hippolytia trifida*）主要占据着山地砾石性更强的突起小地形部位，致使抗侵蚀耐干旱能力更强的女蒿替代了冷蒿而成为戈壁针茅群落的共建种。所以，戈壁针茅+女蒿群落与戈壁针茅+冷蒿群落经常出现在同一生态系列上。

群落的伴生成分相应地也发生更替，除小点地梅（*Androsace gmelini*）和燥原荠等石生植物为上述两个群落的共有成分外，在群落中还有戈壁针茅+冷蒿群落所没有的石竹科的灯心草蚤缀（*Arenaria juncea*）、兴安石竹（*Dianthus chinesis*）和北丝石竹（*Gypsophila davurica*）。此外，还有莲座状植物瓦松（*Orostachys fimbriatus*），以及黑色壳状地衣等。因此，草群更加低矮、稀疏，平均高度 5cm 左右，总盖度 7%～8%。就上述这些群落特征而言，戈壁针茅+女蒿群落是戈壁针茅草原中旱生性更强的一个砾石生变体。

5. 戈壁针茅+蓍状亚菊群落

戈壁针茅+蓍状亚菊群落（Ass. *Stipa gobica* + *Ajania achilloides*）分布在荒漠草原亚带西部的山地上，在狼山西南段海拔 1600m 的西北麓石质山坡地段可见戈壁针茅+蓍状亚菊群落。该群落可被视为戈壁针茅+女蒿群落的西部山地变型。

群落中记载有 18 种种子植物，每平方米平均 8～9 种。群落中伴生种有沙芦草（*Agropyron monolicum*）和无芒隐子草，刺叶柄棘豆（*Oxytropis aciphylla*）是群落的重要优势成分。杂类草成分中数量较多的有白花黄芪（*Astragalus* galactites）和车前（Plantago asiatica）。其他一些种也较稳定出现，但个体数量很少，有单叶黄芪（Astragalus efoliolatus）、阿尔泰狗娃花、砂蓝刺头（Echinops gmelinii）、沙茴香（Ferula bungeana）、戈壁天门冬（Asparagus gobicus）、细枝补血草（Limonium tenellum）、细叶鸢尾和砂韭（Allium bidentatum）等。常见的一、二年生成分有栉叶蒿、猪毛蒿和猪毛菜等。群落平均高度在10cm左右，总盖度10%～12%。

由于戈壁针茅+蓍状亚菊群落分布在荒漠草原亚带最西端，故常与草原化荒漠植被的某些群落同处在一个生态序列当中，这就充分反映了这类群落是戈壁针茅草原中旱生化程度最高的一个群落类型。

## 四、沙生针茅荒漠草原

沙生针茅荒漠草原也是内蒙古高原荒漠草原亚带西部分布的又一个常见的小型丛生禾草草原。该群落分布区域的北界和东界与小针茅草原大体一致，但其西界和南界则较小针茅草原更加广泛。

沙生针茅草原主要分布在内蒙古高原西部（东阿拉善—西鄂尔多斯高原也有分布）的沙粒质棕钙土地带，海拔1100～1300m是沙生针茅荒漠草原分布的主体。此外，在荒漠地带沿着干燥山坡，沙生针茅群落可上升到海拔3700～3900m的高山上，形成山地草原的一个组成部分。因此，沙生针茅草原在狼山、贺兰山、龙首山和马鬃山等山地植被垂直带谱中占有一定的位置，成为山地草地资源的基本类型之一。沙生针茅草原的地理分布范围，正处在亚洲中部草原亚区的荒漠草原亚带和荒漠区的山地。因此，沙生针茅草原是亚洲中部一系列针茅草原群系中具有明显的荒漠化特征的一个丛生禾草草原群落。

沙生针茅对于更干旱气候具有更强的耐旱性，通常能在干燥的沙质、砂砾质棕钙土上形成高平原较大面积的荒漠草原群落，还常以共建种或亚优势种出现在其他群落中。沙生针茅群落的植物种类组成以旱生丛生禾草层片为主，其中除沙生针茅建群外，稳定的亚优势成分有小针茅和无芒隐子草。小半灌木层片比较发达，常见的有女蒿、蓍状亚菊、冷蒿（Artemisia frigida）和内蒙古旱蒿（A. xerophytica）等。杂类草的种类及数量不太多，常见的有北芸香（Haplophyllum dauricum）、戈壁天门冬（Asparagus gobicus）、鸦葱（Scorzonera austriaca）、冬青叶兔唇花（Lagochilus ilicifolius）、薄叶燥原荠（Ptilotrichum tenuifolium）、白花黄芪（Astragalus galactites）和大苞鸢尾（Iris bungei）等。一、二年生植物只有不多的猪毛蒿（Artemisia scoparia）。群落具有不同程度的灌丛化特点，旱生灌木层片中主要是锦鸡儿属的几个旱生种，有中间锦鸡儿（Caragana intermedia）、矮锦鸡儿和狭叶锦鸡儿。

沙生针茅群落垂直结构的层次十分明显，上层的灌木层高度40～60cm，盖度 10%～15%；下面的草本层高度一般为 15～30cm，盖度 10%左右。草群产量 150～300kg/hm², 其中小半灌木占 12%～15%，灌木占 15%～18%。

沙生针茅草原以灌丛化沙生针茅群落为主，另外还有一些具有发达的旱生小半灌木层片的沙生针茅群落。常见的有沙生针茅+冷蒿群落、沙生针茅+内蒙古旱蒿群落、沙生针茅+女蒿群落、沙生针茅+蓍状亚菊、沙生针茅+刺叶柄棘豆群落和沙生针茅+紫苑木群落等。并常与亚菊类和蒿类群落交替出现，而形成禾草-蒿类群落复合体。再者，含刺叶柄棘豆的沙生针茅群落常分布在固定沙地上或已退化的沙质草地上。

沙生针茅+中亚紫菀木（Asterothamnus centraliasiaticus）群落是一个罕见的植物组合。该群落主要分布在荒漠草原亚带西部的干涸河床两侧的阶地上，多呈狭长带状分布，并常与河床底部的芨芨草（Achnatherum splendens）盐化草甸群落或风积沙堆上的黑沙蒿（Artemisia ordosica）群落结合，主要由于小环境的水分条件较好，故种类成分比较丰富。其余植物糙隐子草和沙生冰草（Agropyron desertorum）较为常见，小灌木和半灌木的蒙古莸（Caryopteris mongholica）、冷蒿和亚洲百里香（Thymus serpyllum var. asiaticus）也有生长，还有驼绒藜（Ceratoides latens）和亚菊植物等。此外还有砂珍棘豆（Oxytropis gracilima）、异叶棘豆（Oxytropis diversifolia）、草木樨状黄芪（Astragalus melilotoides）等。一年生植物有小画眉草（Eragrostis minor）、三芒草（Aristida adscensionis）、冠芒草（Enneapogon borealis）及冰藜等。

## 五、芨芨草盐化草甸

广泛分布在内蒙古高原中西部荒漠草原亚带境内的隐域性植被——芨芨草盐化草甸群落（Form. Achnatherum splendens），是荒漠草原植被的又一植被组成特点，显示出荒漠草原亚带的一种特殊自然景观。

内蒙古高原荒漠草原亚带处于半干旱与干旱气候的过渡地带，地表蒸发十分强烈，致使一些零散分布的低湿地段不仅土壤湿度偏大，且存在不同程度的土壤盐渍化现象。这样的局部生境为各类盐化草甸的形成提供了有利条件，而在荒漠草原亚带境内，主要是由高大丛生禾草——芨芨草建群的盐化草甸。该群落所占空间面积虽不大，但它在荒漠草原亚带有着比较广泛而零星的分布。因此，它不失为荒漠草原植被组成中的特点之一。

芨芨草盐化草甸是欧亚大陆温带干旱区、半干旱区所特有的草甸群落，在内蒙古高原主要分布在荒漠区及草原区，尤其在两者的过渡地带——荒漠草原亚带有着十分广泛的分布，其是芨芨草盐化草甸的主要分布区。其主要生境是湖盆洼地、洪积扇外缘低地、丘间洼地，以及干河谷和河漫滩等水分条件较好的局部地段上。其地下水埋深一般为 1～4（5）m，土壤水的矿化度不太高。土壤为轻度盐化草甸土或草甸盐土，地表常有浅层覆沙，土层深厚，质地为中壤或沙壤，表土一般较湿润。

芨芨草是一种高大的密丛型旱中生禾草，株丛紧密，冠幅直径一般为（50）80～120cm，生殖枝可高达100～150cm。须根系十分发达，深度多超过3m，可伸入地下水，故可使表层土壤水分含盐量相应地降低。因此，芨芨草可被视为地下水的指示植物。芨芨草通常在每年5月初到5月中下旬休眠芽开始活动，继而枝叶生长，7月抽穗开花，8月结实成熟。其生殖枝干枯后可宿存到第二年，甚至多年。但是，经过多年积存在株丛内的枯枝，会妨碍幼嫩休眠芽的萌动与生长，以致影响到整个株丛的生长发育和株丛的增大，老龄株丛多形成"空心"，残存的枯枝不仅降低株丛的地上生物量，同时还妨碍家畜的采食。因此，如能在芨芨草株丛返青之前（休眠芽尚未萌动），采用"火烧"（有控制的）的措施，可以使芨芨草株丛得到更新，改善其生长发育状况并提高芨芨草的初级生产力和营养价值，有利于家畜的放牧利用。由于芨芨草株丛叶量较大，且在冬季保存率较高，所以牧民把"芨芨草滩"叫做家畜在冬春季节的"救命草场"。

芨芨草盐化草甸群落的种类组成比较复杂多样。其中，芨芨草为建群种，丛生型耐盐中生禾草层片占优势。此外，还有短芒大麦草（*Hordeum brevisubulatum*）、星星草（*Puccinellia tenuiflora*）等为优势种或常见种。还有很常见具优势作用的根茎禾草赖草（*Leymus secalinus*）和芦苇（*Phragmites australis*）等。杂类草有西伯利亚蓼（*Polygonum sibiricum*）、鹅绒委陵菜（*Potentilla anserina*）和寸草薹（*Carex duriuscula*）等。一年生植物蒿类、藜科植物和小禾草均较多出现。小半灌木有冷蒿，盐化程度较重时还有细枝盐爪爪（*Kalidium gracile*）。小灌木有常见的小果白刺（*Nitraria sibirica*），有时红砂（*Reaumuria soongorica*）也可成为小灌木层片的伴生成分。

芨芨草的生态幅度较宽，它们适应的生境类型比较多样，其群落的层片结构也很复杂，因此芨芨草盐化草甸的群落类型较为丰富。在内蒙古高原荒漠草原亚带境内常见的群落类型主要有：①芨芨草—赖草群落，一般分布在闭合洼地和湖盆外围的轻度盐化草甸土上；②芨芨草—杂类草群落，境内各处多有出现；③芨芨草—寸草薹群落，通常分布丘间谷地、沙丘间滩地与河谷阶地上；④芨芨草—蒙古韭群落，一般分布在干河谷或表土覆沙地上；⑤芨芨草—细枝盐爪爪群落，多出现在盐渍化较强的盐化低地上；⑥芨芨草—小果白刺群落，多出现在盐渍化低地上，小果白刺多形成小丘状的风积沙堆；⑦芨芨草——年生草类群落，这里多为人类活动影响较强的低洼地。

由此可见，芨芨草盐化草甸在内蒙古高原荒漠草原亚带的群落类型还是比较多样化的。下面重点分析研究在内蒙古高原荒漠草原亚带分布广泛的芨芨草＋寸草薹群落，以认识芨芨草盐化草甸的一般性群落学特征。

芨芨草+寸草薹群落（Ass. *Achnatherum splendens*+*Carex duriuscula*）是常见的芨芨草盐化草甸群落，多出现在丘间谷地、沙丘间滩地和河谷阶地上。土壤是轻度盐渍化淡栗钙土或棕钙土，pH 8.0 左右，表土易溶性盐类聚积较多。本群落在其分布范围内多呈小面积状态，与大面积分布的荒漠草原地带性群落镶嵌而重复出现，若在春季和初夏是黄色草原上的"点点绿"。因为呈地毯状生长的寸草薹返青期最早。当然这一草原景观特点是与该群落分布的小地形（甚至是微地形）低湿地生境在大范围的重复出现有关，其直接生态因子主要取决于土壤的水分状况和盐渍化程度。芨芨草+寸草薹群落的种类成分比较丰富，而群落结构又比较简单（表 4-8）。

表 4-8　芨芨草+寸草薹群落植物记名样方（1959 年 7 月 24 日）

| 编号 | 植物种名 | | 1m² 小区数目 | | | | | | | | | | 频度 /% |
|---|---|---|---|---|---|---|---|---|---|---|---|---|---|
| | | | 1 | 2 | 3 | 4 | 5 | 6 | 7 | 8 | 9 | 10 | |
| 1 | 寸草薹 | *Carex duriuscula* | + | + | + | + | + | | + | | + | + | 80 |
| 2 | 小针茅 | *Stipa klemenzii* | + | | | | + | + | | | | | 30 |
| 3 | 猪毛蒿 | *Artemisia scoparia* | + | + | + | + | + | + | | | | | 60 |
| 4 | 栉叶蒿 | *Neopallasia pectinata* | + | + | + | + | + | + | | | | | 60 |
| 5 | 糙隐子草 | *Cleistogenes squarrosa* | + | + | + | + | + | | | | | | 50 |
| 6 | 阿尔泰狗娃花 | *Heteropappus altaicus* | + | + | | + | + | + | | | | | 50 |
| 7 | 拐轴鸦葱 | *Scorzonera divaricata* | + | | | + | | | | | | | 20 |
| 8 | 碱韭 | *Allium polyrhizum* | + | + | | | + | | | | | | 30 |
| 9 | 刺沙蓬 | *Salsola pestifer* | + | + | | | | + | | | | | 30 |
| 10 | 三芒草 | *Aristida adscensionis* | | | | | + | | | | | | 10 |
| 11 | 甘草 | *Glycyrrhiza uralensis* | | | + | | | | | | | | 10 |
| 12 | 葡根骆驼蓬 | *Peganum nigellastrum* | | | + | | | | | | | | 10 |
| 13 | 银灰旋花 | *Convolvulus ammannii* | | | | + | | + | | | | | 20 |
| 14 | 蒙古韭 | *Allium mongolicum* | | | | | + | + | | | | | 20 |
| 15 | 少花米口袋 | *Gueldenstaedtia verna* | | | | | | + | + | | | | 20 |

资料来源：伊克乌素荒漠草原定位实验站资料，1959。

注：该记名样方，只登记群落中的下层植物。

从表 4-8 可知，芨芨草+寸草薹群落的种类组成比较丰富，低矮草本植物的种数在 1m² 内可达 15 种。其中以杂类草和一年生植物的数量偏多；旱生性的小针茅和糙隐子草的存在，无疑也给分布在荒漠草原亚带的隐域性植被打上了荒漠草原的烙印。

经实地调查，在芨芨草+寸草薹盐化草甸群落较大面积上，共登记 58 种植物。其中，以荒漠草原成分居多，主要有小针茅、无芒隐子草、碱韭（Allium polyrhizum）、银灰旋花（Convolvulus ammannii）、戈壁天门冬（Asparagus gobicus）、北芸香（Haplophyllum dauricum）和刺叶柄棘豆（Oxytropis aciphylla）等。还有典型草原成分，如克氏针茅（Stipa krylovii）、糙隐子草（Cleistogenes squarrosa）和草木樨状黄芪（Astragalus melilotoides）等。荒漠成分有红砂（Reaumuria soongorica）和珍珠猪毛菜（Salsola passerina）。其他一年生植物种类较多。而盐化草甸群落的本土植物，除高大的芨芨草建群外，还有黄花补血草（Limonium aureum）和西伯利亚滨藜（Atriplex sibirica）等（表 4-9）。

表 4-9　芨芨草+寸草薹群落主要群落学特征（1959 年 7 月 24 日）

| 序号 | 植物种名 | | 高度/cm | | 质量/（g/m²） | | 德氏多度 | 覆盖度/% | 物候期 | 生活力 |
|---|---|---|---|---|---|---|---|---|---|---|
| | | | 生殖枝 | 营养枝 | 鲜重 | 干重 | | | | |
| 1 | 芨芨草 | Achnatherum splendens | 120 | 80~90 | | | Cop³ | | 果熟 | 强 |
| 2 | 寸草薹 | Carex duriuscula | 14.26 | 11.6 | 33.17 | 18.47 | Cop³ | 5 | 果熟 | 强 |
| 3 | 猪毛蒿 | Artemisia scoparia | 22 | 6.67 | 136.7 | 59.6 | Cop³ | 12 | 孕蕾 | 强 |
| 4 | 栉叶蒿 | Neopallasia pectinata | 20.7 | 3 | 6.62 | 3.0 | Cop¹ | 2 | 孕蕾 | 强 |
| 5 | 糙隐子草 | Cleistogenes squarrosa | | 2.7 | 1.22 | 0.8 | Sp | 1 | 拔节 | 中 |
| 6 | 小针茅 | Stipa klemenzii | 20.5 | 11.67 | 1.12 | 0.9 | Sp | 1 | 果后营养期 | 中 |
| 7 | 阿尔泰狗娃花 | Heteropappus altaicus | 10 | 5.2 | 0.42 | 0.17 | Sp | <1 | 分枝 | 中 |
| 8 | 刺沙蓬 | Salsola pestifer | | | | | Cop¹ | <1 | 幼苗 | 弱 |
| 9 | 碱韭 | Allium polyrhizum | | 8 | 0.35 | 0.1 | Sol | <1 | 分枝 | 弱 |
| 10 | 甘草 | Glycyrrhiza uralensis | | 24 | 9.83 | 4.17 | Sp | 1 | 营养生长 | 中 |

资料来源：伊克乌素荒漠草原定位实验站资料，1959。

由表 4-9 可知，芨芨草+寸草薹群落的种类成分较丰富，而群落结构比较简单。整个群落的层次只有两层，上层为单种高大的建群种芨芨草，在生长发育盛期营养枝高 80~90cm，而生殖枝可达 120cm，其余的草本植物高度均为 20cm 左右。群落的地上生物量，除芨芨草居高之外，一年生植物在全部草本植物中较高，其次是群落的下层优势种寸草薹，由于寸草薹春季萌动返青较早，且秋季干枯又较晚，加之植株干枯后保存率较高，故可称之为该群落放牧利用的优质牧草。当然，放牧利用率最高的仍然是群落的建群植物芨芨草。

## 六、荒漠草原隐域性分布的其他植物群落

内蒙古高原荒漠草原亚带区域内，在西北部层状高平原缓坡的地表强烈剥蚀

地段上，大多分布有几种旱生小半灌木建群的植物群落。常见的有女蒿群落（Ass. *Hippolytia trifida*）和蓍状亚菊群落（Ass. *Ajania achilloides*）。冷蒿群落（Ass. *Artemisia frigida*）出现较少，仅在亚带的东南部邻近典型草原亚带的地区分布。在一些微碱化棕钙土上，分布有碱韭建群的群落（Ass. *Allium polyrhizum*）。在地表覆沙的棕钙土上，有少量的藏锦鸡儿群落（Ass. *Caragana tibetica*）出现，还有局部小面积的由刺叶柄棘豆（*Oxytropis aciphylla*）形成的植丛。

在各种盐湿低地上，发育着一些盐化草甸群落。其中，分布较为广泛的是芨芨草盐化草甸。其次，有薹草＋杂类草盐化草甸和赖草盐化草甸（Ass. *Leymus secalinus*）。盐湿低地外围的盐化棕钙土上，有几种荒漠群落分布，它们分别是红砂群落（Ass. *Reaumaria soongorica*）和红砂＋珍珠猪毛菜群落（Ass. *Reaumaria soongorica*＋*Salsola passerina*）。在盐化度更高的盐化土上，可见到小果白刺群落（Ass. *Nitraria sibirica*）、细枝盐爪爪群落（Ass. *Kalidium gracile*）和柽柳盐生灌丛（Ass. *Tamarix chinensis*）等。

# 第五章 荒漠草原初级生产力形成及其动态研究

草地初级生产力（即草地第一性生产力）是指草地植物群落单位时间内在单位面积上的物质生产速率，通常用 g/（$m^2$·d）或 t/（$hm^2$·a）来表示。草地初级生产力历来都是草地生态系统研究的核心内容之一，也是草地生态研究中开展较早的研究领域。由于草地初级生产力的高低及其动态变化，直接影响并制约着次级生产——畜牧业的发展，所以，为了获得较为准确的草地初级生产力测定数据，许多专家学者进行了取样方法、取样原则、取样时间等方法学的探讨（Aiken and Bransby，1992；Zhao et al.，2002；Correll et al.，2003；赵钢等，2004；2007），并进行了很好的研究和总结（姜恕等，1988）。

我国草地初级生产力的大规模研究始于 20 世纪 50 年代。50 年代末至 60 年代初期，在苏联专家 A. 伊万诺夫的指导下，内蒙古农牧学院（现内蒙古农业大学）与内蒙古畜牧厅草原管理局合作，在内蒙古草原地区和荒漠地区分别建立了 5 个"草原改良实验站"，其中呼伦贝尔市（原呼伦贝尔盟）、锡林郭勒盟、乌兰察布市（原乌兰察布盟）、鄂尔多斯市（原伊克昭盟）和阿拉善盟各建 1 个，首次在我国开展草地生态定位研究，开始了草地初级生产力动态规律的定位研究工作。位于达茂旗北部的"伊克乌素荒漠草原定位实验站"主要为小生针茅荒漠草原群落，位于锡林郭勒盟苏尼特右旗南部的"察干敖包草原改良实验站"主要为短花针茅荒漠草原群落，这两个实验站的草地生态系统初级生产力研究工作一直持续到 1964 年。之后，原内蒙古农牧学院在达茂旗南部的哈雅教学牧场和"苏尼特右旗都呼木教学科研基地"开展以短花针茅荒漠草原为主要研究对象的定位试验研究工作，继续测定研究荒漠草原初级生产力。同一时期内，我国其他地区，如新疆、甘肃及东北等也开展了草地初级生产力动态的调查和定位研究工作与草地资源的综合考察。有关单位和学者先后对羊草草原、大针茅草原、克氏针茅草原、短花针茅草原、小针茅草原及其他许多草原类型的地上、地下初级生产力的季节、年度动态及其与环境条件的关系进行了全面系统的研究。虽然由于历史的原因，早期的这些定位研究试验大多未能延续下来，但这一阶段的研究工作仍然获得了丰硕的成果，积累了丰富的草地初级生产力的第一手资料，并在 60 年代初期发表了一些有关草地初级生产力的研究报告（彭启乾和金旭振，1962；章祖同，1962）。直到 80 年代以后更多的研究成果才得以陆续发表，如中国科学院内蒙古宁夏综合考察队的系列专著；中国科学院植物研究所和内蒙古大学主持，以典型草原为研究对象的"内蒙古草原生态系统定位研究站"的研究论文和专著；内蒙古农业大学相继发表的论文和专著；以及《章祖同文集》（2004 年）和《李德新文集》（2011 年）等，集中反映了草原初级生产力丰富的研究成果。

20 世纪 80 年代初期，农业部组织了第二次全国草地资源调查，对我国的草地类型及其数量、草地分布状况及草地利用现状等均有了更为清晰的认识和了解。在此基础上，全国各地又相继开展了天然草地的初级生产力动态规律的定位研究。首先是在各主要草地类型上建立了定位观测样条，开始对草地初级生产力及其影响因素等进行详细的系统研究；其次是在某些典型地段建立了观测站，并进行了包括草地初级生产力在内的综合研究。在此期间，在内蒙古草原先后建立了 86 个定位监测样地，其中包括在内蒙古高原荒漠草原中新设置的小针茅（*Stipa klemenzii*）、短花针茅（*S. breviflora*）、戈壁针茅（*S. gobica*）和沙生针茅（*S. glareosa*）草原监测样地，全面系统地研究各类草原的初级生产力动态规律，初步摸清了内蒙古草地初级生产力的季节和年度动态规律（李存焕，2000）。随着草地生态定位研究的蓬勃开展，有关不同类型草地初级生产力的研究报告也日益增多，其中主要涉及羊草草原（姜恕等，1985；刘钟龄和李忠厚，1988；白永飞和许志信，1995）、大针茅草原（王义凤，1985）、克氏针茅草原（白永飞，1999）、短花针茅草原（高永革，1986；陈佐忠等，1988）及小针茅草原（辛连仲，1990；冯雨峰，1990；李存焕和宝力格，1992；李德新，1995a）等。90 年代后，中国农业科学院草原研究所和内蒙古草原勘察设计院利用遥感技术和地理信息系统，结合地面监测资料，建立了中国北方草地生产力估测模型，从而完成了草地初级生产力动态监测系统，实现了大面积的草地估产、草畜平衡估算、草地灾害评估与草地资源动态监测。这些研究成果极大地推动了我国草地生产力的研究，为草地畜牧业的发展积累了丰富资料。

荒漠草原是中温型草原带中最干旱的一个植被类型，位于草原带的最西端，与荒漠带相毗邻，是草原向荒漠过渡的地带性植被（李德新，1995b）。建群种由旱生丛生小禾草组成，常混生大量旱生小半灌木，并在群落中形成稳定的优势层片。荒漠草原的形成主要是受自然环境条件的影响，由于地处干旱区与半干旱区的边缘，不仅年降水量稀少，而且季节分配极不均匀，全年降水量的 60%～70%集中于 7～9 月。

由于少雨干旱、土壤瘠薄、生态环境严酷，荒漠草原群落的种类组成比较贫乏，群落结构也较为简单。植物种的饱和度平均只有 10 种/m² 左右，短花针茅群落种的饱和度稍高，平均为 18 种/m² 左右。草层低矮、稀疏，高度 10～20cm，总盖度 15%～25%。在灌丛化的荒漠草原群落中，豆科灌木锦鸡儿在群落中形成较为均匀的分布，在群落外貌上形成十分显著的灌丛化草原景观。在雨水丰富的年份，一年生植物层片中的灰绿藜（*Chenopodium glaucum*）、猪毛蒿（*Artemisia scoparia*）、猪毛菜（*Salsola collina*）在群落外貌上也十分明显。

荒漠草原群落地上生物量的季节变化主要取决于其植物种群（特别是群落的主要组成成分）个体发育节律及其与水热条件季节变化的相关性。植物生长发育与水热条件变化基本同步，从而导致群落地上生物量在生长季内形成与积累随季节而发生变化。一般情况下，年降水越多，草地初级生产力越高。同时，年降水量的季节分配对地上生物量具有至关重要的影响，特别是5月至7月上旬的降水量影响最大，不仅决定着群落地上生物量的高低，而且还影响着群落地上生物量的结构组成。在春季降水较早、较多的情况下，通常群落中多年生植物生长发育良好，群落地上生物量较高；而在年降水量相同，但生长季前期降水较少，中期降水较多的情况下，群落中的多年生植物在地上生物量结构中所占比重下降，而一年生植物层片则非常发达，并在地上生物量结构中比重大大增加。虽然从地上生物量总的数量来看，两者差别可能不大，但由于一年生植物牧草品质通常较差，冬季保存率较低，所以，对于畜牧业生产而言，早期降水较多则更为有利。如果降水出现于生长季后期，则由于气温逐渐下降，日照时间变短，植物的生长发育速度减缓。所以，常常不能充分利用已有的降水而导致群落地上生物量低下。

构成内蒙古荒漠草原群落地上生物量的植物，主要可以分为禾本科牧草、豆科牧草、蒿类牧草和杂类草4个经济类群。其中禾本科牧草在地上生物量的构成中占据比重最大，其次是杂类草和蒿类牧草，豆科牧草所占的比重最小。通常，荒漠草原群落地上生物量季节变化动态主要取决于禾本科牧草，其季节变化趋势和禾本科牧草的地上生物量变化趋势基本保持一致。杂类草在荒漠草原地上生物量组成中所占比例可以达到1/4左右，在生长季前期杂类草所占比例较小，生长季中期比例基本处于稳定增加，直到生长季末达到最大值。豆科牧草在群落地上生物量中所占比例虽然很小，但在灌丛化荒漠草原中的锦鸡儿灌丛在放牧家畜的蛋白质饲料供给方面具有特殊意义。

荒漠草原生态系统生物量积累较低，且波动性较大，地上生物量的年度变化主要受降水量的制约，年变率可达60%～70%，地上生物量积累丰歉年可相差4倍，属生物量年变率最大的类型，甚至超过了荒漠植被（李博，1962；1979）。地上生物量积累的季节动态除取决于植物本身个体发育节律外，主要受降水量和热量的影响，特别是水、热条件在季节中分配合理与否。由于植物生长发育与水、热季节变化基本同步，生物量积累通常表现为单峰型的"S"增长曲线，符合Logistic方程所揭示的规律，其峰值大多出现在8月中下旬或9月上旬。一般认为，这种单峰型增长曲线是短花针茅草原群落地上生物量在正常年份的增长规律（刘钟龄，1960；1963）。但在雨量偏少，且在生长季节内降水量分布呈"L"型时，牧草生长对水分的需求不吻合，荒漠草原群落地上生物量的形成和增长发生时增时减的阶段性变化，表现双峰型增长的"多项式"曲线，符合 $Y = a + b_1$

$X+b_2X^2+\cdots+b_nX^n$方程。荒漠草原生态系统地上生物量较低，其地上生物量平均仅约 450kg/hm²，且由东南向西北呈递减规律，如短花针茅群落地上生物量较高，可达 800kg/hm² 左右，而沙生针茅和小针茅群落仅为 100~200kg/hm²。

## 第一节  小针茅荒漠草原初级生产力

### 一、小针茅荒漠草原的基本特点

（一）地理分布

小针茅是一种分布极为广泛、植株矮小的多年生密丛型旱生禾本科植物。小针茅 4 月初萌发，一般在秋雨较大或冬雪较多的年份，翌春土壤水分含量较高时，返青后迅速生长。5 月中下旬至 6 月中旬抽穗开花，6 月下旬颖果成熟，8 月底、9 月初开始干枯，至 10 月彻底干枯。小针茅须根系发达，常常可深入土中 80cm 以下，但根量大部分集中分布于钙积层以上，即表层 0~25cm 的土层内，向下则根量显著减少。小针茅个体低矮，常常形成密集紧实的草丛。草丛的基部一般保持着发达的纤维枯叶鞘，表现出适应干旱的特点。

在地带性荒漠草原植被中，小针茅是最具代表意义的建群种。以小针茅为建群种的荒漠草原类型也是中温型草原带中最具优势地位、分布范围最广的地带性荒漠草原的典型类型。同时，由于小针茅具有突出的耐旱能力，其分布区域还常常深入于荒漠植被区域内，甚至可成为地带性草原化荒漠群落的共建种。

小针茅荒漠草原主要占据着内蒙古层状高平原典型的显域地境。其南面可与短花针茅荒漠草原、克氏针茅草原形成过渡，北面则与蒙古国广布的荒漠草原连接在一起。小针茅荒漠草原分布区地理环境比较单一，其主体是海拔 1000~1500m 的内蒙古高原中西部的高平原上，即阴山以北的乌兰察布高原和鄂尔多斯高原中西部。小针茅荒漠草原区内有东西走向、强烈侵蚀的石质丘陵，地势南高北低、西高东低。

小针茅荒漠草原的土壤为棕钙土。土壤腐殖质层浅薄，土壤肥力较低，土壤有机质含量 1.8%~2.5%。由于降水量较少，20~25cm 以下土壤普遍存在坚硬的钙积层。土壤水分含量一般较低，通常都在 8% 以下。由于冬春季多风，地面细小土粒被风吹散，地表常常覆盖一层石砾和粗砂。

小针茅荒漠草原分布区由于位于大陆内部区域，其气候具有非常显著的大陆性气候特点，冬季寒冷而漫长，春季干旱多风，夏季高温多雨。年平均温度 2~5℃，最热月 7 月平均温度 19~22℃，最冷月 1 月平均温度 -18~-15℃，≥10℃年积温 2200~2500℃。年降水量 150~250mm，主要集中于 6~9 月（此 3 个月的降水量有时可以达到全年降水量的 80% 以上），湿润度 0.11~0.26。植物生育期较长，可达 180～240 天，但春季常常出现持续干旱，严重制约着牧草的生长，其初级生产力也因此而表现出巨大的波动性。

(二) 种类组成

由于受干旱气候的长期影响，小针茅荒漠草原的种类构成十分贫乏，种饱和度较短花针茅荒漠草原更低，每平方米只有 5～11 种（《内蒙古草地资源》编委会，1990）。根据多年的实际测定发现，小针茅荒漠草原群落构成中比例较大，含有属、种较多的主要有禾本科、豆科、菊科、百合科、藜科，平均种数在 4 种以上；其次是蒺藜科（Zygophyllaceae）、十字花科（Cruciferae）、鸢尾科（Iridaceae）等，平均含有 3 种；莎草科（Cyperaceae）、唇形科（Labiatae）、大戟科（Euphorbiaceae）、伞形科（Umbelliferae）、柽柳科（Tamaricaceae）各含 2 种；石竹科（Caryophyllaceae）、景天科（Crassulaceae）、蔷薇科（Rosaceae）、亚麻科（Linaceae）、芸香科（Rutaceae）、远志科（Polygalaceae）、瑞香科（Thymelaeaceae）、萝藦科（Asclepiadaceae）、旋花科（Convolvulaceae）、马鞭草科（Verbenaceae）、玄参科（Scrophulariaceae）、车前科（Plantaginaceae）、报春花科（Primulaceae）、麻黄科（Ephedraceae）14 个科仅含 1 种。重要的属则主要有针茅属、蒿属、锦鸡儿属、冰草属（Agropyron）、葱属（Allium）、鸢尾属（Iris）、隐子草属、薹草属（Carex）、黄芪属（Astragalus）、燥原荠属（Ptilotrichum）等，其中在群落中参与度较高的主要是针茅属、蒿属、隐子草属、薹草属、锦鸡儿属、燥原荠属等。在群落中构成比例较大，作用比较重要的植物种类则主要有小针茅、无芒隐子草、碱韭（Allium polyrhizum）、蒙古韭（Allium mongolicum）、冬青叶兔唇花、拐轴鸦葱（Scorzonera divaricata）、大苞鸢尾（Iris bungei）、女蒿（Hippolytia trifida）和蓍状亚菊（Ajania achilloides）。这些植物在群落组成中都是最基本的组成成分。

从生态类群来看，小针茅荒漠草原群落的种类构成按照植物生活型可分为多年生丛生禾草、多年生杂类草、一、二年生植物、小灌木、半灌木和灌木等，其中各种多年生旱生植物占有绝对优势地位。多年生丛生禾本科草本植物常常组成群落的建群层片。半灌木和小半灌木则常常构成小针茅荒漠草原群落的优势层片，这一特点也可视为小针茅荒漠草原群落的重要特征之一。常见的代表性半灌木植物主要有冷蒿、女蒿、蓍状亚菊、刺叶柄棘豆（Oxytropis aciphylla）等。一、二年生植物在小针茅荒漠草原群落中某些多雨年份具有重要地位。在炎热多雨的夏季，一、二年生植物的生长非常迅速，并常常形成独特的层片结构，成为对群落地上生物量具有重要贡献的生态类群。但由于不同年份降水量差别很大，而且降水量的季节分布也很不相同，所以，一、二年生植物的作用在不同年份具有很大差异，表现出极大的可塑性。在草地中出现较多的一、二年生植物主要有栉叶蒿（*Neopallasia pectinata*）、猪毛蒿（*Artemisia scoparia*）、猪毛菜、雾冰藜（*Bassia dasyphylla*）、小画眉草（*Eragrostis minor*）和锋芒草（*Tragus racemosus*）等。

(三) 主要群落类型

小针茅荒漠草原群落由于分布范围大，分布区域气候、地形、土壤变化幅度较大，所以，群落类型亦表现出较大的多样性。在小针茅荒漠草原核心分布区主要有小针茅+无芒隐子草荒漠草原群落、小针茅+碱韭荒漠草原群落、小针茅+冷蒿荒漠草原群落、小针茅+女蒿荒漠草原群落、小针茅+薔状亚菊荒漠草原群落及锦鸡儿灌丛化小针茅荒漠草原群落等。

小针茅+无芒隐子草荒漠草原群落主要集中分布于乌兰察布高原的中心部位，包括苏尼特右旗、四子王旗和达茂旗中北部，属于典型的地带性荒漠草原群落。但在其他草原类型的过渡地区内，常常形成与相邻类型有关的生态地理变体，如含有沙生针茅、克氏针茅、短花针茅的小针茅荒漠草原群落。

小针茅+碱韭荒漠草原群落是荒漠草原地带具有重要地区特色的群落类型。其分布区与小针茅+无芒隐子草群落大致相同。其主要特点是丛生性鳞茎植物碱韭取代了无芒隐子草而成为群落的次优成分。

小针茅+冷蒿荒漠草原群落主要分布于荒漠草原带与典型草原带相邻的东南部分，属于典型草原向荒漠草原过渡的过渡类型。因此，此类荒漠草原群落是更接近于典型草原群落的一类荒漠草原群落。

小针茅+女蒿荒漠草原群落是内蒙古高原荒漠草原地带所特有，并具有特征意义的荒漠草原群落。此类群落比小针茅+冷蒿更为耐旱，因此，其分布区位于荒漠草原带更为干旱的区域。但随着气候干旱程度的增加，女蒿的作用被薔状亚菊逐渐取代，群落也随之转变成小针茅+薔状亚菊群落。由于气候进一步干旱，小针茅+薔状亚菊群落中已可以见到一些荒漠成分，如藏锦鸡儿（*Caragana tibetica*）等。当干旱程度进一步加剧，群落则转化成为小针茅+红砂群落，实际上此类群落已经是小针茅荒漠草原群落分布的极限区域。

由于土壤砾石质作用，上述各类小针茅荒漠草原群落中常常因锦鸡儿的侵入而形成锦鸡儿灌丛化。所以，锦鸡儿灌丛化小针茅荒漠草原在荒漠草原地带分布十分广泛，在某些地段，灌丛化小针茅荒漠草原的面积甚至远远大于非灌丛化的小针茅荒漠草原（中国科学院内蒙古宁夏综合考察队，1985）。能够形成灌丛化的锦鸡儿主要有狭叶锦鸡儿（*Caragana stenophylla*）、小叶锦鸡儿、矮锦鸡儿（*Caragana pygmaea*）和藏锦鸡儿等。

## 二、小针茅荒漠草原地上生物量动态

（一）小针茅＋无芒隐子草＋杂类草群落

1. 群落主要组成成分生物量的季节变化及经济类群的组成与变化

1）群落主要组成成分生物量的季节变化

群落地上生物量的季节变化，主要是取决于组成群落的各种植物的发育节律及环境条件，特别是降水条件的影响。该群落建群种小针茅地上生物量的季节动态如图 5-1 所示。

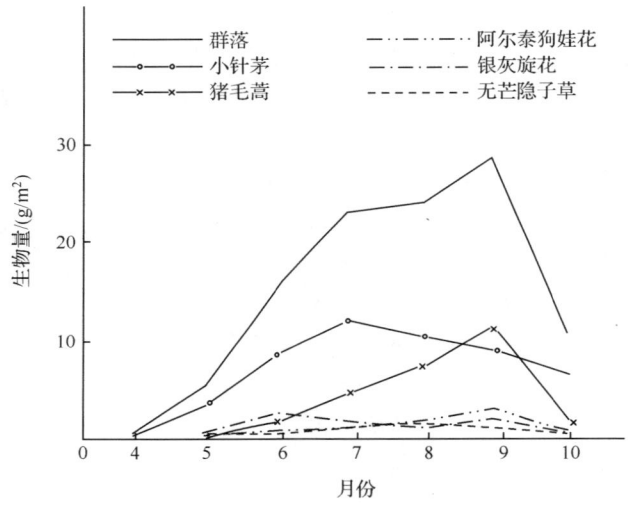

图 5-1　小针茅群落主要成分地上生物量季节变化（李德新，1995a）

经模拟获得如下模型（$F$ 检验在 1% 水平显著）

$$Y = -3.41184 + 0.23338X - 9.37748 \times 10^{-4} X^2 \qquad (P < 0.01)$$

式中，$Y$ 为小针茅地上生物量；$X$ 为返青日至测定日期的天数。

小针茅在 6 月下旬地上生物量达到最大值（图 5-1）。虽然小针茅在群落中的生物量变化具有重要作用，但它并不完全决定整个群落生物量的高峰时期。因为，夏末、秋初一些旱生轴根型杂类草和一、二年生植物的地上生物量剧增，致使群落地上生物量的高峰期出现在小针茅地上生物量最大值约 45 天以后。

2）群落地上生物量的植物经济类群组成及其变化

植物经济类群是构成群落地上生物量的基础。由表 5-1 可知，组成小针茅＋无芒隐子草＋杂类草群落地上生物量的植物经济类群中，禾草类占第一位，其次为杂草类和蒿类，豆科植物所占比例最小。在不同年份，各植物经济类群产量也有变化，尤其是在干旱年份（1960 年、1961 年）产量均有所下降，其中以蒿类植物最为突出。同时，各植物经济类群由于其生长发育节律不同，与水、热条件的相关性也不相同，所以，也表现出不同的季节变化。通常禾草类和杂类草较为稳定，而蒿类则差异较大。若分析地上生物量季节组成状况，春季、夏季以禾本科植物、杂类草占比例较高；而秋冬季则以禾本科植物和蒿类植物比例较高，这与植物的生长发育节律及植物地上部分的保存率有密切关系。

表 5-1 小针茅＋无芒隐子草＋杂类草群落不同季节植物经济类群占总生物量的比例（%）

| 年份 | 禾本科 | | | | 豆科 | | | | 蒿类 | | | | 杂草类 | | | |
|---|---|---|---|---|---|---|---|---|---|---|---|---|---|---|---|---|
| | 春 | 夏 | 秋 | 冬 | 春 | 夏 | 秋 | 冬 | 春 | 夏 | 秋 | 冬 | 春 | 夏 | 秋 | 冬 |
| 平均 | 76.1 | 55.7 | 44.8 | 63.2 | 1.0 | 1.6 | 3.0 | 1.2 | 7.4 | 14.4 | 26.0 | 19.5 | 15.4 | 28.2 | 26.2 | 16.0 |
| 1959 | 70.6 | 48.6 | 32.0 | 45.8 | 1.5 | 1.8 | 2.4 | 0.3 | 1.1 | 20.2 | 45.2 | 38.2 | 26.7 | 29.3 | 20.6 | 15.7 |
| 1960 | 69.2 | 55.9 | 47.6 | 69.8 | 0.8 | 1.5 | 0.6 | 0.7 | 15.7 | 22.1 | 32.3 | 20.0 | 14.3 | 20.4 | 18.9 | 9.4 |
| 1961 | 88.5 | 62.5 | 54.7 | 73.9 | 0.6 | 1.6 | 5.9 | 2.6 | 5.4 | 1.0 | 0.4 | 0.4 | 5.2 | 34.9 | 39.0 | 23.0 |

注：以同年总生物量为 100%。

**2. 群落地上生物量的季节变化**

小针茅＋无芒隐子草＋杂类草荒漠草原是一个生产力水平较高的荒漠草原群落类型，群落地上生物量季节动态十分明显，基本表现为单峰形态（图 5-2）。其季节动态主要表现为在早春开始返青时地上生物量较低，此后随着群落中植物的生长发育而不断增加，直到 9 月上中旬达到高峰期，平均为 1300kg/hm²。

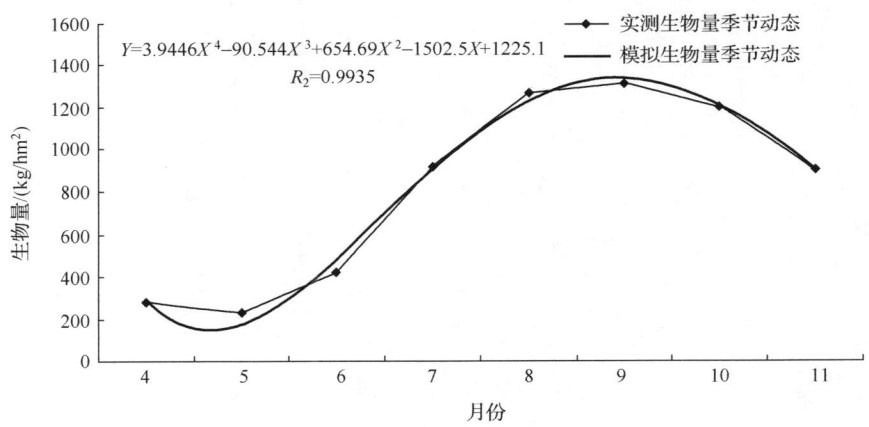

图 5-2 小针茅＋无芒隐子草＋杂类草荒漠草原群落地上生物量季节动态（1987 年）

根据小针茅群落间断延续 27 年（1959～1985 年）中 12 个年份（1959 年、1960 年、1961 年、1962 年、1963 年、1964 年、1973 年、1975 年、1982 年、1983 年、1984 年、1985 年）及 1987 年的群落地上生物量资料，建立群落地上

生物量与其返青后生长天数的回归方程。选取其中具有典型代表性的 1960 年、1987 年的实测数据拟合地上生物量与返青天数间的回归方程。经拟合，小针茅＋无芒隐子草＋杂类草荒漠草原群落地上生物量随生长时间的变化可以用下列回归方程表达：

$$Y = 3.9446X^4 - 90.544X^3 + 654.69X^2 - 1502.5X + 1225.1 \quad (1987 年)$$
$$(R^2 = 0.9935, P < 0.01; 23 \leqslant X \leqslant 223)$$
$$Y = 0.0129 - 0.0371X + 4.655 \times 10^{-3}X^2 - 2.1291 \times 10^{-5}X^3 \quad (1960 年)$$
$$(R^2 = 0.9565, P < 0.01; 23 \leqslant X \leqslant 223)$$

式中，$Y$ 为地上生物量（kg/hm²）；$X$ 为返青至测定日期的生长天数。

上述两个模拟地上生物量的回归方程，非常好地反映了小针茅地上生物量积累与衰减的季节动态，与实测的地上生物量动态几乎完全一致（图 5-2、图 5-3），特别是 1987 年实测数据的模拟方程，其决定系数高达 99.35%。因此，上述回归方程不但可以预测小针茅群落地上的现存量，也可以用于推算小针茅群落达到最大现存量所需的时间，可为合理利用小针茅荒漠草原群落提供可靠的依据。

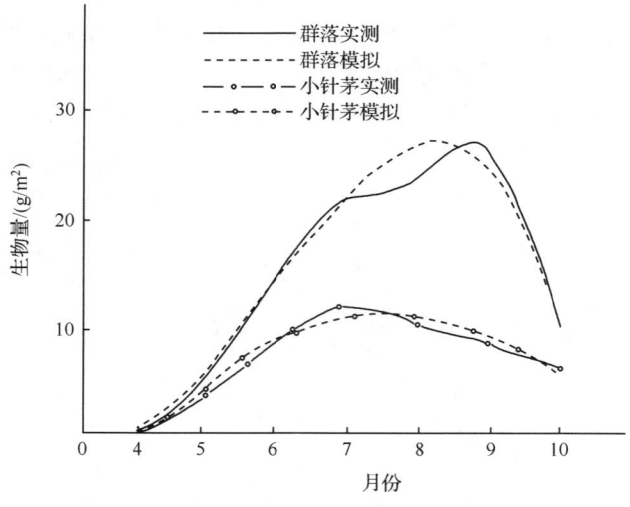

图 5-3　小针茅及其群落地上生物量季节变化

对上述方程进一步分析，可以发现 $X = 72.9$（d）为一个拐点；在 $X < 72.9$ 时曲线凹型增加，当 $X > 72.9$ 时（达到最大现存量之前）曲线凸型增加。这就揭示了小针茅群落地上生物量增长速率的变化规律，即群落从开始返青到 6 月中旬（73 天左右），地上生物积累迅速，在此期间增长速率达到最大值。在 6 月中旬以后，群落地上生物量的增长速率开始缓慢，生物量的积累趋于稳定。同时，由上述方程也不难看出，小针茅＋无芒隐子草＋杂类草荒漠草原地上生物量的季节动态大致可以划分为两个明显不同的阶段，即地上生物量的积累阶段和地上生物量的衰减阶段。

1）群落地上生物量累积阶段

小针茅荒漠草原群落地上生物量的积累阶段是该类草原的物质生产时期，表现为地上生物量的持续增加，直至达到全年地上生物量高峰。该阶段开始于4月初，即小针茅荒漠草原的返青期。返青后，群落地上生物量虽然随着植物的生长逐渐增加，但生长前期地上生物量积累速度非常缓慢，甚至还会出现负增长。4月地上生物量仅有最高生物量的21%，直到6月中旬，即经过69天的生长，群落地上生物量也仅及最高值的32%。6月中旬以后，植物的生长明显加快，地上生物量的增长曲线表现为凹型增长。至8月中旬，地上生物量已经达到最大值的97%，即6月中旬至8月中旬60天的生长时间，地上生物量累积数量增加了76个百分点，平均每天增加1.25个百分点。8月中旬以后，随着气温逐渐下降和植物的逐步成熟，植物的生长速度逐步下降。此时，地上生物量增长曲线明显变缓而成为一条凸型增长曲线。尽管8月中旬以后，群落的地上生物量仍在逐步增加，但累积的速度已经明显变缓，至9月中旬达到地上生物量最大值时，30天的时间增加了24个百分点，平均每天增加0.8个百分点。

地上生物量在其积累阶段的动态大致可划分为持续增长型和后期增长型两种不同的增长类型（表5-2），前者如1959年和1960年的地上生物量积累动态，后者如1961年和1987年地上生物量累积动态。

表5-2 小针茅＋无芒隐子草＋杂类草荒漠草原地上生物量积累阶段动态模型

| 年份 | 模型类别 | 动态模型 | $R^2$ |
| --- | --- | --- | --- |
| 1959 | 持续增长 | $Y=2.2951X^{0.6841}$ | 0.9922 |
| 1960 | 持续增长 | $Y=0.4946X^{0.7662}$ | 0.9436 |
| 1961 | 后期增长 | $Y=1.5257+0.2462X-4.2298\times10^{-3}X^2+2.3316\times10^{-5}X^3$ | 0.9896 |
| 1987 | 后期增长 | $Y=0.2229+0.3523X-5.6491\times10^{-3}X^2+2.7206\times10^{-3}X^3$ | 0.9567 |

注：$Y$ 为群落地上生物量（$g/m^2$）；$X$ 为返青日至测定日期的天数。

2）群落地上生物量衰减阶段

小针茅＋无芒隐子草＋杂类草荒漠草原地上生物量达到全年最高点后，即进入持续的衰减阶段。在地上生物量衰减阶段，由于受植物本身的生物学特性的影响，同时气温也开始逐渐降低，植物生长发育停止。随着植物种子的成熟，部分枝条和叶片开始枯黄脱落，植物体所含有的各种营养物质也开始向地下部分转移，因此，地上部分生物量开始逐渐降低。地上生物量衰减的速度与生物量构成中多年生杂类草和一、二年生植物的比例有关。通常，多年生杂类草和一、二年生植物在地上生物量中所占有的比重越大,则地上生物量衰减的速度越快。

根据实测数据对群落地上生物量衰减动态进行数学模拟,结果(表 5-3)表明,小针茅+无芒隐子草+杂类草荒漠草原地上生物量的衰减动态不同年份间衰减模式基本一致,不同年份之间的差异仅表现为衰减速度的不同。

表 5-3 小针茅+无芒隐子草+杂类草荒漠草原地上生物量衰减阶段动态模型

| 年份 | 动态模型 | $R^2$ |
| --- | --- | --- |
| 1959 | $Y=62.1616-8.9761\ln(X)$ | $-0.9936$ |
| 1960 | $Y=29.1931-4.0753\ln(X)$ | $-0.9876$ |
| 1961 | $Y=25.1997-3.1996\ln(X)$ | $-0.9757$ |
| 1987 | $Y=20.9303-2.7938\ln(X)$ | $-0.9759$ |

注:$Y$ 为群落地上生物量($g/m^2$);$X$ 为地上生物量高峰日至测定日期的天数。

3. 群落地上生物量季节变化与水热条件的关系

在半干旱气候地区,环境因子对植物生长发育的影响很大,特别是水分条件(年降水量和土壤含水量)对群落地上生物量的形成起着决定性作用。而群落地上生物量的季节变化则取决于组成群落的植物种的生物生态学特性与季节水分状况的相关性。经分析,在环境因子中,年降水量、土壤含水量、月平均气温等都与小针茅群落地上生物量显著相关(图 5-4),其相关系数分别为 0.98($P<0.01$)、0.99($P<0.01$)和 0.97($P<0.01$)。然而,生物量的波动与降水量的变化并非完全同步,群落地上生物量的高峰期通常会滞后降水量最大值为 20 天左右。

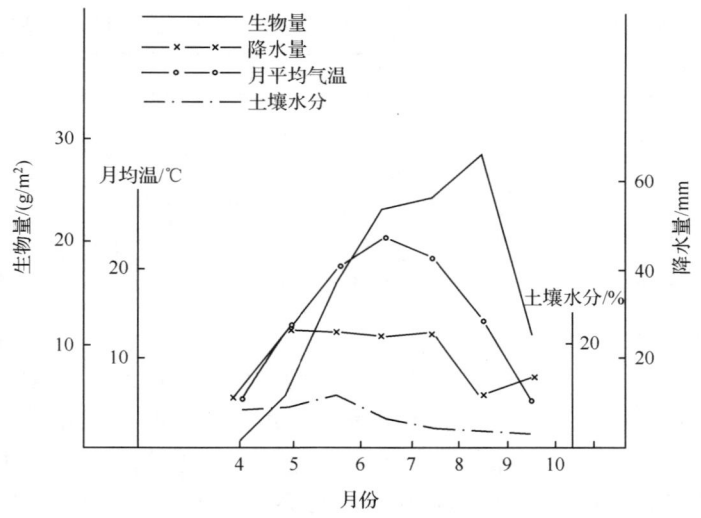

图 5-4 小针茅群落地上生物量变化与降水量、气温和土壤含水量关系

通过最优多元线性回归方程的统计选择-逐步回归法，筛选出影响小针茅群落地上生物量积累的最佳因子（$X_1$）和土壤含水量（$X_2$），建立如下模型：

$$Y = -8.5415 - 0.0497X_1 + 0.95717X_2 \quad (r = 0.98, P < 0.01)$$

式中，$Y$ 为群落地上生物量。

**4. 群落地上生物量年度变化与水热条件的关系**

分析 1959～1985 年的测定资料可以看出（图 5-5），小针茅群落地上生物量在年度间具有显著的波动性，其波动系数高达 5.8（59.2～345.0kg/hm²）。从图 5-5 得知，年降水量直接造成了群落地上生物量的年度波动。一般地讲，降水量越多，群落地上生物量越高，但降水量的季节分配，对群落地上生物量有很大的影响。通过相关分析可知，与群落地上生物量相关性较强的是 4～8 月的降水量，其中 5～6 月的降水量又最为关键。因为，此时正是小针茅生育盛期，群落地上生物量处于迅速增长阶段，如果在此期间水分缺乏，即使后期降水量增多，群落地上生物量也不会有显著增加（表 5-4）。

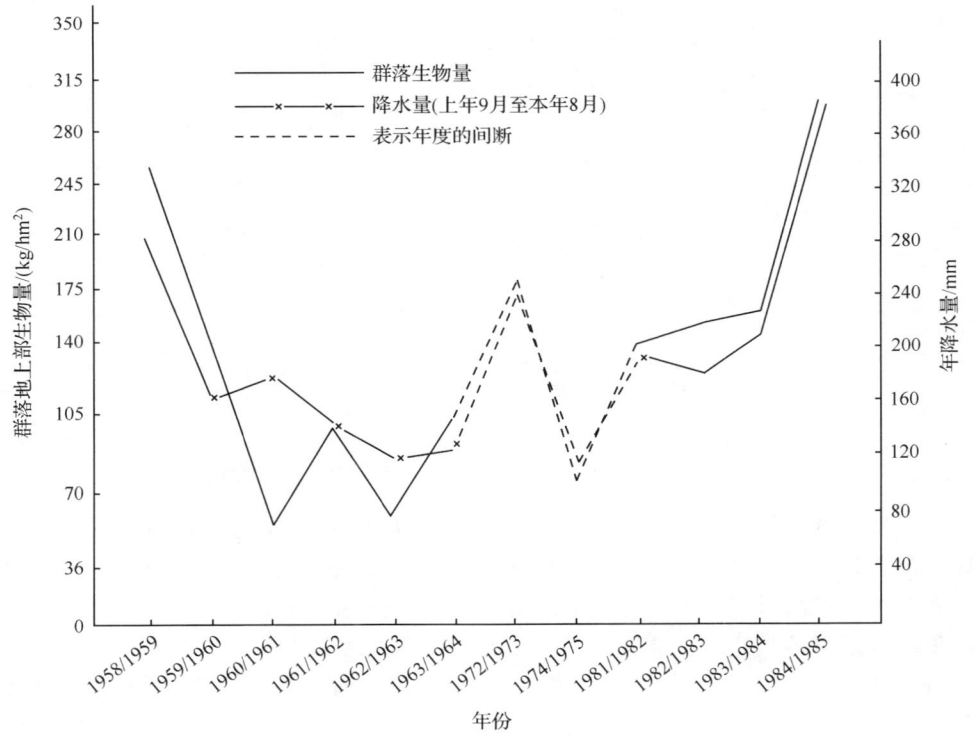

图 5-5　小针茅群落地上生物量的年度变化

表 5-4  降水量与群落地上生物量的关系

| 年份 | 群落地上生物量/（kg/hm²） | 年降水量/mm | 4~8月降水量/mm | 5~6月降水量/mm | 植物开始返青时的土壤含水量/% |
|---|---|---|---|---|---|
| 1960 | 169.20 | 146.60 | 110.30 | 50.50 | 6.37 |
| 1961 | 59.20 | 189.90 | 147.70 | 13.70 | 2.94 |

例如，1961年降水量虽然较高（＞多年平均值），但集中在7~9月三个月（占全年降水量的84%），而小针茅返青生长期的降水量却只有17.7mm（占全年降水量的7.21%），致使小针茅返青期推迟，且生长缓慢。1960年则相反，年降水量低于1961年（＜多年平均值），但在季节分配上比较均衡，且能满足小针茅生育盛期对水分的需要，故地上生物量增长迅速。同时，由于1959年秋到1960年春的降水量较多，在植物开始返青时的土壤含水量较高。这就是上述两年群落地上生物量差异的重要原因（图5-6）。

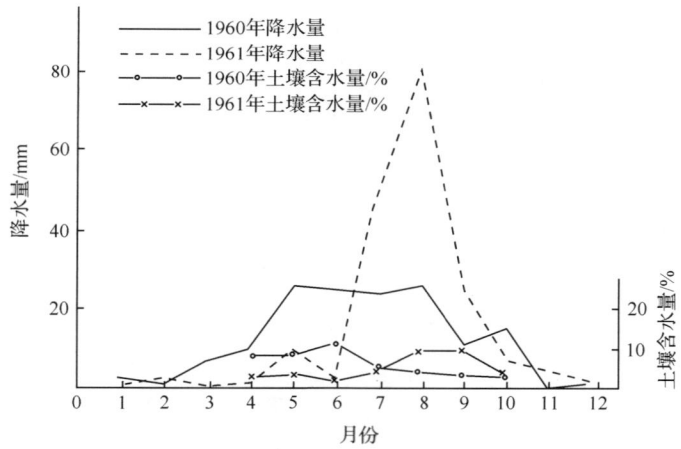

图 5-6  1960年与1961年降水量与土壤含水量的比较

环境中的各种生态因子，总是共同作用于植物群落并制约着植物的生长发育。群落的初级生产力可视为生态因子综合作用的函数，而水分和热量条件及其二者的组合尤为重要。有鉴于此，利用温雨系数①和干燥系数②进行分析，可以发现小针茅群落当年地上生物量与前者成显著正相关（$r=0.85$，$P<0.01$），而与后者成显著负相关（$r=-0.85$，$P<0.01$）。通过复相关回归，建立如下

---

① 温雨系数$(W) = \dfrac{4\sim 8\text{月降水量(mm)}}{\sum 4\sim 8\text{月} \geqslant 5\text{℃旬均温}}$。

② 干燥系数$(d) = \dfrac{4\sim 8\text{月蒸发量(mm)}}{4\sim 8\text{月降水量(mm)}}$。

模型：
$$Y = 173.5326 + 142.1191W - 6.1255d \quad (r = 0.8669, P < 0.01)$$
式中，$Y$ 为当年群落地上生物量；$W$ 为温雨系数；$d$ 为干燥系数。

该模型比用单因子分析要可靠和稳定，但如果完全概括小针茅群落地上生物量的年度波动，预报草原生产力，仍有不足。从 1959~1961 年土壤水分的动态来看，把植物返青时期的土壤含水量作为一个重要因子，是十分必要的。

根据间断延续 27 年（1959~1985 年）对小针茅荒漠草原群落地上生物量的观测与分析，群落地上生物量高峰与年降水量高峰是同步的。可以认为，这一生态规律是内蒙古高原小针茅荒漠草原在自然状态下，群落波动性的具体表现。同时表明，制约内蒙古高原小针茅荒漠草原波动性的限制因子是水分条件。其群落地上生物量的年度变化，主要受年降水总量和春季降雨及土壤水分的影响。

## （二）狭叶锦鸡儿—小针茅＋冷蒿群落

### 1. 群落地上生物量植物经济类群的组成及其变化

狭叶锦鸡儿—小针茅＋冷蒿群落在不同季节和不同年度地上生物量构成的植物经济类群如表 5-5 所示。群落地上生物量构成中，禾草类占第一位，其次为杂草类和蒿类，豆科植物所占比例较小，主要是狭叶锦鸡儿在豆科植物中起了较大的作用，其也是该地区重要的蛋白质饲料来源。在不同年份里，各植物经济类群产量也有变化，尤其是在干旱年份产量均有所下降，但豆科植物所占的比例大幅度上升。

表 5-5 狭叶锦鸡儿—小针茅＋冷蒿群落不同季节植物经济类群占总生物量的比例（%）

| 年份 | 禾本科 | | | | 豆科 | | | | 蒿类 | | | | 杂草类 | | | |
|---|---|---|---|---|---|---|---|---|---|---|---|---|---|---|---|---|
| | 春 | 夏 | 秋 | 冬 | 春 | 夏 | 秋 | 冬 | 春 | 夏 | 秋 | 冬 | 春 | 夏 | 秋 | 冬 |
| 1959 | 70.2 | 42.7 | 33.4 | 46.9 | 17.8 | 10.6 | 8.7 | 9.0 | 3.7 | 29.2 | 43.6 | 37.6 | 8.2 | 17.6 | 14.4 | 6.3 |
| 1960 | 38.7 | 39.4 | 39.9 | 61.4 | 7.7 | 18.2 | 11.6 | 12.2 | 38.6 | 17.4 | 26.1 | 12.8 | 15.1 | 25.1 | 22.4 | 13.5 |
| 1961 | 45.7 | 41.1 | 51.5 | 71.6 | 12.6 | 37.6 | 15.8 | 12.6 | 11.4 | 4.7 | 2.4 | 1.3 | 30.2 | 16.7 | 30.3 | 14.4 |
| 平均 | 51.5 | 41.1 | 41.6 | 60.10 | 12.7 | 22.1 | 12.0 | 11.3 | 17.19 | 17.1 | 24.10 | 17.2 | 17.18 | 19.8 | 22.4 | 11.4 |

注：以同年总生物量为 100%。

### 2. 群落地上生物量季节与年度变化

狭叶锦鸡儿—小针茅＋冷蒿荒漠草原地上生物量平均为 895kg/hm$^2$，在进行测定的 5 个年度里（1984~1988 年），其地上生物量最高达到了 1250kg/hm$^2$，远较其他小针茅荒漠草原类型高（表 5-6）。其地上生物量丰歉年间的差别仅有 1 倍左右，明显小于其他小针茅荒漠草原类型，这说明此类群落地上生物量还是比较稳定的。其主要原因是生物量比较稳定的灌木和半灌木在群落中占有相当比例，而且在总地上生物量中占有较大比例（两者合计高达54%），从而使群落地上生物量年度间的差异大幅度缩小。但此类群落地上生物量仍存在明显的季节波动，特别是其季节波动模式表现出明显的多样化，既有单峰型（1988年），又有双峰型（1985年、1986年），还有"U"型曲线（1987年），这表明该群落类型所处地区降水量的季节分配模式很不稳定，从而导致对降水影响更为敏感的一年生植物的生长年度间差异加大。

表5-6 狭叶锦鸡儿—小针茅+冷蒿荒漠草原地上生物量（单位：kg/hm²）

| 年份 | 测定日期（日/月） | | | | | | | |
| --- | --- | --- | --- | --- | --- | --- | --- | --- |
| | 15/4 | 15/5 | 15/6 | 15/7 | 15/8 | 15/9 | 15/10 | 15/12 |
| 1984 | — | — | — | — | 1066.50 | 1362.00 | 853.50 | 672.00 |
| 1985 | 450.00 | 693.00 | 778.50 | 786.00 | 634.50 | 943.50 | 603.00 | — |
| 1986 | 105.00 | 270.00 | 910.50 | 729.00 | 705.00 | 948.00 | 841.50 | 843.00 |
| 1987 | 324.00 | 72.00 | 40.50 | 205.50 | 276.00 | 583.50 | 580.50 | — |
| 1988 | 36.00 | 52.50 | 441.00 | 1252.50 | 1123.20 | 637.65 | 671.40 | 451.50 |
| 平均 | 228.75 | 271.88 | 542.63 | 743.25 | 761.04 | 894.93 | 709.98 | 655.50 |

资料来源：常秉文和苗忠，1989。

1）群落地上生物量季节变化与水热条件的关系

狭叶锦鸡儿—小针茅+冷蒿群落生物量具有明显的季节动态（图5-7）。返青后群落地上生物量随植物生长发育逐渐增加，直至达到全年生物量高峰转入下

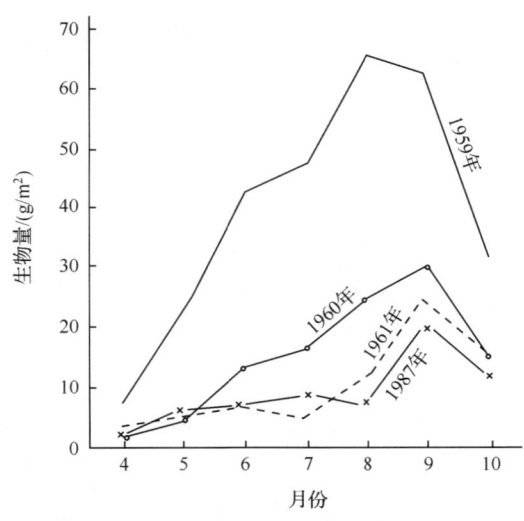

图5-7 群落地上生物量季节分布

降。从 1987 年测定结果来看，植物在返青后（4 月初至 5 月）生长良好，生物量逐渐积累，但进入 6 月以后生物量增加缓慢，甚至出现下降，形成一个缓冲阶段，直至 8 月中旬以后生物量才迅速增加，并在 9 月中旬达到全年高峰。1959 年与 1987 年相比其生物量从返青后就急剧增加，在 8 月中旬达到全年高峰，整个生长发育过程中没有形成明显的缓冲阶段。1960 年与 1961 年则分别表现出与 1959 年和 1987 年一致的规律。

群落生物量的积累动态模式取决于群落植物的生长发育节律，并受制于环境条件。狭叶锦鸡儿—小针茅+冷蒿群落处于温带干旱地区，热量基本可以满足要求，而主要限制因子是降水。从表 5-7 结合图 5-8、图 5-9、图 5-10 可以看出，4 月上旬至 7 月中旬的降水量是决定狭叶锦鸡儿—小针茅+冷蒿群落地上生物量积累动态模式的关键，降水量高峰的出现时期决定生物量高峰的出现；同时可以看出降水量作用的滞后现象，即生物量高峰出现在降水量高峰期后一个月左右。

表 5-7　群落地上生物量积累动态与气象因子的关系

| 年份 | 4 月上旬至 7 月中旬降水量/mm | 6 月下旬至 7 月中旬降水量/mm | 返青时土壤含水量/% | 5 月下旬至 8 月中旬均温累加/℃ | 降水高峰期 | 生物量高峰期 | 地上生物量增长型 |
|---|---|---|---|---|---|---|---|
| 1987 | 33.0 | 20.6 | 2.64 | 191.8 | 8 月中旬 | 9 月中旬 | 秋季增长型 |
| 1961 | 37.7 | 26.2 | 2.05 | 193.3 | 8 月上旬 | 9 月中旬 | 秋季增长型 |
| 1960 | 84.4 | 35.3 | 6.83 | 193.5 | 8 月中旬 | 9 月中旬 | 夏季增长型 |
| 1959 | 134.2 | 89.2 | 7.59 | 176.2 | 8 月中旬 | 9 月中旬 | 夏季增长型 |

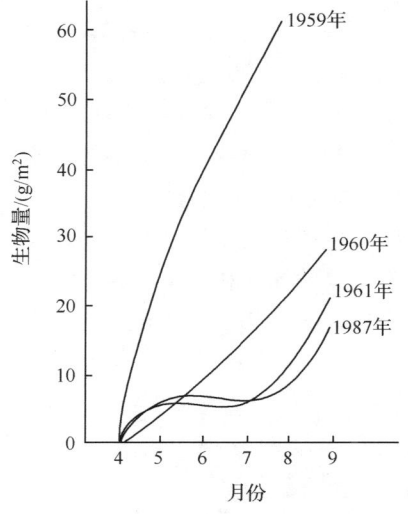

图 5-8　地上生物量季节动态

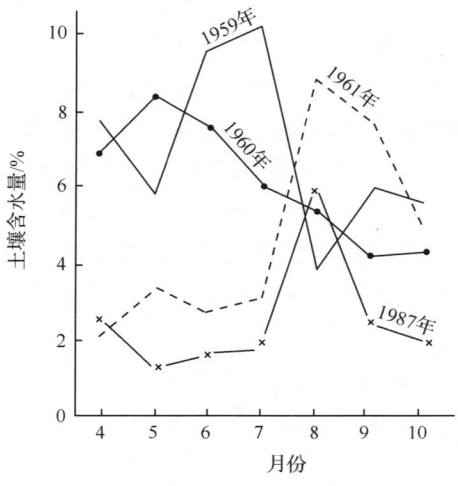

图 5-9　不同年份土壤含水量季节动态

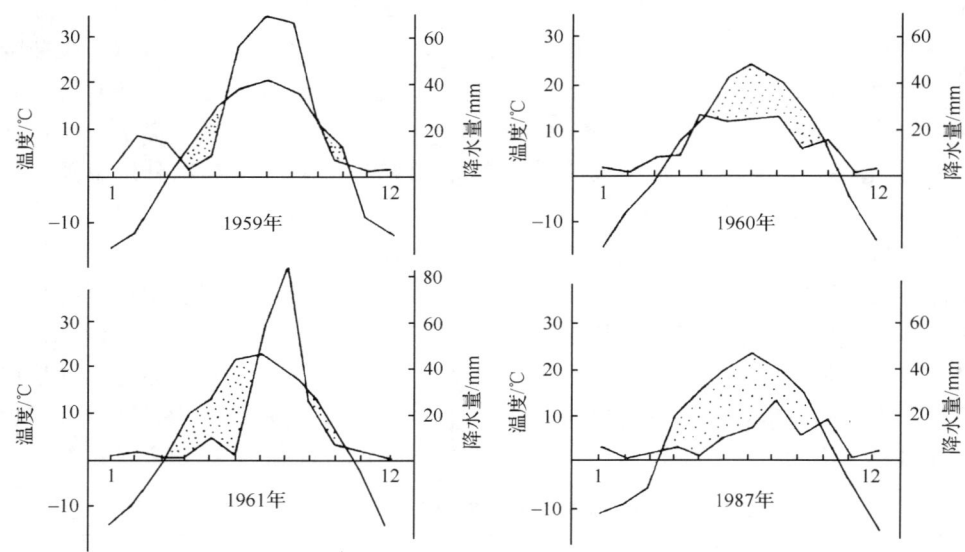

图 5-10  研究地区不同年份气候类型图式

1987 年和 1961 年植物返青期土壤含水量分别为 2.05%、2.64%，土壤具有一定的底墒，随着气温的升高植物开始缓慢生长。但 6 月以后降水量很少，土壤含水量仅 1.5% 左右，干旱使得大部分植物生长停滞。小针茅、寸草薹（*Carex duriuscula*）、无芒隐子草和葱属植物（如碱韭、蒙古韭）等完全干枯，狭叶锦鸡儿出现落叶。其他多年生杂类草，如阿尔泰狗娃花（*Heteropappus altaicus*）、戈壁天门冬（*Asparagus gobicus*）、拐轴鸦葱（*Scorzonera divaricata*）等虽然仍保持绿色，但生长也很缓慢。整个群落呈黄绿色季相。直至 8 月中旬降水量增加后植物才恢复生长，生物量出现增加，从而形成秋季增长型动态模式。1959 年和 1960 年植物返青期土壤含水量高，分别为 7.59% 和 6.83%，土壤底墒好，随气温升高植物迅速生长。进入 6 月以后仍有一定的降水供给，土壤含水量保持在 5% 以上，植物正常发育，生物量积累表现为夏季增长型动态模式。

从以上分析可知，狭叶锦鸡儿—小针茅＋冷蒿群落的夏季增长型模式表现出在水分条件适宜的情况下，其生物学特性表现为较高的初级生产力。而秋季增长型模式则是水分胁迫下生物量动态积累模式的变型，其结果表现为较低的初级生产力。

2）群落地上生物量年度变化与水热条件的关系

狭叶锦鸡儿—小针茅＋冷蒿群落初级生产力年度间有很大变化（表 5-8、图 5-11），变化范围为 203.48～642.55kg/hm²，变幅达 316%，变异系数为 40.6%。其中以一、二年生植物变化最大，变幅高达 1894%，变异系数达

102.4%，灌木层片及多年生杂类草层片相对较稳定。

**表 5-8　群落初级生产力年度动态**（风干物质）　（单位：kg/hm²）

| 群落名称 | 极值 | | | 平均值 | 标准差 | 变异系数/% | 差异显著性 |
| --- | --- | --- | --- | --- | --- | --- | --- |
| | 最大 | 最小 | 比值 | | | | |
| 群落 | 642.55 | 203.48 | 3.16 | 363.77 | 147.75 | 40.6 | |
| 丛生禾草层片 | 134.01 | 53.01 | 2.53 | 92.41 | 33.79 | 36.56 | B |
| 多年生杂类草层片 | 72.31 | 40.47 | 1.79 | 51.73 | 11.37 | 21.99 | D |
| 一、二年生植物层片 | 217.04 | 11.45 | 18.94 | 68.1 | 69.73 | 102.4 | A |
| 小半灌木层片 | 13.84 | 5.49 | 2.52 | 8.01 | 2.78 | 34.71 | C |
| 灌木层片 | 25.41 | 10.10 | 2.51 | 18.52 | 6.16 | 33.25 | CD |

注：具有不同大写字母的在 $P<0.01$ 水平差异显著，本章下同。

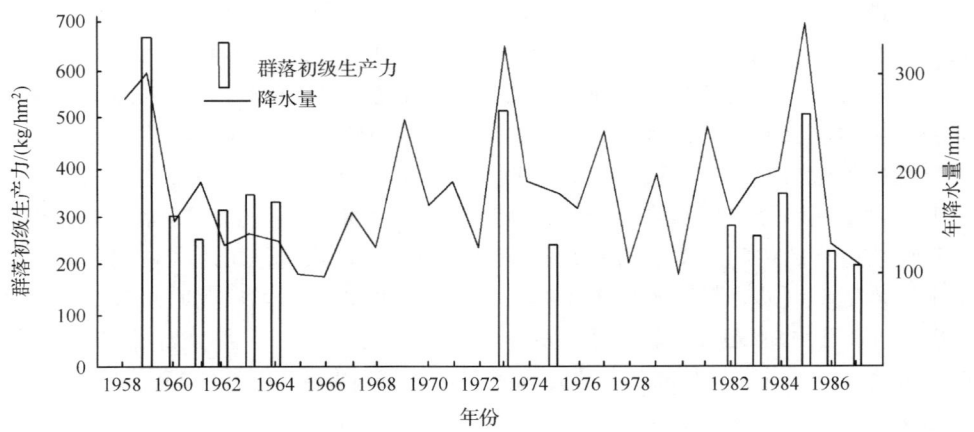

图 5-11　锦鸡儿灌丛化小针茅群落初级生产力年度变化

　　气候是引起群落初级生产力变动的主要因子。一般地讲，对于草原群落，降水越多，初级生产力越高。从图 5-11 可以看出，狭叶锦鸡儿—小针茅+冷蒿群落初级生产力年度变化呈波动状态，而且与年降水量的波动具有大致相同的趋势，降水量出现峰值时，群落初级生产力也表现为高峰。进一步研究表明，狭叶锦鸡儿—小针茅+冷蒿群落初级生产力受气象因子（主要是降水）周期性波动的影响，也表现出周期性的变化规律。

　　然而，草原群落初级生产力的提高并不总是与年总降水量成正相关。例如，无论是干旱的年份（1987年），还是降水量远高于平均降水量但分布极不均匀的年份（1961年），群落初级生产力均很低。而1960年的降水量虽然不及多年平均降水量，但季节分配均匀，所以仍表现出较高的群落初级生产力。因此，某些情况下表现出年总降水量与群落初级生产力的相关性较差也是正常的（表5-9）。

表 5-9　群落初级生产力与气象因子的相关性

| 因子 | 相关系数 |
| --- | --- |
| 年降水量 | 0.790* |
| 4月上旬至7月中旬降水量 | 0.903** |
| 8月至9月降水量 | 0.343 |
| 前年10月中旬至当年7月中旬降水量 | 0.811* |
| 返青时土壤含水量 | 0.856** |
| 5月下旬至8月中旬日均温累加 | −0.769* |
| 7月至8月蒸发量 | −0.737* |

\* 表示在 $t_{0.05}$ 水平差异显著；\*\* 表示在 $t_{0.01}$ 水平差异显著。

通过相关分析可以看出，4月上旬至7月中旬的降水量与群落初级生产力相关性最强，8～9月的降水量与群落初级生产力相关关系不显著（表5-9）。这说明4月上旬至7月中旬是水分供需矛盾最突出的时期，而8～9月水分条件基本能满足植物生长的需要。因为，4月上旬至7月中旬恰逢气候干旱期，此时土壤水分也由于植物返青吸收及地表蒸发消耗殆尽，而且荒漠草原地带地下水位深达几十米，土壤水分主要靠降水补给。所以，4月上旬至7月中旬的降水量直接制约着草地植物的生长发育，特别是对于建群种小针茅限制作用更大，因为此时正是小针茅生育盛期，是群落地上生物量迅速增长的阶段，如果此时水分缺乏，即使后期（8月中旬以后）降水量增多，群落地上生物量也不会增加很多。表5-9数据表明，上年10月中旬以后的降水量与翌年群落初级生产力有显著相关关系，这说明降水量对群落初级生产力形成有一定的贮存效应。此外，返青期土壤含水量对群落初级生产力影响很大，两者呈极显著的正相关关系。而5月下旬至8月中旬旬平均气温累加值，以及7～8月蒸发量与群落初级生产力则均呈显著负相关关系。上述分析表明，荒漠草原地带土壤含水量是群落初级生产力极重要的限制因子，而温度基本能满足植物生长的需要，高温增加土壤表面蒸发，反而不利于植物生长。

通过最优多元线性回归方程的统计选择-逐步回归法，筛选出影响灌丛化小针茅荒漠草原群落初级生产力的最佳因子，即4月上旬至7月中旬降水量（$X_1$, mm），返青期土壤含水量（$X_2$, %），1月中旬至2月下旬降水量（$X_3$, mm），1月至7月降水量（$X_4$, mm），6月下旬至7月中旬降水量（$X_5$, mm），并建立了如下群落初级生产力预测模型 $S$（kg/hm$^2$）：

$$S = 90.642 + 0.438X_1 + 12.476X_2 + 13.268X_3 + 0.495X_4 + 1.971X_5$$
$$(r = 0.968, P < 0.01)$$

利用该模型可以对锦鸡儿灌丛化小针茅荒漠草原群落初级生产力进行监测与预报，指导畜牧业生产。

## （三）小针茅＋无芒隐子草＋冷蒿群落

小针茅＋无芒隐子草＋冷蒿荒漠草原地上生物量动态主要表现为单峰型，其地上生物量平均值为335kg/hm²，最高可达667kg/hm²。但地上生物量峰值出现的时间并不固定，多数年份出现于8月或9月中旬，有些年份甚至出现于6月中旬（如表5-10中1984年、1985年、1988年等年份）。除单峰型外，个别年份也会出现双峰型动态曲线（如1987年）。极特殊的例子是某些年份甚至于会出现"U"型曲线，即生长季初期地上生物量达到一个高点，此后，地上生物量出现持续下降，直到6月中旬（如1983年）或7月中旬（如1986年）达到最小值后才又开始逐渐增长，并在生长季末，即9月中旬达到第二个高点。小针茅＋无芒隐子草＋冷蒿荒漠草原群落地上生物量季节动态的多样性，充分体现了生长期内降水量季节分布不平衡及变异率大的特点。一般在生长季内，两次降水之间如果出现较长时间的无雨期，群落地上生物量动态就很可能形成双峰形态。而"U"型动态曲线的出现，则是在生长季初期土壤墒情好和（或）降水量较为充沛，但在随后较长的时间里缺乏降水，土壤水分含量迅速降低，结果导致植物生长速度缓慢，甚至出现部分植物枝叶干枯死亡脱落的现象。当6月、7月雨季来临后，随着降水对土壤水分的补充，多年生植物恢复生长，一、二年生植物大量萌发。由于此时气温较高，水热配合较好，植物生长旺盛，地上生物量大幅度增加。所以，该类草原群落地上生物量一般在5~6月和（或）7~8月表现出快速增长的两个积累盛期。

表 5-10 小针茅＋无芒隐子草＋冷蒿荒漠草原地上生物量

（单位：kg/hm²）

| 年份 | 测定日期（日/月） | | | | | | |
|---|---|---|---|---|---|---|---|
| | 15/4 | 15/5 | 15/6 | 15/7 | 15/8 | 15/9 | 15/10 |
| 1983 | 155.7 | 152.5 | 140.8 | 206.1 | 214.5 | 286.8 | 236.2 |
| 1984 | 130.2 | 140.7 | 149.4 | 666.9 | 365.1 | 288.4 | 207.9 |
| 1985 | 193.5 | 234.9 | 534.9 | 503.5 | 467.7 | 446.8 | 348.7 |
| 1986 | 244.5 | 220.9 | 189.3 | 98.8 | 133.0 | 245.5 | 171.6 |
| 1987 | 143.7 | 193.9 | 369.4 | 331.6 | 277.2 | 339.3 | 241.8 |
| 1988 | 145.6 | 162.0 | 174.9 | 181.6 | 446.8 | 406.3 | 405.6 |
| 平均 | 168.9 | 184.3 | 259.8 | 276.4 | 317.4 | 335.5 | 268.6 |

资料来源：常秉文和苗忠，1989。

## (四) 小叶锦鸡儿—小针茅＋蒙古韭群落

小叶锦鸡儿—小针茅＋蒙古韭荒漠草原群落地上生物量多年平均最高可以达 460kg/hm$^2$，低于小针茅＋无芒隐子草＋冷蒿荒漠草原，但个别年份地上生物量可高达 850kg/hm$^2$。与其他小针茅荒漠草原类型类似，小叶锦鸡儿—小针茅＋蒙古韭群落地上生物量也表现出非常明显的季节波动（表 5-11）。虽然该类草原地上生物量多年平均的最大值出现于夏季，但出现于秋季的频率也很高。在进行了实际测定的 6 个年份 (1983～1988 年) 中，就有 3 个年份的地上生物量峰值出现于秋季。以地上生物量最高值计，丰歉年之间群落地上生物量差值可达 2.2 倍。

表 5-11 小叶锦鸡儿＋小针茅＋蒙古韭荒漠草原群落地上生物量

(单位：kg/hm$^2$)

| 年份 | 测定日期（日/月） | | | |
|---|---|---|---|---|
| | 15/4（春季）| 15/8（夏季）| 15/10（秋季）| 15/1（冬季）|
| 1983 | 252.00 | 486.30 | 195.90 | 185.55 |
| 1984 | 166.65 | 641.40 | 273.60 | 223.65 |
| 1985 | 194.55 | 456.75 | 427.35 | 282.75 |
| 1986 | 200.85 | 157.95 | 262.95 | 168.45 |
| 1987 | 171.15 | 215.70 | 292.80 | 116.55 |
| 1988 | 58.95 | 788.10 | 852.45 | 527.70 |
| 平均 | 174.00 | 457.65 | 384.18 | 250.80 |

资料来源：常秉文和苗忠，1989。

由于豆科灌木小叶锦鸡儿的出现，豆科植物地上生物量在群落地上生物量构成中占有较大比例，某些时段甚至成为群落地上生物量构成的主体。例如，在夏季产量中，小叶锦鸡儿的比例一般可达 80％以上。

## (五) 藏锦鸡儿—小针茅＋碱韭群落

藏锦鸡儿—小针茅＋碱韭荒漠草原群落地上生物量平均为 530kg/hm$^2$，地上生物量高峰一般出现于夏季，有些年份则出现于秋季（表 5-12）。在进行测定的 4 年中 (1983～1986 年)，其地上生物量最大值可以达到约 800kg/hm$^2$，而且地上生物量的年度间波动不是很大，其年度间的最大差值仅为 1.5 倍左右。出现这种现象的主要原因是藏锦鸡儿地上生物量在群落生物量中所占比例较大（平均 60％）。所以，藏锦鸡儿是维持该类小针茅荒漠草原地上生物量稳定的重要因素。

表 5-12　藏锦鸡儿+小针茅+碱韭荒漠草原地上生物量

(单位：kg/hm²)

| 年份 | 4月（春季） | 8月（夏季） | 10月（秋季） | 1月（冬季） |
| --- | --- | --- | --- | --- |
| 1983 | 292.80 | 529.80 | 397.65 | 343.95 |
| 1984 | 366.45 | 797.55 | 358.95 | 250.05 |
| 1985 | 132.90 | 651.00 | 612.75 | 257.25 |
| 1986 | 243.75 | 269.25 | 762.45 | 269.25 |
| 平均 | 258.98 | 561.90 | 532.95 | 280.13 |

资料来源：常秉文和苗忠，1989。

## 三、小针茅荒漠草原地下生物量动态

### （一）地下生物量季节动态

小针茅荒漠草原群落的地下生物量与地上生物量一样，也具有明显的季节性波动的特点（图 5-12）。自 4 月初牧草返青后，群落地下生物量（0~60cm）就进入了持续增长期。但在刚开始的很长一段时间里，地下生物量的增长速度一直非常缓慢，直至进入 7 月后，增长速度才明显加快，并一直持续增长至 9 月中旬达到全年最大值（2118g/m²）。此后，由于植物地上部分生长结束，来自地上部

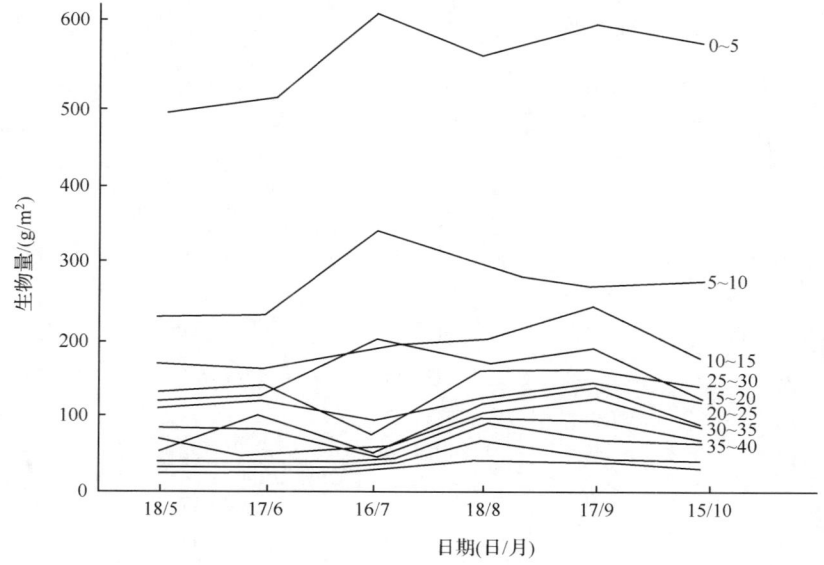

图 5-12　小针茅荒漠草原群落地下生物量季节动态（1987 年）

分的光合作用产物的补充停止，地下生物量开始进入持续下降阶段，直至翌年春季返青前（4月初）地下生物量下降至最低点。即地下生物量的季节动态规律与其地上生物量的动态规律基本保持一致。

经对实测数据进行数学拟合，小针茅荒漠草原地下生物量的动态可用如下的模型来模拟：

（1）地下生物量增长期间的动态模型为

$$Y = 1/(7.3377 \times 10^{-4} - 1.6369 \times 10^{-6} X) \quad (r = 0.9959, P < 0.01)$$

式中，$Y$ 为群落地下生物量（$g/m^2$）；$X$ 为自返青期至测定日期的时间（d）。

（2）地下生物量衰减期间的动态模型为

$$Y = 2063.25 X^{-0.0575} \quad (r = -0.9997, P < 0.01)$$

式中，$Y$ 为群落地下生物量（$g/m^2$）；$X$ 为自地下生物量高峰期至测定日期的时间（d）。

小针茅荒漠草原群落地下生物量的分布具有明显的层次性，而且不同土壤层次地下生物量的季节变化表现出不同的动态规律（图5-12）。从图5-12与表5-13中可以看出，不同土壤层地下生物量达到高峰的时间，随土层深度的增加而延迟，仅有个别例外现象。土壤上层地下生物量高峰一般出现在7月中旬，土壤下层地下生物量高峰则出现在较晚的8月中旬至9月中旬。

表5-13　小针茅荒漠草原地下生物量的分布层次（1987年）

| 深度/cm | 最大值时间 | 最大生物量/（$g/m^2$） | 年净增加量/[$g/(m^2 \cdot a)$] | 周转率/% |
|---|---|---|---|---|
| 0～5 | 5～7月 | 616.00 | 176.66 | 28.68 |
| 5～10 | 5～7月 | 336.02 | 112.33 | 33.43 |
| 10～15 | 6～9月 | 241.23 | 81.95 | 33.97 |
| 15～20 | 5～7月 | 200.52 | 78.06 | 38.93 |
| 20～25 | 7～9月 | 142.44 | 45.76 | 32.13 |
| 25～30 | 7～9月 | 156.14 | 79.73 | 51.06 |
| 30～35 | 7～9月 | 139.27 | 81.11 | 58.24 |
| 35～40 | 7～9月 | 122.87 | 72.87 | 59.31 |
| 40～45 | 5～8月 | 111.67 | 62.83 | 56.26 |
| 45～50 | 7～8月 | 87.22 | 46.69 | 53.53 |
| 50～55 | 7～8月 | 70.05 | 36.82 | 52.56 |
| 55～60 | 7～8月 | 46.74 | 21.10 | 45.14 |
| 0～60 | 5～9月 | 2118.84 | 605.37 | 28.57 |

由于群落地下部分生长的能量和有机物供给均来自植物地上部分的光合作

用,所以,能够影响植物地上生物量动态的因素,特别是草地植物的生态生物学特性及环境条件,均可不同程度地影响地下生物量的数量及其动态。建群种小针茅在春季返青后进行第一次分蘖并开始产生新的根系,群落地下生物量开始增加。但在进行小针茅荒漠草原地下生物量研究的1987年,4月中旬至6月中旬的降水量较低(仅6mm),致使小针茅大部分分蘖芽没有萌发,并由此而导致群落地下生物量增加缓慢;6月中旬以后,小针茅种子完全成熟,其生殖枝开始脱落,此时,小针茅进入第二个分蘖期。由于在小针茅两次分蘖阶段的大气降水较多(6月中旬至7月中旬降水量达到22mm),极大地促进了地上部分的生长,所以群落地下生物量增加很快。

由图5-12可以看出,群落地下生物量随着土壤层次由上至下,其增长高峰有逐步延迟的现象。出现这种现象的原因,可能是上层土壤在植物返青后升温较快,植物根系的生长也相应较快,而下层土壤温度升温缓慢,温度升至关系生长最适温度的时间晚于上层土壤所致。

(二) 地下生物量及其周转率

小针茅荒漠草原群落地下生物量(0~60cm)为605g/($m^2$·a)。不同土壤层次中,植物地下生物量随着土层深度的加深而逐步下降,但在25~30cm的土层中,地下生物量显示出一个小高峰(表5-13)。这种现象主要由土壤剖面特征所决定,小针茅荒漠草原分布区域的土壤主要是棕钙土,普遍存在非常坚硬的钙积层,钙积层主要出现在30cm土层以下,钙积层的出现,导致30cm以下土壤紧实度随深度增加而增大。钙积层使植物根系向下生长的阻力加大,因此,数量较多的植物根系因难以穿越致密坚硬的钙积层而聚集在钙积层之上。

群落地下生物量的周转率是指一段时间内更新的比例,一般用某一土壤层地下生物量年净增加量占同一土壤层地下生物量最大值的比例表示,即

地下生物量周转率(%)=某一土壤层地下生物量年净增量/
同一土壤层地下最大生物量×100%

从表5-13可以看出,小针茅荒漠草原地下生物量的周转率,0~60cm全剖面土壤层为28.56%。但不同土壤层植物地下生物量的周转率有所不同。30cm以上的土层内,植物地下生物量的周转率为32.58%~51.15%,30cm以下土层内植物地下生物量的周转率为45.30%~58.33%。

(三) 地下生物量垂直分布及其动态

小针茅荒漠草原群落地下生物量在土壤剖面中的分布基本表现为由上至下逐渐减少。土壤上层是地下生物量的主要集中层,其中0~5cm土层中的根系生物量远远大于其他土壤层(图5-13)。在0~60cm的土壤剖面中,地下生物量总量

的 65%～70%集中于 0～25cm 的土层中，而 40cm 以下的土层中，地下生物量则大大减少。所以，群落地下生物量与土层深度之间表现为显著的负相关关系（表 5-14）。但值得注意的是，在 25～30cm 的土壤层中，小针茅荒漠草原群落地下生物量有所增加，明显高于其上下相邻土壤层的地下生物量（图 5-13）。这种现象的出现，主要是由于植物根系对土壤钙积层的反应。由于钙积层出现于地表以下 30cm 的土壤层中，所以，虽然群落地下生物量具有随土层深度的增加而减少的规律，但其变化模式在 30cm 以上和 30cm 以下的土层内具有明显差异（表 5-14）。在 30cm 以上的土壤层内，地下生物量随土层深度加深而下降的模式为幂函数或对数函数而在 30cm 以下则符合 $Y=aXe^{bX}$ 的变化规律。

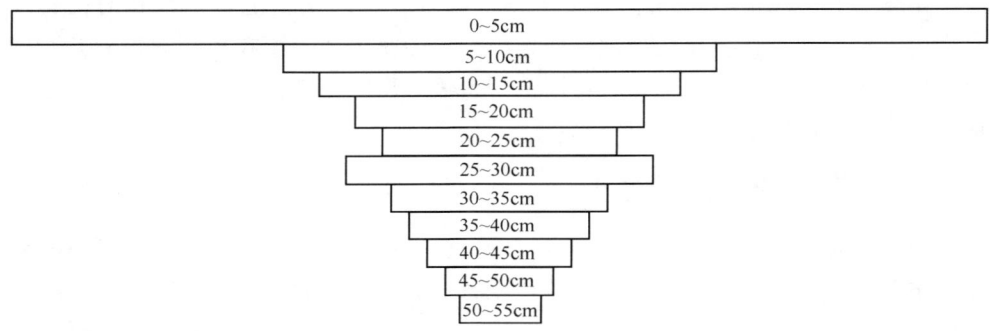

图 5-13　小针茅荒漠草原群落地下生物量垂直分布

表 5-14　小针茅荒漠草原地下生物量垂直分布（0～60cm）动态模型

| 日期（日/月） | 动态模型 | | $r$ |
| --- | --- | --- | --- |
| 15/4～18/5 | $Y=1430.672X^{-0.7968}$ | ($X<30$cm) | $-0.9950$ |
| | $Y=37.9836Xe^{-0.0757X}$ | ($X>30$cm) | $-0.9965$ |
| 18/5～17/6 | $Y=1417.028X^{-0.7784}$ | ($X<30$cm) | $-0.9872$ |
| | $Y=28.45328Xe^{-0.0693X}$ | ($X>30$cm) | $-0.9641$ |
| 17/6～16/7 | $Y=929.26-257.202\ln X$ | ($X<30$cm) | $-0.9831$ |
| | $Y=11.22432Xe^{-0.0515X}$ | ($X>30$cm) | $-0.9933$ |
| 16/7～18/8 | $Y=701.784-179.648\ln X$ | ($X<30$cm) | $-0.9973$ |
| | $Y=29.39984Xe^{-0.0581X}$ | ($X>30$cm) | $-0.9861$ |
| 18/8～17/9 | $Y=1899.856X^{-0.7916}$ | ($X<30$cm) | $-0.9850$ |
| | $Y=46.8024Xe^{-0.0705X}$ | ($X>30$cm) | $-0.9927$ |
| 17/9～15/10 | $Y=2073.136X^{-0.9006}$ | ($X<30$cm) | $-0.9928$ |
| | $Y=30.35648Xe^{-0.0666X}$ | ($X>30$cm) | $-0.9898$ |

## (四) 地下生物量与地上生物量的关系

植物地下部分与地上部分是一个有机整体,植物地下生物量的高低既取决于地上生物量的大小,同时也影响着地上生物量的高低。一般而言,植物地下部分与地上部分的比例可以大体上反映其抗旱能力,抗旱性越强,该比值越大。

由表 5-15 可以看出,小针茅荒漠草原群落地下生物量与地上部分生物量的比率最低值接近 100,最高超过 240。也就是说,小针茅荒漠草原地下生物量是地上生物量的 100~240 倍。由此可以看出,此类草地由于大量能量被用于地下部分的生长,所以,降低了用于地上部分生产的比例,这是此类草地生产力水平总体上较低的重要原因之一。

表 5-15 小针茅荒漠草原群落地下部分 (0~60cm) 与地上生物量比率

| 项目 | 测定时间 (日/月) | | | | | |
| --- | --- | --- | --- | --- | --- | --- |
| | 17/5 | 17/6 | 16/7 | 18/8 | 17/9 | 15/10 |
| 地下生物量/ (g/m²) | 1513.4 | 1592.4 | 1792.4 | 2020.4 | 2118.4 | 1798.4 |
| 地上生物量/ (g/m²) | 6.3 | 9.8 | 11.3 | 9.2 | 21.5 | 13.5 |
| 地下/地上 | 240.22 | 162.49 | 158.62 | 219.61 | 98.53 | 133.21 |

小针茅荒漠草原群落地下生物量与地上生物量的比率亦表现出一定的季节变化 (表 5-15)。其总体规律是:随着植物生长发育的延续,地下/地上比率逐渐减小。但是在某些特殊情况下,也会出现例外情况。例如,1986 年 7 月中旬至 8 月中旬出现了比较严重的干旱,许多植物因此而枯死,结果导致整个群落的地上生物量因植株枯死脱落而下降,其结果是 8 月中旬地下生物量与地上生物量比率不仅没有继续减小,反而出现了较大幅度的上升 (表 5-15)。

## 第二节 短花针茅荒漠草原初级生产力

### 一、短花针茅荒漠草原的基本特点

#### (一) 地理分布

短花针茅系禾本科针茅属须芒组的多年生密丛型植物,属于亚洲中部荒漠草原种,广泛分布于亚洲中部草原亚区荒漠草原带的偏暖气候区域,同时也生长在荒漠区的一些山地。短花针茅株高 30~40cm,芒长 5~8cm,全芒被柔毛。在内蒙古高原,短花针茅 4 月上旬开始萌动返青,5 月下旬至 6 月中旬抽穗开花进入生长盛期,6 月下旬至 7 月上旬颖果成熟脱落,生殖枝开始枯黄进入果后营养期。之后，株丛再次分蘖长出部分营养枝，直至9月下旬株丛逐渐枯黄而进入休眠期越冬。短花针茅株丛干枯残枝的保存率较高，有利于家畜冬春放牧利用。

短花针茅荒漠草原在我国境内的主要分布区为两条连续的分布带：一是从黄土高原丘陵区西北部起，往东向北越过阴山山地直到内蒙古高原中部的南端边缘地区。在这个地区范围内，西起乌梁素海以东的大余太，向东经达茂旗、四子王旗，止于镶黄旗、化德县一带，东西横贯于内蒙古高原中部荒漠草原带的南部边缘，形成一条连续分布在淡栗钙土、暗棕钙土上的以短花针茅建群的荒漠草原分布区。二是在上述短花针茅北部，即达茂旗百灵庙以北与其平行呈东西条状分布，向东止于四子王旗境内。这是从典型草原带向荒漠草原带过渡而首先出现的荒漠草原群落，再向西即可见到更为干旱的小针茅荒漠草原群落。

(二) 种类组成

短花针茅荒漠草原群落的种类构成总体而言比较简单。据张庆等（2009）统计，短花针茅荒漠草原区有高等种子植物31科96属161种。其中种类最多的是菊科29种，其次是豆科25种，禾本科23种位居第三，其后为百合科10种、蔷薇科9种、藜科8种，其他种类较多的科还有唇形科7种、石竹科5种、莎草科5种、鸢尾科5种。禾本科虽然植物种类数不是最多的，但其在荒漠草原群落种类构成中的作用却是最大的。在短花针茅荒漠草原中，除短花针茅构成群落的建群种外，构成群落共建优势种和亚优势种的有隐子草属植物，菊科蒿属植物及豆科锦鸡儿属植物，还可以构成群落次要层片的优势种。多年生杂类草和一年生杂类草中的一些种类构成群落的常见种，如银灰旋花、阿尔泰狗娃花、北芸香（*Haplophyllum dauricum*）、冬青叶兔唇花（*Lagochilus ilicifolius*）等。

## 二、短花针茅荒漠草原地上生物量动态

由表5-16可以看出，短花针茅＋隐子草＋冷蒿群落地上生物量最大值出现于8月底或9月中旬，平均为750kg/hm$^2$左右，变动幅度为526～1179kg/hm$^2$。但地上生物量水平不同年度间变异很大，以地上生物量的最高值计，丰年比歉年高出了1.24倍。由此可见，短花针茅荒漠草原初级生产力年度间的波动性和不稳定性是该类群落的基本特征之一。

表 5-16　短花针茅＋隐子草＋冷蒿群落产量动态（1984～1987 年）

（单位：kg/hm²）

| 日期（日/月） | 1984 年 | 1985 年 | 1986 年 | 1987 年 | 平均 |
| --- | --- | --- | --- | --- | --- |
| 15/5 | 110.70 | 280.35 | 48.18 | 187.20 | 156.61 |
| 30/5 | 205.95 | 558.75 | 85.55 | 261.90 | 278.04 |
| 15/6 | 251.25 | 584.85 | 97.50 | 340.05 | 318.41 |
| 30/6 | 487.35 | 601.20 | 298.85 | 457.20 | 461.15 |
| 15/7 | 888.30 | 625.05 | 382.95 | 453.15 | 587.36 |
| 30/7 | 908.40 | 645.15 | 490.68 | 409.20 | 613.36 |
| 15/8 | 982.35 | 651.30 | 532.65 | 498.30 | 666.15 |
| 30/8 | 1178.70 | 689.10 | 614.38 | 525.90 | 752.02 |
| 15/9 | 1065.75 | 807.00 | 606.00 | 481.95 | 740.18 |
| 30/9 | 919.65 | 685.05 | 523.33 | 434.25 | 640.57 |
| 15/10 | 856.35 | 552.75 | 470.43 | 423.75 | 575.82 |
| 最大值 | 1178.70 | 807.00 | 614.38 | 525.90 | 781.50 |

短花针茅＋隐子草＋冷蒿群落的地上生物量的季节动态表现为"具峰"型，而且有两种不同的表现形式：一种是单峰型曲线，另一种是双峰型曲线（图 5-14），其中单峰型是此类荒漠草原群落初级生产力季节动态的主要表现形式。如图 5-14 所示，在进行地上生物量测定的 4 个年份（1984～1987 年）中，除 1987 年表现为双峰型外，其余 3 年地上生物量的季节动态曲线均表现为单峰

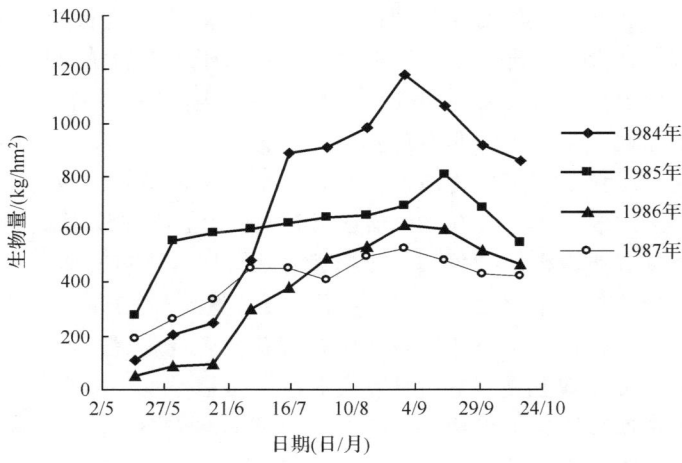

图 5-14　短花针茅荒漠草原初级生产力动态（1984～1987 年）

型。而且大多数情况下，群落的地上生物量最大值出现于8月末或9月中旬。在地上生物量季节动态曲线表现为双峰型的年份，草地初级生产力的第一次高峰出现于6月底，8月底再次形成高峰，但第一峰值明显低于第二峰值。这种变化的代表模式可以用下列方程来表示：

$$Y = a + b_1 T + b_2 T^2 + b_3 T^3 + b_4 T^4$$

式中，$Y$ 为地上生物量（$g/m^2$）；$T$ 为返青期至测定日期的生长时间（天）；$b_1$、$b_2$、$b_3$、$b_4$ 均为常数。

根据野外实际测定结果，对上述多项式进行拟合，短花针茅荒漠草原群落地上生物量动态变化的模拟方程为

$$Y = -12.6801 + 0.2598T + 9.7972 \times 10^{-3} b_2 T^2$$
$$+ 2.9850 \times 10^{-5} T^3 - 7.6720 \times 10^{-8} T^4$$
$$(r = 0.9825, P < 0.01; 23 \leqslant T \leqslant 191)$$

式中，$Y$ 为地上生物量（$g/m^2$）；$T$ 为返青期至测定日期的生长时间（天）。

上述短花针茅荒漠草原地上生物量的动态变化，包含了地上生物量变化的两个性质完全不同的阶段，即地上生物量不断增加阶段和地上生物量持续下降阶段。第一阶段持续时间为4月初至8月底。在这一阶段中，随着牧草陆续返青和个体的生长，植物叶片、枝条的生长量持续增加，干物质的积累速度不断加快，地上生物量稳步上升，直至生长季末，地上生物量达到最大值，这一阶段是短花针茅荒漠草原进行初级生产的阶段。第二阶段从8月底或9月中旬开始，一直持续到翌年4月初。在这一阶段的初期，大多数植物已完成其生活史，开始进入枯黄死亡阶段或休眠状态，植物组织不断枯萎、脱落。只有个别植物种类，如短花针茅、冷蒿等，在此阶段的前期还残留一些绿色组织可以进行微弱的光合作用，地上生物量有时还会表现出一定程度的增长。但由于大多数植物已停止了光合作用，整个群落地上生物量的总体表现仍以持续下降为其基本特征，这一阶段是短花针茅荒漠草原地上生物量的非生产阶段。

对于短花针茅荒漠草原群落地上生物量在生长季内增长阶段的动态变化，基本上可以用一条"S"型增长曲线来描述。这种"S"型曲线形成的原因，与当地的水热条件具有非常密切的关系。牧草返青后，随着温度逐步上升，生长速度也逐渐加快。当生长季中期之前（4~7月）降水量比较充足，而且降水量的分布比较均匀时，短花针茅荒漠草原地上生物量就会表现为逐月增加，直至生长季末达到最大值，形成典型的"S"型增长曲线。可以认为，这种"S"型增长曲线是短花针茅荒漠草原地上生物量在正常年份的典型表现。此时，群落的拟合方程为逻辑斯蒂方程（高永革，1985）：

$$Y = 131.94/(1 + 56.3224 e^{-0.04175T})$$
$$(r = 0.9881, P < 0.01; 23 \leqslant T \leqslant 146)$$

式中，$Y$ 为地上生物量（干重，$g/m^2$）；$T$ 为自返青至测定日期的生长时间（天）。

对短花针茅荒漠草原地上生物量季节增长曲线进行分析可以发现，短花针茅荒漠草原地上生物量生长季增长阶段的积累动态大致可以划分为 4 个阶段：启动阶段、急增阶段、缓增阶段和稳定阶段。启动阶段为 4 月初至 5 月初。4 月初，当气温稳定超过 0℃ 时，牧草开始萌动返青，此时牧草首先动用贮藏在根系、根茎及茎基部的贮藏性营养物质形成新的枝条和叶片。当新的枝叶露出地面后，植物体开始进行光合作用，此时虽然植物细胞的分裂速度快，生长强度也很大，但由于植物个体较小，光合组织数量也较少，同时也由于此时气温还比较低，所以群落地上生物量的生产与积累速度还较慢。5 月初至 7 月中旬是短花针茅荒漠草原地上生物量的急增阶段。进入 5 月后，群落建群种短花针茅由于气温升高及良好的土壤墒情，进入生长旺盛期。同时，其他牧草也开始返青并随气温升高而逐渐进入旺盛的营养生长期，此时短花针茅荒漠草原地上生物量增长迅速，地上生物量增长曲线表现为凹型增长。7 月中旬至 8 月中旬为短花针茅荒漠草原地上生物量的缓增阶段。7 月中旬以后，短花针茅草原群落的大部分组成成分由营养生长转入生殖生长期，建群种短花针茅甚至已经进入了果后营养期，牧草的生长速度逐步下降，光合作用产物主要分配于生殖器官而营养生长居于次要地位，此时群落地上生物量增长缓慢，地上生物量的增长曲线由"凹"型转变为"凸"型，地上生物量的累积速度由不断增加改变为逐渐下降。8 月中旬至 8 月底为短花针茅荒漠草原地上生物量的稳定阶段。进入 8 月中旬，大多数牧草都已进入生殖生长后期或果后营养期，植物光合作用显著降低并逐渐与植物的呼吸作用及衰老组织、枯枝落叶的消耗量趋于平衡，因此，群落地上生物量的增长极为缓慢，直至 8 月底生长季末达到地上生物量的最大值。

短花针茅荒漠草原地上生物量积累所表现出的动态特征除与降水量（特别是与 4～7 月的降水量）的季节动态变化具有非常密切的关系，并受生长季内温度变化及土壤含水量的影响。当 4～7 月降水量偏少且各月份分配不均时，短花针茅荒漠草原地上生物量的增长模式就会偏离"S"型曲线，而表现为"多项式型"曲线。特别是当年降水量较少而且月份分配不均，与牧草生长的水分需求规律不相吻合时，常常致使群落地上生物量的形成与增长时快时慢，甚至于出现生长停滞的现象，从而使地上生物量表现出近似于"双峰型"的增长曲线。一般情况下，在干旱年份，特别是在春末夏初出现严重干旱的条件下，短花针茅荒漠草原地上生物量会表现为一种双峰型动态曲线。可见，短花针茅荒漠草原地上生物量双峰型动态曲线是在大气降水、土壤含水量及温度变化的共同作用下形成的一种特殊的地上生物量积累规律。地上生物量与大气降水、土壤含水量及温度之间的相互关系可以根据下列回归方程进行拟合：

$$Y = a + b_1 X_1 + b_2 X_2 + \cdots + b_n X_n$$

根据 1984～1987 年的地上生物量数据，拟合得到的回归方程如下：
$$Y = 8.3474 + 0.2698X_1 + 3.5825X_2 - 0.05431X_3 \pm 6.13$$
$$(r = 0.926, P < 0.05)$$

式中，$Y$ 为地上生物量（g/m²）；$X_1$ 为返青（4月）至测定前半个月降水量累积值（mm）；$X_2$ 为返青至测定日期土壤水分含量（百分数）累加值；$X_3$ 为返青至测定日期 15cm 土壤积温累加值。

## 三、短花针茅荒漠草原种类构成及其地上生物量动态

由图 5-15 可以看出，短花针茅荒漠草原群落地上生物量主要由 4 个经济类群的牧草构成，即禾本科、蒿类、杂类草和豆科类牧草。其中禾本科类牧草在群落的地上生物量构成中所占比例最大，最少也在 60% 以上，大多数年份都在 80% 以上，某些年份甚至可以超过 90%。其次是蒿类牧草和杂类草，蒿类牧草在群落地上生物量的比例最多不超过 20%，而杂类草的比例则最多可达到 20% 以上。豆科植物在短花针茅荒漠草原群落地上生物量中所占比例平均只有 1% 左右，某些年份豆科牧草在草群中甚至不能形成有效生物量。

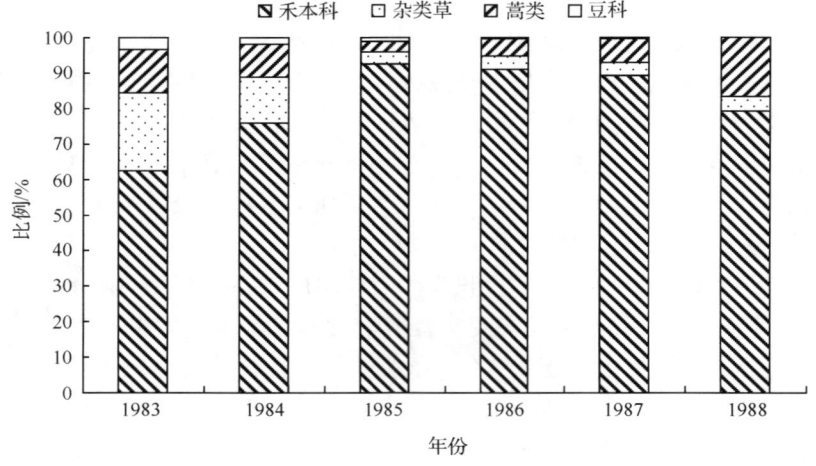

图 5-15　短花针茅荒漠草原地上生物量的种类构成/%

在禾本科类牧草中，对地上生物量贡献最大者为短花针茅，其次是无芒隐子草。由于短花针茅荒漠草原所处环境在荒漠草原分布区域中属于较为优越的区域，水、热同期的自然条件有利于植物的生长，所以短花针茅在群落中所起的作用较大而且比较稳定。一般在 4 月初返青后，短花针茅生长很快，所以在 6 月中旬以前，短花针茅在草群中所占比例常常可达 50% 以上。6 月中旬以后，由于多种杂类草进入旺盛生长期，生物量积累速度加快，在草群中所占的比例也逐步加

大，对群落地上生物量高峰期的出现具有较大贡献。冷蒿、无芒隐子草在生长季前期通常生长较慢，所以，这一阶段两者在群落地上生物量构成中常常不起主要作用。但在生长季的中后期（8月初至8月底），冷蒿与无芒隐子草生长较快，并进入开花结实期，成为影响群落地上生物量的重要类群。通常豆科植物在短花针茅荒漠草原地上生物量构成中所起作用不大。

虽然短花针茅荒漠草原群落地上生物量在生长季内的积累动态为典型"S"型曲线，但构成群落的主要牧草种群的地上生物量积累动态却各有不同。短花针茅种群地上生物量的积累动态基本符合逻辑斯蒂方程所描述的"S"型增长规律，并可用下列方程表示：

$$Y = 37.67/(1 + 12.6203e^{-0.0339T}) \quad (r = 0.9120, P < 0.01; 23 \leqslant T \leqslant 191)$$

式中，$Y$ 为地上生物量（$g/m^2$）；$T$ 为自返青至测定日期的生长时间（天）。

短花针茅种群地上生物量积累的特点是前期增长较快，中后期逐步稳定。生长季前期，短花针茅首先是进行旺盛的营养生长，继而拔节、抽穗并逐步进入生殖生长期（$T$ 为 69～84 天）。生长季早期其他植物种群的生长尚弱，环境资源，特别是土壤水分可以较大程度地满足短花针茅种群生长的需求，从而使得短花针茅种群的地上生物量表现出以凹型曲线为特征的快速增长。此后，当短花针茅种群地上生物量达到其最大值的一半时，地上生物量的增长速度由上升转变为逐步下降。在这一阶段，已经抽穗的枝条迅速开花、结实并逐步进入果后营养期，植物的枝条叶片衰老死亡逐渐增多，同时，由其他植物快速生长而引起的营养物质竞争也逐步加剧，导致了短花针茅种群地上生物量增长变缓，增长曲线由凹型转变为凸型而逐渐变得越来越平缓，并最终趋于停止而达到最高点。此后，随着温度下降，天气变冷，短花针茅完全停止生长继而进入休眠期。直到翌年4月初，短花针茅萌动返青，其地上生物量下降至最低点，一般仅相当于地上生物量最大值的 65% 左右。

无芒隐子草返青较晚，一般要到5月底才返青，返青后初期的生长也比较缓慢。因此，无芒隐子草地上生物量的增长比较平缓。8月中旬结实后营养生长基本停止，叶片和枝条很快枯死脱落，表现为地上生物量的快速下降。其地上生物量动态规律可用下列方程描述：

$$Y = -23.6755 + 0.4748T - 1.6255 \times 10^{-3}T^2 \quad (r = 0.9887, P < 0.01; 84 \leqslant T \leqslant 191)$$

式中，$Y$ 为地上生物量（$g/m^2$）；$T$ 为自返青至测定日期的生长时间（天）。

在短花针茅荒漠草原中，对地上生物量贡献最大的蒿类牧草是冷蒿和柔毛蒿（*Artemisia pubescens*）。其中冷蒿种群地上生物量随生长时间的延续而增加，其变化规律符合下列 2 个回归模型：

$$Y = -2.4864 + 0.1199T \quad (r = 0.9241, P < 0.01; 23 \leqslant T \leqslant 161)$$
$$Y = 33.2407 - 0.0907T \quad (r = 0.9974, P < 0.05; 162 \leqslant T \leqslant 191)$$

式中，$Y$ 为地上生物量（$g/m^2$）；$T$ 为自返青至测定日期的生长时间（天）。

冷蒿返青较早，虽然生长季前期个体低矮，生长缓慢，但由于成熟较晚，直到 7 月进入现蕾期后仍可继续生长，所以，其地上生物量基本上表现为持续增长。冷蒿在现蕾期以后，植物体高度基本趋于稳定，光合作用产物则主要用于茎的增粗和花、果实的形成等。因此，冷蒿种群的地上生物量在整个生长季内基本为线性增长，其生物量积累速率基本为常数 [$0.099 \sim 0.1463 g/(m^2 \cdot 天)$]。

柔毛蒿在短花针茅荒漠草原中的返青期较晚，成熟也较晚。在分枝、孕蕾、开花时期对水分条件变化非常敏感。因此，地上生物量的增长在水热条件较好的情况下，柔毛蒿种群地上生物量的积累速度很快，但到了 8 月底达到最大值后，又表现出快速下降的特点。因此，柔毛蒿的季节动态模式可分为两个阶段，即物质生产阶段和物质消耗阶段。其中物质生产阶段的地上生物量季节动态模式为

$$Y = 2.3238 \times 10^{-10} T^{5.1793} \quad (r = -0.9662, P < 0.01; 69 \leqslant T \leqslant 146)$$

式中，$Y$ 为地上生物量（$g/m^2$）；$T$ 为自返青至测定日期的生长时间（天）。

物质消耗阶段地上生物量的季节动态模式为

$$Y = 37.9162 + 0.4102 T \quad (r = -0.9941, P < 0.01; 146 \leqslant T \leqslant 191)$$

式中，$Y$ 为地上生物量（$g/m^2$）；$T$ 为自返青至测定日期的生长时间（天）。

## 四、短花针茅荒漠草原主要植物地上生物量对群落地上生物量的影响

短花针茅荒漠草原群落地上生物量的季节动态特点，是组成群落的主要植物种群地上生物量变化的综合反映，每一种植物的地上生物量动态特点都会对群落地上生物量产生影响。但不同植物返青萌发的时间不同，返青后的生长发育节律也各不相同，从而造成地上生物量及其动态规律普遍存在较大的种间异质性。因此，不同植物对群落地上生物量的影响常常会因为不同植物种类所具有不同的生物学、生理生态学特点而有所差别，其中影响较大的主要是群落建群种短花针茅及作为群落主要组成成分的蒿类植物。

短花针茅作为群落的建群种，其地上生物量对群落地上生物量的影响很大，特别是在 7 月中旬以前，这种影响更为明显。相关分析表明，短花针茅地上生物量的增长与群落地上生物量的增长具有显著的正相关关系（$r = 0.98$）。在生长季的前期和中期，短花针茅荒漠草原群落的地上生物量主要受短花针茅的影响。而在生长季的中后期，随着短花针茅种群地上生物量的渐趋稳定，以及蒿类植物，如冷蒿、柔毛蒿地上生物量的快速增长，群落地上生物量的动态转而更多地受到蒿类植物地上生物量的制约。相关分析表明，在短花针茅地上生物量渐趋稳定的这一时期，群落地上生物量的变化主要是由蒿类牧草地上生物量的增长所决定（$r = 0.90$）。

从上述分析可以看出，生长季前期短花针茅地上生物量的增长主要决定了群落地上生物量的增长趋势，而生长季中后期，冷蒿和柔毛蒿地上生物量的增长则在短花针茅地上生物量基本稳定的情况下决定了群落地上生物量的波峰。此外，生长季前中期（7月底以前），群落地上生物量与叶片生物量也存在极显著的正相关关系（$r=0.99$）。这说明群落中光合作用器官的多少对群落地上生物量影响较大，群落光合作用器官越多，植物能够吸收的光能就越多，光合作用生产的有机质就越多。

## 五、短花针茅荒漠草原地上生物量的垂直分布状况

群落的垂直结构是生态学研究的重要内容之一，具有非常深刻的生态学意义和生产实践意义。通过对群落垂直结构的分析，可以揭示群落内不同植物种类在群落中的地位与作用，从而为天然草地的合理利用提供理论依据。

短花针茅荒漠草原地上生物量的垂直分布状况与群落建群种短花针茅的生长发育密切相关。短花针茅4月初返青，但初期生长非常缓慢，到4月底植株高度仅7cm左右，故地上部分垂直结构极为简单（图5-16）。此后，随着温度的逐步升高，短花针茅种群的生长逐渐加快，群落的高度也逐步升高，到6月底短花针茅叶层高度达到11cm，生殖枝高度达到19cm，群落地上生物量的分布重心也逐渐向上移动。由于短花针茅地上生物量在群落地上生物量中所占比例始终处于绝对优势，实际上短花针茅种群地上生物量的垂直分布特点也基本决定了群落地上生物量垂直分布的特点。

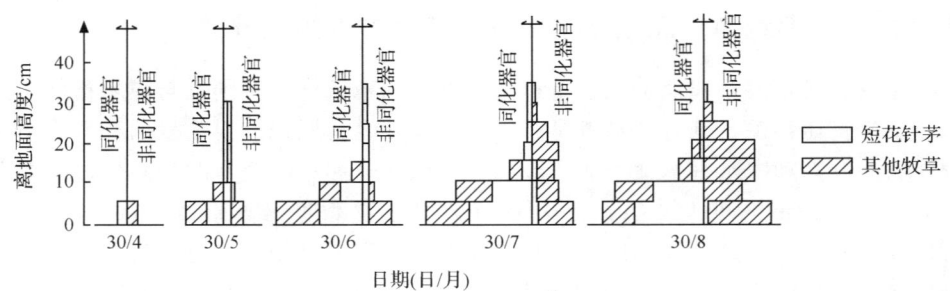

图5-16 短花针茅荒漠草原植物地上生物量垂直结构动态特征

短花针茅属于密丛型下繁草类，生殖枝数量少，在地上生物量中占比较小。所以，尽管短花针茅生殖枝高度可以达到30~40cm，其地上生物量的分布重心仍主要集中于近地面的下层。由图5-16可以看出，短花针茅荒漠草原群落地上生物量的垂直分布特点为自下而上，地上生物量逐层减少：距地面0~5cm层地上生物量占地上生物量总量的比例为49%~91%；5~10cm层下降至9%~

38%；10~15cm 层占 0~13%；15~20cm 层则只有 0~8%。而在 20cm 以上所占比例更小（高永革和李德新，1995）。在地上生物量构成中，主要组成部分为同化器官（叶）生物量，其比例始终高于非同化器官（茎、花）生物量。短花针茅地上生物量的这种垂直分布状况，导致其垂直结构呈现为"偏心金字塔"。

植物地上生物量在空间分布上与其分布高度基本表现为极显著的线性负相关关系，即随着分布高度的增加，地上生物量逐渐下降。两者的关系可以拟合为下列方程：

$$Y = 30.866 - 0.649X \quad (r = -0.97, P < 0.01)$$

式中，$Y$ 为生物量（$g/m^2$）；$X$ 为高度（cm）。

由这个方程可以看出，随着分布高度的增加，分布于这一层次的地上生物量会大大下降。

从时间上来看，短花针茅荒漠草原地上生物量的垂直分布可以划分为 2 个阶段，即同化器官大量积累阶段和非同化器官大量积累阶段。同化器官大量积累阶段主要是返青后至 7 月初。在此期间，群落地上生物量垂直结构变化主要以叶层生物量大量积累为主要特征。群落叶层生物量大量积累，一方面是由于建群种短花针茅叶片的大量积累；另一方面也是由于冷蒿、柔毛蒿等夏季发育植物生长缓慢，在地上生物量中占比较小。非同化器官大量积累阶段以地上生物量中非同化器官生物量所占比例快速增加为特征。7 月初以后，随着气温的升高和降水量的增加，冷蒿、柔毛蒿及一些一年生植物大量生长，同时，短花针茅进入生长发育的中后期，生殖枝数量大幅度增加。

## 六、短花针茅荒漠草原地上生物量与环境条件的相互关系

短花针茅荒漠草原地上生物量积累速率与环境条件，特别是与环境条件中的水热条件密切相关。其总体趋势是，短花针茅荒漠草原地上生物量的积累速率随着气温的升高和降水量的增加而逐步加速，但水分和温度两者的相互作用对地上生物量积累的影响更大。例如，从 1984 年的实测数据（高永革，1985；1986）可以看出，短花针茅荒漠草原从 4 月初返青开始到 5 月中旬，由于气温较低、降水量较少，其地上生物量的积累速度也很慢，仅为 0.23~0.38g/（$m^2 \cdot d$）。而 6 月底至 7 月中旬，由于气温升高和降水量增多，地上生物量的积累速度高达 2.66g/（$m^2 \cdot d$）（表 5-17）。此后，虽然温度仍在升高，但降水量的急剧减少，使植物光合作用减弱但呼吸作用相对加强，导致植物生长发育趋于停滞，致使地上生物量的积累速率显著下降至仅为 0.13g/（$m^2 \cdot d$），成为生长季内地上生物量积累速率的最低点，而此时的气温仍处于较高的阶段。由此可以看出，在一定的温度条件下短花针茅荒漠草原地上生物量的积累更多地取决于降水量的高低。短花针茅荒漠草原这种地上生物量积累随气温，特别是随降水量波动而变化的特

点，反映出群落植物的生长发育与环境条件的一致性。相关分析表明，生长季内，群落地上生物量的动态变化与同期降水量累计值、≥5℃半月积温和土壤积温均呈极显著正相关关系（$P<0.01$），相关系数 $r$ 依次为 0.98、0.97 和 0.97。

表 5-17　水热条件的变化对植物生长的影响（1984 年）

| 日期（日/月） | 生长率/[g/(m²·d)] | 降水量/mm | 气温/℃ |
| --- | --- | --- | --- |
| 7/4~30/4 | 0.23 | 0 | 6.70 |
| 1/5~15/5 | 0.38 | 0.25 | 14.11 |
| 16/5~31/5 | 0.59 | 14.45 | 15.49 |
| 1/6~15/6 | 0.30 | 28.90 | 18.82 |
| 16/6~30/6 | 1.57 | 37.65 | 17.53 |
| 1/7~15/7 | 2.66 | 46.20 | 18.78 |
| 16/~30/7 | 0.13 | 14.05 | 21.17 |
| 1/8~15/8 | 0.49 | 54.68 | 19.45 |
| 16/8~31/8 | 1.30 | 35.15 | 14.72 |
| 1/9~15/9 | −0.75 | 8.45 | 12.23 |
| 16/9~30/9 | −0.97 | 11.40 | 10.91 |
| 1/10~15/10 | −0.42 | 13.40 | 6.33 |

应用最小平方法对短花针茅荒漠草原地上生物量形成影响最大的降水因子进行回归分析表明，生长季内，生物量与同期累积降水量有显著的线性关系。其回归方程的一般为

$$Y = a + bX$$

式中，$Y$ 为地上生物量（g/m²）；$a$ 为回归截距；$b$ 为回归系数；$X$ 为生长季开始至生物量测定日期累积降水量。

经拟合得到的短花针茅荒漠草原群落和主要植物地上生物量与降水量的回归方程列于表 5-18。由表 5-18 可以看出，短花针茅荒漠草原群落的地上生物量与同期累积降水量回归关系显著。其中群落地上生物量的增长有 96% 可归因于降水量，大约每毫米降水量可以形成 0.49g/m² 地上生物量。短花针茅、冷蒿、无芒隐子草和柔毛蒿 4 种群落主要组成成分的地上生物量也均与降水量呈显著或极显著回归关系。4 种植物地上生物量的增长至少有 60% 以上与降水量有关。

表 5-18 生长季内群落及其主要植物地上生物量与同期累积降水量的回归关系

| 主要植物 | $a$ | $b$ | $r^2$ | 显著水平 |
| --- | --- | --- | --- | --- |
| 群落 | 10.7930 | 0.4867 | 0.96 | $P<0.01$ |
| 短花针茅 | 11.0914 | 0.1044 | 0.84 | $P<0.01$ |
| 冷蒿 | 2.1097 | 0.0596 | 0.86 | $P<0.01$ |
| 无芒隐子草 | 1.4835 | 0.0450 | 0.63 | $P<0.05$ |
| 柔毛蒿 | −8.3914 | 0.0471 | 0.95 | $P<0.01$ |

值得注意的是，虽然短花针茅荒漠草原地上生物量积累直接受生长季内水热条件的制约，地上生物量与相应时段的气温、降水量变化也呈现出函数关系，但群落地上生物量高峰与生长季内的水热峰值并不完全同步。群落地上生物量峰值的出现时间常常晚于生长季内水热峰值出现的时间，一般会推迟 15 天左右。这是由群落组成成分对水热条件的时滞反应所致，植物之所以会产生这种时滞反应，主要是由于植物对水热因子的响应首先是通过调节自身的酶系统，并在生长发育、生理功能上产生相应的改变。这种影响是一个渐变的过程，从而导致了上述时滞现象。

## 七、短花针茅荒漠草原地下生物量空间分布及其与地上生物量的关系

在荒漠草原地带，地下生物量的多少及其分布可以反映出植物对土壤水分的利用能力。由于地处干旱环境，短花针茅荒漠草原的大多数植物都具有较强的抗旱能力，其中一个重要特征就是拥有发达的根系。同时，根系作为植物积累和贮藏非结构性碳水化合物的主要器官，对于植物被刈割或被家畜采食后，特别是在叶片大量损失的情况下，能否尽快重新建立光合组织、恢复生长具有决定性作用。因此，植物地下生物量的数量及其分布状态，对地上生物量的影响很大。根据生长季内旺盛生长期（8 月初）的测定资料，短花针茅荒漠草原地下生物量主要集中于近地表的 0～10cm 土壤层，并随着土层深度的增加而逐步减少。在 0～10cm 土壤层中，集中了 0～40cm 土壤层总地下生物量的 56.89%；而在 10cm 以下，地下生物量随土壤深度的增加而急剧下降（图 5-17）。

如果将各土壤层深度除以相应层次的地下生物量的商值作为横坐标，将土壤层次的深度作为纵坐标作图（图 5-18），则在 0～40cm 的范围内，地下生物量随土层深度增加而呈现线性减少（$r=0.99$，$P<0.01$）。两者的关系可表示为

$$\frac{x}{y} = 4.379 \times 10^{-3} x - 0.0368$$

式中，$x$ 为土层深度（cm）；$y$ 为地下生物量（g）。

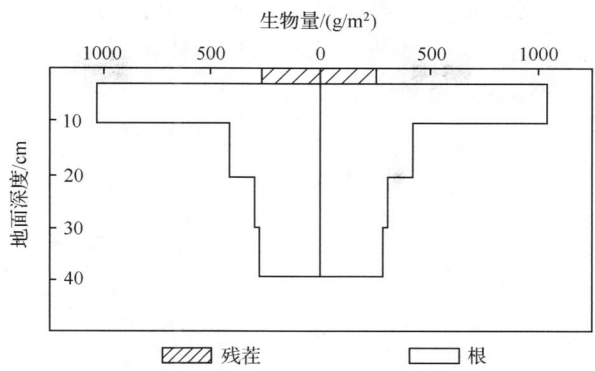

图 5-17　短花针茅荒漠草原地下生物量垂直分布（1984 年 8 月）

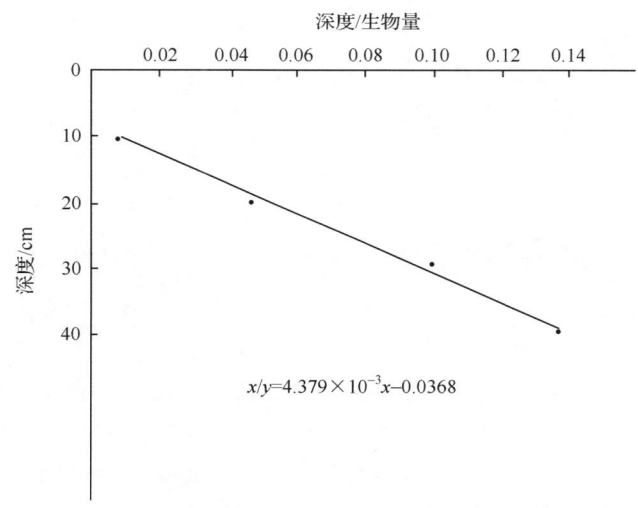

图 5-18　短花针茅荒漠草原地下生物量剖面分布规律（1984 年 8 月）

短花针茅荒漠草原地下生物量为 655.9g/m² （0～40cm 土壤层），其中 0～10cm、10～20cm、20～40cm 土壤层地下生物量的年增长幅度分别为 33.48%、3.6%、19.26%，年绝对增长量分别为 536.3g/m²、15.6g/m²、104.0g/m²。

根据 1984 年 4 月至 1985 年 4 月的实际测定资料，短花针茅荒漠草原地下生物量的季节波动表现为单峰型，其峰值出现于生长季末，即 8 月底或 9 月初，但不同土壤层地下生物量的季节波动规律具有明显差异（图 5-19）。其中 0～10cm 土壤层地下生物量的波动幅度较大，其动态基本与 0～40cm 土壤层的动态一致。而其他土壤层地下生物量虽然也表现出季节波动，但波动的幅度不仅远小于 0～10cm 土层，而且波动规律也与 0～10cm 层和 0～40cm 层不完全一致。因此，可以认为，0~10cm土壤层地下生物量的季节动态决定了地下生物量季节波动的基本规律，其他土壤层地下生物量的季节动态只是影响到0~40cm层地下生物量峰值的幅度，而不影响其动态规律。

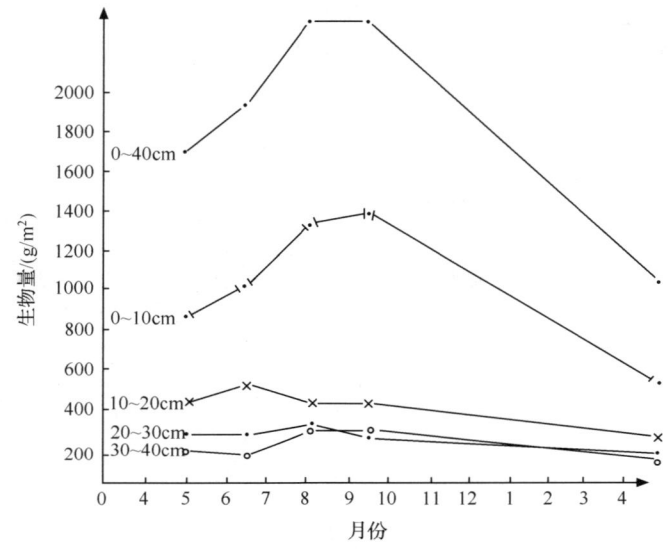

图5-19 短花针茅荒漠草原地下生物量季节动态

由图5-19可以看出，生长季末（9月初）至翌年4月返青前，短花针茅荒漠草原地下生物量持续下降，0~40cm土壤层地下生物量下降的幅度高达56%。但不同土壤层地下生物量下降幅度差异很大。0~10cm土层地下生物量下降幅度最大，而且与0~40cm土层地下生物量下降规律一致。其他土壤层地下生物量不仅下降幅度要小得多，而且其波动规律也与0~40cm土壤层不完全一致。

短花针茅荒漠草原地上、地下生物量可以达到773g/m$^2$，其中85%分配于地下部分，而地上绿色部分所占比例仅15%，即地下生物量是地上生物量的5倍以上。可以认为，这是荒漠草原植物对恶劣环境的自然适应，是在生物进化历程中，通过自然选择获得的适应机制。因为作为一种以多年生植物组成的群落，短花针茅荒漠草原无论在植物的返青生长，还是度过不良环境的胁迫，都需要将数量庞大的地下部分作为主要养分贮藏库，并将其作为生命延续的主要物质基础。

## 第三节 荒漠草原其他群落类型初级生产力

### 一、戈壁针茅荒漠草原初级生产力

戈壁针茅为超旱生多年生密丛型小禾草,叶层高 20～30cm,生殖枝高 30～40cm,草丛直径 4～5cm,最大不超过 10cm。戈壁针茅在内蒙古高原 4 月上旬返青,5 月下旬至 6 月上旬开花,6 月中下旬种子成熟。戈壁针茅为山地草地上的优等饲用植物,各种家畜均喜食。戈壁针茅的出现,总是与山地和石质丘陵上部的砾石性原始粗骨土生态条件保持着密切联系。由于生境的限制,戈壁针茅只能形成小面积的群落片段,常以岛状形式与其他砾石生群落组合在一起,构成群落复合体。由于其分布于石质山地和丘陵的顶部,最适于放牧山羊。

戈壁针茅在内蒙古高原区组成的主要草地类型有戈壁针茅+线叶菊(*Filifolium sibiricum*)荒漠草原、戈壁针茅+山蒿(*Artemisia brachyloba*)荒漠草原、戈壁针茅+冷蒿荒漠草原、戈壁针茅+女蒿荒漠草原和戈壁针茅+蓍状亚菊荒漠草原等。

#### (一) 戈壁针茅+冷蒿+杂类草群落

戈壁针茅+冷蒿+杂类草荒漠草原产量动态表现为单峰型,其地上生物量峰值接近 520kg/hm² (表 5-19)。该类草地地上生物量的积累前期比较缓慢,直到进入 7 月后才进入快速生长期,并一直持续到 9 月中旬达到最大值。所以,戈壁针茅+冷蒿+杂类草荒漠草原同样也表现为后期增长型。

表 5-19 戈壁针茅+冷蒿+杂类草荒漠草原产量动态

(单位:kg/hm²)

| 项目 | 4月 | 5月 | 6月 | 7月 | 8月 | 9月 | 10月 | 11月 |
| --- | --- | --- | --- | --- | --- | --- | --- | --- |
| 产量 | 84.00 | 87.00 | 226.50 | 294.00 | 405.00 | 519.00 | 334.50 | 301.50 |

资料来源:常秉文和苗忠,1989。

#### (二) 山蒿+戈壁针茅+冷蒿群落

山蒿+戈壁针茅+冷蒿荒漠草原地上生物量未进行逐月测定,而是分为春、夏、秋、冬 4 个季节进行测定。由表 5-20 可以看出,此类草地的地上生物量峰值出现于夏、秋之间,最大峰值可以达到 460kg/hm²。各个季节地上生物量的年度间波动较大,表明该类草地的生物量稳定性较差。

表 5-20 山蒿十戈壁针茅十冷蒿荒漠草原产量动态及夏季产量构成

(单位：$kg/hm^2$)

| 年份 | 月份 | | | | 夏季生物量构成/% | | | |
|---|---|---|---|---|---|---|---|---|
| | 4（春） | 8（夏） | 10（秋） | 1（冬） | 禾本科 | 豆科 | 菊科 | 杂类草 |
| 1983 | 136.95 | 330.75 | 223.65 | 211.65 | 49.12 | 1.00 | 26.67 | 23.22 |
| 1984 | 120.45 | 652.80 | 221.25 | 167.85 | 58.09 | 1.15 | 24.56 | 16.20 |
| 1985 | 258.75 | 451.65 | 374.25 | 360.9 | 66.59 | | 26.07 | 7.34 |
| 1986 | 350.25 | 249.90 | 460.05 | 258.15 | 35.23 | | 58.22 | 6.54 |
| 平均 | 216.60 | 421.28 | 319.80 | 249.64 | 52.26 | 0.54 | 33.88 | 13.33 |

资料来源：常秉文和苗忠，1989。

在夏季生物量中，禾本科植物所占比例较大，4年平均达到52%，但禾本科植物生物量的年度变化幅度较小，其最大值仅为最小值的1.89倍。而豆科植物与菊科植物夏季生物量的波动幅度略大于禾本科植物，分别为2.1倍和2.4倍。波动最大者为杂类草，其夏季生物量最大值较最小值可高达3.5倍。

## 二、沙生针茅荒漠草原初级生产力

沙生针茅为超旱生丛生禾草，叶层高10～15cm，生殖枝高20～30cm。一般4月初返青，5月下旬到6月上旬开花，6月中旬、下旬种子成熟。干旱年份很少开花结实。沙生针茅对干旱气候具有很强的适应能力。其分布区湿润系数为0.13～0.3，年均降水量150～300mm，$\geqslant 10℃$的生物学活动年积温为2200～3000℃。

据《内蒙古植被》记载（中国科学院内蒙古宁夏综合考察队，1985），沙生针茅荒漠草原在我国主要分布在内蒙古高原西部和东阿拉善—西鄂尔多斯高原的沙质、砂砾质棕钙土地带（海拔1100～1300m）。此外，在荒漠地带沿着干燥山坡，沙生针茅可上升到海拔3700～3900m的高山，形成山地草原的一个组成成分，因此沙生针茅在狼山、贺兰山、龙首山、马鬃山、祁连山、阿尔泰山等山地植被中占有一定的位置。在荒漠地带的浅覆沙洼地及沟谷等局部生境中亦有零星片段出现。

沙生针茅荒漠草原往往具有不同程度的灌丛化特点。灌木层片主要为中间锦鸡儿、矮锦鸡儿和狭叶锦鸡儿等。禾草层片中除以沙生针茅为建群种外，稳定的亚优势种成分为小针茅和无芒隐子草。半灌木层片也比较发达，常见的代表植物有女蒿、蓍状亚菊、冷蒿和旱蒿等。

沙生针茅+沙生冰草+冷蒿荒漠草原地上生物量季节动态表现为单峰型（表5-21），峰值一般出现于8月中旬或9月中旬，属于比较典型的生长后期增长型。在进行地上生物量测定的3年中（1984～1986年），其地上生物量平均最大值接近520kg/hm$^2$，出现在9月中旬。例如，以9月的地上生物量的平均值为100%，则其他各月份分别为：5月中旬33.99%，6月57.32%，7月68.03%，8月93.10%，10月58.96%，而在枯草期的时间段内，其地上生物量则仅为9月的23.15%（4月）和47.46%（11月）。

表5-21 沙生针茅+沙生冰草+冷蒿荒漠草原产量动态

（单位：kg/hm$^2$）

| 年份 | 4月 | 5月 | 6月 | 7月 | 8月 | 9月 | 10月 | 11月 |
|---|---|---|---|---|---|---|---|---|
| 1984 | 135.15 | 177.00 | 190.20 | 346.80 | 349.80 | 397.35 | 240.45 | 220.35 |
| 1985 | 169.35 | 225.75 | 413.85 | 415.80 | 447.15 | 421.20 | 279.15 | 228.60 |
| 1988 | 55.80 | 126.30 | 288.15 | 296.25 | 652.20 | 738.00 | 398.10 | 289.80 |
| 平均 | 120.10 | 176.35 | 297.40 | 352.95 | 483.05 | 518.85 | 305.90 | 246.25 |

资料来源：常秉文和苗忠，1989。

## 三、芨芨草盐化草甸初级生产力

### （一）群落地上生物量植物经济类群组成及其变化

芨芨草盐化草甸在不同季节和不同年度地上生物量植物经济类群组成如表5-22所示。在各放牧地类型饲料贮藏量的组成中，禾草类占第一位，表明芨芨草在禾草类和群落中占有重要位置。其次为杂草类和蒿类，豆科植物所占比例最小。在不同年份里，各植物经济类群产量虽然有变化，除蒿类植物受干旱年份的影响较大外，其他经济类群比较稳定。

表5-22 各放牧地类型不同季节植物经济类群占总生物量的百分比（%）

| 年份 | 禾本科 | | | | 豆科 | | | | 蒿类 | | | | 杂草类 | | | |
|---|---|---|---|---|---|---|---|---|---|---|---|---|---|---|---|---|
| | 春 | 夏 | 秋 | 冬 | 春 | 夏 | 秋 | 冬 | 春 | 夏 | 秋 | 冬 | 春 | 夏 | 秋 | 冬 |
| 1959 | 52.8 | 45.4 | 35.9 | 55.1 | 4.8 | 4.5 | 1.4 | 1.1 | 4.1 | 31.5 | 52.5 | 37.4 | 39.3 | 18.6 | 10.2 | 6.4 |
| 1960 | 68.7 | 55.9 | 49.7 | 63.7 | 0.8 | 6.7 | 5.2 | 2.8 | 20.0 | 18.5 | 29.1 | 22.2 | 10.5 | 18.9 | 15.9 | 11.1 |
| 1961 | 93.1 | 65.2 | 74.8 | 88.2 | 1.3 | 3.4 | 1.3 | 0.4 | 0.8 | 2.7 | 0.04 | 0.02 | 4.9 | 28.7 | 23.9 | 11.2 |
| 平均 | 71.5 | 55.5 | 53.5 | 69.10 | 3.3 | 4.9 | 2.6 | 1.4 | 8.3 | 17.6 | 27.2 | 19.9 | 18.2 | 22.1 | 16.7 | 9.6 |

资料来源：许令妊等，1995。
注：以同年总生物量为100%。

### （二）群落地上生物量季节变化

芨芨草盐化草甸群落地上生物量在一年内的不同季节具有明显变化

（表5-23）。通常，地上生物量均以秋季（9月）为最高，夏季产量为秋季的71.1%，冬季次之为51.75%，春季最少为43.0%。由此可知，就饲料贮藏量的季节变化规律而言，秋季高于夏季，冬季高于春季。

表5-23 各放牧地类型季节饲料贮藏量组成及其变化（单位：kg/hm²）

| 年份 | 春 | | | 夏 | | | 秋 | | | 冬 | | |
| --- | --- | --- | --- | --- | --- | --- | --- | --- | --- | --- | --- | --- |
| | 产量 | 季节变化/% | 3年比较（以1959年为100%） | 产量 | 季节变化/% | 3年比较（以1959年为100%） | 产量 | 季节变化/% | 3年比较（以1959年为100%） | 产量 | 季节变化/% | 3年比较（以1959年为100%） |
| 1959 | 231.4 | 17.6 | 100.0 | 1221.4 | 96.7 | 100.0 | 1314.8 | 100.0 | 100.0 | 656.5 | 49.9 | 100.0 |
| 1960 | 643.4 | 89.4 | 277.9 | 571.8 | 79.5 | 46.8 | 719.5 | 100.0 | 54.7 | 356.2 | 49.5 | 54.2 |
| 1961 | 410.5 | 42.8 | 177.5 | 335.4 | 33.8 | 27.4 | 959.1 | 100.0 | 72.9 | 528.4 | 55.0 | 80.4 |
| 平均 | 428.3 | 43.0 | | 709.5 | 71.1 | | 997.8 | | | 513.6 | 51.5 | |

## （三）群落地上生物量年度变化

由于主要受降水量的影响，芨芨草盐化草甸群落地上生物量年度变化较大（表5-24）。在测定的3年中，以降水量偏多的1959年的群落地上生物量作为100%，则降水量偏少且低于3年平均降水量的1960年和1961年较1959年的群落地上生物量分别下降32.4%和35.4%。

表5-24 各放牧地类型饲料贮藏量动态的研究

| 年份 | 产量/（kg/hm²） | 3年比较（1959年为100%） | 年降水量/mm |
| --- | --- | --- | --- |
| 1959 | 810.9 | 100.0 | 300.6 |
| 1960 | 548.6 | 67.6 | 146.6 |
| 1961 | 524.1 | 64.6 | 189.9 |
| 平均 | 629.1 | | 212.4 |

# 第六章 荒漠草原牧草再生性研究

牧草再生性是指牧草被刈割或被放牧家畜采食后重新生长的特性，是保证草地自我更新、自我修复的基础，也是多年生草地植物可持续利用的根本内因所在。牧草再生性的优劣一般用再生速度、再生次数和再生强度进行衡量。牧草再生时，单位时间内再生的高度称之为牧草的再生速度，一个生长季中可忍受刈割和放牧利用的次数叫做再生次数，形成干物质的数量则叫做再生强度。刈割或放牧使牧草失去了全部或部分叶片与枝条，打断了牧草正常的生长发育节律，对牧草的内部生理生化过程和外部形态都会产生强烈的影响，并最终表现出不同的再生性能。天然草地牧草再生性研究是草地合理利用最重要的基础性资料之一，通过在代表性地段设置观测研究样地，进行长期、系统的草地牧草再生性定位研究，不仅可以提供不同季节草地的地上生物量，以及不同利用时间、不同利用次数、不同利用强度对草地的即时影响，而且还可以提供利用时间、利用次数及利用强度对草地后期及其此后数年的影响。

我国有关牧草再生的研究开始的时间较早。20世纪50年代末期，在内蒙古锡林郭勒盟查干敖包草原改良实验站、内蒙古乌兰察布市（原乌兰察布盟）达茂联合旗伊克乌素荒漠草原定位实验站及呼伦贝尔市（原呼伦贝尔盟）新巴尔虎左旗牡丹阿木吉草原改良实验站就开展了草地牧草再生性的研究，并用油印本的形式对试验的结果进行了总结（章祖同和胡其文，1960；内蒙古自治区锡林郭勒盟查干敖包草原改良实验站，1963a；1963b；金旭振，1963）。但由于十年"文化大命革"的影响，这一研究工作中间停顿了较长的时间，直到20世纪70年代，一些学者在内蒙古（李德新，1982）、新疆（许鹏等，1979）等地才又开始了草地牧草再生性的研究。1978年后，有关牧草再生性及与此相关的贮藏性碳水化合物的研究进入了快速发展时期（曹自成和易津，1983；魏均和南寅镐，1983）。在此后10余年中，内蒙古农牧学院（现内蒙古农业大学）草原专业相继培养了一批以牧草再生性为主要研究方向的硕士研究生（赵钢，1985；蒙荣，1986；王红霞，1988；赵萌莉，1991）。牧草再生性及与再生性有关的贮藏性养分的研究论文大量涌现（许志信等，1993a；1993b；李振武和许鹏，1993；1994；巴图朝鲁等，1994；许志信和白永飞，1994；赵萌莉和许志信，1994；1998；阿不来提等，1995；白可喻等，1996a；1996b；1997；白永飞等，1996；刘君，1996；李振武和陈敬峰，1996a；1996b；杨锦忠和 Mathew，1997；汪诗平等，1998；鲁彩艳和刘颖茹，2001；戎郁萍等，2001；王静等，2003；2005；刘军萍等，

2003；刘艳等，2004；刘颖等，2004；温方等，2007）。经过几代人数十年的研究，目前，对于牧草再生的方式及其机理都有了比较清晰的认识。

牧草刈割或放牧受损后的再生性能主要取决于牧草的遗传特性，因此，不同的牧草会有不同的再生性表现。但是，草地利用方式及生产经营管理水平也会影响牧草再生表现，并决定其在生长季中可利用的次数和收获量，甚至于进而成为对草地管理和合理利用起着决定性作用的因素。例如，牧草在刈割或放牧受损后，是否能够及时获得水分与营养物质的补充，牧草受损的严重程度以及受损频次等均可以改变牧草的再生性表现。因此，牧草的再生性及其影响因素很早就受到了国内外许多专家学者的关注。进入20世纪以后，有关牧草再生性的研究进一步增多，涉及的内容也越来越广。人们不仅仅只是局限于牧草本身的再生性的单一角度去进行研究，而是进一步深入地了解利用强度、利用频度、利用始期、利用终期等不同利用方式对牧草再生性影响的机理，即从生理的角度，甚至从进化的角度去进行深入探讨和研究。

利用强度是影响牧草再生性最重要的因素之一。一般来讲，高强度利用会导致牧草再生能力降低，牧草总产量下降（Aldous，1930；李德新，1982；阎贵兴和宁布，1982）。但是，也有相当数量的试验结果表明，当年利用强度增加时，牧草的产量反而表现为增加（章祖同和胡其文，1960；Bakar and Hunt，1961）。这说明，强度利用虽然不利于草地植物再生，但在某些特殊情况下，牧草可能会有特殊的表现。刘颖等（2004）在羊草草地的研究表明，羊草草地的再生草产量和再生草生长速率的最大值出现在适度放牧强度条件下，而低放牧强度和高放牧强度条件下，羊草草地的再生草产量和再生速率均低于适度放牧。孙明和章瑞华（1991）的研究也表明，齐地面刈割的紫花苜蓿，其再生草产量不仅不比高留茬紫花苜蓿低，反而还显著高于留茬刈割的紫花苜蓿。这种现象的出现，主要是由于齐地面刈割刺激了紫花苜蓿根颈休眠芽，其由休眠状态转变为激活状态而开始生长。而留茬高的紫花苜蓿受到的刺激较小，休眠芽被激活的数量少。

利用时间是影响牧草再生性的另一个重要因素。许多学者认为，第一次利用时间对于牧草的再生性影响较大。因为第一次利用时间的早晚，不仅会影响牧草当年的再生，甚至于还会影响牧草翌年的生长发育。大多数试验都表明，早春利用会严重影响牧草的再生。这主要是因为牧草在返青时要大量消耗其贮藏性营养物质，牧草秋季贮藏的营养物质大约75%被用于春季返青生长（内蒙古农牧学院，1999），此时利用极易造成牧草贮藏性养分衰竭而引起牧草的衰退和死亡。但是，第一次利用时间过晚也会引起牧草再生能力的下降。大量试验表明，随着第一次利用时间的延迟，牧草的再生能力逐步下降（李德新，1982；阎贵兴和宁布，1982）。章祖同和胡其文（1960）在呼伦贝尔的研究表明，天然草地在放牧利用时，当首次利用时间由5月下旬逐月延迟直至8月下旬时，再生草产量占草地总产草量的比例也逐月下降,至 7 月下旬,该比例已由 80％以上下降至不足 20％;延迟至 8 月下旬时已无再生草产量(章祖同和胡其文,1960)。尤其是在牧草已不能再生或成熟以前完全刈割对牧草的危害最大。

利用频度对牧草的再生亦产生较大的影响。合理的利用频度能够激活牧草休眠芽,并促进牧草分蘖,从而促进牧草的再生并提高其地上生物量。同时,由于新生的再生草细胞、组织更加幼嫩,所以适口性更好,营养物质的含量也更高,牧草的品质也因此而得到提高。但是,随着利用频度的加大,刈割或放牧对牧草的不利影响就会超过牧草所能得到的益处,并进而抑制牧草地上部分生长。在高频度利用下,牧草地上部分有效光合面积因刈割或放牧而大大减少,光合作用产物难以满足植物再生阶段及其快速生长阶段对能量和碳水化合物等有机物质的需求,并最终影响牧草的干物质积累(张秀萍和韩建国,2002)。

刈割或放牧利用所导致的牧草地上部分光合器官的减少,不仅使光合作用产物输入地下部分的数量不足,并使牧草地下部分生物量减少,而且还会影响牧草地下部活性,结果对植株再生能力产生负面影响(孙启忠等,2001)。对绿色植物而言,影响其光合作用的不仅仅是光合器官的多少和面积的大小,根系能否从土壤中吸收到足够的水分和营养元素,对光合作用能否正常进行同样有着举足轻重的作用。例如,即使在留茬较高和优良水肥的条件下,频繁刈割对牧草再生能力和干物质生产仍然具有非常明显的负面效应,这说明刈割不仅仅减少了植物地上部分有效光合面积,同时还可能对根系活力产生了不利影响,干扰了牧草的正常生长(杨锦忠和 Mathew,1997)。

牧草再生性与地下部根系的这种相互关系,更多的是与牧草贮藏性养分(即牧草茎基部、根系及根茎中贮藏的非结构性碳水化合物)有关。虽然根系中非结构性碳水化合物含量不是最高,但由于根系数量巨大,所以,根系常常是植物体贮藏性碳水化合物绝对数量最大的贮藏库。一般而言,牧草的再生均有赖于植株残余光合器官和(或)贮藏性非结构碳水化合物提供再生所需要的能量。因此,受损牧草,特别是失去全部叶片的牧草,贮藏碳水化合物含量的高低对其再生起着决定性的作用(许志信和白永飞,1994)。早在 20 世纪上半叶人们就已经注意到了牧草刈割后的再生能力与根系非结构性碳水化合物水平间的密切相关性(Graber et al.,1927),并将根系碳水化合物的含量用作指示植物再生能力的指标物质(Jameson,1963)。Smith 和 Marten(1970)用 $^{14}C$ 同位素标记的方法研究了根部碳水化合物对地上部分再生的影响。结果表明,刈割前贮藏于植物根部的碳水化合物对刈割后植物地上部分的再生具有非常积极的影响。Feltner 和 Massengale(1965)也指出,植物根系中总的碳水化合物浓度与地上部分的产草量呈正相关关系。许志信和白永飞(1994)的研究表明,大多数牧草每次刈割后 5 天,因再生需要消耗贮藏碳水化合物,其根系总糖和还原糖的含量呈现下降状态；在刈割后 10～15 天，根系总糖和还原糖的含量增加。

## 第一节  小针茅荒漠草原牧草再生性

### 一、刈割强度对小针茅荒漠草原牧草再生性的影响

(一) 刈割强度对牧草再生次数的影响

刈割强度对小针茅荒漠草原再生次数的影响主要表现为，高强度刈割条件下，群落的再生次数明显低于低强度刈割（表6-1）。当刈割始期在5月中旬且留茬2cm的情况下，小针茅草原牧草最多可再生4次，但当留茬由2cm降低至0cm（齐地面）时，即刈割强度加大时，草群的再生次数则由4次降为3次。与齐地面刈割相比，留茬2cm刈割时，小针茅草原牧草的再生次数明显增多，两者间差异显著（$P<0.05$）。当刈割始期由5月中旬延迟到7月中旬时，这种趋势仍然保持。

表 6-1  不同刈割强度对小针茅草原牧草再生次数的影响（1959年）

| 项目 | 初次刈割日期（日/月） | | | |
|---|---|---|---|---|
| | 15/5 | | 15/7 | |
| 留茬高度/cm | 2 | 0 | 2 | 0 |
| 再生次数 | 4 | 3 | 2 | 1 |

注：再生草高度达到8cm时进行再生草刈割。

(二) 刈割强度对牧草再生草产量的影响

草地利用强度不仅影响牧草再生次数，同时也影响牧草再生草的数量。轻度利用条件下（留茬2cm），牧草的再生草产量显著高于重度的齐地面刈割，前者几乎是后者的2倍（表6-2）。从再生草占总产量的比例来看，利用强度的影响也随着初次利用时间的变化而有所不同。当初次利用时间不同时，利用强度对再生草产量在牧草总产量中的比例具有显著影响。在早期开始进行低强度的留茬2cm刈割情况下，再生草在总产量中的比例高达79%，显著高于齐地面刈割的52%（$P<0.05$）。

当首次利用时间延迟至7月中旬的时候，利用强度对再生草产量的影响发生了变化。在较低利用强度条件下，虽然牧草可以再生2次，其再生草产量（21.09g/m$^2$）却显著低于只有一次再生草的高强度利用（30.61g/m$^2$；$P<0.05$）。

表 6-2 不同刈割强度对小针茅草原牧草再生草产量的影响（1959 年）

| 项目 | 初次刈割日期(日/月) | | | |
| --- | --- | --- | --- | --- |
| | 15/5 | | 15/7 | |
| | 留茬 2cm | 齐地面刈割 | 留茬 2cm | 齐地面刈割 |
| 总产量/(g/m²) | 69.70 | 56.56 | 64.95 | 84.48 |
| 初生草产量/(g/m²) | 15.62 | 26.99 | 43.86 | 53.87 |
| 再生草产量/(g/m²) | 54.90 | 29.57 | 21.09 | 30.61 |
| 第一次再生草/(g/m²) | 11.89 | 7.81 | 16.85 | 30.61 |
| 第二次再生草/(g/m²) | 17.87 | 15.40 | 4.24 | — |
| 第三次再生草/(g/m²) | 21.17 | 6.36 | — | — |
| 第四次再生草/(g/m²) | 3.16 | — | — | — |
| 再生草/总产量/% | 78.77 | 52.28 | 32.47 | 36.23 |

注：再生草高度达到 8cm 时进行再生草刈割。

从再生草产量占总产量的比例来看，利用强度的影响则不明显。两种利用强度下的再生草/总产量无显著差异（$P>0.05$），而且均由 50% 以上降至 35% 左右（表 6-2）。首次利用时间延迟的条件下，齐地面刈割是导致牧草再生草数量增加的主要原因，由于此时正值雨季，降水较多，大量一年生植物萌发生长，高强度的齐地面刈割后，减弱了植物对阳光的遮蔽而有利于一年生植物的生长。大量一年生植物的生长不仅增加了草地牧草的再生草产量，同时也增加了草地牧草的总产量，致使高强度利用情况下的草地牧草总产量显著高于较低强度利用。但需要指出的是，这种增加只是暂时的，难以长期维持。因此，在生产实践中，还是要尽可能避免这种高强度利用的情况出现，以避免引起草地的退化和草地环境的不良变化。

（三）刈割强度对牧草再生草产量构成的影响

从再生草产量构成来看，刈割强度的影响主要体现在以小针茅为主的禾本科类群及蒿属植物类群上。由表 6-3 可以看出，高强度利用下，禾本科植物类群在产量中的构成比例趋向于增加，而蒿类植物在产量中的构成比例趋于下降，而且这种随刈割强度变化而变化的产量构成比例的趋势，并未随着首次利用日期的延迟发生明显的改变。出现这种现象的原因：一是由于在连续的高强度刈割条件下，其他植物的生长受到的抑制较小针茅更大，所以，即使小针茅本身的数量没有增加，但其相对数量的增加，仍然可以表现为禾本科类群的比例增加。二是在较轻度利用的情况下，其他植物，特别是以冷蒿为主的蒿类植物可以避免受到刈割的伤害。在后续的再生过程中，特别是进入 7 月以后，随着降水量的增加，草地植物水分供给条件改善，冷蒿由匍匐型营养生长转为生殖型的直立生长，使其在再生草产量构成中的比例大大增加；而齐地面强度刈割条件下，冷蒿也同样受到刈割的伤害，因此无法及时转为直立生长。这两方面的原因导致了高强度刈割条件下禾本科类群在产量构成中的比例增加而蒿类植物比例减少。

表 6-3  不同刈割强度对小针茅草原牧草再生草产量构成的影响（1959 年）

| 项目 | 初次刈割日期（日/月) | | | |
| --- | --- | --- | --- | --- |
| | 15/5 | | 15/7 | |
| | 留茬 2cm | 齐地面刈割 | 留茬 2cm | 齐地面刈割 |
| 禾本科/% | 28.31 | 41.12 | 22.81 | 29.73 |
| 豆 科/% | 0.35 | — | 0.85 | 3.27 |
| 蒿 属/% | 51.51 | 39.67 | 46.37 | 33.32 |
| 杂类草/% | 18.36 | 19.48 | 29.82 | 33.68 |

杂类草在狭叶锦鸡儿—小针茅＋无芒隐子草荒漠草原牧草再生草产量构成中的比例基本不受利用强度的影响。在首次利用日期一致的情况下，强度利用与轻度利用之间，杂类草在再生草中的比例无显著差异（表 6-3）。

## 二、刈割时间对小针茅荒漠草原牧草再生性的影响

（一）不同刈割时间对牧草产量和再生草产量的影响

在一年多次利用情况下，小针茅荒漠草原最高产量可达 $87g/m^2$，变动范围为 $52\sim87g/m^2$。再生草最大产量可以达到 $61g/m^2$，草群最高产量与再生草最高产量同时出现于 5 月底开始初次利用时（图 6-1）。

初次利用时间对小针茅荒漠草原牧草再生性具有非常重要的影响。从草地牧草达到放牧利用高度的 5 月中旬开始，随着初次利用时间从 5 月中旬按照半个月的间隔向后延迟，初生草产量基本上表现为逐步增加，但牧草的再生次数和再生草产量却在最初表现为增加后，转而表现为逐步下降；当首次利用时间延迟至 8 月底时，草群已完全失去再生能力，无法形成再生草（图 6-1）。

（二）不同刈割时间对再生草产量构成的影响

由表 6-4 可知，在一年多次利用情况下，初生草产量构成中，禾本科植物所占比例最大，其次是蒿类植物，第三是杂类草，豆科植物所占比例最低，平均不足 1%。

初生草产量构成中禾本科植物所占比例为 27%～76%（平均 47%）。随着首次利用时间的延迟，禾本科植物在初生草产量构成中所占的比例逐步下降，从 5 月中旬的 75.54% 一直持续下降至 7 月底，达到最低值 27.44%。此后，随着首

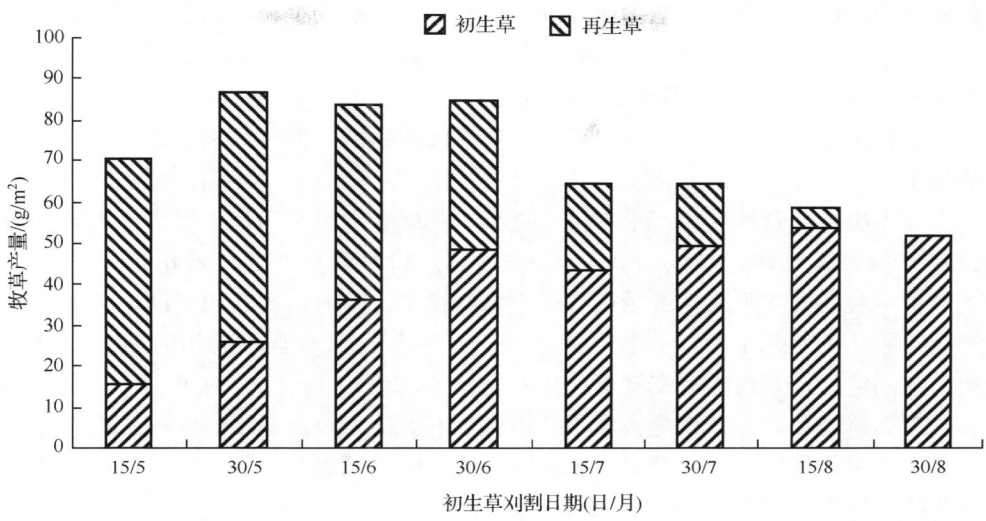

图 6-1 初生草刈割时间对小针茅草原牧草再生性的影响
再生草高度达到 8cm 时进行再生草刈割,留茬 2cm

次利用时间的延迟,其构成比例又有所增加,至 8 月底可以恢复到 36.68%。

表 6-4 初生草刈割时间对多次利用小针茅草原再生草产量构成的影响

(单位:%)

| 项目 | | 初生草刈割时间(日/月) | | | | | | | | |
|---|---|---|---|---|---|---|---|---|---|---|
| | | 15/5 | 30/5 | 15/6 | 30/6 | 15/7 | 30/7 | 15/8 | 30/8 | 平均 |
| 初生草 | 禾本科 | 75.54 | 64.62 | 61.98 | 41.50 | 33.42 | 27.44 | 33.42 | 36.68 | 46.83 |
| | 豆科 | — | — | — | 0.10 | 0.46 | 1.57 | 1.30 | 1.41 | 0.97 |
| | 蒿属 | — | — | — | 29.09 | 21.3 | 46.61 | 40.09 | 40.23 | 35.46 |
| | 杂类草 | 24.46 | 35.38 | 38.02 | 29.31 | 44.82 | 24.38 | 20.19 | 21.57 | 29.77 |
| 再生草 | 禾本科 | 28.62 | 21.07 | 21.96 | 26.80 | 22.81 | 23.41 | 50.85 | — | 27.93 |
| | 豆科 | 0.35 | 0.66 | 0.69 | — | 7.81 | 2.25 | — | 2.10 | |
| | 蒿属 | 52.09 | 52.91 | 52.51 | 49.49 | 46.37 | 40.96 | 19.40 | — | 44.82 |
| | 杂类草 | 18.57 | 25.36 | 23.44 | 25.78 | 29.82 | 27.82 | 27.50 | — | 25.47 |

注:再生草高度达到 8cm 时进行再生草刈割,留茬 2cm。

蒿属植物在初生草产量构成中的比例为 21%~47%(平均 35%)。蒿属植物在生长季的前期未能形成产量,直到 6 月底才在初生草产量中出现,并持续增加到 7 月底,达到 46.61%,此后基本稳定在 40%。

杂类草在初生草产量构成中的比例为 20%~45%(平均 30%),但其比例随首次利用时间的改变而变化的规律性不明显。大体上在生长季前期，即从 5 月中旬至 6 月中旬，杂类草的比例逐渐增加，此后，除 7 月中旬比例较大，达到 44.82％以外，其余时间都为 20％～30％。

豆科植物在初生草中主要出现在生长季的中后期，而且比例很小，除 7 月底达到 1.57％外，其余时间都在 1.5％以下。

在再生草产量构成中，禾本科、豆科、蒿属和杂类草等经济类群所占的比例分别为 21％～51％、0.3％～8％、19％～53％和 18％～30％（表 6-4）。

禾本科植物在再生草产量的构成中比较稳定，随着首次利用时间的延迟，其产量构成比例变化不大，基本维持为 21％～29％。只有首次利用时间在 8 月中旬的刈割例外，其再生草产量构成比例达到了 51％。

蒿属植物在再生草产量构成中的比例基本上随着首次利用时间的延迟而表现出 2 个波次的下降。随着首次利用时间从 5 月中旬延迟至 6 月中旬，蒿类植物再生草的比例维持在 52％以上；当首次利用时间从 6 月底延迟至 7 月底时，其再生草产量的比例出现第一波轻微的下降，由 52％以上下降至 40％～50％；当首次利用时间延迟到 8 月中旬时，其再生草产量的比例则急速下降至 20％以下。

杂类草在再生草产量构成中的比例比较稳定，波动范围也较小。生长季早期（5 月中旬）首次利用时间的再生草产量较低（18.57％），但随着首次利用时间由 5 月中旬延迟至 5 月底，其再生草产量的比例升至 25％左右。此后，首次利用时间的进一步延迟并未引起其产量构成的比例进一步增加，而是维持在 25％左右。

豆科植物在再生草产量构成中的比例要大于在初生草产量中的比例，但仍处于较低水平。只有在 7 月底首次利用的刈割处理中，其再生草产量达到再生草总产量的 7.81％；首次利用早于或晚于 7 月底，其再生草产量的比例均低于 2.5％，其中大多数不足 1％。

## 三、不同利用间隔期对小针茅荒漠草原牧草再生性的影响

（一）不同利用间隔期对产草量的影响

小针茅荒漠草原的再生草产量随着利用间隔期的延长而逐渐增加（表 6-5）。即使是首次利用期延迟时，也具有相同的规律。当首次利用时间为 5 月中旬时，无论是草群牧草总产量，还是草群牧草的再生草产量，均随着利用间隔期的延长而逐步增加。当两次利用的间隔期为 15 天时，其再生草产量只有 $20g/m^2$；当间隔期增加到 60 天时，再生草产量增加到了 $33g/m^2$；而当间隔期进一步增加到 120 天时，再生草的产量则急剧增加到 $100g/m^2$。当首次利用时间延迟到 7 月中旬时，不仅其总产量由 $51g/m^2$ 增加到 $64g/m^2$，其再生草产量同样也随着刈割间隔期的延长而从 $14g/m^2$ 增加到 $30g/m^2$。

表 6-5　一年两次利用中不同利用间隔期对小针茅草原牧草再生性的影响

| 项目 | 首次刈割时间（日/月） | | | | | |
| --- | --- | --- | --- | --- | --- | --- |
| | 15/5 | 15/5 | 15/5 | 15/5 | 15/7 | 15/7 |
| 刈割间隔期/d | 15 | 45 | 60 | 120 | 45 | 60 |
| 总产量/(g/m$^2$) | 32.74 | 41.46 | 45.16 | 114.46 | 50.64 | 64.38 |
| 初生草产量/(g/m$^2$) | 12.63 | 14.80 | 12.07 | 13.93 | 36.30 | 34.29 |
| 再生草产量/(g/m$^2$) | 20.11 | 26.66 | 33.09 | 100.53 | 14.34 | 30.09 |

注：留茬 2cm。

从表 6-5 可以看出，在利用间隔期相同的情况下，虽然延迟首次利用时间有助于增加草地牧草总产量，但牧草的再生草产量却不但没有随着总产量的增加而增加，反而随着总产量的增加而有所下降，这意味着再生草在总产量中的比例下降。例如，在利用间隔期分别 45 天和 60 天的情况下，首次刈割时间由 5 月中旬推迟到 7 月中旬时，草地牧草的总产量分别由 41g/m$^2$ 和 45g/m$^2$ 增加到了 51g/m$^2$ 和 64g/m$^2$，而再生草产量却分别由 27g/m$^2$ 和 33g/m$^2$ 下降到了 14g/m$^2$ 和 30g/m$^2$。这种现象说明，小针茅荒漠草原开始利用时间可以适当延迟，但牧草再生性本身是随着生长季的延续而逐步下降的。因此，在延迟利用的情况下，虽然可以获得较高的总产草量，但由于比较幼嫩、营养价值较高、适口性较好的再生草在总产草量中的比例降低，草群的总体品质会有所降低。所以，没有特殊情况最好还是不要采用延迟利用的措施。对于小针茅＋无芒隐子草荒漠草原而言，比较好的利用组合应该是春秋两次利用，即 5 月中旬开始首次利用，然后在 8 月中旬或 9 月中旬进行第二次利用。

（二）不同利用间隔期对产量构成的影响

由表 6-6 可以看出，利用间隔期的长短对草地牧草产量构成具有较大影响。禾本科植物在再生草产量构成中的比例随着利用间隔期的延长而发生变化的规律性不强，在首次利用均为 5 月 15 日，间隔期分别为 15 天、45 天、60 天时，其再生草产量中禾本科植物所占比例均较高，保持在 34%～46%；蒿属植物所占比例为 27%～44%；杂类草为 16%～26%；豆科植物只有 0.1%～2.6%。但是，当首次利用时间由 5 月中旬延迟至 7 月中旬时，随着利用间隔期由 45 天延长至 60 天，禾本科再生草比例则由 28% 下降至 21%；杂类草由 16% 增加至 22%；蒿属植物再生草所占比例则保持在 52%～56% 的较高水平；豆科植物则从 4.5% 降至 1.6%。当利用间隔期为 120 天时，禾本科、杂类草再生草所占的比例仅为 10% 左右；蒿属植物再生草比例则高达 77%；豆科植物再生草只有 0.3%。

表 6-6 不同利用间隔期对小针茅草原牧草产量构成的影响

| | 项目 | 首次刈割时间（日/月） | | | | | |
|---|---|---|---|---|---|---|---|
| | | 15/5 | 15/5 | 15/5 | 15/5 | 15/7 | 15/7 |
| | 刈割间隔期/d | 15 | 45 | 60 | 120 | 45 | 60 |
| 初生草 | 禾本科/% | 24.09 | 68.87 | 78.29 | 70.71 | 42.86 | 27.44 |
| | 豆科/% | — | — | — | — | 1.87 | 1.11 |
| | 蒿属/% | — | — | — | — | 33.09 | 9.83 |
| | 杂类草/% | 75.91 | 31.13 | 21.71 | 29.29 | 22.18 | 42.78 |
| 再生草 | 禾本科/% | 34.34 | 46.43 | 38.68 | 11.96 | 27.75 | 20.87 |
| | 豆科/% | 2.57 | 0.81 | 0.12 | 0.31 | 4.53 | 1.60 |
| | 蒿属/% | 43.51 | 26.96 | 37.05 | 77.39 | 52.03 | 55.83 |
| | 杂类草/% | 16.58 | 25.7 | 24.14 | 10.34 | 15.69 | 21.7 |

注：留茬 2cm。

## 第二节 狭叶锦鸡儿灌丛化小针茅荒漠草原牧草再生性

在以小针茅建群的荒漠草原群落结构的上层，常常散生着旱生小灌木狭叶锦鸡儿和矮锦鸡儿，形成了小针茅群落的灌丛化结构与景观。此类灌丛化群落牧草的再生性与小针茅群落既有相似之处，也有一些不同的特点。有关该群落牧草再生性试验的设计和测定方法如表 6-7 所示。

表 6-7 狭叶锦鸡儿—小针茅＋无芒隐子草群落牧草再生性研究方案

| 刈割次数 | 刈割高度/cm | 刈割日期（日/月） | 备注 |
|---|---|---|---|
| 一年多次刈割 | 2 | 15/5～<br>30/5～<br>15/6～<br>30/6～<br>15/7～<br>30/7～<br>15/8～<br>30/8～ | 1. 再生草 6～8cm 刈割<br>2. 留茬 2cm 为正常利用，齐地面刈割为过度利用 |
| | 0 | 15/5～<br>15/7～ | |

续表

| 刈割次数 | 刈割高度/cm | 刈割日期（日/月） | 备注 |
| --- | --- | --- | --- |
| 一年两次刈割 | 2 | 15/5～15/6 | |
| | | 15/5～15/7 | |
| | | 15/5～15/9 | |
| | | 15/6～15/7 | |
| | | 15/6～15/8 | |
| 一年一次刈割 | 2 | 15/5 | |
| | | 30/5 | |
| | | 15/6 | |
| | | 30/6 | |
| | | 15/7 | |
| | | 30/7 | |
| | | 15/8 | |
| | | 30/8 | |
| | | 15/9 | |
| | | 15/10 | |
| 对照 | 不刈割 | | |

## 一、利用次数对牧草再生性的影响

一年多次利用对狭叶锦鸡儿—小针茅＋无芒隐子草荒漠草原影响较大（表6-8）。在一年多次正常利用的情况下，无论首次刈割的时间从春季（5月/15日）延迟至晚春（5月30日）或延迟至初夏（6月15日），在3年的时间里，再生速度逐年下降。例如，第一年各次再生草间隔天数平均为29～36天，第二年为35～52天，第三年则进一步延迟到了42～55天。由此可见，第二年的再生速度较第一年缓慢了6～16天，第三年又较第二年缓慢7～3天，即比第一年迟缓13～19天。由于再生速度的下降，再生次数也均比第一年减少1～2次。显然，始牧期处于牧草生长初期的5月15日至6月15日一个月时，一年多次利用降低了以后的再生速度和再生次数，对牧草生长发育产生了抑制作用。当始牧期延迟至夏季（6月30日）后，随着始牧期的进一步延迟，多次刈割对牧草再生速度和次数的影响规律虽然不明显，但再生草次数明显减少。

与上述正常多次利用相比，一年多次过度利用在第一、第二年，其再生次数少、再生速度慢，而在第三年再生次数增多、再生速度加快。但这种变化主要是由于连续3年的多次过度利用引起了牧草学成分的剧烈变化，即对多次过度利用适应性强者逐渐占据优势地位，而适应性弱者则逐步衰退。因此，草群再生速度加快、次数增多的并不是原有耐牧性较弱的主要牧草，而是原来耐牧性较强的次要牧草。

表 6-8　一年多次（正常、过度）利用对草群再生性的影响

| 刈割次数 | 刈割时间（日/月） | 年份 | 再生草刈割日期（日/月） | | | | 再生草生长天数 | | | | 平均 |
|---|---|---|---|---|---|---|---|---|---|---|---|
| | | | 第一次再生草 | 第二次再生草 | 第三次再生草 | 第四次再生草 | 第一次再生草 | 第二次再生草 | 第三次再生草 | 第四次再生草 | |
| 一年多次正常刈割 | 15/5～ | 1959 | 11/6 | 12/7 | 13/8 | 19/9 | 27 | 31 | 31 | 37 | 31.5 |
| | | 1960 | 15/6 | 30/7 | 30/8 | | 31 | 45 | 30 | | 35.3 |
| | | 1961 | 19/7 | 20/8 | 18/9 | | 65 | 31 | 29 | | 41.7 |
| | 30/5～ | 1959 | 21/6 | 19/7 | 27/8 | | 22 | 28 | 38 | | 29.3 |
| | | 1960 | 2/7 | 15/7 | | | 33 | 43 | | | 38.0 |
| | | 1961 | 4/8 | 18/9 | | | 65 | 45 | | | 55.0 |
| | 15/6～ | 1959 | 14/7 | 27/8 | | | 29 | 43 | | | 36.0 |
| | | 1960 | 30/7 | 27/9 | | | 45 | 58 | | | 51.5 |
| | | 1961 | 4/8 | 2/10 | | | 49 | 59 | | | 54.0 |
| | 30/6～ | 1959 | 13/7 | 13/8 | 15/9 | | 13 | 30 | 33 | | 25.3 |
| | | 1960 | 15/8 | | | | 45 | | | | 45.0 |
| | | 1961 | 4/8 | 2/9 | | | 34 | 29 | | | 31.5 |
| | 15/7～ | 1959 | 13/8 | 19/10 | | | 28 | 67 | | | 47.5 |
| | | 1960 | 30 | | | | 45 | | | | 45.0 |
| | | 1961 | 23 | 28 | | | 38 | 36 | | | 37.0 |
| | 30/7～ | 1959 | 28/8 | | | | 28 | | | | 28.0 |
| | | 1960 | 30/8 | | | | 30 | | | | 30.0 |
| | | 1961 | 2/9 | | | | 33 | 33 | | | 33.0 |
| | 15/8～ | 1959 | 15/9 | | | | 31 | | | | 31.0 |
| | | 1960 | 27/8 | | | | 43 | | | | 43.0 |
| | | 1961 | 2/9 | 5/10 | | | 18 | 33 | | | 25.5 |
| | 30/8～ | 1959 | | | | | | | | | |
| | | 1960 | | | | | | | | | |
| | | 1961 | 5/10 | | | | 33 | | | | 33.0 |

续表

| 刈割次数 | 刈割时间（日/月） | 年份 | 再生草刈割日期（日/月) | | | | 再生草生长天数 | | | | |
|---|---|---|---|---|---|---|---|---|---|---|---|
| | | | 第一次再生草 | 第二次再生草 | 第三次再生草 | 第四次再生草 | 第一次再生草 | 第二次再生草 | 第三次再生草 | 第四次再生草 | 平均 |
| 一年多次过度刈割 | 15/5～ | 1959 | 15/6 | 13/7 | 19/10 | | 31 | 28 | 97 | | 52.0 |
| | | 1960 | 15/6 | 30/8 | | | 31 | 75 | | | 53.0 |
| | | 1961 | 15/7 | 23 | 18 | | 60 | 38 | 26 | | 41.3 |
| | 15/7～ | 1959 | 28/8 | | | | 43 | | | | 43.0 |
| | | 1960 | 30/8 | | | | 45 | | | | 45.0 |
| | | 1961 | 23/8 | 18/9 | | | 38 | 26 | | | 32.0 |

## 二、利用次数对草群结构的影响

### （一）6月30日前首次利用对草群结构的影响

利用次数对狭叶锦鸡儿—小针茅+无芒隐子草草群结构影响较大，首先表现在种类构成上（表 6-9）。由表 6-9 可以看出，无论利用次数多少，其草群的构成种类数均少于不刈割的对照；其次是影响牧草的构件数或个体数。例如，小针茅作为草群的主要牧草，在春季（5月15日）一年一次利用条件下，其分枝数最多；在5月15日至7月15日一年两次利用条件下，其分枝数有所下降；而5月15日开始首次利用的多次利用条件下其分枝数更少。这说明，随着利用次数的增加，小针茅的构件数在逐步减少。而且，在利用次数相同，增加利用强度时，小针茅分枝数又会进一步减少。例如，同样是5月15日开始首次利用的一年多次利用条件下，强度利用（齐地面刈割）小针茅的分枝数又低于正常利用（留茬2cm）。同时，利用次数亦影响草群主要牧草的盖度。例如，随着利用次数的增多，小针茅的分枝数减少，其分盖度相应地也出现降低，而草群总盖度也随着小针茅分盖度的降低而发生着同样的变化。

隐子草的分枝数和盖度随利用次数的改变而发生的变化与小针茅分枝数和盖度的变化规律基本一致（表 6-9）。利用次数对猪毛蒿株数的影响虽然未表现出特别明显的规律，但在草群总盖度中，猪毛蒿的分盖度随着小针茅、隐子草分盖度的减少而相对增加。由于小针茅与隐子草构件数与盖度随着利用次数增加而降低，而猪毛蒿则变化不大，所以，一年多次利用（正常和过度）条件下，草群植物结构中猪毛蒿表现出在草群中占据优势地位。

表 6-9　不同利用条件下群落盖度及几种主要牧草分枝数和分盖度

| 刈割次数 | 刈割时间（日/月） | 小针茅 分枝数 | 小针茅 分盖度/% | 隐子草 分枝数 | 隐子草 分盖度/% | 猪毛蒿 株数 | 猪毛蒿 分盖度/% | 草群 总盖度/% | 草群 植物种数 |
|---|---|---|---|---|---|---|---|---|---|
| 对照 | 不利用 | 514 | 8.0 | 191 | 3.6 | 262 | 1.5 | 13.6 | 14 |
| 一年一次刈割 | 15/5 | 357 | 4.5 | 185 | 2.5 | 223 | 2.1 | 9.0 | 11 |
| | 30/5 | 358 | 3.5 | 152 | 1.7 | 456 | 1.6 | 10.0 | 11 |
| | 15/6 | 238 | 3.6 | 134 | 2.6 | 227 | 2.1 | 9.0 | 13 |
| | 30/6 | 510 | 5.1 | 148 | 3.2 | 307 | 2.6 | 11.0 | 12 |
| | 15/7 | 282 | 4.7 | 93 | 1.7 | 267 | 2.0 | 9.0 | 11 |
| | 30/7 | 416 | 4.3 | 119 | 1.6 | 354 | 3.2 | 10.5 | 10 |
| | 15/8 | 271 | 2.5 | 112 | 2.5 | 270 | <1 | 9.5 | 12 |
| | 30/8 | 451 | 4.3 | 107 | 2.0 | 247 | 0.8 | 9.0 | 12 |
| | 15/9 | 460 | 5.0 | 170 | 2.5 | 255 | 0.3 | 10.0 | 10 |
| | 15/10 | 426 | 5.3 | 204 | 2.2 | 177 | <1 | 9.5 | 13 |
| 一年两次刈割 | 15/5～15/6 | 268 | 2.8 | 188 | 0.4 | 285 | 2.3 | 9.0 | 9 |
| | 15/5～15/7 | 302 | 2.6 | 174 | 2.2 | 312 | 1.6 | 9.5 | 10 |
| | 15/5～15/9 | 296 | 4.0 | 190 | 2.3 | 251 | 2.5 | 9.5 | 12 |
| | 15/7～15/8 | 373 | 3.1 | 152 | <1 | 277 | 2.5 | 8.0 | 11 |
| | 15/7～15/9 | 270 | 3.0 | 183 | 2.5 | 291 | 1.5 | 9.0 | 12 |
| 一年多次刈割 | 15/5～ | 236 | 2.2 | 74 | 0.6 | 234 | 3.3 | 7.0 | 11 |
| | 30/5～ | 202 | 1.6 | 133 | 0.8 | 247 | 1.0 | 6.2 | 13 |
| | 15/6～ | 184 | 2.6 | 220 | 2.8 | 339 | 2.1 | 8.0 | 12 |
| | 30/6～ | 240 | 2.8 | 77 | 1.2 | 325 | 4.6 | 8.6 | 12 |
| | 15/7～ | 208 | 2.8 | 142 | 1.0 | 263 | 3.0 | 7.5 | 10 |
| | 30/7～ | 151 | 2.2 | 124 | 1.2 | 349 | 2.0 | 8.0 | 12 |
| | 15/8～ | 285 | 2.2 | 181 | 1.2 | 285 | 1.0 | 8.0 | 10 |
| | 30/8～ | 272 | 2.6 | 83 | 1.6 | 250 | 1.3 | 7.5 | 12 |
| 一年多次过度刈割 | 15/5～ | 13 | <1 | 41 | <1 | 243 | 2.6 | 3.0 | 12 |
| | 15/7～ | 66 | <1 | 30 | <1 | 343 | 3.3 | 4.0 | 10 |

很显然，从 5 月 15 日开始，在一年多次刈割的处理下，优势植物小针茅株丛变小变稀，而耐牧性较强的猪毛蒿基本上仍然保持原状（表 6-10、表 6-11 和图 6-2、图 6-3）。猪毛蒿个体营养面积和空间范围的扩大，致使它生长的更繁茂一些。

表 6-10  5 月 15 日一年一次刈割（留茬 2cm）草群结构

| 植物名称 | 频率 | 株丛数 | 分枝数 | 高度/cm | | 盖度/% | 物候期 | 生活力 |
| --- | --- | --- | --- | --- | --- | --- | --- | --- |
| | | | | 生殖枝 | 营养枝 | | | |
| 小针茅 | 100 | 9 | 357 | 22 | 8.3 | 4.5 | 乳熟期 | 强 |
| 无芒隐子草 | 100 | 6 | 185 | | 3.6 | 2.5 | 拔节期 | 强 |
| 白花黄芪 | 100 | 2 | | 2 | 1.5 | 1.7 | 花末期 | 强 |
| 阿尔泰狗娃花 | 75 | 2 | | | 6.0 | <1 | 分枝期 | 中 |
| 猪毛蒿 | 100 | 223 | | 2.5 | 1.7 | 1~2 | 现蕾期 | 强 |
| 栉叶蒿 | 50 | 1.2 | | | 1.6 | <1 | 分枝期 | 弱 |
| 牻牛儿苗 | 50 | 0.25 | | | 5 | <1 | 分枝期 | 弱 |
| 戈壁天门冬 | 25 | 0.5 | | | 5 | <1 | 分枝期 | 中 |
| 香青兰 | 25 | 1.0 | | | 5 | <1 | 分枝期 | 中 |
| 拐轴鸦葱 | 25 | 1.5 | | 6 | | <1 | 结实期 | 强 |
| 刺叶柄棘豆 | 25 | 0.25 | | 2.5 | 3 | <1 | 花末期 | 强 |

注：总盖度为 9%。

表 6-11  一年多次过度刈割（留茬 0cm）草群结构

| 植物名称 | 频率 | 株丛数 | 分枝数 | 高度/cm | | 盖度/% | 物候期 | 生活力 |
| --- | --- | --- | --- | --- | --- | --- | --- | --- |
| | | | | 生殖枝 | 营养枝 | | | |
| 小针茅 | 75 | 4.0 | 13 | 13 | 9 | <1 | 拔节期 | 弱 |
| 无芒隐子草 | 100 | 3.7 | 40.5 | | 0.7 | <1 | 分蘖期 | 弱 |
| 寸草薹 | 100 | 2.6 | | 7 | 2.5 | <1 | 花末期 | 中 |
| 白花黄芪 | 50 | 0.5 | | 1 | 3.2 | <1 | 花末期 | 中 |
| 阿尔泰狗娃花 | 100 | 5.0 | | | 7.2 | <1 | 分枝期 | 弱 |
| 猪毛蒿 | 100 | 243 | | 4 | 2.1 | 2.6 | 现蕾期 | 中 |
| 栉叶蒿 | 50 | 1.5 | | | 1.2 | <1 | 分枝期 | 弱 |
| 细叶鸢尾 | 50 | 1.7 | | | 23.5 | <1 | 分枝期 | 强 |
| 拐轴鸦葱 | 50 | 3.0 | | | 3 | <1 | 分枝期 | 中 |
| 戈壁天门冬 | 50 | 2.5 | | | 6 | <1 | 分枝期 | 弱 |
| 银灰旋花 | 25 | 0.5 | | | 1 | <1 | 分枝期 | 中 |
| 牻牛儿苗 | 25 | 0.25 | | | 5 | <1 | 现蕾期 | 中 |

注：总盖度为 3%。

由图 6-2 和图 6-3 的比较可见，在一年多次利用条件下，草群主要牧草已变得寥寥无几，非常稀疏。分别于 5 月 30 日、6 月 15 日、6 月 30 日首次利用的一年多次正常利用和一年一次利用条件下，其草群结构均好于 5 月 15 日开始利用的多次利用。总体来看，第一次利用期相同时，一年多次利用均不如同期利用的一年一次利用，其中草群结构表现最好的为 6 月 30 日一年一次刈割（表 6-12、

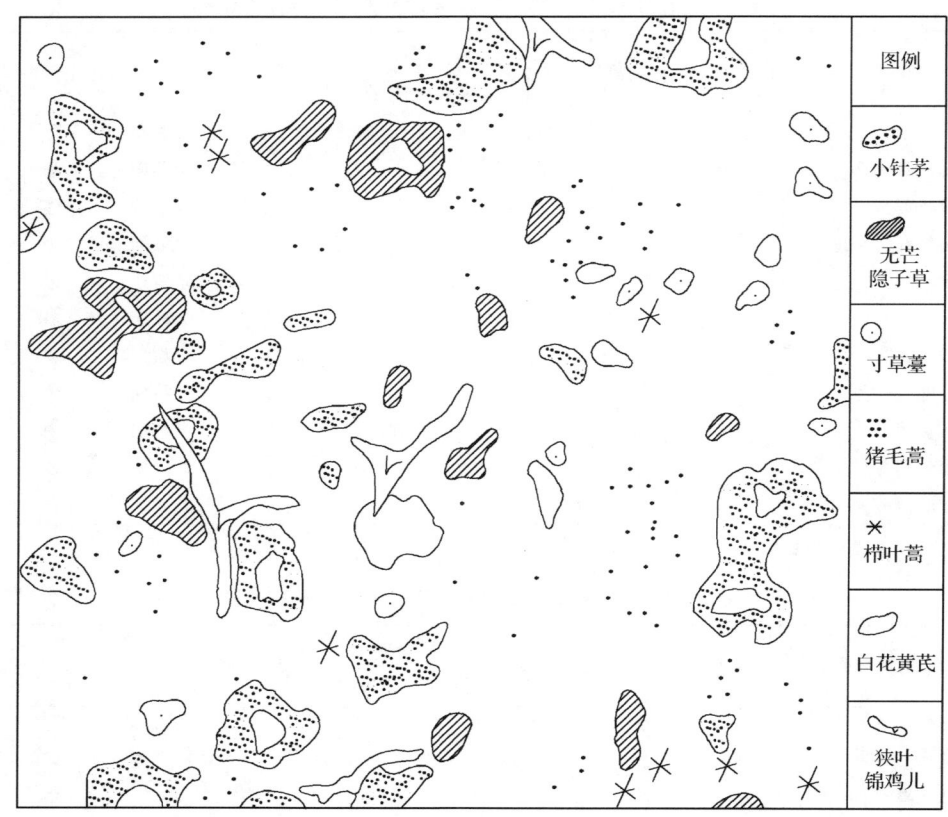

图 6-2 5月15日一次利用条件下草群水平结构图

图 6-4),此小区针茅的分枝数达 510 枝,分盖度 5.1%,草群总盖度达 11%,其草群结构仅次于对照(表 6-13、图 6-5)。而草群结构表现最差的为 5 月 30 日首次利用的一年多次正常利用。可见,对草群结构影响不良的处理为一年多次刈割,而较好的为一年一次刈割处理。

表 6-12 6月30日一年一次刈割草群结构描述

| 植物名称 | 频率 | 株丛数 | 分枝数 | 高度/cm | | 盖度/% | 物候期 | 生活力 |
|---|---|---|---|---|---|---|---|---|
| | | | | 生殖枝 | 营养枝 | | | |
| 小针茅 | 100 | 9 | 510 | 18 | 16 | 5.1 | 乳熟期 | 强 |
| 无芒隐子草 | 100 | 8.5 | 148 | | 3.5 | 3.2 | 拔节期 | 强 |
| 寸草薹 | 75 | 4.2 | | 7 | 5.5 | <1 | 蜡熟期 | 强 |
| 白花黄芪 | 25 | 0.5 | | | 3.5 | <1 | 花末期 | 强 |
| 阿尔泰狗娃花 | 100 | 1.2 | | | 5.6 | <1 | 分枝期 | 强 |

续表

| 植物名称 | 频率 | 株丛数 | 分枝数 | 高度/cm | | 盖度 | 物候期 | 生活力 |
| --- | --- | --- | --- | --- | --- | --- | --- | --- |
| | | | | 生殖枝 | 营养枝 | | | |
| 猪毛蒿 | 100 | 307 | | | 2 | 2.6 | 分枝期 | 中 |
| 栉叶蒿 | 75 | 5.5 | | | 1.8 | <1 | 分枝期 | 弱 |
| 牻牛儿苗 | 25 | 1.2 | | | 6 | <1 | 分枝期 | 弱 |
| 戈壁天门冬 | 25 | 0.5 | | | 5 | <1 | 分枝期 | 中 |
| 碱韭 | 25 | 0.25 | | | 1.5 | <1 | 分枝期 | 中 |
| 拐轴鸦葱 | 25 | 0.25 | | | 9 | <1 | 分枝期 | 中 |
| 细叶鸢尾 | 25 | 0.25 | | | 14 | <1 | 结实期 | 强 |

注：总盖度为11%。

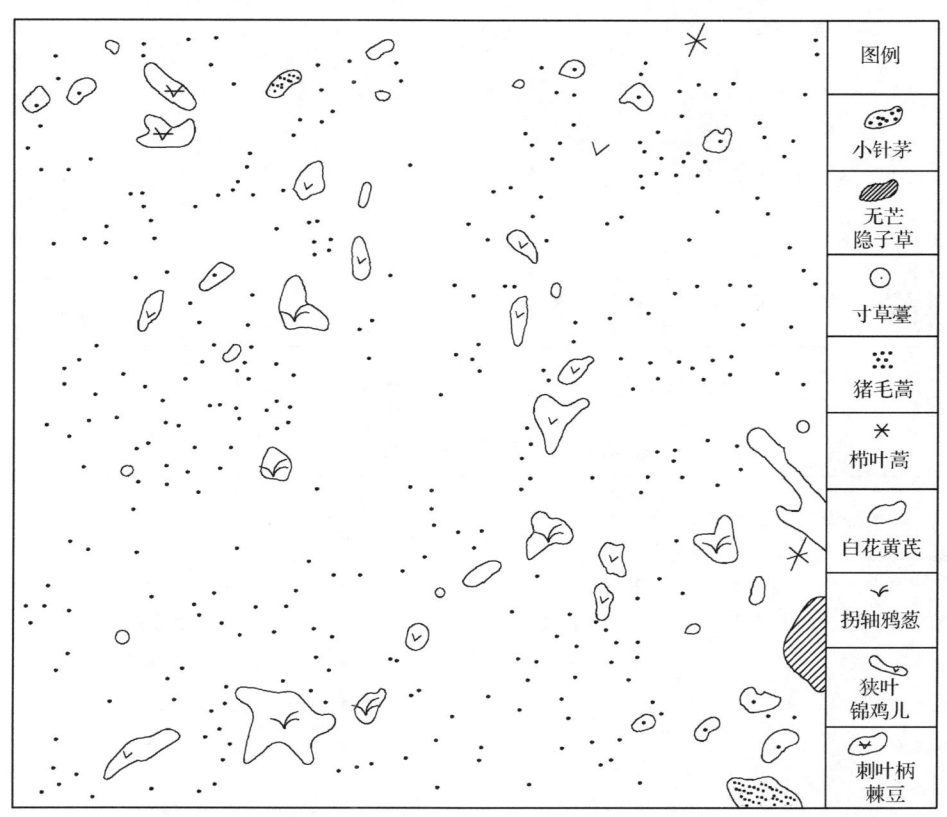

图6-3　5月15日开始一年多次利用条件下草群水平结构图

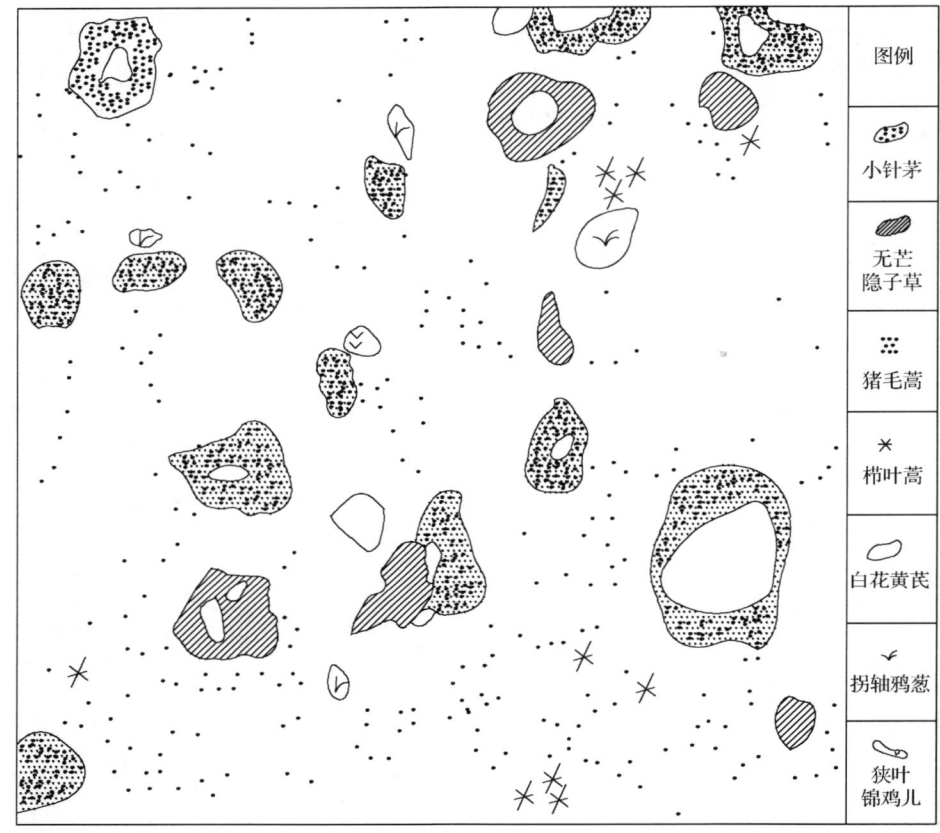

图 6-4  6 月 30 日一年一次利用草群水平结构图

表 6-13  对照草群结构描述

| 植物名称 | 频率 | 株丛数 | 分枝数 | 高度/cm | | 盖度/% | 物候期 | 生活力 |
| --- | --- | --- | --- | --- | --- | --- | --- | --- |
| | | | | 生殖枝 | 营养枝 | | | |
| 小针茅 | 100 | 19 | 514 | 17 | 9 | 8 | 蜡熟期 | 强 |
| 无芒隐子草 | 100 | 5.3 | 191 | | 3 | 3.6 | 拔节期 | 强 |
| 寸草薹 | 75 | 12 | | 9.5 | 6 | <1 | 蜡熟期 | 强 |
| 白花黄芪 | 50 | 1.6 | | 2 | 4 | <1 | 花末期 | 强 |
| 阿尔泰狗娃花 | 100 | 9 | | | 9 | <1 | 分枝期 | 强 |
| 拐轴鸦葱 | 50 | 5 | | | 6 | <1 | 分枝期 | 中 |
| 戈壁天门冬 | 100 | 3 | | | 7.7 | <1 | 分枝期 | 强 |
| 碱韭 | 25 | 6 | | | 8 | <1 | 分枝期 | 中 |
| 细叶鸢尾 | 25 | 0.25 | | | 10 | <1 | 分枝期 | 强 |

续表

| 植物名称 | 频率 | 株丛数 | 分枝数 | 高度/cm | | 盖度 | 物候期 | 生活力 |
|---|---|---|---|---|---|---|---|---|
| | | | | 生殖枝 | 营养枝 | | | |
| 猪毛蒿 | 100 | 262 | | | 2 | 1.5 | 分枝期 | 中 |
| 栉叶蒿 | 100 | 4 | | 1.7 | | <1 | 分枝期 | 中 |
| 香青兰 | 25 | 2 | | 2.5 | | <1 | 分枝期 | 中 |
| 银灰旋花 | 25 | 1 | | 5 | | <1 | 分枝期 | 中 |
| 冬青叶兔唇花 | 25 | 0.25 | | | | <1 | 现蕾期 | 强 |

注：总盖度为 13.6%。

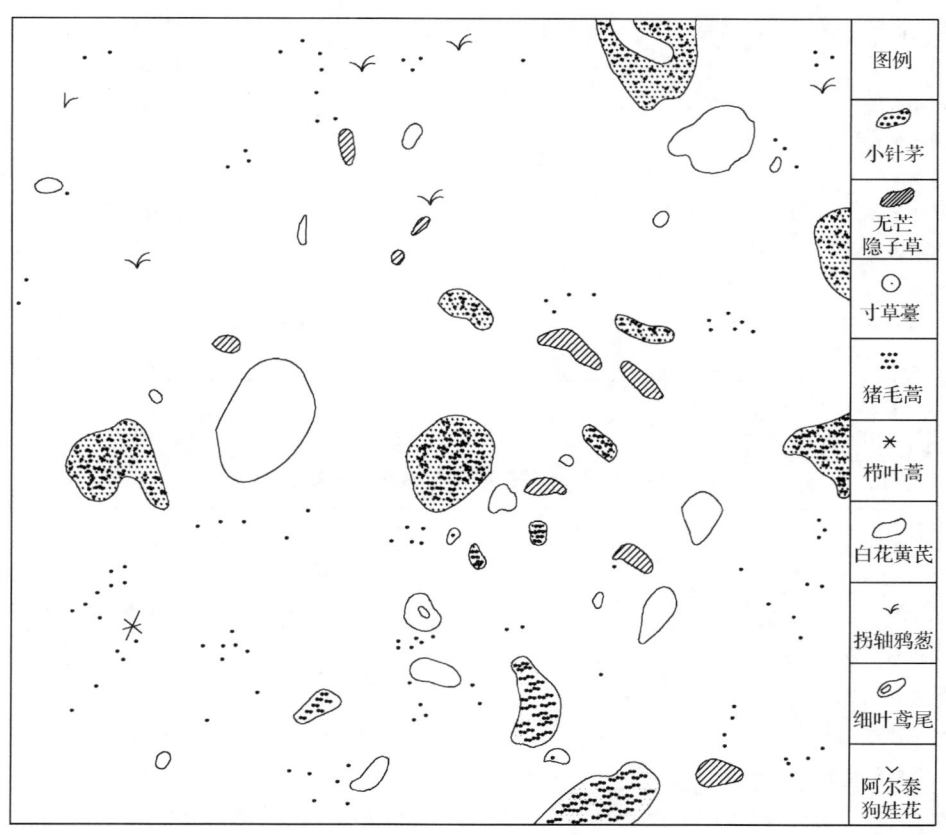

图 6-5　对照（不利用）草群水平结构图

## （二）7月15日开始利用对草群结构的影响

根据草群结构来看，每年 7 月 15 日开始首次利用的草群结构也是一年一次和两次刈割的好于一年多次（过度和正常）利用，其中较好的为 7 月 15 日至 8

月 15 日一年两次利用，而草群破坏严重者为 7 月 15 日开始首次利用的一年多次过度利用（表 6-14、表 6-15），两者表现出明显的差异。前者（一年两次利用）草群总盖度是后者（一年多次利用）的 2 倍，主要植物小针茅分枝数是后者的 5 倍（表 6-14、表 6-15）。但两者也有相同之处，即两者水平结构图均显示其株丛全部为小株丛，而无大的株丛（图 6-6、图 6-7）。

表 6-14　7 月 15 日至 8 月/15 日一年两次刈割草群结构

| 植物名称 | 频率 | 株丛数 | 分枝数 | 高度/cm | | 盖度/% | 物候期 | 生活力 |
| --- | --- | --- | --- | --- | --- | --- | --- | --- |
| | | | | 生殖枝 | 营养枝 | | | |
| 小针茅 | 100 | 13 | 373 | 22 | 5.5 | 3.1 | 乳熟期 | 强 |
| 无芒隐子草 | 100 | 2.5 | 152 | | 2 | <1 | 拔节期 | 强 |
| 寸草薹 | 50 | 2.3 | | 8 | 6 | <1 | 蜡熟期 | 强 |
| 白花黄芪 | 50 | 1.7 | | 1 | 2.3 | <1 | 花末期 | 强 |
| 阿尔泰狗娃花 | 75 | 2 | | 9.5 | 2.3 | <1 | 现蕾期 | 强 |
| 猪毛蒿 | 100 | 277 | | 3.5 | 2 | 2.2 | 现蕾期 | 强 |
| 栉叶蒿 | 100 | 0.7 | | | 2.2 | <1 | 分枝期 | 中 |
| 拐轴鸦葱 | 50 | 1.5 | | | 6 | <1 | 分枝期 | 中 |
| 碱韭 | 25 | 0.6 | | | 8 | <1 | 分枝期 | 中 |
| 细叶鸢尾 | 50 | 2.5 | | | 13.5 | <1 | 结实期 | 强 |
| 戈壁天门冬 | 25 | 0.5 | | | 10.0 | <1 | 分枝期 | 中 |

注：总盖度为 8%。

表 6-15　7 月 15 日开始一年多次刈割草群结构

| 植物名称 | 频率 | 株丛数 | 分枝数 | 高度/cm | | 盖度/% | 物候期 | 生活力 |
| --- | --- | --- | --- | --- | --- | --- | --- | --- |
| | | | | 生殖枝 | 营养枝 | | | |
| 小针茅 | 100 | 6 | 66 | 12.6 | 5 | <1 | 抽穗期 | 弱 |
| 无芒隐子草 | 100 | 5 | 36 | | 2 | <1 | 分蘖期 | 弱 |
| 寸草薹 | 100 | 80 | | 6 | 1 | <1 | 花末期 | 中 |
| 白花黄芪 | 75 | 1.5 | | | 2 | <1 | 分枝期 | 中 |
| 阿尔泰狗娃花 | 100 | 6 | | | 4 | <1 | 分枝期 | 中 |
| 猪毛蒿 | 100 | 343 | | | 1.2 | 3.3 | 分枝期 | 强 |
| 栉叶蒿 | 50 | 6 | | | 1.2 | <1 | 分枝期 | 中 |
| 拐轴鸦葱 | 75 | 2.5 | | | 2.2 | <1 | 分枝期 | 中 |
| 戈壁天门冬 | 25 | 2.5 | | | 3 | <1 | 分枝期 | 中 |
| 细叶鸢尾 | 25 | 2.5 | | | 2.3 | <1 | 分枝期 | 中 |

注：总盖度为 4%。

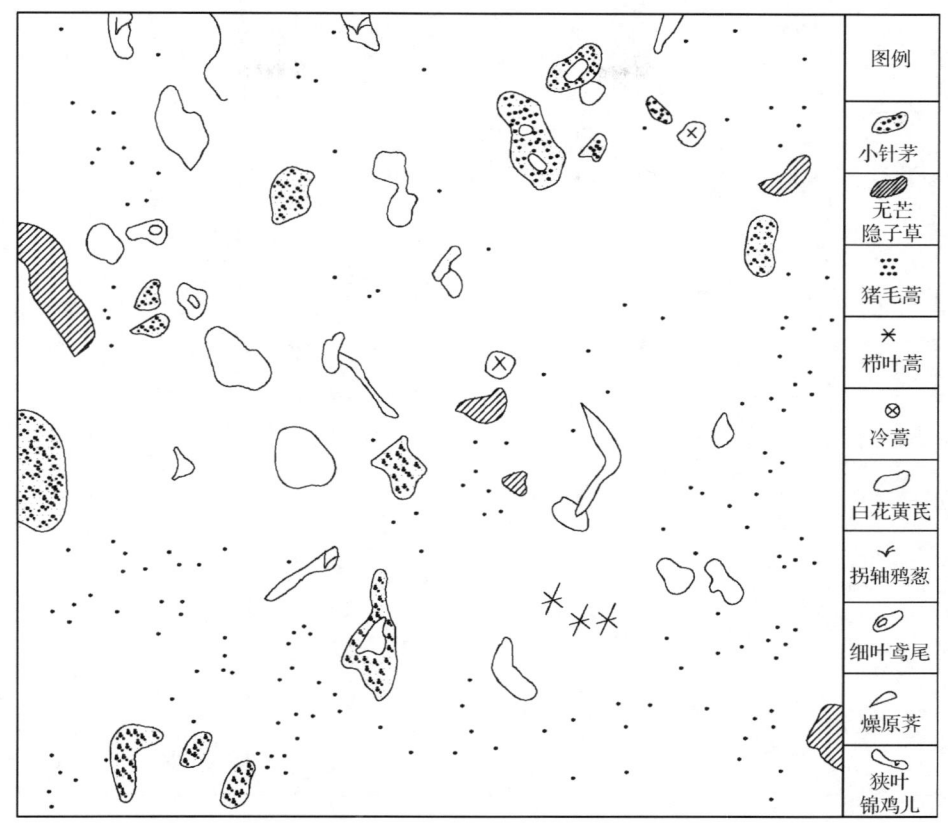

图 6-6　7 月 15 日至 8 月 15 日一年两次利用草群水平结构

（三）7 月 30 日以后利用对草群结构的影响

从 7 月 30 日以后开始利用对草群结构的影响来看，草群结构表现良好的分别为 7 月 30 日、8 月 15 日、8 月 30 日、9 月 15 日、10 月 15 日利用一次的草群。其余的均一定程度上受到刈割处理的影响，其中 7 月 30 日开始一年多次正常刈割的小区表现较差。尽管如此，这些 7 月 30 日以后开始利用的草群结构仍好于利用期早于 7 月 30 日的草群结构。这说明，从夏季 7 月中旬以后开始利用所引起的草群结构的改变（变坏）远不如早 7 月中旬开始利用对草群结构的影响严重。

总之，连续 3 年试验后的第四年，草群结构较好的为一年一次利用，其中最好的为每年 6 月 30 日利用一次。一年两次利用草群结构较好者为 7 月 15 日、8 月 15 日两次利用，但仍不如一年一次利用。一年多次（过度或正常）利用的草群结构均远远不如上述两个一次利用和两次利用。一年多次利用草群结构变化很

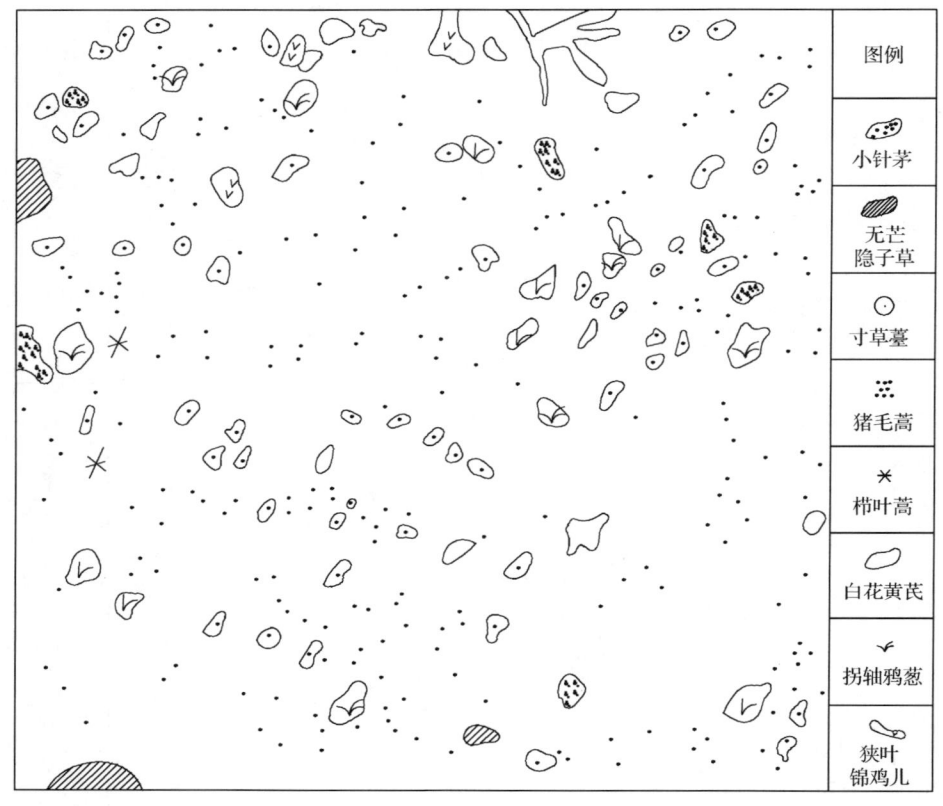

图 6-7　7 月 15 日开始一年多次过度利用草群水平结构

大,主要植物分枝数及盖度均大幅度减少,尤其是一年多次过度利用对草群造成的破坏极为严重,小针茅分枝数只有 13～66 个,分盖度不到 1%;隐子草植物也同样稀少;而使得猪毛蒿的株丛数及盖度很明显的占主要地位。

在所有试验小区中,未经利用的对照相当于被封闭了 3 年,其草群植被结构最佳。这有力地说明,在本地区条件下,此类草场封闭 3 年,对于草群植被的改良比采用任何一种利用时期及次数效益都高,这也证明本地区实行封滩育草的必要性和有效性。

以一年多次过度利用、一年多次正常利用、一年两次利用、一年一次利用的顺序,将其中首次利用期相同的处理作横坐标,以盖度、分枝数等为纵坐标,将试验数据(小针茅、隐子草的分枝数、分盖度及猪毛蒿的株丛数、分盖度)绘制曲线,即可得曲线图(图 6-8)。图 6-8 的曲线显示的结果非常明显,一年多次过度刈割、一年多次正常刈割、一年两次刈割、一年一次刈割及对照 5 个利用条件下,小针茅、无芒隐子草两种植物的分枝数、分盖度及草群总盖度逐渐增加。其

# 第六章 荒漠草原牧草再生性研究

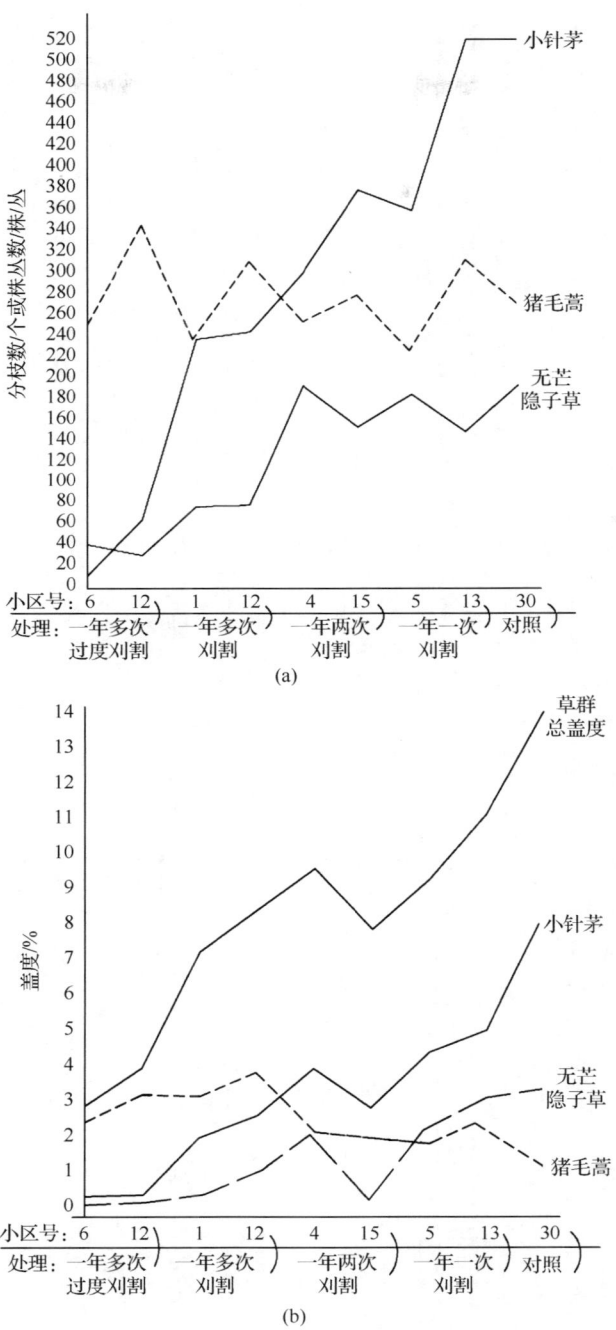

图 6-8 不同利用方式对草群植被结构的影响

表 6-16 不同处理再生草产量

(单位:g/m²)

| 刈割次数 | 刈割时间(日/月) | 1959年 初生草 | 再生草 | 合计 | 1960年 初生草 | 再生草 | 合计 | 1961年 初生草 | 再生草 | 合计 | 平均 初生草 | 再生草 | 合计 |
|---|---|---|---|---|---|---|---|---|---|---|---|---|---|
| 一年多次正常刈割 | 15/5~ | 15.62 | 54.29 | 69.91 | 2.38 | 17.38 | 19.76 | 0.36 | 21.76 | 22.12 | 6.12 | 31.14 | 37.26 |
|  | 30/5~ | 25.92 | 61.83 | 87.75 | 2.91 | 24.72 | 27.63 | 0.98 | 26.71 | 27.69 | 9.94 | 37.75 | 47.69 |
|  | 15/6~ | 36.11 | 47.82 | 83.93 | 6.82 | 16.45 | 23.27 | 0.8 | 23.44 | 24.24 | 14.58 | 29.24 | 43.81 |
|  | 30/6~ | 48.75 | 36.19 | 84.94 | 10.54 | 13.11 | 23.65 | 0.86 | 20.98 | 21.84 | 20.05 | 23.43 | 43.48 |
|  | 15/7~ | 43.86 | 21.09 | 64.95 | 14.01 | 13.83 | 27.84 | 2.04 | 20.49 | 22.53 | 19.97 | 18.47 | 38.44 |
|  | 30/7 | 49.56 | 15.38 | 64.94 | 15.7 | 7.99 | 23.69 | 5.41 | 20.18 | 25.59 | 23.56 | 14.52 | 38.07 |
|  | 15/8~ | 53.75 | 5.31 | 59.06 | 26.25 | 2.44 | 28.69 | 18.71 | 6.87 | 25.58 | 32.90 | 4.87 | 37.78 |
|  | 30/8~ | 51.93 | 0 | 51.93 | 26.68 | 0 | 26.68 | 21.24 | 3.24 | 24.48 | 33.28 | 1.08 | 34.36 |
| 一年多次过度刈割 | 15/5~ | 26.99 | 29.57 | 56.56 | 1.89 | 15.44 | 17.33 | 0.09 | 22.19 | 22.28 | 9.66 | 22.40 | 32.06 |
|  | 15/7~ | 53.83 | 30.61 | 84.44 | 17.56 | 8.23 | 25.79 | 2.89 | 24.12 | 27.01 | 24.76 | 20.99 | 45.75 |
| 一年两次刈割 | 15/5~6 | 41.63 | 26.11 | 67.74 | 3.66 | 4.51 | 8.17 | 1.39 | 0.66 | 2.05 | 15.56 | 10.43 | 25.99 |
|  | 15/5~7 | 12.07 | 23.09 | 35.16 | 5.18 | 13.2 | 18.38 | 1.23 | 2.17 | 3.4 | 6.16 | 12.82 | 18.98 |
|  | 15/5~9 | 13.93 | 100.53 | 114.46 | 1.88 | 26.42 | 28.3 | 0.83 | 46.6 | 47.43 | 5.55 | 57.85 | 63.40 |
|  | 15/7~8 | 36.3 | 14.34 | 50.64 | 13.82 | 5.49 | 19.31 | 2.4 | 19.6 | 22 | 17.51 | 13.14 | 30.65 |
|  | 15/7~9 | 34.59 | 30.09 | 64.68 | 11.4 | 9.25 | 20.65 | 3.38 | 24.75 | 28.13 | 16.46 | 21.36 | 37.82 |
| 一年一次刈割 | 15/5 | 14.99 |  | 14.99 | 12.39 |  | 12.39 | 4.44 |  | 4.44 | 10.61 |  | 10.61 |
|  | 30/5 | 20.25 |  | 20.25 | 16.61 |  | 16.61 | 2.98 |  | 2.98 | 13.28 |  | 13.28 |
|  | 15/6 | 37.71 |  | 37.71 | 19.47 |  | 19.47 | 2.56 |  | 2.56 | 19.91 |  | 19.91 |
|  | 30/6 | 47.5 |  | 47.5 | 23.49 |  | 23.49 | 1.27 |  | 1.27 | 24.09 |  | 24.09 |
|  | 15/7 | 50.35 |  | 50.35 | 40.99 |  | 40.99 | 2.7 |  | 2.7 | 31.35 |  | 31.35 |
|  | 30/7 | 52.28 |  | 52.28 | 17.78 |  | 17.78 | 6.33 |  | 6.33 | 25.46 |  | 25.46 |
|  | 15/8 | 54.4 |  | 54.4 | 26.39 |  | 26.39 | 14.1 |  | 14.1 | 31.63 |  | 31.63 |
|  | 30/8 | 55.93 |  | 55.93 | 27.47 |  | 27.47 | 19.13 |  | 19.13 | 34.18 |  | 34.18 |
|  | 15/9 | 46.3 |  | 46.3 | 14.21 |  | 14.21 | 30.38 |  | 30.38 | 30.30 |  | 30.30 |
|  | 15/10 | 30.24 |  | 30.24 | 10.27 |  | 10.27 | 17.37 |  | 17.37 | 19.29 |  | 19.29 |

中小针茅、隐子草的分枝数和分盖度的曲线走势与草群总盖度曲线走势完全相同。但猪毛蒿的株丛数和分盖度曲线走势规律不明显，只有分盖度曲线呈现出与上两种植物相反的走向。毋庸置疑，此一曲线图非常突出地显示了不同处理间草群结构的变化。

## 三、不同利用方式对再生草产量的影响

不同利用次数和不同利用时间对狭叶锦鸡儿—小针茅＋无芒隐子草群落草群的再生影响较大。由表 6-16 可以看出，三年试验期间获得平均再生草产量最高者为春季、秋季一年两次利用，其再生草平均产量达到了 $58g/m^2$；其次是春季、夏季开始首次利用的一年多次利用，再生草平均产量近 $38g/m^2$。从草群总产量来看，基本上与再生草产量的变化是一致的，即再生草产量较高的处理，其草群总产量也相应较高。可见，一年多次利用可以获得较高的再生草产量和群落总产量。

但是，仅仅从试验期间的再生草产量及草群总产量判断利用是否合理仍显得比较勉强。为此，1962 年 8 月，即在 3 年的试验结束之后的第二年对全部试验小区进行了齐地面刈割，以测定连续 3 年的试验对后续产量的影响。测定结果表明，如果把对照小区总产量计为 100%，那么，一年多次正常刈割处理的各小区总产量为 66%～89%，一年多次过度刈割小区总产量为 90%～92%，一年两次刈割总产量为 76%～100%，一年一次刈割小区总产量为 57%～110%。也就是说，一年多次正常刈割的后续产草量最低。而后续产量最高的则分别是 6 月 15 日和 10 月 15 日的一次利用，其次为 5 月 5 日与 6 月 15 日及 5 月 15 日与 9 月 15 日两次利用，再次为首次利用时间分别为 5 月 15 日和 7 月 15 日的一年多次过度利用。总产量最低的为 8 月 30 日和 9 月 15 日一次利用及 5 月 30 日首次利用的多次利用处理（表 6-17）。

表 6-17　各处理小区再生草产量统计表

| 刈割次数 | 刈割时间（日/月） | 产草量/($g/m^2$) | 比例/% | 合计 1959～1962 年 |
| --- | --- | --- | --- | --- |
| 一年多次正常刈割 | 15/5～ | 36.73 | 88.72 | 139.06 |
|  | 30/5～ | 19.84 | 65.85 | 162.01 |
|  | 15/6～ | 26.14 | 86.76 | 157.53 |
|  | 30/6～ | 26.44 | 87.78 | 156.87 |
|  | 15/7～ | 26.56 | 88.15 | 141.88 |
|  | 30/7 | 20.76 | 68.90 | 135.08 |
|  | 15/8～ | 23.47 | 77.90 | 136.80 |
|  | 30/8～ | 23.52 | 78.06 | 126.61 |

续表

| 刈割次数 | 刈割时间（日/月） | 产草量/（g/m²） | 比例/% | 合计 1959~1962 年 |
|---|---|---|---|---|
| 一年多次过度刈割 | 15/5~ | 27.05 | 89.78 | 123.22 |
|  | 15/7~ | 27.63 | 91.70 | 128.91 |
| 一年两次刈割 | 15/5~6 | 30.00 | 99.57 | 107.96 |
|  | 15/5~7 | 23.02 | 96.40 | 89.96 |
|  | 15/5~9 | 28.33 | 94.03 | 218.07 |
|  | 15/7~8 | 27.40 | 90.94 | 119.35 |
|  | 15/7~9 | 24.07 | 79.89 | 137.23 |
| 一年一次刈割 | 15/5 | 25.99 | 86.26 | 59.81 |
|  | 30/5 | 25.16 | 83.50 | 94.94 |
|  | 15/6 | 25.01 | 83.01 | 84.75 |
|  | 30/6 | 31.51 | 104.58 | 100.77 |
|  | 15/7 | 27.38 | 90.87 | 101.07 |
|  | 30/7 | 22.83 | 75.77 | 99.18 |
|  | 15/8 | 21.25 | 70.35 | 116.14 |
|  | 30/8 | 17.20 | 57.09 | 119.73 |
|  | 15/9 | 19.72 | 65.45 | 110.61 |
|  | 15/10 | 33.05 | 109.69 | 90.93 |
| 对照 |  | 30.13 | 100 | (30.13) |

从后续产量来看，前期处理影响最小的是夏季或秋季一年一次利用（表6-17）。一年两次利用对草群后续生长的影响普遍较小。从对后续生长的影响来看，春季两次、春夏两次、春秋及夏秋两次利用之间差别不是很大，其中影响最小者为春季两次利用。

## 四、不同利用方式对再生草产量构成的影响

草群产量和再生草产量的高低对草场变化的指示作用并不完全真实。因为产量的变化并没有反映出草群植物种类、营养成分等质量属性，只是反映了草地植物数量上的变化。因此，在某种利用方式下，草群不但获得了较高的再生草产量及总产量，而且草群植被结构仍然保持原有特点或者变得更好一些，这是生产实际所追求的目标。将不同植物类群及群落的总产量分别对应利用强度梯度作图，就可以直观地观察到在群落总产量的构成上起主要作用的植物类群（图6-9）。

图6-9中可以看出，各处理中的主要植物小针茅和猪毛蒿及杂类草的变化很有规律。在对照小区中它们三者所处顺序是小针茅、杂类草、猪毛蒿；在一年一

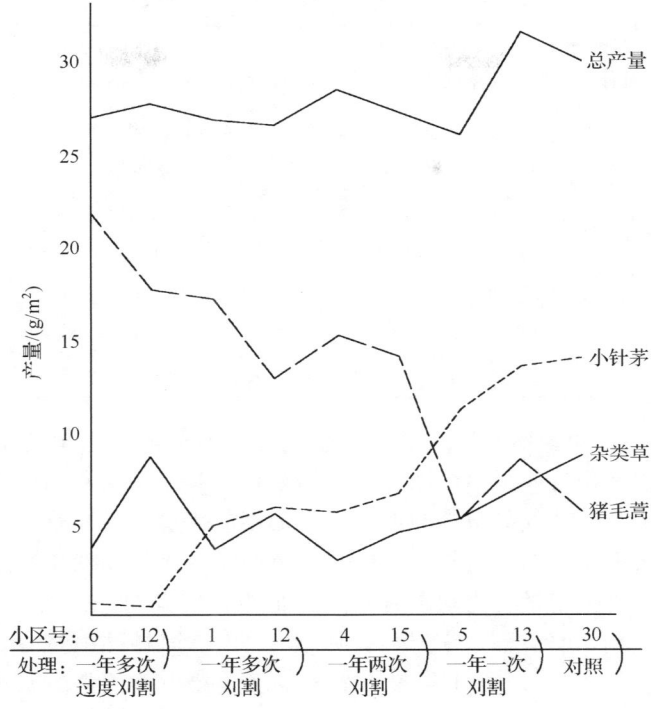

图 6-9  不同利用条件下草群及主要植物产量构成

次刈割处理中为小针茅、猪毛蒿、杂类草，但杂类草和猪毛蒿的产量很相近；在一年两次刈割处理中它们三者位置再次互换，变为猪毛蒿、小针茅、杂类草，猪毛蒿占据了首位。特别是在一年多次（过度和正常）刈割处理中，草群植物在试验的第四年虽然具有较高的总产量，但草群植物中优良植物的再生草产量大大减少，而耐牧性强的猪毛蒿产量代替主要植物的产量，草地牧草品质变差。在一年两次刈割处理中，小针茅产量也受到一定的影响，但没有多次利用条件下那么严重。对再生草产量构成上影响不大的主要是一年一次刈割处理。

从不同利用条件下再生草产量构成（表 6-18）来看，三年未经利用的对照及利用较轻的一年一次刈割处理中，禾本科植物所占比例高达 54%，蒿类植物所占比例最大不超过 30%，这与试验开始前该草场产量组成比例基本相同。但随着利用强度的增大，禾本科植物在产量构成中所占比例急剧下降，而蒿类植物的比例逐渐加大。在一年多次正常利用条件下，禾本科植物所占比例已不足 20%；在一年多次过度利用条件下，禾本科植物的所占比例已下降至 5% 以下，而蒿类植物则相应地快速增加到 50% 以上，在一年多次过度利用条件下甚至达 80% 以上。

表 6-18　不同刈割处理对再生草产量构成的影响

| 植物种类 | 15/5～一年多次过度刈割 | | 15/5～一年多次正常刈割 | | 15/5～9 一年两次刈割 | | 15/5～一年一次刈割 | | 对照 | |
| --- | --- | --- | --- | --- | --- | --- | --- | --- | --- | --- |
| | 产量/(g/m²) | 比例/% | 产量/(g/m²) | 比例/% | 产量/(g/m²) | 比例/% | 产量/(g/m²) | 比例/% | 产量/(g/m²) | 比例/% |
| 禾本科 | 1.00 | 3.70 | 5.15 | 19.27 | 6.44 | 22.73 | 14.08 | 54.17 | 15.98 | 52.93 |
| 豆科 | 0.05 | 0.18 | 0.38 | 1.42 | 0.60 | 2.12 | 1.00 | 3.85 | 0.48 | 1.59 |
| 蒿类 | 22.09 | 81.66 | 17.38 | 65.02 | 18.06 | 63.75 | 5.55 | 21.35 | 5.05 | 16.73 |
| 杂草类 | 3.91 | 14.45 | 3.82 | 14.29 | 3.23 | 11.40 | 5.36 | 20.62 | 8.68 | 28.75 |
| 总计 | 27.05 | 100 | 26.73 | 100 | 28.33 | 100 | 25.99 | 100 | 30.19 | 100 |

由表 6-19 中可知，不同处理草群再生过程中，构成再生草的主要植物产量并不一致。这主要是受如下两个因素影响的结果：其一是受刈割处理的影响，其二是受处理年份及季节气象条件的影响。因为不同年份及不同季节天然草地中的饲料贮藏量是极不相等的，它与各年份、季节内气候条件的变化有着十分密切的关系，因此探讨再生产量变化动态时实际上很难确定其第二个因素的影响程度，在三年的试验期内（1959～1961 年），如以 1959 年饲料贮藏量计为 100%，则 1960 年的产草量为 53%，1961 年仅为 32%，可见受气候因素的影响很大。

一年两次刈割（5/5～15/9；15/5～15/8）的处理中，小针茅产量在第三年第一次再生草超过或近似于第一年同期的产量。我们认为这与刈割前期（1～2月）的气象条件有着十分密切的关系，三年来，一年一次和两次定期刈割的两个处理，其再生草产量在很大程度上受到此年份或季节降水量的影响。例如，5 月 5 日至 9 月 15 日一年两次刈割处理中，三年的第一次再生草产量分别为 8.03g/m²、3.98g/m² 和 7.75g/m²，三年中，再生草的刈割期均为 9 月 15 日。由于 9 月 15 日以前的降水量在三年中差别很大，所以也表现出再生产量的较大变化。1959 年降水量主要集中于再生草刈割前的三个月内，为牧草的再生创造了充足的水分条件。但 1960 年同期降水量不到 1959 年的一半，结果当年牧草再生产量也比 1959 年降低一半以上。1961 年上半年虽然干旱，但由于降水量集中于 7 月、8月，对此期的牧草再生创造了充足的水分条件，所以牧草再生产量又出现了增高。这就说明，牧草的再生产量在试验的三个年份内不同程度地受到了自然气象条件的影响。

一年两次刈割的处理中，春、夏初（15/5～15/6）两次刈割的小区，第四年虽然获得高产，但其总产量中针茅的比例大幅度减少而蒿类植物大量增加。一年两次刈割处理中值得注意的是春、秋刈割的处理，它在 4 年来共收获 218.07g/m² 产量，比任何一个小区产量都高（表 6-17），而且在试验后第四年的产量仍能

## 第六章 荒漠草原牧草再生性研究

| 年份 | 15/5~一年 多次过度利用 | | | | 15/5~一年 多次正常利用 | | | | | 5/5~15/9 两次利用 | | 15/5~15/8 两次利用 | | 15/5 一次利用 |
|---|---|---|---|---|---|---|---|---|---|---|---|---|---|---|
| | 初生草 | 第一次再生 | 第二次再生 | 第三次再生 | 初生草 | 第一次再生 | 第二次再生 | 第三次再生 | 第四次再生 | 初生草 | 第一次再生 | 初生草 | 第一次再生 | 初生草 |
| 禾本科 | | | | | | | | | | | | | | |
| 1959 | 19.30 | 6.23 | 3.87 | 2.06 | 11.80 | 7.01 | 5.20 | 2.45 | 1.08 | 9.85 | 12.01 | 15.56 | 3.98 | 11.88 |
| 1960 | 0.63 | 1.06 | 3.69 | | 0.87 | 1.40 | 1.10 | 1.94 | | 1.01 | 4.98 | 5.24 | 1.58 | 5.59 |
| 1961 | 0.03 | 0.29 | 7.54 | 5.34 | 0.19 | 0.69 | 7.53 | 4.04 | | 0.23 | 30.46 | 0.90 | 12.45 | 2.47 |
| 豆科 | | | | | | | | | | | | | | |
| 1959 | | | | | | | 0.19 | | | | 0.31 | 0.68 | 0.65 | 0.03 |
| 1960 | 0.05 | 0.03 | | | | 0.13 | 0.05 | 0.08 | | | 0.09 | 0.13 | 0.13 | |
| 1961 | | | | 0.05 | | | 0.13 | 0.18 | | | 0.35 | 0.13 | 0.13 | |
| 蒿类 | | | | | | | | | | | | | | |
| 1959 | | | 8.80 | 2.85 | 0.73 | 0.84 | 9.80 | 17.13 | 1.35 | 0.15 | 77.81 | 12.01 | 7.46 | 4.73 |
| 1960 | 0.38 | | 3.68 | | | | 2.09 | 3.28 | | | 12.50 | 4.03 | 1.55 | |
| 1961 | | | 0.06 | 0.10 | | | | 0.03 | | 0.03 | 0.05 | | | 0.35 |
| 杂草类 | | | | | | | | | | | | | | |
| 1959 | 7.69 | 1.58 | 2.73 | 1.45 | 3.82 | 4.88 | 2.68 | 1.79 | 0.73 | 4.08 | 10.40 | 8.05 | 2.25 | 3.11 |
| 1960 | 0.83 | 2.72 | 3.47 | | 0.78 | 1.85 | 1.75 | 3.41 | | 0.72 | 8.85 | 4.42 | 2.23 | 2.04 |
| 1961 | 0.06 | 1.03 | 6.57 | 1.21 | 0.17 | 0.78 | 7.19 | 1.19 | | 0.12 | 15.74 | 1.50 | 7.02 | 1.62 |
| 总计 | | | | | | | | | | | | | | |
| 1959 | 26.99 | 7.81 | 15.40 | 6.36 | 15.62 | 11.89 | 17.87 | 21.37 | 3.18 | 13.93 | 100.53 | 26.30 | 14.34 | 14.99 |
| 1960 | 1.89 | 4.57 | 10.87 | | 2.38 | 4.22 | 4.99 | 8.71 | | 1.88 | 26.42 | 13.82 | 5.09 | 12.39 |
| 1961 | 0.09 | 1.32 | 14.17 | 6.70 | 0.36 | 1.47 | 14.85 | 5.44 | | 0.38 | 46.60 | 2.40 | 19.6 | 4.44 |

保持较高水平，产量组成中主要植物针茅的产量比例也较多（表 6-20）。此小区蒿类植物所占比例较其他小区（除一年多次过度和正常刈割处理小区外）多一些，但蒿类植物绝不是在试验过程中增加而是原有的，试验第一年蒿类植物在草群中的比例就占到了 67.98%，到第四年反而降低到 60.24%。一般情况下，蒿类植物大多出现于生长季的中后期，所以在秋季产量中蒿类植物的比例通常较高。因此，可以认为春、秋两次刈割处理的第二次利用期正好在秋季，其草群中具有较高的蒿类产量也是正常现象。

表 6-20　5 月 15 日至 9 月 15 日春秋两次刈割再生草总产量组成

| 植物类别 | 1959 年 | | 1960 年 | | 1961 年 | | 1962 年 | |
| --- | --- | --- | --- | --- | --- | --- | --- | --- |
| | 产量 /(g/m²) | 比例 /% | 产量 /(g/m²) | 比例 /% | 产量 /(g/m²) | 比例 /% | 产量 /(g/m²) | 比例 /% |
| 禾本科 | 21.86 | 19.10 | 5.99 | 21.17 | 30.69 | 65.33 | 6.44 | 24.93 |
| 其中：针茅 | 17.68 | 15.45 | 4.96 | 17.53 | 7.90 | 16.82 | 5.70 | 20.12 |
| 豆科 | 0.31 | 0.27 | 0.09 | 0.32 | 0.35 | 0.75 | 0.60 | 2.32 |
| 蒿类 | 77.81 | 67.98 | 12.65 | 44.70 | 0.08 | 0.17 | 18.06 | 60.24 |
| 其中：猪毛蒿 | 73.78 | 64.46 | 12.65 | 44.70 | 0.08 | 0.17 | 15.33 | 54.11 |
| 杂类草 | 14.48 | 12.65 | 9.57 | 33.81 | 15.86 | 33.76 | 3.23 | 12.51 |
| 其中：阿尔泰狗娃花 | 6.43 | 5.62 | 7.65 | 27.03 | 0.81 | 1.72 | 0.43 | 1.52 |
| 总计 | 114.46 | 100 | 28.30 | 100 | 46.98 | 100 | 28.33 | 100 |

## 第三节　短花针茅荒漠草原牧草再生性

### 一、刈割强度对短花针茅荒漠草原牧草再生性的影响

#### （一）刈割强度对牧草产量及其再生草产量的影响

短花针茅荒漠草原牧草产量和再生草产量受刈割强度影响较大。无论是春季两次刈割，还是一年多次刈割，留茬 1cm 时的牧草总产量和牧草再生草产量均显著高于留茬 2cm（表 6-21）。在春季两次刈割的条件下，刈割强度引起的产量差异随着利用年限的延长有增大的趋势；而在一年多次利用条件下，这种差异随利用年限延长呈缩小趋势。例如，在两次刈割条件下，1984 年和 1985 年的留茬 1cm 和 2cm 的草地总产量差额分别为 $4.9g/m^2$ 和 $14.2g/m^2$，两者之间差异显著，1985 年明显大于 1984 年（$P<0.05$）；一年多次利用条件下这一差值分别为 $25.4g/m^2$ 和 $10.4g/m^2$，两者同样具有显著差异（$P<0.05$），但趋势相反，1984 年明显大于 1985 年。

表 6-21 不同刈割强度对短花针茅草原牧草再生性的影响

| 项目 | 二次刈割 15/5~15/6 | | | | 多次刈割 15/5 | | | |
|---|---|---|---|---|---|---|---|---|
| | 1984 年 | | 1985 年 | | 1984 年 | | 1985 年 | |
| | 留茬 1cm | 留茬 2cm | 留茬 1cm | 留茬 2cm | 留茬 1cm | 留茬 2cm | 留茬 1cm | 留茬 2cm |
| 总产量/(g/m$^2$) | 15.7 | 10.8 | 46.0 | 31.8 | 102.0 | 76.6 | 50.0 | 39.6 |
| 初生草产量/(g/m$^2$) | 6.7 | 5.2 | 24.8 | 18.4 | 8.5 | 4.6 | 7.5 | 6.3 |
| 再生草产量/(g/m$^2$) | 9.0 | 5.6 | 21.2 | 18.2 | 93.5 | 71.9 | 42.5 | 33.3 |
| 再生草/总产量/% | 57.32 | 51.85 | 46 | 57.23 | 91.68 | 93.99 | 85.00 | 84.09 |

注：多次刈割在主要牧草再生草高度达到 8cm 时进行再生草刈割，刈割时间指首次刈割时间。

从这一结果来看，留茬 1cm 和 2cm 两种利用强度，在一年两次利用条件下对草地牧草再生性和草地产量的影响并不大，至少没有看到负面影响。但在一年多次利用条件下，这两种利用强度对草地牧草的再生性产生不良影响，从而出现了上述产量间的不同变化趋势。

## （二）刈割强度对牧草再生次数及再生草产量分布的影响

刈割强度对短花针茅草原牧草再生次数的影响不明显（表 6-22）。例如，5月中旬开始首次刈割的草地，牧草再生次数在留茬 1cm 和 2cm 情况下均为 3 次。但是，在留茬 1cm 情况下，牧草每次再生达到预定刈割高度（8cm）时间均长于留茬 2cm，即高强度刈割牧草再生需要更长的恢复时间。在生长季的前期，留茬 1cm 与留茬 2cm 之间，再生草生长时间前者大约比后者长 10 天，但后期这一差距进一步加大到 20 天。

表 6-22 刈割强度对短花针茅草原牧草再生次数及再生草产量分布的影响（1985 年）

| 项目 | 产量/（g/m$^2$） | | 生长天数 | |
|---|---|---|---|---|
| | 留茬 1cm | 留茬 2cm | 留茬 1cm | 留茬 2cm |
| 初生草 | 7.5 | 6.28 | 23 | 23 |
| 第一次再生草 | 22.2 | 13.4 | 54 | 44 |
| 第二次再生草 | 17.3 | 11.9 | 60 | 51 |
| 第三次再生草 | 3.0 | 8.0 | 39 | 20 |

注：多次刈割，主要牧草达到 8cm 时进行再生草刈割，首次刈割时间 15/5。

## 二、利用时间对短花针茅荒漠草原再生性的影响

### (一) 首次刈割时间对牧草再生次数的影响

正常情况下，短花针茅草原牧草可以再生 2~3 次，但首次利用时间对短花针茅草原牧草再生次数影响很大。总体来看，从 5 月中旬开始，首次利用时间的延迟，都会减少牧草的再生次数（表 6-23）。例如，开始于 5 月中旬的刈割，牧草再生次数在试验的第一年（1984 年）可以再生 4 次，第二年（1985 年）为 3 次。但随着首次利用时间从 5 月中旬依次延迟至 6 月中旬、7 月中旬和 8 月中旬时，短花针茅草原牧草的再生次数也从 4 次依次下降为 3 次、2 次和 1 次（1984 年）。由这些数据不难看出，短花针茅草原牧草的再生性随首次利用时间的延迟而逐步降低。

表 6-23 不同初次刈割时间对短花针茅草原牧草再生次数的影响

| 项目 | | 初次刈割日期（日/月） | | | | | | | |
| --- | --- | --- | --- | --- | --- | --- | --- | --- | --- |
| | | 15/5 | | 15/6 | | 15/7 | | 15/8 | |
| | | 留茬 1cm | 留茬 2cm | 留茬 1cm | 留茬 2cm | 留茬 1cm | 留茬 2cm | 留茬 1cm | 留茬 2cm |
| 再生次数 | 1984 年 | 3 | 4 | 3 | 3 | 2 | 2 | 1 | 1 |
| | 1985 年 | 3 | 3 | — | 2 | — | 2 | — | — |

注：再生草高度达到 8cm 时进行再生草刈割。

### (二) 不同利用时间对牧草总产量和再生草产量的影响

首次利用时间不仅影响短花针茅草原牧草再生次数，而且也影响到草地牧草的总产量和再生草产量，特别是对再生草产量影响较大。在多次利用条件下，草群总产量和再生草总产量在留茬 1cm 时最高值出现于 5 月中旬首次利用处理，1984 年和 1985 年的草地牧草总产量和再生草产量分别为 $102g/m^2$ 和 $50g/m^2$、$93.5g/m^2$ 和 $42.5g/m^2$。随着首次利用时间的延迟，总产量与再生草产量逐步下降，这种趋势在 1984 年和 1985 两年中保持一致（表 6-24）。但留茬 2cm 时，情况有所变化，总产量最大值不是出现于 5 月中旬的首次利用处理，而是出现于 6 月中旬首次利用的处理。

从再生草占总产量的比例来看，再生草比例逐渐下降的趋势更为明显。由表 6-24 可知，首次利用时间分别为 5 月 15 日、6 月 15 日、7 月 15 日和 8 月 15 日时，留茬 1cm 和 2cm 的再生草/总产量比例 1984 年分别为 91.68%、77.60%、24.49%、2.68% 和 85%、83.76%、33.51% 和 4.46%。1985 年，取消了 8 月 15 日

第六章 荒漠草原牧草再生性研究

**表 6-24 首次利用时间对短花针茅荒漠草原牧草再生草产量的影响**

| 项目 | 15/5 | | | | 15/6 | | | | 15/7 | | | | 15/8 | | | |
|---|---|---|---|---|---|---|---|---|---|---|---|---|---|---|---|---|
| | 1984年留茬1cm | 1985年留茬1cm | 1984年留茬2cm | 1985年留茬2cm | 1984年留茬1cm | 1985年留茬1cm | 1984年留茬2cm | 1985年留茬2cm | 1984年留茬1cm | 1985年留茬1cm | 1984年留茬2cm | 1985年留茬2cm | 1984年留茬1cm | 1985年留茬1cm | 1984年留茬2cm | 1985年留茬2cm |
| 总产量/(g/m²) | 102.0 | 50.0 | 76.6 | 39.6 | 83.3 | — | 79.7 | 48.4 | 99.7 | — | 76.9 | 38.2 | 130.0 | — | 107.6 | — |
| 初生草产量/(g/m²) | 8.5 | 7.5 | 4.6 | 6.3 | 18.7 | — | 12.9 | 25.0 | 75.3 | — | 51.2 | 24.8 | 126.5 | — | 102.7 | — |
| 再生草产量/(g/m²) | 93.5 | 42.5 | 71.9 | 33.3 | 64.7 | — | 66.8 | 23.4 | 24.5 | — | 25.7 | 13.4 | 3.5 | — | 4.8 | — |
| 第一次再生草/(g/m²) | 28.1 | 22.2 | 9.0 | 13.4 | 26.2 | — | 26.6 | 12.2 | 20.6 | — | 22.2 | 10.9 | 3.5 | — | 4.8 | — |
| 第二次再生草/(g/m²) | 26.6 | 17.3 | 21.3 | 11.9 | 34.4 | — | 27.7 | 11.2 | 3.9 | — | 3.5 | 2.5 | — | — | — | — |
| 第三次再生草/(g/m²) | 38.8 | 3.0 | 26.8 | 8.0 | 4.1 | — | 12.5 | — | — | — | — | — | — | — | — | — |
| 第四次再生草/(g/m²) | — | — | 14.8 | — | — | — | — | — | — | — | — | — | — | — | — | — |
| 再生草/总产量/% | 91.68 | 85.00 | 93.86 | 84.09 | 77.60 | — | 83.76 | 48.35 | 24.49 | — | 33.51 | 35.08 | 2.69 | — | 4.46 | — |

注:再生草高度达到 8cm 时进行再生草刈割。

刈割处理，留茬 2cm 的再生草/总产量比例则分别为 84%、48%、35%。与 1984 年的趋势完全一致，但 1985 年的数据总体上低于 1984 年。

此外，随着首次利用日期的延迟，初生草的产量逐渐增加，而且初生草产量在草群总产量中的比例也逐渐增加。同时，第一次再生草和第二次再生草产量也随之逐渐降低，而且达到可放牧高度（8cm）的时间也在延长。这说明利用时间越晚，草群的再生能力越弱。

## （三）再生草生长率与水热条件的关系

随着首次利用日期的变化，短花针茅草原再生草的生长率 $[g/(m^2 \cdot d)]$ 与再生草生长期间的日均温和平均土壤含水量关系非常密切，基本表现为再生草生长率随温度和土壤水分的升高而升高（表 6-25）。但是，从表 6-25 的数据还可以看出，温度与土壤含水量的不同组合对再生草生长率的影响有所不同。例如，再生草虽然有随着温度和土壤含水量升高而增加的趋势，但也不尽然，只有当两者都达到某一程度时，再生草生长率才有可能升高。从表 6-25 不难看出，只有日均温在 17℃以上，土壤含水量在 6%以上时，短花针茅草原再生草生长率才能达到 $1g/(m^2 \cdot d)$ 以上。例如，在 7 月中旬开始利用的草地，无论是留茬 1cm 还是留茬 2cm，其再生草生长期间的日均温虽然均在 17℃以上，但由于同期的土壤含水量低于 6%，其生长率分别只有 $0.66g/(m^2 \cdot d)$ 和 $0.72g/(m^2 \cdot d)$；

表 6-25　再生草与日均温、平均土壤含水量之间相互关系

| 再生草 | 项目 | 刈割日期（日/月） | | | | | | | |
| --- | --- | --- | --- | --- | --- | --- | --- | --- | --- |
| | | 15/5 | | 15/6 | | 15/7 | | 15/8 | |
| | | 留茬1cm | 留茬2cm | 留茬1cm | 留茬2cm | 留茬1cm | 留茬2cm | 留茬1cm | 留茬2cm |
| 第一次再生草 | 生长率/$[g/(m^2 \cdot d)]$ | 0.62 | 0.26 | 1.25 | 1.27 | 0.66 | 0.72 | 0.10 | 0.13 |
| | 日均温/℃ | 16.09 | 16.14 | 17.42 | 17.42 | 19.79 | 19.79 | 12.73 | 12.73 |
| | 土壤含水量/% | 6.04 | 5.46 | 9.19 | 9.19 | 5.04 | 5.04 | 5.04 | 5.04 |
| 第二次再生草 | 生长率/$[g/(m^2 \cdot d)]$ | 1.40 | 1.18 | 1.15 | 1.20 | 0.11 | 0.10 | | |
| | 日均温/℃ | 18.99 | 17.77 | 19.61 | 19.58 | 12.73 | 12.73 | | |
| | 土壤含水量/% | 9.35 | 9.58 | 6.61 | 6.69 | 4.61 | 4.61 | | |
| 第三次再生草 | 生长率/$[g/(m^2 \cdot d)]$ | 0.73 | 1.17 | 0.09 | 0.24 | | | | |
| | 日均温/℃ | 17.52 | 19.58 | 14.13 | 14.87 | | | | |
| | 土壤含水量/% | 4.99 | 6.69 | 5.04 | 4.46 | | | | |
| 第四次再生草 | 生长率/$[g/(m^2 \cdot d)]$ | | 0.28 | | | | | | |
| | 日均温/℃ | | 14.87 | | | | | | |
| | 土壤含水量/% | | 4.49 | | | | | | |

而 5 月中旬开始首次利用的草地,在留茬 2cm 情况下,再生草生长期间虽然土壤含水量大于 6%,但由于日均温低于 17℃,其生长率仅为 0.62g/(m²·d)。所以,日均温与土壤含水量的相互配合是保证短花针茅草原再生草以一定生长率生长的关键,两者缺一不可,否则都会导致再生草生长率的降低,从而导致再生草产量下降。

## 三、刈割间隔期对短花针茅荒漠草原再生性的影响

### (一) 首次利用时间对牧草再生性的影响

在一年两次利用中,首次利用时间对短花针茅荒漠草原牧草再生影响很大(表 6-26)。例如,刈割间隔期均为 30 天,首次利用分别为 5 月 15 日和 6 月 15 日时,留茬 1cm、2cm 草群的总产量分别为 15.7g/m²、65.9g/m² 和 10.8g/m²、60.8g/m²,仅仅由于第一次利用时间延迟一个月,草地牧草总产量就分别提高 50.2g/m² 和 50.0g/m²。这种现象的出现,主要是由再生草产量的差距造成的,初生草产量相差并不大。例如,上述事例中,其初生草产量在留茬 1cm、2cm 时分别为 6.7g/m²、17.6g/m² 和 5.2g/m²、14.0g/m²,仅相差 10.9g/m² 和 8.8g/m²,而再生草产量则分别为 9.0g/m²、48.3g/m² 和 5.6g/m²、46.8g/m²,相差 39.3g/m² 和 41.2g/m²。再生草产量相差较多,主要是由于首次利用延迟后,水热条件更加适宜于牧草的生长,草群的牧草生长率也反映了这一特点。由表 6-26 不难看出,6 月中旬和 5 月中旬首次利用时,前者牧草再生期间的水热条件远优于后者,因此,使得再生草产量急剧增加。刈割间隔期为 60 天时也表现出这种趋势,只是产量差距稍有缩小。

表 6-26 不同利用间隔期对短花针茅草原牧草产量的影响 (1984 年)

| 项目 | 首次刈割时间(日/月) | | | | | | | | |
|---|---|---|---|---|---|---|---|---|---|
| | 15/5 | | | | | | 15/6 | | |
| | 间隔 30 天 | | 间隔 60 天 | | 间隔 90 天 | | 间隔 30 天 | | 间隔 60 天 | |
| | 留茬 1cm | 留茬 2cm | 留茬 1cm | 留茬 2cm | 留茬 1cm | 留茬 2cm | 留茬 1cm | 留茬 2cm | 留茬 1cm | 留茬 2cm |
| 总产量/(g/m²) | 15.7 | 10.8 | 63.2 | 60.4 | 118.2 | 99.7 | 65.9 | 60.8 | 99.8 | 91.1 |
| 初生草产量/(g/m²) | 6.7 | 5.2 | 7.1 | 4.9 | 8.1 | 4.8 | 17.6 | 14.0 | 18.4 | 12.4 |
| 再生草产量/(g/m²) | 9.0 | 5.6 | 56.0 | 55.4 | 110.1 | 94.9 | 48.3 | 46.8 | 81.8 | 78.7 |
| 再生草生长率/[g/(m²·d)] | 0.29 | 0.18 | 0.92 | 0.91 | 1.20 | 1.03 | 1.61 | 1.56 | 1.33 | 1.29 |
| 再生期平均气温/℃ | 14.8 | | 16.5 | | 17.8 | | 18.2 | | 19.3 | |
| 再生期日均降水量/mm | 1.4 | | 2.1 | | 2.1 | | 2.8 | | 2.5 | |
| 再生期平均土壤含水量/% | 4.79 | | 6.94 | | 6.22 | | 9.08 | | 6.94 | |
| 再生期平均土壤温度/℃ | 12.0 | | 13.1 | | 14.2 | | 14.2 | | 15.3 | |

## （二）刈割间隔期对牧草再生性的影响

延长两次刈割之间的间隔期可以增加草地牧草总产量，间隔期越长，草地牧草产量越高（表6-26）。例如，首次利用均为5月中旬，第二次利用的间隔期分别为30天、60天和90天时，其草群总产量在留茬1cm、2cm时分别为15.7g/$m^2$、63.2g/$m^2$、118.2g/$m^2$和10.8g/$m^2$、60.4g/$m^2$、99.7g/$m^2$。这3个不同间隔期的利用方式，其初生草产量基本相同（$P>0.05$），但随着刈割间隔期的延长，再生草产量急剧增加，尤其是5月中旬、8月中旬两次刈割，间隔期90天的利用方式，最有利于牧草再生，草地牧草产量也大幅度提高。

## （三）水热条件对牧草再生性的影响

在一年利用两次条件下，水热条件对牧草再生性的影响很大。由表6-26可以看出，再生草生长率与日平均降水量的关系极为密切。通过相关分析发现，再生草生长率与牧草再生期日平均降水量呈极显著正相关关系。留茬1cm和2cm时，两者的相关系数分别为$r=0.98$和$r=0.99$，其关系可用下列回归方程表示：

(1) $Y=-0.9712+0.9346X$ （留茬1cm，$r^2=0.96$）

(2) $Y=-1.1517+0.9825X$ （留茬2cm，$r^2=0.99$）

式中，$Y$为再生草生长率；$X$为日平均降水量（mm）。

此外，再生草生长率还与降水量和气温之间的相互组合有关（表6-26）。只有当气温大于17℃，日平均降水量大于2.1mm时，再生草生长率才能达到1g/($m^2 \cdot d$)以上。由此可见，水热条件对草群再生性影响之大。同时，也进一步说明了延迟首次利用时间产量增加的原因。

# 四、不同利用方式对短花针茅荒漠草原牧草根系的影响

## （一）刈割对根系生物量的影响

短花针茅草原地上部分经刈割后，至生长季末，无论是试验的第一年还是第二年，其根系生物量较对照（不刈割）均有不同程度的下降（图6-10）。通过比较首次利用开始于5月中旬的一年一次利用、一年两次利用和一年多次利用的牧草根系生物量发现，随着刈割次数的增加，根系生物量逐步下降。但一次和两次利用时，根系生物量虽有下降，下降幅度却不大，大约不超过10%。多次刈割引起的根系生物量减少最为明显，与对照相比，根系生物量下降了28%以上。

## （二）刈割对根系生物量分布的影响

刈割不仅影响草群根系生物量，而且也影响根系在土壤中的分布情况，刈割

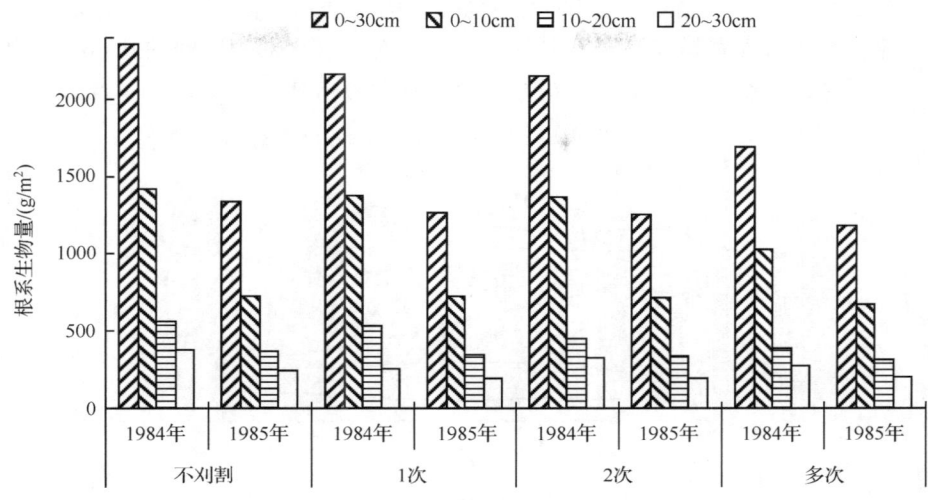

图 6-10　不同利用次数对短花针茅草原牧草根系生物量的影响（留茬高度 1cm）

导致根系生物量在 0～10cm 层中的比例增加（图 6-10）。例如，刈割一次、两次和多次时，0～10cm 层的根系生物量占 0～30cm 层根系生物量的比例分别为 63.47%、63.69% 和 64.57%，而对照仅有 60.16%，即刈割导致了 0～10cm 层占 0～30cm 层的比例比对照增加了 3～5 个百分点。这说明刈割导致根系更多地向土壤表层集中，即刈割导致根系入土深度变浅，从而引起植物由土壤下层吸收水分和养料的能力下降。不难想象，这对于地上部分生产是极为不利的，尤其在早春干旱季节内。

## 五、刈割对短花针茅荒漠草原牧草品质的影响

由于刈割影响了牧草正常的生长发育节律，延长了牧草的营养生长期，同时也改变了牧草的茎叶比例，所以影响到牧草的品质。

### （一）一年一次刈割

一年一次刈割，草群牧草营养物质含量随刈割期的不同变化较大［图 6-11(a)］。蛋白质含量随着刈割日期的延迟而逐渐下降；粗纤维、粗脂肪则随着刈割期的延迟而逐渐上升。粗灰分以 7 月 15 日刈割时最高，而碳水化合物则以 8 月 15 日刈割含量最高。总体来看，粗蛋白、粗纤维和碳水化合物含量变化较大，而粗脂肪和粗灰分含量变化较小。

### （二）一年两次刈割

一年两次刈割，草群营养物质含量随首次利用时间及利用间隔期的不同而不

同 [图 6-11 (b)]。当首次利用时间相同时，随着利用间隔期的延长，粗蛋白含量下降，粗脂肪含量增加。当刈割间隔期相同时，首次刈割时间的延迟导致粗蛋白含量下降，粗脂肪含量增加，粗纤维含量亦随之增加。

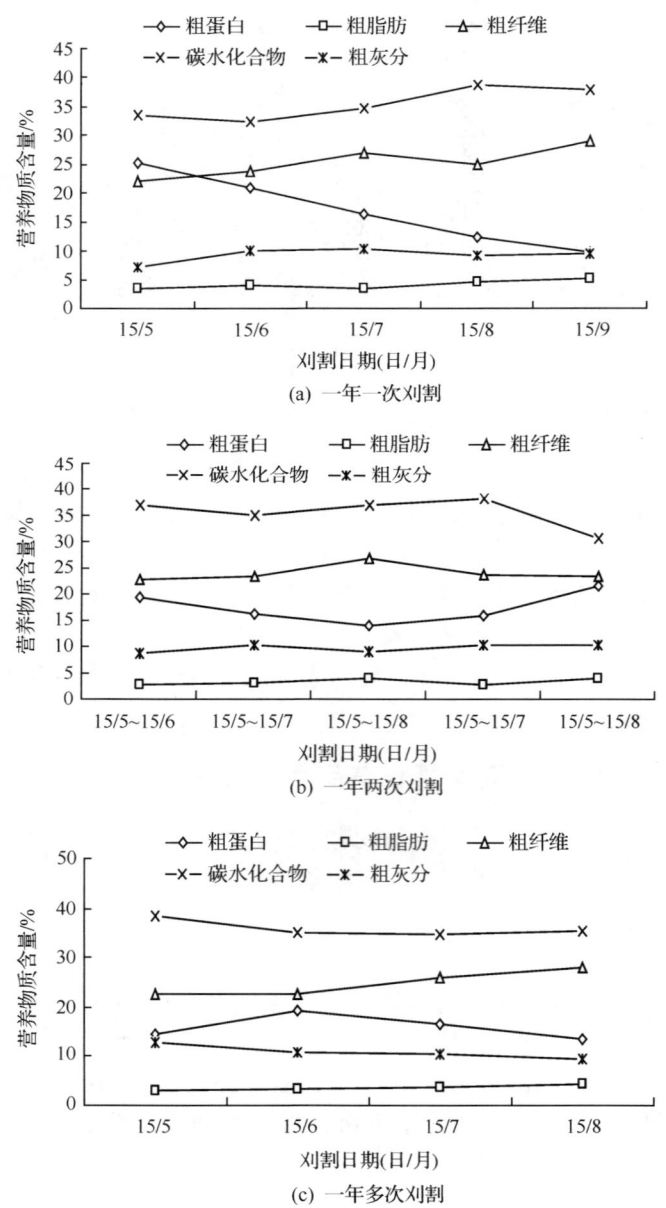

图 6-11　不同刈割次数对短花针茅草原牧草品质的影响

## (三) 一年多次刈割

一年多次刈割，草群营养物质含量的变化趋势基本是一致的（碳水化合物除外），即随着首次利用时间的延迟，粗脂肪、粗纤维含量增加。粗蛋白含量以6月15日首次刈割时最高，此后，随着首次利用时间的延迟，粗蛋白含量急剧下降[图6-11（c）]。这主要是因为逐渐老化的初生草随首次利用时间的延迟而所占比例逐步增加的结果。碳水化合物含量亦随着首次利用时间的推迟而逐渐下降。

## 第四节 短花针茅荒漠草原主要牧草的再生性特点

### 一、短花针茅荒漠草原主要牧草的群落学作用

在进行研究的主要植物中，既有短花针茅荒漠草原中的主要优势种、次优势种，同时也包括了该类草原的伴生种。其中，短花针茅为群落建群种，无芒隐子草、糙隐子草和冷蒿为群落的优势种和次优势种，细叶鸢尾、阿尔泰狗娃花、银灰旋花、木地肤、细叶韭和冰草是群落的伴生种。上述植物的生物量占群落地上生物量的90%左右，多度与盖度占草群多度和盖度的80%左右。此外，群落中还散生着一些典型草原的物种，如羊草和克氏针茅。

牧草的生物学特性不同，其返青期也各不相同。在早春，气温较低，降水较少，气候干旱，一些喜温喜湿的牧草返青较晚，而耐寒、耐旱的牧草返青较早。短花针茅荒漠草原主要牧草种类的返青期、牧草的放牧成熟期（植株高度8cm，即刈割期）及初生草产量、初生草速度如表6-27所示。

表6-27 短花针茅草原主要牧草返青期、成熟期及初生草产量与初生草速度

| 植物种类 | 返青期<br>（日/月） | 返青<br>枝条数 | 成熟期<br>（日/月） | 对照物候 | 单株产量<br>/g | 生长速度<br>/（cm/d） |
| --- | --- | --- | --- | --- | --- | --- |
| 短花针茅 | 15/3 | 48 | 8/5 | 拔节 | 1.321 | 0.157 |
| 冷蒿 | 5/3 | 32 | 29/5 | 分枝 | 1.693 | 0.071 |
| 糙隐子草 | 16/4 | 38 | 2/7 | 拔节 | 1.843 | 0.077 |
| 无芒隐子草 | 20/4 | 41 | 6/7 | 拔节 | 1.707 | 0.076 |
| 羊草 | 21/3 | 21 | 4/5 | 拔节 | 1.226 | 0.140 |
| 细叶韭 | 1/4 | 13 | 19/5 | 分枝 | 0.321 | 0.139 |
| 克氏针茅 | 20/3 | 57 | 14/5 | 拔节 | 0.902 | 0.136 |
| 木地肤 | 16/4 | 47 | 4/6 | 分枝 | 1.723 | 0.122 |

续表

| 植物种类 | 返青期（日/月） | 返青枝条数 | 成熟期（日/月） | 对照物候 | 单株产量/g | 生长速度/（cm/d） |
|---|---|---|---|---|---|---|
| 细叶鸢尾 | 20/4 | 12 | 7/5 | 孕蕾 | 1.480 | 0.127 |
| 冰草 | 25/3 | 11 | 1/6 | 拔节 | 0.512 | 0.091 |
| 阿尔泰狗娃花 | 8/3 | 28 | 22/5 | 分枝 | 0.960 | 0.081 |
| 银灰旋花 | 17/4 | 4 | 4/7 | 孕蕾 | 0.289 | 0.076 |

注：产量为风干重。

由表6-27可见，冷蒿在早春返青最早，在3月5日左右，短花针茅、羊草、克氏针茅、细叶韭、细叶鸢尾次之，糙隐子草、无芒隐子草、银灰旋花返青最晚。返青后，短花针茅的生长速度最快，达0.157cm/d。冷蒿返青虽早，但生长速度极慢，仅0.071cm/d。各种牧草由于初生速度不同，其初生草达到放牧成熟期（8cm）的时间也各不相同。

## 二、短花针茅荒漠草原主要牧草的再生性特点

### （一）短花针茅

短花针茅是丛生性旱生牧草，是短花针茅荒漠草原的建群种。短花针茅返青较早，自然条件下，生长季内可再生5.3次。短花针茅再生性列于表6-28。短花针茅对照植株在一个生长季内有两个结实期，分别在6月中旬和7月末。这是在降水量比较充沛的年份才有的现象，但在频繁刈割时，短花针茅无结实，不能完成生活周期。

表6-28 短花针茅的再生性

| 刈割日期（日/月） | 对照物候 | 再生枝条数量 | 再生草产量/（g/株） | 再生速度/（cm/d） | 再生强度*/% |
|---|---|---|---|---|---|
| 27/5 | 孕穗 | 42 | 0.342 | 0.316 | 22.92 |
| 17/6 | 结实 | 47 | 0.362 | 0.300 | 24.39 |
| 30/6 | 果后营养 | 41 | 0.253 | 0.462 | 16.96 |
| 13/7 | 孕穗 | 41 | 0.238 | 0.500 | 15.95 |
| 30/8 | 果后营养 | 38 | 0.216 | 0.357 | 14.47 |
| 17/9 | 枯黄（4cm**） | 36 | 0.081 | 0.104 | 5.42 |

\* 再生强度＝每次再生草产量/再生草总产量； \*\* 最后一次刈割时的再生草高度。

由表6-28可以看出，短花针茅再生草产量随刈割次数增加而减少，最大值为第二次刈割，再生强度亦最大，达到24.39%。再生速度则随生长季延续而发

生变化。在早春，生长缓慢，以后随着气温的升高而逐渐加快，到7月中旬达到最高，平均为0.5cm/d，以后逐渐下降。8月20日左右，未进行刈割的对照植株在两次结实后枯黄，但刈割植株仍有缓慢的生长。9月13日初霜过后，短花针茅的再生几乎完全停止。

刈割后，短花针茅主要再生枝条为生长点未受损伤的营养枝的伸长，部分分蘖芽在刈割后被激活而转化成为活动芽。生殖枝在刈割后则失去再生能力，停止生长（图6-12）。再生枝条数量随刈割次数增加而减少，未刈割的对照株在早春（5月上旬）和秋末（8月下旬）有两次分蘖，而刈割植株基本只有春季一次分蘖，秋季分蘖数量极少，说明多次刈割影响短花针茅的正常生长发育。

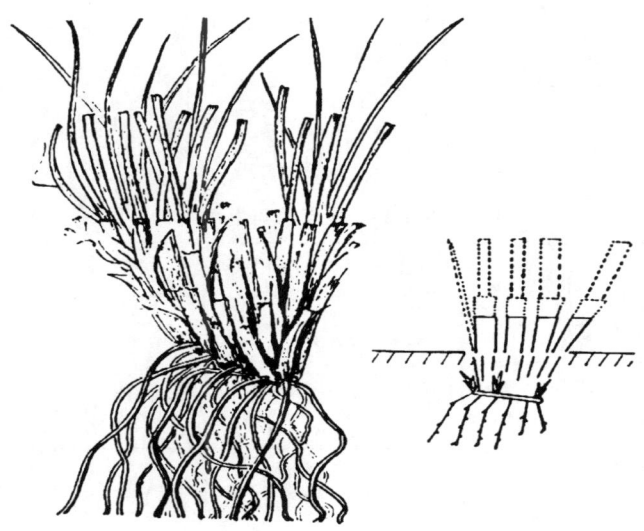

图6-12　短花针茅的再生方式

## （二）冷蒿

冷蒿具有匍匐状枝条，植株低矮，耐春寒，返青早，但生长较慢。生长季内可再生2.3次。冷蒿再生的主要方式是刈割后腋芽的发育和伸长，部分更新芽从根颈上发出，生长点未破坏的枝条也可继续生长（图6-13）。

冷蒿的再生速度较慢，第二次再生时（7/7～15/8），再生速度最快，但仅为0.188cm/d（表6-29），此时水热同期，是各种牧草生长最快的时期。冷蒿再生草产量随刈割次数增加而逐渐减少。第一次再生草的再生强度最大，占再生草总产量的49.58%，说明冷蒿的再生草数量主要是由其第一次再生决定的。再生枝条的数量随刈割次数增加而增加，但枝条本身却越来越纤细。

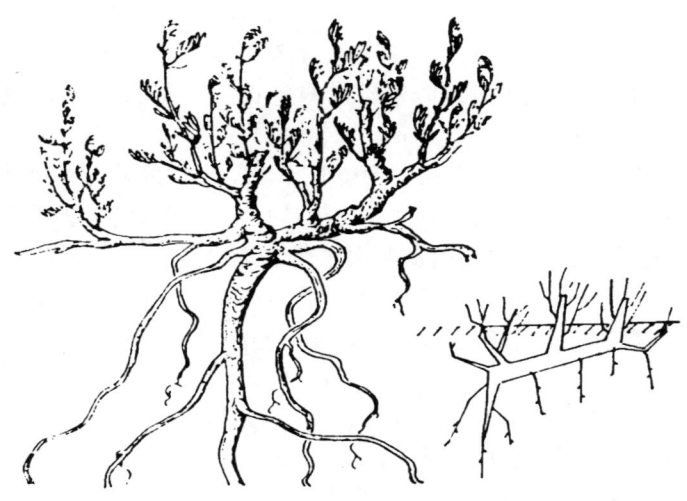

图 6-13  冷蒿的再生方式

表 6-29  冷蒿的再生性

| 刈割日期<br>（日/月） | 对照物候 | 再生枝条<br>数量 | 再生草<br>产量/(g/株) | 再生速度<br>/(cm/d) | 再生强度*<br>/% |
|---|---|---|---|---|---|
| 7/7 | 营养 | 28 | 1.127 | 0.158 | 49.58 |
| 15/8 | 结实 | 39 | 0.827 | 0.188 | 36.38 |
| 17/9 | 枯黄 | 46 | 0.319 | 0.073 | 14.03 |

## （三）无芒隐子草和糙隐子草

无芒隐子草和糙隐子草返青较晚，早期生长缓慢，后期生长较快。两者再生特点相似，其分蘖节位于地面之上。刈割后，再生枝条大部分由分蘖芽形成，如叶片和枝条在刈割后生长点被破坏，不能再生长（图 6-14）。

无芒隐子草可再生 2.4 次，再生强度最大值是第一次再生草，达 50.34%，最大再生速度也为第一次再生，为 0.271cm/d。糙隐子草可再生 2.5 次，其再生枝条随刈割次数增加而增多，但再生草产量则越来越小。第一次再生草产量最高，为 0.944g/株，再生强度达 50.19%，再生速度第一次最快，为 0.333cm/d，以后则逐渐下降（表 6-30）。糙隐子草和无芒隐子草第一次再生草均在 7 月，此时水热同期，再生速度最快。以后随环境条件变化，再生速度下降。在封育草地上，无芒隐子草和糙隐子草生活力强，可以开花结实完成生活周期，而在刈割（或过度放牧）草地则不能开花结实，且株丛变得更加矮小。

第六章 荒漠草原牧草再生性研究

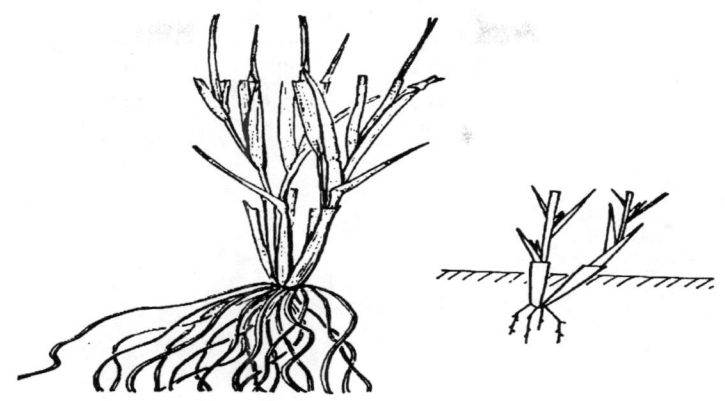

图 6-14 糙隐子草的再生方式

表 6-30 糙隐子草和无芒隐子草的再生性

| 项目 | 刈割日期<br>（日/月） | 对照物候 | 再生枝条<br>数量 | 再生草<br>产量/(g/株) | 再生速度<br>/(cm/d) | 再生强度<br>/% |
| --- | --- | --- | --- | --- | --- | --- |
| 糙隐子草 | 20/7 | 营养 | 43 | 0.944 | 0.333 | 50.19 |
|  | 14/8 | 开花 | 45 | 0.835 | 0.250 | 44.39 |
|  | 17/9 | 枯黄(5cm**) | 57 | 0.102 | 0.061 | 5.42 |
| 无芒隐子草 | 28/7 | 营养 | 36 | 0.954 | 0.271 | 50.34 |
|  | 23/8 | 结实 | 42 | 0.824 | 0.240 | 43.48 |
|  | 17/9 | 枯黄(4.3cm**) | 40 | 0.117 | 0.042 | 6.17 |

（四）羊草

羊草是短花针茅荒漠草原的主要伴生种。它具有长根茎，有很强的生活力和再生能力。在过度利用草地上，其生活力差，但在封育的草地则大量生长，且可开花结实，完成生活周期。

由表 6-31 可知，羊草可再生 8.3 次，其再生草产量第一次较高，以后逐渐下降。但在 7 月中旬再生草产量再一次上升，形成第二个再生草产量高峰（达 0.5g/株），以后又逐渐下降。7 月中旬为羊草的第五次再生草，其再生强度达到 15.05%，说明羊草有很强的耐刈性。在水热条件较好时，再生强度增加。羊草更新芽位置较低，留茬 2cm 不会破坏其生长点。刈割后，除生长点未破坏的枝条可以继续伸长外，还有部分枝条形成于根茎上的更新芽（图 6-15）。多次刈割，再生枝条数量变化不大。

表 6-31　羊草的再生性

| 刈割日期<br>（日/月） | 对照物候 | 再生枝条<br>数量 | 再生草<br>产量/(g/株) | 再生速度<br>/(cm/d) | 再生强度*<br>/% |
|---|---|---|---|---|---|
| 28/5 | 拔节 | 25 | 0.734 | 0.250 | 22.09 |
| 14/6 | 拔节 | 23 | 0.658 | 0.373 | 19.81 |
| 26/6 | 孕穗 | 21 | 0.345 | 0.545 | 10.38 |
| 9/7 | 孕穗 | 22 | 0.246 | 0.500 | 7.41 |
| 18/7 | 抽穗 | 19 | 0.500 | 0.750 | 15.05 |
| 28/7 | 开花 | 20 | 0.317 | 0.667 | 9.54 |
| 8/8 | 结实 | 18 | 0.267 | 0.600 | 8.04 |
| 31/8 | 果后营养 | 20 | 0.228 | 0.273 | 6.86 |
| 17/9 | 枯黄(4cm**) | 22 | 0.027 | 0.125 | 0.81 |

图 6-15　羊草的再生方式

## （五）木地肤

　　木地肤为轴根类牧草，有一个大而粗壮的主根。生长季内可再生 4.2 次，其再生情况如表 6-32 所示。从表 6-32 可以看出，木地肤再生草产量以第一次再生草最大，为 1.616g/株，第一次再生草的再生强度达到 34.29%。虽然此后再生强度逐渐下降，但前三次再生草产量相差不大（$P > 0.05$），三次总量可占整个再生草总量的 90% 左右。第四次再生草产量及再生强度下降较快。木地肤再生速度早期较慢，以后逐渐加快，其中以第二次再生草生长速度最快（0.462cm/d）。

表 6-32 木地肤的再生性

| 刈割日期（日/月） | 对照物候 | 再生枝条数量 | 再生草产量/(g/株) | 再生速度/(cm/d) | 再生强度*/% |
|---|---|---|---|---|---|
| 25/6 | 分枝 | 37 | 1.616 | 0.261 | 34.29 |
| 8/7 | 营养 | 46 | 0.863 | 0.462 | 25.49 |
| 27/7 | 开花 | 53 | 0.958 | 0.316 | 28.29 |
| 21/8 | 结实 | 38 | 0.315 | 0.276 | 9.30 |
| 17/9 | 枯黄(3.2cm**) | 31 | 0.089 | 0.095 | 2.63 |

木地肤刈割后，再生枝条主要由腋芽和根颈上的休眠芽激活为活动芽形成（图 6-16）。再生枝条数量随刈割次数增加而增多，但在第四次刈割时又下降。这是因为连续多次刈割，再生枝条变得越来越纤细，有些腋芽不能形成枝条。此外，也由 8 月下旬气温开始下降，植物生长发育减缓所致。

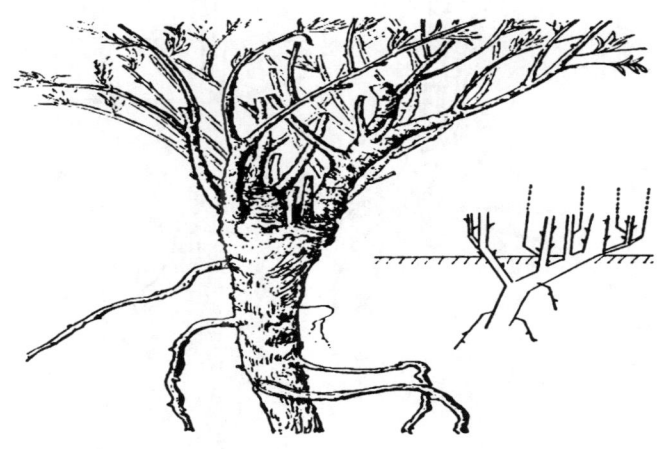

图 6-16 木地肤的再生方式

## （六）冰草

冰草可刈割 2.3 次，其耐刈性较差。在进行刈割试验时发现，有些植株在第二次刈割后即枯死，第三次刈割后，30%的植株死亡。这说明过度利用严重损害冰草的生长发育和生命力。冰草的再生性见表 6-33。由表 6-33 可知，冰草的再生草产量随刈割次数增加而减少，其中第一次再生草产量最高（0.172g/株），其再生强度为 54.95%。说明冰草的再生草产量主要是由第一次再生草决定的。冰草的再生速度开始时较慢，以后逐渐变快，其中第二次再生速度最快，达 0.273cm/d。

表 6-33  冰草的再生性

| 刈割日期<br>（日/月） | 对照物候 | 再生枝条<br>数量 | 再生草<br>产量/(g/株) | 再生速度<br>/(cm/d) | 再生强度*<br>/% |
|---|---|---|---|---|---|
| 28/6 | 孕穗 | 8 | 0.172 | 0.222 | 54.95 |
| 20/7 | 开花 | 6 | 0.096 | 0.273 | 30.67 |
| 17/9 | 结实 | 5 | 0.045 | 0.089 | 14.38 |

冰草有一短根茎，刈割后，生长点未受破坏的枝条可继续生长，而大部分枝条是从分蘖节上或短根茎上发出的（图 6-17）。

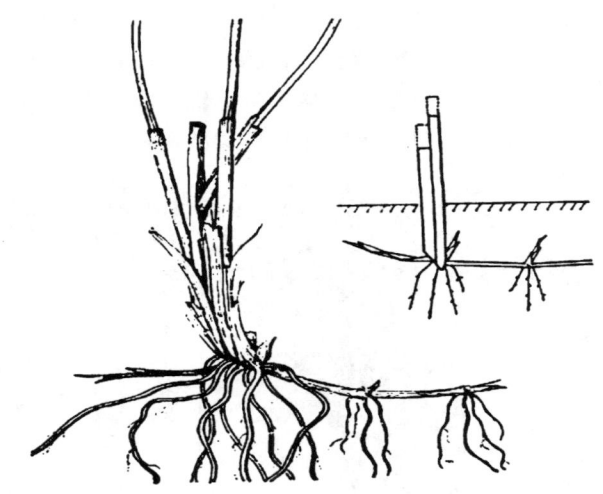

图 6-17  冰草的再生方式

## （七）克氏针茅

克氏针茅是密丛型禾草，茎基部包裹着很多枯叶鞘。克氏针茅有很强的再生性，生长季内可刈割 8 次。其分蘖芽位置较低，刈割后生长点未被破坏，因此能迅速恢复生长。克氏针茅再生枝条主要由生长点未受破坏的枝条继续伸长形成，部分是由分蘖节上的更新芽生长形成（图 6-18）。克氏针茅再生枝条的数量随刈割次数增加而减少，但下降幅度不大，第 6 次刈割时有个别枝条枯死。克氏针茅的再生性如表 6-34 所示。由表 6-34 可知，克氏针茅的再生草产量随刈割次数增加而下降，但下降速度较慢。克氏针茅第一次再生草产量最高，但再生强度只有 15.10%，前 6 次刈割再生草产量及再生强度差异不显著（$P>0.05$）。8 月 12 日以后，克氏针茅的生长量减少。

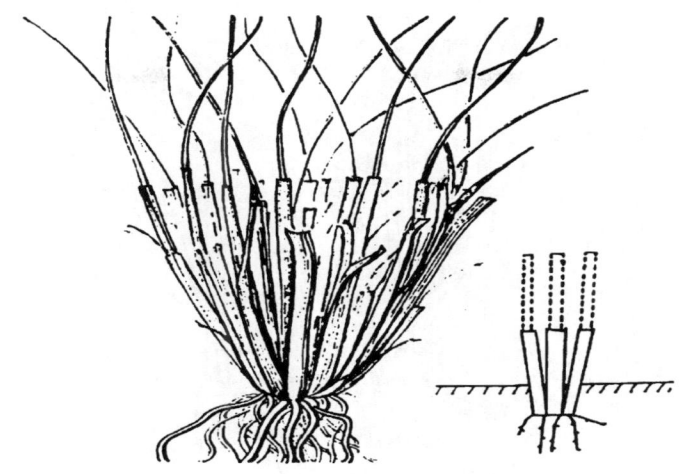

图 6-18　克氏针茅的再生方式

表 6-34　克氏针茅的再生性

| 刈割日期<br>（日/月） | 对照物候 | 再生枝条<br>数量 | 再生草<br>产量/(g/株) | 再生速度<br>/(cm/d) | 再生强度*<br>/% |
| --- | --- | --- | --- | --- | --- |
| 29/5 | 营养 | 48 | 0.521 | 0.400 | 15.10 |
| 12/6 | 孕穗 | 46 | 0.481 | 0.333 | 14.11 |
| 23/6 | 孕穗 | 47 | 0.468 | 0.400 | 13.56 |
| 4/7 | 抽穗 | 41 | 0.427 | 0.500 | 12.37 |
| 15/7 | 开花 | 43 | 0.466 | 0.545 | 13.50 |
| 28/7 | 结实 | 36 | 0.391 | 0.462 | 11.34 |
| 12/8 | 果后营养 | 31 | 0.357 | 0.428 | 10.33 |
| 17/9 | 枯黄 | 37 | 0.334 | 0.166 | 9.68 |

克氏针茅再生速度受水热条件影响而发生较大变化。早春气温较低，降水量少，克氏针茅生长缓慢。随着降水量的增加和气温的升高，克氏针茅的生长速度逐渐加快。6月中旬，因干旱，再生速度出现最小值（0.333cm/d）。以后因水热条件的改善，再生速度加快，到第 5 次刈割（7 月 4～15 日）达到峰值（0.545cm/d），然后逐渐下降。

## （八）细叶鸢尾

细叶鸢尾有很强的再生性，生长季内可再生 7.5 次。其更新芽位于短根茎上，再生主要是通过生长点未受破坏的叶片伸长（图 6-19）。

多次刈割对细叶鸢尾再生枝条数量影响不大，但由于早期多次刈割，到生长

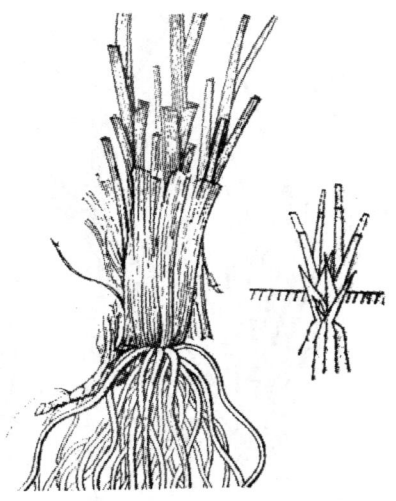

图 6-19　细叶鸢尾的再生方式

后期，加上水热条件变差，再生的叶片变得越来越纤细，叶色发黄。细叶鸢尾的再生性如表 6-35 所示。由表 6-35 可知，细叶鸢尾再生草产量随着刈割次数的增加而逐渐减少，其第一次再生草产量最高，可达 0.485g/株，再生强度为17.49%。前 7 次再生草之间及再生强度之间无显著差异（$P>0.05$），即前 7 次再生草产量下降缓慢，只是最后一次再生草产量较低。这说明细叶鸢尾有很强的耐刈性，因为细叶鸢尾芽的位置较低，留茬 2cm 的刈割不会对其造成伤害，所以刈割后能迅速恢复生长。

表 6-35　细叶鸢尾的再生性

| 刈割日期（日/月） | 对照物候 | 再生枝条数量 | 再生草产量/(g/株) | 再生速度/(cm/d) | 再生强度*/% |
| --- | --- | --- | --- | --- | --- |
| 19/5 | 营养 | 8 | 0.485 | 0.500 | 17.49 |
| 4/6 | 孕蕾 | 6 | 0.407 | 0.375 | 14.68 |
| 19/6 | 开花 | 6 | 0.366 | 0.316 | 13.19 |
| 5/7 | 结实 | 7 | 0.385 | 0.400 | 13.86 |
| 17/7 | 结实 | 10 | 0.401 | 0.500 | 14.46 |
| 30/7 | 果后营养 | 8 | 0.329 | 0.417 | 11.86 |
| 24/8 | 果后营养 | 7 | 0.274 | 0.240 | 9.88 |
| 17/9 | 果后营养(5cm**) | 7 | 0.126 | 0.130 | 4.54 |

## (九) 细叶韭

细叶韭是鳞茎类植物，芽为鳞叶所包裹。细叶韭再生性较强，生长季内可再生7.2次，其再生主要是未受破坏的叶片继续伸长（图6-20）。细叶韭的再生性如表6-36所示。由表6-36可知，细叶韭的再生草产量随刈割次数增加而减少，以第二次再生草产量最高（0.362g/株），再生强度为24.61%。前4次再生草产量合计占再生草总产量的80%左右。后3次再生草的产量很小，仅占再生草总量的20%左右。细叶韭再生速度的变化与水热条件的变化趋势一致。早春生长较慢，至7月达到最快（0.75cm/d）。

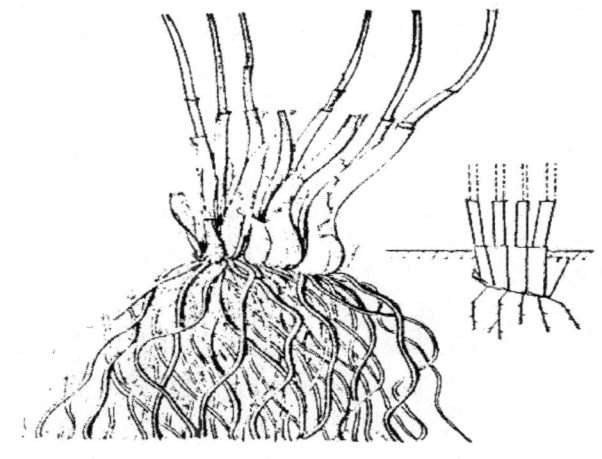

图6-20 细叶韭的再生方式

表6-36 细叶韭的再生性

| 刈割日期<br>（日/月） | 对照物候 | 再生枝条<br>数量 | 再生草<br>产量/(g/株) | 再生速度<br>/(cm/d) | 再生强度*<br>/% |
|---|---|---|---|---|---|
| 5/6 | 营养 | 12 | 0.282 | 0.353 | 19.17 |
| 26/6 | 营养 | 13 | 0.362 | 0.286 | 24.61 |
| 4/7 | 营养 | 11 | 0.178 | 0.750 | 12.10 |
| 14/7 | 孕蕾 | 10 | 0.247 | 0.600 | 16.70 |
| 22/7 | 开花 | 8 | 0.196 | 0.750 | 6.15 |
| 14/8 | 果后营养 | 9 | 0.129 | 0.429 | 8.77 |
| 17/9 | 果后营养（9.3cm**） | 10 | 0.042 | 0.129 | 2.85 |

## （十）阿尔泰狗娃花

阿尔泰狗娃花可再生 3.2 次。其第二次再生草产量最高（0.352g/株），再生强度达到 41.22%。此后，随着刈割次数的增加，再生草产量逐渐下降。阿尔泰狗娃花的再生速度以第一次再生草最快（0.231cm/d），并随着刈割次数增加而减慢（表 6-37）。

阿尔泰狗娃花的再生枝条主要由腋芽形成，部分枝条为根出芽形成。

表 6-37 阿尔泰狗娃花的再生性

| 刈割日期（日/月） | 对照物候 | 再生枝条数量 | 再生草产量/(g/株) | 再生速度/(cm/d) | 再生强度*/% |
|---|---|---|---|---|---|
| 7/6 | 营养 | 27 | 0.220 | 0.231 | 25.76 |
| 12/6 | 开花 | 24 | 0.352 | 0.171 | 41.22 |
| 20/8 | 结实 | 26 | 0.224 | 0.154 | 26.23 |
| 17/9 | 枯黄(3cm) | 21 | 0.058 | 0.037 | 6.79 |

## （十一）银灰旋花

银灰旋花植物矮小，再生性较差，生长季内仅可再生 1.1 次。第一次再生草的再生强度达到 86% 以上。早春，由于其他植物的遮盖而生长缓慢，8 月 5 日才刈割第一次再生草。银灰旋花的再生速度也较慢，仅为 0.186cm/d（表 6-38）。

表 6-38 银灰旋花的再生性

| 刈割日期（日/月） | 对照物候 | 再生枝条数量 | 再生草产量/(g/株) | 再生速度/(cm/d) | 再生强度*/% |
|---|---|---|---|---|---|
| 5/8 | 结实 | 5 | 0.138 | 0.186 | 86.79 |
| 17/9 | 枯黄(3cm**) | 4 | 0.021 | 0.069 | 13.21 |

## 三、短花针茅荒漠草原牧草再生性的影响因素

### （一）水热条件

在干旱、半干旱地区，植物生物量与 0~20cm 层的土壤含水量呈正相关关系（李绍良，1985）。而生长季内降水量及其分布，直接影响土壤水分动态，从而影响牧草的生长发育。在水分满足牧草生长需求的情况下，温度是决定牧草生长发育的主要因素。也就是说，对于某种牧草而言，其再生草累积产量应该是牧草再生期间降水量和日均温的函数。因此，牧草再生草产量的累积动态可通过拟

合方程来表示。对于短花针茅草原，牧草再生草产量的累积动态可通过下列方程模拟：

$$W = K / [1 + a\exp - (b_1 R + b_2 T)] \tag{6-1}$$

式中，$W$ 为再生草产量累积量；$T$ 为平均温度，$T = A\sin t + 6.056$；$R$ 为生长季内随时间 $t$ 而发生变化的降水量，$R = k / [1 + A\exp(Bt)]$；$t$ 为牧草生长天数。

根据1991年的温度、降水动态，对上述方程进行了拟合，得到如下方程：

$$T = 12.16\sin t + 6.056 \tag{6-2}$$

$$R = 233.5 / [1 + 88.85\exp(-0.0275t)] \tag{6-3}$$

根据方程式 (6-1)、式 (6-2)、式 (6-3)，对几种刈割次数较多的牧草再生草产量动态进行模拟，获得如下方程：

短花针茅：$W = 2.5 / [1 + 9.945\exp(-0.068R - 0.023T)]$ ($r = 0.999$)

羊草：$W = 3.5 / [1 + 54.12\exp(-0.045R - 0.203T)]$ ($r = 0.988$)

克氏针茅：$W = 3.7 / [1 + 54.12\exp(-0.045R - 0.203T)]$ ($r = 0.993$)

细叶韭：$W = 1.7 / [1 + 3.684\exp(-0.0532R - 0.000845T)]$ ($r = 0.999$)

细叶鸢尾：$W = 3 / [1 + 157.22\exp(-0.0124R - 0.369T)]$ ($r = 0.998$)

上述几种牧草再生草产量动态的模拟方程基本可以正确地反映出生长季内降水量、温度及两者的交互作用与牧草再生草产量累积动态之间的关系。但该方程的不足是无法确定牧草的再生速度和初生草产量等。

(二) 留茬高度

不同的留茬高度，决定了刈割后牧草残留叶片的多少及生长点受损伤的程度，从而影响牧草的再生。不同留茬高度对牧草再生能力的影响如表 6-39 所示。由表 6-39 可以看出，留茬高度不同，牧草的再生能力具有显著不同。例如，短花针茅留茬高度分别为 0cm、2cm 和 3cm 时，其再生次数分别为 3 次、5.5 次和 7.6 次。其他几种牧草在留茬高度不同时，再生次数也不相同。但都有一个共同规律，即留茬 0cm 时再生次数最少，留茬 2cm 居中，留茬 3cm 时再生次数最多。牧草的再生速度也因留茬高度不同而不同。留茬 0cm 时，牧草再生速度显著慢于留茬 2cm 和 3cm（$P<0.05$），但留茬 2cm 与留茬 3cm 之间无显著差异（$P>0.05$）。从初生草产量和单株总产量来看，留茬高度的影响也很显著。例如，牧草初生草产量留茬 2cm 和留茬 3cm 均低于留茬 0cm，而再生草产量则以留茬 2cm 高于留茬 0cm 和 3cm，单株总产量也以留茬 2cm 为最高。例如，短花针茅留茬 2cm 产量分别比留茬 0cm、3cm 高 28.57% 和 14.1%；冷蒿留茬 2cm 较留茬 0cm、3cm 产量分别高 12.90% 和 8.02%。

表 6-39　留茬高度对牧草再生能力的影响

| 植物种类 | 留茬高度/cm | 再生次数 | 再生草产量/(g/株) | 再生速度/(cm/d) | 再生强度*/% |
|---|---|---|---|---|---|
| 短花针茅 | 0 | 1 | 0.126 | 0.242 | 21.5 |
| | | 2 | 0.327 | 0.286 | 55.89 |
| | | 3 | 0.108 | 0.222 | 18.46 |
| | | 4(2cm**) | 0.024 | 0.057 | 4.1 |
| | 2 | 1 | 0.342 | 0.316 | 22.92 |
| | | 2 | 0.362 | 0.3 | 24.39 |
| | | 3 | 0.253 | 0.462 | 16.96 |
| | | 4 | 0.238 | 0.5 | 15.95 |
| | | 5 | 0.216 | 0.357 | 14.47 |
| | | 6(4cm**) | 0.081 | 0.104 | 5.42 |
| | 3 | 1 | 0.318 | 0.313 | 17.24 |
| | | 2 | 0.316 | 0.357 | 15.66 |
| | | 3 | 0.287 | 0.385 | 12.27 |
| | | 4 | 0.225 | 0.414 | 10.69 |
| | | 5 | 0.196 | 0.512 | 13.31 |
| | | 6 | 0.127 | 0.367 | 7.47 |
| | | 7 | 0.101 | 0.287 | 8.78 |
| | | 8(6cm**) | 0.092 | 0.125 | 5.64 |
| 冷蒿 | 0 | 1 | 0.486 | 0.154 | 58.7 |
| | | 2(5cm**) | 0.342 | 0.087 | 41.3 |
| | 2 | 1 | 1.127 | 0.158 | 49.58 |
| | | 2 | 0.827 | 0.188 | 36.38 |
| | | 3 | 0.319 | 0.073 | 14.03 |
| | 3 | 1 | 1.09 | 0.166 | 54.83 |
| | | 2 | 0.677 | 0.185 | 34.05 |
| | | 3(7.3cm**) | 0.221 | 0.086 | 11.12 |
| 糙隐子草 | 0 | 1 | 0.978 | 0.258 | 74.09 |
| | | 2(3cm**) | 0.342 | 0.075 | 25.91 |
| | 2 | 1 | 0.944 | 0.333 | 50.19 |
| | | 2 | 0.835 | 0.25 | 44.39 |
| | | 3(5cm**) | 0.102 | 0.061 | 5.42 |
| | 3 | 1 | 0.887 | 0.278 | 51.07 |
| | | 2 | 0.721 | 0.313 | 41.75 |
| | | 3(4cm**) | 0.124 | 0.073 | 7.18 |

续表

| 植物种类 | 留茬高度/cm | 再生次数 | 再生草产量/(g/株) | 再生速度/(cm/d) | 再生强度*/% |
|---|---|---|---|---|---|
| 羊草 | 0 | 1 | 0.202 | 0.242 | 15.05 |
| | | 2 | 0.482 | 0.4 | 35.92 |
| | | 3 | 0.276 | 0.471 | 20.57 |
| | | 4 | 0.258 | 0.32 | 19.23 |
| | | 5(6cm**) | 0.104 | 0.154 | 9.24 |
| | 2 | 1 | 0.734 | 0.25 | 22.09 |
| | | 2 | 0.658 | 0.373 | 19.81 |
| | | 3 | 0.345 | 0.545 | 10.38 |
| | | 4 | 0.246 | 0.5 | 7.41 |
| | | 5 | 0.5 | 0.75 | 15.05 |
| | | 6 | 0.317 | 0.667 | 9.54 |
| | | 7 | 0.267 | 0.6 | 8.04 |
| | | 8 | 0.228 | 0.273 | 6.86 |
| | | 9(4cm**) | 0.027 | 0.125 | 0.81 |
| | 3 | 1 | 0.447 | 0.254 | 17.52 |
| | | 2 | 0.337 | 0.357 | 13.21 |
| | | 3 | 0.247 | 0.346 | 9.68 |
| | | 4 | 0.241 | 0.551 | 9.47 |
| | | 5 | 0.358 | 0.5 | 14.03 |
| | | 6 | 0.262 | 0.724 | 10.27 |
| | | 7 | 0.35 | 0.758 | 13.72 |
| | | 8 | 0.248 | 0.646 | 9.72 |
| | | 9 | 0.174 | 0.482 | 6.82 |
| | | 10(5.2cm**) | 0.102 | 0.108 | 3.99 |

## (三) 植物体内贮藏营养物质含量的变化

在不刈割的情况下,各种牧草在整个生长季内,贮藏养分含量变化呈"V"型,即返青初期含量较高,此后由于牧草生长消耗养分而呈下降趋势,在开花结实期降至最低点,在生殖生长后期及果后营养期间,贮藏养分含量又增加,以确保牧草冬季生长及翌年返青的需要。

生长季内连续的多次刈割,导致牧草贮藏养分含量(主要是可溶性碳水化合物)含量下降(表 6-40)。各种牧草贮藏养分含量均表现为:返青初期总糖与还原糖含量较高;以后,随刈割次数增加,两者均表现为下降趋势。到初霜后牧草停止生长时,降至最低点。短花针茅降低幅度较大,初霜后总糖及还原糖含量约为返青初含量的50%。糙隐子草和冷蒿因再生次数少,下降趋势较慢。羊草的贮藏养分含量总的来看呈下降趋势,且一开始呈锯齿型变化,说明羊草在刈割后贮藏养分补充较快,因而有较强的耐刈(牧)性。总之,年内多次刈割,大大消耗了贮藏养分,也影响到牧草生长后期对糖分的累积,其结果势必影响牧草冬季及翌年春季返青与再生。

表 6-40 不同刈割条件下的牧草贮藏养分(占干物质%)

| 植物种类 | 刈割次数 | 还原糖 | 总糖 |
| --- | --- | --- | --- |
| 短花针茅 | 返青初 | 6.88 | 31.51 |
|  | 1 | 6.16 | 30.23 |
|  | 2 | 6.02 | 28.62 |
|  | 3 | 5.86 | 29.30 |
|  | 4 | 4.97 | 25.60 |
|  | 5 | 4.66 | 24.82 |
|  | 6 | 3.85 | 23.96 |
|  | 初霜后 | 3.04 | 20.74 |
| 冷蒿 | 返青初 | 3.96 | 28.46 |
|  | 1 | 4.02 | 32.17 |
|  | 2 | 3.86 | 24.58 |
|  | 3 | 3.06 | 21.06 |
|  | 初霜后 | 2.89 | 20.22 |
| 糙隐子草 | 返青初 | 4.86 | 34.66 |
|  | 1 | 4.16 | 34.56 |
|  | 2 | 3.89 | 28.97 |
|  | 初霜后 | 3.47 | 27.50 |
| 羊草 | 返青初 | 4.13 | 32.66 |
|  | 1 | 4.50 | 34.73 |
|  | 2 | 4.27 | 28.40 |
|  | 3 | 4.58 | 29.72 |
|  | 4 | 4.19 | 27.56 |
|  | 5 | 3.96 | 27.15 |
|  | 6 | 3.44 | 26.42 |
|  | 7 | 3.08 | 26.11 |
|  | 8 | 3.41 | 24.87 |
|  | 初霜后 | 3.05 | 23.51 |

# 第七章 荒漠草原营养物质动态与氮循环和碳平衡研究

　　荒漠草原受本身生态系统特点和所处环境条件的影响，植物营养物质动态特征、贮藏养分累积与消耗规律、氮循环和碳平衡均表现出其特有的形式。

　　植物营养物质主要包括粗蛋白、粗纤维、粗脂肪、无氮浸出物和干物质等，其含量的变化不但能反映植物种群的饲用价值，也能够反映整个植物群落的可利用状况。因此，有必要从草地植物类群、植物群落和草地类型角度出发，探讨植物营养物质含量及其动态规律。

　　植物贮藏养分是植物光合作用的产物，在植物冬季休眠、春季萌发、强烈生长、刈割再生和抗逆特性表现等方面具有重要作用，贮藏养分含量的水平与植物种群的生长发育及群落稳定性密切相关。所以，研究荒漠草原植物种群贮藏养分含量变化、分配部位和比例，以及刈割处理对其影响是认识荒漠草原植物种群适应性和草地合理利用的基础。

　　荒漠草原氮素循环应该从荒漠草原生态系统全面考虑，对植物群落来讲，氮素的主要来源是土壤，土壤氮贮量动态对荒漠草原氮素循环起着十分重要的作用，对植物群落地上、地下部位甚至家畜体内的氮贮量都会产生影响。因此，土—草—畜的氮素分配和流程是荒漠草原氮素循环研究的主要内容。

　　荒漠草原碳循环具有独特的生物地球化学循环过程和作用。从碳输入和碳输出研究荒漠草原碳平衡对于精确估测荒漠草原在碳收支（源和汇）中的作用具有重要意义。

## 第一节　荒漠草原群落及主要植物营养物质动态

　　研究草地植物的营养物质，揭示其营养物质含量、类型及其动态规律，是获得优质高产牧草的理论基础，亦是确定草地适宜利用时期和正确估算载畜量及进行草地畜牧业区划的理论依据。在研究草地营养物质动态的基础上，确定草地营养动态与放牧家畜之间供需关系，根据草地营养类型的组合特点和分布规律，生产以平衡草地营养与家畜营养为目标的饲草、饲料，通过合理配置畜种和调控畜群结构，使草地畜牧业生产向着稳定、优质、高产的方向发展。同时，草地营养评价是以草群所含营养物质的种类和数量及其对家畜营养需要的满足情况来评定草地优劣的一种评价方法，评定结果反映了草地的营养供给特点及其适宜饲养的家畜种类，从而明确发展草地畜牧业生产的方向。因此，草地营养物质及其动态规律研究备受重视。

自从 1860 年德国的汉尼伯格（Henneberg）和司徒门（Stohman）发明了概略养分（水分、粗蛋白、粗脂肪、粗纤维、粗灰分和无氮浸出物）的分析方法后，人们就已经注意到牧草不同生育期的营养物质含量是不同的。Ball 等（1978）指出，植物在生长的早期阶段，蛋白质含量较高，随着植物的生长，可消化蛋白的含量逐渐减少，而粗纤维则呈相反的变化趋势。即随着季节的变化，植物木质化程度提高，其营养价值显著降低（Van Soest，1982）。Brandyberry 等（1991）报道，夏季牧草粗蛋白含量为 8%，显著高于冬季的 6%。Park 等（1994）和 Caton 等（1993）的研究表明，随着季节的推进，牧草中粗纤维含量逐渐增加。Johnson 等（1998）用 6 头安装瘘管肉牛采食牧草来评价季节变化对 North Dakota 牧草营养品质的研究表明，随着季节的推移采食牧草粗蛋白含量和体外有机物质消化率（IVOMD）线性降低，粗蛋白含量从 6 月中旬的 13.6% 上升到 7 月下旬的 14.9% 之后就稳步下降直到 12 月中旬的 6.2%，而中性洗涤纤维（NDF）、酸性洗涤纤维（ADF）、酸性洗涤纤维不溶蛋白（ADICP）线性增加。NDF 和 ADF 含量分别从 6 月中旬的 59.5% 和 35.7% 上升到 12 月中旬的 72.1% 和 41.8%。

我国研究天然草地营养物质动态是从 20 世纪 50 年代开始的。1959 年，内蒙古农牧学院（现内蒙古农业大学）在内蒙古草原和荒漠地区不同类型的 3 个草地定位实验站对草地初级生产力和营养物质动态进行了专门研究，取得了较深入系统的研究成果，从而为营养物质及其动态规律研究奠定了十分重要的基础。1961~1964 年中国科学院内蒙古宁夏综合考察队对内蒙古草地进行了综合考察，揭示了内蒙古草地主要类型的营养物质动态规律，并对内蒙古草地进行了营养分类，制定了营养分类的原则（中国科学院内蒙古宁夏综合考察队，1980）。70 年代后，许多学者研究了不同草地类型，如羊草草地、贝加尔针茅草地（王贵满等，1987）、冰草草地（扈明阁和姜永，1985）、克氏针茅草地、小针茅草地（马成杰，1986）、白茅草地等（许鹏等，1979；赵和平，1984；王昱生和孙爱芝，1984；马家兴等，1987；张晋侦，1987）的营养物质动态和营养类型。随着 1980 年内蒙古自治区开展的草地资源调查，各盟（市）、旗（县）对本地区的草地营养类型进行了初步的、定性的描述。董景实和张素珍（1981）在中国农业科学院草原研究所试验场（锡林浩特）对主要优良牧草产草量及其营养动态的研究表明，牧草的营养品质主要由粗蛋白和粗纤维含量所决定，粗蛋白含量越高，其营养品质越好，粗纤维含量高则营养品质差。牧草均以抽穗期粗蛋白含量最高，开花期次之，成熟期最差；而粗纤维含量则以抽穗期最低，开花期明显增加。谢敖云等（1996）证实，高山草甸草地牧草磷含量的变化以植物幼嫩期较高，随生长进程而逐渐降低，至 10 月达最低点。钙含量的变化基本与磷含量相似。陈亚明和呆寿善（1994）在对高山草地不同经济类群植物地上生物量和总磷量积累的季节动态研究中，同样得出磷含量在植物幼嫩期较高的研究结果。近年来，一些学者对草地牧草各季节的产量、营养动态变化规律与放牧家畜体重的相关性进行了研究。王洪荣等（1997）对天然草地牧草和补饲草料营养动态连续 3 年的检测研究证明，天然草地牧草的营养价值随其生育期变化而变化，并由草地牧草营养价值的急剧变化（青草期粗蛋白含量为 13.71%～19.09%，枯草期为 5%左右），造成放牧绵羊对营养源的摄取量很不平衡，甚至出现周期性营养缺乏。李柱等（2001）对天山北坡季节牧场牧草营养动态测定分析显示，冬牧场粗蛋白含量分别比春牧场、夏牧场、秋牧场降低 206.70%、156.88%和 92.70%，粗纤维分别增高 72.51%、90.15%和 65.52%。植物不同的生长阶段，其营养物质的含量有很大的变化，植物不同的器官，营养物质的含量也不同。叶子比茎秆含较多的蛋白质和胡萝卜素，而其所含粗纤维比茎秆少。此外，植物的营养物质含量还受环境因素的影响，如温度、湿度、辐射量等。目前主要优良牧草的营养物质动态规律研究已取得了较多的成果（董景实和张素珍，1981；Frank，1982；赵长友等，1983；陈佐忠等，1983a；苏盛发等，1985；陈佐忠等，1985；Heitschmidt et al.，1986；杨恩忠，1986；柏正强，1987；吴自立等，1989；黄德华等，1993）。

## 一、荒漠草原群落营养物质动态

### （一）干物质及水分

牧草干物质含量与水分含量是互补的，即水分含量＋干物质含量＝100%。因此，牧草水分含量的规律与干物质含量的规律相反。牧草中干物质含量的多少，在很大程度上受湿润系数所制约。湿润系数大，则干物质含量低，反之则干物质含量高。

1987 年在内蒙古荒漠草原地带进行的植物群落产量和营养物质动态的试验研究结果表明，荒漠草原干物质百分含量在植物返青后逐渐增加，到 6～7 月达到高峰，此时正值荒漠草原建群种小针茅或短花针茅结实期，以后干物质百分含量下降，在 8 月至 9 月出现一个低峰期，9 月后随着冬季枯黄期的到来，干物质百分含量又增加。荒漠草原植物群落干物质百分含量动态规律可用干物质百分含量（$y$）与时间（$T$，月份）的数学模型来表达：$y=-196.738+114.146T-16.757T^2+0.799T^3$（$R<0.05$）（Gold 和秭佩，1982；刘璋温和吴国富，1983；王宪举和金堃，1987）。荒漠草原干物质产量的动态规律为单峰上升型曲线，即干物质产量随牧草生育期的推移而增加，达到高峰后又下降，但峰后（秋季）高

于峰前（春季），干物质产量的动态模型为：$y = -44.8772 + 17.0331T - 0.9339T^2$（$R<0.05$），最高产量出现在9月中旬。荒漠草原各代表类型中，沙生针茅草原夏秋干物质产量最高，短花针茅草原次之，小针茅草原最低，而春季则正好相反（图7-1）。

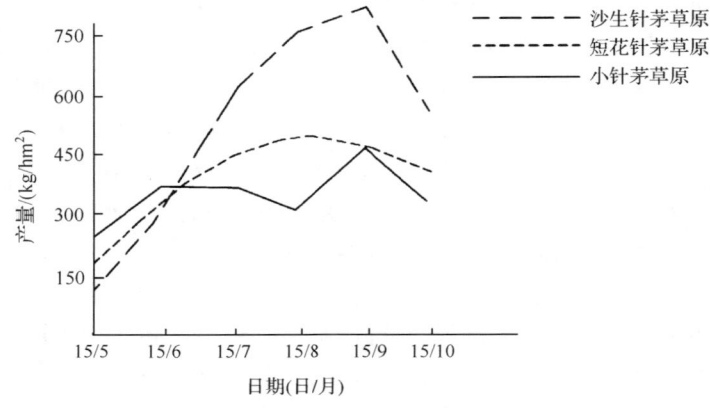

图 7-1 荒漠草原各代表类型干物质产量动态

沙生针茅草原和短花针茅草原干物质产量的动态规律为单峰上升型曲线，峰期分别出现在9月和8月，干物质最大产量分别为764.55kg/hm²和499.2kg/hm²，其产量动态模型如表7-1所示。小针茅草原干物质产量的动态规律为双峰上升型曲线，第一次高峰出现在6月，干物质高峰产量为383.4kg/hm²，此时正值小针茅开花—结实期；第二次高峰出现在9月中旬，干物质高峰产量为476.4kg/hm²。

表 7-1 荒漠草原各代表类型干物质产量的动态模型

| 荒漠草原代表类型 | 动态模型 | $R$ | $R_{0.01}$ |
| --- | --- | --- | --- |
| 沙生针茅草原 | $y = -234.6453 + 67.7379T - 4.0163T^2$ | 0.9668** | 0.959 |
| 短花针茅草原 | $y = -97.0085 + 31.2406T - 1.8727T^2$ | 0.9994** | 0.959 |

** 表示复相关系数已经达到极显著水平。

## （二）粗蛋白

荒漠草原粗蛋白含量动态总体呈"双峰型"，即植物返青后为第一个高峰，随后逐渐下降，但到9月左右由于降雨增加，建群种短花针茅和小针茅处在果后营养期，粗蛋白含量又出现一个高峰。此后由于降雨减少和气温下降，牧草生长发育停止并开始枯黄，粗蛋白含量又逐渐下降直到翌年返青。荒漠草原粗蛋白平均含量如表7-2所示。

# 第七章 荒漠草原营养物质动态与氮循环和碳平衡研究

表 7-2 荒漠草原粗蛋白平均含量动态 （单位：%）

| 项目 | 4月 | 5月 | 6月 | 7月 | 8月 | 9月 | 10月 |
|---|---|---|---|---|---|---|---|
| 变化范围 | 3.03～16.13 | 7.07～15.96 | 7.48～15.64 | 6.86～11.42 | 6.23～11.76 | 6.72～11.69 | 4.24～6.92 |
| ($\bar{x} \pm S$) | 6.93±3.3 | 10.75±2.67 | 10.07±2.48 | 9.05±1.34 | 8.72±1.99 | 9.22±1.51 | 5.59±0.94 |

注：变化范围指所统计的数字的极值；$\bar{x}$ 指平均数；$S$ 是标准差。

荒漠草原不同草地类型的粗蛋白含量动态变化如图 7-2 所示。短花针茅草原粗蛋白含量动态变化呈"双峰型"曲线，第一个高峰出现在返青后的 5 月，第二个高峰出现在 9 月。由于植物在 4 月上旬返青后，经过一段时间的生长，新生的枝条比较鲜嫩，所以，在 5 月中旬粗蛋白的含量是植物返青到枯黄的一个高峰，含量为 10.53%。以后的一段时间直到 8 月中旬，建群种短花针茅和其他植物经过了各生长阶段，这个时期气温逐渐升高，土壤水分得不到补充，植物蒸腾散失的水分多，使粗蛋白的含量逐渐下降，特别是 8 月，植物的消耗量很大，使粗蛋白的含量迅速下降，8 月中旬的粗蛋白含量仅为 6.89%。8 月下旬后，降水量有所增加，植物强烈的生长已经停止，粗蛋白的含量又有所增加，到 9 月中旬达到粗蛋白含量的第二个高峰，含量为 8.98%。进入 10 月，大部分植物已停止生长，逐渐进入枯黄，粗蛋白含量迅速下降，到 10 月下旬粗蛋白的含量下降到 5.28%。

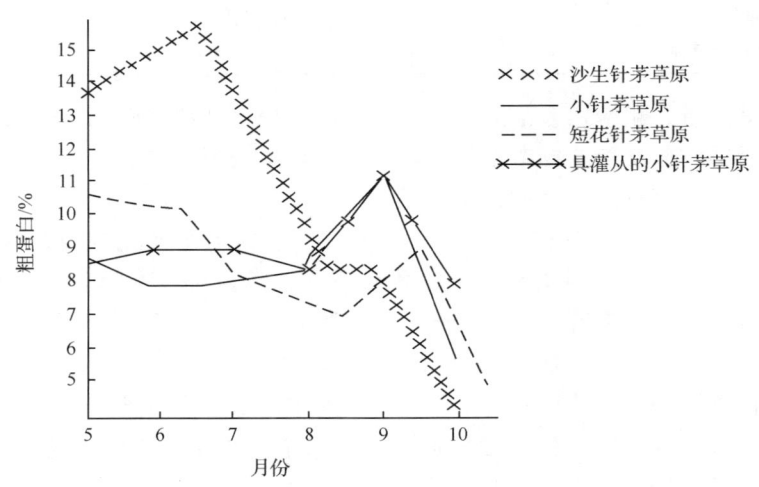

图 7-2 粗蛋白百分含量动态

小针茅草原和具灌丛的小针茅草原粗蛋白含量动态变化也呈"双峰型"曲线，第二个高峰要比第一个高峰的含量高。两个高峰出现的时间分别为：小针茅草原是 5 月（含量为 8.66%）和 9 月（10.86%），具灌丛的小针茅草原是 6 月（8.93%）和 9 月（10.97%）。这是因为春季植物返青后大量的幼嫩枝条生长，蛋白质的含量较高；秋季水分条件好，特别是8月末、9月初，降水量的增大，植物能良好的生长，大量营养枝的出现，使蛋白质的含量又有所提高。夏季干旱，植物的需水量大，这时大部分植物又处于开花期和结实期，粗蛋白的含量处于低峰期。具灌丛的小针茅草原粗蛋白的含量要高于小针茅草原，这是由狭叶锦鸡儿在群落中有一定的作用而引起的。

沙生针茅草原的粗蛋白含量动态变化是"单峰型"曲线。这是与前3个草地类型粗蛋白动态变化所不同的。5月、6月土壤水分条件好，适于植物生长，营养枝生长旺盛，蛋白质的含量逐渐升高。6月中旬达到高峰，含量为15.64%；7~8月上旬，粗蛋白的含量急剧下降，8月中旬含量为8.3%；8月下旬到9月中旬，粗蛋白含量继续不降；9月中旬后，大部分植物已接近枯黄，到10月粗蛋白含量下降到仅有4%。

粗蛋白的产量动态变化主要取决于植物产量的高低，其产量变化与含量变化并不是一致的。各草地类型的产量动态如表7-3所示。

表 7-3　各草地类型粗蛋白产量动态统计表　（单位：kg/hm²）

| 草地类型 | 5月 | 6月 | 7月 | 8月 | 9月 | 10月 |
| --- | --- | --- | --- | --- | --- | --- |
| 小针茅草原 | 16.65 | 28.65 | 26.10 | 22.20 | 36.60 | 13.20 |
| 短花针茅草原 | 19.65 | 34.20 | 36.90 | 34.35 | 43.35 | 22.35 |
| 沙生针茅草原 | 15.75 | 48.60 | 61.50 | 70.80 | 85.35 | 47.10 |
| 具灌丛的小针茅草原 | 29.55 | 42.45 | 42.75 | 34.05 | 70.05 | 32.40 |

从整体上看，粗蛋白含量的高低顺序依次为沙生针茅草原＞具灌丛的小针茅草原＞小针茅草原＞短花针茅草原。粗蛋白产量高低顺序依次为：沙生针茅草原＞具灌丛的小针茅草原＞短花针茅草原＞小针茅草原。

荒漠草原3种主要草群生长期内粗蛋白含量的动态变化（黄友庭和邢旗，2000），如图7-3所示。狭叶锦鸡儿和黑沙蒿（油蒿）群落在植物生长初期阶段营养物质含量增加，随着植物的生长，营养物质含量呈下降趋势。小针茅和黑沙蒿草群在果后营养期的8月、9月植株粗蛋白含量明显出现峰值，狭叶锦鸡儿草群的粗蛋白含量基本保持结实期水平，从9月中旬以后又明显下降。狭叶锦鸡儿在多数地区果后营养期粗蛋白含量也是有第二个高峰期值出现。例如，1987年达茂旗的个体样检测结果：5月、6月、7月、8月、9月分别为17.86%、19.01%、8.23%、5.63%和11.61%。可见，植物粗蛋白含量随生长季节变化而变化，这种变化具有一定的规律性，一般而言，多数植物自返青至枯黄，植株体内粗蛋白含量逐渐下降，但有些植物春季开花结实早，果后营养期有相当长的时间休闲，这类植物在果后营养期会出现植株粗蛋白的回升。例如，旱生细小草类的禾本科植物小针茅、沙生针茅，在7月底前后就进入果后营养期，果后营养期长达 70~80 天。再如，灌木类豆科植物小叶锦鸡儿、狭叶锦鸡儿，半灌木类菊科的冷蒿、黑沙蒿等果后营养期均较长，植物粗蛋白含量回升。

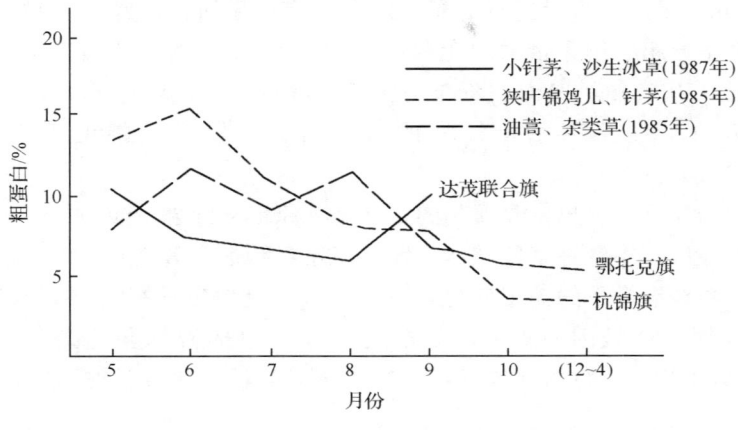

图 7-3　粗蛋白含量动态

## （三）粗纤维

荒漠草原各代表类型的粗纤维含量动态如图 7-4 所示。沙生针茅草原的粗纤维含量动态变化呈"双峰型"曲线，两个高峰期分别出现在植物返青后的 5 月和植物已经枯黄的 10 月，粗纤维含量分别为 34.19% 和 35.76%。因为 5 月植物虽已经返青，但生长量不大，群落内还存在着上年的枯草，使粗纤维的含量较高；10 月大部分植物已枯黄；6~9 月是植物生长发育的旺季，粗纤维含量的变化是平缓的，变化幅度不大，含量在 28.61%~29.39%。

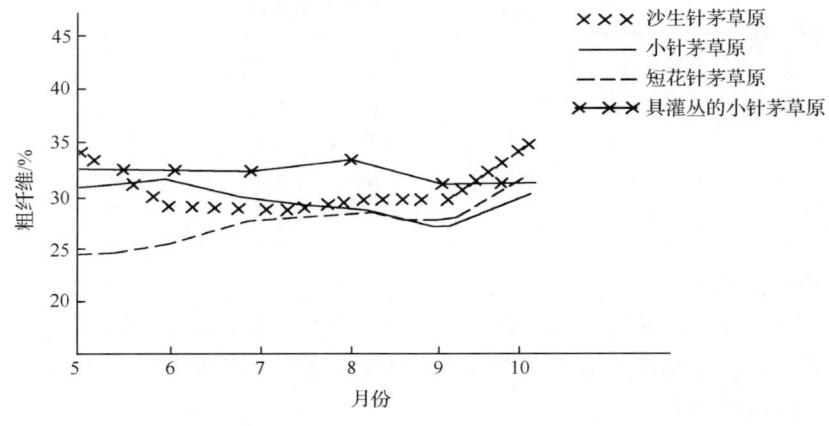

图 7-4　粗纤维的含量动态

短花针茅草原粗纤维的含量变化具有一定的波动性，总体也呈"双峰型"变化。粗纤维的含量随着植物生育节律的变化由5月的24.14%逐渐上升到8月的28.33%，此后粗灰分含量逐渐下降，10月又有所增加，达到32.17%。

小针茅草原粗纤维含量的变化幅度不大，5月、6月含量较高，9月粗纤维的含量最低，为27%，10月粗纤维的含量因植物枯黄而又上升。

具灌丛的小针茅草原粗纤维的含量较高，但变化幅度不大，含量为31.8%~33.7%。

从以上结果可以看出，具灌丛的小针茅草原粗纤维含量最高，短花针茅草原粗纤维含量最低，小针茅草原和沙生针茅草原粗纤维含量差异不大。在上述各草地类型中，粗纤维含量的动态变化有一个共同的特点就是在9月粗纤维的含量都有一个低峰期，这是因为8~9月正是荒漠草原的降水集中时期（高永革，1985），植株生长出大量的新枝条，使9月草群的粗蛋白含量增高，粗纤维含量下降。

荒漠草原粗纤维平均含量动态如表7-4所示。由表7-4可知，荒漠草原粗纤维含量动态是"双峰型"。返青后的5月，粗纤维平均含量最低，为23.44%，随植物生长发育平均含量逐渐增加，到6~7月草地主要建群种的短花针茅和小针茅开花结实，粗纤维平均含量达到第一个高峰。此后，由于降水量增加和建群种进入果后营养期，生长出大量幼嫩枝条使粗纤维平均含量降低，10月后植物枯黄，粗纤维平均含量逐渐增加，到次年3~4月出现第二次高峰，为36.95%。其动态模型为线性模型：$y = -16.5911 + 5.4960T - 0.1920T^2$（$R<0.01$）。荒漠草原粗纤维百分含量在整个生长季内变化不明显，但8~9月初却有一个低峰期，9月后又明显增加。

表7-4　荒漠草原粗纤维平均含量动态　　　　（单位：%）

| 项目 | 4月 | 5月 | 6月 | 7月 | 8月 | 9月 | 10月 |
| --- | --- | --- | --- | --- | --- | --- | --- |
| 变化范围 | 30.88~42.00 | 22.72~37.01 | 25.67~36.68 | 25.34~34.84 | 23.38~40.27 | 23.33~36.97 | 27.64~35.76 |
| ($\bar{x} \pm S$) | 36.95±4.64 | 23.44±4.36 | 30.13±3.76 | 31.71±3.01 | 30.79±5.22 | 29.36±3.81 | 31.93±2.51 |

粗纤维的产量动态如表7-5所示。由表7-5可知，粗纤维产量高低顺序为：沙生针茅草原＞具灌丛的小针茅草原＞短花针茅草原＞小针茅草原。植物粗纤维含量越高，其营养物质的消化率则越低。因此，粗纤维含量高，植物的营养价值则低，草地质量也差。

表 7-5　各草地类型粗纤维产量动态统计表　（单位：kg/hm²）

| 草地类型 | 5月 | 6月 | 7月 | 8月 | 9月 | 10月 |
| --- | --- | --- | --- | --- | --- | --- |
| 小针茅草原 | 59.55 | 115.2 | 97.35 | 79.2 | 91.05 | 72.75 |
| 短花针茅草原 | 45.15 | 87.3 | 130.95 | 141.15 | 131.55 | 136.35 |
| 沙生针茅草原 | 39.45 | 90.15 | 180.6 | 253.95 | 309.45 | 397.5 |
| 具灌丛的小针茅草原 | 111.45 | 153.45 | 154.5 | 138.75 | 198.45 | 131.1 |

## （四）无氮浸出物

小针茅草原和短花针茅草原无氮浸出物的动态变化是随着植物的生长发育节律呈逐渐下降的趋势。但小针茅草原无氮浸出物含量在 10 月又有所上升，变化幅度不大，最高含量为 50.3%，最低含量为 46.50%。短花针茅草原无氮浸出物的变化范围是 45%～55.50%。而沙生针茅草原无氮浸出物的含量动态变化是随着植物的生长发育节律而逐渐上升，5～6 月上升的速度较快，从 31% 上升到 41%，6 月以后平缓上升，到 10 月含量达到 46.50%。具灌丛的小针茅草原无氮浸出物含量的动态变化是"双峰型"曲线，两个高峰分别出现在 7 月（含量为 48.1%）和 10 月（含量为 45.1%），在整个生育期内无氮浸出物的变化幅度不大。各草地类型的无氮浸出物的百分含量动态如图 7-5 所示。

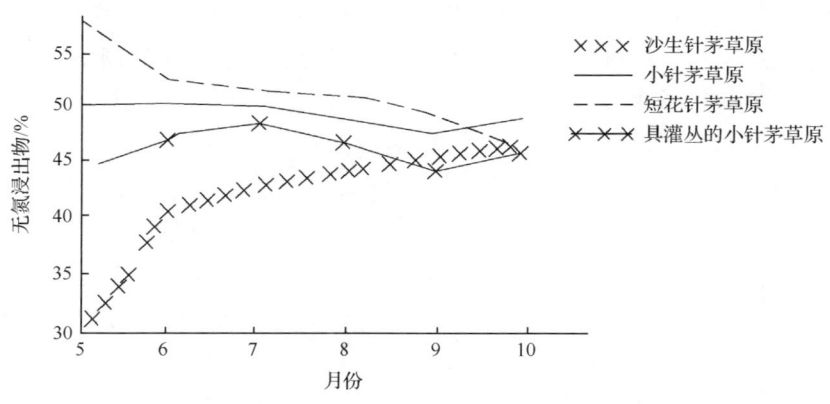

图 7-5　无氮浸出物含量动态

各草地类型无氮浸出物的产量动态是：小针茅草原呈"双峰型"曲线，两个高峰分别出现在 6 月和 9 月，产量分别为 184.05kg/hm² 和 157.05kg/hm²。具灌丛的小针茅草原也出现 2 个高峰，7 月和 9 月，产量分别为 227.1kg/hm² 和 281.55kg/hm²。短花针茅草原和沙生针茅草原无氮浸出物产量动态均呈单峰曲线，高峰期分别在 8 月和 10 月，产量分别为 249.9 kg/hm² 和 517.65kg/hm²。各草地类型无氮浸出物的产量动态如表 7-6 所示。

表 7-6 各草地类型无氮浸出物产量统计表　（单位：kg/hm²）

| 草地类型 | 5月 | 6月 | 7月 | 8月 | 9月 | 10月 |
| --- | --- | --- | --- | --- | --- | --- |
| 小针茅草原 | 82.35 | 184.05 | 163.80 | 132.90 | 157.05 | 117.00 |
| 短花针茅草原 | 128.85 | 178.05 | 229.80 | 249.90 | 233.40 | 190.65 |
| 沙生针茅草原 | 35.85 | 126.60 | 267.75 | 369.00 | 471.60 | 517.65 |
| 具灌丛的小针茅草原 | 154.35 | 224.4 | 227.10 | 190.05 | 281.55 | 188.25 |

综上所述，荒漠草原无氮浸出物含量总体趋势是随植物生长发育逐渐增加，到9月达最高，此后又逐渐下降。荒漠草原无氮浸出物产量动态规律是小针茅草原和具灌丛的小针茅草原为"双峰型"；短花针茅草原和沙生针茅草原呈单峰上升型，高峰期在8月至9月初。

（五）粗脂肪

小针茅草原粗脂肪的百分含量动态变化如图 7-6 所示。5~7月粗脂肪的含量逐渐升高，幅度也较大，变化范围为 2.47%~4.57%；7月以后，粗脂肪的含量有下降的趋势，但变化幅度很小，均在 4.20% 左右。短花针茅草原粗脂肪的动态呈"单峰型"曲线，高峰期在9月，含量为 3.71%。具灌丛的小针茅草原粗脂肪的动态变化是随着植物生育期的变化而逐渐升高，但幅度不大，高峰期出现在10月，含量为 4.10%。沙生针茅草原粗脂肪动态变化呈"双峰型"，第一个高峰出现在4月末植物返青期，此后一直到7月粗脂肪含量逐渐下降，到8月初达到第二个含量高峰。

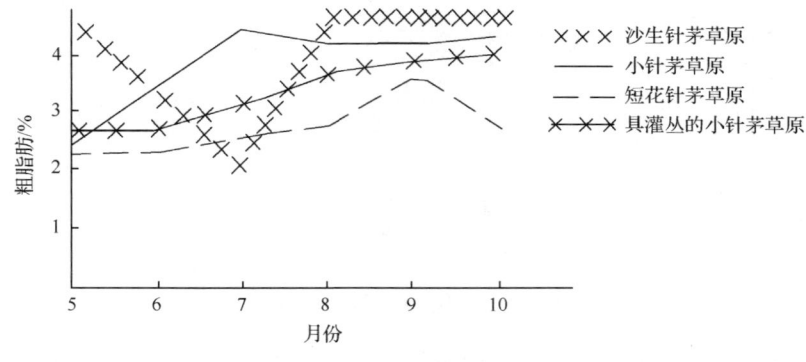

图 7-6 粗脂肪含量动态

从图 7-6 中可以看出，小针茅草原粗脂肪含量最高，短花针茅草原最低，具灌丛的小针茅草原居中。粗脂肪的产量动态如表 7-7 所示。从表 7-7 中可知，具灌丛的小针茅草原粗脂肪产量最高，短花针茅草原次之，小针茅草原粗脂肪产量最低。荒漠草原粗脂肪产量动态和百分含量动态模型分别为 $y=-3.4796+0.9901T-0.1012T^2$ ($R<0.05$) 和 $y=0.1717+0.7126T-0.02699T^2$ ($R<0.05$)。

表 7-7　各草地类型粗脂肪的产量动态统计表　　（单位：kg/hm²）

| 草地类型 | 5月 | 6月 | 7月 | 8月 | 9月 | 10月 |
|---|---|---|---|---|---|---|
| 小针茅草原 | 4.65 | 12.75 | 15.15 | 11.7 | 14.1 | 10.2 |
| 短花针茅草原 | 4.2 | 7.8 | 12 | 14.25 | 17.85 | 11.55 |
| 具灌丛的小针茅草原 | 9 | 13.05 | 15.45 | 15.45 | 25.35 | 16.8 |

## （六）粗灰分、钙、磷

荒漠草原的代表类型中粗灰分产量和粗灰分百分含量都是以沙生针茅草原为最高，小针茅草原最低，短花针茅草原居中，而且粗灰分产量和粗灰分百分含量的动态规律也是一致的（图7-7）。沙生针茅草原7月有一个高峰期，而小针茅和短花针茅草原的粗灰分产量和粗灰分百分含量的动态规律为随植物生育期的推移逐渐增加。

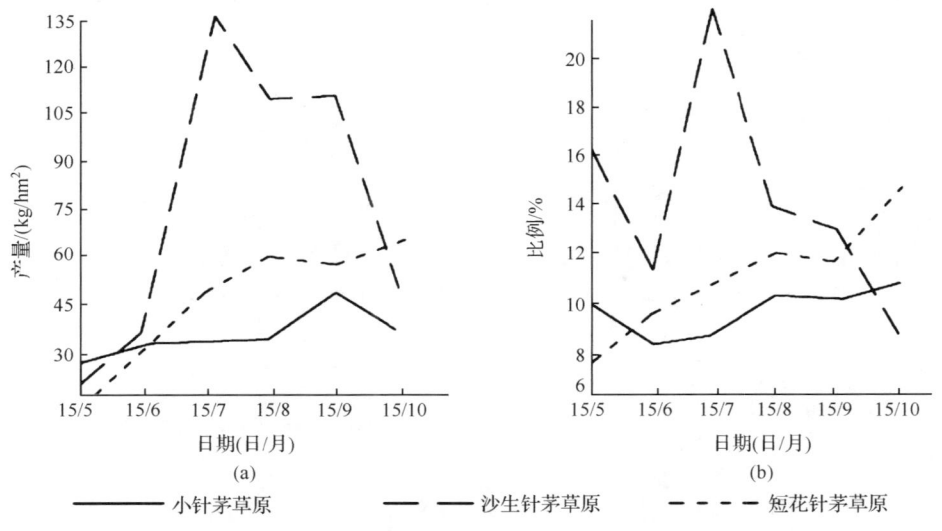

图 7-7　粗灰分产量（a）和百分含量（b）动态

荒漠草原各代表类型钙的含量动态均呈"双峰型"曲线。从1987年植物营养物质研究结果的总体趋势上看：沙生针茅草原含量最高，具灌丛的小针茅草原次之，短花针茅草原居第三位，小针茅草原最低（图7-8）。各草地类型钙的最高含量分别是：沙生针茅草原2.67%、小针茅草原0.82%、具灌丛的小针茅草原1.73%，短花针茅草原1.02%。钙的最高月产量是：沙生针茅草原25.2kg/

hm², 具灌丛的小针茅草原 10.65kg/hm², 短花针茅草原和小针茅草原分别为 5.1kg/hm² 和 2.7kg/hm²。钙产量动态为 $y=-1.2716+0.3617T-0.01608T^2$ ($R<0.05$)。从研究结果看,钙的含量较高,这是由土壤及气候条件决定的。Barth 和 Klemmedson (1986) 的研究表明,植物在低温时钙含量低,中等温度时较高,同时随土壤湿度增加,气温和土壤温度的降低而减少。这与我们的研究结果是一致的。

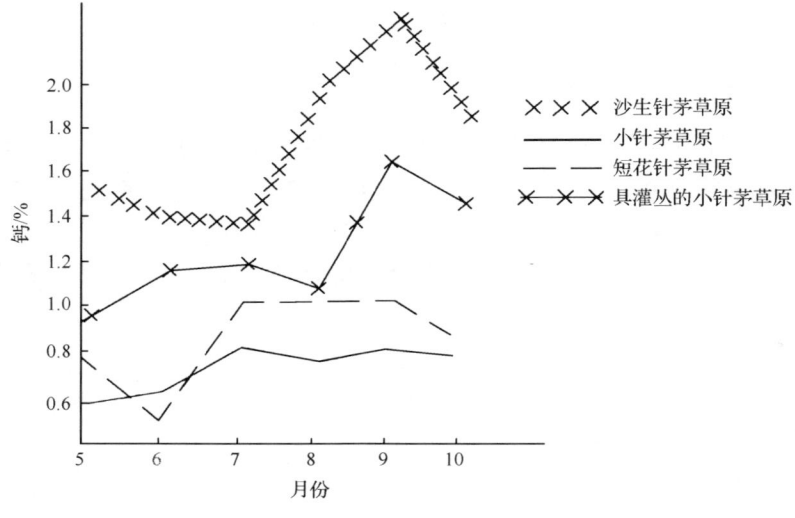

图 7-8 钙的含量动态

荒漠草原磷含量动态规律为波动下降型,即在植物生长的前期含量较高,此后逐渐下降。磷的百分含量变化幅度小,一般为 0.05%～0.2% (图 7-9)。荒漠

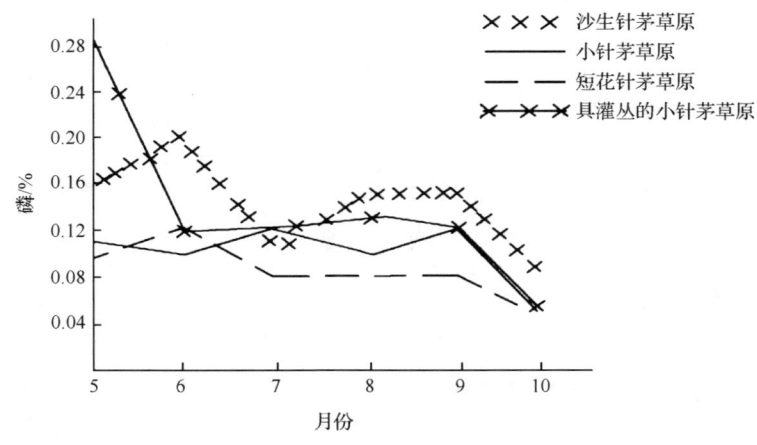

图 7-9 磷的含量动态

草原各代表类型中,小针茅草原出现 3 次高峰,出现的时间是 5 月、7 月、9 月,含量分别为 0.11%、0.12%、0.12%;沙生针茅草原出现 2 次高峰;短花针茅草原 6 月出现高峰,以后逐渐下降。具灌丛的小针茅草原磷的百分含量的动态变化是 5 月含量最高,达 0.28%,6~9 月间变化不大,在 0.12%上下,到 10 月又下降。荒漠草原磷的产量动态模型为:$y=-133.6869+57.1088T-4.0098T^2$ ($R<0.05$)。其百分含量为春季最高,以后呈直线下降,且百分含量在 8~9 月出现第二次高峰,动态模型为线性模型:$y=0.2774-0.0243T$ ($R<0.01$)。

荒漠草原粗灰分、钙、磷的平均含量动态如表 7-8 所示。由表 7-8 可知,荒漠草原粗灰分平均含量 10 月最高,为 11.69%;钙含量在春季较低,夏季、秋季较高;磷含量变化范围较小,一般为 0.05%~0.20%,且磷含量在春季返青后最高,此后逐渐下降。

表 7-8 荒漠草原粗灰分、钙、磷平均含量动态 (单位:%)

| 指标 | 变动区间 | 4 月 | 5 月 | 6 月 | 7 月 | 8 月 | 9 月 | 10 月 |
|---|---|---|---|---|---|---|---|---|
| 粗灰分 | 变化范围 | 6.18~15.67 | 5.43~16.43 | 5.96~17.45 | 6.42~18.71 | 6.43~13.86 | 7.97~13.02 | 8.81~15.15 |
| | ($\bar{x}\pm S$) | 9.72±3.85 | 9.86±5.31 | 9.20±3.75 | 10.08±3.99 | 10.79±2.22 | 10.64±1.79 | 11.69±2.37 |
| 钙 | 变化范围 | 0.77~1.42 | 0.44~1.52 | 0.43~1.65 | 0.70~1.65 | 0.65~2.09 | 0.44~2.40 | 0.81~1.94 |
| | ($\bar{x}\pm S$) | 1.08±0.23 | 0.84±0.37 | 0.90±0.43 | 1.07±0.32 | 1.11±0.41 | 1.36±0.64 | 1.27±0.56 |
| 磷 | 变化范围 | 0.05~0.20 | 0.05~0.19 | 0.06~0.20 | 0.08~0.19 | 0.05~0.19 | 0.08~0.17 | 0.04~0.09 |
| | ($\bar{x}\pm S$) | 0.10±0.06 | 0.13±0.05 | 0.13±0.05 | 0.12±0.05 | 0.12±0.05 | 0.12±0.03 | 0.06±0.02 |

各草地类型钙磷比总体趋势为植物生长前期钙磷比较低,后期钙含量上升,磷含量降低导致钙磷比逐渐增大(图 7-10)。钙磷比动态模型为 $y=-8.2524+$

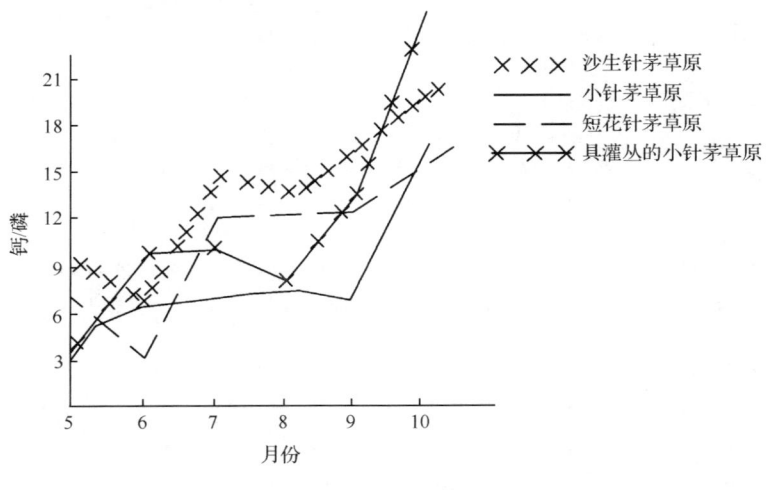

图 7-10 钙磷比动态

$2.4634T$（$R<0.01$）。沙生针茅草原和短花针茅草原变化的趋势和幅度相差都不大，6月钙磷比都较低，分别是7和3.2左右。到7月中旬钙磷比提高很大，分别为15和12.5，7月中旬以后到10月平缓上升。沙生针茅草原钙磷比是21，短花针茅草原为17，小针茅草原钙磷比9月中旬前变化不大，为4.5~7.5；10月钙磷比增加到17。具灌丛的小针茅草原6月至7月中旬有一个小的峰期，钙磷比为10；8月中旬下降，钙磷比为8；以后迅速增加，到10月为31，钙磷比严重失调。各草地类型钙磷比明显偏高，应适当补充磷，特别是夏秋季。

## 二、荒漠草原代表群落及主要植物营养成分

### （一）荒漠草原代表群落营养成分

荒漠草原代表群落营养成分如表7-9所示。

表7-9　荒漠草原代表群落营养成分分析表

| 群落名称 | 样品来源 | 采样日期 | 生境 | 水分/% | 粗灰分/% | 钙/% | 磷/% | 近似成分/% ||||
|---|---|---|---|---|---|---|---|---|---|---|---|
| | | | | | | | | 粗蛋白 | 粗脂肪 | 粗纤维 | 无氮浸出物 |
| 狭叶锦鸡儿、石生针茅、杂类草 | 达茂联合旗 | 88.1.17 | | 6.74 | 9.17 | 0.86 | 0.06 | 7.43 | 2.29 | 28.75 | 45.62 |
| 狭叶锦鸡儿、石生针茅、无芒隐子草 | 达茂联合旗 | 87.5.17 | 高平原 | 7.88 | 8.07 | 0.74 | 0.19 | 8.08 | 2.01 | 26.91 | 47.05 |
| 狭叶锦鸡儿、石生针茅、无芒隐子草 | 达茂联合旗 | 87.6.16 | 高平原 | 7.99 | 7.05 | 0.74 | 0.16 | 8.36 | 3.54 | 28.51 | 44.55 |
| 狭叶锦鸡儿、石生针茅、无芒隐子草 | 达茂联合旗 | 87.7.16 | 高平原 | 7.77 | 7.67 | 1.04 | 0.19 | 8.22 | 4.71 | 26.83 | 44.84 |
| 狭叶锦鸡儿、石生针茅、无芒隐子草 | 达茂联合旗 | 87.8.17 | 高平原 | 8.94 | 11.46 | 0.96 | 0.19 | 10.89 | 3.35 | 27.17 | 38.94 |
| 狭叶锦鸡儿、石生针茅、无芒隐子草 | 达茂联合旗 | 87.9.19 | 高平原 | 8.49 | 11.39 | 1.31 | 0.17 | 10.43 | 3.73 | 24.09 | 41.37 |
| 中间锦鸡儿、沙竹 | 乌拉特后旗 | 84.8.7 | 丘陵 | 7.17 | 7.90 | 1.41 | 0.19 | 9.08 | 4.38 | 32.30 | 39.18 |
| 中间锦鸡儿、猫头刺、杂类草★ | 乌拉特中旗 | 81.5.12 | 山地 | 7.99 | 9.86 | 3.48 | 0.12 | 14.58 | 2.34 | 24.72 | 40.51 |
| 柠条锦鸡儿、冷蒿、杂类草★ | 乌拉特中旗 | 81.6.22 | 山地 | 7.92 | 7.12 | 3.76 | 0.11 | 16.33 | 3.62 | 22.88 | 42.19 |
| 柠条锦鸡儿、刺旋花、杂类草★ | 乌拉特中旗 | 81.8.2 | 山地 | 8.06 | 15.21 | 2.00 | 0.21 | 9.04 | 1.60 | 24.27 | 41.82 |
| 中间锦鸡儿、针茅、冰草 | 乌拉特中旗 | 87.4.14 | 高平原 | 5.85 | 8.91 | 0.077 | 0.05 | 5.02 | 1.24 | 40.44 | 40.41 |
| 中间锦鸡儿、针茅、冰草 | 乌拉特中旗 | 87.5.14 | 高平原 | 6.01 | 8.43 | 0.81 | 0.11 | 11.30 | 2.31 | 33.39 | 41.26 |
| 中间锦鸡儿、针茅、冰草 | 乌拉特中旗 | 87.8.15 | 高平原 | 6.04 | 9.98 | 1.15 | 0.11 | 9.42 | 4.55 | 31.40 | 40.44 |
| 中间锦鸡儿、针茅、冰草 | 乌拉特中旗 | 87.11.20 | 高平原 | 6.09 | 6.09 | 1.36 | 0.05 | 6.59 | 1.96 | 34.50 | 40.16 |

续表

| 群落名称 | 样品来源 | 采样日期 | 生境 | 水分/% | 粗灰分/% | 钙/% | 磷/% | 近似成分/% | | | |
|---|---|---|---|---|---|---|---|---|---|---|---|
| | | | | | | | | 粗蛋白 | 粗脂肪 | 粗纤维 | 无氮浸出物 |
| 小叶锦鸡儿、石生针茅、杂类草 | 达茂联合旗 | 87.8.18 | 高平原 | 7.90 | 9.90 | 1.08 | 0.10 | 9.81 | 3.23 | 37.53 | 31.63 |
| 小叶锦鸡儿、石生针茅、杂类草 | 达茂联合旗 | 87.9.18 | 高平原 | 6.84 | 9.12 | 1.76 | 0.08 | 8.84 | 4.24 | 28.91 | 42.05 |
| 小叶锦鸡儿、石生针茅、无芒隐子草、杂类草 | 达茂联合旗 | 87.5.18 | 高平原 | 6.84 | 6.98 | 0.99 | 0.11 | 9.31 | 2.40 | 27.19 | 41.22 |
| 小叶锦鸡儿、石生针茅、无芒隐子草、杂类草 | 达茂联合旗 | 87.6.18 | 高平原 | 6.50 | 6.92 | 1.03 | 0.08 | 9.28 | 3.11 | 30.92 | 43.27 |
| 小叶锦鸡儿、石生针茅、无芒隐子草、杂类草 | 达茂联合旗 | 87.7.17 | 高平原 | 7.22 | 7.56 | 0.95 | 0.08 | 8.64 | 3.05 | 30.45 | 43.08 |
| 小叶锦鸡儿、石生针茅、冷蒿 | 四子王旗 | 87.6 | 丘陵 | 6.13 | 8.85 | 0.89 | 0.14 | 11.66 | 2.76 | 29.16 | 41.44 |
| 小叶锦鸡儿、沙蒿、沙鞭、花苜蓿 | 固阳县 | 87.5.20 | 丘陵 | 8.37 | 10.71 | 0.96 | 0.17 | 15.23 | 2.91 | 27.30 | 36.22 |
| 小针茅、多根葱 | 苏尼特左旗 | 85.7.28 | 高平原 | 7.49 | 8.38 | 1.85 | 0.15 | 13.14 | 4.03 | 32.23 | 34.73 |
| 小针茅、多根葱、细叶葱 | 苏尼特左旗 | 85.7.8 | 丘陵缓坡 | 6.35 | 6.86 | 0.90 | 0.15 | 8.96 | 4.12 | 27.10 | 46.41 |
| 小针茅、木地肤、多根葱 | 苏尼特左旗 | 85.7.22 | 高平原 | 6.59 | 11.81 | 1.07 | 0.15 | 10.28 | 3.44 | 28.27 | 39.61 |
| 小针茅、冷蒿、沙生冰草 | 苏尼特左旗 | 85.7.20 | 丘陵 | 6.30 | 11.53 | 1.07 | 0.14 | 8.56 | 3.21 | 30.35 | 40.05 |
| 小针茅、无芒隐子草、冷蒿 | 苏尼特左旗 | 85.7.23 | 高平原 | 6.78 | 9.95 | 0.73 | 0.17 | 11.59 | 3.51 | 22.21 | 45.96 |
| 小针茅、木地肤、无芒隐子草 | 苏尼特左旗 | 85.7.12 | 高平原 | 6.49 | 8.89 | 1.94 | 0.14 | 9.35 | 3.51 | 26.25 | 45.47 |
| 小针茅、无芒隐子草、冷蒿 | 达茂联合旗 | 87.5.15 | 高平原 | 9.28 | 6.87 | 0.44 | 0.02 | 10.28 | 3.31 | 36.83 | 33.29 |
| 小针茅、无芒隐子草、冷蒿 | 达茂联合旗 | 87.6.15 | 高平原 | 9.29 | 5.96 | 0.57 | 0.03 | 7.48 | 3.95 | 36.68 | 36.64 |
| 小针茅、无芒隐子草、冷蒿 | 达茂联合旗 | 87.7.15 | 高平原 | 7.39 | 6.86 | 0.70 | 0.04 | 6.86 | 4.94 | 29.13 | 42.38 |
| 小针茅、无芒隐子草、冷蒿 | 达茂联合旗 | 87.8.16 | 高平原 | 9.28 | 9.30 | 0.75 | 0.04 | 6.40 | 4.63 | 30.17 | 40.22 |
| 小针茅、无芒隐子草、冷蒿 | 达茂联合旗 | 87.9.15 | 高平原 | 9.23 | 9.84 | 0.44 | 0.05 | 10.26 | 4.40 | 29.61 | 36.66 |
| 小针茅、冷蒿、杂类草★ | 乌拉特中旗 | 81.6.24 | 高平原 | 6.35 | 8.44 | 2.16 | 0.10 | 9.62 | 3.46 | 30.93 | 41.20 |
| 小针茅、短花针茅、杂类草★ | 乌拉特中旗 | 81.6.6 | 高平原 | 6.57 | 8.19 | 2.02 | 0.13 | 9.33 | 3.02 | 26.32 | 46.37 |
| 小针茅、冷蒿 | 乌拉特中旗 | 81.6.24 | 沙地 | 6.90 | 10.23 | 1.95 | 0.14 | 9.90 | 3.89 | 23.68 | 45.40 |
| 小针茅、无芒隐子草 | 乌拉特中旗 | 81.6.6 | 沙地 | 6.69 | 12.21 | 2.09 | 0.13 | 9.04 | 4.39 | 21.09 | 46.58 |
| 小针茅、沙生冰草、冷蒿 | 乌拉特中旗 | 87.3.16 | 高平原 | 6.31 | 6.88 | 0.98 | 0.05 | 4.63 | 1.14 | 30.43 | 48.41 |
| 小针茅、沙生冰草、冷蒿 | 乌拉特中旗 | 87.4.16 | 高平原 | 6.24 | 15.67 | 1.03 | 0.08 | 18.29 | 1.34 | 30.88 | 27.58 |
| 小针茅、沙生冰草、冷蒿 | 乌拉特中旗 | 87.5.14 | 高平原 | 5.90 | 8.01 | 0.51 | 0.08 | 15.51 | 2.08 | 28.83 | 39.52 |
| 小针茅、沙生冰草、冷蒿 | 乌拉特中旗 | 87.6.13 | 高平原 | 5.63 | 8.45 | 0.55 | 0.08 | 10.89 | 3.01 | 29.14 | 43.28 |
| 小针茅、沙生冰草、冷蒿 | 乌拉特中旗 | 87.7.14 | 高平原 | 4.68 | 10.04 | 0.72 | 0.09 | 9.19 | 4.07 | 32.52 | 40.04 |
| 小针茅、沙生冰草、冷蒿 | 乌拉特中旗 | 87.8.17 | 高平原 | 5.42 | 11.08 | 0.65 | 0.05 | 9.00 | 4.76 | 29.78 | 42.03 |
| 小针茅、沙生冰草、冷蒿 | 乌拉特中旗 | 87.9.17 | 高平原 | 6.05 | 9.51 | 0.72 | 0.08 | 11.60 | 4.45 | 28.06 | 41.30 |

续表

| 群落名称 | 样品来源 | 采样日期 | 生境 | 水分/% | 粗灰分/% | 钙/% | 磷/% | 近似成分/% | | | |
|---|---|---|---|---|---|---|---|---|---|---|---|
| | | | | | | | | 粗蛋白 | 粗脂肪 | 粗纤维 | 无氮浸出物 |
| 小针茅、沙生冰草、冷蒿 | 乌拉特中旗 | 87.11.17 | 高平原 | 5.91 | 5.15 | 0.81 | 0.05 | 7.12 | 3.22 | 29.05 | 47.34 |
| 小针茅、沙生冰草、冷蒿 | 乌拉特中旗 | 87.12.15 | 高平原 | 6.10 | 5.24 | 0.98 | 0.05 | 6.60 | 1.80 | 30.45 | 48.36 |
| 小针茅、细叶葱、杂类草★ | 乌拉特中旗 | 81.5.7 | 山地 | 9.12 | 7.37 | 3.21 | 0.14 | 9.33 | 3.58 | 21.55 | 49.05 |
| 小针茅、刺旋花★ | 乌拉特中旗 | 81.5.8 | 山地 | 6.77 | 18.45 | 1.88 | 0.15 | 10.79 | 3.18 | 19.71 | 41.10 |
| 小针茅、无芒隐子草★ | 乌拉特中旗 | 81.5.7 | 丘间平原 | 6.98 | 17.28 | 1.81 | 0.16 | 10.79 | 2.73 | 18.49 | 43.73 |
| 小针茅、冷蒿★ | 乌拉特中旗 | 81.7.14 | 高平原 | 6.94 | 14.12 | 1.39 | 0.15 | 11.81 | 3.70 | 23.26 | 40.17 |
| 小针茅、冷蒿★ | 乌拉特中旗 | 81.8.9 | 丘陵 | 6.75 | 11.17 | 1.53 | 0.12 | 10.35 | 3.32 | 25.17 | 43.24 |
| 小针茅、无芒隐子草★ | 乌拉特中旗 | 81.7.14 | 丘陵 | 7.07 | 15.34 | 2.65 | 0.12 | 9.19 | 4.22 | 22.19 | 41.99 |
| 小针茅、蓍状亚菊★ | 乌拉特中旗 | 81.6.24 | 山地 | 7.00 | 11.98 | 1.53 | 0.15 | 14.87 | 3.61 | 23.93 | 38.61 |
| 小针茅、冷蒿★ | 乌拉特中旗 | 81.8.10 | 高平原 | 6.50 | 15.95 | 1.88 | 0.15 | 9.92 | 3.72 | 22.17 | 41.38 |
| 小针茅、冷蒿、隐子草 | 苏尼特左旗 | 87.9.20 | 丘陵 | 9.22 | 8.19 | 0.35 | 0.05 | 13.77 | 3.20 | 25.84 | 39.78 |
| 小针茅、无芒隐子草、冷蒿 | 达茂联合旗 | 88.1.12 | 丘陵 | 6.64 | 9.07 | 0.81 | 0.05 | 5.70 | 2.64 | 30.66 | 45.29 |
| 短花针茅、冷蒿、杂类草 | 四子王旗 | 87.5 | 丘陵 | 5.56 | 8.63 | 0.42 | 0.08 | 7.68 | 2.62 | 26.79 | 48.72 |
| 短花针茅、冷蒿★ | 乌拉特中旗 | 81.7.12 | 高平原 | 7.89 | 10.83 | 1.60 | 0.14 | 10.79 | 2.70 | 24.68 | 43.11 |
| 短花针茅、冷蒿★ | 乌拉特中旗 | 81.7.14 | 山地 | 5.83 | 11.34 | 1.60 | 0.13 | 11.96 | 3.05 | 23.77 | 44.05 |
| 短花针茅、冷蒿★ | 乌拉特中旗 | 81..6.7 | 丘陵 | 6.47 | 17.36 | 1.67 | 0.15 | 10.21 | 2.45 | 20.06 | 42.91 |
| 短花针茅、无芒隐子草★ | 乌拉特中旗 | 81.7.13 | 丘陵 | 6.30 | 8.93 | 1.18 | 0.11 | 9.81 | 3.57 | 23.26 | 47.15 |
| 短花针茅、冷蒿★ | 乌拉特中旗 | 81.6.6 | 高平原 | 6.64 | 17.00 | 1.81 | 0.15 | 11.81 | 3.35 | 21.23 | 39.97 |
| 戈壁针茅、薹草、多根葱 | 苏尼特左旗 | 85.8.3 | 沙地 | 6.40 | 7.70 | 0.95 | 0.17 | 18.22 | 3.66 | 20.74 | 43.22 |
| 芨芨草、寸草薹 | 乌拉特中旗 | 81.6 | 低湿地 | 6.51 | 9.39 | 1.46 | 0.16 | 9.62 | 3.86 | 23.21 | 47.41 |
| 木地肤、石生针茅、无芒隐子草 | 苏尼特左旗 | 85.7.9 | 高平原 | 6.54 | 7.81 | 0.84 | 0.19 | 10.77 | 3.07 | 27.55 | 44.26 |
| 红砂、珍珠柴、小果白刺 | 苏尼特左旗 | 85.7.29 | 丘陵 | 6.71 | 17.75 | 1.96 | 0.14 | 9.68 | 2.55 | 24.84 | 38.47 |
| 红砂、杂类草★ | 乌拉特中旗 | 81.7.4 | 丘陵 | 9.72 | 10.29 | 0.98 | 0.19 | 12.98 | 3.28 | 20.73 | 43.00 |
| 碱韭、针茅★ | 乌拉特中旗 | 81.7.4 | 高平原 | 9.73 | 11.65 | 1.46 | 0.21 | 16.62 | 6.94 | 16.24 | 38.82 |
| 红砂、石生针茅 | 乌拉特中旗 | 84.7 | 沙地 | 7.62 | 9.07 | 0.92 | 0.21 | 8.34 | 5.29 | 27.17 | 42.51 |
| 冷蒿、短花针茅★ | 乌拉特中旗 | 81. | 山地 | 7.01 | 13.73 | 5.78 | 0.10 | 7.87 | 2.67 | 21.88 | 46.84 |
| 冷蒿、短花针茅★ | 乌拉特中旗 | 81. | 丘陵 | 6.51 | 14.78 | 2.09 | 0.14 | 9.92 | 3.64 | 19.91 | 45.24 |
| 冷蒿、石生针茅、杂类草★ | 乌拉特中旗 | 81. | 丘陵 | 7.15 | 12.62 | 2.72 | 0.15 | 10.79 | 9.97 | 22.29 | 34.18 |

注：1. 分析结果均以烘干样品计算，有★号的以风干样品计算（黄友庭和邢旗，2000）；2. 表中石生针茅为现在的小针茅，沙竹为沙鞭，猫头刺为刺叶柄棘豆，花苜蓿为扁蓿豆，多根葱为碱韭，细叶葱为细叶韭，珍珠柴为珍珠猪毛菜（内蒙古植物志编辑委员会，1994）。

## （二）荒漠草原主要植物营养成分

荒漠草原主要植物营养成分如表 7-10 所示。

**表 7-10　荒漠草原群落主要植物营养成分分析表**

| 植物种 | 发育阶段 | 占绝对干物质/% | | | | | | |
|---|---|---|---|---|---|---|---|---|
| | | 粗蛋白 | 粗脂肪 | 无氮浸出物 | 粗灰分 | 粗纤维 | 钙 | 磷 |
| 小针茅 | 抽穗 | 18.26 | 4.03 | 29.40 | 6.61 | 41.70 | 0.64 | 0.31 |
| | 开花 | 13.20 | 3.46 | 41.93 | 5.18 | 36.23 | 2.02 | 0.42 |
| 短花针茅 | 抽穗 | 11.59 | 2.11 | 33.85 | 4.44 | 48.01 | 0.27 | 0.38 |
| | 结实 | 9.05 | 5.08 | 51.37 | 6.30 | 28.20 | 0.53 | 0.09 |
| 沙生针茅 | 开花 | 14.81 | 3.98 | 27.18 | 6.44 | 47.59 | 0.42 | 0.44 |
| | 拔节 | 12.93 | 2.28 | 51.98 | 9.76 | 23.06 | 1.23 | 0.15 |
| 无芒隐子草 | 抽穗 | 14.13 | 1.68 | 46.60 | 7.73 | 29.86 | 1.18 | 0.19 |
| | 始花 | 14.72 | 1.64 | 45.50 | 13.53 | 29.15 | 1.18 | 0.11 |
| | 营养 | 26.63 | 2.88 | 31.51 | 16.69 | 22.29 | 0.92 | 0.55 |
| 碱韭 | 孕蕾 | 23.71 | 4.20 | 34.70 | 12.88 | 24.51 | 1.54 | 0.32 |
| | 开花 | 23.97 | 3.93 | 34.24 | 12.44 | 25.42 | 0.94 | 0.43 |
| | 结实 | 16.89 | 6.74 | 34.86 | 10.98 | 30.53 | 1.91 | 0.42 |
| 糙隐子草 | 抽穗 | 11.41 | 3.29 | 52.04 | 6.94 | 26.32 | 0.70 | 0.15 |
| | 开花 | 14.80 | 3.46 | 31.75 | 8.05 | 41.94 | 0.99 | 0.37 |
| 细叶韭 | 开花 | 14.74 | 2.65 | 30.40 | 9.06 | 43.15 | 1.24 | 0.29 |
| 砂韭 | 孕蕾 | 14.87 | 2.59 | 25.52 | 19.64 | 37.38 | 0.62 | 0.19 |
| 冷蒿 | 现蕾 | 13.06 | 5.37 | 45.25 | 6.28 | 30.04 | 1.36 | 0.43 |
| | 开花 | 12.64 | 5.78 | 47.82 | 5.13 | 28.63 | 0.62 | 0.18 |
| 旱蒿 | 结实 | 17.68 | 3.03 | 46.82 | 7.24 | 25.23 | 2.72 | 0.22 |
| 木地肤 | 现蕾 | 11.63 | 2.08 | 46.52 | 9.69 | 30.08 | 2.19 | 0.43 |
| | 开花 | 12.72 | 2.70 | 40.50 | 10.84 | 33.24 | 1.26 | 0.29 |
| 蓍状亚菊 | 开花 | 13.36 | 7.97 | 27.47 | 7.15 | 44.05 | 1.05 | 0.22 |
| 女蒿 | 现蕾 | 14.30 | 4.54 | 54.01 | 7.39 | 19.76 | 1.18 | 0.19 |
| 蒙古虫实 | 结实 | 18.17 | 2.69 | 35.12 | 13.47 | 30.55 | 2.20 | 0.62 |
| 刺沙蓬 | 开花 | 11.30 | 3.04 | 39.52 | 9.56 | 36.58 | 2.04 | 0.33 |
| | 结实 | 8.63 | 1.52 | 33.99 | 13.58 | 42.28 | 2.42 | 0.23 |
| 猪毛菜 | 孕蕾 | 9.55 | 3.79 | 49.92 | 10.59 | 26.15 | 1.06 | 0.17 |
| | 开花 | 16.07 | 2.55 | 41.16 | 9.42 | 30.80 | 1.06 | 0.20 |

续表

| 植物种 | 发育阶段 | 占绝对干物质/% | | | | | | |
|---|---|---|---|---|---|---|---|---|
| | | 粗蛋白 | 粗脂肪 | 无氮浸出物 | 粗灰分 | 粗纤维 | 钙 | 磷 |
| 西伯利亚滨藜 | 结实 | 16.15 | 2.59 | 39.31 | 20.22 | 21.73 | 1.32 | 0.29 |
| 藜 | 结实 | 18.97 | 3.53 | 29.95 | 16.98 | 30.57 | 1.29 | 0.50 |
| 地肤 | 开花 | 18.34 | 2.96 | 37.55 | 4.79 | 36.36 | 1.50 | 0.25 |
| 小画眉草 | 结实 | 16.55 | 1.12 | 49.02 | 10.88 | 22.43 | 1.12 | 0.05 |
| | 干枯 | 14.99 | 1.88 | 38.19 | 8.20 | 36.74 | 1.92 | 0.42 |
| 狗尾草 | 抽穗 | 15.86 | 2.77 | 28.89 | 14.83 | 37.65 | 1.58 | 0.56 |
| 锋芒草 | 结实 | 14.54 | 5.36 | 37.35 | 14.89 | 27.86 | 1.13 | 0.15 |
| 三芒草 | 抽穗 | 23.93 | 3.93 | 23.70 | 11.92 | 36.53 | 0.54 | 0.54 |
| 虎尾草 | 抽穗 | 17.65 | 2.41 | 43.95 | 11.97 | 24.02 | — | — |
| | 结实 | 10.98 | 1.78 | 51.17 | 10.13 | 25.94 | — | — |
| 细叶鸢尾 | 开花 | 19.39 | 3.84 | 33.73 | 7.02 | 36.02 | 4.14 | 0.42 |
| 糙叶黄芪 | 开花 | 18.05 | 4.42 | 29.00 | 10.24 | 38.29 | — | — |
| 短翼岩黄芪 | 开花 | 21.44 | 1.44 | 39.84 | 17.41 | 19.87 | 1.81 | 0.21 |
| 砂珍棘豆 | 结实 | 20.87 | 2.57 | 37.20 | 15.98 | 23.38 | 2.44 | 0.14 |
| 多叶棘豆 | 结实 | 18.14 | 2.36 | 33.44 | 11.80 | 34.27 | 0.69 | 0.21 |
| 鳞萼棘豆 | 结实 | 21.35 | 3.96 | 38.28 | 10.56 | 25.90 | 1.59 | 0.31 |
| 芨芨草 | 营养 | 10.74 | 1.28 | 34.44 | 8.26 | 45.28 | 0.29 | 0.23 |
| | 抽穗 | 16.29 | 2.35 | 40.23 | 4.93 | 36.02 | 0.46 | 0.14 |
| | 开花 | 15.12 | 3.03 | 49.33 | 6.31 | 26.21 | 2.09 | 0.22 |
| | 结实 | 11.75 | 2.13 | 45.23 | 5.35 | 35.54 | 0.95 | 0.13 |
| | 干枯 | 2.33 | 4.16 | 44.44 | 7.59 | 41.48 | 1.07 | 0.29 |
| 驼绒藜 | 营养 | 12.67 | 1.84 | 46.11 | 14.03 | 25.35 | 3.68 | 0.11 |
| | 现蕾 | 21.44 | 2.23 | 29.63 | 9.30 | 37.40 | 1.94 | 0.47 |
| | 开花 | 24.45 | 1.45 | 33.10 | 11.28 | 29.72 | 1.92 | 0.18 |
| | 结实 | 14.66 | 5.87 | 27.56 | 12.45 | 39.46 | 0.94 | 0.45 |
| 达乌里胡枝子 | 开花 | 15.50 | 1.78 | 39.84 | 5.30 | 37.59 | 0.95 | 0.17 |
| 小叶锦鸡儿 | 开花 | 13.96 | 2.36 | 34.11 | 8.66 | 40.91 | 1.54 | 0.17 |
| | 结实 | 13.99 | 3.15 | 40.27 | 6.96 | 35.63 | 1.51 | 0.22 |
| 中间锦鸡儿 | 营养 | 16.77 | 2.82 | 46.95 | 6.70 | 26.76 | 3.28 | 0.15 |
| | 果后 | 12.06 | 3.13 | 41.11 | 7.90 | 35.79 | 2.21 | 0.08 |

资料来源：内蒙古草地资源编委会，1990。

## 第二节　荒漠草原牧草贮藏养分积累与消耗规律

植物光合作用的产物一部分用于组织和器官的生长，另一部分则贮藏起来，供植物饥饿或制造养分受到障碍时利用。贮藏养分在植物生命活动中具有重要作用，是植物生长发育的能源（韦恩库克和詹姆斯·斯塔布思迪克，1986）。

植物的贮藏养分（贮藏性碳水化合物或可塑性贮藏营养物质）通常主要以非结构碳水化合物的形式存在，包括单糖、蔗糖、果聚糖和淀粉（White，1973）。尽管 Graber 等（1927）当初定义贮藏物质时把含氮化合物也包括在内，但含氮化合物在支持植物再生方面并不像碳水化合物那样重要（Davidson and Milthorpe，1966；Smith and Silva.，1968；Lechtenburg et al.，1972；Perry and Loweu.，1974），作为一种贮藏物，碳水化合物远比蛋白质重要。总非结构碳水化合物（TNC）是不稳定的，可被植物在需要时分解利用。植物在春季萌发生长，放牧或刈割后草群的再生，植物夏季休眠、冬季休眠及地上部分强烈生长时均需靠贮藏物质维持生命活动。植物的各种抗逆特性（抗寒、抗旱、抗病虫害等）总是与其贮藏碳水化合物的含量水平密切相关（Green，1983；Andrews et al.，1984；Arcioni et al.，1985；Kiyomoto，1986）。地下器官是贮藏养分的主要器官，牧草的地下部分，特别是根系大大超过其地上部分的重量，因此就贮藏养分的绝对含量而言，以根系占第一位，其次是根茎，而分蘖节较少。

Graber 等（1927）首次将碳水化合物和含氮化合物定为植物维持发育和根系生长的贮藏养分。以后，各国学者对植物的贮藏养分进行了深入的研究，研究的内容主要包括植物贮藏养分积累和消耗的规律及环境因素（温度、降水、湿度、纬度、土壤）对牧草贮藏碳水化合物含量的直接和间接影响，以及人为因素（除草剂、施肥、放牧、刈割）对贮藏养分含量变化的影响。Langille（1967）和 Steele 等（1984）研究了几种牧草贮藏碳水化合物的季节波动性。Ward 和 Blaser（1961）研究了环境因子及刈割和放牧对牧草贮藏养分积累的影响。我国在这方面的研究起步较晚，曹自成和易津（1983）报道了栽培牧草的贮藏养分。20 世纪 90 年代以来一些学者开始研究牧草贮藏养分积累和消耗规律。

1994 年在原内蒙古农牧学院哈雅教学牧场，以短花针茅＋糙隐子草＋无芒隐子草＋冷蒿群落为试验研究对象，主要研究牧草贮藏养分含量的季节变化和刈割对牧草贮藏养分含量的影响。采样方法分别是：①从春季牧草萌发开始，对所选牧草进行定期采样，间隔期为 15 天，直到秋季早霜期为止；②在选择的试验小区内，当牧草平均高度达 8cm 时进行均匀刈割，每当牧草再生高度达 8cm 时再次进行刈割，直到牧草不再生长或生长相当缓慢时为止。

## 一、牧草贮藏养分含量变化

### (一) 禾本科牧草

由图 7-11 可知,短花针茅、克氏针茅、糙隐子草、羊草和芨芨草在返青期由于早春生长需消耗贮藏养分,总糖含量分别下降为 13.51%、29.87%、13.05%、20.49%、20.66%,而无芒隐子草总糖含量则增加为 35.93%。至分蘖期,由于植物进行光合作用又开始积累贮藏养分,故总糖含量上升。短花针茅、克氏针茅、糙隐子草、羊草、芨芨草和无芒隐子草的总糖含量分别上升为 15.10%、33.47%、16.65%、35.53%、20.39% 和 31.78%。从分蘖期到拔节期,除无芒隐子草外,其他牧草的总糖含量都增加,其中克氏针茅增加最多。无芒隐子草分蘖中期总糖含量下降,到后期又得以回升。从拔节期到抽穗期,由于牧草强烈生长及繁殖器官形成需消耗大量贮藏养分,大多牧草总糖含量下降,只有短花针茅一直呈上升趋势。糙隐子草的含量变化不明显,进入初花期,牧草生长变缓慢,总糖含量回升。而在灌浆阶段,由于大量的碳水化合物运往正在发育的种子,总糖含量下降,结实期又增加。只有芨芨草、糙隐子草从开花到结实期总糖含量一直持续上升。早霜期以后,大多数牧草的总糖含量都增加,只有无芒隐子草总糖含量陡然下降。可见,羊草、克氏针茅在开花期总糖含量处于高峰期,而短花针茅高峰期出现在进入早霜期以后,芨芨草在结实期,糙隐子草出现在萌发前。

还原糖含量变化规律基本上与总糖含量的变化一致。短花针茅从拔节到抽穗还原糖含量下降,而总糖含量上升;克氏针茅返青后还原糖含量下降而总糖含量上升。由于还原糖经常处于被植物利用状态,故在牧草返青后及生长时,还原糖含量下降。蒙古冰草仅从拔节期开始采样,总糖与还原糖含量的变化规律基本一致。总之,禾本科牧草的贮藏养分含量变化呈双峰或多峰曲线(图 7-11)。贮藏

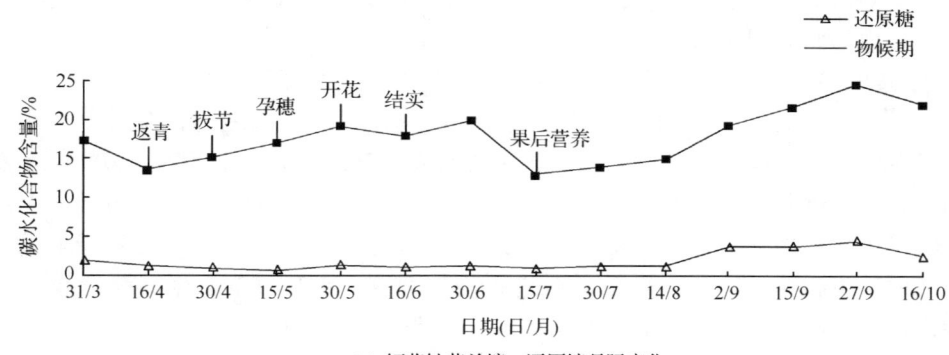

(a) 短花针茅总糖、还原糖月际变化

第七章 荒漠草原营养物质动态与氮循环和碳平衡研究

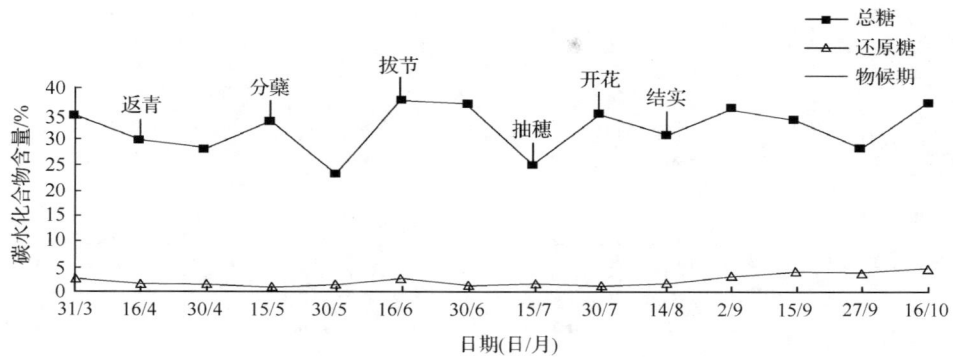

(b) 克氏针茅总糖、还原糖月际变化

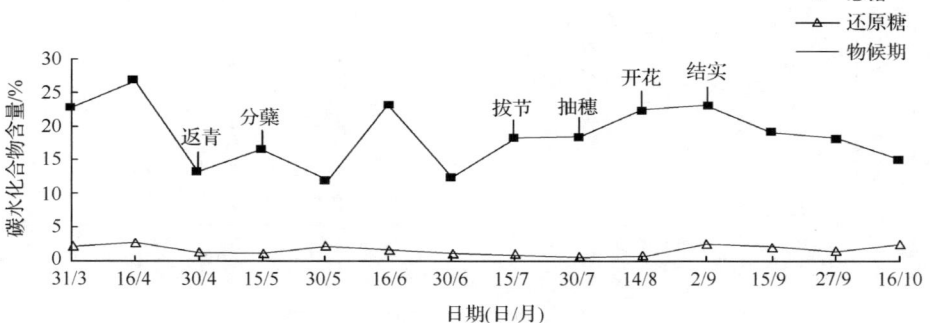

(c) 糙隐子草总糖、还原糖月际变化

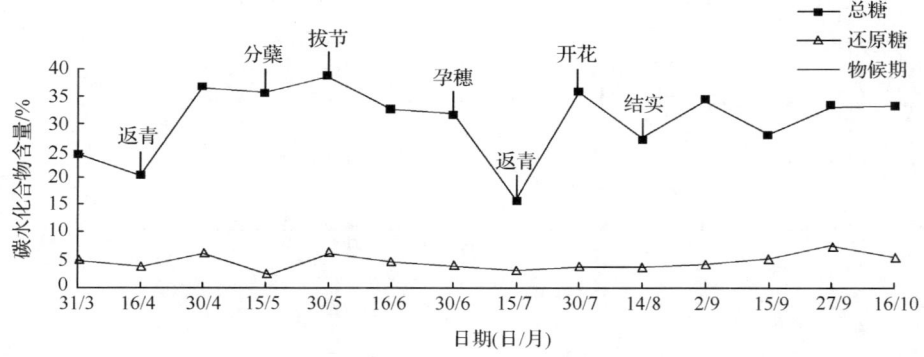

(d) 羊草总糖、还原糖月际变化

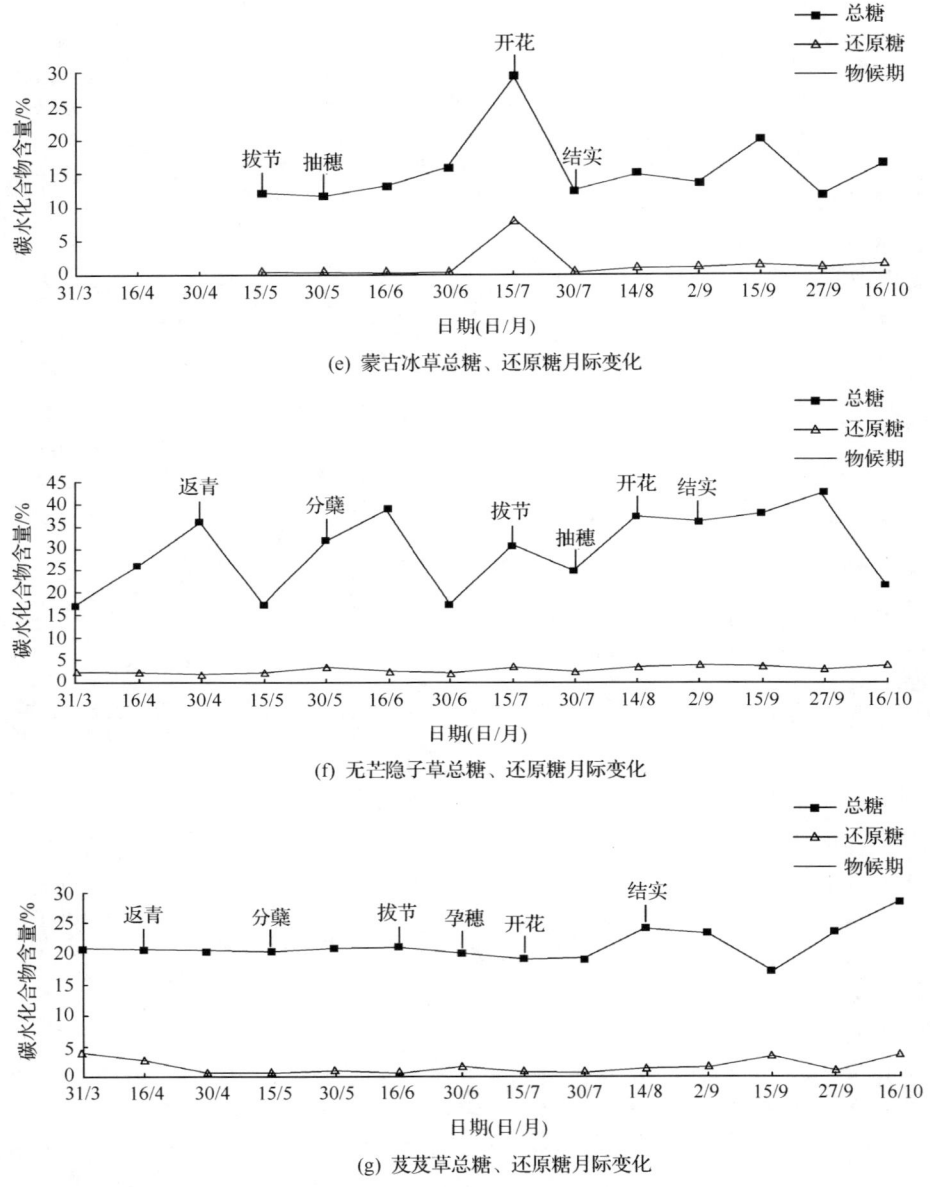

(e) 蒙古冰草总糖、还原糖月际变化

(f) 无芒隐子草总糖、还原糖月际变化

(g) 芨芨草总糖、还原糖月际变化

图 7-11  禾本科牧草贮藏养分含量的季节变化

养分的积累期出现在牧草分蘖末期，或开花及结实期，而养分消耗出现在返青、拔节、抽穗期。

## (二) 菊科牧草

由图 7-12 可知，冷蒿、阿尔泰狗娃花、柔毛蒿返青前总糖含量较低，返青期总糖含量增加，分别为 15.10%、17.74%和 16.95%。而驴耳风毛菊的总糖含量下降，从 31.51%降到 30.19%。返青以后，由于光合作用加强，驴耳风毛菊和阿尔泰狗娃花的总糖含量分别上升为 31.25%和 19.42%。而冷蒿、柔毛蒿的总糖含量下降。进入营养期（分枝期）到现蕾期由于植物进行快速生长，冷蒿、阿尔泰狗娃花、柔毛蒿和驴耳风毛菊的总糖含量分别下降到 12.18%、14.83%、10.59%、11.65%。到开花期时，植物生长变慢，总糖含量又分别回升为 14.83%、16.90%、11.18%、32.31%。进入结实期，驴耳风毛菊、阿尔泰狗娃花、柔毛蒿的总糖含量达到高峰期（分别为 36.22%、20.13%、13.93%），而冷蒿的总糖含量下降为 10.59%。早霜期后，冷蒿和驴耳风毛菊的总糖含量又增加，分别达到 15.89%、38.13%。柔毛蒿的含量维持在结实期水平，而阿尔泰狗娃花总糖含量则下降为 16.15%。10 月中旬，驴耳风毛菊、冷蒿的总糖含量稍有下降，而阿尔泰狗娃花的含量上升为 20.92%，出现总糖含量的最高峰。还原糖的含量变化基本与总糖的变化一致，只是冷蒿到开花期还原糖的含量下降为 0.5%，在早霜期下降为 1.25%。阿尔泰狗娃花进入营养期含量下降为 1.30%。柔毛蒿从返青到营养期还原糖一直减少，从 8.1%下降到 2.35%。驴耳风毛菊萌发前还原糖含量为 3.42%，返青期增加到 5.2%，而开花时下降为 2.8%。可见，菊科牧草贮藏养分的含量变化呈扩展的"U"型曲线（图 7-12），尤以驴耳风毛菊明显，贮藏养分含量的两个高峰期分别出现在分枝期和开花期。而其他三种牧草的含量高峰期出现在返青、开花和结实后期。

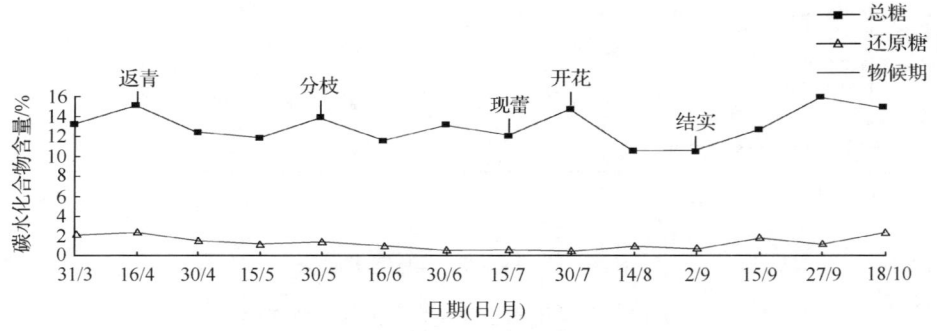

(a) 冷蒿总糖、还原糖月际变化

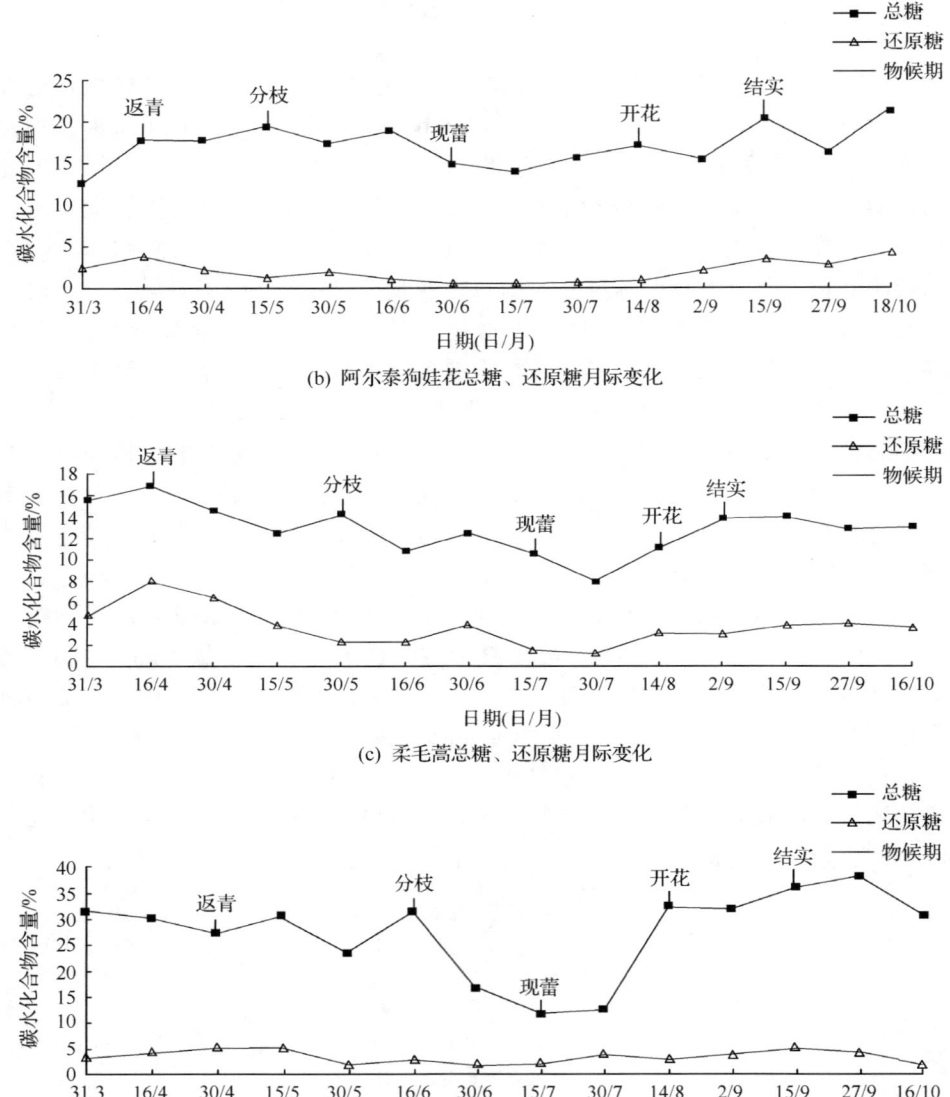

(b) 阿尔泰狗娃花总糖、还原糖月际变化

(c) 柔毛蒿总糖、还原糖月际变化

(d) 驴耳风毛菊总糖、还原糖月际变化

图 7-12 菊科牧草贮藏养分含量的季节变化

## （三）豆科牧草

扁蓿豆返青时由于消耗贮藏养分，总糖含量从 18.01% 下降为 17.48%。返青后总糖含量回升，到营养期（分枝期）达 19.33%。现蕾期由于茎的强烈生长

需消耗贮藏养分，含量又下降为 12.61%。开花期含量增加，并一直持续到结实期。早霜期后含量又增加，至 10 月中旬总糖含量达到最高峰 34.89% [图 7-13 (a)]。扁蓿豆的还原糖含量变化与总糖变化规律基本一致，只是在返青期含量从 2.35% 上升为 2.73%。白花黄芪到返青期总糖含量增加到 28.91%。返青后由于生长较快需消耗贮藏养分，至营养期总糖含量下降为 24.89%。开花期含量上升为 28.65%。以后由于贮藏养分转向种子，总糖含量下降到最低点 24.63%。结实期含量又有所回升。9 月下旬早霜期以后含量达到最高峰，以后有所下降。还原糖含量变化与总糖变化基本一致，只是在返青期和结实期有所下降。贮藏养分含量的季节动态基本呈锯齿扩展"U"型曲线 [图 7-13 (b)]，在萌发前和早霜期贮藏养分含量比较高。狭叶锦鸡儿返青后总糖含量从 21.98% 降到 16.15%。到开花期（5 月 30 日）含量上升为 21.19%。以后由于采集到的样本一直是处于营养状态，含量变化不稳定。7 月底总糖含量达到最高峰 38.13%。8 月由于降雨增加，气温升高，狭叶锦鸡儿生长很快，养分可能主要供新枝生长和叶片生

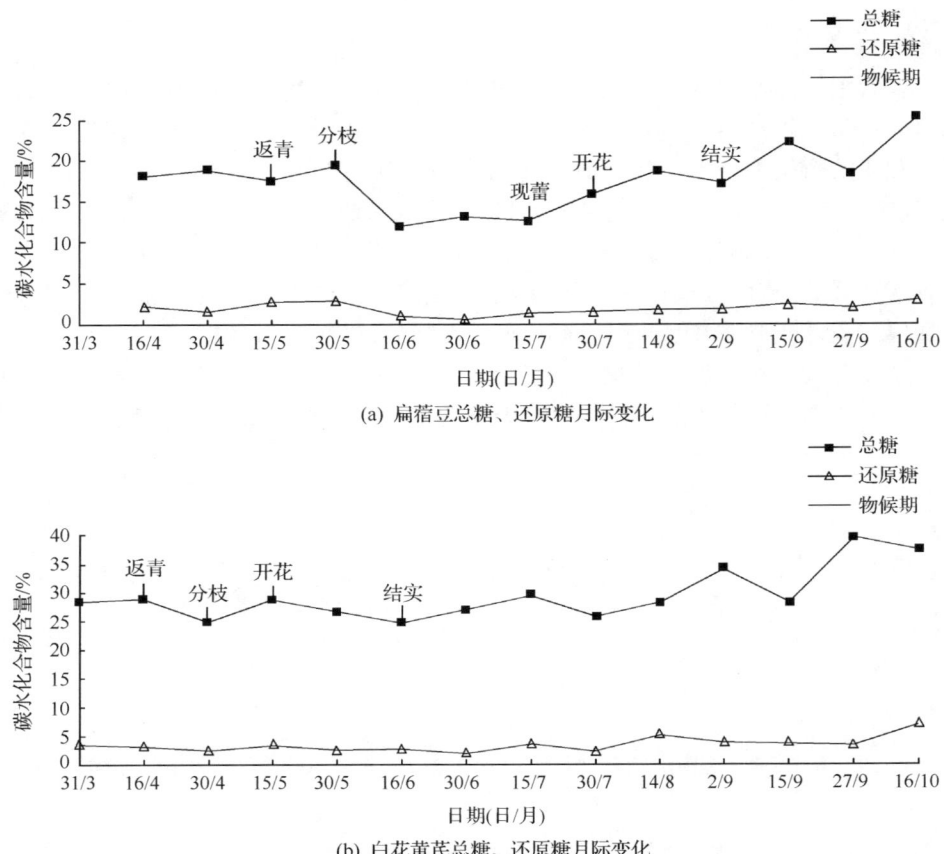

(a) 扁蓿豆总糖、还原糖月际变化

(b) 白花黄芪总糖、还原糖月际变化

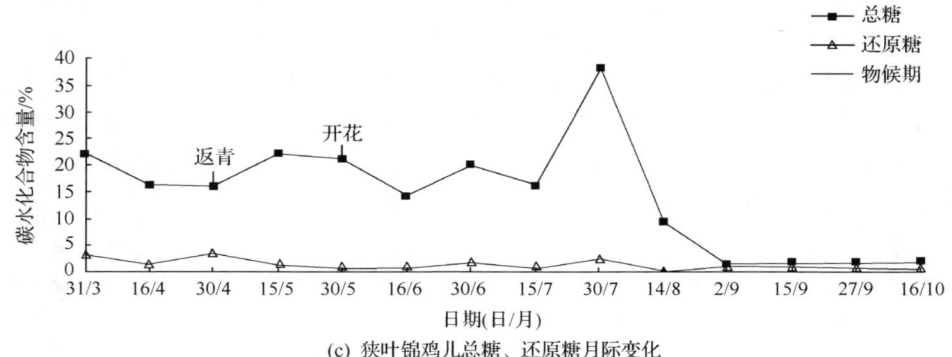

(c) 狭叶锦鸡儿总糖、还原糖月际变化

图 7-13　豆科牧草贮藏养分含量的季节变化

长，总糖含量陡然下降到 9.53%，9 月初含量下降到最低 1.32%〔图 7-13 (c)〕。还原糖的含量变化与总糖基本一致，只是返青时含量增加。

（四）其他牧草

返青期木地肤（图 7-14）和银灰旋花（图 7-15）的总糖含量下降，分别从 25.16% 下降到 22.51% 和由 32.26% 下降到 30.45%。而高二裂委陵菜（图 7-16）和瓣蕊唐松草（图 7-17）的含量则增加，分别由 14.19% 增加到 16.01% 和从 18.91% 增加到 20.22%。营养期时，木地肤和银灰旋花的总糖含量分别下降为 19.07% 和 20.66%，瓣蕊唐松草的总糖含量增加为 23.57%。高二裂委陵菜返青后贮藏养分含量逐渐下降，现蕾期含量下降为 13.24%。木地肤、瓣蕊唐松草和银灰旋花到现蕾期总糖含量分别下降为 19.07%、17.21% 和 21.65%。可见，这 4 种牧草在营养期总糖含量都处于低水平，木地肤处于总糖含量的最低谷。到开花期时植物生长变慢，贮藏养分含量增加。木地肤、银灰旋花、高二裂

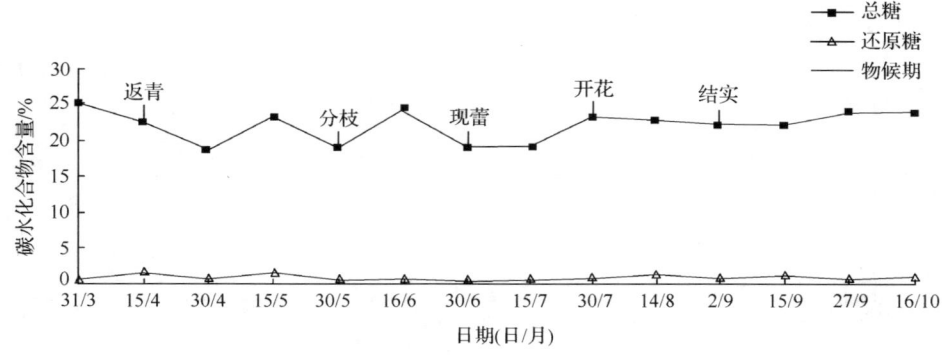

图 7-14　木地肤总糖、还原糖月际变化

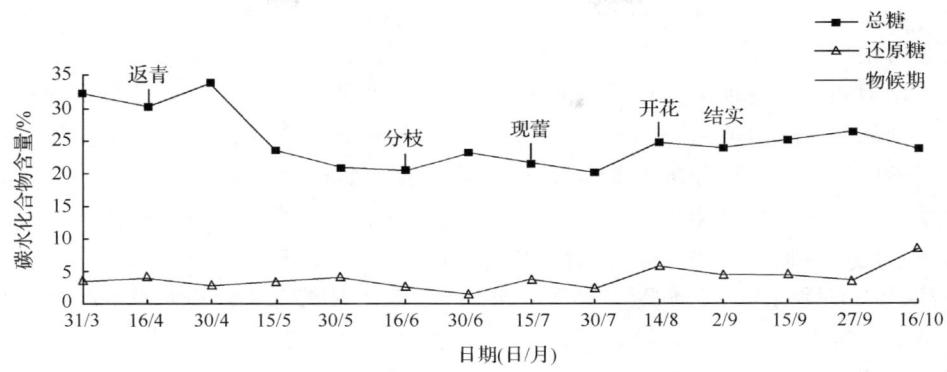

图 7-15　银灰旋花总糖、还原糖月际变化

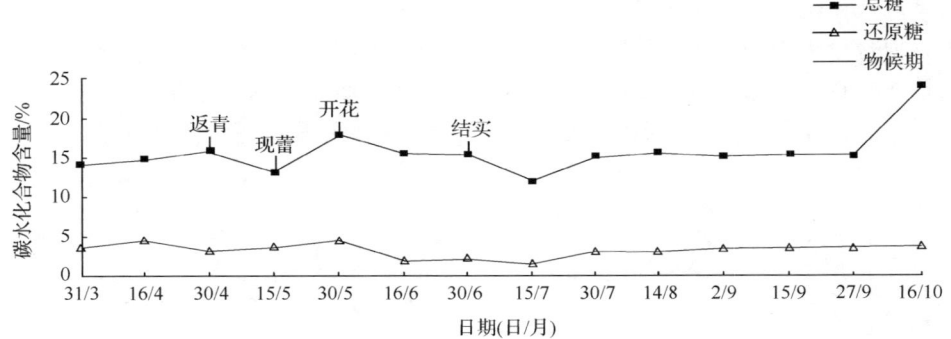

图 7-16　高二裂委陵菜总糖、还原糖月际变化

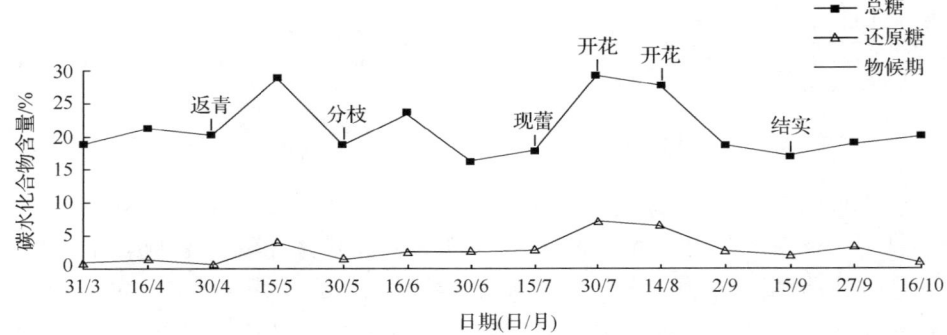

图 7-17　瓣蕊唐松草总糖、还原糖月际变化

委陵菜和瓣蕊唐松草的总糖含量达到高峰期，含量分别为 23.30%、24.87%、17.91% 和 29.16%。结实期由于养分向种子转移，总糖含量都下降。9 月中旬以后贮藏养分含量又回升，其中木地肤、银灰旋花在 9 月下旬含量分别达到

24.10%和 26.72%,高二裂委陵菜在 10 月中旬时含量达到最高峰(24.10%),瓣蕊唐松草的总糖含量稍有增加。

木地肤在返青期时还原糖含量从 0.73%增加到 1.65%,而高二裂委陵菜的含量则从 3.74%下降到 3.30%。银灰旋花的还原糖含量变化与总糖的变化规律有所不同,返青期还原糖含量为 4.12%,在开花期含量上升为 5.91%。瓣蕊唐松草的还原糖含量变化规律与总糖规律基本一致,只是在 9 月下旬还原糖含量上升。总之,木地肤和银灰旋花的贮藏养分含量变化规律呈锯齿型扩展的"U"型曲线,峰值分别出现在萌发前和早霜期。高二裂委陵菜和瓣蕊唐松草的贮藏养分含量变化规律呈单峰和双峰曲线,高二裂委陵菜贮藏养分的高峰期出现在开花期,瓣蕊唐松草分别出现在返青后期及开花期。

草麻黄从返青以后一直处于营养状态。由于气温及降水变化,贮藏养分含量也呈现规律性变化,一般呈"V"型曲线(图 7-18),低谷出现于 6 月 30 日,此时总糖含量为 10.06%,还原糖为 0.98%。总糖与还原糖的变化规律基本一致,只是在返青期总糖含量从 19.60%升到 22.25%,而还原糖含量从 5.78%下降到 4.10%。到 5 月 15 日总糖含量上升为 24.36%,而还原糖下降为 2.85%。

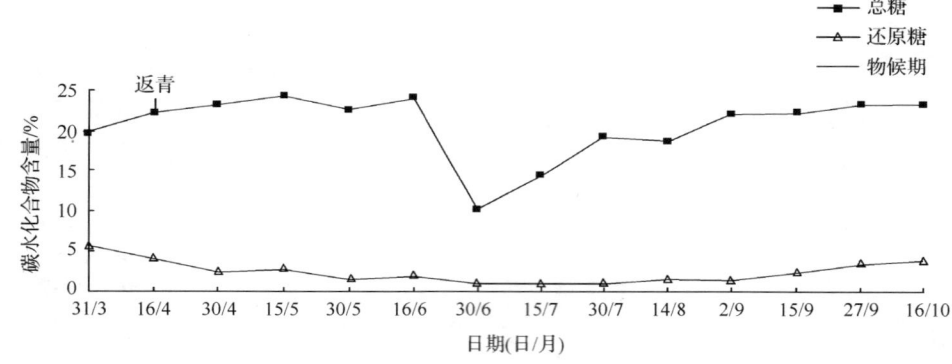

图 7-18 草麻黄总糖、还原糖月际变化

细叶韭在返青期贮藏养分含量上升,总糖含量为 15.36%,还原糖为 3.83%(图 7-19)。到现蕾期由于光合产物不足以弥补其快速生长,总糖含量下降为 11.92%,还原糖下降为 3.15%。到开花期生长变慢,总糖含量上升为 13.24%,还原糖含量下降为 2.68%。结实初期贮藏养分含量下降,结实后期含量增加,总糖含量达到 21.98%,还原糖为 4.21%。9 月下旬以后贮藏养分含量下降。细叶韭贮藏养分的含量变化呈多峰曲线,含量高峰出现在结实期以后。

大苞鸢尾总糖与还原糖含量变化规律基本一致,只是还原糖比总糖变化平缓(图 7-20)。从萌发到返青期,总糖从 12.45%上升到 13.51%,还原糖从 4.26%上升到 5.37%。到孕蕾期总糖和还原糖含量分别下降为 10.59%和 1.55%。从

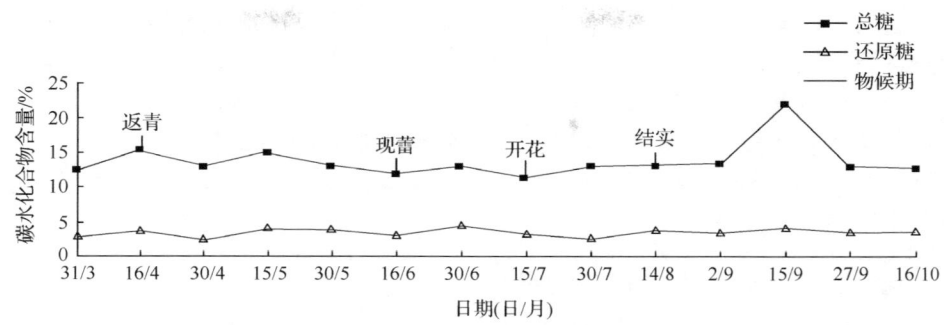

图 7-19　细叶韭总糖、还原糖月际变化

孕蕾期到结实期，总糖上升为 12.71%，还原糖上升为 2.95%。6 月下旬以后养分含量波动较大，但在 9 月下旬以后贮藏养分含量又上升到最高峰，总糖含量达 20.13%，还原糖达 8.12%。大苞鸢尾贮藏养分含量的变化规律呈扩展的"U"型曲线（图 7-20），高峰值出现在返青期和 9 月下旬。

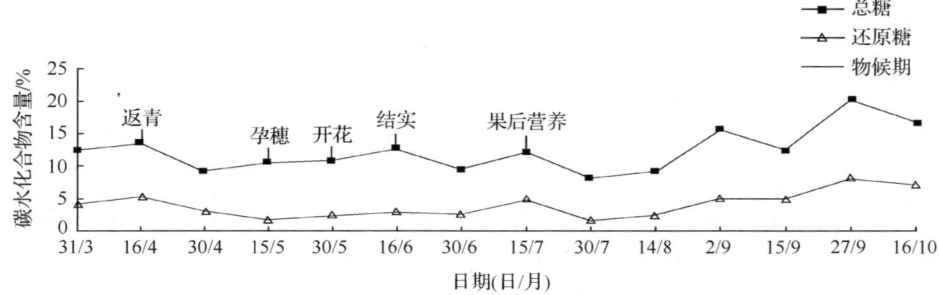

图 7-20　大苞鸢尾总糖、还原糖月际变化

寸草薹 4 月 16 日返青，返青期后总糖含量从 29.13 增加到 35.49%（图 7-21）。由于寸草薹是早春植物，早春即开花结实，所以未采到不同物候期的样本。

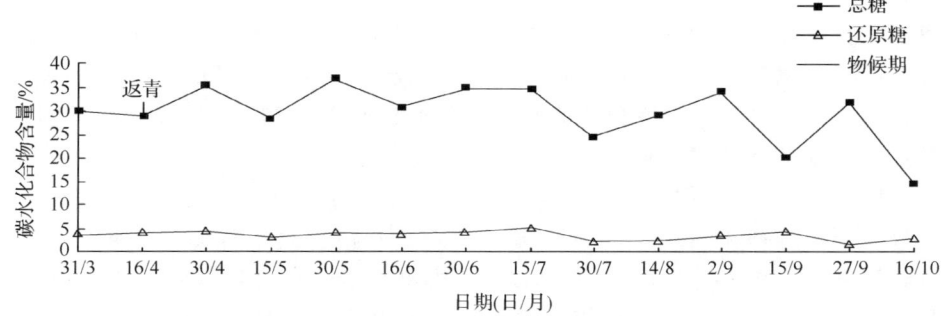

图 7-21　寸草薹总糖、还原糖月际变化

在不同的采样期内，寸草薹都处于营养状态。寸草薹总糖含量的变化规律呈多峰曲线（图 7-21），峰值分别出现在 4 月底（35.49%）、5 月底（36.81%）和 9 月初（34.31%）。低谷出现在 7 月底（24.80%）、9 月中旬（20.50%），到 10 月中旬总糖含量下降到最低点 15.15%。还原糖与总糖的变化规律有时一致，有时不符，9 月中旬还原糖处于高峰期（4.32%），9 月末下降为 1.62%，而 10 月中旬还原糖含量上升为 3.1%。

## 二、牧草不同部位贮藏养分含量

秋季牧草各部位（器官）中贮藏养分含量有所不同。从表 7-11 可以看出，苁苁草、短花针茅的贮藏养分主要贮藏在茎基部和叶中；而糙隐子草主要贮藏在茎和叶中；无芒隐子草主要贮藏在茎基部和茎中；克氏针茅贮藏在种子、叶及茎上部 1/2；羊草主要贮藏在根茎和茎基部。可见，禾本科牧草的主要贮藏器官是茎基部或茎。扁蓿豆以根和根颈为主要贮藏器官；木地肤的贮藏养分主要贮藏在根和茎下部 1/2；柔毛蒿和阿尔泰狗娃花的贮藏器官为根；而冷蒿的主要贮藏器官为茎和茎基；细叶韭为根和鳞茎。对于大多数双子叶植物来讲，根部是贮藏养分的主要器官。

植物体内同化物的运输与分配是维持植物生存、生活与生长的基础，其中碳水化合物是植物生长的主要能源物质。碳水化合物的运输由"库"指导控制，具有最大代谢活性的"库"通常获得大部分的同化物。因此，植物所有活的器官都含有不同量的碳水化合物，营养物质贮备不应该只限于地下器官，因为贮藏养分至少也出现于植物体的所有部位（Bonner and Galston，1952）。关于贮藏养分的主要贮藏器官，有两种说法：一种认为植物地下器官是贮藏养分的主要贮存区；另一种认为贮藏养分的主要部位是在茎的较下部分——茎基、球茎、根茎、匍匐茎。有研究表明（郑凯，2006），可溶性碳水化合物的最大浓度出现于叶片、叶鞘和茎的较下部分。Mooney 在一篇综述中指出，在生长结束时，植物根茎中含有 60 种非结构碳水化合物。禾本科植物的贮藏器官是茎基部、茎和根茎。由于禾本科植物的分蘖芽主要分布在植物基部和根茎上，这些部位高含量的碳水化合物有利于植物分蘖。有些禾本科植物，如短花针茅、糙隐子草、苁苁草叶片中贮藏养分的含量也较高，主要由于叶片是进行光合作用的主要器官，叶片中同化物的运输要受叶片中蔗糖浓度和其他器官之间所形成的糖浓度梯度的控制，当叶片中的蔗糖浓度低于某阈值时就不能够运输，故在叶片没有完全枯黄时，叶片是贮藏养分的主要器官。而对双子叶植物来说，根是贮藏养分含量最高的器官，其次为茎（主要是茎基和茎下部）。由于多年生双子叶植物大多拥有一个粗大的直根系（超过其地上部分的重量），所以根中总非结构碳水化合物（TNC）的总量常常是最大的。总之，多年生牧草进入冬季休眠以后，贮藏养分的主要器官有根系、茎基部、根茎和鳞茎。

表 7-11 牧草不同部位贮藏养分含量(占干物质量%)

| 植物名称 | 根(+根茎或鳞茎) | | 茎 | | 叶 | | 果实 | | 茎上部(1/2) | | 茎下部(1/2) | | 茎基(+分蘖节) | | 茎基 | | 根(+根茎或根颈) | | 鳞茎 | | 分蘖节 | | 穗序 | |
|---|---|---|---|---|---|---|---|---|---|---|---|---|---|---|---|---|---|---|---|---|---|---|---|---|
| | TS | RS | TS | RS | TS | RS | TS | RS | TS | RS | TS | RS | TS | RS | TS | RS | TS | RS | TS | RS | TS | RS | TS | RS |
| 菠菠草 | 12.71 | 0.22 | | | 23.04 | 4.97 | | | 21.19 | 0.87 | 20.13 | 1.40 | 24.36 | 1.68 | | | | | | | | | 18.54 | 1.16 |
| 短花针茅 | 14.83 | 0.63 | | | 19.60 | 4.50 | | | | | | | 18.80 | 4.06 | | | | | | | | | | |
| 克氏针茅 | 7.84 | 0.87 | | | 23.30 | 4.21 | | | 23.04 | 2.74 | 9.90 | 3.53 | 18.80 | 2.03 | | | | | | | | | 25.42 | 1.53 |
| 糙隐子草 | 16.95 | 0.34 | 30.2 | 1.34 | 25.16 | 1.46 | | | | | | | 20.92 | 1.29 | | | | | | | | | 20.66 | 1.68 |
| 无芒隐子草 | 13.51 | 1.27 | 15.9 | 2.38 | 13.51 | 2.21 | | | | | | | | | 21.45 | 2.24 | | | | | 14.83 | 1.10 | | |
| 羊草 | 20.66 | 1.57 | | | 18.01 | 3.32 | | | | | | | | | 30.45 | 2.71 | | | | | | | | |
| 扁蓿豆 | | | | | 7.52 | 2.30 | 8.63 | 1.91 | 11.33 | 1.88 | 9.22 | 2.83 | | | | | 18.80 | 2.06 | | | | | | |
| 木地肤 | 19.86 | 0.56 | | | 5.83 | 1.53 | 8.47 | 1.81 | 17.21 | 2.71 | 18.01 | 1.59 | | | | | 13.56 | 0.47 | | | | | | |
| 柔毛蒿 | 11.65 | 2.15 | 7.94 | 2.97 | 4.77 | 2.24 | 4.61 | 2.37 | | | | | | | | | 7.68 | 2.35 | | | | | | |
| 阿尔泰 | 20.13 | 2.38 | 14.57 | 2.82 | 12.45 | 3.53 | 7.15 | 1.56 | | | | | | | | | | | | | | | | |
| 狗娃花 | | | | | | | | | | | | | | | | | | | | | | | | |
| 冷蒿 | 8.74 | 1.44 | 10.06 | 3.85 | 7.15 | 1.98 | 2.91 | 1.66 | | | | | | | 9.80 | 2.71 | | | | | | | | |
| 细叶韭 | 23.83 | 6.06 | | | 9.27 | 3.47 | 4.24 | 2.35 | | | | | | | | | | | | | | | | |

## 三、刈割对牧草贮藏养分含量的影响

### (一) 短花针茅

短花针茅 7 月 1 日第一次刈割（图 7-22），8 月 3 日第二次刈割。两次刈割后总糖的变化规律完全一致，均呈减少—增加—减少的趋势。第一次刈割后 6 天总糖含量从 19.89% 下降为 12.71%，刈割后 10 天时含量回升为 19.92%，刈割后 15 天时又降到 10.09%。还原糖的变化规律与总糖的变化规律完全一致。第二次刈割后 5 天总糖从 14.63% 下降为 12.86%，刈割后 10 天上升为 16.90%，刈割后 15 天陡然下降到最低点为 8.07%。还原糖含量刈割后 5 天从 1.95% 下降为 0.06%，以后稍有上升，到刈割后 15 天增加为 0.44%。

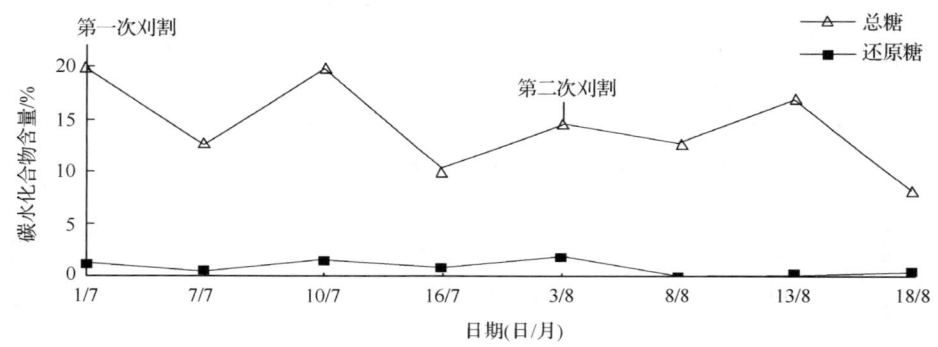

图 7-22　短花针茅刈割后总糖、还原糖月际变化

### (二) 糙隐子草

糙隐子草第一次刈割时间为 6 月 6 日（图 7-23），最后刈割时间为 8 月 13 日，生长季内可刈割 3 次，以第二次刈割后的再生速度最快（0.33cm/d）。第一次刈割后总糖含量从 21.72% 下降为 18.80%，以后含量持续上升。还原糖含量刈割后的第 5 天下降到 0.26% 以后持续增长，刈割后 15 天含量上升到 1.53%。7 月 27 日进行第二次刈割，刈割后 5 天总糖含量从 24.63% 下降为 11.12%，刈割后 10 天含量稍有回升，刈割后 15 天含量又下降为 10.06%。还原糖刈割后 10 天含量持续上升，从 0.17% 增加到 0.39%，刈割后 15 天时又降为 0.07%。第三次刈割，刈割后 5 天总糖含量从 10.06% 上升为 12.98%，刈割后 10 天又降为 10.06%，刈割后 15 天时含量增加为 20.13%。还原糖含量刈割后 5 天含量上升，从 0.07% 增加到 0.88%，刈割后 10 天稍有回升，刈割后 15 天下降为 0.37%。从以上可以看出，总糖含量的变化规律出现 3 种情况：第一次刈割为减少—增加—增加；第二次刈割为减少—增加—减少；第三次刈割为增加—减少—

增加。连续刈割时大量消耗其贮藏养分。

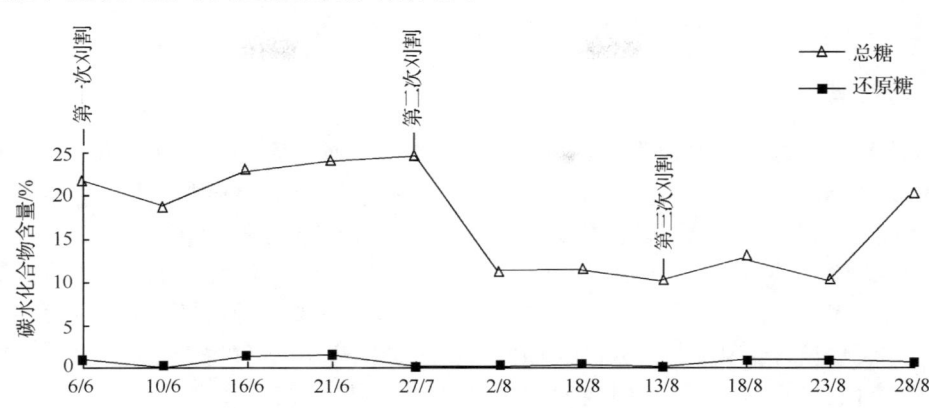

图 7-23 糙隐子草刈割后总糖、还原糖月际变化

（三）无芒隐子草

无芒隐子草第一次刈割时间为 7 月 2 日（图 7-24），第二次刈割时间为 8 月 2 日，生长季内可刈割 2 次。第一次刈割后，总糖含量的变化出现减少—减少—增加的过程。刈割后 5 天、10 天总糖含量一直下降，刈割后 15 天含量增加为 24.36%。第二次与第一次刈割相比总糖含量明显下降。由于第一次刈割后降水量较大，充足的水分和较高的温度促进其再生，因而消耗大量贮藏养分。而二次刈割后总糖含量逐渐回升，刈割当时为 15.89%，5 天后升至 17.74%，15 天时达 21.72%。还原糖含量的变化不同于总糖，第一次刈割后 5 天从 2.35% 下降至

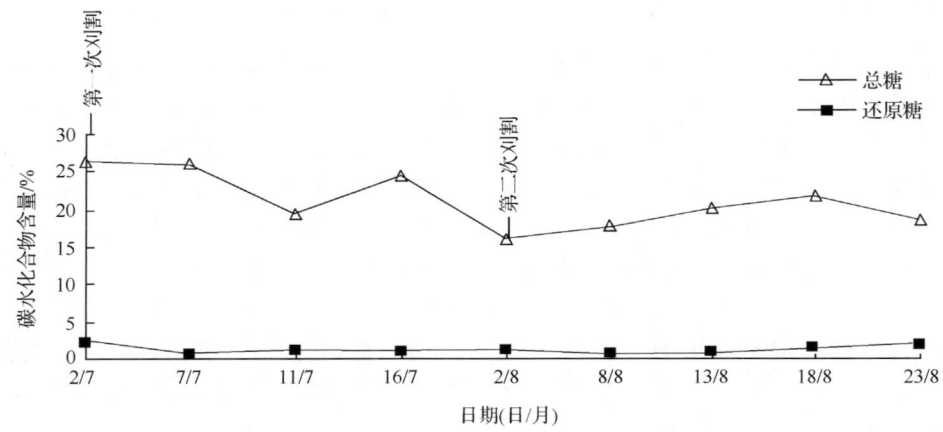

图 7-24 无芒隐子草刈割后总糖、还原糖月际变化

0.79%，第十天升至1.20%，15天时略有下降。第二次刈割后5天从1.11%下降至0.59%，以后则持续增加，15天时升至1.39%。

### （四）冷蒿

冷蒿第一次刈割时间为7月2日，第二次刈割时间为8月8日。第一次刈割时总糖含量为13.24%，刈割后5天增加到18.27%，刈割后10天增加为28.89%，刈割后15天又陡然降为14.63%。还原糖的含量刈割时为0.64%，刈割后5天降到0.45%，刈割后10天时增加为0.82%，刈割后15天又降低到0.41%。第二次刈割总糖含量变化出现增加—减少—增加的过程（图7-25）。刈割后5天总糖含量从11.2%增加到13.40%，刈割后10天又降为11.12%，刈割后15天恢复为14.94%。还原糖与总糖的变化规律一致。

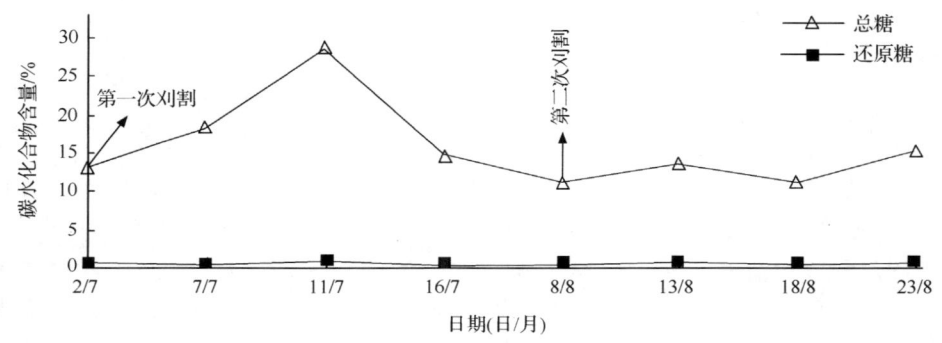

图7-25　冷蒿刈割后总糖、还原糖月际变化

### （五）羊草

刈割对羊草贮藏养分的影响较大（图7-26）。刈割后总糖含量变化呈两种趋势：前4次为减少—减少—增加，后3次为减少—增加—减少。第一种情况在刈割后5天总糖含量下降，第十天逐渐增加，尤以第一次刈割为明显。第一次刈割时总糖含量为39.48%，第五天降至23.83%，10天后逐渐回升，15天时达19.91%。第二种情况为刈割后总糖含量下降，5天后逐渐回升，第十天再次下降。还原糖与总糖的变化有所不同，还原糖经常处于被利用的状态，其变化呈不规律形式。例如，在第二、第六次刈割后含量上升，第五天分别从2.10%和1.08%升至2.65%和2.41%，之后则持续下降，第三次、第五次、第七次刈割后还原糖含量下降，到10天后又恢复。总之，刈割对羊草还原糖的影响较小，在生长季内可以刈割7次。

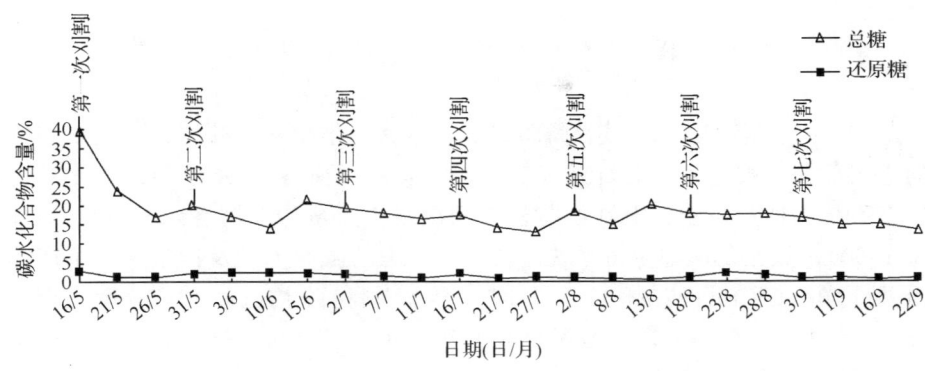

图 7-26　羊草刈割后总糖、还原糖月际变化

## （六）茇茇草

刈割对茇茇草贮藏养分含量产生较大的影响（图 7-27）。刈割后总糖含量的变化出现两种情况，第一次、第二次、第四次、第五次刈割的变化为：减少—减少—增加，如第一次刈割后 5 天总糖含量下降，10 天后总糖含量从 20.39％降至 14.30％，第 15 天又增至 16.10％。第三次刈割的变化为减少—增加—减少，刈割后第五天总糖含量从 12.45％减少至 9.32％，10 天后增至 12.45％，第 15 天又减至 10.96％。第六次刈割时总糖的含量已降至低谷，刈割后略有上升，第五天以后持续下降，以致刈割后 10～15 天几乎无再生能力。

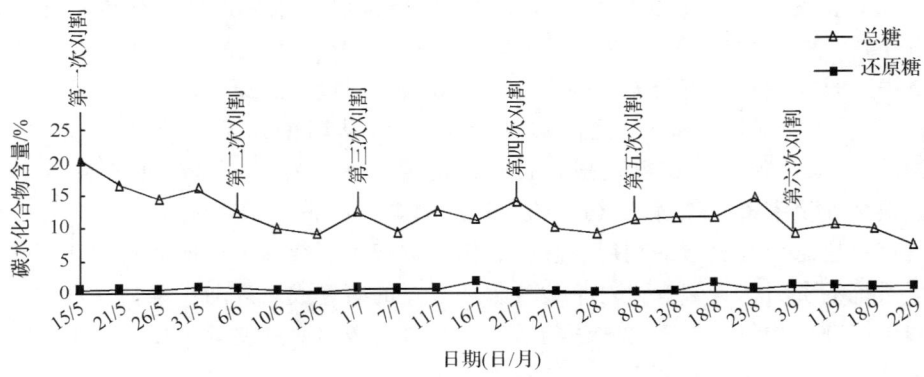

图 7-27　茇茇草刈割后总糖、还原糖月际变化

## 第三节  荒漠草原氮素循环

氮（N）是蛋白质、核酸、磷脂、酶、激素、维生素、叶绿素、生物碱等物质的组成部分，被称为生命要素（王忠，2000）。同时，氮是限制植物生长、调节生态系统结构和功能、限制群落初级和次级生产量的关键性元素（Domaar et al.，1990）。氮亦是草地生态系统净初级生产力的限制因子及衡量草地生产能力的重要指标（Vitousek et al.，1997；李香真和陈佐忠，1997；李思亮等，2002），是草地生态系统物质循环的重要部分（张淑艳和李德新，1997；于俊平等，2000）。

氮素，作为植物所必需的大量营养元素，早已为人们熟知，在作物栽培学方面已得到深入的研究和应用（伊利亚列特季诺夫，1985）。然而，氮素在草地生态系统中的生态作用亦是极为重要的（伊藤严，1981；Reddy，1982；Barth and Klemmedson，1986）。因为，氮素在系统内的物质和能量流动中处于正积累还是负积累，氮素循环是否保持平衡，这对于草地生态系统来说，直接影响到草地植物生长发育和生物量的形成与积累，关系到"土—草—畜"一系列的生产流程，最终决定着畜产品的质和量，氮素是草地生产能力高低的重要标志之一。

国外的研究大多都围绕着提高氮素转化率问题进行，尤其以土壤肥料氮的转化利用，防止氮素挥发和淋失方面的研究最为活跃（Reddy，1982；Stout et al.，1984；Macduff and White，1984；朱兆良，1986）。Pereira（1982）以各个环节氮的收支为轴，综述了南美热带大草原氮素研究成果，指出热带草地（以savanna为主）氮的主要来源是生物固氮及人工施肥，而氮的损失则主要是烧荒和淋失。日本则在家畜粪尿氮的充分利用以最大限度地还原草地方面的研究更为突出（石栗敏機，1980）。我国有关氮素循环早期的研究工作（陈佐忠等，1983b；1984；呼天明和祝廷成，1987；黄德华等，1993）多偏重于植物和土壤，很少涉及家畜。王辉珠（1984）、任继周等（1986）、于锋等（1986）分别对高山草地生态系统氮素的利用、转化、循环进行了研究，为草地氮素循环研究提供了系统的资料。近年有人对草地各个环节氮的研究成果逐渐积累，并且在土壤氮和土壤微生物氮素生理群方面的研究有一些突破（康师安等，1985；王芳玖和李绍良，1986；李生和温成杰，1988）。

### 一、短花针茅荒漠草原生态系统氮素循环

1988年在内蒙古农牧学院（现内蒙古农业大学）哈雅教学牧场进行氮素循环的试验研究。试验选在短花针茅草原的轮牧试验区内进行，并以同一类型的封育区作为对照。全部植物样品、土壤样品、粪样、尿样均采用凯氏定氮法测定氮

含量。

(一) 氮素在系统内各部分的分配

1. 土壤氮贮量动态

1) 土壤全氮贮量动态

由表 7-12 可知，土壤是氮素的巨大存贮库，0～40cm 深度内贮氮量达 567.05～814.11g/m²，是同等面积内植物贮量的 36.7 倍，其中 50%～60%集中在 0～20cm 土层内。

表 7-12　土壤各层 N 累积量占总量比例　　　　　　(单位：g/m²)

| 日期(日/月) | 0～10cm | | 0～20cm | | 0～30cm | | 0～40cm | |
|---|---|---|---|---|---|---|---|---|
| | N 量 | % | N 量 | % | N 量 | % | N 量 | % |
| 10/5 | 209.23 | 25.8 | 409.05 | 50.5 | 604.82 | 74.7 | 809.49 | 100 |
| 19/6 | 149.50 | 26.4 | 291.79 | 51.5 | 425.39 | 75.0 | 567.05 | 100 |
| 27/7 | 223.66 | 27.5 | 421.67 | 51.8 | 610.85 | 75.0 | 814.11 | 100 |
| 4/9 | 191.42 | 25.0 | 396.55 | 51.8 | 572.98 | 74.9 | 764.87 | 100 |
| 26/10 | 205.60 | 27.4 | 388.39 | 51.8 | 561.45 | 74.9 | 749.22 | 100 |

由表 7-13、图 7-28 可知土壤全氮贮量在 6 月有一低谷，其贮量分别比 5 月和 7 月低 29.95% 和 30.35%，7 月稍高于 5 月，以后又逐渐下降。4 月初牧草开始返青，进入 5 月中旬以后，大部分牧草即进入生长旺季期，植物体内蛋白质、ATP、DNA、各种嘌呤、嘧啶碱基、卟啉等大量合成，而这些化合物所需氮必须由土壤供给，造成土壤氮含量下降，形成低谷。

表 7-13　土壤各层次贮存全氮量的季节动态及各层次分配比例

(单位：g/m²)

| 日期(日/月) | 0～10cm | | 10～20cm | | 20～30cm | | 30～40cm | | 0～40cm | |
|---|---|---|---|---|---|---|---|---|---|---|
| | N 量 | % | N 量 | % | N 量 | % | N 量 | % | N 量 | % |
| 10/5 | 209.23 | 25.8 | 199.82 | 24.7 | 195.77 | 24.2 | 204.68 | 25.3 | 809.49 | 100 |
| 19/6 | 149.50 | 26.4 | 142.29 | 25.1 | 133.55 | 23.6 | 141.71 | 25.0 | 567.05 | 100 |
| 27/7 | 223.66 | 27.5 | 198.01 | 24.3 | 189.18 | 23.2 | 203.25 | 25.0 | 814.11 | 100 |
| 4/9 | 191.42 | 25.0 | 205.13 | 26.8 | 176.43 | 23.1 | 191.88 | 25.1 | 764.87 | 100 |
| 26/10 | 205.60 | 27.4 | 182.79 | 24.4 | 173.07 | 23.1 | 187.76 | 25.1 | 749.22 | 100 |

封育区与轮牧区比较，全年平均氮贮量为 747.69g/m²，略高于轮牧区的 741.28g/m²。轮牧区的贮量波动幅度很大，封育区相对波动幅度很小，其全年氮贮量变异系数分别为 13.83% 和 11.74%，轮牧区比封育区高出 2.09 个百分

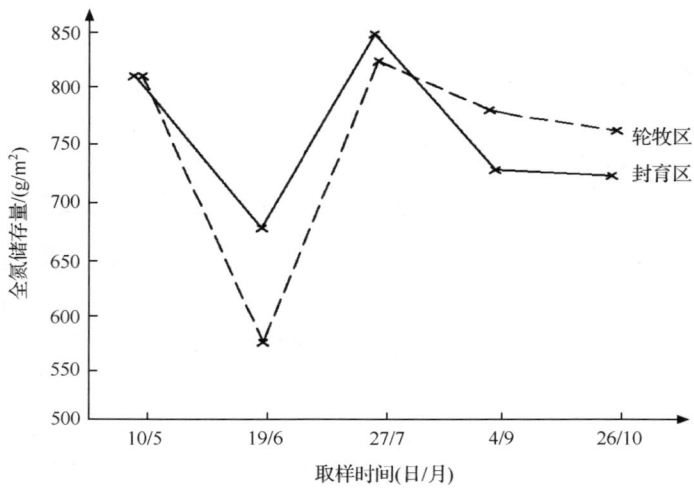

图 7-28 土壤全氮贮量季节动态

点。6月轮牧区氮贮量明显低于封育区，7月亦略低，其他月份均高于封育区。

土壤各层次贮氮量季节动态相似，均在6月形成低谷。轮牧区与封育区两区的动态规律差异表现在0~10cm、10~20cm两个层次上。在封育区0~10cm土层氮贮量全年几乎没有变化，10~20cm土层的变化幅度也较小；在轮牧区这两层次的波动幅度都很大。9月测定值中，0~10cm土层贮量下降明显，10~20cm土层却表现为上升趋势。轮牧区的这种变化是与放牧条件下绵羊排泄物的影响直接相关的（图7-29和图7-30）。

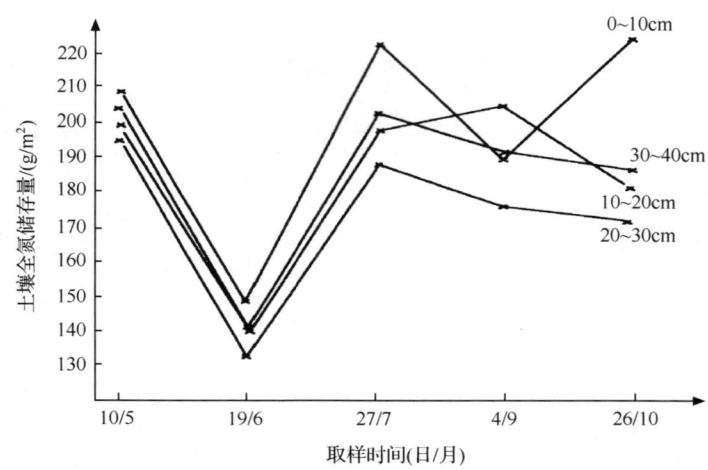

图 7-29 轮牧区各层次土壤全氮量季节动态

第七章　荒漠草原营养物质动态与氮循环和碳平衡研究

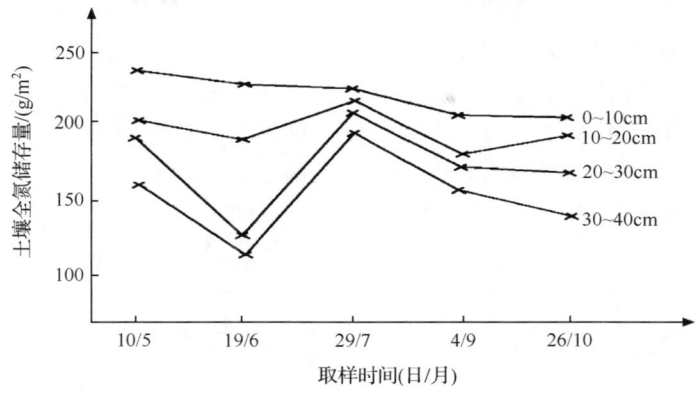

图 7-30　封育区各层次土壤全氮量季节动态

由表 7-14 可知，土壤氮素垂直分布随深度下降氮素含量也明显下降。由于荒漠草原植被下发育的土壤较瘠薄，腐殖质积累过程不明显，所以荒漠草原土壤的氮素贮量，不像农田或人工草场那样呈明显的"T"型分配。封育区的上下层含量差异大于轮牧区，但反映在氮贮量上，差异不明显，尤其轮牧区上下层几乎无差异。

表 7-14　土壤 N 素含量季节动态　　　　　　　　（单位：%）

| 处理 | 土层 | 10/5 | 19/6 | 27/7 | 4/9 | 26/10 |
| --- | --- | --- | --- | --- | --- | --- |
| 轮牧区 | 0～10cm | 0.1529 | 0.1093 | 0.1635 | 0.1498 | 0.1503 |
|  | 10～20cm | 0.1431 | 0.1019 | 0.1418 | 0.1469 | 0.1309 |
|  | 20～30cm | 0.1397 | 0.0953 | 0.135 | 0.1259 | 0.1235 |
|  | 30～40cm | 0.1316 | 0.0826 | 0.1112 | 0.1029 | 0.1054 |
| 对照区 | 0～10cm | 0.1849 | 0.1768 | 0.1742 | 0.1607 | 0.1597 |
|  | 10～20cm | 0.1524 | 0.1425 | 0.1608 | 0.1333 | 0.1422 |
|  | 20～30cm | 0.1413 | 0.0927 | 0.1516 | 0.1247 | 0.1223 |
|  | 30～40cm | 0.1183 | 0.0842 | 0.1366 | 0.1129 | 0.1009 |

2) 土壤水解氮贮量动态

土壤水解氮主要包括无机氮和简单的易水解的有机氮化合物，可被植被直接吸收利用，或能在短期内很容易矿化为无机氮供植物吸收，所以称之为有效态氮，反映着土壤近期内氮的供应状况。当土壤中水解氮低于 $50 \times 10^{-6}$ mg/kg 时，表示土壤供氮能力低下。

表 7-15 列出水解氮含量季节动态。轮牧区 0～40cm 土层平均水解氮含量为 $78.5 \times 10^{-6} \sim 98.4 \times 10^{-6}$ mg/kg，其垂直变化明显。0～10cm 为 $106.9 \times 10^{-6}$

mg/kg，而 30～40cm 只有 $63.54\times10^{-6}$ mg/kg。封育区的水解氮含量略高于轮牧区，0～40cm 土层平均为 $84.0\times10^{-6}$～$97.7\times10^{-6}$ mg/kg，尤其 0～10cm 层明显高于轮牧区（表 7-15）。水解氮含量全年没有明显的峰值，以 5 月最高，6 月明显下降，比 5 月低 22.1%，7 月以后逐渐回升。这说明水解氮一直供给植物吸收利用，在整个生长季没有积累。封育区的季节年动态规律与轮牧区不同，在 6 月和 9 月形成两次低谷，7 月形成一低峰（图 7-31）。

表 7-15　水解 N 含量季节动态　　　　（单位：$10^{-6}$ mg/kg）

| 处理 | 土层 | 10/5 | 19/6 | 27/7 | 4/9 | 26/10 |
| --- | --- | --- | --- | --- | --- | --- |
| 轮牧区 | 0～10cm | 110.1 | 94.8 | 106.6 | 113.8 | 109.2 |
|  | 10～20cm | 104.7 | 78.8 | 100.2 | 94.1 | 83.9 |
|  | 20～30cm | 93.3 | 70.2 | 76.0 | 77.8 | 73.0 |
|  | 30～40cm | 74.0 | 54.0 | 56.0 | 62.9 | 69.9 |
|  | 0～40cm | 98.4 | 78.5 | 89.3 | 92.5 | 89.0 |
| 对照区 | 0～10cm | 107.1 | 113.3 | 110.7 | 96.0 | 107.6 |
|  | 10～20cm | 110.9 | 70.4 | 95.7 | 87.1 | 101.4 |
|  | 20～30cm | 89.3 | 70.2 | 82.7 | 72.3 | 74.5 |
|  | 30～40cm | 74.3 | 62.5 | 64.2 | 68.4 | 91.5 |
|  | 0～40cm | 97.7 | 86.0 | 92.8 | 84.0 | 96.5 |

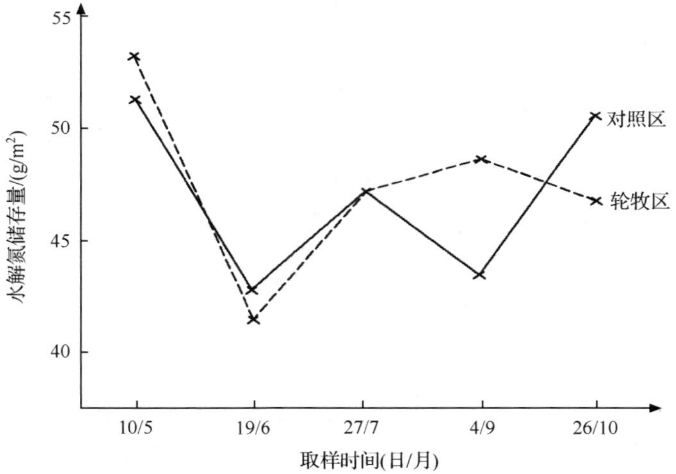

图 7-31　土壤水解氮贮量动态

由表 7-16 可知，封育区各层分配比例除 0～10cm 层略高外，其他各层分配均匀。轮牧区则上层明显高于下层，尤其以 10 月的测定数值明显。放牧引起的土壤及植被变化是关键因素。封育后，土壤硬度和容重都低于放牧区，构成了淋溶的有利条件，有利于下层土壤微生物的活动。另外，放牧使得牧草生育期推后，生长期延长，9 月以后，封育区草群明显衰退，完成生殖生长的冷蒿及各种杂类草生殖枝干枯凋萎，氮素开始在植物体内重新分配；而轮牧区，由于绵羊采食的刺激，牧草还在继续生长，故 9 月以后轮牧的水解氮持续下降，而封育区表现为上升。

表 7-16  土壤水解 N 贮量及各层次分配比例动态    （单位：g/m²）

| 处理 | 日期 (日/月) | 0~10cm 贮量 | % | 10~20cm 贮量 | % | 20~30cm 贮量 | % | 30~40cm 贮量 | % | 0~40cm 贮量 | % |
| --- | --- | --- | --- | --- | --- | --- | --- | --- | --- | --- | --- |
| 轮牧区 | 10/5 | 15.07 | 28.3 | 14.62 | 27.4 | 13.07 | 24.5 | 10.52 | 19.7 | 53.28 | 100 |
| | 19/6 | 12.97 | 31.3 | 11.00 | 26.5 | 9.84 | 23.7 | 7.67 | 18.5 | 41.48 | 100 |
| | 27/7 | 14.58 | 30.8 | 13.99 | 29.6 | 10.65 | 22.5 | 8.09 | 17.1 | 47.31 | 100 |
| | 4/9 | 15.57 | 32.1 | 13.14 | 27.1 | 10.90 | 22.5 | 8.94 | 18.4 | 48.55 | 100 |
| | 26/10 | 14.93 | 31.9 | 11.72 | 25.0 | 9.80 | 20.9 | 10.38 | 22.2 | 46.82 | 100 |
| 封育区 | 11/5 | 13.93 | 27.1 | 14.98 | 29.1 | 12.31 | 23.9 | 10.26 | 19.9 | 51.47 | 100 |
| | 20/6 | 14.75 | 34.6 | 9.51 | 22.3 | 9.69 | 22.8 | 8.63 | 20.3 | 42.57 | 100 |
| | 28/7 | 14.40 | 30.4 | 12.92 | 27.3 | 11.40 | 24.1 | 8.59 | 18.2 | 47.31 | 100 |
| | 5/9 | 12.49 | 28.6 | 11.76 | 26.9 | 9.97 | 22.8 | 9.44 | 21.6 | 43.66 | 100 |
| | 27/10 | 14.00 | 27.7 | 13.69 | 27.1 | 10.27 | 20.3 | 12.63 | 25.0 | 50.59 | 100 |

3） 土壤氮素矿化速率

用 $N_{无机}/N_{全}$% 表示土壤氮素的矿化速率。$N_{无机}=NH_4-N+NO_3-N$ 之和，$N_{无机}/N_{全}$ 表示土壤中氮素的净矿化程度，即微生物分解释放出的无机氮被植物和微生物吸收后剩下的无机氮占全氮的百分数。百分数大，表示释放出的氮在土壤中有积累。

在轮牧区与封育区两样地氮矿化速率均无高峰出现，在植物生长前期，氮矿化速率较高，而后期呈下降趋势，以 7 月最低。6~7 月正是短花针茅开花结实期，冷蒿亦处于旺盛的营养生长中，草群中的其他杂类草也竞相生长，所以此期消耗大量的无机氮使其无积累。纵观整个生育期，土壤氮净矿化率没有超过 1%，说明荒漠草原的氮矿化速率低下。这主要是由干旱条件所决定的。另外，也与土壤微生物的生活物质——土壤有机质含量低有关（表 7-17）。

表 7-17 土壤矿化速率（养分贮量 g/m²；矿化速率%）

| 处理 | 指标 | 10/5 | 19/6 | 27/7 | 4/9 | 26/10 |
|---|---|---|---|---|---|---|
| 轮牧区 | 全氮 | 809.49 | 567.05 | 814.11 | 764.87 | 749.22 |
|  | 无机氮 | 3.67 | 3.98 | 3.04 | 3.11 | 2.06 |
|  | 矿化速率 | 0.45 | 0.70 | 0.37 | 0.41 | 0.28 |
| 封育区 | 全氮 | 804.37 | 666.52 | 811.39 | 716.81 | 707.72 |
|  | 无机氮 | 3.03 | 2.58 | 2.07 | 1.31 | 2.14 |
|  | 矿化速率 | 0.38 | 0.39 | 0.25 | 0.18 | 0.30 |

2. 植物地上部分氮贮量动态

随着牧草的生长，地上干物质不断增加，氮贮量处于正积累状态。植物地上部分氮贮量积累与牧草干物质现存量是同步的，牧草贮量高峰出现在产量高峰的 9 月（图 7-32）。

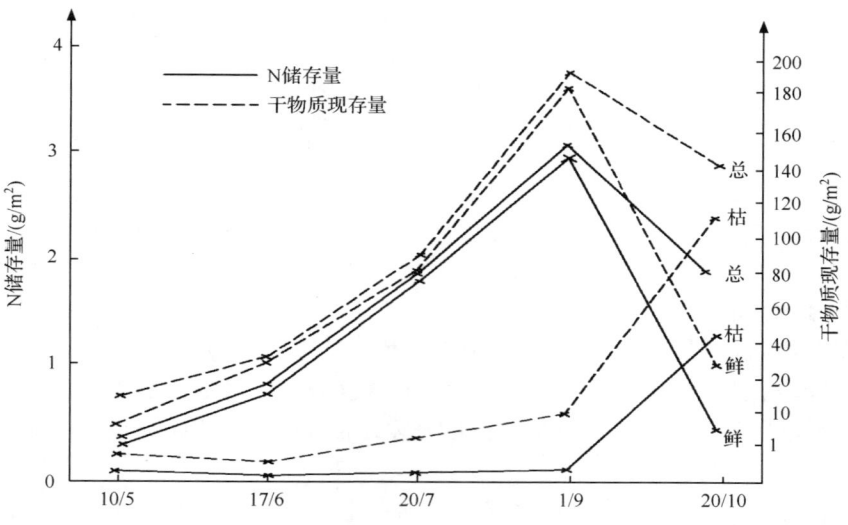

图 7-32 轮牧区地上部干物质现存量及 N 贮量动态

依据表 7-18 数据，以干物质现存量为自变量 $x$，以氮贮量为因变量 $y$，可得干物质现存量与氮贮量的直线回归方程。

轮牧区：$\hat{y} = 1.5496 + 0.01358x$；$r = 0.9445$。（$P < 0.05$）

封育区：$\hat{y} = 0.2319 + 0.01697x$；$r = 0.9819$。（$P < 0.001$）

封育区的回归直线斜率远远大于轮牧区（图 7-33），说明放牧使得氮的积累速率减慢。

表 7-18  植物地上部分干物质及 N 贮量动态　　（单位：g/m²）

| 处理 | 指标 | 6/5 | 17/6 | 20/7 | 1/9 | 20/10 |
|---|---|---|---|---|---|---|
| 轮牧区 | 干物质 | 11.8 | 30.55 | 76.84 | 192.86 | 141.04 |
|  | N 贮量 | 0.3876 | 0.8812 | 1.985 | 3.1979 | 1.9119 |
| 封育区 | 干物质 | 26.56 | 36.29 | 84.17 | 374.94 | 197.38 |
|  | N 贮量 | 0.5978 | 0.8392 | 2.2152 | 6.859 | 2.8553 |

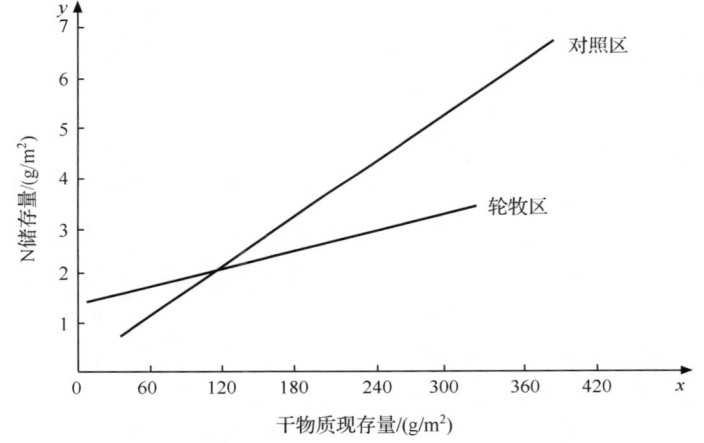

图 7-33  地上部分干物质与 N 贮量回归直线

由表 7-19 可知，牧草的干物质含氮量，以 5 月返青期时为最高，以后逐渐下降。在牧草的生育前期，轮牧区的牧草氮含量高于封育区，而后期（7 月以后）则封育区的高于轮牧区。这主要是因为封育区前期立枯草较多，除当年的外，还包括前年的立枯草，所以使整个草群地上部分的氮素含量下降。到后期，草群鲜草比例大增，同时含氮高的冷蒿在草群中的比例高于轮牧区（表 7-19），使得整个草群氮含量高于轮牧区。就牧草经济类群而言，鲜草含氮量以返青期的短花针茅为最高，其次是返青期的杂类草，冷蒿的含氮量在整个生长季变化较小，因而冷蒿在草群生长后期，当各种植物含氮量明显降低时，对家畜的营养作用显得十分突出。

植物地上部分合成每克干物质所需氮量亦以返青期的 4～5 月为最高，以后呈下降趋势，如表 7-20 所示。在封育区，6～7 月值比 5～6 月略高，这是由于这时短花针茅正处于开花结实期，故草群合成每克干物质所需氮量最高。在轮牧区，6 月以后，合成每克干物质所需氮量下降明显，尤其是 7～9 月值明显低于封育区，这主要是由于冷蒿在轮牧区几乎不存在生殖生长之故。

表 7-19　植物地上部分 N 含量季节动态　　（单位:%）

| 处理 | 植物 | 草群时期 | 6/5 | 17/6 | 20/7 | 1/9 | 20/10 |
|---|---|---|---|---|---|---|---|
| 轮牧区 | 针茅 | 鲜草 | 4.208 | 2.86 | 2.562 | 1.963 | 1.712 |
|  |  | 立枯草 | 1.736 | 2.348 | 1.099 | 1.194 | 1.261 |
|  | 冷蒿 | 鲜草 | 2.881 | 2.334 | 2.847 | 2.129 | 1.893 |
|  |  | 立枯草 | — | — | — | — | 1.446 |
|  | 杂类草 | 鲜草 | 3.275 | 3.243 | 2.837 | 1.583 | — |
|  |  | 立枯草 | 1.498 | 1.957 | — | — | 1.405 |
|  | 一年生 | 鲜草 | — | — | 2.784 | 1.449 | — |
|  |  | 立枯草 | — | — | — | — | 1.093 |
|  | 总计 | 鲜草 | 4.049 | 2.941 | 2.712 | 1.682 | 1.814 |
|  |  | 立枯草 | 1.706 | 2.289 | 1.04 | 1.194 | 1.243 |
|  |  | 平均 | 3.284 | 2.884 | 2.583 | 1.658 | 1.356 |
| 封育区 | 针茅 | 鲜草 | 4.269 | 2.559 | 2.254 | 2.642 | 1.702 |
|  |  | 立枯草 | 1.667 | 1.529 | 1.179 | 1.204 | 1.207 |
|  | 冷蒿 | 鲜草 | 2.859 | 3.067 | 2.88 | 2.331 | 2.093 |
|  |  | 立枯草 | — | — | — | — | 1.435 |
|  | 杂类草 | 鲜草 | 3.268 | 3.248 | 3.125 | 2.096 | — |
|  |  | 立枯草 | 1.227 | 1.557 | — | — | 1.298 |
|  | 一年生 | 鲜草 | — | — | 2.412 | 1.363 | — |
|  |  | 立枯草 | — | — | — | — | 1.027 |
|  | 总计 | 鲜草 | 3.669 | 2.725 | 2.763 | 1.848 | 2.066 |
|  |  | 立枯草 | 1.669 | 1.532 | 1.179 | 1.204 | 1.14 |
|  |  | 平均 | 2.251 | 2.312 | 2.632 | 1.829 | 1.447 |

表 7-20　植物地上部分每合成 1 克干物质所需 N 量

（单位：gN/g 干物质）

| 处理 | 4～5 | 5～6 | 6～7 | 7～9 |
|---|---|---|---|---|
| 轮牧 | 0.08015 | 0.02774 | 0.0239 | 0.009882 |
| 封育 | 0.03426 | 0.02481 | 0.02873 | 0.01597 |

鲜草的氮贮量动态决定了牧草总贮氮量动态。图 7-32 已明确显示了这一点。立枯草的贮氮量取决于牧草的生长进程。4～6 月为牧草返青及生长初期，只有上年残存的立枯草被采食及分解，没有新的立枯草产生，故 6 月值低于 5 月值。在封育区 4～9 月立枯枝一直处于下降状态，这是由于其上年残存立枯枝条多之

故。当牧草进入旺盛期生长,尤其是进入生殖生长期后,由于急剧地需要大量的营养,土壤营养往往供给不足,植物营养枝的营养向生殖枝转移,陆续开始产生一些立枯枝条。轮牧区在前期 5～7 月枯枝量及贮氮量主要是短花针茅,而后期则杂类草立枯枝增多,在封育区冷蒿占主要地位。从立枯草贮氮量动态上看,4～9 月较平缓,9 月以后剧增,11 月牧草休眠后,全部鲜草氮都转移为立枯草氮。

各种植物在草群中的作用是不同的,这也表现在各牧草对草群氮贮量的贡献上。从表 7-21 可知,短花针茅和冷蒿始终起着主导作用,但前期以短花针茅为主,后期以冷蒿为主。

短花针茅随生长季的推进,其比例值减小,即从开花结实后,生长开始衰退。封育区短花针茅比例小于轮牧区,说明放牧能促使其生长。因为短花针茅为密丛型禾草,适当地采摘,有利于新枝条形成和枯枝的清除,如 5 月、6 月在封育区两次测定的短花针茅枯枝氮分别占草群氮的 47.6% 和 19.9%,而轮牧区只有 15% 和 5.9%。

与短花针茅相反,冷蒿在轮牧区草群中的地位明显下降,以至低于杂类草。冷蒿的旺盛生长始于 6 月,这时正是短花针茅开花结实期,所以冷蒿的适口性相对提高。采食率上升,从而抑制了冷蒿的生长。

杂类草随生长季推进,贮氮量也随之增加。因为家畜的采食量抑制了优势种短花针茅和冷蒿的生长,所以放牧条件下使杂类草在草群中作用上升。封育使草群的建群种和优势种得到发展,而杂类草相对受到抑制。

一年生植物以藜科植物为主,它的生产与降水量密切相关。试验年的降水量较常年偏高,一年生植物亦偏高。轮牧区一年生植物贮氮量高于封育区,而且以嗜氮植物藜为主,封育区则以猪毛菜为主。

3. 植物地下部分氮贮量季节动态

植物地下部分作为植物贮存氮的一个分库,具有很大的库容量,远远高于地上部分。故根系在牧草体内氮分配中起着调节和稳定的作用,在植物—土壤氮的分配、转移中亦起主导作用。草原植物对土壤有机质的积累作用中,地上部分残体分解只是其中的一部分,更主要的是通过地下部分的腐解。

表 7-22 和图 7-34 表明,轮牧区植物地下部分氮贮量以 7 月最高,在牧草生长季节内,一直处于累加状态。6 月稍低于其他月份,与地下部分生物量动态一致。图 7-34 和图 7-35 表明,无论是地下部分生物量还是氮贮量的季节动态,均由 0～20cm 土层内的根系动态所决定。相关分析表明,0～20cm 土层根系与 0～40cm 土层根系氮贮量成极显著正相关,相关系数 $r=0.9888$;封育区这两者亦成显著的正相关,$r=0.8089$。以 0～20cm 土层内根贮氮量为自变量 $x$,以 0～40cm 土层内根系贮氮量为因变量 $y$,对两者进行直线回归,得如下直线回归方程:

表 7-21 植物地上部分 N 贮存量在植物各部分的分配比例

(单位:%)

| 处理 | 日期(日/月) | 短花针茅 | | | | | 冷蒿 | | | | 杂类草 | | | 一年生植物 | | | 总计 | | |
|---|---|---|---|---|---|---|---|---|---|---|---|---|---|---|---|---|---|---|---|
| | | 营 | 生 | 鲜 | 枯 | 总计 | 营 | 生 | 枯 | 总计 | 鲜 | 枯 | 总计 | 鲜 | 枯 | 总计 | 鲜草 | 枯草 | 总计 |
| 封育区 | 6/5 | 31.6 | 0 | 31.6 | 47.6 | 79.3 | 14.4 | 0 | 0 | 14.4 | 3.3 | 3.1 | 6.4 | 0 | 0 | 0 | 49.3 | 50.7 | 100 |
| | 17/6 | 23.6 | 27.9 | 51.5 | 19.9 | 71.1 | 15.8 | 0 | 0 | 15.8 | 9.8 | 3.0 | 12.8 | 0 | 0 | 0 | 77.7 | 22.3 | 100 |
| | 20/7 | 10.9 | 2.9 | 13.8 | 3.7 | 17.5 | 33.1 | 19.1 | 0 | 52.2 | 20.7 | 0 | 20.7 | 9.6 | 0 | 9.6 | 96.3 | 3.7 | 100 |
| | 1/9 | 5.2 | 0 | 5.2 | 16.3 | 6.1 | 27.7 | 20.6 | 0 | 48.3 | 9.8 | 0 | 9.8 | 35.9 | 0 | 35.9 | 99.2 | 0.8 | 100 |
| | 20/10 | 2.7 | 0 | 2.7 | 5.1 | 7.7 | 44.6 | 0 | 6.6 | 51.2 | 0 | 12.5 | 12.5 | 28.6(枯) | 28.6 | 47.3 | 52.7 | 100 |
| 轮牧区 | 6/5 | 74.4 | 0 | 74.4 | 15.2 | 89.6 | 4.5 | 0 | 0 | 4.5 | 4.2 | 1.7 | 6.0 | 0 | 0 | 0 | 83.0 | 17.0 | 100 |
| | 17/6 | 48.0 | 25.7 | 73.7 | 5.9 | 79.6 | 10.9 | 0 | 0 | 10.9 | 8.6 | 0.9 | 9.5 | 0 | 0 | 0 | 93.2 | 6.8 | 100 |
| | 20/7 | 38.5 | 1.2 | 39.7 | 3.4 | 43.1 | 18.6 | 0.4 | 0 | 19.1 | 24.4 | 0 | 24.4 | 13.4 | 0 | 13.4 | 96.6 | 3.4 | 100 |
| | 1/9 | 17.6 | 0 | 17.6 | 3.6 | 21.3 | 18.3 | 0.3 | 0 | 18.7 | 37.1 | 0 | 37.1 | 23.3 | 0 | 23.3 | 96.4 | 3.6 | 100 |
| | 20/10 | 10.9 | 0 | 10.9 | 26.7 | 37.6 | 15.5 | 0 | 1.3 | 16.8 | 0 | 22.6 | 22.6 | 23.0(枯) | 23 | 26.4 | 73.6 | 100 |

轮牧区：$\hat{y} = 2.5824 + 1.1296x$。
封育区：$\hat{y} = 7.1915 + 0.6865x$。

其直线斜率分别为 $k_1=1.1296$，$k_2=0.6865$。轮牧区的直线斜率远远大于封育区，如图7-36所示，这表明，在相同的总根贮氮量情况下，轮牧区 0～20cm 层根贮氮量远远大于封育区。

表 7-22　植物地下部分 N 贮量及各层次分配比例季节动态

(单位：g/m²)

| 处理 | 日期<br>(日/月) | 0～10cm | | 10～20cm | | 20～30cm | | 30～40cm | | 0～40cm | |
|---|---|---|---|---|---|---|---|---|---|---|---|
| | | 贮量 | % | 贮量 | % | 贮量 | % | 贮量 | % | 贮量 | % |
| 封育区 | 6/5 | 5.838 | 40.8 | 4.452 | 31.1 | 2.580 | 18.0 | 1.430 | 10.0 | 14.300 | 100 |
| | 17/6 | 6.261 | 43.3 | 4.453 | 30.8 | 2.536 | 17.5 | 1.215 | 8.4 | 14.470 | 100 |
| | 20/7 | 6.434 | 42.0 | 5.037 | 32.9 | 2.779 | 18.1 | 1.064 | 6.9 | 15.310 | 100 |
| | 1/9 | 8.213 | 52.1 | 4.184 | 26.5 | 2.202 | 14.0 | 1.172 | 7.4 | 15.770 | 100 |
| | 20/10 | 6.983 | 46.6 | 4.750 | 31.7 | 1.926 | 12.9 | 1.308 | 8.7 | 14.960 | 100 |
| 轮牧区 | 6/5 | 6.490 | 43.8 | 4.276 | 28.8 | 2.700 | 18.2 | 1.363 | 9.2 | 14.829 | 100 |
| | 17/6 | 6.964 | 47.4 | 3.522 | 23.9 | 2.833 | 19.3 | 1.359 | 9.3 | 14.678 | 100 |
| | 20/7 | 8.168 | 45.8 | 5.355 | 30.1 | 2.705 | 15.2 | 1.591 | 8.9 | 17.819 | 100 |
| | 1/9 | 7.664 | 43.5 | 5.538 | 31.4 | 2.865 | 16.7 | 1.546 | 8.8 | 17.613 | 100 |
| | 20/10 | 6.644 | 45.4 | 4.385 | 30.0 | 2.345 | 16.0 | 1.252 | 8.5 | 14.626 | 100 |

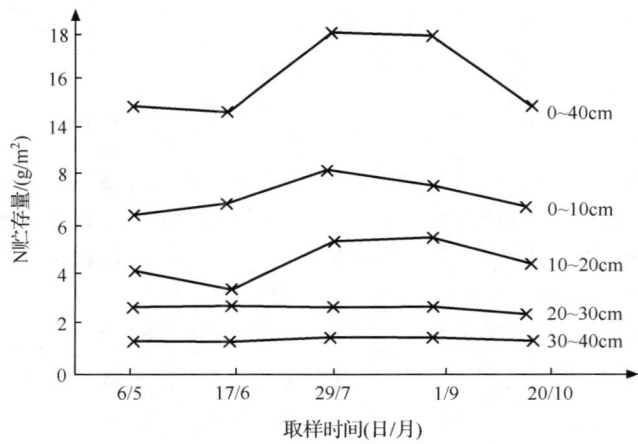

图 7-34　植物地下部分 N 贮量动态（轮牧区）

根系贮氮量垂直变化呈明显的"T"型，如图 7-37 所示。与根生物量趋势相同，根生物量有 74.3% 集中于 0～20cm 土层，氮亦有 74.0% 集中于 0～20cm 土

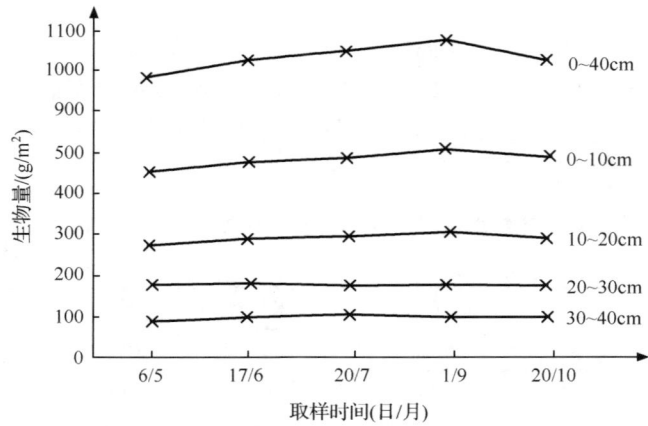

图 7-35　植物地下部分生物量动态（轮牧区）

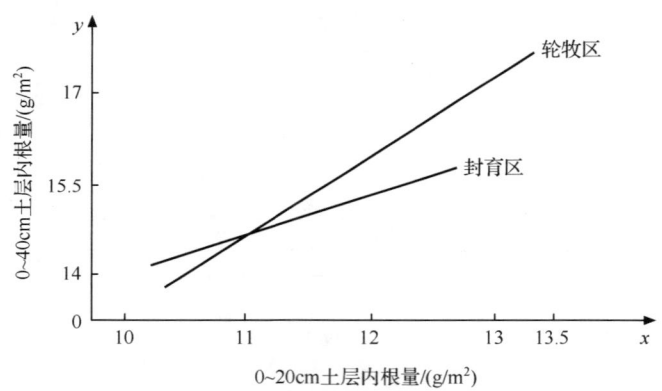

图 7-36　0～20cm 与 0～40cm 根系 N 贮量回归直线

层的根系内。随着牧草生长发育周期的完成，氮有向上层根系转移的趋势。在 5 月 6 日测定中，轮牧区和封育区 0～10cm 土层根贮氮量占总根系贮氮量的比例分别为 43.8% 和 40.8%；10 月则分别为 45.4% 和 46.6%（表 7-22），这是由牧草的生物学特性决定的。

从根系氮素含量上看，季节动态波动性很大，尤其 6 月明显低于其他月份，在轮牧区 6 月比 5 月低 0.07%，比 7 月低 0.27%；在封育区 6 月比 5 月和 7 月分别低 0.13% 和 0.07%，这与土壤氮含量动态规律一致。

放牧使得牧草的氮贮量地下/地上加大，根量的增多，导致了氮贮量的增大。两区相比，轮牧区根系氮贮量远远高于封育区，尤其是 7 月和 9 月，分别比封育区高出 $2.505g/m^2$ 和 $1.942g/m^2$（表 7-22）。与此相反，根系氮的含量均是轮牧区低于封育区（表 7-23）。轮牧区年生产氮量为 $3.193g/(m^2 \cdot a)$，封育区只有

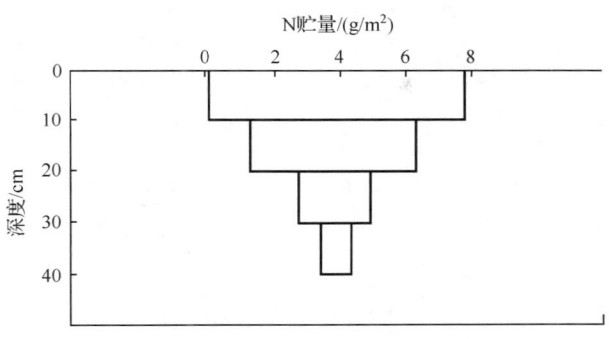

图 7-37 植物地下部分 N 贮量垂直分布

1.471g/（m²·a），其氮素周转值分别为 0.179 和 0.0932，前者是后者的 1.92 倍，可见，放牧加快了根系氮素的周转速率。

表 7-23 植物地下部分 N 含量季节动态 （单位：%）

| 处理 | 根层/cm | 6/5 | 17/6 | 20/7 | 1/9 | 20/10 |
| --- | --- | --- | --- | --- | --- | --- |
| 封育区 | 0～10 | 1.514 | 1.505 | 1.5 | 1.694 | 1.599 |
|  | 10～20 | 1.855 | 1.718 | 1.847 | 1.698 | 1.867 |
|  | 20～30 | 1.875 | 1.585 | 1.93 | 1.658 | 1.416 |
|  | 30～40 | 1.902 | 1.519 | 1.839 | 1.592 | 1.703 |
|  | 0～40 | 1.705 | 1.581 | 1.656 | 1.682 | 1.656 |
| 轮牧区 | 0～10 | 1.433 | 1.475 | 1.685 | 1.516 | 1.377 |
|  | 10～20 | 1.563 | 1.599 | 1.829 | 1.841 | 1.566 |
|  | 20～30 | 1.577 | 1.619 | 1.58 | 1.658 | 1.409 |
|  | 30～40 | 1.521 | 1.44 | 1.604 | 1.658 | 1.349 |
|  | 0～40 | 1.502 | 1.428 | 1.7 | 1.641 | 1.431 |

4. 绵羊体内氮贮量变化

两次屠宰绵羊试验结果列于表 7-24。从表 7-24 中看出，各畜产品含氮百分比，10 月均比 5 月测定值低，这是由于在牧草生长期，牧草各种营养物质供给充足，尤其在生长后期，牧草的碳水化合物往往供过于求，家畜体重内脂肪沉积，相对的畜产品的氮素含量就会下降，其下降幅度以肉和皮最显著。

尽管氮素含量下降，但其绝对量还是处于沉积状态。一个生长季中每活体氮贮量增加 0.726kg，提高 99.05%；每千克代谢体重增加氮 0.0068kg，提高 12.98%，其中各畜产品提高的贮氮量占总增加氮贮量的百分比分别为肉 53.9%、皮 5.2%、毛 13.2%、其他 27.7%。可见，绵羊此时期内摄取的氮主要贮存于肉和毛中（毛的比例偏低，因 6 月剪毛输出氮未算在内）。

表 7-24　氮在绵羊体内的沉积　　　　　　　　　（单位：kg）

| 月份 | 指标 | 肉 | 皮 | 毛 | 其他 | 每活体贮氮 | 每千克代谢体重贮氮 |
|---|---|---|---|---|---|---|---|
| 5 | N% | 12.373 | 13.578 | 14.159 | 6.346 | | |
|  | 干物质量 | 1.950 | 0.318 | 1.15 | 4.503 | 0.733 | 0.0524 |
|  | 贮氮量 | 0.241 | 0.043 | 0.163 | 0.286 | | |
| 10 | N% | 7.498 | 8.712 | 14.054 | 5.007 | | |
|  | 干物质量 | 8.435 | 0.930 | 1.843 | 9.723 | 1.459 | 0.0592 |
|  | 贮氮量 | 0.632 | 0.081 | 0.259 | 0.487 | | |

绵羊采食状况如表 7-25 所示。绵羊采食牧草的成分，前期主要是针茅，后期以冷蒿为主要采食对象。其采食干物质以 7～10 月最高，平均 2445.0g/（d·只），而以 4～5 月最低，其各采食干物质量比值为Ⅰ期∶Ⅱ期∶Ⅲ期＝1∶2.67∶3.92（Ⅰ期：4～5 月；Ⅱ期：5～7 月；Ⅲ期：7～10 月。以下同）。换算成采食氮量则以 5～7 月为高，平均为 52.62g/（d·只），平均每千克代谢体重采食氮为 3.04g/d，或粗蛋白 19.0g/d。仍以 4～5 月为低，其比值为Ⅰ期∶Ⅱ期∶Ⅲ期＝1∶3.247∶2.796，以每千克代谢体重采食氮量计，其比值为Ⅰ期∶Ⅱ期∶Ⅲ期＝1∶2.998∶2.318。由此可见，5～7 月牧草对绵羊的氮供给最为充足，这也是绵羊贮氮量的时期。

表 7-25　绵羊采食状况一览表　　　　　　[单位：g/（d·只）]

| 指标 | 4～5 | 5～7 | 7～9 |
|---|---|---|---|
| 采食干物质 | 623.0 | 1662.0 | 2445 |
| 采食 N 量 | 16.205 | 52.62 | 45.31 |
| 采食粗蛋白量 | 101.28 | 328.88 | 283.19 |
| 每 $W^{0.75}$ 采食 N | 1.014 | 3.04 | 2.351 |
| 每 $W^{0.75}$ 采食 pr | 7.844 | 19 | 14.693 |
| 存留 $N/W^{0.75}$ | 0.00836 | 0.0816 | 0.114 |
| 存留 $pr/W^{0.75}$ | 0.052 | 0.51 | 0.713 |
| 粪中排 $N/W^{0.75}$ | 0.541 | 0.853 | 1.852 |
| 尿中排 $N/W^{0.75}$ | 0.299 | 0.582 | 0.346 |
| 存留占采食/% | 0.824 | 2.68 | 4.85 |
| 排泄占采食/% | 82.84 | 47.2 | 93.49 |
| 采食习性 | 针茅 100% | 针茅 48%；冷蒿 30%；杂类草 22% | 针茅 20%；冷蒿 40%；杂类草 22%；一年生 18% |

绵羊体内各期每千克代谢体重存留氮量分别为 0.008 36g/d、0.0816g/d 和 0.114g/d，存留占采食氮的百分比分别为 0.82%、2.68%、4.85%。就是说，绵羊在后期 7~10 月氮的利用率最高，而 4~5 月利用率很低。这与牧草刚刚返青时，绵羊体弱，又加之跑青疲乏，体内消耗量多直接相关，但自返青始，从草地生产氮到绵羊体内氮的沉积均为正值。

绵羊通过粪尿排泄氮量，随采食氮量的增加而增加。4~5 月每千克代谢体重排泄氮量为 0.84g/d，而后期则为 2.198g/d，是前期的 2.6 倍，尤其尿氮随采食氮量增加而排泄量大增，这也是绵羊体内的一种调节反应。

## （二）氮素在系统内的流程

根据对土壤、植物和绵羊氮贮量的测定结果，可画出氮素流程图。图 7-38、图 7-39、图 7-40 分别表示 4~10 月、4~7 月、7~10 月的氮素流程。图中方框表示氮的贮存库，其内数字为氮的贮存量，箭头表示氮的流动方向，六角形内数字表示该期内氮的流通数量。

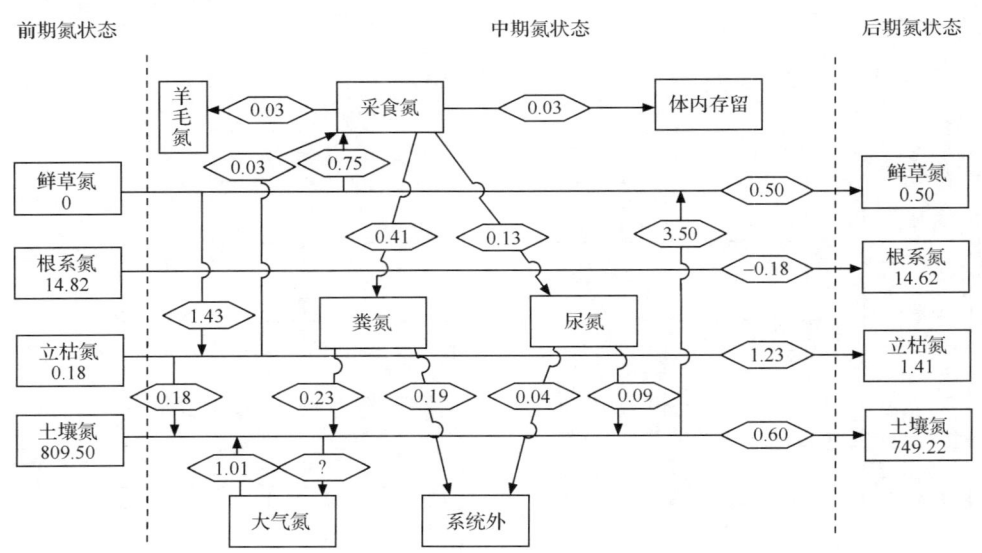

图 7-38　4~10 月氮素流程（g/m²）

### 1. 土壤—植物的氮转移

在整个生长季内，植物地上部分总计从土壤吸收氮 3.50g/m²，其中 4~7 月吸收 2.35g/m²，7~10 月吸收 1.16g/m²。在生长期间植物氮呈正积累状态。植物鲜草在全年纯收入氮 0.50g/m²，4~7 月纯收入氮 1.92g/m²；7~10 月纯支出 0.85g/m²。植物地下部分 4~10 月纯支出氮 0.18g/m²，4~7 月纯收入 2.99g/m²。

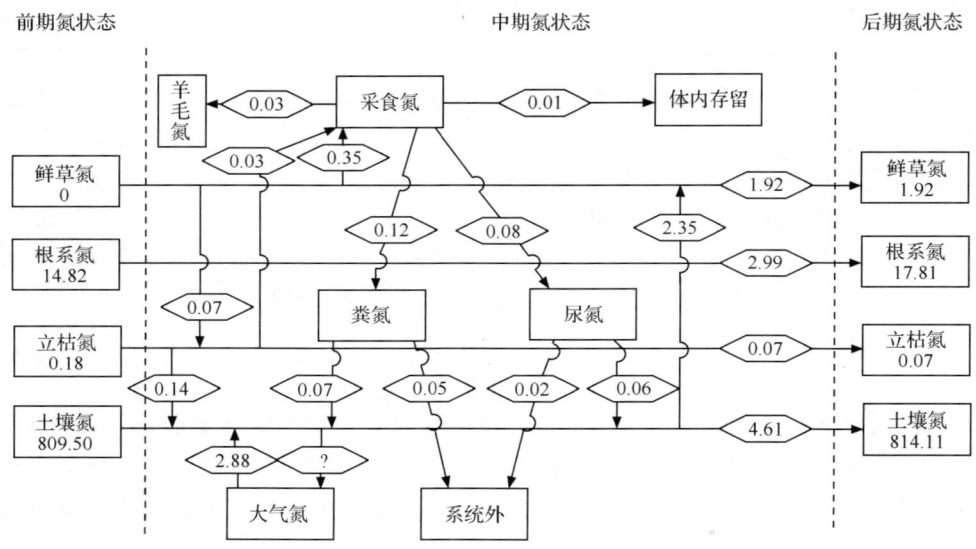

图 7-39  4～7 月氮素流程（g/m²）

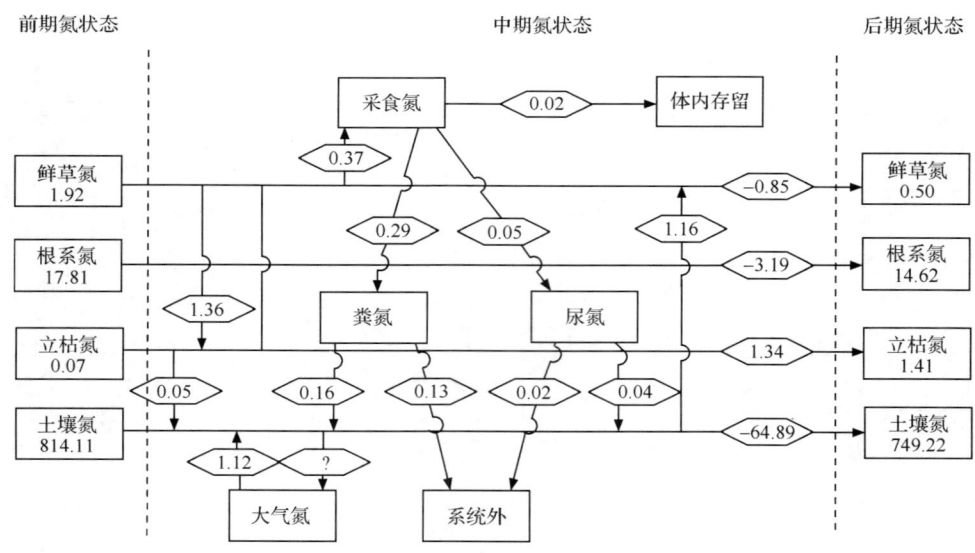

图 7-40  7～10 月氮素流程（g/m²）

4～10 月生长季中，共由鲜草向立枯草转移氮 1.43g/m²，占植物生产氮的 40.8%。这些枯草氮只在 4～5 月有 0.03g/m² 被绵羊采食。5～10 月很少被采食，全部转为凋落物氮。4～7 月共形成枯草氮 0.07g/m²，7～10 月形成 1.36g/m²。生长季中，有两次立枯草氮的集中形成期，7 月中旬短花针茅生殖枝氮的转移,另一次是进入9月中旬以后,各种杂类草和一年生植物地上部分结束生长时期,地上枝条全部转移为立枯草氮,这时短花针茅营养枝和冷蒿的部分枝条也开始转移。

从图7-39、图7-40可以看出,植物氮在4~7月大量积累,主要是5~7月两个月内累积量最大,而7~10月实质上氮的累积已成负值,但由于前期氮的积累,故对家畜的供给还是充足的。

土壤氮在整个生长季内处于负平衡状态,4~10月总计纯支出氮$60.28g/m^2$,这一时期内氮总收入$4.51g/m^2$,总支出$3.50+x \, g/m^2$。其中总收入值是偏高的,因为粪实际放出氮只有$0.11g/m^2$,另一些氮则继续存留在未腐解的粪中。

在枯草期,由于土壤—植物的氮支出为零,而土壤通过绵羊粪尿和立枯草分解还需要继续收入氮,所以土壤将会有所回升。据计算,此期土壤可收入枯草氮$0.18g/m^2$、粪氮$0.13g/m^2$、尿氮$0.05g/m^2$,总计$0.36g/m^2$。其间以尿氮50%、粪氮5%计挥发量,则共有$0.09g/m^2$的氮挥发掉。故土壤净收入为$0.27g/m^2$。一年周转下来,土壤亏损氮$59.84g/m^2$,相当于土壤平均氮贮量的8.07%。

土壤的生物固氮作用是不可忽视的,据本试验测定,在4~7月土壤微生物固氮达$2.88g/m^2$,7~10月为$1.12g/m^2$。在牧草枯黄期,仍有微生物的固定作用,同时也存在土壤氮的直接挥发,但这些数量是难以测定的。

2. 植物—绵羊氮的转移

4~10月绵羊总计采食植物氮$0.75g/m^2$,存留绵羊体内的只有$0.03g/m^2$,另外72.4%的氮均通过粪尿排泄到绵羊体外。其中排泄粪氮$0.41g/m^2$,占采食氮的54.7%;排泄尿氮$0.13g/m^2$,占采食氮的17.7%;体内存留只占采食氮的3.4%。4~7月绵羊采食氮$0.35g/m^2$,存留体内$0.01g/m^2$,占采食氮的2.4%;排泄粪氮$0.12g/m^2$,占采食氮的31.6%;排泄尿氮$0.08g/m^2$,占食入氮的14.7%。6月,输出羊毛氮一次,计$0.03g/m^2$,占食入氮的7.5%。

7~10月绵羊采食氮为$0.37g/m^2$,其中有$0.02g/m^2$存留于绵羊体内,占食入氮的4.9%,存留比例有所提高。通过粪尿排泄分别为$0.29g/m^2$和$0.05g/m^2$,分别占食入氮的78.79%和14.7%。

3. 绵羊—土壤氮的转移

绵羊—土壤氮的转移形式是排泄氮。4~10月生长季中绵羊共排泄粪氮$0.41g/m^2$,尿氮$0.13g/m^2$,其中$0.23g/m^2$的粪氮和$0.09g/m^2$的尿氮直接归还了草地生态系统,另外近50%被转移到系统之外。表7-26列出了粪氮、尿氮的流失及归还比例,可见,转移到系统外的粪尿氮分别是粪尿排泄氮总量的47.8%和38.5%,成为这一生态系统氮的主要输出形式。

表 7-26　草地生态系统向系统外的粪、尿流失量　（单位：$g/m^2$）

| 指标 | 4～5 | 5～7 | 7～10 | 10～4※ |
|---|---|---|---|---|
| 流失粪氮 | 0.014 | 0.037 | 0.134 | 0.201 |
| 总排泄氮 | 0.028 | 0.093 | 0.291 | 0.361 |
| 归还粪氮 | 0.014 | 0.056 | 0.157 | 0.160 |
| 流失百分比 | 49.60 | 39.82 | 46.16 | 55.63 |
| 流失/归还 | 0.98 | 0.66 | 0.86 | 1.25 |
| 流失尿氮 | 0.007 | 0.017 | 0.017 | 0.049 |
| 归还尿氮 | 0.009 | 0.046 | 0.037 | 0.045 |
| 总排泄尿氮 | 0.016 | 0.063 | 0.054 | 0.095 |
| 流失百分比 | 43.43 | 26.80 | 31.69 | 52.20 |
| 流失/归还 | 0.77 | 0.37 | 0.46 | 1.08 |

※翌年 4 月，下同。

每年绵羊可直接向草地排泄粪氮 $0.39g/m^2$，尿氮 $0.14g/m^2$（包括枯草期）。尿氮除挥发外，当年可全部归还土壤，而粪氮并不能在一年内全部归还给土壤，排泄到草地的粪，要经过一个分解过程，氮才能释放出来，进入土壤参与土壤代谢。表 7-27 列出了粪的分解速率和粪氮释放速率及释放量。每年通过粪可给土壤提供氮 $0.25g/m^2$，其余将继续存留于粪中，粪氮的周转周期为 1.53 年。

表 7-27　粪氮释放速率及其释放量

| 时间间隔 | 起始时间(日/月) | 终止时间(日/月) | $r$/(1/d) | $R$/[$g/(m^2 \cdot d)$] | $s$/($g/m^2$) | $s$ 总计 |
|---|---|---|---|---|---|---|
| 4～6 | 30/4 | 10/5 | 0.000 710 3 | 0.000 008 1 | 0.006 1 | 0.006 1 |
| 5～7 | 30/4 | 20/7 | 0.001 426 0 | 0.000 010 8 | 0.002 5 | 0.023 5 |
|  | 10/5 | 20/7 | 0.002 236 0 | 0.000 109 5 | 0.021 0 |  |
| 7～10 | 30/4 | 25/10 | 0.000 428 0 | 0.000 000 0 | 0.016 1 | 0.088 2 |
|  | 10/5 | 25/10 | 0.000 666 0 | 0.000 023 4 | 0.001 2 |  |
|  | 20/7 | 25/10 | 0.001 842 0 | 0.000 241 7 | 0.072 0 |  |
| 10～4※ | 30/4 | 5/4※ | 0.000 303 7 | 0.000 002 0 | 0.000 6 | 0.134 6 |
|  | 10/5 | 5/4※ | 0.000 218 8 | 0.000 006 0 | 0.002 3 |  |
|  | 20/7 | 5/4※ | 0.000 565 6 | 0.000 000 8 | 0.040 0 |  |
|  | 25/10 | 5/4※ | 0.000 716 0 | 0.000 087 3 | 0.091 7 |  |

粪分解速率与水热因子直接相关。例如，4 月放入粪样，在 4～5 月 $r=0.000 710 3$，小于 5～7 月的 $r=0.001 426$；而 7 月放入的粪样，则 7～10 月的 $r$ 值大于 10 月至翌年 4 月间的 $r$ 值。粪氮释放速率 $R$ 与 $r$ 成正比例，即粪的化学分解速率与其物理分解速率是正相关的（指前期的），对其起主导作用的是时间

因子，新鲜的粪样 $R$ 值大，放置时间越长，$R$ 值越小。

4. 立枯草—土壤的氮转移

表 7-28 表明，全年（包括枯草期）总计生产立枯草氮 $1.91g/m^2$，其间有 $0.36g/m^2$ 释放出来转移给土壤。其中，4～5月为 $0.03g/m^2$，5～7月为 $0.10g/m^2$，7～10月为 $0.05g/m^2$，4～10月生长季共向土壤转移氮 $0.18g/m^2$，10月到翌年4月向土壤转移氮 $0.18g/m^2$。其氮素周转周期为 5.35 年。

表 7-28　立枯草分解速率及其氮素生产

| 试验时期 | 采样时间（日/月） | 测试时间（日/月） | $r/(1/d)$ | $R/[g/(m^2 \cdot d)]$ | $s/(g/m^2)$ | $s$ 总计 |
|---|---|---|---|---|---|---|
| 4～5 | 23/4 | 15/5 | 0.001 897 | 0.000 229 69 | 0.032 0 | 0.032 0 |
| 5～7 | 23/4 | 27/7 | 0.005 102 | 0.000 194 00 | 0.103 7 | 0.103 7 |
| 7～10 | 23/4 | 26/10 | 0.004 586 | 0.000 104 81 | 0.020 8 | 0.046 1 |
| | 27/7 | 26/10 | 0.002 062 | 0.000 124 21 | 0.025 1 | |
| 10～4* | 23/4 | 5/4* | 0 | 0 | 0 | 0.175 7 |
| | 27/7 | 5/4* | 0.000 413 2 | 0.000 021 57 | 0.005 5 | |
| | 26/10 | 5/4* | 0.000 168 6 | 0.000 226 24 | 0.170 2 | |

立枯草的分解速率首先受水热因子制约，其次与时间因子成反比，4月放入的立枯草，在5～7月分解速率达到高峰，7～10月次之，而干旱少雨的4～5月分解速率最低；而7月放入的立枯草，在干旱的10月至翌年4月分解速率小于7～12月的分解速率。

氮素的释放速率 $R$ 受时间的影响大于受水热因子的影响。4月放入的立枯草，在4～5月 $R$ 值最大，时间越长，$R$ 值越小。7月放入的立枯草也如此。

5. 氮素在土—草—畜内的分配及循环

表7-29以时间为序列出了氮素在土—草—畜系统内的不同时期的分配比例。从中可见，土壤为一巨大的氮贮库，占这一生态系统氮总贮量的 90.9%～95.7%；绵羊体为第二大库，占总贮量的 2.5%～6.9%；植物占 1.8%～2.5%；而作为可食牧草的地上部分只占 0.05%～0.38%。

表 7-29　氮素在土—草—畜的分配比例　　　　（单位：%）

| 测试对象 | 6/5 | 17/6 | 20/7 | 1/9 | 20/10 |
|---|---|---|---|---|---|
| 土壤 | 95.739 | 90.898 | 92.370 | 91.380 | 91.068 |
| 植物地上部分 | 0.045 | 0.142 | 0.225 | 0.382 | 0.232 |
| 植物地下部分 | 1.753 | 2.352 | 2.021 | 2.103 | 1.777 |
| 绵羊 | 2.462 | 6.609 | 5.384 | 6.135 | 6.922 |

4~10月生长期间，土—草的氮的流通量为3.50g/m²；草—畜的氮的流通量为0.79g/m²；畜—土的流通量为0.32g/m²；草—土氮的流通量为0.18g/m²。人类由羊毛畜产品从这一系统取走氮0.03g/m²，由粪尿向系统外支出氮0.23g/m²。

6. 封育草地的氮流程

封育区4~10月氮素流程如图7-41所示。由于没有家畜（其他草原动物起的作用较小）这一环节，植物每年生长的植物氮全部以枯枝落叶形式归还给土壤，其流程只是简单的土壤—植物—土壤的过程。全年有鲜草转化的枯草氮为4.16g/m²，而由枯草转化为土壤氮的只有0.50g/m²，其周转周期为8.27年。而放牧情况下，立枯草周转周期只有5.35年，可见放牧能促进生态系统的氮素循环。

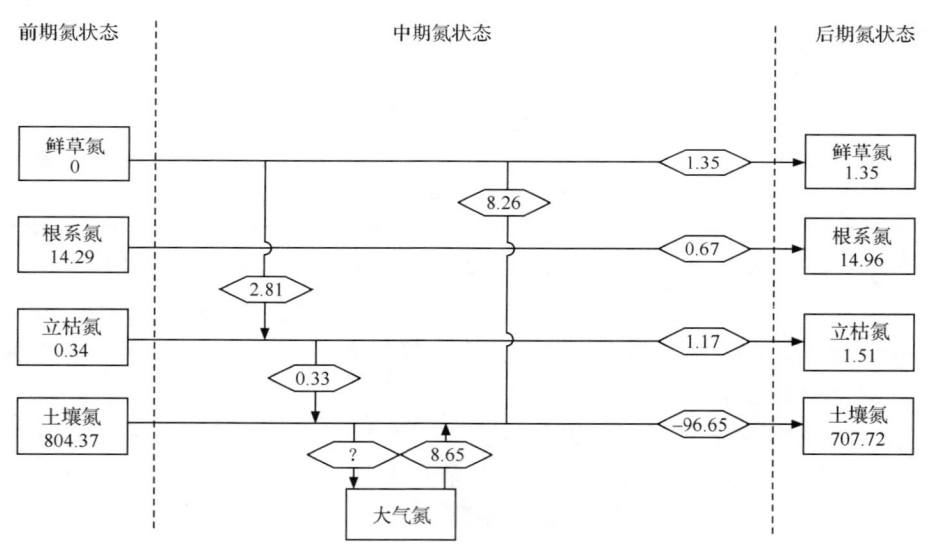

图7-41　封育区4~10月氮素流程（g/m²）

## 二、灌丛化小针茅荒漠草原氮素分配及其季节动态

1987年以狭叶锦鸡儿—小针茅＋无芒隐子草群落为例，对灌丛化小针茅荒漠草原群落氮素分配及其季节动态进行了研究。

（一）氮素在群落地上部分—地下部分—土壤中的分配

对灌丛化小针茅荒漠草原群落氮素分配进行研究的结果表明，98%以上的氮素分布在土壤中，约2%分布于植物体中，而可利用的植物地上部分仅占0.006%~0.024%（表7-30），可见，灌丛化小针茅荒漠化草原群落氮素利用率极低。土壤是氮素的巨大贮存库，土壤氮素分布呈倒"金字塔"型（图 7-42），随深度的变化直线下降，在不同季节规律基本一致（表 7-31）。

表 7-30 群落—土壤中氮素的分配（%）及其动态

| 项目 | 5月 | 6月 | 7月 | 8月 | 9月 | 10月 |
|---|---|---|---|---|---|---|
| 群落地上部分 | 0.006 | 0.0096 | 0.0098 | 0.0111 | 0.0243 | 0.0082 |
| 根系 | 1.603 | 1.725 | 1.791 | 1.884 | 1.992 | 1.828 |
| 土壤 | 98.391 | 98.266 | 98.199 | 98.105 | 97.984 | 98.162 |

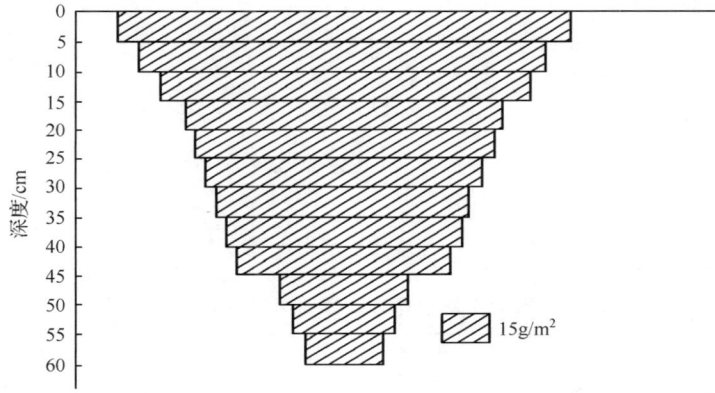

图 7-42 氮素在土壤中垂直分布

表 7-31 土壤氮素贮量随深度变化的动态模型

| 月份 | 动态模型 | 相关系数 |
|---|---|---|
| 5 | $y=128.313-1.823\,32x$ | $-0.984\,102**$ |
| 6 | $y=129.751-1.867\,29x$ | $-0.971\,627**$ |
| 7 | $y=128.747-1.870\,02x$ | $-0.971\,627**$ |
| 8 | $y=139.511-2.138\,89x$ | $-0.971\,745**$ |
| 9 | $y=149.436-2.152\,18x$ | $-0.987\,169**$ |
| 10 | $y=150.134-2.262\,25x$ | $-0.991\,684**$ |

$y$ 为土壤氮素贮量（g/m²），$x$ 为取样深度（cm）。

氮素在群落植物体中的分配，地上部分仅占 0.37%～1.2%，其余 98% 以上贮存于群落地下部分中，其主要集中于表层，呈"T"型分布（图 7-43）。不同时间贮存在群落地下部分中的氮素随深度的变化，应用数学模拟可以得到一组方程（表 7-32），表明氮素在根系中的分配随着生长季节的推进，函数变化由幂函数下降变成对数函数下降，然后又成幂函数下降，变化速度以 7 月中旬与 10 月中旬最快,说明群落地下部分氮素在 7 月中旬与 10 月中旬更集中于表层。这与群落地下部分生物量的分布规律一致。

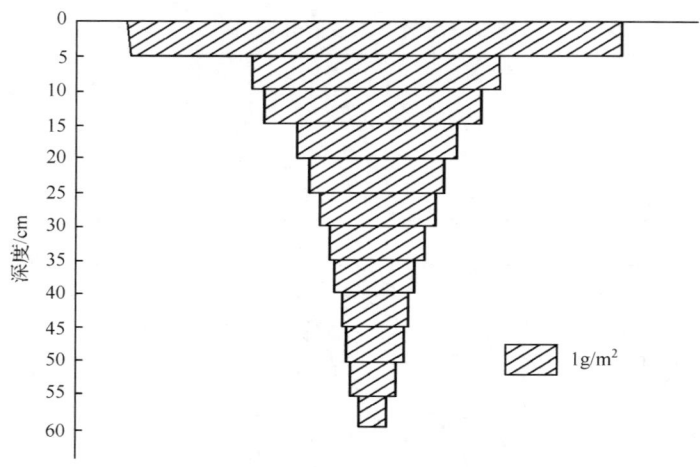

图 7-43　氮素在土壤中垂直分布

表 7-32　群落地下部分氮素贮量随深度变化的动态模型

| 月份 | 动态模型 | 相关系数 |
| --- | --- | --- |
| 5 | $y=45.3689x-1.01783$ | $-0.98048**$ |
| 6 | $y=43.877x-1.06561$ | $-0.976516**$ |
| 7 | $y=58.2147x-1.14124$ | $-0.989742**$ |
| 8 | $y=9.6814-2.32956\ln x$ | $-0.972353**$ |
| 9 | $y=46.9786x-0.966395$ | $-0.966869**$ |
| 10 | $y=49.3921x-1.05389$ | $-0.986422**$ |

\*\* 表示极显著相关。

氮素在群落地下部分与地上部分分配比率随时间发生变化,其变化规律为在生长期逐渐下降,生长末期,急剧上升(表 7-33)。这主要是由于在生长期群落地上部分生长迅速,地下部分生长相对缓慢;而生长末期,植物开始为越冬和翌年生长贮存营养物质,地上部分营养物质向地下部分转移。

表 7-33　氮素在群落地上、地下部分分配比率及动态

| 月份 | 地下部分/% | 地上部分/% | 比率 |
| --- | --- | --- | --- |
| 5 | 99.627 | 0.373 | 267.097 |
| 6 | 99.447 | 0.553 | 179.832 |
| 7 | 99.446 | 0.554 | 179.505 |

| 月份 | 地下部分/% | 地上部分/% | 比率 |
| --- | --- | --- | --- |
| 8 | 99.414 | 0.586 | 169.648 |
| 9 | 98.794 | 1.206 | 81.919 |
| 10 | 99.553 | 0.447 | 222.714 |

(二) 群落—土壤氮素季节动态

1. 氮素百分含量动态

灌丛化小针茅荒漠草原群落地上部分氮素百分比含量表现出两个高峰。第一个高峰出现在 5 月中旬，随后氮素百分含量下降，直至 8 月中旬以后氮素百分含量再次增加，并在 9 月中旬出现第二个高峰，高峰期后氮素百分含量迅速下降（图 7-44）。对实测数据拟合，群落地上部分氮素百分含量具有如下动态模型：

$$Y = 2.998\,26 - 7.066\,06 \times 10^{-2} X + 8.497\,75 \times 10^{-4} X^2 - 2.878\,86 \times 10^{-6} X^3 \quad (r = 0.955\,724^{**})$$

式中，$Y$ 为群落地上部分氮素含量（%）；$X$ 为从返青到测定日的天数。

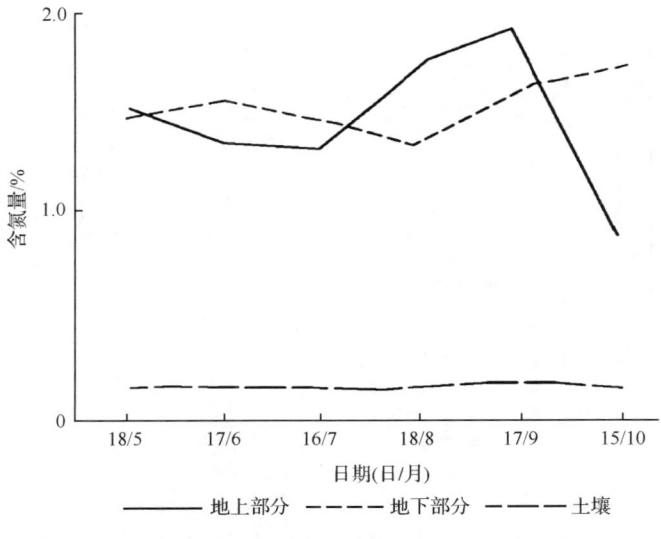

图 7-44　氮素百分含量动态

群落地下部分氮素百分含量表现出与地上部分相反的动态规律。在群落地上部分生长旺盛，氮素百分含量高时，则地下部分氮素百分含量下降；10 月群落地上部分枯黄后，营养物质向下部转移，这时群落地下部分氮素百分比含量达到高峰。经拟合群落地下部分氮素百分含量得如下动态模型：

$$Y=0.199\ 599+6.947\ 51\times10^{-2}X-1.193\ 35\times10^{-4}X^2+7.898\ 97\times10^{-6}X^3$$
$$-1.762\ 13\times10^{-8}X^4\quad(r=0.921\ 041^{**})$$

式中，$Y$ 为群落地下部分氮素含量（%）；$X$ 为从返青到测定日的天数。

2. 氮素贮量动态

氮素在群落地上部分及地下部分贮量变化是以生物量为基础的，最大量均出现在 9 月中旬（图 7-45）。动态模型分别为：

$$Y_1=-8.716+0.561X-1.065\times10^{-2}X^2+7.985\times10^{-5}X^3$$
$$-2.013\times10^{-7}X^4\quad(r=0.948^{**})$$
$$Y_2=-73.911+16.349X-0.293X^2+2.119\times10^3X^3$$
$$-5.208\times10^6X^4\quad(r=0.961^{**})$$

式中，$Y_1$ 为地上部分氮素贮量；$Y_2$ 为地下部分氮素贮量；$X$ 为从返青到测定日的天数。

氮素在土壤中的贮量，随时间推移，变化不明显，这说明在整个生长季中，土壤氮素并未因植物的吸收而表现出显著减少。

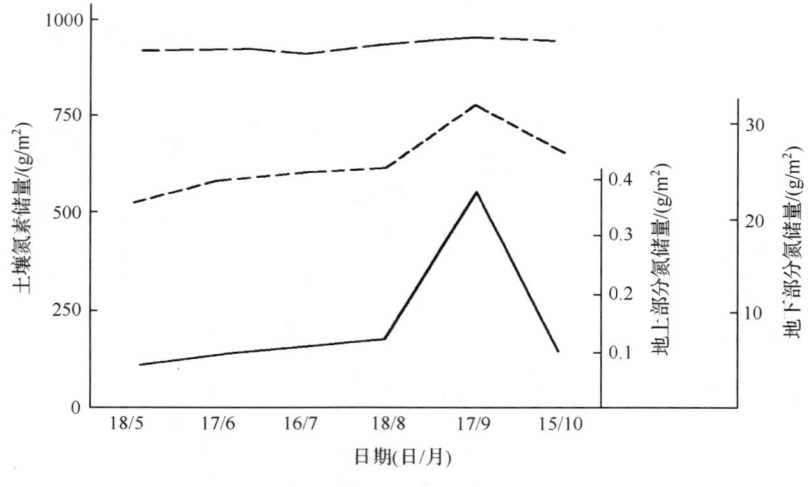

图 7-45 氮素贮量季节动态

## 第四节 短花针茅荒漠草原放牧系统碳平衡估计

气候变化已成为公认的最主要的全球性问题之一，正日益受到国际社会的普遍关注。以 $CO_2$ 为主的含碳温室气体浓度增加，导致全球气温升高，是气候变化的主要原因（IPCC，2001）。有研究表明，陆地上各类自然生态系统正在受到区域气候变化的影响，特别是受温度升高的影响。在气候变化和诸多因素（土地利用变化、过度利用等）的影响下，生态系统调节作用将会被减弱，对生物多样性、生态系统平衡造成不利后果，并逐渐降低陆地生态系统的碳汇能力，从而进一步加剧气候变化的趋势（IPCC，2007）。因此，在全球气候变化背景下，研究温室气体在生态系统地——气系统中的交换，具有重要的科学意义。

草地覆盖地球土地表面的1/4左右，对气候和环境变化反应十分敏感。草地生态系统的碳循环是维系陆地生态系统的基本机制之一，在全球碳循环中起着重要的作用（Ojima et al.，1993）。内蒙古短花针茅荒漠草原作为亚洲中部特有的一种草原类型，生境极度干旱，对水分影响非常敏感，系统极度脆弱，在自然和人为干扰下极易退化（李德新，1995b），其碳循环具有独特的生物地球化学循环过程和作用。碳循环的各个碳库及其影响因子的研究，对于精确估计荒漠草原在全球碳收支中的作用（源和汇）具有现实意义。

在草地生态系统中，植物通过光合作用吸收大气中的二氧化碳合成有机物质，植物枯死凋落后存于土壤表面形成凋落物层，其中一部分凋落物经腐殖化作用，形成土壤有机碳固定在土壤中，这部分有机碳经土壤动物和土壤微生物的矿化作用，部分分解产物被植物再次利用，构成了生态系统内部碳的生物循环。此外，植物光合作用固定的有机碳还有一部分通过植物自身的呼吸作用（自养呼吸）、凋落物层的异养呼吸及土壤的呼吸代谢作用将碳重新释放到大气中，构成了草地与大气间的生物地球化学循环过程。试验于2009年生长季从牧草返青期开始（5月），至生长期结束为止（10月），每月初在短花针茅荒漠草原放牧生态系统中，对碳平衡地上/地下生物量、生产力、土壤呼吸及环境因子等进行了测定。土壤呼吸采用动态密闭气室法，使用的仪器为LI-6400（LICOR，Lincoln，NE，USA）及LI-6400-09土壤呼吸室，日观测频度为从当日的9：00开始，至次日9：00结束，每2h重复进行定时观测。地上生物量采用收获法，随机抽样，在测定地上生物量的同时收集凋落物。地下生物量采用壕沟法取样，取样深度为0～30cm，分为3层（每隔10cm）取样。家畜采食量采用围笼法测定，所有测定的生物量均为恒温烘干后的烘干重。在进行净初级生产力（NPP）总碳量计算时，取45%作为植物植株与根系的平均有机碳含量。土壤总呼吸量中，土壤根系呼吸所占比例为24%，土壤净呼吸所占比例为76%（李凌浩等，2002）。最终通过测定结果，分析了中度放牧干扰下，荒漠草原碳收支情况。

## 一、碳输入

草地初级生产力是反映草地生态系统运行功能的基本指标，也是碳输入的主要途径。草地群落净初级生产力的测定一般采用生物量最大差值法，同时考虑同期动物采食和其他各种因素造成的损失。因此，碳输入的测定主要包括植物群落地上生物量、地下生物量、凋落物和家畜采食量等内容。图7-46为短花针茅荒漠草原放牧生态系统地上、地下和凋落物现存量季节变化情况。可以看出，在整个生长季中，由于7月遇到干旱，群落地上生物量呈现双峰"M"型曲线，最大值出现在9月；地下生物量出现多个高峰，呈现"S"型曲线；由于放牧的影响，在家畜采食和踩踏双重作用下，凋落物量一直保持较低的水平。据此得出，地上活物质、凋落物、地下部分碳输入量分别为 10.49g/（$m^2$·a）、0.50g/（$m^2$·a）、411.53g/（$m^2$·a）。在碳输入各个组成部分中，地下生物量的贡献最大，占净生产力输入的绝大部分（大于90%）。另外，研究测得生长季中，家畜采食量为10.73g/（$m^2$·a）。如果计入家畜采食量，2009年碳输入总量为433.25g/（$m^2$·a）。

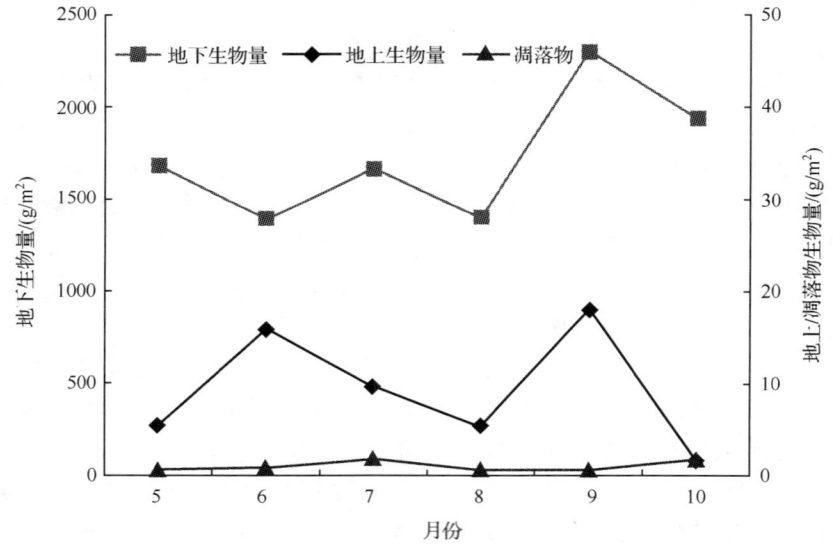

图7-46　短花针茅荒漠草原地上、地下部分和凋落物现存量季节动态

## 二、碳输出

土壤呼吸作用作为草地生态系统碳循环中的重要环节，是土壤向大气中释放$CO_2$的主要输出途径（Raich and Schlesinger，1992）。图7-47为土壤呼吸速率与水分、温度季节变化曲线。由图7-47可以看出，受到7月干旱的影响，土壤呼吸速率呈现"N"型曲线，在春秋两季较高，夏季较低，高峰值出现在6月，低峰值出现在8月。土壤呼吸季节变化趋势主要受到土壤水分的影响。土壤呼吸季节曲线和土壤水分季节变化曲线相一致，而土壤温度和气温对土壤呼吸速率的影响较小，甚至呈现相反的季节变化曲线。利用非线性回归分析，根据土壤呼吸日均速率与大气温度、土壤水分之间的指数拟合关系进行推算，得出回归方程为

$$Rs = 0.000\,348\,4e^{0.1729Ta+0.8396Ws} \quad (R^2=0.809,\ P<0.05)$$

式中，$Rs$ 为土壤呼吸通量；$Ta$ 为日气温均值；$Ws$ 为土壤水分。

逐日代入气象与土壤水分（土壤水分为当月取样值）数据，最终得出短花针茅荒漠草原放牧生态系统整个生长季的土壤呼吸总量为 41.85g/（m²·a）。

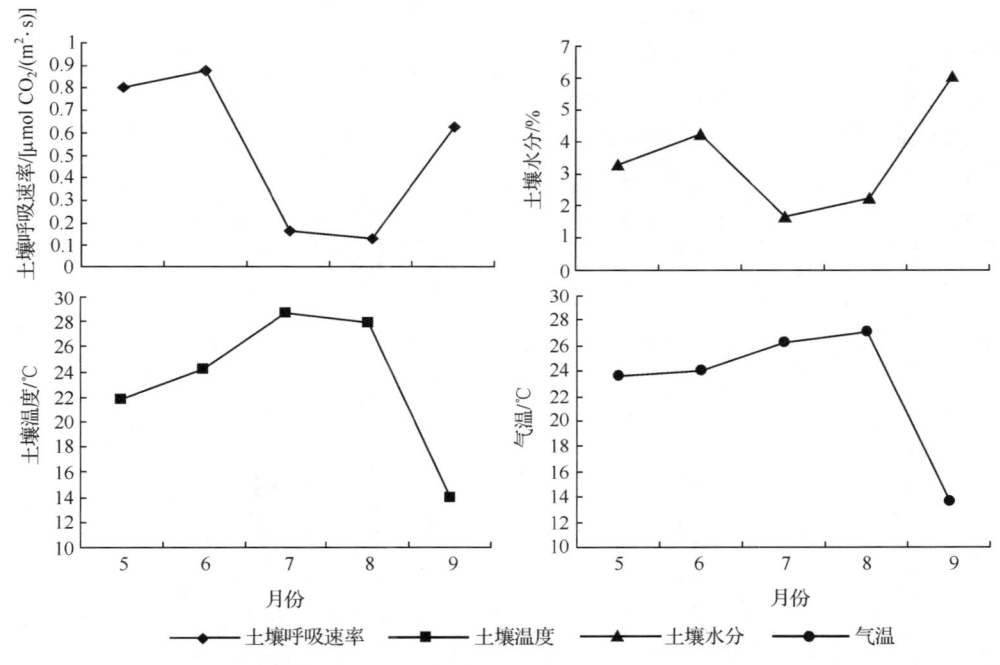

图 7-47　短花针茅荒漠草原土壤呼吸速率与水分、温度的季节动态

## 三、碳平衡估计

草地碳平衡包括输入与输出两个过程，输入与输出的差值即为生态系统的净生产力（NEP），NEP 代表大气 $CO_2$ 进入生态系统的净光合产量，等于 NPP 减去土壤异氧呼吸碳释放（Rm）后的部分，其计算公式为 NEP = NPP － Rm。NEP 的值如果为正，表明该系统从大气中净吸收 $CO_2$，系统处于碳平衡状态，是大气 $CO_2$ 的"汇"；反之，系统碳处于非平衡状态，是大气 $CO_2$ 的"源"。表 7-34 为短花针茅荒漠草原碳输入、输出与碳平衡状况。结果表明，整个生长季中，碳输入量大于碳输出量，短花针茅荒漠草原的 NEP 为 401.45g/（m²·a），草地碳平衡表现为碳汇。

表 7-34　短花针茅荒漠草原碳输入、输出与碳平衡

| 碳平衡 | 项目 | 碳流量(生长季)/[g/(m² · a)] |
| --- | --- | --- |
| 输入(NPP) | 地上活物质 | 10.49 |
| | 凋落物 | 0.5 |
| | 家畜采食量 | 10.73 |
| | 地下部分 | 411.53 |
| | 合计 | 433.25 |
| 输出($R$m) | 土壤呼吸($R$s) | 41.85 |
| | 土壤净呼吸($R$m) | 31.81 |
| 平衡(NEP) | 净生态系统生产力(NEP) | 401.45 |

# 下篇
## 荒漠草原生态系统利用管理与可持续发展

# 第八章　荒漠草原放牧系统反刍家畜牧食行为研究

　　放牧家畜牧食行为很早就已经受到人们的重视，人们进行了大量的试验观察和研究，积累了大量的文献资料（Arnold and Dudzinski，1978；Van Dyne et al.，1980；Arnold，1985；Milne，1991）。我国作为一个古老的农业大国，早在距今1万年左右的中石器时代末期或新石器时代初期就开始了野生动物的驯养。距今5000~6000年前的我国原始社会末期，在黄河流域与黄土高原地区，原始的畜牧业已经形成，不仅有猪、狗、山羊、绵羊等小家畜的驯养，而且马、黄牛等也先后被驯化（沈长江，1989）。其中，绵羊和山羊是世界上仅次于犬驯化最早的家畜，牛的驯化，仅次于犬和羊（谢成侠，1985）。通过野生动物的饲养和驯化，人们对家畜有了许多深刻的认识。盖山林（1985）在研究内蒙古阴山岩画中发现，早在远古时代，人类发明文字之前，北方游牧民族的先人们，就用岩画的形式描绘了远古时期内蒙古地区畜牧业生产的各种游牧景观，其中包括牧羊图、牧马图、出牧图、倒场图、畜圈、牲畜役使图等。表明早在远古时代，人们已经积累了相当丰富的放牧经验。现在仍然在使用的赶牧、领牧方式及满天星放牧队形，在岩画中均有记载，反映出现今与古代放牧技术一脉相传的历史渊源（盖山林，1985）。说明远古时期，游牧民族已对家畜及其牧食行为有了比较深刻的感性认识。

　　放牧家畜在这种长期的放牧管理下，经历了长期的进化，逐步形成了现在我们所看到的特有的牧食行为。但是，关于放牧家畜牧食行为的研究，一直缺乏比较系统的研究（张松荫，1985）。直到20世纪50年代，我国才开始对家畜牧食行为进行比较全面系统的研究（任继周等，1954；周寿荣，1964；1979）。20世纪80年代以来，由于反刍家畜牧食行为在生态学研究、自然资源保护与利用及在畜牧业生产中的重要意义，国内有关放牧家畜牧食行为的论述和研究报道越来越多（刘树常，1980；苏连登等，1984；曹斌云等，1985；冯忠义等，1988；卫智军，1992；韩国栋，1993；许志信等，1997；汪诗平，1997；白永飞等，1998a；1998b；赵钢等；1998），为进一步深入研究放牧家畜的牧食行为打下了良好的基础。

# 第一节 放牧家畜牧食行为概述

在放牧生态系统中，反刍家畜具有非常重要的作用。一般认为，食草动物对系统中的植物种类组成有调节作用，并因此而成为系统本身的调节者（Dyer et al.，1982）。家畜的牧食行为是草—畜关系中，第一性生产向第二性生产转化环节中的重要影响因素，决定着家畜的生产性能。放牧家畜牧食行为除受其食物需求的影响之外，同时还受许多其他因素的影响。随着放牧生态学的发展，放牧家畜牧食行为的研究得到了越来越多的关注（Stephens and Krebs，1986）。通过对家畜牧食行为的研究，人们对家畜如何利用其环境，家畜对草地植物及其群落的作用方式有了更多的了解，这些有关放牧家畜牧食行为的知识，极大地推动了草地管理和放牧管理水平的提高。

## 一、反刍家畜牧食行为的主要内容

放牧家畜的牧食行为包括采食（啃食、摘食）、行走、反刍、饮水、休息、嬉戏、排粪和排尿等行为，其中主要由采食和反刍行为构成，其他行为都取决于采食行为（Arnold and Dudzinski，1978）。

放牧家畜的采食活动是一项复杂的活动，它包括了食物的搜寻、定位和采食等各项活动（Arnold，1987a）。Ungar 和 Noy-Meir（1988）则将采食活动划分为搜寻活动（包括扫描、辨认、决定 3 个过程）和处理活动（包括撕咬、咀嚼和吞咽 3 个过程）。放牧家畜在采食过程中，其头部在间断性行进过程中不断地左右摇摆（Hodgson，1986）。家畜头部的这种水平方向的运动，产生一种类似于割草机割草的效果，牧草植物的枝条部分或全部被刈割。

放牧家畜的这种采食活动可以区分为两个明显不同的阶段，即站立不动的采食期和采食期之间的行走期。家畜前腿站立不动采食时，其嘴部可以采食到的半圆区域，被叫做采食站（grazing station），从上一个采食站到下一个采食站，家畜行走几步搜寻合适的饲草，然后停下来采食（Ruyle and Dwyer，1985）。家畜每一口的采食，实际上是用嘴部器官掠住植物体的全部或一部分并将其撕咬下来，送入口内这样一个收获的过程。被咬下来的植物通过咀嚼和唾液混合后形成食团，随后被吞咽入瘤胃（Hodgson，1979）。

虽然绵羊和牛都只有下切齿而无上切齿，牧草被置于下切齿和肉状上齿垫之间被撕咬下来。但绵羊和牛在采食方式上仍然具有明显的不同。牛利用其灵活的舌头将牧草掠入口内，然后通过头部向前或向后的甩动将牧草从植物体上撕咬下来，除非植被特别低矮。绵羊的上唇非常灵活，在采食中，依靠上唇、下唇、切齿和上齿垫将食物从植物体上咬下来，或者咬住食物后，通过头部向前或向后甩动，将其从植物体上扯下（Arnold and Dudzinski，1978），而不是用舌头（Van Dyne et al.，1980）。绵羊嘴部尖而小，嘴唇灵活，采食的口较小，在采食中嘴部可以伸入草群的内部，所以，与牛相比，绵羊采食的选择性较强，采食的高度也较低。而牛由于嘴部宽大平直，难以伸入草群的内部，同时，由于牛在采食中要依靠其灵活的舌头扩大其单口采食面积，所以，除非植被特别低矮，牛的采食高度很少低于 5cm（Heinemann，1969）。

在温带，绵羊和牛的采食活动主要集中于白天，其中在日出前后和日落之前，采食活动最为活跃，在这两个主要采食期之间，采食的时间较短（Arnold and Dudzinski，1978；Fraser，1980），而在夜晚，则很少采食。在 24h 周期内，绵羊和牛的日采食周期为 3～5 次。牛的日采食时间为 4～9h，在天然草地放牧时，采食时间常常要长于放牧于致密的人工草地。绵羊的采食时间为 9～11h，长于牛的采食时间，同时也比牛更倾向于采食容易撕咬的植物（Van Dyne et al.，1980）。一天之内，有些时间里整个畜群都在采食，而有些时间里，则只有部分个体在采食（Arnold and Dudzinski，1978）。大多数研究都表明，家畜一般的日采食时间为 7～12h，其中包括寻找和采食的时间（Arnold and Dudzinski，1978）。但不同的研究，所得结果不尽相同。例如，在西弗吉尼亚改良草地上肉牛采食时间为 7.3h（Sheppard et al.，1957），俄克拉何马天然草地上的带犊母牛为 9.7h（Dwyer，1961），俄勒冈蒿类草地的犍牛为 9.5h（Sneva，1970），蒙大拿州冬季牧场上的怀孕母牛为 8.3h（Adams et al.，1986），澳大利亚草地上的牛为 10h（Squires，1981）。

放牧家畜一天内的采食时间常受气候条件的影响（Arnold and Dudzinski，1978）。在热天，绵羊早晨开始和结束采食的时间较早，而且下午的采食同样受温度和湿度的影响（Dudzinski and Arnold，1979）。在热带地区，当白天气温很高时，虽然牛也在采食，但是，牛的夜晚采食占很大比例（Payne et al.，1951）。低温对牛羊采食时间的影响研究较少，草地放牧家畜在饲料供给合理、饮水充足时，显然可以忍受相当的冷胁迫。然而，在非常冷的天气里，家畜采食的维持需要和调节体温的能量需要增加，同时冬季现存饲草消化率很低，而导致摄入量降低，家畜常常会出现能量的负平衡，并因此而出现体重下降（Vallentine，1990）。

尽管欧洲品种肉牛与其杂种之间的采食时间差异很小（Arnold and Dudzinski，1978），但牛的不同品种之间采食时间确实存在差异。差异最大者为海福特牛和圣格特鲁牛之间，达到了 1.4h（Nelson and Herbel，1966），而海福特牛与海福特×黑白花杂种牛及与黑白花青年母牛之间仅相差 39min（Kropp et al.，1973）。不同绵羊品种采食时间同样存在这种差异。Arnold 和 Dudzinski（1978）在堪培拉的研究表明，美利奴和边区来斯特×美利奴杂种羊秋季开始采食的时间一般都晚于陶赛特有角羊,而考力代羊开始采食时间最早。Dudzinski 和 Arnold(1979)在另一项研究中还发现,在澳大利亚西部地中海型气候区内,雪维特羊和萨福克羊夏季的采食行为完全不同于其他 4 个品种,因为它们在早晨和下午开始采食的时间均远远早于其他品种。而罗姆尼羊则由于上午、下午开始和结束采食的时间最晚而不同于其他品种。

随着采食时间的延长,放牧家畜用于活动的能量增加,而用于生产的能量减少。因此,能够在最短的采食时间里采食充足的饲草料是家畜的最佳选择(Vallentine,1990)。家畜采食时间的长短取决于家畜接近被采食牧草的难易程度、可利用牧草的数量和质量等因素。一般来说,当牧草产量高、品质好的时候,家畜采食时间缩短,而在饲草数量有限、质量差的时候,采食时间最长(Vallentine,1990)。当牧草数量变少,单口采食量受到限制时,家畜常常通过增加采食时间和采食速度加以补偿,从而维持饲草摄入量的稳定(Scarneccia et al.,1985)。然而,一旦单口采食量进一步下降,这种补偿作用的效果就会大大降低,采食时间本身也由于可利用饲草数量的进一步减少而下降,最终导致摄入量的减少(Hodgson,1986)。

Campbell 等(1969)发现,当出现下列情况时,牛的采食时间增加,而休息时间减少:①载畜量增加;②当草地植被生长低矮或因啃食而变得低矮时;③当草地植被营养价值下降时;④当草地植被中包含不同质量、不同生长习性的植物种类(即植物群体的异质性大)的时候。当这几种情况一种或几种同时出现时,牛的采食时间由正常情况下的 8h 增加到 12h。Campbell 等(1969)进一步总结出,绵羊在温带环境下,一般每天采食 8~9h,但是,当草地过牧或牧草由于其他原因变得低矮时,采食时间可增加到 12h。

放牧家畜的选择性采食也可能导致采食时间的延长和摄食量的不足。例如,Arnold 和 Dudzinski(1978)发现,绵羊由于从干枯的草地植被中选择采食细小的绿色枝条,每天的采食时间高达 12h,而摄食量却有所减少。在加利福尼亚轻牧的山麓草地中,植被中成熟植物丰富时,母牛的采食时间为 8.9h,而当植被以低矮的新生植物为主时,采食时间增加到 13.9h;在重牧草地中,干枯植物稀少时,绵羊的采食时间为 6.7h,而新生植物稀少时,绵羊的采食时间为 13.2h(Wagnon,1963)。在可利用生物量丰富或不足时,适口的新生枝条如果供给不足,搜索的时间就会增加,因此 Shoop 和 Hyder(1976)认为,如果牧草衰老、而且数量较大时,应该将牛集中,以减少其寻找绿色植株的游走时间;如果植物生长刚开始,牧草供应不足,则应该尽可能远地驱散牛群。Gluesing 和 Balph(1980)在改良草地所做的绵羊放牧研究认为,绵羊在放牧中如果只搜寻几种适口的植物,其采食是无效的。通过将绵羊限制于一个大牧场中的一小部分,可以减少绵羊花费于寻找牧草的能量和时间。

反刍对绵羊和牛等反刍动物消化食物具有重要意义，也是第二项最耗时间的活动（Arnold and Dudzinski，1978）。它使反刍家畜能够在离开放牧场后，从容地将贮存于瘤胃内的饲草充分的再咀嚼，从而完成其牧食活动。反刍时间长短，取决于食入饲草的数量、质量，以及"磨碎"这些饲草的时间（Squires，1981）。根据大多数研究结果来看，牛一天内的反刍时间变动为 1.5～10.5h，但主要集中于 5～9h（Arnold and Dudzinski，1978）或 4～8h（Campbell et al.，1969）。

由于摄入牧草的数量和质量不同，家畜的反刍时间会发生一些变化。例如，在澳大利亚中部，冬季饲草质量较高时，母牛的反刍时间为 5h，而在夏季牧草质量较低时，母牛的反刍时间增加到 8h（Low et al.，1981）。与幼嫩多汁植物相比，粗糙的成熟植物消化率很低，但被采食的数量也少，所以，很多研究都得出反刍时间季节间差异很小的结论（Herbel and Nelson，1966；Kropp et al.，1973）。但不同季节间的差异确实存在。例如，加利福尼亚山麓草地中放牧的母牛平均日反刍时间为 7.7h，但在草地以低矮的幼嫩植物为主，饲草供给不足时，其日反刍时间只有 6h；而当草地以成熟牧草为主，饲草供给充足时，母牛的日反刍时间达到 10.3h（Wagnon，1963）。Hancock（1954）在新西兰的研究也表明，随着黑麦草—白三叶草地由营养生长转入开花期，母牛的日反刍时间由 6.0h 增加到 8.2h。

绵羊的反刍时间一般都短于牛的反刍时间。在放牧于优质草地时，绵羊的日反刍时间只有 3.5h（Campbell et al.，1969）。而边区来斯特×美利奴杂种羊平均日反刍时间更低，仅为 3.3h（Arnold，1962）。绵羊和牛之间反刍时间的差异可能是由于绵羊的选择性采食较强，采食的牧草纤维素含量较低，绵羊在吞咽食团之前，咀嚼次数要多于牛，所以反刍时需要的咀嚼次数较少，需要的反刍时间也较短。通常，反刍时间与采食时间有一定的比例关系，但最长不会超过 10h。

在 24h 周期内，绵羊和牛反刍 15～20 次，但每个反刍周期的持续时间变化很大，短的可能只持续 2min 左右，长的可能要持续 1h 以上（Fraser，1980）。Wagnon（1963）的研究结果表明，海福特母牛反刍周期的持续时间为 1～100min，平均 34min，边区来斯特×美利奴杂种羊平均每天有 9 个反刍周期，每个反刍周期持续时间平均为 22min（Arnold，1962）。绵羊的反刍时间随着载畜量的增加而下降，这可能是因为绵羊在高载畜量情况下，采食的牧草比较幼嫩多汁，不需要过多的咀嚼（Arnold，1960a）。

在天然草地中，游走是放牧家畜采食活动中必不可少的一个组成部分。对放牧家畜游走的研究，基本上都集中于行走距离，而对于行走时间则很少涉及。绵羊在天然草地中的行走距离和时间取决于水源的远近、植被的类型和饮水的频率。当水源与低强度放牧的草地相距较远，放牧家畜为了寻找适当的食物而被迫在水源与低强度放牧草场之间长距离行走时,其游走距离、游走时间都会大幅度增加(Vallentine,1990)。根据已发表的材料来看,圣特鲁迪牛每天行走 2.9h (Herbel and Nelson,1966);美利奴羊 3h(Squires,1974),最高可达到 6.7h (Squires,1976)。Bowns(1971)在美国犹他州观察到绵羊日行走 1~1.5h。

放牧家畜休息的时间取决于天气、采食时间、反刍时间及家畜的种类和品种(Squires,1981)。牛 24h 周期内的休息时间平均为 5.5h,其中主要的部分是躺卧休息,占总休息时间的 55%(Dwyer,1961)~83%(Wagnon,1963)。羊的平均日休息时间为 4.5h(Fraser,1980),夏季为 5.5~8.5h。绵羊躺卧休息的比例比牛要大,绵羊和牛冬季躺卧休息的比例分别为 88%和 83%,夏季则分别为 83%和 67%(Arnold and Dudzinski,1978)。一般情况下,夜晚的休息大多数是采用卧位,白天的休息则受天气条件的影响很大,在炎热的天气里,特别是无风或风很小的时候,为避免从地面接收更多的热量,站立休息的比例要大于躺卧休息的比例(Dwyer,1961)。例如,在炎热的天气,如果没有遮阴条件,绵羊常常不是躺卧休息,而是挤在一起,将头伸到其他个体的腹部下面寻找荫凉(Arnold and Dudzinski,1978)。Larkin(1954)发现,躺卧休息时间的比例随着气温的升高而逐渐降低,特别是当空气湿度高时更是如此。在非常寒冷的天气里,随着风速的增加,牛站立休息的比例下降,似乎是为了减少热量的损失(Malechek and Smith,1976)。在温和的冬季,牛站立休息的比例要大于夏季(Rutter,1968),这可能仍然是为了减少躺卧休息时由冷地面散失热量。

## 二、反刍家畜的选择性采食

选择性采食是放牧家畜牧食行为中非常重要和引人关注的问题,许多学者对家畜的选择性采食及其影响因素进行过详细的论述(Arnold,1964a;1964b;Arnold and Hill,1972)。近几年来,有关放牧家畜选择性采食的研究进一步深化,大型有蹄类动物的采食策略逐渐成为选择性采食研究的主题(Laca and Demment,1996)。

在家畜选择性采食中,不同的感觉器官的作用是不一样的。Arnold 和 Dudzinski(1978)对绵羊的视觉、触觉、味觉和嗅觉在选择性采食中的作用进行过比较详细的论述。Arnold(1966a)在试验中发现,在一块由 8 种植物组成的草地中,蒙住眼睛和不蒙眼睛的绵羊采食的植物种类及其在日粮中的比例无明显差异。这一结果表明,虽然视觉有助于绵羊识别比较明显的牧草植物,但无助于选择性采食。触觉、味觉和嗅觉在家畜的食物选择中,发挥着非常重要的作用(Arnold,1966a)。Arnold(1966b)通过外科手术损伤绵羊的一种或几种感觉器官,观察到绵羊采食的植物种类发生了变化,并影响总采食量。其中最引人注意的是,嗅觉损伤后,绵羊不再采食禾草的花穗,可以认为是花穗具有诱惑力的气味。无嗅觉羊春季采食紫花苜蓿（Medicago sativa）远远多于有嗅觉羊，到了晚春，这种差异消失，而在夏季，根本不产生差异。说明嗅觉和味觉在家畜选择性采食中发挥着比视觉和触觉更大的作用。同时也说明，放牧家畜的选择性采食具有明显的季节性变化。

放牧家畜在采食中，一般都或多或少地表现出一定的选择性。特别是在草地植物组成多样、植被类型复杂、可利用牧草充足时，家畜的选择性采食习性表现得更强（Leigh and Mulham，1966a；1966b）。如果草地植被组成比较简单，家畜可能只有轻微的选择性采食（Arnold et al.，1966a；1966b）。例如，在草地植物种类组成丰富时，绵羊、牛和山羊对草地植物的选择性采食有很大差异，而在草地植物种类组成比较简单时，则不会出现这种差异（Dudzinski and Arnold，1979）。

不同种类的放牧家畜常常会对同一种植物表现出不同的选择性，而同一种家畜的不同个体间对某种植物，或对某个植物的某个部分，甚至对植物的某个生长阶段都会表现出不同的选择性。同时，家畜对某一植物的选择性也不是一成不变，而是随着季节的变化和植被中植物种类组成的变化在不断改变，甚至在一天内的不同时间里也会有所不同（Van Dyne and Van Horn，1965）。Mizuno 等（1997）用饲槽饲喂的方法，研究了牛对鸭茅 14 个品种的采食情况，发现不同品种间具有显著差异，而且，随着牧草的逐步成熟，牛的喜食程度越来越小。

家畜选择性采食受家畜能够采食到的植物种类及其采食环境等多种因素共同制约。例如，放牧家畜对某种植物的选择性采食可能由于该种植物生长于不同的群落中而有不同的表现。Beck（1969）发现，如果以某种植物在日粮中的比例与其在可利用牧草中的比例的比值为选择指数，双子叶草本植物 Lambsquart 的选择指数在以天然草地植物为主的人工草地中要高于在天然草地和退化草地中；当地优势的禾本科植物格兰马草（Bouteloua gracilis）选择指数在 8 种草地中的变动为 0.9～2.0，甚至一天内的不同时间段，放牧家畜的选择性采食也会有所不同。例如，上述 Beck（1969）的研究中，侧穗格兰马草（Bouteloua curtipendula）和沙地鼠尾粟（Sporobolus cryptandrus）这两种禾本科植物下午的选择指数高于上午，而格兰马草则不存在这种差异。Wilson（1976）在澳大利亚新南威尔斯半干旱草地的研究中发现，与绵羊相比，牛对低矮的苜蓿和某些禾草选择采食较少，在其日粮中，含有较多的干草。Bedell（1971）比较了牛和绵羊在黑麦草-三叶草及羊茅-三叶草草地上的选择性采食，发现在黑麦草草地中，绵羊在整个夏季采食的三叶草数量比牛多 2 倍；而在羊茅草地中，只在夏季中的某一段时间里有这种现象。在一个因干旱而三叶草很少的年份里，绵羊比牛采食更多的一年生禾草。

适口性高的植物或植物体适口性高的部分，被家畜选择采食的概率较大。大量的观察发现，牛和羊普遍喜食叶片甚于喜食茎秆（Arnold，1960b，1964a），喜吃绿色（或幼嫩）部分甚于枯干（或衰老）部分（Cowlishaw et al.，1960）。与草地的植物组成相比，家畜采食的日粮中，含有比较高的氮、磷和总能，而含有比较低的纤维素（Hardison et al.，1954）。蛋白质、能量和氮、磷等元素含量高，纤维素含量低的这些特征常常与植物较高的适口性联系在一起。因此，放牧家畜喜食叶片、喜食幼嫩植物体和幼嫩部分的选择性采食行为，从营养学角度来看，具有巨大的优越性，因为绿色植物和植物的幼嫩部分营养价值更高，更易消化。但是，在优良的改良草地中，选择性采食也会带来一些问题，因为选择性采食常常使日粮中含有比营养需要更多的蛋白质，而碳水化合物的数量又不能够满足家畜的营养需要（Arnold et al.，1966a）。在禾本科-豆科混播草地中，豆科牧草具有明显的营养优点，但由于此类牧草在群落中常常处于家畜不易采食的位置，所以，家畜并不总是选择豆科牧草（Mufandaedza，1981）。

关于适口性与植物体内不同的化学成分含量的关系一直是人们关注的重点，希望找出适口性、选择性与植物体内化学成分的相关性。而且，确实发现适口性、选择性与某些化学成分，如氮、磷、钾、灰分、粗纤维、粗蛋白等有一定的相关性。但是，这种相关性常常与这些成分在植物体内的存在形式，它们与植物的某些物理特性的联系有关。例如，粗纤维与适口性、选择性的关系就与牧草采食的难易程度有关（Evans，1964）。放牧家畜本身不可能识别如氮、粗纤维、蛋白质等物质，同时，放牧家畜对某些植物的采食也不可能是因为这种植物含有较高的"能量"，或是因为该种植物可以产生较高的"体增重"（Arnold and Dudzinski，1978）。放牧家畜采食叶片多于采食茎秆的原因也许并不如人们想象的那么复杂。可能仅仅是因为在植物学形态结构上，家畜可以在不采食茎秆的时候单独采食叶片，却几乎不能只采食茎秆而不采食叶片（Van Dyne et al.，1980）。

由于放牧家畜的选择性采食，放牧家畜的日粮组成可能与草地植物的组成极不一致。一些在草地中大量存在的植物种类和植物的部分，在家畜的日粮组成中可能只占很小的比例，而在草地植物组成中只占极小比例的植物，在家畜的日粮中却可能占非常大的比例。例如，在澳大利亚新南威尔斯的半干旱草地中，Leigh和Mulham（1966a；1966b）发现，草地组成中不到1％的植物成分组成了家畜日粮的80％。

## 第二节 放牧家畜的牧食行为

### 一、放牧家畜的日活动行为模式

(一) 绵羊的日活动行为模式

绵羊一般边走边吃，不停地移动。采食时，绵羊首先低头伸直其脖颈，用上唇及下唇，灵巧地将牧草可食部分含入嘴内，头部向后或向上抬起，用下门齿和上齿垫将牧草撕断。绵羊鼻颈部尖细，嘴唇灵活，可以深入草丛深处采食，故也能采食到较低矮的牧草。例如，无芒隐子草、糙隐子草等，绵羊都可以从离地1～2cm处截断而食入口内。对于稍高的牧草，如栉叶蒿等，一般食其鲜嫩的上部，或择食其嫩叶和籽实，而留下其下部或茎秆。由于绵羊的下颚关节灵活，能左右磨动，咀嚼肌发达，唾液多而黏稠，故能很好地消化各类牧草。绵羊每天的采食时间较长，一般 6～8h，这与草地状况有关。当牧草丰富时，采食时间缩短；牧草短缺时，采食时间增加。

不同放牧制度对放牧家畜的采食时间影响很大。2000 年 9 月 8～10 日，在短花针茅荒漠草原上对划区轮牧 (RG) 和自由放牧 (CG) 两种放牧制度下绵羊的日活动行为模式观察研究的结果表明，轮牧和自由放牧绵羊的总放牧时间分别为 680.1min 和 673.6min，两者差别不大 ($P>0.05$)，但轮牧绵羊的采食时间、游走时间均短于自由放牧绵羊 ($P<0.05$)；而反刍、卧息和站立时间则轮牧绵羊均长于自由放牧绵羊 ($P<0.05$)（图 8-1）。

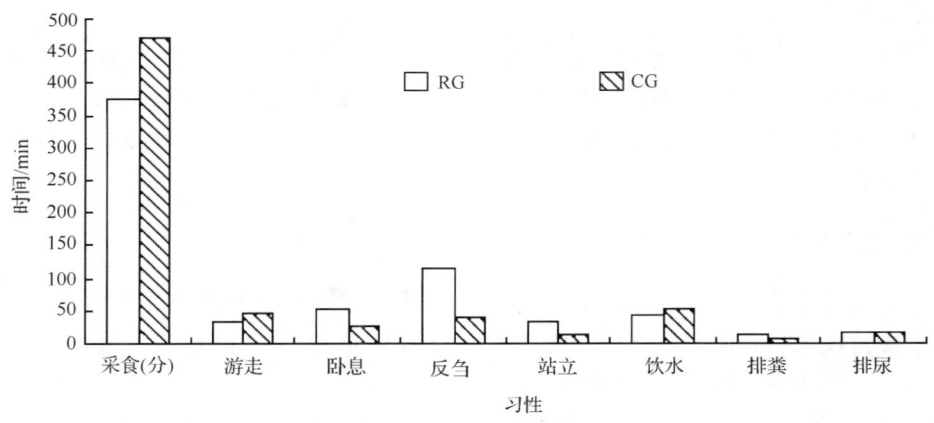

图 8-1 不同放牧制度绵羊日活动行为模式

轮牧绵羊采食时间和游走时间分别占总放牧时间的 55.1% 和 4.8%，而卧息、反刍和站立时间只占 29.8%；自由放牧绵羊采食时间和游走时间分别占总放牧时间的70.0%和6.8%，而卧息、反刍和站立时间仅占12.0%（图8-2）。

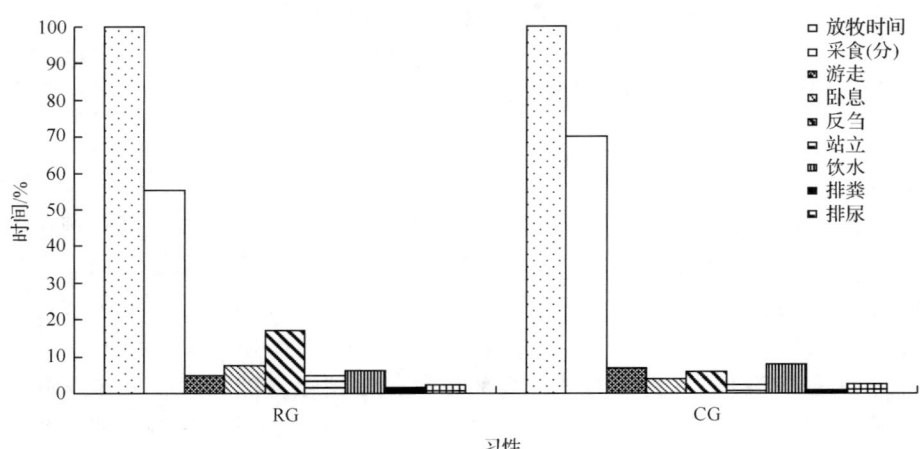

图8-2 不同放牧制度绵羊日活动行为模式时间比例

轮牧绵羊的采食时间为375.0min，自由放牧绵羊采食时间为471.3min，可见后者为了满足日食需要，不得不花费较长（70%）的时间进行采食。轮牧绵羊反刍时间长达116min，自由放牧绵羊仅为40.0min。前者较短时间的采食和较长时间的反刍是能够很快获得所需饲草的重要标志。出现这种现象的主要原因是：轮牧条件下放牧家畜的放牧空间大幅缩小，采食活动被限制在一个相对较小的范围内，从而限制了家畜在放牧过程中的空间选择性和选择性采食范围，缩短了采食时间；而自由放牧条件下，家畜的放牧空间和选择性采食范围增大，从而相对采食时间延长。

另外，在秋季，绵羊饮水次数减少，在两种放牧制度下，绵羊饮水均为2次，排尿平均3.3次左右。但轮牧绵羊排粪次数显著高于自由放牧绵羊（$P<0.05$），前者平均为7次，后者平均为4.4次，这可能与食入牧草的多少和吃饱的次数有关。

(二) 山羊的日活动行为模式

对短花针茅荒漠草原山羊的日活动行为模式观察研究的结果表明（图8-3），山羊在轮牧区和自由放牧区的总放牧时间分别为538min和634min，其中采食时间和行走时间在轮牧区显著短于在自由放牧区（$P<0.05$），而反刍、站立时间在轮牧区则显著长于自由放牧区（$P<0.05$）。轮牧区山羊的采食时间为392min，自由放牧区为526min，轮牧区和自由放牧区山羊的采食时间分别占总放牧时间的72.86%和82.97%。而轮牧区山羊反刍时间长达108min，自由放牧区却仅为35min。可见，放牧空间和选择性采食范围对山羊的选择性采食同样会

产生影响。在秋季，山羊的饮水次数减少，饮水均为 2 次，但轮牧区排粪次数明显高于自由放牧区（$P<0.05$）。试验中还观测到，山羊较绵羊具有善游走的特点，因此游走时间较绵羊长，为了选择中意的牧草来满足采食的需要，山羊就得花大量的行走时间去觅食。

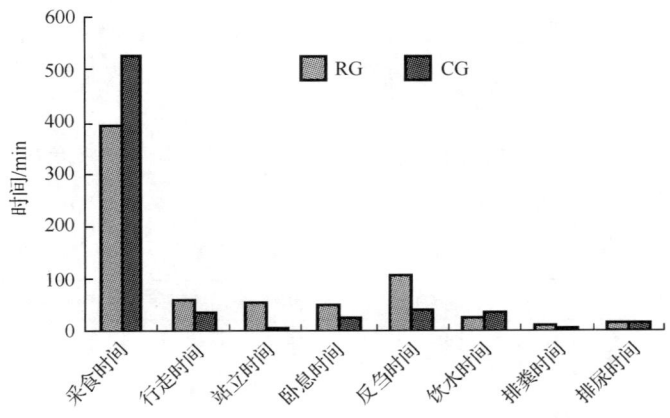

图 8-3　不同放牧制度下山羊日活动行为模式

## （三）放牧强度对绵羊日活动行为模式的影响

放牧强度是影响绵羊日活动行为模式的重要因素。不同放牧强度下绵羊各种活动行为如表 8-1 所示。从表 8-1 中可以看出，在短花针茅荒漠草原，随着放牧强度的增大，绵羊采食时间在放牧时间中所占比例逐渐增加，而游走时间和反刍休息时间所占比例降低。同时，随着放牧强度的增大，还伴随着绵羊采食速度的加快和单口采食量的下降。可以认为，这种现象是绵羊对草地植物群落变化的一种行为反应，其原因主要是由于放牧强度的增大引起了草地饲草供给量的急剧下降。这也表明，绵羊的采食量受到草地饲草供给量的制约。值得注意的是，虽然随着放牧强度的增大，草地饲草供给量显著减少，重度放牧绵羊获得与轻度放牧相近的日采食量却是以花费较多的采食时间为代价，这样势必造成较多的体能消耗，降低绵羊生产性能。

表 8-1　不同放牧强度绵羊各种活动时间的比例

| 放牧强度 | 采食/% | 游走/% | 反刍休息/% | 排粪/次 | 排尿/次 |
| --- | --- | --- | --- | --- | --- |
| 轻度放牧 | 63.1 | 6.1 | 30.8 | 8 | 5 |
| 中度放牧 | 83.1 | 2.9 | 14.0 | 10 | 5 |
| 重度放牧 | 85.5 | 1.7 | 12.8 | 9 | 4 |

## 二、放牧家畜的采食行为

### (一) 采食速度

放牧家畜的采食速度主要是指平稳放牧阶段的采食速度。根据测定,放牧绵羊在短花针茅荒漠草原的平均采食速度为 49~56 口/min,山羊的采食速度为 39~45 口/min (表 8-2)。由表 8-2 可知,在两种不同的放牧制度下,无论是绵羊还是山羊,其采食速度在轮牧区均大于其在自由放牧区 ($P<0.05$)。而从绵羊与山羊的比较来看,无论是在哪种放牧制度下,绵羊的采食速度均显著高于山羊 ($P<0.05$)。

表 8-2　放牧家畜的采食速度　　　　　　　　　(单位:口/min)

| 项目 | 绵羊 | 山羊 | 绵羊与山羊间的显著性差异 (5%) |
|---|---|---|---|
| 划区轮牧 | 55.20 | 44.37 | * |
| 自由放牧 | 49.20 | 27.20 | * |
| 放牧制度间的显著性差异 (5%) | * | * | |

\* 表示两者之间存在显著性差异,下同。

### (二) 单口采食量

单口采食量即放牧家畜每一口的采食量,一般是在平稳放牧阶段连续几次测定家畜 10min 的采食口数,然后取其均值。根据测定,放牧绵羊的单口采食量为 0.06~0.10g/口,山羊平均为 0.10~0.11g/口 (表 8-3)。从表 8-3 可知,绵羊与山羊在短花针茅荒漠草原中,其单口采食量无显著差异,放牧制度对单口采食量也无显著影响 ($P>0.05$)。

表 8-3　放牧家畜的单口采食量　　　　　　　　　(单位:g/口)

| 项目 | 绵羊 | 山羊 | 绵羊与山羊间的显著性差异 (5%) |
|---|---|---|---|
| 划区轮牧 | 0.1025 | 0.0999 | ns |
| 自由放牧 | 0.0608 | 0.1105 | ns |
| 放牧制度间的显著性差异 (5%) | ns | ns | |

ns 表示差异不显著。

### (三) 放牧强度对采食速度与单口采食量的影响

放牧强度对绵羊单口采食量影响较大 (表 8-4)。主要表现为,放牧强度由轻度、中度加强至重度,放牧绵羊的单口采食量显著下降 ($P<0.05$)。这主要

是由于随着放牧强度的加大，牧草现存量下降，且牧草的生长发育受到抑制，特别是直立生长的植物减少，而低矮的、匍匐生长的植物增加，从而放牧绵羊单口采食量出现了急剧下降。

放牧强度对放牧绵羊的采食速度也产生较大的影响。其中放牧强度为轻度和中度时，绵羊的采食速度差别不大（$P>0.05$），但重度放牧条件下绵羊的采食速度明显加快（$P<0.05$，表8-4）。而这种现象的出现，主要是由于在重度放牧条件下，放牧绵羊单口采食量出现了急剧下降，为避免单口采食量下降造成总采食量的降低而形成的一种补偿策略。但这种补偿作用是有限的，当草地牧草现存量较低或草地退化严重，单口采食量严重下降时，仅采用加快采食速度的策略亦是无法保证获得所需的总采食量。

表 8-4　放牧强度对绵羊采食速度及单口采食量的影响

| 放牧强度 | 采食速度/（口/min） | 单口采食量/（mg/口） |
| --- | --- | --- |
| 轻度放牧 | 46.8 | 120 |
| 中度放牧 | 45.0 | 80 |
| 重度放牧 | 53.5 | 50 |

## （四）日采食量

放牧家畜的日采食量是根据放牧家畜的总采食时间、平稳放牧阶段的平均采食速度和单口采食量计算得到的。因此，总采食时间、单口采食量及平均采食速度能否准确测定，决定着家畜日采食量测定的准确程度。利用单口采食法测定的放牧家畜的日采食量如表8-5所示，在短花针茅荒漠草原，绵羊在轮牧和自由放牧条件下的日采食量分别为1.90kg/d和1.68kg/d，两者差异显著（$P<0.05$），其采食量分别占其体重的4.09%和3.47%；山羊在这两种放牧制度下的日采食量则分别为1.74kg/d和1.42kg/d，两者也具有显著差异（$P<0.05$）。两种家畜的日采食量无论是在轮牧条件下，还是在自由放牧下，均具有显著差异（$P<0.05$）。

表 8-5　放牧家畜的日采食量　　　　（单位：kg/d）

| 项目 | 绵羊 | 山羊 | 绵羊与山羊间的显著性差异（5%） |
| --- | --- | --- | --- |
| 划区轮牧 | 1.95 | 1.74 | * |
| 自由放牧 | 1.68 | 1.42 | * |
| 放牧制度间的显著性差异（5%） | * | * | |

在放牧条件下，家畜的日采食量的季节变化很大。1987年在短花针茅荒漠草原上进行的放牧试验结果表明，在早春，无论是轮牧还是自由放牧，绵羊日食量均很低（0.25kg/只和0.576kg/只），以后随着牧草植物的生长，绵羊采食量

逐渐增加，并分别于9月中旬和6月中旬达到最大值（2.54kg/只和2.26kg/只），此后绵羊日采食量又逐渐下降。当轮牧和自由放牧绵羊日食量下降时，草地可利用牧草生物量分别为 23.54g/m² 和 24.58g/m²，这两个数值非常接近，表明当草地可利用牧草生物量低到24g/m²左右时，绵羊的采食受到限制，日采食量明显下降。在轮牧绵羊日采食量上升阶段（6~9月）的6月中旬，自由放牧区绵羊日采食量已开始下降，这是由于此时短花针茅已开花结实，牧草的适口性下降，加之其他植物也没有充分生长，草群生物量较低的缘故。8月中旬、9月初日食量下降则主要是由草地可利用牧草生物量减少引起的。

## 三、影响放牧家畜采食行为的因素

### （一）牧草现存量对采食行为的影响

牧草现存量决定着草地可利用牧草的多少。在短花针茅荒漠草原上进行的放牧试验表明，牧草地上现存量对绵羊的采食时间、采食速度、单口采食量、日采食量等多种参数均有影响。例如，在2004年的试验中，轮牧区和自由放牧区牧草地上现存量分别为 76.05g/m² 和 49.01g/m²（干重），两者之间存在 27.04g/m² 的较大差距（$P<0.05$），与此相应的是轮牧区与自由放牧区绵羊的单口采食量分别为 0.10g/口和 0.07g/口，两者之间也存在 0.03g/口的差异，轮牧区绵羊的单口采食量显著高于自由放牧区（$P<0.05$）。通过分析不难发现，轮牧区绵羊单口采食量之所以高于自由放牧区，牧草地上现存量间的较大差异是重要原因。轮牧区牧草地上现存量较高，不仅使得放牧绵羊的单口采食量大大增加，同时也使得绵羊可以在采食速度和日采食量不变的情况下大大缩短采食的时间，从而用更短的时间获得更多的能量，并减少采食过程中的能量损耗。Walton（1983）指出，绵羊每采食1h每千克体重消耗0.54kcal热能。在短花针茅荒漠草原上，生长季节内轮牧绵羊每天比自由放牧平均少采食2.03h。轮牧区绵羊因此每天每千克体重可比自由放牧少消耗1.10kcal热能用于体增重。这也是划区轮牧比自由放牧优越的一个很重要的方面。

### （二）草层高度对采食行为的影响

草层高度对绵羊的采食时间和日采食量有一定的影响。放牧绵羊的采食时间一般随草层高度的增加而缩短，但两者间的关系并非是线性关系。实际上，在牧草草层高度较低时，绵羊的采食时间会随着草层高度的增高而缩短。但是，当草层高度达到一定的高度后，绵羊的采食时间不但不再随着草层高度的增高而缩短，反而会再次延长。采食时间缩短或延长的临界草层高度为6~8cm。也就是说，绵羊采食时间随草层高度增高变化的曲线是一条"U"型曲线。这一结果与汪诗平和李永宏（1997）在典型草原进行绵羊放牧试验所得到的结果基本一致。之所以采食时间在草层达到临界高度后会出现随高度增加而延长的现象，与绵羊喜食低矮、细弱多汁植物的习性有关。当草层高度达到临界高度后，绵羊采食适口牧草的难度加大，选择性采食的习性加强，导致其采食速度下降，进而引起采食时间的延长。绵羊日采食量随草层高度增高而变化的趋势与采食时间完全相反，即绵羊的日采食量随草层高度增高而增高，当草层高度增高到临界高度后，绵羊的日采食量达到最大值。此后，日采食量不再继续随草层高度的增高而增加，而是趋于下降。这与汪诗平和李永宏（1997）在典型草原所做试验的结果也完全一致。

## 四、放牧家畜对草地的影响——绵羊与山羊对草地践踏作用的比较

放牧过程中，家畜对草地的重要影响之一是对草地的践踏作用。其中能够对草地产生践踏作用的环节主要有采食、行走、嬉戏等。特别是放牧家畜采食时间对家畜践踏草地的持续时间起着决定性作用，因为放牧家畜的践踏作用持续存在于整个放牧期间，其践踏损伤牧草的草地面积可以占草地面积的23%，对土壤的压力是链轨拖拉机的2.7~5.3倍（侯扶江等，2004）。但对于家畜个体而言，除采食等活动外，影响其草地践踏作用的还有个体体重、蹄的大小及蹄形等。

一般而言，放牧家畜对草地践踏作用的大小，与其四蹄对地面的压强有关。在苏尼特右旗短花针茅荒漠草原上进行的山羊与绵羊的比较研究表明，虽然山羊体重小于绵羊，但山羊对草地地面所产生的压强却高于绵羊。如表8-6所示，轮牧区山羊与绵羊的平均体重分别为40.65kg/只和54.5kg/只，它们对草地地面所产生的压强分别为8263.73N/m$^2$和7145.83N/m$^2$；在自由放牧区山羊与绵羊的平均体重分别为29.2kg/只和41.5kg/只，而对草地地面所产生的压强分别为7808.28N/m$^2$和7489.08N/m$^2$（表8-6）。也就是说，无论是轮牧还是自由放牧，

表8-6 山羊与绵羊的体重与压强比较

| 项目 | 划区轮牧 | | 自由放牧 | |
| --- | --- | --- | --- | --- |
| | 山羊 | 绵羊 | 山羊 | 绵羊 |
| 体重/(kg/只) | 40.65 | 54.50 | 29.20 | 41.50 |
| 前蹄面积/cm$^2$ | 16.45 | 17.29 | 17.13 | 18.55 |
| 后蹄面积/cm$^2$ | 14.68 | 18.71 | 15.82 | 15.80 |
| 总面积/cm$^2$ | 62.26 | 72.00 | 65.90 | 68.70 |
| 压强/(N/m$^2$) | 8263.73 | 7145.83 | 7807.28 | 7489.08 |

山羊对于草地地面的压强总是大于绵羊。之所以会产生这种现象，主要是由于山羊蹄面积明显小于绵羊蹄（表 8-6、图 8-4），所以，虽然其体重小于绵羊，但产生的压强却大于绵羊。此外，山羊与绵羊的蹄形虽然大体一样，但山羊蹄的前端蹄间距较绵羊宽而且顶端部位较绵羊尖。

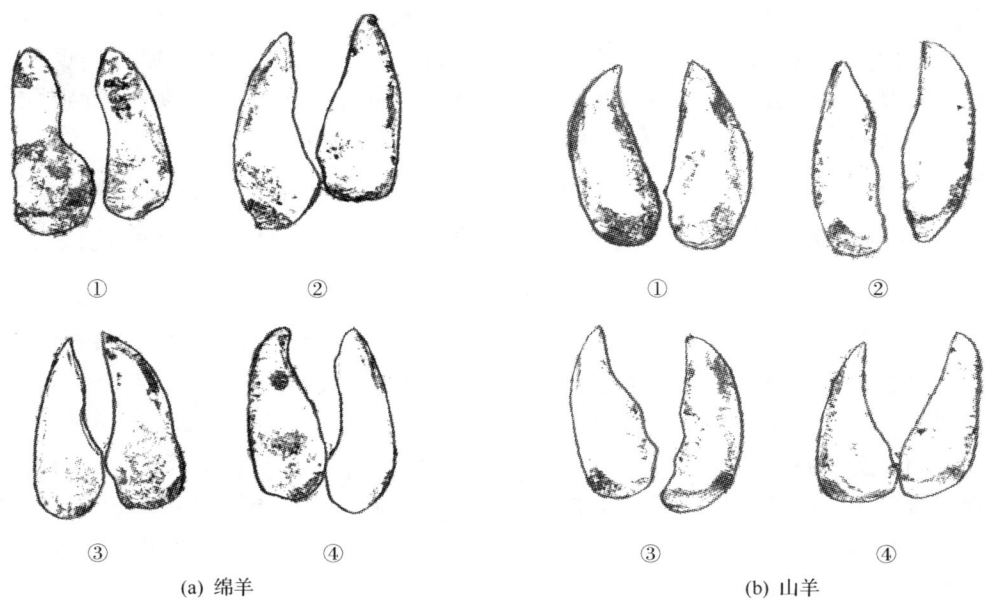

图 8-4　绵羊与山羊蹄形的比较
①前左蹄；②前右蹄；③后左蹄；④后右蹄

放牧家畜对草地的践踏作用可直接或间接地影响植物的生长发育和繁殖及土壤紧实程度。由于山羊对地面的压强大于绵羊，所以，山羊对草地的践踏明显大于绵羊。再加之山羊日食量较绵羊少（表 8-5），并具有游走时间长于绵羊（图 8-1、图 8-3）的特点，使山羊对草地的影响程度更强。试验期间未发现山羊用蹄"刨草根"，只观测到极少数当年山羊羔羊用嘴连根拔起点地梅并晃动头部抛向空中的"嬉戏"现象。

## 第三节　放牧家畜的选择性采食行为

### 一、放牧家畜牧食过程中的空间选择性

（一）放牧绵羊采食站的选择

采食站即放牧家畜在草地中较长时间稳定采食的地点。在放牧地存在较大空

间异质性的情况下，放牧家畜的选择性采食实际上可以分为几个不同的等级。放牧家畜在出牧后，首先要进行的选择是不同地形的放牧地。例如，夏季放牧家畜通常喜欢停留在通风凉爽、蚊虫较少的高地采食，而冬季则更愿意在避风温暖的洼地草场采食。在选定了特定的地形后，则是对植物群落斑块进行选择，动物通常会选择那些枝叶柔嫩、适口性好、营养价值高的比较集中的牧草群落进行采食，最后才是对植物个体及植物不同部位的选择。实际上早在20世纪80年代末、90年代初就有人指出，有蹄类草食动物的选择性采食是按照地形或景观→群落→斑块→植物→植物部分等生态等级的顺序进行的（Senft et al., 1987; Coleman et al., 1989）。但在生产实践中，由于目前在牧区普遍实行了草场划分到户，网围栏普遍存在，有些地区甚至已经由自由放牧改成了轮牧，上述放牧家畜选择性采食的前几个阶段由于人为限制已经很难实现。尽管如此，放牧家畜的采食仍然表现出非常强烈的选择性。

在短花针茅荒漠草原进行的放牧试验研究中发现，当放牧绵羊进入放牧地时，并不是马上进入采食状态，而是稍做停留或缓慢行走。同时还不断地向远处或四周瞭望，似乎是在辨认方向，也像是在寻觅"最理想"的草地，这样经过短暂停留或慢行之后，才做出行走方向的选择。特别是"头羊"或紧跟头羊的几只绵羊，这种行为更加明显。在此之后，绵羊也并不是马上开始采食，而是在直接行走中掠食几口，因此，与此前相比，此时的行走速度明显加快。进入放牧地30~40m之后，绵羊才开始进入稳定采食状态，即进入了第一采食站。进入采食站后，放牧绵羊的采食速度开始较慢，然后逐渐加快。放牧绵羊在第一采食站停留采食的时间最长，一般可持续1~1.5h，然后才进入下一个采食站。在以后的各采食站中，虽然采食速度均低于在第一采食站的速度，但普遍比较稳定。放牧绵羊在日放牧进程中，其采食过程有6~15个采食站，但各采食站的界限并非十分明显。在轮牧中，由于每个轮牧小区的面积有限，大大缩小和限制了绵羊采食的选择范围。所以，在一个轮牧小区内，绵羊的采食站只有6~10个，明显少于自由放牧条件下的采食站个数（9~15个）。

在每个采食站中，虽然整个畜群都在采食，但不同的家畜个体采食的状态有很大差别。在畜群稳定采食的情况下，沿着采食行走的方向可以形成若干个小的群体。在畜群的前部约1/5或更少的绵羊，边行走边低头采食，在一定的时间间隔（10min左右）之后，会短暂停止采食片刻向前瞭望，然后再继续采食。整个畜群是否采食、行走、停留及行走方向、速度，几乎只由"头羊"或其中少数几只绵羊来决定。作为"头羊"，似乎并不是羊群中体质最好、最强壮的个体，而是那些个体并不特别强壮但好奇心强且胆大、活泼好动、不安分守己的活跃分子。畜群中部和后部绝大多数绵羊，在低头采食的同时，会用眼角余光环顾观察周围绵羊，随时紧紧跟住前面的绵羊。畜群后部大约有1/10或更少的绵羊，只是低头采食，采食一段时间后，站立瞭望，发现掉队后用追逐的方式跟上畜群。

卫智军等（2005）试验表明，在轮牧条件下，绵羊的空间选择性更多地表现在放牧进程的初期。此时各采食站之间都相隔较远的距离，相邻序号的采食站完全不存在重叠现象，如图8-5所示的1号、2号、3号和4号采食站。但是，轮牧小区被围栏阻隔后，每个小区的面积有限，绵羊的采食范围大幅度缩小，这不仅使得轮牧区的采食站数目明显较少，而且在放牧进程的中后段，其相邻序号的采食站重叠概率和重叠范围均有明显增加（图8-5）。这种现象说明，轮牧使绵羊在空间上的选择性大为降低，从而有利于草地的利用更为均匀。

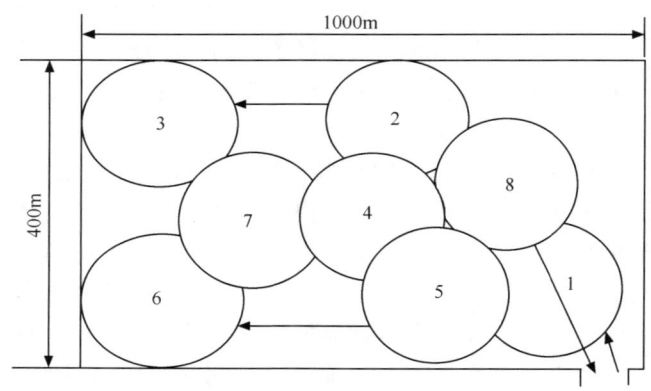

图 8-5  轮牧区绵羊放牧过程中的空间选择

在自由放牧区，放牧绵羊可在较大范围的草地上采食，其活动范围基本不受限制。因此，在放牧过程中，绵羊为了采食更多适口性好、营养价值高的牧草而表现出较强的空间选择性。其主要表现是：采食站的数目较轮牧区大幅度增加，达到9~15个，而且相邻序号的采食站之间均相隔较大的距离，未发现相邻采食站重叠的现象。仅有的采食站重叠现象发生于临近放牧结束期，即归牧期的采食站与放牧初期采食站发生了部分重叠（图8-6）。这种现象说明，当放牧空间较大（自由放牧区）时，家畜可按其牧食策略进行空间选择，从而到达理想的采食站，通过充分实现的选择性采食获得更为适口、营养价值更高的饲草。

对于放牧家畜而言，其理想的采食站受到多种因素的影响，主要有植被、地形及环境特点等。在短花针茅荒漠草原中，植被种类组成中低矮柔软的丛生禾草（无芒隐子草、糙隐子草）、多汁的葱属植物（碱韭）和含脂肪较高的一年生草类（栉叶蒿）比例大的草地是放牧绵羊首先选择的理想采食站。在地形上，炎热的夏季，绵羊一般喜欢选择地形偏高的地方采食，因为地形偏高通风条件好，比较凉爽，蚊蝇滋扰较少；而秋季愿意选择地形低洼、下湿的地段采食，因为此时这样的地形可以使草群植物维持较长时间的绿色，而其他地段植物已部分枯黄。另

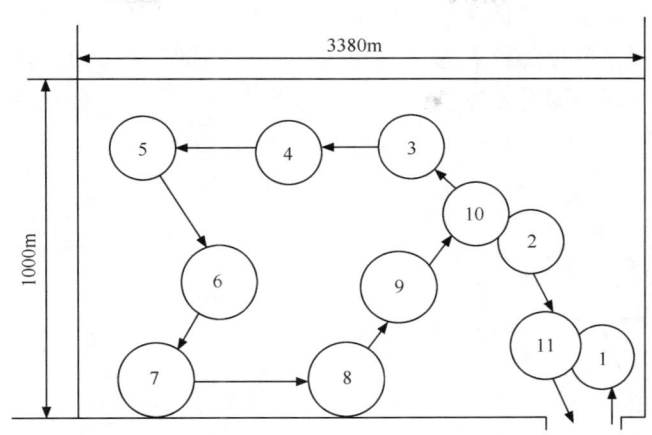

图 8-6 自由放牧区绵羊放牧过程中的空间选择

外,在天气炎热时绵羊愿意顶风采食;在遇到围栏阻隔时,愿意沿围栏行走,在其附近采食。

(二)放牧家畜采食路线的选择

家畜采食线路是指家畜在放牧进程中所走过的路径。通过使用地球定位系统(GPS),极大地方便了对放牧家畜放牧采食路径的研究。采用人为跟踪法测定家畜的行走轨迹,即可得到家畜一日内的行走路线。一般情况下,绵羊的采食路线、饮水习惯是固定的,不管要花费多少时间,它们宁可沿着所认识的固定路线走,而不愿意直接去目的地。但轮牧或自由放牧等不同的放牧方式对其行走路线影响很大。

1. 放牧绵羊

在短花针茅草原,放牧绵羊在轮牧区的采食路线(图 8-7)具有非常鲜明的特点:放牧绵羊进入放牧小区后,即开始在放牧小区沿着对角线的方向向前行走,但途中会由于草地状况、牧草种类、牧草品质的影响而出现一些比较复杂的变化,如出现暂时的横走或往返行走的现象。在进行观察的 4 次重复中 [图 8-7 (a) ①~④] 可以看出,放牧绵羊的行走路线无论如何变化,其行走路线始终是围绕着这条对角线左右,部分线路甚至类似于对角线的平行线。而距这条对角线更远一些的区域,特别是另外一条对角线的两端,绵羊在放牧进程中则很少光顾。因此,即使进行轮牧,仍然存在放牧绵羊对轮牧小区利用不均匀的可能性。

在自由放牧条件下,放牧绵羊的采食路线基本是一条环形线路(图 8-8),但在某些情况下,也会出现一些较轮牧条件下更为复杂的行走路线。如图 8-8①所示的行走路线,不仅较其他自由放牧绵羊的行走路线复杂,甚至比轮牧条件下的行走路线还要复杂。总体来看，自由放牧条件下，绵羊的采食路线要比轮牧条件下更为简单。之所以如此，主要是由于没有围栏的阻碍，绵羊的活动空间大，其选择性采食的习性未受限制。因此，放牧绵羊为了能够采食到更富有营养、更

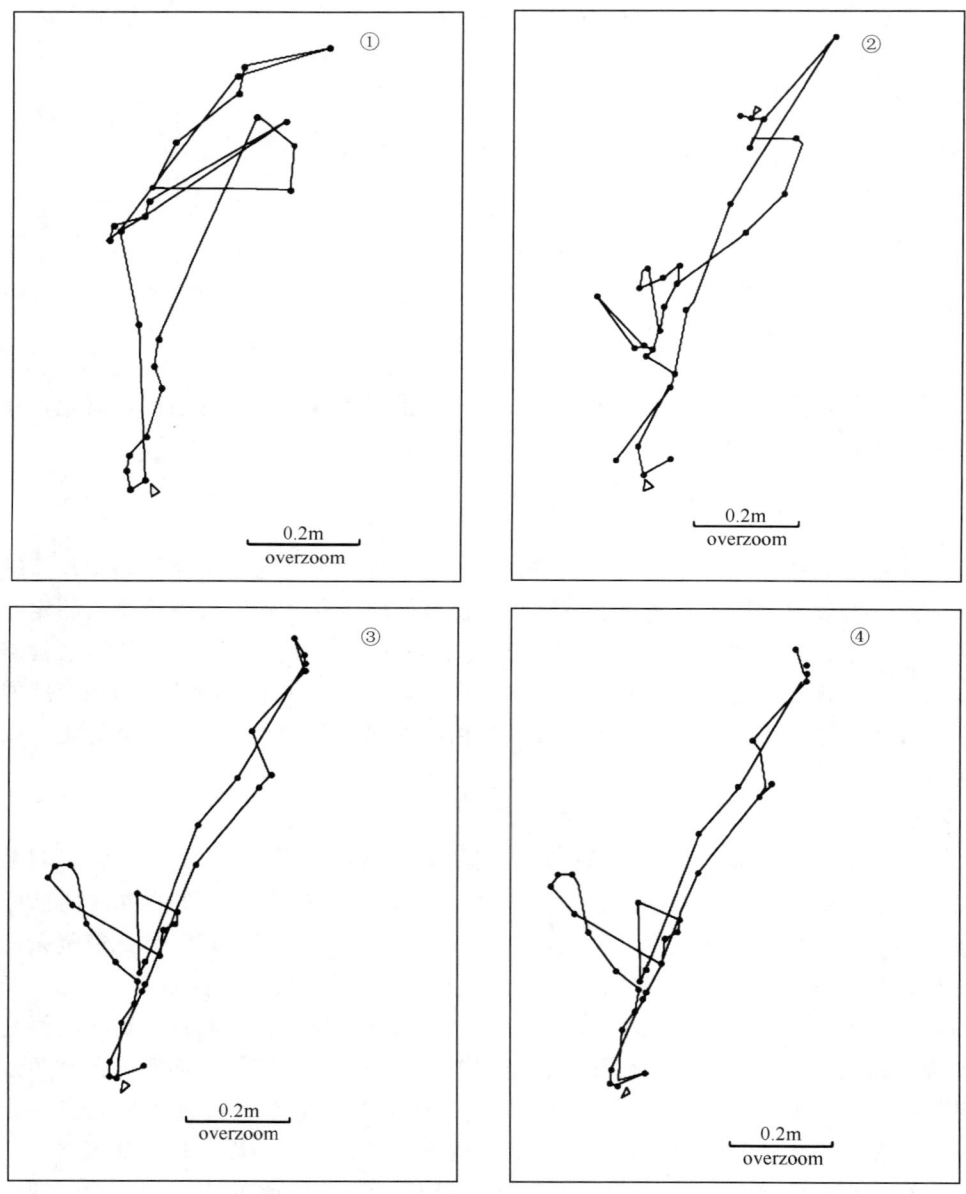

图 8-7 轮牧区绵羊采食路线（重复 1~4）

图 8-8　自由放牧区绵羊采食路线（重复 1～4）

新鲜幼嫩的牧草，更愿意到位于距离较远、但尚未被采食过的新鲜草地去采食新鲜牧草。

从行走距离来看，绵羊在轮牧区每天的采食路线为 3～5km，而在自由放牧区每天的采食路线为 10km 左右，远远超出了轮牧区。由此看来，在自由放牧区的绵羊虽然可以自由选择更为新鲜、更适口、也更富有营养的牧草，但是，由于行走距离的大幅度增加，也增加了绵羊为获取必要的营养物质所付出的能量消耗。所以，在同样的体能消耗的情况下，轮牧条件下绵羊获得的营养物质就会较自由放牧条件下更多。也就是说，适当控制放牧绵羊的选择性采食行为，可以成为提高单位饲草料畜产品产出的重要措施之一。

## 2. 放牧山羊

在短花针茅荒漠草原，放牧山羊在轮牧条件下的采食路线与放牧绵羊基本类似，同样是以轮牧小区入口为起点，沿着围栏对角线的方向向前行走、采食（图8-9）。但与绵羊不同的是，山羊在沿着对角线方向前进时，走的并不是一条直线，而是沿着对角线，在对角线的两侧更远一些的地方采食，其行走路线也更为复杂。所以，山羊的行走与采食线路在轮牧小区中所覆盖的区域比绵羊更大一些。尽管如此，山羊在轮牧情况下也存在与绵羊轮牧同样的问题，即无法做到对另外一条对角线两端区域的均匀利用。

在自由放牧条件下，山羊的放牧采食线路呈现类型的多样化（图8-10）。其中既有类似于放牧绵羊的环形行走路线（图8-10②），也有先走直线，然后在较小的范围里进行环形行走而走出的极为复杂的行走路线（图8-10①、图8-10③）；还有沿着小区一侧的内缘直线行走到小区一端，折返后沿着外边缘走回，图形复杂程度较低的行走路线（图8-10④）。

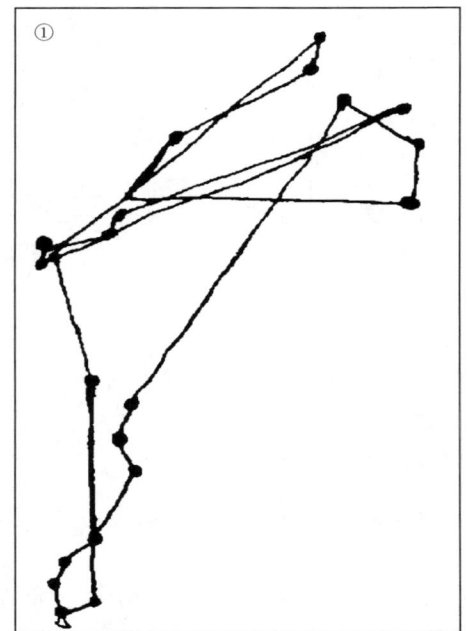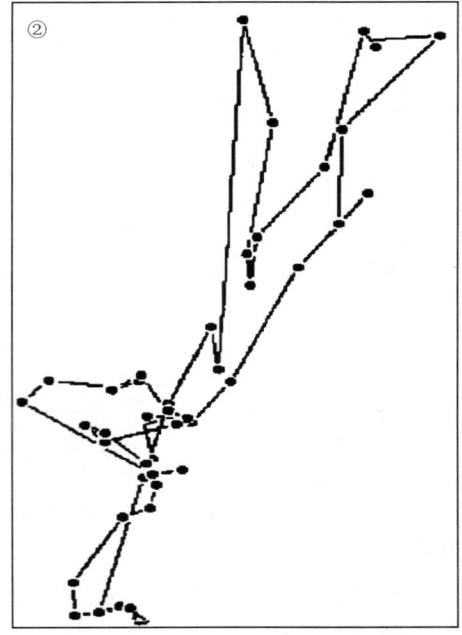

图8-9 轮牧区山羊采食路线（重复1~2）

第八章 荒漠草原放牧系统反刍家畜牧食行为研究

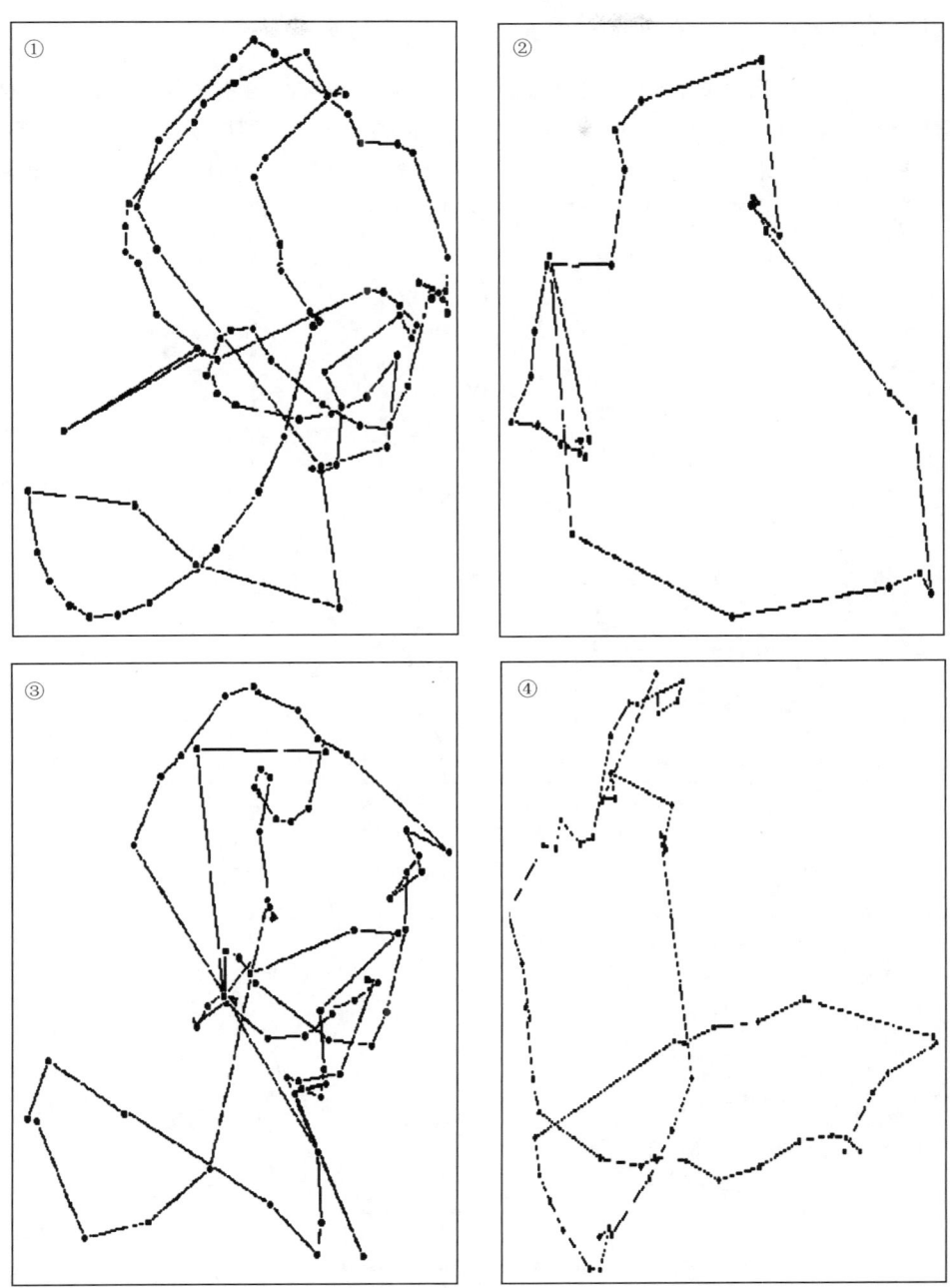

图 8-10 自由放牧区山羊采食路线（重复 1~4）

## （三）植物种群空间分布与采食站空间分布的关系

通过放牧草地植物种群空间分布的实地测定，并绘制轮牧区与自由放牧区详细的植物种群空间分布图［图 8-11（a）、图 8-11（b）］，可以更为清晰地看到，植物种群在放牧地中的分布并不均匀。大多数植物种群在草地中都或多或少地表现为斑块状分布，特别是优良牧草，其空间分布的斑块性更强。而且，植物种群

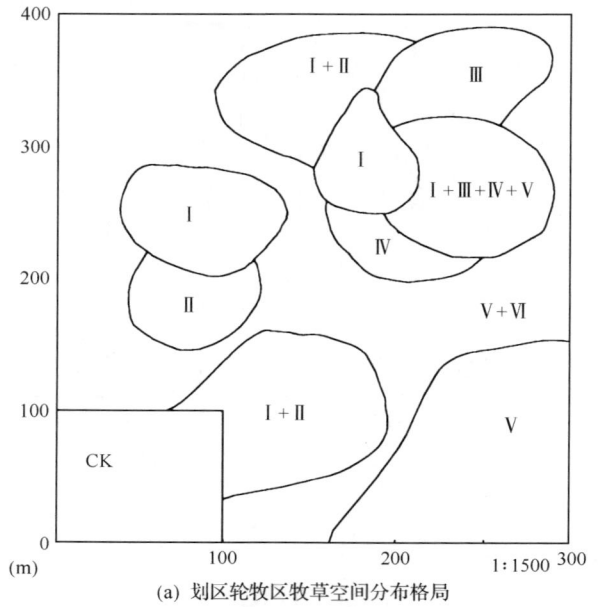

(a) 划区轮牧区牧草空间分布格局

Ⅰ.碱韭；Ⅱ.隐子草；Ⅲ.短花针茅；Ⅳ.阿氏旋花；Ⅴ.栉叶蒿；Ⅵ.其他杂草

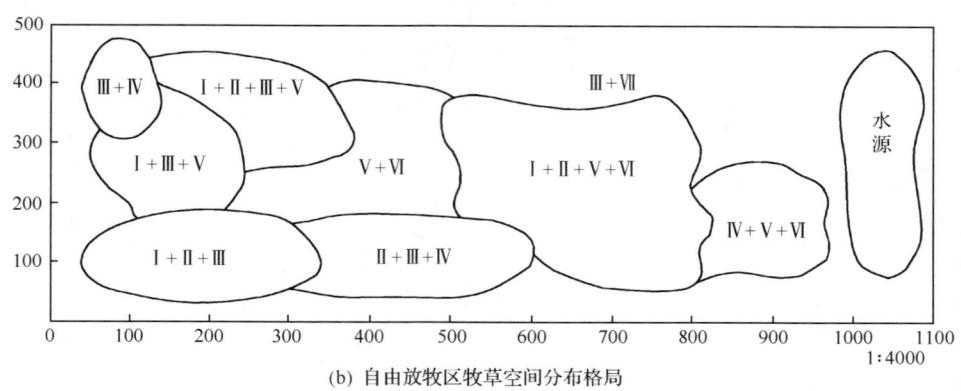

(b) 自由放牧区牧草空间分布格局

Ⅰ.碱韭；Ⅱ.隐子草；Ⅲ.短花针茅；Ⅳ.阿氏旋花；Ⅴ.栉叶蒿；Ⅵ.阿尔泰狗娃花；Ⅶ.其他杂草

图 8-11　轮牧区与自由放牧区植物种群空间分布图

的这种斑块状分布还会受到不同放牧制度的影响。一般情况下，自由放牧区内优良牧草的聚集程度明显不如轮牧区的密集。

通过对比各放牧区植物种群分布的斑块格局［图 8-11（a）、图 8-11（b）］和放牧家畜采食站的分布格局（图 8-5、图 8-6），可以看出，放牧绵羊对采食站的选择与植物的分布格局具有显著相关性。无论是在轮牧区还是在自由放牧区，放牧绵羊的采食站大多都选择于优良牧草集中的斑块。在放牧实践中我们发现，在地形变化不大，放牧场面积有限的情况下，植物种群的分布格局是绵羊采食路线与选择采食站的主要决定因素。例如，绵羊较喜食小禾草（如糙隐子草、早熟禾等）和冷蒿，这些牧草在草地中的存在度和分布格局将影响绵羊的采食区域和采食时间。

此外，一些适口性变化较大的牧草，其分布格局同样也会影响绵羊采食路线和采食站的选择。此类牧草种群随着生长季的延续，其适口性也相应变化，并进而导致放牧绵羊采食路线的改变。例如，短花针茅由于返青早、生长速度较快，所以，在生长季前期，抽穗结实前，特别是颖果的尖刺硬化之前，具有较好的适口性。而且，作为建群植物，短花针茅在草地中的分布也比较均匀。因此，此时，其分布格局对绵羊采食行为的影响较小；但当短花针茅抽穗后，特别是颖果硬化之后，不仅适口性变差，而且其颖果前端的尖刺极易对绵羊造成伤害。所以，短花针茅在生殖生长期，放牧绵羊会有意避开短花针茅比较集中的地段。此外，影响绵羊采食行为的因素还包括地形、风向等，特别是在天气炎热、蚊蝇滋扰比较严重的季节，放牧绵羊常常选择逆风向的采食路线，并选择地势较高，通风较好的地段作为采食站或休息场所。

## 二、放牧家畜的选择性采食

### （一）放牧绵羊选择性采食的一般性表现

绵羊在刚进入放牧地时，上午 8：00～9：00，采食速度较快，平均为 50 口/min。这时，绵羊在采食中对牧草的选择性也较低，除采食出现率较高的碱韭、栉叶蒿、无芒隐子草外，还采食少量质地较为粗硬的短花针茅。9：00～17：00，采食速度较慢，平均为 40 口/min，这一阶段对牧草的采食表现出明显的选择性。此时，绵羊的采食显得比较挑剔，对质地较柔软、比较低矮的无芒隐子草的采食频率增加，对嫩枝和籽实较有诱惑的栉叶蒿的采食出现了摘食嫩枝和捋食籽实现象。在自由放牧区，绵羊对低矮、柔软的无芒隐子草选择性采食频率大大增加，同时，对猪毛菜、冠芒草、木地肤的采食频率也大幅度增加。傍晚归牧前的 17：00～19：00，绵羊在采食的植物种类和采食速度方面均与早晨出牧后 8：00～9：00 采食情况类似。

## (二) 放牧绵羊对不同草地植物的采食率及其嗜食性

放牧绵羊在短花针茅+冷蒿荒漠草原中主要植物种群的采食率如表 8-7 所示。轮牧绵羊对冷蒿、无芒隐子草和细叶韭及草群的采食率均显著高于自由放牧（$P<0.05$），对其他植物的采食率轮牧与自由放牧无显著差异（$P>0.05$）。根据绵羊对各种植物的采食率可以看出，轮牧绵羊对草地牧草植物的嗜食性顺序分别为细叶韭＞无芒隐子草＞羊草＞冷蒿＞银灰旋花＞短花针茅＞阿尔泰狗娃花；而自由放牧绵羊则为无芒隐子草＞羊草＞细叶韭＞冷蒿＞阿尔泰狗娃花＞银灰旋花＞短花针茅。绵羊最先采食柔软的小禾草、葱属及冷蒿，而对粗糙的禾草采食较差。羊草在绵羊的嗜食性中位置居前，这是因为羊草高度稍高，在该草地类型中个体高度相对突出，易为绵羊所采食。

表 8-7　不同放牧制度下绵羊对植物的采食率　　　　（单位：%）

| 植物种类 | 放牧制度 | 6月 | 7月 | 8月 | 9月 | 10月 | 平均 |
| --- | --- | --- | --- | --- | --- | --- | --- |
| 短花针茅 | 划区轮牧 | 18.5 | 19.3 | 35.5 | 32.9 | 41.4 | 29.5 |
|  | 自由放牧 | 15.5 | 14.3 | 8.5 | 25.4 | 15.4 | 15.8 |
| 冷蒿 | 划区轮牧 | 36.6 | 28.1 | 32.3 | 33.5 | 38.6 | 33.8 |
|  | 自由放牧 | 23.8 | 26.3 | 16.3 | 16.1 | 25.0 | 21.8* |
| 无芒隐子草 | 划区轮牧 | 34.8 | 55.9 | 49.8 | 53.6 | 48.7 | 48.6 |
|  | 自由放牧 | 24.2 | 39.6 | 42.6 | 14.1 | 28.9 | 29.9* |
| 羊草 | 划区轮牧 | 18.9 | 33.6 | 50.7 | 61.5 | 55.6 | 44.0 |
|  | 自由放牧 | 37.1 | 28.0 | 30.5 | 5.1 | 38.5 | 27.8 |
| 细叶韭 | 划区轮牧 | 78.4 | 49.9 | 53.0 | 66.9 | 56.0 | 63.4 |
|  | 自由放牧 | 12.8 | 42.4 | 20.0 | 18.8 | 37.9 | 26.4* |
| 阿尔泰狗娃花 | 划区轮牧 | 23.0 | 23.6 | 15.6 | 46.1 | — | 27.1 |
|  | 自由放牧 | 24.3 | 24.0 | 17.7 | 9.1 | — | 18.8 |
| 银灰旋花 | 划区轮牧 | 37.5 | 20.5 | 38.4 | 28.7 | — | 31.3 |
|  | 自由放牧 | 27.7 | 32.5 | 0 | 7.4 | — | 16.9* |
| 草群 | 划区轮牧 | 24.1 | 28.1 | 36.6 | 37.6 | 41.1 | 33.5 |
|  | 自由放牧 | 21.0 | 16.4 | 14.1 | 19.5 | 12.4 | 16.7 |

\* 表示绵羊对同一种植物的采食率在两种放牧制度之间存在显著差异（$P<0.05$）。

由表 8-7 可知，轮牧绵羊对短花针茅的嗜食性较自由放牧强，说明轮牧在某种程度上可以降低绵羊对植物采食的选择性。不同时期，绵羊对同一种植物的选择性采食不同。例如，在自由放牧条件下，初夏由于短花针茅开花结实，绵羊的采食率较低（15.5%），8月因其生殖枝枯干，采食率降到最低值（8.5%）。此后，随着短花针茅的营养生长，叶量增多，采食率提高（9月为25.4%）。

### （三）放牧绵羊的采食食谱构成

所谓采食食谱即由家畜采食的每种牧草的数量占总采食量比例构成，绵羊采食食谱可以更全面和直观地反映出绵羊的选择性采食行为。采食食谱中，采食频率的大小大体上可以反映放牧家畜对牧草的嗜食性的强弱，采食频率越大，意味着家畜的嗜食程度越强。一般而言，放牧绵羊采食食谱与放牧季节及放牧管理水平有密切关系。同时，也取决于放牧绵羊所处的草地类型。例如，同样是放牧于短花针茅荒漠草原，但放牧于短花针茅＋无芒隐子草＋碱韭荒漠草原和放牧于短花针茅＋冷蒿荒漠草原时，绵羊的采食食谱亦有很大差别。

在短花针茅＋无芒隐子草＋碱韭荒漠草原，放牧绵羊夏季（7月）的食谱由10~13种植物构成（表8-8），其中，轮牧绵羊采食食谱的植物种类构成少于自由放牧绵羊。但不同的植物在绵羊采食食谱中的频率差异极大，频率高者可以达到36%以上，而频率低者仅不足0.1%。也就是说，放牧家畜在采食过程中表现出明显的选择性，只有少数几种植物成为其日粮的主体构成成分，而大多数植物在其日粮构成中所占比例较低。其中，放牧绵羊对质地柔软、嫩叶丰富的无芒隐子草、具有葱属植物特殊气味的碱韭，以及具有丰富籽实的栉叶蒿的采食频率很高。在自由放牧区中，这3种植物的采食频率之和达到了71.85%；而在轮牧区中，更是高达91.47%。而对粗糙、枯老的牧草（如短花针茅）采食的选择性要差很多，其采食频率无论是在轮牧区还是在自由放牧区，均不足0.5%。

表8-8 绵羊夏季（7月）采食频率（占采食总口数%）

| 植物种类 | 划区轮牧区 | 自由放牧区 |
| --- | --- | --- |
| 短花针茅 | 0.36 | 0.48 |
| 碱韭 | 32.91 | 34.90 |
| 无芒隐子草 | 36.71 | 10.29 |
| 栉叶蒿 | 21.85 | 26.66 |
| 糙隐子草 | 4.81 | 0.83 |
| 银灰旋花 | 1.60 | 1.56 |
| 木地肤 | 0.58 | 2.55 |
| 猪毛蒿 | 1.06 | 0.25 |
| 阿尔泰狗娃花 | — | 18.78 |
| 冠芒草 | 0.10 | 1.48 |
| 狭叶锦鸡儿 | — | 0.20 |
| 寸草薹 | — | 1.32 |
| 猪毛菜 | 0.02 | 0.70 |

当然，放牧制度对放牧家畜的选择性采食行为也有影响。例如，对于适口性好、绵羊喜食的无芒隐子草而言，轮牧条件下绵羊的采食频率就明显高于自由放牧（$P<0.05$）。另外，自由放牧绵羊食谱构成的植物种类较多，各类植物所占比例也比较均衡。其食谱的构成植物共有 13 种，除上述无芒隐子草、碱韭和栉叶蒿 3 种植物外，对其他 10 种植物的采食频率为 28.15%；而轮牧绵羊食谱构成中只有 10 种植物，除上述 3 种外，其他 7 种植物的采食频率合计只有 8.53%。这主要由于自由放牧区选择性采食范围大，相对地说植物群落组成比较复杂，所以家畜的选择性采食余地大，采食的植物种类也相对较多，较复杂。而在轮牧区，放牧绵羊由于局限在轮牧小区内采食，选择性采食范围较小，所以对现存量高，出现频率高的植物采食较多。同时也说明轮牧绵羊对草地植物的采食也比较均匀。从两种制度下绵羊食谱构成的重叠情况和采食频率上看，在有可能进行选择性采食的情况下，绵羊更喜食多汁（碱韭）、柔软（无芒隐子草、糙隐子草）和含脂肪较高（栉叶蒿籽实）的牧草，而对粗糙的牧草（短花针茅）嗜食性较差。但在选择性采食受客观环境限制的情况下，绵羊的采食策略会相应的改变，首先满足采食的数量，在此基础上，则通过选择性采食而尽量使其食物构成多样化。

短花针茅+冷蒿荒漠草原放牧绵羊的采食食谱构成与放牧于短花针茅+无芒隐子草+碱韭荒漠草原绵羊的采食食谱构成明显不同。即使在同一草原类型，放牧绵羊不同季节采食食谱的植物种类构成亦明显不同。在短花针茅+冷蒿荒漠草原，7 月放牧绵羊的采食食谱由 8～12 种植物构成，其中以冷蒿、木地肤、银灰旋花为主要成分，也包括一部分羊草、短花针茅、无芒隐子草（表 8-9）。9 月，其采食食谱由 7～11 种植物构成，其中以冷蒿、羊草为主要构成成分，而不含短花针茅（表 8-10）。10 月，放牧绵羊的采食食谱则主要由冷蒿构成，并包含一定数量的羊草和短花针茅（表 8-11）。可见，放牧绵羊 7 月、9 月采食的植物种类较多而 10 月采食种类较少，说明绵羊在草地植被现存量较高，食物资源丰富的 7 月、9 月，可食牧草种类较多，为放牧绵羊采食食谱构成的多样化提供了可能。

表 8-9 7 月不同载畜量条件下绵羊对各种植物的采食频率 （单位：%）

| 植物种类 | 载畜率/（只/hm²） | | | | | |
| --- | --- | --- | --- | --- | --- | --- |
| | 1.33 | 1.5 | 1.71 | 2.00 | 3.00 | 平均 |
| 冷蒿 | 42.9 | 51.0 | 43.4 | 47.2 | 62.1 | 49.32 |
| 无芒隐子草 | 7.1 | 1.2 | 0.8 | 1.3 | 0.5 | 2.18 |
| 银灰旋花 | 18.4 | 14.7 | 12.2 | 6.8 | 7.2 | 11.86 |
| 阿尔泰狗娃花 | 4.7 | 10.3 | 6.1 | 4.8 | 1.7 | 5.52 |
| 木地肤 | 24.4 | 19.5 | 22.6 | 36.0 | 25.6 | 25.62 |

续表

| 植物种类 | 载畜率/（只/hm²） | | | | | |
|---|---|---|---|---|---|---|
| | 1.33 | 1.5 | 1.71 | 2.00 | 3.00 | 平均 |
| 狭叶锦鸡儿 | 0.2 | 1.8 | 3.5 | 0.8 | 1.2 | 1.50 |
| 羊草 | 0.2 | 0 | 10.1 | 2 | 0 | 2.46 |
| 细叶韭 | 0 | 0.3 | 0.5 | 0.3 | 1.0 | 0.42 |
| 短花针茅 | 0.8 | 0.6 | 0 | 0 | 0 | 0.28 |
| 戈壁天门冬 | 0.3 | 0.6 | 0.8 | 0.8 | 0.5 | 0.60 |
| 猪毛蒿 | 1.0 | 0 | 0 | 0 | 0 | 0.20 |
| 短翼岩黄芪 | 0 | 0 | 0 | 0 | 0.2 | 0.04 |

表 8-10　9 月不同载畜量条件下绵羊对各种植物的采食频率　（单位：%）

| 植物种类 | 载畜率/（只/hm²） | | | | | |
|---|---|---|---|---|---|---|
| | 1.33 | 1.5 | 1.71 | 2.00 | 3.00 | 平均 |
| 冷蒿 | 62.8 | 69.0 | 53.1 | 77.6 | 83.6 | 69.22 |
| 无芒隐子草 | 0 | 0 | 1.7 | 0 | 0 | 0.34 |
| 银灰旋花 | 8.5 | 1.6 | 2.8 | 1.4 | 4.3 | 3.72 |
| 阿尔泰狗娃花 | 9.2 | 9.8 | 9.5 | 0 | 0.3 | 5.76 |
| 木地肤 | 1.4 | 3.1 | 2.1 | 2.3 | 4.0 | 2.58 |
| 狭叶锦鸡儿 | 0 | 0.2 | 0.1 | 0 | 0 | 0.06 |
| 羊草 | 2.1 | 15.9 | 29.5 | 17.1 | 7.0 | 14.32 |
| 细叶韭 | 0.5 | 0 | 0.6 | 0 | 0.3 | 0.28 |
| 猪毛蒿 | 15.5 | 0.2 | 0.2 | 0 | 0 | 3.18 |
| 白花黄芪 | 0 | 0 | 0.2 | 0.4 | 0.4 | 0.24 |
| 栉叶蒿 | 0 | 0 | 0.2 | 0.8 | 0 | 0.20 |
| 大苞鸢尾 | 0 | 0 | 0 | 0.4 | 0.1 | 0.10 |

表 8-11　10 月不同载畜量条件下绵羊对各种植物的采食频率　（单位：%）

| 植物种类 | 载畜率/（只/hm²） | | | | | |
|---|---|---|---|---|---|---|
| | 1.33 | 1.5 | 1.71 | 2.00 | 3.00 | 平均 |
| 冷蒿 | 82.1 | 88.4 | 85.7 | 95.2 | 90.8 | 88.44 |
| 银灰旋花 | 2.6 | 0 | 0.1 | 0.3 | 0 | 0.60 |
| 阿尔泰狗娃花 | 1.9 | 1.4 | 0.5 | 0.3 | 0 | 0.82 |
| 木地肤 | 4.0 | 6.3 | 1.9 | 2.0 | 1.0 | 3.04 |
| 狭叶锦鸡儿 | 0.1 | 0 | 0 | 0 | 0 | 0.02 |

续表

| 植物种类 | 载畜率/（只/hm²） | | | | | |
|---|---|---|---|---|---|---|
| | 1.33 | 1.5 | 1.71 | 2.00 | 3.00 | 平均 |
| 羊草 | 7.3 | 3.9 | 10.1 | 2.2 | 7.2 | 6.14 |
| 细叶韭 | 0.2 | 0 | 0 | 0 | 0 | 0.04 |
| 短花针茅 | 1.8 | 0 | 1.7 | 0 | 1.0 | 0.90 |

从放牧绵羊采食食谱中各种植物的组成比例来看，在短花针茅草原+冷蒿荒漠草原，绵羊日粮构成中的植物成分始终以冷蒿为主，即使是在构成比例最低的 7 月，冷蒿也占放牧绵羊采食食谱的近 50%。其他采食较多的植物有无芒隐子草、木地肤、羊草、银灰旋花、短花针茅、狭叶锦鸡儿、阿尔泰狗娃花等，它们与冷蒿一起构成了放牧绵羊的主要食物，决定着绵羊的日粮水平，其中冷蒿发挥着关键作用。除此之外的其他植物，如细叶韭、戈壁天门冬、白花黄芪、短翼岩黄芪等均为短花针茅草原的"冰淇淋"植物（"ice cream" plant）。此类植物在放牧绵羊日粮中的比例极其微小，仅仅是日粮成分的很小部分，其更为重要的作用是作为绵羊的"调味品"。

（四）放牧绵羊的选择性采食对日粮营养成分的影响

绵羊采食除对植物种类有选择外，还对植物的不同部位表现出较强的选择性。在植物生长季节，绵羊主要采食冷蒿的细嫩枝叶，无芒隐子草、羊草、短花针茅及银灰旋花的叶片，木地肤、狭叶锦鸡儿的花、叶及其嫩枝，很少采食植株的老茎、木质化茎和枯枝落叶。但是在饲草供给不足时，绵羊也会采食植物的粗老茎秆，甚至采食植物的枯枝或地面落叶、干枝（如 1997 年极其干旱的 6 月）。一般而言，绵羊对植株的幼嫩部分（如叶、花及嫩枝）的选择性采食要优先于其他部分。

选择性采食的结果常常使得放牧绵羊日粮的主要营养成分含量优于群落。从表 8-12 可以看出，轮牧区与自由放牧区草群的营养成分基本相同。但无论是轮牧还是自由放牧，绵羊采食牧草的营养成分含量却显著优于草群。这种现象正是放牧家畜在放牧过程中对植物种类及同种植物不同部位选择性采食的结果。

从具体的营养成分含量上看，自由放牧绵羊和轮牧绵羊食物中的粗蛋白、粗脂肪、无氮浸出物及钙、磷、胡萝卜素的含量均明显高于草群，而粗纤维含量则明显低于草群。由此可见，放牧家畜通过选择性采食，即使是在营养物质含量较低的草地中也可以获得营养物质含量较高、品质较好的日粮。

表 8-12　绵羊摄食牧草与草群营养成分含量　　　　　（单位：%）

| 营养成分 | 划区轮牧区 | | 自由放牧区 | |
| --- | --- | --- | --- | --- |
| | 摄食牧草 | 草群 | 摄食牧草 | 草群 |
| 粗蛋白 | 12.16 | 9.82 | 13.33 | 9.15 |
| 粗脂肪 | 8.02 | 3.25 | 9.81 | 4.74 |
| 粗纤维 | 25.79 | 29.50 | 21.90 | 27.36 |
| 粗灰分 | 7.68 | 8.68 | 8.55 | 8.52 |
| 无氮浸出物 | 38.94 | 42.00 | 40.45 | 43.15 |
| 钙 | 0.89 | 0.67 | 0.92 | 0.81 |
| 磷 | 0.19 | 0.12 | 0.17 | 0.10 |
| 胡萝卜素/(mg/kg) | 81.38 | 56.10 | 65.99 | 42.89 |

从放牧制度来看，自由放牧条件下，绵羊日粮中的粗蛋白、粗脂肪、粗灰分、钙均高于轮牧绵羊，而粗纤维较低。这不仅是因为自由放牧区牧草低矮幼嫩，而且在自由放牧条件下放牧家畜还能够采食到幼嫩的再生草，更有利于其日粮品质的提高。另外，自由放牧区绵羊活动范围大，选择性采食余地大，得到高质量的牧草概率相对较高。

# 第九章 荒漠草原载畜率研究

人类利用草原的历史很悠久,在 7000~10000 年以前,开始驯养牲畜时,也就开始了对草原的利用(内蒙古农牧学院,1999)。随着生产力和社会经济的发展,人类对草原的用途也逐渐增多,如家畜放牧、野生动物保护、水源开发、旅游等(Holechek et al., 1989)。草原的用途虽然越来越多样化,但家畜放牧利用仍是今后相当长时间内草原的主要利用方式之一。全球陆地总面积大约 25% 被划为放牧地(Hodgson, 1990),为反刍家畜提供大约 70% 的饲草(Hodgson, 1990; Holechek et al., 1999)。

内蒙古荒漠草原为亚洲中部荒漠草原的重要组成部分,草地面积广阔,是我国重要的畜牧业生产基地,草地为家畜提供大部分饲草,同时还可以涵养水源,改善生态环境。因此,草地的合理放牧利用对于草地生产力的维持,草地畜牧业的可持续发展,以及草地生态环境的保护是极其重要的。荒漠草原的生态环境异常严酷,年降水量仅 150~250mm。冬季严寒,夏季短促,植物终年处于水分亏缺状态,植被稀疏,土壤多砾石,养分贫瘠,不易改造,故以放牧利用为主(李博,2000)。随着家畜数量的增加,荒漠草原的利用强度不断增大,加之不合理的放牧利用,草地退化十分严重(许志信,1979),草地生产力明显降低,退化草地面积达到 36%(内蒙古农牧学院,1999)。草地退化是由多方面因素造成的,长期过度放牧是草地退化的主要驱动力,气候变干并非是决定因素,草地退化影响其生产力的维持和草地畜牧业的可持续发展,使得生物多样性丧失,生态环境恶化(李博,2000)。因此,研究荒漠草原合理利用,特别是荒漠草原合理载畜率,对于遏制草地退化,促进草地畜牧业的可持续发展具有十分重要的理论和现实意义。

载畜率(stocking rate)是指特定时期内一定草地面积上实际放牧的家畜数量,它是指草地上家畜数量的实测值。草地载畜率来源于 20 世纪初 Hadwen 和 Palmer(1922)提出的"承载力"一词,即在不破坏草地资源的前提条件下,一定时间一定面积的草地上能够承载的家畜数量。后来,生态学家 Sampson(1923)在此基础上提出,载畜率是指在草地牧草被正常采食而不影响下一生长季草地产草量的条件下,一定面积的草地能够承载的家畜的数量。美国草地管理学会在 1989 年对载畜率的定义是:在可放牧时间内,实际分配给每个放牧动物的土地面积,并指出载畜率的单位可以表示为单位土地面积上的动物单位,也可以表示为每个月每公顷土地上的动物单位。而载畜量则是指在较长的时期内单位草地面积上可容纳的家畜数量，当实际的载畜率大于载畜量时，草地出现过度利用状况，随之会发生草地退化。在草地放牧管理中，4个重要的要素是家畜的利用时间、分布、种类及载畜率，其中载畜率是放牧管理的首要问题（Holechek et al.，2004）。在草地放牧生态系统中，载畜率是影响草地牧草和家畜生产的重要因素（Vallentine，1990；常会宁等，1994），长期过高或过低的载畜率都会对系统产生一系列的负影响（Noy-Meir，1993）。因此，适宜载畜率是草地放牧系统可持续利用的关键因素之一。

早在19世纪，国外有些学者就描述了草原放牧问题（Heady and Child，1994；内蒙古农牧学院，1999）。20世纪以来，放牧生态学的研究日渐增多，许多学者对载畜量和放牧制度的理论、方法及植被、土壤、家畜之间的关系进行了专项或综合的研究（Heady，1964；Heady and Child，1994；Campbell，1969；Martin，1978；Savory and Parsons，1980；徐任翔等，1982；施玉辉等，1983；Heitschmidt et al.，1987；Holechek et al.，1989；Hodgson，1990；Vallentine，1990；王贵满，1985；皮南林等，1990；李永宏，1993；卫智军和韩国栋，1995；韩国栋和卫智军，2000）。高载畜率的强度放牧导致牧草生产力降低，碳水化合物贮量减少，适口性好的植物数量减少，进而导致植被逆行演替（许志信，1990；王仁忠，1996），生物多样性降低（杨持和叶波，1995）。在高载畜率情况下，草地植物叶面积变小，截获的太阳光能减少，降低了植物的光合能力（Davidson and Philip，1958；Vickery，1973），而且植物碳水化合物的贮备水平下降（El Hansan and Krueger，1980）。无论是自由放牧还是划区轮牧，过高的载畜率都会导致牧草生产率下降（Campbell，1969；Carter and Day，1970；Reeve and Sharkey，1980；皮南林等，1990；姚爱兴等，1995a）。同时，高载畜率限制家畜的进食量，家畜个体生产力下降（皮南林等，1990；马琦和李永宏，1992；卫智军和韩国栋，1995）。高载畜率一般增加土壤表层的容重，降低水分渗透速率（Rauzi and Hanson，1966；Langlands and Bennett，1973），导致土壤理化性状恶化（贾树海等，1999；许志信和赵萌莉，2001）。然而，过低的载畜率对草地也有不利影响（White，1978）。过低的载畜率造成植物枯死物和老叶的大量积累，草地光合效率降低，导致草地生产率下降（Hodgson，1990）。总之，过高或过低的载畜率对草地牧草生产和家畜生产性能及土壤理化性质均会产生不良影响，草地家畜数量是制约草地生产力和草地发展的重要因子。基于此，美国、加拿大、澳大利亚、新西兰等国都严格地规定了各类草地的载畜率。实践证明，这对草地生产力的维持和草地畜牧业的持续发展有很重要的作用。

本试验研究在内蒙古达茂联合旗达尔罕苏木的内蒙古农牧学院（现内蒙古农业大学）哈雅教学牧场进行，群落类型为短花针茅＋冷蒿＋无芒隐子草荒漠草原类型。试验包括两部分：试验Ⅰ于1985～1989年进行，设置3个不同载畜率水平：轻度放牧（LG），26.67hm²，18只成年杂种羯羊；中度放牧（MG），26.67hm²，25只成年杂种羯羊；重度放牧（HG），20hm²，30只成年杂种羯羊。载畜率水平分别为0.675只/（hm²·a）、0.938只/（hm²·a）和1.5只/（hm²·a）。轻度放牧、中度放牧和重度放牧又划分为夏秋放牧地（每年6～10月放牧）和冬春放牧地（每年11月到翌年5月放牧），在各放牧地内实行季节连续放牧，并放牧体重相近（41.45±1.55）kg的成年杂种羯羊，绵羊的管理措施相同。另外，设置一个7hm²不放牧的对照区（CK）。试验Ⅱ于1996～1997年进行，设置5个不同载畜率水平：1.3（A）只/（hm²·0.5a）、1.5（B）只/（hm²·0.5a）、1.8（C）只/（hm²·0.5a）、2.0（D）只/（hm²·0.5a）、3.0（E）只/（hm²·0.5a），小区面积分别为4.5hm²、4.0hm²、3.5hm²、3.0hm²、2.0hm²，均放牧6只体重相近的2岁杂种羯羊［1996年、1997年平均活重分别为（27.32±3.01）kg/只、（20.69±2.24）kg/只］，每年放牧时间为6～10月。另外设置一个不放牧的对照区（CK），面积为2.0hm²。基于上述两个试验，分别就载畜率对荒漠草原草地植被、土壤和草地家畜生产性能的影响进行了探讨和研究。

## 第一节 载畜率对荒漠草原群落特征的影响

放牧对草地群落结构特征、生产力和群落多样性的影响一直都是生态学科研究的热点。群落特征中，盖度、高度、多度、频度和生产力四度一量是衡量草原植被状况的重要指标。随着放牧压力的加大，草地植被盖度、高度和生物量随之降低，植物种类发生显著变化，群落结构趋于简化。充分理解载畜率和草地物种组成之间的关系是实现草地可持续管理的最基本要素（Robert and Phillip，2006）。通常情况下，随着载畜率的增加，草地上的高草会被矮草所取代（Briske，1996）。Holechek等（1999）对北美大量的草地牧草生产研究综述得出，中度放牧比重度放牧的生产力高23%，轻度放牧比重度放牧高36%。重度放牧常常会引起草地的逆行演替，而轻度放牧则使草地向正常的演替方向发展。赵哈林等（1997）的研究表明，在不同放牧压力下，植被盖度、高度和牧草产量产生明显的分异，其中连续轻度放牧下植被恢复明显，而在其他条件下，草地植被的恢复较慢。王玉辉等（2002）在松嫩平原草地上进行放牧研究认为，家畜的采食和践踏对草地植被特征有显著的影响，在放牧过程中，家畜的采食、践踏使植物群落的高度和盖度逐渐降低。王庆锁和张玉发（1999）研究表明，过度放牧会导致草层变矮和地上生产力降低，在围封3年的条件下，贝加尔针茅草原平均草层高度为25cm，最高达90cm，地上生物量为3750kg/hm²；而在过度放牧条件下，退化了的冷蒿草原草层高度仅为20cm，最高也只有40cm，地上生物量3600kg/hm²，比贝加针茅草原低了150kg/hm²。白哈斯（2008）在羊草+薹草草甸草原对草地植被进行的研究结果显示，各放牧小区群落生物量均明显低于对照小区。

就草地植被而言，增加载畜率加大了放牧家畜对植物冠层的采食，草地采食率提高，草地植被的蓄积量会相应减少，从而会降低草地的生产力。特别是在重度放牧条件下，放牧家畜对喜食牧草的采食强度增加，造成该类牧草没有充足的时间再生，最终逐渐从草地上衰退或消失，从而使草地植被的组成状况发生改变，可食牧草的比例下降，有毒有害植物比例增加。然而，即使在这种情况下，家畜为了满足自身能量的需求，仍不得不采食那些适口性较差，甚至有毒有害的植物，致使家畜的健康状况受到影响（Hanselka et al.，2001）。Mphinyane等（2008）在博茨瓦纳南部的半干旱草地的研究表明，由于种间竞争的作用，优质牧草的产量随着载畜率的降低而增加，有毒有害植物却随载畜率的降低而降低，而禾草的产量在低载畜率的情况下也有所降低。

## 一、群落盖度

不同载畜率处理植物群落盖度变化如表 9-1、表 9-2 所示。植物群落盖度有明显的季节性变化，春季（如 6 月）较低，以后逐渐增加，夏末秋初（8~9 月）达到最大值。植物群落总盖度随着载畜率的逐渐增大而减小，并且随着放牧时间的延续不同载畜率之间总盖度的差异加大。例如，1996 年 10 月植物群落总盖度 CK 区、A 区大于 B 区、C 区、D 区、E 区（$P<0.05$），B 区、C 区大于 D 区、E 区（$P<0.05$），D 区大于 E 区（$P<0.05$），而 CK 与 A 区及 B 区与 C 区间均无显著差异（$P>0.05$）。1997 年 9 月植物群落的总盖度除 CK 区与 A 区间无显著差异（$P>0.05$）外，各处理间均有显著差异（$P<0.05$）。

**表 9-1　植物群落盖度**（1996 年）

| 处理 | 冷蒿 | SD | 银灰旋花 | SD | 无芒隐子草 | SD | 阿尔泰狗娃花 | SD | 木地肤 | SD | 羊草 | SD | 短花针茅 | SD | 总盖度 | SD |
|---|---|---|---|---|---|---|---|---|---|---|---|---|---|---|---|---|
| | | | | | | | 7月/% | | | | | | | | | |
| CK | 14.5ab | 3.1 | 0.0b | 0.0 | 0.0a | 0.0 | 0.0b | 0.0 | 1.2bc | 0.7 | 1.8b | 1.8 | 4.1a | 3.5 | 21.5a | 4.1 |
| A | 15.7a | 1.2 | 0.1b | 0.1 | 0.0a | 0.0 | 0.1b | 0.2 | 1.6ab | 0.5 | 0.6c | 0.5 | 3.4a | 2.1 | 21.2a | 2.4 |
| B | 13.3ab | 2.8 | 0.1b | 0.3 | 0.0a | 0.0 | 0.0b | 0.0 | 1.9a | 0.5 | 1.0bc | 0.2 | 2.6a | 2.4 | 17.6b | 1.3 |
| C | 12.4bc | 3.0 | 0.8a | 1.1 | 0.0a | 0.0 | 0.2a | 0.3 | 1.8ab | 1.1 | 1.2bc | 0.5 | 4.7a | 1.6 | 20.9a | 2.0 |
| D | 10.7c | 2.7 | 0.3b | 0.3 | 0.0a | 0.0 | 0.0b | 0.0 | 1.3abc | 0.8 | 1.6bc | 0.6 | 4.5a | 2.0 | 17.8b | 2.5 |
| E | 7.8d | 2.6 | 0.1b | 0.1 | 0.0a | 0.0 | 0.0b | 0.0 | 0.8c | 0.4 | 3.3a | 1.7 | 3.4a | 1.9 | 15.8b | 2.2 |

续表

| 处理 | 冷蒿 | SD | 银灰旋花 | SD | 无芒隐子草 | SD | 阿尔泰狗娃花 | SD | 木地肤 | SD | 羊草 | SD | 短花针茅 | SD | 总盖度 | SD |
|---|---|---|---|---|---|---|---|---|---|---|---|---|---|---|---|---|
| 8月/% | | | | | | | | | | | | | | | | |
| CK | 26.4a | 4.8 | 0.5a | 0.4 | 2.9a | 2.0 | 0.1ab | 0.2 | 2.5a | 1.3 | 3.4a | 2.2 | 4.1a | 2.5 | 39.2a | 4.7 |
| A | 28.5a | 2.4 | 0.5a | 0.4 | 0.7b | 0.6 | 0.1ab | 0.2 | 1.6b | 1.0 | 1.3b | 1.2 | 4.5a | 2.4 | 37.4a | 3.0 |
| B | 20.4b | 3.9 | 0.2a | 0.2 | 0.1b | 0.2 | 0.1ab | 0.2 | 1.5a | 0.8 | 1.2b | 0.5 | 3.0a | 2.9 | 27.3b | 2.9 |
| C | 17.5c | 2.1 | 0.6a | 0.6 | 0.1b | 0.2 | 0.3a | 0.2 | 1.0bc | 0.8 | 1.5b | 0.8 | 5.2a | 3.3 | 24.9b | 2.5 |
| D | 14.5d | 1.6 | 0.7a | 0.3 | 0.2b | 0.3 | 0.0b | 0.0 | 0.9bc | 0.8 | 1.3b | 0.8 | 3.7a | 1.2 | 21.2c | 1.9 |
| E | 11.6e | 1.6 | 0.5a | 0.3 | 0.1b | 0.2 | 0.0b | 0.0 | 0.4c | 0.4 | 1.6b | 0.7 | 3.0a | 1.3 | 15.9d | 1.3 |
| 10月/% | | | | | | | | | | | | | | | | |
| CK | 21.1a | 4.0 | 0.2a | 0.4 | 0.0a | 0.0 | 0.0a | 0.0 | 1.5a | 0.7 | 1.7a | 0.9 | 5.3a | 3.8 | 29.0a | 4.7 |
| A | 22.2a | 3.2 | 0.0a | 0.0 | 0.0a | 0.0 | 0.0a | 0.0 | 0.5b | 0.5 | 0.9b | 0.3 | 3.1bc | 1.3 | 26.5a | 4.8 |
| B | 18.3b | 2.0 | 0.2a | 0.4 | 0.0a | 0.0 | 0.0a | 0.0 | 0.5b | 0.5 | 1.1b | 0.5 | 2.5bc | 2.1 | 21.7b | 2.5 |
| C | 16.8b | 2.0 | 0.0a | 0.0 | 0.0a | 0.0 | 0.0a | 0.0 | 0.1b | 0.3 | 0.9b | 0.3 | 4.3ab | 1.5 | 21.0b | 2.1 |
| D | 12.4c | 1.8 | 0.1a | 0.2 | 0.0a | 0.0 | 0.0a | 0.0 | 0.3b | 0.3 | 0.8b | 0.4 | 3.7abc | 1.3 | 17.1c | 1.7 |
| E | 8.4d | 1.8 | 0.1a | 0.2 | 0.0a | 0.0 | 0.0a | 0.0 | 0.1b | 0.2 | 1.2b | 0.7 | 1.9c | 1.1 | 11.9d | 1.4 |

注：表中不同字母表示 $P<0.05$ 水平差异显著，本章下同。

表 9-2　植物群落盖度（1997 年）

| 处理 | 冷蒿 | SD | 银灰旋花 | SD | 无芒隐子草 | SD | 木地肤 | SD | 羊草 | SD | 短花针茅 | SD | 细叶韭 | SD | 总盖度 | SD |
|---|---|---|---|---|---|---|---|---|---|---|---|---|---|---|---|---|
| 6月/% | | | | | | | | | | | | | | | | |
| CK | 4.5d | 1.0 | 0a | 0 | 1.4a | 1.3 | 1.3a | 0.6 | 0.6a | 0.6 | 2.2cd | 1.7 | 0a | 0 | 10.0b | 2.8 |
| A | 7.8a | 0.6 | 0a | 0 | 1.1a | 0.8 | 0.7bc | 0.3 | 0.3ab | 0.4 | 1.2d | 0.6 | 0a | 0 | 11.1ab | 1.4 |
| B | 7.5a | 1.3 | 0a | 0 | 0.0b | 0.1 | 1.0ab | 0.3 | 0.3ab | 0.3 | 3.3bc | 1.1 | 0a | 0 | 12.1a | 2.3 |
| C | 7.1ab | 0.7 | 0a | 0 | 0.3b | 0.4 | 0.5c | 0.2 | 0.1b | 0.1 | 5.2a | 1.2 | 0a | 0 | 13.1a | 1.7 |
| D | 5.9c | 0.7 | 0a | 0 | 0.3b | 0.3 | 0.7bc | 0.4 | 0.4ab | 0.2 | 4.8a | 1.8 | 0a | 0 | 12.1a | 1.8 |
| E | 6.6bc | 1.2 | 0a | 0 | 0.3b | 0.4 | 0.5c | 0.2 | 0.5a | 0.4 | 4.0ab | 1.9 | 0a | 0 | 11.9ab | 2.1 |
| 7月/% | | | | | | | | | | | | | | | | |
| CK | 4.7c | 0.8 | 0a | 0 | 0.7a | 0.5 | 1.0a | 0.4 | 0.9a | 0.5 | 3.8a | 0.9 | 0b | 0 | 11.0a | 1.4 |
| A | 5.9a | 0.7 | 0a | 0 | 0.6ab | 0.5 | 0.6b | 0.2 | 0.3c | 0.3 | 3.5a | 0.5 | 0b | 0 | 10.8a | 0.9 |
| B | 5.7ab | 0.7 | 0a | 0 | 0.2c | 0.2 | 0.7b | 0.3 | 0.6b | 0.2 | 3.7a | 0.7 | 0b | 0 | 10.8a | 0.8 |
| C | 5.2bc | 0.6 | 0a | 0 | 0.2bc | 0.3 | 0.7b | 0.2 | 0.5bc | 0.2 | 4.2a | 1.0 | 0b | 0 | 10.7a | 1.5 |
| D | 5.1bc | 1.0 | 0a | 0 | 0.3bc | 0.3 | 0.7b | 0.2 | 0.7ab | 0.2 | 3.4a | 1.0 | 0.1a | 0.2 | 10.2a | 1.4 |
| E | 3.6d | 0.7 | 0a | 0 | 0.3bc | 0.4 | 0.5b | 0.0 | 0.7ab | 0.3 | 2.4b | 0.7 | 0.3a | 0.3 | 7.7b | 0.9 |

续表

| 处理 | 冷蒿 | SD | 银灰旋花 | SD | 无芒隐子草 | SD | 木地肤 | SD | 羊草 | SD | 短花针茅 | SD | 细叶韭 | SD | 总盖度 | SD |
|---|---|---|---|---|---|---|---|---|---|---|---|---|---|---|---|---|
| | | | | | | 8月/% | | | | | | | | | | |
| CK | 13.4b | 4.9 | 1.3bc | 0.9 | 2.6a | 1.5 | 3.3b | 0.9 | 3.7a | 1.6 | 6.0ab | 2.7 | 0b | 0.0 | 33.6a | 4.2 |
| A | 17.6a | 1.6 | 2.4a | 0.9 | 1.0b | 0.5 | 2.3c | 0.6 | 1.5c | 1.3 | 5.4ab | 1.5 | 0.4b | 0.6 | 30.9ab | 1.8 |
| B | 14.2b | 4.2 | 1.7b | 0.4 | 0.3b | 0.3 | 3.9a | 0.9 | 1.4c | 0.6 | 5.4ab | 2.6 | 0.9b | 0.9 | 27.9c | 2.8 |
| C | 14.1b | 2.9 | 1.4bc | 0.8 | 0.4b | 0.4 | 2.0c | 0.7 | 2.2bc | 0.5 | 7.5a | 2.7 | 0.3b | 0.3 | 28.4bc | 4.6 |
| D | 12.6b | 1.8 | 1.6cb | 0.4 | 0.5b | 0.4 | 0.9d | 0.3 | 3.0ab | 0.9 | 6.9a | 2.0 | 0b | 0 | 25.6c | 2.6 |
| E | 8.2c | 1.6 | 0.9c | 0.5 | 0.4b | 0.5 | 0.5d | 0.3 | 1.9c | 0.6 | 4.4b | 2.3 | 0.4a | 0.3 | 16.7c | 1.7 |
| | | | | | | 9月/% | | | | | | | | | | |
| CK | 14.4c | 3.5 | 1.6abc | 1.2 | 2.8a | 1.8 | 3.2a | 1.8 | 6.4a | 3.3 | 6.6a | 4.1 | 0.2a | 0.6 | 37.6a | 8.7 |
| A | 20.8a | 1.3 | 2.4a | 0.7 | 1.5b | 1.1 | 1.0cd | 0.3 | 3.4b | 2.6 | 4.7ab | 1.8 | 0.3a | 0.3 | 34.2a | 3.8 |
| B | 17.2b | 3.1 | 2.2ab | 1.1 | 0.5c | 0.6 | 1.9b | 0.6 | 3.1b | 1.2 | 4.4ab | 1.8 | 0.3a | 0.4 | 29.8b | 3.8 |
| C | 11.6d | 1.7 | 1.5bc | 0.9 | 0.7bc | 0.4 | 1.5bc | 0.7 | 2.9b | 1.2 | 6.2a | 1.8 | 0.3a | 0.4 | 25.6c | 2.0 |
| D | 9.0e | 3.2 | 1.1c | 0.5 | 0.5c | 0.5 | 0.4de | 0.4 | 2.5b | 1.1 | 4.6b | 1.8 | 0.3a | 0.4 | 18.2d | 3.9 |
| E | 5.9f | 1.2 | 1.0c | 0.7 | 0.5c | 0.6 | 0.1f | 0.1 | 1.5b | 0.7 | 3.2b | 2.4 | 0.1a | 0.1 | 12.5e | 2.3 |

主要植物种群的盖度对载畜率的响应不同。短花针茅盖度 1996 年 7 月、8 月各处理间均无显著差异（$P>0.05$），10 月 E 区显著低于 CK 区、C 区（$P<0.05$）。1997 年早春放牧之前 E 区盖度较高，随着放牧的进行其盖度明显下降，显著低于 CK 区或其他放牧区（$P<0.05$），说明过高的载畜率绵羊采食大量的短花针茅嫩枝叶，造成植物的盖度降低。

短花针茅的盖度始终以 C 区为最高，表明中度放牧干扰既可以刺激短花针茅的分蘖，又不至于对其再生长造成大的危害。冷蒿盖度 1996 年随着载畜率的增加而逐渐减小，并且随着放牧时间的延长各处理间的差异加大。1997 年冷蒿的盖度 A 区、B 区高于或等于 CK 区，高于 D 区、E 区，说明适当的放牧采食可有效地促进冷蒿的营养生长，较不放牧有利。但是，过高的载畜率水平使得冷蒿盖度明显降低，叶面积减小，光合能力降低，长期下去会影响植物的生产潜力。木地肤、无芒隐子草、羊草的盖度随着载畜率的增加而逐渐减小，这 3 种植物适口性好，载畜率较高时极易为绵羊多次采食，所以盖度发生显著性变化。银灰旋花、阿尔泰狗娃花、细叶韭的盖度随着载畜率的增加没有规律性的变化。

## 二、群落高度

由表 9-3、表 9-4 可知，冷蒿、无芒隐子草、木地肤的高度随着载畜率的增加而逐渐降低，方差分析结果表明，CK 区显著高于各个放牧区（$P<0.05$），而

表 9-3 植物密度、高度（1996 年）

| 处理 | 冷蒿 | SD | 细叶韭 | SD | 银灰旋花 | SD | 无芒隐子草 | SD | 阿尔泰狗娃花 | SD | 木地肤 | SD | 羊草 | SD | 短花针茅 | SD | 白花黄芪 | SD |
|---|---|---|---|---|---|---|---|---|---|---|---|---|---|---|---|---|---|---|
| | | | | | | | 7月密度/（个或丛/m²） | | | | | | | | | | | |
| CK | 18.5b | 5.4 | 1.9a | 4.9 | 0.6c | 0.8 | 10.3a | 4.4 | 0.5b | 1.0 | 14.6a | 2.7 | 37.4ab | 35.0 | 20.6b | 9.9 | 0.3b | 0.7 |
| A | 23.9a | 4.0 | 5.7a | 4.6 | 13.1b | 2.9 | 1.7b | 0.8 | 1.0b | 1.6 | 5.0c | 2.4 | 17.6c | 9.3 | 23.1b | 5.6 | 0.4b | 0.5 |
| B | 14.1c | 3.6 | 5.5a | 6.4 | 12.5b | 4.4 | 0.6b | 0.8 | 1.5b | 2.4 | 11.0b | 3.8 | 21.4bc | 6.2 | 22.9b | 8.2 | 0.5b | 0.7 |
| C | 12.3c | 2.4 | 8.8a | 9.5 | 23.5a | 22.8 | 1.8b | 2.1 | 8.1a | 4.7 | 7.1c | 3.8 | 22.9bc | 11.0 | 32.0a | 5.9 | 1.0ab | 1.2 |
| D | 8.3d | 1.2 | 1.6a | 5.1 | 19.5ab | 7.1 | 1.2b | 1.2 | 2.8b | 1.7 | 4.6c | 2.4 | 33.6bc | 16.0 | 17.8b | 5.7 | 1.5a | 1.4 |
| E | 13.2c | 2.1 | 4.6a | 6.9 | 11.5b | 5.9 | 0.8b | 1.3 | 1.0b | 1.3 | 11.9ab | 6.3 | 51.1a | 16.7 | 20.9b | 4.3 | 0.5b | 0.8 |
| | | | | | | | 8月密度/（个或丛/m²） | | | | | | | | | | | |
| CK | 23.7bc | 4.9 | 3.5b | 6.6 | 14.2b | 7.8 | 7.3a | 5.7 | 0.8c | 1.2 | 4.9bc | 2.1 | 64.6a | 52.8 | 13.8e | 6.2 | 0.4b | 0.7 |
| A | 28.7a | 4.6 | 10.5b | 7.2 | 29.4a | 10.6 | 5.0ab | 2.9 | 2.1bc | 1.7 | 4.9bc | 1.6 | 19.2c | 19.9 | 24.6bc | 8.3 | 1.1ab | 0.9 |
| B | 25.1ab | 6.4 | 25.9a | 31.5 | 32.9a | 12.6 | 2.3b | 1.3 | 1.9bc | 3.4 | 11.2a | 4.6 | 18.5c | 10.5 | 23.9bc | 7.7 | 0.7ab | 0.9 |
| C | 19.7c | 3.8 | 4.7b | 6.7 | 28.2a | 22.7 | 2.4b | 2.6 | 9.0a | 3.7 | 7.4b | 3.8 | 23.3c | 9.0 | 35.6a | 11.1 | 0.9ab | 0.9 |
| D | 22.3bc | 2.8 | 4.9b | 8.0 | 23.0ab | 5.9 | 1.6b | 1.9 | 3.3b | 2.0 | 4.8bc | 2.7 | 32.3bc | 17.9 | 30.8ab | 12.4 | 1.7a | 1.5 |
| E | 19.2c | 5.1 | 10.7b | 14.3 | 14.3b | 10.8 | 3.1b | 7.1 | 2.2bc | 1.4 | 4.0c | 3.8 | 51.9ab | 21.6 | 20.7cd | 10.1 | 1.7a | 1.2 |
| | | | | | | | 7月高度/cm | | | | | | | | | | | |
| CK | 4.6a | 1.0 | 3.5a | 2.0 | 3.2ab | 0.8 | 2.7a | 0.9 | 3.8a | 1.8 | 5.1a | 1.8 | 14.5a | 3.2 | 6.2ab | 1.0 | 4.0a | 1.0 |
| A | 3.9ab | 0.8 | 2.1a | 0.7 | 2.9ab | 0.7 | 2.6a | 0.7 | 3.8a | 0.9 | 4.1a | 1.4 | 13.4a | 3.0 | 5.2b | 0.9 | 2.5bc | 0.6 |
| B | 3.5b | 0.9 | 3.5a | 1.2 | 3.7a | 0.9 | 2.6a | 0.7 | 4.1a | 0.5 | 4.0a | 1.4 | 16.8a | 3.6 | 5.2b | 0.7 | 3.8ab | 1.0 |
| C | 3.1b | 0.8 | 2.9a | 1.1 | 3.4a | 0.9 | 2.0a | 0.5 | 4.3a | 0.8 | 4.4a | 2.0 | 13.6a | 2.1 | 6.1ab | 1.1 | 2.9abc | 1.0 |
| D | 2.9b | 1.0 | 3.6a | 2.0 | 3.8ab | 1.2 | 2.1a | 1.2 | 4.1a | 1.3 | 4.0a | 1.6 | 14.0a | 2.0 | 6.5a | 1.2 | 3.1abc | 1.3 |
| E | 3.6b | 1.5 | 3.7a | 1.1 | 2.4b | 0.8 | 2.6a | 0.8 | 3.3a | 1.2 | 2.8a | 1.3 | 14.7a | 1.7 | 6.8a | 1.7 | 2.3c | 0.8 |

续表 (8月高度/cm)

| 处理 | 冷蒿 | SD | 细叶韭 | SD | 银灰旋花 | SD | 无芒隐子草 | SD | 阿尔泰狗娃花 | SD | 木地肤 | SD | 羊草 | SD | 短花针茅 | SD | 白花黄芪 | SD |
|---|---|---|---|---|---|---|---|---|---|---|---|---|---|---|---|---|---|---|
| CK | 6.5a | 2.3 | 2.0a | 0.6 | 3.4a | 1.3 | 4.4a | 1.5 | 4.0a | 2.2 | 6.4a | 2.2 | 13.3bc | 3.0 | 5.2a | 2.45 | 3.8a | 0.4 |
| A | 4.4b | 2.3 | 3.0a | 1.3 | 3.0a | 1.1 | 2.6b | 1.3 | 3.9a | 0.8 | 4.8ab | 2.2 | 14.1b | 3.4 | 5.9a | 1.43 | 2.0a | 1.2 |
| B | 3.6b | 1.8 | 3.1a | 1.4 | 2.5a | 1.0 | 2.0b | 0.3 | 4.0a | 1.4 | 3.5b | 2.1 | 17.0a | 3.0 | 6.4a | 0.85 | 2.6a | 1.4 |
| C | 4.0b | 1.0 | 2.4a | 1.3 | 2.2a | 1.1 | 2.5b | 0.7 | 2.5a | 0.6 | 3.0b | 2.3 | 12.4bc | 2.2 | 7.4a | 1.20 | 2.1a | 0.7 |
| D | 4.0b | 1.7 | 2.5a | 0.5 | 2.5a | 1.2 | 2.2b | 1.1 | 3.6a | 2.2 | 3.9b | 2.0 | 13.6b | 1.6 | 5.8a | 1.46 | 2.4a | 0.8 |
| E | 2.8b | 1.0 | 2.9a | 1.3 | 2.0a | 1.1 | 1.5b | 0.4 | 2.8a | 1.8 | 3.0b | 2.2 | 11.0c | 2.2 | 6.4a | 1.44 | 1.4a | 0.9 |

表9-4 植物密度、高度(1997年)

8月密度/(个或丛/m²)

| 处理 | 冷蒿 | SD | 细叶韭 | SD | 银灰旋花 | SD | 无芒隐子草 | SD | 阿尔泰狗娃花 | SD | 木地肤 | SD | 羊草 | SD | 短花针茅 | SD | 白花黄芪 | SD | 克氏针茅 | SD |
|---|---|---|---|---|---|---|---|---|---|---|---|---|---|---|---|---|---|---|---|---|
| CK | 39.1bc | 19.6 | 1.5b | 4.7 | 17.0b | 10.1 | 6.8a | 4.1 | 6.7bc | 0.3 | | 4.4 | 65.2a | 47.9 | 13.2c | 5.3 | 0.1b | 0.3 | 6.2a | 6.2 |
| A | 72.6a | 8.8 | 17.8ab | 14.1 | 42.4a | 12.7 | 3.7b | 2.3 | 4.6cd | 0.0 | | 2.2 | 22.8bc | 20.4 | 24.9b | 5.2 | 0.1b | 0.1 | 0.3b | 0.9 |
| B | 50.1b | 16.1 | 29a | 26.5 | 39.2a | 16.6 | 1.0c | 1.1 | 14.0a | 0.7 | | 4.3 | 12.7c | 8.5 | 19.8c | 7.8 | 0.0b | 0.0 | 0.2b | 0.4 |
| C | 44.1bc | 9.0 | 13.3ab | 15.1 | 30.4ab | 22.0 | 2.2c | 2.1 | 9.2b | 0.5 | | 5.8 | 18.9bc | 7.7 | 39.9a | 9.9 | 0.5b | 0.5 | 1.7b | 3.8 |
| D | 32.9c | 4.8 | 1.3b | 2.9 | 32.4ab | 11.1 | 2.5c | 3.1 | 4.5cd | 0.3 | | 3.1 | 30.1bc | 11.3 | 33.8a | 17.0 | 0.8b | 1.6 | 0.0b | 0.0 |
| E | 36.0c | 9.9 | 32a | 34.1 | 44.3ab | 31.0 | 2.3c | 2.5 | 2.8d | 0.9 | | 1.3 | 37.3b | 16.0 | 19.3c | 8.7 | 2.0a | 2.4 | 0.0b | 0.0 |

续表

| 处理 | 冷蒿 | SD | 细叶韭 | SD | 银灰旋花 | SD | 无芒隐子草 | SD | 阿尔泰狗娃花 | SD | 木地肤 | SD | 羊草 | SD | 短花针茅 | SD | 白花黄芪 | SD | 克氏针茅 | SD |
|---|---|---|---|---|---|---|---|---|---|---|---|---|---|---|---|---|---|---|---|---|
| 9月密度/(个或丛/m²) | | | | | | | | | | | | | | | | | | | | |
| CK | 48.5c | 12.9 | 4.8ab | 12.6 | 14.8b | 10.4 | 7.2a | 3.9 | 0.2a | 0.4 | 5.8bc | 3.4 | 59.7a | 45.9 | 14.5b | 4.7 | 0.3a | 0.5 | 4.2a | 3.7 |
| A | 95.1a | 4.0 | 10.8ab | 6.8 | 37.1a | 16.6 | 5.5a | 3.4 | 0.1a | 0.3 | 4.4cd | 2.6 | 26.2b | 27.4 | 22.2b | 7.7 | 0.3a | 0.5 | 0.3b | 0.9 |
| B | 64.1b | 19.8 | 11.9ab | 11.0 | 32.7a | 13.1 | 1.7b | 1.1 | 0.5a | 0.8 | 10.6a | 6.1 | 14.7b | 9.3 | 16.6b | 5.3 | 0.7a | 0.8 | 0.3b | 0.9 |
| C | 40.8cd | 3.9 | 13.1ab | 11.4 | 25.6ab | 21.6 | 2.3b | 1.5 | 0.1a | 0.3 | 9.1ab | 7.1 | 25.9b | 14.1 | 34.5a | 13.2 | 0.9a | 1.2 | 1.8b | 3.1 |
| D | 35.2de | 8.6 | 2.6b | 2.8 | 26.3ab | 7.5 | 2.7b | 1.9 | 0.0a | 0.0 | 3.5cd | 2.4 | 33.3b | 20.1 | 35.9a | 17.0 | 1.0a | 1.5 | 0.0b | 0.0 |
| E | 25.7e | 4.3 | 14.1a | 14.2 | 25.3ab | 14.1 | 2.1b | 2.9 | 0.4a | 0.7 | 1.5d | 1.3 | 27.2b | 18.5 | 19.1b | 12.1 | 0.4a | 1.0 | 0.0b | 0.0 |
| 8月高度/cm | | | | | | | | | | | | | | | | | | | | |
| CK | 2.6a | 0.6 | 4.3a | — | 3.3a | 0.5 | 3.2a | 0.7 | 4.5a | — | 3.2a | 0.7 | 13.7a | 2.0 | 6.9a | 1.3 | 4.0a | — | 10.6a | 1.4 |
| A | 2.2bc | 0.3 | 5.1a | 1.3 | 2.6b | 0.7 | 2.3bc | 0.6 | 4.3a | — | 2.3b | 1.0 | 10.8c | 2.7 | 4.7bc | 1.4 | 0.6ab | — | 8.5a | — |
| B | 2.3ab | 0.3 | 4.4a | 0.7 | 2.2bc | 0.4 | 2.8ab | 0.6 | 4.1a | 0.6 | 3.4a | 1.3 | 13.4ab | 2.7 | 4.1c | 0.7 | 3.3a | — | 12.9a | 7.2 |
| C | 2.1bc | 0.3 | 4.3a | 1.8 | 1.5d | 0.5 | 1.7c | 0.6 | 4.2a | 2.0 | 1.9b | 0.4 | 11.3bc | 1.9 | 5.5b | 1.1 | 1.5ab | 1.0 | 6.0a | 2.8 |
| D | 1.9cd | 0.3 | 3.6b | 0.6 | 1.7cd | 0.6 | 2.1bc | 0.6 | 2.1a | — | 1.6bc | 0.5 | 11.3bc | 2.6 | 4.7bc | 1.0 | 1.3b | 0.2 | 0.0b | — |
| E | 1.7d | 0.3 | 2.7b | 1.0 | 1.3d | 0.5 | 1.6c | 0.7 | 1.4a | 0.6 | 1.1c | 0.3 | 7.9d | 1.4 | 4.1c | 0.9 | 1.3b | 0.4 | — | — |
| 9月高度/cm | | | | | | | | | | | | | | | | | | | | |
| CK | 2.9a | 1.1 | 4.0a | 0.0 | 2.2a | 1.0 | 6.8a | 3.6 | 7.8a | 6.0 | 4.7a | 2.0 | 13.0a | 2.4 | 7.7a | 1.3 | 3.3a | 1.5 | 18.4a | 8.3 |
| A | 2.1bc | 0.3 | 4.5a | 1.8 | 2.2a | 0.8 | 3.9bc | 2.5 | 2.0a | — | 1.9b | 0.8 | 12.3a | 2.5 | 5.5bc | 1.0 | 2.3ab | 0.8 | 9.0a | — |
| B | 2.2bc | 0.5 | 3.9a | 2.1 | 1.4b | 0.6 | 5.3ab | 3.9 | 1.7a | 0.6 | 2.5b | 1.3 | 13.4a | 2.8 | 5.0c | 1.2 | 3.0a | 0.4 | 32.0a | — |
| C | 2.4ab | 0.8 | 4.7a | 2.0 | 1.7ab | 0.9 | 3.4ab | 1.7 | 3.5a | — | 2.1b | 2.1 | 14.5a | 2.5 | 6.2b | 0.8 | 2.7ab | 1.0 | 18.6a | 10.5 |
| D | 1.7cd | 0.5 | 2.8b | 1.2 | 1.6ab | 0.5 | 1.7c | 0.6 | 3.1a | — | 1.1b | 0.3 | 9.2b | 1.8 | 5.4bc | 1.1 | 1.3b | 0.3 | — | — |
| E | 1.2d | 0.4 | 2.8b | 0.7 | 1.0b | 0.0 | 2.5c | 0.8 | 2.7a | 0.6 | 1.6b | 0.5 | 4.9c | 1.7 | 4.0d | 0.9 | 1.5b | 0.7 | — | — |

各个放牧区之间均无显著差异（$P>0.05$）。羊草高度 E 区最低（$P<0.05$），B 区最高，CK 区、A 区、C 区、D 区之间均无显著差异（$P>0.05$）。这几种植物是绵羊日粮中的主要组成部分，受放牧的影响较大。短花针茅、细叶韭、银灰旋花等植物的高度对放牧的反应不敏感。

### 三、群落密度

植物密度如表 9-3、表 9-4 所示。短花针茅的丛数 C 区高于 CK 区、A 区、B 区、E 区（$P<0.05$），C 区、D 区之间及 A 区、B 区、E 之间均无显著差异（$P>0.05$），CK 区低于其他各放牧处理（$P<0.05$）。放牧促进短花针茅株丛的分化，即大株丛变成许多小株丛，而不放牧则保留数量少的大株丛。短花针茅在载畜率为 1.714～2 只/$hm^2$ 时株丛数最大，说明载畜率低于 1.714 只/$hm^2$ 的情况下绵羊的放牧采食不能有效地促进短花针茅株丛分化，而载畜率超过 2 只/$hm^2$ 时，绵羊放牧采食对短花针茅的株丛造成危害，甚至死亡。冷蒿个体数 A 区、B 区较高，C 区、D 区、E 区较低；其他植物的密度变化规律性不明显。

冷蒿是一种适口性较好的牧草，植株数量随采食而减少，但是各载畜率处理水平间的变化不甚明显。羊草和细叶韭都有随着载畜率的增大而增加的趋势，这是因为过度的采食使羊草和细叶韭的分枝（分蘖）增多。隐子草在中度载畜率处理水平下的数量较高载畜率处理水平多得多，而与其他载畜率水平间的变化则不明显。银灰旋花的密度，随载畜率水平的提高，呈直线下降趋势，这可能是银灰旋花对牲畜的采食比较敏感所造成。

## 第二节 载畜率对荒漠草原生产力的影响

### 一、地上净生长量

生长季节植物地上净生长量如图 9-1 所示。短花针茅草原植物群落地上净生长量随着载畜率的增加有逐渐减少的趋势。方差分析结果显示，1996 年各区之间植物群落地上净生长量均无显著差异（$P>0.05$）。说明植物群落在放牧干扰下表现等补偿性生长。1997 年 CK 区和 A 区地上净生长量均显著高于 E 区（$P<0.05$），而 CK 区、A 区、B 区、C 区、D 区的地上净生长量之间没有显著差异（$P>0.05$），表明植物群落在载畜率低于 2.0 只/（$hm^2 \cdot 0.5a$）时，植物表现等补偿性生长。当载畜率达到 3 只/（$hm^2 \cdot 0.5a$）时，植物表现为欠补偿性生长。

短花针茅草原是一个放牧型的草地，在长期的家畜放牧作用下形成了许多适应放牧的特点，如低矮而稠密的草层、斜生或近平铺的枝条、分蘖芽位于地表以下等。因此，短花针茅草原在家畜采食后能够较好地恢复生产能力，以补偿由家

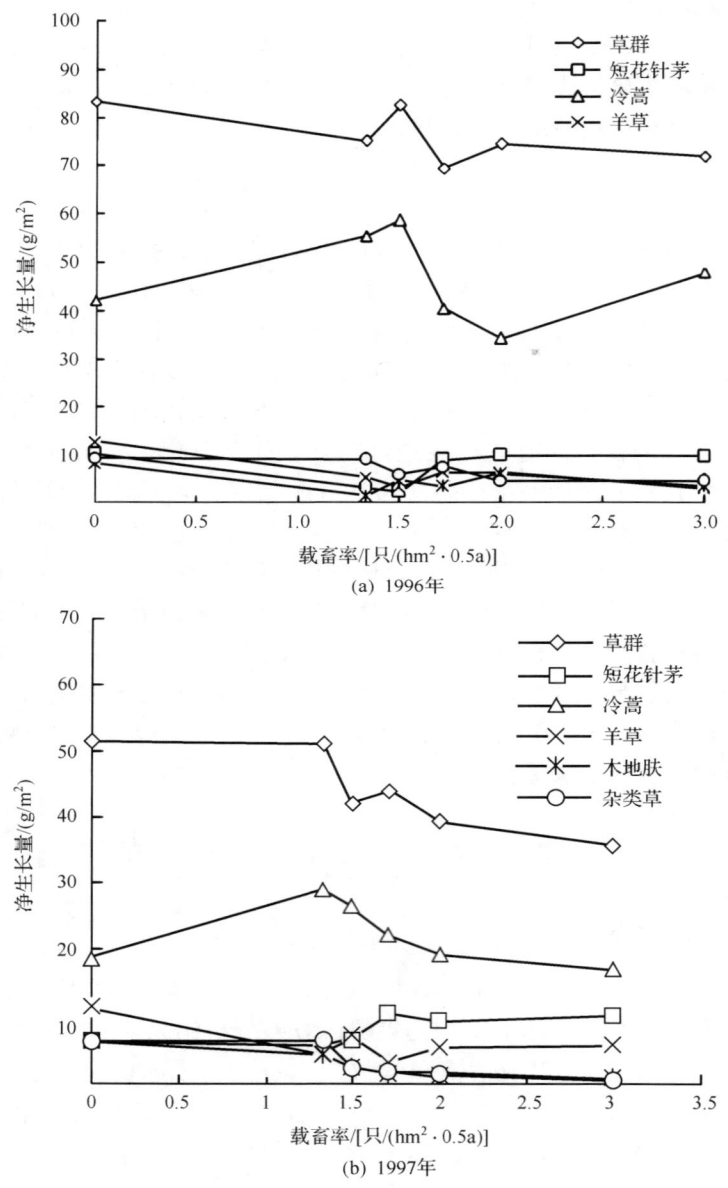

图 9-1 植物地上净生长量随载畜率变化曲线

畜采食造成的危害,植物群落表现等补偿性生长。当然,当载畜率超过一定阈值时,植物遭受损害后,表现欠补偿性生长。Altesor 等(2005)研究表明,在放牧适宜的条件下,群落地上净初级生产力比围封草地的净初级生产力要高 51%。但是,在围封样地内模拟放牧情况下地上净初级生产力最大,比放牧草地还要高出29%。在荒漠草原放牧系统中，只有在适宜载畜率条件下，植物表现等补偿性生长，高于这个载畜率，则出现欠补偿性生长（韩国栋和李博，2000）。

## 二、地上现存量

现存量（standing crop）是指某个时间点存在于特定空间内或特定草地上实际存在的生物量，常用于种群和群丛以至植物群落方面。也常用于生物体的某些部分"如地上部分叶的现存量"等，以生物体量来表示的较多，但也有以个体数来表示的。现存量是迄今生产过程的结果而存在的生物体的量，两个不同的时间的现存量的差异为生长量。也有把现存量作为生物体量的同义词，特别是对于植物一般常有这种用法。

地上现存量是反映草原生态环境和放牧系统稳定性的指标，其大小可判断草原状况、演替趋势、生产潜力和载畜能力等。地上现存量与草地生态系统的不同单元和指标相结合，能够客观、准确、有效地解释放牧生态学中的现象和问题，反映放牧生态学研究中发现的规律。例如，用地上现存量作为评价放牧制度（方式）优劣的标准；地上现存量与植物群落组成反映群落的稳定性；地上现存量与采食量相结合反映植物的补偿生长特性和牧草的利用率，进而反映系统的稳定性；地上现存量与地下现存量的比值反映植物对不同牧压和环境干旱程度的反应；以及用地上现存量与载畜率相结合研究草地适宜载畜率等。因此，地上现存量是放牧生态学研究的一个必不可少的内容，对揭示放牧生态学的规律，阐述放牧生态学研究中的问题具有重要的作用。

试验Ⅰ研究结果表明，在夏秋放牧地，对照区（CK）、轻度放牧区（LG）植物现存量显著高于中度放牧区（MG）和重度放牧区（HG）（$P<0.05$），而CK和LG之间及MG和HG之间均无显著差异（$P>0.05$）[图9-2（a）]。在冬春放牧地，植物现存量CK显著高于LG、MG和HG（$P<0.05$），LG、MG两者之间无显著差异（$P>0.05$），LG、MG均显著高于HG（$P<0.05$）[图9-2（b）]。进一步分析各个植物种群的现存量，在夏秋放牧地，随着载畜率的增加，短花针茅现存量显著降低，CK显著高于LG、MG和MG（$P<0.05$），而LG、MG、HG之间没有显著差异（$P>0.05$）。冷蒿现存量以LG为最高，显著高于MG、HG（$P<0.05$），而CK、LG之间及MG、HG之间均无显著差异（$P>0.05$）。一年生植物（主要为猪毛菜、藜等）现存量CK、LG显著高于MG、HG（$P<0.05$），而CK、LG之间及MG、HG之间均无显著差异（$P>0.05$）。羊草、无芒隐子草及杂类草的现存量没有明显的变化规律。在冬春放牧地，短花针茅现存量随着载畜率的增大呈现下降的趋势，CK显著高于LG和HG，LG高于HG（$P<0.05$），与夏秋放牧地所不同的是MG与CK没有显著差异（$P>0.05$），并且显著高于LG和HG（$P<0.05$），表明冬春季节中度放牧可有效地

刺激短花针茅的分蘖，促进其生物量的积累，过高或过低的载畜率均产生不利影响。冷蒿现存量以 LG 为最高（$P<0.05$），CK、MG、HG 之间没有显著差异（$P>0.05$）。无芒隐子草、一年生植物的现存量以 HG 为最低，显著低于 CK、LG、MG（$P<0.05$），而 CK、LG、MG 之间均无显著差异（$P>0.05$）。羊草及杂类草的现存量无明显的变化规律。

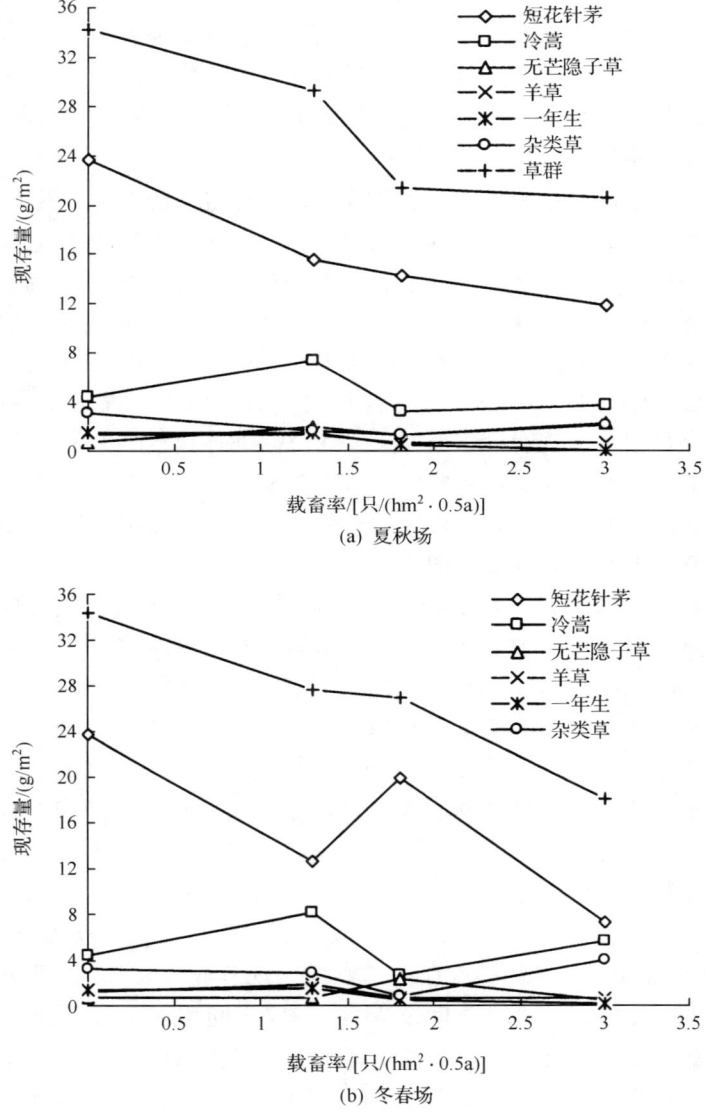

图 9-2 植物地上现存量

在试验Ⅱ中，随着载畜率的增大，植物群落地上现存量逐渐降低（图 9-3、图 9-4）。载畜率超过 1.8 只/（hm²·半年）之后，现存量下降速度加快。

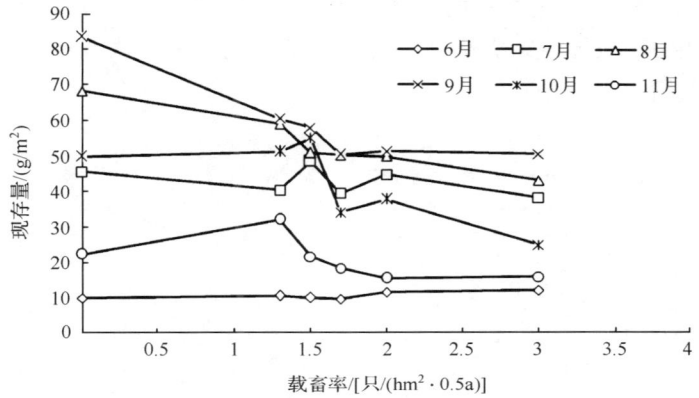

图 9-3 草群地上现存量（1996 年）

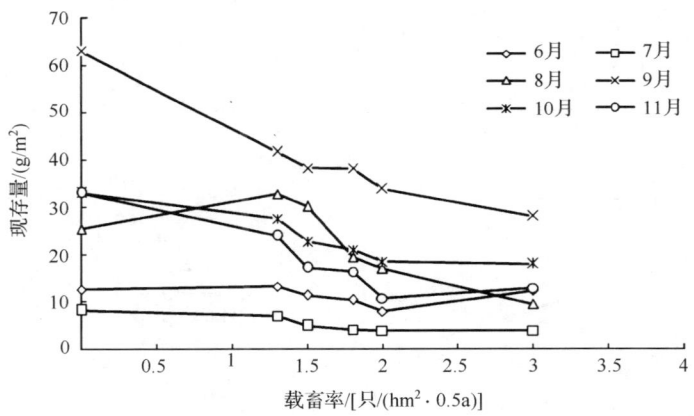

图 9-4 草群地上现存量（1997 年）

进一步分析各种植物种群的地上现存量，短花针茅在较重的载畜率下现存量较高，而在过低的载畜率下现存量较低，表明稍高一些载畜率可以促进短花针茅的补偿性生长（图 9-5、图 9-6）。冷蒿现存量随着载畜率的增大而显著降低（图 9-5、图 9-6）。一般在载畜率超过 1.8 只/(hm²·0.5a) 之后，冷蒿现存量迅速降低，说明作为草地和绵羊日粮主要成分的冷蒿，为绵羊经常采食。较轻度的绵羊采食及其畜蹄践踏可促进冷蒿的营养繁殖和再生生长。长期休闲不利用的对照区，冷蒿因缺乏采食和践踏的刺激，植株呈直立生长，营养繁殖能力大大减弱，与其他放牧区相比，冷蒿的比例明显下降。载畜率较高的放牧区，绵羊放牧密度很高，采食和践踏严重地损害了冷蒿的营养繁殖和再生生长机能，甚至造成植株的死亡（表9-5）。木地肤现存量随着载畜率的增大显著降低。羊草现存量在1996年各处理之间没有明显差异（$P>0.05$），1997年随着载畜率的增大而有所减少（$P<0.05$），但是减少的幅度不大，主要因为绵羊对其采食多集中于夏末秋初，作用时间较短。杂类草（主要为银灰旋花、细叶韭、阿尔泰狗娃花等）随着载畜率的增大而迅速降低。

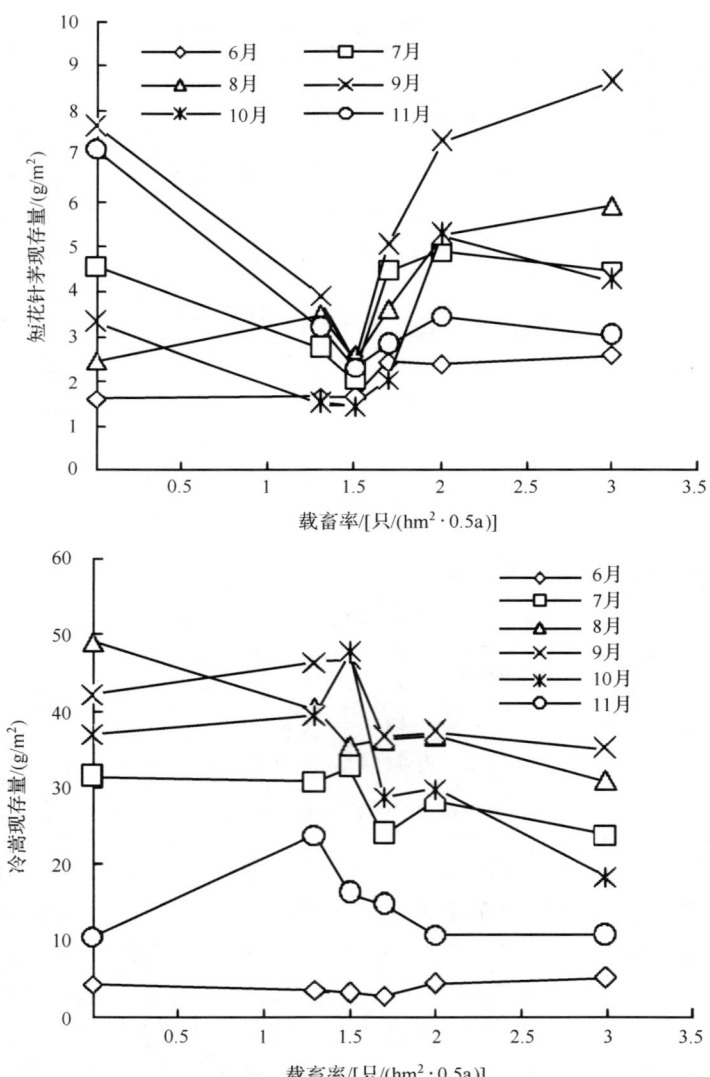

# 第九章 荒漠草原载畜率研究

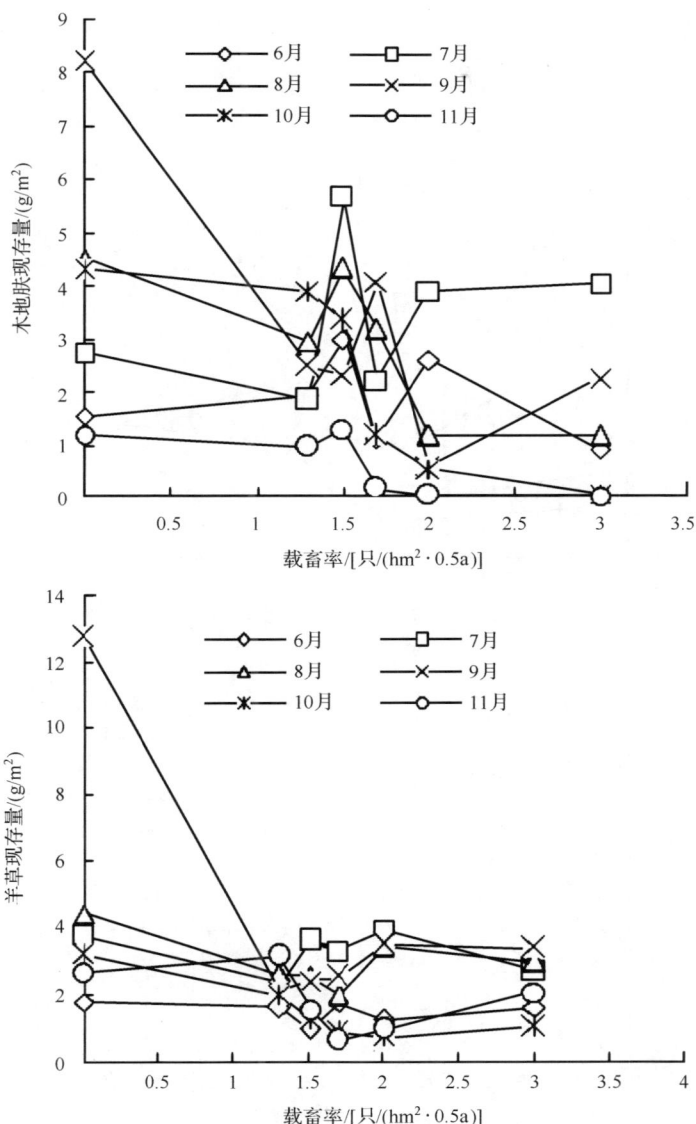

图 9-5 不同物种地上现存量与载畜率的关系（1996 年）

表 9-5 冷蒿株丛死亡情况 （单位：丛/m²）

| 载畜率/[只/(hm²·0.5a)] | 0 | 1.3 | 1.5 | 1.7 | 2 | 3 |
|---|---|---|---|---|---|---|
| 均值 | 0 | 0 | 0 | 0 | 0.1 | 0.4 |
| 标准差 | 0 | 0 | 0 | 0 | 0.32 | 0.97 |
| 差异显著性（α=0.05） | a | a | a | a | a | a |

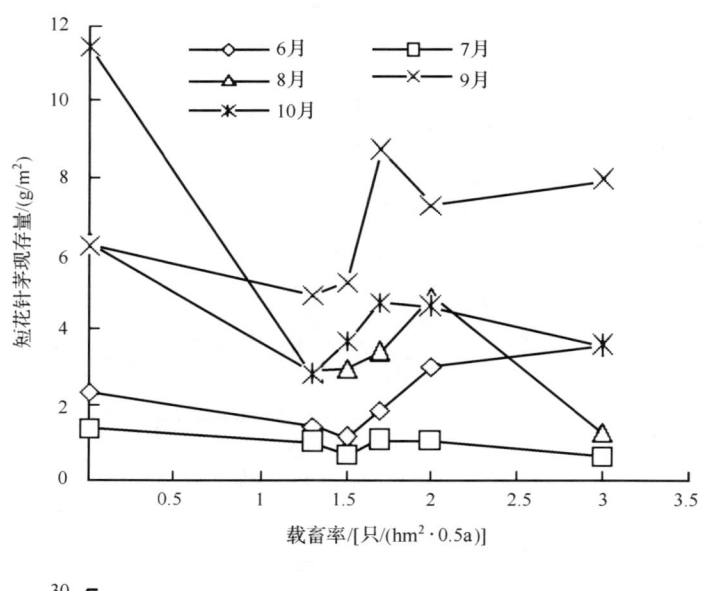

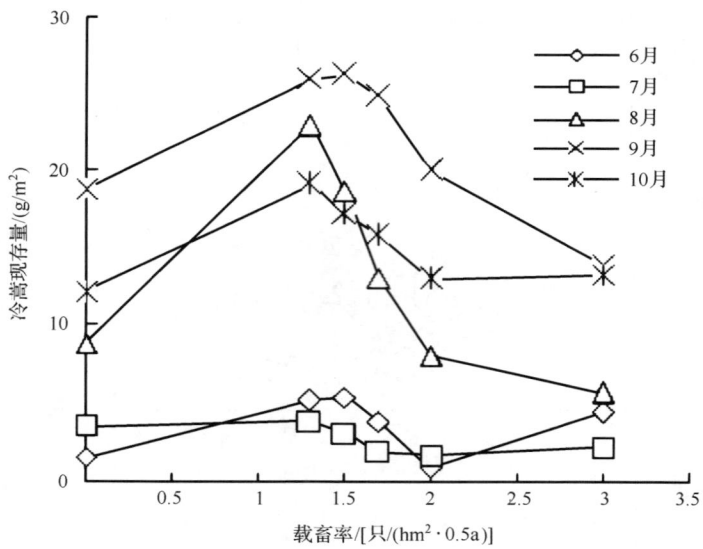

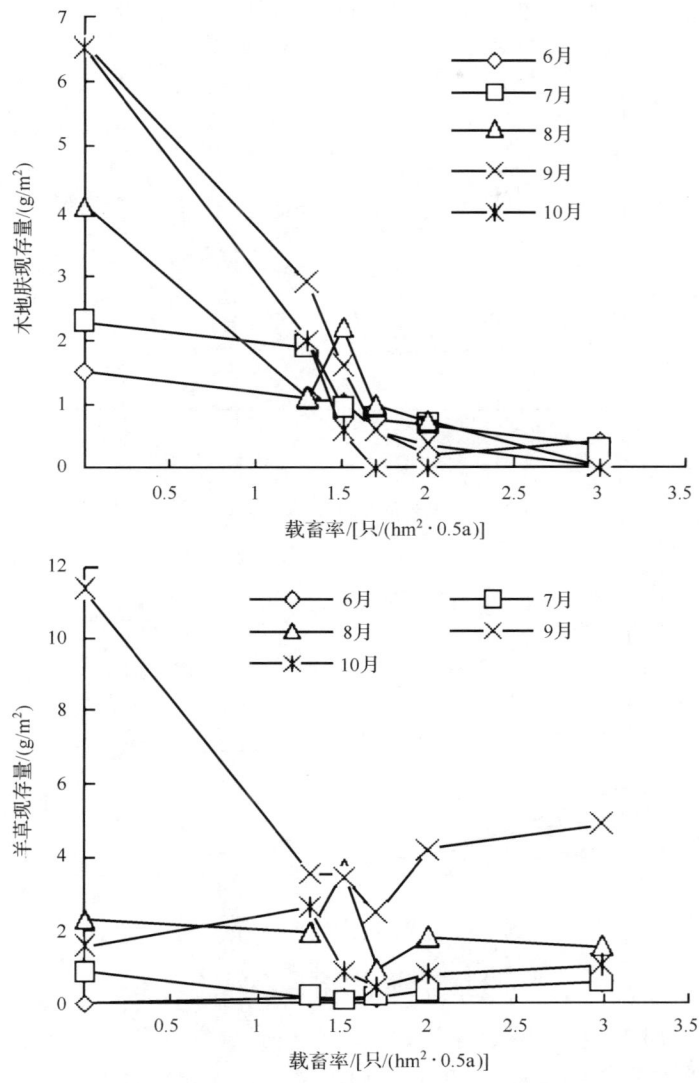

图 9-6　不同物种地上现存量与载畜率的关系（1997 年）

短花针茅草原群落立枯物和凋落物的现存量很小。较低和较高载畜率的放牧区枯枝落叶现存量较多，而中等载畜率的放牧区枯枝落叶现存量较少（图 9-7）。反映了不放牧和轻度放牧由于不采食和采食不足使植物立枯物增多，而重度放牧的过度践踏使植物凋落物数量显著增多。中度放牧在植物未发生萎蔫时就被绵羊采食，加之畜蹄践踏适中，因而枯枝落叶现存量较小。但是，在气候较干旱的 1997 年，随着载畜率的增大，枯枝落叶现存量显著下降。这是由于牧草供应短缺时立枯物和凋落物形成较少，同时绵羊也采食了一部分枯枝落叶的缘故（图 9-8）。

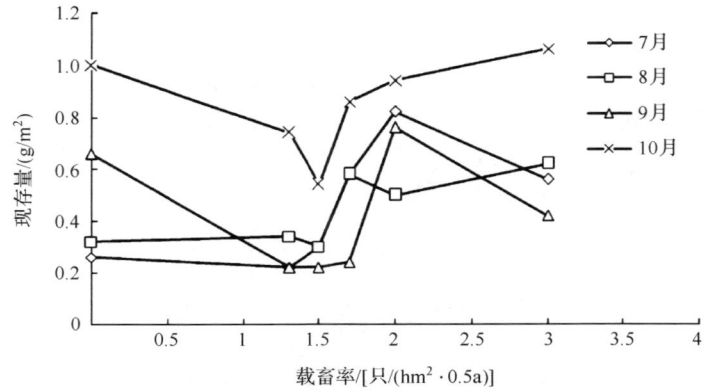

图 9-7　枯枝落叶现存量（1996 年）

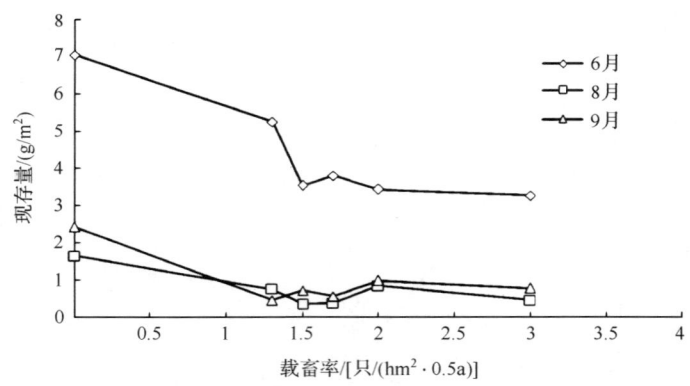

图 9-8　枯枝落叶现存量（1997 年）

放牧不仅影响短花针茅的株丛数，而且还影响它的分蘖数和单个分蘖的重量。短花针茅的分蘖数如表 9-6 所示。由表可知，短花针茅大丛的分蘖数 CK 区显著高于各个放牧区（$P<0.05$），而各放牧区之间均无显著差异（$P>0.05$）；小丛的分蘖数变化规律与大丛相同；中丛的分蘖数 D 区显著高于 E 区和 A 区、B 区（$P<0.05$），与 CK 区、C 区没有显著差异（$P>0.05$），而 E、A 区、B 区之间均无显著差异（$P>0.05$）。绵羊载畜率在 1.714～2 只/hm² 时，短花针茅中丛分蘖数与不放牧的对照区没有明显区别，预示着这种载畜率可以刺激短花针茅的分蘖，而过高和过低的载畜率均不利于短花针茅的分蘖。不仅短花针茅中丛分蘖遵循这一规律，而且大丛和小丛也表现这种变化趋势。

表 9-6　短花针茅分蘖数　　　　　　　　（单位：蘖/丛）

| 处理 | 大丛① | SD | 中丛② | SD | 小丛③ | SD |
|---|---|---|---|---|---|---|
| CK | 182.8a | 36.6 | 80.7ab | 24.4 | 34.2a | 11.0 |
| A | 127.2b | 36.8 | 68.4bc | 11.0 | 10.8b | 4.5 |
| B | 95.6b | 21.2 | 63.2bc | 13.5 | 13.2b | 2.6 |
| C | 169.2b | 20.6 | 76.8ab | 25.0 | 17.6b | 5.0 |
| D | 169.0b | 39.9 | 98.4a | 12.6 | 14.8b | 6.3 |
| E | 107.0b | 32.3 | 44.6c | 20.7 | 13.3b | 3.1 |

①大丛是指丛径≥10cm 的株丛；②中丛是指丛径≥5cm、<10cm 的株丛；③小丛是指<5cm 的株丛，下同。

放牧对短花针茅分蘖的作用除体现在每个株丛的分蘖数外，还对每个分蘖的重量产生影响，短花针茅单个蘖重如表 9-7 所示。由表 9-7 可知，短花针茅大丛、中丛和小丛的单个分蘖重随着载畜率的增加而逐渐降低（$P<0.05$），表明短花针茅的失叶程度与载畜率水平密切相关。羊草种群的单个蘖重也出现类似的规律，由表 9-8 可知，CK 区、A 区、B 区、C 区、D 区的羊草单个蘖重均显著高于 E 区（$P<0.05$），而 CK 区、A 区、B 区、C 区、D 区之间均无显著差异（$P>0.05$）。说明在绵羊载畜率低于 2 只/hm² 时，绵羊的放牧采食对羊草的蘖重影响不大。

表 9-7　短花针茅蘖的重量　　　　　　　（单位：g/蘖）

| 处理 | 大丛 | SD | 中丛 | SD | 小丛 | SD |
|---|---|---|---|---|---|---|
| CK | 0.0340a | 0.0132 | 0.0259a | 0.0106 | 0.0197a | 0.0080 |
| A | 0.0321a | 0.0106 | 0.0264a | 0.0092 | 0.0168bc | 0.0079 |
| B | 0.0276b | 0.0088 | 0.0206b | 0.0084 | 0.0185ab | 0.0094 |
| C | 0.0253b | 0.0097 | 0.0238a | 0.0093 | 0.0147cd | 0.0054 |
| D | 0.0179c | 0.0094 | 0.0175c | 0.0079 | 0.0134d | 0.0068 |
| E | 0.0185c | 0.0082 | 0.0162c | 0.0076 | 0.0135d | 0.0064 |

表 9-8　羊草单个蘖重　　　　　　　　　（单位：g/蘖）

| 处理 | 均值 | 标准差 SD | 差异 |
|---|---|---|---|
| CK | 0.2054 | 0.0577 | a |
| A | 0.1953 | 0.0581 | a |
| B | 0.1726 | 0.0700 | a |
| C | 0.1482 | 0.0574 | a |
| D | 0.1478 | 0.0670 | a |
| E | 0.0857 | 0.0322 | b |

## 三、地下生物量

在草地生态系统生产力动态研究中,大多数的研究都集中于地上生物量的研究,而有关地下生物量的研究则相对较少。近年来,越来越多的学者开始注意到地下生物量在整个草地生态系统发展过程中的重要性,逐步开展了一些相关的研究。

短花针茅荒漠草原上的试验结果表明,随着载畜率的增大,植物地下生物量显著减小,其变化规律符合二次多项式(图9-9)。方差分析结果表明,CK、LG显著大于MG、HG($P<0.05$),MG显著大于HG($P<0.05$),而CK、LG之间没有显著差异($P>0.05$)。说明重度放牧极大地限制了短花针茅草原地下生物量的积累。同时,植物地下、地上生物量具有相似的变化规律。植物群落地下生物量与地上现存量的比例随着载畜率的增加呈二次多项式的递变规律增加,表明绵羊放牧采食首先造成植物地上茎叶的损失,强度放牧使得植物地上现存量迅速降低,而地下生物量的变化是在地上现存量改变之后发生的,其变化速度较地上部分慢。因此,地下生物量与地上生物量的比例随载畜率的增大而逐渐上升。

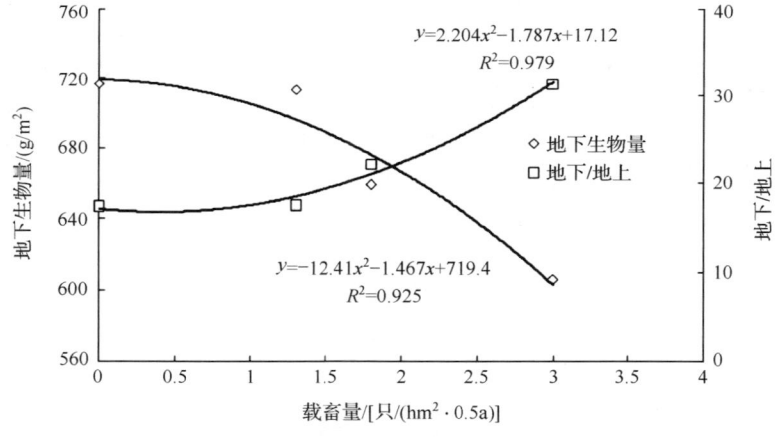

图9-9　植物群落地下现存量

## 四、植物贮藏养分

牧草贮藏养分是指在特定时期制造或贮藏的有机物质,并作为能量和产品为今后植物新组织的形成所利用。贮藏养分的积累和消耗是多年生牧草的一个重要功能,它是牧草生命力的能源,牧草的各种抗逆特性(抗旱、抗寒、抗病虫害等)总是与其贮藏养分水平有着密切的关系。

载畜率不仅影响植物地下生物量,而且还影响植物地下水平、垂直分布和贮藏养分的含量。短花针茅草原群落主要植物地下贮藏的总糖、还原糖含量随着载畜率的增大呈逐渐减少的趋势。蔗糖含量没有明显的规律性变化。方差分析结果表明，各处理间植物地下贮藏养分均无显著差异（$P>0.05$）（图 9-10）。结果表明，短花针茅草原不同的载畜率水平虽然造成对植物采摘程度的差异，影响植物生物量的积累和植物碳水化合物的贮存，但是植物贮藏养分对载畜率的响应远不及生物量敏感。

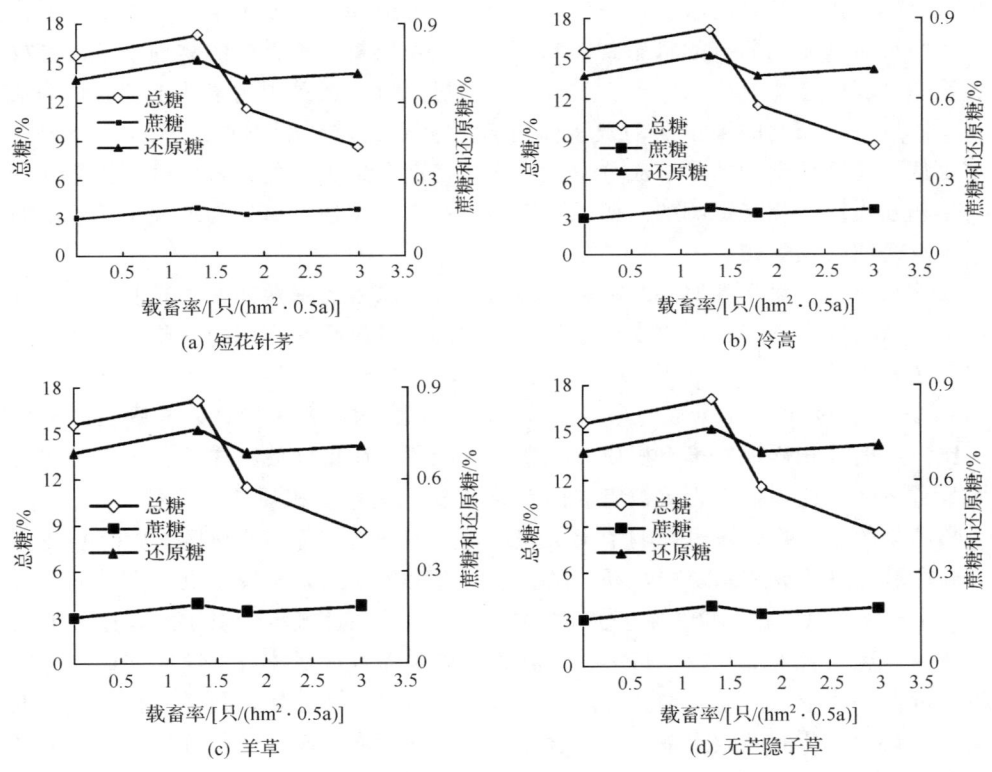

图 9-10　不同植物贮藏养分状况

## 第三节　载畜率对荒漠草原土壤理化性质的影响

载畜率对土壤物理性质既有直接也有间接的影响，直接的影响主要体现在土壤硬度、土壤含水量、土壤容重等方面（姚爱兴等，1995a；贾树海等，1999；戎郁萍等，2001a）。王仁忠（1996）对松嫩草原羊草草地的研究表明，重度和过度放牧阶段土壤容重比轻度放牧阶段分别增加了 47.4% 和 64.9%。红梅等（2001）对锡林河流域草地土壤的研究得出，随着放牧强度的增加，土壤含水量降低。间接的影响主要表现在土壤紧实度增大后会进一步加剧土壤的侵蚀，降低土壤对水分的吸收，从而增加土壤地表径流，造成土壤养分的损失。Proffitt 等（1995）研究指出，放牧绵羊对土壤表层容重和紧实度有显著的效应，高载畜率对土壤的物理性质有破坏性的影响。在高载畜率情况下，家畜践踏增加土壤容重，降低土壤孔隙度，所以导致土壤水分运动受限，进一步使土壤物理状况恶化。土壤物理性质虽然对放牧有一定的忍耐性，但是这种忍耐是有一定限度的。一旦影响超出了其忍耐限度，进而改变土壤的养分循环，使土壤发生本质的退化后，则很难恢复到原有的状态。因此，保证土壤维持一种良好的物理学特性是放牧管理过程中至关重要的一点。放牧家畜通过采食、践踏影响草地土壤的物理结构、渗透率。家畜的采食活动及畜体对营养物质的转化影响草地营养物质的循环，从而使草地土壤的化学成分也发生变化，而草地土壤的物理性质和化学性质又是相互作用、相互影响的。所以，不同载畜率对草地土壤的物理和化学性质的影响总是同时发生的。

放牧对土壤化学性质的影响主要是通过放牧家畜的采食和家畜粪便的排泄及畜产品从草地上的移除而改变土壤化学元素的循环过程起作用的。放牧使草地土壤化学元素的收支平衡发生改变，进而改变草地土壤的肥力水平和供给能力。Frank 等（1995）在不同放牧率对土壤有机质的影响研究中发现，与围栏内土壤相比，适度放牧样地土壤有机质有轻微降低现象，而重度放牧样地土壤有机质反而没有下降，这主要因为植被组成的变化改变了土壤有机质的生产能力。另外，放牧动物的排泄物归还也影响了土壤表层速效养分的循环。裴海昆（2004）在青海高寒草甸藏羊放牧系统中发现，随着放牧强度的增加，土壤有机质含量逐渐减少，由对照的 11.22% 降低到重度放牧的 8.63%，而速效氮含量增加，速效钾含量减少，速效磷含量基本保持不变。其原因也是随着草地放牧强度的加重，草地生物量损失严重，草地生物量生产与分解的平衡状态被破坏，归还给土壤的有机质含量减少，从而导致土壤有机质含量及质量的下降。而速效养分的改变则主要来源于家畜粪肥的输入和植物利用之间的平衡状态的改变。Milchunas 和 Laurenroth（1993）及 Manley 等（1995）通过综述大量的放牧研究得出，放牧对土壤有机碳没有显著的影响，而草地在过度利用的条件下，将会造成土壤有机质的大量损失。但在一般情况下，与不放牧相比较，中等载畜率的放牧会增加土壤中有机碳的含量。但是，也有人通过常年试验研究，得出了不同的结论。Smoliak 等（1972）在较干旱的 *Stipa-Bouteloua* 草原上研究发现，放牧 20 年的重牧区土壤碳含量增加。Bauer 等（1987）在北美大平原上研究发现，未放牧草地中有机碳含量高于放牧地。Schuman 等（1999）在北美混合型草原的研究也得出了与 Bauer 相类似的研究结果。一般情况下，放牧会降低土壤中全氮和硝态氮的含量，但是家畜粪便的排放又会增加土壤中氨态氮的积累，所以不同外界环境下，不同载畜率草地土壤的全氮及速效氮的变化并不确定。

## 一、载畜率对土壤物理性质的影响

### (一) 容重

土壤容重是由土壤孔隙和土壤固体的数量来决定的。根据土壤容重可以计算出任何单位土壤的质量。其公式为：土壤质量＝体积×容重。

计算公式为

(1) 环刀内干土重（g）$= \dfrac{100}{100+土壤含水量（\%）} \times$ 环刀内湿土重（g）

(2) 土壤容重（g/cm³）$= \dfrac{环刀内干土重（g）}{环刀容积（100~\text{cm}^3）}$

大多数研究认为，随着放牧强度的增加，牲畜对土壤的压实作用越来越强烈，土壤容重也逐渐增加。Hart 等（1988）的研究结果显示，较高放牧压力下的土壤容重显著高于低放牧压力下的土壤容重。在我国的高山草地、内蒙古典型草原等多种草地上的研究均表明，放牧对土壤容重的增加具有累积效应，随着放牧强度的增加，土壤容重逐渐增大，且随土壤深度的增加，土壤容重逐渐增大（张伟华等，2000；红梅等，2001；戎郁萍等，2001a；纪亚君，2002）。荒漠草原不同载畜率试验Ⅱ研究表明，土壤容重随着载畜率的增加明显增大，而土壤孔隙度随载畜率的增加呈下降趋势（图 9-11）。

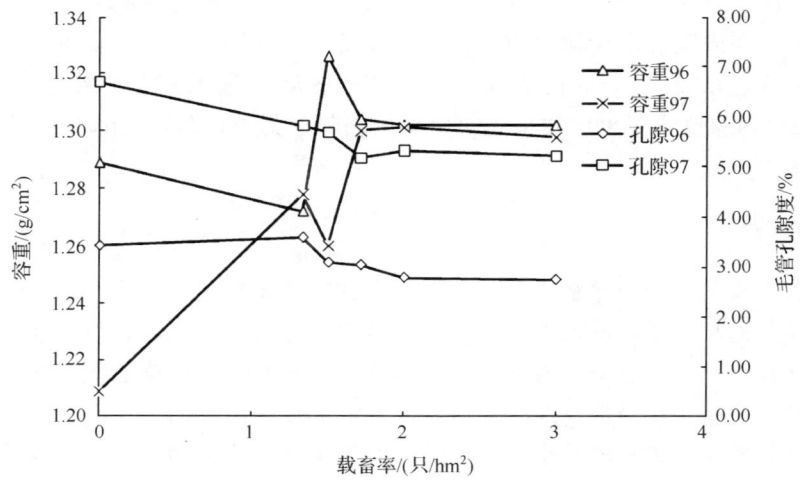

图 9-11 土壤容重和毛管孔隙度

## （二）机械组成

土壤是由大小不同的土粒按不同的比例组合而成的，这些不同的粒级混合在一起表现出的土壤粗细状况，称为土壤机械组成或土壤质地。其影响着土壤水分、空气和热量运动，也影响养分的转化，还影响土壤结构类型。土壤质地分类是以土壤中各粒级含量的相对百分比作为标准，划分为砂土、壤土、黏土。土壤机械组成是评价草地状况的一个非常重要的指标（关世英等，1997）。草地在较高载畜率的条件下，家畜的践踏会破坏土壤的团粒结构，造成风蚀的发生，从而导致土壤机械组成中沙粒增加，而黏粒降低。本试验研究结果显示，在重度载畜率条件下，黏粒显著降低（$P<0.05$）。随着放牧时间的延长，表层土壤的沙粒和黏粒含量增加，而粉粒含量则减少。

## （三）紧实度

土壤紧实度又叫土壤硬度或土壤坚实度或土壤穿透阻力。一般用金属柱塞或探针压入土壤时的阻力表示（单位为Pa）。土壤紧实度的大小可影响植物根系生长，阻止水分入渗，降低土壤养分的利用率，是一个重要的土壤物理特性指标。一般情况下，土壤的紧实度随着载畜率的升高有明显增大的趋势。Witschi和Michalk（1979）指出，在放牧期间，家畜不断对土壤产生踩踏，造成紧实度随着载畜率的增大而明显增加。土壤紧实度的增加主要是家畜践踏破坏了土壤中的大孔隙，使土壤表层的孔隙度降低，土壤水分无法上升到地表而造成的。贾树海等（1999）在内蒙古锡林郭勒盟白音锡勒牧场对土壤特性的研究表明，放牧压力仅影响土壤表层0～10cm的容重，其中以0～5cm最为明显，然而土壤硬度（0～20cm）则随放牧强度增加呈先增后减的趋势。另外，放牧对草地土壤紧实度的影响有累积效应。

## （四）渗透率

透水性和土壤饱和导水率是判定土壤水分的重要参数，衡量土壤渗透能力的重要指标。透水性强弱反映土壤水分和养分保蓄能力的大小，影响土壤的通气状况和水分利用，也是土壤肥力状况的指标之一。一般认为，草地状况越好，则土壤渗透率越大。张蕴薇等（2002）研究发现，随放牧强度的增加，土壤水分渗透率呈下降趋势，开始时渗透率最大，随时间的推移，渗透率降低。在渗透的各阶段，重度放牧区土壤渗透率均明显低于其他处理，说明重度放牧严重破坏了土壤的结构，使土壤紧实、渗透率下降，而且随着渗透时间的推移，重度放牧区渗透率下降幅度明显增大。戎郁萍等（2001a）在河北的研究结果表明，随放牧强度的增大，土壤表层0～10cm的容重增大，土壤变得紧密，渗透率降低。另外，牛海山和李香真（1999）研究指出，随载畜率的增大，饱和导水率降低，且载畜率和饱和导水率之间呈显著的回归关系，但不呈趋势性变化。姚爱兴等（1996a）在湖南南山牧场的研究表明，放牧强度增大，增加了土壤紧密度，容重上升，透气性变差，含水量下降，并且，这种影响随土层深度的增加而减小。本试验的试验研究结果表明，土壤渗水速率（$H$）可由下列公式表示：

$$H = n / \sum (1/Y)$$

式中，$H$ 为平均渗水速率；$Y$ 为即时渗水速率；$n$ 为观测小时数。

各处理土壤渗水速率如表 9-9 所示。

表 9-9 土壤渗水速率 （单位：cm/h）

| 观测时间 | CK | LG | MG | HG |
| --- | --- | --- | --- | --- |
| 第 1 小时 | 11.13 | 10.88 | 11.92 | 5.59 |
| 第 2 小时 | 1.63 | 0.97 | 1.08 | 6.55 |
| 第 3 小时 | 0.04 | 1.36 | 0.75 | 0.02 |
| 第 4 小时 | 0.42 | 0.78 | 0.13 | 0.09 |
| 第 5 小时 | 0.35 | 1.08 | 0.16 | 0.75 |
| $H$ | 0.16ab | 1.23a | 0.31ab | 0.08b |
| 总渗水深度/cm | 13.56ab | 15.08a | 14.04ab | 12.98b |

无论土壤渗水速率还是渗水总深度，均以 LG 为最高，CK、MG 次之，HG 最低（$P<0.05$）。表明多年重度放牧使得土壤变得比较紧实，透水性较差。第 1 小时 HG 渗透的深度远远小于 CK、LG、MG，第 2 小时后水分才逐渐下渗，说明重度放牧造成的土壤紧实主要发生在土壤表层，对土体下层的影响较小。

## 二、载畜率对土壤化学性质的影响

试验 I 的研究结果表明，各种载畜率处理对土壤养分含量的影响基本趋于一致（表 9-10），即随着载畜率的增加，土壤有机质、全氮、碱解氮的含量逐渐减少。土壤有机质的含量主要与土壤中植物根系的积累，植物地上部分进入土壤中的枯枝落叶数量，土壤表面状况及家畜的粪便多少有关。

表 9-10 土壤化学性质

| 土壤养分 | CK | LG | MG | HG |
| --- | --- | --- | --- | --- |
| 有机质/% | 2.321 | 2.130 | 1.850 | 1.816 |
| 全氮/% | 0.111 | 0.097 | 0.065 | 0.028 |
| 全磷/% | 0.085 | 0.082 | 0.066 | 0.073 |
| 全钾/% | 2.530 | 2.828 | 2.712 | 2.626 |

续表

| 土壤养分 | CK | LG | MG | HG |
|---|---|---|---|---|
| 碱解氮/(mg/100g) | 8.340 | 8.260 | 7.780 | 5.310 |
| 有效磷/($10^{-6}$mg/kg) | 9.100 | 8.900 | 6.300 | 9.300 |
| 速效钾/($10^{-6}$mg/kg) | 213.0 | 224.0 | 203.0 | 223.0 |

对照区土壤有机质含量较高，重度放牧区有机质含量最低。主要原因是重度放牧区绵羊高密度的采食，过多地消耗植物地上茎叶，同时植物地下部分积累量也降低。另外，由于家畜的采食和践踏，植物盖度降低后土壤表层风蚀造成土壤有机质的流失，这可以由植物群落盖度及短花针茅分蘖节和羊草的根茎入土深度得到证实（表9-11）。

表 9-11 短花针茅分蘖节和羊草根茎入土深度 （单位：cm）

| 植物名称 | 深度 | CK | LG | MG | HG |
|---|---|---|---|---|---|
| 短花针茅 | 平均值 | 4.93a | 3.27b | 2.81c | 2.22d |
|  | 标准差 | 0.66 | 0.46 | 0.41 | 0.55 |
| 羊草 | 平均值 | 9.53a | 8.08b | 6.93c | 6.49c |
|  | 标准差 | 1.38 | 1.66 | 1.57 | 1.90 |

植物群落盖度随着载畜率的增加呈直线下降，重度放牧植物盖度降低就意味着裸地比例加大，土壤颗粒易被风力搬运而产生风蚀。随着载畜率的增大，短花针茅分蘖节和羊草根茎入土深度逐渐变浅（$P<0.05$）。这是因为载畜率加大之后，一方面土壤表层变紧实，土壤通气性变差，短花针茅分蘖节和羊草根茎向上移动；另一方面土壤表层风蚀使得细土被吹走，土壤表层变薄。

土壤中的磷和钾也是影响土壤肥力质量的关键元素。戎郁萍等（2001a）研究表明，随放牧强度增加，土壤全磷和速效磷含量降低，而全氮和速效氮含量增加。张伟华等（2000）在锡林河北岸的研究表明，随着放牧强度的增加，表层（0~20cm）土壤有机质明显减少，全氮含量亦明显减少，全磷含量在中牧条件下达到峰值，土壤下层（40~50cm）有机质变化不明显，全氮含量在重牧下有升高的趋势，而全磷含量则有明显的下降趋势，0~20cm $NO_3^- - N$、$NH_4^+ - N$ 和速效磷含量均有明显增加。本试验研究结果表明，中度载畜率条件下，土壤的有机质、速效磷和速效钾的含量较高（图9-12）。

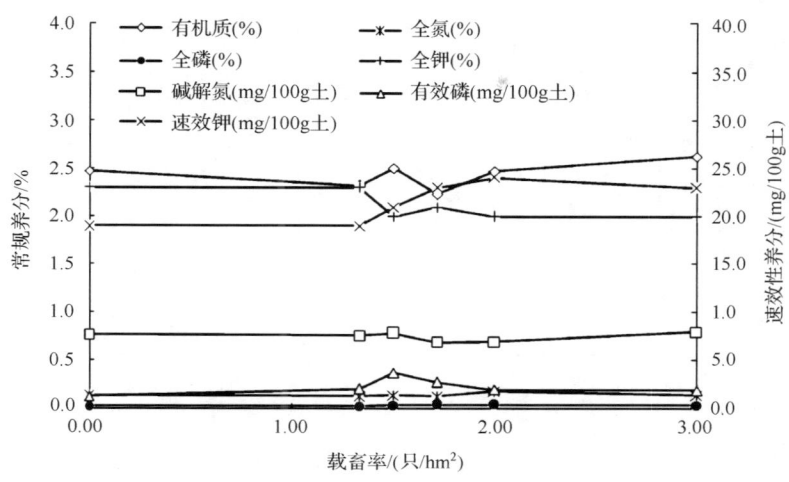

图 9-12  土壤养分含量

## 第四节  载畜率对家畜生产性能的影响

### 一、放牧家畜的体重变化和产毛量

20 世纪以来，草地载畜率成为人们关注的热点。国外许多草地工作者对载畜率与草地植被、土壤及动物生产等关系进行了很多专项研究。普遍认为，草地上家畜的数量是制约草地发展和草地生产力的重要因子，高强度放牧不仅造成植被的逆行演替，而且土壤理化性状亦遭到破坏，家畜个体生产力下降。在草地管理中，家畜的体重增长是一个非常重要的预测最适载畜率的指标，最适载畜率会随着年度、生境类型和放牧家畜种类的不同而不同，但是家畜体重增长与其有着极其密切的关系。生物学的最适载畜率可以通过家畜体重的增长曲线估计出来，但是，这种预测结果必须和实际的草地管理状况相结合，只有准确地掌握了草地的实际状况，才能做出最准确的判断。一个基于生态和经济两个方面的最适载畜率需要知道固定和可变花费是多少，而家畜单位个体的生产和单位草地面积的生产恰恰是解决这一问题的切入点。所以，研究放牧家畜单位个体增重和单位草地面积增重之间的关系，揭示两者之间的相关性，对草地管理者提出适宜经济的最适载畜率具有现实的指导意义（图 9-13，Hart，1988）。

一般情况下，家畜个体的日增重在较低载畜率条件下，随着载畜率的增大会略有增加，但是当载畜率达到一定数值时，放牧家畜的日增重将会直线下降。这主要是由于随着草地单位面积上放牧家畜数量的增加，草地植物群落的地上净生产力降低，也就是说分配到每个动物身上可利用牧草的数量减少。所以，随着载

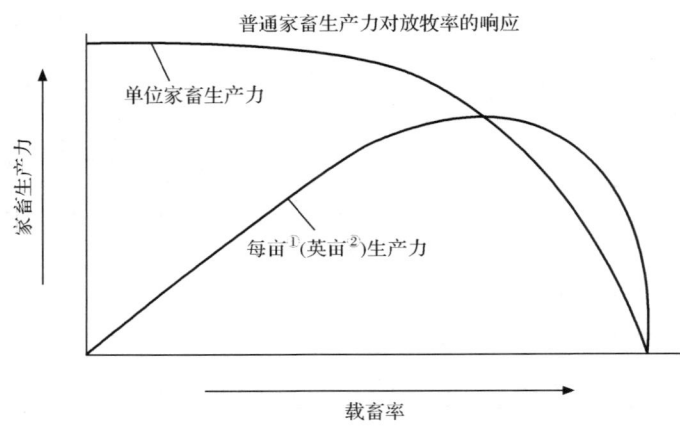

图 9-13 载畜率与家畜生产关系模型

畜率的增大，放牧家畜个体的可利用资源在减少，在这种情况下，放牧绵羊的生产性能则会降低。Zhao 等（2004）在内蒙古草地上的研究发现，过度放牧处理显著降低了绵羊体重的增加。①

## （一）放牧家畜活体重量②

放牧家畜的活体重量可以较为直接地反应草地生产力状况，家畜活体重量的变化同草地的载畜率有着密切的关系。试验Ⅰ中绵羊活重变化如图 9-14 所示。各放牧处理绵羊活重随着放牧的进行而逐年增加，LG 绵羊活重一直保持最高，MG 次之，HG 绵羊活重较前两种处理均低。从各处理绵羊每个生长周期的活重（表 9-12）来看，在试验年份（1985～1989 年）LG 绵羊活重极显著地高于 MG 和 HG（$P<0.01$），MG 与 HG 绵羊活重相比，在第一个生长周期显著高于 HG（$P<0.05$），以后 3 个生长周期亦极显著高于 HG（$P<0.01$）。试验第一年不同载畜率水平的效应在绵羊活重方面就已表现出来，LG 绵羊平均活重很快到达一个高水平，比 MG、HG 分别高（3.87±0.05）kg、（4.72±0.42）kg，而 MG 比 HG 仅高（0.67±0.47）kg。另外，各处理之间的活重差距逐年增大，试验第四年，LG 绵羊平均活重比 MG、HG 分别高（7.71±1.46）kg、（12.19±0.70）kg，MG 比 HG 也高（4.48±0.76）kg，说明载畜率对绵羊活重的影响是十分明显的。

---

① 1 亩≈666.7m²。
② 1 英亩=4046.9m²。

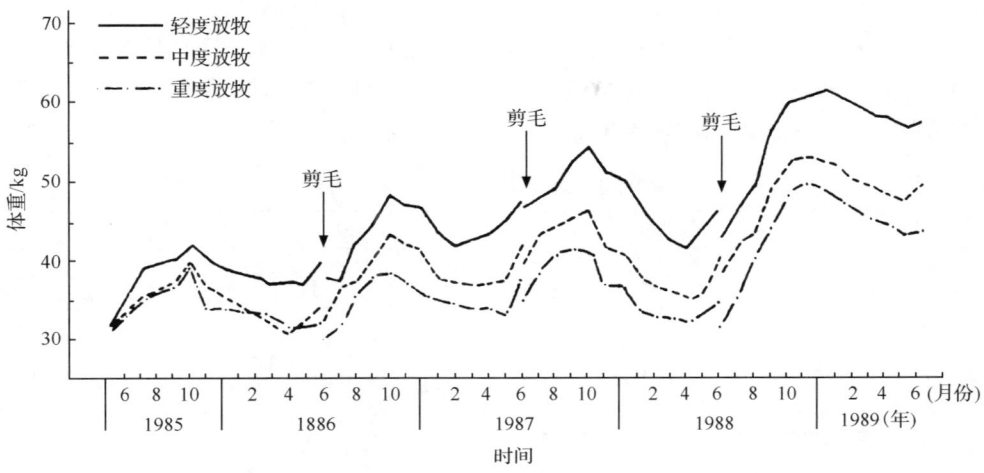

图 9-14　不同载畜率条件下绵羊体重变化

表 9-12　绵羊平均活体重量　　　　　　　　　（单位：kg/只）

| 处理 | 1985～1986 年 | 1986～1987 年 | 1987～1988 年 | 1988～1989 年 |
| --- | --- | --- | --- | --- |
| LG | 38.40±2.69Aa | 44.35±3.62A | 48.71±3.81A | 57.84±6.1A |
| MG | 34.53±2.74bB | 39.40±3.16B | 41.57±3.68B | 50.13±4.64B |
| HG | 33.86±2.27Cb | 35.81±2.56C | 37.47±3.22C | 45.65±5.40C |

由图 9-14 可知，放牧第一年（1985 年），各处理绵羊均在 10 月之后开始掉膘，至翌年 4 月活重开始增加，直到 10 月活重到达最大，然后开始掉膘。放牧第 3 年（1987 年），LG 绵羊在 2 月开始增重，MG 绵羊在 3 月开始增重，HG 绵羊在 5 月才开始增重，而且增重时间的长短也大不相同。LG 和 MG 的增重时间分别为 8 个月、7 个月，而 HG 仅为 4 个月，然后就开始掉膘。放牧第四年（1988 年），各处理绵羊活重在 3 月开始增加，LG 增重时间为 8 个月，MG 和 HG 增重时间为 7 个月。10 月之后开始掉膘，直到翌年（1989 年）5 月 3 个放牧区绵羊活重均开始增加。HG 在放牧第四年活重增加较早，增重时间与 MG 持平。放牧第五年，HG 绵羊活重增加也较早，这与该处理的绵羊自然死亡、羊数减少有关。试验第 1～2 年（1985～1986 年）载畜率水平对绵羊活重上升、下降的起始时间，增重与掉膘时间的长短影响不大。在试验第三年后（1987～1989 年），这种影响比较明显。LG 绵羊活重上升早，增重时间长，掉膘时间短，MG 居中，而 HG 绵羊活重增加晚，增重时间短，掉膘时间较长。

试验Ⅱ中生长季节绵羊的活重变化如表 9-13 所示。生长季节绵羊活重在 10 月达到最大。放牧初期（7 月、8 月），各载畜率之间绵羊活重没有显著差异（$P>0.05$），9 月、10 月、11 月 E 区的绵羊活重显著低于其他放牧处理（$P<$

0.05)。从整个生长季节来讲，绵羊活重 B 区显著高于 A 区、E 区，A 区、C 区、D 区显著高于 E 区（$P<0.05$），而 A 区、C 区、D 区间没有显著差异（$P>0.05$）。表明适度、轻度放牧有利于发挥绵羊个体生产力。绵羊的生产性能除体现在活重外，还表现在增重上。

表 9-13　绵羊活体重量（1996 年）　　　　（单位：kg/只）

| 处理 | 7月 | 8月 | 9月 | 10月 | 11月 | 生长季平均 |
|---|---|---|---|---|---|---|
| A | 26.63a | 31.13a | 34.54ab | 37.79a | 37.58a | 33.59b |
| B | 28.83a | 32.50a | 37.00a | 40.92a | 39.75a | 35.80a |
| C | 27.42a | 31.79a | 36.13ab | 39.09a | 37.92a | 34.47ab |
| D | 28.46a | 32.71a | 35.79ab | 39.42a | 37.59a | 34.79ab |
| E | 24.96a | 29.00a | 31.96b | 33.96b | 33.00b | 30.58c |

## （二）放牧家畜增重与掉膘

放牧家畜的个体增重和掉膘与草地的植被状况密切相关，草地状况较好的情况下，放牧家畜的饲草供应充足，其个体增重就大。相反，如果在牧草供应不足的情况下，放牧家畜就会表现出不同程度的体重减少，即常说的掉膘。大量研究表明，放牧家畜在草地牧草生长旺季（夏秋季节）表现为明显的增重；而在其他季节（冬春季节）则依据家畜所在草地实际情况及补饲状况，表现为不同程度的掉膘。在试验 I 中，随载畜率的增大，绵羊夏秋增重呈减小的趋势（表 9-14）。放牧第 3 年（1987 年）LG 绵羊增重显著高于 MG 和 HG（$P<0.01$），而 MG 与 HG 之间无显著差异（$P>0.05$）。LG 绵羊总增重显著高于 HG（$P<0.01$），而 LG 与 MG 及 MG 与 HG 绵羊总增重无显著差异（$P>0.05$），说明 LG 更有利于绵羊增重。各处理绵羊 6 月体重增加最快（图 9-14），其次是 9 月，因为这两个时期气候比较凉爽，牧草充足，绵羊能够采食较多的牧草。绵羊一般在 10 月开始掉膘（放牧第 4 年例外），且以 10～11 月掉膘量最多，因为绵羊此时仍在夏秋放牧地。11～12 月绵羊体重下降不多，甚至有些年份还出现体重增加现象，这是因为 11 月初羊群刚倒入冬春放牧地，可食牧草较多。各处理之间绵羊掉膘量没有明显差异（$P>0.05$）。

表 9-14　绵羊增重和掉膘（1985～1989 年）　　　　（单位：kg/只）

| 处理 | 增重（6～10 月） | | | | | 掉膘（11 月至翌年 5 月） | | | | |
|---|---|---|---|---|---|---|---|---|---|---|
| | 1985 年 | 1986 年 | 1987 年 | 1988 年 | 总计 | 1985～1986 年 | 1986～1987 年 | 1987～1988 年 | 1988～1989 年 | 总计 |
| LG | 11.5a | 14.5a | 17.5a | 23.4a | 66.8a | 6.9a | 7.3a | 10.5a | 4.3a | 28.9a |
| MG | 9.4a | 15.7a | 12.9b | 21.2a | 59.2ab | 9.6a | 6.9a | 11.4a | 5.8a | 33.7a |
| HG | 8.4a | 10.6a | 12.9b | 20.6a | 52.1a | 7.8a | 6.9a | 9.2a | 7.5a | 31.3a |

## 第九章 荒漠草原载畜率研究

一般情况下,家畜的增重常以家畜个体增重和家畜的单位面积增重来表示。家畜的个体增重、单位面积增重和载畜率的变化表现为一定的线性或非线性关系(图 9-13)。家畜个体增重和家畜单位面积增重曲线交于一点,这一点被 Harlan(1958)称为草地管理的"危险点"(Heady and Chlld,1994),载畜率超过这一点家畜体重开始下降,体况变差,而且饲草的可利用性降低,草地出现退化。载畜率低于这一点,家畜体重对载畜率的变化不敏感。

在试验Ⅱ中,生长季节绵羊个体增重和单位面积增重如图 9-15 所示。绵羊个体增重随着载畜率的增大呈两次曲线减小。方差分析结果表明,个体增重 E 区显著低于 A 区、B 区、C 区、D 区($P<0.05$),A 区、C 区、D 区之间及 B 区、C 区、D 区之间均无显著差异($P>0.05$)(表 9-15)。绵羊单位面积增重随着载畜率的增大呈两次曲线增加,对比家畜的个体增重和单位面积增重,可以得出,短花针茅草原绵羊放牧的适宜载畜率为 2.2 只/(hm² • 0.5a)(图 9-15)。

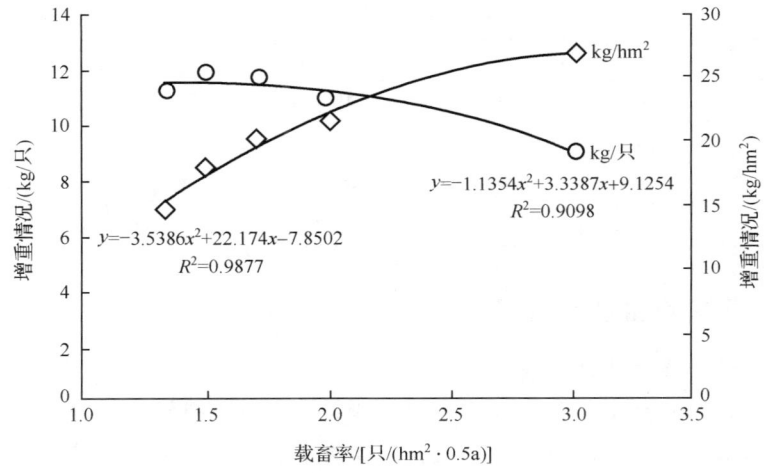

图 9-15　不同载畜率绵羊个体增重和公顷增重变化

表 9-15　不同载畜率绵羊体重变化

| 处理 | 体重/(kg/只) | | | | | |
| --- | --- | --- | --- | --- | --- | --- |
| | 7月 | 8月 | 9月 | 10月 | 11月 | 平均 |
| A | 26.63a | 31.13a | 34.54ab | 37.79a | 37.58a | 33.59b |
| B | 28.83a | 32.50a | 37.00a | 40.92a | 39.75a | 35.80a |
| C | 27.42a | 31.79a | 36.13ab | 39.09a | 37.92a | 34.47ab |
| D | 28.46a | 32.71a | 35.79ab | 39.42a | 37.59a | 34.79ab |
| E | 24.96a | 29.00a | 31.96b | 33.96b | 33.00b | 30.58c |

## (三) 放牧家畜产毛量

草地上放牧家畜的主要产品除了肉之外，每年的产毛也是其重要的生产环节。不同载畜率各年度的原毛产量如表 9-16 所示。试验 I 的研究结果表明，1985 年、1986 年、1987 年，各载畜率处理之间绵羊原毛产量没有显著差异（$P>0.05$）。1988 年测定了各处理羊毛的净毛率，LG、MG 和 HG 羊毛的净毛率分别为 57.42%、41.71%和 33.88%。方差分析结果表明，LG 绵羊净毛产量显著高于 MG 和 HG（$P<0.01$），MG 与 HG 之间差异不显著（$P>0.05$）。试验年份 LG 绵羊原毛产量一直保持着一个较高的水平，从剪毛时的情况看其净毛率也较高；MG 与 HG 绵羊原毛产量相比，试验第二、第三年相差不大，但从剪毛时的情况看 MG 净毛率也较高。1988 年 HG 的产毛量较 MG 有所增加，这与试验后期 HG 处理放牧绵羊因死亡、数目减少、个体产毛量有所增加有关。

表 9-16　绵羊产毛量　　　　　　　　（单位：kg/只）

| 处理 | 原毛重 | | | | 净毛重 |
|---|---|---|---|---|---|
| | 1985 年 | 1986 年 | 1987 年 | 1988 年 | 1988 年 |
| LG | 2.43a | 2.93a | 3.80a | 3.42a | 1.96a |
| MG | 1.92a | 2.23a | 2.70a | 2.27b | 0.85b |
| HG | 2.44a | 2.30a | 2.82a | 2.93b | 0.99b |

## 二、放牧家畜的能量利用率

放牧系统中物质生产和能量利用在植物生产和动物生产系统中进行。植物生产系统的基本过程是植物利用和固定太阳能并从土壤中吸收养料进而通过光合作用形成其组织。动物生产系统中，植物被动物消费，然后进一步转化为可利用的动物产品（Hodgson，1990）。以短花针茅草原植物净生长量最高值的 8 月末为例，从植物生产和动物生产两方面来探讨放牧系统不同载畜率水平能量的转化效率。影响放牧家畜能量利用效率的因素主要包括植物的光能利用率和物质与能量的转化效率。

## （一）放牧草地光能利用率

光能利用率一般是指单位土地面积上，作物通过光合作用所产生的有机物中所含的能量与地面所接受的太阳能之比。理论计算值最大可达 6.0%~8.0%，而实际生产中仅为 0.5%~1.0%，最大可达 2%。

短花针茅草原研究（试验 II）结果显示，植物群落现存有机体的能值（8 月）分配如表 9-17 所示。从植物群落的能值分配看，单位面积植物群落的总能值随着载畜率的增大而逐渐减小。植物能值在植物各个部位的分配比例不同。

表 9-17　植物群落现存能值分配　　　（单位：kcal/m²）

| 处理 | 地上 | % | 根颈 | % | 根系 | % | 群落 |
|---|---|---|---|---|---|---|---|
| CK | 433.8 | 10.5 | 727.6 | 17.7 | 2954.0 | 71.8 | 4115.4 |
| A | 441.0 | 10.8 | 401.8 | 9.9 | 3226.8 | 79.3 | 4069.6 |
| B | 280.1 | 7.2 | 343.1 | 8.9 | 3241.3 | 83.9 | 3864.5 |
| C | 328.5 | 10.0 | 374.7 | 11.4 | 2577.3 | 78.6 | 3280.5 |
| D | 483.4 | 13.0 | 430.7 | 11.6 | 2806.2 | 75.4 | 3720.3 |
| E | 173.3 | 6.5 | 176.1 | 6.6 | 2330.4 | 87.0 | 2679.7 |

植物的能量主要集中于植物根系，植物根颈、地上部分所占的比例较小，表明短花针茅草原植物群落固定下来的能量主要集中分配在植物体的地下部分，这是植物长期适应荒漠草原严酷环境条件的一种表现。同时，也与植物适应家畜放牧采食的过程有关。研究结果表明，植物地上部分、根颈、根系的能值均以 E 区为最低。短花针茅草原生长季节的平均太阳总辐射为 5748kcal/（m²·d），有效辐射为 1416kcal/（m²·d），生长季节（4 月 10 日到 8 月 11 日）的太阳总辐射和有效辐射分别为 712 752.0kcal/m² 和 175 584.0kcal/m²。由此计算出植物群落的光能利用率（表 9-18）。

表 9-18　植物群落净生长能量　　　（单位：kcal/m²）

| 处理 | 地上 | 根颈 | 根系 | 群落 | 光能利用率/%（占总辐射的百分比） | 地上占群落/% | 地下/地上 |
|---|---|---|---|---|---|---|---|
| CK | 433.79 | 291.05 | 1181.60 | 1906.44 | 0.2675 | 22.75 | 3.39 |
| A | 441.04 | 160.73 | 1290.70 | 1892.47 | 0.2655 | 23.30 | 3.29 |
| B | 280.12 | 137.24 | 1296.50 | 1713.86 | 0.2405 | 16.34 | 5.12 |
| C | 328.51 | 149.89 | 1030.90 | 1509.29 | 0.2118 | 21.77 | 3.59 |
| D | 483.39 | 172.30 | 1122.47 | 1778.17 | 0.2495 | 27.19 | 2.68 |
| E | 173.28 | 70.43 | 932.15 | 1175.86 | 0.1650 | 14.74 | 5.79 |

生长季节短花针茅草原禁牧条件下植物的光能利用率为 0.2675%，低于线叶菊草原（0.48%）、羊草草原（0.87%）和大针茅草原（0.34%）（李博等，1990）。植物的光能利用率随着载畜率的增大而逐渐降低，尤其以 E 区为最低，而且单位面积植物群落地上、根系、根颈及植物群落总体的净生长的能量均随着载畜率的增大而逐渐减小。这些结果的产生是由载畜率增大之后，绵羊放牧采食作用增加，植物群落盖度变小，植物光合面积减小（White，1978）造成的。

草原植物群落地下部分占很大一部分比例，生长季节短花针茅草原地下贮存的能量为地上的 2.68~5.79 倍（因载畜率不同而异）。因此，草地上可供放牧家畜利用的牧草生产量比较少，草地的可利用牧草生产量的多少影响绵羊的采食量和消化率，进而影响放牧系统的家畜生产和能量利用效率。

（二）放牧家畜物质和能量转化

在草地放牧系统中，植物群落生产的物质通过放牧家畜的采食被动物利用，生产出家畜产品，其间包含几个物质和能量转化阶段。放牧管理就是通过提高这些转化阶段的物质和能量转化效率来进行草地的优化管理，并达到草地的可持续利用。绵羊的干物质（DM）采食、消化如表 9-19 所示。随着载畜率的增大，草地的饲草供给量、绵羊的采食量和消化量逐渐减小，饲草的消化率降低，采食率增大，而绵羊的排粪量没有明显的规律性变化。

表 9-19　绵羊的采食、消化和代谢

| 处理 | 饲草供给量 /[kg/(只·d)] | 采食量 /[kg/(只·d)] | 排粪量 /[kg/(只·d)] | 消化量 /[kg/(只·d)] | 采食率 /% | 消化率 /% |
|---|---|---|---|---|---|---|
| A | 5.27 | 1.81 | 0.61 | 1.20 | 34.31 | 66.43 |
| B | 4.54 | 1.77 | 0.83 | 0.94 | 38.91 | 53.00 |
| C | 3.76 | 1.66 | 0.67 | 0.99 | 44.21 | 59.37 |
| D | 3.13 | 1.53 | 0.62 | 0.91 | 48.81 | 59.48 |
| E | 2.10 | 1.14 | 0.65 | 0.49 | 54.20 | 45.22 |

各放牧区绵羊对饲草的能量转化也符合这一变化规律（表 9-20）。在草地可利用饲草转化为家畜产品的过程中，能量通过绵羊的采食、消化、代谢而成为其可直接利用的能量，用于绵羊的维持、增重和产毛等畜产品生产。

表 9-20　绵羊的能量转化

| 处理 | 饲草供给能 /[kcal/(只·d)] | 采食能 /[kcal/(只·d)] | 粪能 /[kcal/(只·d)] | 消化能 /[kcal/(只·d)] | 代谢能 /[kcal/(只·d)] | 采食率 /% | 消化率 /% |
|---|---|---|---|---|---|---|---|
| A | 21 157.61 | 7 686.32 | 2 260.900 | 5 425.42 | 4 448.84 | 36.33 | 70.59 |
| B | 17 705.28 | 7 288.27 | 2 963.800 | 4 324.47 | 3 546.07 | 41.16 | 59.33 |
| C | 14 866.40 | 7 002.49 | 2 702.610 | 4 299.88 | 3 525.90 | 47.10 | 61.41 |
| D | 12 607.08 | 6 250.52 | 2 189.620 | 4 060.90 | 3 329.94 | 49.58 | 64.97 |
| E | 7 936.42 | 4 446.21 | 2 246.010 | 2 200.20 | 1 804.16 | 56.02 | 49.48 |

注：代谢能按公式：代谢能＝消化能×0.82 估算（杨风，1990）。

绵羊采食能、消化能、代谢能也可用图 9-16 直观表示。随着载畜率的增大，草地的饲草供给能呈幂函数下降，下降的速度很快，而绵羊的采食能、消化能和代谢能均呈直线减少，减少的速度比较小。这是由于载畜率增大之后，虽然草地饲草供给量减少，但是绵羊的采食率却明显增大，呈对数增长（图 9-17），也就是说绵羊尽可能获得其最大采食量，以满足自身的营养需要。显然，采食率增大之后，绵羊必然采食较大比例的植物茎秆和老叶，结果饲草的表观消化率呈两次曲线下降。绵羊的消化能、代谢能的多少直接影响绵羊的个体增重。很明显，绵羊个体增重随着载畜率的增大而减少的直接原因是绵羊消化能、代谢能降低。可见，从草地放牧系统能量利用角度而言，确定草地的适宜载畜率需要同时考虑植物群落的光能利用率和家畜的能量利用效率。短花针茅草原的能量利用效率如图 9-18 所示。

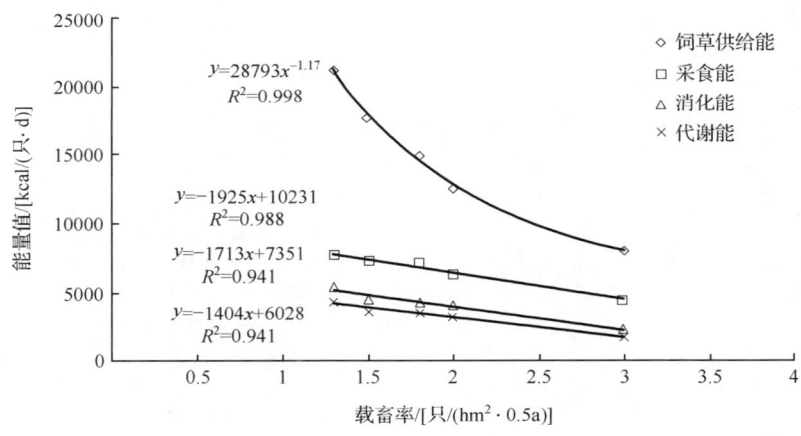

图 9-16　草地放牧系统能量转化

短花针茅草原放牧系统从太阳总辐射能量到绵羊消化能量的利用效率研究表明，A 区、B 区、C 区、D 区、E 区分别为 0.0159%、0.096%、0.0133%、0.219%、0.067%，D 区最高，E 区最低。据此，草地的适宜载畜率可定为 2 只/（$hm^2$·0.5a）（D）。倘若追求的目标不同，适宜载畜率的确定也将有所差异。如果以草地可持续利用为追求目标，适宜载畜率则确定为最大的草地净生产量的那一点，即最大的光能利用率。因此，短花针茅草原的可持续生产力的适宜载畜率为 1.3 只/（$hm^2$·0.5a）。如果追求家畜生产，就需要考虑从植物群落净生长量到动物的能量食入和消化效率。短花针茅草原放牧系统中，A 区、B 区、C 区、D 区、E 区植物群落所固定的能量分别有 8.46%、6.73%、10.25%、13.48%、8.26% 进入绵羊种群，与 Hutchison 报道的数值（10%~20%）十分接近（蔡晓明和尚玉昌，1995），分别有 5.98%、3.99%、6.3%、8.76%、4.09% 被绵羊消化（同化）。所以，短花针茅草地的适宜载畜率应为 1.8 只/（$hm^2$·0.5a）或 2.0 只/（$hm^2$·0.5a）。

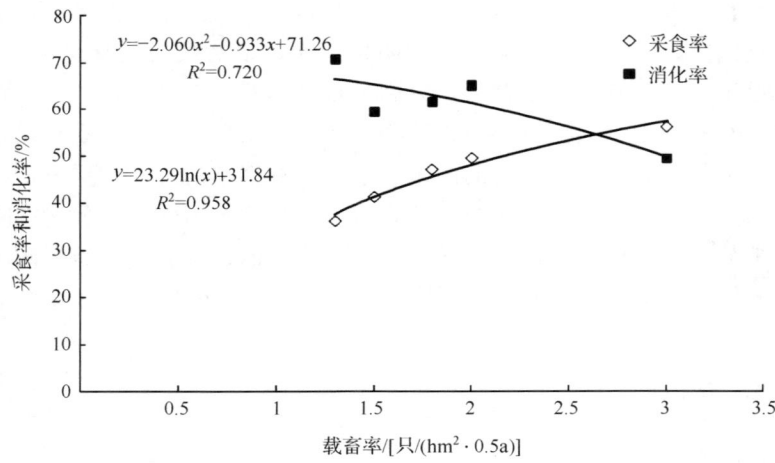

图 9-17　绵羊能量的采食率和消化率

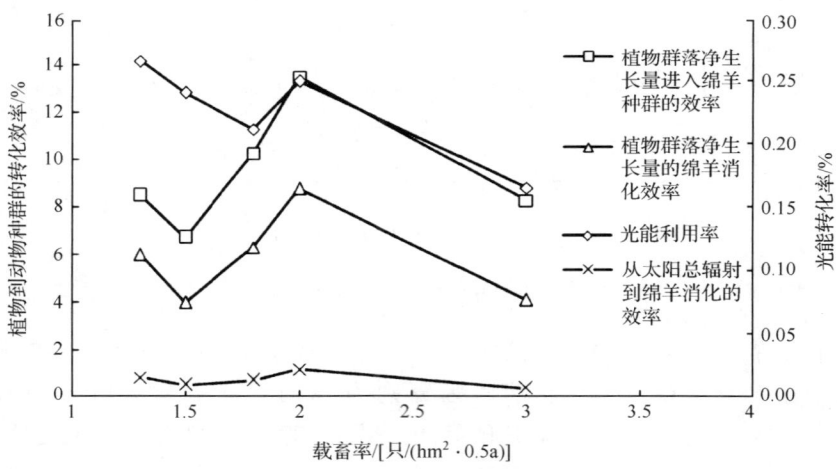

图 9-18　放牧系统能量利用效率

## 三、放牧家畜的经济效益

获得尽可能大的经济效益是草地管理的主要目的之一，而载畜率对草地的最终经济效益会产生间接的影响。Holechek 等（2004）研究认为，在中度放牧条件下，单位面积的净收益比重度放牧和轻度放牧条件下的高 31% 和 11%。一般情况下，重度放牧能获得最大的毛收入，中度放牧却能获得最大的净收益，因为在重度放牧下，家畜的死亡和补饲的花费较高，净收益降低。

在过去相当长一段时间内，多数牧民一味地追求养殖家畜的数量，单纯地认为养殖家畜的数量越多，意味着自己的财富越多。近些年来，越来越多的牧民认识到从净收益和草地的牧草利用效率入手来管理草地才能获得最高的经济效益，尤其在干旱和半干旱地区尤为明显。Pratchett 和 Gardiner（1991）在澳大利亚西部半干旱地区研究发现，载畜率降低 50% 可以明显提高净收入。

短花针茅荒漠草原的试验研究结果表明（1985～1988 年），各放牧处理的投资、产值与经济效益分析指标在不同载畜率条件下有所不同，特别是在重度放牧条件下经济效益低下（表 9-21）。

表 9-21 不同载畜率放牧家畜经济效益分析

| 处理 | LG | MG | HG |
| --- | --- | --- | --- |
| 总投资/元 | 3127.48 | 3946.64 | 4365.43 |
| 单位面积投资/(元/hm²) | 117.50 | 148.05 | 152.63 |
| 现有绵羊收入额（按 1988 年收购价）/元 | 3600.00 | 4600.00 | 3240.00 |
| 4 年活增重折合/(2.40 元/kg) | 1891.30 | 2211.54 | 1701.68 |
| 4 年出售羊毛收入/元 | 1070.96 | 1893.28 | 2098.26 |
| 绵羊死亡折合/元 | 0.00 | 300.00 | 1800.00 |
| 总产值/元 | 6562.26 | 8404.82 | 5239.94 |
| 年产值/(元/hm²) | 61.52 | 78.75 | 65.55 |
| 年费用/(元/hm²) | 29.52 | 36.90 | 52.92 |
| 草地年产值/(元/hm²) | 5.55 | 5.55 | 5.55 |
| 年净产值/(元/hm²) | 26.7 | 36.30 | 7.05 |
| 投资收益率/% | 22.8 | 24.5 | 3.2 |
| 投资回收期/a | 4.4 | 4.1 | 40.0 |

注：按 1988 年价格计算。

由表 9-21 可知，由于购置绵羊的费用占较大的比例，HG 放牧面积最小，所以无论总投资额还是单位面积投资额 HG 均最高，MG 次之，LG 最少。MG 总产值最高，虽然在试验期间绵羊死亡两只，但该处理绵羊的活体增重、产毛收入和现有绵羊价值都居首位。LG 处理没有绵羊死亡，而且个体生产能力较高，但由于绵羊个体数最少，总产值较 MG 低。HG 产毛收入虽然较高，但羊的活体增重低，加之在试验后两年绵羊死亡 12 只直接损失 1800 元，使绵羊的群体活体增重和现有绵羊的价值受到极大影响，总产值最低。就单位面积年产值看由于 HG 放牧面积小，所以产值并不最低，而是 LG 最低。

通过静态指标对投资的经济效益分析结果看，各放牧处理均取得正效益，且以 MG 最高，其次是 LG，HG 最低。按草地畜牧业投资的基准收益率 8% 计算，前两种放牧方式可以说是生产上可行，经济上合理，而且只需 4.1～4.4 年就能收回全部投资，而后者需要 40 年才能收回全部投资。

综上所述，试验进一步佐证了适宜载畜率可能是草地管理过程中影响动物生产性能的一个最重要的因子（Holecheck et al.，2004）的结论，尤其在半干旱地区的草地上，找到一个适宜的载畜率，才能发挥草地的正常功能，提高草地上放牧家畜的生产性能（Mphinyane et al.，2008）。

草地的载畜率只是从直观上给出了一个量化了的放牧强度单位，它还不能准确地反映放牧动物对草地的实际利用状况。在实际的草地放牧管理中，我们需把草地的载畜率同实际的草地利用率结合起来。草地的利用率是衡量草地利用状况的一个基本的指标，科学家在北美等发达国家的研究指出，一般情况下，草地利用率在 50% 左右即为最适利用状况，既能满足草地放牧动物的正常生长，又不至于破坏草地生态系统，有利于系统稳定和持续的发展。而就荒漠草原生态系统而言，利用率控制在 40%～50% 较为适宜。在草地管理过程中，适宜的载畜率会使草地生态系统在特定的利用率条件下，维持稳定、可持续的发展。

## 第十章　荒漠草原放牧制度研究

　　放牧制度（grazing system）是放牧管理中的组织和利用体系，它规定了家畜对放牧地时间和空间上的利用安排。它通过草地利用与休闲在时间和空间上的科学组合，结合放牧强度（grazing intensity）和放牧频率（grazing frequency）的调整，使牧草生长与家畜营养达到数量上的平衡。草地放牧制度可以分为两大类，即自由放牧（continuous grazing）和划区轮牧（rotational grazing）。自由放牧又称无系统放牧或无计划放牧，即放牧区不做分区规划，牧工可以随意驱赶畜群，在某一块草地上连续采食。自由放牧制主要包括以下几种形式，即通常所说的自由放牧、抓膘放牧、季节营地放牧和就地宿营放牧。另外，还包括重复季节放牧、集约自由放牧等，我国农牧区常用的羁绊放牧也属自由放牧的一种。划区轮牧也叫有计划放牧，是通过建立永久或临时围栏来划分放牧地，按照一定的放牧方案，在放牧地内严格控制家畜的采食时间和采食范围进行草地利用的一种方式。划区轮牧主要包括如下几种形式，如一般的划区轮牧、更替放牧、暖季宿营放牧、分段放牧、一昼夜放牧和日粮放牧等（Sharrow and Krueger，1979；Heady et al.，1982；Holems，1986）。为合理充分利用生长季牧草，有些学者提出了先导畜-后继畜放牧法和"1.2.3"放牧法或称"全能放牧"法等。20 世纪 50 年代以来，特殊放牧制度（specialized grazing system）成为研究者和管理者研究的热点，大多数特殊放牧制度都是在轮牧的基础上完善而来的。一般美国和世界其他地区的特殊放牧制度主要包括延迟轮牧（defered-rotation grazing）、休闲轮牧（rest-rotation grazing）、季节适宜性放牧（season-suitability grazing）、最佳放牧场放牧（best-pasture system）、Merrill3 群/4 区放牧（merrill three-herd/four pasture system）、高密度低频率放牧（high intensity-low frequency grazing，HILF）和短周期放牧（short-duration grazing）等。HILF 轮牧制度在 60 年代被广泛使用，也称为高强度利用放牧（high-utilization grazing）或无选择放牧（non-selective grazing），这种放牧制度主要是以植被恢复为目的进行设计的（Kothmann et al.，1984）。

　　Taylor 等（1980）基于 HILF 放牧制度在 20 世纪 60 年代末提出了短期放牧，它是利用高载畜密度，缩短放牧期，使家畜能够采食到新鲜的牧草，从而提高日食质量，在较好的管理条件下，其载畜率较自由放牧和其他放牧制度有大幅度提高，这一放牧制度在世界各草地类型均得到提倡。Kothmann 等（1984）在总结了各种放牧制度在草地生产中应用的基础上提出，采用放牧制度要考虑气候、土壤、植被、家畜、野生动物和其他草地资源条件，根据适用的条件可将特殊放牧制度分为4个相互区别的组合，即延迟轮牧、休闲轮牧、高密度低频率放牧和短周期放牧。另外，许多学者对集约化时控周期轮牧制度（intensive time-controlled rotation system）进行了讨论，其特点是多倍的牧地、高载畜密度、放牧期短至在放牧期内不能采食再生牧草的程度，放牧和休闲长度随着牧草生长率的下降而增加。但Skovlin（1984）认为，改良草地条件不应在牧草迅速生长期反复放牧。Savory和Parsons（1980）把这种放牧制度称为短周期轮牧，或称为Savory放牧方法（Savory grazing method，SGM）或Holistic资源管理（Holistic resource management，HRM）或计划放牧（planned grazing）；Hart等（1993）称它为时控放牧（time-controlled grazing）或短周期轮牧（short-duration rotation grazing）。这种放牧制度近年来在放牧试验中研究较多，常称为简单轮牧（simply rotation grazing）。Savory（1988）认为这种放牧制度可使草地植被组成向适口性强、营养价值高的优良牧草种类丰富的方向发展，且草地改良效果较好。同时，家畜"践踏活动"能使土壤结构改善，促进优良牧草种子入土萌发，加快水分和养分循环；还可使关键种的采食强度、频度和时间得到控制。这种放牧制度在近年来的放牧试验中研究较多，它能够改善草地植物的适口性、营养价值，增加植物的多样性（Beck，1978；Corbett，1978；Currie，1978；Taylor et al.，1980；Kothmann et al.，1984；Savory，1988；常会宁等，1994）。

国外对放牧制度的研究已有一百多年的历史，草地划区轮牧制度起源于西欧。1760年法国出版的《农学家-农民的词典》首次对划区轮牧进行了阐述。1798年，欧洲有学者描述了划区轮牧。1887年，南非开始倡导划区轮牧（Heady，1961；Currie，1978）。Holechek（1987）对连续放牧及各类特殊放牧制度进行了比较研究，指出了不同放牧制度的优缺点和适应性。19世纪末，美国把划区轮牧作为改良草地的一种有效措施进行了研究（Currie，1978；Heady and Child，1994）。之后，许多学者对划区轮牧和自由放牧进行了大量的比较研究，并提出了许多不同形式的放牧制度（Heady，1961；Gammon and Roberts，1978；Savory and Parsons，1980；Allan，1985；Heady and Child，1994）。在国外早期的研究中，轮牧计划的设计及放牧制度对家畜生产性能的影响一直是研究者们关注的热点。近几十年来，国外许多学者对植被、土壤、家畜等方面进行了比较全面深入的研究，从不同角度探索了划区轮牧的机理，对其优缺点进行了评价。Sweet等（1984）研究了放牧制度对Botswana草地的影响，发现在距饮水点1km处，轮牧与自由放牧的基盖度相同；距饮水点2km处，轮牧基盖度高于自由放牧，且轮牧的植被组成优于自由放牧。Martin和Severson（1988）研究表明，草地基况差时，轮牧可以促进草地植被恢复；草地基况好时，这种影响较小。环境条件较差时，轮牧可以提高草群盖度和牧草品质。据Hart（1984）

报道，连续放牧条件下，山区鸡脚草产量占总积累量的 23%，而轮牧条件下可达 62%，在平原区分别达 25% 和 71%。Pieper（1980）、Sharrow 和 Krueger（1979）的试验结果表明，羊在轮牧制度中比在自由放牧制度中优越。Ralphs（1990）报道，短期轮牧可以增加牧草产量，提高草地利用率和单位面积草地载畜量。Malinda 等（1998）研究澳大利亚西部草田轮作的试验表明，家畜夏季践踏减少了地表的作物残茬和牧草残留物，在模拟强降雨条件下，径流量增加 2～16 倍、土壤流失量上升 10～14 倍，其中草地径流量和土壤流失量分别增加 2～4 倍和 6～7 倍。同样的绵羊放牧强度，自由放牧时家畜的践踏要重于轮牧，水土流失也更为严重。其他大多数研究也都从不同角度肯定了划区轮牧的优越性，如 Galt 和 Jams（1978）在北美普列利草原对不同放牧制度下草地改良状况及家畜生产性能的研究；Gammon 和 Roberts（1980）在沙漠草原对短周期轮牧下牛采食状况的研究；Allan（1985）对不同放牧制度下草场及家畜生产的研究；Clark 等（1986）进行的施肥与放牧制度对家畜生产影响的研究；Heitschmidt 等（1987）对不同放牧制度下可利用牧草的生物量、质量和地面立枯的研究；Hart 等（1993）对放牧制度、牧场面积、家畜行为、植被利用状况及家畜生产的研究；Hoveland 等（1997）在混合人工草地上进行的放牧制度的比较研究等。许多研究结果均表明，划区轮牧可以提高牧草产量和家畜生产，而且，可以改良草地，防止草地退化（Heady，1961；Sharrow，1983；Warner and Sharrow，1984；Clark et al.，1986；Lambert et al.，1986；Jones and Jones，1989）。特别是根据不同的条件选择适宜的特殊放牧制，草地利用效率可大幅度提高，对改良草地及提高家畜生产也有益。

目前，在欧洲、非洲、美洲湿润地区及新西兰的研究认为，划区轮牧优于自由放牧；而在澳大利亚、美洲干旱地区的研究认为，划区轮牧和自由放牧没有什么差异，甚至划区轮牧不及自由放牧（Hull et al.，1967；Heady and Child，1994）。Driscoll（1967）总结了 50 项研究，其中有 29 个项目中家畜体重发生了变化，12 项支持自由放牧，8 项支持轮牧，另 9 项差异不显著。Pieper（1980）总结了 7 个对比试验数据，认为在两种放牧制度中，单位草地面积家畜增重差别是由载畜率的不同引起的，与放牧制度无关。Blackburn（1984）认为高强度低频率放牧制度对草地的破坏程度与自由放牧没有差异。Pitts 和 Bryant（1987）强调短期放牧和连续放牧下植被组成是相同的，前者并不能提高牧草的利用率。Holechek 等（1987）总结了大平原 Prairie 草地和加利福尼亚一年生草地的 25 项研究，发现其中 16 项自由放牧优越，7 项轮牧优越，2 项无差异。Allen 等（1992）对高羊茅——三叶草人工草地上两种放牧制度的研究认为，牛在连续放牧条件下的增重优于轮牧制。Hart 等（1993）在 8 个 24hm$^2$ 短期轮牧和 24 个 4hm$^2$ 自由放牧制度试验中发现，家畜饮水水源距离基本相同的情况下，两种放牧制度对牛的增重无差别。Hart 和 Ashby（1998）报道，在 Wyoming 矮草草地上长达 6 年的试验表明，在载畜率相同的情况下，延迟轮牧、短周期放牧与自由放牧在植物和动物生产方面无差异。Mckown 等（1991）的研究指出，牛自由放牧时营养摄入比轮牧高。这主要是由于轮牧限制家畜对优良牧草的采食，迫使它们采食那些营养价值较低的牧草的结果。有一些学者也认为连续放牧较划区轮牧具有优越性，其主要原因在于自由放牧使家畜对牧草有最大的选择性，最大限度地减少了由于拥挤、驱赶和快速改变饲料等因素对家畜造成的不利影响（Driscoll，1967；Hart et al.，1993）。放牧制度对草地的影响因环境的不同而异，环境条件较差时，轮牧制度能促进草地植被恢复，但在条件优越时对改善草地状况无作用（Martin and Severson，1988）。

总之，有关划区轮牧是否优越是一个争论非常激烈的论题。各种放牧制度在不同地区的应用有很大差别，这很可能与当地的气候、植被和其他草地资源条件及所采用的放牧技术和方法有关，无条件地强调轮牧优于自由放牧或自由放牧优于轮牧的观点都是片面的。即使是相同的轮牧方式，在不同的地域环境及管理条件下所得的结果也不尽相同，适当高的载畜率是划区轮牧的基础，划区轮牧是通过提高载畜率来提高单位面积草地的家畜生产，而不是通过提高个体家畜生产来增加畜产品。只有在牧草短缺的情况下，划区轮牧才能显示其优越性（Hull et al.，1967；Fulton et al.，1981；Heady and Child，1994）。

我国对划区轮牧的研究较晚。最早由宁夏回族自治区的盐池县（1951 年）与青海省贵德县（1952 年）相继试行划区轮牧。任继周等（1954）、任继周（1961）、任继周和牟新待（1964）对划区轮牧理论与方法做了系统全面的阐述，并先后以牦牛、藏绵羊进行了一些划区轮牧试验，获得了大量的研究资料。这一时期其他地区也进行了一些零星的试验，对划区轮牧进行了初步的探讨。20 世纪 80 年代，由于草地的快速退化和草畜矛盾的日益突出，国内对草地划区轮牧的研究逐渐增多。例如，徐任翔等（1982）对电围栏放牧进行了研究，结果表明电围栏放牧是合理利用草场，提高单位面积载畜量的重要途径，同时对保护草场、提高畜产品产量有重要意义。陈自胜等（1983）应用太阳能电围栏进行绵羊划区轮牧的试验表明，草原围栏是合理且有计划地利用草原的重要手段之一。随着畜牧业生产的不断发展和草原经营管理水平的提高，围栏建设已成为国内外草原建设和科学养畜不可缺少的内容。施玉辉等（1983）在四川进行轮牧试验发现与自由放牧相比，冷季牧场实行轮牧可提高产草量、载畜量和家畜繁殖成活率。90 年代以来，由于人们保护草地的意识日渐增强，相应地对草地划区轮牧大范围试验性研究也增多，如王淑强等（1993）对划区轮牧的设计方法及线性规划的研究，结果发现 6.6$hm^2$ 人工草地可饲养 50 个羊单位，线性规划放牧管理的草地载畜量比一般放牧管理提高了 3 倍。李永宏和阿兰（1995）研究的不同放牧体制对新西兰南部补播生草丛草地的长期效应显示，轮牧对大多数草的生长有促进作用，高强度连续放牧有助于杂草鼠耳山柳菊的侵入，加速了草地的退化。张富有和吴光照（1993）对划区轮牧协同小搬圈防止人工混合草地退化的研究；李建龙等（1993）对天山北坡低山带蒿属荒漠划区轮牧的研究；刘太勇（1993）和耿文诚等（2000）对人工草地划区轮牧的研究；姚爱兴和王培（1993）、姚爱兴等（1995a；1995b；1996b；1997）对多年生黑麦草/白三叶人工草地种群密度及家畜生产力的研究；韩慧光等（1999a）对肉牛划区轮牧的实验研究；汪诗平等（1999a）对内蒙古典型草原不同放牧制度的研究；韩国栋等（1990，2001，2004）、韩国栋（1993）、卫智军等（1995；2000；2003；2004；2005；2010）和闫瑞瑞等（2007；2008；2009；2010；2011）在内蒙古荒漠草原进行的划区轮牧研究；杜玉珍等（2005）对内蒙古草甸草原不同放牧制度的研究；卫智军等（2002）和邢旗等（2003）在内蒙古锡林郭勒草原白音锡勒牧场进行的天然草地划区轮牧技术系统试验示范研究等大多数都肯定了划区轮牧的优越性，合理的放牧制度可以恢复草地生机，提高草地生产效益，保持草地生态平衡，使草地得以永续利用（内蒙古农牧学院草地资源教研室，1989；常会宁等，1994；内蒙古农牧学院，1999）。

本试验在内蒙古农业大学"苏尼特右旗都呼木教学科研基地"进行，群落类型为短花针茅＋无芒隐子草＋碱韭草荒漠草原类型。试验选取2个家庭牧场进行划区轮牧与自由放牧的对比研究。放牧试验于1999年开始，每年5月1日放牧开始，11月放牧终止。分别设划区轮牧（RG）、自由放牧（CG）和对照（CK）3个试验处理，划区轮牧草地面积为536hm$^2$，分为夏秋场和冬春场，夏秋场面积为320hm$^2$，又分为8个等面积的轮牧小区，每个轮牧小区面积为40hm$^2$，按小区顺序依次轮流放牧，每个轮牧小区放牧7天，夏秋场放牧时间为180天；冬春场面积为216hm$^2$，放牧时间为185天，冬春季节自由放牧。划区轮牧区放牧863只羊，折合666个羊单位。自由放牧区草场面积为438hm$^2$，其中夏秋场338hm$^2$，冬春场100hm$^2$，但季节牧场在时间利用上界定不明显，均实行自由放牧，放牧640只羊，折合549个羊单位。划区轮牧与自由放牧全年载畜率基本一致，分别为1.24只/hm$^2$、1.25只/hm$^2$。另外，设一个100m×100m的围栏封育小区作为对照区（CK）不放牧。

## 第一节 主要植物种群特征对放牧制度的响应

### 一、主要植物种群生长状况

#### （一）生长速度

短花针茅＋无芒隐子草＋碱韭类型不同处理种群的生长速度不同，而且增长与负增长交替进行（表 10-1）。种群的生长速度除受植物本身的发育节律制约外，还受放牧制度和环境条件的影响。短花针茅在对照区和轮牧区出现增长与负增长的波动，而在自由放牧区基本上一直处于负增长。说明禁牧有利于短花针茅的生长，轮牧对短花针茅生长影响较轻，自由放牧对其生长影响较重。无芒隐子草在自由放牧区 8 月中下旬开始出现负增长，轮牧区 9 月中下旬才开始出现负增长，而且前者较后者负增幅度大得多，说明轮牧有利于无芒隐子草的增长。碱韭的生长速度在对照区仅出现一次负增长，而在自由放牧区和轮牧区均出现两次负增长，且自由放牧区负增长的幅度更大，这说明碱韭在不放牧条件下生长最好，轮牧居中，自由放牧较差。2002 年实际测定时发现了蝗虫啃食的痕迹，植物的负增长与干旱及蝗灾有一定关系，但绵羊的采食是主要影响因素。

表 10-1　主要植物种群生长速度的季节动态　（单位：$10^{-2}$ cm/d）

| 日期 | 短花针茅 | | | 无芒隐子草 | | | 碱韭 | | |
| --- | --- | --- | --- | --- | --- | --- | --- | --- | --- |
| | RG | CG | CK | RG | CG | CK | RG | CG | CK |
| 6.15～7.15 | −4.71 | 6.83 | −2.75 | 4.77 | 5.09 | −0.25 | 3.06 | 12.75 | 5.85 |
| 7.16～7.31 | −18.31 | −0.58 | 2.10 | 7.73 | 8.42 | 11.37 | −11.98 | −36.84 | −8.80 |
| 8.01～8.15 | 3.43 | −3.21 | 2.68 | 6.22 | 9.38 | −1.52 | 3.08 | 5.76 | 0.43 |
| 8.16～8.31 | −1.15 | −4.51 | −8.16 | 0.25 | −9.10 | −0.48 | −2.03 | 0.26 | 2.28 |
| 9.01～9.15 | −6.40 | 0.51 | −10.01 | −0.31 | −15.85 | −2.18 | 17.08 | 19.61 | 21.48 |
| 9.16～10.01 | −3.83 | −3.94 | 4.72 | −1.60 | −2.02 | −1.83 | 2.05 | −7.77 | 4.01 |

## （二）枝条密度

主要植物种群枝条密度见表 10-2，短花针茅的枝条密度在自由放牧区显著大于轮牧区、对照区，而轮牧区与对照区之间差异不显著；无芒隐子草的枝条密度自由放牧区显著低于对照区，但轮牧区与自由放牧区之间的差异不显著；碱韭枝条密度轮牧区显著高于自由放牧区和对照区，自由放牧区与对照区之间差异不显著。这种差异可能与不同植物的生物生态学特性和放牧利用方式有关。自由放牧使短花针茅株丛变得低矮、破碎，单位面积枝条数增加，但对无芒隐子草和碱韭的影响不明显。轮牧和禁牧对无芒隐子草和碱韭枝条的增加有促进作用；与对照相比，轮牧条件下无芒隐子草的枝条密度有下降趋势，但碱韭的枝条密度却陡然上升。可见，自由放牧对短花针茅，轮牧对碱韭，禁牧对无芒隐子草株丛枝条数量的增加分别有明显的促进作用。

表 10-2　主要植物种群株丛的枝条密度　　（单位：枝条/m²）

| 放牧制度 | 短花针茅 | 无芒隐子草 | 碱 韭 |
| --- | --- | --- | --- |
| RG | 313.85b | 722.85ab | 768.10a |
| CG | 594.70a | 508.40b | 75.40b |
| CK | 371.20b | 942.20a | 206.70b |

注：表中不同小写字母表示 $P<0.05$ 水平差异显著，本章下同。

生长季节自由放牧区短花针茅被家畜不断采食和践踏，枝条受损严重，株丛分蘖强烈，不断产生新枝条，因而种群枝条密度增大；轮牧区由于有一定的休闲期，短花针茅未损伤的枝条得到生长发育的良好机会，抑制了侧枝的生长，从而使分蘖芽相应减少。另外，生长中后期短花针茅的适口性降低，在植被良好的轮牧区家畜多不愿采食，仅择食其中的幼嫩枝叶，枯老枝叶得不到更新，分蘖受阻，故其枝条密度较小。无芒隐子草适口性较好，但耐牧性不及短花针茅，被采食后，新枝形成缓慢，因而枝条密度放牧区不及禁牧区；但轮牧区有周期性的休闲，故其枝条密度较自由放牧区高。碱韭适口性优于短花针茅和无芒隐子草，在自由放牧区被连续强度采食，阻碍了新枝条的萌生，因此枝条密度明显低于轮牧区。由表 10-2 可知，轮牧区碱韭的枝条密度也明显高于对照区，这可能是由于轮牧采食与休闲交替进行，碱韭的补偿性生长机制得以发挥，刺激了植株的生长。

## （三）单枝重

不同处理主要植物种群的单枝重结果见表 10-3，各处理之间同一种群的单枝重差异显著（$P<0.05$），且以自由放牧区为最低。造成这种现象的原因是自由放牧条件下，由于家畜的连续采食，植株大量分蘖，不断产生新枝条以弥补损伤、死亡的枝条，株丛的枝条大多为新分蘖枝条，枝条密度虽大，但单枝重反而最低。轮牧区和对照区不同种群的单枝重高低各异，其中，短花针茅和碱韭的单枝重轮牧区大于对照区，而无芒隐子草的单枝重轮牧区小于对照区。

表 10-3　主要植物种群株丛的单枝重　　（单位：$10^{-2}$g/枝）

| 放牧制度 | 短花针茅 | 无芒隐子草 | 碱 韭 |
| --- | --- | --- | --- |
| RG | 5.47a | 3.37b | 2.12a |
| CG | 3.99c | 2.69c | 0.98c |
| CK | 5.20b | 4.10a | 1.96b |

## （四）株丛枝条构件的消长

轮牧区植株株丛的枝条数目普遍比对照区和自由放牧区高（表 10-4）。轮牧区短花针茅株丛的枝条数显著高于自由放牧区（$P<0.05$），轮牧区与对照区之间无显著差异（$P>0.05$）。无芒隐子草株丛的枝条数 6~8 月轮牧区与自由放牧区相比差异不显著（$P>0.05$），但试验后期，轮牧区显著高于自由放牧区和对照区（$P<0.05$）。碱韭单丛枝条数轮牧区最高，对照区次之，自由放牧区最低。表明轮牧有利于植物株丛分蘖，并能够使分蘖产生的枝条正常生长，从而增强了植物的无性繁殖能力。而完全禁牧对植物的营养更新产生一定的影响，特别是对无芒隐子草和碱韭产生不利影响。植物株丛的枝条数目随季节的推移会发生一些变化，轮牧区表现为增加趋势，但增长幅度不大；自由放牧区和对照区表现持平或稍有下降，但下降幅度也不大。可见，植物株丛枝条数的变化是一个渐进的过程，在一年内变化幅度较小，放牧制度对枝条数量的消长影响较大。

表 10-4　主要植物种群株丛枝条消长的季节动态（单位：枝条数/丛）

| 日期 | 短花针茅 | | | 无芒隐子草 | | | 碱　韭 | | |
| --- | --- | --- | --- | --- | --- | --- | --- | --- | --- |
| | RG | CG | CK | RG | CG | CK | RG | CG | CK |
| 6.22 | 60a | 47b | 63a | 35ab | 26b | 27b | 34a | 11c | 20b |
| 7.15 | 68a | 50b | 63ab | 40a | 30ab | 25b | 38a | 9c | 19b |
| 7.31 | 67a | 51b | 65a | 38a | 31ab | 23b | 33a | 7c | 16b |
| 8.15 | 66a | 45b | 66a | 38a | 29ab | 21b | 36a | 8c | 17b |
| 8.31 | 78a | 48b | 72a | 37a | 27b | 21b | 39a | 9c | 18b |
| 9.15 | 85a | 54b | 70a | 38a | 22b | 19b | 40a | 10c | 18c |
| 10.01 | 90a | 61b | 64ab | 38a | 23b | 17b | 39a | 9c | 17b |

## 二、主要植物种群特征

### （一）种群高度动态

2005 年对照区短花针茅高度（除 6 月）显著高于轮牧区与自由放牧区，6 月、7 月、8 月自由放牧区高于轮牧区，而在随后的两个月内两放牧处理之间无显著差异；2006 年，8 月和 10 月对照区均显著高于轮牧区，但 8 月、9 月、10 月自由放牧和划区轮牧差异不显著；2007 年，整个放牧季节对照区均高于轮牧区与自由放牧区，6 月，自由放牧区显著高于轮牧区，7 月、8 月、9 月两放牧处理间均无显著差异，10 月轮牧区显著高于自由放牧区（表 10-5）。2005 年无芒隐子草高度除 6 月、7 月，在其余放牧季节对照区显著高于轮牧区与自由放牧区，但整个放牧季节，轮牧区与自由放牧区之间差异不显著；2006 年 8 月、9 月两放牧处理无显著差异，10 月表现为对照区＞轮牧区＞自由放牧区；2007 年无芒隐子草高度与短花针茅高度变化趋势相同。2005 年轮牧区与对照区碱韭高度

表 10-5 主要植物种群高度季节动态

(单位: cm)

| 年份 | 月份 | 短花针茅 | | | 无芒隐子草 | | | 碱韭 | | |
|---|---|---|---|---|---|---|---|---|---|---|
| | | RG | CG | CK | RG | CG | CK | RG | CG | CK |
| 2005 | 6 | 4.44±0.30c | 7.80±6.42a | 6.90±1.52b | 1.87±0.65a | 1.90±0.32a | 1.60±0.52a | 1.40±0.18ab | 2.00±0.89a | 1.16±0.75b |
| | 7 | 4.29±0.60b | 8.70±0.95a | 9.30±0.95a | 2.52±0.10ab | 2.80±0.35a | 2.35±0.41b | 3.65±0.32a | 2.60±0.55b | 3.15±0.88a |
| | 8 | 3.52±0.41b | 4.00±0.82b | 9.50±0.85b | 2.15±0.05b | 1.90±0.32b | 3.40±0.39a | 4.60±0.26a | 3.50±2.51b | 7.00±2.37a |
| | 9 | 7.95±1.47b | 9.90±1.37b | 14.00±5.72a | 4.78±0.61b | 4.00±0.43b | 9.30±1.89a | 12.17±0.85a | 8.88±1.46b | 11.20±2.15a |
| | 10 | 5.24±0.25b | 5.30±0.48b | 8.80±1.03a | 2.73±0.19b | 3.50±1.08b | 6.25±0.35a | 6.43±0.28a | 4.57±1.13b | 6.65±1.00a |
| 2006 | 8 | 7.80±1.24b | 11.55±6.45ab | 14.29±2.60a | 6.03±0.62ab | 7.14±5.05a | 2.82±4.36b | 16.30±0.81a | 9.79±8.87b | 18.03±2.95a |
| | 9 | 7.19±1.06ab | 4.50±5.75b | 9.29±1.48a | 6.73±0.53ab | 4.19±0.22b | 7.93±4.49a | 12.83±0.95b | 3.86±3.40b | 12.40±2.12a |
| | 10 | 5.71±1.11b | 6.57±1.40b | 10.32±3.67a | 8.33±0.89b | 2.50±0.65c | 9.46±0.66a | 9.77±0.79b | 2.86±2.47c | 11.91±1.92a |
| 2007 | 6 | 2.80±0.43c | 6.00±2.45b | 9.43±2.44a | 1.26±0.07c | 2.00±1.15b | 3.20±1.62a | 1.70±0.20b | 3.67±0.58b | 8.10±0.88a |
| | 7 | 3.03±0.18b | 2.85±0.34b | 6.00±0.76b | 1.12±0.04b | 1.00±0.00b | 4.55±0.50a | 3.37±0.24b | 2.40±0.55b | 6.30±1.57a |
| | 8 | 6.72±0.61b | 7.23±1.53b | 9.60±3.92b | 5.04±0.25b | 4.09±0.63b | 7.30±0.95b | 8.31±0.32b | 9.57±1.81b | 12.60±2.88a |
| | 9 | 3.70±0.23b | 3.28±0.39b | 5.71±0.95b | 1.94±0.11b | 1.90±0.21b | 5.30±0.48a | 2.79±0.33b | 2.71±0.49b | 6.00±0.00a |
| | 10 | 4.29±0.28b | 1.00±0.00c | 6.38±1.06a | 2.09±0.05b | 1.00±0.00c | 5.00±0.00a | 3.68±0.06b | 1.17±0.41c | 6.20±1.03a |

(除6月) 显著高于自由放牧区。2006年8月、9月、10月表现为轮牧区与对照区显著高于自由放牧区。2007年，整个放牧季节对照区均高于轮牧区与自由放牧区，6月、10月轮牧区显著高于自由放牧区，7月、8月、9月两个放牧处理无显著差异。可见，放牧使短花针茅、无芒隐子草、碱韭高度降低，自由放牧使短花针茅高度增加，划区轮牧增加了无芒隐子草和碱韭的高度。

（二）种群密度动态

2005年8月、9月自由放牧区短花针茅密度（表10-6）显著高于轮牧区，6月、7月、10月两放牧处理无显著差异；2006年8月、9月、10月自由放牧区显著高于轮牧区；2007年6月、7月、8月、9月自由放牧区＞轮牧区＞对照区，10月轮牧区＞自由放牧区＞对照区。三年的研究结果显示，在生长旺盛的8月、9月，短花针茅密度呈现出自由放牧区＞轮牧区＞对照区。2005年在放牧初期对照区无芒隐子草密度显著高于轮牧区与自由放牧区，随着放牧的进行，对照区与轮牧区均显著高于自由放牧区；2006年8月、9月呈现出轮牧区＞自由放牧区＞对照区的趋势；10月三处理间无显著差异。2007年整个放牧季节对照区与轮牧区均显著高于自由放牧区。碱韭密度2005年6月、10月轮牧区显著高于对照区与自由放牧区，7月、8月、9月轮牧区与对照区显著高于自由放牧区；2006年8月、9月、10月呈现出轮牧区＞对照区＞自由放牧区；2007年整个放牧季节对照区与轮牧区均高于自由放牧区。说明划区轮牧和禁牧对无芒隐子草密度、碱韭密度的增加有促进作用，而自由放牧增加了短花针茅的密度。

（三）种群盖度动态

在2005年和2006年牧草生长高峰期自由放牧区短花针茅盖度显著高于轮牧区，其余时间两个放牧处理差异不显著；2007年6月、7月、8月、9月自由放牧区显著高于轮牧区与对照区，10月自由放牧区低于轮牧区与对照区。无芒隐子草盖度2005年整个放牧季节轮牧区与对照区显著高于自由放牧区；2006年8月、9月两放牧处理无显著差异，10月轮牧区高于自由放牧区；2007年6月、7月、9月两放牧处理无显著差异，8月、10月轮牧区高于自由放牧区。碱韭盖度2005年在整个放牧季节，均表现出轮牧区显著高于自由放牧区与对照区；2006年8月、9月、10月三处理间均存在显著差异，表现为轮牧区＞对照区＞自由放牧区；2007年整个放牧季节轮牧区与对照区均显著高于自由放牧区。研究表明，划区轮牧增加了无芒隐子草和碱韭的盖度，自由放牧增加了短花针茅的盖度（表10-7）。

表 10-6 主要植物种群密度季节动态

(单位: 株/m²)

| 年份 | 月份 | 短花针茅 | | | 无芒隐子草 | | | 碱韭 | | |
|---|---|---|---|---|---|---|---|---|---|---|
| | | RG | CG | CK | RG | CG | CK | RG | CG | CK |
| 2005 | 6 | 7.03±1.19ab | 9.50±4.17a | 4.60±3.57b | 15.74±2.49b | 14.70±3.95b | 40.10±9.33a | 11.61±2.08a | 5.00±4.90b | 5.00±5.85b |
| | 7 | 6.42±1.28ab | 8.20±2.70a | 4.50±3.06b | 23.48±4.23b | 13.00±5.62c | 44.90±14.39a | 17.60±2.00a | 3.00±2.83c | 13.40±10.52b |
| | 8 | 6.35±1.12b | 9.80±2.94a | 4.10±2.60b | 23.30±2.24a | 16.40±3.69b | 24.40±4.45a | 21.68±2.04a | 7.67±10.80b | 16.30±4.64a |
| | 9 | 5.30±0.97b | 7.70±3.06a | 4.10±2.42b | 14.73±1.60b | 10.33±5.24c | 17.50±6.10a | 15.81±1.43a | 8.13±8.37b | 10.80±6.41ab |
| | 10 | 5.82±0.83a | 6.60±2.12a | 3.60±2.63a | 15.90±1.85a | 13.00±4.42b | 15.90±5.17a | 14.24±2.56a | 9.43±8.94b | 9.10±5.49b |
| 2006 | 8 | 4.31±0.56b | 8.57±4.69a | 1.00±0.63c | 19.15±1.60a | 5.29±1.83b | 0.80±1.54c | 22.31±2.76a | 1.57±1.40c | 15.70±5.69b |
| | 9 | 4.48±0.58b | 7.71±2.81a | 0.50±0.67c | 17.14±2.23a | 12.57±2.77b | 5.7±4.20c | 19.09±1.60a | 1.14±1.12c | 11.3±6.65b |
| | 10 | 3.26±0.57b | 6.71±2.86a | 2.30±2.00b | 17.74±2.28a | 21.43±6.34a | 23.10±9.74a | 15.14±1.77a | 1.57±1.50c | 12.20±4.56b |
| 2007 | 6 | 4.75±0.82b | 7.75±2.36a | 2.29±0.95c | 9.56±1.30ba | 6.00±2.16b | 16.60±12.08a | 11.90±2.70a | 3.33±0.58b | 14.40±8.97a |
| | 7 | 4.92±0.83b | 7.60±1.90a | 2.50±1.60c | 15.59±1.21a | 9.90±1.85b | 18.60±8.63a | 15.19±1.93a | 1.60±0.89b | 14.80±9.45b |
| | 8 | 5.27±0.61b | 6.90±2.33a | 2.00±0.82c | 25.99±3.36b | 13.50±5.60c | 34.20±9.58a | 28.11±3.64a | 3.57±2.37c | 20.60±9.32b |
| | 9 | 4.37±1.07b | 6.90±2.33a | 2.00±1.00c | 24.61±2.20a | 13.50±5.60b | 24.10±10.32a | 10.60±1.91a | 3.57±2.37b | 10.11±5.75a |
| | 10 | 5.11±1.06a | 3.00±1.50b | 1.50±0.76c | 15.61±2.06a | 1.25±0.50b | 22.20±10.69a | 23.08±2.62a | 2.17±0.75c | 14.30±3.74b |

表 10-7 主要植物种群盖度季节动态

(单位：%)

| 年份 | 月份 | 短花针茅 | | | 无芒隐子草 | | | 碱韭 | | |
|---|---|---|---|---|---|---|---|---|---|---|
| | | RG | CG | CK | RG | CG | CK | RG | CG | CK |
| 2005 | 6 | 4.48±0.68a | 7.50±4.81a | 5.45±5.23a | 13.83±2.54b | 9.60±4.99a | 20.70±1.95a | 3.47±0.44a | 0.65±0.33b | 0.71±0.33b |
| | 7 | 4.99±1.61a | 7.70±3.95a | 5.23±6.05a | 19.89±3.32a | 6.65±3.89c | 12.90±4.91b | 7.95±1.79a | 0.82±1.23c | 2.50±1.91b |
| | 8 | 3.68±1.02b | 11.00±5.33a | 6.40±7.39ab | 21.55±4.34a | 4.25±2.51b | 19.90±6.52b | 11.40±1.88a | 3.20±5.36b | 4.75±1.95b |
| | 9 | 8.22±2.31b | 21.00±11.94a | 12.31±11.65b | 21.45±3.33a | 11.11±7.83b | 21.30±7.26a | 19.66±2.81a | 6.16±7.44b | 10.10±7.17b |
| | 10 | 7.40±2.02a | 13.50±7.53a | 9.32±10.73a | 23.53±3.69a | 6.18±5.10b | 21.10±6.98a | 14.43±2.83a | 5.86±5.24b | 5.41±3.61b |
| 2006 | 8 | 1.46±0.43b | 4.00±1.71a | 0.30±0.31c | 3.81±0.43a | 3.14±1.38a | 0.27±0.42b | 7.30±0.96a | 0.47±0.44c | 3.4±1.88b |
| | 9 | 1.84±0.33b | 5.29±2.19a | 0.13±0.17c | 5.87±1.72a | 5.86±2.34a | 3.59±5.62a | 8.39±1.73a | 0.34±0.34b | 3.84±2.27b |
| | 10 | 0.84±0.16ab | 1.13±1.25a | 0.39±0.94b | 7.19±1.91a | 2.14±0.66c | 13.26±6.72a | 4.80±1.15a | 0.14±0.14c | 2.54±1.32b |
| | 6 | 1.69±0.43b | 2.63±1.11a | 0.97±0.90b | 1.99±0.23ba | 0.98±0.21b | 2.45±1.64a | 1.55±0.17a | 0.13±0.06b | 2.74±2.11b |
| | 7 | 2.05±0.37b | 3.50±0.67a | 0.88±0.52c | 3.11±0.42a | 2.65±0.47c | 3.25±1.40a | 2.95±0.47a | 0.24±0.17b | 3.12±1.77b |
| 2007 | 8 | 2.95±0.53b | 3.50±1.00a | 0.95±0.75c | 8.81±1.80a | 3.47±1.50b | 9.10±6.15b | 8.01±1.68a | 1.30±0.39c | 4.85±3.45b |
| | 9 | 2.44±0.57b | 3.50±1.00a | 1.50±0.65c | 2.98±0.22a | 3.47±1.50b | 4.80±1.87a | 2.01±0.36a | 1.30±0.39b | 3.33±1.50b |
| | 10 | 2.54±0.67a | 0.23±0.09c | 1.15±0.58b | 3.56±0.37a | 0.20±0.00b | 4.70±2.26a | 4.42±0.58a | 0.22±0.08b | 4.75±1.98b |

## 三、主要植物种群光合特性

### （一）光合速率日变化

荒漠草原不同放牧制度下主要植物短花针茅、无芒隐子草和碱韭的净光合速率（$P_n$）的日变化曲线均为双峰型（图 10-1）。早晨，光合有效辐射（PAR）和气温较低，其光合速率并不高，随着气温和光照的增强，叶片可捕获的光能逐渐增多，净光合速率随之逐渐增强。短花针茅在不同放牧制度下净光合速率第一个峰值均出现在 10：00～12：00，且净光合速率轮牧区与对照区显著高于自由放牧区（$P<0.05$），12：00～14：00 出现下降趋势，14：00～15：00 略有回升，第二个峰值出现在 14：00～16：00，此时净光合速率呈现出轮牧区＞对照区＞自由放牧区的趋势。以后随着气温和光照的减弱，光合速率呈下降趋势。无芒隐子草在对照区净光合速率第一个峰值出现在 8：00～10：00，轮牧区和自由放牧

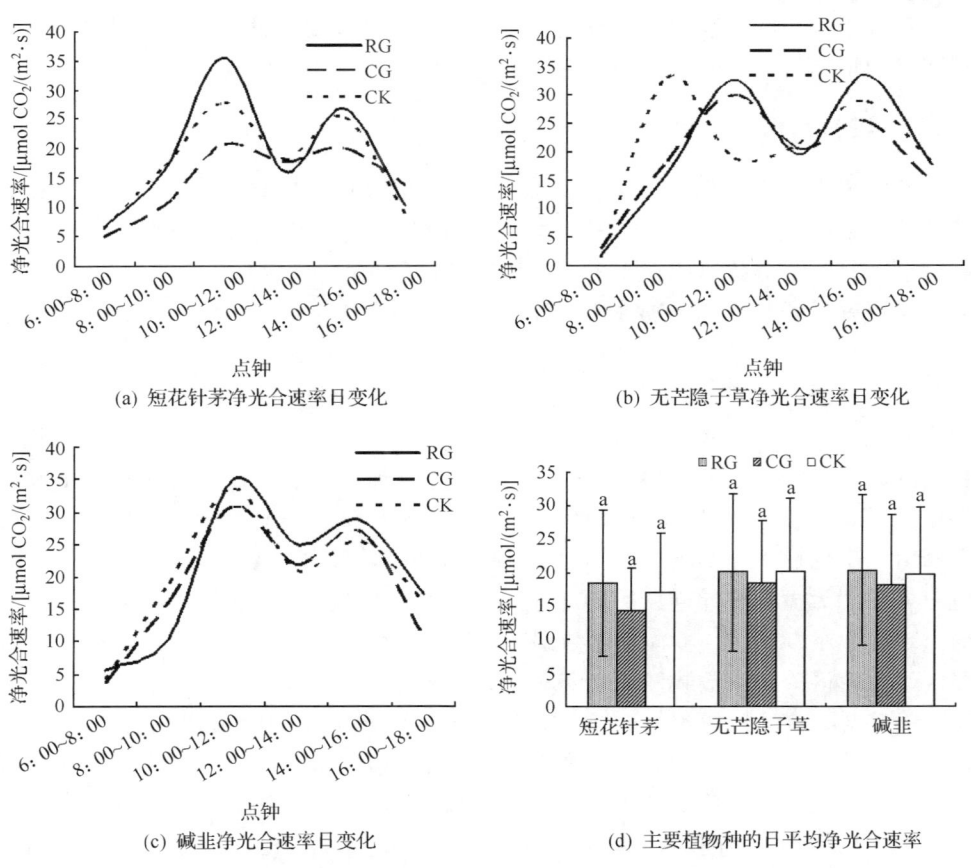

图 10-1 主要植物种群的净光合速率日变化及日平均净光合速率

区第一个峰值的出现时段向后推移了 2h，在 10：00～12：00，两放牧处理净光合速率差异不大，对照区在 10：00～12：00 出现下降趋势，轮牧区和自由放牧区在 12：00～14：00 出现下降趋势，在 14：00～15：00 略有回升，以至于第二个峰值均出现在 14：00～16：00，此时净光合速率轮牧区＞对照区＞自由放牧区。此后随着气温和光照的减弱，光合速率呈下降趋势。碱韭在不同放牧制度下净光合速率第一个峰值出现在 10：00～12：00，不同处理间无显著差异（$P>0.05$），但呈现出轮牧区＞对照区＞自由放牧区的趋势；不同处理净光合速率均在 12：00～14：00 出现下降趋势，14：00～15：00 略有回升，因此，第二个峰值出现在 14：00～16：00，不同处理间无显著差异（$P>0.05$），但呈现出轮牧区＞自由放牧区＞对照区的趋势，与短花针茅和无芒隐子草类似，此后随着气温和光照的减弱，光合速率呈下降趋势。由图 10-1 还可以看出，不同放牧制度下三种植物叶片净光合速率分别在 10：00～12：00 或 12：00～14：00 呈下降趋势，因为 PAR 的进一步增强，可能导致叶片吸收的光能出现过剩，同时伴随着其他环境因子的较大变化，如空气 $CO_2$ 浓度和空气湿度的下降、气孔阻力和暗呼吸速率的增加等，其光合作用出现了较明显的光合"午休"现象。

## （二）蒸腾速率日变化

蒸腾速率的日变化（图 10-2）表明，荒漠草原不同放牧制度下主要植物短花针茅、无芒隐子草和碱韭蒸腾速率（E）的日变化曲线均为双峰型。不同放牧制度下短花针茅蒸腾速率在 10：00～12：00 达到第一个峰值，且蒸腾速率轮牧区与对照区显著高于自由放牧区（$P<0.05$），在 12：00～14：00 出现下降趋势，在 14：00～15：00 略有回升，第二个峰值出现在 14：00～16：00。无芒隐子草对照区蒸腾速率在 8：00～10：00 达到第一个峰值，轮牧区和自由放牧区第一个峰值出现的时间向后推移了 2h，在 10：00～12：00，两放牧处理间无显著差异（$P>0.05$），对照区在 10：00～12：00 出现下降趋势，轮牧区和自由放牧区在 12：00～14：00 出现下降趋势，在 14：00～15：00 略有回升，以至于第二个峰值均出现在 14：00～16：00，此时蒸腾速率轮牧区＞自由放牧区＞对照区，但三处理间无显著差异（$P>0.05$）。碱韭在不同放牧制度下蒸腾速率第一个峰值出现在 10：00～12：00，不同处理间存在显著差异（$P<0.05$），且呈现出对照区＞轮牧区＞自由放牧区的趋势；不同处理蒸腾速率均在 12：00～14：00 出现下降趋势，在 14：00～15：00 略有回升，因此第二个峰值出现在 14：00～16：00，轮牧区与自由放牧区显著高于对照区（$P<0.05$），两放牧处理间无显著差异（$P>0.05$）。荒漠草原在不同放牧制度下，总的来说三种主要植物种在 10：00～12：00 达到第一个高峰，此后慢慢降低，均在 12：00～14：00 蒸腾速率出现低谷，与光合速率趋势一致，出现"午休"现象。

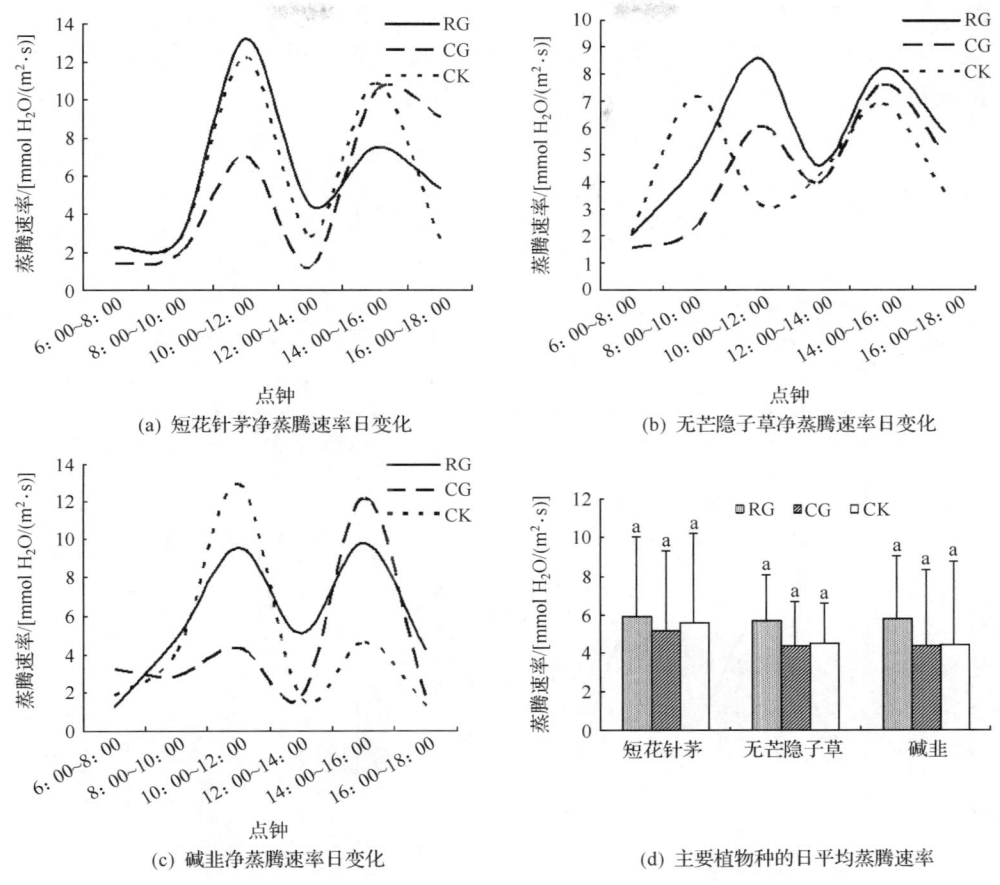

图 10-2　主要植物种群的蒸腾速率日变化及日平均蒸腾速率

## （三）气孔导度日变化

气孔导度日变化趋势如图 10-3 所示，不同放牧制度下主要植物短花针茅、无芒隐子草和碱韭的气孔导度有相同的趋势，均为双峰型曲线。三种主要植物第一个高峰均出现在 10：00～12：00，且不同放牧制度下三种主要植物气孔导度轮牧区与对照区显著高于自由放牧区（$P<0.05$），第二个高峰出现在 14：00～16：00。短花针茅和无芒隐子草轮牧区与对照区显著高于自由放牧区（$P<0.05$），碱韭三处理间无显著差异（$P>0.05$）。将不同放牧制度下短花针茅和碱韭气孔导度曲线图与其相对的应光合速率曲线对比发现，气孔导度与光合速率的峰值和谷底出现的时间相同，表明净光合速率与气孔张开程度的变化呈平行变化趋势。将气孔导度曲线与蒸腾速率曲线进行对照可以看出，气孔的活动状态很大程度上由蒸腾速率决定，气孔导度与蒸腾速率也具有相似的变化规律。无芒隐子草（对照区除外）关于气孔导度与净光合速率的关系同短花针茅、碱韭一致，气孔导度与蒸腾速率的关系同短花针茅、碱韭不同。

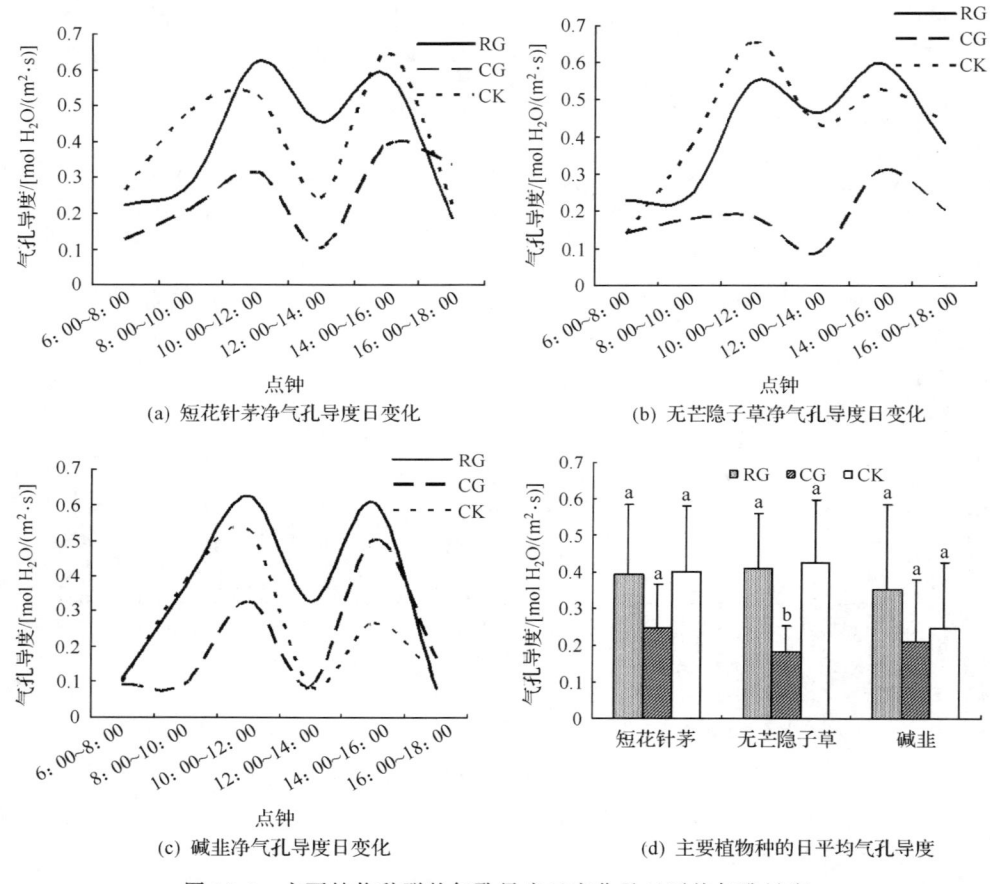

图 10-3　主要植物种群的气孔导度日变化及日平均气孔导度

## （四）胞间 $CO_2$ 浓度日变化

胞间 $CO_2$ 浓度的日变化曲线如图 10-4 所示，不同放牧制度下三种主要植物胞间 $CO_2$ 浓度的日变化与净光合速率相反，因为当净光合速率较大时，固定的 $CO_2$ 较多，引起胞间 $CO_2$ 浓度降低。不同放牧制度下三种主要植物胞间 $CO_2$ 浓度的日变化均为单峰双谷型，而且（除碱韭轮牧区）均出现早中晚高而一天其他时间低这一明显趋势。短花针茅胞间 $CO_2$ 浓度单峰对照区出现在 10：00～12：00，而轮牧区和自由放牧区出现时间向后推移了 2h，在 12：00～14：00，轮牧区高于自由放牧区。无芒隐子草胞间 $CO_2$ 浓度单峰对照区和自由放牧区出现在

10:00～12:00，且对照区高于自由放牧区。而轮牧区出现的时间向后推移了2h，在12:00～14:00。碱韭不同放牧制度下的峰值均出现在12:00～14:00，且呈现出轮牧区＞自由放牧区＞对照区的趋势。经单因子方差分析[图10-4 (d)]，短花针茅、无芒隐子草和碱韭胞间$CO_2$浓度对三处理之间的响应与气孔导度相一致。

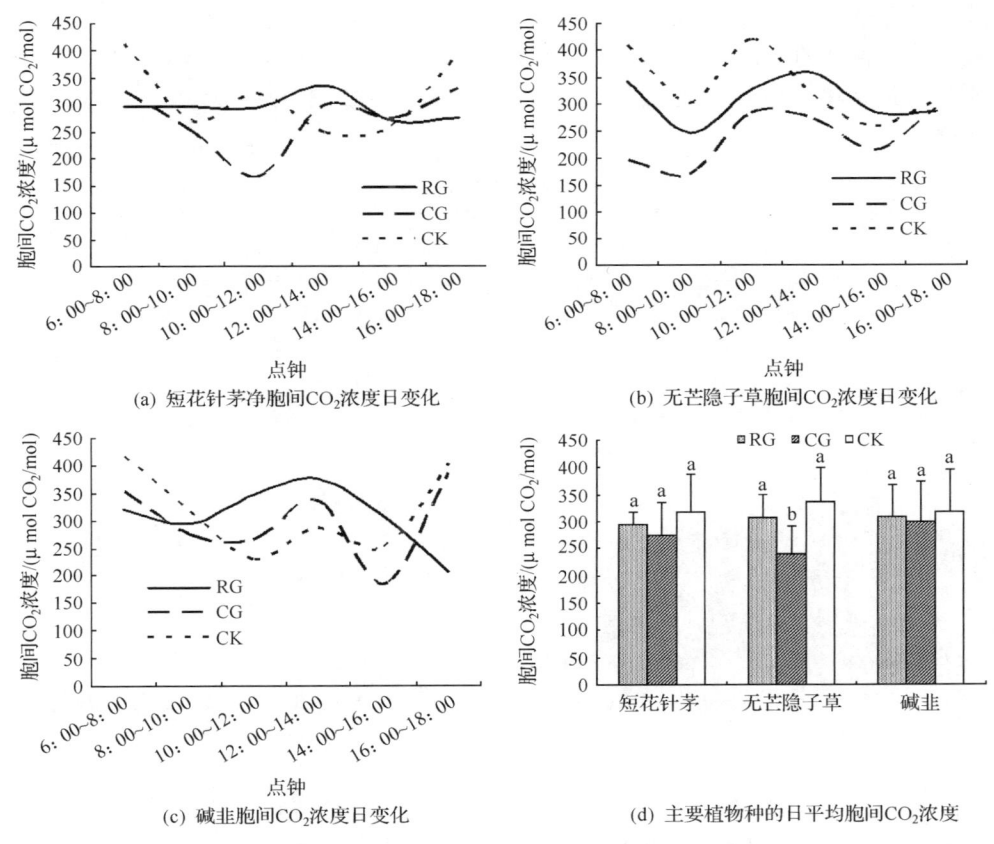

图10-4 主要植物种群的胞间$CO_2$浓度日变化及日平均胞间$CO_2$浓度

## 四、主要植物种群资源分配

### (一) 生物量分配

由表10-8可知，短花针茅营养枝的生物量对照区最高，为11.08g/m²，自由放牧区最低，为4.09g/m²，轮牧区与对照区无显著差异（$P>0.05$），但有增高的趋势。自由放牧区未产生生殖枝。分蘖节生物量在自由放牧区积累较高；根生物量、总生物量两放牧处理均高于对照区。根冠比表现为自由放牧区显著高于轮牧区与对照区（$P<0.05$）。无芒隐子草营养枝生物量对照区＞轮牧区＞自由放牧区，自由放牧区仍未产生生殖枝。分蘖节、根冠比、根生物量和总生物量自由放牧区均较高。碱韭营养枝和生殖枝生物量呈现相同的趋势，均表现为对照区最高，轮牧区次之，自由放牧区最低。分蘖节和总生物量与短花针茅、无芒隐子草相反，轮牧区显著高于自由放牧区与对照区（$P<0.05$）。根生物量两放牧处理高于对照区（$P<0.05$）。根冠比呈现出自由放牧区＞轮牧区＞对照区。可见，放牧影响种群的生殖生长，与自由放牧相比，划区轮牧更有利于种群生殖枝的形成。同时放牧使植物生物量侧重于分蘖节和根的分配，从而增加了植物的根冠比。

表 10-8　主要植物种群生物量分配　　　　（单位：$g/m^2$）

| 主要植物 | 构件 | RG | CG | CK |
| --- | --- | --- | --- | --- |
| 短花针茅 S. breviflora | 营养枝 | 6.34±1.25ba | 4.09±1.74b | 11.08±9.82a |
| | 生殖枝 | 1.31±0.89a | 0.00±0.00b | 1.30±1.90a |
| | 分蘖节 | 21.78±9.39b | 32.94±12.97a | 12.41±9.71b |
| | 根 | 5.67±1.97a | 7.10±2.14a | 3.53±1.91b |
| | 总生物量 | 35.10±12.56ba | 44.14±13.60a | 28.32±19.93b |
| | 根/冠 | 0.73±0.18b | 2.00±0.89a | 0.30±0.08b |
| 无芒隐子草 C. songorica | 营养枝 | 4.61±0.61b | 2.93±1.19c | 7.63±1.83a |
| | 生殖枝 | 0.05±0.16b | 0.00±0.00b | 1.22±1.27a |
| | 分蘖节 | 13.96±2.77b | 29.61±11.82a | 9.90±4.06b |
| | 根 | 5.91±1.58b | 9.38±6.07a | 3.61±1.21b |
| | 总生物量 | 24.53±4.63b | 41.92±18.03a | 22.35±6.80b |
| | 根/冠 | 1.26±0.25b | 3.27±1.70a | 0.41±0.12b |
| 碱韭 A. polyrrhizum | 营养枝 | 4.89±0.71ba | 3.37±1.13b | 6.48±4.91a |
| | 生殖枝 | 1.71±0.50a | 1.04±0.58b | 2.12±1.57a |
| | 分蘖节 | 28.02±3.95a | 18.82±8.80b | 16.16±9.05b |
| | 根 | 23.58±3.65a | 19.20±5.93a | 12.14±7.73b |
| | 总生物量 | 58.20±7.18a | 42.42±14.00b | 36.89±22.24b |
| | 根/冠 | 3.62±0.62b | 4.60±1.19a | 1.56±0.69c |

### （二）生物量分配比例

植物通过调节生物量在地上地下不同器官的分配，表现出不同的适应策略。

由图 10-5 可以看出，不同处理间三种植物生物量所占比例侧重于分蘖节和根的分配，其次是营养枝和生殖枝。就不同部位生物量所占的比例而言，短花针茅在轮牧区和对照区的分配为分蘖节＞营养枝＞根＞生殖枝；在自由放牧区为分蘖节＞根＞营养枝。无芒隐子草在两放牧处理条件下为分蘖节＞根＞营养枝＞生殖枝；对照区为分蘖节＞营养枝＞根＞生殖枝。碱韭在轮牧区和对照区为分蘖节＞根＞营养枝＞生殖枝；自由放牧区为根＞分蘖节＞营养枝＞生殖枝。分析表明，营养枝呈现出对照区＞轮牧区＞自由放牧区的趋势，分蘖节呈现出自由放牧区＞轮牧区＞对照区的趋势，生殖枝对照区显著高于轮牧区（$P<0.05$），根在两放牧处理的分配比例显著高于对照区（$P<0.05$）。根为自由放牧区＞轮牧区＞对照区。

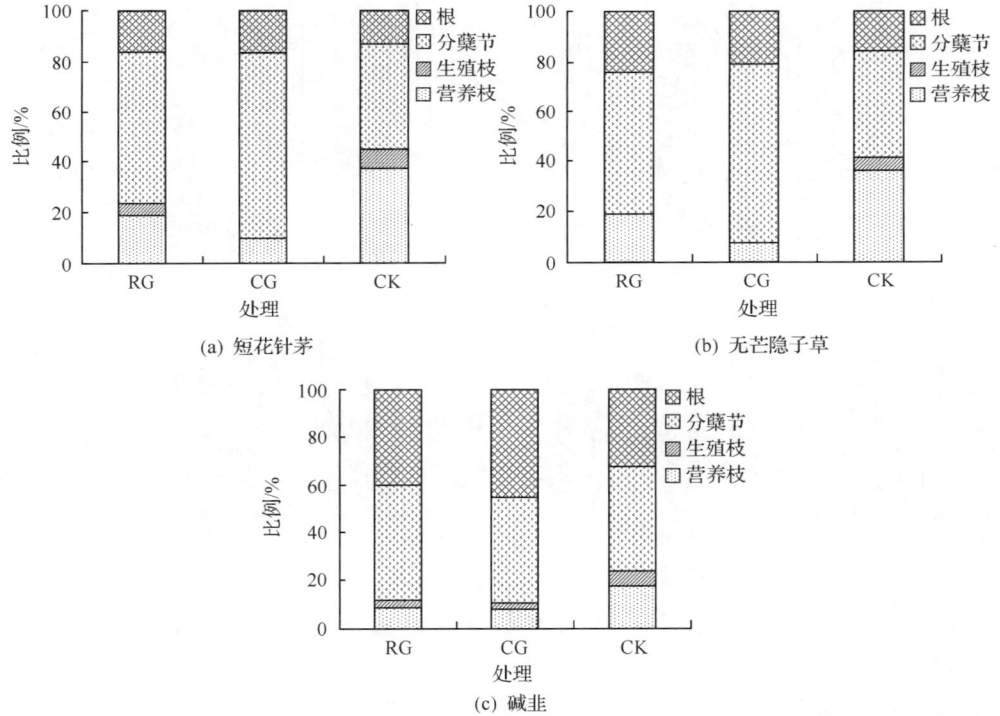

图 10-5　主要植物种群生物量分配比例

## （三）能量分配

主要植物种群不同构件的热值分析结果表明（图 10-6），不同放牧处理地上部分的热值均高于地下部分（对照区的碱韭除外）。短花针茅营养枝、生殖枝和分蘖节热值为对照区＞轮牧区＞自由放牧区，根的热值为轮牧区＞自由放牧区＞对照区。短花针茅植株的整株热值表现为轮牧区最高，为 16.6628kJ/g；自由放牧区最低，为13.8641kJ/g，轮牧较自由放牧提高20.19%。无芒隐子草生殖枝和根呈现出轮牧区＞对照区＞自由放牧区，营养枝为轮牧区＞自由放牧区＞对照区，分蘖节为对照区＞轮牧区＞自由放牧区。无芒隐子草植株整株热值与短花针茅相似，表现为轮牧区最高，为16.5870kJ/g；自由放牧区最低，为14.2824kJ/g，轮牧是自由放牧的1.16倍。碱韭营养枝和生殖枝同短花针茅变化相同，分蘖节和根表现为对照区＞轮牧区＞自由放牧区。碱韭植株的整株热值表现为对照区＞轮牧区＞自由放牧区，轮牧是自由放牧的1.19倍。

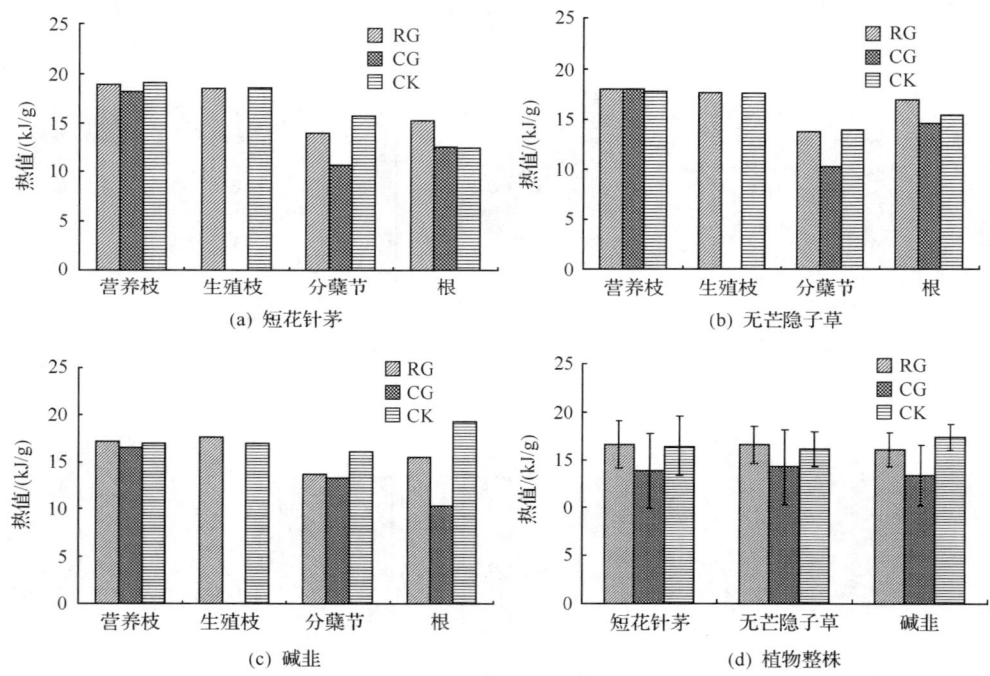

图 10-6 主要植物种群构件热值

## （四）能量现存量分配

植物构件热值不同，因此种群能量现存量分配与生物量分配存在一定的差异。由表10-9可知，短花针茅分蘖节能量现存量表现为自由放牧区最高，根冠比表现为自由放牧区最高，轮牧区次之，对照区最低，且三处理间差异显著（$P<0.05$）。无芒隐子草根和总能量现存量表现为自由放牧区最高，轮牧区与对照区、自由放牧区均无显著差异（$P>0.05$）。碱韭分蘖节、根和总能量现存量轮牧区显著高于自由放牧区与对照区（$P<0.05$）；根冠比轮牧区与自由放牧区显著高于对照区（$P<0.05$）。无芒隐子草能量现存量在对照区的分配比例为营养

枝＞分蘖节＞根＞生殖枝，不同于生物量分配比例。碱韭在不同处理中的总体格局是分蘖节＞根＞营养枝＞生殖枝。相关分析表明，短花针茅和碱韭分蘖节与营养枝能量分配比例间，以及无芒隐子草营养枝除了与分蘖节外、还与根能量分配比例间有显著的拮抗关系。

表 10-9　主要植物种群构件能量分配　　　（单位：kJ/m²）

| 主要植物 | 构件 | RG | CG | CK |
| --- | --- | --- | --- | --- |
| 短花针茅 S. breviflora | 营养枝 | 120.19±23.70ba | 74.67±31.71b | 211.42±187.29a |
| | 生殖枝 | 24.31±16.48a | — | 24.14±35.10a |
| | 分蘖节 | 303.24±130.81ba | 355.12±139.85a | 194.32±152.05b |
| | 根 | 86.45±30.11a | 89.14±26.80a | 43.91±23.80b |
| | 总能量现存量 | 534.19±183.95a | 518.93±148.34a | 473.79±337.62a |
| | 根/冠 | 0.59±0.14b | 1.38±0.61a | 0.20±0.05c |
| 无芒隐子草 C. songorica | 营养枝 | 83.26±10.96b | 52.81±21.45c | 135.31±32.45a |
| | 生殖枝 | 0.93±2.79b | — | 21.34±22.35a |
| | 分蘖节 | 191.41±38.01b | 304.08±121.35a | 137.44±56.37b |
| | 根 | 99.98±26.66b | 136.45±88.29a | 55.44±18.64b |
| | 总能量现存量 | 375.57±70.26ba | 493.35±215.32a | 349.53±103.44b |
| | 根/冠 | 1.18±0.24b | 2.64±1.38a | 0.36±0.11c |
| 碱韭 A. polyrhizum | 营养枝 | 84.50±12.32ba | 55.79±18.77b | 110.09±83.47a |
| | 生殖枝 | 30.06±8.85ba | 17.75±9.82b | 36.04±26.74a |
| | 分蘖节 | 383.98±54.16a | 251.12±117.45b | 260.31±145.82b |
| | 根 | 366.32±56.72a | 198.92±61.44b | 234.92±149.69b |
| | 总能量现存量 | 864.86±106.07a | 523.57±174.46b | 641.36±387.74b |
| | 根/冠 | 3.24±0.55a | 2.86±0.74a | 1.77±0.79b |

## 五、主要植物种群有性繁殖能力

### （一）生殖枝密度

不同处理区、不同株丛短花针茅的生殖枝密度见表 10-10。试验年份无芒隐子草未出现生殖枝，碱韭也仅在个别轮牧小区出现生殖枝，故未能对此进行研究。这也表明，无芒隐子草和碱韭形成种子的能力较弱。方差分析结果表明，轮牧区短花针茅的生殖枝密度显著高于自由放牧区（$P<0.05$），对照区短花针茅小丛的生殖枝密度显著高于自由放牧区（$P<0.05$），自由放牧区短花针茅的生

殖枝密度始终处于最低水平。这与自由放牧区植株被连续采食有关，连续采食和践踏降低了株丛形成生殖枝的概率，因而自由放牧区株丛的生殖枝密度最小；而轮牧区在高强度利用后有一段休牧期，植株有再生和复壮的机会，倘若抽穗前期正好处于休牧期，则植株的生殖枝数目会大幅度增加，故轮牧区较自由放牧区主要植物种群的生殖枝密度高。对照区短花针茅的生殖枝密度介于轮牧区和自由放牧区之间，较后者有增加的趋势，但较前者低。由此可见，轮牧与禁牧可以促进生殖枝的形成，有利于植物种群有性繁殖能力的恢复和提高。

表 10-10 短花针茅不同株丛生殖枝密度　　（单位：枝/m²）

| 放牧制度 | 大丛 | 中丛 | 小丛 |
| --- | --- | --- | --- |
| RG | 10.81a | 13.44a | 5.90a |
| CG | 3.30b | 5.40b | 0.60b |
| CK | 3.70b | 8.00ab | 5.23a |

## （二）种子数量与单位面积的种子产量

不同处理、不同株丛短花针茅生殖枝的种子数量如表 10-11 所示。不同处理间，短花针茅大丛生殖枝的种子数量差异不显著；中丛生殖枝的种子数量对照区显著高于轮牧区（$P<0.05$），小丛生殖枝的种子数量自由放牧区、对照区较轮牧区高，差异达显著水平（$P<0.05$）。可见适当禁牧能够提高生殖枝单枝的种子数量。自由放牧区短花针茅大、中丛生殖枝单枝的种子数与轮牧区持平，而小丛生殖枝单枝的种子数量显著高于轮牧区，这可能是由于自由放牧区单位面积生殖枝数量较少，从而使生殖枝单枝种子数量增多的缘故。另外，对短花针茅种子产量（粒/m²）的分析结果表明，轮牧区为 832.4 粒/m²，自由放牧区为 270.3 粒/m²，对照区为 520.2 粒/m²。方差分析结果也表明，轮牧区和对照区种子产量显著高于自由放牧区（$P<0.05$），对照区与轮牧区种子产量差异不显著（$P>0.05$）。但可以看出，轮牧区与对照区相比，短花针茅的种子产量有增加的趋势；自由放牧区与对照区相比，短花针茅的种子产量有下降的趋势。可见，轮牧和禁牧能够提高种子单位面积的产量，也有助于植物种群有性繁殖能力的恢复和提高，而自由放牧则会减少植物种群有性繁殖的机会，造成种子产量下降，种子更新能力减弱。

表 10-11 短花针茅不同株丛生殖枝的种子数量　　（单位：粒/枝）

| 放牧制度 | 大丛 | 中丛 | 小丛 |
| --- | --- | --- | --- |
| RG | 28a | 28b | 26b |
| CG | 27a | 30ab | 32a |
| CK | 29a | 32a | 30a |

## (三) 实生苗的密度动态

主要种群植物实生苗密度如图 10-7 所示。观察与研究得知，短花针茅实生苗密度很低，试验年份生长季节结束时，各处理区短花针茅的实生苗密度均为零，可见短花针茅的有性繁殖能力很弱，种群主要靠无性繁殖进行更新。无芒隐子草实生苗密度较大，生长季节结束时，各处理区均有一定数量的实生苗株丛存活，但轮牧区和自由放牧区的存活密度差异不显著（$P>0.05$），对照区显著高于两放牧处理（$P<0.05$）。可以看出，无芒隐子草的有性繁殖能力较强，种子更新的概率较高，为种群的生存竞争创造了有利条件，禁牧有利于无芒隐子草实生苗的存活。碱韭实生苗密度较短花针茅大，但比无芒隐子草小，介于两者之间，生长季节结束时，自由放牧区碱韭实生苗几乎全部死亡，轮牧区和对照区仍有存活。由此可见，碱韭的有性繁殖能力也较弱，种群依靠种子更新的机会很少，主要也是借助无性繁殖进行更新，轮牧与禁牧有利于碱韭实生苗的存活。

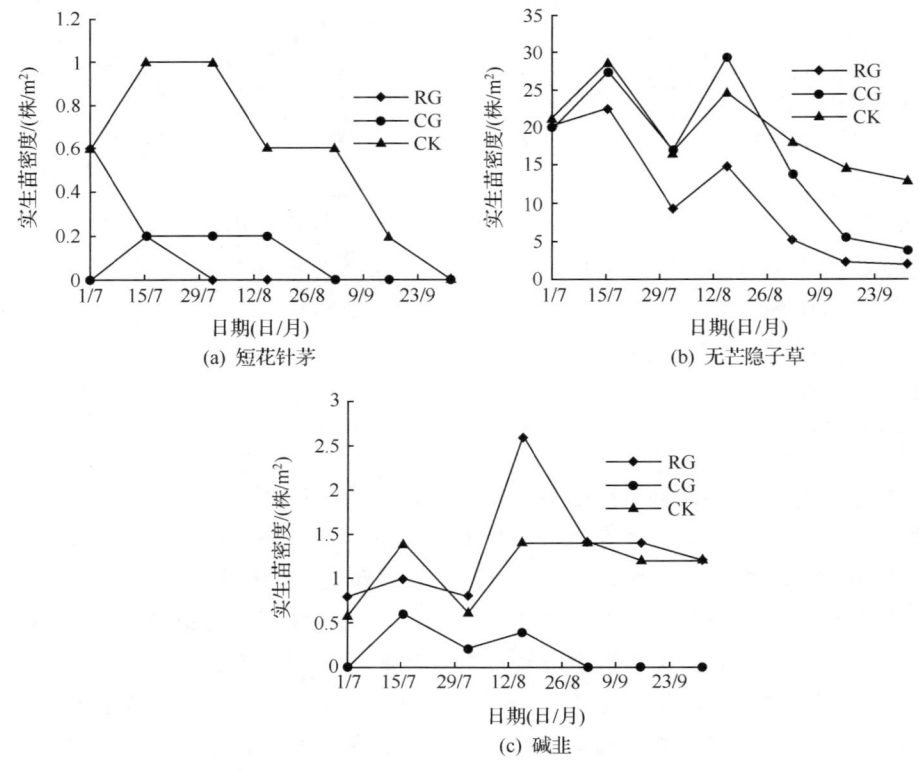

图 10-7 主要植物种群实生苗密度

## 六、主要植物种群贮藏性碳水化合物含量的变化

各处理主要植物贮藏性碳水化合物含量变化如表 10-12 所示。试验开始时（6 月 15 日），各处理植物总糖含量较高（两放牧处理碱韭最高总糖含量滞后），然后呈下降—上升—下降—上升，翌年春季又下降的动态规律（碱韭生长结束时含量仍然较低）。这种贮藏性营养物质的变化动态与植物不同的生长阶段和利用有关（许志信等，1993b）。碱韭出现上述情况与其适口性好，被家畜多次采食有关。生长季节结束时（10 月 15 日），自由放牧区植物总糖含量低于轮牧区和禁牧区，可见自由放牧区植物的生长潜能不及轮牧区和禁牧区。当年秋季至翌年早春，轮牧区和禁牧区植物总糖含量的下降幅度普遍高于自由放牧区，这说明植物体内的贮能在自由放牧条件下释放得最为缓慢，这可能与自由放牧条件下植物越冬呼吸作用较弱、消耗的贮藏性营养物质较少有关。

表 10-12 主要植物种群总糖含量季节动态 （单位：%）

| 日期(日/月) | 短花针茅 | | | 无芒隐子草 | | | 碱韭 | | |
| --- | --- | --- | --- | --- | --- | --- | --- | --- | --- |
| | RG | CG | CK | RG | CG | CK | RG | CG | CK |
| 15/6 | 18.76 | 14.39 | 20.80 | 13.48 | 36.96 | 19.30 | 10.58 | 9.62 | 18.96 |
| 1/7 | 12.56 | 8.64 | 11.40 | 12.49 | 14.74 | 14.28 | 13.84 | 18.05 | 9.23 |
| 15/7 | 15.89 | 16.04 | 16.20 | 8.01 | 14.07 | 11.14 | 16.32 | 15.48 | 32.94 |
| 1/8 | 16.81 | 11.87 | 11.46 | 5.05 | 11.43 | 12.39 | 12.48 | 11.24 | 16.82 |
| 15/8 | 18.43 | 14.87 | 17.33 | 18.31 | 17.23 | 18.31 | 8.43 | 6.07 | 6.87 |
| 1/9 | 11.00 | 10.42 | 9.35 | 11.16 | 10.52 | 13.10 | 4.05 | 25.86 | 21.81 |
| 15/9 | 20.63 | 17.57 | 9.05 | 9.01 | 15.68 | 13.12 | 23.07 | 11.64 | 11.54 |
| 1/10 | 25.77 | 24.41 | 34.19 | 28.24 | 18.35 | 22.16 | 11.02 | 7.01 | 9.56 |
| 15/4 | 11.46 | 21.88 | 20.59 | 24.63 | 13.71 | 16.45 | 4.93 | 2.37 | 2.85 |

早春植物体内越冬后留存的总糖大部分降解为还原糖，这是植物即将开始生长的信号，并为返青生长和大量分蘖做好了充分准备。还原糖含量的高低是植物生长势强弱的重要标志。由表 10-13 可知，各处理还原糖的积累与消耗规律并不一致，从整个生长季看，对照区高于两放牧区，轮牧区高于自由放牧区。特别是在翌年早春，三个主要植物种群的还原糖，轮牧均较自由放牧区高。说明轮牧区植物的生长能力和早春返青生长能力较自由放牧区强。可见，还原糖含量与植物生长季节变化的关联更为密切，指示作用比总糖更灵敏（白永飞等，1996；潘庆民等，2002）。

表 10-13 主要植物种群还原糖含量季节动态 （单位：%）

| 日期(日/月) | 短花针茅 | | | 无芒隐子草 | | | 碱韭 | | |
|---|---|---|---|---|---|---|---|---|---|
| | RG | CG | CK | RG | CG | CK | RG | CG | CK |
| 15/6 | 2.36 | 2.26 | 5.33 | 1.26 | 3.39 | 3.34 | 3.46 | 0.72 | 4.25 |
| 1/7 | 4.72 | 1.90 | 3.83 | 4.83 | 2.51 | 2.02 | 3.95 | 1.46 | 2.86 |
| 15/7 | 3.96 | 2.09 | 3.87 | 2.40 | 1.78 | 3.80 | 0.99 | 0.96 | 2.42 |
| 1/8 | 1.44 | 1.95 | 2.13 | 1.65 | 2.62 | 2.47 | 0.08 | 0.91 | 2.42 |
| 15/8 | 5.19 | 4.09 | 5.62 | 4.87 | 2.26 | 5.96 | 1.59 | 3.52 | 2.17 |
| 1/9 | 4.69 | 3.12 | 4.64 | 2.37 | 2.25 | 3.5213 | 2.71 | 1.69 | 1.89 |
| 15/9 | 8.04 | 2.26 | 7.32 | 2.83 | 4.88 | 0.50 | 0.82 | 3.07 | 3.29 |
| 1/10 | 3.89 | 9.46 | 4.16 | 7.55 | 5.41 | 6.65 | 2.74 | 2.52 | 2.17 |
| 15/4 | 3.03 | 2.24 | 2.56 | 4.81 | 4.33 | 4.62 | 1.13 | 0.88 | 1.06 |

植物碳水化合物的含量随物候变化会出现多次升降，积累期出现在分蘖末期或开花结实期，消耗期出现在拔节、抽穗或果后营养期。最后一个峰值出现在生长季结束时或结束前（前 15 天至 30 天），这为植物的越冬和早春返青提供了能量保障，翌年早春贮藏性碳水化合物含量大幅度下降，正是由植物越冬和返青耗能所致。

## 第二节 植物群落特征对放牧制度的响应

### 一、群落特征

#### （一）群落高度年度动态

由表 10-14 可知，通过对 2005～2007 年年际的群落高度分析，短花针茅高度轮牧区和自由放牧区呈现先上升后下降的趋势，对照区呈现逐渐上升的趋势，不同处理总体呈上升趋势。无芒隐子草高度轮牧区与自由放牧区呈现先上升后下降的趋势，对照区呈现先下降后上升的趋势，不同处理总体呈上升趋势。碱韭高度不同处理均呈现先上升后下降的趋势，总体呈上升趋势。糙隐子草 2005 年、2007 年在自由放牧区均未出现，仅 2006 年在自由放牧区出现，其高度轮牧区高于自由放牧区。银灰旋花高度 2005 年、2006 年两放牧处理间无显著差异（$P>0.05$），2007 年对照区＞轮牧区＞自由放牧区。细叶韭高度三年中对照区和轮牧区均高于自由放牧区。在三年中木地肤两放牧处理低于对照区，2005～2007 年，不同处理的木地肤高度均有上升趋势。冷蒿在 2005 年三处理中均未出现，2006 年出现在自由放牧区，2007 年虽说在轮牧区也有所发现，但其高度在两放牧处

表 10-14 不同年份不同放牧制度下群落植物高度的变化 (单位: cm)

| 植物名称 | 2005.8.1 RG | 2005.8.1 CG | 2005.8.1 CK | 2006.8.4 RG | 2006.8.4 CG | 2006.8.4 CK | 2007.8.7 RG | 2007.8.7 CG | 2007.8.7 CK |
|---|---|---|---|---|---|---|---|---|---|
| 短花针茅 | 3.52±0.41b | 4.00±0.82b | 9.50±0.85a | 7.80±1.24b | 14.29±2.60a | 11.55±6.45ab | 6.72±2.61b | 7.23±1.53b | 9.60±3.92a |
| 无芒隐子草 | 2.15±1.05b | 1.90±0.32b | 3.40±0.39a | 6.03±0.62ab | 7.14±5.05a | 2.82±4.36b | 5.04±4.25b | 4.09±0.63c | 7.30±0.95a |
| 碱韭 | 4.60±0.26b | 3.50±2.51b | 7.00±2.37a | 16.30±0.81a | 9.79±8.87b | 18.03±2.95a | 8.31±0.32b | 9.57±1.81b | 12.60±2.88a |
| 糙隐子草 | 2.88±0.23b | 0.00±0.00b | 4.10±0.46a | 4.14±0.38a | 0.64±1.57b | 2.82±4.36ab | 6.22±2.22b | 0.00±0.00b | 7.60±1.07a |
| 银灰旋花 | 1.56±0.15b | 2.00±0.00ab | 2.65±0.75a | 4.04±0.44b | 2.00±4.90b | 6.65±1.98a | 3.24±0.19b | 1.00±0.00c | 3.65±0.41a |
| 木地肤 | 2.10±0.60b | 1.00±0.00b | 5.14±2.54a | 2.70±1.82b | 2.96±3.45b | 10.82±11.68a | 3.75±1.33b | 2.00±0.00b | 8.80±4.60a |
| 细叶韭 | 3.57±0.47b | 2.20±0.42c | 5.50±2.22a | 13.19±3.34a | 7.98±1.55b | 12.93±3.58a | 7.02±0.91b | 3.10±1.20c | 11.71±3.40a |
| 阿尔泰狗娃花 | 1.29±0.40a | 1.33±0.71a | 0.00±0.00b | 0.00±0.00b | 0.00±0.00b | 0.00±0.00b | 4.50±0.00a | 2.00±0.00b | 0.00±0.00b |
| 细叶鸢尾 | 2.68±0.60a | 2.00±0.00a | 2.00±0.00a | 0.86±0.46a | 0.00±0.00b | 0.00±0.00b | 6.09±0.41a | 3.00±0.00b | 0.00±0.00b |
| 冷蒿 | 0.00±0.00a | 0.00±0.00a | 0.00±0.00a | 0.00±0.00b | 1.43±2.32a | 0.00±0.00c | 3.00±0.00a | 1.25±1.50a | 0.00±0.00b |
| 戈壁天门冬 | 3.94±1.02a | 3.00±0.89a | 0.00±0.00b | 1.49±1.04b | 4.04±2.64a | 0.00±0.00c | 4.14±1.21a | 2.17±1.41b | 0.00±0.00b |
| 冬青叶兔唇花 | 1.00±0.00a | 1.50±0.71a | 0.00±0.00b | 0.04±0.13a | 0.71±1.75a | 0.00±0.00b | 3.00±0.00a | 2.00±0.00a | 0.00±0.00b |
| 蒙古葱 | 5.50±1.80a | 2.33±0.58b | 0.00±0.00c | 0.18±0.37a | 0.00±0.00b | 0.00±0.00b | 6.00±1.41a | 7.00±3.16a | 8.50±1.00a |
| 寸草薹 | 3.42±0.50a | 2.44±0.88b | 3.33±1.37a | 6.73±1.36a | 1.29±2.10a | 0.00±0.00b | 7.85±1.74a | 6.45±0.60b | 0.00±0.00b |
| 白花黄芪 | 0.61±0.22c | 1.33±0.50a | 0.83±0.26b | 0.05±0.10b | 1.43±0.86b | 7.70±4.33a | 2.17±1.29a | 2.38±0.74a | 0.00±0.00b |
| 猴叶锦鸡儿 | 3.15±1.97b | 0.00±0.00b | 6.25±1.98a | 1.43±0.86b | 3.54±2.01a | 1.90±0.79b | 6.70±0.67a | 5.63±1.06b | 0.00±0.00b |
| 栉叶蒿 | 2.50±5.71b | 3.78±1.99a | 2.00±0.00c | 2.85±1.21ab | 7.83±2.16a | 8.02±1.45a | 8.03±0.74b | 3.40±0.52b | 15.70±4.40a |
| 猪毛菜 | 0.00±0.00a | 0.00±0.00a | 0.00±0.00a | 2.58±0.56b | 13.09±1.70a | 8.70±2.09b | 3.73±3.97b | 3.10±0.32b | 7.20±1.69a |
| 狗尾草 | 0.00±0.00a | 0.00±0.00a | 0.00±0.00a | 3.60±0.90c | 7.33±2.30b | 9.98±3.66a | 6.50±1.00a | 2.60±1.26b | 0.00±0.00b |
| 冠芒草 | 0.00±0.00a | 0.00±0.00a | 0.00±0.00a | 4.78±0.56c | 5.44±1.49b | 8.80±1.28a | 0.97±0.11b | 1.98±0.06a | 0.00±0.00b |
| 狹芒草 | 0.00±0.00a | 1.44±0.53a | 0.00±0.00a | 3.34±0.25c | 3.29±1.89a | 4.07±1.74a | 0.90±0.21b | 1.00±0.00a | 0.00±0.00b |
| 猪毛蒿 | 2.74±1.78a | 0.00±0.00a | 0.00±0.00a | 1.24±0.43b | 0.00±0.00b | 0.00±0.00b | 6.00±1.82a | 2.00±0.00b | 0.00±0.00b |
| 灰绿藜 | 0.00±0.00a | 0.00±0.00a | 0.00±0.00a | 0.00±0.00b | 0.00±0.00b | 0.00±0.00b | 2.00±0.00a | 2.00±0.00a | 0.00±0.00b |
| 野韭 | 3.42±0.49a | 0.00±0.00a | 0.00±0.00a | 0.00±0.00b | 4.39±0.73a | 0.00±0.00b | 8.50±1.00a | 7.00±3.16a | 0.00±0.00b |
| 白花点地梅 | 0.00±0.00a | 0.00±0.00a | 0.00±0.00a | 0.10±0.13b | 12.54±5.13a | 0.00±0.00b | 1.00±0.00a | 0.35±0.60b | 8.50±1.00a |
| 葵藜 | 0.00±0.00a | 0.00±0.00a | 0.00±0.00a | 0.60±0.40b | 12.54±5.13a | 2.38±1.38b | 1.00±0.00a | 0.00±0.00a | 0.00±0.00a |
| 马齿苋 | 0.00±0.00a | 0.00±0.00a | 0.00±0.00a | 0.50±0.27b | 3.56±1.02a | 0.00±0.00b | 2.00±0.00a | 3.22±2.67a | 0.00±0.00a |
| 委陵菜 | 0.00±0.00a | 0.00±0.00a | 0.00±0.00a | 0.00±0.00a | 0.00±0.00a | 0.00±0.00a | 3.50±0.00a | 0.00±0.00a | 0.00±0.00a |
| 狼尾草 | 0.00±0.00a | 0.00±0.00a | 0.00±0.00a | 0.17±0.27ab | 0.00±0.00b | 1.80±2.95a | 2.00±0.00a | 0.00±0.00a | 0.00±0.00a |

理间无显著差异，三年均未在对照区出现。冬青叶兔唇花三年中均未在对照区出现，三年中其高度两放牧处理间均无显著差异，两年后，轮牧区冬青叶兔唇花的高度有所增加。2005年一年生植物栉叶蒿高度为自由放牧区＞轮牧区＞对照区，2006年两放牧处理间无显著差异，然而到2007年，栉叶蒿高度为轮牧区高于自由放牧区。年际间分析结果显示，栉叶蒿高度在轮牧区和对照区呈上升趋势，在自由放牧区呈下降趋势。2005年，其余一年生植物，如猪毛菜、冠芒草、锋芒草等在不同处理中均未出现，2006年、2007年对照区出现很少，在轮牧区和自由放牧区有所发现，但均为自由放牧区高于轮牧区或者两放牧处理间无显著差异。

(二) 群落密度年度动态

植物群落密度如表10-15所示。2005～2007年，不同处理短花针茅密度呈下降趋势，其中轮牧区下降的幅度最小。无芒隐子草和碱韭密度三年中轮牧区均高于自由放牧区；对2005～2007年年际间群落密度进行分析，无芒隐子草和碱韭密度在轮牧区与对照区均呈上升趋势，自由放牧区呈下降趋势。糙隐子草2005年、2007年在自由放牧区均未出现，仅2006年在自由放牧区出现了糙隐子草，但其密度同高度相似，轮牧区显著高于自由放牧区。三年中，银灰旋花密度两放牧处理间均无显著差异（$P>0.05$），从2005～2007年不同处理的银灰旋花密度逐渐下降，其中轮牧区下降的幅度最小。细叶韭三年中不同处理间均无显著差异（$P>0.05$）。木地肤密度、冷蒿密度、冬青叶兔唇花密度与其高度有相同的变化规律。2005年，一年生植物栉叶蒿密度为自由放牧区＞轮牧区＞对照区，2006年、2007年轮牧区高于自由放牧区与对照区，2005～2007年栉叶蒿密度不同处理总体呈上升趋势，其中轮牧区上升的幅度最大。三年中野韭在轮牧区大量出现，在自由放牧区和对照区均未出现。

(三) 群落盖度年度动态

植物群落盖度年度变化如表10-16所示，在2005～2007年不同年际，轮牧区和对照区短花针茅盖度呈现先下降后上升的趋势，自由放牧区呈逐渐下降的趋势，不同处理短花针茅盖度总体呈下降趋势，其中轮牧区下降的幅度最小。不同处理无芒隐子草盖度均呈先下降后上升的趋势，但总体呈下降趋势。不同处理碱韭盖度均呈现先下降后上升的趋势，但轮牧区和自由放牧区总体呈下降趋势，对照区呈上升趋势。糙隐子草2005年、2007年在自由放牧区均未出现，仅2006年在自由放牧区发现了糙隐子草，轮牧区显著高于自由放牧区与对照区。银灰旋花盖度、木地肤盖度变化趋势相同，在三年中对照区均高于轮牧区与自由放牧区。细叶韭2005年和2007年轮牧区与对照区高于自由放牧区，2006年不同处理间无显著差异。冷蒿密度、冬青叶兔唇花盖度与其密度、高度有相同的变化规

表 10-15 不同年份不同放牧制度下群落植物密度的变化

(单位: 丛/m²)

| 植物名称 | 2005.8.1 RG | 2005.8.1 CG | 2005.8.1 CK | 2006.8.4 RG | 2006.8.4 CG | 2006.8.4 CK | 2007.8.7 RG | 2007.8.7 CG | 2007.8.7 CK |
|---|---|---|---|---|---|---|---|---|---|
| 短花针茅 | 6.35±1.12b | 9.80±2.94a | 4.10±2.60b | 4.31±0.56b | 8.57±4.69a | 1.00±0.63c | 5.27±0.61b | 6.90±2.33a | 2.00±0.82c |
| 无芒隐子草 | 23.30±2.24a | 16.40±3.69b | 24.40±4.45a | 19.15±1.60a | 5.29±1.83b | 0.80±1.54c | 25.99±3.36b | 13.50±5.60a | 34.20±9.58a |
| 碱韭 | 21.68±2.04a | 7.67±10.80b | 16.30±4.64a | 22.31±2.76a | 1.57±1.40c | 15.70±5.69c | 28.11±3.64a | 3.57±2.37c | 20.60±9.32b |
| 糙隐子草 | 4.83±2.61b | 0.00±0.00b | 9.30±3.92b | 2.90±0.99a | 0.14±0.35b | 0.80±1.54b | 8.51±2.97a | 0.00±0.00b | 10.70±6.09a |
| 银灰旋花 | 21.11±4.95ab | 2.67±0.58b | 59.30±48.93a | 18.54±3.44b | 0.43±1.05b | 53.40±45.38a | 18.18±7.45ba | 1.00±0.00b | 45.80±37.80a |
| 木地肤 | 2.75±1.44b | 1.00±0.00b | 6.29±10.95a | 0.79±0.49b | 0.43±0.49b | 2.70±6.17a | 2.63±1.21b | 1.00±0.00b | 4.20±5.63a |
| 细叶韭 | 5.84±2.77a | 6.20±3.68a | 4.50±1.72a | 4.43±1.06a | 6.00±2.83a | 5.80±2.86a | 4.81±1.62a | 4.50±2.80a | 4.00±1.73a |
| 阿尔泰狗娃花 | 1.17±0.41a | 4.56±3.00a | 0.00±0.00b | 0.00±0.00a | 0.00±0.00a | 0.00±0.00b | 1.00±0.00a | 4.00±0.00b | 0.00±0.00b |
| 细叶薹草 | 4.63±3.17a | 6.00±0.00a | 1.00±0.00a | 0.41±0.33b | 2.29±5.20a | 0.00±0.00b | 6.37±2.44a | 2.25±1.26b | 0.00±0.00b |
| 冷蒿 | 0.00±0.00a | 0.00±0.00a | 0.00±0.00a | 0.40±0.30b | 3.43±3.25a | 0.00±0.00b | 1.43±1.13a | 3.00±0.00b | 0.00±0.00b |
| 戈壁天门冬 | 1.88±1.25a | 3.17±1.94a | 3.50±1.38b | 0.14±0.41a | 0.57±1.40a | 3.10±3.08a | 4.00±0.00a | 5.00±0.00b | 0.00±0.00b |
| 冬青叶兔唇花 | 2.00±0.00a | 3.00±2.82a | 1.50±0.84ab | 0.04±0.08b | 4.29±2.25a | 0.00±0.00a | 3.14±1.68a | 3.50±1.71a... | 2.50±1.91b |
| 蒙古葱 | 1.78±0.79a | 1.67±1.15a | 5.13±4.16a | 3.96±1.55b | 0.00±0.00b | 0.00±0.00a | 6.41±2.55b | 14.00±9.56a | 2.50±1.91b |
| 寸草薹 | 5.41±3.16ab | 9.22±7.00a | 1.00±0.00c | 0.40±0.06b | 0.86±1.12a | 3.10±3.08a | 3.35±1.38a | 3.39±2.76a | 2.50±1.91b |
| 白花黄芪 | 1.10±0.22b | 1.78±1.30a | 3.50±1.38b | 0.75±0.59b | 5.71±2.66b | 12.90±11.46b | 78.20±9.36a | 3.13±2.53a | 0.00±0.00b |
| 狭叶锦鸡儿 | 4.30±2.37a | 0.00±0.00b | 1.00±0.00c | 61.04±9.35b | 10.86±5.94b | 32.40±11.63a | 9.62±7.37b | 4.90±2.28c | 35.90±33.99b |
| 栉叶蒿 | 1.25±5.35b | 3.78±1.97a | 0.00±0.00a | 1.55±0.37c | 4.07±1.86b | 16.00±7.51b | 3.75±1.71b | 8.90±5.86b | 56.30±10.90a |
| 猪毛菜 | 0.00±0.00a | 0.00±0.00a | 0.00±0.00a | 73.89±10.71b | 77.29±15.69b | 123.20±43.10a | 107.17±59.18a | 17.20±3.94a | 0.00±0.00b |
| 狗尾草 | 0.00±0.00a | 0.00±0.00a | 0.00±0.00a | 29.72±7.63b | 7.00±3.25a | 97.60±24.09a | 39.03±9.30a | 188.90±123.30a | 0.00±0.00b |
| 冠芒草 | 0.00±0.00a | 0.00±0.00a | 0.00±0.00a | 0.00±0.00a | 0.00±0.00a | 0.00±0.00a | 1.50±0.55a | 9.60±3.50b | 0.00±0.00b |
| 锋芒草 | 1.54±0.69a | 3.56±2.40a | 1.00±0.00a | 1.89±0.71b | 14.86±11.54b | 3.20±2.36b | 1.00±0.00a | 1.00±0.00a | 0.00±0.00b |
| 猪毛蒿 | 0.00±0.00a | 0.00±0.00a | 0.00±0.00a | 0.00±0.00a | 0.00±0.00a | 0.00±0.00a | 21.25±16.76a | 2.50±2.12a | 0.00±0.00b |
| 灰绿藜 | 0.00±0.00a | 0.00±0.00a | 0.00±0.00a | 0.01±0.04a | 4.43±2.97a | 0.00±0.00a | 1.00±0.00a | 0.00±0.00b | 0.00±0.00b |
| 野韭 | 27.08±28.51a | 0.00±0.00b | 0.00±0.00a | 0.09±0.11b | 13.86±7.40a | 1.90±1.45b | 1.00±0.00a | 0.00±0.00b | 0.00±0.00b |
| 白花点地梅 | 0.00±0.00a | 0.00±0.00a | 0.00±0.00a | 0.35±0.22b | 5.57±3.66b | 0.00±0.00a | 1.00±0.00a | 2.89±2.42a | 0.00±0.00b |
| 藜 | 0.00±0.00a | 0.00±0.00a | 0.00±0.00a | 0.90±0.55b | 0.00±0.00a | 0.00±0.00a | 1.00±0.00a | 0.00±0.00a | 0.00±0.00b |
| 马齿苋 | 0.00±0.00a | 0.00±0.00a | 0.00±0.00a | 0.00±0.00a | 0.00±0.00a | 0.00±0.00a | 0.00±0.00a | 0.00±0.00a | 0.00±0.00b |
| 委陵菜 | 0.00±0.00a | 0.00±0.00a | 0.00±0.00a | 0.05±0.08a | 0.00±0.00a | 0.50±0.92a | 0.00±0.00a | 0.00±0.00a | 0.00±0.00b |
| 狼尾草 | 0.00±0.00a | 0.00±0.00a | 0.00±0.00a | 0.00±0.00a | 0.00±0.00a | 0.00±0.00a | 0.00±0.00a | 0.00±0.00a | 0.00±0.00a |

表 10-16  不同年份不同放牧制度下群落植物盖度的变化 (单位：%)

| 植物名称 | 2005.8.1 RG | 2005.8.1 CG | 2005.8.1 CK | 2006.8.4 RG | 2006.8.4 CG | 2006.8.4 CK | 2007.8.7 RG | 2007.8.7 CG | 2007.8.7 CK |
|---|---|---|---|---|---|---|---|---|---|
| 短花针茅 | 3.68±1.02b | 11.00±5.33a | 6.40±7.39ab | 1.46±0.43b | 4.00±1.71a | 0.30±0.31c | 2.95±0.53a | 3.50±1.00a | 0.95±0.75b |
| 无芒隐子草 | 21.55±4.34a | 4.25±2.51b | 19.90±6.52a | 3.81±0.43a | 3.14±1.38a | 0.27±0.42b | 8.81±1.80a | 3.47±1.50b | 9.10±6.15a |
| 碱韭 | 11.40±1.88a | 3.20±5.36b | 4.75±1.95b | 7.30±0.96a | 0.47±0.44c | 3.4±1.88b | 8.01±1.68a | 1.30±0.39c | 4.85±3.45b |
| 糙隐子草 | 2.10±1.21a | 0.00±0.00b | 2.85±1.06a | 0.86±0.17a | 0.11±0.28b | 0.27±0.42b | 1.98±0.74a | 0.00±0.00b | 2.88±1.62a |
| 银灰旋花 | 0.96±0.25b | 0.03±0.01b | 3.93±4.18a | 1.74±0.35b | 0.03±0.07b | 4.63±3.76a | 1.52±0.48b | 0.18±0.05b | 3.60±2.65a |
| 木地肤 | 0.69±0.35b | 0.14±0.02b | 1.94±1.93a | 0.26±0.15b | 0.11±0.17b | 1.28±2.10a | 1.16±0.58b | 0.60±0.00b | 8.40±12.15a |
| 细叶韭 | 0.61±0.27a | 0.11±0.09b | 0.88±0.44a | 0.36±0.37a | 0.16±0.17a | 0.26±0.40a | 0.56±0.14a | 0.31±0.11b | 0.64±0.29a |
| 阿尔泰狗娃花 | 0.27±0.11a | 0.22±0.22a | 0.00±0.00b | 0.00±0.00a | 0.00±0.00a | 0.00±0.00a | 0.15±0.00a | 0.20±0.00a | 0.00±0.00b |
| 细叶鸢尾草 | 0.44±0.26a | 0.08±0.00a | 0.10±0.00a | 0.03±0.06a | 0.21±0.36a | 0.00±0.00b | 0.56±0.16a | 0.30±0.14b | 0.00±0.00b |
| 冷蒿 | 0.00±0.00a | 0.00±0.00b | 0.00±0.00b | 0.00±0.00b | 0.29±0.36a | 0.00±0.00a | 0.10±0.00b | 0.15±0.06a | 0.00±0.00b |
| 戈壁天门冬 | 0.24±0.34a | 0.06±0.03a | 0.00±0.00b | 0.08±0.09b | 0.17±0.42a | 0.00±0.00a | 0.30±0.12a | 0.18±0.08a | 0.00±0.00b |
| 冬青叶兔唇花 | 0.50±0.00a | 0.14±0.02a | 0.00±0.00b | 0.0036±0.012a | 0.43±0.39a | 0.00±0.00a | 0.20±0.00b | 0.20±0.00a | 0.00±0.00b |
| 蒙古韭 | 0.14±0.09a | 0.03±0.02b | 0.00±0.00b | 0.01±0.01b | 0.00±0.00b | 0.00±0.00b | 0.10±0.00b | 0.34±0.13a | 0.00±0.00b |
| 寸草韭 | 0.43±0.16a | 0.09±0.07b | 0.40±0.21a | 0.23±0.08a | 0.09±0.17a | 0.45±0.41a | 0.40±0.13a | 0.45±0.22a | 0.35±0.26a |
| 白花黄芪 | 0.45±0.28a | 0.20±0.29a | 0.30±0.12a | 0.01±0.02ab | 0.00±0.00b | 0.00±0.00b | 0.23±0.06a | 0.28±0.25a | 0.00±0.00b |
| 狭叶锦鸡儿 | 1.26±0.76a | 0.00±0.00b | 1.76±1.45a | 0.15±0.15b | 0.29±0.25b | 0.25±0.26b | 0.71±0.26a | 0.00±0.00b | 0.83±0.74a |
| 栉叶蒿 | 0.13±0.04a | 0.06±0.04c | 0.10±0.00b | 0.90±0.16a | 0.00±0.00b | 0.45±0.41a | 4.21±1.15a | 0.21±0.06b | 3.73±2.25a |
| 猪毛菜 | 0.00±0.00a | 0.00±0.00a | 0.00±0.00a | 0.08±0.03c | 1.21±0.43b | 4.87±1.39a | 1.30±0.78a | 0.48±0.25b | 6.67±3.63a |
| 狗尾草 | 0.00±0.00a | 0.00±0.00a | 0.00±0.00a | 0.38±0.16b | 9.71±7.83a | 1.86±6.84b | 0.55±0.13a | 0.58±0.11a | 0.00±0.00b |
| 冠芒草 | 0.00±0.00a | 0.00±0.00a | 0.00±0.00a | 3.91±0.37b | 8.00±4.02a | 7.82±1.80a | 0.90±0.44b | 1.80±1.11a | 0.00±0.00b |
| 锋芒草 | 0.35±0.30a | 0.08±0.13a | 0.20±0.00a | 1.58±0.36b | 0.31±0.14b | 11.41±15.57a | 0.76±0.11a | 0.38±0.15b | 0.00±0.00b |
| 猪毛蒿 | 0.00±0.00a | 0.00±0.00b | 0.00±0.00a | 0.00±0.00a | 0.00±0.00a | 0.00±0.00a | 0.32±0.11a | 0.10±0.00b | 0.00±0.00b |
| 灰绿藜 | 0.00±0.00a | 0.00±0.00a | 0.00±0.00a | 0.15±0.12b | 0.47±0.29a | 0.18±0.11b | 0.10±0.00a | 0.10±0.00a | 0.00±0.00b |
| 野韭 | 1.64±2.02a | 0.00±0.00b | 0.00±0.00a | 0.0009±0.003a | 0.00±0.00a | 0.00±0.00a | 1.28±0.91a | 0.00±0.00b | 0.00±0.00b |
| 白花点地梅 | 0.00±0.00a | 0.00±0.00a | 0.00±0.00a | 0.0027±0.005b | 0.034±0.03a | 0.1±0.06b | 0.00±0.00a | 0.00±0.00a | 0.00±0.00a |
| 菱藜 | 0.00±0.00a | 0.00±0.00a | 0.00±0.00a | 0.05±0.04b | 5.41±4.70a | 0.00±0.00b | 0.10±0.00a | 0.34±0.12a | 0.00±0.00b |
| 马齿苋 | 0.00±0.00a | 0.00±0.00a | 0.00±0.00a | 0.05±0.02b | 0.27±0.30a | 0.00±0.00b | 0.00±0.00a | 0.00±0.00a | 0.00±0.00a |
| 委陵菜 | 0.00±0.00a | 0.00±0.00a | 0.00±0.00a | 0.0009±0.003a | 0.00±0.00a | 0.00±0.00a | 0.25±0.00a | 0.00±0.00a | 0.00±0.00a |
| 狼尾草 | 0.00±0.00a | 0.00±0.00a | 0.00±0.00a | 0.01±0.01a | 0.00±0.00a | 0.06±0.12a | 0.00±0.00a | 0.00±0.00a | 0.00±0.00a |
| 总盖度 | 46.84 | 19.69 | 43.51 | 23.42 | 34.91 | 37.41 | 37.51 | 15.45 | 42 |

律。三年中一年生植物栉叶蒿盖度均表现为轮牧区高于自由放牧区与对照区，2005～2007年不同处理栉叶蒿盖度总体呈上升趋势，其中轮牧区上升的幅度最大。2005年和2007年群落总盖度轮牧区与对照区显著高于自由放牧区，2006年两放牧处理间差异不显著。

## 二、群落植物重要值及多样性

### （一）群落植物重要值

2005～2007年群落植物的重要值如表10-17所示，轮牧区与对照区多年生植物短花针茅、无芒隐子草、碱韭、糙隐子草、细叶韭和银灰旋花在群落中的作用较大，即重要值的排序较高。此外，2006年、2007年对照区和轮牧区栉叶蒿重要值也较高。在自由放牧区，尽管短花针茅和无芒隐子草的重要值排序较高，但一年生植物在群落中起着相当重要的作用，2006年群落中重要值排在前三位的植物是冠芒草、狗尾草、蒺藜。自由放牧区碱韭的重要值较低。从2005～2007年年际来看，轮牧区和自由放牧区植物种类逐渐增加，对照区植物种类呈先上升后下降的趋势。从各处理的重要值来看，多年生牧草（短花针茅、碱韭、无芒隐子草、银灰旋花）及一年生的冠芒草、猪毛菜和栉叶蒿在各处理中均占有绝对优势，其他一年生杂草的重要值较小，在群落中的作用也较小。与轮牧区和对照区相比，自由放牧区冷蒿的重要值增加；强旱生植物戈壁天门冬重要值保持稳定；兔唇花重要值急剧增加。说明从重要值角度分析，自由放牧草地有向退化演替方向发展的趋势。

表 10-17 不同年份不同放牧制度下群落植物的重要值

| 植物名称 | 2005.8.1 | | | 2006.8.4 | | | 2007.8.7 | | |
|---|---|---|---|---|---|---|---|---|---|
| | RG | CG | CK | RG | CG | CK | RG | CG | CK |
| 短花针茅 | 10.12 | 30.60 | 13.39 | 5.91 | 8.66 | 3.59 | 4.87 | 11.63 | 4.31 |
| 无芒隐子草 | 30.59 | 20.83 | 24.66 | 10.49 | 5.58 | 1.10 | 11.44 | 10.84 | 14.90 |
| 碱韭 | 24.11 | 9.30 | 13.07 | 20.16 | 3.09 | 9.49 | 11.78 | 7.59 | 11.25 |
| 糙隐子草 | 3.54 | — | 7.78 | 3.34 | 0.29 | 1.10 | 4.16 | — | 6.49 |
| 银灰旋花 | 10.86 | 1.38 | 20.38 | 6.63 | 0.58 | 10.79 | 3.80 | 0.95 | 11.06 |
| 木地肤 | 1.89 | 0.94 | 4.96 | 1.60 | 0.90 | 4.41 | 2.26 | 2.32 | 10.29 |
| 细叶韭 | 6.89 | 6.86 | 6.05 | 4.43 | 4.31 | 4.38 | 2.79 | 2.58 | 5.09 |
| 阿尔泰狗娃花 | 0.23 | 4.35 | — | — | — | — | 1.42 | 1.79 | — |
| 细叶薹草 | 1.33 | 0.64 | 0.19 | 0.46 | — | — | 2.68 | 2.27 | — |
| 冷蒿 | — | — | — | — | 0.91 | — | 0.98 | 1.39 | — |
| 戈壁天门冬 | 0.89 | 3.90 | — | 0.78 | 1.80 | — | 1.50 | 1.72 | — |

续表

| 植物名称 | 2005.8.1 | | | 2006.8.4 | | | 2007.8.7 | | |
| --- | --- | --- | --- | --- | --- | --- | --- | --- | --- |
| | RG | CG | CK | RG | CG | CK | RG | CG | CK |
| 冬青叶兔唇花 | 0.03 | 0.83 | — | 0.04 | 0.43 | — | 1.33 | 1.90 | — |
| 蒙古韭 | 1.26 | 1.39 | — | 0.12 | 5.39 | — | 1.78 | 4.30 | — |
| 寸草薹 | 4.03 | 7.89 | 2.26 | 3.66 | — | — | 3.01 | 5.46 | 3.54 |
| 白花黄芪 | 0.15 | 2.90 | 0.81 | 0.04 | 0.53 | — | 0.87 | 2.05 | — |
| 狭叶锦鸡儿 | 1.38 | — | 5.99 | 0.91 | — | 2.84 | 2.71 | — | 3.04 |
| 栉叶蒿 | 0.16 | 4.07 | 0.19 | 10.55 | 2.02 | 1.91 | 12.70 | 2.55 | 13.74 |
| 猪毛菜 | — | — | — | 1.40 | 4.75 | 9.50 | 2.98 | 3.43 | 16.29 |
| 狗尾草 | | | | 2.59 | 19.22 | 5.53 | 2.55 | 4.32 | — |
| 冠芒草 | — | — | — | 17.36 | 21.37 | 20.83 | 10.40 | 25.40 | — |
| 锋芒草 | — | — | — | 7.57 | 2.71 | 21.40 | 4.32 | 2.32 | — |
| 猪毛蒿 | 1.03 | 3.83 | 0.27 | — | — | — | 2.01 | 1.24 | — |
| 灰绿藜 | — | — | — | 0.99 | 3.54 | 1.59 | 0.71 | 1.41 | — |
| 野韭 | 1.48 | — | — | — | — | — | 5.25 | — | — |
| 白花点地梅 | — | — | — | 0.06 | 1.79 | — | — | — | — |
| 蒺藜 | — | — | — | 0.36 | 10.14 | 0.93 | 0.44 | 2.54 | — |
| 马齿苋 | — | — | — | 0.41 | 1.99 | — | — | — | — |
| 委陵菜 | — | — | — | — | — | — | 1.24 | — | — |
| 狼尾草 | — | — | — | 0.09 | — | 0.60 | — | — | — |

## （二）群落多样性

### 1. 群落 α 多样性指数

不同放牧制度下群落物种 α 多样性指数的分析（图 10-8）表明，2005 年、2006 年和 2007 年 Margalef 丰富度指数均为轮牧区高于自由放牧区与对照区，对照区的 Margalef 丰富度指数均处于最低水平。Shannon-Wiener 指数和 Simpson 指数变化趋势相同，2005 年轮牧区低于自由放牧区与对照区，2006 年和 2007 年与 Margalef 丰富度指数呈相同的趋势，均为轮牧区＞自由放牧区＞对照区。Shannon-Wiener 指数和 Simpson 指数三年平均值为轮牧区＞自由放牧区＞对照区。Pielou 指数 2005 年、2006 年轮牧区均低于自由放牧区与对照区，2007 年自由放牧区低于轮牧区与对照区，Pielou 指数三年平均值为对照区高于轮牧区与自由放牧区。

年度间分析显示，2005~2007 年 Margalef 丰富度指数对照区、轮牧区呈先增加后降低的趋势，自由放牧区呈逐渐增加的趋势。两放牧处理 Shannon-

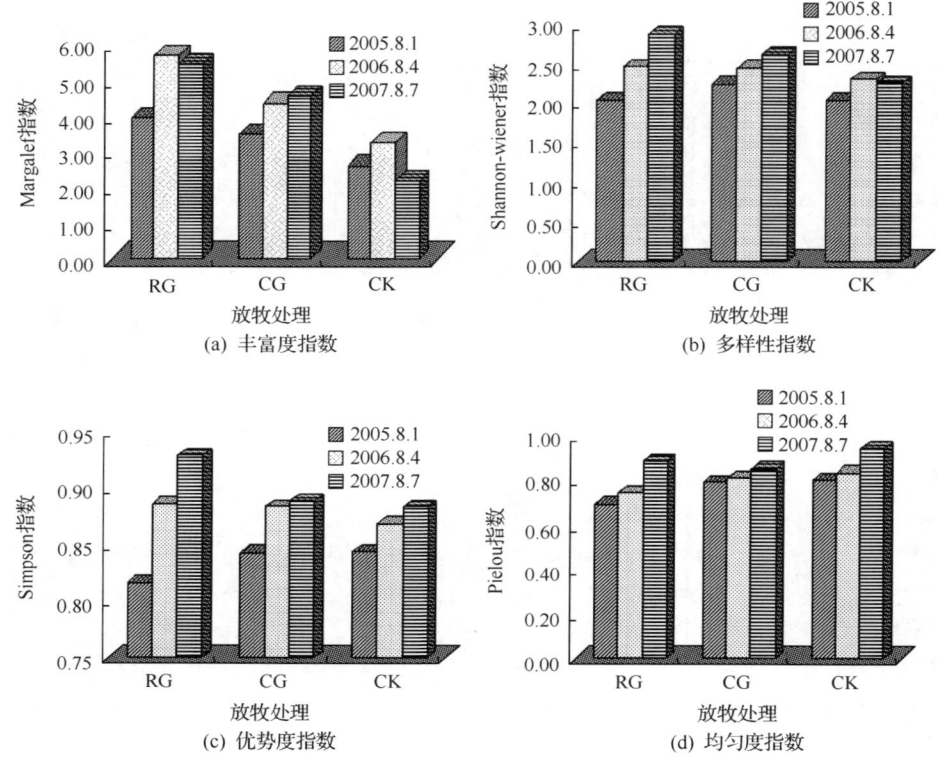

图 10-8　不同放牧制度群落 α 多样性指数

Wiener 指数逐渐增加，对照区先增加后降低，总体呈上升趋势。Simpson 指数和 Pielou 指数呈逐渐上升的趋势。其中 4 种多样性指数三年间均为轮牧区增加的幅度最大。

2. 群落 β 多样性指数

不同放牧制度群落 β 多样性随机取样面积的变化趋势表明，群落内物种替代程度与取样面积的大小密切相关（图 10-9），β 随着样方面积的增加而减小。在取样面积 >1m² 时，在不放牧、自由放牧和划区轮牧下，β 多样性指数轮牧区显著高于自由放牧区，轮牧区 β 多样性指数最高，其次为不放牧区（对照区）和自由放牧区。

## 三、群落现存量

### （一）群落地上现存量及其动态

两放牧制度和对照区 2000～2002 年生长季节群落现存量平均值如表 10-18

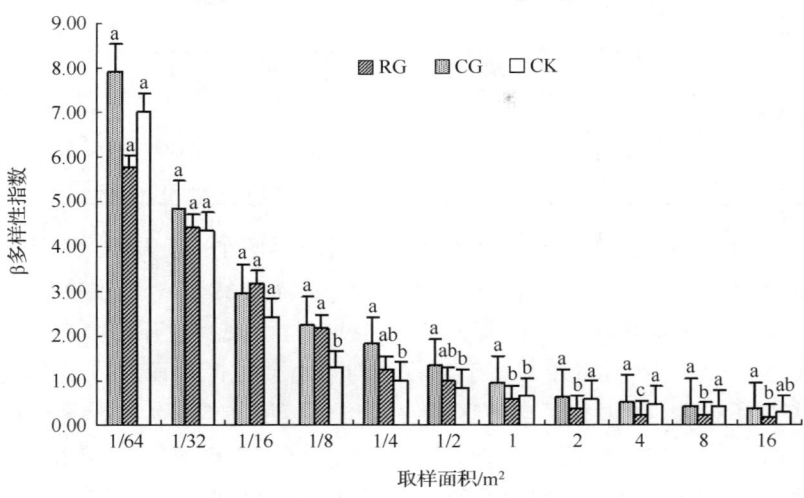

图 10-9 不同放牧制度群落 β 多样性指数

所示。2000 年对照区现存量显著高于两放牧处理（$P<0.05$），两放牧处理间无显著差异（$P>0.05$）。2001 年、2002 年轮牧区和对照区牧草现存量显著高于自由放牧区（$P<0.05$）。说明禁牧和轮牧可以提高草地牧草产量，特别是在干旱和偏干旱年份，这种效果更加明显。同时也说明，草地在合理利用（轮牧）时的产量较禁牧（对照）高。因为在放牧条件下轮牧仍与对照的现存量持平。

表 10-18 群落现存量平均值 （单位：g/m²）

| 放牧制度 | 2000 年 | 2001 年 | 2002 年 |
| --- | --- | --- | --- |
| RG | 39.42a | 8.69b | 33.45b |
| CG | 32.82a | 4.14a | 16.25a |
| CK | 65.17b | 7.38b | 38.12b |

2005～2007 年各处理不同季节现存量动态如表 10-19 所示。随着放牧时间的推移，群落现存量在各年份均出现逐渐升高，然后又降低的动态规律。

表 10-19 群落地上现存量季节与年度动态

| 年份 | 处理 | 5 月 | 6 月 | 7 月 | 8 月 | 9 月 | 10 月 | 11 月 | 平均值 |
| --- | --- | --- | --- | --- | --- | --- | --- | --- | --- |
| 2005 | RG |  | 5.93a | 10.94b | 14.96b | 43.28a | 24.52b | 10.56b | 18.37ab |
|  | CG |  | 9.32a | 12.74b | 12.06b | 25.21b | 15.92c | 14.24ab | 14.92b |
|  | CK |  | 6.33a | 23.73a | 41.37a | 48.17a | 39.06a | 26.63a | 30.88a |
| 2006 | RG | 1.31a | 0.61a | 2.06a | 31.50b | 59.13b | 33.85b | 22.23b | 24.90a |
|  | CG | 0.58a | 0.39a | 1.42a | 36.37b | 31.99b | 15.08b | 10.48c | 15.96a |
|  | CK | 2.52a | 1.74a | 2.34a | 61.43a | 160.88a | 99.29a | 49.88a | 62.59a |

续表

| 年份 | 处理 | 5月 | 6月 | 7月 | 8月 | 9月 | 10月 | 11月 | 平均值 |
|---|---|---|---|---|---|---|---|---|---|
| 2007 | RG | | 11.90b | 14.76b | 42.54b | 18.74b | 15.18b | 15.18b | 18.61b |
| | CG | | 7.53b | 5.36c | 22.63c | 14.42b | 2.51b | 5.99b | 9.74b |
| | CK | | 32.07a | 34.51a | 118.01a | 64.69a | 45.67a | 33.38a | 54.72a |

2005 年对照区、轮牧区和自由放牧区群落现存量在试验开始（6 月 1 日）时均处于最低水平，分别为 $6.33g/m^2$、$5.93g/m^2$ 和 $9.32g/m^2$。放牧初期三处理间的地上现存量差异不显著，随着放牧的延续，地上现存量开始增加，起初对照区增加较快，7 月、8 月对照区高于轮牧区与自由放牧区，而轮牧区与自由放牧区之间差异不显著；8 月以后轮牧区现存量增长速度加快，9 月群落现存量达到最高峰，轮牧区与对照区高于自由放牧区；9 月以后群落现存量开始下降，10 月表现为对照区＞轮牧区＞自由放牧区。11 月，对照区群落现存量显著高于轮牧区，轮牧区与自由放牧区现存量差异不显著。

2006 年 5～7 月三处理间地上现存量无显著差异，8 月、9 月、10 月对照区地上现存量均高于两放牧处理，而轮牧与自由放牧无显著差异；11 月三处理地上现存量存在显著差异，但是整个放牧季节均呈现对照区＞轮牧区＞自由放牧区的趋势（8 月除外）。

2007 年，整个放牧季节均呈现出对照区＞轮牧区＞自由放牧区的趋势。6 月、9 月、11 月对照区显著高于两放牧处理，轮牧与自由放牧之间无显著差异，其余月份三处理间存在显著差异（$P<0.05$）。依每年平均地上现存量来看，呈对照区＞轮牧区＞自由放牧区的趋势，不放牧和轮牧较自由放牧更能够保持群落具有较高的植物现存量。

（二）群落地下生物量

表 10-20 表明，0～100cm 土层内群落地下总生物量为轮牧区＞自由放牧区＞对照区，分别为 $5253.68g/m^2$、$3676.16g/m^2$ 和 $3464.45g/m^2$。表层 0～10cm 地下生物量轮牧区与自由放牧区高于对照区，且轮牧区与自由放牧区无显著差异。20～80cm 土层内地下生物量轮牧区显著高于自由放牧区与对照区。80～100cm 地下生物量轮牧区与对照区显著高于自由放牧区。

表 10-20　群落地下生物量及其占根总量的比例

| 深度/cm | RG | CG | CK |
|---|---|---|---|
| 0～10 | 1936.19±61.04a | 2040.73±189.32a | 1663.29±105.39b |
| | 36.85% | 55.51% | 48.01% |

第十章　荒漠草原放牧制度研究

续表

| 深度/cm | RG | CG | CK |
|---|---|---|---|
| 10～20 | 978.85±25.65a<br>18.63% | 432.28±100.23b<br>11.76% | 506.00±28.28b<br>14.61% |
| 20～30 | 577.34±38.79a<br>10.99% | 272.81±6.14b<br>7.42% | 291.71±5.54b<br>8.42% |
| 30～40 | 747.07±37.61a<br>14.22% | 334.67±29.06c<br>9.10% | 403.94±18.04b<br>11.66% |
| 40～50 | 403.93±32.73a<br>7.69% | 230.08±11.14b<br>6.26% | 218.39±34.52b<br>6.30% |
| 50～60 | 294.72±23.47a<br>5.61% | 164.07±24.57b<br>4.46% | 175.96±31.22b<br>5.08% |
| 60～70 | 159.30±31.72a<br>3.03% | 115.34±33.95b<br>3.14% | 92.76±12.28b<br>2.68% |
| 70～80 | 86.45±8.76a<br>1.65% | 41.56±17.27b<br>1.13% | 48.48±9.01b<br>1.40% |
| 80～90 | 42.08±7.40a<br>0.80% | 33.81±18.90b<br>0.92% | 46.45±6.48a<br>1.34% |
| 90～100 | 27.76±8.29a<br>0.53% | 10.81±6.62b<br>0.29% | 17.48±9.03ba<br>0.50% |
| 根总量/(g/m²) | 5253.68±66.02a | 3676.16±162.65b | 3464.45±98.11c |

注：同一行内不同放牧制度字母不同者差异显著（$P<0.05$）。

地下生物量的垂直分布情况如图 10-10 所示，不同处理地下生物量均呈"T"型分布，表层生物量最高。20～40cm 的地下生物量出现了明显波动，40cm 以下，地下生物量随土层深度增加呈下降趋势。0～20cm 的地下生物量占 0～100cm 的百分比为自由放牧区（67%）＞对照区（62%）＞轮牧区（55%）。

## 四、草群营养物质动态

### （一）粗蛋白

不同放牧处理草群粗蛋白含量在生长季节的变化动态如图 10-11（a）所示。图 10-11（a）显示，随着放牧季节的延续，两放牧处理及对照区草群粗蛋白含量逐渐降低。在自由放牧条件下，试验初期（6 月 13 日）草群粗蛋白的含量最高，为 14.73%，随着季节的延续，粗蛋白含量明显下降，试验初期与后期相差 8% 左右。试验前期（6 月 13 日至 7 月 13 日），自由放牧区草群的粗蛋白含量高于

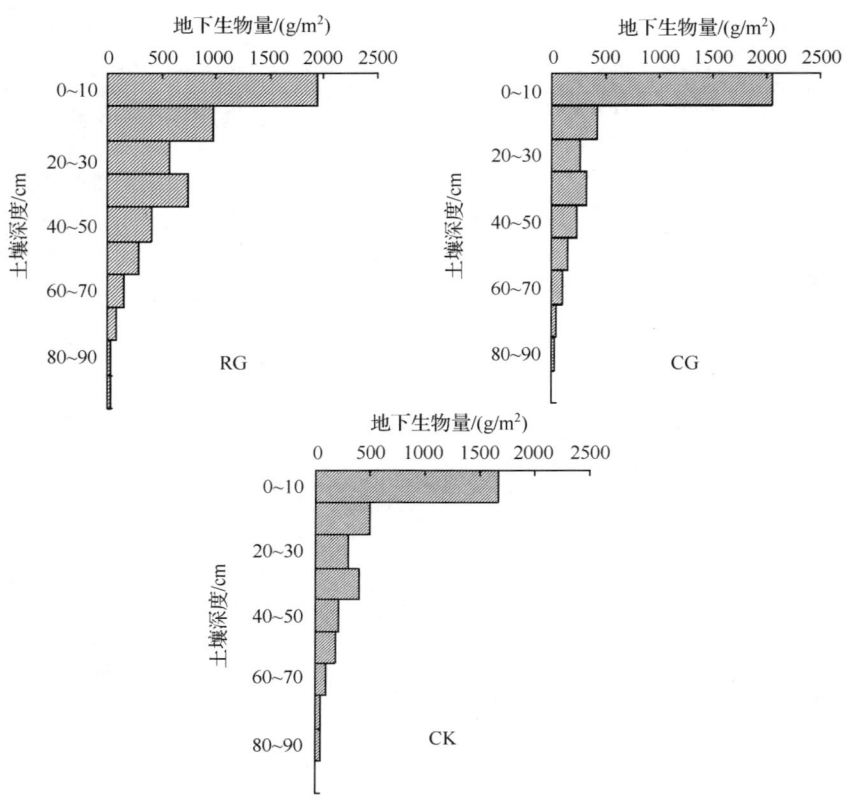

图 10-10 2006 年不同放牧制度地下生物量垂直分布

轮牧区和对照区,后期(10 月 13 日)各处理草群的粗蛋白含量均降至最低,且相互间差异不大。这是因为在生长前期,自由放牧区的草地被连续利用,草群再生草多,因此牧草较新鲜、柔嫩。另外,一年生牧草在这一时期大量繁殖生长,草群整体比较鲜嫩,蛋白质含量高。生长季后期,一年生植物枯黄、减少,采食的剩余部分多为粗硬、干枯的残枝败叶,粗蛋白含量较低。同时,家畜对多年生牧草的采食强度加大,随着对牧草不同部位的选择性采食,牧草的适口性低,粗蛋白含量也降低。在轮牧区,家畜对牧草的利用比较均匀,且草群有休闲的机会,与自由放牧区相比,家畜对草群的影响较小,因而其粗蛋白含量变化幅度较小。

(二)粗脂肪

草群粗脂肪含量变化如图 10-11(b)所示。牧草中粗脂肪含量随放牧时间的延续呈先增加后下降的趋势。各处理 9 月达到最高,10 月牧草枯黄,粗脂肪含量降低,对照区的这种增加趋势更明显。在 6 月、7 月、8 月,轮牧区草群粗脂肪含量高于自由放牧区，9月、10月自由放牧高于轮牧区，但两者差异不明显。对照区处于封育状态，与放牧利用的草地相比，同一时期牧草的成熟度高，因而脂肪含量较高。对整个草群来说，其脂肪含量主要与一年生蒿类植物有关，尤其在8～9月，栉叶蒿与猪毛蒿开花结籽，脂肪含量较初期明显提高。

（三）粗纤维

粗纤维含量变化如图10-11（c）所示。粗纤维含量变化随放牧时间的延续而增加。同一时间的三处理之间，放牧前期粗纤维含量差异不明显，后期（10月），自由放牧区的粗纤维含量最高。主要是自由放牧区前期牧草鲜嫩，所以粗纤维含量较低，后期自由放牧区内大量的一年生牧草枯黄、减少，家畜对多年生牧草的强度采食，移去了大量的柔软茎叶，草群中留下的多为粗而硬的枯枝与茎秆，从而使粗纤维含量相对增加。

（四）粗灰分

草群中粗灰分含量变化如图10-11（d）所示。随着放牧季节的延续，粗灰分的含量逐渐增多，但变化幅度不大。粗灰分增加可能是由试验后期草群藜科植物增加和栉叶蒿种子趋于成熟所致。不同处理之间，粗灰分含量的差异不大，仅7月自由放牧区粗灰分含量高，达12.10%，这可能与当时草群中猪毛菜占有较大比重（占现存量的4.38%）有关。

（五）无氮浸出物

无氮浸出物含量变化如图10-11（e）所示。无氮浸出物含量变化随放牧时间的延续呈下降趋势，但下降幅度较小，且有波动。

（六）钙

钙含量变化如图10-11（f）所示。钙含量随着放牧期的延续稍有增加。自由放牧草群钙含量一直处于较高水平，特别在6月、7月较轮牧区和对照区高。这主要由于自由放牧区草群种类组成及现存量中含有较多的藜科植物（猪毛菜）。

（七）磷

磷含量变化如图10-11（g）所示。磷含量变化规律性较强。即随着放牧时间的延续，呈现先增加后下降的趋势。试验初期（6月13日），自由放牧区草群的磷含量高于轮牧和对照区；8月以后，轮牧区与对照区草群的磷含量一直高于自由放牧区。这是由于试验初期自由放牧区牧草鲜嫩，磷含量高；随着季节的延续，自由放牧区一年生植物出现且试验后期牧草成熟度加大。另外，在牧草生长

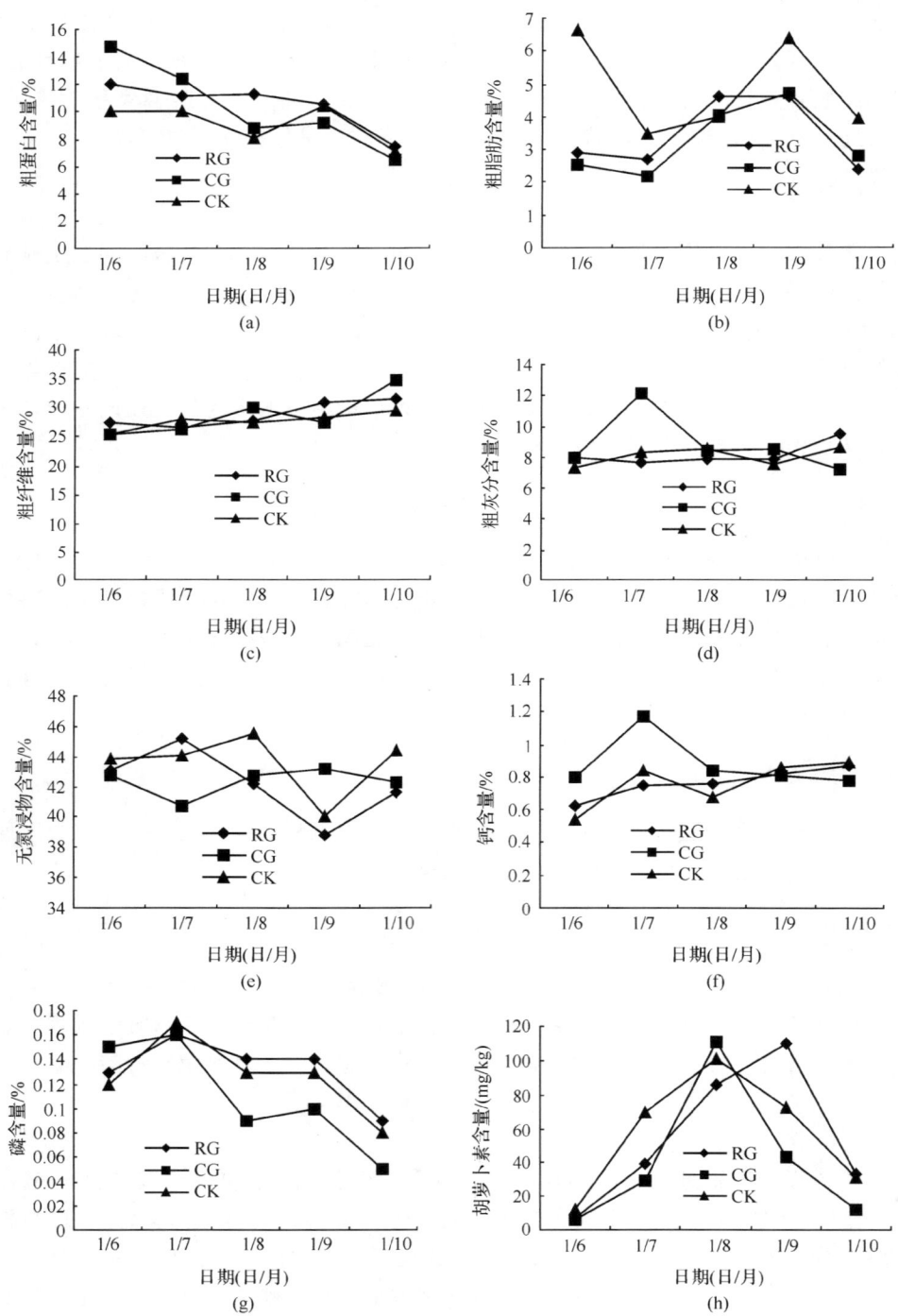

图 10-11 草群营养物质含量变化动态

过程中，磷与蛋白质代谢有关，且成正比，所以磷与蛋白质含量变化类似。

### （八）胡萝卜素

胡萝卜素含量变化如图 10-11（h）所示。胡萝卜素含量变化呈先增加后下降的趋势。试验初期，对照区草群的胡萝卜素含量高出轮牧区与自由放牧区近 1 倍，直到 8 月仍处于较高水平，然后下降。两放牧制度相比，自由放牧草群只有 8 月胡萝卜素含量较高，但在其他月份均低于轮牧区。

## 五、土壤种子库

### （一）土壤种子库种类组成

在土壤种子库中共统计到 12 种植物，其中禾本科植物最多，轮牧草地可萌发土壤种子库共有植物 11 种，自由放牧草地可萌发土壤种子库中共有植物 8 种，对照区草地可萌发土壤种子库中共有植物 9 种。不同处理种子库密度较大的植物为无芒隐子草、碱韭、冠芒草、栉叶蒿。其中，轮牧区、自由放牧区和对照区无芒隐子草种子比例分别为 56.51%、51.56% 和 43.09%，碱韭分别为 11.60%、5.36% 和 3.92%，冠芒草分别为 8.51%、28.72% 和 31.91%，栉叶蒿分别为 5.41%、1.96% 和 10.15%。

比较不同处理可萌发土壤种子库密度，方差分析表明（表 10-21）对照区显著高于轮牧区与自由放牧区（$P<0.05$），两放牧处理间无显著差异（$P>0.05$），但轮牧区可萌发土壤种子密度较自由放牧区有增加的趋势。可萌发土壤种子库密度对照区除多年生无芒隐子草外，一年生植物居多，冠芒草占 31.91%；轮牧区多年生植物较多，无芒隐子草和碱韭占 68.11%；自由放牧区与对照区相似，除了多年生无芒隐子草外，一年生植物居多，冠芒草占 28.72%；对照区土壤种子库密度分别为轮牧区与自由放牧区的 7.65 倍和 6.04 倍。结果表明，与放牧相比封育可大幅度提高可萌发土壤种子库密度，与自由放牧相比轮牧能够增加可萌发土壤种子库密度。

表 10-21　土壤种子库的物种组成和数量（0~15cm）　（单位：粒/m²）

| 植物名称 | 科 | 生活型 | RG | CG | CK |
| --- | --- | --- | --- | --- | --- |
| 短花针茅 Stipa breviflora | 禾本科 | P | 4.17±7.22a | — | 33.33±57.73a |
| 碱韭 Allium polyrhizum | 百合科 | P | 375.00±231.02ba | 136.93±81.99b | 766.67±521.75a |
| 无芒隐子草 Cleistogenes songorica | 禾本科 | P | 1827.08±432.67b | 1316.67±938.53b | 8416.67±7146.77a |

续表

| 植物名称 | 科 | 生活型 | RG | CG | CK |
|---|---|---|---|---|---|
| 细叶韭 *Allium tenuissimum* | 百合科 | P | 12.50±13.82a | — | — |
| 猪毛菜 *Salsola collina* | 藜科 | A | 156.25±170.31b | 83.33±109.29b | 383.33±178.73a |
| 栉叶蒿 *Neopallasia pectinata* | 菊科 | A | 175.00±73.36b | 50.00±28.87b | 1983.33±1032.12a |
| 冠芒草 *Enneapogon borealis* | 禾本科 | A | 275.00±102.23b | 733.33±1082.18b | 6233.33±5148.14a |
| 灰绿藜 *Chenopodium glaucum* | 藜科 | A | 41.67±19.54b | 33.33±57.73b | 183.33±128.02a |
| 瘤果棘豆 *Oxytropis microphylla* | 豆科 | A | 14.58±20.73a | — | 16.67±28.87a |
| 狗尾草 *Setaria viridis* | 禾本科 | A | — | 16.67±28.87a | — |
| 锋芒草 *Tragus racemosus* | 禾本科 | A | 2.08±3.61a | — | — |
| 杂类草 *Forbs* | 禾本科 | A | 350.00±70.96b | 183.33±119.02b | 1516.67±1293.04a |
| 总计 | | | 3233.33±524.21b | 2553.60±2152.48b | 19533.33±10552.83a |

## （二）土壤种子库的垂直分布

不同处理可萌发土壤种子库的垂直分布如表 10-22 所示，随着土壤深度的增加，可萌发土壤种子库密度呈下降趋势。可萌发土壤种子库的种子主要分布在 0～5cm 的土层，10～15cm 土层的种子数很少，75.06％～83.19％分布在 0～5cm 土层内，14.16％～21.68％分布在 5～10cm 土层内，2.65％～4.90％分布在 10～15cm 土层内。不同土层不同放牧制度下，可萌发土壤种子库单因子方差分析表明，对照区显著高于轮牧区与自由放牧区（$P<0.05$），两放牧处理间无显著差异（$P>0.05$）。

表 10-22 可萌发土壤种子库的垂直分布（粒/$m^2$）及所占百分含量（％）

| 土层/cm | RG | CG | CK |
|---|---|---|---|
| 0～5 | 2439.58±565.45b<br>75.45％ | 1916.67±1527.80b<br>75.06％ | 16250.00±11080.65a<br>83.19％ |
| 5～10 | 635.42±188.60b<br>19.65％ | 553.53±653.67b<br>21.68％ | 2766.67±3155.42a<br>14.16％ |
| 10～15 | 158.33±54.65b<br>4.90％ | 83.33±55.28b<br>3.26％ | 516.67±276.39a<br>2.65％ |

## (三) 土壤种子库物种多样性与相似性

不同处理可萌发土壤种子库的物种多样性指数如表10-23所示，丰富度指数和多样性指数均为轮牧区高于自由放牧区。优势度指数和均匀度指数对照区高于轮牧区与自由放牧区。

表 10-23　可萌发土壤种子库的多样性指数

| 多样性指数 | RG | CG | CK |
| --- | --- | --- | --- |
| Margalef 丰富度指数 | 1.24 | 0.89 | 0.81 |
| Shannon-Wiener 多样性指数 | 1.44 | 1.32 | 1.42 |
| Simpson 优势度指数 | 0.64 | 0.64 | 0.69 |
| Pielou 均匀度指数 | 0.60 | 0.63 | 0.65 |

不同处理可萌发土壤种子库的相似性指数如表10-24所示。轮牧区和自由放牧区可萌发土壤种子库组成的相似性指数较小，为0.740，共有7种。轮牧区和对照区可萌发土壤种子库组成的相似性指数较大，为0.857，共有8种。

表 10-24　可萌发土壤种子库组成的相似性指数

| 放牧制度 | RG | CG | CK |
| --- | --- | --- | --- |
| RG | — | 0.740 | 0.857 |
| CG | 0.740 | — | 0.824 |
| CK | 0.857 | 0.824 | — |

## 第三节　土壤理化性质对放牧制度的响应

### 一、土壤物理性质

#### (一) 土壤机械组成

通过对不同放牧处理和对照区样地土壤机械组成的研究表明（表10-25），各放牧处理和对照区均以砂粒的比例最大，粉粒和黏粒次之。8年的轮牧试验显示，土层砂粒（1～0.05mm）含量为自由放牧区＞轮牧区＞对照区。土壤黏粒和粉粒含量轮牧区和对照区高于自由放牧区。说明自由放牧使植被盖度、高度下降，裸露地表面积增加，风蚀严重，土壤物理性黏粒含量逐步减少，而砂粒逐渐增多，砂粒明显聚集，使土壤质地变粗。轮牧和禁牧使草地盖度增加，尘降作用加强，土壤风蚀减弱，物理性黏粒逐渐富集。同时，物理性砂粒比例逐渐下降，使土壤机械组成发生变化，土层分异表现出表层变化明显而下层变化较缓的现象，对改善土壤质地有较大的作用。

表 10-25  土壤粒径百分含量

| 土层/cm | 粒径/mm | 粒级 | RG/% | CG/% | CK/% |
|---|---|---|---|---|---|
| 0~10 | 1~0.05 | 砂粒 | 66.62 | 71.38 | 60.65 |
| | 0.05~0.01 | 粗粉粒 | 12.26 | 6.25 | 23.10 |
| | 0.01~0.005 | 中粉粒 | 4.18 | 6.25 | 2.10 |
| | 0.005~0.001 | 细粉粒 | 7.05 | 10.42 | 8.40 |
| | <0.001 | 细黏粒 | 9.89 | 5.71 | 5.75 |
| 10~20 | 1~0.05 | 砂粒 | 65.99 | 71.20 | 66.83 |
| | 0.05~0.01 | 粗粉粒 | 11.78 | 12.58 | 14.75 |
| | 0.01~0.005 | 中粉粒 | 3.71 | 4.19 | 4.21 |
| | 0.005~0.001 | 细粉粒 | 8.33 | 8.38 | 8.43 |
| | <0.001 | 细黏粒 | 10.19 | 3.65 | 5.77 |
| 20~30 | 1~0.05 | 砂粒 | 70.78 | 75.34 | 69.58 |
| | 0.05~0.01 | 粗粉粒 | 8.25 | 8.40 | 12.38 |
| | 0.01~0.005 | 中粉粒 | 3.32 | 2.10 | 4.13 |
| | 0.005~0.001 | 细粉粒 | 7.04 | 10.50 | 8.25 |
| | <0.001 | 细黏粒 | 10.60 | 3.65 | 5.65 |
| 30~40 | 1~0.05 | 砂粒 | 69.04 | 73.61 | 66.71 |
| | 0.05~0.01 | 粗粉粒 | 8.73 | 10.36 | 10.58 |
| | 0.01~0.005 | 中粉粒 | 3.84 | 2.07 | 4.23 |
| | 0.005~0.001 | 细粉粒 | 6.91 | 8.29 | 8.46 |
| | <0.001 | 细黏粒 | 11.48 | 5.68 | 10.03 |

注：根据中国粒级制划分（熊毅等，1987）。

## （二）土壤容重

### 1. 土壤容重的年度变化

放牧主要是通过践踏作用影响土壤容重的。不同放牧制度下土壤的容重如图 10-12 所示，2006 年和 2007 年 0~10cm 表层土壤容重自由放牧区高于轮牧区与对照区，其他层次两放牧制度间土壤容重无显著差异，但自由放牧区均有增高的趋势。不同处理土壤容重 2007 年较 2006 年有降低的趋势，其中对照区和自由放牧区降低幅度较大。

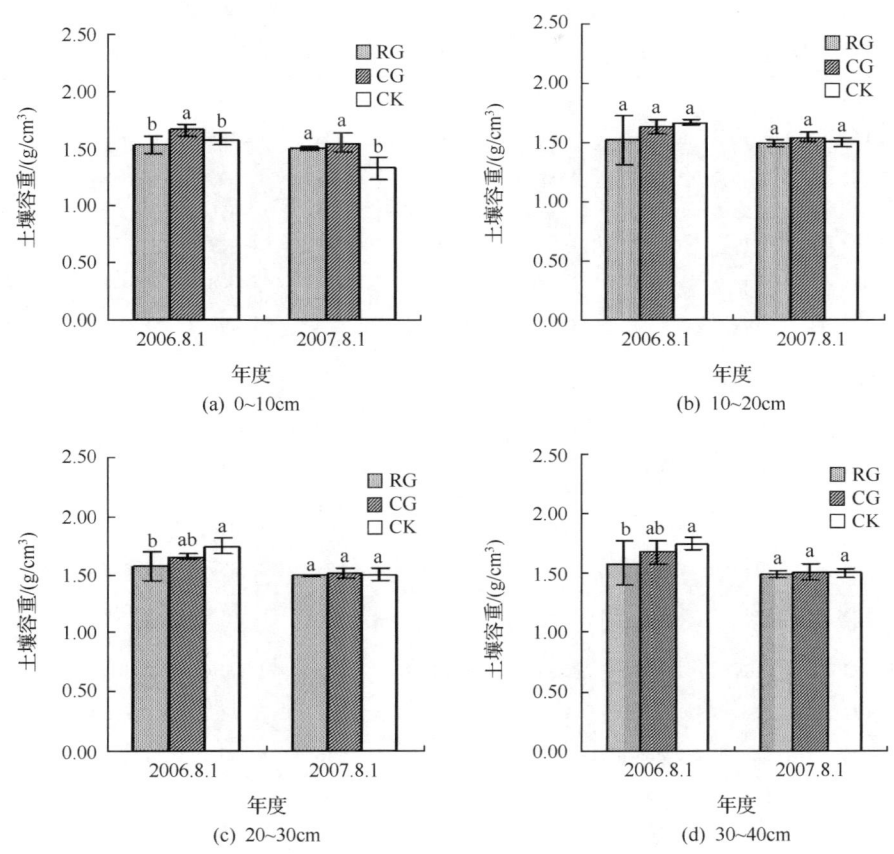

图 10-12 土壤容重的年度变化

**2. 土壤容重的季节变化**

表层 0～10cm 土壤中，自由放牧区土壤容重较高（表 10-26），6 月、7 月两放牧制度存在显著差异。月平均土壤容重为自由放牧区（1.60g/cm³）＞轮牧区（1.52g/cm³）＞对照区（1.47g/cm³），自由放牧区土壤容重较轮牧区高 5.26%。不同放牧制度对下层土壤容重影响不大，但月平均土壤容重均以自由放牧区最高，对照区次之，轮牧区最低，说明自由放牧和不放牧均会使土壤下层的紧实度增加。从不同深度土壤容重的变化来看，土壤容重逐渐呈现出随土壤深度增加而增加的趋势。

表 10-26　不同月份土壤容重的变化（2007 年）　（单位：g/cm³）

| 月份 | 放牧制度 | 同一土壤深度不同放牧制度土壤容重 | | | | 同一放牧制度不同土壤深度土壤容重 | | | |
|---|---|---|---|---|---|---|---|---|---|
| | | 0～10cm | 10～20cm | 20～30cm | 30～40cm | 0～10cm | 10～20cm | 20～30cm | 30～40cm |
| 6 | RG | 1.41b | 1.50b | 1.48c | 1.48b | 1.41b | 1.50a | 1.48a | 1.48a |
| | CG | 1.58a | 1.59a | 1.64a | 1.61a | 1.58a | 1.59a | 1.64a | 1.61a |
| | CK | 1.52a | 1.50b | 1.56b | 1.58a | 1.52a | 1.50a | 1.56a | 1.58a |
| 7 | RG | 1.44b | 1.51ba | 1.49a | 1.46a | 1.44b | 1.51a | 1.49ba | 1.46ba |
| | CG | 1.52a | 1.55a | 1.52a | 1.50a | 1.52a | 1.55a | 1.52a | 1.50a |
| | CK | 1.46ba | 1.50b | 1.49a | 1.48a | 1.46a | 1.50a | 1.49a | 1.48a |
| 8 | RG | 1.50a | 1.50a | 1.49a | 1.48a | 1.50a | 1.50a | 1.49a | 1.48a |
| | CG | 1.55a | 1.55a | 1.51a | 1.50a | 1.55a | 1.55a | 1.51a | 1.50a |
| | CK | 1.33b | 1.51a | 1.50a | 1.49a | 1.33b | 1.51a | 1.50a | 1.49a |
| 9 | RG | 1.62a | 1.64a | 1.64c | 1.61a | 1.62a | 1.64a | 1.64a | 1.61a |
| | CG | 1.68a | 1.65a | 1.69a | 1.69a | 1.68a | 1.65a | 1.69a | 1.69a |
| | CK | 1.52a | 1.71a | 1.64a | 1.62a | 1.52a | 1.71a | 1.64a | 1.62a |
| 10 | RG | 1.65ba | 1.65a | 1.68a | 1.69a | 1.65b | 1.65ba | 1.68ba | 1.69a |
| | CG | 1.70a | 1.74a | 1.72a | 1.70a | 1.70a | 1.74a | 1.72a | 1.70a |
| | CK | 1.53b | 1.68a | 1.69a | 1.75a | 1.53b | 1.68ba | 1.69ba | 1.75a |
| 平均 | RG | 1.52 | 1.56 | 1.55 | 1.55 | — | — | — | — |
| | CG | 1.60 | 1.61 | 1.62 | 1.60 | — | — | — | — |
| | CK | 1.47 | 1.58 | 1.58 | 1.59 | — | — | — | — |

## （三）土壤孔隙度

### 1. 土壤孔隙度的年度变化

土壤总孔隙度与容重直接相关，不同放牧制度下土壤点孔隙度的分析（图 10-13）表明，2006 年和 2007 年 0～10cm 表层土壤孔隙度轮牧区与对照区显著高于自由放牧区，其他层次不同处理间均无显著差异，但轮牧区具有增高的趋势。自由放牧由于家畜连续践踏，土壤孔隙分布的空间格局发生了变化，土壤的总孔隙减少。不同处理的土壤孔隙度 2007 年较 2006 年有所增加，0～40cm 土层对照区增加 23.38%，轮牧区增加 5.14%，自由放牧区增加 12.58%。

# 第十章　荒漠草原放牧制度研究

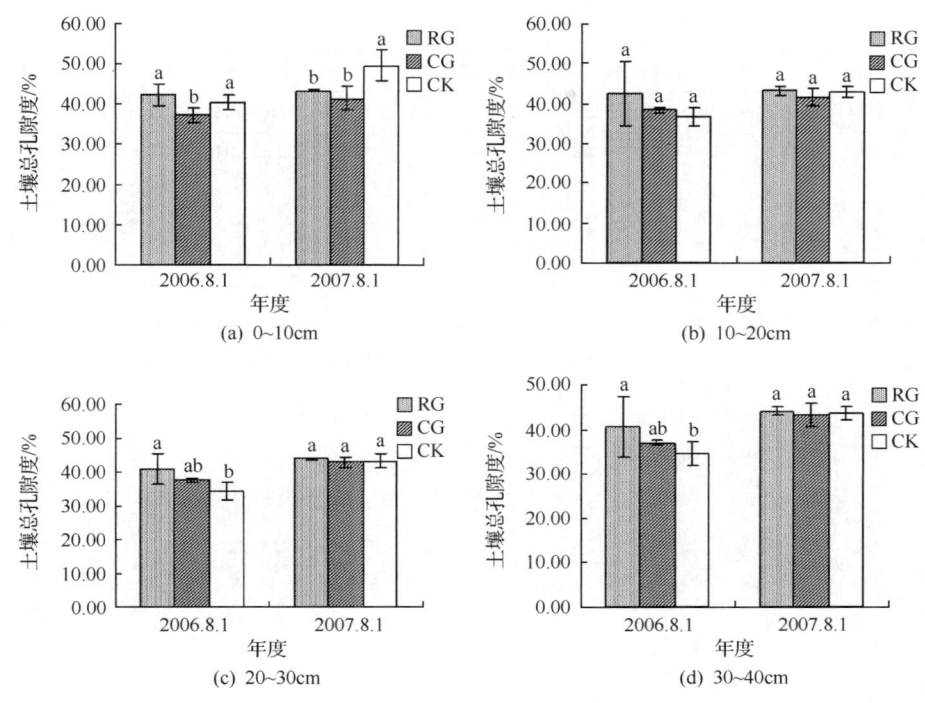

图 10-13　土壤总孔隙度的年度变化

## 2. 土壤孔隙度的季节变化

表层 0~10cm 土壤孔隙度在轮牧区和对照区较高，自由放牧区最低（表 10-27）。6 月、7 月两放牧制度存在显著差异，月平均土壤孔隙度为对照区（44.47%）＞轮牧区（42.50%）＞自由放牧区（39.37%），对照区和轮牧区的土壤孔隙度较自由放牧区分别高 11.43% 和 7.95%。在 6 月下层土壤孔隙度轮牧区显著高于自由放牧区，其他月份不同处理间无显著差异，但均以轮牧区较高，月平均土壤孔隙度为轮牧区＞对照区＞自由放牧区。说明，轮牧和不放牧均会降低土壤紧实度，增加土壤孔隙度，增强土壤通透性，改善土壤物理性状。从不同深度土壤孔隙度的变化来看，土壤孔隙度呈随土壤深度的增加而下降的趋势，表层土壤孔隙度显著高于下层土壤孔隙度。

表 10-27　不同月份土壤孔隙度的变化（2007 年）（单位：%）

| 月份 | 放牧制度 | 同一土壤深度不同放牧制度土壤孔隙度 | | | | 同一放牧制度不同土壤深度土壤孔隙度 | | | |
|---|---|---|---|---|---|---|---|---|---|
| | | 0~10cm | 10~20cm | 20~30cm | 30~40cm | 0~10cm | 10~20cm | 20~30cm | 30~40cm |
| 6 | RG | 46.73a | 43.24a | 44.33a | 44.29a | 46.73a | 43.24b | 44.33b | 44.29b |
| | CG | 40.29b | 40.15b | 38.24c | 39.06b | 40.29b | 40.15a | 38.24a | 39.06a |
| | CK | 42.62b | 43.36a | 41.31b | 40.36b | 42.62b | 43.36a | 41.31a | 40.36a |

续表

| 月份 | 放牧制度 | 同一土壤深度不同放牧制度土壤孔隙度 | | | | 同一放牧制度不同土壤深度土壤孔隙度 | | | |
|---|---|---|---|---|---|---|---|---|---|
| | | 0~10cm | 10~20cm | 20~30cm | 30~40cm | 0~10cm | 10~20cm | 20~30cm | 30~40cm |
| 7 | RG | 45.66a | 43.21ab | 43.89a | 44.93a | 45.66a | 43.21b | 43.89ab | 44.93ab |
| | CG | 42.63b | 41.32b | 42.83a | 43.58a | 42.63a | 41.32a | 42.83a | 43.58a |
| | CK | 45.03ab | 43.53a | 43.75a | 43.98a | 45.03a | 43.53a | 43.75a | 43.98a |
| 8 | RG | 43.28b | 43.26a | 43.79a | 44.08a | 43.28b | 43.26a | 43.79a | 44.08a |
| | CG | 41.59b | 41.56a | 42.93a | 43.35a | 41.59b | 41.56a | 42.93a | 43.35a |
| | CK | 49.76a | 43.00a | 43.24a | 43.65a | 49.76a | 43.00b | 43.24b | 43.65b |
| 9 | RG | 38.89a | 38.02a | 38.11a | 39.08a | 38.89a | 38.02a | 38.11a | 39.08a |
| | CG | 36.46a | 37.85a | 36.06a | 36.41a | 36.46a | 37.85a | 36.06a | 36.41a |
| | CK | 42.64a | 35.41a | 37.94a | 39.05a | 42.64a | 35.41a | 37.94a | 39.05a |
| 10 | RG | 37.92ab | 37.64a | 36.64a | 36.04a | 37.92a | 37.64ba | 36.64ba | 36.04b |
| | CG | 35.88b | 34.45a | 34.96a | 35.84a | 35.88a | 34.45a | 34.96a | 35.84a |
| | CK | 42.32a | 36.55a | 36.34a | 33.87a | 42.32a | 36.55ba | 36.34ba | 33.87b |
| 平均 | RG | 42.50 | 41.07 | 41.35 | 41.68 | — | — | — | — |
| | CG | 39.37 | 39.07 | 39.00 | 39.65 | — | — | — | — |
| | CK | 44.47 | 40.37 | 40.52 | 40.18 | — | — | — | — |

## (四) 土壤水分

### 1. 土壤水分的年度变化

不同放牧制度下的土壤含水量如图 10-14 所示。2006 年 8 月，两放牧制度下各层土壤含水量之间均无显著差异；2007 年 8 月，各层土壤含水量为轮牧区＞对照区＞自由放牧区。通过对两年试验的比较，对照区、轮牧区和自由放牧区的土壤表层含水量较前一年有增加趋势，土壤深层含水量较前一年有降低趋势。

### 2. 土壤水分的季节变化

2007 年 6~10 月不同放牧制度和取样深度的土壤含水量见表 10-28。6 月、7 月、8 月，表层 0~20cm 土壤的含水量轮牧区显著高于自由放牧区。土壤表层 (0~10cm) 月平均含水量对照区最高，为 (5.00±0.66)%；轮牧区次之，为 (4.05±0.27)%；自由放牧区最低，为 (4.04±0.39)%。从不同深度土壤含水量的变化来看，各处理土壤含水量 6 月、7 月、10 月初不同土壤深度间无显著差异，或下层土壤含水量显著高于表层含水量。试验结果表明，放牧对土壤含水量有一定的影响，主要原因可能是家畜对草地的啃食和践踏，导致了草地表层土壤紧实度增加，孔隙度减少，毛细管作用增强，土壤含水量相应减少。轮牧区含水

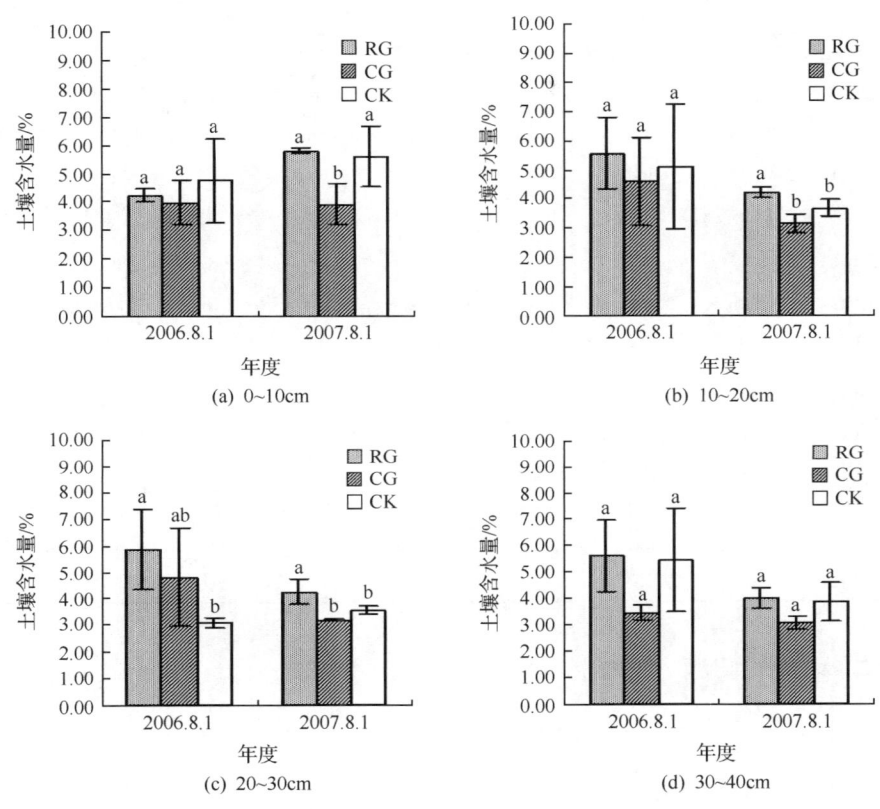

图 10-14 土壤含水量的年度变化

量高于自由放牧区,说明与自由放牧区相比,轮牧除降低了家畜的选择性采食行为外,还降低了家畜对草地的践踏强度和频度,即划区轮牧的短期休闲较自由放牧有利于降低土壤紧实度,增加土壤含水量。

表 10-28 不同月份土壤含水量的变化（2007 年）（单位:%）

| 月份 | 放牧制度 | 同一土壤深度不同放牧制度下土壤的含水量 | | | | 同一放牧制度下不同土壤的深度土壤含水量 | | | |
|---|---|---|---|---|---|---|---|---|---|
| | | 0～10cm | 10～20cm | 20～30cm | 30～40cm | 0～10cm | 10～20cm | 20～30cm | 30～40cm |
| 6 | RG | 3.44a | 4.23a | 4.47a | 4.63a | 3.44c | 4.23b | 4.47ba | 4.63a |
| | CG | 3.06b | 3.34b | 3.32a | 3.65a | 3.06a | 3.34a | 3.32a | 3.65a |
| | CK | 3.07b | 3.82ba | 3.40a | 4.72a | 3.07a | 3.82a | 3.40a | 4.72a |
| 7 | RG | 3.11a | 3.85a | 4.11a | 4.89a | 3.11c | 3.85bc | 4.11ba | 4.89a |
| | CG | 1.68b | 2.77c | 3.06b | 3.12b | 1.68b | 2.77a | 3.06a | 3.12a |
| | CK | 2.63a | 3.30b | 3.46b | 3.38b | 2.63b | 3.30a | 3.46a | 3.38a |

续表

| 月份 | 放牧制度 | 同一土壤深度不同放牧制度下土壤的含水量 | | | | 同一放牧制度下不同土壤的深度土壤含水量 | | | |
|---|---|---|---|---|---|---|---|---|---|
| | | 0~10cm | 10~20cm | 20~30cm | 30~40cm | 0~10cm | 10~20cm | 20~30cm | 30~40cm |
| 8 | RG | 5.21a | 5.72a | 4.32a | 3.99a | 5.21ba | 5.72a | 4.32b | 3.99b |
| | CG | 5.34a | 5.65a | 5.39a | 4.27a | 5.34a | 5.65a | 5.39a | 4.27a |
| | CK | 5.14a | 4.90a | 3.80a | 3.27a | 5.14a | 4.90ba | 3.80ba | 3.27b |
| 9 | RG | 5.82a | 4.20a | 4.24a | 3.98a | 5.82a | 4.20b | 4.24b | 3.98b |
| | CG | 3.92b | 3.13b | 3.17b | 3.03b | 3.92a | 3.13ba | 3.17ba | 3.03b |
| | CK | 5.60a | 3.66b | 3.54b | 3.84a | 5.60a | 3.66b | 3.54b | 3.84b |
| 10 | RG | 2.87a | 3.99a | 4.47b | 4.86a | 2.87c | 3.99b | 4.47ba | 4.86a |
| | CG | 3.04a | 4.25a | 5.04a | 5.65a | 3.04c | 4.25b | 5.04ba | 5.65a |
| | CK | 2.52a | 2.99b | 3.29c | 3.01b | 2.52b | 2.99ba | 3.29a | 3.01ba |
| 平均 | RG | 3.86c | 3.03b | 3.41a | 3.71a | 3.86b | 3.03b | 3.41ba | 3.71a |
| | CG | 8.12b | 3.04b | 3.42a | 3.47a | 8.12a | 3.04b | 3.42b | 3.47b |
| | CK | 10.14a | 5.39a | 3.20a | 3.45a | 10.14a | 5.39b | 3.20c | 3.45c |

## 二、土壤化学性质

### （一）同一土层土壤化学性质的变化

#### 1. 土壤的全氮和速效氮

土壤全氮含量 0~10cm、10~20cm、20~30cm 和 30~40cm 土层均表现为对照区＞轮牧区＞自由放牧区（图 10-15）。表层 0~10cm 土壤速效氮含量对照区和轮牧区显著高于自由放牧区（图 10-16）。0~40cm 土层土壤全氮和速效氮平均含量三处理间差异显著，呈现出相同的变化规律，均为对照区最高，轮牧区次

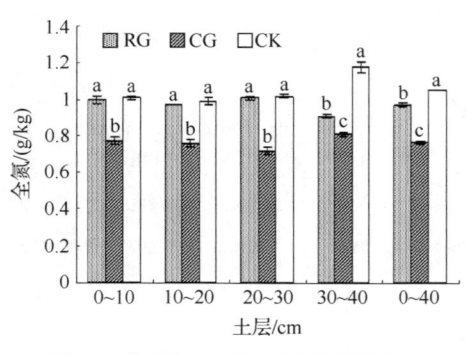

图 10-15 同一土层不同放牧制度下土壤全氮的含量

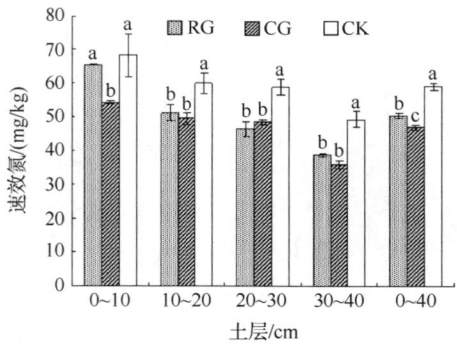

图 10-16 同一土层不同放牧制度下土壤速效氮的含量

之，自由放牧区最低，全氮含量分别为 1.05g/kg、0.98g/kg 和 0.77g/kg，对照区和轮牧区分别是自由放牧区的 1.36 倍和 1.27 倍。速效氮含量分别为 59.12mg/kg、50.44mg/kg 和 47.01mg/kg，对照区和轮牧区分别是自由放牧区的 1.26 倍和 1.07 倍，表明自由放牧使土壤氮素含量降低，禁牧和划区轮牧使土壤氮素含量呈增加的趋势。

2. 土壤全磷和速效磷

不同放牧制度 0～10cm 和 20～30cm 土层土壤全磷含量轮牧区显著高于自由放牧区（图 10-17），0～40cm 土层为轮牧区＞对照区＞自由放牧区，其均值分别为 0.42mg/kg、0.38mg/kg 和 0.35mg/kg，轮牧区和对照区分别是自由放牧区的 1.2 倍和 1.09 倍。表层 0～10cm 土壤速效磷轮牧区与对照区显著高于自由放牧区（图 10-18），轮牧区最高，为 7.74mg/kg；自由放牧区最低，为 6.95mg/kg。10～20cm 和 20～30cm 土层自由放牧区显著高于轮牧区。30～40cm 土层轮牧区与自由放牧区无显著差异。试验结果表明，轮牧条件下，土壤表层磷含量高于不放牧对照区和自由放牧区，土壤表层全磷和速效磷含量分别为自由放牧区的 1.75 倍和 1.11 倍。可能是由于自由放牧区，家畜的频繁采食使磷从系统中的输出增加，使土壤中全磷的各组分向速效磷成分转移量增大，植物吸收后，转向系统外输出，从而使土壤中全磷和速效磷下降。

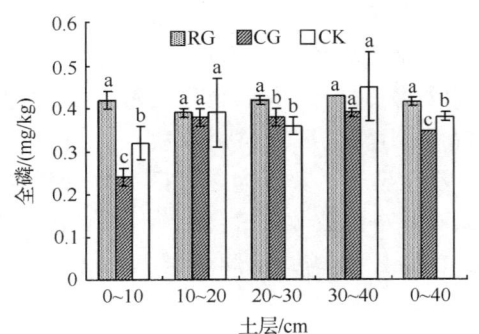

图 10-17 同一土层不同放牧制度下土壤全磷的含量

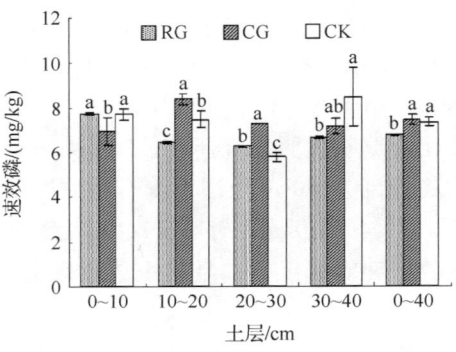

图 10-18 同一土层不同放牧制度下土壤速效磷的含量

3. 土壤全钾和速效钾

0～10cm、10～20cm 和 20～30cm 土层土壤全钾含量两放牧区显著高于对照区（图 10-19）。两放牧处理相比，10～20cm 土层土壤全钾含量轮牧区显著高于自由放牧区。0～40cm 土壤全钾平均含量两放牧区显著高于对照区（$P<0.05$），轮牧区和自由放牧区无显著差异，但以轮牧区居高。不同土层三处理间速效钾含量均差异显著（图 10-20），0～10cm 土层土壤速效钾含量对照区＞轮牧区＞自由放牧区。10～20cm、20～30cm 和 30～40cm 土层土壤速效钾含量为轮牧区＞对

照区＞自由放牧区。0～40cm 土壤速效钾平均含量轮牧区最高，对照区次之，自由放牧区最低，含量分别为 156.61mg/kg、156.57mg/kg 和 134.99mg/kg。这表明荒漠草原的连续放牧导致了土壤速效钾含量的降低，禁牧和划区轮牧使土壤速效钾含量有增加的趋势。

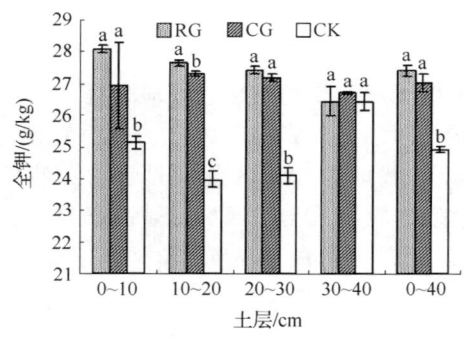

图 10-19　同一土层不同放牧制度下土壤全钾的含量

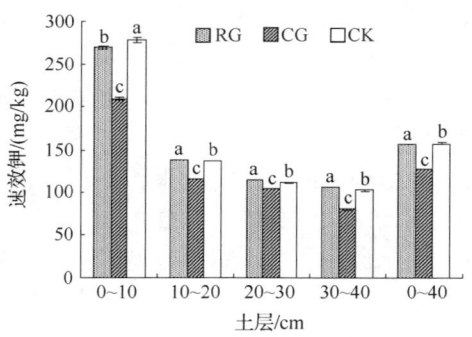

图 10-20　同一土层不同放牧制度下土壤速效钾的含量

**4. 土壤有机质与土壤 C/N 值**

不同土壤层土壤有机质含量对放牧制度的响应不同，0～10cm 和 10～20cm 土层土壤有机质对照区和轮牧区显著高于自由放牧区，呈对照区＞轮牧区＞自由放牧区的趋势（图 10-21），对照区和轮牧区分别为自由放牧区的 1.29 倍、1.23 倍（0～10cm）和 1.47 倍、1.45 倍（10～20cm）。20～30cm 土层土壤有机质的变化与放牧无明显规律性。30～40cm 土层呈现出轮牧区＞自由放牧区＞对照区的趋势。0～40cm 土层土壤有机质三处理间差异显著，表现为轮牧区平均含量最高，为 24.02g/kg；对照区次之，为 23.01g/kg；自由放牧区最低，为 20.97g/kg；轮牧区和对照区分别是自由放牧区的 1.15 倍和 1.10 倍。不同土层 C/N 值均为

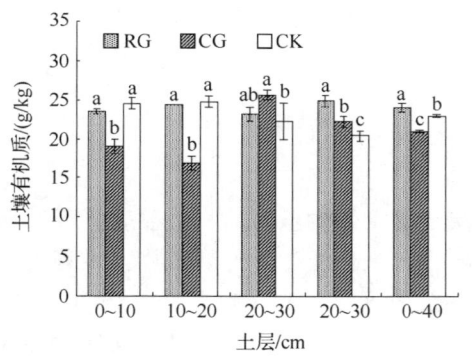

图 10-21　同一土层不同放牧制度下土壤有机质的含量

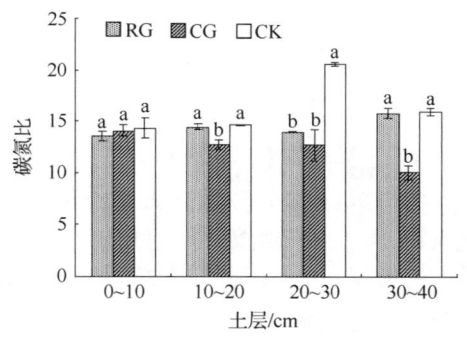

图 10-22　同一土层不同放牧制度下土壤的碳氮比

对照区最高（图10-22），说明放牧降低了草地的初级生产力和凋落物的积累，从而使进入土壤的有机碳减少，碳氮比减小。

## （二）土壤养分含量的垂直变化

对照区土壤全氮含量随土壤深度的增加而增加，随土壤深度的增加土壤速效氮含量逐渐降低（表10-29），分别与土壤深度的拟合曲线为二次幂函数，达到了极显著相关关系（表10-30）。

表10-29 同一放牧制度下不同层次土壤养分的比较

| | 土壤养分 | 0～10cm | 10～20cm | 20～30cm | 30～40cm |
|---|---|---|---|---|---|
| RG | 全氮/(g/kg) | 1.00±0.02a | 0.97±0.00b | 1.01±0.01a | 0.91±0.01c |
| | 速效氮/(mg/kg) | 65.50±0.30a | 51.18±2.24b | 46.36±2.21c | 38.73±0.54d |
| | 全磷/(mg/kg) | 0.42±0.02a | 0.39±0.01b | 0.42±0.01a | 0.43±0.00a |
| | 速效磷/(mg/kg) | 7.74±0.06a | 6.44±0.06c | 6.27±0.04d | 6.68±0.06b |
| | 全钾/(g/kg) | 28.10±0.13a | 27.65±0.10ba | 27.42±0.13b | 26.45±0.46c |
| | 速效钾/(mg/kg) | 269.37±0.88a | 137.47±0.08b | 104.23±0.17d | 105.29±0.48c |
| | 有机质/(g/kg) | 23.50±0.35bc | 24.46±0.04ba | 23.21±0.93c | 24.90±0.75a |
| CG | 全氮/(g/kg) | 0.77±0.02b | 0.76±0.02b | 0.72±0.02c | 0.81±0.01a |
| | 速效氮/(mg/kg) | 54.19±0.39a | 49.58±1.72b | 48.54±0.69b | 35.74±1.17c |
| | 全磷/(mg/kg) | 0.24±0.02b | 0.38±0.02a | 0.38±0.02a | 0.39±0.01a |
| | 速效磷/(mg/kg) | 6.95±0.61b | 8.42±0.26a | 7.31±0.00b | 7.21±0.34b |
| | 全钾/(g/kg) | 26.95±1.36a | 27.29±0.08a | 27.18±0.13a | 26.70±0.04a |
| | 速效钾/(mg/kg) | 209.24±1.01a | 136.55±0.22b | 114.14±0.38c | 80.02±0.38d |
| | 有机质/(g/kg) | 19.06±0.90c | 16.84±0.95d | 25.73±0.58a | 22.26±0.70b |
| CK | 全氮/(g/kg) | 1.01±0.01b | 0.99±0.02b | 1.02±0.01b | 1.18±0.03a |
| | 速效氮/(mg/kg) | 68.35±6.26a | 59.91±3.17b | 58.88±2.16b | 49.34±2.42c |
| | 全磷/(mg/kg) | 0.32±0.04b | 0.39±0.08ba | 0.36±0.02ba | 0.45±0.08a |
| | 速效磷/(mg/kg) | 7.74±0.26a | 7.50±0.35a | 5.81±0.18b | 8.49±1.31a |
| | 全钾/(g/kg) | 25.15±0.20b | 23.97±0.25c | 24.10±0.26c | 26.44±0.29a |
| | 速效钾/(mg/kg) | 277.62±2.76a | 115.73±0.01b | 110.50±0.81c | 101.78±0.61d |
| | 有机质/(g/kg) | 24.63±0.74a | 24.78±0.79a | 22.26±2.41ba | 20.38±0.67b |

表 10-30　不同放牧制度下土壤养分含量与土壤深度的关系

| 土壤养分 | 处理 | 相关方程 | 相关系数 $R^2$ | pr>F |
|---|---|---|---|---|
| 全氮 | RG | $y=-0.000\,166\,67x^2+0.004\,40x+0.974\,50$ | 0.584 1* | 0.019 3 |
|  | CG | $y=0.000\,241\,67x^2-0.008\,97x+0.819\,96$ | 0.594 5* | 0.017 2 |
|  | CK | $y=0.000\,458\,33x^2-0.013\,10x+1.072\,21$ | 0.945 8** | 0.000 1 |
| 速效氮 | RG | $y=0.016\,73x^2-1.520\,40x+72.064\,67$ | 0.962 8** | 0.000 1 |
|  | CG | $y=-0.020\,48x^2+0.255\,27x+52.661\,75$ | 0.921 1** | 0.000 1 |
|  | CK | $y=-0.002\,74x^2-0.047\,090x+69.979\,88$ | 0.762 7* | 0.001 5 |
| 全磷 | RG | $y=0.000\,083\,33x^2-0.002\,60x+0.423\,25$ | 0.468 6 | 0.058 1 |
|  | CG | $y=-0.000\,341\,67x^2-0.018\,30x+0.160\,87$ | 0.902 1** | 0.000 1 |
|  | CK | $y=0.000\,058\,33x^2-0.001\,17x+0.326\,87$ | 0.343 4 | 0.150 6 |
| 速效磷 | RG | $y=0.004\,29x^2-0.205\,17x+8.634\,37$ | 0.982 9** | 0.000 1 |
|  | CG | $y=-0.003\,92x^2-0.153\,27x+6.464\,25$ | 0.380 3 | 0.116 1 |
|  | CK | $y=0.007\,30x^2-0.286\,33x+9.279\,17$ | 0.419 6 | 0.086 5 |
| 全钾 | RG | $y=-0.001\,31x^2-0.000\,633\,33x+28.081\,71$ | 0.869 2** | 0.000 1 |
|  | CG | $y=-0.002\,05x^2-0.073\,40x+26.638\,25$ | 0.140 9 | 0.504 8 |
|  | CK | $y=-0.008\,80x^2-0.311\,87x+26.530\,67$ | 0.949 8** | 0.000 1 |
| 速效钾 | RG | $y=0.332\,40x^2-18.551\,00x+350.600\,00$ | 0.988 7** | 0.000 1 |
|  | CG | $y=0.096\,43x^2-7.958\,07x+243.520\,50$ | 0.978 5** | 0.000 1 |
|  | CK | $y=0.382\,94x^2-20.645\,03x+363.263\,79$ | 0.939 6** | 0.000 1 |
| 有机质 | RG | $y=0.001\,84x^2-0.044\,30x+23.936\,62$ | 0.194 | 0.378 9 |
|  | CG | $y=-0.003\,12x^2-0.309\,90x+16.415\,13$ | 0.374 2 | 0.121 3 |
|  | CK | $y=-0.005\,08x^2+0.050\,10x+24.674\,87$ | 0.698 6* | 0.004 5 |

　　土壤全磷在自由放牧区随土壤深度的增加逐渐升高,土壤速效磷含量随土壤深度的增加逐渐降低,与土壤深度符合两次幂函数关系,达到了显著相关的关系。

　　轮牧区土壤全钾含量随土壤深度的增加而下降,对照区土壤全钾含量随土壤深度的增加呈微弱的上升趋势,两者与土壤深度表现出显著相关的关系。土壤速效钾含量不同处理均随土壤深度的增加逐渐降低,两者的关系都符合二次幂函数关系,相关关系达到了极显著水平。土壤有机质含量随土壤深度的变化无比较一致的变化趋势。

## 第四节 不同放牧制度下家畜的生产性能与经济效益

### 一、家畜生产性能

#### （一）绵羊体重变化

不同放牧制度绵羊体重变化如图 10-23 所示。绵羊体重在试验的三年中随时间的延续而增加，但各年份随着季节的变化而呈有规律地变化。一般绵羊体重在 10～11 月增至最高，然后开始下降，一直延续到翌年 4～5 月体重降至最低，随后又开始上升。绵羊体重变化与牧草现存量表现出较一致的变化规律。由图 10-23 可知，绵羊的体重变化可分为 3 个阶段，即①体重增加阶段（6～10 月）：这一阶段体重一直保持增加；②体重保持阶段（10～11 月，甚至更长，如 2001 年 12 月）：体重变化不大，一直保持较高；③体重下降阶段（11 月至翌年 6 月）：体重持续下降。各阶段时间上的分布主要取决于牧草的现存量，并与气候等条件有很大关系，如在 2001 年，试验区 5～7 月降水不足 10mm，天气炎热，牧草几乎没有返青，或已返青的牧草又枯黄，因此，牧草十分短缺，绵羊体重的下降一直延续到 7～8 月。

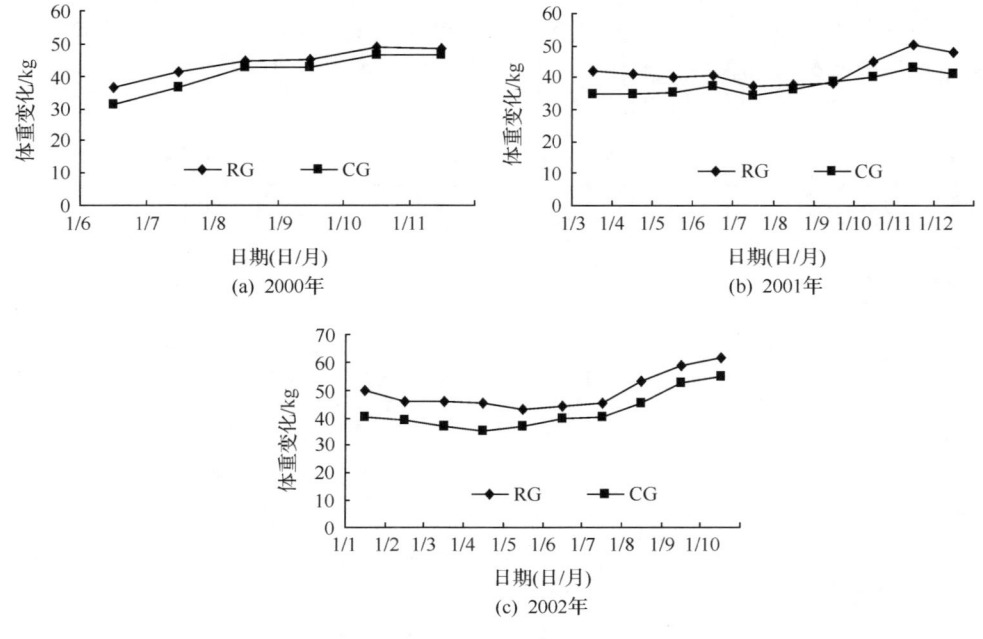

图 10-23 绵羊体重变化

试验期间轮牧绵羊体重一直保持在较高水平。2000年6月、7月，2001年3月、4月、5月轮牧绵羊体重高于自由放牧绵羊体重（$P<0.05$），在其他各月份两处理绵羊体重的差异没有达到显著水平（$P>0.05$）。但试验第三年，除6月外，在其他月份轮牧绵羊体重均显著高于自由放牧绵羊（$P<0.05$）。2000年、2001年、2002年三年轮牧绵羊比自由放牧绵羊体重分别平均高3.02kg/只、4.33kg/只和7.02kg/只。说明放牧制度对绵羊体重的影响是一个较慢的过程，但结果却很明显。也说明轮牧绵羊体重一直保持在较高水平。需要说明的是，本试验于1999年6月开始，选择的两岁羯羊初始体重，轮牧为31.50kg，自由放牧为28.54kg，经统计测验两处理绵羊体重差异显著（$P<0.05$）。2000年6月，轮牧绵羊体重显著高于自由放牧绵羊（$P<0.05$），差值达5.3kg/只，这并非是在选择实验用羊时的误差，而是不同放牧制度影响的结果。

(二) 绵羊日增重及体增重

轮牧与自由放牧绵羊日增重如表10-31所示。从2000年、2002年的情况看，绵羊日增重6月、7月、8月三个月较快，以6月中旬至8月中旬最快。试验三年由于气候波动影响牧草生长，所以各年份绵羊日增重的时间无明显规律性。2000年8月30℃以上高温持续20余天，加之蝗虫灾害严重（虫密度达50头/$m^2$左右），影响了绵羊采食，故日增重很少。2001年持续的干旱一直延续到8月中旬，牧草生长期快结束时才长出嫩草，所以绵羊日增重在4～9月表现的忽高忽低，6月两放牧制度绵羊仍在掉膘，且最高日增重推迟。2002年春季干旱，8月天气却很凉爽，所以8月绵羊日增重较高。

表10-31　绵羊的日增重　　　　　（单位：g/d）

| | 日期(月.日) | 6.13～7.13 | 7.14～8.14 | 8.15～9.14 | 9.15～10.15 | | | |
|---|---|---|---|---|---|---|---|---|
| 2000年 | RG | 148.39 | 116.76 | 11.51 | 114.52 | | | |
| | CG | 164.52 | 211.67 | 8.07 | 125.00 | | | |
| | 日期(月.日) | 4.14～5.14 | 5.15～6.14 | 6.15～7.14 | 7.15～8.13 | 8.14～9.13 | 9.14～10.13 | 10.14～11.12 |
| 2001年 | RG | −30 | 30.00 | −124.14 | 20.00 | 10.00 | 230.00 | 170.00 |
| | CG | 19.33 | 63.33 | −90.00 | 62.07 | 80.00 | 34.50 | 106.90 |
| | 日期(月.日) | 4.1～5.1 | 5.2～6.1 | 6.2～7.2 | 7.3～8.2 | 8.3～9.2 | 9.3～10.2 | |
| 2002年 | RG | −72.58 | 32.22 | 40.00 | 253.3 | 186.67 | 94.82 | |
| | CG | 60.00 | 81.67 | 28.33 | 166.7 | 230.00 | 93.10 | |

绵羊三年日增重如表 10-32 所示。自由放牧绵羊日增重在试验第一年显著高于轮牧绵羊（$P<0.05$）。三年总增重两放牧制度差异不显著（$P>0.05$）。试验第一年及总的掉膘量自由放牧绵羊显著高于轮牧绵羊（$P<0.05$）。这说明自由放牧绵羊体重变化波动较大，也说明轮牧绵羊在维持较高体重情况下，体重的变化幅度较小。

表 10-32　绵羊体增重与掉膘　（单位：kg/只）

| 处理 | 增重 | | | | 掉膘 | | |
|---|---|---|---|---|---|---|---|
| | 2000 年 | 2001 年 | 2002 年 | 总和 | 2000～2001 年 | 2001～2002 年 | 总和 |
| RG | 11.74a | 10.10a | 18.15a | 39.99a | 8.44a | 6.90a | 15.34a |
| CG | 15.40b | 8.70a | 19.70a | 43.80a | 12.40b | 7.70a | 20.10b |

## （三）绵羊产毛量

绵羊原毛产量如表 10-33 所示。2000 年、2001 年轮牧绵羊与自由放牧绵羊毛产量无显著差异（$P>0.05$），2002 年轮牧绵羊毛产量显著高于自由放牧绵羊（$P<0.05$），但试验三年两处理绵羊羊毛产量的差异未达到显著水平（$P>0.05$）。

表 10-33　绵羊产毛量　（单位：kg/只）

| 处理 | 2000 年 | 2001 年 | 2002 年 | 总和 |
|---|---|---|---|---|
| RG | 2.61a | 2.46a | 3.42a | 8.49a |
| CG | 2.44a | 2.24a | 2.50b | 7.18a |

## 二、经济效益

### （一）投资情况

2002 年，对划区轮牧与自由放牧两个家庭牧场的经济效益进行分析时，为体现轮牧制度对牧场经济的贡献率，两个家庭牧场的投资均按新建项目进行分析。另外，由于作为固定资产家畜的周转年限为 5～6 年，利用动态指标分析时，确定两个家庭牧场的生产运行期为 5 年。固定资产投资按 5 年实际分摊费用计算，流动资金投资按牧场经营一年的实际消耗费用计算，一次投资，滚动使用。

两个家庭牧场畜群规模不同，而单位面积草地载畜率基本相同，为了消除两个家庭牧场因畜群规模效益对经济效益的影响，采用了投入、产出对比法，在考查两个家庭牧场总体效益的基础上，比较最终不同放牧制度对单位面积草地经济效益的影响。

表 10-34 显示，轮牧总投资为 217 327.00 元，自由放牧为 165 139.20 元；单位面积草地投资分别为 405.46 元和 377.03 元。轮牧家庭牧场无论总投资额还是单位面积的投资额均高于自由放牧家庭牧场。从总投资分配上看，家畜投资占有很大比重，轮牧与自由放牧家庭牧场家畜投资分别占总投资的 76.61% 和 83.11%。作为固定资产投资，自由放牧家庭牧场只有家畜，轮牧家庭牧场除有家畜外，还包括围栏及与轮牧有关的设备等，后者占总费用的 11.58%。从每年投入的流动资金上看，自由放牧家庭牧场所消耗的饲草料费用和牧工费用均较轮牧家庭牧场高。这是由于自由放牧草地牧草现存量较低，家畜冬春缺草较严重，自由放牧家庭牧场不得不花费较多的费用来购买饲草料使家畜越冬度春。另外，夏秋季节轮牧节省了劳动力，使牧工费用降低。分析结果说明，轮牧投资除家畜投资外，饲草料费用和围栏等轮牧设备占有较大比重；自由放牧家庭牧场除家畜投资外，投资主要集中在饲草料和牧工上。单位面积草地轮牧总投资较高；自由放牧流动资金投入较高。

表 10-34 不同放牧制度投资情况

| | | | 总投资/元 | | 单位面积草地投资/(元/hm²) | |
|---|---|---|---|---|---|---|
| | | | RG | CG | RG | CG |
| 1. 固定资产投资 | | | | | | |
| 基础设施 | 家畜 | | 166 500.00 | 137 250.00 | 310.63 | 313.36 |
| | 围栏 | 按使用 20 年分摊费 | 16 500.00 | 0 | 30.78 | 0 |
| 设　备 | 四轮车、拖车 | 按使用 10 年分摊费 | 7 333.33 | 0 | 13.68 | 0 |
| | 水箱、水槽拖车 | 按使用 10 年分摊费 | 800.00 | 0 | 1.49 | 0 |
| 安装调试 | 围栏安装、轮牧设计 | 按使用 20 年分摊费 | 575.00 | 0 | 1.10 | 0 |
| 2. 流动资金 | | | | | | |
| 饲草料购置费 | | | 19 980.67 | 21 960.00 | 37.28 | 50.14 |
| 燃料动力（运水用燃油）费 | | | 540.00 | 0 | 1.01 | 0 |
| 牧工（按羊单位均摊，轮牧夏季按 30% 计）费 | | | 3 900.00 | 4 941.00 | 7.28 | 11.28 |
| 药品（防疫、驱虫、药浴）费 | | | 1 190.00 | 988.20 | 2.24 | 2.25 |
| 总投资合计 | | | 217 327.00 | 165 139.20 | 405.46 | 377.03 |

## （二）成本与销售收入

构成两个家庭牧场的生产成本费用主要分为固定成本费用和可变成本费用。在计算成本时，固定成本网围栏、机械设备等固定资产折旧费按运行期 5 年，采用直接法进行折旧，不提取残值，家畜作为一种特殊的固定资产不折旧。可变成本饲草料费用、燃料动力、牧工工资、药品费用均按生产中实际发生的费用计算。销售的收入按实际销售的收入计算。

由表 10-35 可知，轮牧家庭牧场和自由放牧家庭牧场年均总成本分别为 30 660.47 元和 27 889.20 元，轮牧家庭牧场较高。但从单位面积草地分析，轮牧与自由放牧家庭牧场单位面积草地年均总成本分别为 57.20 元和 63.67 元，自由放牧家庭牧场较高。这种成本构成的差异仍然是由于自由放牧较多地投入了饲草料和牧工费用造成的。虽然轮牧一次性投入围栏投资 6.60 万元，配套设备 2.36 万元，但折旧后，无论在总成本中还是在单位面积草地成本中所占的比重均较小，每年每公顷草地较自由放牧仅多投入 9.41 元固定成本，但节约的饲草料和牧工费用投入比自由放牧少 16.86 元可变成本。

表 10-35 成本与销售收入比较

| 项 | 目 | 家庭牧场/元 | | 单位草地面积/(元/hm²) | |
| --- | --- | --- | --- | --- | --- |
| | | RG | CG | RG | CG |
| 固定成本 | 固定资金折旧 | 5 041.67 | 0.00 | 9.41 | 0.00 |
| 可变成本 | 饲草料费 | 19 980.00 | 21 960.00 | 37.28 | 50.14 |
| | 燃料动力费 | 540.00 | 0.00 | 1.01 | 0.00 |
| | 牧工费 | 3 900.00 | 4 941.00 | 7.28 | 11.28 |
| | 药品费 | 1 198.80 | 988.20 | 2.44 | 2.62 |
| 总成本费 | | 30 660.47 | 27 889.20 | 57.20 | 63.67 |
| 销售收入 | 出售家畜 | 51 100.00 | 37 600.00 | 95.34 | 85.84 |
| | 出售绒毛 | 18 222.00 | 14 233.80 | 34.00 | 32.50 |
| | 家畜死亡 | −750.00 | −2 000.00 | −1.40 | −4.57 |
| 总销售收入 | | 68 572.00 | 49 833.80 | 127.93 | 113.77 |

两个家庭牧场畜产品销售收入有较大差别，主要是由于出售家畜时轮牧家畜体重较高，淘汰母羊和羔羊活体重较自由放牧平均高 4～5kg，而且当地收购家畜活体重时，价格有一定波动，波动范围在 4.60～5.60 元/kg，体重越高，活体重单价也越高；有时不称重，直接按羊论价。轮牧家庭牧场每只淘汰母羊和羔羊价格平均较自由放牧家庭牧场高 20 元，所以轮牧家庭牧场出售家畜收入较自由放牧家庭牧场高。两个家庭牧场出售绒毛的收入差别不大。轮牧与自由放牧家庭牧场家畜死亡造成的年均损失分别为 750 元和 2000 元，自由放牧家庭牧场损失较大。所以轮牧家庭牧场无论总销售收入还是单位草地面积销售收入均较自由放牧家庭牧场高。

（三）经济效益比效分析

在对比分析两个家庭牧场经济效益时，主要选择了投资利润率，内部收益率、财务净现值和投资回收期静态和动态指标。两个家庭牧场经济效益分析指标及其结果如表 10-36 所示。轮牧家庭牧场较自由放牧家庭牧场单位草地面积成本费用低，销售收入较高，所以获得的利润也较高。从投资利润率方面分析，轮牧与自由放牧家庭牧场的利润率分别为 17.44% 和 11.84%，前者较后者高。轮牧与自由放牧家庭牧场投资的内部收益率均高于基准收益率（ic＝12%），财务净现值均大于 0，说明从财务分析角度上看，两个家庭牧场的经营方式和经营水平在生产上是可行的，经济上是合理的。轮牧与自由放牧家庭牧场相比，前者较后者的利润率高 5.6 个百分点；内部收益率高 8.11 个百分点；财务净现值高 72.32 元；且投资回收期缩短了 0.22 年。进一步说明，轮牧家庭牧场在获得利润的水平和能力上均较自由放牧家庭牧场高。可见划区轮牧制度可显著地提高家庭牧场的经济效益。

表 10-36 投资财务分析指标及结果

| 项 目 | 家庭牧场 | | 单位草地面积/hm² | |
|---|---|---|---|---|
| | RG | CG | RG | CG |
| 成本费用/元 | 30 660.47 | 27 889.20 | 57.20 | 63.67 |
| 销售收入/元 | 68 572.00 | 49 833.80 | 127.93 | 113.77 |
| 年均利润（收入－成本）/元 | 37 911.53 | 21 944.60 | 70.73 | 50.10 |
| 投资利润率（年均利润/总投资）/% | 17.44 | 11.84 | 17.44 | 11.84 |
| 内部收益率/% | 26.36 | 18.25 | 26.36 | 18.25 |
| 财务净现值/元 | 69 807.96 | 25 364.07 | 130.23 | 57.91 |
| 投资回收期（静态）/年 | 4.19 | 4.41 | 4.19 | 4.41 |

在内蒙古农业大学（原内蒙古农牧学院）哈雅教学牧场的短花针茅＋冷蒿＋无芒隐子草荒漠草原类型上进行的划区轮牧试验（1985～1988 年）也表明，通过静态指标对轮牧（RG）与自由放牧（CG）投资的经济效益的分析（表 10-37），两放牧处理均取得正效益，前者的投资收益率和投资回收期分别为 25.4% 和 3.8 年；而后者分别为 24.5% 和 4.1 年。

表 10-37 经济效益的比较分析（按 1988 年价格计算）

| 项 目 | RG | CG |
|---|---|---|
| 总投资/元 | 4 745.65 | 3 946.64 |
| 单位面积投资/(元/hm²) | 177.90 | 148.05 |
| 现有绵羊收入额（按 1988 年收购价）/元 | 5 000.00 | 4 600.00 |
| 4 年活体增重折合/(2.40 元/kg) | 2 880.90 | 2 211.54 |
| 4 年出售羊毛收入/元 | 2 278.19 | 1 893.28 |

续表

| 项目 | RG | CG |
|---|---|---|
| 绵羊死亡折合/元 | 0.00 | 300.00 |
| 总产值/元 | 10 159.09 | 8 404.82 |
| 年产值/(元/hm$^2$) | 95.25 | 78.75 |
| 年费用/(元/hm$^2$) | 52.92 | 36.90 |
| 草地年产值/(元/hm$^2$) | 5.55 | 5.55 |
| 年净产值/(元/hm$^2$) | 45.15 | 36.30 |
| 投资收益率/% | 25.4 | 24.5 |
| 投资回收期/年 | 3.8 | 4.1 |

# 第十一章 不同放牧制度植被和土壤的生态特征与空间异质性

数量分析是从野外观察或实验得来的原始数据出发，通过一系列计算分析，最后给出具有生态意义的结果。本章利用不同放牧制度及轮牧小区不同利用时间各处理区的植物种群、群落和土壤试验的数据资料，研究了植物种群的种间关系、生态位和群落排序特征，以便对不同放牧制度及不同利用时间条件下各处理区植物种群、群落的生态学意义进行阐述。

空间异质性是生态系统非常重要的一个结构属性，它与许多生态学现象密切相关，是形成空间格局的主要原因之一，对生态系统的功能和过程有重要影响。探索植物种群和土壤养分空间异质性的性质，分析植物种群和土壤养分空间异质性的原因和潜在的生态学效应，有助于从空间透视的角度，更清楚地揭示植物种群和土壤养分空间格局与生态学过程的运行机制。

本研究在"苏尼特右旗都呼木教学科研基地"进行，群落类型为短花针茅＋无芒隐子草＋碱韭荒漠草原类型。以不同放牧制度及不同利用时间的轮牧小区为研究对象，监测植物群落数量特征，分析其在划区轮牧区（8个轮牧小区：RG1～RG8，其中RG1～RG2区为早期放牧小区，RG3～RG6为中期放牧小区，RG7～RG8区为晚期放牧小区）、自由放牧区（CG）和对照区（CK）的变化特点，了解种间亲和性、生态位、群落排序和空间异质性等的变化规律，探讨植物群落数量生态特征和草地空间异质性对不同放牧制度和不同利用时间的响应。

## 第一节 不同放牧制度和各轮牧小区植物种群的数量生态特征

### 一、植物种群种间关系

种间关系是指植物群落内不同植物种群之间相互作用所形成的关系。两个种群的相互关系可以是直接的，也可以是间接的相互影响。有关植物群落种间关系，许多学者对森林植物群落（刘金福，2001；林星华，2001；张金屯和焦蓉，2003）、灌丛植物群落（孙勃和张金屯，2004；张峰等，2007）和草甸植物群落（李军玲等，2004；王琳和张金屯，2004；邢韶华，2007）等从不同角度进行了研究。李政海和鲍雅静（2000）对内蒙古草原与荒漠区的锦鸡儿属植物种群格局动态和种间关系进行了研究，认为内蒙古草原与荒漠区的锦鸡儿属植物随年龄和植丛大小的变化表现出不同的分布格局。幼小植丛多呈聚块分布，中等植丛趋向于均匀分布，大型植丛趋向于随机分布。李军玲等（2004）对关帝山亚高山灌丛群落和草甸群落优势种的种间关系采用 $\chi^2$ 检验、Pearson 相关系数和 Spearman 秩相关系数进行了研究，结果表明，群落优势种间多呈不显著关联，草甸群落中显著相关种的对数占总对数的 17.9%，灌丛群落为 25.9%。生境要求相同或相似的种对呈显著的正关联，种间关系因群落类型而异。刘小恺等（2009）对宁夏沙湖 4 种干旱区群落中主要植物种间关系的格局进行了分析，认为沙枣—芨芨草、芨芨草—苦豆子、白刺—芨芨草 3 个群落在一定的尺度范围内存在正关联关系。在物种生态需求和形态大小等方面相对一致的红砂—盐爪爪群落中，红砂和盐爪爪在整个观测尺度内（0~15m）存在负关联关系。王凤兰等（2009）应用 2×2 列联表的 $\chi^2$ 检验和 Spearman 秩相关分析方法对短花针茅群落 21 个主要物种的种间关系进行了分析，认为不显著相关的种对多于显著和极显著相关的种对，正相关和负相关的种对在所有种对中几乎各占一半。锡林塔娜（2009）以不同载畜率对短花针茅荒漠草原群落的种间关系的影响为切入点，运用 Pearson 相关系数和 Spearman 秩相关系数检验等研究方法，对短花针茅荒漠草原群落的种间关系进行了种间关联和相关分析，结果表明，随着放牧干扰程度的加强，短花针茅草原种间显著（含极显著）关联种对呈减少的趋势。

种间相关一般采用 Pearson 相关和 Spearman 秩相关两种方法，相对来讲，前者需要样本数据服从正态分布，后者则不需要。本研究采用 Spearman 秩相关对出现频率较高的 10 个植物种群（分别为短花针茅、碱韭、无芒隐子草、银灰旋花、栉叶蒿、寸草薹、锦鸡儿、木地肤、细叶韭和猪毛菜）的种间关系进行了探讨。

Spearman 秩相关系数表达式如下：

$$r(i,k) = 1 - \frac{6\sum_{j=1}^{N} d_j^2}{N^3 - N}$$

式中，$N$ 为样方总数；$d_j = (x_{ij} - x_{kj})$；$x_{ij}$ 和 $x_{kj}$ 为种 $i$ 和种 $k$ 在样方 $j$ 中的秩。

短花针茅草原出现频率较高的 10 个植物种群不同试验处理区种间相关性分析结果如图 11-1 所示。短花针茅荒漠草原出现频率较高的 10 个种群在不同放牧制度下，其种间关系存在变化。以 CK 区为例，细叶韭与银灰旋花存在极显著正相关，且极显著正相关种对数为 1 对。存在正相关的有短花针茅与无芒隐子草、银灰旋花、细叶韭，碱韭与银灰旋花、细叶韭，无芒隐子草与栉叶蒿、锦鸡儿、木地肤、细叶韭，银灰旋花与栉叶蒿、猪毛菜，栉叶蒿与寸草薹、猪毛菜，寸草薹与锦鸡儿，锦鸡儿与猪毛菜，木地肤与猪毛菜。存在弱正相关的种对数为 16 对。存在显著负相关的为短花针茅与碱韭，种对数为 1 对。存在弱负相关的为短花针茅与锦鸡儿、猪毛菜，碱韭与无芒隐子草、栉叶蒿、寸草薹，银灰旋花与寸草薹、锦鸡儿，寸草薹与细叶韭、猪毛菜，锦鸡儿与细叶韭，种对数为 10 对。

其他物种间不存在相关性，种对数为17对。其他各试验处理区的种间关系分析方法与CK区相同，详见图11-1。

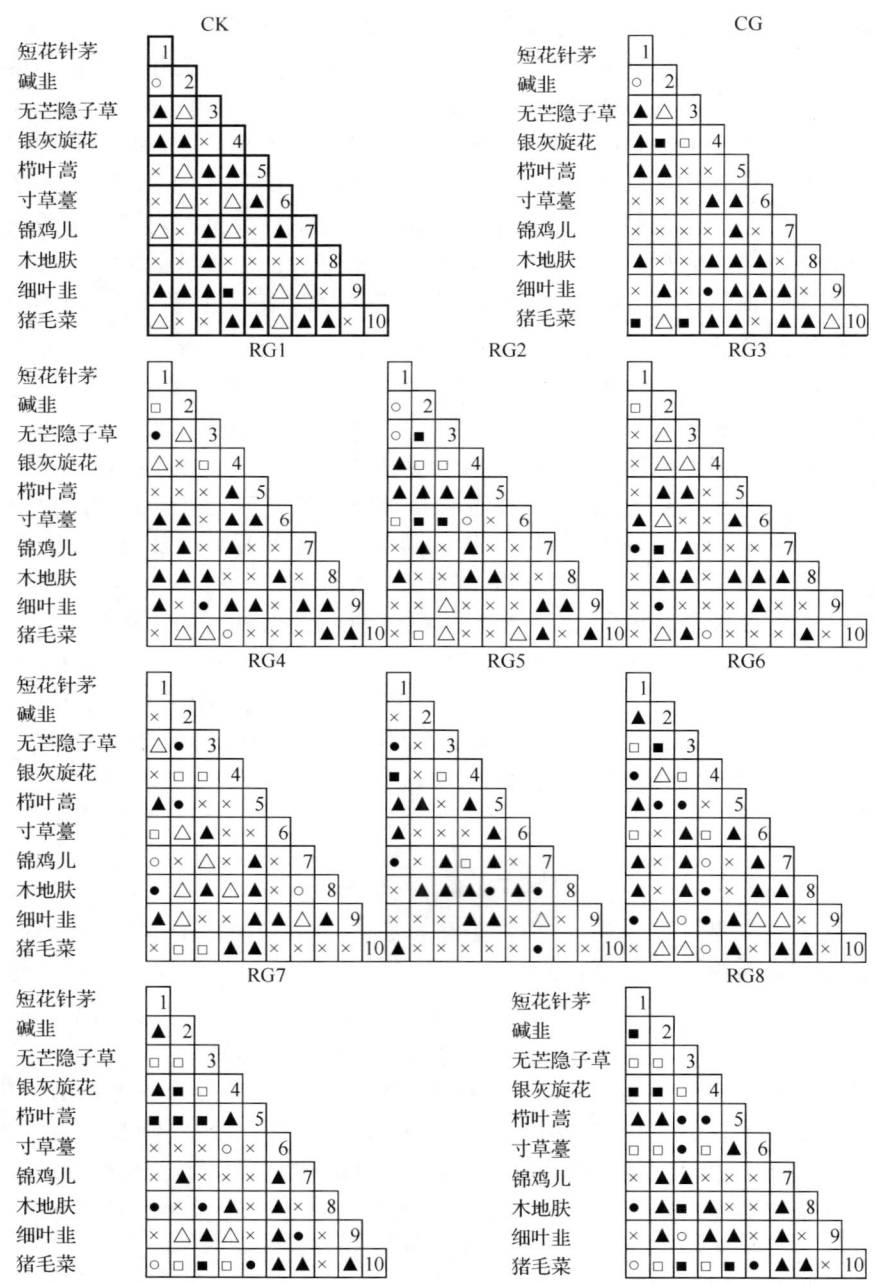

正相关：■ $P \leqslant 0.01$，● $0.01 < P \leqslant 0.05$，▲ $0.05 < P \leqslant 0.5$；负相关：□ $P \leqslant 0.01$，○ $0.01 < P \leqslant 0.05$，△ $0.05 < P \leqslant 0.5$；无关联：×

图11-1　不同试验处理区Spearman秩相关系数的半矩阵图

对各试验处理区 10 个植物种群种间相关性分析结果进行了汇总统计（表 11-1）。轮牧区各试验处理小区极显著正相关的种对数为 0～6 对，其中 RG8 区最高，为 6 对；RG1 和 RG4 区最低，为 0 对。CG 区极显著正相关的种对数与 RG2 区相同，为 3 对；CK 区极显著正相关的种对数与 RG3、RG5 和 RG6 区相同，为 1 对。轮牧区各试验处理小区存在显著正相关的种对数为 0～6 对，其中 RG6 区最高，为 6 对；RG2 区最低，为 0 对。CG 区较 RG2 区多 1 对；CK 区与 RG2 区相同。弱正相关种对数为 11～18 对，其大小关系依次为：RG1＞RG6＞RG2、RG5、RG8＞RG3＞RG7＞RG4。CG 区较 RG1 区多 1 对；CK 区较 RG1 区少 2 对。极显著负相关、显著负相关、弱负相关种对数在试验处理小区的变化如表 11-1 所示。

表 11-1 不同试验处理区相关物种对统计表

| 处理区 | 正相关种对数 | | | 负相关种对数 | | | 无相关种对数 |
| --- | --- | --- | --- | --- | --- | --- | --- |
| | 极显著 | 显著 | 弱相关 | 极显著 | 显著 | 弱相关 | |
| RG1 | 0 | 2 | 18 | 2 | 1 | 4 | 18 |
| RG2 | 3 | 0 | 14 | 4 | 3 | 3 | 18 |
| RG3 | 1 | 2 | 13 | 1 | 1 | 5 | 22 |
| RG4 | 0 | 3 | 11 | 5 | 2 | 7 | 17 |
| RG5 | 1 | 5 | 14 | 2 | 0 | 1 | 22 |
| RG6 | 1 | 6 | 15 | 4 | 3 | 6 | 10 |
| RG7 | 5 | 4 | 12 | 5 | 2 | 2 | 15 |
| RG8 | 6 | 5 | 14 | 8 | 2 | 0 | 10 |
| CG | 3 | 1 | 19 | 1 | 1 | 3 | 17 |
| CK | 1 | 0 | 16 | 0 | 1 | 10 | 17 |

轮牧区的各试验处理小区各类相关种对数平均后与对应的自由放牧区和对照区进行对比，极显著正相关种对数自由放牧区＞轮牧区＞对照区，分别为 3 对、2 对和 1 对。显著正相关种对数轮牧区＞自由放牧区＞对照区，分别为 3 对、1 对和 0 对。弱正相关种对数自由放牧区＞对照区＞轮牧区，分别为 19 对、16 对和 14 对。同样极显著负相关种对数轮牧区＞自由放牧区＞对照区，分别为 4 对、1 对和 0 对。显著负相关种对数轮牧区＞自由放牧区等于对照区，分别为 2 对、1 对和 1 对。弱负相关种对数对照区＞轮牧区＞自由放牧区，分别为 10 对、4 对和 3 对。无相关种对数轮牧区、自由放牧区和对照区相等，均为 17 对。

## 二、生态位

国内外对植物种群生态位的研究较多，生态位的理论和方法对植物种间竞争、种群动态、群落和生态系统的演替等方面的研究都有着非常重要的作用,研究对象涉及森林、灌丛、草甸等各个方面,受到了广泛的关注(Johnson,1977;Coomes et al.,2009)。王正文和王德利(2001)对大兴安岭森林草原过渡带白桦及主要草本植物生态位关系进行的研究结果表明,日阴菅生态位宽度随海拔升高而增大,其余植物种类在有机质资源维上的生态位宽度,大都是以中等海拔(800m)的样带最宽,而在速效磷资源维上,又以中等海拔的样带最窄。王正文和祝廷成(2004)对松嫩草原主要草本植物的生态位关系及其对水淹干扰的响应进行了研究,认为湿生植物生态位宽度基本上是随水淹干扰强度增加而增大,中旱生的羊草生态位宽度大体上是随水淹干扰的增强而减小。Broennimann 等(2007)在北美洲和欧洲对入侵的植物种生态位进行了研究,并采用气候因子进行了生态位基础模型拟合,认为气候因子模型能够预测入侵种在新领地占据的不同生态位空间,但不能预测入侵种侵入时的分布状态。董全民等(2007)研究了放牧率对高寒混播草地主要植物种群生态位的影响,认为具有相同形态特征或生活型的物种之间的生态位重叠较大,且生态位宽度较大的物种与其他种群间也有较大的生态位重叠,但分布于放牧演替系列两个极端的种群间的生态位重叠较小。Manthey 和 Fridley(2009)在答复 Zeleny 教授的一篇文章(共生种数据计算的 β 多样性指数对生态位宽度的度量与估计)中指出,Whittaker's 多样性指数通过算法的改进能够反映种群生态位宽度信息。白世红等(2010)对黄河三角洲植被演替过程的种群生态位变化进行了研究,认为陆生植被经过翅碱蓬群落、碱蓬柽柳群落、柽柳群落、白茅群落的演替过程,每个阶段优势种的生态位宽度均较大。

目前,生态位的概念已同种间竞争密切联系在一起,而且越来越同资源的利用联系在一起。许多研究者认为生态位概念必须与物种所生存的群落环境相联系,也就是一个种的生态位是指该种在群落中利用资源的能力,这种能力不但体现在该种个体在群落中的分布范围和生物量的占有上,而且也体现在资源有限时对环境的耐受性上。一个种的生态位受群落内生物和非生物环境的影响,也受自身生物学特性和植物学特征的影响,因此一个种在不同的群落中的生态位可能相同也可能不同。

生态位的宽度或广度(niche breadth)是指一个种群(或其他生物单位)在一个群落中所利用的各种不同资源的总和。在可利用资源量较少的情况下,生态位宽度一般应该增加,以便使种群得到足够的资源。在可利用资源量丰富的环境中,选择性地利用资源(选择采食等),使生态位宽度变窄。一个种的生态位越宽,该物种的特化程度越小,也就是说,它更倾向于一个泛化种;相反,一个种的生态位越窄,该种的特化程度就越强,即它更倾向于一个特化种。泛化种生态位宽,具有较强的竞争能力,尤其是在可利用资源量非常有限的情况下,更是如此；而特化种生态位窄，在资源竞争中处于劣势。

Levins 指数

$$B_i = \frac{1}{S \times \sum_{j=1}^{s}(P_{ij})^2}$$

式中，$B_i$ 为种 $i$ 的生态位宽度；$P_{ij}=n_{ij}/N_{i+}$，它代表种 $i$ 在第 $j$ 个资源状态下的个体数占该种所有个体数的比例，$S$ 为样方数。

Smith 指数

$$B_i = \sum \sqrt{P_{ij}a_j}$$

式中，$a_j$ 为第 $j$ 个资源状态下资源是占总资源的比例。这一指数对实验数据更为有用。因为实验设计中资源量可以准确量化。

生态位总宽度的计算是将各个处理条件下的生态位宽度指数平方后加和，然后开方得到。计算式如下：

$$BL_t = \left[\sum (B_i)^2\right]^{1/2}$$

生态位重叠是指两个或两个以上生态位相似的物种生活于同一空间时分享或竞争共同资源的现象。生态位重叠的两个物种因竞争排斥原理而难以长期共存，除非空间和资源十分丰富。通常资源总是有限的，因此生态位重叠的物种之间的竞争总会导致重叠程度降低，如彼此分别占领不同的空间位置和在不同空间部位觅食等。

Levins 重叠指数

$$O_{ik} = \frac{\sum_{j=1}^{r}(P_{ij}P_{kj})}{\sum_{j=1}^{r}(P_{ij})^2}$$

式中，$O_{ik}$ 为种 $i$ 资源利用曲线与种 $k$ 的重叠指数。由上式的分母可以看出，该指数实际上与种 $i$ 的生态位宽度有关。当种 $i$ 和种 $k$ 在所有资源状态中的分布完全相同时，$O_{ik}$ 最大，其值为 1，表明种 $i$ 与种 $k$ 生态位完全重叠。相反，当两个种不具有共同资源状态时，它们的生态位完全不重叠，$O_{ik}=0$。

简化的 Morisita 指数

这一指数是 Horn 提出的，故也称为 Morisita-Horn 指数：

$$O_{ik} = \frac{2\sum_{j=1}^{r}P_{ij}P_{kj}}{\sum_{j=1}^{r}P_{ij}^2 + \sum_{j=1}^{r}P_{kj}^2}$$

## (一) 生态位宽度

### 1. Levins 生态位宽度指数

Levins 生态位宽度指数主要是由植物种群 $i$ 在第 $j$ 个资源状态下的个体数占该种所有个体数的比例计算而来。不同试验处理区 10 个出现频率较高的植物种群的 Levins 生态位宽度指数如表 11-2 所示。在轮牧区不同利用时间下，短花针茅生态位宽度指数在 RG1 区和 RG7 区较大，在 RG5 区较小；碱韭生态位宽度指数在 RG2 区和 RG4～RG6 区较大，在 RG7 区较小；无芒隐子草生态位宽度指数在 RG4～RG6 区较大，在 RG2 区较小。说明短花针茅、碱韭和无芒隐子草在不同轮牧小区的竞争能力存在差异，受轮牧区不同利用时间的影响，主要植物种群在不同轮牧小区内的竞争能力和资源占有强度都发生了变化。

表 11-2 不同试验处理区植物种群的 Levins 生态位宽度指数

| 处理区 | 放牧处理 | | | | | | | | | | 生态位总宽度 |
|---|---|---|---|---|---|---|---|---|---|---|---|
| | RG1 | RG2 | RG3 | RG4 | RG5 | RG6 | RG7 | RG8 | CG | CK | |
| 短花针茅 | 0.768 | 0.474 | 0.521 | 0.364 | 0.191 | 0.319 | 0.731 | 0.487 | 0.807 | 0.489 | 1.737 |
| 碱韭 | 0.513 | 0.817 | 0.465 | 0.803 | 0.841 | 0.816 | 0.353 | 0.535 | 0.320 | 0.815 | 2.084 |
| 无芒隐子草 | 0.691 | 0.560 | 0.817 | 0.912 | 0.870 | 0.893 | 0.669 | 0.659 | 0.685 | 0.573 | 2.350 |
| 银灰旋花 | 0.502 | 0.392 | 0.551 | 0.389 | 0.353 | 0.541 | 0.256 | 0.369 | 0.206 | 0.334 | 1.278 |
| 栉叶蒿 | 0.182 | 0.182 | 0.120 | 0.080 | 0.066 | 0.175 | 0.153 | 0.097 | 0.095 | 0.359 | 0.541 |
| 寸草薹 | 0.143 | 0.456 | 0.069 | 0.440 | 0.428 | 0.435 | 0.202 | 0.426 | 0.399 | 0.213 | 1.107 |
| 锦鸡儿 | 0.023 | 0.229 | 0.121 | 0.304 | 0.243 | 0.278 | 0.062 | 0.064 | 0.073 | 0.327 | 0.646 |
| 木地肤 | 0.336 | 0.232 | 0.173 | 0.266 | 0.116 | 0.233 | 0.203 | 0.123 | 0.105 | 0.224 | 0.673 |
| 细叶韭 | 0.259 | 0.545 | 0.319 | 0.505 | 0.388 | 0.418 | 0.469 | 0.345 | 0.274 | 0.456 | 1.292 |
| 猪毛菜 | 0.699 | 0.688 | 0.597 | 0.624 | 0.641 | 0.439 | 0.565 | 0.557 | 0.358 | 0.605 | 1.853 |

在不同放牧制度下，短花针茅的生态位宽度表现为对照区略大于轮牧区，两者明显小于自由放牧区，表明轮牧对短花针茅生态位宽度的影响很小，而自由放牧使短花针茅生态位宽度明显加大，说明自由放牧已经使该区域可利用资源量减少，短花针茅只有增大自己的生态位宽度才能获得足够的资源，以便增加植物种群的竞争能力，维持种群的稳定。碱韭的生态位宽度表现为对照区＞轮牧区＞自由放牧区，表明放牧能够导致碱韭生态位宽度变窄，且持续干扰的自由放牧较间歇干扰的轮牧更能够使碱韭发生特化演变。无芒隐子草生态位宽度表现为轮牧区＞自由放牧区＞对照区，表明放牧能够使无芒隐子草特化程度减小，更有利于增强其在有限资源空间中的竞争能力。

生态位总宽度最大的植物种群为无芒隐子草，为 2.350；其次为碱韭，生态位总宽度为 2.084；再次为猪毛菜，生态位总宽度为 1.853；短花针茅排第四位，生态位总宽度为 1.737；其他植物种群的生态位总宽度如表 11-2 所示。表明出现频率较高的 10 个植物种群其生态位总宽度也比较大，短花针茅、碱韭、无芒隐子草和猪毛菜属于泛化种，特化程度较小，具有较强的种间竞争能力。

2. Smith 生态位宽度指数

Simth 生态位宽度指数不但要考虑植物种群 $i$ 在第 $j$ 个资源状态下的个体数占该种所有个体数的比例，而且还要考虑种群 $i$ 在第 $j$ 个资源状态下占总资源的比例。不同试验处理区 10 个植物种群的 Simth 生态位宽度指数的计算结果如表 11-3 所示。由表 11-3 可知，短花针茅的 Simth 生态位宽度指数在 CG 区表现最大，为 4.191；RG5 区最小，只有 0.729；变动幅度为 3.462。碱韭 Simth 生态位宽度指数在 RG5 区最大，为 5.457；在 RG1 区最小，为 3.004；变动幅度为 2.453。无芒隐子草的 Simth 生态位宽度指数在 RG4 区最大，为 5.294；CK 区最小，为 2.028；变动幅度为 3.266。表明不同试验处理对主要植物种群的 Simth 生态位宽度指数的影响不同，变动幅度为短花针茅＞无芒隐子草＞碱韭。说明主要植物种群在不同试验处理下，其生态可塑性为短花针茅＞无芒隐子草＞碱韭，即主要植物种群特化程度为短花针茅＜无芒隐子草＜碱韭。其他植物种群 Simth 的生态位宽度指数详见表 11-3。

表 11-3 不同试验处理区植物种群的 Smith 生态位宽度指数

| 处理区 | 放 牧 处 理 | | | | | | | | | | 生态位总宽度 |
| --- | --- | --- | --- | --- | --- | --- | --- | --- | --- | --- | --- |
| | RG1 | RG2 | RG3 | RG4 | RG5 | RG6 | RG7 | RG8 | CG | CK | |
| 短花针茅 | 3.638 | 1.455 | 3.170 | 1.418 | 0.729 | 1.341 | 2.344 | 2.249 | 4.191 | 1.048 | 7.678 |
| 碱韭 | 3.004 | 4.707 | 4.123 | 5.270 | 5.457 | 5.272 | 3.656 | 4.328 | 3.863 | 3.370 | 13.853 |
| 无芒隐子草 | 5.269 | 4.639 | 4.658 | 5.294 | 5.106 | 4.891 | 3.454 | 4.456 | 4.229 | 2.028 | 14.241 |
| 银灰旋花 | 5.630 | 4.179 | 5.296 | 3.794 | 3.155 | 4.195 | 3.146 | 3.877 | 3.322 | 2.565 | 12.716 |
| 栉叶蒿 | 1.024 | 0.818 | 0.754 | 0.529 | 0.562 | 1.038 | 0.868 | 0.563 | 1.041 | 1.335 | 2.810 |
| 寸草薹 | 1.403 | 3.164 | 2.144 | 2.222 | 3.082 | 3.039 | 1.773 | 3.719 | 3.689 | 1.997 | 8.650 |
| 锦鸡儿 | 0.357 | 1.012 | 1.115 | 1.590 | 1.410 | 1.584 | 0.451 | 0.590 | 0.944 | 1.103 | 3.476 |
| 木地肤 | 0.843 | 0.648 | 0.617 | 1.221 | 0.570 | 0.909 | 0.668 | 0.752 | 0.832 | 0.925 | 2.592 |
| 细叶韭 | 1.268 | 2.351 | 1.719 | 2.015 | 2.173 | 2.575 | 1.985 | 2.347 | 2.352 | 1.808 | 6.614 |
| 猪毛菜 | 3.207 | 4.152 | 3.306 | 3.686 | 3.924 | 2.717 | 6.879 | 4.311 | 3.523 | 7.604 | 14.525 |

在轮牧区不同利用时间下，短花针茅 Simth 生态位宽度指数在 RG1 区和 RG3 区较大，RG5 区最小；碱韭 Simth 生态位宽度指数在 RG4～RG6 区较大，RG1 区最小；无芒隐子草的 Simth 生态位宽度指数在 RG1 区、RG4 区和 RG5 区较大，RG7 区最小。这与 Levins 生态位宽度指数不同，表明 Simth 生态位宽

度指数和 Levins 生态位宽度指数所反映问题的角度不同。在不同放牧制度下，短花针茅 Simth 生态位宽度指数表现为自由放牧区＞轮牧区＞对照区，表明放牧能够使短花针茅生态位宽度增加，且自由放牧使短花针茅生态位宽度增加的幅度大于轮牧。碱韭和无芒隐子草 Simth 生态位宽度指数均表现为轮牧区＞自由放牧区＞对照区，表明放牧能够增强碱韭和无芒隐子草在短花针茅荒漠草原的竞争能力，在资源竞争过程中更有利于获得优势，且与自由放牧相比，轮牧更能够体现碱韭和无芒隐子草在植物群落中的优势地位。

生态位总宽度最大的植物种群为猪毛菜，其次为无芒隐子草和碱韭，银灰旋花和寸草薹的生态位宽度小于无芒隐子草和碱韭，但大于短花针茅，其他植物种群生态位总宽度的排序如表 11-3 所示。一年生猪毛菜在短花针茅荒漠草原的生态位较宽，甚至大于 3 个主要植物种群，银灰旋花和寸草薹的生态位总宽度大于建群种短花针茅，这进一步表明短花针茅在荒漠草原的相对特化程度加强，竞争力较弱，作为建群种的短花针茅在植物群落中的地位和作用已经弱化。

（二）生态位重叠

1. Levins 生态位重叠指数

Levins 生态位重叠指数代表种 $i$ 的资源利用曲线与种 $k$ 的重叠程度。从计算式可以看出，Levins 生态位重叠指数实际上与种 $i$ 的生态位宽度有关，物种 $i$ 与物种 $k$ 和物种 $k$ 与物种 $i$ 的 Levins 生态位重叠指数可能相同，也可能不同。对对照区（CK）的 10 个出现频率较高的植物种群进行 Levins 生态位重叠分析，结果如表 11-4 所示。短花针茅与碱韭的 Levins 生态位重叠指数为 0.435，而碱韭与短花针茅的 Levins 生态位重叠指数为 0.725，两者不同，表明两者的生态位重叠指数主要是因为短花针茅和碱韭的生态位宽度不同引起的，且短花针茅生态位宽度小于碱韭生态位宽度，导致短花针茅与碱韭生态位重叠指数较小，而碱韭与短花针茅 Levins 生态位重叠指数较大。同样短花针茅与无芒隐子草的 Levins 生态位重叠指数为 0.560，无芒隐子草与短花针茅的 Levins 生态位重叠指数为 0.657，碱韭与无芒隐子草的 Levins 生态位重叠指数为 0.778，无芒隐子草与碱韭的 Levins 生态位重叠指数为 0.548。其他植物种群 Levins 生态位重叠指数详见表 11-4。

在轮牧区不同利用时间下，Levins 生态位重叠指数变动范围的差别较大，主要植物种群在不同轮牧小区的生态位重叠情况比较复杂。短花针茅、碱韭和无芒隐子草之间的生态位重叠情况完全取决于某一植物种群相对另一植物种群生态位宽度的大小，如当短花针茅生态位宽度大于碱韭生态位宽度时，短花针茅与碱韭的生态位重叠就会大于碱韭与短花针茅的生态位重叠。这表明 Levins 生态位重叠指数主要表现不同生态位宽度两植物种群相互重叠的不对称性，反映了两植物种群占有同一资源状态下相对竞争能力的强弱。

表 11-4 不同试验处理区各植物种群之间的 Levins 生态位重叠指数

| 处理区 | 植物种群 | 短花针茅 | 碱韭 | 无芒隐子草 | 银灰旋花 | 栉叶蒿 | 寸草薹 | 锦鸡儿 | 木地肤 | 细叶韭 | 猪毛菜 |
|---|---|---|---|---|---|---|---|---|---|---|---|
| CK | 短花针茅 |  | 0.435 | 0.560 | 0.504 | 0.495 | 0.568 | 0.450 | 0.582 | 0.638 | 0.465 |
|  | 碱韭 | 0.725 |  | 0.778 | 0.785 | 0.777 | 0.632 | 0.761 | 0.701 | 0.826 | 0.818 |
|  | 无芒隐子草 | 0.657 | 0.548 |  | 0.625 | 0.777 | 0.555 | 0.728 | 0.533 | 0.696 | 0.561 |
|  | 银灰旋花 | 0.344 | 0.322 | 0.364 |  | 0.371 | 0.212 | 0.241 | 0.320 | 0.392 | 0.337 |
|  | 栉叶蒿 | 0.363 | 0.343 | 0.486 | 0.400 |  | 0.244 | 0.371 | 0.302 | 0.420 | 0.382 |
|  | 寸草薹 | 0.247 | 0.165 | 0.206 | 0.135 | 0.145 |  | 0.156 | 0.281 | 0.168 | 0.159 |
|  | 锦鸡儿 | 0.301 | 0.306 | 0.416 | 0.236 | 0.338 | 0.240 |  | 0.199 | 0.297 | 0.342 |
|  | 木地肤 | 0.266 | 0.193 | 0.208 | 0.214 | 0.188 | 0.295 | 0.136 |  | 0.204 | 0.172 |
|  | 细叶韭 | 0.595 | 0.462 | 0.553 | 0.535 | 0.533 | 0.360 | 0.414 | 0.416 |  | 0.488 |
|  | 猪毛菜 | 0.575 | 0.607 | 0.592 | 0.610 | 0.643 | 0.451 | 0.633 | 0.466 | 0.648 |  |
| CG | 短花针茅 |  | 0.706 | 0.856 | 0.657 | 0.446 | 0.776 | 0.743 | 0.944 | 0.780 | 0.930 |
|  | 碱韭 | 0.280 |  | 0.262 | 0.798 | 0.190 | 0.266 | 0.282 | 0.301 | 0.197 | 0.201 |
|  | 无芒隐子草 | 0.727 | 0.561 |  | 0.378 | 0.718 | 0.758 | 0.693 | 0.600 | 0.587 | 0.852 |
|  | 银灰旋花 | 0.168 | 0.514 | 0.114 |  | 0.095 | 0.117 | 0.116 | 0.071 | 0.080 | 0.140 |
|  | 栉叶蒿 | 0.123 | 0.056 | 0.099 | 0.044 |  | 0.097 | — | 0.056 | 0.135 | 0.128 |
|  | 寸草薹 | 0.384 | 0.333 | 0.442 | 0.227 | 0.407 |  | 0.284 | 0.455 | 0.355 | 0.447 |
|  | 锦鸡儿 | 0.067 | 0.065 | 0.074 | 0.041 | — | 0.052 |  | 0.063 | 0.120 | 0.120 |
|  | 木地肤 | 0.123 | 0.099 | 0.092 | 0.036 | 0.062 | 0.120 | 0.091 |  | 0.086 | 0.150 |
|  | 细叶韭 | 0.265 | 0.169 | 0.235 | 0.106 | 0.389 | 0.244 | 0.450 | 0.224 |  | 0.184 |
|  | 猪毛菜 | 0.413 | 0.226 | 0.446 | 0.244 | 0.483 | 0.401 | 0.590 | 0.511 | 0.241 |  |
| RG1 | 短花针茅 |  | 0.671 | 0.807 | 0.706 | 0.690 | 0.622 | 0.645 | 0.718 | 0.676 | 0.764 |
|  | 碱韭 | 0.448 |  | 0.448 | 0.485 | 0.599 | 0.661 | 0.952 | 0.557 | 0.546 | 0.479 |
|  | 无芒隐子草 | 0.726 | 0.603 |  | 0.602 | 0.641 | 0.681 | 0.545 | 0.809 | 0.827 | 0.635 |
|  | 银灰旋花 | 0.462 | 0.475 | 0.437 |  | 0.421 | 0.329 | 0.284 | 0.428 | 0.491 | 0.458 |
|  | 栉叶蒿 | 0.163 | 0.212 | 0.168 | 0.152 |  | 0.133 | 0.744 | 0.145 | 0.306 | 0.173 |
|  | 寸草薹 | 0.116 | 0.184 | 0.141 | 0.094 | 0.105 |  | 0.118 | 0.118 | 0.136 | 0.130 |
|  | 锦鸡儿 | 0.019 | 0.042 | 0.018 | 0.013 | 0.094 | 0.019 |  | 0.007 | — | 0.044 |
|  | 木地肤 | 0.314 | 0.365 | 0.394 | 0.287 | 0.269 | 0.278 | 0.098 |  | 0.380 | 0.303 |
|  | 细叶韭 | 0.228 | 0.276 | 0.311 | 0.254 | 0.437 | 0.247 | — | 0.293 |  | 0.221 |
|  | 猪毛菜 | 0.696 | 0.652 | 0.643 | 0.637 | 0.667 | 0.634 | 0.649 | 0.630 | 0.594 |  |

续表

| 处理区 | 植物种群 | 短花针茅 | 碱韭 | 无芒隐子草 | 银灰旋花 | 栉叶蒿 | 寸草薹 | 锦鸡儿 | 木地肤 | 细叶韭 | 猪毛菜 |
|---|---|---|---|---|---|---|---|---|---|---|---|
| RG2 | 短花针茅 |  | 0.419 | 0.407 | 0.540 | 0.433 | 0.305 | 0.493 | 0.407 | 0.448 | 0.464 |
|  | 碱韭 | 0.722 |  | 0.910 | 0.626 | 0.681 | 0.964 | 0.722 | 0.734 | 0.807 | 0.753 |
|  | 无芒隐子草 | 0.481 | 0.624 |  | 0.382 | 0.660 | 0.624 | 0.485 | 0.566 | 0.487 | 0.554 |
|  | 银灰旋花 | 0.446 | 0.300 | 0.267 |  | 0.302 | 0.244 | 0.495 | 0.438 | 0.339 | 0.342 |
|  | 栉叶蒿 | 0.167 | 0.152 | 0.215 | 0.141 |  | 0.129 | 0.150 | 0.264 | 0.195 | 0.199 |
|  | 寸草薹 | 0.294 | 0.537 | 0.508 | 0.284 | 0.323 |  | 0.474 | 0.468 | 0.458 | 0.426 |
|  | 锦鸡儿 | 0.239 | 0.203 | 0.198 | 0.290 | 0.189 | 0.239 |  | 0.252 | 0.238 | 0.238 |
|  | 木地肤 | 0.199 | 0.209 | 0.234 | 0.260 | 0.336 | 0.238 | 0.255 |  | 0.266 | 0.222 |
|  | 细叶韭 | 0.515 | 0.538 | 0.473 | 0.472 | 0.583 | 0.548 | 0.566 | 0.624 |  | 0.583 |
|  | 猪毛菜 | 0.674 | 0.633 | 0.680 | 0.600 | 0.749 | 0.642 | 0.713 | 0.657 | 0.736 |  |
| RG3 | 短花针茅 |  | 0.395 | 0.526 | 0.482 | 0.415 | 0.444 | 0.318 | 0.610 | 0.457 | 0.516 |
|  | 碱韭 | 0.353 |  | 0.459 | 0.426 | 0.269 | 0.297 | 0.672 | 0.332 | 0.612 | 0.416 |
|  | 无芒隐子草 | 0.826 | 0.806 |  | 0.713 | 0.700 | 0.636 | 0.606 | 0.890 | 0.777 | 0.840 |
|  | 银灰旋花 | 0.510 | 0.504 | 0.481 |  | 0.630 | 0.480 | 0.411 | 0.565 | 0.554 | 0.477 |
|  | 栉叶蒿 | 0.096 | 0.070 | 0.103 | 0.138 |  | 0.436 | 0.299 | 0.048 | 0.094 | 0.111 |
|  | 寸草薹 | 0.059 | 0.044 | 0.054 | 0.060 | 0.250 |  | 0.323 | 0.028 | 0.047 | 0.079 |
|  | 锦鸡儿 | 0.074 | 0.175 | 0.090 | 0.090 | 0.300 | 0.567 |  | 0.059 | 0.171 | 0.110 |
|  | 木地肤 | 0.202 | 0.123 | 0.188 | 0.177 | 0.069 | 0.069 | 0.084 |  | 0.176 | 0.142 |
|  | 细叶韭 | 0.280 | 0.420 | 0.303 | 0.321 | 0.249 | 0.217 | 0.452 | 0.326 |  | 0.334 |
|  | 猪毛菜 | 0.592 | 0.534 | 0.613 | 0.516 | 0.552 | 0.682 | 0.545 | 0.491 | 0.625 |  |
| RG4 | 短花针茅 |  | 0.363 | 0.337 | 0.363 | 0.434 | 0.253 | 0.203 | 0.440 | 0.327 | 0.388 |
|  | 碱韭 | 0.801 |  | 0.828 | 0.673 | 0.541 | 0.689 | 0.832 | 0.709 | 0.733 | 0.711 |
|  | 无芒隐子草 | 0.844 | 0.940 |  | 0.777 | 0.830 | 0.940 | 0.877 | 0.952 | 0.917 | 0.843 |
|  | 银灰旋花 | 0.388 | 0.326 | 0.331 |  | 0.512 | 0.404 | 0.352 | 0.276 | 0.319 | 0.433 |
|  | 栉叶蒿 | 0.096 | 0.054 | 0.073 | 0.106 |  | 0.063 | 0.031 | 0.095 | 0.066 | 0.150 |
|  | 寸草薹 | 0.305 | 0.377 | 0.453 | 0.457 | 0.344 |  | 0.496 | 0.427 | 0.487 | 0.431 |
|  | 锦鸡儿 | 0.170 | 0.315 | 0.293 | 0.276 | 0.117 | 0.343 |  | 0.148 | 0.237 | 0.317 |
|  | 木地肤 | 0.322 | 0.235 | 0.278 | 0.189 | 0.316 | 0.259 | 0.129 |  | 0.309 | 0.267 |
|  | 细叶韭 | 0.453 | 0.461 | 0.508 | 0.414 | 0.418 | 0.559 | 0.393 | 0.586 |  | 0.470 |
|  | 猪毛菜 | 0.664 | 0.553 | 0.577 | 0.695 | 0.667 | 0.612 | 0.651 | 0.626 | 0.581 |  |

第十一章 不同放牧制度植被和土壤的生态特征与空间异质性

续表

| 处理区 | 植物种群 | 短花针茅 | 碱韭 | 无芒隐子草 | 银灰旋花 | 栉叶蒿 | 寸草薹 | 锦鸡儿 | 木地肤 | 细叶韭 | 猪毛菜 |
|---|---|---|---|---|---|---|---|---|---|---|---|
| RG5 | 短花针茅 |  | 0.198 | 0.157 | 0.388 | 0.396 | 0.187 | 0.049 | 0.152 | 0.167 | 0.147 |
|  | 碱韭 | 0.872 |  | 0.847 | 0.783 | 0.626 | 0.808 | 0.894 | 0.753 | 0.788 | 0.837 |
|  | 无芒隐子草 | 0.716 | 0.876 |  | 0.739 | 0.830 | 0.869 | 0.971 | 0.794 | 0.924 | 0.875 |
|  | 银灰旋花 | 0.718 | 0.329 | 0.300 |  | 0.539 | 0.327 | 0.195 | 0.413 | 0.362 | 0.319 |
|  | 栉叶蒿 | 0.136 | 0.049 | 0.063 | 0.100 |  | 0.032 | 0.011 | 0.236 | 0.087 | 0.073 |
|  | 寸草薹 | 0.418 | 0.411 | 0.427 | 0.396 | 0.209 |  | 0.486 | 0.287 | 0.412 | 0.389 |
|  | 锦鸡儿 | 0.062 | 0.258 | 0.271 | 0.134 | 0.039 | 0.276 |  | 0.098 | 0.205 | 0.285 |
|  | 木地肤 | 0.093 | 0.104 | 0.106 | 0.136 | 0.419 | 0.078 | 0.047 |  | 0.109 | 0.115 |
|  | 细叶韭 | 0.339 | 0.364 | 0.412 | 0.397 | 0.516 | 0.374 | 0.327 | 0.362 |  | 0.401 |
|  | 猪毛菜 | 0.492 | 0.638 | 0.645 | 0.578 | 0.717 | 0.583 | 0.754 | 0.636 | 0.663 |  |
| RG6 | 短花针茅 |  | 0.291 | 0.270 | 0.385 | 0.182 | 0.198 | 0.180 | 0.401 | 0.444 | 0.284 |
|  | 碱韭 | 0.745 |  | 0.855 | 0.768 | 0.659 | 0.807 | 0.806 | 0.766 | 0.793 | 0.771 |
|  | 无芒隐子草 | 0.756 | 0.934 |  | 0.823 | 0.769 | 0.936 | 0.921 | 0.818 | 0.836 | 0.854 |
|  | 银灰旋花 | 0.653 | 0.509 | 0.499 |  | 0.520 | 0.401 | 0.463 | 0.437 | 0.653 | 0.422 |
|  | 栉叶蒿 | 0.100 | 0.141 | 0.151 | 0.168 |  | 0.116 | 0.252 | 0.134 | 0.118 | 0.196 |
|  | 寸草薹 | 0.269 | 0.430 | 0.456 | 0.322 | 0.288 |  | 0.429 | 0.492 | 0.357 | 0.418 |
|  | 锦鸡儿 | 0.156 | 0.274 | 0.287 | 0.238 | 0.400 | 0.275 |  | 0.319 | 0.169 | 0.385 |
|  | 木地肤 | 0.293 | 0.218 | 0.213 | 0.188 | 0.179 | 0.264 | 0.267 |  | 0.197 | 0.235 |
|  | 细叶韭 | 0.581 | 0.405 | 0.391 | 0.504 | 0.282 | 0.343 | 0.254 | 0.354 |  | 0.364 |
|  | 猪毛菜 | 0.391 | 0.415 | 0.420 | 0.343 | 0.492 | 0.422 | 0.609 | 0.444 | 0.383 |  |
| RG7 | 短花针茅 |  | 0.883 | 0.610 | 0.765 | 0.416 | 0.656 | 0.759 | 0.585 | 0.714 | 0.655 |
|  | 碱韭 | 0.427 |  | 0.185 | 0.475 | 0.130 | 0.186 | 0.424 | 0.230 | 0.310 | 0.177 |
|  | 无芒隐子草 | 0.559 | 0.351 |  | 0.404 | 0.916 | 0.638 | 0.648 | 0.855 | 0.725 | 0.775 |
|  | 银灰旋花 | 0.268 | 0.345 | 0.155 |  | 0.127 | 0.100 | 0.347 | 0.123 | 0.213 | 0.155 |
|  | 栉叶蒿 | 0.087 | 0.056 | 0.210 | 0.076 |  | 0.108 | 0.173 | 0.234 | 0.136 | 0.242 |
|  | 寸草薹 | 0.181 | 0.106 | 0.192 | 0.079 | 0.142 |  | 0.348 | 0.270 | 0.144 | 0.312 |
|  | 锦鸡儿 | 0.065 | 0.075 | 0.060 | 0.084 | 0.070 | 0.107 |  | 0.027 | 0.016 | 0.042 |
|  | 木地肤 | 0.162 | 0.132 | 0.259 | 0.098 | 0.309 | 0.271 | 0.087 |  | 0.225 | 0.196 |
|  | 细叶韭 | 0.459 | 0.412 | 0.508 | 0.391 | 0.416 | 0.335 | 0.121 | 0.522 |  | 0.474 |
|  | 猪毛菜 | 0.507 | 0.283 | 0.654 | 0.342 | 0.893 | 0.874 | 0.381 | 0.546 | 0.570 |  |

续表

| 处理区 | 植物种群 | 短花针茅 | 碱韭 | 无芒隐子草 | 银灰旋花 | 栉叶蒿 | 寸草薹 | 锦鸡儿 | 木地肤 | 细叶韭 | 猪毛菜 |
| --- | --- | --- | --- | --- | --- | --- | --- | --- | --- | --- | --- |
| RG8 | 短花针茅 |  | 0.582 | 0.382 | 0.578 | 0.210 | 0.333 | 0.758 | 0.189 | 0.477 | 0.379 |
| | 碱韭 | 0.639 | | 0.378 | 0.632 | 0.372 | 0.394 | 0.327 | 0.289 | 0.618 | 0.331 |
| | 无芒隐子草 | 0.517 | 0.466 | | 0.389 | 0.936 | 0.800 | 0.425 | 0.835 | 0.553 | 0.856 |
| | 银灰旋花 | 0.438 | 0.436 | 0.218 | | 0.088 | 0.243 | 0.244 | 0.119 | 0.353 | 0.239 |
| | 栉叶蒿 | 0.042 | 0.067 | 0.137 | 0.023 | | 0.115 | 0.083 | 0.079 | 0.152 | 0.225 |
| | 寸草薹 | 0.292 | 0.314 | 0.517 | 0.281 | 0.504 | | 0.306 | 0.596 | 0.356 | 0.551 |
| | 锦鸡儿 | 0.100 | 0.039 | 0.041 | 0.042 | 0.055 | 0.046 | | 0.014 | 0.099 | 0.070 |
| | 木地肤 | 0.048 | 0.066 | 0.155 | 0.040 | 0.099 | 0.171 | 0.027 | | 0.077 | 0.125 |
| | 细叶韭 | 0.338 | 0.399 | 0.289 | 0.330 | 0.541 | 0.288 | 0.531 | 0.218 | | 0.356 |
| | 猪毛菜 | 0.433 | 0.344 | 0.723 | 0.360 | 0.493 | 0.720 | 0.609 | 0.566 | 0.575 | |

放牧制度对主要植物种群相互间生态位重叠的影响不同,某一植物种群与另一植物种群的生态位重叠情况取决于前一植物种群生态位宽度的大小。以短花针茅和碱韭为例,当短花针茅在不同放牧区的生态位宽度比较接近时,不同放牧制度导致的短花针茅与碱韭的 Levins 生态位重叠情况与短花针茅生态位宽度变化情况相反,不同放牧区碱韭的生态位宽度存在明显的差别,则碱韭与短花针茅的 Levins 生态位重叠情况与碱韭生态位宽度变化情况完全相同。这表明,不同植物种群因本身生物学和植物学特征差异,其相互之间的生态位重叠情况取决于自身生态位宽度情况。在不同外界干扰条件下,其相互之间的生态位重叠情况由不同干扰条件下该植物种群的生态位宽度决定,当生态位宽度十分接近时,生态位重叠情况发生改变,生态位宽度的决定作用消失。

从 10 个出现频率较高的植物种群来看,主要植物种群之间的 Levins 生态位重叠指数较大,短花针茅、碱韭、无芒隐子草、银灰旋花、寸草薹、细叶韭和猪毛菜与其他植物种群的 Levins 生态位重叠指数也较大,这是因为这些植物种群有相对较大的生态位宽度,具有较强的竞争能力,尤其是在可利用资源量非常有限的情况下,其更能够在资源竞争中处于优势。

2. 简化的 Morisita 重叠指数

简化的 Morisita 生态位重叠指数被认为是精度高,容易比较的重叠指数。对不放牧(CK)区 10 个出现频率较高的植物种群进行简化的 Morisita 生态位重叠指数计算,结果见表 11-5。短花针茅与碱韭、无芒隐子草、细叶韭和猪毛菜的重叠指数大于 0.500,碱韭与无芒隐子草、细叶韭和猪毛菜的重叠指数大于 0.500,无芒隐子草与栉叶蒿、锦鸡儿与细叶韭和猪毛菜的重叠指数大于 0.500,

细叶韭与猪毛菜的重叠指数大于 0.500。其他植物种群之间的重叠指数均大于 0.100。这表明不放牧（CK）条件下，各植物种群之间的生态位重叠比较大，植物群落内部物种之间具有相同的资源利用要求，在特定的环境条件下具有相似的生态学特性，它们分别出现了演替顶级的共优状态，这是对资源利用长期适应的结果，使它们能够彼此共存。

表 11-5 不同试验处理区各植物种群之间的简化的 Morisita 生态位重叠指数

| 处理区 | 植物种群 | 短花针茅 | 碱韭 | 无芒隐子草 | 银灰旋花 | 栉叶蒿 | 寸草薹 | 锦鸡儿 | 木地肤 | 细叶韭 |
|---|---|---|---|---|---|---|---|---|---|---|
| CK | 碱韭 | 0.544 | | | | | | | | |
| | 无芒隐子草 | 0.604 | 0.643 | | | | | | | |
| | 银灰旋花 | 0.409 | 0.457 | 0.460 | | | | | | |
| | 栉叶蒿 | 0.419 | 0.476 | 0.598 | 0.385 | | | | | |
| | 寸草薹 | 0.345 | 0.262 | 0.301 | 0.165 | 0.182 | | | | |
| | 锦鸡儿 | 0.361 | 0.436 | 0.529 | 0.238 | 0.353 | 0.189 | | | |
| | 木地肤 | 0.365 | 0.302 | 0.299 | 0.257 | 0.232 | 0.288 | 0.161 | | |
| | 细叶韭 | 0.616 | 0.593 | 0.617 | 0.453 | 0.470 | 0.229 | 0.346 | 0.274 | |
| | 猪毛菜 | 0.515 | 0.697 | 0.576 | 0.434 | 0.479 | 0.235 | 0.444 | 0.252 | 0.557 |
| CG | 碱韭 | 0.401 | | | | | | | | |
| | 无芒隐子草 | 0.786 | 0.357 | | | | | | | |
| | 银灰旋花 | 0.267 | 0.626 | 0.175 | | | | | | |
| | 栉叶蒿 | 0.220 | 0.087 | 0.174 | 0.060 | | | | | |
| | 寸草薹 | 0.514 | 0.296 | 0.558 | 0.155 | 0.156 | | | | |
| | 锦鸡儿 | 0.123 | 0.105 | 0.134 | 0.061 | 0.000 | 0.088 | | | |
| | 木地肤 | 0.218 | 0.149 | 0.160 | 0.048 | 0.059 | 0.190 | 0.074 | | |
| | 细叶韭 | 0.395 | 0.182 | 0.335 | 0.091 | 0.200 | 0.289 | 0.190 | 0.124 | |
| | 猪毛菜 | 0.572 | 0.213 | 0.585 | 0.178 | 0.202 | 0.422 | 0.200 | 0.232 | 0.209 |
| RG1 | 碱韭 | 0.538 | | | | | | | | |
| | 无芒隐子草 | 0.764 | 0.514 | | | | | | | |
| | 银灰旋花 | 0.558 | 0.480 | 0.507 | | | | | | |
| | 栉叶蒿 | 0.264 | 0.313 | 0.267 | 0.223 | | | | | |
| | 寸草薹 | 0.195 | 0.288 | 0.233 | 0.146 | 0.117 | | | | |
| | 锦鸡儿 | 0.037 | 0.081 | 0.035 | 0.025 | 0.166 | 0.033 | | | |
| | 木地肤 | 0.437 | 0.441 | 0.530 | 0.343 | 0.189 | 0.166 | 0.012 | | |
| | 细叶韭 | 0.341 | 0.367 | 0.452 | 0.335 | 0.360 | 0.175 | 0.000 | 0.331 | |
| | 猪毛菜 | 0.729 | 0.552 | 0.639 | 0.533 | 0.275 | 0.215 | 0.085 | 0.409 | 0.322 |

续表

| 处理区 | 植物种群 | 短花针茅 | 碱韭 | 无芒隐子草 | 银灰旋花 | 栎叶蒿 | 寸草薹 | 锦鸡儿 | 木地肤 | 细叶韭 |
|---|---|---|---|---|---|---|---|---|---|---|
| RG2 | 碱韭 | 0.530 | | | | | | | | |
| | 无芒隐子草 | 0.441 | 0.740 | | | | | | | |
| | 银灰旋花 | 0.489 | 0.406 | 0.314 | | | | | | |
| | 栎叶蒿 | 0.241 | 0.248 | 0.324 | 0.192 | | | | | |
| | 寸草薹 | 0.299 | 0.690 | 0.560 | 0.263 | 0.185 | | | | |
| | 锦鸡儿 | 0.322 | 0.317 | 0.282 | 0.366 | 0.167 | 0.318 | | | |
| | 木地肤 | 0.267 | 0.325 | 0.332 | 0.326 | 0.296 | 0.316 | 0.254 | | |
| | 细叶韭 | 0.479 | 0.646 | 0.480 | 0.395 | 0.293 | 0.499 | 0.335 | 0.373 | |
| | 猪毛菜 | 0.550 | 0.688 | 0.610 | 0.435 | 0.314 | 0.512 | 0.357 | 0.332 | 0.651 |
| RG3 | 碱韭 | 0.373 | | | | | | | | |
| | 无芒隐子草 | 0.643 | 0.585 | | | | | | | |
| | 银灰旋花 | 0.496 | 0.462 | 0.574 | | | | | | |
| | 栎叶蒿 | 0.156 | 0.111 | 0.180 | 0.226 | | | | | |
| | 寸草薹 | 0.104 | 0.077 | 0.099 | 0.107 | 0.317 | | | | |
| | 锦鸡儿 | 0.120 | 0.277 | 0.156 | 0.148 | 0.300 | 0.412 | | | |
| | 木地肤 | 0.304 | 0.180 | 0.311 | 0.270 | 0.057 | 0.039 | 0.069 | | |
| | 细叶韭 | 0.347 | 0.498 | 0.436 | 0.406 | 0.136 | 0.077 | 0.248 | 0.229 | |
| | 猪毛菜 | 0.551 | 0.468 | 0.709 | 0.496 | 0.185 | 0.141 | 0.184 | 0.220 | 0.435 |
| RG4 | 碱韭 | 0.500 | | | | | | | | |
| | 无芒隐子草 | 0.482 | 0.880 | | | | | | | |
| | 银灰旋花 | 0.375 | 0.439 | 0.464 | | | | | | |
| | 栎叶蒿 | 0.157 | 0.098 | 0.134 | 0.175 | | | | | |
| | 寸草薹 | 0.277 | 0.487 | 0.612 | 0.429 | 0.106 | | | | |
| | 锦鸡儿 | 0.185 | 0.457 | 0.439 | 0.309 | 0.049 | 0.406 | | | |
| | 木地肤 | 0.372 | 0.353 | 0.430 | 0.224 | 0.147 | 0.322 | 0.138 | | |
| | 细叶韭 | 0.380 | 0.566 | 0.654 | 0.360 | 0.115 | 0.520 | 0.295 | 0.404 | |
| | 猪毛菜 | 0.490 | 0.622 | 0.685 | 0.533 | 0.266 | 0.506 | 0.426 | 0.375 | 0.520 |
| RG5 | 碱韭 | 0.323 | | | | | | | | |
| | 无芒隐子草 | 0.258 | 0.861 | | | | | | | |
| | 银灰旋花 | 0.504 | 0.463 | 0.427 | | | | | | |
| | 栎叶蒿 | 0.203 | 0.091 | 0.117 | 0.169 | | | | | |

续表

| 处理区 | 植物种群 | 短花针茅 | 碱韭 | 无芒隐子草 | 银灰旋花 | 栉叶蒿 | 寸草薹 | 锦鸡儿 | 木地肤 | 细叶韭 |
|---|---|---|---|---|---|---|---|---|---|---|
| RG5 | 寸草薹 | 0.258 | 0.545 | 0.573 | 0.359 | 0.056 | | | | |
| | 锦鸡儿 | 0.054 | 0.400 | 0.424 | 0.159 | 0.017 | 0.352 | | | |
| | 木地肤 | 0.115 | 0.183 | 0.187 | 0.205 | 0.302 | 0.123 | 0.063 | | |
| | 细叶韭 | 0.224 | 0.498 | 0.570 | 0.379 | 0.149 | 0.392 | 0.252 | 0.167 | |
| | 猪毛菜 | 0.226 | 0.724 | 0.743 | 0.411 | 0.133 | 0.466 | 0.414 | 0.195 | 0.500 |
| RG6 | 碱韭 | 0.419 | | | | | | | | |
| | 无芒隐子草 | 0.398 | 0.893 | | | | | | | |
| | 银灰旋花 | 0.485 | 0.612 | 0.621 | | | | | | |
| | 栉叶蒿 | 0.129 | 0.232 | 0.252 | 0.254 | | | | | |
| | 寸草薹 | 0.228 | 0.561 | 0.613 | 0.357 | 0.165 | | | | |
| | 锦鸡儿 | 0.167 | 0.410 | 0.437 | 0.314 | 0.309 | 0.335 | | | |
| | 木地肤 | 0.338 | 0.340 | 0.339 | 0.263 | 0.153 | 0.344 | 0.291 | | |
| | 细叶韭 | 0.503 | 0.536 | 0.533 | 0.569 | 0.166 | 0.350 | 0.203 | 0.253 | |
| | 猪毛菜 | 0.329 | 0.539 | 0.563 | 0.379 | 0.280 | 0.420 | 0.472 | 0.307 | 0.374 |
| RG7 | 碱韭 | 0.575 | | | | | | | | |
| | 无芒隐子草 | 0.583 | 0.242 | | | | | | | |
| | 银灰旋花 | 0.397 | 0.400 | 0.224 | | | | | | |
| | 栉叶蒿 | 0.144 | 0.078 | 0.342 | 0.095 | | | | | |
| | 寸草薹 | 0.284 | 0.135 | 0.295 | 0.088 | 0.122 | | | | |
| | 锦鸡儿 | 0.119 | 0.127 | 0.110 | 0.136 | 0.100 | 0.164 | | | |
| | 木地肤 | 0.254 | 0.168 | 0.397 | 0.109 | 0.266 | 0.270 | 0.041 | | |
| | 细叶韭 | 0.559 | 0.353 | 0.597 | 0.276 | 0.205 | 0.201 | 0.028 | 0.315 | |
| | 猪毛菜 | 0.572 | 0.217 | 0.709 | 0.214 | 0.381 | 0.460 | 0.076 | 0.288 | 0.517 |
| RG8 | 碱韭 | 0.609 | | | | | | | | |
| | 无芒隐子草 | 0.439 | 0.418 | | | | | | | |
| | 银灰旋花 | 0.498 | 0.516 | 0.279 | | | | | | |
| | 栉叶蒿 | 0.070 | 0.114 | 0.240 | 0.037 | | | | | |
| | 寸草薹 | 0.311 | 0.349 | 0.628 | 0.261 | 0.187 | | | | |
| | 锦鸡儿 | 0.176 | 0.070 | 0.075 | 0.072 | 0.066 | 0.080 | | | |
| | 木地肤 | 0.076 | 0.108 | 0.262 | 0.059 | 0.088 | 0.266 | 0.019 | | |
| | 细叶韭 | 0.396 | 0.485 | 0.380 | 0.341 | 0.237 | 0.318 | 0.166 | 0.114 | |
| | 猪毛菜 | 0.404 | 0.337 | 0.784 | 0.287 | 0.383 | 0.624 | 0.126 | 0.204 | 0.440 |

在轮牧区不同的利用时间，不同植物种群之间的生态位重叠情况较复杂，3个主要植物种群生态位重叠较大的物种对彼此分开，遍布8个轮牧小区，这表明如果主要植物种群的一个植物种群生态位在某一小区与另一主要植物种群生态位存在较大的重叠，则主要植物种群在该区的其他生态位重叠程度会明显偏小。也就是说主要植物种群在某一小区的生态位重叠情况以其中两个植物种群的生态位重叠占主导，究竟是哪两个植物种群得以表现主要受轮牧区利用时间的影响。在早期轮牧时间，短花针茅与无芒隐子草的生态位重叠比较大；在中期轮牧时间，碱韭与无芒隐子草的生态位重叠比较大；在晚期轮牧时间，短花针茅与碱韭的生态位重叠比较大。

不同放牧制度下，短花针茅与碱韭简化的Morisita生态位重叠指数表现为对照区＞轮牧区＞自由放牧区，短花针茅与无芒隐子草简化的Morisita生态位重叠指数表现为自由放牧区＞对照区＞轮牧区，碱韭与无芒隐子草简化的Morisita生态位重叠指数表现为对照区和轮牧区十分接近，两者显著大于自由放牧区。由此可知，放牧制度对主要植物种群生态位重叠情况的影响存在差异。对短花针茅与碱韭生态位重叠而言，放牧干扰导致短花针茅与碱韭生态位重叠程度下降，且自由放牧的影响大于轮牧，这表明原本对共同资源有相同利用方式的短花针茅与碱韭，在放牧的干扰下，其对同一资源的利用能力发生改变，长期进化而来的生态相似性减小。对短花针茅与无芒隐子草生态位重叠而言，与对照相比，自由放牧能够增加其生态位重叠程度，而轮牧使其生态位重叠程度减小，表明持续放牧干扰会使短花针茅与无芒隐子草向趋同性发展，生态相似性增加，两植物种群对同一资源的利用方式趋于相似。对碱韭与无芒隐子草生态位重叠而言，轮牧几乎不改变其生态位重叠程度，自由放牧却大大降低了碱韭与无芒隐子草生态位重叠程度，表明试验条件下，存在休养生息机会的轮牧不会对碱韭与无芒隐子草的生态位重叠情况造成影响，而持续的自由放牧会导致碱韭与无芒隐子草生态位的分离。其他植物种群在不同放牧制度下的生态位重叠情况见表11-5。

综合来看，轮牧区不同利用时间和不同放牧制度下，主要植物种群间的生态位重叠存在很大变化，其他植物种群生态位重叠情况的变化也很复杂。说明轮牧区不同利用时间和放牧制度对10个出现频率较高的植物种群生态位重叠情况产生了一定的影响，具体表现因植物种群的不同而异。从10个出现频率较高的植物种群来看，主要植物种群之间简化的Morisita生态位重叠指数比较大，短花针茅、碱韭、无芒隐子草、银灰旋花、寸草薹、细叶韭和猪毛菜之间简化的Morisita生态位重叠指数也比较大，这是因为这些植物种群有相对较大的生态位宽度，具有较强的竞争能力，尤其是在可利用资源量非常有限的情况下，其更能够在资源竞争中处于优势，这与Levins生态位重叠指数显示的结果相同。

## 三、排序

排序的概念是由20世纪30年代苏联学者Ramensky提出来的,并发展了一个简单的排序方法,但只限于在前苏联传播(Burke,2001),Ramensky当时应用一个或两个环境因子梯度去排列植物群落,他用的名词是德文"ordnung"。直到50年代,排序方法才开始被研究而得以发展,当时的排序是用于分析群落之间的连续分布关系的。50年代后期,排序概念已趋完善,其不仅可排列样方,也可以排列植物种及环境因素,用于研究群落之间、群落与成员之间、群落与其环境之间的复杂关系。20世纪后期至今,由于计算机技术的出现,排序方法和排序理论得到了广泛应用。

国外学者Burke(2001)对纳米比亚的怒克鲁夫特山植物群落进行了分类和排序研究,认为从区域尺度上讲,气候、植物区系决定特定的植被类型;从景观尺度上讲,如海拔这一环境因子,使植被类型沿局部气候条件的变化而变化,进而决定植被分布格局,而微生境、土壤养分等决定最终的植物群落类型。Guisan等(1999)在美国内华达州的斯普林山脉对植物种群的分布进行了研究,认为GLM模型优于CCA模型,两者互有优缺点,GLM模型能够提供明确的植物种群分布状态,CCA模型对植物群落或多种群的研究更有意义。我国对群落和土壤的排序研究主要表现在以下几方面,首先是采用某一种排序方法对植物群落和土壤进行排序并作出解释,这方面的研究者较多(邱扬和张金屯,2000;李斌和张金屯,2003;冶民生等,2005);其次是研究植物群落与环境的关系,以便找到两者之间的某种联系;另外,是对不同排序模型及其适用性的探讨,这方面的研究比较少(张金屯,1992;贾晓妮等,2007;张斌等,2009)。

本研究以试验处理小区10个出现频率较高的植物种群密度和土壤养分数据集为初始数据集,采用国际通用软件CANOCO 4.5进行分析,同时利用CANODRAW绘制DCA和CCA排序图。

### (一)植物种群的DCA分析

采用CANOCO 4.5软件平台,运用单峰模型中的非约束性排序方法——除趋势对应分析(detrended correspondence analysis,DCA)对不同试验处理区出现频率较高的10个植物种群进行排序,结果如图11-2所示。

图11-2中S01~S10分别代表短花针茅、碱韭、无芒隐子草、银灰旋花、栉叶蒿、寸草薹、锦鸡儿、木地肤、细叶韭和猪毛菜。主要植物种群短花针茅与银灰旋花的关系最为密切;其次是寸草薹;短花针茅与无芒隐子草、锦鸡儿、木地肤、细叶韭和栉叶蒿之间的关系十分接近,他们均位于以短花针茅为圆心,以到无芒隐子草之间的距离为半径的圆弧上;短花针茅与碱韭的关系比较远,与猪毛

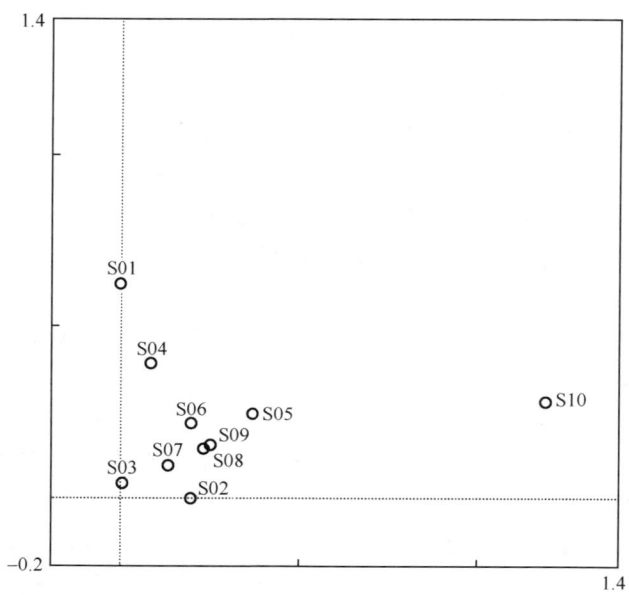

图 11-2 植物种群的 DCA 分析图

菜的关系最远。无芒隐子草与锦鸡儿的关系最为密切；其次为碱韭，再次为寸草薹、木地肤和细叶韭，其余植物种群与无芒隐子草之间的密切程度由近及远依次为银灰旋花＞栉叶蒿＞短花针茅＞猪毛菜。碱韭与锦鸡儿的关系最为密切；其次为无芒隐子草、木地肤和细叶韭，其他植物种群与碱韭的密切程度由近及远依次为寸草薹＞栉叶蒿＞银灰旋花＞短花针茅＞猪毛菜。

禾本科主要植物种群短花针茅和无芒隐子草位于纵轴上，纵轴则代表了短花针茅和无芒隐子草的分布特征，百合科主要植物种群碱韭位于横轴上，横轴则代表了碱韭的分布状况。其他植物种群越靠近纵轴，与短花针茅和无芒隐子草的分布情况越接近，越靠近横轴，与碱韭的分布情况越接近。

可见，主要植物种群间碱韭与无芒隐子草的关系较为密切，短花针茅与无芒隐子草的关系较碱韭密切。主要植物种群碱韭和无芒隐子草与其他植物种群之间关系的密切程度大于短花针茅。猪毛菜与其余植物种群之间的关系都比较远。

以不同试验处理区承载的植物种群信息为基础，对其进行 DCA 排序如图 11-3 所示。图 11-3 中的三角形代表试验处理区（每一三角形均标记为相应的试验处理小区），根据单峰模型判图规则，三角形之间的距离代表试验处理小区之间的相似程度，在轮牧区不同利用时间，RG2 区、RG3 区、RG6 区、RG7 区和 RG8 区与轮牧区 RG 较为接近，但相对来讲，与 RG 的相似度由大到小依次为：RG2＞RG8＞RG6＞RG3＞RG7。在不同放牧制度下，轮牧区 RG 与对照区

（CK）的相似程度大于自由放牧区 CG 与对照区（CK）的相似程度。

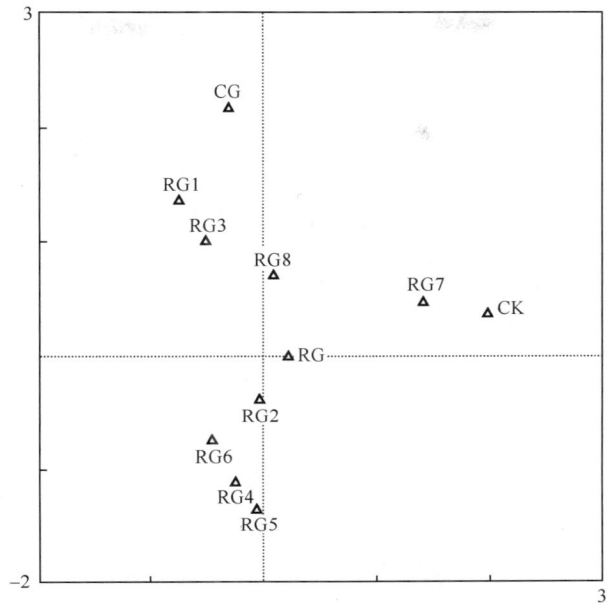

图 11-3 试验处理区的 DCA 分析图

整体来看，与对照区相比，轮牧区不同利用时间 RG2 区、RG7 区和 RG8 区与 CK 区植物种群相似程度大。不同放牧制度下，轮牧区与 CK 区植物种群相似程度大。这表明在对草地利用时，RG2 区、RG7 区和 RG8 区的轮牧时间对草地植物群落的稳定更为有利，轮牧较自由放牧更能使草地植物群落稳定。

将植物种群和承载植物种群信息的试验处理小区 DCA 排序图绘在同一张图上，结果如图 11-4 所示。3 个主要植物种群坐落于坐标轴上，且短花针茅和无芒隐子草位于纵轴上，碱韭位于横轴上，其他植物种群位于第一象限。试验处理区承载了植物种群密度的变化特点，其在 DCA 分析图中的位置反映了该区植物种群的分布状况。由图可知，试验处理区越靠近纵轴正方向，表明短花针茅和无芒隐子草的相对密度越大，越靠近纵轴负方向，短花针茅和无芒隐子草的相对密度越小。同理，试验处理区越靠近横轴正方向，主要植物种群碱韭的相对密度越大，反之碱韭的相对密度越小。

## （二）植物种群与土壤养分的 CCA 分析

在 CANOCO 4.5 软件平台上，运用单峰模型中的约束性排序方法——典范对应分析（canonical correspondence analysis，CCA）将出现频率较高的植物种群和土壤养分进行排序，结果如图 11-5 所示。图 11-5 中 QN、QP、QK、SN、

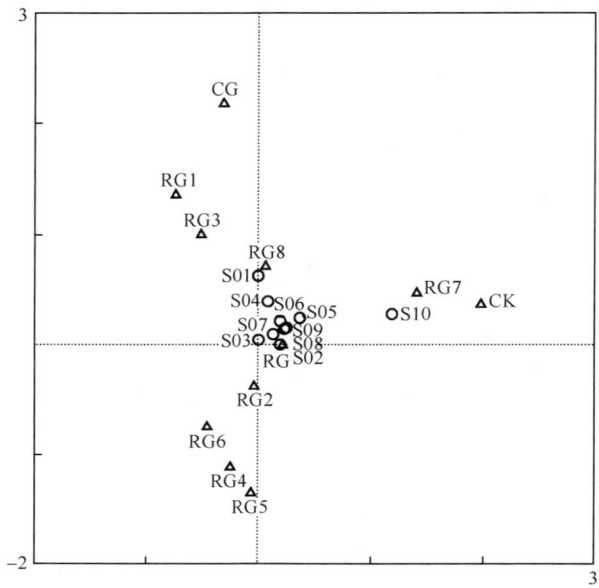

图 11-4　植物种群和试验处理区的 DCA 分析图

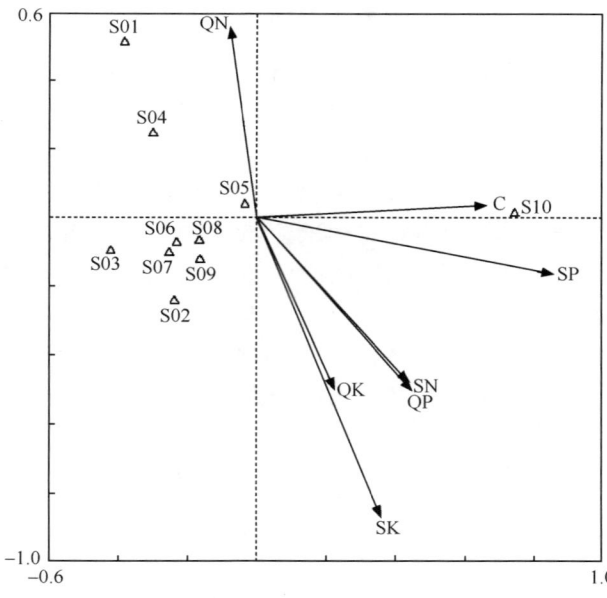

图 11-5　植物种群与土壤养分的 CCA 排序图

SP、SK 和 C 分别代表土壤全氮、全磷、全钾、碱解氮、速效磷、速效钾和有机碳，S01~S10 所代表的植物种群名称与 DCA 分析中的一致。依据单峰模型排序图的判图规则，土壤养分之间的关系以它们之间的夹角大小来确定。因此，土壤有机碳含量与土壤全磷含量关系最大，其次是碱解氮和全磷，再次为全钾和速效钾，最后为全氮。在图中也可以看到，土壤有机碳含量与土壤全氮含量之间的夹角略大于90°，接近-90°，表明土壤有机碳含量与土壤全氮含量之间几乎没有什么关系，且他们之间的相关性为负。土壤有机碳含量与其他土壤养分指标之间的夹角均为锐角，表明其他土壤养分指标对土壤有机碳含量的增加有促进作用。

从图11-5来看，土壤碱解氮和土壤全磷含量关系十分密切，土壤全钾与土壤速效钾和土壤全氮关系比较密切。出现频率较高的10个植物种群对土壤养分的要求存在很大差异，主要植物种群与土壤养分的关系表现为碱韭＞无芒隐子草＞短花针茅。

对出现频率较高的10个植物种群和不同试验处理小区进行CCA排序，结果见图11-6。由图11-6中可以看到，CCA和DCA排序图比较相似。依据判图规则，物种点之间距离的远近代表物种之间空间分布的差异，对主要植物种群而言，短花针茅与无芒隐子草的空间分布差异小于短花针茅与碱韭的空间分布差异，无芒隐子草与碱韭的空间分布差异小于无芒隐子草与短花针茅的空间分布差异，碱韭与无芒隐子草的空间分布差异小于碱韭与短花针茅的空间分布差异。相对来讲，短花针茅与银灰旋花的空间分布规律相近，而碱韭和无芒隐子草与栉叶蒿、寸草薹、锦鸡儿、木地肤和细叶韭空间分布规律比较接近。猪毛菜的空间分布规律最为特殊，其与其他植物种群之间均存在差异。

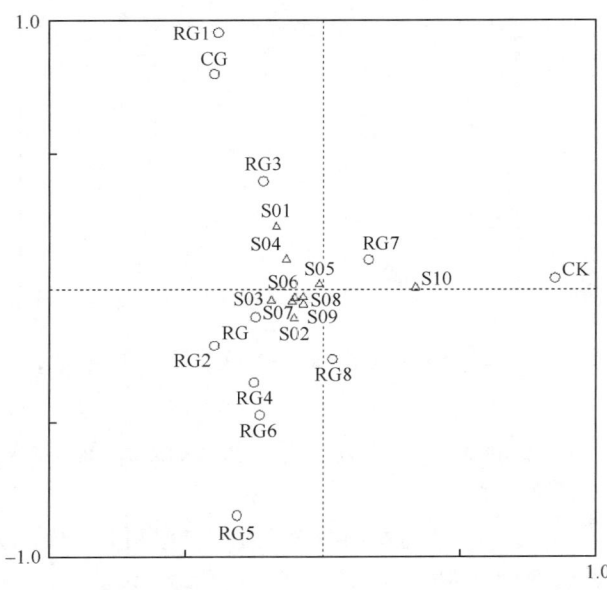

图11-6 植物种群与试验处理区的CCA分析图

从图 11-6 来看，在轮牧区不同利用时间条件下，RG1 区植物种群空间分布状况最差，与 CG 区接近，RG7 区和 RG8 区较好，与 CK 区接近，同时与其他试验处理小区相比 RG2 区、RG3 区、RG7 区和 RG8 区与植物种群之间的关系更为密切。在不同放牧制度下，轮牧条件较自由放牧更有利于植物种群空间分布保持稳定。CCA 分析结果较 DCA 分析结果更接近实际状况。

将 10 个出现频率较高的植物种群、不同试验处理小区和数量型环境变量（土壤养分指标）进行 CCA 排序分析，绘制的整体图如图 11-7 所示。由图 11-7 示信息和前面的分析结果可知，在不同放牧时间，RG1 区植物种群分布情况最差，RG7 区和 RG8 区植物种群分布情况较好，这种情况不但受轮牧时间的影响，也受到植物种群与环境变量之间关系的影响。在不同放牧制度下，轮牧较自由放牧更利于加强植物种群种间关系，也优于对照条件下的植物种群种间关系，但不管是哪一种放牧制度，植物种群对环境因素的依赖都比较稳定，均处于数量型环境变量的平均水平（原点附近）。

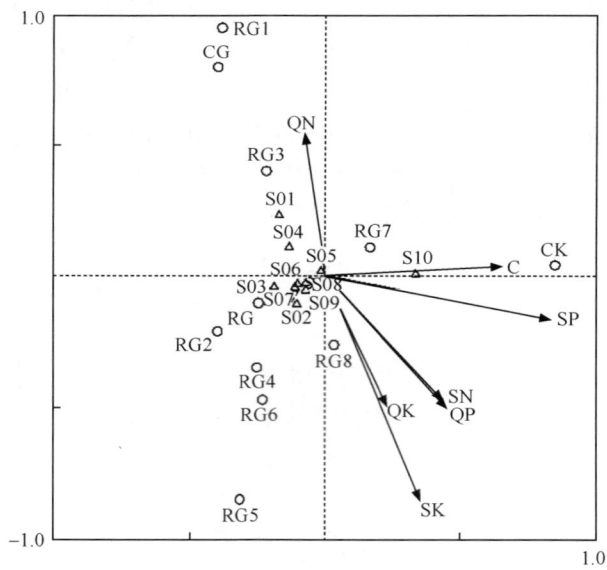

图 11-7　植物种群、土壤养分和试验处理区的 CCA 分析

## 第二节　不同放牧制度和各轮牧小区植被空间异质性

20 世纪 90 年代以来，在生态学和林学研究中，空间异质性成为备受关注的一个极具有潜力的理论问题（Alemi et al.，1988）。Li 和 Reynolds（1995）认为，异质性可根据两个组分来定义，即所研究的系统属性（system property of interest）及

其复杂性或变异性 (complexity or variability)。这种观点强调空间结构特征的可观察性及其可定量分析性，以及空间尺度的依赖性。并指出，如果仅考虑所测定系统属性的复杂性或变异性而不涉及其功能作用时，可称之为结构异质性。如果所测定系统属性的复杂性或变异性和生态学过程有关，可称之为功能异质性。邬建国在讨论空间异质性与缀块性时指出，空间异质性是某种生态学变量在空间上的不均匀性及复杂程度，是空间缀块性 (patchiness) 和空间梯度 (gradient) 的综合反映。缀块性强调缀块的种类组成特性及其空间分布与配置的关系，而空间梯度则指沿某一方向景观特征有规律地逐渐变化的空间特征 (韩有志，2001)。

国外植物群落空间异质性的研究内容比较丰富，在植物群落空间异质性对动物采食影响方面，植物种群斑块化分布 (patchy distribution) 是天然放牧地植物资源具有的典型特征，因此，斑块尺度的空间异质性研究一直是生态学家关注的重点。植物的斑块化聚集分布给动物采食带来了巨大挑战，大部分有关动物采食行为的研究都集中于动物对斑块化食物资源的采食，探索斑块特征（如斑块大小、质量、密度、高度、生物量等）对动物采食选择的影响 (Hjältén et al., 1993; Wallis DeVries and Daleboudt, 1994; Wilmshurst et al., 1995; Searle et al., 2005)。

国内对植物群落空间异质性的研究比较单一，主要对某一种群或群落的空间异质特征进行探讨，研究放牧对植物种群和群落空间异质特征影响的文献比较少。汪诗平等 (1999b) 对绵羊的采食行为与草场空间异质性的关系进行了研究，结果表明，在牧草充足的情况下，放牧绵羊多选择大针茅、寸草薹和星毛委陵菜较少的地方采食，采食时间与冷蒿地上现存量高度正相关。辛晓平等 (2002) 对放牧和刈割条件下草山草坡群落空间异质性进行分析，认为刈割条件下空间异质性及空间自相关性比放牧条件下复杂。陈玉福和董鸣 (2003) 对生态学系统的空间异质性进行了综述；祖元刚等 (1997) 对植被空间异质性的分形分析方法进行了比较系统的研究；顾磊等 (2005) 对生态学空间异质性研究进展进行了回顾。陈美高 (2005) 对马尾松种源胸径生长的空间异质性进行了分析，认为马尾松种源胸径与经度、纬度的地理变异规律明显。战伟庆 (2006) 对油松人工林生态系统冠层截留特征及其穿透雨空间异质性进行了研究，认为随机部分引起的空间变异性是总空间异质性的主要部分。沈海亮等 (2007)、刘会玉等 (2007)、刘冰和赵文智 (2007) 分别对宁夏甘草、集合种群和泡泡刺的空间异质性进行了研究；余博等 (2009) 和蒋德明等 (2009) 分别对植被指数和小叶锦鸡儿群落进行了空间异质性分析。

本研究选取较具代表性的正方形样地 100m×100m。按机械取样法，每间隔 10m 选取 1 个 1m×1m 样方，共选取 100 个样方。样方间最小间距 10m，最大间距 127.28m。对选中的样方按顺序编号，对样方内的植物种群逐类进行调查。同时在相应的样方内用土钻取土 3 钻，深度 0~10cm，混合均匀后带回实验室进行土样分析。

对主要植物种群和土壤养分试验数据进行统计分析,并运用克里格插值法进行空间插值,绘制主要植物种群和土壤养分分布格局图。半方差函数的定义为

$$r(h) = \frac{1}{2N(h)} \sum_{x_i=1}^{N} [Z(x_i) - Z(x_i+h)]^2$$

式中,$r(h)$为主要植物种群和土壤养分的半方差函数;$h$为2个主要植物种群或土壤养分样方间的分离距离;$Z(x_i)$和$Z(x_i+h)$分别为随机变量主要植物种群和土壤养分($Z$)在空间位置$x_i$和$x_i+h$上的取值;$N(h)$为样方间分离距离为$h$时样方对的总数。$r(h)$是取样距离$h$的函数,以$r(h)$为纵轴、$h$为横轴绘制出的$r(h)$随$h$增加的变化曲线,即为主要植物种群和土壤养分的半方差函数图。为了定量化研究主要植物种群和土壤养分各性状的空间自相关及进行空间插值,采用最适理论模型对半方差进行最优拟合。在半方差函数的基础上,引入分形理论中分形维数来研究空间尺度与主要植物种群和土壤养分的关系,寻找其自相似性规律。该参数是对测度独立于尺度的共同特征的表征,是对主要植物种群和土壤养分分布结构复杂程度进行比较的最佳方法。其公式为

$$D = (4-m)/2$$

式中,$D$为分形维数,$m$为双对数半方差图的斜率。$m = \frac{\lg[r(2h)] - \lg[r(h)]}{\lg(2h) - \lg(h)}$,当$D=2$时,$m=0$,双对数半方差图呈水平直线状,在统计学意义上表示所有间隔样点间的差异性都相同,即主要植物种群和土壤养分在各样方内分布特征相同,是同质的。$D$越小于2,$m$越大,双对数半方差图中的直线越陡,表明不同尺度间隔的差异性越显著,主要植物种群和土壤养分分布的空间异质性越强。所以,$D$的大小可以衡量主要植物种群和土壤养分空间异质性(结构复杂性)的程度,其随变程的变化可进一步反映空间异质性随空间尺度变化的特征。

## 一、短花针茅的空间异质性

(一)描述性统计分析

对野外实测的短花针茅密度样本进行描述性统计分析可知,不同放牧制度下,短花针茅密度的各项统计指标均有较大的变动,其空间分布存在异质性现象(表11-6)。从均值变化来看,不同试验处理区短花针茅的平均密度RG1区最高,RG5区最低,自由放牧区和对照区,以及其他轮牧小区介于前两者之间。从变异系数来看,不同试验处理区的变异系数在各个处理区都比较大,变动范围为49.15%~206.81%。从最大值与最小值之间的相差幅度看,RG3区最大值与最小值之间相差36,RG5区最大值与最小值之间相差3,极差变化范围为3~36。

均值差异、变异系数及极差均表明受轮牧区不同利用时间和不同放牧制度的影响，对照区、各轮牧小区和自由放牧区的短花针茅密度存在空间异质性。其他统计指标参数变化详见表 11-6。

表 11-6  不同放牧制度下短花针茅的描述性统计分析

| 处理 | 平均值 | 标准误差 | 标准差 | 变异系数 | 方差 | 峰度 | 偏度 | 最小值 | 最大值 |
|---|---|---|---|---|---|---|---|---|---|
| CK | 1.44de | 0.15 | 1.48 | 102.73 | 2.19 | −0.476 | 0.826 | 0 | 5 |
| CG | 5.13c | 0.25 | 2.52 | 49.15 | 6.36 | 0.368 | 0.730 | 0 | 12 |
| RG1 | 8.03a | 0.44 | 4.44 | 55.28 | 19.71 | 1.525 | 1.191 | 1 | 22 |
| RG2 | 1.70de | 0.18 | 1.80 | 105.92 | 3.24 | −0.727 | 0.673 | 0 | 6 |
| RG3 | 6.06b | 0.58 | 5.84 | 96.39 | 34.12 | 8.912 | 2.555 | 0 | 36 |
| RG4 | 1.28def | 0.17 | 1.70 | 132.82 | 2.89 | 3.149 | 1.714 | 0 | 8 |
| RG5 | 0.33f | 0.07 | 0.69 | 206.81 | 0.47 | 4.439 | 2.197 | 0 | 3 |
| RG6 | 0.99ef | 0.15 | 1.45 | 146.76 | 2.11 | 4.113 | 1.953 | 0 | 7 |
| RG7 | 4.87c | 0.30 | 2.97 | 60.99 | 8.82 | 0.260 | 0.747 | 0 | 14 |
| RG8 | 2.85d | 0.29 | 2.94 | 103.22 | 8.65 | 6.503 | 1.955 | 0 | 18 |

注：表中不同小写字母表示 $P<0.05$ 水平差异显著，本章下同。

## （二）空间格局的变异函数

对不同试验处理区各样点处短花针茅密度进行各向同性的变异函数分析，结果显示，CK 区、RG1～RG5 区、RG8 区属于指数模型，CG 区和 RG6 区属于球形模型，RG7 区属于高斯模型（表 11-7）。

表 11-7  不同试验处理区短花针茅空间格局的变异函数

| 处理 | 模型 $r(h)$ | 块金值 $C_0$ | 基台值 $C_0+C$ | 结构比 $C/(C_0+C)$ | 范围参数 $a_0$ | 残差平方和 RSS | 决定系数 $R^2$ | 相关尺度 |
|---|---|---|---|---|---|---|---|---|
| CK | Exponential | 0.207 | 2.231 | 0.907 | 0.020 | 0.0266 | 0.0000 | 0.060 |
| CG | Spherical | 0.310 | 6.630 | 0.953 | 1.190 | 0.7370 | 0.0000 | 1.190 |
| RG1 | Exponential | 1.240 | 19.470 | 0.936 | 0.430 | 4.2800 | 0.1540 | 1.290 |
| RG2 | Exponential | 1.999 | 3.999 | 0.500 | 3.930 | 0.2140 | 0.6430 | 11.790 |
| RG3 | Exponential | 4.300 | 35.970 | 0.880 | 0.700 | 11.3000 | 0.6480 | 2.100 |
| RG4 | Exponential | 0.044 | 2.721 | 0.984 | 0.480 | 0.0455 | 0.4190 | 1.440 |
| RG5 | Exponential | 0.005 | 0.438 | 0.989 | 0.860 | 0.0015 | 0.8240 | 2.580 |
| RG6 | Spherical | 0.001 | 1.962 | 0.999 | 1.640 | 0.0295 | 0.5140 | 1.640 |
| RG7 | Gaussian | 0.200 | 8.196 | 0.976 | 0.510 | 0.3680 | 0.0030 | 0.883 |
| RG8 | Exponential | 1.200 | 9.276 | 0.871 | 0.840 | 0.2190 | 0.9180 | 2.520 |

块金值 $C_0$ 反映的是随机部分的空间异质性，从各处理区块金值 $C_0$ 来看，RG3 区随机因素引起的空间异质性最大，为 4.300，其次是 RG2 区，随机因素引起的空间异质性为 1.999，RG1 区和 RG8 区随机因素引起的空间异质性相近，分别为 1.240 和 1.200，CG 区随机因素引起的空间异质性为 0.310，CK 区和 RG7 区随机因素引起的空间异质性相近，分别为 0.207 和 0.200，RG4 区随机因素引起的空间异质性为 0.044，RG5 区和 RG6 区随机因素引起的空间异质性分别为 0.005 和 0.001。可见，随机因素引起的空间异质性在 RG1~RG3 区和 RG8 区较大，RG4 区、RG5 区和 RG6 区随机因素引起的空间异质性较小。

基台值 $C_0+C$ 表示变量在研究系统中的最大变异程度，从各处理区基台值 $C_0+C$ 来看，RG3 区在研究系统中的最大变异程度为 35.970，其次是 RG1 区，其在研究系统中的最大变异程度为 19.470，RG8 区在研究系统中的最大变异程度为 9.276，在整个研究系统中最大变异程度较小的 3 个处理区分别为 CK 区、RG5 区和 RG6 区，其基台值分别为 2.231、0.438 和 1.962。

按照区域化变量空间自相关程度的分级标准，当 $C/(C_0+C)>75\%$ 时，变量具有强烈的空间自相关性；在 25%~75% 时，变量具有中等的空间自相关性；$C/(C_0+C)<25\%$ 时，变量空间自相关性很弱，如果该比值接近 0，则说明该变量在整个尺度上具有恒定的变异。RG6 区结构比最大，达 0.999，RG4 区和 RG5 区结构比相近，分别为 0.984 和 0.989，RG2 区结构比最小，仅为 0.500，其他处理区结构比介于 RG2 区与 RG4 区和 RG5 区之间。因此，RG2 区具有中等的空间自相关性；其他试验处理区均具有强烈的空间自相关性。

在不同试验处理区，短花针茅空间异质性分布的 3 个模型中，指数模型所得参数为 $a_0$，但并不意味着变程即为 $a_0$，而是与模型有关，指数模型空间自相关范围是模型参数 $a_0$ 的 3 倍，高斯模型空间自相关范围是模型参数 $a_0$ 的 $\sqrt{3}$ 倍，而符合球状模型的空间自相关范围就是模型参数 $a_0$。由表 11-7 可知，空间自相关范围最大的是 RG2 区，其次是 RG5 区和 RG8 区，其空间自相关范围接近，分别为 2.580 和 2.520，空间自相关范围表现较小的是 CK 区、RG7 区和 CG 区。

由此可知，在轮牧区不同的利用时间，短花针茅 RG3 区随机因素引起的空间异质性较大，RG5 区和 RG6 区随机因素引起的空间异质性较小；RG1 区和 RG3 区最大空间变异程度较大，RG5 区和 RG6 区最大空间变异程度较小；RG6 区结构比比较大，RG2 区比较小；RG2 区有中等的空间自相关性；其他轮牧小区均具有强烈的空间自相关性；RG2 区空间自相关范围比较大，RG1 区和 RG7 区较小。

不同放牧制度下，随机因素引起的空间异质性表现为轮牧区＞自由放牧区＞对照区；空间最大变异程度为轮牧区＞自由放牧区＞对照区；自由放牧区结构比最大，对照区次之，轮牧区最小；对照区、轮牧区和自由放牧区均具有强烈的空间自相关性；空间自相关范围为轮牧区＞自由放牧区＞对照区。

## （三）分形维数分析

在变异函数分析的基础上，进行各向同性的分形维数计算，结果表明，不同放牧制度下短花针茅密度空间格局的分形维数存在较大变化（表 11-8）。在轮牧区不同的利用时间，RG7 区分形维数 $D$ 值接近 2 且最大，RG2 区、RG5 区和 RG8 区分形维数较小。说明 RG7 区空间异质性较弱，空间分布格局比较简单，空间依赖性较强，空间结构性非常好；RG2 区、RG5 区和 RG8 区空间异质性较大。不同放牧制度下，分形维数表现为对照区＞自由放牧区＞轮牧区，说明轮牧能够增加短花针茅空间分布的异质性，使空间分布格局复杂化，与对照相比自由放牧能够增加短花针茅空间分布的异质性，使短花针茅空间分布格局复杂化，但异质性程度和复杂程度较轮牧低，对照区由于很少受外界干扰，短花针茅趋于同质性。

表 11-8 不同试验处理区短花针茅的分形维数

| 放牧处理 | RG1 | RG2 | RG3 | RG4 | RG5 | RG6 | RG7 | RG8 | CG | CK |
|---|---|---|---|---|---|---|---|---|---|---|
| 分形维数（$D$） | 1.967 | 1.926 | 1.943 | 1.966 | 1.908 | 1.961 | 1.998 | 1.922 | 1.989 | 1.991 |

## （四）空间分布格局的平面图

运用克里格（Kriging）插值法对短花针茅空间分布进行插值，绘制短花针茅空间分布平面图如图 11-8 所示。RG1 区、CK 区、CG 区和 RG7 区短花针茅空间分布的斑块化明显，样点间短花针茅密度平均值的差异较大，结合半方差分析可知，导致 RG1 区、CK 区、CG 区和 RG7 区短花针茅空间分布不均匀的主要原因为结构性原因。在小尺度范围内，其小尺度空间异质性较大，且短花针茅密度分布较大和较小的样点变化强烈，斑块性及斑块间镶嵌分布明显，在样地范围内，短花针茅密度空间分布受结构性原因影响明显，空间相关性较强，导致其空间分布异质性较弱，描述性统计中的变异系数也证实了这一特点。RG2 区样地范围内，只存在两处短花针茅空间分布较大的斑块，且由斑块中心向四周呈环形条带状递减，结合半方差分析可知，其变程最大，结构比为 0.500，结构性原因和随机性原因对短花针茅空间分布都起着重要作用，所以 RG2 区短花针茅空间分布既受空间相关性影响，也受短花针茅对空间依赖性的影响。RG3 区、RG4 区、RG5 区、RG6 区和 RG8 区短花针茅空间异质性分布在小尺度范围内，其空间异质性较弱，样点间短花针茅密度分布差异较小，而在样地范围内，短花针茅密度空间分布差异较大，空间异质性较大，斑块之间连通性较差。

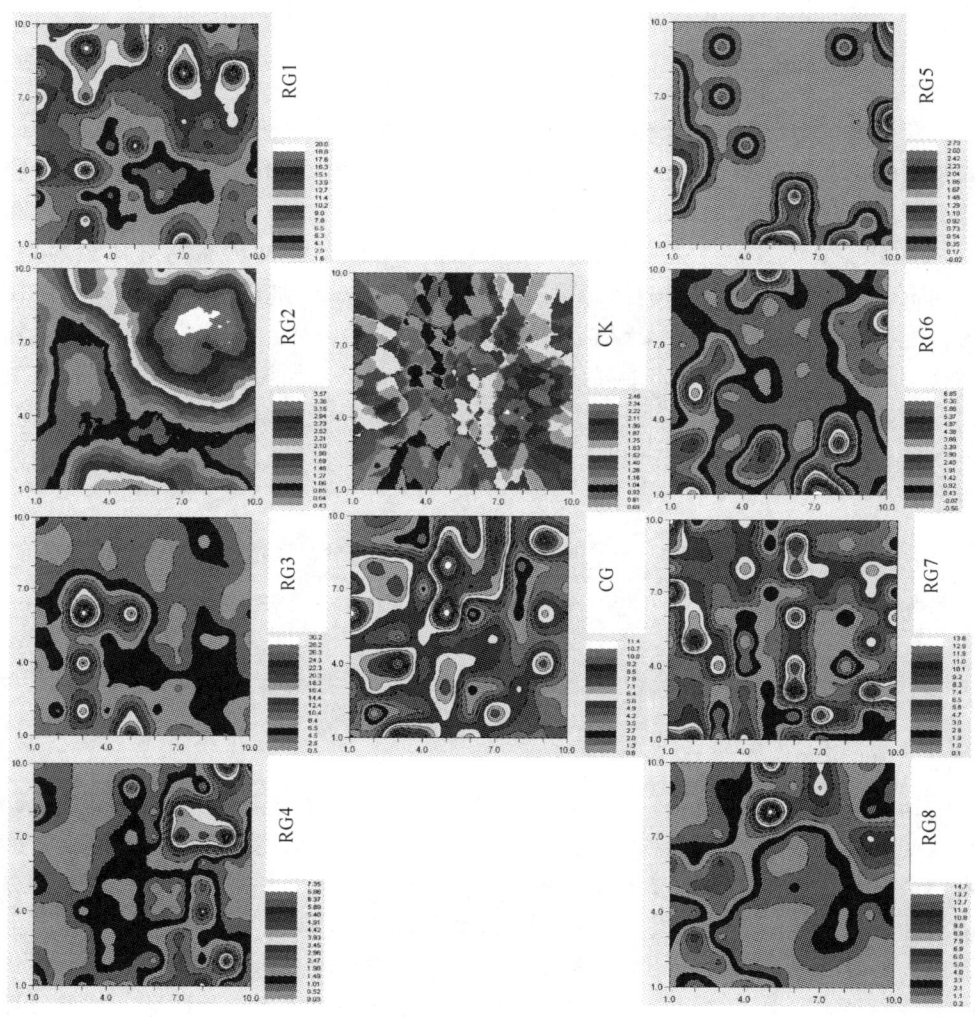

图 11-8　不同试验处理区短花针茅空间格局的平面图

## 二、碱韭的空间异质性

### （一）描述性统计分析

　　由野外实测的碱韭密度样本进行的描述性统计分析可知，不同试验处理区碱韭密度的各项统计指标均有较大的波动，存在异质性现象（表 11-9）。从均值变化来看，不同试验处理区碱韭的密度有很大差异；从变异系数来看，不同试验处理区的变异系数在各个处理区都比较大，变动范围为 43.64%～146.61%。从最大值与最小值之间的相差幅度看,RG7区最大值与最小值之间相差72,RG1区最大值与最小值之间相差28,极差变化范围为28~72。均值差异、变异系数及极差均表明,受轮牧区不同利用时间和放牧制度的影响,对照区、各轮牧小区和自由放牧区的碱韭密度存在空间异质性。

表 11-9　不同试验处理区碱韭的描述性统计分析

| 处理 | 平均值 | 标准误差 | 标准差 | 变异系数 | 方差 | 峰度 | 偏度 | 最小值 | 最大值 |
|---|---|---|---|---|---|---|---|---|---|
| CK | 16.33ab | 0.78 | 7.82 | 47.94 | 61.29 | 1.136 | 0.767 | 0 | 42 |
| CG | 6.33c | 0.93 | 9.28 | 146.61 | 86.12 | 8.687 | 2.572 | 0 | 56 |
| RG1 | 5.66c | 0.55 | 5.54 | 97.91 | 30.71 | 2.478 | 1.469 | 0 | 28 |
| RG2 | 19.55a | 0.93 | 9.29 | 47.53 | 86.35 | 1.239 | 0.954 | 2 | 51 |
| RG3 | 12.48b | 1.25 | 12.48 | 107.75 | 155.69 | 2.348 | 1.459 | 0 | 60 |
| RG4 | 18.06a | 0.90 | 8.99 | 49.77 | 80.78 | 0.818 | 0.697 | 0 | 46 |
| RG5 | 18.82a | 0.82 | 8.21 | 43.64 | 67.44 | 0.550 | 0.701 | 1 | 45 |
| RG6 | 16.58ab | 0.79 | 7.90 | 47.68 | 62.41 | −0.088 | 0.849 | 5 | 40 |
| RG7 | 11.39b | 1.55 | 15.49 | 136.00 | 239.94 | 2.905 | 1.728 | 0 | 72 |
| RG8 | 11.24b | 1.05 | 10.54 | 93.77 | 111.09 | −0.418 | 0.703 | 0 | 38 |

## (二) 空间格局的变异函数

对不同试验处理区内各样点处的碱韭密度进行各向同性的变异函数分析,结果显示,CG区、RG1区、RG2区、RG4区、RG5区和RG7区属于指数模型,CK区和RG6区属于球形模型,RG3区和RG8区属于高斯模型(表 11-10)。

表 11-10　不同试验处理区碱韭空间格局的变异函数

| 处理 | 模型 $r(h)$ | 块金值 $C_0$ | 基台值 $C_0+C$ | 结构比 $C/(C_0+C)$ | 范围参数 $a_0$ | 残差平方和 $RSS$ | 决定系数 $R^2$ | 相关尺度 |
|---|---|---|---|---|---|---|---|---|
| CK | Spherical | 0.10 | 58.37 | 0.998 | 1.790 | 18.80 | 0.756 | 1.790 |
| CG | Exponential | 9.50 | 89.46 | 0.894 | 0.530 | 17.20 | 0.741 | 1.590 |
| RG1 | Exponential | 4.34 | 32.69 | 0.867 | 0.590 | 10.50 | 0.444 | 1.770 |
| RG2 | Exponential | 26.30 | 88.18 | 0.702 | 3.610 | 22.30 | 0.962 | 10.830 |
| RG3 | Gaussian | 89.70 | 208.10 | 0.569 | 4.650 | 402.00 | 0.908 | 8.054 |
| RG4 | Exponential | 62.00 | 138.04 | 0.551 | 11.060 | 145.00 | 0.661 | 33.180 |
| RG5 | Exponential | 8.00 | 70.00 | 0.886 | 0.770 | 50.90 | 0.664 | 2.310 |
| RG6 | Spherical | 2.70 | 64.65 | 0.958 | 1.190 | 231.00 | 0.000 | 1.190 |
| RG7 | Exponential | 18.50 | 237.90 | 0.922 | 0.580 | 2456.00 | 0.124 | 1.740 |
| RG8 | Gaussian | 69.50 | 150.50 | 0.538 | 4.880 | 41.60 | 0.976 | 8.450 |

从不同试验处理区块金值 $C_0$ 来看，RG3 区随机因素引起的空间异质性最大，为 89.70，其次是 RG4 区和 RG8 区，分别为 62.00 和 69.50，最小为 CK 区，仅为 0.10。因此可以看出，在轮牧区不同利用时间，随机因素引起的碱韭空间变异在 RG3 区、RG4 区和 RG8 区中较大，在 RG1 区和 RG6 区中较小。在不同放牧制度下，随机因素引起的空间异质性为轮牧区＞自由放牧区＞对照区。

基台值 $C_0+C$ 表示变量在研究系统中的最大变异程度，从不同试验处理区基台值 $C_0+C$ 来看，RG3 区和 RG7 区在研究系统中的最大变异程度分别为 208.10 和 237.90，RG1 区最小，为 32.69，其他试验处理区介于前两者之间。在轮牧区不同利用时间，RG3 区和 RG7 区在研究系统中的最大变异程度较大，RG1 区最小。在不同放牧制度下，研究系统中最大的变异程度为轮牧区＞自由放牧区＞对照区。

结构比 $C/(C_0+C)$ 反映了结构性因素引起的空间异质性占总空间异质性变异的大小，同时也反映了随机因素占总空间异质性变异的大小，两者为对立关系。在各个试验处理区中，对照区（CK）结构性因素引起的空间异质性占总空间异质性变异最大，达 0.998，随机因素占总空间异质性变异最小，仅为 0.002；RG8 区结构性因素引起的空间异质性占总空间异质性变异最小，仅有 0.538，相反随机因素占总空间异质性变异最大，达 0.462。因此，在轮牧区不同利用时间，RG5 区、RG6 区和 RG7 区结构性因素引起的空间异质性占总空间异质性变异较大，RG3 区、RG4 区和 RG8 区较小。在不同放牧制度下，结构性因素引起的空间异质性占总空间异质性变异由大到小依次为：对照区＞自由放牧区＞轮牧区。

按照区域化变量空间自相关程度的分级标准，RG2 区、RG3 区、RG4 区和 RG8 区具有中等的空间自相关性；其他试验处理区均具有强烈的空间自相关性。在轮牧区不同利用时间，RG2 区、RG3 区、RG4 区和 RG8 区空间自相关性中等，RG1 区、RG6 区和 RG7 区具有强烈的空间自相关性。在不同放牧制度下，轮牧区碱韭分布的空间自相关性较自由放牧区弱，自由放牧区碱韭分布的空间自相关性弱于对照区。

由表 11-10 可知，空间自相关尺度最大的是 RG4 区，达 33.180，其次是 RG2 区，其空间自相关尺度 10.830；空间自相关尺度表现较小的 RG6 区，仅有 1.190，其他试验处理小区变程的大小见表 11-10。可见，在轮牧区不同利用时间，RG2 区、RG3 区、RG4 区和 RG8 区空间自相关尺度较大，RG1 区、RG6 区和 RG7 区空间自相关尺度较小。在不同放牧制度下，空间自相关尺度为轮牧区＞对照区＞自由放牧区。

（三）分形维数分析

在对碱韭空间分布变异函数分析的基础上，进行各向同性的分形维数计算见表 11-11。结果表明，轮牧区不同利用时间和不同放牧制度下，碱韭密度空间格局的分形维数存在较大变化，变化范围为 1.806～1.995。在不同轮牧区内，RG6 区分形维数最大，达 1.995；RG1 区和 RG7 区接近，分别为 1.951 和 1.942；RG4 区和 RG5 区接近，分别为 1.919 和 1.928；RG2 区和 RG8 区接近，分别为 1.824 和 1.826；RG3 区最小，为 1.806。自由放牧区 CG 的分形维数略大于对照区（CK），分别为 1.967 和 1.945，与轮牧 RG1 区相近；但将轮牧区分形维数平均后为 1.899，远小于对照区（CK）和自由放牧区（CG），与 RG4 区十分接近。

表 11-11　不同试验处理区碱韭的分形维数

| 放牧处理 | RG1 | RG2 | RG3 | RG4 | RG5 | RG6 | RG7 | RG8 | CG | CK |
|---|---|---|---|---|---|---|---|---|---|---|
| 分形维数（$D$） | 1.951 | 1.824 | 1.806 | 1.919 | 1.928 | 1.995 | 1.942 | 1.826 | 1.967 | 1.945 |

### （四）空间分布格局的平面图

运用克里格（Kriging）插值法对碱韭空间分布进行插值，绘制碱韭空间分布平面图如图 11-9 所示。轮牧区不同利用时间，RG1 区和 RG6 区碱韭空间分布的异质性较弱，斑块间镶嵌性明显，但连通性比较好；RG5 区碱韭空间分布受结构性原因和随机性原因共同影响，斑块化明显，斑块之间连通性好；RG2 区、RG3 区、RG4 区和 RG8 区碱韭空间异质性较大，斑块较大，主要以斑块中心为基础向四周呈带状分布；RG7 区空间异质性较小，碱韭空间分布差异较小。CK 区碱韭空间分布的异质性较弱，斑块间镶嵌性明显，但连通性比较好。CG 区空间异质性较小，碱韭空间分布差异较小，但斑块间连通性很差。

## 三、无芒隐子草的空间异质性

### （一）描述性统计分析

由不同试验处理区无芒隐子草密度进行的描述性统计分析可知，轮牧区不同利用时间和不同放牧制度下无芒隐子草密度的各项统计指标均有较大的波动（表 11-12）。从均值变化来看，各处理区无芒隐子草的密度存在很大差异，其中 RG2 区最大，RG4 区最低，自由放牧区和对照区及其他轮牧小区介于前两者之间。从变异系数来看，各处理区的变异系数在 RG4 区表现最小，为 12.09%，在 RG2 区表现最大，为 89.03%，变动范围为 12.09%～89.03%。从最大值与最小值之间的相差幅度看，RG2 区最大值与最小值之间相差 92，CG 区最大值与最小值之间相差 17，极差变化范围为 17～92。均值差异、变异系数及极差均表明受轮牧区不同利用时间和不同放牧制度的影响，对照区、各轮牧小区和自由放牧区的无芒隐子草密度空间分布存在异质性现象。

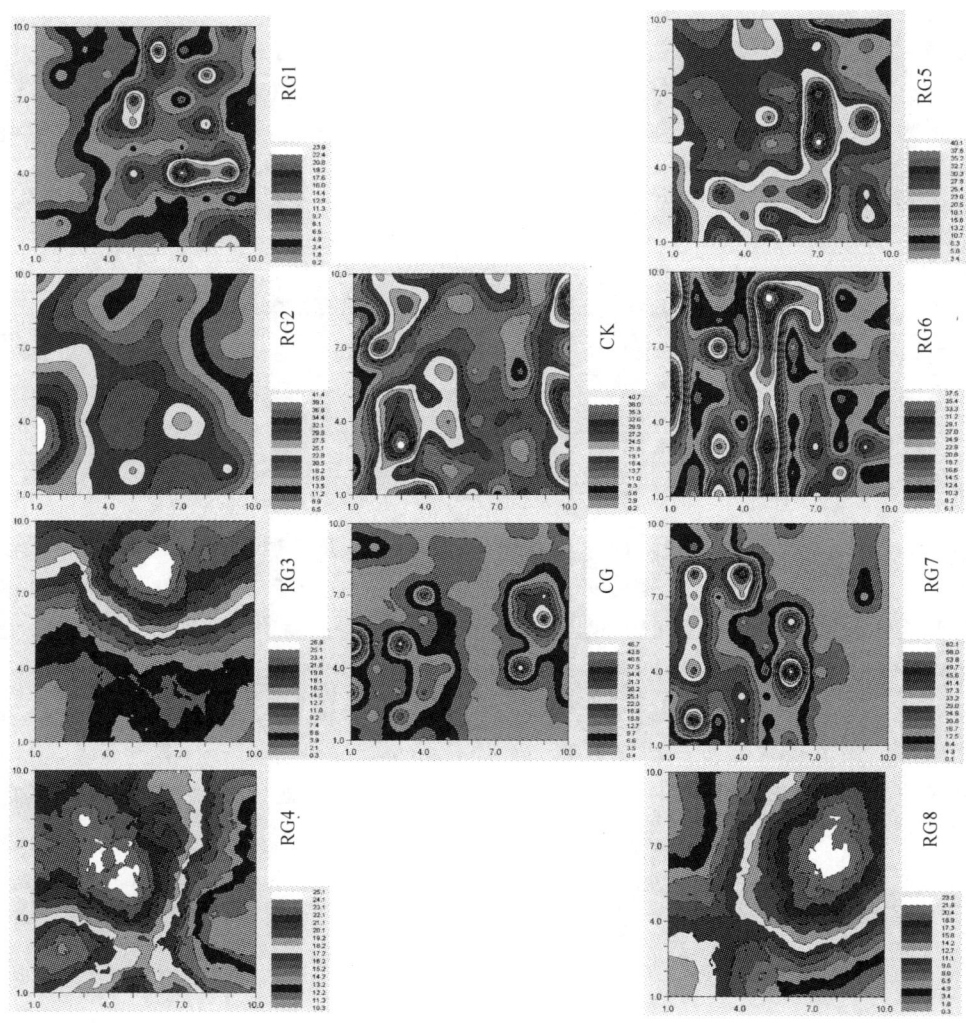

图 11-9 不同试验处理区碱韭空间格局的平面图

表 11-12 不同试验处理区无芒隐子草的描述性统计分析

| 处理 | 平均值 | 标准误差 | 标准差 | 变异系数 | 方差 | 峰度 | 偏度 | 最小值 | 最大值 |
| --- | --- | --- | --- | --- | --- | --- | --- | --- | --- |
| CK | 5.90e | 0.51 | 5.12 | 86.71 | 26.17 | 2.264 | 1.388 | 0 | 24 |
| CG | 5.25e | 0.36 | 3.58 | 68.13 | 12.8 | 0.864 | 0.741 | 0 | 17 |
| RG1 | 19.45b | 1.22 | 12.18 | 62.63 | 148.41 | 0.162 | 0.794 | 0 | 55 |
| RG2 | 21.00a | 1.87 | 18.7 | 89.03 | 349.58 | 3.42 | 1.789 | 0 | 92 |
| RG3 | 3.47ef | 0.1 | 0.97 | 28.06 | 0.95 | 1.915 | −0.867 | 0 | 53 |
| RG4 | 2.82f | 0.03 | 0.34 | 12.09 | 0.12 | 1.071 | −0.732 | 0 | 27 |

续表

| 处理 | 平均值 | 标准误差 | 标准差 | 变异系数 | 方差 | 峰度 | 偏度 | 最小值 | 最大值 |
|---|---|---|---|---|---|---|---|---|---|
| RG5 | 14.79c | 0.47 | 4.71 | 31.87 | 22.23 | 2.022 | 0.712 | 1 | 33 |
| RG6 | 13.84c | 0.48 | 4.82 | 34.84 | 23.25 | 0.034 | 0.618 | 4 | 28 |
| RG7 | 11.43cd | 0.81 | 8.07 | 70.62 | 65.16 | 0.854 | 0.986 | 0 | 38 |
| RG8 | 11.82cd | 0.85 | 8.54 | 72.25 | 72.94 | 6.111 | 1.875 | 1 | 55 |

## (二) 空间格局的变异函数

对轮牧区不同利用时间和不同放牧制度下各样点处无芒隐子草密度进行各向同性的变异函数分析，结果显示 CK 区、CG 区、RG1 区、RG3 区、RG5 区、RG7 区和 RG8 区属于指数模型，RG2 区、RG4 区和 RG6 区属于球形模型（表 11-13）。

表 11-13 不同试验处理区无芒隐子草空间格局的变异函数

| 处理 | 模型 $r(h)$ | 块金值 $C_0$ | 基台值 $C_0+C$ | 结构比 $C/(C_0+C)$ | 范围参数 $a_0$ | 残差平方和 RSS | 决定系数 $R^2$ | 相关尺度 |
|---|---|---|---|---|---|---|---|---|
| CK | Exponential | 4.270 | 28.810 | 0.852 | 0.810 | 4.9700 | 0.8160 | 2.430 |
| CG | Exponential | 1.940 | 13.760 | 0.859 | 0.030 | 5.2400 | 0.0000 | 0.090 |
| RG1 | Exponential | 16.500 | 156.200 | 0.894 | 0.770 | 426.0000 | 0.6080 | 2.310 |
| RG2 | Spherical | 51.900 | 336.900 | 0.859 | 0.390 | 8775.0000 | 0.0680 | 1.770 |
| RG3 | Exponential | 0.703 | 1.495 | 0.530 | 9.600 | 0.0107 | 0.7720 | 28.800 |
| RG4 | Spherical | 0.0002 | 0.110 | 0.998 | 1.190 | 0.0033 | 0.0000 | 1.190 |
| RG5 | Exponential | 1.950 | 22.450 | 0.913 | 0.380 | 7.0100 | 0.0570 | 1.140 |
| RG6 | Spherical | 0.010 | 22.080 | 1.000 | 1.190 | 29.7000 | 0.0000 | 1.190 |
| RG7 | Exponential | 0.100 | 49.610 | 0.998 | 0.450 | 73.0000 | 0.0780 | 1.350 |
| RG8 | Exponential | 44.800 | 91.600 | 0.511 | 6.080 | 19.8000 | 0.9220 | 18.240 |

从各处理小区块金值 $C_0$ 来看，RG2 区随机因素引起的空间异质性最大，达 51.900，其次是 RG8 区，为 44.800，最小为 RG4 区，仅为 0.0002。由此可知，在轮牧区不同利用时间，随机因素引起的无芒隐子草的空间变异在 RG1 区、RG2 区和 RG8 区中较大，在 RG4 区和 RG6 区中较小。在不同放牧制度下，随机因素引起的空间异质性为轮牧区＞对照区＞自由放牧区。

基台值 $C_0+C$ 表示无芒隐子草密度变量在研究系统中的最大变异程度，从各处理小区基台值 $C_0+C$ 来看，RG1 区和 RG2 区在研究系统中的最大变异程度分别为 156.200 和 336.900，RG4 区最小，为 0.110，其他试验处理区介于前两者之间。在轮牧区不同利用时间，RG1 区和 RG2 区在研究系统中的最大变异程度较大，RG4 区最小。在不同放牧制度下，研究系统中的最大变异程度为轮牧区＞对照区＞自由放牧区。

结构比 $C/(C_0+C)$ 反映了结构性因素引起的空间异质性占总空间异质性变异的大小,同时也反映了随机因素占总空间异质性变异的大小,两者为对立关系。在各个试验处理区中,对照区、RG6 区结构性因素引起的空间异质性占总空间异质性变异最大,达 1.000,相反随机因素占总空间异质性变异最小,仅为 0.000;RG8 区结构性因素引起的空间异质性占总空间异质性变异最小,仅为 0.511,相反随机因素占总空间异质性变异最大,达 0.489。

按照区域化变量空间自相关性程度的分级标准,RG3 区和 RG8 区具有中等的空间自相关性;其他试验处理区均具有强烈的空间自相关性。因此,在轮牧区不同利用时间,RG4 区、RG6 区和 RG7 区结构性因素引起的空间异质性占总空间异质性变异较大,RG3 区和 RG8 区较小。RG3 区和 RG8 区空间自相关性中等,RG4 区、RG6 区和 RG7 区具有强烈的空间自相关性。在不同放牧制度下,结构性因素引起的空间异质性占总空间异质性变异由大到小依次为自由放牧区>对照区>轮牧区,轮牧区的无芒隐子草空间分布自相关性强度较对照区弱,对照区较自由放牧区弱。

变程大小反映了空间自相关范围的大小,由表 11-13 可知,空间自相关尺度最大的是 RG3 区,达 28.800,其次是 RG8 区,其空间自相关尺度为 18.240,空间自相关尺度表现较小的为 RG5 区,仅有 1.140。因此,在轮牧区不同利用时间,RG3 区和 RG8 区空间自相关尺度较大,RG4 区、RG5 区和 RG6 区空间自相关尺度较小。在不同放牧制度下,轮牧区空间自相关尺度>对照区>自由放牧区。

## (三) 分形维数分析

在对无芒隐子草空间分布变异函数分析的基础上,进行各向同性的分形维数计算结果表明(表 11-14),轮牧区不同利用时间和不同放牧制度下无芒隐子草密度空间格局的分形维数存在一定变化,变化范围为 1.901~1.994。RG6 区分形维数最大,达 1.994;RG4 区、RG5 区和 CG 区接近,分别为 1.985、1.970 和 1.984;RG1 区、RG2 区和 RG7 区无芒隐子草密度空间格局的分形维数接近,分别为 1.935、1.936 和 1.948;CK 区为 1.928,RG3 区为 1.916;RG8 区最小,为 1.901。自由放牧区 (CG) 的分形维数 $D$ 大于对照区 (CK),分别为 1.984 和 1.928,相差幅度较大;轮牧区分形维数平均后为 1.948,大于对照区 (CK),小于自由放牧区 (CG),与 RG7 区十分形接近,表明 RG7 区分形维数能够代表无芒隐子草轮牧区空间异质性的平均水平。

表 11-14 不同试验处理区无芒隐子草的分形维数

| 放牧处理 | RG1 | RG2 | RG3 | RG4 | RG5 | RG6 | RG7 | RG8 | CG | CK |
|---|---|---|---|---|---|---|---|---|---|---|
| 分形维数($D$) | 1.935 | 1.936 | 1.916 | 1.985 | 1.970 | 1.994 | 1.948 | 1.901 | 1.984 | 1.928 |

## （四）空间分布格局的平面图

运用克里格（kriging）插值法对各试验处理区无芒隐子草空间分布进行插值，绘制无芒隐子草空间分布平面图，如图 11-10 所示。在轮牧区不同利用时间 RG4 区、RG5 区和 RG6 区无芒隐子草空间分布的异质性较弱，斑块间镶嵌分布，但连通性比较好。RG1 区、RG2 区和 RG7 区无芒隐子草空间分布斑块化明显，斑块间的镶嵌性更加明显，斑块之间连通性好。RG3 区和 RG8 区无芒隐子草空间异质性较大，斑块较大，主要以斑块中心为基础向四周呈带状分布。CK 区空间异质性较大，无芒隐子草空间分布差异较大，各斑块间形成明显的廊道。

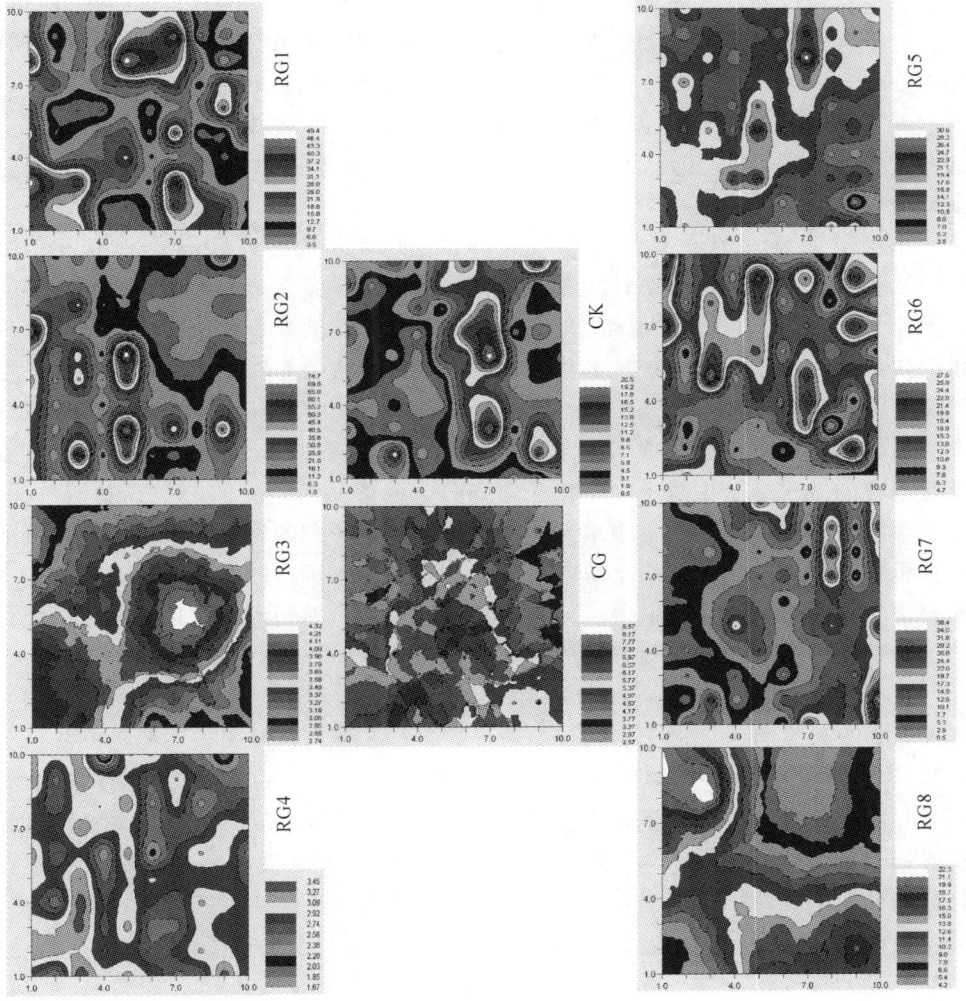

图 11-10　不同试验处理区无芒隐子草空间格局的平面图

CG 区无芒隐子草空间分布的异质性较弱,片状分布明显。

## 第三节 不同放牧制度和各轮牧小区的土壤空间异质性

土壤是一个自然连续体,空间变异性是土壤的一种自然属性。土壤养分的空间分布格局是指不同土壤养分含量在空间上的分布状态,是土壤不同位置上物理、化学和生物过程相互作用的结果,是土壤空间异质性的具体表现(Franzen et al., 1996)。充分了解土壤特性尤其是土壤养分空间变异,是土壤养分管理和合理施肥的基础(Webster and Burgess, 1980; Hillel, 1991)。土壤养分空间异质性普遍存在于自然生态系统中(Burgess and Webster, 1980),许多研究证明土壤养分在空间上是相关的,其空间变异因养分种类、取样方法和取样尺度而异,变化在数米、数百米、几千米甚至几百千米的范围。利用 Kriging 插值进行土壤养分空间分布格局的分析,取得了许多重要的成果(Bergstrom et al., 1998; Goovaerts, 1999)。20 世纪 70 年代以来,土壤养分空间变异的研究已逐渐成为一个热点。

土壤空间异质性的研究主要是以地统计学为基础(Cambardella et al., 1994),自 1983 年美国地统计大会以来,一些国外学者将地统计学引入到土壤空间异质性研究当中,将空间上的复杂变异定量化,空间异质性成为了土壤研究的重要内容之一。国外对地统计方法使用的比较早,主要对农田土壤理化性质的空间变异特征进行研究(雷志栋等,1985)。我国从 20 世纪 80 年代开始将地统计方法引入到土壤科学研究中(谢永华等,1998;胡克林等,2001)。早期土壤变异性研究的方法是依据成土因子将土壤划分为内部相对均一的分类或制图单元,把土壤的连续变异转化为土壤单元间的差异。现代研究的先进技术和不断发展的计算机数据处理分析功能给土壤空间异质性研究注入了新鲜血液,理论和方法逐渐趋于完善,国内外已经取得了许多有关不同地区、不同海拔或是不同土壤类型的理化性质方面空间异质性方面的研究成果。

在土壤水分研究方面,Herbst 和 Diekkrüger(2003)用地统计学模拟和实测模拟对小尺度集水区的土壤水分空间变异进行了研究。结果表明两种方法由于研究尺度存在差异,其结果不具有可比性。王海涛等(2007)和李朝生等(2006)对森林、草甸、绿洲的土壤水分进行了研究。在土壤养分研究方面,Schlesinger 等(1996)认为 GIS 和地统计相结合的方法能够有效地解释土壤养分空间分布格局对生态过程和功能的影响,影响土壤性质空间变异的因素主要包括成土母质(Wild, 1971)、地形(Bhatti, 1991)和人类干扰活动(Scott et al., 1994)等。在气候条件一致的特定区域内,生态系统经过长期演替和人为干扰后,由母质差异等引起的空间变异将逐渐减小,人类干扰活动对土壤性质则有着深远影响（司建华等，2009）。目前土壤养分空间异质性研究主要停留在土壤养分空间分布特征和决定因素上，对放牧条件下土壤养分空间异质性的研究较少。因此，探寻放牧条件下土壤养分空间分布将会丰富土壤养分空间异质性研究的内容。

## 一、土壤氮的空间异质性

### （一）描述性统计分析

对不同试验处理区样地内全氮和碱解氮含量进行描述性统计分析，结果见表 11-15。在轮牧区不同利用时间，RG1 区土壤全氮含量最高，RG8 区最低，其他轮牧小区介于前两者之间，方差分析结果见表 11-15。在不同放牧制度下自由放牧区、轮牧区和对照区土壤全氮含量差异不显著。综合其他各描述性统计参数，轮牧区不同利用时间和不同放牧制度下，草地土壤全氮含量均存在不同程度的空间异质性变化。

表 11-15  不同试验处理区土壤氮的描述性统计分析

| 指标 | 处理 | 平均值 | 标准误差 | 标准差 | 变异系数 | 方差 | 峰度 | 偏度 | 最小值 | 最大值 |
|---|---|---|---|---|---|---|---|---|---|---|
| 全氮 /% | CK | 0.24cd | 0.0026 | 0.0258 | 10.97 | 0.0007 | 1.41 | 0.69 | 0.18 | 0.33 |
| | CG | 0.23d | 0.0052 | 0.0520 | 22.90 | 0.0027 | 5.82 | 1.92 | 0.16 | 0.49 |
| | RG1 | 0.27a | 0.0034 | 0.0333 | 12.15 | 0.0011 | 2.89 | 1.28 | 0.21 | 0.41 |
| | RG2 | 0.23d | 0.0024 | 0.0245 | 10.65 | 0.0006 | 1.18 | 0.98 | 0.18 | 0.30 |
| | RG3 | 0.26b | 0.0030 | 0.0302 | 11.69 | 0.0009 | −0.02 | 0.52 | 0.21 | 0.34 |
| | RG4 | 0.23d | 0.0018 | 0.0179 | 7.72 | 0.0003 | 1.40 | 0.25 | 0.18 | 0.29 |
| | RG5 | 0.24c | 0.0050 | 0.0490 | 20.03 | 0.0024 | −0.39 | 0.76 | 0.17 | 0.36 |
| | RG6 | 0.23d | 0.0024 | 0.0235 | 10.25 | 0.0006 | 0.37 | 0.61 | 0.18 | 0.31 |
| | RG7 | 0.23d | 0.0059 | 0.0581 | 25.68 | 0.0034 | 5.53 | 2.13 | 0.15 | 0.45 |
| | RG8 | 0.21e | 0.0035 | 0.0352 | 16.53 | 0.0012 | −0.63 | 0.22 | 0.14 | 0.31 |
| 碱解氮 /(mg/kg) | CK | 116.99c | 2.10 | 20.87 | 17.84 | 435.38 | 1.03 | 1.15 | 78.70 | 182.68 |
| | CG | 113.74c | 2.35 | 23.47 | 20.63 | 550.64 | 1.77 | 1.15 | 72.80 | 195.22 |
| | RG1 | 75.61e | 1.56 | 15.61 | 20.65 | 243.64 | −0.60 | −0.10 | 42.25 | 113.92 |
| | RG2 | 79.65e | 1.34 | 13.38 | 16.79 | 178.92 | 1.40 | 0.70 | 53.37 | 128.38 |
| | RG3 | 89.85d | 1.58 | 15.79 | 17.57 | 249.35 | 2.41 | 1.23 | 63.13 | 149.74 |
| | RG4 | 93.81d | 1.92 | 18.80 | 20.04 | 353.44 | −0.10 | 0.04 | 52.70 | 143.16 |
| | RG5 | 134.74a | 1.48 | 14.59 | 10.83 | 212.89 | 1.62 | 0.64 | 102.79 | 182.75 |
| | RG6 | 122.65b | 1.51 | 15.07 | 12.29 | 227.15 | 0.95 | 0.86 | 97.43 | 171.01 |
| | RG7 | 114.50c | 1.28 | 12.79 | 11.17 | 163.55 | −1.20 | 0.01 | 90.98 | 137.81 |
| | RG8 | 115.34c | 2.09 | 20.83 | 18.06 | 433.79 | 3.12 | 1.45 | 78.12 | 189.95 |

土壤碱解氮变化为 75.61~134.74mg/kg，从土壤碱解氮的含量、变异系数和极差等统计参数来看，轮牧区不同利用时间和不同放牧制度下草地土壤碱解氮含量存在不同程度的空间异质性变化。

## （二）空间格局的变异函数

从不同试验处理小区土壤全氮含量最适空间变异函数模型来看，10 个处理区最适空间变异函数模型包括指数模型和球形模型两种。其中 CG 区、RG1 区、RG2 区、RG5 区、RG6 区和 RG8 区属于指数模型，CK 区、RG3 区、RG4 区和 RG7 区属于球形模型（表 11-16）。

表 11-16　不同试验处理区土壤氮空间格局的变异函数

| 指标 | 处理 | 模型 $r(h)$ | 块金值 $C_0$ | 基台值 $C_0+C$ | 结构比 $C/(C_0+C)$ | 范围参数 $a_0$ | 残差平方和 $RSS$ | 决定系数 $R^2$ | 相关尺度 |
|---|---|---|---|---|---|---|---|---|---|
| 全氮 /% | CK | Spherical | 0.000 001 | 0.000 630 | 0.998 | 1.24 | $6.50\times10^{-9}$ | 0.000 | 1.24 |
| | CG | Exponential | 0.000 842 | 0.003 454 | 0.756 | 1.00 | $1.59\times10^{-7}$ | 0.747 | 3.00 |
| | RG1 | Exponential | 0.000 310 | 0.001 380 | 0.775 | 1.23 | $5.13\times10^{-8}$ | 0.613 | 3.69 |
| | RG2 | Exponential | 0.000 164 | 0.000 732 | 0.776 | 1.03 | $1.51\times10^{-9}$ | 0.933 | 3.09 |
| | RG3 | Spherical | 0.000 002 | 0.000 894 | 0.998 | 1.99 | $2.84\times10^{-8}$ | 0.488 | 1.99 |
| | RG4 | Spherical | 0.000 019 | 0.000 342 | 0.944 | 1.47 | $8.55\times10^{-10}$ | 0.189 | 1.47 |
| | RG5 | Exponential | 0.000 294 | 0.002 518 | 0.883 | 1.04 | $4.59\times10^{-8}$ | 0.862 | 3.12 |
| | RG6 | Exponential | 0.000 332 | 0.000 801 | 0.586 | 7.37 | $2.27\times10^{-9}$ | 0.886 | 22.11 |
| | RG7 | Spherical | 0.000 007 | 0.003 104 | 0.998 | 1.19 | $7.65\times10^{-7}$ | 0.000 | 1.19 |
| | RG8 | Exponential | 0.000 096 | 0.001 242 | 0.923 | 0.53 | $4.91\times10^{-8}$ | 0.161 | 1.59 |
| 碱解氮 /(mg/kg) | CK | Exponential | 212.00 | 673.40 | 0.69 | 9.41 | 2542.00 | 0.831 | 28.23 |
| | CG | Spherical | 1.00 | 514.50 | 1.00 | 1.70 | 7933.00 | 0.273 | 1.70 |
| | RG1 | Gaussian | 125.80 | 298.10 | 0.58 | 3.77 | 62.50 | 0.994 | 6.53 |
| | RG2 | Exponential | 13.50 | 191.80 | 0.93 | 1.04 | 197.00 | 0.921 | 3.14 |
| | RG3 | Exponential | 0.10 | 230.80 | 1.00 | 0.36 | 115.00 | 0.312 | 1.08 |
| | RG4 | Spherical | 186.80 | 419.30 | 0.55 | 6.31 | 625.00 | 0.962 | 6.31 |
| | RG5 | Spherical | 30.90 | 244.50 | 0.87 | 2.20 | 157.00 | 0.942 | 2.20 |
| | RG6 | Linear | 221.31 | 221.31 | 0.00 | 5.30 | 1301.00 | 0.109 | 5.30 |
| | RG7 | Spherical | 5.10 | 168.10 | 0.97 | 1.63 | 201.00 | 0.488 | 1.63 |
| | RG8 | Exponential | 204.00 | 618.90 | 0.67 | 9.37 | 1624.00 | 0.866 | 28.11 |

从反映随机因素引起的空间变异参数块金值 $C_0$ 来看，在轮牧区不同利用时

间，RG1 区、RG5 区和 RG6 区块金值相似，且大于其他轮牧小区，RG3 区和 RG7 区块金值小于其他轮牧小区，表明尽管各轮牧小区严格按硬性轮牧时间进行轮牧，但这种外界随机因素的影响并没有在轮牧小区之间呈现出规律性。在不同放牧制度下，块金值自由放牧区＞轮牧区＞对照区，表明不同放牧制度对土壤全氮含量空间分布的影响不同，自由放牧随机因素的影响最大，轮牧区次之，对照区最小，这也说明放牧对土壤全氮含量空间分布的某种影响过程不容忽视。

基台值 $C_0+C$ 反应的是不同试验处理小区土壤全氮含量的最大空间变异程度，在轮牧区不同利用时间，RG5 区和 RG8 区土壤全氮含量的最大空间变异程度较大，RG4 区最小，其他轮牧小区居于前两者之间。在不同放牧制度下，土壤全氮含量最大空间变异程度自由放牧区＞轮牧区＞对照区。表明在不同放牧制度下，放牧能够使土壤全氮含量最大空间变异程度增大，且自由放牧对土壤全氮含量最大空间变异程度的影响程度较轮牧大。

结构比反映了不同试验处理小区土壤全氮含量空间分布的结构性因素占最大空间变异的比例，在轮牧区不同利用时间，RG3 区和 RG7 区结构比最大，均为 0.998，这表明 RG3 区和 RG7 区土壤全氮含量空间分布的结构性因素占最大空间变异的比例最大，其空间异质性情况主要取决于结构性因素，具有强烈的空间相关性；RG6 区结构比最小，为 0.586，表明 RG6 区土壤全氮含量空间异质性情况受结构性和随机性因素共同影响，但结构性因素强于随机性因素，空间相关性中等。在不同放牧制度下，结构比对照区＞轮牧区＞自由放牧区，表明放牧能够削弱结构性因素对土壤全氮含量空间分布的作用，且与轮牧相比，自由放牧更能影响结构性因素对土壤全氮含量空间分布的主导作用，自由放牧对土壤全氮含量空间分布的随机因素不容忽视。与区域化变量空间自相关性程度的分级标准进行比对，除 RG6 区具有中等空间自相关性程度外，其他试验处理小区均具有较强的空间自相关性。

从空间相关尺度看，在轮牧区不同利用时间，RG6 区空间相关尺度最大，RG7 区最小，其他轮牧小区介于前两者之间。在不同放牧制度下，空间相关尺度轮牧区＞自由放牧区＞对照区。

从不同试验处理区土壤碱解氮含量最适空间变异函数模型来看，10 个处理区最适空间变异函数模型包括指数模型、高斯模型、线性模型和球形模型 4 种。其中 CK 区、RG2 区、RG3 区和 RG8 区属于指数模型，CG 区、RG4 区、RG5 区和 RG7 区属于球形模型，RG1 区属于高斯模型，RG6 区属于线性模型（表 11-16）。

从反映随机因素引起的空间变异参数块金值 $C_0$ 来看，在轮牧区不同利用时间，RG6 区块金值最大，RG3 区块金值最小，土壤碱解氮含量块金值极值出现的小区与土壤全氮含量相同。受随机因素影响，轮牧时间没有使各轮牧小区土壤碱解氮含量的空间变化呈现出规律性。在不同放牧制度下，块金值对照区＞轮牧区＞自由放牧区，表明不同放牧制度对土壤碱解氮含量空间分布的影响不同，对照区随机因素的影响最大，轮牧区次之，自由放牧区最小，这也说明对照条件对土壤碱解氮含量空间分布的影响不容忽视。

基台值 $C_0+C$ 反应的是不同试验处理区土壤碱解氮含量的最大空间变异程度，在轮牧区不同利用时间，RG8 区土壤碱解氮含量的最大空间变异程度较大，RG7 区最小，其他轮牧小区介于前两者之间。在不同放牧制度下，土壤碱解氮含量的最大空间变异程度对照区＞自由放牧区＞轮牧区。

结构比反映了不同试验处理区土壤碱解氮含量空间分布的结构性因素占最大空间变异的比例，在轮牧区不同利用时间，RG3 区结构比最大，为 1.00，表明 RG3 区土壤碱解氮含量空间分布的结构性因素占最大空间变异的比例最大，其空间异质性情况几乎完全取决于结构性因素，具有强烈的空间相关性；RG6 区结构比最小，为 0.00，表明 RG6 区土壤碱解氮含量空间异质性情况受随机性因素影响最大，土壤碱解氮含量空间异质性几乎完全取决于随机性因素。在不同放牧制度下，结构比自由放牧区＞轮牧区＞对照区。按照区域化变量空间自相关程度的分级标准，RG6 区土壤碱解氮含量结构比几乎为 0，说明 RG6 区几乎没有空间自相关性，存在恒定的变异；CK 区、RG1 区、RG4 区和 RG8 区土壤碱解氮含量空间自相关程度中等，轮牧区（轮牧各小区均值 0.70）空间自相关程度也处于中等，其他试验处理区具有强烈的空间自相关性，结构性好。

从土壤碱解氮含量的空间相关尺度来看，在轮牧区不同利用时间，RG8 区空间相关尺度最大，RG3 区最小，其他轮牧小区介于前两者之间。在不同放牧制度下，空间相关尺度对照区＞轮牧区＞自由放牧区。

（三）分形维数分析

在变异函数分析的基础上，对土壤全氮含量空间分布进行各向同性的分形维数计算，结果表明，各试验处理区土壤全氮空间格局的分形维数存在较大变化（表 11-17）。在轮牧区不同利用时间，RG4 区分形维数 $D$ 值最大，为 1.996，RG6 区最小，为 1.888，其他各轮牧小区介于前两者之间。在不同放牧制度下，分形维数对照区（1.976）＞轮牧区（1.937）＞自由放牧区（1.916）。说明放牧能够增加土壤全氮含量空间分布的异质性，自由放牧条件下土壤全氮含量空间分布的异质性程度高于轮牧。

土壤碱解氮空间分布分形维数（表 11-17）在轮牧区不同利用时间，RG3 区分形维数 $D$ 值最大，为 1.991，RG1 区最小，为 1.776，其他各轮牧小区的分形维数介于前两者之间。在不同放牧制度下，分形维数自由放牧区（1.995）＞轮牧区（1.902）＞对照区（1.865）。表明放牧使土壤碱解氮含量空间分布的异质性减弱，自由放牧对土壤碱解氮含量空间分布异质性的削弱作用强于轮牧。

表 11-17　不同试验处理区土壤氮的分形维数

| 放牧处理 | | RG1 | RG2 | RG3 | RG4 | RG5 | RG6 | RG7 | RG8 | CG | CK |
|---|---|---|---|---|---|---|---|---|---|---|---|
| 分形维数($D$) | 全氮 | 1.897 | 1.908 | 1.955 | 1.996 | 1.897 | 1.888 | 1.994 | 1.961 | 1.916 | 1.976 |
| | 碱解氮 | 1.776 | 1.884 | 1.991 | 1.836 | 1.912 | 1.968 | 1.978 | 1.874 | 1.995 | 1.865 |

## 二、土壤磷的空间异质性

### (一) 描述性统计分析

对不同试验处理区样地内全磷和速效磷含量进行描述性统计分析，结果如表 11-18 所示。土壤全磷含量变化为 0.1180~0.1949g/kg，土壤变异系数为 17.71%~27.47%，极差变化范围为 0.16~0.38，综合其他各描述性统计参数，轮牧区不同利用时间和放牧制度下草地土壤全磷含量存在不同程度的空间异质性变化。

表 11-18　不同试验处理区土壤磷的描述性统计分析

| 指标 | 处理 | 平均值 | 标准误差 | 标准差 | 变异系数 | 方差 | 峰度 | 偏度 | 最小值 | 最大值 |
|---|---|---|---|---|---|---|---|---|---|---|
| 全磷/(g/kg) | CK | 0.1949a | 0.0036 | 0.0359 | 18.41 | 0.0013 | 1.79 | 0.36 | 0.10 | 0.33 |
| | CG | 0.1180d | 0.0024 | 0.0240 | 20.34 | 0.0006 | 4.40 | 0.84 | 0.04 | 0.23 |
| | RG1 | 0.1692bc | 0.0037 | 0.0374 | 22.11 | 0.0014 | 1.21 | 0.98 | 0.10 | 0.30 |
| | RG2 | 0.1789b | 0.0032 | 0.0317 | 17.71 | 0.0010 | 0.26 | −0.03 | 0.10 | 0.26 |
| | RG3 | 0.1795b | 0.0043 | 0.0435 | 24.22 | 0.0019 | 0.25 | −0.37 | 0.04 | 0.29 |
| | RG4 | 0.1752bc | 0.0048 | 0.0481 | 27.47 | 0.0023 | 2.03 | 1.85 | 0.08 | 0.46 |
| | RG5 | 0.1762bc | 0.0036 | 0.0365 | 20.68 | 0.0013 | 1.10 | 0.62 | 0.11 | 0.30 |
| | RG6 | 0.1928a | 0.0047 | 0.0471 | 24.41 | 0.0022 | −0.46 | 0.27 | 0.10 | 0.30 |
| | RG7 | 0.1808b | 0.0033 | 0.0325 | 18.00 | 0.0011 | 0.51 | −0.07 | 0.10 | 0.27 |
| | RG8 | 0.1672c | 0.0031 | 0.0311 | 18.59 | 0.0010 | 3.71 | 0.97 | 0.10 | 0.31 |
| 速效磷/(mg/kg) | CK | 6.11a | 0.20 | 2.05 | 33.52 | 4.20 | −0.89 | 0.02 | 1.69 | 9.87 |
| | CG | 2.71fg | 0.12 | 1.19 | 43.89 | 1.41 | 8.28 | 2.31 | 1.41 | 8.87 |
| | RG1 | 3.17e | 0.15 | 1.53 | 48.38 | 2.35 | 1.43 | 1.36 | 1.41 | 8.03 |
| | RG2 | 2.92ef | 0.14 | 1.41 | 48.36 | 2.00 | 1.39 | 1.35 | 1.41 | 7.74 |
| | RG3 | 4.07d | 0.15 | 1.47 | 36.14 | 2.16 | −0.45 | 0.20 | 1.55 | 8.17 |
| | RG4 | 2.42g | 0.09 | 0.86 | 35.38 | 0.74 | 5.74 | 2.06 | 1.41 | 6.48 |
| | RG5 | 4.51c | 0.17 | 1.68 | 37.21 | 2.82 | −0.13 | 0.28 | 1.55 | 9.86 |
| | RG6 | 5.12b | 0.18 | 1.83 | 35.79 | 3.35 | 0.08 | −0.21 | 0.14 | 9.45 |
| | RG7 | 4.79bc | 0.15 | 1.46 | 30.46 | 2.13 | −1.31 | −0.25 | 2.11 | 6.90 |
| | RG8 | 4.02d | 0.17 | 1.71 | 42.65 | 2.94 | 0.66 | 0.80 | 1.27 | 9.58 |

土壤速效磷在各试验处理区的变化范围为 2.42~6.11mg/kg，在轮牧区不同利用时间，RG6 区土壤速效磷含量最高，RG4 区最低，分别为 5.12mg/kg 和 2.42mg/kg，其他轮牧小区介于前两者之间，方差分析结果见表 11-18。在不同放牧制度下，对照区土壤速效磷含量大于轮牧区，分别为 6.11mg/kg 和 3.87mg/kg，自由放牧区土壤速效磷含量小于轮牧区，为 2.71mg/kg，方差分析结果显示，三者之间存在显著性差异，表明速效磷含量在对照区、轮牧区和自由放牧区有依次递减的变化趋势，即放牧使土壤速效磷含量降低，自由放牧对土壤速效磷含量的影响大于轮牧区。从土壤速效磷含量的其他各统计参数来看，轮牧区不同利用时间和放牧制度下草地土壤速效磷含量存在不同程度的空间异质性变化。

## (二) 空间格局的变异函数

从不同试验处理区土壤全磷含量最适空间变异函数模型来看，10 个处理区最适空间变异函数模型包括指数模型、高斯模型和球形模型 3 种。其中 CK 区、RG1 区、RG3 区、RG4 区、RG6 区和 RG7 区属于指数模型，RG2 区和 RG5 区属于高斯模型，CG 区和 RG8 区属于球形模型（表 11-19）。

表 11-19 不同试验处理区土壤磷空间格局的变异函数

| 指标 | 处理 | 模型 $r(h)$ | 块金值 $C_0$ | 基台值 $C_0+C$ | 结构比 $C/(C_0+C)$ | 范围参数 $a_0$ | 残差平方和 $RSS$ | 决定系数 $R^2$ | 相关尺度 |
|---|---|---|---|---|---|---|---|---|---|
| 全磷 /(g/kg) | CK | Exponential | 0.000 101 | 0.001 302 | 0.922 | 0.43 | $2.34 \times 10^{-9}$ | 0.651 | 1.29 |
| | CG | Spherical | 0.000 001 | 0.000 560 | 0.998 | 1.19 | $4.92 \times 10^{-9}$ | 0.000 | 1.19 |
| | RG1 | Exponential | 0.000 001 | 0.001 272 | 0.999 | 0.88 | $1.74 \times 10^{-8}$ | 0.779 | 2.64 |
| | RG2 | Gaussian | 0.000 087 | 0.001 044 | 0.917 | 1.13 | $7.21 \times 10^{-9}$ | 0.912 | 1.96 |
| | RG3 | Exponential | 0.000 374 | 0.002 148 | 0.826 | 0.77 | $4.02 \times 10^{-8}$ | 0.700 | 2.31 |
| | RG4 | Exponential | 0.000 195 | 0.002 320 | 0.916 | 0.86 | $5.24 \times 10^{-8}$ | 0.750 | 2.58 |
| | RG5 | Gaussian | 0.000 118 | 0.001 296 | 0.909 | 0.19 | $1.16 \times 10^{-8}$ | 0.000 | 0.33 |
| | RG6 | Exponential | 0.000 416 | 0.002 552 | 0.837 | 1.41 | $1.53 \times 10^{-8}$ | 0.969 | 4.23 |
| | RG7 | Exponential | 0.000 112 | 0.001 074 | 0.896 | 0.72 | $5.18 \times 10^{-9}$ | 0.820 | 2.16 |
| | RG8 | Spherical | 0.000 001 | 0.000 889 | 0.999 | 1.65 | $1.13 \times 10^{-9}$ | 0.852 | 1.65 |
| 速效磷 /(mg/kg) | CK | Spherical | 0.010 | 4.134 | 0.998 | 1.43 | 0.148 0 | 0.110 | 1.43 |
| | CG | Spherical | 0.001 | 1.146 | 0.999 | 1.19 | 0.019 8 | 0.000 | 1.19 |
| | RG1 | Exponential | 0.002 | 2.012 | 0.999 | 0.61 | 0.073 5 | 0.393 | 1.93 |
| | RG2 | Linear | 1.708 | 1.723 | 0.009 | 5.30 | 0.028 2 | 0.003 | 5.30 |
| | RG3 | Exponential | 0.202 | 2.221 | 0.909 | 0.76 | 0.034 4 | 0.783 | 2.28 |
| | RG4 | Exponential | 0.006 | 0.687 | 0.991 | 0.26 | 0.005 2 | 0.006 | 0.78 |

续表

| 指标 | 处理 | 模型 $r(h)$ | 块金值 $C_0$ | 基台值 $C_0+C$ | 结构比 $C/(C_0+C)$ | 范围参数 $a_0$ | 残差平方和 $RSS$ | 决定系数 $R^2$ | 相关尺度 |
|---|---|---|---|---|---|---|---|---|---|
| 速效磷 /(mg/kg) | RG5 | Exponential | 0.334 | 2.994 | 0.887 | 0.68 | 0.0797 | 0.617 | 2.04 |
|  | RG6 | Exponential | 2.401 | 5.231 | 0.541 | 6.49 | 0.0171 | 0.979 | 19.47 |
|  | RG7 | Exponential | 0.254 | 2.245 | 0.887 | 0.67 | 0.0775 | 0.518 | 2.01 |
|  | RG8 | Linear | 2.743 | 2.853 | 0.038 | 5.30 | 0.1570 | 0.027 | 5.30 |

在轮牧区不同利用时间，空间变异参数块金值 $C_0$ 在 RG3 区和 RG6 区相似，且大于其他轮牧小区，RG1 区和 RG8 区块金值较小，这表明尽管各轮牧小区严格按轮牧时间进行轮牧，但这种外界影响的随机因素并没有在轮牧小区间表现出规律性。在不同放牧制度下，块金值为轮牧区＞对照区＞自由放牧区，表明不同放牧制度对土壤全磷含量空间分布的影响不同，轮牧区随机因素对土壤全磷含量空间分布的影响最大，对照区次之，自由放牧区最小。

在轮牧区不同利用时间，基台值 $C_0+C$ 反应的是不同试验处理区土壤全磷含量的最大空间变异程度，RG4 区和 RG6 区土壤全磷含量的最大空间变异程度较大，RG8 区最小，其他轮牧小区介于两者之间。在不同放牧制度下，土壤全磷含量最大空间变异程度为轮牧区＞对照区＞自由放牧区。表明在不同放牧制度下，土壤全磷含量最大空间变异程度发生了变化，自由放牧使土壤全磷含量最大空间变异程度降低，轮牧使其增大。

结构比反映了不同试验处理区土壤全磷含量空间分布的结构性因素占最大空间变异的比例，在轮牧区不同利用时间，RG1 区和 RG8 区结构比最大，均为 0.999，表明 RG1 区和 RG8 区土壤全磷含量空间分布的结构性因素占最大空间变异的比例最大，其空间异质性情况主要取决于结构性因素，具有强烈的空间相关性；RG3 区结构比最小，为 0.826，表明 RG3 区土壤全磷含量尽管结构比较小，但空间自相关性仍然很强。在不同放牧制度下，结构比为自由放牧区＞对照区＞轮牧区，表明轮牧能够削弱结构性因素对土壤全磷含量空间分布的决定性作用，但自由放牧增强了结构性因素对土壤全磷含量空间分布的决定性作用。相对来讲，轮牧对土壤全磷含量空间分布影响的随机因素不容忽视。按照区域化变量空间自相关性程度的分级标准，各个试验处理小区均具有较强的空间自相关性。

从空间相关尺度看，在轮牧区不同利用时间，RG6 区空间相关尺度最大，RG5 区空间相关尺度最小，其他轮牧小区介于两者之间。在不同放牧制度下，空间相关尺度为轮牧区＞对照区＞自由放牧区。

从不同试验处理小区土壤速效磷含量的最适空间变异函数模型来看，10 个处理区的最适空间变异函数模型包括指数模型、线性模型和球形模型 3 种。其中

RG1 区、RG3 区、RG4 区、RG5 区、RG6 和 RG7 区属于指数模型，CG 区和 CK 区属于球形模型，RG2 区和 RG8 区属于线性模型（表 11-19）。

轮牧区不同利用时间下，RG8 区块金值最大，RG1 区块金值最小，土壤速效磷含量块金值极值出现的小区与土壤全氮含量不同。受随机因素影响，硬性轮牧时间土壤速效磷含量的空间变化未表现出规律性。在不同放牧制度下，块金值为轮牧区＞对照区＞自由放牧区，表明不同放牧制度对土壤速效磷含量空间分布的影响不同，轮牧区随机因素的影响最大，对照区次之，自由放牧区最小，这也说明轮牧条件对土壤速效磷含量空间分布有影响。

基台值 $C_0+C$ 反映的是不同试验处理区土壤速效磷含量的最大空间变异程度，在轮牧区不同利用时间，RG6 区土壤速效磷含量的最大空间变异程度最大，RG4 区土壤速效磷含量的最大空间变异程度最小，其他轮牧小区介于前两者之间。在不同放牧制度下，土壤速效磷含量的最大空间变异程度为对照区＞自由放牧区＞轮牧区。

在轮牧区不同利用时间，RG1 区结构比最大，为 0.999，表明 RG1 区土壤速效磷含量空间分布的结构性因素占最大空间变异的比例最大，其空间异质性情况几乎完全取决于结构性因素，具有强烈的空间相关性；RG2 区结构比最小，为 0.009，表明 RG2 区土壤速效磷含量空间异质性情况受随机性因素影响最大，土壤速效磷含量空间异质性几乎完全取决于随机因素。在不同放牧制度下，结构比自由放牧区略大于对照区，对照区大于轮牧区。按照区域化变量空间自相关性程度的分级标准，RG2 区和 RG8 区土壤速效磷含量结构比接近于 0，表明 RG2 区和 RG8 区几乎没有空间自相关性，存在较为恒定的变异；RG6 区和轮牧区 RG 区（轮牧各小区均值 0.658）空间自相关程度也处于中等，其他试验处理区具有强烈的空间自相关性，结构性好。

从土壤速效磷含量的空间相关尺度看，在轮牧区不同利用时间，RG6 区空间相关尺度最大，RG4 区空间相关尺度最小，其他轮牧小区介于前两者之间。在不同放牧制度下，空间相关尺度为轮牧区＞对照区＞自由放牧区。

（三）分形维数分析

在变异函数分析的基础上，对土壤全磷含量进行各向同性分形维数的计算结果表明，不同试验处理区土壤全磷空间格局的分形维数存在较大变化（表 11-20）。轮牧区不同利用时间，RG5 区分形维数 $D$ 值最大，为 1.997，RG6 区最小，为 1.857。在不同放牧制度下，分形维数自由放牧区（1.997）＞对照区（1.977）＞轮牧区（1.926）。表明轮牧能够使土壤全磷含量空间分布的异质性加强，自由放牧使土壤全磷含量空间分布的异质性减弱。

表 11-20　不同试验处理区土壤磷的分形维数

| 放牧处理 | | RG1 | RG2 | RG3 | RG4 | RG5 | RG6 | RG7 | RG8 | CG | CK |
|---|---|---|---|---|---|---|---|---|---|---|---|
| 分形维数($D$) | 全磷 | 1.900 | 1.895 | 1.933 | 1.913 | 1.997 | 1.857 | 1.938 | 1.972 | 1.997 | 1.977 |
| | 速效磷 | 1.935 | 1.999 | 1.927 | 1.985 | 1.943 | 1.892 | 1.997 | 1.999 | 1.993 | 1.995 |

土壤速效磷空间分布分形维数（表 11-20）在轮牧区不同利用时间，RG2 区和 RG8 区最大，均为 1.999，RG6 区最小，为 1.892，其他轮牧小区介于前两者之间。在不同放牧制度下，分形维数为对照区（1.995）＞自由放牧区（1.993）＞轮牧区（1.960）。表明放牧使土壤速效磷含量空间分布的异质性减弱，轮牧对土壤速效磷含量空间分布异质性的影响大于自由放牧。

## 三、土壤钾的空间异质性

### （一）描述性统计分析

对不同试验处理区样地内土壤全钾和速效钾含量进行的描述性统计分析的结果如表 11-21 所示。土壤全钾为 13.55～16.29g/kg，再从土壤全钾含量变异系数和样点间土壤全钾含量极差来看，轮牧区不同利用时间和放牧制度下草地土壤全钾含量存在不同程度的空间异质性变化。

表 11-21　不同试验处理区土壤钾的描述性统计分析

| 指标 | 处理 | 平均值 | 标准误差 | 标准差 | 变异系数 | 方差 | 峰度 | 偏度 | 最小值 | 最大值 |
|---|---|---|---|---|---|---|---|---|---|---|
| 全钾 /(g/kg) | CK | 14.50c | 0.12 | 1.23 | 8.48 | 1.51 | 2.34 | −1.12 | 10.07 | 16.86 |
| | CG | 13.67d | 0.11 | 1.07 | 7.83 | 1.15 | 0.14 | 0.42 | 11.25 | 16.81 |
| | RG1 | 13.70d | 0.11 | 1.12 | 8.20 | 1.26 | −0.12 | −0.06 | 11.12 | 15.82 |
| | RG2 | 13.74d | 0.10 | 1.03 | 7.47 | 1.05 | 1.13 | −0.56 | 10.20 | 15.82 |
| | RG3 | 13.76d | 0.12 | 1.19 | 8.62 | 1.41 | 0.21 | −0.05 | 10.15 | 16.92 |
| | RG4 | 13.55d | 0.12 | 1.22 | 8.98 | 1.48 | 3.44 | −0.16 | 8.97 | 18.00 |
| | RG5 | 15.05b | 0.14 | 1.39 | 9.26 | 1.94 | −0.38 | −0.03 | 10.99 | 18.07 |
| | RG6 | 16.29a | 0.15 | 1.53 | 9.41 | 2.35 | 0.60 | −0.23 | 11.14 | 19.21 |
| | RG7 | 15.09b | 0.14 | 1.36 | 9.03 | 1.85 | 0.59 | −0.41 | 11.15 | 18.05 |
| | RG8 | 14.75bc | 0.11 | 1.05 | 7.15 | 1.11 | −0.45 | −0.20 | 12.30 | 16.79 |
| 速效钾 /(mg/kg) | CK | 278.89ab | 5.26 | 52.57 | 18.85 | 2763.18 | 2.96 | 1.38 | 129.60 | 571.11 |
| | CG | 221.38e | 4.44 | 44.36 | 20.04 | 1968.14 | −0.70 | 0.14 | 137.19 | 320.10 |
| | RG1 | 231.70e | 5.10 | 51.01 | 22.02 | 2602.16 | 1.84 | 1.04 | 125.71 | 468.73 |
| | RG2 | 279.27ab | 4.60 | 45.99 | 16.47 | 2114.65 | −0.20 | −0.19 | 163.93 | 396.32 |

续表

| 指标 | 处理 | 平均值 | 标准误差 | 标准差 | 变异系数 | 方差 | 峰度 | 偏度 | 最小值 | 最大值 |
| --- | --- | --- | --- | --- | --- | --- | --- | --- | --- | --- |
| 速效钾 /(mg/kg) | RG3 | 249.31d | 4.43 | 44.32 | 17.78 | 1964.20 | −0.06 | 0.42 | 152.39 | 384.94 |
| | RG4 | 266.17bc | 3.31 | 33.11 | 12.44 | 1096.57 | 0.37 | −0.13 | 182.98 | 373.42 |
| | RG5 | 286.79a | 4.01 | 40.06 | 13.97 | 1604.42 | −0.32 | −0.02 | 201.90 | 377.45 |
| | RG6 | 284.21a | 3.65 | 36.34 | 12.79 | 1320.33 | −0.28 | 0.07 | 213.44 | 377.47 |
| | RG7 | 257.12cd | 4.57 | 45.68 | 17.77 | 2087.00 | 0.20 | 0.03 | 152.46 | 388.65 |
| | RG8 | 269.92bc | 4.56 | 45.17 | 16.74 | 2040.61 | 0.12 | 0.39 | 171.46 | 392.42 |

土壤速效钾为221.38～286.79mg/kg，土壤变异系数为12.44%～22.02%，结合各统计参数，轮牧区不同利用时间和放牧制度下草地土壤速效钾含量存在空间异质性变化。

## （二）空间格局的变异函数

从不同试验处理小区土壤全钾含量的最适空间变异函数模型来看，10个处理小区的最适空间变异函数模型包括指数模型、高斯模型和球形模型3种。其中CK区、RG1区、RG2区、RG3区、RG5区、RG7区和RG8区属于指数模型，RG6区属于高斯模型，CG区和RG4区属于球形模型（表11-22）。

表11-22　不同试验处理区土壤钾空间格局的变异函数

| 指标 | 处理 | 模型 $r(h)$ | 块金值 $C_0$ | 基台值 $C_0+C$ | 结构比 $C/(C_0+C)$ | 范围参数 $a_0$ | 残差平方 $RSS$ | 决定系数 $R^2$ | 相关尺度 |
| --- | --- | --- | --- | --- | --- | --- | --- | --- | --- |
| 全钾 /(g/kg) | CK | Exponential | 0.972 | 2.132 | 0.554 | 7.80 | $1.35 \times 10^{-2}$ | 0.886 | 23.40 |
| | CG | Spherical | 0.027 | 1.168 | 0.977 | 1.63 | $1.98 \times 10^{-2}$ | 0.324 | 1.63 |
| | RG1 | Exponential | 0.001 | 0.150 | 0.999 | 0.38 | $6.58 \times 10^{-5}$ | 0.212 | 1.14 |
| | RG2 | Exponential | 0.155 | 1.144 | 0.865 | 0.90 | $1.66 \times 10^{-3}$ | 0.965 | 2.70 |
| | RG3 | Exponential | 0.634 | 1.516 | 0.582 | 1.40 | $1.13 \times 10^{-2}$ | 0.866 | 4.20 |
| | RG4 | Spherical | 0.001 | 1.421 | 0.999 | 1.51 | $1.47 \times 10^{-2}$ | 0.292 | 1.51 |
| | RG5 | Exponential | 1.021 | 2.117 | 0.518 | 1.95 | $1.69 \times 10^{-2}$ | 0.906 | 5.85 |
| | RG6 | Gaussian | 0.941 | 3.892 | 0.758 | 6.14 | $4.70 \times 10^{-3}$ | 0.996 | 10.63 |
| | RG7 | Exponential | 0.952 | 3.242 | 0.706 | 11.67 | $3.50 \times 10^{-2}$ | 0.872 | 35.01 |
| | RG8 | Exponential | 0.002 | 0.949 | 0.998 | 0.82 | $6.92 \times 10^{-3}$ | 0.810 | 2.46 |
| 速效钾 /(mg/kg) | CK | Linear | 2 349.9 | 2 349.9 | 0.000 | 5.30 | 105 277 | 0.058 | 5.30 |
| | CG | Spherical | 1.0 | 1 947.0 | 0.999 | 1.19 | 333 48 | 0.000 | 1.19 |
| | RG1 | Exponential | 1 318.0 | 3 410.0 | 0.613 | 6.98 | 15 088 | 0.963 | 20.94 |

续表

| 指标 | 处理 | 模型 $r(h)$ | 块金值 $C_0$ | 基台值 $C_0+C$ | 结构比 $C/(C_0+C)$ | 范围参数 $a_0$ | 残差平方 RSS | 决定系数 $R^2$ | 相关尺度 |
|---|---|---|---|---|---|---|---|---|---|
| 速效钾 /(mg/kg) | RG2 | Exponential | 151.0 | 2 125.0 | 0.929 | 0.66 | 46 930 | 0.624 | 0.98 |
| | RG3 | Exponential | 366.0 | 1 908.0 | 0.808 | 1.09 | 28 787 | 0.845 | 3.27 |
| | RG4 | Linear | 1 084.6 | 1 084.6 | 0.000 | 5.30 | 11 232 | 0.241 | 5.30 |
| | RG5 | Exponential | 39.0 | 1 517.0 | 0.974 | 0.46 | 37 014 | 0.156 | 1.38 |
| | RG6 | Exponential | 35.0 | 1 258.0 | 0.972 | 0.48 | 5 954 | 0.525 | 1.44 |
| | RG7 | Exponential | 199.0 | 2 137.0 | 0.907 | 0.85 | 23 984 | 0.857 | 2.55 |
| | RG8 | Exponential | 190.0 | 2 086.0 | 0.909 | 0.71 | 16 936 | 0.832 | 2.13 |

从反映随机因素引起的空间变异参数块金值 $C_0$ 来看，在轮牧区不同利用时间，RG5 区块金值大于其他轮牧区，RG1 区和 RG4 区块金值较小，表明尽管轮牧区严格按硬性轮牧时间进行轮牧，但这种外界影响的随机因素并没有在轮牧区内表现出规律性。在不同放牧制度下，块金值为对照区＞轮牧区＞自由放牧区，表明不同放牧制度对土壤全钾含量空间分布的影响不同，对照区随机因素对土壤全钾含量空间分布的影响最大，轮牧区次之，自由放牧区最小。

基台值 $C_0+C$ 反应的是不同试验处理区土壤全钾含量的最大空间变异程度，在轮牧区不同利用时间，RG6 区和 RG7 区土壤全钾含量的最大空间变异程度较大，RG1 区土壤全钾含量的最大空间变异程度最小，其他轮牧小区介于两者之间。在不同放牧制度下，土壤全钾含量最大空间变异程度为对照区＞轮牧区＞自由放牧区。表明在不同放牧制度下，土壤全钾含量最大空间变异程度发生了变化，放牧使土壤全钾含量最大空间变异程度降低，自由放牧对土壤全钾含量最大空间变异程度的影响大于轮牧。

结构比反映了不同试验处理区土壤全钾含量空间分布的结构性因素占最大空间变异的比例，在轮牧区不同利用时间，RG1 区和 RG4 区结构比最大，均为 0.999，表明 RG1 区和 RG4 区土壤全钾含量空间分布的结构性因素占最大空间变异的比例最大，其空间异质性情况主要取决于结构性因素，具有强烈的空间相关性；RG5 区结构比最小，为 0.518，表明 RG5 区土壤全氮含量空间异质性情况受结构性和随机性因素共同影响，但结构性因素大于随机性因素，空间相关性处于中等。在不同放牧制度下，结构比为自由放牧区＞轮牧区＞对照区，表明轮牧能够增强结构性因素对土壤全钾含量空间分布的决定性作用，相对来讲，对照条件下土壤全钾含量空间分布的随机因素不容忽视。按照区域化变量空间自相关性程度的分级标准，CK 区、RG3 区、RG5 区和 RG7 区具有中等的空间自相关性，其他各个试验处理区均具有较强的空间自相关性。

从空间相关尺度看，在轮牧区不同利用时间，RG7 区空间相关尺度最大，RG1 区最小，其他轮牧小区介于两者之间。在不同放牧制度下，空间相关尺度为对照区＞轮牧区＞自由放牧区。

从不同试验处理小区土壤速效钾含量的最适空间变异函数模型来看，10 个处理区最适空间变异函数模型包括指数模型、线性模型和球形模型 3 种。其中 RG1 区、RG2 区、RG3 区、RG5 区、RG6 区、RG7 区和 RG8 区属于指数模型，CG 区属于球形模型，CK 区和 RG4 区属于线性模型（表 11-22）。

从反映随机因素引起的空间变异参数块金值 $C_0$ 来看，在轮牧区不同利用时间，RG1 区块金值最大，RG6 区块金值最小，土壤速效钾含量块金值极值出现的小区与土壤全氮含量不同。受随机因素影响，轮牧时间没有使土壤速效钾含量的空间变化表现出规律性。在不同放牧制度下，块金值为对照区＞轮牧区＞自由放牧区，表明不同放牧制度对土壤速效钾含量空间分布的影响不同，对照区的随机因素影响最大，轮牧区次之，自由放牧区最小。

基台值 $C_0+C$ 反映的是不同试验处理区土壤速效钾含量的最大空间变异程度，在轮牧区不同利用时间，RG1 区土壤速效钾含量的最大空间变异程度最大，RG6 区最小，其他轮牧小区介于前两者之间。在不同放牧制度下，土壤速效钾含量最大空间变异程度为对照区＞自由放牧区＞轮牧区。

结构比反映不同试验处理小区土壤速效钾含量空间分布的结构性因素占最大空间变异的比例，在轮牧区不同利用时间，RG6 区结构比最大，为 0.974，表明 RG6 区土壤速效钾含量空间分布的结构性因素占最大空间变异的比例最大，其空间异质性情况几乎取决于结构性因素，具有强烈的空间相关性；RG4 区结构比最小，为 0，表明 RG4 区土壤速效钾含量空间异质性情况受随机性因素影响最大，土壤速效钾含量空间异质性几乎完全取决于随机因素。在不同放牧制度下，结构比自由放牧区略大于轮牧区，轮牧区大于对照区。按照区域化变量空间自相关性程度的分级标准，CK 区和 RG4 区土壤速效钾含量结构比为 0，表明 CK 区和 RG4 区几乎没有空间自相关性，存在较为恒定的变异；RG1 区空间自相关程度中等，其他试验处理区具有强烈的空间自相关性，结构性好。

从土壤速效钾含量的空间相关尺度看，在轮牧区不同利用时间，RG1 区空间相关尺度最大，RG2 区空间相关尺度最小，其他轮牧小区介于前两者之间。在不同放牧制度下，空间相关尺度为对照区＞轮牧区＞自由放牧区。

（三）分形维数分析

在变异函数分析的基础上，对土壤全钾含量进行各向同性分形维数计算的结果表明，不同试验处理区土壤全钾空间格局的分形维数存在较大变化（表 11-23）。在轮牧区不同利用时间，RG4 区分形维数 $D$ 值最大，为 1.987，RG6 区分形维数最小，为 1.718，其他轮牧小区介于前两者之间。在不同放牧制度下，分形维数为自由放牧区（1.993）＞对照区（1.902）＞轮牧区（1.887）。表明轮牧能够使土壤全钾含量空间分布的异质性加强，自由放牧使土壤全钾含量空间分布的异质性减弱。

表 11-23  不同试验处理区土壤钾的分形维数

| 放牧处理 | | RG1 | RG2 | RG3 | RG4 | RG5 | RG6 | RG7 | RG8 | CG | CK |
|---|---|---|---|---|---|---|---|---|---|---|---|
| 分形维数($D$) | 全钾 | 1.878 | 1.914 | 1.914 | 1.987 | 1.905 | 1.718 | 1.869 | 1.909 | 1.993 | 1.902 |
| | 速效钾 | 1.872 | 1.949 | 1.896 | 1.979 | 1.955 | 1.963 | 1.915 | 1.935 | 1.993 | 1.976 |

土壤速效钾空间分布分形维数（表 11-23）在轮牧区不同利用时间，RG4 区分形维数 $D$ 值最大，均为 1.979，RG1 区分形维数最小，为 1.872，其他轮牧小区介于前两者之间。在不同放牧制度下，分形维数为自由放牧区（1.993）＞对照区（1.976）＞轮牧区（1.933）。表明自由放牧使土壤速效钾含量空间分布的异质性减弱，轮牧使土壤速效钾含量空间分布的异质性加强。

## 四、土壤有机质的空间异质性

（一）描述性统计分析

对不同试验处理区样地内有机碳含量进行描述性统计分析的结果如表 11-24 所示。土壤有机质碳为 6.56～12.57g/kg，在轮牧区不同利用时间，RG1 区土壤有机碳含量最高，RG8 区土壤有机碳含量最低，其他轮牧小区土壤有机碳含量介于前两者之间。在不同放牧制度下，对照区土壤有机碳含量最高，为 12.57g/kg；

表 11-24  不同试验处理区土壤有机碳的描述性统计分析

| 处理 | 平均值 | 标准误差 | 标准差 | 变异系数 | 方差 | 峰度 | 偏度 | 最小值 | 最大值 |
|---|---|---|---|---|---|---|---|---|---|
| CK | 12.57a | 0.035 | 0.347 | 27.61 | 0.121 | 8.54 | 2.45 | 7.59 | 29.65 |
| CG | 6.56f | 0.015 | 0.146 | 22.25 | 0.021 | 5.60 | 1.91 | 4.00 | 13.04 |
| RG1 | 11.79b | 0.026 | 0.254 | 21.59 | 0.065 | 1.12 | 1.07 | 6.76 | 19.90 |
| RG2 | 9.67d | 0.012 | 0.120 | 12.41 | 0.014 | −0.26 | −0.16 | 6.24 | 12.76 |
| RG3 | 10.55c | 0.019 | 0.191 | 18.13 | 0.037 | 3.25 | 1.24 | 6.32 | 18.37 |
| RG4 | 10.90c | 0.017 | 0.174 | 15.98 | 0.030 | 0.78 | 0.81 | 7.92 | 16.91 |
| RG5 | 9.79d | 0.014 | 0.141 | 14.40 | 0.020 | 1.15 | 0.48 | 5.98 | 14.34 |
| RG6 | 10.42c | 0.018 | 0.177 | 16.95 | 0.031 | 2.29 | 1.22 | 7.61 | 16.74 |
| RG7 | 10.48c | 0.021 | 0.204 | 19.44 | 0.041 | 2.96 | 1.28 | 7.44 | 19.52 |
| RG8 | 8.77e | 0.016 | 0.156 | 17.73 | 0.024 | 1.50 | 0.60 | 4.42 | 14.40 |

轮牧区土壤有机碳含量次之，为 10.30g/kg；自由放牧区土壤有机碳含量最低，为 6.56g/kg，方差分析表明，三者间差异显著。从土壤有机碳含量变异系数来看，在轮牧区不同利用时间，RG1 区变异系数最大，为 21.59%，RG2 区变异系数最小，为 12.41%，其他轮牧小区变异系数介于前两者之间。在不同放牧制度下，对照区变异系数最大，为 27.61%，自由放牧区次之，为 22.25%，自由放牧区最小，为 17.08%。综合各统计参数，轮牧区不同利用时间和放牧制度下草地土壤有机碳含量存在不同程度的空间异质性变化。

(二) 空间格局的变异函数

从不同试验处理区土壤有机碳含量最适空间变异函数模型来看，10 个处理区最适空间变异函数模型包括指数模型、高斯模型和球形模型 3 种。RG5 区属于高斯模型，CG 区属于球形模型，其他各小区属于指数模型（表 11-25）。

表 11-25　不同试验处理区土壤有机碳空间格局的变异函数

| 处理 | 模型 $r(h)$ | 块金值 $C_0$ | 基台值 $C_0+C$ | 结构比 $C/(C_0+C)$ | 范围参数 $a_0$ | 残差平方和 RSS | 决定系数 $R^2$ | 相关尺度 |
|---|---|---|---|---|---|---|---|---|
| CK | Exponential | 0.00240 | 0.11180 | 0.979 | 1.05 | $4.33\times10^{-4}$ | 0.550 | 3.15 |
| CG | Spherical | 0.00842 | 0.02114 | 0.602 | 4.79 | $1.57\times10^{-7}$ | 0.997 | 4.79 |
| RG1 | Exponential | 0.03860 | 0.09390 | 0.589 | 4.18 | $3.62\times10^{-5}$ | 0.920 | 12.54 |
| RG2 | Exponential | 0.00010 | 0.01340 | 0.993 | 0.48 | $1.01\times10^{-6}$ | 0.465 | 1.44 |
| RG3 | Exponential | 0.00410 | 0.03790 | 0.892 | 0.62 | $1.55\times10^{-5}$ | 0.538 | 1.86 |
| RG4 | Exponential | 0.00125 | 0.02910 | 0.957 | 0.44 | $5.47\times10^{-6}$ | 0.277 | 1.32 |
| RG5 | Gaussian | 0.00340 | 0.02140 | 0.841 | 0.19 | $8.97\times10^{-6}$ | 0.000 | 0.33 |
| RG6 | Exponential | 0.00505 | 0.03333 | 0.848 | 0.87 | $1.09\times10^{-5}$ | 0.728 | 2.61 |
| RG7 | Exponential | 0.00340 | 0.04160 | 0.918 | 0.57 | $2.23\times10^{-5}$ | 0.388 | 1.71 |
| RG8 | Exponential | 0.00113 | 0.02326 | 0.951 | 0.57 | $1.14\times10^{-5}$ | 0.243 | 1.71 |

在轮牧区不同利用时间，RG1 区块金值大于其他轮牧区，RG2 区块金值较小，表明尽管轮牧区严格按轮牧时间进行轮牧，但这种外界影响的随机因素并没有在轮牧区内表现出规律性。在不同放牧制度下，块金值为自由放牧区＞轮牧区＞对照区，表明不同放牧制度对土壤有机碳含量空间分布的影响不同，自由放牧区的随机因素对土壤有机碳含量空间分布的影响最大，轮牧区次之，对照区最小。

在轮牧区不同利用时间，RG1 区土壤有机碳含量最大空间变异程度最大，RG2 区最小，其他轮牧小区介于前两者之间。在不同放牧制度下，土壤有机碳含量最大空间变异程度为对照区＞轮牧区＞自由放牧区。表明在不同放牧制度下，土壤有机碳含量最大空间变异程度发生了变化，放牧使土壤有机碳含量最大空间变异程度降低，自由放牧对土壤有机碳含量最大空间变异程度的影响大于轮牧。

在轮牧区不同利用时间，RG2 区结构比最大，为 0.993，表明 RG2 区土壤有机碳含量空间分布的结构性因素占最大空间变异的比例最大，其空间异质性情况主要取决于结构性因素，具有强烈的空间相关性；RG1 区结构比最小，为 0.589，表明 RG1 区土壤有机碳空间异质性情况受结构性和随机性因素共同影响，但结构性因素大于随机性因素，空间相关性处于中等。在不同放牧制度下，结构比为对照区＞轮牧区＞自由放牧区，表明放牧能够降低结构性因素对土壤有机碳含量空间分布的决定性作用，相对来讲，自由放牧条件下土壤有机碳含量空间分布的随机因素不容忽视。按照区域化变量空间自相关性程度的分级标准，CG 区和 RG1 区具有中等的空间自相关性，其他各个试验处理区均具有较强的空间自相关性。

从空间相关尺度看，在轮牧区不同利用时间，RG1 区空间相关尺度最大，RG5 区空间相关尺度最小，其他轮牧小区介于前两者之间。在不同放牧制度下，空间相关尺度为自由放牧区＞对照区＞轮牧区。

(三) 分形维数分析

在变异函数分析的基础上，对土壤有机碳含量进行各向同性的分形维数计算，结果表明，各试验处理区土壤有机碳空间格局的分形维数存在较大变化 (表 11-26)。土壤有机碳空间分布分形维数在轮牧区不同利用时间，RG5 区分形维数 $D$ 值最大，为 1.996，RG1 区分形维数最小，为 1.866。在不同放牧制度下，分形维数轮牧区 (1.944)＞对照区 (1.889)＞自由放牧区 (1.834)。表明轮牧能够使土壤有机碳含量空间分布的异质性加强，自由放牧使其减弱。

表 11-26  不同试验处理区有机碳的分形维数

| 放牧处理 | RG1 | RG2 | RG3 | RG4 | RG5 | RG6 | RG7 | RG8 | CG | CK |
|---|---|---|---|---|---|---|---|---|---|---|
| 分形维数($D$) | 1.866 | 1.962 | 1.957 | 1.965 | 1.996 | 1.916 | 1.951 | 1.942 | 1.834 | 1.889 |

# 第十二章　荒漠草原禁牧休牧及家畜舍饲研究

草地超载过牧导致草地退化一直是草地生态学家和草地管理者关注的热点问题。草地在长期超载过牧利用，可使牧草生长发育受阻，繁殖能力衰退，草地植被的生物量减少，群落稀疏矮化，利用价值较高的优良牧草衰减，劣质草种增生（内蒙古农牧学院，1999；宋乃平等，2004）。特别是春季的过度放牧，对草原的危害更为严重（章祖同，1990）。早春季节，牧草刚刚萌发返青，幼苗受到啃食后其光合营养面积会迅速减少，严重影响以后正常的生长发育。春季返青期被称为草地植被的"受害敏感期"和草地的"忌牧期"。禁牧、休牧能够有效缓解草地放牧的压力，使多年来超载过牧的草场得以休养生息，恢复生机，是当今草地合理利用中非常适合我国国情的一个有效措施，所以国家和政府把草地禁牧、休牧作为草地合理利用的一项基本制度。

国外对"草地休闲"、"延迟放牧"和"忌牧期"的研究较早，此类研究类似于我国的禁牧和休牧研究。Heady和Child（1994）根据一年中放牧与非放牧季节和时间的长度，把各种放牧制度归为不同的放牧处理组合，包括放牧处理和非放牧处理。国内关于禁牧和休牧的研究较晚，一些学者认为有关"春季休牧"的问题实质上是"始牧、终牧和休牧时间长度及其机制"的科学问题，这在草地放牧管理中是一项很重要的调控措施。禁牧和休牧能明显提高天然草地的生产能力，对天然草地植被组成有明显的改善作用。同时，休牧期间采用的低投入维持性饲养，可以显著降低饲养成本（李青丰等，2001，2005a，2005b；赵钢等，2003）。

赵海军（2006）和褚文彬（2008）在短花针茅荒漠草原对禁牧和休牧研究的结果表明，3个休牧区较自由放牧区更有利于提高群落特征的各项指标；禁牧区现存量最高，3个休牧区又显著高于自由放牧区。刘忠宽等（2004）对休牧后土壤养分空间异质性和植物群落α多样性的研究结果表明，休牧后物种多样性指数和均匀度指数均有降低趋势，即群落物种多样性增加，均匀度降低。赵钢等（2003）通过对禁牧与自由放牧的对比研究，认为春季禁牧对草原植被群落特征具有十分显著的影响。草地长年禁牧，牲畜舍饲圈养对草地植被的保护作用是十分明显的。朝鲁等（2002）进行了克氏针茅草地牧草返青期放牧的对比试验，结果表明：①4月13日至5月1日是牧草返青期，放牧对草场和家畜均无好处；②5月1日至5月19日是牧草饱青期，放牧对家畜有好处，但对草场以后的生长呈负效应；③5月19日以后放牧对草场的影响将逐渐地减小。

赵彩霞和郑大玮（2004）通过对不同围栏年限放牧草原的对比研究发现，冷蒿重要值随着围栏时间的增加呈先增后降的趋势；地上生物量、植被总覆盖度、植物平均高度与围栏时间呈负相关。4月上旬至6月下旬李青丰（2005a）在内蒙古锡林郭勒典型草原进行春季休牧试验，认为春季休牧可以有效地保护草原生态环境，经过两个月休牧后，草原植被状况明显改善；休牧期间采用的低投入维持性饲养，可以显著降低饲养成本。赵钢等（2006）通过50天、60天、70天不同休牧时间的设计，探讨了春季休牧对草地牧草产量和放牧绵羊生产性能的影响，表明春季休牧具有良好的增产效果，其中以50天休牧期的表现较好，也比较经济可行，休牧区放牧绵羊的增重在生长季初期小于连续放牧区，但在植物生长盛期，休牧区绵羊的增重明显高于连续放牧区。2002年，在内蒙古部分草原测定，草场盖度由禁牧前的30%提高到了50%～70%，高度由30～50cm提高到了70～100cm，生物单产达到了8.93kg/hm$^2$（徐蒙，2003）。锡林郭勒盟草原监督管理局和内蒙古草原勘察设计院监测显示，在2005年全盟大部分地区干旱的情况下，休牧草场和非休牧草场相比有明显的差别，牧草高度增加了3～5cm，草群盖度增加4～20个百分点，草群鲜草产量增加了7～20kg，休牧区多年生优良牧草显著增加，草种逐步发生变化，植被得到较大程度的恢复（郭锡平等，2006）。周尧治等（2006）在2005年5月19日至2005年9月13日研究了呼伦贝尔典型草原区自由放牧和围栏禁牧对0～110cm土层土壤水分的影响情况，结果表明围栏禁牧对草原土壤含水量的影响表现为提高了20～70cm土层的含水量，而放牧提高了0～10cm表层土的含水量。

本研究于2006～2008年在内蒙古农业大学"苏尼特右旗都呼木教学科研基地"进行，研究区域为短花针茅＋碱韭＋无芒隐子草群落类型。试验共设5个处理：休牧1区（DG1）、休牧2区（DG2）、休牧3区（DG3）、自由放牧区（CG）和禁牧区（BG）。休牧试验分别于2006年4月5日，4月15日和4月25日开始，其中休牧1区、休牧2区和休牧3区休牧时间分别为40天、50天和60天，自由放牧从4月5日开始全天放牧。试验区草地面积为80.79hm$^2$，其中禁牧区为7.33hm$^2$，休牧1区为13.57hm$^2$，休牧2区为14.72hm$^2$，休牧3区为21.72hm$^2$，自由放牧区为23.45hm$^2$。休牧处理放牧与自由放牧载畜率一致，均为0.67hm$^2$/（只·0.5a）。

## 第一节 主要植物种群特征对禁牧休牧的响应

### 一、主要植物种群特征动态变化

#### （一）种群密度

对三年试验结果的分析可知（表12-1），短花针茅密度在生长时期均为禁牧

表 12-1 禁牧休牧主要植物种群密度的季节动态

(单位：株·丛/m²)

| 年份 | 月份 | 短花针茅 | | | | 碱韭 | | | | 无芒隐子草 | | | |
|---|---|---|---|---|---|---|---|---|---|---|---|---|---|
| | | DG1 | DG2 | DG3 | BG | CG | DG1 | DG2 | DG3 | BG | CG | DG1 | DG2 | DG3 | BG | CG |
| 2006 | 8 | 3.40±2.07b | 2.80±3.26b | 3.50±2.01b | 11.20±2.86a | 5.00±2.45b | 26.30±8.25a | 13.90±4.58b | 8.40±1.78c | 8.40±5.44c | 15.10±5.02b | 20.50±4.50b | 31.20±5.16a | 26.20±7.33a | 7.60±5.95c | 15.60±5.08b |
| | 9 | 1.00±0.00b | 3.67±2.94b | 3.20±2.35b | 8.90±1.66a | 4.20±1.99b | 34.00±9.04a | 15.40±4.58b | 10.50±2.64c | 10.70±8.08c | 20.00±6.96b | 15.10±5.80a | 22.60±6.70ab | 27.70±8.67a | 6.90±3.25d | 16.50±10.59bc |
| | 10 | 2.00±1.22b | 3.13±2.90b | 2.80±1.62b | 7.80±1.93a | 4.00±2.79b | 30.00±12.11a | 11.90±3.67bc | 7.40±2.55c | 10.60±6.90b | 14.9.0±4.38b | 27.50±6.80a | 27.90±9.29a | 30.50±11.64a | 14.10±4.04b | 16.30±5.98b |
| | 6 | 2.00±1.15b | 3.29±2.75b | 3.30±1.83b | 11.10±3.28a | 3.70±1.64b | 2.30±1.01b | 3.90±1.22b | 4.00±1.33b | 8.40±2.41a | 3.00±0.88b | 14.30±6.82a | 13.60±4.03a | 7.30±2.87b | 5.40±2.76b | 4.40±2.37b |
| | 7 | 1.00±0.00b | 2.67±2.06b | 3.70±3.20b | 10.20±1.69a | 0.00±0.00b | 25.60±6.17a | 10.40±3.03bc | 6.10±1.66c | 10.00±7.85bc | 13.10±3.03b | 15.70±4.27b | 19.70±5.38a | 16.90±3.48ab | 8.30±3.42c | 9.50±3.06c |
| 2007 | 8 | 2.80±1.48c | 3.44±2.35bc | 3.70±2.06bc | 9.30±2.16a | 5.70±2.58b | 26.40±5.72ab | 20.60±6.65ab | 15.90±4.36c | 14.00±5.20c | 29.40±8.54a | 20.20±5.63b | 38.30±5.93a | 34.50±7.59a | 3.25±1.89d | 14.00±5.40c |
| | 9 | 2.50±1.00b | 3.00±2.19b | 3.11±1.27b | 10.80±1.27b | 3.50±1.41b | 30.00±9.91a | 10.50±3.24c | 6.30±2.11c | 8.94±6.86c | 17.40±5.42b | 18.50±7.89b | 29.20±3.97a | 12.70±4.79d | 15.50±5.34bc |
| | 10 | 2.00±0.82b | 1.83±0.98b | 3.11±1.27b | 8.80±1.87a | 3.33±1.58b | 28.70±8.94a | 9.90±2.47bc | 6.30±2.11c | 7.30±4.60c | 13.10±7.23b | 14.70±8.46b | 35.20±6.99a | 10.80±3.60b | 12.70±4.78b |
| | 6 | 2.17±0.75b | 4.14±2.91b | 3.70±2.45b | 8.60±2.46a | 4.10±2.02b | 13.70±2.75a | 8.40±2.22b | 7.40±2.12b | 7.10±3.38b | 8.30±2.45b | 4.50±1.84b | 9.80±2.97a | 9.10±3.60a | 6.40±1.84b | 5.60±1.71b |
| | 7 | 2.22±1.10b | 2.63±2.13b | 3.11±2.09b | 8.30±1.95a | 3.00±1.77b | 21.20±6.68a | 11.40±2.32b | 10.50±3.60b | 10.50±3.78b | 17.80±6.65a | 11.60±4.38ab | 13.70±4.79a | 11.30±2.31a | 9.90±3.11b | 11.80±3.61ab |
| 2008 | 8 | 2.67±1.37b | 2.57±1.51b | 3.22±2.11b | 7.80±1.55a | 3.56±1.42b | 18.20±8.01a | 8.80±2.74b | 6.90±2.33b | 9.00±3.53b | 10.20±2.49b | 8.20±3.74ab | 10.5±2.12a | 11.80±7.48a | 8.70±3.06ab | 6.20±1.40b |
| | 9 | 2.60±0.55b | 2.56±1.33b | 3.66±1.87b | 9.20±1.48a | 3.11±1.54b | 18.00±4.27a | 8.60±3.31bc | 6.10±2.13c | 5.80±1.48c | 9.60±4.53b | 16.80±8.68ab | 21.20±5.01a | 15.30±6.60ab | 17.10±10.89ab | 11.00±3.80b |
| | 10 | 1.67±0.82c | 2.88±0.99bc | 3.11±1.69bc | 9.30±1.45b | 3.89±1.45b | 14.30±3.50a | 6.10±1.45b | 5.80±2.20b | 5.50±2.84b | 7.10±2.92b | 13.30±3.91b | 19.00±7.29a | 13.40±1.07b | 17.80±8.19b | 12.90±3.63b |

注：同行字母相同表示差异不显著（$P>0.05$），字母不相同表示差异显著（$P<0.05$），下同。

区大于休牧1区、2区和3区与自由放牧区，说明禁牧有利于短花针茅数量的增加。通过对试验数据的分析可知，禁牧和休牧有助于短花针茅高度的增加，且它与休牧期长短有关，休牧50～60天比较有利于短花针茅高度的增加。2008年整个放牧季节禁牧区碱韭密度与自由放牧区无显著差异（$P>0.05$）。2006年无芒隐子草密度为休牧3区＞休牧2区＞休牧1区＞自由放牧区＞禁牧区；2007年整个放牧季节均表现为休牧2区显著高于其他4个处理区（$P<0.05$）。

（二）种群高度

主要植物种高度如表12-2所示。2007年整个放牧季节禁牧区短花针茅高度始终高于其他处理（$P<0.05$），说明放牧期间家畜采食导致了短花针茅高度的下降。2007年整个放牧季节禁牧区碱韭高度显著高于其他放牧处理（$P<0.05$），由数据分析可知，作为优势种的碱韭，春季禁牧更有利于其后期高度的增加。2007年（除了9月）禁牧区无芒隐子草高度显著高于休牧区与自由放牧区（$P<0.05$），在整个放牧季节，禁牧、休牧都有助于无芒隐子草高度的增加。

（三）种群盖度

由表12-3可知，2008年在整个放牧季节禁牧区短花针茅盖度显著高于其他处理（$P<0.05$）。2007年休牧1区碱韭盖度显著高于禁牧区（$P<0.05$）；2008年6月、8月、9月休牧1区显著高于自由放牧区（$P<0.05$），在整个放牧季节休牧1区显著高于禁牧区（$P<0.05$）。碱韭作为干旱指示植物，短期的休牧有利于其分蘖，使其丛径增大。2008年在整个放牧季节禁牧区无芒隐子草盖度显著高于（除休牧2区）其他处理区（$P<0.05$）。

（四）重要值

分析表12-4可知，三年内短花针茅重要值在整个放牧季节均为禁牧区高于休牧区与自由放牧区。随着放牧时间的延长，在休牧区短花针茅的重要值呈上升趋势，禁牧区的变化趋势因年份的不同而异。碱韭重要值与短花针茅相反，三年内在整个放牧季节均为休牧区、自由放牧区高于禁牧区，且均呈现出休牧1区＞休牧2区＞休牧3区的趋势。无芒隐子草重要值与碱韭相同。试验结果说明，休牧区与自由放牧区无芒隐子草和碱韭的重要值较高，禁牧区短花针茅的重要值较高。

（五）地上现存量

不同试验处理短花针茅、碱韭和无芒隐子草地上现存量的季节动态如图12-1所示。整个生长季节后期无芒隐子草地上现存量均为禁牧区高于休牧区与自由

## 表12-2 禁牧休牧主要植物种群高度的季节动态

(单位：cm)

| 年份 | 月份 | 短花针茅 DG1 | 短花针茅 DG2 | 短花针茅 DG3 | 短花针茅 BG | 短花针茅 CG | 碱韭 DG1 | 碱韭 DG2 | 碱韭 DG3 | 碱韭 BG | 碱韭 CG | 无芒隐子草 DG1 | 无芒隐子草 DG2 | 无芒隐子草 DG3 | 无芒隐子草 BG | 无芒隐子草 CG |
|---|---|---|---|---|---|---|---|---|---|---|---|---|---|---|---|---|
| 2006 | 8 | 7.02±1.65b | 6.96±5.64b | 10.95±2.15b | 15.40±5.91a | 7.02±2.84b | 18.70±1.32ab | 18.88±1.90ab | 21.17±2.01a | 13.90±3.45c | 16.55±6.82bc | 4.39±0.97b | 4.51±0.82b | 4.96±0.88b | 9.88±4.00a | 3.80±0.94b |
|  | 9 | 7.00±0.00b | 7.50±1.76b | 9.25±3.90ab | 12.25±2.19a | 6.52±2.40b | 14.10±0.99a | 13.80±3.16ab | 13.62±1.64bc | 10.55±1.12a | 12.00±2.07bc | 5.55±1.38b | 4.85±0.58b | 5.33±1.12b | 7.40±3.17a | 4.17±0.84b |
|  | 10 | 5.00±1.41c | 7.25±2.05b | 9.40±2.22a | 10.60±1.26a | 5.00±1.41c | 8.50±1.35a | 6.60±0.48bc | 7.97±1.19a | 6.00±1.33c | 7.60±1.26ab | 2.97±0.44b | 3.00±0.94b | 3.28±0.57b | 5.10±1.20a | 1.15±0.34c |
| 2007 | 6 | 2.71±0.76b | 3.00±0.58c | 5.10±1.60b | 12.20±1.42a | 2.00±0.47c | 2.30±0.48c | 3.90±0.32a | 6.60±0.48bc | 2.55±0.80c | 3.00±0.00c | 1.10±0.21b | 1.10±0.00b | 1.00±0.00b | 1.53±0.67a | 1.00±0.00b |
|  | 7 | 1.50±0.71a | 3.50±1.38a | 4.90±0.32a | 6.60±0.70a | 0.00±0.00a | 5.30±0.53b | 5.70±0.48b | 4.00±0.00a | 6.00±0.67a | 5.40±0.52a | 2.00±0.00b | 2.45±1.26b | 2.10±0.32b | 3.10±0.88a | 2.05±0.16b |
|  | 8 | 5.80±0.45b | 7.00±1.87b | 6.30±1.06b | 14.80±4.83a | 5.00±1.25b | 12.60±2.32a | 12.00±0.67ab | 10.00±0.67c | 11.20±1.40bc | 10.20±0.92c | 3.30±0.82ab | 3.00±0.00c | 3.00±0.00c | 3.50±0.58a | 3.00±0.00b |
|  | 9 | 5.00±0.00bc | 3.17±0.98c | 7.78±3.70a | 6.40±0.52ab | 5.00±0.00bc | 4.80±0.00b | 3.30±0.00c | 5.80±0.88a | 5.22±0.71ab | 4.89±1.67ab | 2.40±0.70b | 2.30±0.00c | 2.00±0.00d | 4.00±0.00a | 2.40±0.52a |
|  | 10 | 4.50±1.05b | 6.00±0.63b | 6.40±3.69b | 15.00±1.70a | 4.89±0.93b | 6.20±1.14a | 6.90±1.79a | 5.90±0.88a | 4.80±0.76a | 6.10±0.99a | 1.65±0.41ab | 1.30±0.48b | 1.55±0.69b | 2.00±1.05a | 1.30±0.48b |
| 2008 | 6 | 6.60±1.34b | 10.63±3.29ab | 11.56±5.64ab | 13.10±6.01a | 8.25±3.41ab | 12.90±2.33b | 12.80±1.20b | 14.10±1.20b | 12.90±4.04b | 17.40±2.63a | 2.50±0.71a | 2.00±0.00a | 2.50±0.53a | 2.00±0.94a | 2.60±0.52a |
|  | 7 | 5.33±1.63c | 19.71±6.05a | 9.89±7.72bc | 12.40±6.35b | 7.00±2.00bc | 14.90±1.79ab | 14.80±2.78ab | 14.10±3.07ab | 12.40±2.59b | 16.50±4.43a | 4.35±2.49b | 3.70±0.95b | 3.60±1.07b | 2.38±1.18a | 3.35±1.20b |
|  | 8 | 6.60±1.95c | 38.00±22.29a | 27.56±17.68ab | 15.00±9.61bc | 8.22±3.07c | 17.00±1.05a | 11.20±3.43b | 9.00±3.89b | 12.80±2.82b | 16.50±1.93b | 7.20±5.18b | 9.70±7.50b | 5.80±2.35b | 7.20±5.98a | 4.90±1.37b |
|  | 9 | 5.67±0.52b | 26.13±15.62a | 21.67±17.13a | 7.90±2.42b | 7.00±1.66b | 17.00±1.05b | 11.20±3.43b | 9.00±3.89b | 9.80±1.93b | 10.80±2.82b | 7.20±2.35b | 8.80±3.12b | 22.20±5.98a | 14.90±2.96a | 5.10±1.10c |
|  | 10 |  |  |  |  |  | 7.80±1.55a | 7.50±2.55ab | 6.10±1.10b | 5.30±0.95b | 6.70±1.16abc | 7.30±2.41bc | 8.80±3.12b | 14.90±2.96a | 5.10±1.10c |  |

表 12-3 禁牧休牧主要植物种群盖度的季节动态 (单位：%)

| 年份 | 月份 | 短花针茅 | | | | | 碱韭 | | | | | 无芒隐子草 | | | | |
| --- | --- | --- | --- | --- | --- | --- | --- | --- | --- | --- | --- | --- | --- | --- | --- | --- |
| | | DG1 | DG2 | DG3 | BG | CG | DG1 | DG2 | DG3 | BG | CG | DG1 | DG2 | DG3 | BG | CG |
| 2006 | 8 | 1.18±0.82b | 0.76±0.85b | 1.58±0.85b | 11.39±4.89a | 1.60±1.09b | 7.06±2.00a | 4.74±0.92b | 3.23±1.23b | 4.30±2.51b | 4.56±1.37b | 4.26±2.17bc | 11.25±4.42a | 6.24±1.95b | 2.68±2.55c | 3.73±1.67bc |
| | 9 | 0.30±0.00b | 1.08±1.13b | 0.84±0.54b | 19.80±8.88a | 1.91±3.50b | 11.10±1.52a | 5.25±1.62b | 3.75±1.32b | 3.83±2.88b | 11.15±5.17a | 7.15±4.89b | 17.1±7.61a | 9.70±3.06b | 2.60±1.52c | 7.10±4.05b |
| | 10 | 0.50±0.31b | 0.55±0.27c | 0.62±0.10b | 3.70±1.31a | 0.74±0.46b | 2.55±0.48ab | 2.62±0.71ab | 2.22±0.61b | 1.26±0.97c | 3.07±0.41a | 9.20±2.15a | 8.8±1.21a | 3.85±1.22b | 1.75±0.90c | 2.38±0.47c |
| 2007 | 6 | 0.74±0.52b | 0.97±0.63b | 1.17±1.01b | 11.70±0.00a | 2.18±1.03b | 2.65±0.75a | 1.95±1.07ab | 1.46±0.86b | 1.09±0.81b | 1.89±1.13ab | 2.78±1.78a | 3.05±0.69ab | 2.39±1.30ab | 0.79±0.67c | 1.62±0.93bc |
| | 7 | 0.90±0.14b | 0.73±0.69b | 1.48±0.69b | 10.40±3.98a | 0.00±0.00a | 5.80±1.62a | 2.55±0.83b | 2.12±1.20b | 3.48±2.48b | 2.95±1.07b | 3.30±1.16bc | 4.70±0.95b | 3.60±0.94b | 2.45±1.12c | 2.40±0.74c |
| | 8 | 0.50±0.28c | 1.63±1.26bc | 1.65±0.90bc | 5.20±1.03a | 2.42±1.45b | 4.70±0.67ab | 7.90±6.28a | 4.75±1.69ab | 4.10±2.47b | 7.50±2.68a | 2.20±0.79cd | 17.50±3.47a | 7.90±2.81b | 0.80±0.24d | 3.30±0.92c |
| | 9 | 1.45±1.64b | 1.25±1.13b | 0.54±0.28b | 9.00±3.09a | 2.19±1.56 | 5.45±2.11a | 2.70±0.92b | 2.46±0.16b | 2.63±1.19b | 4.65±1.42a | 3.60±0.84ab | 4.05±1.37a | 4.50±1.28a | 3.70±1.34ab | 3.05±0.50b |
| | 10 | 0.40±0.16bc | 0.27±0.10c | 0.54±0.28bc | 1.62±0.67a | 0.79±0.41b | 3.78±0.93a | 1.09±0.18c | 0.95±0.16c | 0.74±0.43c | 1.65±0.78b | 1.72±1.16b | 4.80±1.09a | 0.85±0.28c | 1.30±0.49bc | 1.09±0.26bc |
| 2008 | 6 | 0.77±0.19c | 0.80±0.35c | 0.59±0.41c | 3.90±1.13a | 1.63±0.98b | 2.80±1.06a | 1.66±1.21b | 1.09±0.32b | 1.65±0.58b | 1.63±0.65b | 0.86±0.25b | 1.25±0.68b | 1.09±0.42b | 1.91±0.57a | 0.97±0.27b |
| | 7 | 0.50±0.12b | 0.41±0.31b | 0.56±0.36b | 3.00±1.35a | 0.74±0.45b | 4.10±1.73a | 1.67±0.38cd | 1.35±0.48d | 2.72±1.73bc | 3.00±1.49bc | 1.17±0.76b | 1.76±0.51b | 0.97±0.30b | 19.60±4.74a | 0.82±0.41b |
| | 8 | 1.22±0.80b | 0.85±0.48b | 0.81±0.43b | 4.25±0.42a | 1.03±0.92b | 5.65±1.89a | 3.05±1.01b | 2.65±0.63b | 3.90±1.60b | 3.20±0.82b | 1.55±0.64bc | 2.30±0.79b | 1.60±0.70bc | 3.40±1.41a | 1.21±0.31c |
| | 9 | 0.70±0.14b | 0.76±0.44b | 1.06±0.44b | 3.40±0.94a | 1.33±0.66b | 3.23±1.42a | 1.91±0.75bc | 1.33±0.50cd | 1.11±0.53d | 2.25±0.63b | 2.80±1.44b | 5.35±2.31b | 1.94±0.73b | 3.50±2.33b | 2.00±0.62b |
| | 10 | 0.57±1.20b | 0.61±0.25b | 0.78±0.52b | 3.75±1.36a | 1.31±0.46b | 2.50±0.47b | 1.45±0.51b | 1.31±0.51bc | 0.91±0.44c | 2.08±0.70a | 1.72±0.70b | 3.20±1.13a | 1.50±0.47b | 3.10±1.73b | 1.77±0.31b |

表 12-4 禁牧休牧主要植物种群重要值的季节动态

| 年份 | 月份 | 短花针茅 | | | | | 碱韭 | | | | | 无芒隐子草 | | | | |
| --- | --- | --- | --- | --- | --- | --- | --- | --- | --- | --- | --- | --- | --- | --- | --- | --- |
| | | DG1 | DG2 | DG3 | BG | CG | DG1 | DG2 | DG3 | BG | CG | DG1 | DG2 | DG3 | BG | CG |
| 2006 | 8 | 3.25 | 3.78 | 6.66 | 15.72 | 6.17 | 28.52 | 15.82 | 13.44 | 9.00 | 18.05 | 14.83 | 21.32 | 15.77 | 6.26 | 10.73 |
| | 9 | 0.46 | 3.01 | 5.06 | 15.55 | 5.69 | 29.71 | 14.18 | 11.81 | 6.72 | 19.75 | 15.67 | 23.45 | 19.83 | 4.60 | 11.43 |
| | 10 | 2.72 | 4.99 | 7.44 | 12.15 | 7.64 | 20.16 | 12.12 | 12.85 | 6.32 | 20.53 | 30.62 | 26.45 | 20.19 | 7.11 | 13.03 |
| 2007 | 6 | 7.11 | 7.01 | 10.20 | 32.84 | 12.05 | 13.51 | 10.61 | 10.09 | 6.39 | 12.64 | 18.36 | 12.92 | 11.40 | 4.17 | 8.83 |
| | 7 | 3.66 | 6.38 | 8.72 | 23.62 | 10.00 | 26.45 | 15.67 | 11.07 | 13.16 | 22.61 | 14.47 | 20.51 | 15.37 | 8.53 | 14.52 |
| | 8 | 4.21 | 6.28 | 5.75 | 11.92 | 7.53 | 11.74 | 26.26 | 17.97 | 2.34 | 9.16 | 23.41 | 18.64 | 13.72 | 9.74 | 22.34 |
| | 9 | 7.59 | 7.98 | 6.48 | 16.31 | 9.73 | 24.38 | 13.87 | 10.88 | 8.30 | 18.59 | 14.69 | 23.12 | 14.72 | 9.58 | 12.64 |
| | 10 | 5.04 | 5.72 | 8.37 | 12.18 | 7.66 | 29.54 | 11.47 | 10.89 | 6.62 | 15.34 | 14.09 | 30.38 | 9.70 | 9.82 | 9.32 |
| 2008 | 6 | 8.72 | 8.35 | 10.74 | 29.45 | 20.05 | 40.80 | 18.11 | 15.20 | 13.99 | 19.21 | 12.35 | 10.42 | 9.79 | 10.80 | 8.47 |
| | 7 | 3.83 | 8.51 | 9.11 | 11.72 | 6.30 | 34.28 | 23.25 | 17.18 | 11.92 | 23.83 | 11.08 | 17.63 | 9.01 | 20.47 | 6.82 |
| | 8 | 4.54 | 7.23 | 4.88 | 9.44 | 4.24 | 17.87 | 10.57 | 9.85 | 9.34 | 11.42 | 5.36 | 6.29 | 5.56 | 7.11 | 3.64 |
| | 9 | 1.92 | 10.89 | 11.02 | 10.84 | 6.21 | 13.38 | 7.29 | 6.69 | 5.56 | 11.02 | 8.84 | 13.85 | 8.35 | 14.61 | 7.99 |
| | 10 | 3.01 | 9.37 | 11.25 | 12.21 | 5.62 | 14.79 | 6.78 | 6.88 | 5.44 | 7.73 | 12.28 | 13.25 | 9.76 | 16.72 | 7.58 |

放牧区，说明放牧期间无芒隐子草更多地被家畜采食从而导致其地上现存量大大下降。各处理短花针茅地上现存量的高峰期均出现在 10 月，碱韭地上现存量高峰期均出现在 8 月，无芒隐子草地上现存量的高峰期在时间上没有表现出一致性。禁牧休牧短花针茅、无芒隐子草和碱韭地上现存量的年度变化如图 12-2、图 12-3 和图 12-4 所示。方差分析表明，短花针茅地上现存量三年均为禁牧区显著高于休牧区与自由放牧区（$P<0.05$），且呈现出休牧 2 区＞休牧 3 区＞休牧 1 区的趋势。试验说明禁牧与休牧有利于提高短花针茅和无芒隐子草的地上现存量。

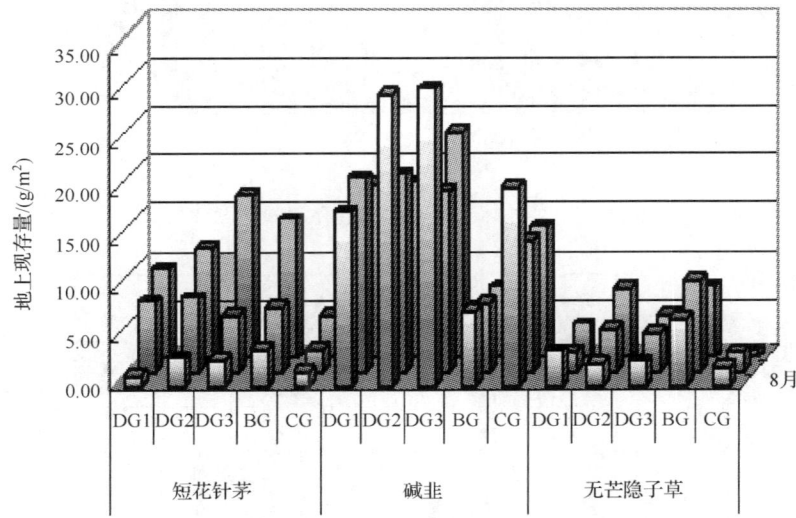

图 12-1　禁牧休牧主要种群地上现存量的季节动态（2008 年）

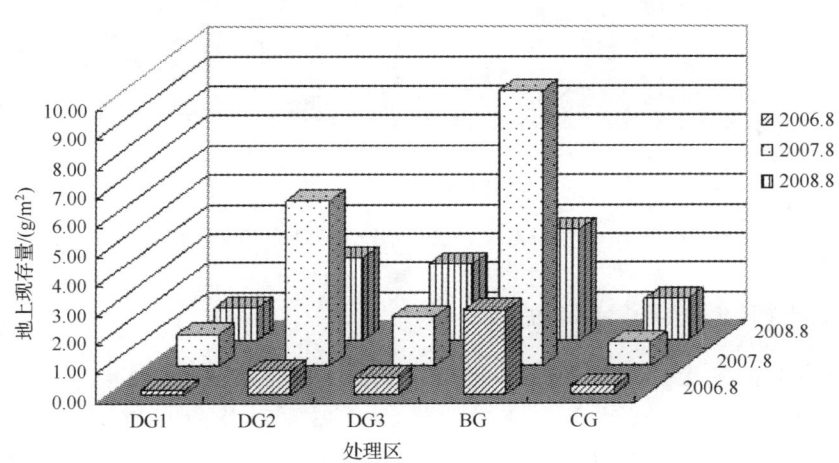

图 12-2　禁牧休牧短花针茅地上现存量的年度变化

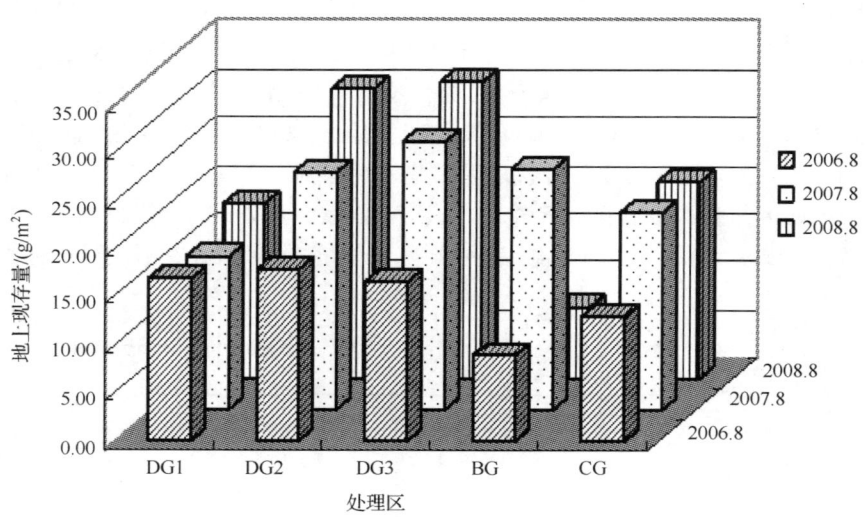

图 12-3　禁牧休牧碱韭地上现存量的年度变化

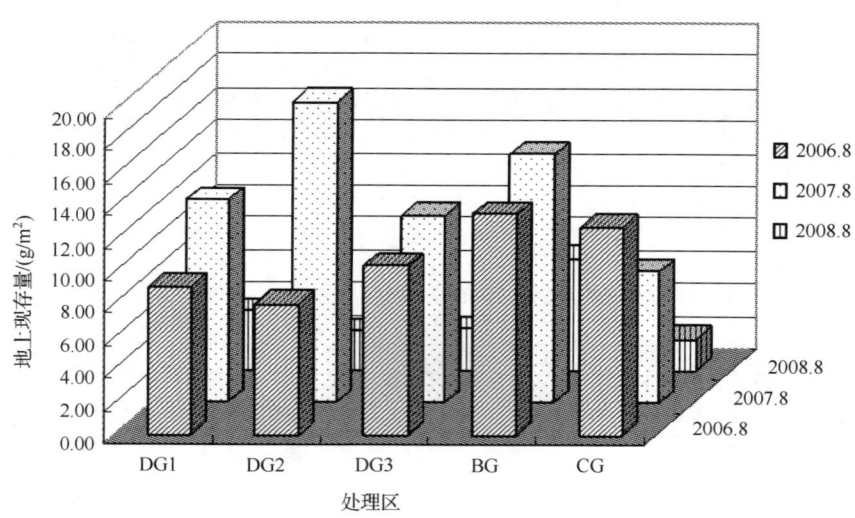

图 12-4　禁牧休牧无芒隐子草地上现存量的年度变化

## 二、主要植物种群光合特性

植物生长发育中两个最重要的生态影响因子是光照和水分（Tueller，1988）。家畜啃食和践踏会显著影响植物对光和水分的利用（Coughenour，1984），同时也影响牧草的生理活动和光合特性，从而影响牧草的产量及生理、生态学指标。Parsons 和 Penning (1988) 认为植株冠层被家畜采食后，其叶面积指数大幅度下降，植物的光合作用能力也随之下降。Woledge (1986) 和 King 等 (1984) 认为不同放牧制度下影响采食后冠层净光合作用速率的两个最主要因素是牧草的总光合面积指数（尤其是叶面积指数）和冠层中的叶龄结构。但是，在放牧过程中，植物体光合作用的降低与叶面积减小或生物量的移除并不成比例，因为老幼叶的光合贡献与冠层的微气候密切相关，在某些情况下会起到补偿作用（侯扶江，2001）。Schulze (1986) 研究发现，过度放牧会导致草原植被盖度的降低，使植物冠层的空气湿度和土壤水分含量下降，从而对叶片气孔导度与光合作用产生影响，使植物的水分利用效率降低。

我国许多学者对植物的光合特性进行了研究。赵鸿等 (2007) 对安西温性荒漠化草原退牧还草围栏建设工程区芨芨草的光合生理生态特征进行了比较系统的监测分析，结果表明，禁牧区草地主要植物类群芨芨草叶片的光合速率较高，有利于芨芨草的生长和干物质积累。汪诗平和王艳芬 (2001)、汪诗平等 (2003) 报道，被采食的植物往往通过提高现有和再生叶片的光合作用能力及加快叶片和茎基部的生长速率来恢复整株植物的总体光合能力。刘东焕等 (2002) 认为，放牧导致草原植被盖度降低，致使植物微生境中的空气温度升高，同时植物直接暴露于光照下也会使叶片温度升高。高温使细胞的化学代谢过程和光合酶的活性受到一定的抑制，从而影响了植物的气体交换和光合作用。王玉辉和周广胜 (2001) 研究表明，羊草的光合生理生态特性对改善羊草草原的生产力，科学地经营与管理草场，建立草地生态系统优化模式具有比较重要的理论与实践意义。

(一) 光合特征日变化

1. 净光合速率日变化

禁牧休牧下荒漠草原主要植物种群短花针茅、无芒隐子草和碱韭净光合速率的日变化如图 12-5 所示。不同休牧时间下荒漠草原主要植物种的净光合速率均表现为双峰型，并具有明显的"午休"现象。清晨，由于光合有效辐射和气温较低，三种牧草净光合速率较低，随着气温和光照的增强，叶片可捕获的光能逐渐增多，光合作用的关键酶得到活化，气孔开放，叶片的净光合速率随之增强，并达到第一个峰值。在不同休牧时间，三种牧草净光合速率峰值的大小和出现早晚存在差异。碱韭净光合速率峰值均出现在 9：00，短花针茅和无芒隐子草净光合速率峰值，在禁牧区、休牧 1 区和休牧 2 区，出现在 9：00，在休牧 3 区和自由放牧区，出现在 11：00。在休牧 2 区，三种牧草净光合速率峰值均最大，在休牧 3 区和自由放牧区，净光合速率峰值有所降低，其中短花针茅和碱韭的表现较为明显，而且两者全天的净光合速率均较低。随后，光合有效辐射和温度进一步增强，三种牧草的净光合速率降低，下午13：00出现光合"午休"现象；且在下午15：00，净光合速率均出现第二个峰值，第二峰值均低于第一峰值。

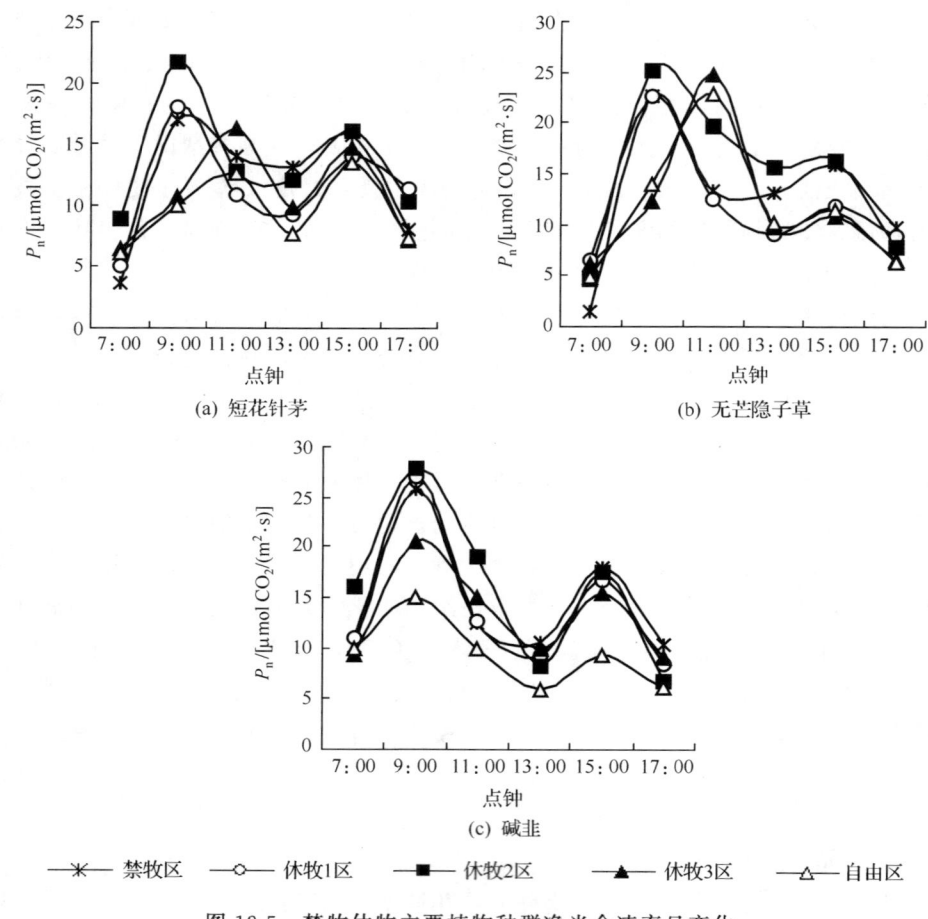

图 12-5　禁牧休牧主要植物种群净光合速率日变化

## 2. 蒸腾速率日变化

蒸腾是植物的重要生理过程，植物通过蒸腾作用运输矿物质、调节叶面温度和供应光合作用所需要的水分等，与植物净光合速率关系密切。短花针茅、无芒隐子草和碱韭蒸腾速率日变化进程曲线如图12-6所示。三种牧草的蒸腾速率同净光合速率曲线大致相同，为双峰型，具有明显的"午休"现象，且第一峰值较第二峰值高，第二峰值均出现在15：00，"午休"现象均出现在13：00。第一峰值出现的时间因禁牧和休牧时间的不同而有所差异，在禁牧区，短花针茅和碱韭蒸腾速率的第一峰值出现在9：00，随休牧时间的增加，两种牧草第一峰值的出现时间后移到11：00。在不同休牧时间，无芒隐子草蒸腾速率第一峰值出现的时间一致,均在 11:00。

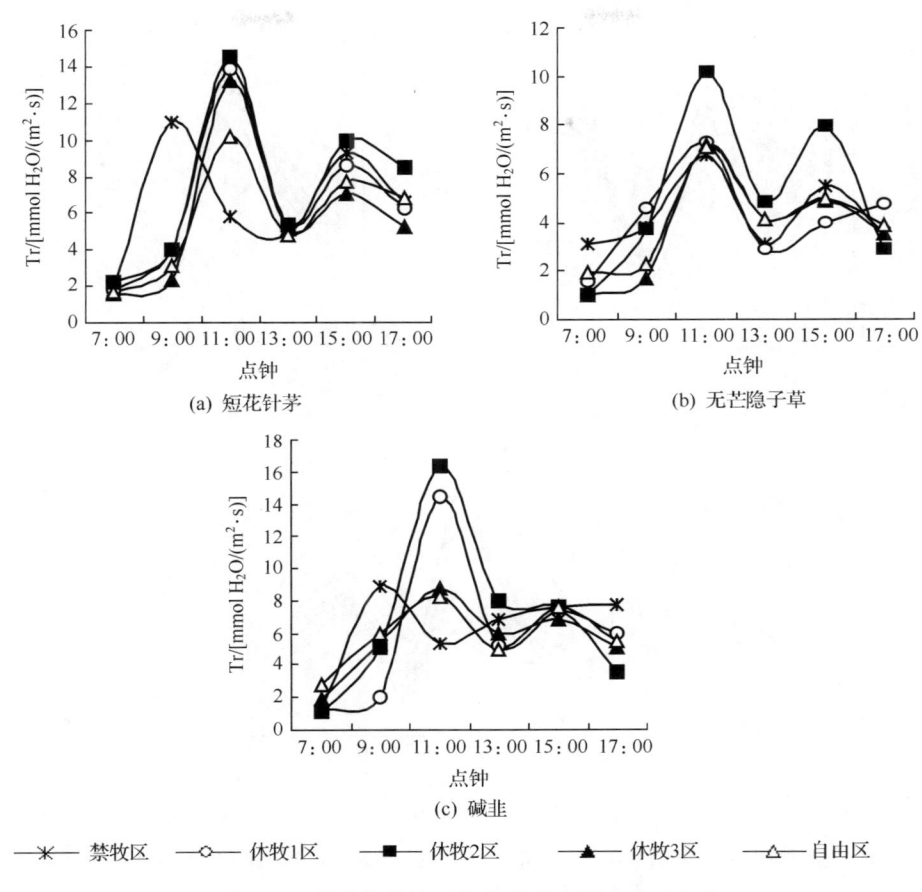

——*—— 禁牧区　——○—— 休牧1区　——■—— 休牧2区　——▲—— 休牧3区　——△—— 自由区

图 12-6　禁牧休牧主要植物种群蒸腾速率日变化

### 3. 气孔导度日变化

气孔是 $CO_2$ 进入植物体和水蒸气逸出植物体的通道,气孔的闭合程度直接影响植物的光合作用和蒸腾作用,还关系到水分的消耗和产量的形成。气孔导度增大,蒸腾速率加快;反之,蒸腾速率减弱。随着叶片水分散失和水势的下降,气孔导度减小,$CO_2$ 进入叶肉细胞内的阻力增加,从而导致净光合速率下降。同时,气孔阻力的增加也减少了叶片水分散失,在一定程度上阻碍了水分亏缺的发展,减轻了干旱胁迫对光合器官的伤害。气孔导度是影响植物净光合速率的主要因子之一(刘建福,2006)。短花针茅、无芒隐子草和碱韭气孔导度的日变化曲线如图 12-7 所示。不同处理区三种牧草的气孔导度日变化趋势与蒸腾速率日变化相同,呈双峰型,具有明显的"午休"现象。而且第一峰值、第二峰值和"午休"现象出现的时间与蒸腾速率类似。

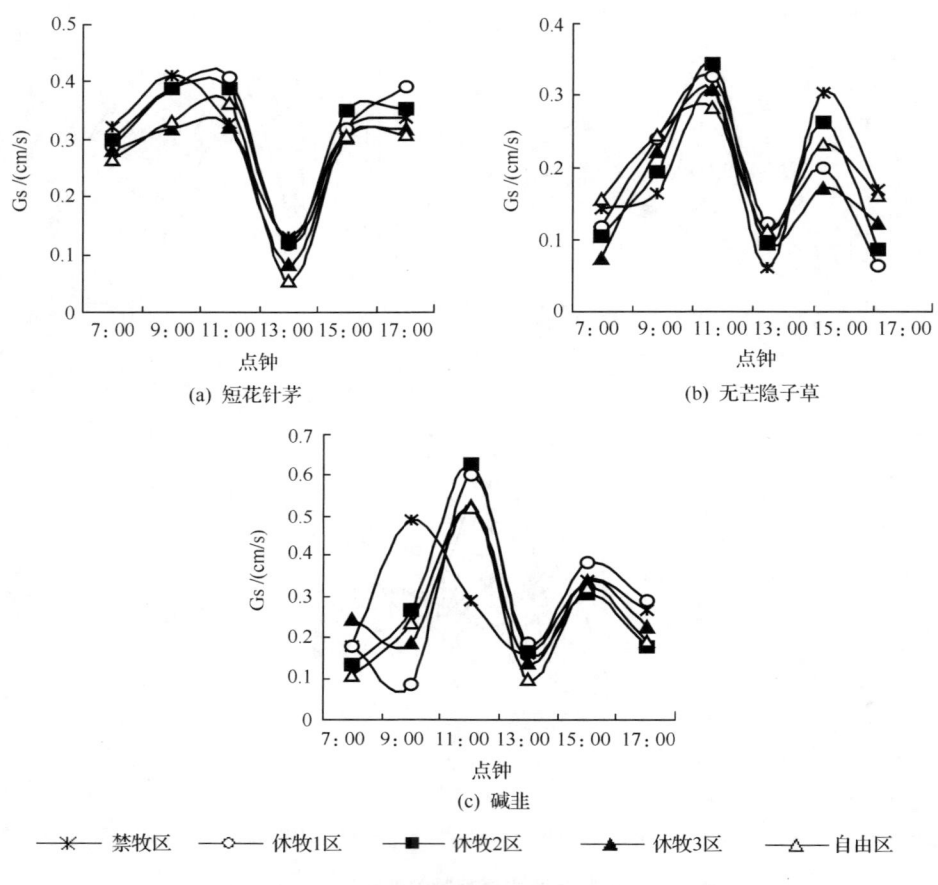

图 12-7　禁牧休牧主要植物种群气孔导度日变化

4. 胞间 $CO_2$ 浓度日变化

胞间 $CO_2$ 浓度反映了外界 $CO_2$ 进入叶细胞的浓度，它是衡量叶片净光合速率大小的主要指标之一（张文标等，2006）。由图 12-8 可知，不同处理区三种牧草叶片胞间 $CO_2$ 浓度（$Ci$）日变化均呈"V"型。均表现为早上浓度较高，随光合作用的进行逐渐降低，到 13：00 达到全天最低值，此时是太阳有效辐射和叶片温度最高的时段，导致气孔部分关闭，从而使外界 $CO_2$ 进入细胞的阻力增大，导致胞间 $CO_2$ 浓度很低。在自由放牧区，三种牧草胞间 $CO_2$ 浓度在全天均较高，但其全天的净光合速率和蒸腾速率较低。

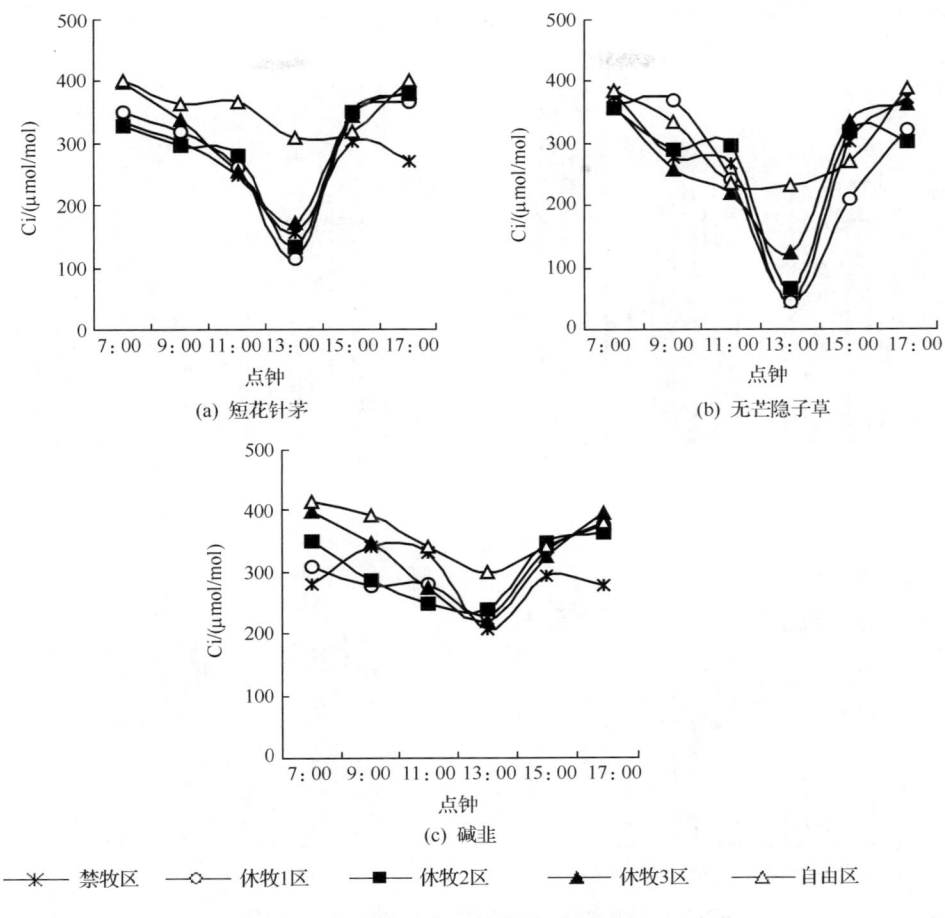

图 12-8　禁牧休牧主要植物种群胞间 $CO_2$ 日变化

## (二) 光合生理指标日均值

禁牧休牧对短花针茅、无芒隐子草和碱韭光合生理指标日均值的影响，如图 12-9 所示。不同休牧小区三种牧草净光合速率、蒸腾速率和胞间 $CO_2$ 浓度日均值均存在显著差异 ($P<0.05$)。随休牧时间的增加，净光合速率和蒸腾速率日均值呈先升高后降低的趋势，在休牧 2 区达到最大值，显著高于其他休牧区。短花针茅的净光合速率和蒸腾速率最高值分别为 $13.65 \mu mol\ CO_2/(m^2 \cdot s)$ 和 $7.42 mmol\ H_2O/(m^2 \cdot s)$；无芒隐子草净光合速率和蒸腾速率最高值分别为 $14.85 \mu mol\ CO_2/(m^2 \cdot s)$ 和 $5.09 mmol\ H_2O/(m^2 \cdot s)$；碱韭净光合速率最高值分别为 $15.94 \mu mol\ CO_2/(m^2 \cdot s)$ 和 $6.94 mmol\ H_2O/(m^2 \cdot s)$。碱韭在自由放牧区的净光合速率日均值显著低于禁牧区、休牧 1 区和休牧 2 区 ($P<$

0.05)。三种牧草胞间 $CO_2$ 浓度日均值自由放牧区最大，日均值分别为 360.37μmol/mol、307.37μmol/mol 和 361.38μmol/mol。

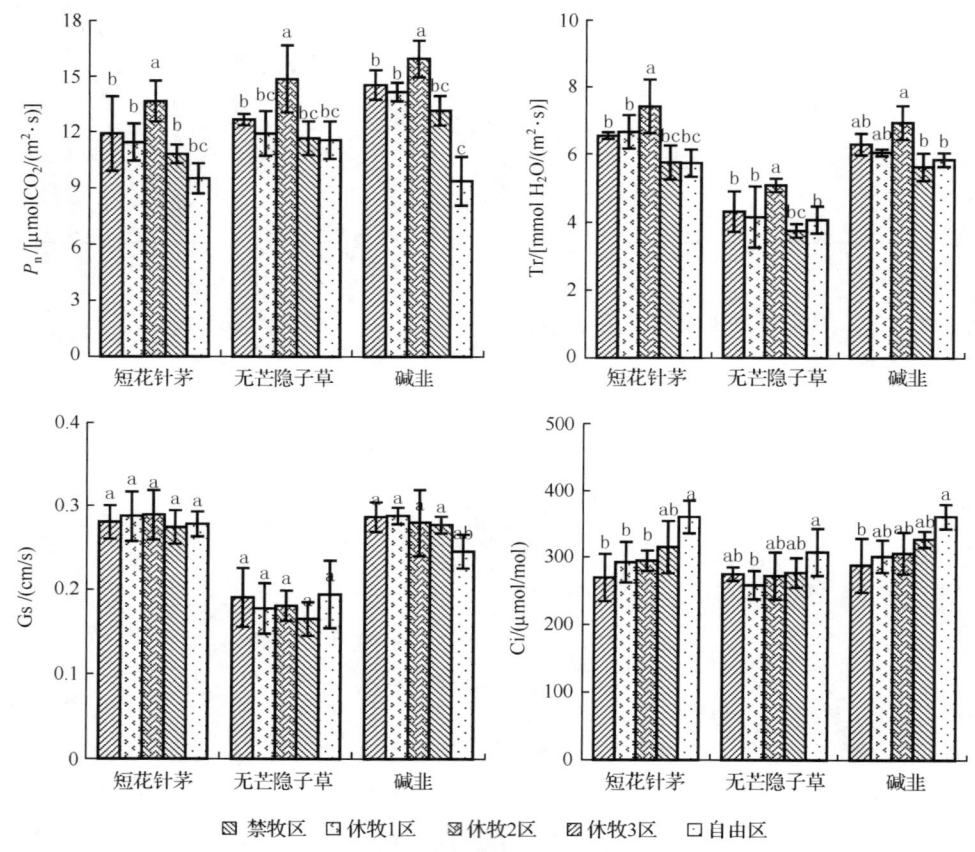

图 12-9　禁牧休牧对主要植物种群光合生理指标日均值的影响

## 第二节　植物群落特征对禁牧休牧的响应

### 一、群落特征动态分析

#### （一）群落种类组成

试验区植物群落属短花针茅＋无芒隐子草＋碱韭群落，在不同处理的固定描述样方内，2006～2008 年 3 年 8 月初记载的植物共 26 种。由表 12-5、表 12-6 和表 12-7 可知，植物群落组成比较单一，多年生植物占有很大优势，但一年生植物也起着相当重要的作用，特别是猪毛菜、栎叶蒿和银灰旋花三种牧草的密度、

表 12-5  不同年份禁牧休牧群落植物高度的变化 (单位: cm)

| 植物名称 | 2006.8.1 | | | | | 2007.8.1 | | | | | 2008.8.1 | | | | |
|---|---|---|---|---|---|---|---|---|---|---|---|---|---|---|---|
| | DG1 | DG2 | DG3 | BG | CG | DG1 | DG2 | DG3 | BG | CG | DG1 | DG2 | DG3 | BG | CG |
| 短花针茅 | 3.51±3.66c | 6.26±5.46c | 10.95±2.04b | 15.40±5.60a | 6.32±3.30c | 2.90±2.91c | 6.30±2.69b | 6.30±1.00b | 14.80±4.58a | 5.00±1.18b | 3.20±2.86c | 13.80±10.18a | 8.90±7.52ab | 12.40±6.02a | 6.30±2.76b |
| 碱韭 | 18.70±1.25ab | 18.88±1.80ab | 21.17±1.91a | 13.90±3.28c | 16.55±6.47bc | 12.30±2.20a | 6.30±0.63ab | 10.00±0.63d | 11.20±1.33bc | 10.20±0.87cd | 14.9±1.70ab | 14.8±2.64ab | 14.10±2.91ab | 12.4±2.46b | 16.50±4.20a |
| 无芒隐子草 | 4.39±0.92b | 4.51±0.77b | 4.96±0.64b | 9.88±3.79a | 3.80±0.89b | 3.30±0.78a | 3.00±0.00a | 3.00±0.00a | 1.40±1.74b | 3.00±0.00a | 4.35±2.37b | 3.70±0.90b | 3.60±1.02b | 7.20±2.18a | 3.35±1.14b |
| 糙隐子草 | 3.91±1.46a | 4.18±1.65a | 4.59±1.76a | 4.51±3.00a | 1.57±1.68b | 0.00±0.00a | 0.00±0.00a | 0.00±0.00a | 0.00±0.00a | 0.00±0.00a | 0.00±0.00a | 0.00±0.00a | 0.00±0.00a | 0.00±0.00a | 0.00±0.00a |
| 银灰旋花 | 3.10±1.44c | 4.08±1.07bc | 5.26±1.21a | 5.90±1.30a | 4.21±0.78a | 2.10±0.30c | 0.00±0.00a | 3.00±0.00b | 4.50±1.02a | 1.50±0.00d | 2.80±0.87b | 2.60±0.83b | 2.80±0.78b | 4.70±1.27a | 3.20±1.31b |
| 锋芒草 | 1.97±1.07b | 3.09±1.84b | 2.68±2.53b | 4.76±1.29a | 2.20±1.29b | 0.20±0.24b | 0.00±0.00c | 0.00±0.00b | 0.55±0.15a | 0.00±0.00b | 0.75±0.46a | 0.80±0.46a | 0.80±0.78a | 0.66±0.22a | 0.85±0.45a |
| 冠芒草 | 3.85±1.05a | 4.55±2.52a | 4.52±2.23a | 4.81±2.61a | 5.00±1.03a | 1.00±0.00a | 0.40±0.80c | 0.00±0.00b | 1.00±0.00a | 0.00±0.00b | 1.70±0.75a | 2.10±0.97a | 1.75±0.81a | 0.50±0.00b | 1.85±1.63a |
| 狗尾草 | 2.72±2.46b | 3.35±1.94b | 3.43±2.63b | 8.65±2.37a | 3.72±2.28b | 1.90±1.14b | 0.00±0.00c | 0.00±0.00c | 2.50±0.81a | 0.00±0.00b | 2.00±2.05a | 2.50±1.91a | 2.20±2.15a | 3.70±1.10a | 3.55±1.59a |
| 栉叶蒿 | 1.80±0.67b | 1.37±0.57b | 0.71±0.82b | 3.82±3.88a | 1.75±1.02b | 10.10±1.97b | 7.30±1.62c | 6.60±0.80cd | 14.20±2.96a | 5.15±0.32d | 1.00±0.71b | 2.65±1.65a | 0.15±1.45b | 0.50±0.71b | 1.05±0.47b |
| 猪毛菜 | 1.34±1.52c | 3.63±0.89b | 3.73±0.82b | 5.77±0.99a | 3.36±1.36b | 2.60±1.11b | 0.40±0.66d | 2.10±0.83bc | 4.50±0.67a | 1.40±0.92c | 8.10±1.97ab | 6.60±1.36b | 6.80±1.40b | 8.10±1.45ab | 9.60±2.76a |
| 葱叶 | 0.00±0.00c | 0.25±0.39bc | 0.96±1.22b | 2.98±1.42a | 0.00±0.00c | 0.00±0.00b | 0.60±0.92d | 0.00±0.00c | 11.50±6.71a | 1.40±0.92b | 0.05±0.15b | 0.30±0.99ab | 0.30±0.99ab | 0.95±1.15a | 0.40±0.80ab |
| 马蔺 | 0.15±0.30a | 0.11±0.20a | 0.04±0.09a | 0.03±0.09a | 0.22±0.60a | 0.00±0.00b | 0.70±0.78b | 0.00±0.00a | 0.30±0.90a | 0.40±0.92a | 0.00±0.00a | 0.00±0.00a | 0.00±0.00a | 0.00±0.00a | 0.00±0.00a |
| 戈壁天门冬 | 0.00±0.00b | 0.00±0.00b | 0.20±0.60a | 0.90±1.81a | 0.00±0.00b | 0.40±1.20a | 0.00±0.00b | 0.00±0.00b | 0.50±1.50a | 0.00±0.00b | 0.60±1.80a | 0.30±0.90a | 0.20±0.60a | 0.30±0.90a | 0.00±0.00a |
| 灰绿藜 | 0.00±0.00a | 0.59±0.73a | 0.20±0.60a | 0.63±1.06a | 0.40±0.89a | 0.20±0.60b | 0.00±0.00c | 0.00±0.00c | 1.50±1.50a | 0.60±0.00bc | 0.50±1.50bc | 2.80±2.39a | 1.50±0.71b | 0.30±0.90a | 0.00±0.00a |
| 细叶韭 | 7.82±2.91ab | 10.30±2.46a | 10.33±2.40a | 7.06±4.02b | 6.06±2.32b | 6.20±2.60b | 4.20±2.64c | 4.20±2.45b | 11.50±6.71a | 1.70±1.27cd | 2.00±1.79ab | 7.70±3.49a | 7.40±2.20a | 8.70±4.63a | 6.00±2.45a |
| 木地肤 | 0.81±1.43b | 3.34±3.97b | 4.26±4.70b | 11.00±1.05a | 3.24±2.73b | 1.80±2.40b | 0.70±0.78b | 2.00±2.45b | 1.60±12.27a | 1.30±1.06b | 150±3.01ab | 0.60±1.02b | 2.10±3.24b | 12.7±14.04a | 1.70±2.28b |
| 白花黄芪 | 0.13±0.39a | 0.00±0.00a | 0.00±0.00a | 0.28±0.84a | 0.50±0.84a | 0.40±1.20a | 0.40±0.80c | 0.20±0.60a | 0.30±0.90a | 0.40±0.92a | 1.60±3.20a | 0.90±2.70a | 0.20±0.60a | 0.00±0.00c | 0.40±1.20a |
| 寸草薹 | 6.63±3.48b | 9.90±3.80a | 4.36±4.73b | 4.19±4.73b | 4.10±3.45a | 4.10±1.45a | 2.10±3.21ab | 3.50±3.50a | 0.30±0.90a | 2.10±3.21bc | 4.90±4.39b | 10.50±4.36a | 5.60±3.17b | 1.10±1.37a | 4.60±5.85b |
| 蒙古葱 | 0.52±1.21b | 1.26±2.79b | 7.95±3.60a | 1.08±3.24b | 0.50±0.84a | 0.40±1.20b | 0.00±0.00b | 2.00±2.45a | 0.50±1.50a | 2.10±3.21ab | 0.50±1.50bc | 0.20±0.60a | 4.50±2.42a | 0.00±0.00c | 1.70±2.61b |
| 狭叶锦鸡儿 | 1.98±2.28ab | 2.61±2.25a | 1.66±3.50ab | 0.00±0.00b | 0.40±0.80b | 2.70±2.83a | 1.50±1.50a | 1.40±2.80a | 0.00±0.00b | 0.40±0.80b | 2.00±1.79ab | 2.80±2.39a | 0.70±2.10bc | 0.00±0.00b | 0.40±1.20c |
| 野韭 | 2.25±4.50bc | 1.18±3.54bc | 7.14±8.09a | 0.00±0.00c | 5.31±6.84ab | 1.30±3.21 | 0.00±0.00c | 2.10±3.21 | 0.00±0.00a | 1.60±3.20a | 150±3.01ab | 1.80±2.40ab | 1.40±2.84ab | 0.00±0.00b | 3.70±6.07a |
| 阿尔泰狗娃花 | 0.51±1.04a | 0.00±0.00a | 0.00±0.00b | 0.00±0.00b | 0.35±1.05a | 0.20±0.60a | 0.70±2.10a | 0.60±0.90a | 0.60±1.80a | 1.10±1.37a | 0.00±0.00a | 0.00±0.00a | 0.00±0.00a | 0.00±0.00b | 0.00±0.00a |
| 地梢瓜 | 0.00±0.00a | 0.66±1.98a | 0.00±0.00b | 0.00±0.00b | 0.00±0.00a | 0.20±0.60a | 0.40±0.80a | 0.00±0.00c | 0.30±0.90a | 0.40±0.92a | 0.90±2.70a | 0.00±0.00a | 0.00±0.00c | 0.00±0.00a | 0.00±0.00a |
| 韭 | 0.00±0.00b | 0.29±0.87b | 0.00±0.00b | 2.79±2.34a | 0.00±0.00b | 0.00±0.00c | 0.00±0.00c | 0.00±0.00b | 0.00±0.00b | 0.00±0.00c | 0.00±0.00b | 0.00±0.00b | 0.20±0.60a | 0.00±0.00b | 0.00±0.00a |
| 委陵菜 | 0.00±0.00a | 0.00±0.00a | 0.00±0.00b | 0.00±0.00a | 0.00±0.00a | 0.00±0.00a | 0.00±0.00a | 0.00±0.00a | 0.00±0.00a | 0.00±0.00a | 0.00±0.00a | 0.00±0.00a | 0.00±0.00a | 0.00±0.00a | 0.00±0.00a |
| 猪毛蒿 | 0.00±0.00a | 0.00±0.00a | 0.00±0.00a | 0.00±0.00a | 0.00±0.00a | 1.40±2.84a | 1.20±1.54a | 1.60±0.92a | 0.00±0.00a | 0.90±1.14a | 1.30±3.03a | 2.40±4.00a | 1.60±4.80a | 1.00±3.00a | 1.10±2.47a |

表 12-6 不同年份禁牧牧群落植物密度的变化 (单位: 株·丛/m²)

| 植物名称 | 2006.8.1 DG1 | DG2 | DG3 | BG | CG | 2007.8.1 DG1 | DG2 | DG3 | BG | CG | 2008.8.1 DG1 | DG2 | DG3 | BG | CG |
|---|---|---|---|---|---|---|---|---|---|---|---|---|---|---|---|
| 短花针茅 | 1.70±2.15c | 2.60±3.04bc | 3.50±1.91bc | 11.20±2.71a | 4.50±2.66b | 1.40±1.69d | 3.10±2.34cd | 3.70±1.95c | 9.30±2.05a | 5.70±2.45b | 1.6±1.62b | 1.80±1.66b | 2.90±2.12b | 7.80±1.47a | 3.20±1.66b |
| 碱韭 | 26.3±7.82a | 13.90±4.35b | 8.40±1.69c | 8.40±5.16c | 15.10±4.76b | 26.40±5.43ab | 20.60±6.31bc | 15.90±4.13c | 14.00±14.42c | 29.40±8.10a | 18.20±7.60a | 8.80±2.60b | 6.90±2.21b | 9.00±3.35b | 10.20±2.36b |
| 无芒隐子草 | 20.50±6.17c | 31.20±4.89a | 26.2±6.95b | 7.60±5.64d | 15.60±4.82c | 20.20±5.34b | 38.30±5.62a | 34.30±7.20a | 1.30±1.90d | 14.00±5.12c | 8.20±3.54ab | 10.50±2.01a | 11.80±7.10a | 8.70±2.90ab | 6.20±1.33b |
| 糙隐子草 | 6.10±5.56a | 5.90±3.78a | 4.70±3.38ab | 1.80±2.64bc | 1.10±1.37c | 0.00±0.00a | 0.00±0.00a | 0.00±0.00a | 0.00±0.00a | 0.00±0.00a | 0.00±0.00a | 0.00±0.00a | 0.00±0.00a | 0.00±0.00a | 0.00±0.00a |
| 银灰旋花 | 34.00±38.99ab | 39.50±18.45ab | 56.80±34.47a | 19.80±8.40b | 37.20±19.29ab | 25.90±30.89b | 34.10±16.65ab | 47.70±25.80a | 20.30±8.98b | 38.50±13.35ab | 14.70±12.77b | 21.30±9.02ab | 29.50±13.98a | 15.70±5.22b | 21.00±5.78ab |
| 狗芒草 | 3.70±1.90b | 6.70±3.87b | 4.40±3.38b | 37.80±11.27a | 3.40±2.06b | 1.00±1.41b | 0.00±0.00b | 0.00±0.00b | 68.00±20.42a | 0.00±0.00b | 14.90±9.41ab | 17.20±7.41ab | 12.80±7.86b | 16.90±7.42ab | 21.30±5.56a |
| 冠芒草 | 31.20±11.31c | 42.40±12.79bc | 36.20±16.87bc | 152.40±70.02a | 66.40±33.72b | 19.10±10.74b | 0.00±0.00c | 0.00±0.00c | 195.00±39.86a | 0.00±0.00c | 215.20±69.74a | 249.50±138.53a | 85.90±82.09d | 24.00±13.09d | 155.30±103.19c |
| 狗尾草 | 1.20±1.25b | 1.30±1.19b | 1.60±1.62b | 18.20±6.19a | 2.40±1.62b | 3.70±3.52b | 0.00±0.00c | 0.00±0.00c | 11.20±1.63a | 0.00±0.00c | 2.50±2.94b | 2.50±1.96b | 2.00±2.24b | 8.40±4.69a | 3.50±2.16b |
| 柳叶蒿 | 6.70±3.52c | 26.00±15.67a | 4.30±3.06c | 18.40±4.86ab | 14.70±10.36b | 21.30±4.80d | 50.10±19.11ab | 42.00±11.25bc | 54.00±18.94a | 16.90±14.74bc | 4.60±3.65bc | 5.90±5.32bc | 0.50±1.50c | 12.70±16.84ab | 18.5±9.77a |
| 猪毛菜 | 0.80±0.98d | 3.60±1.74cd | 6.00±3.95c | 24.30±5.14a | 12.80±8.52b | 4.00±3.32d | 0.30±0.46d | 24.90±21.66b | 63.30±23.32a | 42.20±16.74bc | 5.80±2.93c | 6.60±2.06c | 29.70±13.62b | 44.60±13.79a | 27.70±13.42b |
| 菝葜 | 0.00±0.00a | 0.30±0.46b | 0.90±1.04b | 3.80±2.71a | 0.20±0.40a | 0.00±0.00a | 0.00±0.00a | 0.00±0.00a | 0.00±0.00a | 0.00±0.00a | 0.00±0.00a | 0.10±0.30a | 0.10±0.30a | 1.20±1.33a | 0.20±0.40b |
| 马齿苋 | 0.40±0.66a | 0.30±0.46a | 0.20±0.40a | 0.10±0.30a | 0.20±0.40a | 0.00±0.00a | 0.00±0.00a | 0.00±0.00a | 0.00±0.00a | 0.00±0.00a | 0.00±0.00a | 0.00±0.00a | 0.00±0.00a | 0.00±0.00a | 0.00±0.00a |
| 戈壁天冬 | 0.00±0.00b | 0.00±0.00b | 0.00±0.00b | 0.70±1.55a | 0.30±0.46ab | 0.00±0.00a | 0.00±0.00a | 0.00±0.00a | 0.40±1.20a | 0.00±0.00a | 0.10±0.30a | 0.10±0.30a | 0.10±0.30a | 0.00±0.00a | 0.00±0.00a |
| 灰绿藜 | 0.00±0.00b | 1.30±2.33a | 0.10±0.30b | 0.60±0.88ab | 0.30±0.46ab | 0.10±0.30a | 0.30±0.9a | 0.60±0.8a | 0.00±0.00a | 0.20±0.60a | 0.00±0.00a | 0.20±0.60b | 0.10±0.30a | 0.00±0.00a | 0.00±0.00a |
| 细叶葱 | 2.80±2.27b | 3.50±1.57ab | 5.00±3.16a | 2.10±1.92b | 2.60±1.80b | 2.40±1.23a | 0.50±0.81c | 3.70±2.53a | 2.00±1.34b | 1.50±1.20c | 2.90±1.76b | 4.10±1.97ab | 6.10±1.59a | 3.00±1.34b | 5.00±2.41ab |
| 木地肤 | 0.30±0.46b | 0.80±0.87b | 1.00±1.18b | 1.00±1.18b | 2.20±1.72a | 0.50±0.67b | 0.80±0.87b | 1.10±1.22ab | 1.10±1.37ab | 2.20±1.83a | 0.20±0.40a | 0.20±0.60a | 0.50±0.92a | 1.20±1.60a | 1.00±1.25a |
| 白花黄芪 | 0.20±0.60a | 0.00±0.00a | 0.00±0.00a | 0.50±1.50a | 0.50±0.81a | 0.10±0.30a | 0.20±0.60a | 0.30±0.64a | 0.00±0.00a | 0.30±0.64a | 0.10±0.30a | 0.10±0.30a | 0.30±0.64a | 0.00±0.00a | 0.10±0.30a |
| 寸草苔 | 1.50±1.20ab | 4.20±3.09a | 3.40±5.87a | 1.40±1.62ab | 1.40±1.43b | 1.70±3.03a | 1.40±2.33a | 1.60±2.91a | 0.00±0.00a | 2.10±2.06a |  |  |  |  |  |
| 蒙古葱 | 0.20±0.40b | 0.30±0.64b | 3.00±2.24a | 0.20±0.60b | 0.20±0.60b | 0.10±0.30a | 0.20±0.40a | 0.60±0.8a | 0.00±0.00a | 0.20±0.40a | 3.40±3.07a | 4.30±3.29a | 3.50±3.53a | 6.00±5.31a | 2.10±2.95a |
| 狼针植物鸠儿 | 1.50±2.38b | 3.00±2.49a | 2.70±1.42b | 2.00±1.90a | 1.40±1.62ab | 1.60±2.11a | 1.50±1.69a | 0.40±0.87a | 0.30±0.9a | 0.20±0.40b | 1.90±2.88a | 1.80±1.78a | 6.40±1.20b | 0.20±0.60b | 9.90±1.45b |
| 野韭 | 1.20±2.75ab | 0.10±0.30b | 6.60±10.46a | 0.00±0.00b | 5.40±9.91ab | 0.50±1.20b | 0.10±0.30b | 3.00±5.87a | 0.00±0.00b | 2.90±6.70a | 1.00±2.05ab | 0.20±0.60ab | 2.40±1.20b | 0.20±0.60b | 0.20±0.60b |
| 阿尔泰狗娃花 | 0.60±1.50a | 0.00±0.00a | 0.00±0.00a | 0.10±0.30a | 0.40±1.20a | 0.10±0.30a | 0.20±0.60a | 0.30±0.90a | 0.00±0.00a | 0.90±1.51a | 2.30±1.20ab | 2.30±0.60ab | 2.90±5.44ab | 3.00±1.34b | 5.00±2.41ab |
| 地梢瓜 | 0.00±0.00a | 0.10±0.30a | 0.00±0.00a | 0.10±0.30a | 0.00±0.00a | 0.20±0.40a | 0.20±0.60a | 0.00±0.00a | 0.00±0.00a | 0.00±0.00b | 0.00±0.00b | 0.20±0.60ab | 0.20±0.60a | 4.20±7.70a |  |
| 韭 | 0.00±0.00b | 0.10±0.30b | 0.00±0.00b | 2.00±1.90a | 0.00±0.00b | 0.10±0.30a | 0.20±0.40a | 0.60±0.8a | 0.00±0.00a | 1.60±2.91a | 0.00±0.00b | 0.00±0.00b | 0.00±0.00b | 0.10±0.30a | 0.00±0.00a |
| 安酸浆 | 0.00±0.00a | 0.00±0.00a | 0.00±0.00a | 0.00±0.00a | 0.00±0.00a | 0.40±0.80a | 0.40±0.80a | 0.40±0.80a | 0.00±0.00a | 0.20±0.40a | 0.00±0.00a | 0.00±0.00a | 0.00±0.00a | 0.00±0.00a | 0.00±0.00a |
| 猪毛蒿 | 0.00±0.00a | 0.00±0.00a | 0.00±0.00a | 0.00±0.00a | 0.00±0.00a | 0.20±0.40a | 0.50±0.67a | 0.60±1.20a | 0.00±0.00a | 2.70±6.80a | 0.30±0.64a | 0.40±0.66a | 0.10±0.30a | 0.10±0.30a | 0.40±0.80a |

第十二章 荒漠草原禁牧休牧及家畜舍饲研究

表12-7 不同年份禁牧休牧群落群植物盖度的变化 (单位: %)

| 植物名称 | 2006.8.1 DG1 | DG2 | DG3 | BG | CG | 2007.8.1 DG1 | DG2 | DG3 | BG | CG | 2008.8.1 DG1 | DG2 | DG3 | BG | CG |
|---|---|---|---|---|---|---|---|---|---|---|---|---|---|---|---|
| 短花针茅 | 0.59±0.78b | 0.68±0.79b | 1.58±0.81b | 11.39±4.64a | 1.44±1.09b | 0.25±0.31d | 1.47±1.23c | 1.65±0.85bc | 5.20±0.98a | 2.42±1.37b | 0.73±0.82b | 0.60±0.54b | 0.73±0.46b | 4.25±0.40a | 0.92±0.88b |
| 碱韭 | 7.06±1.90a | 4.74±0.87b | 3.23±1.16c | 4.30±2.38bc | 4.56±1.30bc | 4.70±0.64bc | 7.90±5.96a | 4.75±1.60bc | 4.10±2.34c | 7.50±2.54ab | 5.65±1.79a | 3.05±0.96bc | 2.65±0.59c | 3.90±1.51b | 3.20±0.78bc |
| 无芒隐子草 | 4.26±2.06bc | 11.25±4.20a | 6.24±1.85b | 2.68±2.42c | 3.73±1.59c | 2.20±0.75c | 17.50±3.29a | 7.90±2.66b | 0.32±0.41d | 3.30±0.87c | 1.55±0.61c | 2.30±0.75b | 1.60±0.66c | 3.40±1.34a | 1.21±0.30c |
| 糙隐子草 | 1.56±1.28a | 1.89±1.13a | 1.45±1.02a | 0.60±0.48b | 0.20±0.21b | 0.00±0.00a | 0.00±0.00a | 0.00±0.00a | 0.00±0.00a | 0.00±0.00a | 0.00±0.00a | 0.00±0.00a | 0.00±0.00a | 0.00±0.00a | 0.00±0.00a |
| 银灰旋花 | 2.88±3.06b | 3.58±1.54ab | 5.08±2.91a | 2.12±0.62b | 3.31±1.60ab | 1.28±1.11c | 2.63±1.14ab | 3.84±2.23a | 2.25±0.87bc | 3.25±1.10ab | 1.49±1.89b | 2.05±0.79b | 3.00±1.24a | 3.30±0.98a | 2.10±0.62b |
| 锋芒草 | 0.08±0.04b | 0.35±0.28b | 0.13±0.14b | 4.48±0.71a | 0.049±0.04b | 0.04±0.05b | 0.00±0.00b | 0.00±0.00b | 1.42±0.29a | 0.00±0.00b | 0.73±0.38b | 0.77±0.39b | 0.66±0.36b | 0.84±0.55ab | 1.17±0.48a |
| 冠芒草 | 0.69±0.22c | 1.84±1.05b | 1.84±0.44b | 5.78±1.91a | 2.14±1.17b | 0.82±0.36b | 0.00±0.00c | 0.00±0.00c | 5.00±0.00a | 3.25±1.97bc | 4.11±1.73ab | 5.55±4.62a | 2.55±1.97bc | 1.19±0.85c | 5.45±4.35a |
| 狗尾草 | 0.14±0.17b | 0.11±0.10b | 0.42±0.42b | 1.19±0.53a | 0.40±0.45b | 0.13±0.08b | 0.00±0.00c | 0.00±0.00c | 0.26±0.11a | 0.00±0.00c | 0.25±0.33b | 0.31±0.29b | 0.19±0.25b | 1.06±0.63a | 0.30±0.34b |
| 栉叶蒿 | 0.16±0.11b | 0.80±0.63b | 0.10±0.19b | 0.71±0.23a | 0.38±0.35b | 1.00±0.00c | 3.50±1.10a | 2.25±0.60b | 2.00±0.00b | 2.00±0.41b | 0.18±0.25b | 0.21±0.21b | 0.00±0.00b | 1.45±2.15a | 0.96±0.85ab |
| 猪毛菜 | 0.09±0.13b | 0.31±0.33b | 0.71±0.59b | 3.50±0.25a | 3.11±1.71a | 0.29±0.20c | 0.03±0.05c | 0.93±0.70b | 3.20±1.08a | 0.95±0.79b | 1.70±0.84c | 1.50±0.59c | 6.80±3.06b | 12.55±5.00a | 5.05±1.84b |
| 虫实 | 0.00±0.00b | 0.02±0.04b | 0.03±0.04b | 0.81±0.43a | 0.00±0.00b | 0.00±0.00a | 0.00±0.00a | 0.00±0.00a | 0.00±0.00a | 0.02±0.04a | 0.00±0.00b | 0.00±0.00b | 0.00±0.00b | 0.18±0.24a | 0.00±0.01b |
| 马齿苋 | 0.01±0.02a | 0.00±0.01a | 0.00±0.00a | 0.02±0.06a | 0.01±0.03a | 0.00±0.00a | 0.00±0.00a | 0.00±0.00a | 0.00±0.00a | 0.00±0.00a | 0.00±0.00a | 0.00±0.00a | 0.00±0.00a | 0.00±0.00a | 0.00±0.00a |
| 支鹰天门冬 | 0.00±0.00b | 0.03±0.06b | 0.00±0.00b | 0.07±0.14a | 0.00±0.01b | 0.01±0.03a | 0.00±0.00a | 0.00±0.00a | 0.00±0.00a | 0.05±0.08a | 0.01±0.03a | 0.00±0.00a | 0.00±0.00a | 0.05±0.15a | 0.00±0.00a |
| 灰绿藜 | 0.00±0.00b | 0.03±0.06b | 0.12±0.10ab | 0.10±0.14a | 0.03±0.03b | 0.09±0.13b | 0.00±0.00c | 0.00±0.00c | 0.01±0.03a | 0.02±0.04b | 0.01±0.03a | 0.06±0.07a | 0.00±0.00a | 0.05±0.15a | 0.00±0.00a |
| 细叶韭 | 0.15±0.35ab | 0.16±0.28ab | 0.12±0.16b | 0.24±0.17a | 0.03±0.03b | 0.10±0.21b | 0.32±0.29a | 0.08±0.04b | 0.14±0.10b | 0.14±0.32b | 0.03±0.02b | 0.06±0.07b | 0.16±0.25b | 0.03±0.02b | 0.04±0.02b |
| 木地肤 | 0.14±0.33b | 0.50±0.63b | 0.75±0.88ab | 1.56±1.85a | 0.28±0.21b | 0.14±0.23ab | 0.12±0.12b | 0.50±0.62a | 0.40±0.44ab | 4.41±0.34ab | 0.07±0.16b | 0.06±0.18b | 0.16±0.25b | 0.65±0.71a | 0.12±0.23b |
| 白花黄芪 | 0.00±0.01a | 0.00±0.00a | 0.00±0.00a | 0.03±0.09a | 0.01±0.05a | 0.01±0.03a | 0.00±0.00a | 0.00±0.00a | 0.02±0.06a | 0.02±0.04a | 0.01±0.03a | 0.01±0.03a | 0.03±0.06a | 0.00±0.00a | 0.00±0.01a |
| 寸草薹 | 0.14±0.29a | 0.05±0.03ab | 0.03±0.05ab | 0.00±0.00b | 0.00±0.00b | 0.01±0.03a | 0.06±0.05ab | 0.06±0.05ab | 0.08±0.12a | 0.05±0.07a | 0.12±0.19a | 0.04±0.03ab | 0.00±0.00b | 0.00±0.00b | 0.02±0.04b |
| 蒙古葱 | 0.01±0.01b | 0.04±0.09b | 0.31±0.26a | 0.00±0.00b | 0.02±0.06b | 0.06±0.07ab | 0.16±0.16ab | 0.20±0.42a | 0.05±0.07a | 0.05±0.08a | 0.12±0.19a | 0.13±0.19a | 0.04±0.12a | 0.06±0.06a | 0.01±0.01b |
| 狭叶锦鸡儿 | 0.13±0.19b | 0.44±0.40a | 0.15±0.32b | 0.00±0.01b | 0.00±0.00b | 0.06±0.07ab | 0.16±0.16ab | 0.20±0.42a | 0.05±0.07a | 0.02±0.04b | 0.15±0.19a | 0.13±0.19a | 0.04±0.12a | 0.03±0.02b | 0.00±0.01b |
| 野韭 | 0.12±0.27b | 0.02±0.06b | 0.81±1.11a | 0.00±0.00b | 0.50±0.94ab | 0.03±0.06ab | 0.16±0.35a | 0.21±0.35a | 0.00±0.00b | 0.14±0.32ab | 0.07±0.18a | 0.03±0.06a | 0.04±0.12a | 0.03±0.06a | 0.12±0.30a |
| 阿尔泰狗娃花 | 0.08±0.21a | 0.00±0.00a | 0.00±0.00a | 0.05±0.15a | 0.05±0.15a | 0.01±0.03a | 0.02±0.06a | 0.02±0.09a | 0.01±0.03a | 0.07±0.10a | 0.07±0.18a | 0.01±0.03a | 0.03±0.06a | 0.00±0.01a | 0.00±0.01a |
| 地桃瓜 | 0.00±0.00a | 0.00±0.00a | 0.00±0.00a | 0.00±0.00a | 0.00±0.00a | 0.01±0.03a | 0.04±0.08a | 0.04±0.05ab | 0.00±0.00b | 0.00±0.00b | 0.12±0.19a | 0.04±0.03a | 0.06±0.06a | 0.00±0.00b | 0.00±0.01a |
| 葱 | 0.00±0.00b | 0.01±0.03b | 0.00±0.00b | 0.23±0.21a | 0.00±0.01b | 0.06±0.07ab | 0.05±0.07a | 0.20±0.42a | 0.16±0.16ab | 0.02±0.04b | 0.04±0.12a | 0.01±0.03a | 0.03±0.04b | 0.00±0.00b | 0.00±0.00b |
| 委陵菜 | 0.00±0.00a | 0.00±0.00a | 0.00±0.00a | 0.00±0.00a | 0.00±0.00a | 0.04±0.08a | 0.01±0.03a | 0.00±0.00a | 0.00±0.00a | 0.02±0.06a | 0.03±0.06a | 0.01±0.03a | 0.00±0.00a | 0.00±0.00a | 0.00±0.00a |
| 猪毛蒿 | 0.00±0.00a | 0.00±0.00a | 0.00±0.00a | 0.00±0.00a | 0.00±0.00a | 0.02±0.04ab | 0.04±0.05ab | 0.04±0.07ab | 0.00±0.00b | 0.07±0.12a | 0.06±0.15a | 0.01±0.01a | 0.01±0.03a | 0.01±0.03a | 0.01±0.03a |

高度和盖度均很高。在多年生植物中，短花针茅为建群种，不同处理区群落的外貌和季相等群落特征主要由它体现。优势种无芒隐子草和碱韭高度、密度和盖度较大，因此，它们在群落特征表现方面比较突出。试验表明，三年间各处理区植物组成的差异较大，2006年休牧1区、休牧2区、休牧3区、禁牧区和自由放牧区的植物种类分别为19种、21种、19种、18种和21种；2007年分别为20种、13种、15种、15种和15种；2008年分别为17种、18种、19种、19种和18种。2006年出现了大量的一年生植物，以致各处理区植物种类组成数目较多。2007年降雨量较少，以致一年生植物较少，因此各处理区植物种类组成数目较少。组成群落的植物种类的数目在不同年份和不同处理间发生了较大的变化，一些种群的数量特征，诸如种群密度、高度和盖度在不同程度上发生了变化，有些种群的变化还比较明显，诸如猪毛菜和栉叶蒿等。总体来看，休牧1区植物种类较禁牧区和自由放牧区多，但各休牧区间无明显差异。

## （二）群落高度年度动态

2006～2008年各处理的群落高度如表12-5所示。三年间禁牧区短花针茅高度始终高于休牧区与自由放牧区（$P<0.05$），休牧3区显著高于休牧1区（$P<0.05$），说明在放牧期间家畜采食使短花针茅高度下降，休牧40～50天对短花针茅高度的影响不大，而禁牧和休牧60天明显有助于短花针茅高度的增加。可见，短花针茅高度随着休牧时间的增加而增加。碱韭作为大气干旱的指示植物，它的高度主要取决于降雨量的多少，休牧时间的长短对其影响较小。2006年、2008年无芒隐子草高度均为禁牧区显著高于休牧区与自由放牧区（$P<0.05$），说明禁牧有利于无芒隐子草的生长。但2007年休牧区与自由放牧区显著高于禁牧区（$P<0.05$），这可能是因为当年干旱所致。三年间禁牧区银灰旋花高度显著高于自由放牧区与休牧区（$P<0.05$）。一年生植物除受降水的影响外，也与休牧时间有关。一年生植物猪毛菜的高度在2006年、2007年禁牧区显著高于休牧区与自由放牧区（$P<0.05$），三年间高度总体呈上升趋势。禁牧条件下，一年生植物在雨水较好时，在较短的时间内，得以快速生长，在干旱的年份，一年生植物生长受到抑制。

## （三）群落密度年度动态

群落密度如表12-6所示。2006～2008年禁牧区短花针茅密度显著高于休牧区与自由放牧区（$P<0.05$）。2007年自由放牧区显著高于休牧区（$P<0.05$），这可能是因为自由放牧连续的采食与践踏，使株丛发生破碎而小型化所致。不同年际间，不同处理短花针茅密度呈下降趋势，其中禁牧区下降的幅度最大。试验期间发现禁牧区短花针茅株丛直立、整齐，分株和破碎化程度较小。三年间休牧

1区碱韭密度始终高于禁牧区（$P<0.05$）。由年际间分析可知，碱韭密度在休牧区随休牧时间的增加呈降低趋势。2006年休牧区与自由放牧区无芒隐子草密度显著高于禁牧区（$P<0.05$）；2007年休牧2区、3区显著高于休牧1区、禁牧区与自由放牧区（$P<0.05$）；2008年休牧2区、3区显著高于自由放牧区（$P<0.05$）。可见禁牧和自由放牧均不利于无芒隐子草密度的增加，而休牧50天有利于无芒隐子草密度的增加。木地肤密度自由放牧区均较高。2006年休牧2区一年生植物栉叶蒿密度显著高于休牧1区、3区与自由放牧区（$P<0.05$）。三年中碱韭在休牧区与自由放牧区大量出现，禁牧区均未出现。冠芒草、锋芒草与狗尾等一年生草密度禁牧区较高于其他处理区。

（四）群落盖度年度动态

群落盖度年度变化如表12-7所示。短花针茅盖度在2006～2008年不同年间，禁牧区与自由放牧区呈现出逐渐下降的趋势。通过对2006～2008年无芒隐子草盖度年际间的分析，休牧2区无芒隐子草盖度呈现先上升后下降的趋势，自由放牧区总体呈下降趋势。碱韭盖度2006年和2008年休牧1区显著高于其他处理（$P<0.05$），2007年休牧2区显著高于其他处理（$P<0.05$），自由放牧区显著高于禁牧区（$P<0.05$）。一年生植物栉叶蒿盖度2006年和2008年禁牧区均显著高于其他处理（$P<0.05$），休牧区与自由放牧区及休牧区之间无显著差异（$P>0.05$）。2006年禁牧区与自由放牧区猪毛菜显著高于休牧区（$P<0.05$），2007年和2008年禁牧区显著高于其他处理区（$P<0.05$），自由放牧区与休牧3区显著高于休牧1区、2区（$P<0.05$）。可见禁牧和休牧有助于草地盖度的提高，与休牧期成正比，休牧50～60天更有利于群落盖度的提高。

## 二、群落植物重要值及多样性

（一）群落植物重要值

植物群落重要值可以反映植物在群落中的地位和优势程度，是评价植物种群在群落中作用的一项综合数量指标。2006～2008年3年不同处理群落植物的重要值如表12-8所示。在年度内和年际，各处理区多年生植物短花针茅、无芒隐子草、碱韭、银灰旋花、细叶韭和寸草薹在群落中的作用较大，即重要值的排序居前。同时，一年生植物栉叶蒿、冠芒草与猪毛菜的重要值也较大，在各区占有绝对优势，其他一年生杂草类的重要值较小，在群落中的作用也较小，说明荒漠草原的草地植物群落组成发生了变化，草地已经出现了一定程度的退化。此外，一年生植物栉叶蒿与猪毛菜的重要值在自由放牧区较高，说明连续放牧条件下，水热条件好的季节对快速生长的一年生植物有利，这可能对多年生草类植物产生

表 12-8 不同年份禁牧休牧群落植物的重要值

| 植物名称 | 2006.8.1 | | | | | 2007.8.1 | | | | | 2008.8.1 | | | | |
| --- | --- | --- | --- | --- | --- | --- | --- | --- | --- | --- | --- | --- | --- | --- | --- |
| | DG1 | DG2 | DG3 | BG | CG | DG1 | DG2 | DG3 | BG | CG | DG1 | DG2 | DG3 | BG | CG |
| 短花针茅 | 3.25 | 3.78 | 6.66 | 15.72 | 6.17 | 4.21 | 6.28 | 5.75 | 11.92 | 7.53 | 4.54 | 7.23 | 4.88 | 9.44 | 4.24 |
| 碱韭 | 28.52 | 15.82 | 13.44 | 9.00 | 18.05 | 23.41 | 18.64 | 13.72 | 9.74 | 22.34 | 17.87 | 10.57 | 9.85 | 9.34 | 11.42 |
| 无芒隐子草 | 14.83 | 21.32 | 15.77 | 6.26 | 10.73 | 11.74 | 26.26 | 17.97 | 2.34 | 9.16 | 5.36 | 6.29 | 5.56 | 7.11 | 3.64 |
| 糙隐子草 | 6.26 | 5.05 | 4.56 | 2.15 | 1.27 | — | — | — | — | — | — | — | — | — | — |
| 银灰旋花 | 14.86 | 13.10 | 20.09 | 5.81 | 14.09 | 10.34 | 10.61 | 14.96 | 5.79 | 12.46 | 5.36 | 6.55 | 10.29 | 7.50 | 6.60 |
| 锋芒草 | 2.02 | 2.85 | 1.94 | 9.35 | 1.73 | 1.03 | 0.00 | 0.00 | 7.00 | 0.00 | 3.24 | 3.29 | 3.60 | 4.13 | 4.43 |
| 冠芒草 | 10.58 | 11.64 | 11.17 | 22.75 | 17.76 | 6.91 | 0.00 | 0.00 | 21.11 | 0.00 | 30.59 | 34.65 | 17.42 | 5.72 | 26.12 |
| 狗尾草 | 1.91 | 1.69 | 2.07 | 5.75 | 2.85 | 2.40 | 1.81 | 3.36 | 1.91 | 13.35 | 3.00 | 2.13 | 2.14 | 3.76 | 2.21 |
| 栉叶蒿 | 2.78 | 6.16 | 1.21 | 3.80 | 4.08 | 11.40 | 17.74 | 2.97 | 10.89 | 7.42 | 1.81 | 2.09 | 1.26 | 9.64 | 3.86 |
| 猪毛菜 | 1.03 | 2.46 | 3.44 | 7.40 | 9.00 | 2.69 | 1.07 | 7.37 | 10.16 | — | 6.83 | 5.23 | 18.04 | 22.47 | 13.99 |
| 藜藜 | 0.00 | 0.18 | 0.54 | 2.05 | 0.00 | — | — | — | — | — | 0.00 | 0.27 | 1.10 | 1.41 | 0.78 |
| 马齿苋 | 0.18 | 0.10 | 0.05 | 0.04 | 0.16 | 2.04 | 0.00 | 0.00 | 1.93 | 0.00 | 2.64 | 0.00 | 0.00 | 0.00 | 0.00 |
| 戈壁天门冬 | 0.00 | 0.00 | 0.00 | 0.42 | 0.00 | 1.99 | 0.00 | 0.00 | 0.00 | 0.00 | 0.00 | 0.00 | 0.93 | 2.01 | 0.00 |
| 灰绿藜 | 0.00 | 0.50 | 0.09 | 0.35 | 0.25 | 3.53 | 1.81 | 3.36 | 4.66 | 2.06 | 3.46 | 2.85 | 3.25 | 3.85 | 2.82 |
| 细叶韭 | 4.89 | 4.89 | 4.62 | 2.70 | 3.39 | 2.95 | 1.36 | 2.97 | 8.21 | 2.19 | 1.71 | 2.95 | 3.30 | 10.03 | 2.12 |
| 木地肤 | 0.73 | 2.08 | 2.71 | 4.97 | 2.39 | 2.04 | 0.00 | 1.37 | 1.18 | 1.56 | 0.00 | 1.10 | 0.81 | 0.00 | 1.43 |
| 白花黄芪 | 0.12 | 0.00 | 0.00 | 0.17 | 0.38 | 3.43 | 5.37 | 3.94 | 0.00 | 5.21 | 4.17 | 3.74 | 2.85 | 0.00 | 4.36 |
| 寸草薹 | 3.96 | 4.72 | 2.17 | 0.00 | 2.27 | 2.04 | 0.00 | 2.74 | 0.00 | 2.05 | 0.00 | 1.58 | 2.95 | 0.00 | 2.19 |
| 蒙古葱 | 0.32 | 0.60 | 3.71 | 0.00 | 0.58 | 3.13 | 2.64 | 4.91 | 0.00 | 1.48 | 2.11 | 1.97 | 3.41 | 0.00 | 1.54 |
| 狭叶锦鸡儿 | 1.59 | 2.11 | 0.91 | 0.00 | 0.23 | 3.47 | 0.00 | 5.54 | 0.00 | 8.19 | 4.07 | 2.40 | 4.04 | 0.00 | 6.15 |
| 野韭 | 1.64 | 0.51 | 4.85 | 0.00 | 4.31 | 1.27 | 4.62 | 2.32 | 2.09 | 2.24 | 0.00 | 2.75 | 0.00 | 0.00 | 0.00 |
| 阿尔泰狗娃花 | 0.54 | 0.00 | 0.00 | 0.00 | 0.32 | — | — | 1.54 | — | — | — | — | — | — | — |
| 地梢瓜 | 0.00 | 0.29 | 0.00 | 1.31 | 0.00 | 0.00 | 0.00 | 0.00 | 1.08 | 0.00 | — | — | — | — | — |
| 萆 | 0.00 | 0.14 | 0.00 | 0.00 | — | 3.19 | 2.07 | 1.46 | 0.00 | 2.74 | 3.25 | 2.36 | 5.21 | 3.58 | 2.10 |
| 委陵菜 | — | — | — | — | — | — | — | — | — | — | — | — | — | — | — |
| 猪毛蒿 | — | — | — | — | — | — | — | — | — | — | — | — | — | — | — |

一定的抑制作用，或者这种关系是相互的。可见，与自由放牧相比，禁牧与休牧条件下多年生植物占有优势地位，自由放牧条件下一年生植物的优势地位更明显。说明禁牧、休牧较自由放牧群落具有较高的稳定性且对环境有较高的适应性。另外，在休牧区碱韭的重要值一直较高，说明适口性很好的碱韭经短时间的休牧，在家畜选择和连续采食情况下恢复较快，生活力明显提高。

（二）群落 α 多样性

不同处理区群落物种 α 多样性指数分析如图 12-10 所示。Margalef 丰富度指数 2006～2008 年均为休牧区高于禁牧区与自由放牧区，禁牧区均处于最低水平。说明放牧抑制了优势种的竞争能力，可能导致弱势物种的入侵和定居，从而使群落内物种的多样性出现一定程度的增加。自由放牧使群落内的可食性牧草啃食过度，从而使群落的多样性下降，丰富度减少。Shannon-Wiener 指数与 Margalef 指数的变化趋势相同，休牧区高于禁牧区与自由放牧区，休牧 3 区高于休牧 1 区、2 区，随休牧时间的增加呈上升趋势。Simpson 指数也与 Shannon-Wiener

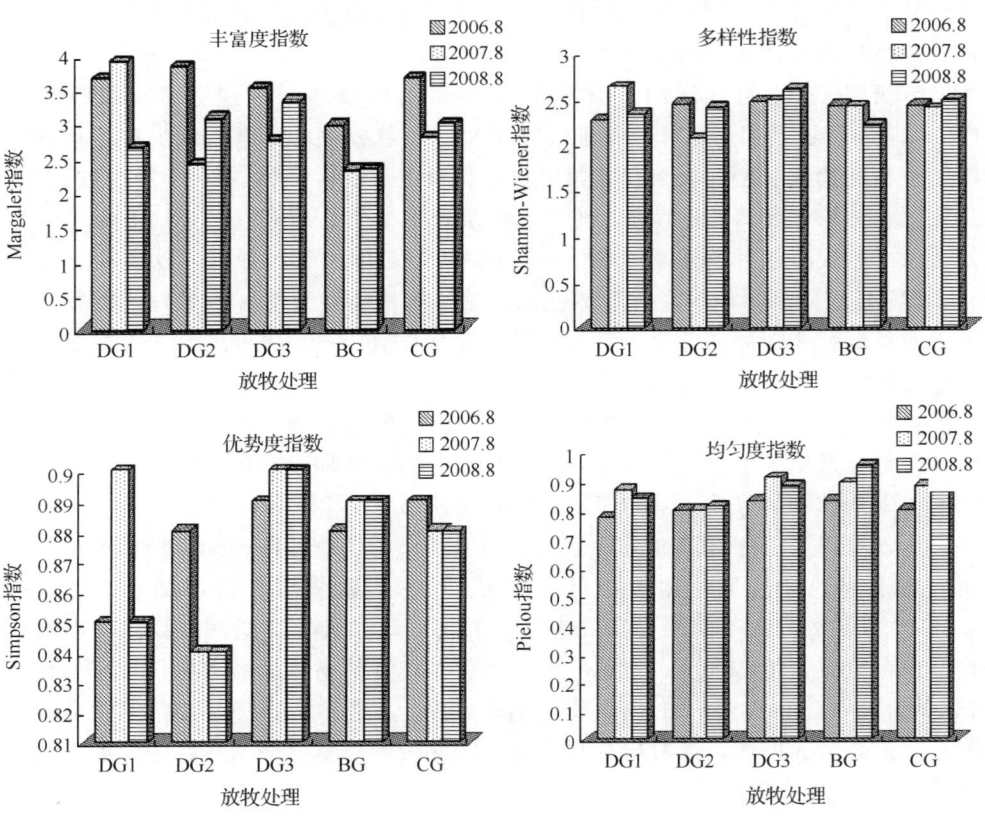

图 12-10　禁牧休牧群落 α 多样性

指数变化的趋势类似，休牧区高于禁牧区与自由放牧区。Pielou 指数 2007 年休牧 1 区、3 区高于禁牧区与自由放牧区，2006 年、2008 年禁牧区高于休牧区与自由放牧区。由试验结果分析可知，禁牧和休牧可对群落物种多样性产生影响，休牧区植物群落无论在种的丰富度上还是在种的优势度上均高于自由放牧区。但从休牧区前两种多样性指数大小的分析来看，休牧区之间的多样性指数差距不大，说明这种影响是微弱的，Pielou 指数也说明了这一点。禁牧区前 3 种多样性指数均处于最低水平，这与其群落中植物种类的多少有直接关系。Shannon-Wiener 指数和 Simpson 指数的三年平均值为休牧区最高，自由放牧区次之，禁牧区最低。

## 三、群落现存量

(一) 群落地上现存量及其动态

不同处理区 2006~2008 年生长季节群落现存量的动态如图 12-11 所示。随着放牧时间的推移，群落现存量在各年份均呈现由低升高，然后又降低的动态规律，总体呈单峰曲线，峰值出现在 8~9 月。

分析图 12-11 可知，2006 年禁牧休牧初期各处理地上现存量无显著差异（$P>0.05$），这是因为从休牧初期一直干旱。随着放牧的延续，地上现存量开始增加，初期禁牧区增加较快，休牧区次之，自由放牧区最慢。2007 年放牧初期，禁牧区、休牧 2 区、3 区植物的地上现存量高于其他处理区（$P<0.05$）；7 月各处理区群落现存量开始递减（除休牧 1 区外），自由放牧区最低，这主要是由于 6 月末 7 月初降雨量较少，并且休牧区开始放牧从而导致 7 月各处理区的牧草产量比 6 月低。在随后的 8 月，各处理的现存量显著上升，并且达到峰值。8 月以后，休牧区与禁牧区群落现存量开始下降。2008 年 5 月，休牧区现存量均高于自由放牧区，6 月休牧区与禁牧区现存量均增加，而自由放牧区降低。8 月禁牧区群落现存量低于 7 月，这可能是因为禁牧区植物长期没有被家畜采食，从而使其生长受到抑制的缘故，其中短花针茅最为明显。

从各处理区三年群落地上现存量平均值结果的比较分析可知，禁牧区现存量显著高于其他处理区，休牧 1 区、2 区、3 区又显著高于自由放牧区（$P<0.05$），说明放牧绵羊的采食和践踏导致了牧草现存量的降低，而且休牧能够使牧草现存量保持较高水平。但休牧区之间牧草现存量整体呈现出休牧 2 区＞休牧 3 区＞休牧 1 区的趋势，并不与休牧时间成正比。进一步分析可知，禁牧有利于短花针茅数量的增加，休牧更有利于碱韭和无芒隐子草分蘖和丛数的增加，且休牧 50 天比较有利于牧草的返青和生长。

第十二章　荒漠草原禁牧休牧及家畜舍饲研究

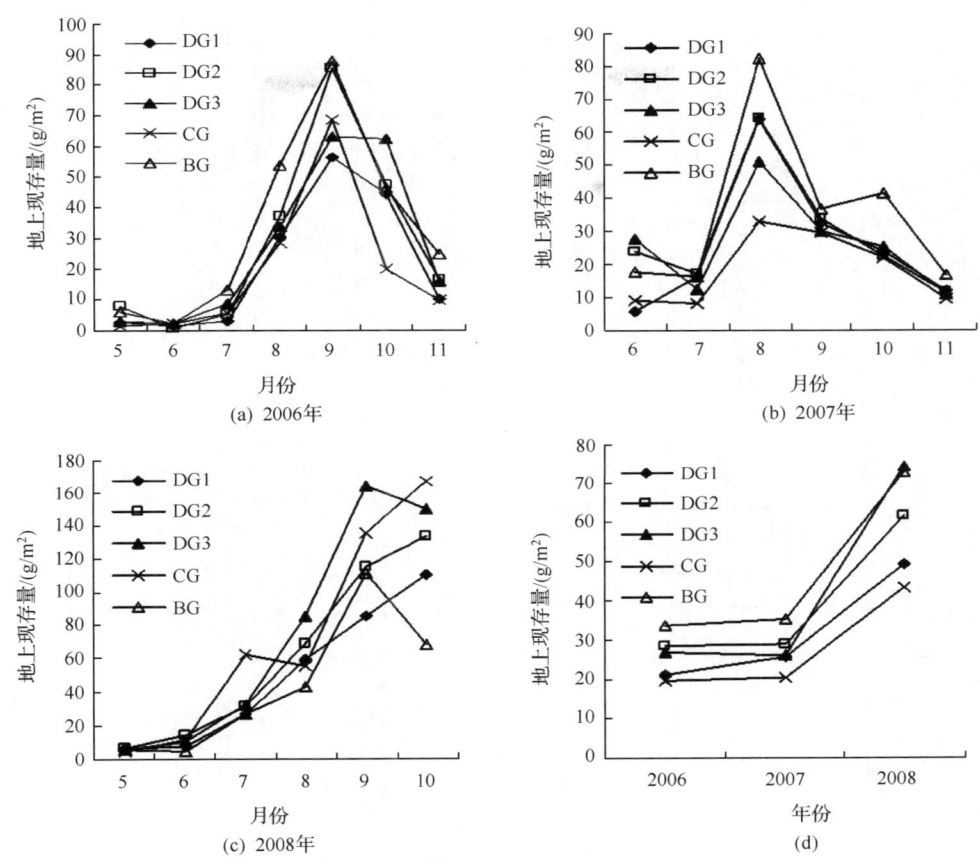

图 12-11　禁牧休牧群落地上现存量的季节与年度动态

## （二）群落地下生物量

不同处理地下生物量垂直分布如图 12-12 所示，各处理草地地下生物量总体随土层深度增加而降低，即表层生物量最高，呈"T"型。0～100cm 土层内的总根量休牧 3 区最高，为 5411.82g/m²，依次是休牧 1 区为 5280.64g/m²，禁牧区为 4991.38g/m²，自由放牧区为 4875.10g/m²，休牧 1 区根量最低，只有 4764.16g/m²。

由图 12-13 可看出，自由放牧区 0～20cm 的地下生物量占 0～100cm 的百分比最高，达到 64%，其次是休牧 2 区、休牧 1 区和休牧 3 区，0～20cm 的地下生物量占 0～100cm 的百分比分别为 60%、59% 和 57%，禁牧区 0～20cm 的地下生物量最低，占 0～100cm 的 50%。由此可见，自由放牧和休牧都可以使地下根系分布向上移动，但休牧时间不同，根系分布向上移动的程度也不同，禁牧对根

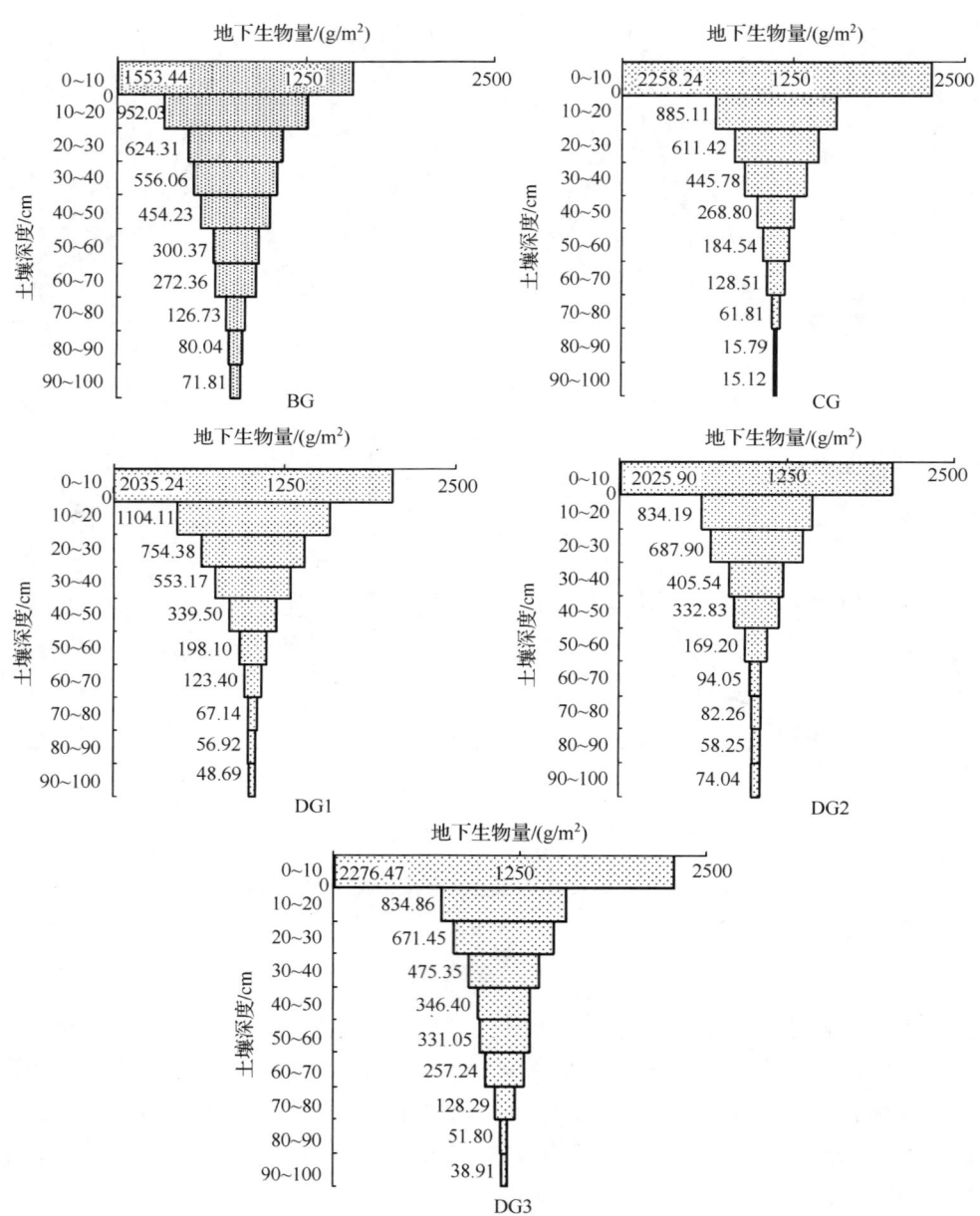

图 12-12　2008 年禁牧休牧地下生物量垂直分布

系分布的影响小于自由放牧与休牧。

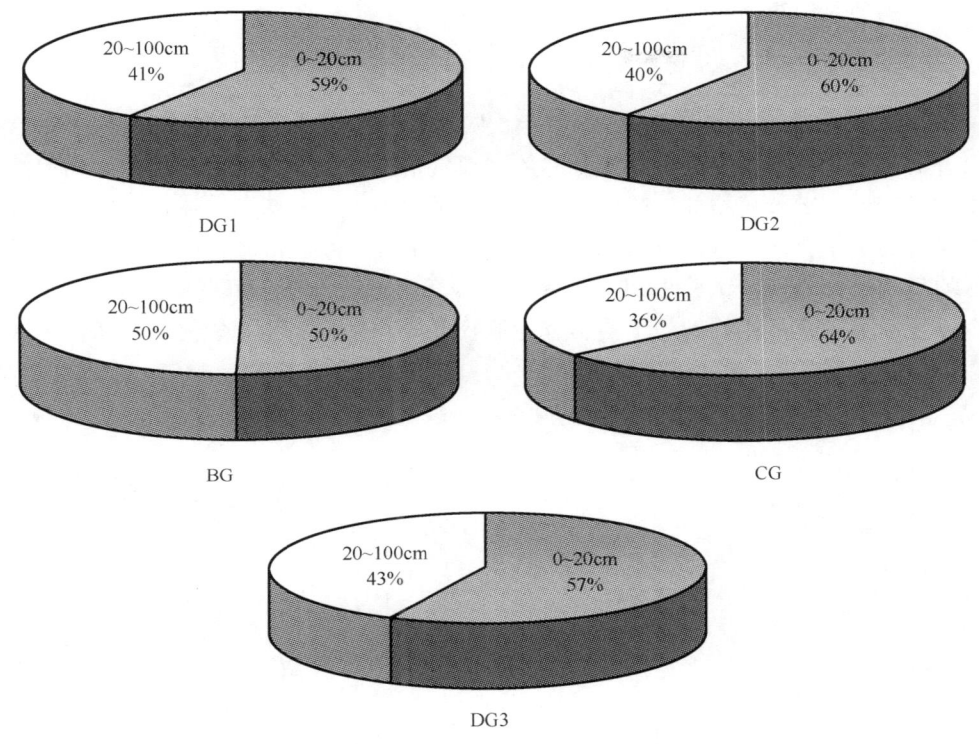

图 12-13 禁牧休牧表层地下生物量所占比例

## 四、草群营养物质动态

(一) 粗蛋白

各处理区草群粗蛋白的含量在生长季节的动态变化如图 12-14 所示。随着放牧季节的延续，不同休牧区草群的粗蛋白含量整体呈现出"上升-下降"的趋势，并且最高值均出现在 7 月。试验初期粗蛋白的含量都比后期高，随着季节的延续，后期植物成熟，粗蛋白含量明显下降，最高的 7 月比最低的 10 月高出 9%～12%。整个试验期内（10 月除外），自由放牧区草群粗蛋白的含量均高于其他小区。休牧区为休牧 3 区＞休牧 2 区＞休牧 1 区。平均含量自由放牧区＞休牧 3 区＞休牧 2 区＞休牧 1 区＞禁牧区。由试验结果可知，试验初期群落植物主要以短花针茅和碱韭居多，且生长前期较新鲜、柔嫩，草群再生草多；而且，一年生牧草在这一时期大量滋生，使草群整体比较鲜嫩，蛋白质含量较高；群落植物生长季后期，一年生与多年生植物枯黄、减少，采食剩余的部分多为粗硬、干枯的残枝败叶，粗蛋白含量较低，最低点均出现在 10 月，这与荒漠草原粗蛋白含量变化动态完全吻合（褚文彬，2008）。

### （二）粗纤维

草群的粗纤维含量如图12-15所示，随着放牧季节的后移整体呈现先下降后上升的趋势，这与植物的生长发育有关。通常情况下，草地植物在生长初期粗纤维含量较低，随着植物的生长发育粗纤维含量增加。试验初期，休牧区粗纤维含量显著高于禁牧区与自由放牧区（$P<0.05$）；7月，除自由放牧区外，其他处理区均呈现下降趋势；试验后期，休牧2区显著高于其他处理区（$P<0.05$）。整个放牧季节，草群粗纤维的平均含量为休牧2区＞休牧3区＞禁牧区＞休牧1区＞自由放牧区。

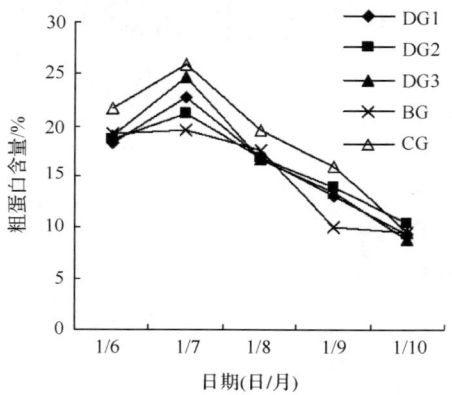

图 12-14 禁牧休牧草群粗蛋白含量

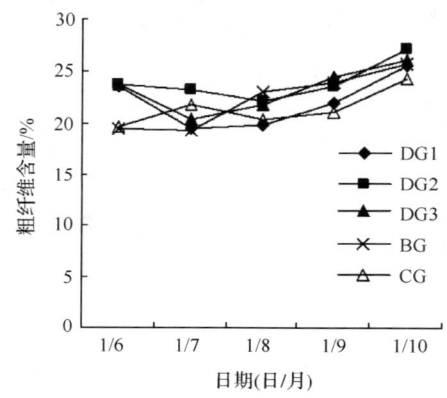

图 12-15 禁牧休牧草群粗纤维含量

### （三）粗脂肪

草群粗脂肪含量在生长季节的动态变化如图12-16所示。随着放牧时间的推移，草群粗脂肪含量整体呈先上升后下降的趋势（禁牧区除外），7月达到最高，休牧2区增加趋势更明显，禁牧区反而在7月降至最低值，这可能与草群的种类组成有关。从草群种类来看，其脂肪含量主要与蒿类有关，7～8月，栉叶蒿开花结籽，脂肪含量较初期明显提高，7月以后一直下降。在整个放牧季节草群粗脂肪平均含量为休牧3区＞自

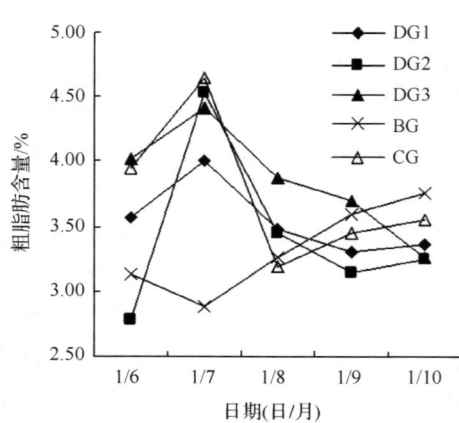

图 12-16 禁牧休牧草群粗脂肪含量

由放牧区＞休牧1区＞休牧2区＞禁牧区。

（四）粗灰分

草群粗灰分含量在生长季节的动态变化如图12-17所示。在整个放牧季节，灰分含量随放牧时间的推移，各休牧区均呈现"上升-下降"的趋势，峰值出现在8月（禁牧区除外），禁牧区的峰值略有提前，出现在7月，这可能是由气候条件、植物种类和土壤因素决定的。荒漠草原地区气候干旱，蒸发量大，植物长期适应这里的环境条件，体内必须有较多的矿物质，保证体内有足够的渗透压，才能从土壤中吸收水分。同时，为避免体内盐分过量积累，泌盐能力也相应增加（赵钢等，2006）。在整个放牧季节草群粗脂肪的平均含量为休牧1区＞禁牧区＞自由放牧区＞休牧3区＞休牧2区。

（五）钙

草群钙含量变化如图12-18所示。钙含量随着放牧期延续先增加后下降，总体上试验后期比初期稍有增加。特别在7月禁牧区均较其他处理区高。这主要是由于在禁牧区草群中含有较多藜科植物。休牧1区、休牧2区、休牧3区和自由放牧区最高值出现在8月，主要是因为一年生植物出现的较多，特别是群落中有含钙较多的藜科植物猪毛菜。

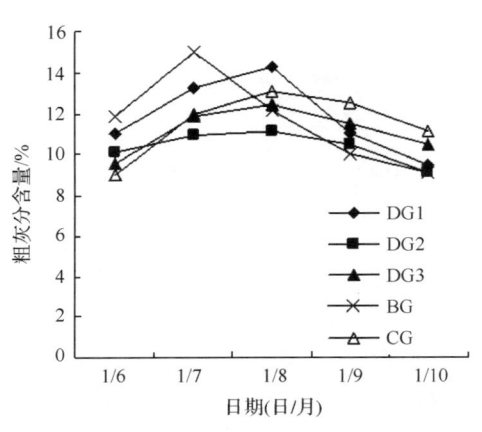

图12-17 禁牧休牧草群粗灰分含量

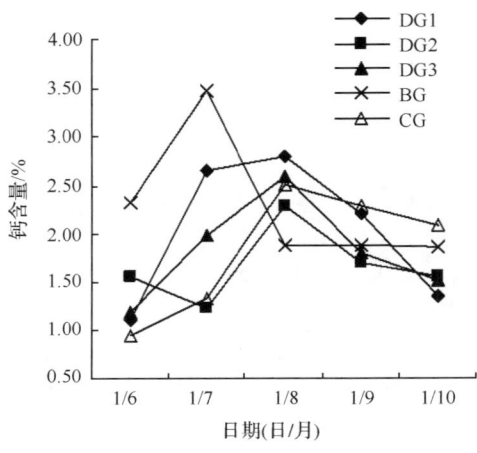

图12-18 禁牧休牧草群钙含量

（六）磷

草群磷含量变化如图12-19所示。磷含量变化的规律性较强。在整个放牧季节随着放牧时间的延续，呈现先增加后降低的趋势，呈单峰型，峰值出现在7

月。试验初期（6月），休牧2区显著低于其他处理区（$P<0.05$），其他各区的值相差不大。7月以后，休牧2区、自由放牧区和禁牧区较高，而禁牧区低于其他处理区。另外，在牧草生长季节中，磷与蛋白质代谢有关，且成正比，所以磷与蛋白质含量变化类似。

（七）无氮浸出物

无氮浸出物含量的变化如图12-20所示。无氮浸出物含量变化随放牧时间的延续呈现先下降后上升的趋势，最高值均出现在10月。7月、9月禁牧区显著高于休牧区与自由放牧区（$P<0.05$），基本为禁牧区＞休牧区＞自由放牧区。

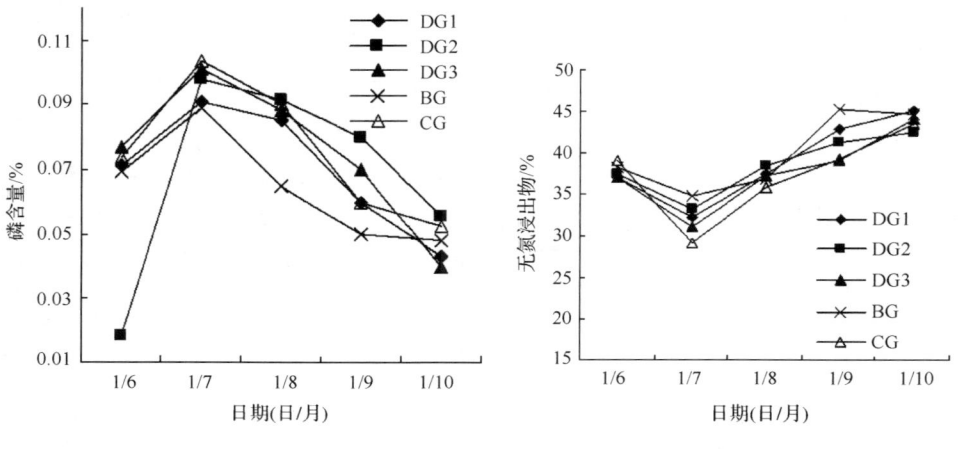

图12-19 禁牧休牧草群磷含量　　　图12-20 禁牧休牧草群无氮浸出物含量

## 第三节　土壤理化性质对禁牧休牧的响应

### 一、土壤物理性质

放牧对表层土壤物理性质的影响较大，放牧家畜主要通过采食、践踏、排泄粪便影响草地土壤的物理结构，如紧实度、渗透率等。Taboada等（1988）的研究表明践踏往往可降低土壤的容重和土壤持水能力。侯扶江和任继周（2003）在马鹿对冬季牧场践踏作用的研究中认为，土壤容重对践踏的灵敏性大，更适于作为放牧管理决策的依据；另外还指出轻度放牧，草地的容重较小，而重度放牧草地表层的容重相当于开垦20年耕地犁底层的容重，说明家畜的践踏可使土壤的紧实度变大。Altesor等（2006）的研究表明，放牧可大大降低土壤容重，增加土壤含水量。Donkor等（2006）报道，放牧明显降低了土壤水分，且短周期高强度放牧区的土壤水分显著低于中度自由放牧区的土壤水分。放牧条件下，家畜的践踏会减少土壤中的毛管孔隙，从而阻止水分向土壤表层的运动（Proffitt et al.，1995）。红梅等（2001）和董全民等（2005）的研究都表明，随着载畜率的增大，各土层含水量的变化呈下降趋势，尤其春季过牧对土壤水造成的损失最为严重。春季，植物处于返青时节，抗逆能力弱，需要大量的土壤水分和养分满足恢复和维持生长发育的需要，春季土壤水分对植物生长尤为重要，此季节控制放牧强度、频率和时间具有重要的意义。

（一）土壤容重

1. 土壤容重的年度变化

土壤容重是土壤紧实度的指标之一，它与土壤的孔隙度和渗透率有密切关系。影响土壤容重大小的主要因素为有机质含量的高低、土壤质地及放牧家畜的践踏程度。放牧草地的土壤容重主要受家畜践踏作用的影响，其大小取决于家畜种类、放牧时间、土壤特性和群落特性等。不同处理土壤容重的分析如图 12-21 所示。

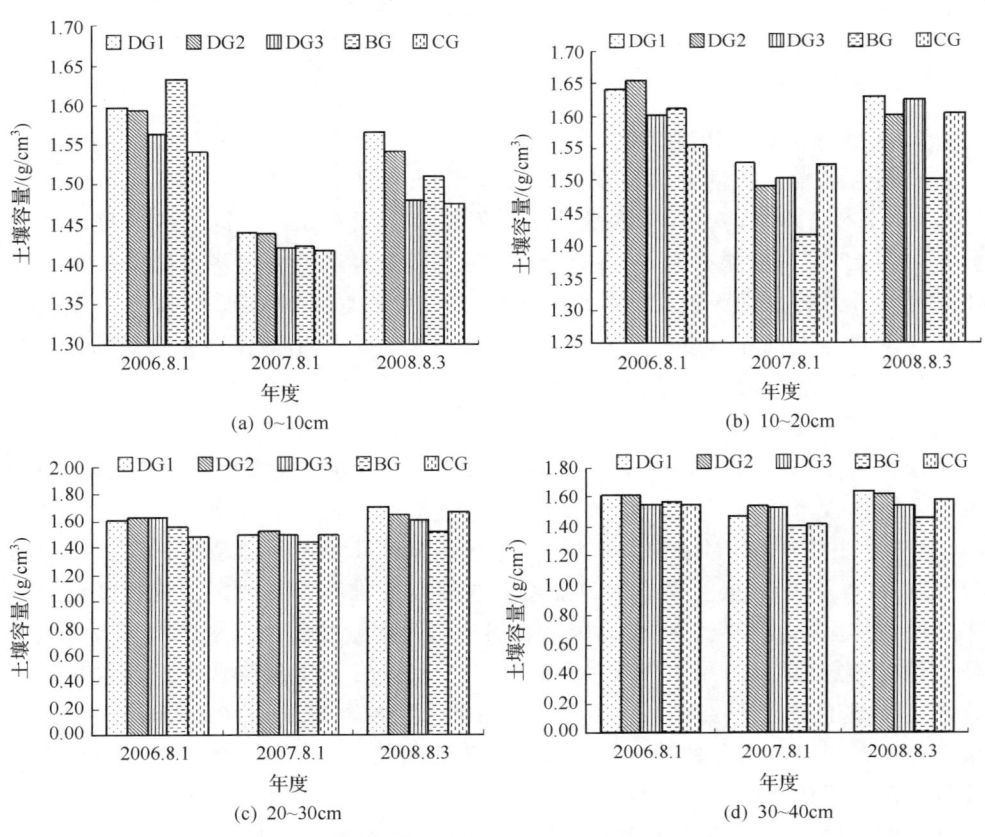

图 12-21　禁牧休牧土壤容重的年度变化

通过对三年试验的比较，不同处理小区 0～20cm 土层土壤容重的变化幅度较大，20～40cm 土层的变化幅度较小。但由于试验年限短，3 年的禁牧、休牧试验使土壤容重发生了量的变化，没有达到质变的程度。但总体来看，2007 年各处理区 0～20cm 土层土壤容重偏低，主要是由于这一年大部分时间都比较干旱，土壤含水量低，承受践踏的能力较强。总体趋势为各处理区土壤容重随休牧时间增加，容重降低，而禁牧区由于常年禁牧，容重低于自由放牧区。说明随着放牧时间的延长，休牧对土壤容重的影响逐渐加强。

2. 土壤容重的季节变化

经过 3 年的禁牧休牧试验，不同处理土壤容重有所变化（表 12-9）。总体来看，在荒漠草原春季自由放牧会增加土壤下层的紧实度。从不同深度土壤容重的变化来看（表 12-9），不同处理土壤容重均逐渐呈现出随土壤深度的增加而增加的趋势。

试验结果说明，禁牧能够改善土壤的结构状况，使土壤变得疏松多孔，土壤的通透性变好，从而降低了土壤容重，这对于土壤水分和肥力的保持及养分供给有较大意义。

## （二）土壤含水量

1. 土壤含水量的年度变化

土壤含水量是衡量土壤坚实度和土壤渗透率的主要指标（Mulqueen et al., 1977）。土壤含水量与大气降水量、地表气温有密切关系。不同处理土壤含水量分析（图 12-22）结果表明，0～10cm 表层土壤含水量受大气降水影响较大，三年间每年 8 月各处理区表层土壤含水量随大气降水量的增加而增大。10～40cm 土壤含水量与大气降水量的关系没有表层土壤明显，土壤的深层含水量随休牧时间的推移呈增加的趋势。禁牧、休牧有助于土壤含水量的增加。

2. 土壤含水量的季节变化

通过对 2008 年 4～10 月处理和取样深度土壤含水量的统计分析（表 12-10）可知，土壤含水量除了与降水的多少密切相关外，还与放牧有关。表 12-10 表明，4 月、6 月、9 月，表层 0～10cm 的土壤含水量禁牧区显著高于自由放牧区（$P<0.05$），0～10cm 土壤含水量随着放牧时期的推移，禁牧区、休牧区和自由区之间大体呈曲线变化，主要原因是表层土壤含水量受大气降水影响较大，随着降水量的增加而增加。4 月、5 月、9 月，10～20cm 土层土壤含水量禁牧区、休牧区显著高于自由放牧区（$P<0.05$）。在整个放牧季节 20～40cm 土层土壤含水量整体呈现出禁牧区与休牧区高于自由放牧区的趋势。禁牧区的土壤含水量大部分月份都高于休牧区和自由放牧区，且休牧区土壤含水量与休牧时间正相关。从不同深度土壤含水量的变化来看，各处理表层土壤含水量显著高于深层含水量（$P<0.05$），主要是由于 2008 年整个放牧季节降水比较充沛。

## 表 12-9 禁牧休牧不同月份的土壤容重变化

(单位: $g/cm^3$)

| 月份 | 处理区 | 同一土壤深度不同处理区土壤容重 | | | | 同一处理区不同土壤深度土壤容重 | | | |
|---|---|---|---|---|---|---|---|---|---|
| | | 0~10cm | 10~20cm | 20~30cm | 30~40cm | 0~10cm | 10~20cm | 20~30cm | 30~40cm |
| 4 | DG1 | 1.51±0.02ab | 1.61±0.03a | 1.55±0.02a | 1.53±0.01ab | 1.51±0.02b | 1.61±0.03a | 1.55±0.02b | 1.53±0.01b |
| | DG2 | 1.45±0.01b | 1.47±0.02b | 1.44±0.01b | 1.45±0.01b | 1.45±0.01a | 1.47±0.02a | 1.44±0.01a | 1.45±0.01a |
| | DG3 | 1.56±0.02a | 1.58±0.01a | 1.55±0.03a | 1.63±0.06a | 1.56±0.02a | 1.58±0.01a | 1.55±0.03a | 1.63±0.06a |
| | BG | 1.50±0.05ab | 1.49±0.04b | 1.45±0.04b | 1.44±0.05b | 1.50±0.05a | 1.49±0.04a | 1.45±0.04a | 1.44±0.05a |
| | CG | 1.53±0.01a | 1.58±0.03a | 1.56±0.03a | 1.52±0.02ab | 1.53±0.01a | 1.58±0.03a | 1.56±0.03a | 1.52±0.02a |
| 8 | DG1 | 1.57±0.02a | 1.66±0.02a | 1.73±0.03a | 1.70±0.03a | 1.57±0.02b | 1.66±0.02a | 1.73±0.03a | 1.70±0.03a |
| | DG2 | 1.54±0.02a | 1.60±0.02ab | 1.65±0.02ab | 1.62±0.01ab | 1.54±0.02b | 1.60±0.02a | 1.65±0.02a | 1.62±0.01a |
| | DG3 | 1.48±0.05a | 1.63±0.02ab | 1.60±0.02ab | 1.54±0.03bc | 1.48±0.05b | 1.63±0.02a | 1.60±0.02a | 1.54±0.03ab |
| | BG | 1.51±0.03a | 1.50±0.07b | 1.52±0.09b | 1.46±0.07c | 1.51±0.03a | 1.50±0.07a | 1.52±0.09a | 1.46±0.07a |
| | CG | 1.47±0.02a | 1.60±0.01ab | 1.67±0.01a | 1.58±0.02bc | 1.47±0.02c | 1.60±0.01b | 1.67±0.01a | 1.58±0.02b |
| 10 | DG1 | 1.52±0.01a | 1.55±0.03ab | 1.55±0.03a | 1.52±0.04ab | 1.52±0.01a | 1.55±0.03a | 1.55±0.03a | 1.52±0.04a |
| | DG2 | 1.54±0.03a | 1.60±0.02a | 1.59±0.01a | 1.56±0.02ab | 1.54±0.03a | 1.60±0.02a | 1.59±0.01a | 1.56±0.02a |
| | DG3 | 1.51±0.01a | 1.49±0.02b | 1.53±0.03a | 1.55±0.05ab | 1.51±0.01a | 1.49±0.02a | 1.53±0.03a | 1.55±0.05a |
| | BG | 1.53±0.03a | 1.52±0.05ab | 1.52±0.04a | 1.47±0.03b | 1.53±0.03b | 1.52±0.05a | 1.52±0.04a | 1.47±0.03a |
| | CG | 1.55±0.01a | 1.57±0.01ab | 1.54±0.01a | 1.61±0.01a | 1.55±0.01b | 1.57±0.01b | 1.54±0.01a | 1.61±0.01a |

表 12-10  禁牧休牧不同月份的土壤含水量变化

(单位：%)

| 日期(日/月) | 处理区 | 同一土壤深度不同处理区土壤容重 | | | | 同一处理区不同土壤深度土壤容重 | | | |
|---|---|---|---|---|---|---|---|---|---|
| | | 0~10cm | 10~20cm | 20~30cm | 30~40cm | 0~10cm | 10~20cm | 20~30cm | 30~40cm |
| 15/4 | DG1 | 6.96±0.09a | 6.36±0.34b | 5.04±0.35ab | 3.95±0.23b | 6.96±0.09a | 6.36±0.34a | 5.04±0.35b | 3.95±0.23c |
| | DG2 | 6.97±0.48a | 6.24±0.23b | 4.72±0.23b | 4.35±0.25b | 6.97±0.48a | 6.24±0.23a | 4.72±0.23b | 4.35±0.25b |
| | DG3 | 5.59±0.14b | 5.57±0.39b | 5.19±0.39ab | 3.85±0.52b | 5.59±0.14a | 5.57±0.39a | 5.19±0.39b | 3.85±0.52a |
| | BG | 7.10±0.69a | 7.91±0.73a | 6.56±0.97a | 6.19±1.05a | 7.10±0.69a | 7.91±0.73a | 6.56±0.97a | 6.19±1.05a |
| | CG | 5.15±0.19b | 5.82±0.27b | 5.07±0.45ab | 4.78±0.45a | 5.15±0.19a | 5.82±0.27a | 5.07±0.45b | 4.78±0.45a |
| 1/5 | DG1 | 7.76±0.21a | 7.53±0.10a | 5.93±0.75b | 4.78±0.11ab | 7.76±0.21a | 7.53±0.10a | 5.93±0.75b | 4.78±0.11b |
| | DG2 | 7.87±0.15a | 6.05±0.30b | 4.29±0.06b | 3.69±0.28b | 7.87±0.15a | 6.05±0.30b | 4.29±0.06c | 3.69±0.28c |
| | DG3 | 8.43±0.38a | 7.03±0.71ab | 4.33±0.07b | 3.94±0.05b | 8.43±0.38a | 7.03±0.71b | 4.33±0.07c | 3.94±0.05c |
| | BG | 8.84±0.80a | 7.45±0.41a | 6.22±0.96a | 6.47±1.20a | 8.84±0.80a | 7.45±0.41a | 6.22±0.96a | 6.47±1.20a |
| | CG | 7.84±0.45a | 6.34±0.26ab | 5.37±0.23ab | 5.34±0.05ab | 7.84±0.45a | 6.34±0.26b | 5.37±0.23c | 5.34±0.05c |
| 15/5 | DG1 | 5.89±0.33a | 5.95±0.40ab | 6.11±0.63ab | 6.12±0.71a | 5.89±0.33a | 5.95±0.40a | 6.11±0.63a | 6.12±0.71a |
| | DG2 | 6.21±0.24a | 5.34±0.21b | 4.17±0.08c | 4.08±0.08a | 6.21±0.24a | 5.34±0.21b | 4.17±0.08c | 4.08±0.08c |
| | DG3 | 5.75±0.38a | 5.24±0.20b | 4.37±0.24bc | 3.61±0.16b | 5.75±0.38a | 5.24±0.20b | 4.37±0.24b | 3.61±0.16b |
| | BG | 7.46±1.05a | 7.57±1.14a | 6.25±1.13a | 6.29±1.77a | 7.46±1.05a | 7.57±1.14a | 6.25±1.13a | 6.29±1.77a |
| | CG | 6.54±0.15a | 5.82±0.17ab | 4.18±0.05c | 3.86±0.22c | 6.54±0.15a | 5.82±0.17b | 4.18±0.05c | 3.86±0.22c |
| 1/6 | DG1 | 3.16±0.11ab | 4.73±0.18a | 4.19±0.10a | 3.74±0.13c | 3.16±0.11d | 4.73±0.18a | 4.19±0.10b | 3.74±0.13c |
| | DG2 | 2.57±0.06c | 4.05±0.16a | 3.85±0.15a | 3.56±0.07b | 2.57±0.06c | 4.05±0.16a | 3.85±0.15ab | 3.56±0.07b |
| | DG3 | 2.89±0.17bc | 4.62±0.17a | 4.32±0.35a | 4.51±0.39a | 2.89±0.17b | 4.62±0.17a | 4.32±0.35a | 4.51±0.39a |
| | BG | 2.81±0.22bc | 4.38±0.47a | 4.29±0.44a | 4.96±0.96a | 2.81±0.22b | 4.38±0.47a | 4.29±0.44ab | 4.96±0.96a |
| | CG | 3.52±0.15a | 4.73±0.13a | 4.40±0.24a | 3.65±0.24a | 3.52±0.15a | 4.73±0.13a | 4.40±0.24a | 3.65±0.24b |

续表

| 日期(日/月) | 处理区 | 同一土壤深度不同处理区土壤容重 | | | | 同一处理区不同土壤深度土壤容重 | | | |
|---|---|---|---|---|---|---|---|---|---|
| | | 0~10cm | 10~20cm | 20~30cm | 30~40cm | 0~10cm | 10~20cm | 20~30cm | 30~40cm |
| 15/6 | DG1 | 9.92±0.34ab | 4.15±0.24b | 4.65±0.31ab | 4.12±0.37a | 9.92±0.34a | 4.15±0.24b | 4.65±0.31b | 4.12±0.37b |
| | DG2 | 8.80±0.08bc | 3.98±0.28b | 4.12±0.09b | 4.08±0.04a | 8.80±0.08a | 3.98±0.28b | 4.12±0.09b | 4.08±0.04b |
| | DG3 | 10.36±0.63a | 4.88±0.78a | 4.26±0.11ab | 4.26±0.26a | 10.36±0.63a | 4.88±0.78b | 4.26±0.11b | 4.26±0.26b |
| | BG | 10.06±0.52ab | 4.56±0.18a | 5.10±0.25a | 5.53±1.08a | 10.06±0.52a | 4.56±0.18b | 5.10±0.25b | 5.53±1.08b |
| | CG | 8.40±0.52c | 4.02±0.31a | 4.33±0.50ab | 4.55±0.70a | 8.40±0.52b | 4.02±0.31a | 4.33±0.50a | 4.55±0.70ab |
| 1/7 | DG1 | 4.58±0.37a | 6.01±0.17ab | 6.05±0.47ab | 5.66±0.56ab | 4.58±0.37b | 6.01±0.17a | 6.05±0.47a | 5.66±0.56ab |
| | DG2 | 4.68±0.06a | 6.37±0.08a | 6.66±0.37a | 5.75±0.68ab | 4.68±0.06b | 6.37±0.08a | 6.66±0.37a | 5.75±0.68ab |
| | DG3 | 4.68±0.61a | 5.81±0.46ab | 5.72±0.96ab | 6.28±1.23a | 4.68±0.61a | 5.81±0.46a | 5.72±0.96a | 6.28±1.23a |
| | BG | 4.76±0.04a | 5.67±0.18ab | 5.08±0.33ab | 4.26±0.07ab | 4.76±0.04a | 5.67±0.18a | 5.08±0.33ab | 4.26±0.07c |
| | CG | 4.51±0.25a | 5.21±0.14b | 4.46±0.47b | 3.61±0.22b | 4.51±0.25ba | 5.21±0.14a | 4.46±0.47ab | 3.61±0.22b |
| 1/8 | DG1 | 11.11±0.31a | 10.09±0.33ab | 9.90±0.72 | 9.56±1.35 | 11.11±0.31a | 10.09±0.33a | 9.90±0.72a | 9.56±1.35a |
| | DG2 | 9.41±0.62bc | 9.41±1.51ab | 8.67±0.38a | 9.11±0.84a | 9.41±0.62a | 9.41±1.51a | 8.67±0.38a | 9.11±0.84a |
| | DG3 | 8.51±0.13c | 7.44±0.55b | 9.55±0.52a | 9.28±1.31a | 8.51±0.13a | 7.44±0.55a | 9.55±0.52a | 9.28±1.31a |
| | BG | 10.33±0.68ab | 11.52±1.62a | 8.89±1.36a | 6.61±1.30a | 10.33±0.68b | 11.52±1.62a | 8.89±1.36ab | 6.61±1.30b |
| | CG | 9.67±0.60abc | 8.76±0.52a | 8.33±0.51a | 8.85±1.49a | 9.67±0.60a | 8.76±0.52a | 8.33±0.51a | 8.85±1.49a |
| 15/8 | DG1 | 7.65±0.34a | 8.05±0.27b | 7.82±0.38a | 6.38±1.04c | 7.65±0.34a | 8.05±0.27a | 7.82±0.38a | 6.38±1.04a |
| | DG2 | 7.78±0.15a | 8.09±0.12b | 9.61±0.54ab | 8.47±0.74ab | 7.78±0.15b | 8.09±0.12b | 9.61±0.54a | 8.47±0.74a |
| | DG3 | 7.88±0.59a | 7.99±0.14b | 9.18±0.74b | 9.78±1.34a | 7.88±0.59a | 7.99±0.14a | 9.18±0.74a | 9.78±1.34a |
| | BG | 8.03±1.27a | 11.25±2.86a | 10.61±1.99a | 9.64±1.40a | 8.03±1.27a | 11.25±2.86a | 10.61±1.99a | 9.64±1.40a |
| | CG | 8.47±0.43a | 8.80±0.11ab | 8.45±0.45ba | 7.34±1.27b | 8.47±0.43a | 8.80±0.11a | 8.45±0.45a | 7.34±1.27a |

续表

| 日期(日/月) | 处理区 | 同一土壤深度不同处理区土壤容重 | | | | 同一处理区不同土壤深度土壤容重 | | | |
|---|---|---|---|---|---|---|---|---|---|
| | | 0~10cm | 10~20cm | 20~30cm | 30~40cm | 0~10cm | 10~20cm | 20~30cm | 30~40cm |
| 1/9 | DG1 | 7.94±0.09a | 7.35±0.59ab | 7.47±0.38a | 8.69±1.05a | 7.94±0.09a | 7.35±0.59a | 7.47±0.38a | 8.69±1.05a |
| | DG2 | 7.52±0.22a | 5.79±0.21c | 4.98±0.15d | 4.33±0.32d | 7.52±0.22a | 5.79±0.21b | 4.98±0.15c | 4.33±0.32c |
| | DG3 | 8.74±0.30a | 6.52±0.16bc | 7.04±0.42bc | 6.45±0.53bc | 8.74±0.30a | 6.52±0.22b | 7.04±0.42b | 6.45±0.53b |
| | BG | 8.22±1.40a | 8.45±0.56a | 8.14±0.59a | 7.29±0.53ab | 8.22±1.40a | 8.45±0.23a | 8.14±0.59a | 7.29±0.53a |
| | CG | 8.31±0.24a | 6.01±0.24c | 5.57±0.08c | 5.31±0.19cd | 8.31±0.24a | 6.00±0.24b | 5.57±0.08bc | 5.31±0.19c |
| 15/9 | DG1 | 5.40±0.33a | 5.52±0.33ab | 6.56±0.71ab | 6.86±1.14a | 5.40±0.33a | 5.52±0.33a | 6.56±0.71a | 6.86±1.14a |
| | DG2 | 5.01±0.30ab | 5.50±0.09ab | 6.04±0.73abc | 6.32±0.55ab | 5.01±0.30a | 5.50±0.09a | 6.04±0.73a | 6.32±0.55a |
| | DG3 | 4.42±0.14b | 4.40±0.12b | 3.94±0.13c | 4.13±0.12b | 4.42±0.14a | 4.40±0.12a | 3.94±0.13b | 4.13±0.12ab |
| | BG | 5.03±0.20ab | 6.38±0.73a | 7.12±1.11a | 6.98±1.02a | 5.03±0.20a | 6.38±0.73a | 7.12±1.11a | 6.98±1.02a |
| | CG | 4.61±0.17b | 4.82±0.14b | 4.80±0.07bc | 5.25±0.44ab | 4.61±0.17a | 4.82±0.14a | 4.80±0.07a | 5.25±0.44a |
| 1/10 | DG1 | 4.57±0.14b | 4.83±0.22b | 5.09±0.45a | 4.83±0.15b | 4.57±0.14a | 4.83±0.22a | 5.09±0.45a | 4.83±0.15a |
| | DG2 | 5.09±0.33ab | 4.99±0.28b | 5.14±0.36a | 5.50±0.56ab | 5.09±0.33a | 4.99±0.28a | 5.14±0.36a | 5.50±0.56a |
| | DG3 | 4.73±0.12b | 5.56±0.12ab | 5.70±0.38a | 6.36±0.50ab | 4.73±0.12b | 5.56±0.12a | 5.70±0.38a | 6.36±0.50a |
| | BG | 6.32±0.81a | 5.80±0.26a | 6.08±0.52a | 6.93±0.71a | 6.32±0.81a | 5.80±0.26a | 6.08±0.52a | 6.93±0.71a |
| | CG | 5.30±0.22ab | 5.78±0.29a | 5.85±0.47a | 6.52±0.83ab | 5.30±0.22a | 5.78±0.29a | 5.85±0.47a | 6.52±0.83a |
| 15/10 | DG1 | 8.94±0.47a | 7.35±0.14a | 6.51±0.78aab | 6.56±0.64a | 8.94±0.47a | 7.35±0.14ab | 6.51±0.78b | 6.56±0.64b |
| | DG2 | 8.34±0.19ab | 7.43±0.27a | 5.42±0.13b | 5.81±0.51ab | 8.34±0.19a | 7.43±0.27a | 5.42±0.13b | 5.81±0.51b |
| | DG3 | 9.61±0.41a | 7.56±0.17b | 7.26±0.33a | 6.49±0.19b | 9.61±0.41a | 7.56±0.17b | 7.26±0.33bc | 6.49±0.19c |
| | BG | 7.71±0.54b | 7.22±0.51a | 5.69±0.46b | 5.86±0.76ab | 7.71±0.54a | 7.22±0.51ab | 5.69±0.46b | 5.86±0.76ab |
| | CG | 8.44±0.44ab | 6.89±0.21a | 5.58±0.51b | 4.44±0.52b | 8.44±0.44a | 6.89±0.21a | 5.58±0.51bc | 4.44±0.52c |

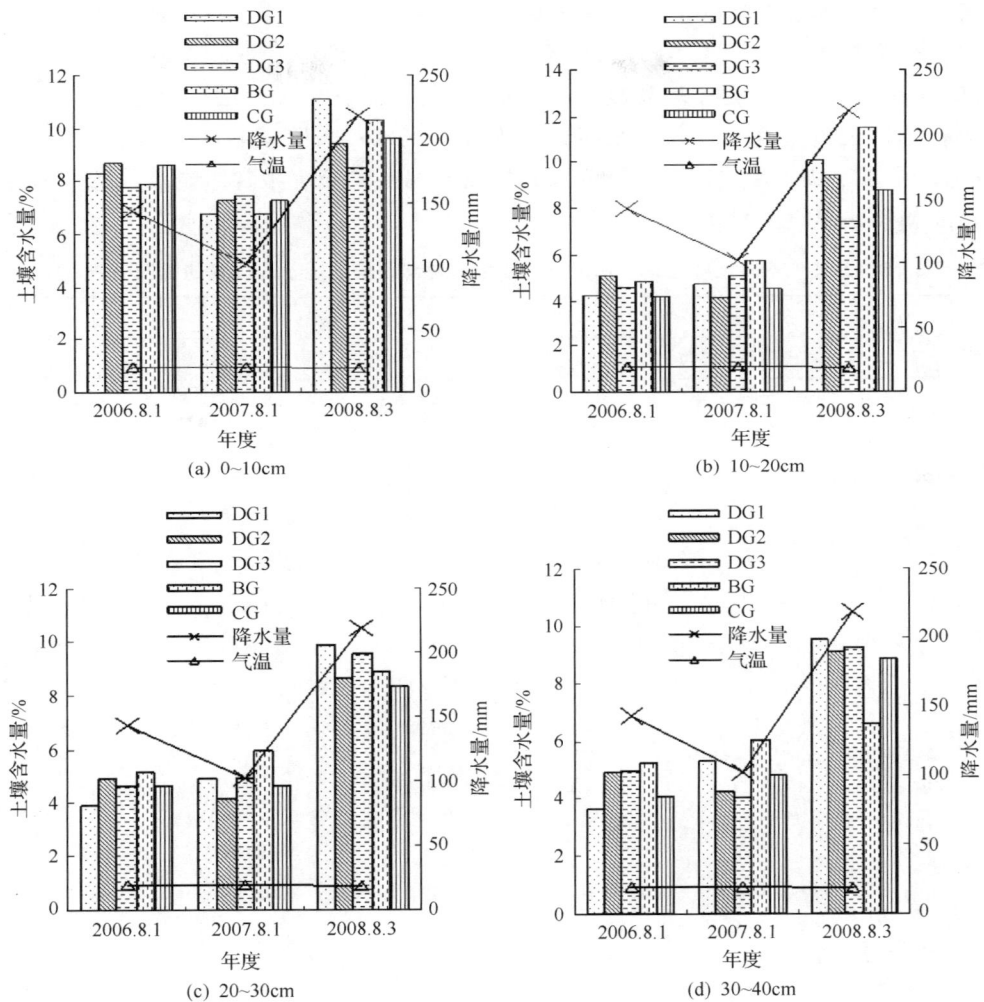

图 12-22 禁牧休牧土壤含水量的年度变化

3. 地上现存量与土壤含水量的关系

对 2008 年 8 月测定的主要植物种群和群落地上现存量与 0～40cm 土层土壤含水量的关系进行的分析（表 12-11）显示，短花针茅种群地上现存量与 10～30cm 土层土壤含水量呈显著（$P<0.05$）的回归关系，表明短花针茅地上现存量主要受 10～30cm 土层土壤含水量的影响，而 0～10cm 和 30～40cm 土层土壤含水量对短花针茅地上现存量的影响较弱。无芒隐子草现存量与 10～20cm 土层和 20～30cm 土层土壤含水量的复相关系数分别为 0.9669 和 0.8864。碱韭地上现存量与土壤含水量之间的关系与短花针茅和无芒隐子草不同，其与 0～40cm 的

各层土壤含水量均存在显著的回归关系。在 0～10cm 土层，碱韭种群地上现存量与土壤含水量呈显著（$P<0.05$）的回归关系，其复相关系数为 0.9493；在 10～20cm 土层，复相关系数为 0.9828；在 20～30cm 土层，复相关系数为 0.8902；在30～40cm 土层，复相关系数为 0.9528；表明碱韭地上现存量受 0～40cm 土层土壤含水量的影响显著。群落地上现存量与土壤含水量之间的关系与碱韭相似。回归模型详见表 12-11。

表 12-11 不同土层土壤含水量与主要植物种群和群落地上现存量的回归分析

| 植物种群 | 参数、模型 | 土层/cm | | | |
|---|---|---|---|---|---|
| | | 0～10 | 10～20 | 20～30 | 30～40 |
| 短花针茅 *Stipa breviflore* | $R^2$ | 0.75 | 0.8929 | 0.8998 | 0.7492 |
| | $P$ | 0.125 | 0.035 | 0.0317 | 0.1256 |
| | Model | — | $Y=-0.300X_2+0.059X_2^2$ | $Y=-1.770X_3+0.222X_3^2$ | — |
| 碱韭 *Allium polyrhizum* | $R^2$ | 0.9493 | 0.9828 | 0.8902 | 0.9528 |
| | $P$ | 0.0114 | 0.0023 | 0.0364 | 0.0103 |
| | Model | $Y=18.152X_1-1.789X_1^2$ | $Y=9.371X_2-0.776X_2^2$ | $Y=9.665X_3-0.822X_3^2$ | $Y=-4.935X_4+0.849X_4^2$ |
| 无芒隐子草 *Cleistogenes songorica* | $R^2$ | 0.8245 | 0.9669 | 0.8864 | 0.8058 |
| | $P$ | 0.0736 | 0.006 | 0.0383 | 0.0856 |
| | Model | — | $Y=-0.588X_2+0.103X_2^2$ | $Y=-2.147X_3+0.276X_3^2$ | — |
| 群落地上现存量 | $R^2$ | 0.9824 | 0.9524 | 0.9576 | 0.9881 |
| | $P$ | 0.0023 | 0.0104 | 0.0087 | 0.0013 |
| | Model | $Y=44.846X_1-4.225X_1^2$ | $Y=18.386X_2-1.223X_2^2$ | $Y=-0.856X_3+0.867X_3^2$ | $Y=-7.129X_4+1.718X_4^2$ |

注：$X_1$、$X_2$、$X_3$、$X_4$ 分别代表 0～10cm、10～20cm、20～30cm、30～40cm 土层的土壤含水量。

主要植物种群及群落的地上现存量与土壤含水量均存在显著（$P<0.05$）的回归关系，具体详见表 12-12。短花针茅和无芒隐子草的回归模型相似，与 10～40cm 土层土壤含水量的交互作用呈正相关关系。碱韭的地上现存量与 0～10cm 土层土壤含水量之间的相关性较大，且呈正相关关系。对于整个植物群落来说，地上现存量与 10～40cm 土层土壤含水量的关系较主要植物种群密切。结果还表明，不同植物种群地上现存量受 0～40cm 土层土壤水分的影响因植物种群的不同而不同，但总的群落地上现存量与 0～40cm 土层土壤水分含量之间的关系均比较密切，群落地上现存量与 0～40cm 土层土壤含水量有显著（$P<0.05$）的回归关系。

表 12-12　土壤含水量与主要植物种群和群落地上现存量的回归分析

| 植物种群 | $R^2$ | $P$ | 模型 |
| --- | --- | --- | --- |
| 短花针茅 *Stipa breviflore* | 0.9335 | 0.0171 | $Y=-0.5798X_1+0.0106X_2 \times X_3 \times X_4$ |
| 碱韭 *Allium polyrhizum* | 0.8655 | 0.0493 | $Y=4.1490X_1-0.0248X_2 \times X_3 \times X_4$ |
| 无芒隐子草 *Cleistogenes songorica* | 0.906 | 0.0288 | $Y=-0.5863X_1+0.0122X_2 \times X_3 \times X_4$ |
| 群落地上现存量 | 0.934 | 0.017 | $Y=2.7245X_1+0.0556X_2 \times X_3 \times X_4$ |

注：$X_1$、$X_2$、$X_3$、$X_4$ 分别代表 0~10cm、10~20cm、20~30cm、30~40cm 土层的土壤含水量。

## 二、土壤化学性质

放牧家畜通过采食活动及畜体对营养物质的转化影响草地营养物质的循环，从而使草地土壤的化学成分发生变化，而草地土壤的物理性质和化学性质又是相互作用和相互影响的（Dakhah and Gifford，1980；Frissel，1978；王东波和陈丽，2006；Haynes and Willianms，1993；Krzic et al.，2000）。这种影响既有直接影响又有间接影响，直接影响是指食草动物将化学元素固持、转移和空间上的再分配；间接影响是指改变化学元素的循环过程和行为特征，经过草食动物的践踏，植物残体变得破碎，植物盖度下降，土壤容重增加，从而提高了土壤的表面温度，这些环境因素的变化均有利于植物残体的分解，加速了养分的循环过程。王东波和陈丽（2006）研究了放牧对草原土壤理化性质的影响，认为由于草原土壤系统本身的复杂性、滞后性和弹性，放牧对土壤性质的影响也不尽相同。高英志等（2004）的研究表明，放牧对土壤理化和生物性质的影响并没有单一和一致的结论，特别是在化学性质方面，一方面，既反映了草原土壤系统具有滞后性和容量性（弹性），又反映了气候、地形、土壤性质、植物组成、放牧动物类型、放牧历史等因素对土壤化学性质有重要影响；另一方面，适牧、重牧和过牧这样的定性指标不能进行定量比较。白永飞等（2002）对锡林河草地生态系统的研究结果表明，放牧使地表植被减少，表层土壤温度增加，表层土有机质矿化速度加强，从而使土壤表层有机质含量减少。张淑艳等（1998）对短花针茅草原生态系统进行了放牧研究认为，在短花针茅荒漠草原上，放牧改变了土壤贮氮的季节动态、垂直分布及氮的矿化速率，使全氮含量下降，季节波动幅度变大，尤其 0~20cm 土层更加明显。禁牧可以提高典型草原土壤养分元素的含量，有利于遏制草原土壤的退化（许中旗等，2006）。放牧对土壤的影响，尤其是对其化学性质的影响是一个缓慢渐变的过程，所以相关研究有诸多不同的结论，这可能是由试验地区或土壤和植被类型不同所致。

（一）土壤有机质

土壤有机质含量是土壤肥力高低的一个重要指标，有机质含量的多少直接影响着土壤养分的供应。不同处理同一土层的有机质含量如图12-23所示。方差分析结果表明，0～10cm土层和10～20cm土层土壤有机质含量为自由放牧区最高，休牧1区最低，这是因为自由放牧区放牧的时间较长，家畜践踏造成的破碎凋谢物和家畜粪便，与土壤充分接触并分解，此过程有助于碳和养分元素转移到土壤中。各处理区20～40cm土层的土壤有机质没有表现出明显的规律性，但高于表层土壤有机质含量，主要原因是家畜对表层土的践踏和采食，致使草地植物地上生物量较少，表层土壤有机质得不到补充和积累。

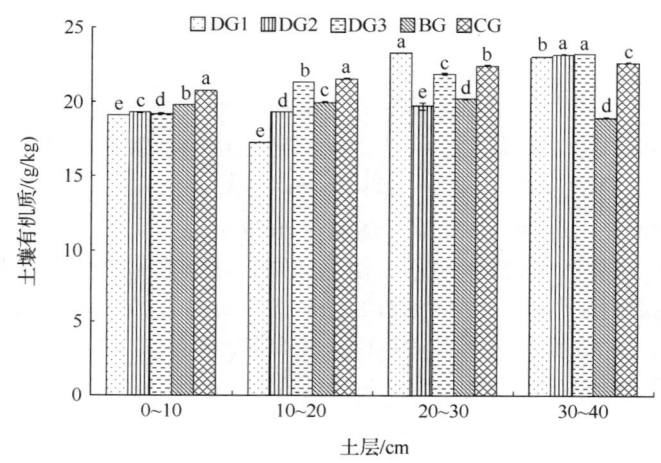

图12-23 同一土层禁牧休牧土壤的有机质含量

## （二）土壤全氮和速效氮

禁牧休牧对土壤中氮含量的影响如图12-24所示。试验结果表明，0～10cm、10～20cm、20～30cm和30～40cm四层土壤全氮含量自由放牧区最低。可见，休牧有利于全氮的积累，从0～40cm土层均值的比较分析得知，休牧50天更利于全氮的积累。

土壤速效氮含量如图12-25所示。自由放牧区0～10cm、10～20cm土层的土壤速效氮显著高于其他处理区（$P<0.05$）。20～30cm土层表现为休牧1区＞休牧2区＞休牧3区＞自由放牧区＞禁牧区。30～40cm土层表现为休牧1区＞休牧3区＞休牧2区＞自由放牧区＞禁牧区。

## （三）土壤全磷和速效磷

土壤全磷包括速效磷、有机磷和微生物磷。不同处理全磷含量如图12-26所示。0～10cm土层土壤的全磷含量休牧2区、禁牧区显著高于休牧1区、3区（$P<0.05$）。10～20cm自由放牧区显著高于休牧1区、3区（$P<0.05$）。20～

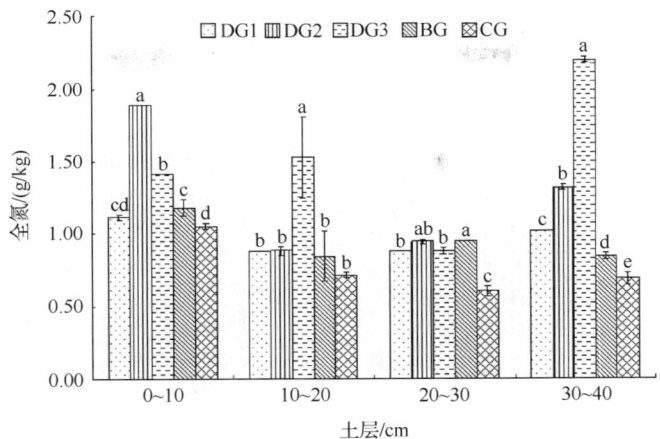

图 12-24 同一土层禁牧休牧土壤的全氮含量

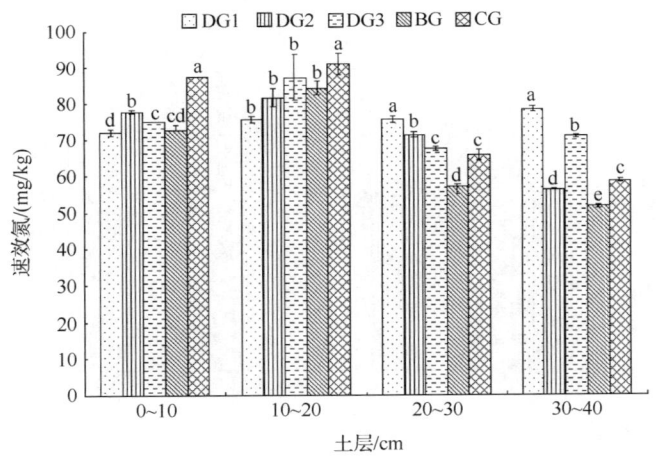

图 12-25 同一土层禁牧休牧土壤的速效氮含量

30cm 土层休牧 1 区显著高于禁牧区、休牧 2 区、3 区与自由放牧区（$P<0.05$）。30~40cm 土层休牧区显著高于禁牧区与自由放牧区（$P<0.05$）。

土壤速效磷的含量除了与处理不同有极大相关性外，还因土壤类型与气候等条件的不同而异，测定土壤有效磷的含量能够了解土壤的供磷状况。图 12-27 表明，休牧 3 区表层土壤速效磷显著高于其他处理区（$P<0.05$）。10~20cm 土层休牧 3 区显著高于休牧 1 区、2 区与自由放牧区（$P<0.05$）。20~30cm 土层休牧 2 区与自由放牧区显著高于休牧 1 区、3 区与禁牧区。30~40cm 土层表现为休牧 3 区最高，为 2.80mg/kg；休牧 1 区最低，为 1.17mg/kg。

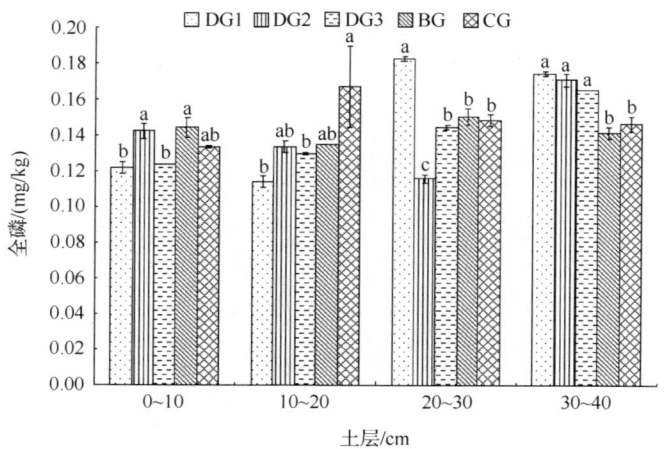

图 12-26　同一土层禁牧休牧土壤全磷含量

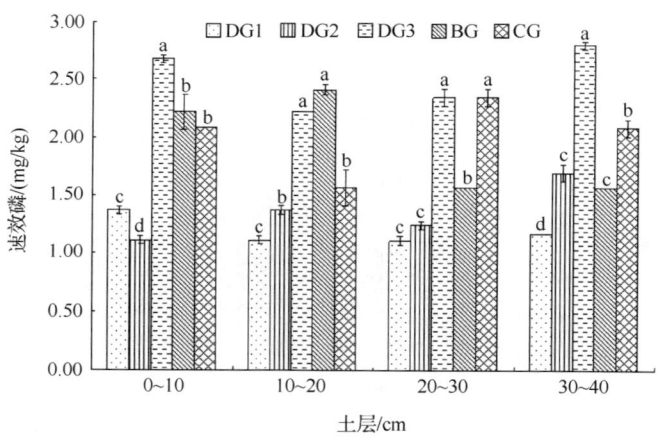

图 12-27　同一土层禁牧休牧土壤速效磷含量

试验结果表明，自由放牧与休牧条件下，土壤表层磷含量较高，可能是因为长期放牧条件下，家畜的频繁采食使磷从系统中的输出增加，土壤中全磷的各组分向速效磷成分的转移量增大，植物吸收后，转向系统外输出，从而使土壤中全磷和速效磷含量下降。同时也说明休牧时间能够影响土壤磷含量，放牧时间长可使土壤磷的含量减少，从实验结果看，休牧60天能够有效增加土壤磷含量。

（四）土壤全钾和速效钾

钾是植物营养三大必要元素之一。土壤中的钾多来自成土母质中的含钾矿物。土壤中全钾含量主要受母质、风化及成土条件、土壤质地、耕作及施肥情况等的影响。由图 12-28 可知，表层土壤全钾含量休牧 2 区与自由放牧区较高，休牧 1 区、3 区较低。说明休牧时间长短对草地全钾含量的影响比较明显，休牧时间短或不休牧严重影响了草地植物的生长发育，导致植物对钾肥吸收减少，长期积累致使土壤全钾含量较高。

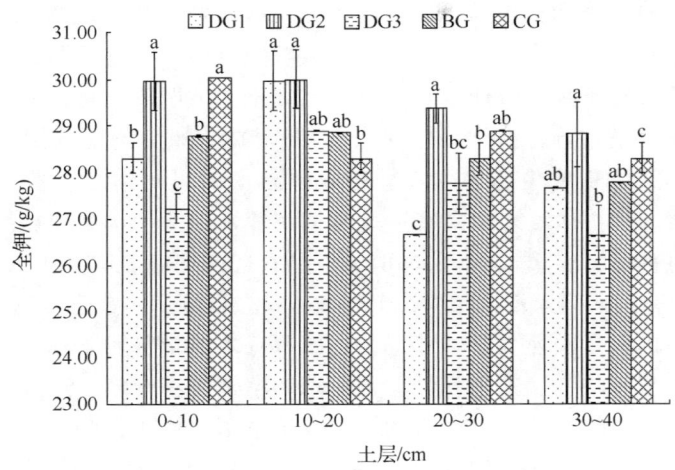

图 12-28　同一土层禁牧休牧土壤的全钾含量

速效钾是土壤中水溶性钾和代换性钾的总和，其中代换性钾占比例较大，为 95%，水溶性钾比例较少。其含量因土壤类型、胶体含量等而异。试验结果表明（图 12-29），荒漠草原的连续放牧使土壤速效钾含量降低，禁牧和休牧使土壤速效钾含量有增加的趋势。

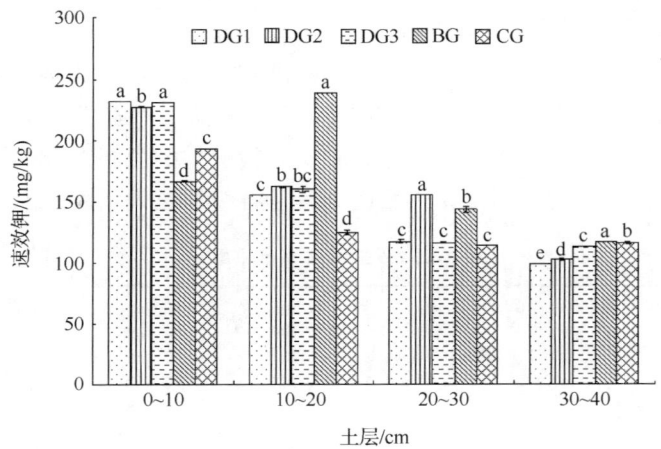

图 12-29　同一土层禁牧休牧土壤的速效钾含量

## 第四节　休牧期家畜舍饲研究

我国北方草原每年4月初到6月初是牧草返青和初期生长阶段,也是草原生态系统极其脆弱的时期,极易受外界因素的侵扰而遭到严重破坏。此时往往也是北方传统草原畜牧业生产最艰难的时期,放牧家畜由于"跑青",体力消耗较大,体外营养物质补充不足,致使家畜严重掉膘,抵抗力明显下降,一旦遭遇自然灾害则损失惨重(道尔吉帕拉木,1996)。因此,在草原生态脆弱期采取舍饲圈养措施是解决因放牧造成生态破坏,牲畜掉膘减产的可行途径(贾玉山,2002)。实施春季休牧,且在休牧期对家畜进行舍饲圈养,是保护草地和提高牲畜生产既科学又有效的途径(李青丰等,2005b)。但是家畜舍饲圈养需要投入较多的资金,所以寻求一个舍饲期间家畜掉膘少,舍饲成本又较低的饲养策略就显得十分必要。

本研究在内蒙古农业大学"苏尼特右旗都呼木教学科研基地"进行。采用当地的粗饲料干玉米秸秆、玉米青贮、青干草和精饲料玉米粒,形成不同组合的家畜日粮配方。选择体重相近,健康的2周岁绵羊羯羊作为试验对象。试验分别于2006年和2007年4月5日开始,预饲期10天,然后进入正式的测定期(4月15日至6月5日),共50天。每10天测定一次绵羊体重。试验羊分成5组,每组5只,分圈饲养,每日7:00、17:00饲喂,自由饮水。试验前组间绵羊平均体重无显著差异。

## 一、家畜日粮配方及饲料营养成分

### (一)家畜日粮配方

舍饲研究中饲料配方参考《家畜饲养标准与饲料营养价值表》(内蒙古农牧学院畜牧学饲养教研室,1989),根据当地饲料来源,考虑到舍饲期间牧民对舍饲成本的负担能力和当地的补饲习惯,家畜日粮配方的配制以舍饲期间满足家畜营养物质和能量的维持为标准,供给的饲料量各组均较低(表12-13)。

表12-13　舍饲家畜日粮配方

| 组别 | 青贮/kg | 玉米秸秆/kg | 青干草/kg | 精饲料/kg | 矿物质/g | 食盐/g |
| --- | --- | --- | --- | --- | --- | --- |
| 第一组 | 0.0 | 0.0 | 1.0 | 0.0 | 10 | 7 |
| 第二组 | 0.0 | 1.0 | 0.0 | 0.0 | 10 | 7 |
| 第三组 | 0.9 | 0.5 | 0.0 | 0.1 | 10 | 7 |
| 第四组 | 1.3 | 0.5 | 0.0 | 0.0 | 10 | 7 |
| 第五组 | 0.9 | 0.5 | 0.0 | 0.0 | 10 | 7 |

## (二) 饲料营养成分和所含能值

饲料营养成分和所含能值如表 12-14 所示。饲料中青干草和玉米的蛋白质含量较高，分别为 7.51% 和 6.66%；青贮和玉米秸秆的蛋白质含量较低，分别是 4.20% 和 2.64%。参考《草业科学研究方法》(任继周，1998) 计算出的消化能和总能以精饲料为最高，达 11.18MJ/kg 和 16.69MJ/kg，其次是青干草，玉米秸秆和青贮的消化能和总能较低。

表 12-14 饲料营养成分

| 名称 | 干物质/% | 粗蛋白/% | 粗脂肪/% | 粗纤维/% | 粗灰分/% | 无氮浸出物/% | 钙/% | 磷/% | 消化能/(MJ/kg) | 总能/(MJ/kg) |
|---|---|---|---|---|---|---|---|---|---|---|
| 青贮 | 18.85 | 4.20 | 3.05 | 41.58 | 6.67 | 38.69 | 0.39 | 0.58 | 9.34 | 16.32 |
| 玉米秸秆 | 91.88 | 2.64 | 1.91 | 31.63 | 5.94 | 49.76 | 0.39 | 0.62 | 9.41 | 15.69 |
| 青干草 | 94.46 | 7.51 | 3.72 | 31.75 | 6.78 | 44.71 | 0.64 | 0.47 | 9.92 | 16.70 |
| 精饲料 | 91.86 | 6.66 | 1.48 | 5.08 | 1.18 | 77.46 | 0.12 | 0.86 | 11.18 | 16.69 |

## 二、家畜日粮配给的营养水平及家畜对营养物质的需要

### (一) 日粮配给的营养水平

根据绵羊实际的日采食量，计算出各组家畜摄食的营养水平如表 12-15 所示。第一组和第二组的干物质摄食量较高；第一组摄食的粗蛋白最高，为 70.98g/(只·d)；第一组、第二组和第三组摄食的营养物质含量较低，三个组别相差不大；第五组摄食的各营养物质含量和粗蛋白均最低。由于玉米秸秆和青贮中矿物质元素的含量低于反刍家畜的维持需要，所以矿物质的补添显得尤其重要(王莉，2005)。本试验每组日粮配给中添加 10g 矿物质添加剂来平衡日粮中的钙、磷等矿物质元素的需要。另外，每组日粮配给中添加 7g 食盐。

表 12-15 绵羊摄食的牧草营养物质

| 组别 | 干物质/[g/(只·d)] | 粗蛋白/[g/(只·d)] | 粗脂肪/[g/(只·d)] | 粗纤维/[g/(只·d)] | 粗灰分/[g/(只·d)] | 无氮浸出物/[g/(只·d)] | 钙/[g/(只·d)] | 磷/[g/(只·d)] | 食盐/g |
|---|---|---|---|---|---|---|---|---|---|
| 第一组 | 944.64 | 70.98 | 35.10 | 299.86 | 64.02 | 422.34 | 6.07 | 4.39 | 7.00 |
| 第二组 | 918.78 | 24.28 | 17.51 | 290.62 | 54.58 | 457.18 | 3.59 | 5.73 | 7.00 |
| 第三组 | 720.90 | 25.39 | 15.28 | 220.51 | 39.69 | 365.38 | 2.56 | 4.63 | 7.00 |
| 第四组 | 704.44 | 22.44 | 16.22 | 247.19 | 43.63 | 323.40 | 2.74 | 4.28 | 7.00 |
| 第五组 | 629.04 | 19.27 | 13.92 | 215.84 | 38.60 | 294.22 | 2.45 | 3.84 | 7.00 |

## （二）绵羊对能量和蛋白维持需要的比较

根据绵羊的日摄食量，进一步分析各组绵羊对能量和粗蛋白的消化量，并比较绵羊的维持需要，结果如表 12-16 所示。在舍饲情况下，各组的能量均高于维持需要。可消化粗蛋白只有第一组高于维持需要［40g/(只·d)］9.68g/(只·d)，可见，各组配方绵羊均能获得高于维持需要的能量，而只有第一组能够获得高于维持需要的蛋白质。

表 12-16　绵羊对能量和蛋白质的消化情况

| 组别 | 总能/[MJ/(只·d)] | 消化能/[MJ/(只·d)] | 维持需要/[MJ/(只·d)] | 粗蛋白/[g/(只·d)] | 可消化粗蛋白/[g/(只·d)] | 维持需要粗蛋白/[g/(只·d)] |
|---|---|---|---|---|---|---|
| 第一组 | 15.78 | 9.37 | 4.49 | 70.98 | 49.68 | 40 |
| 第二组 | 14.42 | 8.64 | 4.49 | 24.28 | 16.99 | 40 |
| 第三组 | 13.88 | 8.29 | 4.49 | 25.39 | 17.77 | 40 |
| 第四组 | 14.63 | 8.57 | 4.49 | 22.44 | 15.71 | 40 |
| 第五组 | 12.35 | 7.26 | 4.49 | 19.27 | 13.49 | 40 |

注：维持需要能量与粗蛋白按绵羊平均体重需要量计算。

## 三、家畜体重变化

对各试验羊每 10 天测定一次体重，由于饲料配给、个体差异等的不同，绵羊平均体重的变化也不同。从表 12-17 可以看出，试验期间第三组、第四组和第五组总增重差异不显著（$P>0.05$），第一组、第二组和第五组之间差异不显著（$P>0.05$）。但第三组、第四组与第一组、第二组差异达极显著水平（$P<0.05$）。唯一增重的组别是第三组（1.31%），掉膘较少的是第四组（−2.58%），第五组掉膘也在 10% 以内（−7.92%）；第一组和第二组掉膘均大于 10%。

表 12-17　试验绵羊主要生产性能平均指标的比较

| | 体重变化 | 第一组 | 第二组 | 第三组 | 第四组 | 第五组 |
|---|---|---|---|---|---|---|
| 体重 | 4月15日重/kg | 20.55±1.02 | 20.20±1.34 | 22.90±0.57 | 19.35±1.15 | 18.95±0.74 |
| | 4月25日重/kg | 19.80±1.52 | 18.95±0.82 | 23.15±0.45 | 18.95±1.67 | 18.25±1.12 |
| | 5月5日重/kg | 18.75±2.18 | 17.95±0.89 | 23.20±0.42 | 18.95±1.14 | 17.70±0.96 |
| | 5月15日重/kg | 18.20±2.41 | 17.45±1.02 | 23.25±1.17 | 18.70±1.08 | 17.50±0.79 |
| | 5月25日重/kg | 18.25±2.24 | 17.55±0.74 | 23.30±0.82 | 18.60±1.25 | 17.40±1.10 |
| | 6月5日重/kg | 18.25±2.15 | 17.60±0.57 | 23.20±1.52 | 18.85±1.20 | 17.45±1.60 |
| | 总增体重/kg | −2.30b | −2.60bc | 0.30a | −0.50a | −1.50ab |
| | 增重/% | −11.19 | −12.87 | 1.31 | −2.58 | −7.92 |

# 第十二章 荒漠草原禁牧休牧及家畜舍饲研究

由以上分析结果可知，第三组供试家畜有轻微的增重，第四组掉膘重量可控制在5%以内，第五组掉膘重量也小于10%。据观测研究，春季舍饲喂养期间，如果供试绵羊掉膘率控制在10%以内，休牧结束后，绵羊会很快恢复体重，不会影响其生产性能（李连树等，2004）。因此，第三组、第四组和第五组，即0.5kg秸秆＋0.9kg青贮＋0.1kg玉米、0.5秸秆＋1.3kg青贮和0.5kg秸秆＋0.9kg青贮日粮配给模式较合理。

## 四、经济效益比较分析

结合上述饲养试验结果，计算春季休牧期间补饲饲料的成本如表12-18所示。春季休牧50天保证绵羊不掉膘的维持饲养成本为30.30元，轻微掉膘的为29.00元，掉膘达到7.92%的饲养成本也仅为25.00元。据研究，精饲料对休牧期绵羊维持体重有很好的作用，其投喂量是干草的5倍以上（李青丰等，2005b）。从试验中可以看出第三组日粮配给仅加入0.1kg的精饲料（玉米），但对家畜的保膘效果非常明显，而且成本也不高。本试验研究表明，30元左右/羊单位的成本将可以满足50天休牧期饲草料的需求，而每只羊的价格是250元（2006年）左右，因此春季休牧期间家畜进行舍饲技术可行且经济合理。

表12-18 试验绵羊补饲期饲养费用

| 组别 | 50天饲料费用/(元/只) | | | | |
| --- | --- | --- | --- | --- | --- |
| | 玉米秸秆 | 青贮 | 玉米 | 干草 | 合计 |
| 第一组 | 0.00 | 0.00 | 0.00 | 50.00 | 50.00 |
| 第二组 | 32.00 | 0.00 | 0.00 | 0.00 | 32.00 |
| 第三组 | 16.00 | 9.00 | 5.30 | 0.00 | 30.30 |
| 第四组 | 16.00 | 13.00 | 0.00 | 0.00 | 29.00 |
| 第五组 | 16.00 | 9.00 | 0.00 | 0.00 | 25.00 |

注：玉米价格1.06元/kg；青贮0.20元/kg；玉米秸秆0.64元/kg；干草1.00元/kg（2006年）。

## 参 考 文 献

阿不来提,石定燧,冈本明治,等. 1995. 鸡脚草、牛尾草在放牧条件下体内糖分含量积累动态与再生速度关系的研究. 草业科学,12(3):26-29.

巴图朝鲁,许志信,昭和斯图,等. 1994. 草甸草原牧草贮藏养分积累与消耗规律的研究. 内蒙古农牧学院学报,15(1):32-38.

白哈斯. 2008. 不同放牧率对草甸植被特征的影响. 干旱区资源与环境,22(4):170-174.

白可喻,韩国栋,昭和斯图,等. 1995. 放牧干扰条件下植物地下部分贮藏养分的变化. 内蒙古草业,(1、2):55-58.

白可喻,许志信,赵萌莉,等. 1996a. 荒漠草原牧草贮藏养分积累与消耗规律的研究. 内蒙古农牧学院学报,17(1):1-6.

白可喻,赵萌莉,卫智军,等. 1996b. 刈割对荒漠草原几种牧草贮藏碳水化合物的影响. 草地学报,4(2):126-133.

白可喻,赵萌莉,许志信,等. 1997. 荒漠草原12种牧草贮藏碳水化合物含量变化规律的研究. 内蒙古草业,(1):42-46.

白世红,马风云,侯栋,等. 2010. 黄河三角洲植被演替过程种群生态位变化研究. 中国生态农业学报,18(3):581-587.

白永飞,许志信,段淳清,等. 1996. 典型草原主要牧草植株贮藏碳水化合物分布部位的研究. 中国草地,(1):7-9.

白永飞,许志信,李德新,等. 1999. 内蒙古高原四种针茅种群年龄与株丛结构的研究. 植物学报,41(10):102-108.

白永飞,许志信,卫智军,等. 1998a. 蒙古羊夏季牧食行为的研究. 内蒙古草业,(1):32-36.

白永飞,许志信,赵钢,等. 1998b. 蒙古羊牧食行为的研究. 内蒙古农牧学院学报,19(3):31-37.

白永飞,许志信. 1995. 羊草草原群落初级生产力动态研究. 草地学报,3(1):57-64.

白永飞,张丽霞,张焱,等. 2002. 内蒙古锡林河流域草群带研究. 植物生态学报,26(3):308-316.

白永飞. 1999. 降水量季节分配对克氏针茅草原群落初级生产力的影响. 植物生态学报,23(2):155-160.

柏正强. 1987. 牧草粗纤维含量随采样期的变化. 四川草原,(2):28-31.

蔡晓明,尚玉昌. 1995. 普通生态学(下册). 北京:北京大学出版社:160-164,187-190,206-209.

曹斌云,惠小强,吴长杰. 1985. 舍饲奶山羊的行为观测. 西北农学院学报,(1):49-57.

曹自成,易津. 1983. 羊草中氮磷及可溶性糖类年变化状况的初步研究. 中国草原,(3):31-36.

常秉文,苗忠. 1989. 内蒙古草地初级生产力动态的初步研究. 见:内蒙古农牧学院草原系草原管理教研组. 草原初级生产力和营养物质动态研究论文集(油印本). 呼和浩特:内蒙古农牧学院.

常会宁,夏景新,徐照华,等. 1994. 草地放牧制度及其评价. 黑龙江畜牧兽医,(12):40-43.

朝鲁,卫亮,王美芬. 2002. 克氏针茅草地牧草返青期放牧对比试验. 内蒙古草业,14(4):42-45.

陈美高. 2005. 马尾松种源胸径生长的空间异质性. 福建林学院学报,25(4):333-337.

陈敏. 1998. 改良退化草地与建立人工草地的研究. 呼和浩特:内蒙古人民出版社:17.

陈亚明,呆寿善. 1994. 高山草地不同经济类群植物地上生物量和总磷量积累的季节动态. 草业科学,(10):1-3.

陈玉福,董鸣. 2003. 生态学系统的空间异质性. 生态学报,23(2):346-351.

陈自胜,于绍文,韩湘源,等. 1983. 应用太阳能电围栏进行绵羊划区轮牧试验初报. 吉林农业科学,(2):76-79.

# 参 考 文 献

陈佐忠,黄德华,李济尚. 1988. 内蒙古乌兰察布短花针茅草原生物量动态的初步分析. 干旱区资源与环境,2(2):63-70.

陈佐忠,黄德华,张鸿芳. 1983a. 内蒙古锡林郭勒草原十二种豆科牧草的元素化学特征. 中国草原,(2):52-55.

陈佐忠,黄德华,张鸿芳. 1983b. 羊草草原和大针茅草原氮素贮量及其分配. 植物生态学与地植物学丛刊,7(2):143-158.

陈佐忠,黄德华,张鸿芳. 1984. 内蒙古栗钙土典型草原地带植物化学元素含量的水平及其分组. 植物学报,26(2):209-215.

陈佐忠,黄德华,张鸿芳. 1985. 内蒙古锡林河流域122种植物的元素化学特征. 见:中国科学院内蒙古草原生态系统定位站.草原生态系统研究(第一集).北京:科学出版社:112-131.

程积民,杜峰. 1999. 放牧对半干旱地区草地植被影响的研究. 中国食草动物,1(6):29-31.

褚文彬. 2008. 短花针茅荒漠草原草地和家畜对禁牧休牧的响应.呼和浩特:内蒙古农业大学硕士学位论文.

道尔吉帕拉木. 1996. 集约化草原畜牧业.北京:中国农业科技出版社:18-25.

董景实,张素珍. 1981. 主要优良牧草产草量及其营养动态的研究.中国草原,(3):40-47.

董全民,赵新全,李青云,等. 2005. 小嵩草高寒草甸的土壤养分因子及水分含量对牦牛放牧率的响应Ⅱ冬季草场土壤营养因子及水分含量的变化.土壤通报,36(4):493-500.

董全民,赵新全,马玉寿. 2007. 放牧率对高寒混播草地主要植物种群生态位的影响.中国生态农业学报,15(5):1-6.

杜玉珍,赵钢,阎景赟,等. 2005. 放牧制度对天然草地土壤物理性状及奶牛生产性能的影响.中国草地,27(4):47-51.

方修琦. 1987. 陕北及鄂尔多斯地区降水变化与沙漠化.北京师范大学学报,(1):90-95.

冯雨峰. 1990. 内蒙古灌丛化石生针茅荒漠草原地下生物量与周转值的测定.内蒙古草业,(3):27-31.

冯忠义,孙效民,张建昌,等. 1988. 同羊放牧行为的观测研究初报.家畜生态,9(2):23-25.

盖山林,盖志毅. 1989. 从内蒙古动物岩画探索草原原始畜牧业的起源.内蒙古农牧学院学报,10(1):57-64.

盖山林. 1985. 阴山岩画.呼和浩特:内蒙古人民出版社:22,51-54.

高英志,韩兴国,汪诗平. 2004. 放牧对草原土壤的影响.生态学报,24(4):790-797.

高永革,李德新. 1995. 短花针茅草原群落植物生物量垂直结构特征及其与水热条件的关系. 见:赛胜宝,李德新.荒漠草原生态系统研究.呼和浩特:内蒙古人民出版社:67-71.

高永革. 1985. 短花针茅荒漠草原生物量动态模式及与环境条件的关系.呼和浩特:内蒙古农牧学院硕士学位论文.

高永革. 1986. 短花针茅荒漠草原植物地上部生物量形成规律初探.内蒙古草业,(2):1-7.

耿文诚,马兴跃,马宁. 2000. 云贵高原人工草地划区轮牧模式研究.草业学报,9(3):58-65.

顾磊,江晓霞,陈智华. 2005. 生态学空间异质性研究进展.西南民族大学学报(自然科学版),(S1):11-15.

关世英,常金宝,贾树海,等. 1997. 草原暗栗钙土退化过程中的土壤性状及其变化规律的研究.中国草地,(3):39-43.

郭锡平,张春信,乌日根,等. 2006. 锡林郭勒盟春季休牧工作现状及对策.内蒙古草业,18(1):54-56.

郭本兆,孙永华. 1982. 中国针茅属分类、分布和生态的初步研究.植物分类学报,20(1):34-43.

韩国栋,李博. 2000. 短花针茅草原5个载畜率水平绵羊活重变化规律.中国草地,(1):4-6,38.

韩国栋,李勤奋,卫智军,等. 2004. 家庭牧场尺度上放牧制度对绵羊摄食和体重的影响. 中国农业科学, 37(5): 744-750.

韩国栋,卫智军,许志信. 2001. 短花针茅草原划区轮牧试验研究. 内蒙古农业大学学报, 22(1): 60-67.

韩国栋,卫智军. 2000. 草场划区轮牧. 当代畜禽养殖业, (10): 12-13.

韩国栋,许志信,章祖同. 1990. 划区轮牧和季节连续放牧的比较研究. 干旱区资源与环境, 4(4): 85-93.

韩国栋. 1993. 划区轮牧和季节连续放牧绵羊的牧食行为. 中国草地, (2): 1-4.

韩慧光,孙东辉,陈国良,等. 1999. 划区轮牧饲养肉牛实验报告. 黑龙江畜牧兽医, (4): 10-11.

韩有志. 2001. 林分空间异质性与水曲柳的更新格局和过程. 东北林业大学,博士学位论文. 89-102.

红梅,陈有君,李艳龙,等. 2001. 不同放牧强度对土壤含水量及地上生物量的影响. 内蒙古农业科技(土肥专辑), 25-26.

侯扶江,常生华,于应文,等. 2004. 放牧家畜的践踏作用研究评述. 生态学报, 24(4): 784-789.

侯扶江,任继周. 2003. 甘肃马鹿冬季放牧践踏作用及其对土壤理化性质影响的评价. 生态学报, 23(3): 486-495.

侯扶江. 2001. 放牧对牧草光合作用、呼吸作用和氮、碳吸收与转运的影响. 应用生态学报, 12(6): 938-942.

呼天明,祝廷成. 1987. 氮素在羊草—土壤中的分配及其季节动态的初步研究. 生态学杂志, 6(4): 14-18.

胡克林,李保国,陈德立,等. 2001. 农田土壤水分和盐分的空间变异性及其协同克立格估值. 水科学进展, 12(4): 460-466.

扈明阁,姜永. 1985. 赤峰市主要草场类型营养动态的研究. 四川草原, (4): 34-39.

黄崇岳. 1983. 我国的原始畜牧业及其与农业的关系窥探. 中原文物, (3): 1-7.

黄德华,陈佐忠,张鸿芳. 1993. 克氏针茅草原主要植物种化学元素含量的季节变化. 植物学通报, (S1): 27-28.

黄友庭,邢旗. 2000. 内蒙古牧草营养成分录. 呼和浩特:内蒙古人民出版社: 170-191.

纪亚君. 2002. 放牧对草地植物及土壤的影响. 青海畜牧兽医杂志, 32(4): 42-44.

贾树海,王春枝,孙振涛. 1999. 放牧强度和时期对内蒙古草原土壤压实效应的研究. 草地学报, 7(3): 217-222.

贾晓妮,程积民,万惠娥. 2007. DCA、CCA和DCCA三种排序方法在中国草地植被群落中的应用现状. 中国农学通报, 23(12): 391-395.

贾玉山,格根图,王俊杰,等. 2002. 草原生态脆弱期绵羊饲养方式研究. 草地学报, 10(2): 106-111, 123.

姜恕,戚秋慧,孔德珍. 1985. 羊草草原群落和大针茅草原群落生物量的初步比较研究. 见:中国科学院内蒙古草原生态系统定位站. 草原生态系统研究(第一集). 北京:科学出版社: 12-22.

姜恕,等. 1988. 草地生态研究方法. 北京:农业出版社.

蒋德明,李明,押田敏雄,等. 2009. 封育对科尔沁沙地小叶锦鸡儿群落植被特征及空间异质性的影响. 生态学杂志, 28(11): 2159-2164.

金旭振. 1963. 不同利用时间和次数对草群植被再生性影响的讨论. 见:内蒙古乌兰察布盟达茂联合旗伊克乌素草原改良试验站. 荒漠草原地区科学研究成果汇编(第二集). 1-24.

康乐. 1995. 放牧干扰下的蝗虫——植物相互作用关系. 生态学报, 15(1): 1-11.

康师安,关世英,齐沛钦. 1985. 羊草和大针茅群落土壤速效性养分含量与分布规律的初步研究. 草原草原, (2): 45-49.

雷志栋,杨诗秀,许志荣,等. 1985. 土壤特性空间变异性初步研究. 水利学报, (9): 10-21.

李斌,张金屯. 2003. 黄土高原植物群落生态关系研究. 农业环境科学学报, 22(4): 471-473.

李博,赵济,雍世鹏. 1991. 内蒙古自治区资源系列地图. 北京:科学出版社.

李博,雍世鹏,李瑶,等. 1990. 中国的草原. 北京:科学出版社.

李博. 1962. 内蒙古地带性植被的基本类型及其生态地理规律. 内蒙古大学学报,4(2):41-74.

李博. 1979. 中国草原植被的一般特征. 中国草原,(1):2-12,26.

李博. 2000. 生态学. 北京:高等教育出版社.

李朝生,杨晓晖,于春堂,等. 2006. 放牧对黄河低阶地盐化草场土壤水盐空间异质性的影响. 生态学报, 26(7):2402-2408.

李存焕,宝力格. 1992. 石生针茅荒漠草原地上生物量预测模式的初步研究. 中国草地,(4):10-14.

李存焕. 2000. 短花针茅草原植物群落生产力与气候波动的关系. 内蒙古草业,(1):36-40.

李德新. 1982. 狭叶锦鸡儿-石生针茅+无芒隐子草群落再生性试验初报. 内蒙古畜牧兽医——草原专刊,(1) 97-100.

李德新. 1990. 短花针茅荒漠草原动态规律及其生态稳定性. 中国草地,(4):1-5.

李德新. 1995a. 内蒙古高原石生针茅荒漠草原群落的波动性. 见:赛胜宝,李德新. 荒漠草原生态系统研究. 呼和浩特:内蒙古人民出版社:30-36.

李德新. 1995b. 内蒙古高原荒漠草原生态系统概论. 见:赛胜宝,李德新. 荒漠草原生态系统研究. 呼和浩特:内蒙古人民出版社:1-9.

李德新,赵爱桃. 2002. 改善干旱区草地生态系统服务功能及草业与畜牧业持续发展——三论内蒙古、宁夏草地环境资源生态危机与觉醒. 见:中国草原学会:现代草业科学进展. 草业科学,(增刊):358-363.

李德新. 2011. 内蒙古高原荒漠草原植物生长节律与农业气象条件的关系. 见:《李德新文集》编辑委员会. 李德新文集. 呼和浩特:内蒙古大学出版社:8-20.

李建龙,许鹏,孟林,等. 1993. 不同轮牧强度对天山北坡低山带蒿属荒漠春秋场土草畜影响研究. 草业学报,2(2):60-65.

李军玲,张金屯,袁建英. 2004. 关帝山亚高山灌丛群落和草甸群落优势种的种间关系. 草地学报,2(2): 113-119.

李连树,吴锁柱,于海良. 2004. 科学解决禁牧舍饲问题有效保护我省草地资源. 河北畜牧兽医,20(6): 10-11.

李凌浩,韩兴国,王其兵,等. 2002. 锡林河流域一个放牧草原群落中根系呼吸占土壤总呼吸比例的初步估计. 植物生态学报,26(1):29-32.

李青丰,李福生,斯日古楞,等. 2001. 沙化草地春季禁牧研究初报. 中国草地,23(5):41-46.

李青丰,赵钢,郑蒙安,等. 2005b. 春季休牧对草原和家畜生产力的影响. 草地学报,13(增刊):53-57.

李青丰. 2005a. 草地畜牧业以及草原生态保护的调研及建议(1)——禁牧舍饲、季节性休牧和划区轮牧. 内蒙古草业,17(1):25-28.

李绍良. 1985. 草原土壤水分状况与植物生物量关系的初步研究. 见:中国科学院内蒙古草原生态定位站. 草原生态系统研究(第一集). 北京:科学出版社:195-202.

李生,温成杰. 1988. 人工种草对苏打盐渍土草场早春微生物氮素生理群影响的研究. 内蒙古草业,(2): 44-47.

李思亮,刘丛强,肖化云. 2002. 地表环境氮循环过程中微生物作用及同位素分馏研究综述. 地质地球化学,30(4):40-45.

李笑春,李德新. 1990. 内蒙古草地资源面临枯竭危机——草地环境发出的'黄牌'警告. 内蒙古草业,(2): 1-7.

李香真,陈佐忠. 1997. 放牧草地生态系统中氮素的损失和管理. 气候与环境研究,2(3):241-250.

李扬汉. 1979. 禾本科作物的形态与解剖. 上海：上海科学技术出版社：44-46.

李永宏, 阿兰. 1995. 不同放牧体制对新西兰南部补播生草丛草地的长期效应. 国外畜牧学——草原与牧草,（1）：22-28.

李永宏, 陈佐忠, 尹承军, 等. 1993. 草原放牧系统实验研究初报. 植物学通报, 49（增刊）：49-50.

李永宏. 1993. 放牧影响下羊草草原和大针茅草原植物多样性的变化. 植物学报, 35(11)：877-884.

李振武, 陈敬锋. 1996a. 牧草种群再生草产量的数学模型及生态因子分析. 草食家畜,（增刊）：84-86, 89.

李振武, 陈敬锋. 1996b. 天山北坡低山春秋场优势牧草种群再生草产量与生态因子的相关分析. 中国草地,（3）：22-25.

李振武, 许鹏. 1993. 天山北坡低山带春秋场优势种牧草的再生性能Ⅰ. 几种优势种牧草再生性能的观测. 中国草地,（5）：18-24.

李振武, 许鹏. 1994. 天山北坡低山春秋场优势种牧草的再生性能Ⅱ. 春秋牧场的合理利用. 中国草地,（2）：45-48, 40.

李政海, 鲍雅静. 2000. 内蒙古草原与荒漠区的锦鸡儿属植物种群格局动态和种间关系的研究. 干旱区资源与环境, 14(2)：64-68.

李柱, 赵德云, 李瑞年, 等. 2001. 天山北坡季节牧场牧草营养动态研究. 草业科学, 18(5)：1-4.

林星华. 2001. 闽南沿海山地火力楠马尾松混交林种间关系变化规律. 江西农业大学学报, 25(3)：340-344.

刘冰, 赵文智. 2007. 荒漠绿洲过渡带泡泡刺灌丛沙堆形态特征及其空间异质性. 应用生态学报, 18(12)：2814-2820.

刘东焕, 赵世伟, 高荣孚, 等. 2002. 植物光合作用对高温的响应. 植物研究, 22(2)：205-212.

刘会玉, 林振山, 梁仁君, 等. 2007. 集合种群动态对生境毁坏空间异质性的响应. 生态学报, 27(8)：3286-3293.

刘建福. 2006. 澳洲坚果叶片净光合速率和叶绿素荧光参数日变化. 西南农业大学学报, 28(2)：271-273.

刘金福, 洪伟, 樊后保, 等. 2001. 天然格氏栲林乔木层种种间关联性研究. 林业科学, 37(4)：117-123.

刘军萍, 王德利, 巴雷. 2003. 不同刈割条件下的人工草地羊草叶片的再生动态研究. 东北师大学报（自然科学版）, 35(1)：117-124.

刘君. 1996. 不同放牧强度对牧草地下贮藏物质的影响. 黑龙江畜牧兽医,（9）：20-21.

刘树常. 1980. 耕牛反刍习性的观察. 中国畜牧杂志,（5）：22-25.

刘太勇. 1993. 人工草地分区轮牧的研究. 四川草原,（1）：48-51.

刘小恺, 刘茂松, 黄峥, 等. 2009. 宁夏沙湖4种干旱区群落中主要植物种间关系的格局分析. 植物生态学报, 33(2)：320-330.

刘艳, 卫智军, 杨静, 等. 2004. 短花针茅草原不同放牧制度的植物补偿性生长. 中国草地, 26(3)：18-23.

刘颖, 王德利, 韩士杰, 等. 2004. 放牧强度对羊草草地植被再生性能的影响. 草业学报, 13(6)：39-44.

刘璋温, 吴国富. 1983. 选择回归模型的几个准则. 数学的实践与认识,（1）：61-69.

刘忠宽, 智建飞, 李英杰, 等. 2004. 休牧后土壤养分空间异质性和植物群落α多样性. 河北农业科学, 8(4)：1-8.

刘钟龄, 李忠厚. 1988. 内蒙古羊草+大针茅草原植被生产力的研究—Ⅱ. 种群地上现存生物量的研究. 干旱区资源与环境, 2(1)：1-19.

刘钟龄. 1960. 内蒙古草原区植被植貌. 内蒙古大学学报,（2）：47-74.

刘钟龄. 1963. 内蒙古的针茅草原. 植物生态学与地植物学丛刊, 1(1/2)：156-158.

鲁彩艳, 刘颖茹. 2001. 不同年龄冷蒿种群再生生长速率的比较研究. 中国草地, 23(2)：76-78.

# 参 考 文 献

马成杰. 1986. 苏尼特左旗天然草场营养类型和牧草营养动态. 锡林郭勒草原,(4):10-16.
马家兴,范泽明,吴启进. 1987. 贵州南部白茅天然草地牧草产量质量及利用率季节变化的研究. 中国草地,(2):28-32.
马琦,李永宏. 1992. 不同放牧强度牲畜的增重效果和载畜量的比较试验. 见:中国科学院内蒙古草原生态系统定位站. 草原生态系统研究(第4集). 北京:科学出版社:237-241.
蒙荣. 1986. 短花针茅荒漠草原生产力动态及其再生力的研究. 呼和浩特:内蒙古农牧学院硕士学位论文.
内蒙古草地资源编委会. 1990. 内蒙古草地资源. 呼和浩特:内蒙古人民出版社:119-225.
内蒙古农牧学院. 1999. 草原管理学(第二版). 北京:中国农业出版社:48,100-126.
内蒙古农牧学院草地资源教研室. 1999. 草地经营. 呼和浩特:内蒙古大学出版社:75-84.
内蒙古农牧学院畜牧学饲养教研室. 1989. 家畜饲养标准与饲料营养价值表. 呼和浩特:内蒙古农牧学院.
内蒙古植物志编辑委员会. 1994. 内蒙古植物志(第二版)第五卷. 呼和浩特:内蒙古人民出版社:202-203.
内蒙古自治区锡盟查干敖包草原改良试验站. 1963a. 荒漠化草原地区主要放牧地草群再生性及不同刈割次数对以后几年产量的影响. 科研资料(第三集):19-34.
内蒙古自治区锡盟查干敖包草原改良试验站. 1963b. 查干敖包地区主要放牧地类型再生性研究结果报告(1962年). 科研资料(第三集):35-42.
牛海山,李香真. 1999. 放牧率对土壤饱和导水率及其空间变异的影响. 草地学报,7(3):211-216.
潘庆民,韩兴国,白永飞,等. 2002. 植物非结构性贮藏碳水化合物的生理生态学研究进展. 植物学通报,19(1):30-38.
裴海昆. 2004. 不同放牧强度对土壤养分及质地的影响. 青海大学学报(自然科学版),22(4):29-31.
彭启乾,金旭振. 1962. 内蒙古荒漠草原地区四个放牧地类型饲料贮藏量及其动态的研究. 见:内蒙古农牧学院. 科学研究报告集(草原学部分). 82-93.
彭少麟,黄忠良. 2000. 生产力与生物多样性之间的相互关系研究概述. 生态科学,19(1):1-9.
皮南林,周兴民,赵多琥,等. 1990. 青海高寒草甸矮蒿草草场放牧强度初步研究. 农业现代化研究,11(5):26-31.
邱扬,张金屯. 2000. DCCA排序轴分类及其在关帝山八水沟植物群落生态梯度分析中的应用. 生态学报,20(2):199-206.
任继周,李逸民,郭博,等. 1954. 藏羊群自由放牧与分区轮牧的观察研究. 中国畜牧兽医杂志,(4):143-147,157.
任继周,牟新待. 1964. 试论划区轮牧. 中国农业科学,(1):21-25.
任继周,朱兴运,王钦,等. 1986. 高山草地—绵羊系统的氮循环. 中国草原与牧草,3(4):4-8.
任继周. 1961. 高山草原各型划区轮牧规划问题的研究. 甘肃农业大学学报,(1):1-12.
任继周. 1998. 草业科学研究方法. 北京:中国农业出版社.
戎郁萍,韩建国,王培,等. 2001a. 放牧强度对草地土壤理化性质的影响. 中国草地,23(4):41-47.
戎郁萍,韩建国,王培,等. 2001b. 放牧强度对牧草再生性能的影响. 草地学报,9(2):92-98.
沈长江. 1989. 中国畜牧地理. 北京:农业出版社.
沈海亮,王季槐,李明. 2007. 宁夏野生甘草分布空间异质性及分布格局研究. 草业科学,24(7):18-22.
施玉辉,周翰信,马永林,等. 1983. 二万一千亩划区轮牧试验报告(1974~1982). 四川草原,(1):57-62.
石栗敏機. 1980. オーチャードグラス採食時の羊糞中成分と消化率及び牧草中成分との関連. 日本草地学会誌,26(1):89-93.
司建华,冯起,鱼腾飞,等. 2009. 额济纳绿洲土壤养分的空间异质性. 生态学杂志,28(12):2600-2606.
宋乃平,张风荣,李保国,等. 2004. 禁牧政策及其效应解析. 自然资源学报,19(3):316-323.

苏连登，谭玉林，罗安祥，等．1984．罗姆尼羊秋季牧食行为的观测及采食量的测定．中国草原与牧草，(4)：48-52．

苏盛发，高玉春，汪仁．1985．沙打旺植株体内养分含量与变化．土壤，17(1)：31-33．

孙勃，张金屯．2004．天龙山木本群落种间关系的研究．西北植物学报，24(8)：1457-1461．

孙明，章瑞华．1991．紫花苜蓿不同留茬高度对分枝性能及产草量的影响．中国草地，(6)：40-42．

孙启忠，韩建国，桂荣，等．2001．科尔沁沙地苜蓿根系和根颈特性．草地学报，9(4)：269-272．

汪诗平，陈佐忠，王艳芳，等．1999a．绵羊生产系统对不同放牧制度的响应．中国草地，(3)：42-50．

汪诗平，李永宏，王艳芬．1999b．绵羊的采食行为与草场空间异质性关系．生态学报，19(5)：431-434．

汪诗平，李永宏．1997．放牧绵羊行为生态学研究 V．采食行为参数与草地状况的关系．草业学报，6(4)：31-38．

汪诗平，王艳芬，陈佐忠．2003．放牧生态系统管理．北京：科学出版社：221-227．

汪诗平，王艳芬，李永宏，等．1998．不同放牧率对草原牧草再生性能和地上净初级生产力的影响．草地学报，6(4)：275-281．

汪诗平，王艳芬．2001．不同放牧率下糙隐子草种群补偿性生长的研究．植物学报，43(4)：413-418．

汪诗平．1997．放牧绵羊行为生态学研究Ⅱ不同放牧率对放牧绵羊牧食行为的影响．草业学报，6(1)：10-17．

王东波，陈丽．2006．放牧对草地生态系统土壤理化性质的影响．内蒙古科技与经济，(10)：105-106．

王芳玖，李绍良．1986．草原土壤氮素生理群的研究．内蒙古农牧学院学报，7(1)：121-131．

王凤兰，牛建明，张庆．2009．短花针茅群落主要物种种间关系的研究．华北农学报，24(1)：159-164．

王贵满，于贵义，苏合．1987．不同类型天然草场地上生物量和营养动态的研究．中国草地，(6)：18-21．

王贵满．1985．低山丘陵草场青草期绵羊放牧强度初步研究．中国草地，(4)：35-38．

王海涛，何兴东，高玉葆，等．2007．油蒿演替群落密度对土壤湿度和有机质空间异质性的响应．植物生态学报，31(6)：1145-1153．

王红霞．1988．短花针茅荒漠草原草群再生力的研究．呼和浩特：内蒙古农牧学院硕士学位论文．

王洪荣，冯宗慈，卢德勋，等．1997．天然牧草营养价值的季节性动态变化对放牧绵羊采食量和生产性能的影响．内蒙古畜牧科学，(S1)：143-150．

王辉珠．1984．高山禾本科—嵩草型草地土、草、畜的氮转化．中国草原与牧草杂志，1(2)：18-25．

王静，杨持，韩文权，等．2003．刈割强度对冷蒿可溶性碳水化合物的影响．生态学报，23(5)：908-913．

王静，杨持，王铁娟，等．2005．冷蒿种群在不同放牧干扰下叶绿素、可溶性糖的对比研究．内蒙古大学学报(自然科学版)，(3)：280-283．

王莉．2005．精料不同组合对饲喂玉米秸秆绵羊的营养物质表观消化率、氮平衡、矿物质平衡及生产效益的影响．呼和浩特：内蒙古农业大学硕士学位论文．

王琳，张金屯．2004．历山山地草甸优势种的种间关联和相关分析．西北植物学报，24(8)：1435-1440．

王庆锁，张玉发．1999．人为干扰对浑善达克沙地东部森林-草原交错带的影响及其恢复治理的生态对策．自然资源学报，14(1)：28-34．

王仁忠．1996．放牧干扰对松嫩平原羊草草地的影响．东北师大学报(自然科学版)，(4)：77-82．

王淑强，刘玉红，陈宗玉．1993．围栏放牧的线性规划研究．草业科学，10(6)：46-48．

王宪举，金堃．1987．一类非线性模型的稳健回归．数学的实践与认识，(1)：31-34．

王义凤．1985．内蒙古地区大针茅草原中主要种群生物量季节动态的初步观测．见：中国科学院内蒙古草原生态系统定位站．草原生态系统研究(第一集)．北京：科学出版社：64-74．

王玉辉，何兴元，周广胜．2002．放牧强度对羊草草原的影响．草地学报，10(1)：45-49．

王玉辉,周广胜. 2001. 松嫩草地羊草叶片光合作用生理生态特征分析. 应用生态学报,12(1):75-79.
王昱生,孙爱芝. 1984. 黑龙江省杜尔伯特蒙古族自治县南部主要草原植物群落营养状况和绵羊合理放牧密度的研究. 生态学杂志,(3):17-21.
王正文,王德利. 2001. 大兴安岭森林草原过渡带白桦及主要草本植物生态位关系的研究. 应用生态学报,12(5):677-681.
王正文,祝廷成. 2004. 松嫩草原主要草本植物的生态位关系及其对水淹干扰的响应. 草业学报,13(3):27-33.
王忠. 2000. 植物生理学. 北京:中国农业出版社.
卫智军,白云军,乌日图,等. 2005. 荒漠草原不同放牧方式绵羊牧食策略研究. 草地学报,13(增刊):57-61.
卫智军,韩国栋,邢旗,等. 2000. 短花针茅草原划区轮牧与自由放牧比较研究. 内蒙古农业大学学报,21(4):46-49.
卫智军,韩国栋,杨静,等. 2002. 家庭牧场天然草地划区轮牧实施技术研究.《现代草业科学进展》中国国际草业发展大会论文集. 草业科学,(增刊):69-72.
卫智军,韩国栋,昭和斯图. 1995. 短花针茅草原上放牧强度对绵羊生产性能的影响. 草地学报,3(1):22-28.
卫智军,韩国栋. 1995. 放牧强度对绵羊生产性能的影响. 见:赛胜宝,李德新. 荒漠草原生态系统研究. 呼和浩特:内蒙古人民出版社:147-152.
卫智军,苏金华,刘艳,等. 2004. 土壤理化性状对放牧制度的响应. 见:刘永志. 内蒙古草业研究. 呼和浩特:内蒙古人民出版社:68-71.
卫智军,乌日图,达布希拉图,等. 2005. 荒漠草原不同放牧制度对土壤理化性质的影响. 中国草地,27(5):6-10.
卫智军,杨静,闫瑞瑞,等. 2010. 内蒙古天然草地划区轮牧. 见:章力建,侯向阳. 草原大文章略论. 北京:中国农业出版社:362-370.
卫智军,杨静,杨尚明. 2003. 荒漠草原不同放牧制度群落稳定性研究. 水土保持学报,17(6):121-124.
卫智军. 1992. 不同放牧强度和放牧制度绵羊采食习性的比较分析. 干旱区资源与环境,(增刊):14-18.
韦恩库克C,詹姆斯·斯塔布恩迪克. 1986. 草地研究——基本问题和技术. 许志信等译. 1990. 杨陵:天则出版社:129-142.
魏均,南寅镐. 1983. 羊草贮藏性物质含量的季节变化及其对不同人为活动影响的反应. 生态学报,3(1):21-27.
温方,孙启忠,陶雅. 2007. 影响牧草再生性的因素分析. 草原与草坪,(1):73-77.
吴自立,宋淑明,程平. 1989. 红豆草和抗旱苜蓿产草量及其营养动态分析. 草业科学,6(4):51-57.
锡林塔娜. 2009. 不同载畜率下短花针茅荒漠草原群落种间关系研究. 呼和浩特:内蒙古农业大学硕士学位论文.
夏叔芳,于新建,张振清. 1981. 叶片光合产物输出的抑制与淀粉和蔗糖的积累. 植物生理学报,7(2):135-142.
谢敖云,柴沙驼,王万邦,等. 1996. 高山草甸草地牧草产量及其营养变化规律. 青海畜牧兽医杂志,26(2):8-10.
谢成侠. 1985. 中国养牛羊史(附养鹿简史). 北京:农业出版社.
谢永华,黄冠华,赵立新. 1998. 田间土壤特性的空间变异性. 中国农业大学学报,3(2):41-45.
谢宇. 2004. 辽阔的草原. 北京:中国工人出版社:39-55.

辛连仲. 1990. 内蒙古荒漠草原初级生产力动态的研究. 中国草地,(1):40-46.

辛晓平,李向林,杨桂霞,等. 2002. 放牧和刈割条件下草山草坡群落空间异质性分析. 应用生态学报,13(4):449-453.

邢莉. 2006. 游牧中国. 北京:新世界出版社.

邢旗,双全,那日苏,等. 2003. 草原划区轮牧技术应用研究. 内蒙古草业,15(1):1-3.

邢韶华,赵勃,崔国发,等. 2007. 北京百花山草甸优势种的种间关联性分析. 北京林业大学学报,29(3):46-51.

熊毅,李庆逵. 1987. 中国土壤(第二版). 北京:科学出版社.

徐蒙. 2003-12-21. 内蒙古休牧、轮牧、禁牧成效显著. 中国畜牧报,(第002版).

徐任翔,毕英轩,刘文卿,等. 1982. 电围栏放牧的研究. 中国草原,(2):35-38.

许鹏,廖世俊,石定燧,等. 1979. 紫泥泉种羊场冬、春秋草场产量和营养物质动态的初步研究. 新疆八一农学院学报,(2):32-44.

许志信,巴图朝鲁,段谆清. 1993a. 草甸草原六种牧草贮藏养分含量变化规律的研究. 中国草地,(6):22-25.

许志信,巴图朝鲁,卫智军,等. 1993b. 牧草再生与贮藏碳水化合物含量变化关系的研究. 草业学报,2(4):13-18.

许志信,白永飞,斯日古楞,等. 1997. 蒙古羊春季牧食行为的研究. 中国草地,(4):16-19,36.

许志信,白永飞. 1994. 干草原牧草贮藏碳水化合物含量变化规律的研究. 草业学报,3(4):27-31.

许志信,赵萌莉. 2001. 过度放牧对草原土壤侵蚀的影响. 中国草地,23(6):59-63.

许志信. 1979. 谈内蒙古天然草场的退化问题. 内蒙古畜牧兽医,(1):13-21.

许志信. 1990. 控制载畜量是维持草地生态平衡的关键. 草业科学,(4):1-6.

许中旗,闵庆文,王英舜,等. 2006. 人为干扰对典型草原生态系统土壤养分状况的影响. 水土保持学报,20(5):38-42.

闫瑞瑞,卫智军,韩国栋,等. 2007. 荒漠草原不同放牧制度群落多样性研究. 干旱区资源与环境,21(7):111-115.

闫瑞瑞,卫智军,辛晓平,等. 2010. 放牧制度对荒漠草原生态系统土壤养分状况的影响. 生态学报,30(1):43-51.

闫瑞瑞,卫智军,杨静,等. 2008. 短花针茅草原优势种群特征对不同放牧制度的响应. 干旱区资源与环境,21(7):188-191.

闫瑞瑞,卫智军,运向军,等. 2009. 放牧制度对短花针茅荒漠草原主要植物种光合特性日变化影响的研究. 草业学报,18(5):160-167.

闫瑞瑞,辛晓平,卫智军,等. 2011. 放牧制度对荒漠草原可萌发土壤种子库的影响. 中国沙漠,31(3):703-708.

阎贵兴,宁布. 1982. 内蒙中部针茅草原草场生产力动态与过度放牧对草场植被的影响. 中国草原,(4):30-33,23.

杨持,叶波. 1995. 放牧强度对生物多样性的影响. 草地生物多样性保护研究. 呼和浩特:内蒙古大学出版社. 70-78.

杨恩忠,蒋瑞芬,陈容. 1986. 牧草营养物质及消化动态的研究. 中国草原,(6):36-39.

杨锦忠,Mathew C. 1997. 刈割强度对多年生黑麦草和高羊茅再生能力影响的研究. 中国草地,(4):33-36.

杨易锋. 2011-08-19. 在中国"西极"寻找"失落的海洋". 人民日报(海外版),(第6版).

姚爱兴,李平,王培,等. 1997. 不同放牧制度和强度下多年生黑麦草/白三叶人工草地种群密度研究. 宁夏农学院学报, 18(1): 11-15.
姚爱兴,李平,王培,等. 1996a. 不同放牧制度下奶牛对多年生黑麦草/白三叶草地土壤特性的影响. 草地学报, 4(2): 95-102.
姚爱兴,李平,王培,等. 1995a. 不同放牧制度和强度下奶牛生产性能的研究. 草地学报, 3(1): 1-8.
姚爱兴,王宁,王培. 1996b. 放牧制度和放牧强度对家畜生产性能的影响. 国外畜牧学—草原与牧草, (3): 21-26.
姚爱兴,王培,夏景新,等. 1995b. 不同放牧制度和强度下奶牛生产性能的研究——2. 放牧对奶牛产奶量及体增重的影响. 草地学报, 3(2): 112-119.
姚爱兴,王培,夏景新. 1995c. 不同放牧强度下奶牛对多年生黑麦草/白三叶草地土壤特性的影响. 草地学报, 3(3): 181-189.
姚爱兴,王培. 1993. 放牧强度和放牧制度对草地土壤及植被的影响. 国外畜牧学-草原与牧草, (4): 1-7.
冶民生,关文彬,白占雄,等. 2005. 岷江干旱河谷植物群落生态梯度分析. 中国水土保持科学, 3(2): 70-75.
伊藤巌. 1981. 草地生態系と家畜生態. 畜産の研究, 36(1): 103-110.
于锋,朱兴运,王辉珠,等. 1986. 高山草原牧草—绵羊系统中氮利用的研究. 中国草原与牧草, 3(2): 27-29.
于俊平,兰云峰,乌力吉,等. 2000. 草地生态系统氮素在"土—草—畜"间的流程与转化. 内蒙古草业, (3): 53-56.
余博,朱进忠,范燕敏,等. 2009. 伊犁绢蒿荒漠草地土壤养分和植被指数的空间异质性研究. 新疆农业科学, 46(6): 1294-1300.
尤纳托夫 A A. 1959. 蒙古人民共和国植被的基本特点. 李继侗译. 北京: 科学出版社: 120-134.
伊利亚列特季诺夫 A H. 1985. 含氮化合物在土壤中的转化. 张耀东等译. 北京: 农业出版社.
战伟庆. 2006. 油松人工林生态系统冠层截留特征及其穿透雨空间异质性研究. 北京:北京林业大学硕士学位论文.
张斌,张金屯,苏日古嘎,等. 2009. 协惯量分析与典范对应分析在植物群落排序中的应用比较. 植物生态学报, 33(5): 842-851.
张称意,李德新. 1994. 短花针茅的基本特点. 见: 赛胜宝,李德新. 荒漠草原生态系统研究. 呼和浩特: 内蒙古人民出版社: 37-43.
张佃民. 1987. 新疆北部草原的发生学特点及亚地区划分问题. 干旱区研究, 4(3): 69-76.
张峰,乔利鹏,张桂萍,等. 2007. 关帝山撂荒地植物群落种间关系数量分析. 山西大学学报(自然科学版), 30(2): 290-294.
张富有,吴光照. 1993. 分区轮牧协同小搬圈是防止人工混播草地退化的有效途径. 草业科学, 10(6): 64-66.
张金屯,焦蓉. 2003. 关帝山神尾沟森林群落木本植物种间联结性与相关性研究. 植物研究, 23(4): 458-463.
张金屯. 1992. 植被与环境关系的分析Ⅱ: CCA 和 DCCA 限定排序. 山西大学学报(自然科学版), 15(3): 292-298.
张晋侦. 1987. 高寒牧区主要草地类型牧草产量动态的定位研究. 四川草原, (4): 22-30.
张明华. 1995. 中国的草原. 北京: 商务印书馆: 2-52.
张淑艳,李德新. 1997. 放牧对短花针茅草原地下部分生产力及氮素周转率的影响. 中国草地, (1): 13-18.

张淑艳,张永亮,刘淑贤. 1998. 放牧对短花针茅草原生态系统土壤贮氮季节动态的影响. 哲里木畜牧学院学报,8(1):54-58.

张淑艳. 1991. 短花针茅荒漠草原群落土壤—牧草—家畜之间氮流的初步研究. 草地学报,1(1):149-155.

张松荫. 1985. 绵山羊的行为与习性. 北京:农业出版社.

张伟华,关世英,李跃进. 2000. 不同牧压强度对草原土壤水分、养分及其地上生物量的影响. 干旱区资源与环境,14(4):61-64.

张文标,金则新,柯世省,等. 2006. 木荷光合特性日变化及其与环境因子相关性分析. 广西植物,26(5):492-498.

张秀萍,韩建国. 2002. 施肥和刈割对新麦草产草量及粗蛋白含量的影响. 草业科学,(增刊):89-91.

张蕴薇,韩建国,李志强. 2002. 放牧强度对土壤物理性质的影响. 草地学报,10(1):74-78.

章祖同,胡其文. 1960. 不同利用情况下草群产量及再生性的研究(油印本). 呼和浩特:内蒙古农牧学院.

章祖同. 1962. 呼伦贝尔草原类型及生产力的初步研究. 见:内蒙古农牧学院. 科学研究报告集(草原学部分). 1-39.

赵彩霞,郑大玮. 2004. 内蒙古冷蒿小禾草放牧草原退化与恢复对策研究. 草业学报,13(1):9-14.

赵长友,吴春兰,绳长敏,等. 1983. 对沙打旺生育期内营养成分变化规律的探讨. 辽宁畜牧兽医,(6):12-15.

赵钢,Hofmann M,Isselstein J. 2004. 非破坏性产量测定方法在放牧草地产量动态研究中的应用. 中国草地,26(5):54-58.

赵钢,曹子龙,李青丰. 2003. 春季禁牧对内蒙古草原植被的影响. 草地学报,11(2):183-188.

赵钢,李青丰,张恩厚. 2006. 春季休牧对绵羊和草地生产性能的影响. 仲恺农业技术学院学报,19(1):1-4.

赵钢,刘芳,杜玉珍. 2007. 非破坏性牧草产量测定法在天然草地中的应用研究. 华南农业大学学报,28(2):13-16.

赵钢,许志信,敖特根,等. 1998. 蒙古牛春季牧食习性的观察研究. 中国草地,(5):50-55.

赵钢. 1985. 短花针茅荒漠草原草群再生性的研究. 呼和浩特:内蒙古农牧学院硕士学位论文.

赵哈林,根本正之,大黑俊哉,等. 1997. 内蒙古科尔沁沙地放牧草地的沙漠化机理研究. 中国草地,(3):15-23.

赵海军. 2006. 禁牧、休牧对荒漠草地和家畜影响的研究. 呼和浩特:内蒙古农业大学硕士学位论文.

赵和平. 1984. 内蒙古自治区乌拉特中旗天然草地营养类型. 中国草原与牧草杂志,1(3):33-36.

赵鸿,王润元,郭铌,等. 2007. 禁牧对安西荒漠化草原芨芨草光合生理生态特征的影响. 干旱气象,25(1):63-66.

赵萌莉,许志信. 1994. 短花针茅荒漠草原主要牧草再生特性及其影响因素的研究. 草地学报,2(2):33-42.

赵萌莉,许志信. 1998. 刈割高度对牧草再生性的影响. 内蒙古草业,(2-3):40-41.

赵萌莉. 1991. 短花针茅荒漠草原主要牧草再生特性及其影响因素的研究. 呼和浩特:内蒙古农牧学院硕士学位论文.

郑凯. 2006. 多花黑麦草生长过程中早、晚熟品系间和品系内养分变化的差异. 南京:南京农业大学硕士学位论文.

中国科学院内蒙古宁夏综合考察队. 1980. 内蒙古自治区及其东西部毗邻地区天然草场. 北京:科学出版社:143-157.

中国科学院内蒙古宁夏综合考察队. 1985. 内蒙古植被. 北京:科学出版社.

# 参 考 文 献

中国植被编辑委员会. 1980. 中国植被. 北京：科学出版社：510, 560.

周寿荣. 1964. 川西北草地几种家畜夏季放牧采食量测定. 中国畜牧杂志，2(1)：20-22.

周寿荣. 1979. 放牧绵羊日采食量的研究. 中国畜牧杂志，(4)：6-9.

周尧治, 郭玉海, 刘历程, 等. 2006. 围栏禁牧对退化草原土壤水分的影响研究. 水土保持研究，13(3)：5-7.

朱兆良. 1986. 土壤中氮素转化研究的近况. 干旱区研究，(4)：1-12.

祖元刚, 马克明, 张喜军. 1997. 植被空间异质性的分形分析方法. 生态学报，17(3)：333-337.

Adams D C, Nelsen T C, Reynold W L, et al. 1986. Winter grazing activity and forage intake of range cows in the northern great plaint. Journal of Animal Science, 62(5): 1240-1246.

Aiken G E, Bransby D I. 1992. Observer variability for disk meter measurements of forage mass. Agronomy Journal, 84(3): 603-605.

Aldous A E. 1930. Effects of different clipping treatment on the yield and vigor prairie grass vegetation. Ecology, 11(4): 752-759.

Alemi M H, Azari A B, Nielsen D R. 1988. Kriging and univariate modeling of a spatially correlated data. Soil Technology, 1(2): 133-147.

Allan B E. 1985. Grazing effects on pasture and animal production from oversown tussock grassland. Proceedings of the New Zealand Grassland Association, 46: 119-125.

Allen V G, Fontenot J P, Cochran M A. 1992. Intensive grazing system for beef production. Animal Science Research Report, Virginia Agricultural Experiment Station, 10: 95-97.

Altesor A, Oesterheld M, Leoni E, et al. 2005. Effects of grazing on community structure and productivity of a Uruguayan grassland. Plant Ecology, 179: 83-91.

Altesor A, Pineiro G, Lezama F, et al. 2006. Ecosystem changes associated with grazing in subhumid South American grasslands. Journal of Vegetation Science, 17(3): 323-332.

Andrews C J, Seaman W L, Pormeroy M K. 1984. Changes in cold hardiness, ice tolerance and total carbohydrates of winter wheat under various cutting regimes. Canadian Journal of Plant, 64: 547-558.

Arcioni S, Mariotti D, Falcinelli M. 1985. Ecological adaptation in Lolium perenne L: Physiological relationships among persistence, carbohydrate reserves and water availability. Canadian Journal of Plant Science, 65(3): 615-624.

Arnold G W, Ball J, McManus W R, et al. 1966. Studies on the diet of the grazing animals. I. Seasonal changes in the diet of grazing sheep on pastures of different availability and composition. Australian Journal of Agricultural Research, 17(4): 543-556.

Arnold G W, Dudzinski M L. 1978. Ethology of Free-ranging Domestic Animals. Amsterdam, The Netherlands: Elsevier.

Arnold G W, Hill J L. 1972. Chemical factors affecting selection of food plants by ruminants. In: Harborne J B. Phytochemical Ecology. London, UK: Academic Press: 71-101.

Arnold G W. 1960a. The effect of the quantity and quality of pasture availabla to sheep on their grazing behaviour. Australian Journal of Agricultural Research, 11(6): 1034-1043.

Arnold G W. 1960b. Selective grazing by sheep of two forage species at different stages of growth. Australian Journal of Agricultural Research, 11(6): 1026-1033.

Arnold G W. 1962. The influence of several factors in determining the grazing behaviour of Border Leicester ×Merino sheep. Grass and Forage Science, 17(1): 41-51.

Arnold G W. 1964a. Factors within plant associations affecting the behaviour and performance of grazing animals. In: Crisp D J. Grazing in Terrestrial and Marine Environments. Oxford: Blackwell: 133-154.

Arnold G W. 1964b. Some principles in the investigation of selective grazing. Proceedings of the Australian society of animal Production. 5: 258-271.

Arnold G W. 1966a. The special senses in grazing animals. I. Sight and dietary habits in sheep. Australian Journal of Agricultural Research, 17(4): 521-529.

Arnold G W. 1966b. The special senses in grazing animals. II. Smell, taste, and touch and dietary habits in sheep. Australian Journal of Agricultural Research, 17(4): 531-542.

Arnold G W. 1985. Ingestive behaviour. In: Fraser A F. Ethology of Farm Animals. Amsterdam, the Netherlands: Elsevier: 183-200.

Arnold G W. 1987a. Grazing behaviour. In: Snaydon R W. Managed Grassland: analytical studies. Ecosystems of the World 17B. Amsterdam, the Netherlands: Elservier: 129-136.

Arnold G W. 1987b. Influence of the biomass, botanical compositions and sward height of annual pastures on foraging behavior by sheep. Journal of Applied Ecology, 24(3): 759-772.

Baker J N, Hunt O J. 1961. Effect of clipping treatment and clonal differences on water requirement of grass. Journal of Range Management, 14(4): 216-219.

Ball R, Wagner D G, Powell J, et al. 1978. Plant chemical composition and digestibility of rangeland forage. Oklahoma Agric. Exp. Sta. MP, 60-103.

Barth R C, Klemmedson J O. 1986. Seasonal and Annual Changes in Biomass Nitrogen and Carbon of Mesquite and Palo Verde Ecosystems. Journal of Range Management, 39(2): 108-112.

Bauer A, Cole C V, Blank A L. 1987. Soil property comparison in virgin grasslands between grazed and nongrazed management systems. Soil Sci. Soc. Am. J., 51: 176-182.

Beck R F. 1978. A grazing systems for semiarid lands. Proceedings of the International Rangeland Congress, 1: 569-572.

Beck R F. 1969. Steer diets steers in southeastern Colorado. Journal of Range Management, 28(1): 48-51.

Bedell T E. 1971. Nutritive value of forage and diets of sheep and cattle from Oregon subclover-grass mixtures. Journal of Range Management, 24(2): 125-133.

Bergstrom D W, Monreal C M, Millette J A, et al. 1998. Spatial Dependence of Soil Enzyme Activities along a Slope. Soil Science Society of America Journal, 62(5): 1302-1308.

Bhatti A U, Mulla D J, Frazier B E. 1991. Estimation of soil properties and wheat yields on complex eroded hills using geostatistics and thematic mapper images. Remote Sensing of Environment, 37(3): 181-191.

Blackburn W H. 1984. Impacts of grazing intensity and specialized grazing systems on watershed characteristics and responses. In: National research council/National academy of sciences. Developing Strategies for Rangeland Management. Boulder Colo: Westview Press: 927-984.

Bonner J, Galston A W. 1952. Principles of plant physiology. Soil Science, 73(5): 417.

Bowns J E. 1971. Sheep behavior under unherded conditions on mountain summer ranges. Journal of Range Management, 24(2): 105-109.

Brandyberry S D, Cochran R C, Vanzant E S, et al. 1991. Influence of supplementation method on forage use and grazing behavior by beef cattle grazing bluestem range. Journal of Animal Science, 69: 4128-4136.

Briske D D. 1996. Strategies of plant survival in grazed systems: a functional interpretation. In: Hodgson J, Illius A W. The Ecology and Management of Grazing Ecosystems. New York, NY: CAB International: 37-67.

Broennimann O, Treier U A, Müller-Schärer H, et al. 2007. Evidence of climatic niche shift during biological invasion. Ecology Letters, 10(8): 701-709.

Burgess T M, Webster R. 1980. Optimal interpolation and isarithmic mapping of soil properties I the semivariogram and punctual kriging. Journal of Soil Science, 31(2): 315-331.

Burke A. 2001. Classification and ordination of plant communities of theNaukluft Mountains, Namibia. Journal of Vegetation Science, 12(1): 53-60.

Cambardella C A, Moorman T B, Novak J M, et al. 1994. Field-scale variability of soil properties in central low a soils. Soil Science Society of America journal, 58(5): 1501-1511.

Campbell A G. 1969. Grazing interval, stocking rate and pasture production. N. Z. J. Agric Res., 12: 67-74.

Campbell J B, Stringam E, Gervais P, et al. 1969. Pasture activities of cattle and sheep. Can. Dept. Agric. Pub, 1315: 105-112.

Carter E D, Day H R. 1970. Interrelationships of stocking rate and superphosphate rate on pasture as determinants of animal production. I. Continuously grazed old pastureland. Aust. J. Agric. Res., 21: 473-491.

Caton J S, Erickson D O, Carey D A, et al. 1993. Influence of Aspergillus oryzae fermentation extract on forage intake, site of digestion, in situ degradability, and duodenal amino acid flow in steers grazing cool-season pasture. Journal of Animal Science, 71: 779-787.

Clark D A, Lambert M G, Grant D A. 1986. Influence of fertilizer and grazing management on North I stand moist hill country New Zealand. Journal of Agricultural Research, 29: 407-420.

Coleman S W, Forbes T D A, Stuth J W. 1989. Measurements of the plant-animal interface in grazing research. In: Marten G C. Grazing Research: Design, Methodology, and Analysis. Madison, Wisconsin, USA: Crop Science Society of America, America Society of Agronomy: 37-51.

Coomes D A, Kunstler G, Canham C D, et al. 2009. A greater range of shade-tolerance niches in nutrient-rich forests: an explanation for positive richness-productivity relationships?. Journal of Ecology, 97(4): 705-717.

Corbett Q. 1978. Short-duration grazing with Steel-Texas style. Journal of Range Management, 5: 201-203.

Correll O, Isselstein J, Pavlu V. 2003. Studying spatial and temporal dynamics of sward structure at low stocking densities: the use of an extended rising-plate-meter method. Grass and Forage Science, 58(4): 450-454.

Coughenour M B. 1984. Amechanistic simulation analysis of water use, leaf angles, and grazing in East African graminoids. Ecological Modelling, 26(3,4): 203-230.

Cowlishaw S J, Alder F E. 1960. The grazing preferences of cattle and sheep. Journal of Agricultural Science (Cambridge), 54(2): 257-265.

Currie P O. 1978. Cattle weight gain comparisons under season-long and rotation grazing systems. Proceedings of the International Rangeland Congress, 1: 579-580.

Dakhah M, Gifford G F. 1980. Influence of vegetation, rock cover and trampling on infiltration rates and sediment production. Journal of the American Water Resources Association, 16(6): 979-986.

Davidson J L, Milthorpe F L. 1966. The Effect of Defoliation on the Carbon Balance in Dactylis glomerata. Annals of Botany, 30: 185-198.

Davidson J L, Philip J R. 1958. Light and pasture growth. In Arid Zone Research. Proceedings of the Canberra Symposium, Paris: UNESCO, 11: 181-187.

Domaar J F, Sylver S, Walter D W. 1990. Distribution of Nitrogen Fractions in Grazed and Ungrazed Fescue Grassland Ah Horizons. Journal of Range Management, 43(1): 6-9..

Donkor N T, Hudson R J, Bork E W, et al. 2006. Quantification and Simulation of Grazing Impacts on Soil Water in Boreal Grasslands. Journal of Agronomy and Crop Science, 192(3): 192-200.

Drewry J J, Lowe J A H, Paton R J. 1999. Effect of sheep stocking intensity on soil physical properties and dry matter production on a Pallic Soil in Southland. New Zeal. J. Agr. Res. , 42: 493-499.

Driscoll R S. 1967. Managing public rangelands: effective livestock grazing practices and systems for national forests and national grassland. U. S. Dept. Agr. AIB, 359.

Dudzinski M L, Arnold G W. 1979. Factors influence the grazing behaviour of sheep in a Mediterranean climate in summer. Applied Animal Ethology, 5(2): 125-144.

Dwyer D D. 1961. Activities and grazing preferences of cows with calves in Northern Osage Country, Oklahoma. Oklahoma Agricultural Experiment Station Bulletin. B: 588.

Dyer M I, Detling J K, Coleman D C, et al. 1982. The role of herbivores in grasslands. In: Estes J R, Tyrl R J, Brunken J N. Grasses and Grasslands-Systematic and Ecology. Norman: University of Oklahoma Press: 255-295.

El Hansan B, Krueger W C. 1980. The impact of grazing pressure and season of grazing on carbohydrate reserves of perennial ryegrass. J. Range Manage. , 33: 200.

Esteban H M, Moore D I, Collins S L, et al. 2008. Aboveground net primary production dynamics in a northern Chihuahuan Desert ecosystem. Oecologia, 155: 123-132.

Evans P S. 1964. A study of leaf strength in four ryegrass varieties. New Zealand Journal of Agricultural Research, 7(4): 508-513.

Feltner K C, Massengale M A. 1965. Influence of temperature and harvest management on growth, level of carbohydrates in roots, and survival of alfalfa. Crop Science, (5): 585-588.

Frank A B, Tanaka D L, Hofmann L, et al. 1995. Soil carbon and nitrogen of Northern Great Plains grasslands as influenced by long-term grazing. J. Range Manage, 48: 470-474.

Frank R. 1982. Seasonal variations in protein and mineral content of Fringed Sagewort (Artemisia frigida). Journal of Range Management, 35(5): 679-680.

Franzen D W, Hofman V L, Halvorson A D, et al. 1996. Sampling for site-specific farming: Topography and nutrient considerations. Better Crops, 80(3): 14-18.

Fraser A F. 1980. Farm Animal Behaviour (2nd). London: Bailliere Tindall.

Frissel M J. 1978. Cycling of mineral nutrients in agricultural ecosystems. Amsterdam: Elsevier, 2: 3-6.

Fulton P D, Martinez R, Bailey A W. 1981. A comparison of continuous and rotational grazing. Journal of Range Management, 36(5): 593-595.

Galt H D, Jams L K. 1978. Grazing systems for range improvement and livestock production in the northern great plains. Proceedings of 1st International Rangeland CongressDenver. Colorado, USA, 534-538.

Gammon D M, Roberts B R. 1980. Aspects of defoliation during short duration grazing of the matopos sandveld of Zimbabwe. Zimbabwe Journal of Agricultural Research, 18: 29-34.

Gammon D M, Roberts B R. 1978. Pattern of defoliation during continuous and rotational grazing of the matopos sandveld of Rhodesia. Rhod. Journal of Agricultural Research, 16: 147-164.

Gluesing E A, Balph D F. 1980. An aspect of feeding behavior and its importance to grazing systems. Journal of Range Management, 33(6): 426-427.

Gold H L, 秭佩. 1982. 数学与数学模型. 国外畜牧学——草原, (1): 42-50.

Goovaerts P. 1999. Geostatistics in soil science: state-of-the-art and perspectives. Geoderma, 89: 1-45.

Graber L F, Nelson N T, Luekel W T, et al. 1927. Organic food reserves in relation to growth of alfalfa and other perennial herbaceous plants. Agricultural Experiment Station of the University of Wisconsin: Wisconsin Agricultural Experiment Station Research Bulletin: 80.

Green D G. 1983. Soluble sugar changes occurring during cold hardening of spring wheat, fall rye and alfalfa. Canadian Journal of Plant Science, 63(2): 415-420.

Guisan A, Weiss S B, Weiss A D. 1999. GLM versus CCA spatial modeling of plant species distribution. Plant Ecology, 143(1): 107-122.

Hadwen S, Palmer L J. 1922. Reindeer in Alaska. Bulletin 1089. Washington: United States Department of Agriculture: 74.

Hancock J. 1954. Studies of grazing behaviour in relation to grassland management. II. Bloat in relation to grazing behaviour. Journal of Agricultural Science (Cambridge), 45(1): 80-95.

Hanselka W C, White L D, Holechek J L. 2001. Rangeland risk management for Texans: Using forage harvest efficiency to determine stocking rate. Texas Cooperative Extension, The Texas A&M University System. Publication E-128.

Hardison W A, Reid J T, Martin C M, et al. 1954. Degree of herbage selection by grazing cattle. Journal of Dairy Science, 37(1): 89-102.

Harlan J R. 1958. Generalized curves for gain per head and gain per acre in rates of grazing stuolies, J. Range Manage, 11: 140-147.

Hart R H, Ashby M M. 1998. Grazing intensities, vegetation, and heifer gains: 55 years on shortgrass. Journal of Range Management, 51: 392-398.

Hart R H, Bissio J, Samuel M J, et al. 1993. Grazing systems, pasture size, and cattle grazing behavior, distribution and gains. Journal of range management, 46(1): 81-87.

Hart R H, Waggoner J J W, Dunn T G, et al. 1988. Optimal stocking rate for cow-calf enterprises on native range and complementary improved pastures. J. Range Manage, 41(5): 435-441.

Hart R H. 1984. Short-duration rotation: theory and practice. Proceedings of the 2nd International Rangeland Congress.

Haynes R J, Willianms P H. 1993. Nutrient cycling and soil fertility in the grazed pasture ecosystem. Advances in Agronomy, 49: 119-199.

Heady O F. 1961. Continuous vs. specialized-grazing systems: a review and application to the Califomia annual type. Journal of Range Management, 14(3): 182-192.

Heady H F, Child R D. 1994. Rangeland Ecology and Management. Boulder: Westview Press.

Heady H F. 1964. Palatability of herbage and animal preference. Journal of Range Management, 17(2): 76-82.

Heady H F. 1982. 草原管理. 章景瑞译. 北京: 农业出版社: 208-220.

Heinemann W W. 1969. Productivity of irrigated pasture under combination and single species grazing. College of Agriculture, Washington State University: Washington Agricultural Experiment Station Bullation: 717.

Heitschmidt R K, Dowhower S L, Walker J W. 1987. Some effects of a rotational grazing treatment on quantity and quality of available forage and amount of ground litter. Journal of Range Management, 40 (4): 318-321.

Heitschmidt R K, Schultz R D, Scifres C J. 1986. Herbaceous biomass dynamics and net primary production following chemical control of honey Mesquite. Journal of Range Management, 39(1): 67-71.

Herbel C H, Nelson A B. 1966. Species preference of Hereford and Santa Gertrudis cattle on a southern New Mexico range. Journal of Range Management, 19: 177-181.

Herbst M, Diekkrüger B. 2003. Modelling the spatial variability of soil moisture in a micro-scale catchment and comparison with field data using geostatistics. Physics and Chemistry of the Earth, 28: 239-245.

Hillel D. 1991. Research in Soil Physics: A Review. Soil Science, 151: 30-34.

Hjältén J, Danell K, Lundberg P. 1993. Herbivore Avoidance by Association: Vole and Hare Utilization of Woody Plants. Oikos, 68(1): 125-131.

Hodgson J. 1979. Normenclature and definitions in grazing studies. Grass and Forage Science, 34(1): 11-18.

Hodgson J. 1986. Grazing behaviour and herbage intake. In: Frame J. Grazing. Occasional Symposium No. 19. British Grassland Society: 51-64.

Hodgson J. 1990. Grazing Management: Science into Practice. Harlow, Essex, UK. : Longman Scientific and Technical Press.

Holechek J L, Berry T J, Vavra M. 1987. Grazing system influences on cattle performance on mountain range. Journal of range management, 40(1): 55-59.

Holechek J L, Gomes H, Molinar F, et al. 1999. Grazing studies: what we've learned. Rangelands, 20(5): 12-16.

Holechek J L, Pieper R D, Herbel C H. 1989. Range Management: Principle and Practice. Englewood Cliffs, New Jersey: Prentice Hall.

Holechek J L, Pieper R D, Herbel C H. 2004. Range Management: Principle and Practices. New Jersey: Person Education.

Holems W. 1986. 草地生产及其利用. 唐文青译. 乌鲁木齐: 新疆人民版社: 176-186.

Hoveland C S, McCann M A, Hill N S. 1997. Rotational vs. continuous stocking of beef cows and calves on mixed endophyte-free tall fescue-bermudagrass pasture. Journal of Production Agriculture, 10(2): 245-250.

Hull J L, Meyer J H, Raguse C A. 1967. Rotation and continuous grazing on irrigated pasture using beef steers. Journal of Animal Science, 26: 1160-1164.

IPCC. 2001. Climate change 2001: The Scientific Basis. Contribution of Working Group I to the Third Assessment Report of the Intergovernmental Panel on Climate Change. UK: Cambridge University Press.

IPCC. 2007. Climate change 2007: Impacts, Adaptation and Vulnerability. Contribution of Working Group II to the Fourth Assessment Report of the Intergovernmental Panel on Climate Change. UK: Cambridge University Press.

Jameson D C. 1963. Reponses of individual plants to harvesting. The Botanic Review, 29(4): 532-594.

Johnson E A. 1977. A multivariate analysis of the niches of plant populations in raised bogs. II. Niche width and overlap. Canadian Journal of Botany, 55(9): 1211-1220.

Johnson J A, Caton J S, Poland W, et al. 1998. Influence of season on dietary composition, intake, and digestion by beef steers grazing mixed-grass prairie in the northern Great Plains. Journal of Animal Science,

76: 1682-1690.

Jones R J, Jones R M. 1989. Liveweight gain from rotationally and continuously grazed pastures of Narok Setaria and Samford Rhodesgrass fertilized with nitrogen in southeast Queensland. Tropical Grasslands, 33: 135-142.

King J, Sim E M, Grant S A. 1984. Photosynthetic rate and carbon balance of grazed ryegrass pasture. Grass and Forage Science, 39(1): 81-92.

Kiyomoto R K. 1986. Carbon Dioxide Exchange and Total Nonstructural Carbohydrate in Soft White Winter Wheat Cultivars and Snow Mold Resistant Introductions. Crop Science, 27: 746-752.

Kothmann M M. 1984. Concepts and principles underlying grazing systems: a discussant paper. In: developing strategies for rangeland management. Powder London: Westview Press: 885-902.

Kropp J R, Holloway J W, Stephens D F, et al. 1973. Range behaviour of Hereford, Hereford×Holstein and Holstein non-lactating Heifers. Journal of Animal Science, 36(4): 797-802.

Krzic M, Broersma K, Thompson D J, et al. 2000. Soil properties and species diversity of grazed crested wheatgrass and native rangelands. J Range Manage, 53: 353-358.

Laca E A, Demment M W. 1996. Foraging strategies of grazing animals. In: Hodgson J, Illius A W. The Ecology and Management of Grazing Systems. Oxford: CAB International: 137-158.

Lambert M G, Clark D A, Grant D A, et al. 1986. Influence of fertilizer and grazing management on north island moist hill country 3. Performance of introduced and resident legumes. New Zealand Journal of Agricultural Research, 29: 11-21.

Langille A R, McKee G W. 1967. Seasonal Variation in Carbohydrate Root Reserves and Crude Protein and Tannin in Crownvetch Forage, *Coronilla varia* L. Agronomy Journal, 60(4): 415-419.

Langlands J P, Bennett I L. 1973. Stocking intensity and pastoral production. 1. Changes in the soil and vegetation of a sown pasture grazed by sheep at different stocking rates. J. Agric. Sci. Cambridge, 81: 193-204.

Larkin R M. 1954. Observations on the grazing behaviour of beef cattle in tropical Queensland. Queensland Journal of Agricultural Science, 11: 115-141.

Lechtenburg V L, Holt D A, Youngberg H W. 1972. Diurnal Variation in Nonstructural Carbohydrates of Festuca arundinacea (Schreb.) With and Without N Fertilizer. Agronomy Journal, 64(3): 302-305.

Leigh J H, Mulham W E. 1966a. Selection of diet by sheep grazing semi-arid pastures on the Riverine Plain. I. A bladder saltbush (Atriplex vesicaria)-cotton bush (Kochia aphylla) community. Australian Journal of Experimental Agriculture and Animal Husbandry, 6(23): 460-467.

Leigh J H, Mulham W E. 1966b. Selection of diet by sheep grazing semi-arid pastures on the Riverine Plain. II. A cotton bush (Kochia aphylla)-grassland (Stipa variabilis-Danthonia caespitosa) community. Australian Journal of Experimental Agriculture and Animal Husbandry, 6(23): 468-479.

Li H, Reynolds J F. 1995. On definition and quantification of heterogeneity. Oikos, 73(2): 280-284.

Low W A, Tweedie R L, Edwards C H B, et al. 1981. The influence of environment on daily maintenance behaviour of free ranging shorthorn cows in Central Australia. I. General introduction and descriptive analysis of day-long activities. Applied Animal Ethology, 7(1): 11-26.

Macduff J H, White R E. 1984. Components of the nitrogen cycle measured for cropped and grassland soil-plant systems. Plant and Soil, 76: 35-47.

Malechek J C, Smith B M. 1976. Behaviour of range cows in response to winter weather. Journal of Range

Management, 29(1): 9-12.

Malinda D K, Facett R G, Little D, et al. 1998. The effect of grazing, surface cover and tillage on erosion and nutrient depletion. Advances in Geoecology, (31): 1217-1224.

Manley W A, Schuman G E, Reeder J D, et al. 1995. Rangeland soil carbon and nitrogen responses to grazing. Journal of Soil and Water Conservation, 50: 294-298.

Manthey M, Fridley J D. 2009. Beta diversity metrics and the estimation of niche width via species co-occurrence data: reply to Zeleny. Journal of Ecology, 97(1): 18-22.

Martin K S. 1978. The Santa Rita grazing system. Proceedings: 1st international rangeland congress, USA: 573-575.

Martin S C, Severson K E. 1988. Vegetation response to Santa Rita grazing systems. Journal of Range Management, 41(4): 291-295.

Mckown C D, Walker J W, Stuth J W, et al. 1991. Nutrient intake of cattle on rotational and continuous grazing treatments. Journal of Range Management, 44: 596-601.

McNaughton S J, Oesterheld M, Frank D A, et al. 1989. Ecosystem-level patterns of primary production and herbivory in terrestrial habitats. Nature, 341: 142-144.

Milchunas D G, Laurenroth W K. 1993. Quantitative effects of grazing on vegetation and soilover a global range of environments. Ecological Monographs, 63(4): 327-366.

Milne J A. 1991. Diet selection by grazing animals. Proceedings of the Nutrition Society, 50(1): 77-85.

Mizuno K, Shioya S, Fujimoto F. 1997. Studies on palatability in varieties of orchardgrass (*Dactylis glomerata* L.), 1: Varietal differences in palatability and their interactions with seasons and years. Journal of Japanese Society of Grassland Science, 43(3): 306-315.

Mphinyane W N, Tacheba G, Mangope S, et al. 2008. Influence of stocking rate on herbage production, steers livemass gain and carcass price on semi-arid sweet bushveld in Southern Botswana. Afr J. Agr Res., 3(2): 84-90.

Mufandaedza O T. 1981. Diet selection by cattle grazing on a high quality legume pasture. Limbabwe Journal of Agricultural Research, 19: 127-128.

Mulqueen J, Stafford J V, Tanner D W. 1977. Evaluation of penetrometers for measuring soil strength. J. Teeramechanics, 14(3): 137-151.

Nelson A B, Herbel C H. 1966. Activities and species preferences ofhereford and Santa Gertrudis range cows. Proceedings, Western Section, American Society of Animal Science, 17: 403-408.

Noy-Meir I. 1993. Compensating growth of grazed plants and its relevance to the use of rangelands. Ecological Applications, 3(1): 32-34.

Ojima D S, Parton W J, Schimel D S, et al. 1993. Modeling the effects of climatic and $CO_2$ changes on grassland storage of soil C. Water, Air & Soil Pollution, 74: 643-657.

Park K K, Krysl L J, McCracken B A, et al. 1994. Steers grazing intermediate wheatgrass at various stages of maturity: effects on nutrient quality, forage intake, digesta kinetics, ruminal fermentation, and serum hormones and metabolites. Journal of Animal Science, 72: 478-486.

Parsons A J, Penning P D. 1988. The effects of the duration of regrowth on photosynthesis, leaf death and average rate of growth in a rotationally grazed ward. Grass and forage science, 43(1): 15-27.

Payne W J A, Laing W I, Raivoka E N. 1951. Grazing behaviour of dairy cattle in the tropics. Nature, 167: 610-611.

Pereira J. 1982. Nitrogen cycling in South American savannas. Plant and Soil, 67: 293-304.

Perry L J, Lowell E M. 1974. Carbohydrate and organic nitrogen concentrations within range grass parts at maturity. Journal of Range Management, 27(4): 276-278.

Pieper R D. 1980. Impacts of grazing systems of live-stock. In: McDaniel K C, Allison C(eds). Grazing management system for southwest rangeland. A symposium range improvement tast force. New Mexico State University: Las Cruces, 133-151.

Pitts P S, Bryant F C. 1987. Steer and vegetation response to short duration grazing. Journal of Range Management, 40: 386-389.

Pratchett D, Gardiner G. 1991. Does reducing stocking rate necessarily mean reducing income?. Int. Rangel. Congr., 4: 714-716.

Proffitt A P B, Jarvis R J, Bendotti S. 1995. The impact of sheep trampling and stocking rate on the physical properties of a red duplex soil with two initially different structures. Australian journal of agricultural research, 46(4): 733-747.

Raich J W, Schlesinger W H. 1992. The global carbon dioxide flux in soil respiration and its relationship to vegetation and climate. Tellus, 44(2): 81-99.

Ralphs M H. 1990. Influence of short duration and high intensity grazing on rangeland vegetation. Journal of Range Management, 43(2): 104-108.

Rauzi T, Hanson C L. 1966. Water intake and runoff as affected by intensity of grazing. J. Range Manage, 19: 351-356.

Reddy K R. 1982. Mineralization of Nitrogen in Organic Soils. Soil Science Society of America Journal, 46(3): 561-566.

Reeve J L, Sharkey M J. 1980. Effect of stocking rate, time of lambing and inclusion ofLucerne on prime lamb production in northeast Victoria. Aust. J. Exper. Agric. Anim. Husbandry, 20: 637-653.

Robert L G, Phillip L S. 2006. Stocking rate and weather impacts on sand sagebrush and grasses: a 20-year record. Rangeland Ecol Manage, 59: 145-152.

Rutter N. 1968. Time lapse photographic studies of livestock behaviour outdoors on the College Farm, Aberystwyth. Journal of Agricultural Science (Cambridge), 71(2): 257-265.

Ruyle G B, Dwyer D D. 1985. Feeding station of sheep as an indicator of diminished forage supply. Journal of Animal Science, 61(2): 349-353.

Sampson A W. 1923. Range and Pasture Management. New York: John Wiley.

Savory A. 1978. A Holistic approach to ranch management using short duration grazing. In: Hyde D N. Proceedings of First International Rangeland Congress. Society For Range Management. Denver, Colorado: 555-557.

Savory A, Parsons S D. 1980. The savory grazing method. Rangelands, 2(6): 234-237.

Savory A. 1988. Holistic Resource Management. Covelo, Calif. : Islnd Press: 564.

Scarneccia D L, Nastis A S, Malechek J C. 1985. Effects of forage availability on grazing behavior of heifers. Journal of Range Management, 38(2): 177-180.

Schlesinger W H, Raikes J A, Hartley A E, et al. 1996. On the spatial pattern of soil nutrients in desert ecosystems. Ecology, 77: 364-374.

Schulze E D. 1986. Carbon dioxide and water vapor exchange in response to drought in the atmosphere and in the soil. Annual Review of Plant Physiology, 37: 247-274.

Schuman G E, Reeder J D, Manley J T, et al. 1999. Impact of grazing management on the carbon and nitrogen balance of a mixed-grass rangeland. Ecol. Appl., 9: 65-71.

Scott H D, Handayani I P, Miller D M, et al. 1994. Temporal Variability of Selected Properties of Loessial Soil as Affected by Cropping. Soil Science Society of America Journal, 58(5): 1531-1538.

Searle K R, Hobbs N T, Shipley L A. 2005. Should I stay or should I go? Patch departure decisions by herbivores at multiple scales. Oikos, 111(3): 417-424.

Senft R L, Coughenour M B, Bailey D W, et al. 1987. Large herbivore foraging and ecological hierarchies. Bioscience, 37 (11): 789-799.

Sharrow S H, Krueger W C. 1979. Performance of sheep under rotational and continuous grazing on hill pastures. Journal of Animal Science, 49: 893-899.

Sharrow S H. 1983. Rotational and continuous grazing effects animal performance on annual grass sub cover pasture. Journal of Range Management, 36(5): 593-595.

Shepperd A J, Blaser R E, Kincaid C M. 1957. The grazing habits of beef cattle on pasture. Journal of animal Science, 16(3): 681-687.

Shoop M C, Hyder D N. 1976. Growth of replacement heifers on shortgrass ranges of Colorado. Journal of Range Management, 29(1): 4-8.

Skovlin J M. 1984. Impacts of grazing on wetlands and riparian habitat: a review of our knowledge in developing strategies for rangeland management. Powder London: Westview Press: 12: 1001-1103.

Smith D, Silva J P. 1968. Use of Carbohydrate and Nitrogen Root Reserves in the Regrowth of Alfalfa from Greenhouse Experiments under Light and Dark Conditions. Crop Science, 9(4): 464-467.

Smith L H, Marten G C. 1970. Foliar regrowth of alfalfa utilizing $^{14}$C labeled carbohydrates stored in roots. Crop Science, 10(2): 146-150.

Smoliak S, Dormaar J F, Johnston A. 1972. Long-term grazing effects on Stipa-Bouteloua Prairie soils. J. Range Manage, 25: 246-250.

Sneva F A. 1970. Behavior of yearling cattle on eastern Oregon range. Journal of Range Management, 23(3): 155-157.

Squires V R. 1974. Grazing distribution and activity patterns of Merino sheep on a saltbush community in south-east Australia. Applied Animal Ethology, 1(1): 17-30.

Squires V R. 1976. Walking, watering and grazing behaviour of Merino sheep on two semi-arid rangelands in south-west New South Wales. Australian Rangeland Journal, 1(1): 13-23.

Squires V. 1981. Livestock Management in the Arid Zone. Melbourne, Australia: Inkata Press.

Steele J M, Ratliff R D, Ritenour G L. 1984. Seasonal Variation in Total Nonstructural Carbohydrate Levels in Nebraska Sedge. Journal of Range Management, 37(5): 465-467.

Stephens D W, Krebs J R. 1986. Foraging Theory. Princeton. New Jersey, USA: Princeton University Press.

Stout J D, Bawden A D. 1984. Rates and pathways of mineral nitrogen transformation in a soil from pastures. Soil Biology and Biochemistry, 16(2): 127-131.

Sweet R J. 1984. Grazing systems on degraded rangeland in Botswana in rangelands: a resource under siege. Proceedings of the End International Rangeland Cong. Adelaide, Australia, 5: 13-18.

Taboada M A, Lavado R S. 1988. Grazing effects of the bulk density in a Natraquoll of the Flooding Pampa of Argentina. J Range Manage, 41(6): 500-503.

Taylor C A, Kothmann M M, Merriland L B, et al. 1980. Diet selection by carole under high intensity-low frequency, short durational, and merrill grazing systems. Journal of Range Management, 33: 428-434.

Tueller P T. 1988. Vegetation science applications for rangeland analysis and management. London: Kluwer Academic Publishers: 29-69.

Ungar E D, Noy-Meir I. 1988. Herbage intake in relation to availability and sward structure: grazing processes and optimal foraging. Journal of Applied Ecology, 25(3): 1045-1062.

Vallentine J F. 1990. Grazing Management. San Diego, California: Academic Press.

Van Dyne G M, Brockington N R, Szocs Z, et al. 1980. Large herbivore subsystem. *In*: Breymeyer A I, Van Dyne G M. Grasslands, Systems Analysis andMan. Cambridge, UK: Cambridge University Press: 269-537.

Van Dyne G M, Van Horn J L. 1965. Distance travelled by sheep on winter range. Proceedings, Western Section, American Society of Animal Science, 16: 1-6.

Van Soest P J. 1982. Nutritional Ecology of the ruminant. Comstock. Ithaca, NY: Cornell University Press: 7-9.

Vickery P J. 1973. Comparative net primary productivity of grazing systems with different stocking densities of sheep. J. Appl. Ecol. , 9: 307-314.

Vitousek P M, Aber J D, Howarth R W. 1997. Human alternation of the global nitrogen cycle: sources and consequences. Ecological Applications, 7(3): 737-750.

Wagnon K A. 1963. Behavior of beef cows on a Californian range. Californian Agricultural experiment Station Bulletin: 799.

Wallis DeVries M F, Daleboudt C. 1994. Foraging strategy of cattle in patchy grassland. Oecologia, 100: 98-106.

Walton P D. 1983. Production and Management of Cultivated Forages. Reston, Virginia: Reson Publishing Company.

Ward C Y, Blaser R E. 1961. Carbohydrate food reserves and leaf area in regrowth of orchardgrass. Crop Science, 1: 366-370.

Warner J R, Sharrow S H. 1984. Set stocking, rotational grazing and forward rotational grazing by sheep on Western Oregon hill pasture. Grass and Forage Science, 39: 331-338.

Webster R, Burgess T M. 1980. Optimal Interpolation and Isarithmic Mapping of Soil Properties Ⅲ Changing Drift and Universal Kringing. Journal of Soil Science, 33(3): 515-524.

White D H. 1978. Analysis and management of sheep production systems. Animal production in Australia, 35-45.

White L M. 1973. Carbohydrate reserves of grasses: a review. Journal of Range Management, 26(1): 13-18.

Wild A. 1971. The Potassium Status of Soils in the Savanna Zone of Nigeria. Experimental Agriculture, 7: 257-270.

Wilmshurst J F, Fryxell J M, Hudsonb R J. 1995. Forage quality and patch choice by wapiti(Cervus elaphus). Behavioral Ecology, 6(2): 209-217.

Wilson A D. 1976. Comparison of sheep and cattle grazing on a semi-arid grassland. Australian Journal of Agricultural Research, 27(1): 155-162.

Witschi P A, Michalk D L. 1979. The effect of sheep treading and grazing on pasture and soil characteristics of irrigated annual pastures. Aust. J. Agr. Res. , 30: 741-50.

Woledge J. 1986. The effect of wage and shade on the photosynthesis of white clover leaves. Ann Bot, 57 (2): 257-262.

Yan R R, Wei Z J, Yang J, et al. 2008. Response of dominant species population importance Value to different grazing systems in stipa breviflora steppe. Multifunctional Grasslands in a Changing World, 1: 260.

Zarrough K M, Nelson C J, Coutts J H. 1983. Relationship between tillering and forage yield of tall fescue. I. Yield. Crop Science, 23(2): 333-337.

Zhao G, Martina H, Isselstein J. 2002. Zeitliche und räumliche aspekte der narbenstruktur und des futterangebotes eines extensivierten grünlandes bei beweidung mit schafen. Pflanzenbauwissenschaften, 6(1): 17-24.

Zhao H L, Li S G, Zhang T H, et al. 2004. Sheep gain and species diversity: In sandy grassland, Inner Mongolia. J. Range Manage, 57: 187-190.

# 后　记

　　自 20 世纪 50 年代以来，为了能真实地揭示广泛分布在蒙古高原的荒漠草原生态系统的"独特性"，我们师生三代人历经半个多世纪的艰辛旅程，今天在总结阶段性试验研究成果的基础上，撰写出版《中国荒漠草原生态系统研究》草原科学专著（草业科学研究系列专著之一）。然而就《专著》的内容和科研成果来看，虽独树一帜，但与真正认识荒漠草原生态系统的植被基本特点和生态系统组成、结构、功能和动态特征，还有一些差距。因为，现有的试验研究内容不仅深度和广度还有欠缺，特别是地域范围还有空白地区，即缺少蒙古高原北部（蒙古国境内）和鄂尔多斯高原中西部地区，以及西北干旱气候区一些山地植被垂直带谱上的荒漠草原生态系统的试验研究工作。因此，我们对于荒漠草原生态系统的试验研究工作，还只是万里长征走完了第一步，任重道远，仍需更加全面深入并扩增定位试验研究基地，扎扎实实地坚持试验研究工作，永不停止的传承下去。

　　回顾 50 多年来我们对蒙古高原荒漠草原生态系统的定位试验研究工作，特别是在这次所作的阶段性总结而撰写本专著之后，检查已做的试验研究项目和内容，我们认识到还缺少某些项目和研究内容，更为重要的是我们所面对的荒漠草原生态系统，它本身就在不停的发育和演变着。为此，对于广泛分布在蒙古高原具独特性的荒漠草原生态系统还必须持续地进行试验研究工作并适当地增加或加深项目和内容，就近期而言归纳起来主要有：①主要植物种群的生长发育特征、生态特点与动态规律；②植物群落中种间关系，尤其是"乡土成分"与"外来植物"之间的相互关系；③植物地下部分（根系）的生长、分布与土壤条件的相互关系；④优势群落的群落学特征与动态规律；⑤植物群落的生态演替以及在外界干扰作用下群落的演替规律；⑥植被过渡带（亚带）边界地段上，群落的演替及其空间分布（摆动）状态；⑦生态系统的组成（植物、动物、微生物）、食物链（网）结构及其动态规律；⑧生态系统在漫长而严寒的冬（早春）季的生物生态状况，及其植物"越冬"（相对休眠）的生理生态机制；⑨生态系统服务功能的特点、现状与发展；⑩荒漠草原的保护性利用和家庭牧场的科学管理与可持续经营等。

　　在我们对蒙古高原属我国境内的荒漠草原进行定位试验研究已初步取得科研成果的基础上，我们倡议：愿与国际、国内有关的草原科学研究单位和同仁们，实施以荒漠草原生态系统为主题的科研合作，持续而更加深入地把亚洲中部草原区独特的荒漠草原生态系统的试验研究工作进行下去，共同全面完成这项关于独特的荒漠草原生态系统重大课题的科学研究任务，为我国乃至世界草业科学的持续发展做出贡献。

作　者
2012 年 4 月于内蒙古农业大学

彩图 1　小针茅荒漠草原群落

彩图 2　小叶锦鸡儿灌丛化小针茅荒漠草原群落

彩图 3　藏锦鸡儿灌丛化小针茅荒漠草原群落

彩图 4　矮锦鸡儿灌丛化小针茅群落

彩图 5　小针茅＋短花针茅荒漠草原群落

彩图 6　短花针茅荒漠草原群落

彩图 7　小叶锦鸡儿灌丛化＋短花针茅荒漠草原群落

彩图 8　沙生针茅荒漠草原群落

彩图 9　戈壁针茅荒漠草原群落

彩图 10　碱韭荒漠草原群落

彩图 11　沙生冰草荒漠草原群落

彩图 12　栉叶蒿一年生植物群落

彩图 13　石砾质坡地上百里香群落

彩图 14　丘间平地上的驼绒藜群落

彩图 15　石砾质盐土上的红砂群落（深秋景观）

彩图 16　芨芨草轻度盐化草甸群落

彩图 17　白刺盐化(沙化)草甸

彩图 18　盐爪爪盐化草甸群落

彩图 19　沙地上分布的刺叶柄棘豆群落

彩图 20　荒漠草原轻度退化草地冷蒿群落

彩图 21　重度退化草地上生长的狼毒

彩图 22　群落特征测定

彩图 23　群落样线调查

彩图 24　土壤硬度测定

彩图 25　植物光合作用测定

彩图 26　土壤呼吸测定

彩图 27　绵羊采食量与消化试验

彩图 28　放牧绵羊牧食行为观测

彩图 29　划区轮牧绵羊饮水设施

彩图 30　划区轮牧与自由放牧植被状况比较

彩图 31　草地禁牧休牧效果

彩图 32　家畜舍饲实验研究